建筑结构设计规范应用书系

建筑抗震设计规范应用与分析

（第三版）

朱炳寅　编著

☆ 符合“通用规范”要求

☆ 结合 2024 年局部修订要求

中国建筑工业出版社

图书在版编目（CIP）数据

建筑抗震设计规范应用与分析 / 朱炳寅编著. 3 版. -- 北京 ：中国建筑工业出版社，2024. 11. (建筑结构设计规范应用书系). -- ISBN 978-7-112-30357-1

Ⅰ. TU352. 104-65

中国国家版本馆 CIP 数据核字第 2024RK5407 号

为便于建筑结构设计人员能准确地解决在结构设计中遇到的标准应用过程中的实际问题，本书以一个结构设计者的眼光，就结构设计人员感兴趣的相关问题，对标准的相应条款予以剖析，将标准的复杂内容及枯燥的条文变为直观明了的相关图表，指出在实际应用中的具体问题和可能带来的相关结果，提出在现阶段执行标准的变通办法，以期在遵守标准规定和解决具体问题方面对建筑结构设计人员有所帮助，也希望对备考注册结构工程师的考生在理解标准的过程中以有益的启发。

本书所依据的主要标准包括新颁布实施的通用规范系列，以及现行《建筑抗震设计标准》GB/T 50011、《建筑结构荷载规范》GB 50009、《混凝土结构设计标准》GB/T 50010、《高层建筑混凝土结构技术规程》JGJ 3、《建筑地基基础设计规范》GB 50007、《砌体结构设计规范》GB 50003 和《钢结构设计标准》GB 50017 等。

本次再版针对实际工程中的难点问题，结合通用规范系列和《建筑抗震设计标准》GB/T 50011 最新局部修订要求，以及工程案例和注册考试的相关要求进一步补充完善，以利于读者正确理解规范规定。

本书可供建筑结构设计人员（尤其是准备注册结构工程师考试的结构专业人员）和大专院校土建专业师生应用。

责任编辑：刘婷婷
责任校对：张　颖

建筑结构设计规范应用书系
建筑抗震设计规范应用与分析
（第三版）
朱炳寅　编著
*
中国建筑工业出版社出版、发行（北京海淀三里河路 9 号）
各地新华书店、建筑书店经销
北京红光制版公司制版
鸿博睿特(天津)印刷科技有限公司印刷
*
开本：787 毫米×1092 毫米　1/16　印张：38　字数：947 千字
2024 年 10 月第三版　　2024 年 10 月第一次印刷
定价：**120.00** 元
ISBN 978-7-112-30357-1
(43652)

版权所有　翻印必究

如有内容及印装质量问题，请与本社读者服务中心联系
电话：(010) 58337283　QQ：2885381756
（地址：北京海淀三里河路 9 号中国建筑工业出版社 604 室　邮政编码：100037）

前　　言

自《建筑抗震设计规范》GB 50011—2010 颁布施行以来，编者在规范应用过程中常常遇到规范条文难以直接应用的问题，往往需要结合其他规范的规定，采用相应的变通手段，才能达到满足规范相关要求的目的。为便于结构设计人员系统地理解和应用规范，编者将在实际工程中对规范难点的认识和体会，结合规范的条文说明（必要时结合工程实例），汇总分析后形成本书。

现就本书的适用范围、编制依据、编写特点和编写方式等方面作如下说明。

一、适用范围

本书内容主要适用于现行《建筑抗震设计标准》GB/T 50011 所规定的结构。

二、编制依据

本书主要编写依据为现行《建筑抗震设计标准》GB/T 50011（以下简称《抗震标准》），以及下表所列的结构设计现行标准、规范、规程和有关文件。

序号	标准、规范、规程和有关文件	简称
1	《工程结构通用规范》GB 55001	《结构通规》
2	《建筑与市政工程抗震通用规范》GB 55002	《抗震通规》
3	《建筑与市政地基基础通用规范》GB 55003	《地基通规》
4	《组合结构通用规范》GB 55004	《组合通规》
5	《钢结构通用规范》GB 55006	《钢通规》
6	《砌体结构通用规范》GB 55007	《砌体通规》
7	《混凝土结构通用规范》GB 55008	《混凝土通规》
8	《工程勘察通用规范》GB 55017	《勘察通规》
9	《既有建筑鉴定与加固通用规范》GB 55021	《既有通规》
10	《砌体结构设计规范》GB 50003	《砌体规范》
11	《建筑地基基础设计规范》GB 50007	《地基规范》
12	《建筑结构荷载规范》GB 50009	《荷载规范》
13	《混凝土结构设计标准》GB/T 50010	《混凝土标准》
14	《钢结构设计标准》GB 50017	《钢标》
15	《建筑工程抗震设防分类标准》GB 50223	《分类标准》
16	《高层建筑混凝土结构技术规程》JGJ 3	《高规》
17	《建筑桩基技术规范》JGJ 94	《桩基规范》
18	《高层民用建筑钢结构技术规程》JGJ 99	《高钢规》
19	《建设工程抗震管理条例》（中华人民共和国国务院令第 744 号）	《条例》

三、编写特点

本书拟在理解标准规定及执行标准条文确有困难时，将标准的复杂内容及枯燥的标准条文变为直观明了的相关图表，以期在理解标准及如何采用其他变通手段满足标准的要求等方面对结构设计人员有所帮助。

四、编写方式

（一）目录提炼

为便于读者查阅，本书在目录中的括号内点出该条目涉及的主要内容。

（二）关于**“概述”“说明”**及**“要点”**

本书开篇增加了**“概述”**部分，主要说明《抗震标准》增加或调整的主要内容，以及与其他相关标准的关系；在每一章前面增加了作者对本章所讨论问题的**“说明”**；每一节前面则增加一个专门的**“要点”**，以指出这部分内容将要探讨的重点问题和问题的根本所在，必要时辅以框图表示。

（三）标准的规定

按标准原文的排列顺序，列出标准的具体规定，作为讨论和分析的依据。对于标准条文中的重点内容，本书用双下划线标明；对于条文中未完全按通用规范修改的内容以及局部修订未完全修改的内容（如“本规范”应修改为“本标准”），本书用波浪线标明。

（四）对标准规定的理解

对标准规定的含义予以剖析，辅以必要的图表使标准要求清晰明了；对局部修订未完全修改的内容，按通用规范及其他相关标准修改。

（五）结构设计的相关问题

对执行标准过程中所遇到的相关问题予以分析，并指出在实际工作中所遇到的难以避免的问题。

（六）结构设计建议

对执行标准过程中遇到的问题提出编者的设计建议。需要指出的是，此部分内容为编者依据相关标准、资料及设计经验而得出的，读者应根据工程的具体情况结合当地经验参考采用，当相关标准有新的补充规定时应以其新规定为准。

（七）相关索引

列出其他标准中对应本条所涉及内容的条款号，便于对照应用。

五、特别说明

（一）为便于与标准对照，本书中的条款号与《抗震标准》相同。

（二）尽管已进入读图时代，编者建议仍应精读标准原文。

（三）标准中较多地提出难以定量把握的要求（如：适当增加、适当提高、刚度较大等），读者应根据工程经验加以判断和把握。对标准认识的不同可能会造成定量把握程度的偏差，但总体应在标准要求的同一宏观控制标准上。在本书中，编者结合工程实践提出相关定量控制的大致要求，供读者分析比较后选用。

（四）现行的施工图审查制度有益于结构的安全，但死抠规范条文的审查则会束缚设计人员的手脚，制约结构设计的创新与提高。因此，编者建议，在对标准中宏观控制要求的定量把握方面，应留给结构设计人员更大的空间。

（五）一代结构宗师、现代预应力混凝土之父林同炎教授要求我们成为“不断探求应用自然法则而不盲从现行规范的结构工程师”。要做到不盲从规范，就应先深入理解规范。本书的目的不是鼓励读者死抠规范，而是在正确理解规范的前提下灵活运用规范。

（六）结构设计工作责任重、压力大，但苦中有乐，因此只有热爱结构设计，享受结构成就且获得快乐的人才适合结构设计工作。

（七）结构设计与建筑科研相比有很大的不同，结构设计不可能等待，对于复杂的工程问题，不可能等彻底研究透了再设计；结构设计重在及时解决工程问题。因此，在概念清晰、技术可靠的前提下合理进行包络设计，可作为解决复杂技术问题的基本办法。

自《建筑结构设计问答及分析》（第四版）、《建筑地基基础设计方法及实例分析》（第二版）、《高层建筑混凝土结构技术规程应用与分析》、《建筑结构设计新规范综合应用手册》（第二版）、《建筑结构设计规范应用图解手册》及本书第二版相继出版发行以来，热心读者和网友提出了在规范应用中方方面面的具体问题，给编者以写作整理的激情和动力。本书的编写得到陈富生教授的悉心指导，本书的出版还得到东南大学徐嵘老师的帮助，在此深表谢意。

限于编者水平，不妥之处请予指正。

本书编著者 于北京

老朱思库：“知识星球”进入
邮箱：zhuby@139.com
微博：搜索“朱炳寅”进入

目　录

概 述

随着全球进入新一轮地震活跃期，地震对人类的影响越来越大。我国是一个多地震的国家，全国抗震设防，《抗震标准》附录A涵盖全国县级及县级以上城镇。

《抗震标准》依据《中华人民共和国建筑法》和《中华人民共和国防震减灾法》制定，是我国建筑抗震设计的根本大法。

抗震设计的“三水准设防目标”和为实现这一目标所采取的“两阶段设计步骤”是结构抗震设计的基本要求，也是向抗震性能化设计发展的重要一步。

一、《抗震标准》两次修订增加或调整的主要内容

1. 将Ⅰ类场地细分为$Ⅰ_0$和$Ⅰ_1$两个亚类。

2. 调整了场地土液化判别的深度范围和判别公式，增补了软弱黏性土层的震陷判别方法及相应的处理对策。

3. 增加了抗震性能化设计的原则规定，以及大跨度屋盖结构、单建式地下建筑结构等抗震设计内容，相应地增加了地震作用的计算要求，补充了多向、多点输入计算地震作用的原则规定。

4. 改进了地震影响系数曲线（反应谱）的阻尼系数和形状系数，补充完善了竖向地震作用的计算方法，并补充了竖向地震影响系数取值的规定。

5. 补充了设防烈度为8度（0.30g）时现浇钢筋混凝土结构房屋的最大适用高度，以及6度和7度（0.10g）区、高度小于24m、不设置抗震墙的板柱-框架结构的相关规定。

6. 修改了框架-抗震墙结构剪力调整系数以及与“强柱弱梁、强剪弱弯”原则有关的框架内力调整等相关规定，补充了对框架结构楼梯间的相关规定。

7. 取消了内框架砖房的相关规定，修改了多层砌体房屋的层数和高度限值、抗震横墙间距、底部框架-抗震墙房屋的结构布置、墙体受剪承载力验算、构造柱布置、圈梁设置、楼屋盖预制板的连接要求、楼梯间的构造要求等规定。

8. 补充了底部框架-抗震墙结构的过渡层要求、上部为混凝土小砌块墙体的相关要求、底框部分框架柱的专门要求等规定。

9. 补充了设防烈度为7度（0.15g）和8度（0.30g）时钢结构房屋的最大适用高度，修改了钢结构的阻尼比取值、承载力抗震调整系数、地震作用下内力和变形分析等相关规定，增加了关于钢结构房屋的抗震等级的规定，并补充了相应的抗震措施要求。

10. 修订了单层钢筋混凝土柱厂房可不进行抗震验算的范围，补充完善了柱间支撑节点验算要求、单层钢结构厂房防震缝及阻尼比的相关规定。

11. 修订了大跨度空旷房屋砖柱的适用范围，增加了7度（0.15g）时钢筋混凝土柱和组合砖柱的构造要求。

12. 调整了隔震和消能减震房屋的适用范围，修改了水平减震系数的定义及相应的计算和构造要求，以及消能部件性能检验要求等规定。

13. 增加了楼梯间及人流通道砌体填充墙的构造要求，补充了砌体女儿墙的抗震构造要求。

14. 增加了第3.1.3条，规定了编制抗震设防专篇的要求。

15. 完善了抗震性能化设计的相关规定。

二、《抗震标准》与其他相关规范的关系

1. 在结构抗震计算规定中，《抗震标准》与《高规》及《混凝土标准》在内容上有交叉和重复，对《抗震标准》条款的理解中凡涉及特一级抗震等级及B级高度高层建筑时，均应参见《高规》的相关规定。

2. 《抗震标准》与《高规》及《混凝土标准》均为民用建筑结构设计的最主要规范，但从规范的编制等级上看，《抗震标准》属于母规范系列，子规范的要求不应与母规范的要求相冲突。

三、其他

1. 由于大量限制使用黏土砖，且其他替代材料在解决结构裂缝等方面尚不能达到满意的效果，因此，在大中城市，多层住宅正越来越多地采用钢筋混凝土抗震墙结构，《抗震标准》第6.4.1条不区分抗震墙荷载大小，仅依据层高或无支长度对抗震墙厚度进行统一规定，有欠合理，目前结构设计中急需关于多层建筑混凝土结构的技术规程或规定，以适应结构设计的需要。

2. 对特殊结构的抗震设计应以《抗震标准》为基准，按抗震性能化设计原则执行相关规范的规定并采取更为严格有效的抗震措施。

3. 《抗震标准》未涉及特一级抗震等级，但依据《高规》第10章的相关规定，A级高度的复杂高层建筑结构设计中将出现特一级抗震等级，应执行《高规》的相关规定。

4. 《抗震标准》未涉及短肢剪力墙问题，实际工程中多层建筑的短肢剪力墙结构设计，可参考《高规》的相关规定。

5. 《高规》（第7.2.1条第1款）提出剪力墙的墙体稳定验算要求，较《抗震标准》对抗震墙（剪力墙）厚度的限制要求（第6.4.1、6.5.1条）更合理。

6. 《高规》（第10.2.5条）依据不同抗震设防烈度，确定部分框支剪力墙结构的底部大空间层数，比《抗震标准》的相关规定（第6.1.1条）更合理。

7. 《抗震标准》中大量采用“烈度”或“设防烈度”的表述，难以区分是“抗震设防标准”还是本地区“抗震设防烈度”，容易造成对其理解的混乱。

1 总　　则

说明：

1. 本章规定了抗震设计的基本原则。

2. 基本抗震设防目标是编制《抗震标准》以及进行实际工程抗震设计所依据的技术准则，现阶段抗震设防的“三水准设防目标”（《建筑抗震设计规范》GBJ 11—89 首次提出，属于建筑抗震设计的重大概念创新）和为实现这一目标所采取的“两阶段设计步骤”是结构抗震设计的基本要求。抗震性能设计采用比基本抗震目标更具体或更高的抗震设防目标，对特殊建筑结构、重要的结构部位或构件应采用抗震性能化设计方法。

第 1.0.1 条

一、标准的规定

1.0.1 为贯彻执行国家有关建筑工程、防震减灾的法律法规并实行以预防为主的方针，使建筑经抗震设防后，减轻建筑的地震破坏，避免人员伤亡，减少经济损失，制定本规范。

按本规范进行抗震设计的建筑，其基本的抗震设防目标是：当遭受低于本地区抗震设防烈度的多遇地震影响时，主体结构不受损坏或不需修理可继续使用；当遭受相当于本地区抗震设防烈度的设防地震影响时，可能发生损坏，但经一般性修理仍可继续使用；当遭受高于本地区抗震设防烈度的罕遇地震影响时，不致倒塌或发生危及生命的严重破坏。使用功能或其他方面有专门要求的建筑，当采用抗震性能化设计时，具有更具体或更高的抗震设防目标。

二、对标准规定的理解

1. 基本设防目标就是所有进行抗震设计的建筑都必须实现的目标，可概括为“三水准设防目标”（表 1.0.1-1）。

第一水准——当建筑遭受低于本地区抗震设防烈度的多遇地震影响时，一般不受损坏或不需修理可继续使用。

第二水准——当建筑遭受相当于本地区抗震设防烈度的地震影响时，可能损坏，经一般修理或不需修理仍可继续使用。

第三水准——当建筑遭受本地区抗震设防烈度的预估的罕遇地震影响时，不致倒塌或发生危及生命的严重破坏。

三水准设防目标的通俗说法为：小震不坏、基本地震（设防烈度地震，中震）可修、大震不倒。

三水准的地震作用及不同超越概率（或重现期）　　　　**表 1.0.1-1**

水准及烈度	50 年的超越概率	重现期（年）	结构特性的描述
多遇地震（小震）：比设防烈度地震约低一度半	63.2%	50	建筑处于正常使用状态，结构可视为弹性体系，采用反应谱进行弹性分析

续表

水准及烈度	50年的超越概率	重现期（年）	结构特性的描述
设防烈度地震（基本地震）	10%	475	结构进入非弹性工作阶段，但非弹性变形或结构体系的损坏控制在可修复的范围
罕遇地震（大震）：设防6度时为7度强，7度时为8度强，8度时为9度弱，9度时为9度强	2%～3%	1641～2475	结构有较大的非弹性变形，但应控制在规定的范围内，避免倒塌

2. 各水准的建筑性能要求如下：

“小震不坏”——要求建筑结构在多遇地震作用下满足承载力极限状态验算要求和建筑的弹性变形不超过规定的限值，即：保障人的生活、生产、经济和社会活动的正常进行。

“中震可修”——要求建筑结构具有相当的变形能力，不发生不可修复的脆性破坏，用结构的延性设计（满足规范的抗震措施和抗震构造措施）来实现，即：保障人身安全和减小经济损失。

“大震不倒”——要求建筑具有足够的变形能力，其弹塑性变形不超过规定的限值，即：避免倒塌，以保障人身安全。

3. 为实现“三水准设防目标”而采取的“两阶段设计步骤”见表1.0.1-2。

两阶段设计步骤的内容 **表1.0.1-2**

阶段	内容
第一阶段设计：承载力验算	取第一水准（即多遇地震）的地震动参数，计算结构的弹性地震作用标准值和相应的地震作用效应，采用分项系数设计表达式进行结构构件的承载力抗震验算。通过概念设计和抗震构造措施来满足第三水准（即罕遇地震）的设防要求，适用于大多数结构（如规则结构及一般不规则结构等）
第二阶段设计：弹塑性变形验算	对强烈地震时易倒塌的结构、有明显薄弱层的不规则结构（如特别不规则结构等）及其他有特殊要求的建筑，应进行结构薄弱部位的弹塑性层间变形验算，并采取相应的抗震构造措施，实现第三水准（即罕遇地震）的设防要求

4. 对具有特殊要求（指使用要求或其他专门要求等）的建筑、特别不规则的建筑或超限建筑结构，采用性能化设计时，应具有比“三水准”更高的设防目标。

5.《抗震标准》的三水准设防目标，有明确的概率指标，是着眼于结构抗震安全性的性能目标。

三、结构设计的相关问题

1. 现有地震科学水平对抗震设防的制约

抗震设防是建立在现有地震科学水平和经济条件基础上的，制定标准的依据是现有经验和资料（对地震基本烈度的确定，就如同对抗浮设计水位的预测一样，但其准确性比对抗浮设计水位的预测更低）。到目前为止，人类对地震的预测及研究还远未达到能称之为科学（只能称之为艺术）的水平。现有的“中国地震动参数区划图”及相应的地震基本烈度表具有很大的不确定性，在基本烈度较低的地区常发生强烈地震及特大地震，汶川地震、玉树地震等就是很好的说明。

2. 结构设计中，对“罕遇地震”有一个预估的定量标准，就是约比设防烈度地震高一度（设防 6 度时为 7 度强，7 度时为 8 度强，8 度时为 9 度弱，9 度时为 9 度强）。但“罕遇地震”的概念绝不仅仅指比设防烈度高一度的地震，而是指比设防烈度地震高一度及更高的地震。“大震不倒”要求所有进行抗震设计的结构，在遭受不大于预估的罕遇地震时，结构不倒塌；而在遭受比设防烈度高一度以上的强烈地震时，结构也能做到不倒塌；在超强地震（极罕遇地震）时，这个“不倒塌”可以是极大的变形而接近倒塌也就是“缓倒塌”，以给逃生留出足够的时间，确保人员生命安全。试想汶川地震中我们的结构要是能做到这一点，那挽救的将是千万个鲜活的生命。由此可见结构设计的重要和每位结构设计者所肩负的重大责任。

3. 近年来，有学者对三水准设防目标存有质疑，并提出承载力按中震设计的要求。编者认为，抗震工程实践表明，三水准设防目标是恰当的、正确的，我们应该有概念自信和技术自信。当然，我们的“大震不倒”设计还可以进一步细化完善。

四、结构设计建议

1. 历次地震证明，我国地震动参数区划图所规定的烈度有很大的不确定性，抗震设计还处在摸索阶段，地震理论还有待完善。地震也是对结构抗震设防的最好检验。汶川地震表明，严格按现行规范进行设计、施工和使用的建筑，在遭遇比当地设防烈度高一度的地震作用时，没有出现倒塌破坏，也验证了“大震不倒”设防目标的正确性。

2. 应正确认识抗震设防烈度，设防烈度的高低并不完全说明地震的强弱。以汶川地震为例，按 1990 中国地震动参数区划图规定的基本烈度及《建筑抗震设计规范》GB 50011—2001（2008 年版），汶川位于基本烈度 7 度（0.10g）第一组地区，可震中实际烈度为 11 度；玉树地震也一样，按 1990 中国地震动参数区划图规定的基本烈度及《建筑抗震设计规范》GB 50011—2001（2008 年版），玉树位于基本烈度 7 度（0.10g）第一组地区，可震中实际烈度为 9 度。

3. 理论研究和震害调查表明，地震的不可预知性或难以预知性是不争的事实，多次强烈地震均发生在抗震设防的低烈度地区。因此，对设防烈度较低地区的房屋，切不可因为设防烈度低而放松抗震设防要求。基本设防烈度高的地区，发生罕遇地震的概率相对较低，即便发生较为强烈的地震时，也由于本身设防烈度比较高，抗震措施到位，结构抵抗强烈地震的能力也较强，一般不会造成人员重大伤亡和财产的巨大损失；而对于基本设防烈度较低的地区，由于其分布范围广，发生罕遇地震的概率相对较高，还由于本身设防烈度比较低，结构抵抗强烈地震的能力也较弱，一旦发生强烈地震，就会造成人员重大伤亡和财产的巨大损失。从某种意义上说，在低烈度区更应加强抗震概念设计并采取有效的抗震措施，确保“大震不倒”这一基本性能目标的实现。

4. 抗震设防烈度是结构抗震设防的基本依据，考虑“依据”的不准确性，在结构的抗震设计中应抓大放小，重概念轻精度。抗震设计的重点就是要关注承载力、刚度和延性（图 1.0.1-1）。

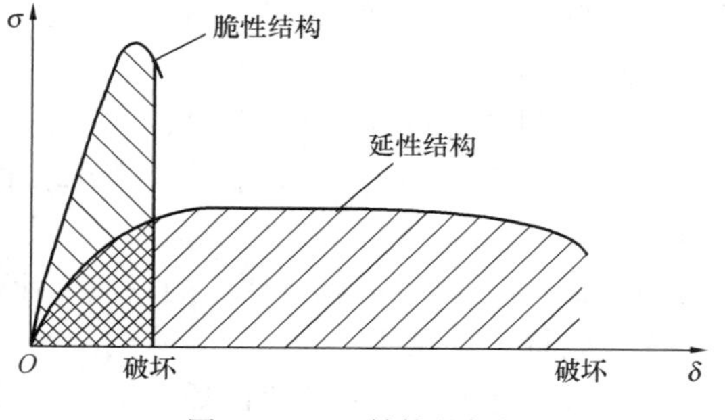

图 1.0.1-1 结构的耗能

五、相关索引

抗震性能设计的原则和设计指标见《抗震标准》第3.10节及其附录M。

第1.0.2条

一、标准的规定

1.0.2 抗震设防烈度为6度及以上地区的建筑，必须进行抗震设计。

二、对标准规定的理解

1.《抗震通规》的相关规定见其第1.0.2条。要求处于抗震设防地区的所有新建建筑工程必须进行抗震设计。隔震及消能减震设计也属于抗震设计的内容。

2. 抗震设防烈度为6度时，按《抗震标准》采取相应抗震措施后，尽管其抗震能力仍然很低（地震作用效应较小），但与不设防时相比有实质性的提高（采取相应的抗震措施后，房屋的变形能力即延性有很大的提高）。

3. 抗震设计包括抗震计算和抗震措施两部分内容，对规范规定的特殊建筑，也可只采取抗震措施（可不进行地震作用计算）。

第1.0.3条

一、标准的规定

1.0.3 本规范适用于抗震设防烈度为6度、7度、8度和9度地区建筑工程的抗震设计以及隔震、消能减震设计。建筑的抗震性能化设计，可采用本规范规定的基本方法。

抗震设防烈度大于9度地区的建筑及行业有特殊要求的工业建筑，其抗震设计应按有关专门规定执行。

注：本规范"6度、7度、8度、9度"即"抗震设防烈度为6度、7度、8度、9度"的简称。

二、对标准规定的理解

1.《抗震标准》适用于抗震设防烈度为6度、7度、8度和9度地区建筑工程的抗震设计。

2.《抗震标准》适用于抗震设防烈度为6度、7度、8度和9度地区建筑工程的隔震、消能减震设计。

3. 建筑的抗震性能化设计，可采用《抗震标准》规定的基本方法，根据工程的具体情况，对抗震性能目标及结构措施进行细化完善，并进行相应的审查。

4. 抗震设防烈度大于9度地区的建筑（民用建筑工程及工业建筑工程），其抗震设计应按有关专门规定执行，可参考执行《地震基本烈度十度区建筑抗震设防暂行规定》[(89)建抗字第426号]。

5. 抗震设防烈度为6度、7度、8度和9度地区的工业建筑，应区别对待：

1）因生产工艺对结构设计有特殊要求的工业建筑，其抗震设计应按有关专门规定执行。

2）对结构设计没有特殊要求的一般工业建筑，可按《抗震标准》进行抗震设计。

三、结构设计建议

1.《抗震标准》有其相应的适用范围，对抗震设防烈度大于9度地区的建筑、有特殊工艺要求的工业建筑等，应仔细研究并执行其他相关规范。

2. 建筑工程的隔震设计，虽不完全属于“抗震”的范围，但隔震后建筑仍应满足抗震设计的相关要求，因此，隔震与抗震密不可分。

四、相关索引

1. 抗震性能设计的基本方法见《抗震标准》第3.10节及附录M和《高规》第3.11节。

2. 隔震设计要求见《抗震标准》第12章。

第1.0.4条

一、标准的规定

1.0.4 抗震设防烈度必须按国家规定的权限审批、颁发的文件（图件）确定。

二、对标准规定的理解

本条规定的目的在于规范抗震设防烈度的确定过程，涉及的是结构抗震设计的依据性文件，一般情况下与结构的抗震设计本身关系不大。

第1.0.5条

一、标准的规定

1.0.5 一般情况下，建筑的抗震设防烈度应采用根据中国地震动参数区划图确定的地震基本烈度（本规范设计基本地震加速度值所对应的烈度值）。

二、对标准规定的理解

本条明确了建筑的抗震设防烈度应根据《抗震标准》附录A确定。

三、结构设计的相关问题

1.《建筑抗震设计规范》GB 50011—2001（2008年版）在确定抗震设防烈度时，实行“双轨制”，即一般情况下采用规范规定的设防烈度，在一定条件下，可由“地震小区划”确定，即可采用经国家有关主管部门规定的权限批准发布的、供设计采用的抗震设防区划的地震动参数（如地面运动加速度峰值、反应谱值、地震影响系数曲线和地震加速度时程曲线等）。

2. 在实际执行过程中，当“地震小区划”参数低于《抗震标准》规定时，常被要求按“地震小区划”参数进行结构抗震设计。本条规定明确了“地震小区划”不再作为确定抗震设防烈度的依据。

3. 关于地震安全性评价见本书第3.1.1条。

四、结构设计建议

应区分“地震小区划”与地震安全性评价的关系。

第1.0.6条

一、标准的规定

1.0.6 建筑的抗震设计，除应符合本规范要求外，尚应符合国家现行有关标准的规定。

二、对标准规定的理解

《抗震标准》只对结构（含非结构构件）的抗震设计作出了规定，而抗震设计只是结构设计的一部分，抗震设计以外的内容，应执行国家现行相关标准的规定。

三、结构设计的相关问题

结构设计中，经常会被问及是否《抗震标准》没有规定的内容就可以不验算等。其实，结构的抗震设计只是结构设计的一部分，抗震设计的建筑也要考虑非地震组合，也要执行如《荷载规范》《混凝土标准》和《高规》等国家现行标准。

2 术语和符号

说明：

正确理解标准中关键术语的概念对理解和正确应用标准十分重要。在本章中标准还特别强调了抗震概念设计的问题。

2.1 术　　语

要点：

《抗震标准》强调了建筑抗震概念设计，明确了抗震措施和抗震构造措施的区别。抗震构造措施只是抗震措施的组成部分之一。同一工程中，其抗震措施和抗震构造措施的抗震等级可以不同。

第 2.1.1 条

一、标准的规定

2.1.1 抗震设防烈度　seismic precautionary intensity

按国家规定的权限批准作为一个地区抗震设防依据的地震烈度。一般情况，取 50 年内超越概率 10%的地震烈度。

二、对标准规定的理解

对于某一特定地区，抗震设防烈度是该地区抗震设防的依据，应按国家有关规定确定，不能随意提高或降低（尤其不能随意降低）。

三、结构设计建议

1. 抗震设防烈度可按《抗震标准》附录 A 确定。

2. 注意抗震设防烈度与抗震设防标准的关系（见第 2.1.2 条）。

四、相关索引

1. 关于抗震设防烈度的其他规定见《抗震标准》第 1.0.4、1.0.5 条和第 3.2.4 条。

2. 抗震设防标准见《抗震标准》第 2.1.2 条。

第 2.1.2 条

一、标准的规定

2.1.2 抗震设防标准　seismic precautionary criterion

衡量抗震设防要求高低的尺度，由抗震设防烈度或设计地震动参数及建筑抗震设防类别确定。

二、对标准规定的理解

1. 对于某一特定地区，抗震设防烈度是一定的，但该地区建筑的使用功能、规模及重要性各不相同。因此，对每一建筑而言，其抗震设防的标准也不一定相同。

2. 抗震设防标准是衡量建筑抗震能力高低的综合尺度，既取决于建设地点预期地震影响强弱的不同，也取决于建筑抗震设防分类的不同和场地条件的影响。

3. 标准规定的抗震设防标准是满足设防要求的最低标准，具体工程的设防标准可按业主的要求提高（但不得降低）。

三、结构设计的相关问题

1. 标准条文中未提及的场地类别，也是影响抗震设防标准的重要因素。当为Ⅰ类场地、丙类建筑时，抗震构造措施可降低；当7度（0.15g）、8度（0.30g）遇有Ⅲ、Ⅳ类场地时，应加强抗震构造措施。

2. 由于标准条文中一般只提及“烈度”，造成结构设计中容易混淆本地区抗震设防烈度与抗震设防标准的概念。

3. 与本地区抗震设防烈度一样，抗震设防标准中需要预估建设地点地震影响的强弱，这种预估的准确性同样取决于现有地震科学水平。

四、结构设计建议

1. 影响房屋抗震设防标准的主要因素有：本地区抗震设防烈度（如6度、7度、8度、9度）、设计地震动参数（如0.05g、0.10g、0.15g、0.20g、0.30g、0.40g）及建筑抗震设防类别（甲、乙、丙、丁类）。

2. 应特别注意7度（0.15g）、8度（0.30g）和甲、乙、丁类建筑及Ⅰ、Ⅲ、Ⅳ类场地的情况，当为甲、乙类建筑时，抗震措施要提高；当为丁类建筑时，抗震构造措施可降低；当为7度（0.15g）、8度（0.30g）及Ⅲ、Ⅳ类场地时，抗震构造措施要加强。

3. 以关于抗震设防烈度与抗震设防标准的工程实例说明如下 。

【例2.1.2-1】

1）工程概况：北京某工程位于北京科技园区（稻香湖），由灾备中心、研发中心等部分组成，总建筑面积约25万m^2（图2.1.2-1）。

2）结构抗震设计基本情况：工程属于使用功能有特殊要求（要求地震时不损坏信息

图2.1.2-1 工程效果图

系统和重要设备）的重要建筑。根据设计任务书（经有关部门批准）要求，本工程为乙类建筑，场地类别为Ⅲ类。其中灾备中心应按设防烈度9度（0.40g）设计。

3）本地区抗震设防烈度为8度，设计基本地震加速度为0.20g，设计地震分组为第一组。

4）本工程的抗震设防标准：依据设计任务书要求，灾备中心按9度（按丙类建筑设计，注意，此处考虑按9度进行抗震设计后，地震作用已有很大的提高，故不再要求按乙类建筑设计）要求进行抗震设计，其中的9度要求，应理解为抗震设防标准的提高（地震作用及抗震措施从8度提高至9度，而不是对本地区抗震设防烈度的提高）。本工程的其他区段按8度乙类建筑设计。

五、相关索引

1. 建筑抗震设防类别见《抗震标准》第3.1.1条。
2. 建筑的场地类别见《抗震标准》第4.1.6条。
3. 建筑的场地类别对抗震设防标准的影响见《抗震标准》第3.3.2条和第3.3.3条。

第2.1.3条

一、标准的规定

2.1.3 地震动参数区划图 seismic ground motion parameter zonation map

以地震动参数（以加速度表示地震作用强弱程度）为指标，将全国划分为不同抗震设防要求区域的图件。

二、对标准规定的理解

1. 标准明确说明地震动参数是以加速度作为主要指标来表示地震作用的强弱程度。但地震作用不仅有加速度的作用，还包括地震动的速度和位移的作用等。

2. 当结构的基本周期位于设计反应谱的加速度控制段时（如对于基本周期不大于$5T_g$或3.5s的结构），地震作用主要受加速度的影响，一般情况下，可采用基于加速度反应谱的振型分解反应谱法计算。

3. 当结构的基本周期位于设计反应谱的速度（或位移）控制段时（如对于$T>5T_g$的长周期结构，地震动态作用中的地面运动速度和位移往往对结构具有更大的影响），基于加速度反应谱的振型分解反应谱法无法对此作出准确估计（出于安全考虑，在结构设计中采用楼层最小地震剪力控制），必要时也可采用基于位移（或速度）反应谱（由地面加速度反应谱得到）的振型分解反应谱法或时程分析法计算。

三、相关索引

《抗震标准》的相关规定见第5.2.5条。

第2.1.4条

一、标准的规定

2.1.4 地震作用 earthquake action

由地震动引起的结构动态作用，包括水平地震作用和竖向地震作用。

二、对标准规定的理解

1. 地震引起的地震动是建筑物承受地震作用的根源。地震时，地震波使地面发生强烈振动，导致地面上原来静止的建筑物发生强迫振动。

2. 地震作用是由于地面运动引起结构反应而产生的惯性力，其作用点在结构的质量中心。地震作用是一种动态的间接作用过程，地震作用的大小与地震强弱、震源的远近、场地特性、建筑物的自身特点（如质量及刚度的分布情况、结构的规则性情况）等多种因素密切相关。

3. 地震对结构的作用（与结构的刚度有关）与荷载对结构的影响（与结构的刚度无关）不同。

三、结构设计的相关问题

1. 地震的传播与地震作用的特点：

2008 年 5 月 12 日，四川汶川地区发生特大地震，波及陕西、甘肃、云南等地。地震波由震源（震中）传向四面八方，地震时由震源同时发出两种波，一种是纵波，一种是横波（图 2.1.4-1）。

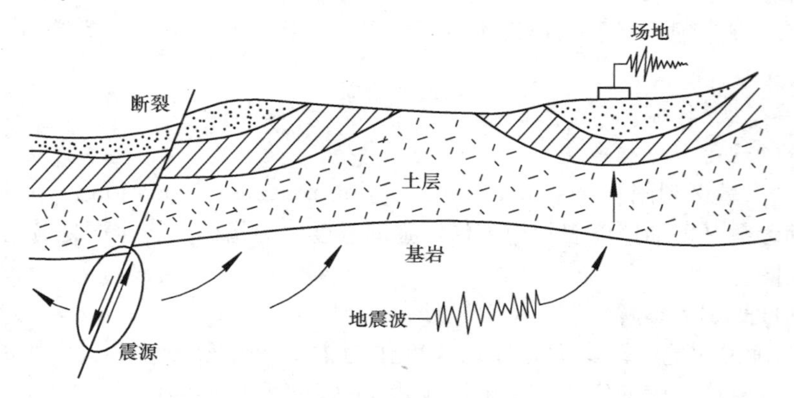

图 2.1.4-1 地震波的传播过程

纵波也叫压缩波或 P 波，其能量的传播方向与波的前进方向是一致的，相邻质点在波的传播方向作压缩与拉伸运动，就像手风琴伸缩一样。当纵波垂直向上传播时，物体受到竖向的拉压作用，因此，地面的自由物体会下陷或上抛。纵波的周期短、振幅小、波速快，在地壳内一般以 500～600m/s 的速度传播。

横波也叫剪切波或 S 波，它使质点在垂直于波的前进方向作相互的剪切运动，就像彩带的质点运动一样，当横波的传播方向与地面垂直时，横波使地面物体作水平摇摆运动。与纵波相比，横波的周期长、振幅大、波速慢，在地壳内一般以 300～400m/s 的速度传播。

纵波与横波的传播速度不同，纵波比横波传播的速度快，但衰减也快，因此纵波先到达场地，横波随后到达。震中附近的人先感到上下运动，有时甚至被抛起（即地震加速度大于重力加速度 g），尔后才感觉到左右摇晃运动，站立不稳。纵波的衰减较快，因而其影响范围往往不及横波。基于上述情况，除震中外，抗震理论主要考虑横波的剪切作用，而纵波的拉压影响只在某些特定的结构情况下才需要考虑。

地震波在基岩和地表土层中的传播和衰减的速度各不相同，因此，地震波首先到达建筑场地下的基岩，再向上传播到达地表（注意，理论和实测表明，地表土对地震加速度起放大的作用，一般土层中的加速度随距地面深度的增加而递减，基岩顶面的覆盖土层越厚、土层越软，地表面处的地震加速度比基岩面的地震加速度放大作用越明显，一般情况下，基岩面的地震加速度代表值约为地面的 1/2)，由于地震波穿过的岩、土层的性质与厚度不同，地震波到达地表时，经过土、岩的滤波作用，地震波的振幅与频率特性也各不相同，因此，地质条件和距震源的远近不同，场地的地面运动也不一样。

由于地震波是在成层的岩、土中传播，在经过不同的层面时，波的折射现象使波的前进方向偏离直线。一般情况下，岩、土层的剪变模量和剪切波速都有随深度增加的趋势，从而使波的传播方向形成向地表弯转的形式，在地表的相当厚度之内，可以将地震波看成是向上（由基岩向地表，使地面物体作水平摇摆运动）传播的（图 2.1.4-1），因此，《抗震标准》以地震波垂直向上传播的理论（即水平地震作用）为基本假定。

2. 地震作用有其特有的规律，掌握其传播的规律对理解地震作用的过程、把握地震作用对建筑物的影响有重要意义。了解地震科学的研究现状和地震作用的复杂性，有助于把握结构抗震设计的要点，抓住结构抗震设计的关键，并有助于理解加强建筑抗震概念设计和抗震构造的重要性。

3. 地面以上建筑物的运动实际上是由地面运动（由地面以下地震波引起的地面水平运动）和地面以上建筑的运动（建筑物对地面地震波的响应）两部分组成的，地震时人在房间内感觉到的位移是地面运动的位移 Δ_G 和建筑物的地震位移 Δ_s 的叠加，是绝对位移值。而我们通常所说的结构弹性层间位移角 θ_E 仅是指上部结构的地震位移角，把建筑物的下端看成是没有位移的固定端来考虑，比实际位移小许多。

以西安为例，该地区设防烈度为 8 度，汶川地震时西安地区的烈度约为 6.5 度，处在结构抗震设计的多遇地震作用范围内，结构处于弹性状态，结构的弹性位移角没有超过规范的限值。按计算，位于某抗震墙结构第 20 层处的水平位移最大值为 57000/1000＝57mm（楼层离地面高度按 57m 计算），而人所感觉到的实际位移要比 57mm 大许多，除因地震时人的恐惧而夸大了地震位移外，还有一个重要的原因就是地震时人们感觉到的是绝对位移，是地面运动的位移与建筑物弹性或弹塑性位移的叠加。

4. 基岩埋深越大，上覆土层越厚，土质越疏松，则由基岩输入的地震动穿过这种较厚的软弱土层到达地表时，会产生较强的地面震动。实测资料及计算结果表明，场地土对地震动峰值加速度有明显的放大作用，多遇地震时的放大倍数高达 2 左右。但随着输入地震动峰值加速度的增大，场地土对地震动的放大作用效应不是线性变化的，峰值加速度到达某一较大值后，受软弱土的非线性变形特性的影响，大量地震能量的耗散，使得地表地震动幅值降低，对于发生概率较小的地震动（如罕遇地震），场地放大作用减小，甚至表现为使地震动缩小。但长周期段反应谱放大效应增加，特征周期显著延长。

5. 软厚土层场地的放大作用使从基岩输入的地震动通过各土层时被增强，同时土层的滤波作用可能导致穿过土层的地震波的优势周期与场地以及建筑物的自振周期一致，形成共振，从而加重灾害。1976 年 7.8 级的唐山地震中，天津的塘沽、汉沽等滨海地区，由于覆盖土层较厚、淤泥质夹层厚度大且埋深浅，造成地震时震害加重，形成高烈度异常区。抗震设计时，针对软土的放大与滤波作用，可采取适当的措施减轻或避免软土场地对建筑物的危害，如软土地基深开挖（一般指开挖深度超过 5m）。研究表明，实施软土地基深开挖后，水平向地震动峰值加速度可降低 17％～27％（见《抗震标准》第 5.2.7 条），竖向地震动峰值加速度可降低 7％～18％。

6. 对于基础坐落在基岩上的高层建筑，覆土层对地震波的放大作用很小，可按基岩波设计，并留有适当的余地。

第 2.1.5 条

一、标准的规定

2.1.5 设计地震动参数 design parameters of ground motion

抗震设计用的地震加速度（速度、位移）时程曲线、加速度反应谱和峰值加速度。

二、对标准规定的理解

依据《中华人民共和国防震减灾法》，“地震动参数”是“以加速度表示地震作用强弱程度”。

三、相关索引

1. 关于地震动参数的选取和利用，见《抗震标准》第 5.1.2 条。

2. 关于地震动参数区划图，见《抗震标准》第 2.1.3 条。

第 2.1.6 条

一、标准的规定

2.1.6 设计基本地震加速度 design basic acceleration of ground motion

50 年设计基准期超越概率 10%的地震加速度的设计取值。

二、对标准规定的理解

设计基本加速度为结构抗震设计的依据，按《抗震标准》附录 A 取值或依据地震安全性评价报告确定。

第 2.1.7 条

一、标准的规定

2.1.7 设计特征周期 design characteristic period of ground motion

抗震设计用的地震影响系数曲线中，反映地震震级、震中距和场地类别等因素的下降段起始点对应的周期值，简称特征周期。

二、对标准规定的理解

1. 特征周期是结构抗震设计计算中，反映地震能量、传播规律及场地特性的综合指标。

2. 特征周期是地震动反应谱特征周期的简称，又可简称为设计特征周期。

三、结构设计的相关问题

场地特征周期对地震作用计算影响很大，结构设计中应特别注意对位于场地类别分界线附近（指相差±15%的范围）时特征周期的选用。

四、相关索引

《抗震标准》关于特征周期的其他相关规定见第 3.2.1、4.1.6 条和第 5.1.4 条。

第 2.1.8 条

一、标准的规定

2.1.8 场地 site

工程群体所在地，具有相似的反应谱特征。其范围相当于厂区、居民小区和自然村或不小于 1.0km^2的平面面积。

二、结构设计的相关问题

1. 建筑场地指建筑物所在的区域，其范围大致相当于厂区、居民点和自然村的区域，一般不应小于 0.5km^2。在城市中，大致为 1.0km^2的范围，场地在平面和深度方向的尺度与地震波的波长相当。

2. 场地土是指场地区域内自地表向下深度在 20m 左右范围内的地基土。表层场地土的类型与性状对场地反应的影响比深层土大。

3. 建筑场地和场地土是结构抗震设计中的重要概念。相对于建筑物而言，场地是一个较为宏观的范围，它反映的是特定区域内岩土对基岩地震波的滤波和放大作用，是研究场地地面运动的依据，也是研究建筑物抗震设计的基础。

三、相关索引

《抗震标准》关于场地的具体规定见第 4.1 节。

第 2.1.9 条

一、标准的规定

2.1.9 建筑抗震概念设计 seismic concept design of buildings

根据地震灾害和工程经验等所形成的基本设计原则和设计思想，进行建筑和结构总体布置并确定细部构造的过程。

二、对标准规定的理解

1. 抗震设计主要内容

抗震设计主要应包括：概念设计、抗震计算（是对地震作用的定量分析，包括荷载计算、地震作用计算和抗力计算等）和抗震措施（包括抗震构造措施）。

2. 什么是抗震概念设计

抗震概念设计就是把地震及其影响的不确定性和规律性结合起来，设计时应着眼于结构的总体反应，依据结构破坏机制和破坏过程，灵活运用抗震设计准则，从一开始就全面合理地把握好结构设计的本质问题（如把握好总体布置、结构体系、承载能力与刚度分布、结构延性等），顾及关键部位的细节，力求消除结构中的薄弱环节（或对关键部位制定明确的抗震性能目标），从根本上保证结构的抗震性能。

3. 为什么要进行抗震概念设计

1）实际地震的不可预知性

（1）实际地震的大小是现有科学水平难以准确预估的，虽然在确定设防烈度区划图时尽量体现了科学性、准确性，但由于可供统计分析的历史地震资料有限，地震理论还有待完善，因此，在一定地区发生超过设防烈度的地震是完全有可能的。

（2）同一建筑场地的地面运动存在不确定性，不同性质的地面运动对建筑的破坏作用也不相同。地震动随震源机制、震级大小、震中距和传播途径中土层性质不同等多种因素而变化。

2）抗震设计的三水准设防目标及两阶段设计步骤的要求

(1)“小震不坏、中震可修、大震不倒”是基本的抗震设防目标。

(2) 所有结构的抗震设计（地震作用计算及结构构件的承载力抗震验算），能满足第一水准（即“小震不坏”）要求。

(3) 对大多数结构而言，需要通过概念设计和抗震构造措施来满足第二、第三水准（即“中震可修、大震不倒”）的设防要求。

(4) 对强烈地震时易倒塌的结构、有明显薄弱层的不规则结构（如特别不规则结构等）及其他有特殊要求的建筑，则更需要抗震概念设计来进行结构薄弱部位的弹塑性层间变形验算，并采取相应的抗震构造措施，以实现第二、第三水准的设防要求。

4. 抗震概念设计应把握的重点问题

1）体系问题是结构设计应把握的头等重要的问题，应注意体系的合理性问题，优先采用抗震能力强、延性好、耗能能力强、便于施工的具有多道防线的结构体系（如采用设置耗能连梁的抗震墙结构、框架-抗震墙结构、框架-筒体结构等，避免采用抗震能力较低的板柱-抗震墙结构、框架结构，尤其是单跨框架结构等）。注意对承载力和刚度及延性的合理把握，并应采用合理的地基基础方案。

2）结构布置问题：应采用概念清晰、传力路径明确的结构布置形式，避免造成结构扭转、平面和立面的里出外进、竖向传力构件的间断等其他不规则。注意把握抗震墙的合理间距问题、结构的协同工作问题、上部结构与地基基础的协调变形问题等。

3）结构抗震设计的关键部位。注意对结构体系的关键部位、结构构件等关键部位的把握，实现“强剪弱弯、强柱弱梁、强节点弱杆件及强柱根”的设计理念。注意对加强部位（竖向构件的加强部位、楼面结构的加强部位、地基基础的加强部位等）的把握。

5. 如何做好抗震概念设计

1）抗震概念设计应依托抗震设计的基本理论和清晰的力学概念，应注重对地震灾害的调查及对地震经验的总结，注意发现并改进抗震设计方法，注重抗震设计实效。

2）抗震概念设计要求结构设计人员依据在学习和实践中所建立的正确概念，运用正确的思考和判断力，正确和全面地把握结构的整体性能，并依据对结构特性（承载能力、变形能力、耗能能力等）的正确把握，合理地确定结构的总体布置与细部构造。

3）抗震设计应考虑地震及其影响的不确定性和相关规律性。尽管地震影响具有不确定性，但震害调查分析表明其也具有一定的规律性：

(1) 一般情况下，震级大、震中距小时，对较刚性建筑物的破坏大；当震级大、震源深时，对远距离、较柔性的建筑物影响大。

(2) 场地条件（场地类别、覆盖层厚度等）也直接影响结构地震作用效应的大小。

4）由于地震的不确定性、地震作用效应的复杂性以及计算模型与实际情况的差异，抗震设计不能仅依赖计算。概念设计是影响结构抗震性能的最重要因素。

三、结构设计的相关问题

1. 历次地震表明，我国地震动参数区划图所规定的烈度有很大的不确定性，抗震设计还处在摸索阶段，地震理论还有待完善。重视建筑抗震概念设计，是抗震设计应把握的要点。从某种意义上说，抗震概念设计也是对地震理论不完善所采取的弥补措施。

2. 地震是对结构抗震设防及设计的最好检验，重视工程经验，重视震害分析，对把握抗震设计的意义重大。

3. 结构抗震设计应“重概念轻精度”，重视建筑和结构的总体布置，完善结构的细部构造。

4. 结构概念设计不是拒绝进行复杂结构设计，而是要求在处理复杂结构设计时明确：什么是结构设计的最佳选择，采用不合理的结构方案或结构布置可能会带来什么样的后果，需要采取哪些补救或加强措施，并对这些措施的合理性和有效性作出客观的评价，以保证结构性能目标的实现，确保房屋安全。结构概念设计不是指手画脚的空洞说教，而是具有丰富内涵的实实在在的工作。

第 2.1.10 条

一、标准的规定

2.1.10 抗震措施　seismic measures

除地震作用计算和抗力计算以外的抗震设计内容，包括抗震构造措施。

二、对标准规定的理解

1. “地震作用计算和抗力计算”可理解为“抗震计算”，指《抗震标准》第 5 章所规定的计算，不同于结构设计中的上机计算。结构设计中的“上机计算”包括上述“地震作用计算和抗力计算”及计算程序按规范要求所进行的效应放大和配筋调整等计算内容。

2. 《抗震标准》中包括一般规定、计算要点、抗震构造措施、设计要求等内容，其中对于一般规定及计算要点中对于地震作用效应（内力和位移）调整的规定均属于抗震措施。而设计要求中的规定包含有抗震措施及抗震构造措施，应注意对具体规定加以区分。

3. 混凝土结构、钢结构的抗震措施依据抗震等级确定。

4. 砌体结构的抗震措施，依据房屋高度、结构形式、抗震设防烈度等确定。

5. 其他结构形式房屋的抗震措施，依据结构形式、抗震设防烈度等确定。

第 2.1.11 条

一、标准的规定

2.1.11 抗震构造措施　details of seismic design

根据抗震概念设计原则，一般不需计算而对结构和非结构各部分必须采取的各种细部要求。

二、对标准规定的理解

1. “不需计算”指一般不需按《抗震标准》第 5 章所规定的计算，不包括按《抗震标准》规定所进行的构造设计计算。抗震构造措施用来确保结构的整体性、加强局部薄弱环节并保证抗震计算结果的有效性。

2. 《抗震标准》中包括一般规定、计算要点、抗震构造措施、设计要求等内容，其中的抗震构造措施的内容均属于抗震措施。而设计要求中的规定包含有抗震措施及抗震构造措施，应注意对具体规定加以区分。

3. 混凝土结构抗震构造措施的主要内容：

1）竖向构件的轴压比 u_N 要求；

2）构件的最小截面尺寸要求（如截面最小宽度 b_{min} 、截面最小高度 h_{min} 、截面最小厚度 t_{min} 、剪跨比 λ、跨高比 l_0/h 或 l_n/h 等）；

3）构件的最小配筋率要求（如纵筋的最小配筋率 ρ_{min} 、箍筋的最小配箍率 ρ_{vmin} 、水平分布筋的最小配筋率 ρ_{shmin} 、竖向分布筋的最小配筋率 ρ_{svmin} 、纵筋的最大间距 s_{max} 、纵筋的最小净距 s_{min} 等）；

4）箍筋及加密区要求（如箍筋最小直径 d_{smin} 、箍筋最大肢距 s_{1max} 、箍筋最大间距 s_{max} 、加密区长度等）；

5）抗震墙边缘构件的配筋要求（如约束边缘构件长度 l_c、最小配箍特征值 λ_v 、$\lambda_v/2$ 等）；

6）特一级抗震等级的配筋构造要求；

7）其他相关要求。

4. 混凝土结构、钢结构的抗震构造措施，依据抗震等级确定。

5. 其他结构的抗震构造措施，依据房屋高度、结构形式、抗震设防标准（或抗震设防烈度）等确定。

3 基 本 规 定

说明：

地震作用的特殊性决定了抗震设计与非抗震设计的不同。首先，地震作用不同于一般荷载的作用，地震作用是与场地条件、结构刚度等复杂因素有关的综合作用；其次，抗震设计更强调概念设计，尤其强调建筑设计和建筑结构设计的规则性，强调抗震设计的宏观控制，同时也注重细部设计的重要性，并对构造设计作出详细的规定。

实际地震的大小是现有科学水平难以准确估计的。

3.1 建筑抗震设防分类和设防标准

要点：

抗震设防分类是建筑抗震设计的重要内容，考虑的是我国的实际经济状况，体现的是《中华人民共和国防震减灾法》的基本要求。

对具体工程抗震设防类别的划分关系到地震作用的取值和抗震措施的确定，是抗震设计的依据性指标。

各抗震设防类别建筑的抗震设防标准的调整，对结构抗震设计影响重大，涉及地震作用、抗震措施和抗震构造措施等概念，相互关系错综复杂，影响因素众多。结构设计中应特别注意把握本地区抗震设防烈度和抗震设防标准中所对应烈度的关系。

第 3.1.1 条

一、标准的规定

3.1.1 抗震设防的所有建筑应按现行国家标准《建筑工程抗震设防分类标准》GB 50223 确定其抗震设防类别及其抗震设防标准。

二、对标准规定的理解

《抗震通规》的相关规定见其第 2.1.1、2.3.1 条和第 2.3.2 条。

现行国家标准《建筑工程抗震设防分类标准》GB 50223（以下简称《分类标准》）的相关规定如下。

1. 确定抗震设防类别的总原则：

建筑应根据其使用功能及其重要性分为特殊设防类（甲类）、重点设防类（乙类）、标准设防类（丙类）和适度设防类（丁类）四个抗震设防类别（表 3.1.1-1）。甲类建筑指使用上有特殊设施，涉及国家公共安全的重大建筑工程和地震时可能发生严重次生灾害等特别重大灾害后果，需要进行特殊设防的建筑；乙类建筑指地震时使用功能不能中断或需尽快恢复的生命线相关建筑；丙类建筑指除甲、乙、丁类以外按标准要求进行设防的建筑；丁类建筑指使用上人员稀少且震损不致产生次生灾害，允许在一定条件下适度降低要求的建筑。

建筑工程的抗震设防类别 **表 3.1.1-1**

抗震设防类别	说明
甲类	属于重大建筑工程和地震时可能发生严重次生灾害的建筑
乙类	属于地震时使用功能不能中断或需尽快恢复的建筑
丙类	属于除甲、乙、丁类以外的一般建筑
丁类	属于抗震次要建筑

2. 各抗震设防类别建筑的抗震设防标准，应符合下列要求：

1）标准设防类（丙类），应按本地区抗震设防烈度确定其抗震措施（注：此处指一般情况，当属于《抗震标准》第 3.3.3 条所列情况时，应按规定调整相应的抗震设防标准，提高抗震构造措施）和地震作用，达到在遭遇高于当地抗震设防烈度的预估罕遇地震影响时不致倒塌或发生危及生命安全的严重破坏的抗震设防目标。

2）重点设防类（乙类），应按高于本地区抗震设防烈度一度的要求加强其抗震措施（注：包括抗震措施及抗震构造措施）；但抗震设防烈度为 9 度时应按比 9 度更高的要求采取抗震措施（注：同前）。地基基础的抗震措施，应符合有关规定（注：对地基基础的抗震措施，《抗震标准》第 3.3.2 条有专门规定，一般情况下，可按本地区抗震设防烈度采取相应措施）。同时，应按本地区抗震设防烈度确定其地震作用。

对于被划为重点设防类而规模很小（注：对规模的大小，应根据工程经验确定）的工业建筑（注：本条规定适用于工业建筑，但对民用建筑中的附属建筑，当使用功能与工业建筑相当，尤其是使用人员较少时，也可参考执行），当改用抗震性能较好的材料且符合《抗震标准》对结构体系的要求时，允许按标准设防类设防。

3）特殊设防类（甲类），应按高于本地区抗震设防烈度提高一度的要求加强其抗震措施；但抗震设防烈度为 9 度时应按比 9 度更高的要求采取抗震措施（注：包括抗震措施及抗震构造措施）。同时应按批准的地震安全性评价［注：依据《中国地震局关于贯彻落实国务院清理规范第一批行政审批中介服务事项有关要求的通知》（中震防发〔2015〕59 号）规定，甲类建筑应进行地震安全性评价］的结果且高于本地区抗震设防烈度的要求确定其地震作用。

4）适度设防类（丁类），允许比本地区抗震设防烈度的要求适当降低其抗震措施，但抗震设防烈度为 6 度时不应降低。一般情况下，仍应按本地区抗震设防烈度确定其地震作用。

3.《分类标准》规定不同抗震设防类别的建筑，其地震作用和抗震措施应按表 3.1.1-2 的要求调整。

不同抗震设防类别建筑的抗震设防标准 **表 3.1.1-2**

建筑类别	确定地震作用时的设防标准				确定抗震措施时的设防标准			
	6 度	7 度	8 度	9 度	6 度	7 度	8 度	9 度
甲类建筑	高于本地区设防烈度的要求，其值应按批准的地震安全性评价结果确定				7	8	9	9+
乙类建筑	6	7	8	9	7	8	9	9+
丙类建筑	6	7	8	9	6	7	8	9
丁类建筑	6	7	8	9	6	6	7	8

需要说明的是：

1）表 3.1.1-2 中确定地震作用和抗震措施时不是对本地区设防烈度的调整，而是对设防标准的提高或降低，它影响的只是地震作用的数值和抗震等级的高低。而标准条文中的“烈度”或“设防烈度”应根据标准不同章节和具体规定，确定其是指抗震“设防烈度”还是抗震“设防标准”。如《抗震标准》表 6.1.1 中的“烈度”应理解为“设防烈度”，即本地区抗震设防烈度；而表 6.1.2 中的“设防烈度”应理解为“设防标准”即建筑的抗震设防标准。执行标准规定时应注意区分和把握（为便于读者理解和执行标准，本书中将每条规定中“烈度”的意义予以明确）。

2）地震作用：甲类建筑应按批准的地震安全性评价结果确定，其他各类建筑（乙、丙、丁类）取值同本地区设防烈度对应的设计地震基本加速度值。

3）抗震措施：指除地震作用计算和抗力计算以外的抗震设计内容，包括抗震构造措施；混凝土结构的抗震措施依据抗震设防烈度和抗震等级确定。

4）标准对 7 度（0.15g）和 8 度（0.30g）仍归为 7 度、8 度之列，因此，相应的抗震措施分别按 7 度、8 度为基数确定。注意，这里的 7 度、8 度指“设防烈度”。

5）表 3.1.1-2 中“9＋”是指“应符合比 9 度抗震设防更高的要求”，但不一定是提高一度，需按有关专门规定执行。

6）甲、乙类建筑，本地区设防烈度为 9 度时，抗震措施应符合比 9 度抗震设防更高的要求。

对较小的乙类建筑（如工矿企业的变电所、空压站，水泵房以及城市供水水源的泵房等），当采用抗震性能较差的砖混结构时，这类结构即使提高抗震措施，其抗震能力也不如改变结构材料和结构形式更为有效。因此，当其改用抗震性能较好的钢筋混凝土结构或钢结构时，应允许仍按本地区抗震设防烈度的要求采取抗震措施（表 3.1.1-2 中未按本条调整，设计者可根据工程的具体情况调整）。

7）丁类建筑，地震作用按本地区设防烈度要求确定，标准规定“抗震措施应允许比本地区抗震设防烈度的要求适当降低”（但不一定是降低一度），表 3.1.1-2 中按降低一度考虑。

8）调整后的最低设防标准不低于 6 度。

9）综合考虑场地等其他因素后的抗震设防标准调整见表 3.3.3-2。

10）关于地震安全性评价：

（1）中华人民共和国国务院于 2001 年 11 月 15 日发布《地震安全性评价管理条例》（国务院第 323 号令），全国各省、市、自治区地震局也相继发布实施细则或补充规定，对拟建工程应按国家及地方的具体规定，由具有地震安全性评价资格的相关单位进行地震安全性评价分析，并报地震主管部门审批。

（2）依据《中国地震局关于贯彻落实国务院清理规范第一批行政审批中介服务事项有关要求的通知》（中震防发〔2015〕59 号）的规定，《分类标准》规定的特殊设防类（甲类）房屋建筑工程，需要进行地震安全性评价，不再要求申请人（注：工程建设单位）提供地震安全性评价报告，由审批部门委托有关机构进行地震安全性评价。

4.《分类标准》对建筑抗震设防类别的划分，依据表 3.1.1-3 所列因素综合确定。

确定抗震设防类别应考虑的综合因素 **表 3.1.1-3**

序 号	考 虑 内 容
1	建筑遭受地震损坏时造成的人员伤亡，直接、间接经济损失及社会影响的大小
2	城市的大小和地位、行业的特点、工矿企业的规模
3	使用功能失效后对全局的影响范围大小、抗震救灾影响及恢复的难易程度
4	建筑各区段的重要性有显著不同时，可按区段划分抗震设防类别
5	不同行业的相同建筑，当所处的地位及地震破坏所产生的后果和影响不同时，其抗震设防类别可不相同

5. 不同种类建筑的抗震设防类别：

1）防震救灾建筑（表 3.1.1-4）

防震救灾建筑的抗震设防类别 **表 3.1.1-4**

类别	建 筑 名 称
甲类	三级医院中承担特别重要医疗任务的门诊、医技、住院用房
	承担研究、中试和存放剧毒的高危险传染病病毒任务的疾病预防与控制中心的建筑或其区段
乙类	二、三级医院的门诊、医技、住院用房，具有外科手术室或急诊科的乡镇卫生院的医疗用房，县级急救中心的指挥、通信、运输系统的重要建筑；县级以上的独立采供血机构的建筑
	消防车库及其值班用房
	20 万人口以上的城镇和县及县级市防灾应急指挥中心的主要建筑
	县级市及以上的疾病预防与控制中心的主要建筑（甲类建筑除外）
	作为应急避难场所的建筑

2）基础设施建筑（表 3.1.1-5）

城镇给水排水、燃气、动力建筑的抗震设防类别 **表 3.1.1-5**

类别	建 筑 名 称
乙类	给水建筑工程中，20 万人口以上城镇、抗震设防烈度为 7 度及以上的县及县级市的主要取水设施和输水管线，水质净化处理厂的主要水处理建（构）筑物、配水井、送水泵房、中控室、化验室等
	排水建筑工程中，20 万人口以上城镇、抗震设防烈度为 7 度及以上的县及县级市的污水干管（含合流），主要污水处理厂的主要水处理建（构）筑物、进水泵房、中控室、化验室，以及城市排涝泵站、城镇主干道立交处的雨水泵房等
	燃气建筑中，20 万人口以上城镇、县及县级市的主要燃气厂的主厂房、贮气罐、加压泵房和压缩间、调度楼及相应的超高压和高压调压间、高压和次高压输配气管道等主要设施
	热力建筑中，50 万人口以上城镇的主要热力厂的主厂房、调度楼、中继泵站及相应的主要设施等

3）电力建筑（表 3.1.1-6、表 3.1.1-7）

电力调度建筑的抗震设防类别 **表 3.1.1-6**

类别	建 筑 名 称
甲类	国家和区域电力调度中心
乙类	省、自治区、直辖市的电力调度中心

电厂建筑的抗震设防类别　　表 3.1.1-7

类别	建　筑　名　称
乙类	单机容量为 300MW 及以上或规划容量为 800MW 及以上的火力发电厂和地震时必须维持正常供电的重要电力设施的主厂房、电气综合楼、网控楼、调度通信楼、配电装置楼、烟囱、烟道、碎煤机室、输煤转运站和输煤栈桥、燃油和燃气机组电厂的燃料供应设施
	330kV 及以上的变电所和 220kV 及以下枢纽变电所的主控通信楼、配电装置楼、就地继电器室；330kV 及以上的换流站工程中的主控通信楼、阀厅和就地继电器室
	供应 20 万人口以上规模的城镇集中供热的热电站的主要发配电控制室及其供电、供热设施
	不应中断通信设施的通信调度建筑

4）交通运输建筑（表 3.1.1-8～表 3.1.1-12）

铁路建筑的抗震设防类别　　表 3.1.1-8

类别	建　筑　名　称
乙类	高速铁路、客运专线（含城际铁路）、客货共线Ⅰ/Ⅱ级干线和货运专线的铁路枢纽的行车调度、运转、通信、信号、供电、供水建筑，以及特大型站和最高聚集人数很多的大型客运候车楼

公路建筑的抗震设防类别　　表 3.1.1-9

类别	建　筑　名　称
乙类	高速公路、一级公路、一级汽车客运站和位于抗震设防烈度 7 度及以上地区的公路监控室，一级长途汽车站客运候车楼

水运建筑的抗震设防类别　　表 3.1.1-10

类别	建　筑　名　称
乙类	50 万人口以上城市、位于抗震设防烈度 7 度及以上地区的水运通信和导航等重要设施的建筑，国家重要客运站，海难救助打捞等部门的重要建筑

空运建筑的抗震设防类别　　表 3.1.1-11

类别	建　筑　名　称
甲类	航管楼应高于乙类
乙类	国际或国内主要干线机场中的航空站楼、大型机库，以及通信、供电、供热、供水、供气、供油的建筑

城镇交通设施的抗震设防类别　　表 3.1.1-12

类别	建　筑　名　称
甲类	在交通网络中占关键地位、承担交通量大的大跨度桥
乙类	处于交通枢纽的其余桥梁（上述甲类除外）、城市轨道交通的地下隧道、枢纽建筑及其供电、通风设施
	城市轨道交通的地下隧道、枢纽建筑及其供电、通风设施

5）邮电通信、广播电视建筑（表 3.1.1-13、表 3.1.1-14）

邮电通信建筑的抗震设防类别 **表 3.1.1-13**

类别	建筑名称
甲类	国际出入口局，国际无线电台，国家卫星通信地球站，国际海缆登陆站
乙类	省中心及省中心以上通信枢纽楼、长途传输一级干线枢纽站、国内卫星通信地球站、本地网通枢纽楼及通信生产楼、应急通信用房
	大区中心和省中心的邮政枢纽

广播电视建筑的抗震设防类别 **表 3.1.1-14**

类别	建筑名称
甲类	国家级、省级的电视调频广播发射塔建筑（当混凝土结构塔的高度＞250m 或钢结构塔的高度＞300m 时）
	国家级卫星地球站上行站
乙类	国家级、省级的电视调频广播发射塔建筑（除甲类外）
	国家级、省级广播中心、电视中心和电视调频广播发射台的主体建筑，发射总功率不小于 200kW 的中波和短波广播发射台、广播电视卫星地球站、国家级和省级广播电视监测台与节目传送台的机房建筑和天线支承物

6）公共建筑和居住建筑（表 3.1.1-15）

公共建筑和居住建筑的抗震设防类别 **表 3.1.1-15**

类别	建筑名称
甲类	科学实验建筑中，研究、中试生产和存放具有高效放射性物品以及剧毒的生物制品、天然和人工细菌、病毒（如鼠疫、霍乱、伤寒和新发高危险传染病等）的建筑； 国家级信息中心建筑（不低于乙类）
乙类	体育建筑中，规模分级为特大型的体育场，大型、观众容量很多的中型体育场［观众座位容量≥30000 人或每个结构区段（注：见下文“结构设计的相关问题”分析）的座位容量≥5000 人］和体育馆（含游泳馆）（观众座位容量≥4500 人）
	文化娱乐建筑中，大型电影院、剧场、礼堂、图书馆的视听室和报告厅、文化馆的观演厅和展览厅、娱乐中心建筑（观众座位≥1200 个或一个区段内上下楼层合计座位明显＞1200 个，同时其中至少有一个座位≥500 个的大厅）
	商业建筑中，人流密集的大型多层商场（一个区段的人流 5000 人，换算的建筑面积约 17000m^2 或营业面积约 7000m^2）
	博物馆和档案馆中，大型博物馆（建筑规模≥10000m^2，一般适用于中央各部委直属博物馆和各省、自治区、直辖市档案馆）、存放国家一级文物的博物馆，特级、甲级档案馆
	会展建筑中，大型展览馆、会展中心（一个区段内的设计容纳人数≥5000 人）
	教育建筑中，幼儿园、学校（注：包括大学及各类成人高校，含中等职业学校、特殊教育学校）的教学用房以及学生宿舍、食堂； 儿童福利机构建筑、养老机构建筑（老年人活动场所）
	电子信息中心的建筑中，省部级编制和贮存重要信息的建筑
	高层建筑中，当结构单元（注：见下文“结构设计的相关问题”分析）内经常使用人数超过 8000 人或建筑面积超过 80000m^{2}时
丙类	居住建筑（不应低于丙类）； 所有仓储式大商场、单层的大商场

7）工业建筑（表3.1.1-16～表3.1.1-18）

煤炭、采油和矿山生产建筑的抗震设防类别　　表3.1.1-16

类别	建筑名称
乙类	采煤生产建筑中，矿井的提升、通风、供电、供水、通信和瓦斯排放系统
乙类	油品储运系统液化气站，轻油泵房及氮气站，长途管道首末站，中间加压泵站油、气田主要供电、供水建筑
乙类	采油和天然气生产建筑中： 大型油、气田的联合站、压缩机房、加压气站泵房、阀组间、加热炉建筑； 大型计算机房和信息贮存库
乙类	采矿生产建筑中： 大型冶金矿山的风机室、排水泵房、变电室、配电室等； 大型非金属矿山的提升、供水、排水、供电、通风等系统的建筑

原材料生产建筑的抗震设防类别　　表3.1.1-17

类别	建筑名称
乙类	冶金工业、建材工业企业的生产建筑中，大中型冶金企业的动力系统建筑，油库及油泵房，全厂性生产管制中心、通信中心的主要建筑
乙类	大型和不容许中断生产的中型建材工业企业的动力系统建筑。 化工和石油化工生产建筑中： 特大型、大型和中型企业的主要生产建筑以及对正常运行起关键作用的建筑； 特大型、大型和中型企业的供热、供电、供气和供水建筑； 特大型、大型和中型企业的通信、生产指挥中心建筑
乙类	轻工原料生产建筑中，大型浆板厂和洗涤原料厂等大型原材料生产企业中的主要装置及其控制系统和动力系统建筑
乙类	冶金、化工、石油化工、建材、轻工业原料生产建筑中，使用或生产过程中具有剧毒、易燃、易爆物质的厂房，当具有泄毒、爆炸或火灾危险性时

加工制造业生产建筑的抗震设防类别　　表3.1.1-18

类别	建筑名称
乙类	航空工业建筑中： 部级及部级以上的计量基准所在的建筑，记录和贮存航空主要产品（如飞机、发动机等）或关键产品的信息所在的建筑； 对航空工业发展有重要影响的整机或系统性能试验设施、关键设备所在建筑（如大型风洞及其测试间，发动机高空试车台及其动力装置及测试间，全机电磁兼容试验建筑）； 存放国内少有或仅有的重要精密设备的建筑； 大中型企业主要的动力系统建筑
乙类	航天工业建筑中： 重要的航天工业科研楼、生产厂房和试验设施、动力系统的建筑； 重要的演示、通信、计量、培训中心的建筑
乙类	电子信息工业生产建筑中： 大型彩管、玻壳生产厂房及其动力系统； 大型的集成电路、平板显示器和其他电子类生产厂房； 重要的科研中心、测试中心、试验中心的主要建筑
乙类	加工制造工业建筑中，生产或使用具有剧毒、易燃、易爆物质且具有火灾危险性的厂房及其控制系统的建筑
乙类	大型的机械、船舶、纺织、轻工、医药等工业企业的动力系统建筑
乙类	机械、船舶工业的生产厂房，电子、纺织、轻工、医药等工业其他生产厂房

8）仓库建筑（表 3.1.1-19）

仓库建筑的抗震设防类别　　　表 3.1.1-19

类别	建筑名称
乙类	储存高、中放射性物质或剧毒物品的仓库
	贮存易燃、易爆物质等具有火灾危险性的危险品仓库
丁类	贮存物品的价值低、人员活动少、无次生灾害的单层仓库

三、结构设计的相关问题

1.《分类标准》第 3.0.1 条中将“由防震缝分开的结构单元”作为确定区段的标准之一，使不少设计人员误以为这里的“一个区段”就是一个结构单元，造成结构抗震设防分类错误。

“一个区段”应该是具有同一建筑功能的相关范围，考察的是人员的聚集程度（注意，人流是否密集是关键），与建筑功能分区及不同区段出口设置有关（分区示例可见图 3.1.1-1），而与结构是否分缝无直接关系（只有当防震缝两侧的结构单元被不同建筑功能分隔时，由防震缝分开的结构单元才碰巧与建筑分隔一致）。很显然，《分类标准》直接将“由防震缝分开的结构单元”列为确定区段的标准值得商榷。

2.《分类标准》第 6.0.11 条规定“高层建筑中，当结构单元内经常使用的人数超过 8000 人时，抗震设防类别宜划分为重点设防类”。其中，以“结构单元”内使用人数的多少作为划分重点设防类别的依据，同样也造成了“区段”与“结构单元”概念的混淆，使设计人员误以为“区段”就是“结构单元”，并导致上述第 1 条中提及的错误分类。

四、结构设计建议

1. 对商业建筑，《分类标准》第 6.0.5 条规定“人流密集的大型的多层商场抗震设防类别应划为重点设防类”。对其中“人流密集的”“大型的”，条文解释为“一个区段人流 5000 人，换算的建筑面积约 17000m^2 或营业面积 7000m^2 以上的商业建筑”，其中的“一个区段”该如何理解？以防震缝作为区段的界限是否合适？

1）包括商业建筑在内的所有各类建筑工程中，抗震设防分类时的“一个区段”指：具有同一建筑功能的相关范围，考察的是人员的聚集程度，与建筑功能分区及不同区段出口有关，不完全是一个结构区段或一个结构单元，与结构是否分缝无直接的关系。分区示意见图 3.1.1-1。

2）以商场为例，主要把握的是其是否属于“人流密集”。“人流密集”时疏散有一定的难度，地震破坏造成的人员伤亡和社会影响很大，在这里“大型商场”是产生“人流密集”的条件。“人流密集”和“大型商场”不会因为结构设缝或增加结构单元而消失（很明显，如果通过结构分缝能减少“人流密集”的现象，那对结构设计而言，一般就不出现乙类建筑）。只有通过建筑手段，对密集人流进行合理分隔和疏导，使每一区段内商业面积不满足“大型商场”的条件、不出现“人流密集”现象，从而无须再按乙类建筑进行抗震设防。

3）以防震缝分开的商业建筑，当每个结构单元均有单独的疏散出入口时，可按每个结构单元的规模分别确定抗震设防类别。

4）有地下商场的建筑，当地下商场有单独对外的疏散出入口（每个区段两个，与地

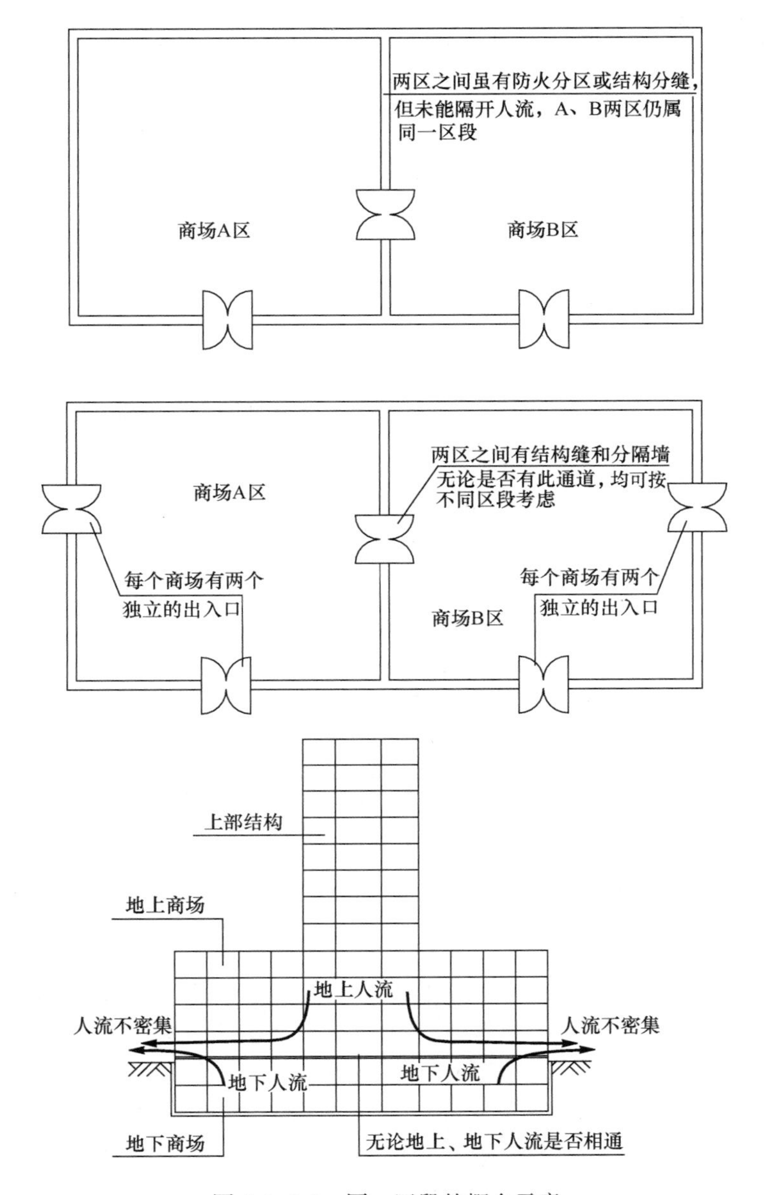

图 3.1.1-1 同一区段的概念示意

上商场在首层不会造成人流密集，无论地上、地下人流是否相通）时，地下商场和地上商场可以分为两个独立的区段。

2. 对高层建筑的抗震设防分类，仍然应该以“人流密集”作为判别标准，而房屋的层数多、面积大等，均是造成“人流密集”的条件，但人流是否密集与结构单元的关系不大。

1）以高层住宅为例，一般情况下，一个结构单元可以有多个建筑户型，不同户型之间可以是互不相干的，而不同的建筑分区及出入口设置有可能造成局部人流集中（图 3.1.1-2）。通过设置防震缝往往不能改变人流集中现象（图 3.1.1-3），可见以结构单元作为判别乙类建筑的最基本要素，并不科学。

2）以防震缝分开的高层建筑，当每个结构单元均有单独的疏散出入口时，可按每个结构单元的规模分别确定抗震设防类别。

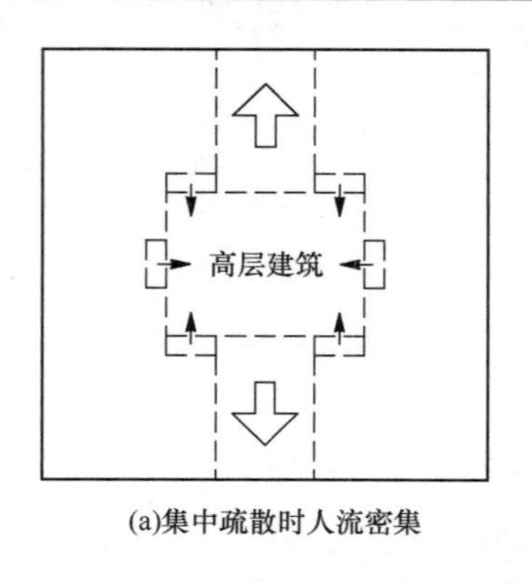

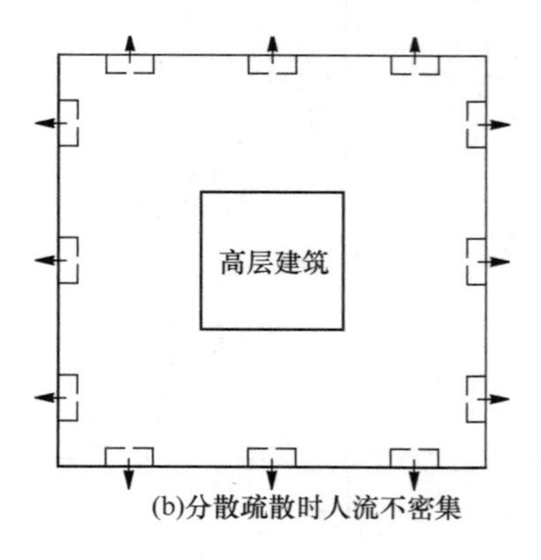

图 3.1.1-2 造成高层建筑人流密集的主要因素

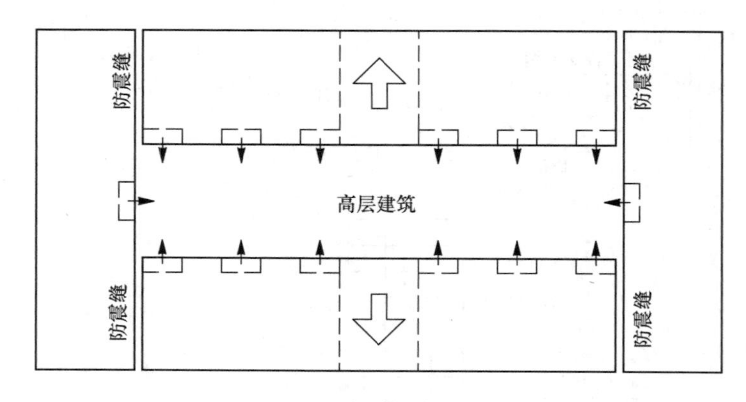

图 3.1.1-3 设置防震缝与人流密集无关

3. 结构可分区段、分部位甚至分构件进行抗震设防分类。在较大的建筑中，若不同区段的重要性及使用功能有显著不同，应区别对待，可只提高某些重要区段的抗震设防类别，而对其他区段不提高，但应注意位于下部的区段，其抗震设防类别不应低于上部区段，抗震设防分类应避免出现头重脚轻的结果（图 3.1.1-4）。

4. 现行标准对某些相对重要的房屋建筑的抗震设防有具体的提高要求，如：《抗震标准》表 6.1.2 中，对房屋高度大于 24m 的框架结构、大于 60m 的框架-抗震墙结构、大于 80m 的抗震墙结构等，其抗震等级比一般多层混凝土房屋有明显的提高；钢结构中房屋高度超过 50m 时，其抗震等级也高于一般多层钢结构房屋。因此，划分建筑抗震设防类别时，还应注意与相关标准的设计要求配套，对按规定需要多次提高抗震设防要求的工程［如乙类建筑，7 度（0.15g），8 度（0.30g）Ⅲ、Ⅳ类场地的工程］，应在某一基本提高要求的基础上适当提高，以避免机械地重复提高抗震设防要求［还应注意局部乙类建筑问题，如图 3.1.1-4（b）所示］。

5. 房屋的建筑抗震设防分类建立在设计者对房屋的功能和重要性程度有充分了解的基础上。对于有特殊功能要求的房屋，可要求建设单位对房屋的重要性（尤其是在其相关行业或领域的重要性）作出判别，便于结构设计人员根据《分类标准》的规定准确分类。

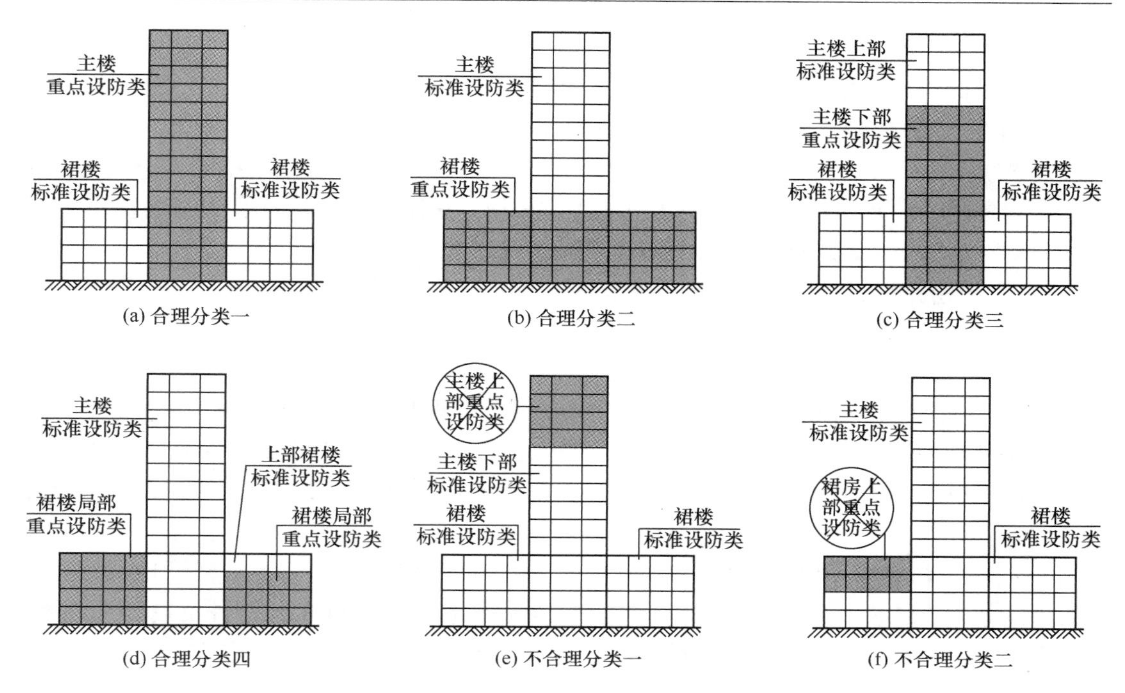

图 3.1.1-4　抗震设防分类的基本原则

第 3.1.2 条

一、标准的规定

3.1.2　抗震设防烈度为 6 度时，除本规范有具体规定外，对乙、丙、丁类的建筑可不进行地震作用计算。

二、对标准规定的理解

1. 抗震设防烈度为 6 度时，《抗震标准》的具体规定见第 4.3.1、4.3.2 条和第 5.1.6 条。

2.《抗震标准》仅规定一般情况下可不进行地震作用计算，但仍需采取相应的抗震措施和抗震构造措施。

3. 随着电算的普及，对抗震设防烈度为 6 度区的建筑工程，也宜进行地震作用计算，并按标准要求采取相应的抗震措施。

三、结构设计的相关问题

对不进行地震作用计算而只采取抗震措施的结构，轴压比计算时，采用非地震组合时的最大轴力设计值，因此，其计算的轴压比有可能大于地震作用计算时的轴压比。

四、相关索引

轴压比计算的相关问题见第 6.3.6 条。

第 3.1.3 条

一、标准的规定

3.1.3　对按规定需编制抗震设防专篇的建筑，应在初步设计阶段编制抗震设防专篇，并在设计文件中明确。

二、对标准规定的理解

1. 本条为 2024 年局部修订新增条文。

2. 按《建设工程抗震管理条例》（中华人民共和国国务院令第 744 号）第十二条的要求（见本书附录一），对下列特殊的建设工程应按规定编制抗震设防专篇：

1）位于高烈度设防区的建设工程；

2）位于地震重点监视防御区的重大建筑工程；

3）地震时可能发生严重次生灾害的建筑工程；

4）地震时使用功能不能中断或者需要尽快恢复的建设工程。

3. 一般情况下，建筑工程抗震设防专篇应包括工程基本情况、设防依据和标准、场地与地基基础的地震影响评价、建筑方案和构配件的设防对策与措施、结构抗震设计概要、附属机电工程的设防对策与措施、施工与安装的特殊要求、使用与维护的专门要求等基本内容。

4. 抗震设防专篇不仅是一个设计文件，还是贯彻落实《建设工程抗震管理条例》相关要求的技术支撑文件，也是依据《建设工程抗震管理条例》确定的一种抗震管理制度，适用于建设工程的全过程（包括设计、施工和使用的全生命周期），对甲方、设计、施工和监理及运营管理等都起到制度性的约束作用，以保障建设工程的抗震安全。

三、结构设计的相关问题

1. 国家地震行政管理部门有关于地震重点监视防御区设置的专门文件，结构抗震设计时应咨询建筑工程所在地的地震局。

2. 一般情况下，抗震设防专篇应在初步设计阶段编制，对于因特殊原因未能在初步设计阶段编制抗震设防专篇的工程，可根据工程实际情况，在施工图设计之前的报建审批方案或可行性研究等阶段完成。

四、相关索引

《建设工程抗震管理条例》（中华人民共和国国务院令第 744 号），见本书附录一。

3.2 地 震 影 响

要点：

《抗震标准》对设计基本地震加速度为 0.15g 和 0.30g 的地区仍归类为 7 度和 8 度。规范在确定场地类别时采用设计地震分组法，基本上反映了近震、中震和远震的影响。

第 3.2.1 条

一、标准的规定

3.2.1 建筑所在地区遭受的地震影响，应采用相应于抗震设防烈度的设计基本地震加速度和特征周期表征。

二、对标准规定的理解

理论研究和地震经验都表明，震中距不同时，反应谱频谱特性并不相同。在同等烈度（以地震加速度划分，而不再依据破坏程度确定）下，处于大震级、远震中距的柔性建筑，其震害要比中小震级、近震中距的情况严重得多。因此，抗震设计时，对同样场地条件、同样烈度的地震，应按震源机制、震级大小和震中距远近等区别对待，并在抗震设计中以“特征周期”（即设计所用的地震影响系数的特征周期 T_g）来表征。

三、相关索引

《抗震标准》关于特征周期的其他相关规定见其第 2.1.7、3.2.3、4.1.6 条和第 5.1.4 条。

第 3.2.2 条

一、标准的规定

3.2.2 抗震设防烈度和设计基本地震加速度取值的对应关系，应符合表 3.2.2 的规定。设计基本地震加速度为 0.15g 和 0.30g 地区内的建筑，除本规范另有规定外，应分别按抗震设防烈度 7 度和 8 度的要求进行抗震设计。

抗震设防烈度和设计基本地震加速度值的对应关系 **表 3.2.2**

抗震设防烈度	6	7	8	9
设计基本地震加速度值	0.05g	0.10（0.15）g	0.20（0.30）g	0.40g

注：g 为重力加速度。

二、对标准规定的理解

《抗震标准》明确将设计基本地震加速度为 0.15g 和 0.30g 的地区仍归类为 7 度和 8 度（这一规定主要考虑现行标准的抗震构造措施均以烈度划分，没有专门针对 0.15g 和 0.30g 地区的抗震构造措施，故需对其进行归类），同时对其还有专门的补充规定。

三、结构设计的相关问题

设计基本地震加速度为 0.15g 和 0.30g 地区的建筑，当位于Ⅲ、Ⅳ类场地时，应按《抗震标准》的相关规定提高抗震构造措施，注意，这里要求的是提高抗震构造措施，而不是抗震措施都提高（即抗震设计中，对应于抗震措施之抗震等级的调整要求不提高）。注意抗震措施与抗震构造措施的区别。

四、相关索引

1. 《抗震标准》对设计基本地震加速度为 0.15g 和 0.30g 地区建筑的专门规定，见其第 3.3.3 条。《抗震通规》的相关规定见其第 2.2.2 条。

2. 关于“抗震措施”与“抗震构造措施”的相关规定及异同，见《抗震标准》第 2.1.10 条和第 2.1.11 条。

第 3.2.3 条

一、标准的规定

3.2.3 地震影响的特征周期应根据建筑所在地的设计地震分组和场地类别确定。本规范的设计地震共分为三组，其特征周期应按本规范第 5 章的有关规定采用。

二、对标准规定的理解

1. 特征周期 T_g 值是计算地震作用的重要参数，它反映了震级、震中距及场地特性的影响。

2. 采用设计地震分组法，基本上反映了近震、中震和远震的影响，并在《中国地震动参数区划图》GB 18306—2015 附录 B 的中国地震动加速度反应谱特征周期区划图

(图 B. 1)的基础上加以调整后确定：

设计地震第一组为区划图 B. 1 中 0. 35s 的区域；

设计地震第二组为区划图 B. 1 中 0. 40s 的区域；

设计地震第三组为区划图 B. 1 中 0. 45s 的区域。

三、相关索引

《抗震标准》关于特征周期的其他相关规定见其第 2. 1. 7、3. 2. 1、4. 1. 6 条和第 5. 1. 4 条。

第 3. 2. 4 条

一、标准的规定

3. 2. 4 我国主要城镇（县级及县级以上的城镇）中心地区的抗震设防烈度、设计基本地震加速度值和所属的设计地震分组，可按本规范附录 A 采用。

二、对标准的理解

1. 设计基本地震加速度依据《中国地震动参数区划图》GB 18306—2015 附录 A 的中国地震动峰值加速度区划图（图 A. 1）确定。

2. 设计地震分组依据《中国地震动参数区划图》GB 18306—2015 附录 B 的中国地震动加速度反应谱特征周期区划图（图 B. 1）确定。

3. 《中国地震动参数区划图》GB 18306—2015 规定了一般建筑工程的抗震设防要求，并首次在全国范围抗震设防，区划图覆盖了全国主要乡镇和街道。《抗震标准》附录 A 包含全国县级及县级以上城镇的中心地区（如城关地区）的抗震设防烈度、设计基本地震加速度和设计地震分组。

三、结构设计的相关问题

近年来，我国积累了大量的地震、地质和地球物理等新资料，在地震构造环境和地震活动特征等方面也有了新的突破。《中国地震动参数区划图》GB 18306—2015 涵盖了全国主要乡镇和街道，然而过于细致的地震区划在行政区域交接处有时也会造成实际工作的混乱（严重时，相隔一条街道甚至一条马路，地震动参数大不相同），机械地按行政区域确定地震动参数也存在一定的不合理性。

四、结构设计建议

抗震设防应着眼于地震地质本身，同时弱化行政区域的影响，结合地震科学研究的实际状况和实际地震的不确定性，地震动参数的区划范围应适当（不宜太小、太细）。实际工程中，应正确确定工程的地震动参数，建议如下：

1. 一般情况下，应按《抗震标准》附录 A 确定。

2. 《抗震标准》附录 A 没有涵盖的乡镇（或街道）的抗震设防烈度、设计基本地震加速度和设计地震分组可按《中国地震动参数区划图》GB 18306—2015 取用，即按附录 A 条文说明规定的方法：由《中国地震动参数区划图》GB 18306—2015 确定的地震动峰值加速度反查抗震设防烈度和设计基本地震动加速度值；由《中国地震动参数区划图》GB 18306—2015 确定的地震动加速度反应谱特征周期反查设计地震分组。

3. 特殊情况（在一定平面范围内，地震地质条件变化剧烈的地区）下，当按《中国地震动参数区划图》GB 18306—2015 取值差异较大时，在行政区域交接处应允许采用插值方法确定（建议参考《抗震标准》第4.1.6条规定的方法，对行政区域分界线附近各0.5km以内的区域按插值确定，应注意，采用此方法前应与施工图审查单位充分沟通协商，并在同意后实施）。

3.3 场地和地基

要点：

合理选择建筑场地，可避免地震时因场地条件的原因造成建筑的破坏，选择有利地段，避开不利地段且不在危险地段上建设。对特殊场地条件，应进行充分的论证分析，以确保地震安全。

第3.3.1条

一、标准的规定

3.3.1 选择建筑场地时，应根据工程需要和地震活动情况、工程地质和地震地质的有关资料，对抗震有利、一般、不利和危险地段作出综合评价。对不利地段，应提出避开要求；当无法避开时应采取有效措施。对危险地段，严禁建造甲、乙类的建筑，不应建造丙类的建筑。

二、对标准规定的理解

1. 本条规定充分体现建筑场地对建筑抗震安全的重要性，以及标准对建筑场地选择的重视程度。

2. 场地土层既是建筑物的支承体（承受上部结构传来的各种荷载），又是传播地震波的介质（图2.1.4-1），场地土的土层条件将影响地表地震动的大小和特征，场地土对基岩波具有滤波和放大作用（从基岩传播过来的周期不同的波群进入地表土层时，土层会使那些与土层固有周期相一致的波群放大并通过，而将另一些与土层固有周期不一致的波群缩小或过滤掉），使坚硬场地的地震动以短周期为主，而软弱场地则以长周期为主，并直接影响建筑物的破坏程度。在地震作用过程中，基础在把地震动传递到上部结构的同时也把建筑物受到的地震作用传回到地基上。

3. 地震造成建筑的破坏，除地震动直接引起的破坏外，场地条件对地震破坏的影响不可小视。地震导致建筑物破坏大致分为以下几种情况：

1）振动破坏。建筑结构在地面运动作用下产生剧烈振动，结构承载力不足、变形过大、连接破坏、构件失稳导致结构整体倾覆破坏。

2）地基失效。结构本身具有足够的抗震能力，在地震作用下不会发生破坏，但由于地基失效导致建筑物破坏或不能正常使用。地基失效可分为下列两种情况：

（1）地震引起的地质灾害（山崩、滑坡、地陷等）及地面变形（地面裂缝或错位等）对上部结构的直接危害。

（2）地震引起的饱和砂土及粉土液化、软土震陷等地基失效，对其上部结构造成破坏。

4. 震害调查表明：

1）不同覆盖层厚度的场地，其上建筑物的震害明显不同。在冲积层最厚的地方（基岩波中的长周期波群得以放大），高层建筑（结构基本自振周期较长）破坏较为严重；在覆盖层厚度中等的一般场地（基岩波中的中等周期波群得以放大），中等高度的一般房屋

(结构基本自振周期适中)破坏比高层建筑严重;在岩石地基上的各类房屋(基岩波未经场地土层滤波和放大)则破坏普遍较轻微。

2)地下水位对建筑物的破坏有明显的影响。地下水位越高,建筑物震害越严重。不同地基中地下水的影响也不同,按软弱土层、黏性土、卵石(碎石或砾石)的顺序其影响由大到小。

3)软土地基上的柔性结构容易遭到破坏,刚性结构表现较好;建筑物的破坏通常是由于结构破坏或地基失效(饱和砂土及粉土液化、软土震陷和地基不均匀沉降等)造成的。

4)坚硬地基上柔性结构表现较好(而刚性结构表现无规律可循),建筑物的破坏一般是由于结构破坏造成的。

5)软土地基上的建筑物破坏比坚硬地基上的破坏严重。

5. 合理地选择对抗震有利的场地,可以避开不利地段及不在危险地段上建设,避免地震引起的地表错动与地裂,地基土不均匀沉陷,滑坡和饱和粉土、砂土的液化等。选择合适的场地是结构抗震设计中一项十分有效、可靠而经济的抗震措施。

结构设计前,设计人员应仔细了解工程场地的地震地质状况,避开不利和危险地段。注意“工程地质”与“地震地质”的不同(对复杂场地条件,应特别注意地震诱发的地质灾害,必要时应委托专门机构进行地震地质灾害性评价),此处以工程实例说明如下。

【例 3.3.1-1】 大连城堡酒店工程边坡地震稳定性评价

1)工程概况:工程地处大连市星海商务中心区,坐落于星海湾东南侧,北靠莲花山,向南俯瞰大海,由两组塔楼及相应裙房组成(图 3.3.1-1),总建筑面积 11.7 万 m^2,地上 21 层,裙房 4 层,地下 3 层为地下停车场(图 3.3.1-2)。本工程位于半山腰(属于特殊的建筑地段)。

图 3.3.1-1 大连城堡酒店工程

2)工程地质及抗震问题:

山坡上的建筑,边坡是否稳定直接影响到建筑物的安全。这里的边坡稳定,不仅仅是工程地质问题,也涉及地震地质问题。

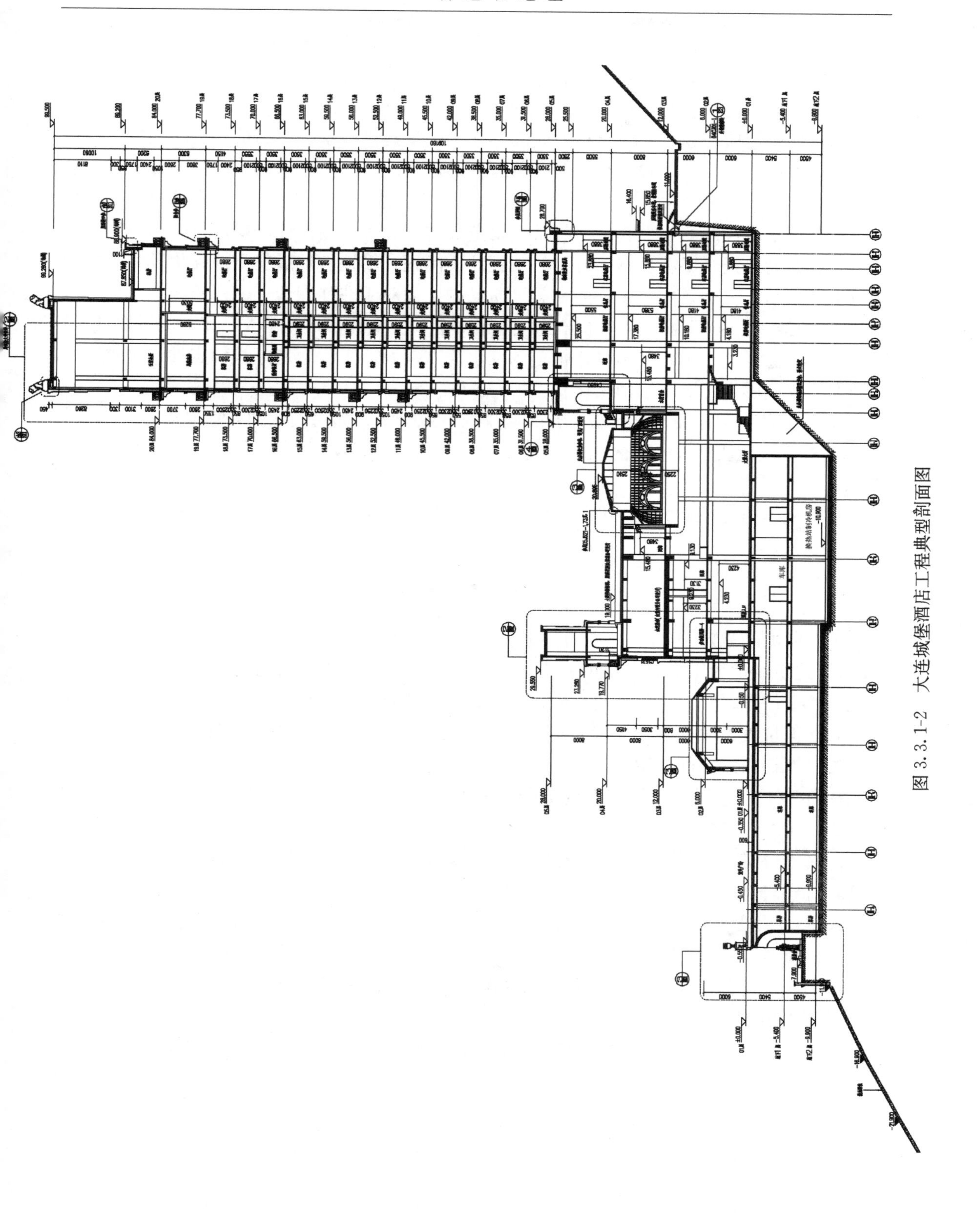

图 3.3.1-2 大连城堡酒店工程典型剖面图

(1) 工程地质问题：建筑场区内在自然条件下，是否存在滑坡、断层破碎带、崩塌、泥石流等不良地质现象；岩溶、土洞等的发育程度；施工过程中因挖填、堆载和卸载等对山坡稳定性的影响等问题，在工程地质勘察过程中都有涉及。

(2) 地震地质问题：一般工程地质勘察报告中仅提供勘察场地的抗震设防烈度、设计基本地震加速度和设计地震分组、覆盖层厚度、地基液化等情况。而对于强烈地面运动造成的场地和地基失稳及失效（如地裂、震陷、崩塌、滑坡等）、地表断裂造成的破坏、局部地形及地质结构的变形引起地面异常波动造成的破坏等，则往往需要进行专门研究。

一般的勘察报告回答自然条件下的工程地质问题，场地的地震安全性评价及一般的地震地质勘察回答自然条件下场地的地震地质问题，而对于在强烈地震下由于高填深挖引起（诱发）的地质灾害问题，则存在盲区。为此，本工程委托中国地震局工程力学研究所进行边坡地震稳定性评价，并出具经批准的《大连城堡酒店工程边坡地震稳定性评价报告》，作为本工程抗震设计的基本依据之一。

6. 对抗震不利地段，当无法避开时应采取有效措施，如对液化的处理要求等。

7. 对危险地段，《抗震标准》规定“严禁建造甲、乙类的建筑，不应建造丙类的建筑”。

8. 现行《住宅设计规范》GB 50096 规定，严禁在危险地段建造住宅。该规范必须严格执行。

第 3.3.2 条

一、标准的规定

3.3.2 建筑场地为Ⅰ类时，对甲、乙类的建筑应允许仍按本地区抗震设防烈度的要求采取抗震构造措施；对丙类的建筑应允许按本地区抗震设防烈度降低一度的要求采取抗震构造措施，但抗震设防烈度为 6 度时仍应按本地区抗震设防烈度的要求采取抗震构造措施。

二、对标准规定的理解

1. 本条是对Ⅰ类建筑场地确定抗震构造措施的规定（不降低可以，但要降低时最大降幅必须符合本条规定）。

2. 本条规定中的“允许”，应理解为对抗震构造措施降低幅度的限制，即最多可降低一度，也即降低超过一度是“不允许”的。

3. 震害表明，同样或相近的建筑，建于Ⅰ类场地时震害较轻（而建于Ⅲ、Ⅳ类场地时震害较重），本条规定对Ⅰ（$Ⅰ_0$、$Ⅰ_1$）类场地的建筑，仅降低抗震构造措施，而不降低抗震措施中的其他要求（如内力调整措施等），更不涉及对地震作用的调整。标准的上述要求可以用表 3.3.2-1 来理解。

Ⅰ类建筑场地确定抗震构造措施时设防标准的调整　　表 3.3.2-1

建筑类别	本地区抗震设防烈度			
	6	7	8	9
甲、乙类建筑	6	7	8	9
丙类建筑	6	6	7	8
丁类建筑	6	6	7	8

4. 标准条文说明中指出“对丁类建筑，其抗震措施已降低，不再重复降低”，应理解为对丁类建筑的抗震构造措施不是不降低，而是在抗震设防标准中予以降低（表 3.1.1-2），即在降低抗震措施的同时，其抗震构造措施已随抗震措施一起降低。

三、相关索引

1. 抗震设防标准见《抗震标准》第 3.1.1 条。

2. 抗震措施与抗震构造措施的概念，见《抗震标准》第 2.1.10 条和第 2.1.11 条。

3. 对抗震构造措施的其他调整规定见《抗震标准》第 3.3.3 条。

第 3.3.3 条

一、标准的规定

3.3.3 建筑场地为Ⅲ、Ⅳ类时，对设计基本地震加速度为 0.15g 和 0.30g 的地区，除本规范另有规定外，宜分别按抗震设防烈度 8 度（0.20g）和 9 度（0.40g）时各抗震设防类别建筑的要求采取抗震构造措施。

二、对标准规定的理解

1. 震害表明，同样或相近的建筑，建于Ⅲ、Ⅳ类场地时震害较重（而建于Ⅰ类场地时震害较轻）。本条规定对Ⅲ、Ⅳ类场地的建筑，仅提高抗震构造措施，而不提高抗震措施中的其他要求（如内力调整措施等），更不涉及对地震作用的调整。

2. “各抗震设防类别建筑”指适用于抗震设防类别甲、乙、丙类和丁类的建筑。标准的本条规定可以用表 3.3.3-1 来理解，就是先确定抗震构造措施提高的对应烈度，然后依据抗震设防类别调整。举例说明如下：7 度（0.15g）Ⅲ、Ⅳ类场地的丙类建筑，其抗震构造措施应按 8 度（0.20g）丙类建筑确定；7 度（0.15g）Ⅲ、Ⅳ类场地的乙类建筑，其抗震构造措施应按 8 度（0.20g）乙类建筑确定（属于提高了再提高的情况，对于多重提高的幅度，应根据工程具体情况合理确定，可参见本条结构设计建议 7）。

各抗震设防类别建筑（Ⅲ、Ⅳ类建筑场地）确定抗震构造措施时的设防标准　表 3.3.3-1

本地区抗震设防烈度	7 度（0.15g）	8 度（0.30g）
确定抗震构造措施时的设防标准	8 度（0.20g）	9 度（0.40g）

3. 由于抗震构造措施只有 6 度、7 度、8 度、9 度的分级，而没有 7 度（0.15g）和 8 度（0.30g）之分，所以抗震构造措施中的 7 度和 8 度指的就是 7 度（0.10g）和 8 度（0.20g）。

三、结构设计建议

标准在确定抗震措施及抗震构造措施时，对设防标准的调整可汇总如表 3.3.3-2 所示。

确定抗震措施时的设防标准　表 3.3.3-2

抗震设防类别	本地区抗震设防烈度		确定抗震措施时的设防标准				
			Ⅰ类场地		Ⅱ类场地	Ⅲ、Ⅳ类场地	
			抗震措施	构造措施	抗震措施	抗震措施	构造措施
甲类建筑 乙类建筑	6 度	0.05g	7	6	7	7	7
	7 度	0.10g	8	7	8	8	8
		0.15g	8	7	8	8	8+

续表

抗震设防类别	本地区抗震设防烈度		确定抗震措施时的设防标准				
			Ⅰ类场地		Ⅱ类场地	Ⅲ、Ⅳ类场地	
			抗震措施	构造措施	抗震措施	抗震措施	构造措施
甲类建筑 乙类建筑	8度	0.20g	9	8	9	9	9
	9度	0.30g	9	8	9	9	9+
		0.40g	9+	9	9+	9+	9+
丙类建筑	6度	0.05g	6	6	6	6	6
	7度	0.10g	7	6	7	7	7
		0.15g	7	6	7	7	8
	8度	0.20g	8	7	8	8	8
		0.30g	8	7	8	8	9
	9度	0.40g	9	8	9	9	9
丁类建筑	6度	0.05g	6	6	6	6	6
	7度	0.10g	6	6	6	6	6
		0.15g	6	6	6	6	7
	8度	0.20g	7	7	7	7	7
		0.30g	7	7	7	7	8
	9度	0.40g	8	8	8	8	8

1. 地震作用：甲类建筑应按批准的地震安全性评价［《中国地震局关于贯彻落实国务院清理规范第一批行政审批中介服务事项有关要求的通知》（中震防发〔2015〕59号）规定，甲类建筑应进行地震安全性评价］结果确定，其他各类建筑取值同调整前本地区抗震设防烈度对应的设计基本地震加速度值。

2. 标准对7度（0.15g）和8度（0.30g）仍归为7度、8度之列，因此，相应的抗震措施分别按7度、8度为基数确定。

3. 表3.3.2-2中“9+”可理解为“应符合比9度抗震设防更高的要求”，需按有关专门规定执行《抗震标准》；“8+”可理解为“应符合比8度抗震设防更高的要求”。

4. 本地区抗震设防烈度为9度时的甲、乙类建筑，抗震措施应符合比9度抗震设防更高的要求。

《分类标准》规定：“对于划为重点设防类而规模很小的工业建筑，当改用抗震性能较好的材料且符合抗震设计规范对结构体系的要求时，允许按标准设防类设防。”对“规模较小”的把握，应结合工业建筑的特点及工程经验确定。尽管上述规定适用于“工业建筑”，但民用建筑也可借鉴（表3.3.3-2中未按《分类标准》的上述规定调整，设计者可根据工程的具体情况执行该规定）。

5. 丁类建筑的地震作用和抗震措施及抗震构造措施，表3.3.3-2中已按《分类标准》第3.0.3条的要求调整完毕，其中地震作用按本地区抗震设防烈度确定，抗震措施按降低一度考虑。

6. 当建筑场地为Ⅰ类时，表3.3.3-2中的抗震构造措施已按《抗震标准》第3.3.2条要求调整完毕。

7. 建筑场地为Ⅲ、Ⅳ类时，表3.3.3-2中的抗震构造措施已按《抗震标准》第3.3.3条要求调整完毕。

对建筑场地为Ⅲ、Ⅳ类，设计基本地震加速度为0.15g和0.30g地区的甲、乙类建筑，考虑双重调整的特殊情况，宜综合确定调整的幅度，建议对 7 度（0.15g）可按7.5+1=8.5确定，即采取比 8 度更高的抗震构造措施，表述为 8+，但不一定是 9 度；对 8 度（0.30g）可按 8.5+1=9.5 确定，即采取比 9 度更高的抗震构造措施，表述为 9+。

8. 调整后的最低设防标准不低于 6 度。

9. 表 3.3.3-2 中调整后的设防标准主要用于确定结构的抗震等级。对标准规定中的“烈度”应根据具体规定正确区分“抗震设防烈度”和“抗震设防标准”。

第 3.3.4 条

一、标准的规定

3.3.4 地基和基础设计应符合下列要求：

1 同一结构单元的基础不宜设置在性质截然不同的地基上。

2 同一结构单元不宜部分采用天然地基部分采用桩基；当采用不同基础类型或基础埋深显著不同时，应根据地震时两部分地基基础的沉降差异，在基础、上部结构的相关部位采取相应措施。

3 地基为软弱黏性土、液化土、新近填土或严重不均匀土时，应根据地震时地基不均匀沉降和其他不利影响，采取相应的措施。

二、对标准规定的理解

1. 对“性质截然不同的地基”可理解为：

1）土层分类截然不同（如高压缩性土与低压缩性土等）；

2）土的承载力差异很大（如相差 20%或以上）；

3）土的压缩模量差异很大（如相差 20%或以上）。

2. 对“软弱黏性土、液化土、新近填土或严重不均匀土”地基，除估计地震时地基不均匀沉降外的“其他不利影响”可理解为：

1）总沉降数值不同的影响；

2）倾斜不同的影响；

3）对结构的地震反应的影响。

3. “相应的措施”可理解为对上部结构的“相关部位”采取补充变形验算、加强连接构造、增强变形能力等技术措施。如采用钢筋混凝土整体式基础、单独基础（或条形基础）之间设置基础拉梁、砌体墙下设置基础圈梁（即“地圈梁”，圈梁截面高度不应小于 180mm，配筋不应少于 4ϕ12）等。

4. “相关部位”可理解为上部结构对应于不同地基（如天然地基与人工地基、天然地基与桩基、人工地基与桩基等）或基础（如独立基础或条形基础等单独基础与筏形基础及箱形基础等整体式基础）的交接范围及其周围区域（可取不同基础类型或不同基础埋深交接处两侧各三跨及不小于 20m 的范围）。

5. 现行国家标准《建筑抗震鉴定标准》GB 50023 第 4.2.10 条规定：“同一建筑单元存在不同类型基础或基础埋深不同时，宜根据地震时可能产生的不利影响，估算地震导致两部分地基的差异沉降，检查基础抵抗差异沉降的能力，并检查上部结构相应部位的构造抵抗附加地震作用和差异沉降的能力。”上述规定表明，特殊情况下，同一结构单元可以存在不同类型基础或基础埋深有显著的不同，但须采取相应的结构措施。

三、结构设计建议

1.《抗震标准》的本条规定，与现行行业标准《建筑桩基技术规范》JGJ 94（简称《桩基规范》）中地基基础的变刚度调平原则有较大的不同。《抗震标准》着眼于结构的抗震能力，而《桩基规范》则更多地考虑建筑物差异沉降对结构的影响。

2. 考虑地震发生的概率及减小差异沉降对地基基础及上部结构的有利影响，在结构设计中，为减小地基的差异沉降，必要时，可采用不同基础类型或基础的埋深可有显著的不同（即以控制沉降为主要目的而采用不同的基础形式或不同的基础埋深时，可不受《抗震标准》第3.3.4条的限制），但应采取相应的验算措施，并检查相关部位构造措施的合理有效性。

第3.3.5条

一、标准的规定

3.3.5 山区建筑的场地和地基基础应符合下列要求：

1 山区建筑场地勘察应有边坡稳定性评价和防治方案建议；应根据地质、地形条件和使用要求，因地制宜设置符合抗震设防要求的边坡工程。

2 边坡设计应符合现行国家标准《建筑边坡工程技术规范》GB 50330的要求；其稳定性验算时，有关的摩擦角应按设防烈度的高低相应修正。

3 边坡附近的建筑基础应进行抗震稳定性设计。建筑基础与土质、强风化岩质边坡的边缘应留有足够的距离，其值应根据设防烈度的高低确定，并采取措施避免地震时地基基础破坏。

二、对标准规定的理解

1. 山区建筑至稳定边坡边缘的距离 a，按式（3.3.5-1）、式（3.3.5-2）计算。

1）条形基础（当 $b \leqslant 3\text{m}$ 时）

$$a \geqslant 3.5b - \frac{d}{\tan\beta_E}, \ a \geqslant 2.5 \qquad (3.3.5\text{-}1)$$

2）矩形基础（当 $b \leqslant 3\text{m}$ 时）

$$a \geqslant 2.5b - \frac{d}{\tan\beta_E}, \ a \geqslant 2.5 \qquad (3.3.5\text{-}2)$$

式中：a ——基础底面外边缘线至稳定边坡坡顶的水平距离（图3.3.5-1）；

b ——垂直于稳定边坡坡顶边缘线的基础底面边长；

d ——基础的埋置深度；

β_E ——修正后的边坡坡角，$\beta_E = \beta - \alpha_E$，其中 β 为稳定边坡的坡角，α_E 为挡土结构的地震角，按表3.3.5-1确定。

挡土结构的地震角 α_E **表3.3.5-1**

情况	7度		8度		9度
	0.10g	0.15g	0.20g	0.30g	0.40g
地下水位以上	1.5°	2.3°	3°	4.5°	6°
地下水位以下	2.5°	3.8°	5°	7.5°	10°

2. 挡土结构的抗震稳定性应满足式（3.3.5-3）的要求，可采用圆弧滑动面法进行验

算，验算时土的重度应除以地震角的余弦（即 $\cos\alpha_E$）。

$$M_R/M_S \geqslant 1.2 \tag{3.3.5-3}$$

式中：M_S ——滑动力矩；

M_R ——抗滑力矩。

三、结构设计建议

1. 山区建筑场地，应根据场地的复杂程度，加密勘探布点（对特别复杂的场地，宜一柱一勘），必要时，应要求勘察单位提供持力层等高线图及持力层厚度分布图。

2. 山区建筑的场地稳定、边坡稳定是工程选址首先要解决的问题。对特别复杂的场地、特别重要的工程，应进行场地地震、地质安全性综合评价，参见【例 3.3.1-1】。

3. 山区建筑岩石地基的基础应特别注意足够的嵌岩深度（应在滑动面以下），采取措施确保基础的抗滑移稳定性。

4. 当 $b>3\text{m}$ 时，山区建筑至稳定边坡边缘的距离（图 3.3.5-1），可按式（3.3.5-4）、式（3.3.5-5）计算。

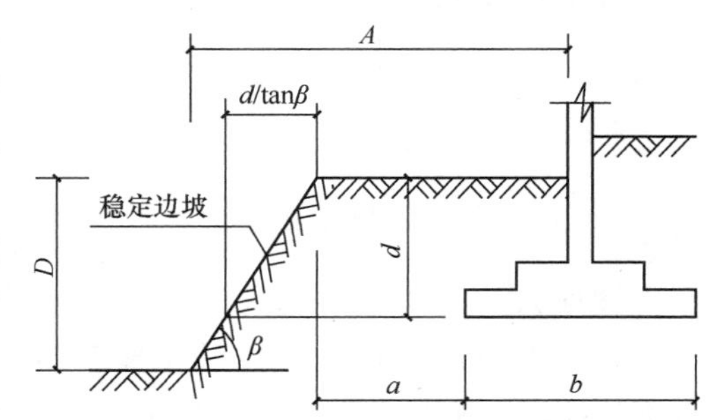

图 3.3.5-1 基础底面外边缘线至稳定边坡坡顶的水平距离 a

1）条形基础

$$a \geqslant 3.5b - \frac{d}{\tan\beta_E},\ a \geqslant b \tag{3.3.5-4}$$

2）矩形基础

$$a \geqslant 2.5b - \frac{d}{\tan\beta_E},\ a \geqslant b \tag{3.3.5-5}$$

5. 对其他形式的基础，其边缘至稳定边坡的距离也可参考上述公式计算。

6. 实际工程中当 $A \geqslant 2.5+2D$（单位：m）时，可以认为地基土对基础及上部结构有效嵌固。

四、相关索引

1. 圆弧滑动面法简介

假定滑动面为圆弧形（图 3.3.5-2），将滑体内土体分为若干垂直条块（取厚度为单位厚度 1）每块土体的重量为 Q_i，土体的下滑力（在滑动面上相切于弧线）为 T_i，而土体的抗滑力由两部分组成，其一是垂直于弧面的力 N_i 乘以摩擦系数 $\tan\varphi$，其二是整个圆弧面上土体的内聚力 $C=cL$，则：

土体的抗滑力矩：
$$M_R = cLR + R\sum_i^n N_i \tan\varphi \tag{3.3.5-6}$$

土体的滑动力矩：
$$M_S = R\sum_i^n T_i \tag{3.3.5-7}$$

稳定安全系数 $K=M_R/M_S$，K 值最小的滑动面为最危险滑动面，《地基规范》要求 $K_{min} \geqslant 1.2$。

2. 最危险滑动面的简化计算方法

对条形建筑物地基的稳定计算，可通过下述简化方法（图 3.3.5-3）计算。

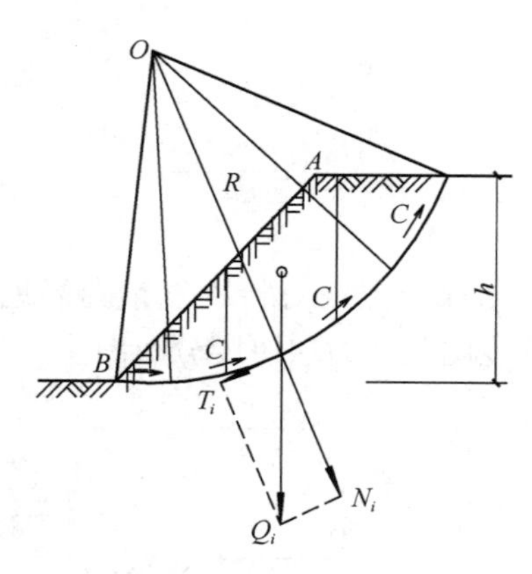

图 3.3.5-2 圆弧滑动面

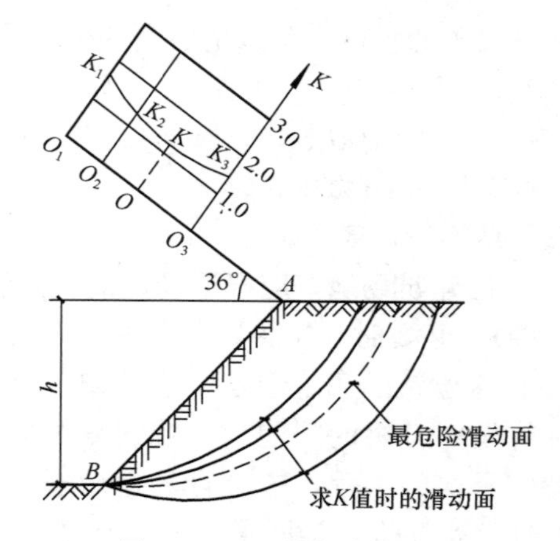

图 3.3.5-3 最危险滑动面

自坡顶 A 点作与水平交角为 36°的斜线，然后在该线上任意取 O_1、O_2、O_3 三点作为滑动中心，以圆心至坡址 B 点的距离 R 为半径作滑动面，分别计算出 K_1、K_2 和 K_3 值，由各 K 值作 K 值线，对应于 K 值最小处即为最危险滑动面的圆心 O，从而可求出对应的最危险滑动面。

3. 土体稳定计算可借助于电算程序完成。

4. 山区建筑实例见【例 3.3.1-1】。

3.4 建筑形体及其构件布置的规则性

要点：

1. 建筑布置对结构的规则性影响重大，抗震性能良好的建筑，需要建筑师与结构工程师的互相配合。不应采用严重不规则的设计方案，避免采用特别不规则的方案。本节内容主要包括建筑布置（建筑形体）和结构布置（结构构件布置）两方面。

2. 建筑形体及其构件布置应避免形成平面和竖向的不规则，平面不规则主要关注的是结构的扭转问题，抗侧力构件之间的协同工作问题和水平传力途径的有效性问题，而竖向不规则则主要关注薄弱层问题及竖向传力途径的有效性问题。

3. 应区分“对不规则判别”和“对不规则处理”两种不同情况，“规定的水平力”只能用于对不规则判别时的扭转位移比计算中（如第 3.4.3 条等），而在“对不规则处理”时仍应采用 CQC 的效应组合（如按第 5.5.1 条进行位移限值计算时等），不同计算方法及计算假定的计算结果不共用。

第 3.4.1 条

一、标准的规定

3.4.1 建筑设计应根据抗震概念设计的要求明确建筑形体的规则性。不规则的建筑应按规定采取加强措施；特别不规则的建筑应进行专门研究和论证，采取特别的加强措施；严重不规则的建筑不应采用。

注：形体指建筑平面形状和立面、竖向剖面的变化。

二、对标准规定的理解

1.《抗震通规》的相关规定见其第5.1.1条，强调建筑形体的规则性对结构抗震设计的极端重要性。建筑形体是影响房屋规则性的根本因素，在建筑形体不规则面前，结构措施也只能是补救措施。

2.“规则”包含了对建筑的平面、立面外形尺寸，抗侧力构件布置、质量分布，直至承载力分布等诸多因素的综合要求，规则的建筑方案体现在平面和立面形状简单，抗侧力体系的刚度和承载力上下变化连续、均匀，平面布置基本对称。即在平面、立面、竖向剖面或抗侧力体系上，没有明显的实质性的不连续（突变）。结构类型不同，“规则”的具体界限也不相同（实际工程中应注意对“实质性的不连续”的把握）。

3. 合理的建筑布置在抗震设计中是头等重要的，提倡平面和立面简单、对称。震害调查表明，简单、对称的建筑在地震时较不容易破坏，而且道理很简单，简单、对称的结构容易估计其地震时的反应，容易有针对性地采取抗震措施和进行细部处理。

4. 强调概念设计在抗震设计中的重要性。建筑形体和布置应根据抗震概念设计的基本原则，划分为规则与不规则，对不规则建筑提出不同的要求。抗震性能良好的建筑，需要建筑师和结构工程师的密切配合。

5. 不应采用严重不规则的设计方案。

三、结构设计的相关问题

1. 之所以强调建筑形体的规则性，是因为地震的不可预知性及地震研究远没有达到“地震科学”的水平（只能称之为地震艺术），抗震设计计算还处在“估算”阶段，结构越规则，其“估算”的可信度越高，对复杂结构难以估算其地震时的反应。从工程设计角度看，采用简单规则的结构体系比采用复杂结构体系的“精细分析”更为重要。

2. 结构在地震作用下除发生平移振动外，还会发生扭转振动。震害调查表明，扭转作用会加重结构的地震破坏，甚至在某些情况下将成为导致结构破坏的主要因素（由于结构或构件的抗扭能力位列其诸多能力的最弱项，扭转效应的少量增加将导致结构明显的破坏）。引起扭转的主要原因是：

1）外部原因：地震动是一种多维随机运动，地面运动存在着转动分量或地面各点的运动存在相位差，导致即使是对称结构也难免发生扭转。

2）内部原因：结构自身不对称，结构平面质量中心与刚度中心不重合，导致水平地震下结构的扭转。实际工程设计中应特别注意对结构平面质量中心与刚度中心的把握，举例说明如下。

【例3.4.1-1】某地震区高层建筑（图3.4.1-1），由于建筑要求楼、电梯核心筒抗震墙偏置在结构平面一侧，侧向刚度中心与质量中心偏离较远，为此，在房屋两端各设置一道横向抗震墙以控制结构的扭转。多遇地震下的计算结果表明，结构的扭转位移比满足标准要求。

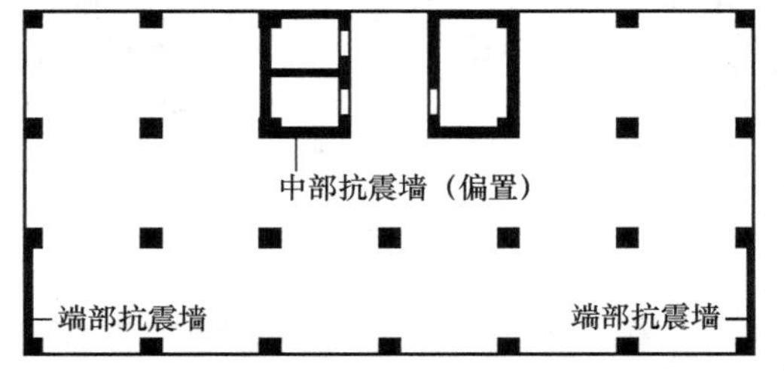

图3.4.1-1 某高层建筑存在严重“内耗”的结构布置

这种结构属于存在严重“内耗”的结构（刚心与质心严重偏离产生大扭转，设置端部抗震墙“吸纳”扭转效应），实际上在房屋端部设置抗震墙，并没有从根本上改变结构刚度中心与质量中心偏离的问题，结构实际存在的扭转效应并没有减少，只是由于端部抗震墙限制了结构的扭转，表面上看其在多遇地震作用下的计算结果（由于采用了刚性楼板的假定）还能满足标准对扭转位移比的限值要求，但结构中的某些构件（如抗震墙之间的现浇楼板、抗震墙等）的应力水平明显高于其他构件（造成实际上的受力不均衡），在罕遇地震作用下，这些构件极容易首先屈服，严重时会引起结构的倒塌。一般情况下，这样的结构很难实现"大震不倒"的基本抗震设防要求。对于此类结构应按第 3.6.2 条要求进行罕遇地震作用下的弹塑性变形分析。

3. 不规则指的是具有表 3.4.1-1～表 3.4.1-4 中一项及多项不规则指标的情况。工程上可细分为严重不规则、特别不规则及一般不规则。

1）"严重不规则"，指形体复杂，多项不规则指标超过表 3.4.1-1～表 3.4.1-4 上限值或某一项大大超过规定值，具有现有技术和经济条件不能克服的严重的抗震薄弱环节，可能导致地震破坏的严重后果。结构设计中不应采用严重不规则的建筑方案。

（1）上述"多项"一般可理解为，不规则的种类超过"特别不规则"的相应判定标准；

（2）严重不规则的根本问题是，结构具有严重的且现阶段无法克服的抗震薄弱环节，将导致地震破坏的严重后果，而不规则指标（计算指标）只是它的表象。

2）"特别不规则"，指具有较明显的抗震薄弱部位，可能引起不良后果。实际工程中可按如下原则把握：对特别不规则的建筑方案，结构设计应采取比标准要求（基本的抗震设计要求）更有效的措施（更严格的抗震设计要求）。有下列情况之一时可确定为"特别不规则"：

（1）具有表 3.4.1-1 中三项或三项以上不规则情况；

（2）具有表 3.4.1-2 中两项不规则情况；

（3）同时具有表 3.4.1-1 和表 3.4.1-2 中各一项不规则情况；

（4）具有表 3.4.1-3 或表 3.4.1-4 中所列的一项不规则情况。

不规则情况（1）　　表 3.4.1-1

序号		不规则类型	简要含义	把握要点
1	a	扭转不规则	考虑偶然偏心的扭转位移比大于 1.2	参见《抗震标准》第 3.4.3 条
	b	偏心布置	偏心率大于 0.15 或相邻层质心相差大于相应边长 15%	参见《高钢规》第 3.2.2 条；a、b 不重复计算不规则项
2	a	凹凸不规则	平面凹凸尺寸大于相应边长 30%等（深凹进平面在凹口设置连梁，当连梁刚度较小不足以协调两侧的变形时，仍视为凹凸不规则，不按楼板不连续的开洞对待）	参见《抗震标准》第 3.4.3 条；凹凸主要关注建筑外轮廓的变化，有无屋顶可作为主要判别依据
	b	组合平面	细腰形或角部重叠形	参见《高规》第 3.4.3 条；a、b 不重复计算不规则项；对细腰和角部重叠的把握可参见文献[37]

续表

序号		不规则类型	简要含义	把握要点
3		楼板不连续	有效宽度小于50%，开洞面积大于30%，错层大于梁高	参见《抗震标准》第3.4.3条
4	a	刚度突变	相邻层刚度变化大于70%（按《高规》考虑层高修正时，数值相应调整）或连续三层变化大于80%	参见《抗震标准》第3.4.3条，《高规》第3.5.2条； 注意与表3.4.1-2之3项的区别
	b	尺寸突变	竖向构件收进位置高于结构高度20%且收进大于25%，或外挑大于10%和4m，多塔	参见《高规》第3.5.5条； a、b不重复计算不规则项
5		构件间断	上下墙、柱、支撑不连续，含加强层、连体类	参见《抗震标准》第3.4.3条
6		承载力突变	相邻层受剪承载力变化大于80%	参见《抗震标准》第3.4.3条
7		局部不规则	如局部的穿层柱、斜柱、夹层、个别构件错层或转换，或个别楼层扭转位移比略大于1.2等	根据局部不规则的位置、数量等对整个结构影响的大小，判断是否计入不规则项，所列情况已造成不规则并已计入上述1～6项者，不再重复计算不规则项

不规则情况（2） **表3.4.1-2**

序号	不规则类型	简要含义	把握要点
1	扭转偏大	裙房以上的较多楼层考虑偶然偏心的扭转位移比大于1.4	与表3.4.1-1之1项不重复计算； 超过1/3楼层时可确定为较多楼层
2	抗扭刚度弱	扭转周期比大于0.9，超过A级高度的结构扭转周期比大于0.85	扭转周期比指 T_T/T_1
3	层刚度偏小	本层侧向刚度小于相邻上层的50%	与表3.4.1-1之4a项不重复计算； 层刚度比小于70%时属于软弱层
4	塔楼偏置	单塔或多塔与大底盘的质心偏心距大于底盘相应边长20%	与表3.4.1-1之4b项不重复计算； 单塔质心用于单塔楼大底盘结构，多塔合质心用于多塔楼大底盘结构

不规则情况（3） **表3.4.1-3**

序号	不规则类型	简要含义	把握要点
1	高位转换	框支墙体的转换构件位置：7度超过5层，8度超过3层	6度时超过6层
2	厚板转换	7～9度设防的厚板转换结构	
3	复杂连接	各部分层数、刚度、布置不同的错层，连体两端塔楼高度、体型或沿大底盘某个主轴方向的振动周期显著不同的结构	多数楼层同时前后、左右错层属于本表的复杂连接；仅前后错层或左右错层属于表3.4.1-1中的一般不规则
4	多重复杂	结构同时具有转换层、加强层、错层、连体和多塔等复杂类型的3种	

其他不规则情况　　表 3.4.1-4

序号	简称	简要含义	把握要点
1	特殊类型高层建筑	《抗震标准》《高规》和《高钢规》暂未列入的其他高层建筑结构，特殊形式的大型公共建筑及超长悬挑结构，特大跨度的连体结构等	大型公共建筑的范围，见《分类标准》
2	大跨屋盖建筑	空间网格结构或索结构的跨度大于 120m 或悬挑长度大于 40m，钢筋混凝土薄壳跨度大于 60m，整体张拉式膜结构跨度大于 60m，屋盖结构单元的长度大于 300m，屋盖结构形式为常用空间结构形式的多重组合、杂交组合以及屋盖形体特别复杂的大型公共建筑	

3）除“严重不规则”和“特别不规则”以外的不规则均为一般不规则。

4）对不规则判别，应把握抗震概念设计的基本要素，结合工程具体情况和工程经验灵活确定，应有针对性地采取行之有效的结构措施消除或改善结构的不规则程度，提高结构的抗震性能，而不应把主要精力放在死抠不规则指标的具体数值上。

5）对结构的不规则判别，《抗震标准》《高规》及《超限高层建筑工程抗震设防专项审查技术要点》（建质〔2015〕67 号）（见附录四，简称《要点》）都有相应的规定，但也有些许不同，《抗震标准》的规定较为原则，《高规》和《要点》的规定更为具体，实际工程中可结合工程具体情况，按《高规》和《要点》要求逐项判别。

4. 实际工作中常有不重视抗震概念设计，而将程序计算结果作为判断结构设计方案合理与否的唯一标准，认为只要计算能通过就可行，这种做法是很不恰当的。结构抗震设计应以概念设计为重，结构计算只是验证抗震概念设计的一个过程。

第 3.4.2 条

一、标准的规定

3.4.2 建筑设计应重视其平面、立面和竖向剖面的规则性对抗震性能及经济合理性的影响，宜择优选用规则的形体，其抗侧力构件的平面布置宜规则对称、侧向刚度沿竖向宜均匀变化、竖向抗侧力构件的截面尺寸和材料强度宜自下而上逐渐减小、避免侧向刚度和承载力突变。

不规则建筑的抗震设计应符合本规范第 3.4.4 条的有关规定。

二、对标准规定的理解

1. 抗震设计不是结构单一专业的问题，合理的建筑结构需要建筑等相关专业的密切配合。有经验、有抗震知识素养的建筑师应对所设计的建筑的抗震性能有所估计，应能区分不规则、特别不规则和严重不规则等不规则程度，避免采用抗震性能差的严重不规则方案。

2. 实际工程中，为实现建筑的平面、立面的变化，常造成结构不得不采用不规则甚至特别不规则的方案，不仅严重影响了结构的抗震性能，也造成了投资（结构费用）的大量增加。此时，结构设计应与建筑专业及业主阐明采用不规则或特别不规则方案所带来的后果，避免日后因工程费用的增加而引起误解。

3.“平面、立面和竖向剖面的规则性”包含下列两方面的含义：

1）结构平面布置的关键是避免扭转并确保水平传力途径的有效性和抗侧力结构的协同工作能力。应使结构的刚度中心与质量中心一致或基本一致，否则，地震时将使结构产生平动与扭转耦联振动，使远离刚度中心的构件侧向位移及所分担的地震剪力明显增大，产生较严重的破坏。因此，对每个结构单元应尽量采用方形、圆形、正多边形、矩形、椭圆形等简单规则的平面形状（图 3.4.2-1、图 3.4.2-2），避免主要抗侧力构件（如钢筋混凝土抗震墙、核心筒等）的偏置（图 3.4.2-3）。

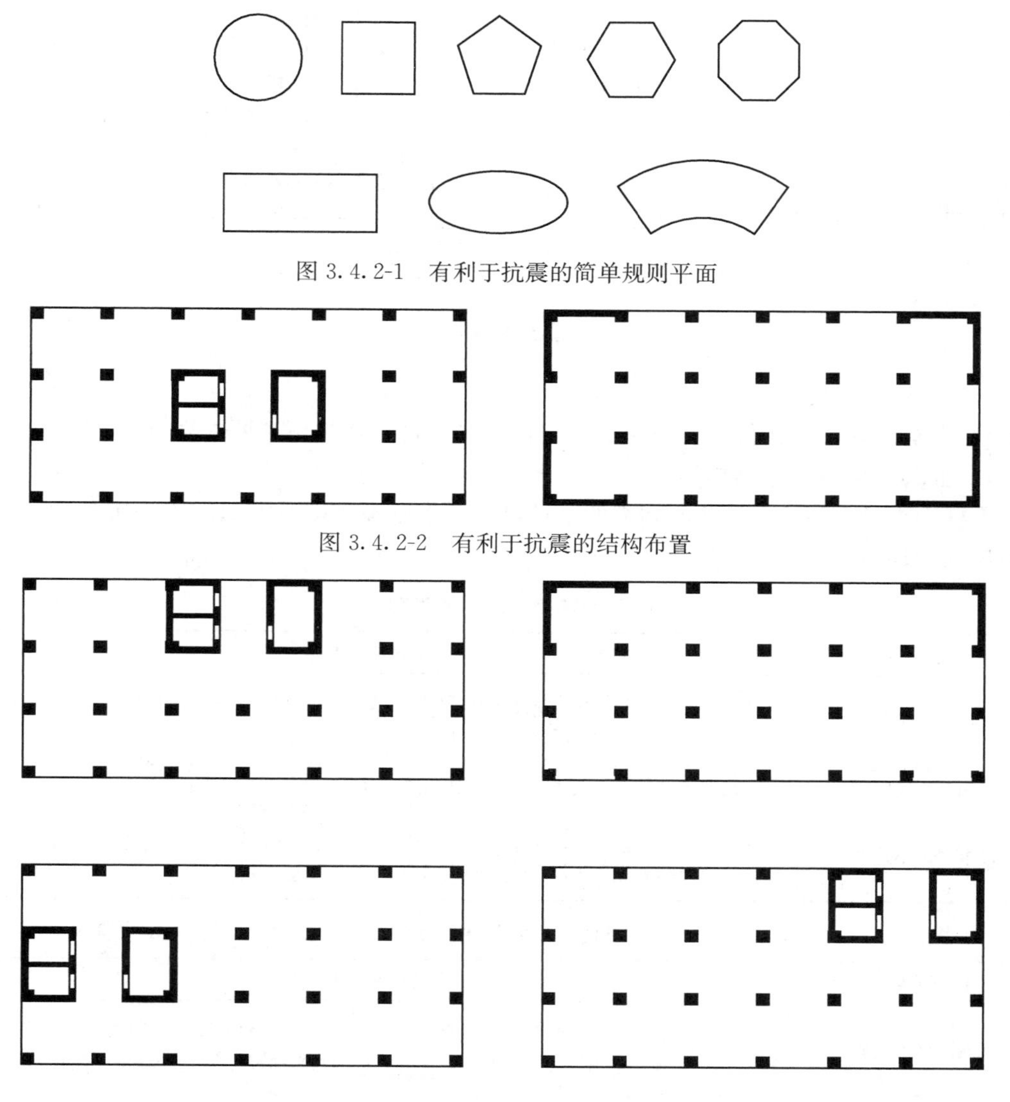

图 3.4.2-1　有利于抗震的简单规则平面

图 3.4.2-2　有利于抗震的结构布置

图 3.4.2-3　不利于抗震的结构布置

2）结构立面及竖向剖面布置的关键是避免承载力及楼层刚度的突变，避免出现薄弱层并确保竖向传力途径的有效性。应使结构的承载力和竖向刚度自下而上逐步减小，变化均匀、连续，不出现突变（如混凝土强度等级、构件截面等避免同时改变）。否则，在地震作用下某些楼层或部位将形成软弱层或薄弱层（率先屈服，出现较大的塑性变形集中）

而加重破坏。因此，建筑立面应尽量采用矩形、梯形、三角形等均匀变化的几何形状（图3.4.2-4），避免采用带有突然变化的阶梯形立面（图3.4.2-5，如大底盘结构、上部楼层收进尺度过大等，在刚度突变部位出现应力集中现象；上部结构刚度减小过快时结构的高振型反应即鞭梢效应明显，在结构顶部出现变形集中现象）。

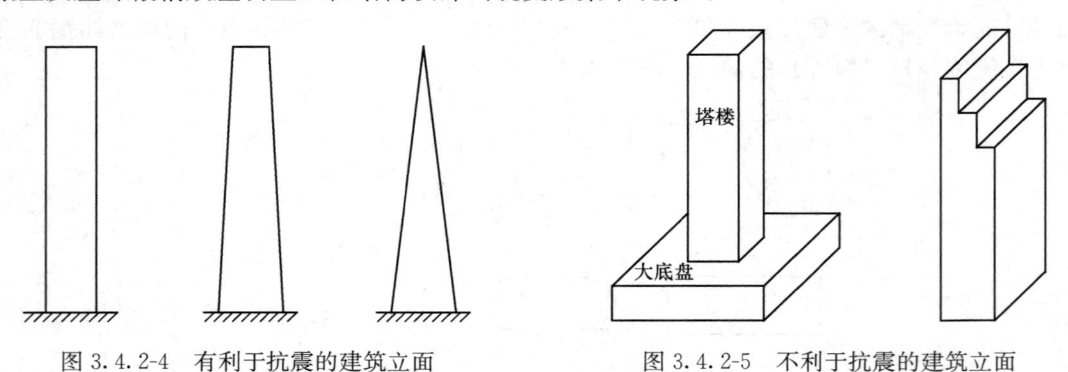

图3.4.2-4 有利于抗震的建筑立面

图3.4.2-5 不利于抗震的建筑立面

第3.4.3条

一、标准的规定

3.4.3 建筑形体及其构件布置的平面、竖向不规则性，应按下列要求划分：

1 混凝土房屋、钢结构房屋和钢-混凝土混合结构房屋存在表3.4.3-1所列举的某项平面不规则类型或表3.4.3-2所列举的某项竖向不规则类型以及类似的不规则类型，应属于不规则的建筑。

平面不规则的主要类型 **表3.4.3-1**

不规则类型	定义和参考指标
扭转不规则	在具有偶然偏心的规定水平力作用下，楼层两端抗侧力构件弹性水平位移（或层间位移）的最大值与平均值的比值大于1.2
凹凸不规则	平面凹进的尺寸，大于相应投影方向总尺寸的30%
楼板局部不连续	楼板的尺寸和平面刚度急剧变化，例如，有效楼板宽度小于该层楼板典型宽度的50%，或开洞面积大于该层楼面面积的30%，或较大的楼层错层

竖向不规则的主要类型 **表3.4.3-2**

不规则类型	定义和参考指标
侧向刚度不规则	该层的侧向刚度小于相邻上一层的70%，或小于其上相邻三个楼层侧向刚度平均值的80%；除顶层或出屋面小建筑外，局部收进的水平向尺寸大于相邻下一层的25%
竖向抗侧力构件不连续	竖向抗侧力构件（柱、抗震墙、抗震支撑）的内力由水平转换构件（梁、桁架等）向下传递
楼层承载力突变	抗侧力结构的层间受剪承载力小于相邻上一楼层的80%

2 砌体房屋、单层工业厂房、单层空旷房屋、大跨屋盖建筑和地下建筑的平面和竖向不规则性的划分，应符合本规范有关章节的规定。

3　当存在多项不规则或某项不规则超过规定的参考指标较多时，应属于特别不规则的建筑。

二、对标准规定的理解

1. 本条提出的是对不规则的判别要求，所涉及的楼层弹性水平位移（或层间位移）的计算假定及计算结果仅适用于执行标准的本条规定（即用于对不规则的判别过程）。在内力计算、位移控制及其他对不规则采取措施时，只采用本条对不规则的判别结果，而不采用进行不规则判别时相应的楼层弹性水平位移（或层间位移）的计算假定和计算结果。

2. 进行不规则判别时，楼层弹性水平位移（或层间位移）的计算假定是：

1）刚性楼板假定（采用弹性楼板假定时，楼层位移比的判别结果仅可作为参考值）；

2）采用规定的水平力计算；

3）考虑偶然偏心的影响（即将规定水平力的作用位置偏离质心一个偶然偏心距 e）及扭转耦联地震效应。

3. 关于平面不规则：

1）扭转不规则的定义见图 3.4.3-1，判别情况如下。

（1）图 3.4.3-1 中 δ_1 为楼层端部弹性水平位移（或层间位移）的最小值，δ_2 为楼层端部弹性水平位移（或层间位移）的最大值，$\bar{\delta}$ 为楼层两端弹性水平位移（或层间位移）的平均值，采用刚性楼板假定时，$\bar{\delta}=\dfrac{\delta_1+\delta_2}{2}$。注意：这里的楼层弹性水平位移（或层间位移）是指抗侧力构件的位移，不是悬挑梁的梁端或悬挑板的板端位移。这里的位移平均值 $\bar{\delta}$ 是楼层两端弹性水平位移（或层间位移）最大值和最小值的平均值，不是楼层的质心位移（即便是楼层质心与刚心完全重合的平面规则结构，由于需要考虑偶然偏心的影响，$\bar{\delta}$ 值也不同于质心位移），也不是所有抗侧力构件位移的平均值（抗侧力构件的位移平均值，受抗侧力构件布置影响而在楼层平均位移中权重不同，其值与 $\bar{\delta}$ 也不相同）。

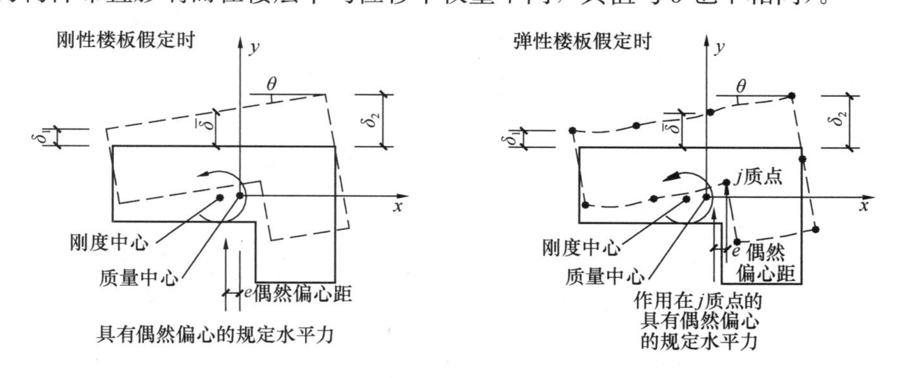

图 3.4.3-1　建筑结构平面的扭转不规则

（2）扭转位移比 μ（$\mu=\delta_2/\bar{\delta}$）应按“规定水平力”（水平力的作用位置考虑偶然偏心影响）作用计算。“规定水平力”指采用振型组合（各振型水平力的 CQC 法或 SRSS 法，宜采用 CQC 法）后的楼层地震剪力换算的水平作用力。水平力的换算原则：每一楼面处的水平作用力，取该楼面上、下两楼层地震剪力差的绝对值；在连体结构中，连体下一层各塔楼的水平作用力，可由总水平作用力按该层各塔楼的地震剪力大小进行分配计算。采用“规定水平力”计算，概念清晰，位移计算结果可信度高，可避免按各振型位移

CQC组合计算时位移计算结果异常（最大位移有时出现在楼盖边缘的中部而不是在角点）的情况，同时，对无限刚楼盖、分块无限刚楼盖和弹性楼盖均可采用相同的计算方法。注意，只有在对结构的扭转不规则判别执行表3.4.3-1及按第3.4.4条第1款第1）项规定限制楼层最大位移比时，对楼层弹性水平位移（或层间位移）的计算中需要采用“规定水平力”，其他情况［如表3.4.3-1中第1项、第3.4.4条第1款第1）项以外的所有情况（如第5.5.1条的层间位移Δu_e），当标准未特别说明时］对结构楼层位移和层间位移的计算仍应采用各振型位移的CQC组合。

（3）“扭转规则”指：楼层扭转位移比$\mu \leqslant 1.2$的情况。

（4）“扭转不规则”指：楼层扭转位移比$\mu > 1.2$的情况，并可细分为“一般不规则”“特别不规则”和“严重不规则”。

① 在考虑偶然偏心影响的规定水平力作用下，楼层竖向构件的扭转位移比$\mu > 1.2$时，属于扭转不规则。

② 楼层扭转位移比的上限值：对B级高度高层建筑、超过相应混凝土结构A级高度的混合结构（对型钢混凝土框架-混凝土核心筒结构、钢框架-混凝土核心筒结构，相应的钢筋混凝土结构为框架-核心筒结构）、高层建筑及复杂高层建筑结构（包括带转换层的结构、带加强层的结构、错层结构、连体结构、多塔楼结构等）为1.4；其他结构为1.5。

③ 依据《高规》第3.4.5条规定，当“最大层间位移”（即《抗震标准》第5.5.1条中的Δu_e）很小（当结构的弹性层间位移角不大于表5.5.1规定限值的0.4倍时，可判定为绝对位移很小）时，其扭转位移比数值可适当放宽（适当放宽的幅度应根据工程经验确定，一般不得大于1.6，见表3.4.3-5和表3.4.3-6。此时由于绝对位移很小，其扭转位移比一般可不作为主要控制指标）。

2）凹凸不规则定义见图3.4.3-2。

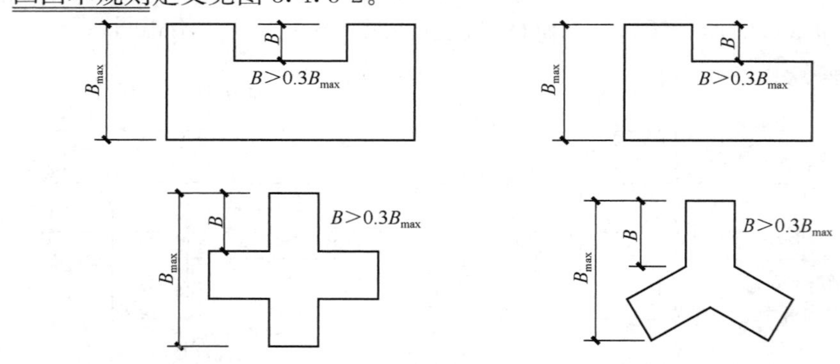

图3.4.3-2 建筑结构平面的凹凸不规则

（1）凹凸不规则主要关注的是建筑外轮廓变化情况，一般情况下，有无屋顶可以作为是否属于建筑外轮廓的主要标志。

（2）当凹凸情况较为复杂时，对不规则判别应进行多角度、多方向比较（调换主体形状和方向，分别计算），取有利值（不规则程度较低的数值）判断。

（3）当建筑平面有深凹口时：

① 当在凹口处设置的楼面连梁截面较小时，由于该连梁不能有效地协调两侧结构的变形（即不符合刚性楼板的假定），需要按弹性楼板计算，则仍属于凹凸不规则（不能按

楼板开洞计算），设置该拉梁只能作为凹凸不规则的加强措施。

② 当在凹口处设置的楼面连梁截面足够大（连梁宽度足够大的宽扁梁，或是两道抗震墙之间的连梁高度足够大）时，由于该连梁能有效地协调两侧结构的变形（即符合刚性楼板的假定），则可按楼板开洞计算（注意：采用加大连梁连接刚度的措施应有利于不规则项的合并且减少不规则项，当凹凸已是一项不规则时，应仍按凹凸计算；当楼板开大洞已是一项不规则时，应按楼板开大洞计算）。

（4）《高规》第 3.4.3 条对凹凸不规则的相关规定，较《抗震标准》的本条规定更为具体详细（平面尺寸及突出部位尺寸限制与抗震设防烈度挂钩），实际工程中可按《高规》判别。

3）楼板局部不连续定义见图 3.4.3-3。对于较大的错层（如超过梁高的错层）需按楼板开洞处理，当错层面积大于该层总面积的 30%时，则属于楼板局部不连续。

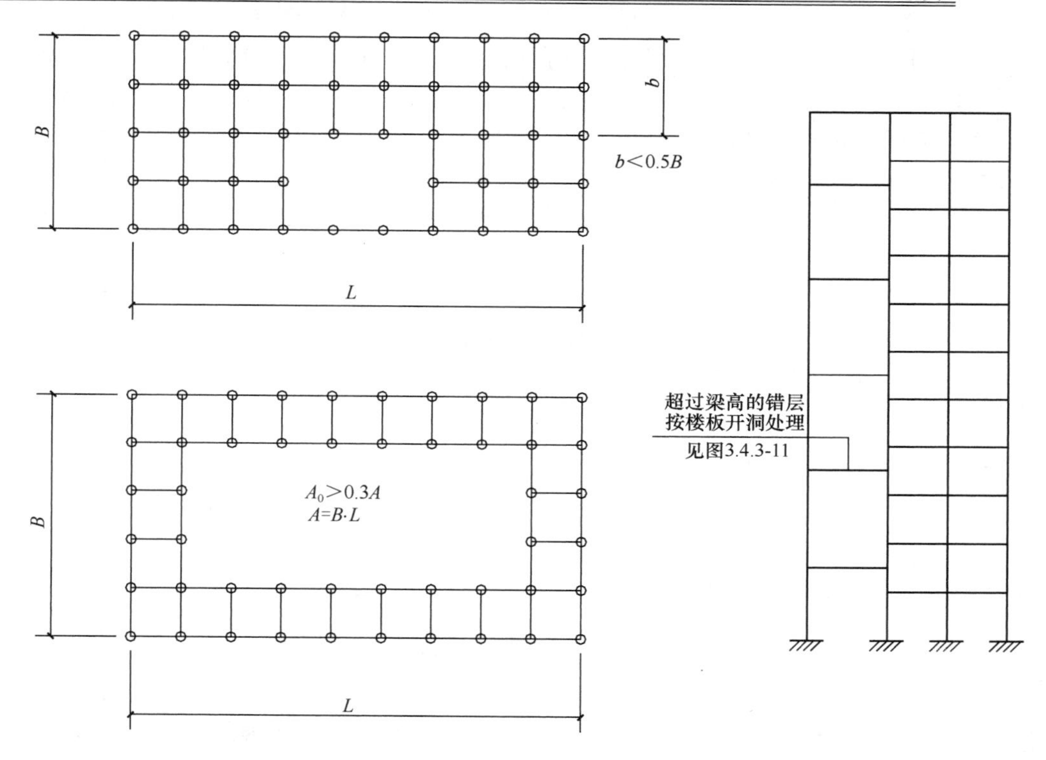

图 3.4.3-3　建筑结构平面的楼板局部不连续（大开洞及错层）

需要说明的是，实际工程中，当门厅楼板大开洞形成洞边单向框架时（图 3.4.3-3 中的左上图），有时被要求按《高规》第 3.4.6 条在洞边设置宽度不小于 2m 的楼板（《高规》是对楼板有效宽度的规定，也即楼板宽度不小于 2m 时才可以计入有效楼板宽度，不计入有效楼板宽度时不需要满足 2m 板宽的要求），其实这种处理方法不仅影响建筑使用功能，而且对提高结构的整体性能作用不大（总跨度大，板宽小，作用有限）。实际上，在单根框架梁处无论是否设置有效宽度不小于 2m 的楼板，都属于楼板开大洞情况（不属于凹凸），可以通过对边梁采取计算措施（计算梁的拉力）和构造措施（加大梁的腰筋和通长钢筋等），提高边梁的协同工作能力。

4）抗侧力构件上下错位、与主轴斜交或不对称布置时，均属于平面不规则类型（但统计不规则种类数量时可不考虑)，结构设计中应尽量避免（图 3.4.3-4)。

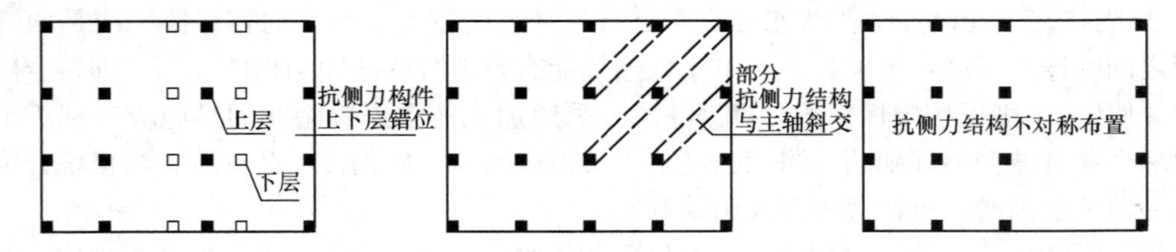

图 3.4.3-4　平面不规则的其他类型

4. 关于竖向不规则：

1）侧向刚度不规则定义见图 3.4.3-5，依据《超限高层建筑工程抗震设防专项审查技术要点》（建质〔2015〕67 号）（见本书附录四）规定，本层侧向刚度小于相邻上层的 50％时为特别不规则（楼层侧向刚度的非均匀变化达到一定程度后成为软弱层，而竖向抗侧力结构层屈服抗剪强度的非均匀变化达到一定程度后成为薄弱层，即：软弱层相对侧向刚度而言，薄弱层相对于楼层抗侧力结构的受剪承载力。注意软弱层与薄弱层的区别）。结构竖向收进和外挑也属于竖向不规则的范畴。

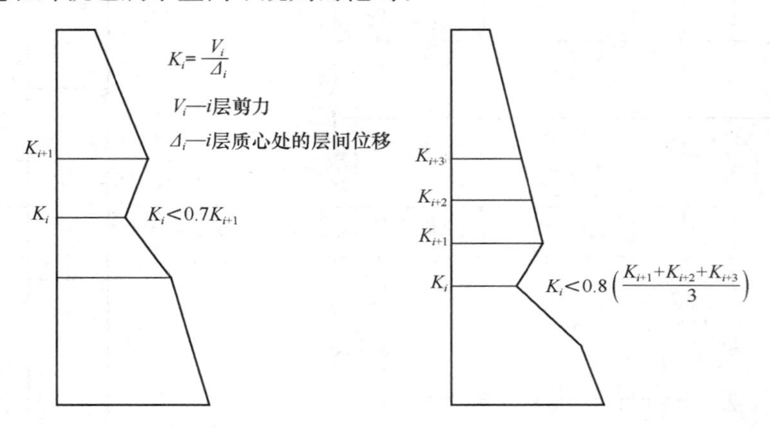

图 3.4.3-5　沿竖向的侧向刚度不规则（有软弱层）

（1）当结构上部楼层收进部位到室外地面的高度 H_1 与房屋高度 H 之比 $H_1/H>0.2$，且上层缩进尺寸超过相邻下层对应尺寸的 1/4 时，属于用尺寸衡量的刚度（适用于抗侧力结构均匀分布的情况）不规则范畴，此项不规则将导致结构顶部鞭梢效应明显（图 3.4.3-6)。

（2）当上部结构楼层相对于下部结构楼层外挑时（注意，这里的外挑不只是楼层水平构件的外挑，在外挑范围内还包含柱、抗震墙等竖向抗侧力构件，是从建筑体型角度对抗侧力构件及竖向不连续的一种考量)，下部楼层的水平尺寸 B 不宜小于上部楼层水平尺寸 B_1 的 0.9 倍且水平外挑尺寸 a 不宜大于 4m（注意，这里已不再有 $H_1/H>0.2$ 的限制，见图 3.4.3-6)。

（3）楼层侧向刚度 K_i 一般采用楼层剪力 V_i 与层间位移 Δ_i［此处的 Δ_i 与《建筑抗震设计规范》GB 50011—2001（2008 年版）中 Δu_i 及《抗震标准》中 δ_i 的概念是相同的］的比值计算。K_i 、V_i 及 Δ_i 均应采用各振型位移 CQC 组合的计算结果（注意，此处不采用“规定水平力”作用下的计算值)。当采用刚性楼板的计算假定时，V_i 为楼层剪力，Δ_i 为楼

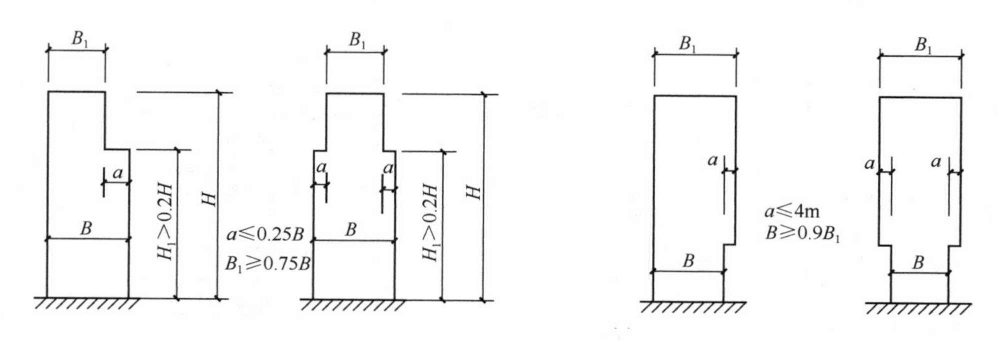

图 3.4.3-6 竖向收进和外挑

层质心处的层间位移；当采用弹性楼板的计算假定时，$K_i=\Sigma(V_j/\Delta_j)$，其中 V_j 为计算质点的剪力，Δ_j 为计算质点的层间位移。

2）竖向抗侧力构件不连续见图 3.4.3-7。

3）依据第 3.4.4 条第 2 款的规定，图 3.4.3-8 中的楼层受剪承载力（见第 5.5.2 条，按钢筋混凝土构件实际配筋和材料强度标准值计算。竖向抗侧力结构楼层屈服受剪承载力的非均匀变化达到一定程度后成为薄弱层，即：薄弱层是相对楼层屈服受剪承载力而言且属于“大震”设计的内容，注意薄弱层与软弱层的区别，注意《高规》第 3.5.8 条条文说明对薄弱层的定义）不应小于相邻上一层的 65%。注意，反应谱法判定的薄弱层位置，一般只适合于规则结构或不规则程度不严重的结构，对其他结构应采用弹塑性分析法进行补充分析（相关内容见第 3.6.1 条）。

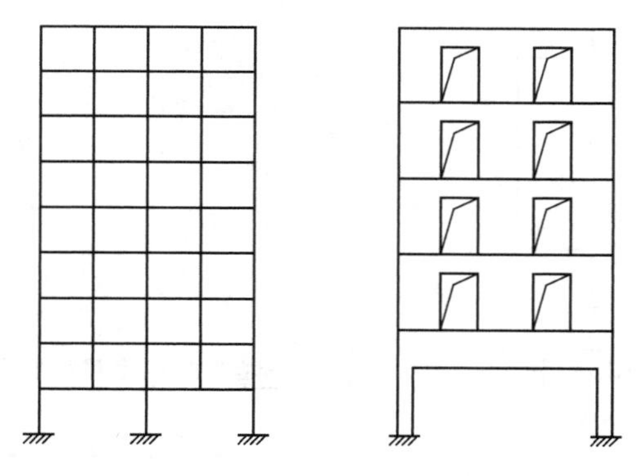

图 3.4.3-7 竖向抗侧力构件不连续

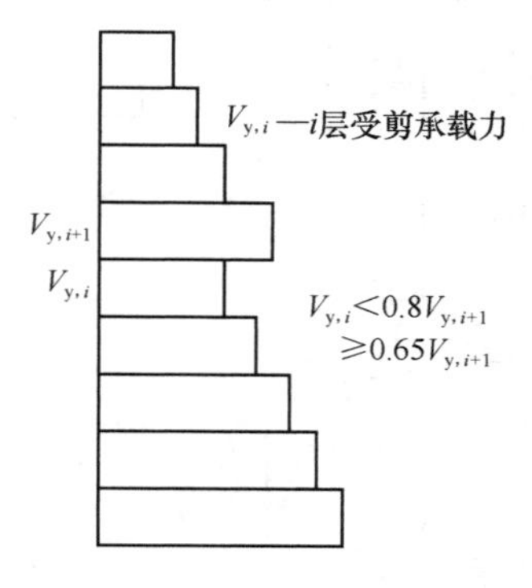

图 3.4.3-8 楼层受剪承载力突变（有薄弱层）

4）相邻楼层质量比（即上层楼层质量与相邻下层楼层质量的比值）大于 150%或竖向抗侧力构件收进的尺寸大于构件的长度（如棋盘式布置），均属于竖向不规则类型（但统计不规则种类数量时可不考虑），结构设计中应尽量避免（图 3.4.3-9）。

三、结构设计建议

1. 关于“有效楼板宽度”与“楼板典型宽度”

1）“有效楼板宽度”指楼板实际传递水平地震作用时的有效宽度，就是楼板的实际宽度，应扣除楼板实际存在的洞口宽度和楼、电梯间（楼、电梯周边无钢筋混凝土抗震墙时）在楼面处的开口尺寸等［图 3.4.3-10(a)］。“有效楼板宽度”与考察的位置（即楼板

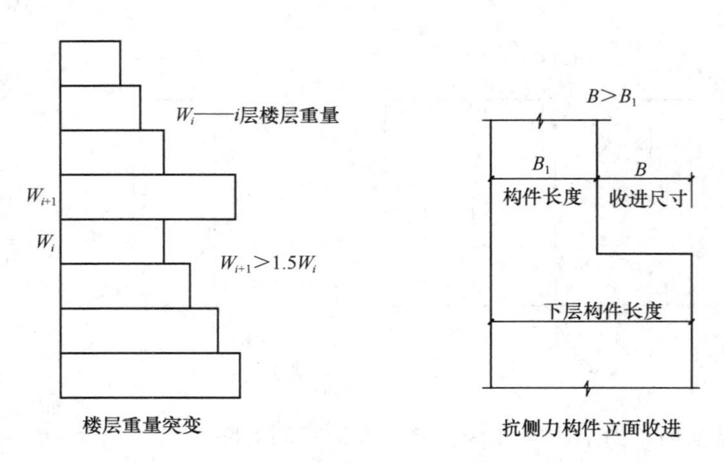

图 3.4.3-9 竖向不规则的其他类型

剖面）有关。

2）“楼板典型宽度”指被考察楼层的楼板代表性宽度。对平面形状比较规则的楼层，可以是楼板面积占大多数区域的楼板宽度；对抗侧力结构布置不均匀的结构，可以是主要抗侧力结构所在区域的楼板宽度［图 3.4.3-10(a)］。

3）“有效楼板宽度”和“楼板典型宽度”都是从楼板传递水平地震作用的角度来度量的，它考察的是楼板传递水平地震作用的有效性和完整性。而受弯构件的有效翼缘宽度则主要考虑楼板（受压翼缘）对梁抗弯刚度的贡献，两者有本质的差别［图 3.4.3-10(b)］。

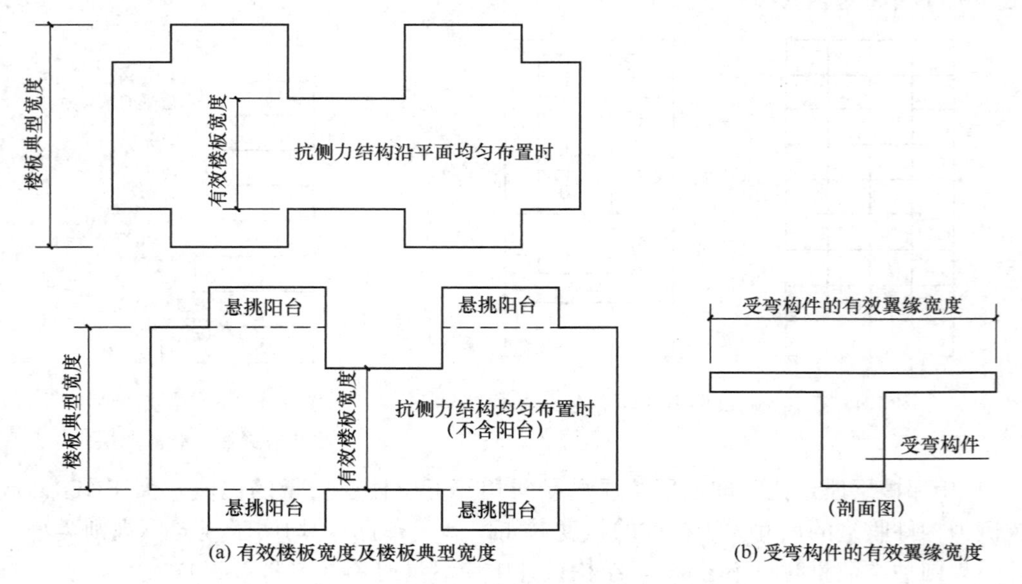

图 3.4.3-10 有效楼板宽度及楼板典型宽度的确定

4）与主要抗侧力结构关系不大的楼板（如悬挑阳台的楼板等），对传递水平地震的作用不大，一般可不考虑其对“有效楼板宽度”和“楼板典型宽度”的有利影响。

5）当楼梯间、管井和电梯间等周围有抗震墙（或抗震墙与连梁围合）时，尽管楼梯间、管井和电梯开洞造成楼板不连续，但由于周边围合的抗震墙具有很大的侧向刚度，仍能确保水平地震作用的传递，因此，其无楼板部分可不按开洞考虑。但应注意，当楼梯间、管井和电梯间等周围的抗震墙分散布置或其整体性较差（单片抗震墙或抗震墙与连梁没有封闭围合）时，则楼梯间、管井和电梯间的无楼板部分仍应按楼板开洞计算洞口面积。

6）结构设计中经常遇到有效宽度问题，有梁受压翼缘的有效宽度（表 6.2.2-2），抗震墙的有效翼缘宽度（内力和变形计算时见表 6.2.13-1，承载力计算时见表 6.2.13-2）及本条所提及的“有效楼板宽度”和“楼板典型宽度”等，结构设计时应把握其相关概念，以免混淆。

2. 关于错层

错层的最大危害在于形成短柱（或超短柱），造成柱刚度和延性的突变，导致强烈地震时短柱（或超短柱）的破坏。

1）对“较大的错层”标准未予以量化，建议当楼层高度差不小于 600mm，且大于“楼层梁截面高度”时，可确定为“较大的错层”。此处“楼层梁截面高度”为楼层梁的代表性截面高度 h_b（以柱网 8m×8m 的框架为例，当标准跨的框架梁截面高度取 650mm 时，则楼层梁的代表性截面高度 h_b =650mm），而非错层处的楼层梁截面高度（图 3.4.3-11）。

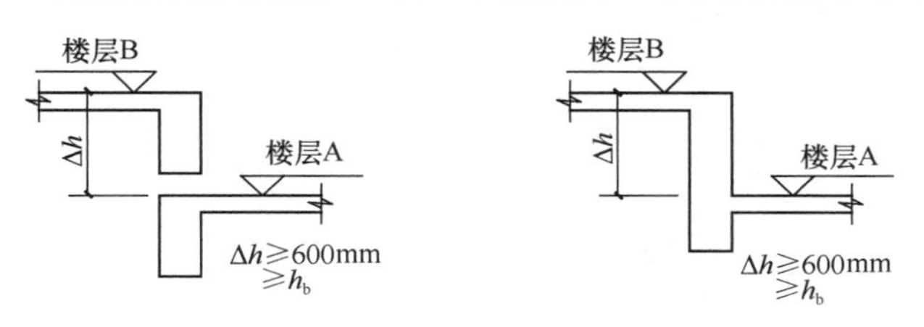

图 3.4.3-11 错层

2）现有部分结构计算程序，对错层平面可以按整体平面输入，然后通过调整楼面标高的方法形成错层平面布置，通过结构计算的前处理及每榀框架剖切不能发现异常，但计算结果怪异。为避免上述情况的出现，对错层结构应按各自楼层分别输入进行结构的整体计算。设计时应注意对计算结果的核查。

3）现有结构计算程序不能区别真实楼层与计算楼层的关系，因而无法真实反映错层结构的扭转位移比。结构设计中应根据楼层位移数值按实际楼层高度进行手算复核（图 3.4.3-12），一般情况下不可直接取用程序输出的扭转位移比数值（门厅等处的穿层柱的扭转位移比输出也有类似的问题，应予以注意）。

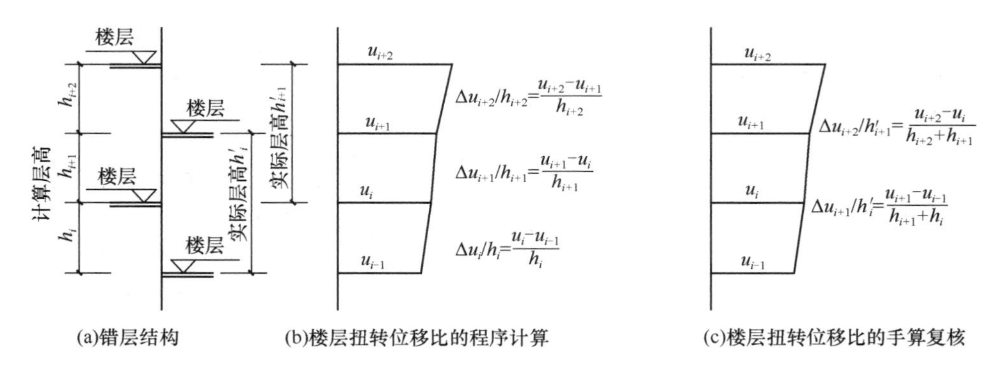

图 3.4.3-12 错层结构楼层扭转位移比的估算

4）错层结构属于平面、立面不规则的结构，对其进行的位移比计算属于估算的性质，实际工程中应将主要精力放在对其不规则程度的把握和对错层的处理上，当不规则程度处在不规则分档界线附近时，应偏于安全地按不规则程度较高档次采取相应的结构措施，避免在具体数值上过多地纠缠。

5）对错层及局部错层应优先考虑通过采取恰当的综合措施，消除或减轻错层给结构带来的不利影响。当楼面板变标高处合用同一根梁时，可考虑设置梁侧加腋，见图 3.4.3-13(a)，以改善水平传力途径，一般不宜直接按错层设计（可按错层与非错层分别计算，合理配筋）。对结构设计中局部降低（或抬高）的楼板，当周围楼板对该下降（或抬高）楼板的约束性强时，可不按错层计算（如同楼板开洞处理），而通过适当的构造处理加强周围楼板（如加厚错层附近楼板，提高楼板的配筋率，采用双向双层配筋，或加配斜向钢筋；错层边缘设置边梁、暗梁；在楼板角部集中配置斜向钢筋等），以改善楼盖的水平传力途径，见图 3.4.3-13(b)。

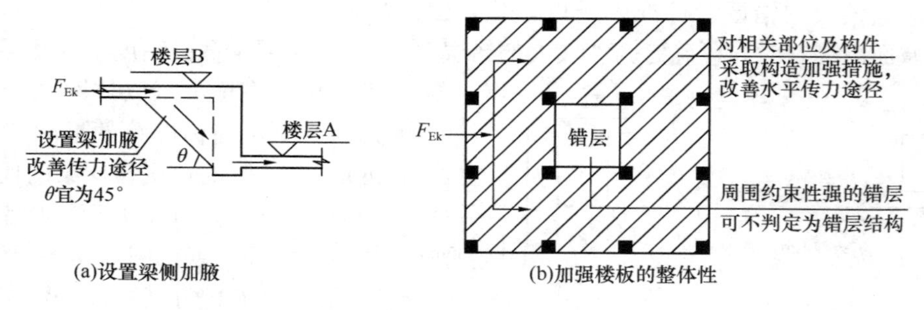

图 3.4.3-13　对错层的处理

6）错层处框架柱的截面高度不应小于 600mm，混凝土强度等级不应低于 C30，抗震等级应提高一级采用，错层及错层上、下相关楼层（不应少于错层上、下各一层）箍筋应全柱加密（表 3.4.3-3）。

错层处框架柱的构造要求　　**表 3.4.3-3**

情况	截面高度	混凝土强度等级	抗震等级	箍筋
构造要求	不应小于 600mm	不应低于 C30	提高一级（特一级时可不再提高）	全柱加密

7）错层处平面外受力的抗震墙，其截面厚度不应小于 250mm，并应设置与之垂直的墙肢或扶壁柱；抗震等级应提高一级采用。错层处抗震墙的混凝土强度等级不应低于 C30，水平和竖向分布钢筋的配筋率不应小于 0.50%（表 3.4.3-4）。

错层处平面外受力的抗震墙的构造要求　　**表 3.4.3-4**

序号	情　　况	要　　求	
1	抗震墙	截面厚度 b_w 应满足 $b_w \geqslant 250$mm	应设置与之垂直的墙肢或扶壁柱
2	抗震等级	应提高一级	
3	混凝土强度等级	不应低于 C30	
4	水平与竖向分布筋的配筋率	不应小于 0.50%	

3. 对扭转不规则程度的合理把握

1）扭转不规则程度的分类及限值见表 3.4.3-5 及表 3.4.3-6。

一般结构扭转不规则程度的分类及限值 **表 3.4.3-5**

结构类型	地震作用下的最大层间位移角 θ_E 范围	相应于该层（θ_E 所对应的楼层）的扭转位移比 μ				
		$\mu\leqslant1.2$	$1.2<\mu\leqslant1.35$	$1.35<\mu\leqslant1.5$	$1.5<\mu\leqslant1.6$	$\mu>1.6$
框架	$\theta_E\leqslant1/1375$	规则	一般不规则	特别不规则	特别不规则	不允许
	$1/1375<\theta_E\leqslant1/550$	规则	一般不规则	特别不规则	不允许	
框架-抗震墙、框架-核心筒、板柱-核心筒	$\theta_E\leqslant1/2000$	规则	一般不规则	特别不规则	特别不规则	
	$1/2000<\theta_E\leqslant1/800$	规则	一般不规则	特别不规则	不允许	
筒中筒、抗震墙	$\theta_E\leqslant1/2500$	规则	一般不规则	特别不规则	特别不规则	
	$1/2500<\theta_E\leqslant1/1000$	规则	一般不规则	特别不规则	不允许	

特殊结构扭转不规则程度的分类及限值 **表 3.4.3-6**

结构类型	地震作用下的最大层间位移角 θ_E 范围	相应于该层（θ_E 所对应的楼层）的扭转位移比 μ				
		$\mu\leqslant1.2$	$1.2<\mu\leqslant1.3$	$1.3<\mu\leqslant1.4$	$1.4<\mu\leqslant1.5$	$\mu>1.5$
超过 A 级高度的混合结构、复杂高层建筑	$\theta_E\leqslant0.4[\theta_E]$	规则	一般不规则	特别不规则	特别不规则	不允许
	$0.4[\theta_E]<\theta_E\leqslant[\theta_E]$	规则	一般不规则	特别不规则	不允许	

2）关于扭转位移比：

（1）计算扭转位移比时，楼盖的刚度可按实际情况采用合适的计算假定（一般情况下应采用刚性楼板、分块刚性楼板假定，必要时也可采用弹性楼板假定进行补充计算），且“规定水平力”作用位置应考虑偶然偏心的影响。

（2）刚性楼板假定，并不是一定要求楼板的平面内刚度无穷大，可理解为具有一定平面内刚度的情况，即按弹性楼板假定计算，在“规定水平力”作用（作用在楼层各构件的质量中心）下，楼盖平面两端的最大位移 δ_2（与规定水平力同方向）不超过平均位移 $\overline{\delta}$（图 3.4.3-1）2 倍的情况。考察的不仅是楼板本身的平面内刚度，还是对抗侧力结构布置的均匀性问题以及楼板的协调变形能力的综合考量。

（3）弹性楼板假定，是指在“规定水平力”作用下，楼盖平面两端的最大位移 δ_2 超过平均位移 $\overline{\delta}$（指最大位移和最小位移的平均值）2 倍的情况。采用弹性楼板的假定对扭转不规则进行补充判别时，应注意区分结构的局部位移与整体位移的关系（内力分析时，可采用弹性楼板假定进行补充计算，并宜进行不同计算假定的包络设计）。

（4）对楼板计算假定的确定，属于概念设计的范畴。在进行不规则判别时，一般情况下，当楼板的完整性较好（楼板无大开洞等）时，应采用概念清晰的刚性楼板假定计算。当需要采用弹性楼板假定进行补充计算时，对应于图 3.4.3-1 中可取 $\overline{\delta}\approx\dfrac{\delta_1+\delta_2}{2}$。

3）关于“规定水平力”的应用：

（1）标准规定，下列情况需要按“规定水平力”计算：

① 按表 3.4.3-1 计算扭转位移比并对结构的扭转不规则进行判别，以及按第 3.4.4 条第 1 款第 1）项对不规则结构进行最大扭转位移比控制时，楼层位移和层间位移应采用在

“规定水平力”作用下的计算结果。

② 对框架和抗震墙（或核心筒）组成的结构（包含混凝土结构和钢结构等）体系进行判别时（第 6.1.3、8.2.2 条等），底部倾覆力矩的计算应采用在“规定水平力”作用下的计算结果。

(2) 其他情况下（楼层位移、层间位移角、楼层剪力等），仍采用 CQC 组合。

(3) 标准提出在“规定水平力”作用下的计算要求，只是为了确保判别过程（如对扭转不规则的判别、依据倾覆力矩比对抗侧力体系的判别等）中计算（尤其是位移计算）的合理性，而在具体处理过程（如按表 5.5.1 进行位移控制，按第 6.2.13、6.7.1、8.2.3 条规定进行楼层剪力调整等）中仍采用 CQC 组合（注意“判别过程”与“处理过程”的不同）。

但标准对“规定水平力”作用下的计算范围，只有相对零散的具体规定，而没有明确的界定，目前情况下，可只执行标准的相关具体规定，当未明确提出按“规定水平力”计算时，仍可采用 CQC 组合。

4. 关于偶然偏心

1）偶然偏心由两部分组成，一是质量偏心，实际工程都有设计及施工误差，使用时荷载尤其是活荷载的布置与结构设计时的设想也有偏差，因此，实际质量中心与理论计算的质量中心有差异；二是地震地面运动的扭转分量等因素引起的偶然偏心。计算单向地震作用时，用质心的偏移值来综合考虑上述两项偏心的影响，将各振型地震作用沿垂直于地震作用方向，从质心位置偏移$\pm\ e_i$来考虑质量偶然偏心的影响，$e_i=0.05\ l_i$，l_i 为第 i 层垂直于地震作用方向建筑物的总投影长度（m），见图 3.4.3-14。

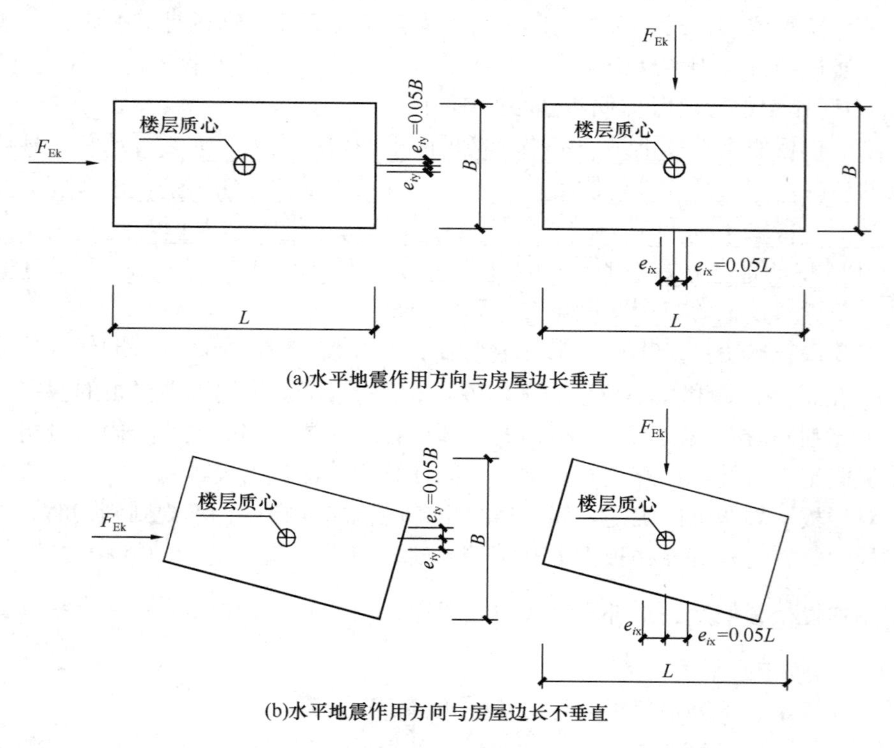

图 3.4.3-14　偶然偏心的计算

2）对复杂形状的平面，偶然偏心的数值仍可按标准的规定原则计算，文献[28]提出对其他形式平面，可取 $e_i = 0.1732 r_i$，r_i 为第 i 层楼层平面平行地震作用方向的回转半径。其实复杂形状的 r_i 与其投影方向的关系不固定，也很难找出统一的规律，相应的计算数值也不见得合理。考虑偶然偏心计算的近似性，可直接按标准的原则，取对应于垂直地震作用方向的建筑物总长度［此处的建筑物总长度，是指建筑物在垂直于地震作用方向的总投影长度，见图 3.4.3-14(b)］。

3）偶然偏心的量值直接与垂直于单向地震作用方向的建筑物总长度挂钩，当建筑物为长宽比较大的矩形平面时，偶然偏心的计算值偏大，欠合理。标准条文说明指出，“偶然偏心大小的取值，除采用该方向最大尺寸的 5%外，也可考虑具体的平面形状和抗侧力构件的布置调整”，因此，对长宽比较大的矩形平面，当考虑偶然偏心计算的扭转位移比数值明显不合理时，可采用双向地震作用进行补充计算，并按其计算的扭转位移比调整偶然偏心的数值。

4）偶然偏心是一种近似计算，属于估算的范畴。结构设计中，还是应从结构平面布局入手，尽量减少采用长宽比较大的矩形平面，多采用圆形及正多边形平面。同时，采取措施加大结构的抗扭刚度（如适当增加外围抗震墙的数量，在结构层间位移有富余时也可适当减小中部抗震墙的抗侧刚度，加大结构的边榀刚度等），以减小偶然偏心的扭转影响。

5. 关于侧向刚度比（本层刚度与相邻上层刚度之比）

目前可采用的方法有以下几种（本层用下角标 1 表示，相邻上层用下角标 2 表示）：

1）等效剪切刚度比值法，即《高规》公式（E.0.1-1）及《建筑抗震设计规范》GB 50011—2001（2008 年版）公式（6.1.14-1）中规定的计算方法：$\gamma = \frac{G_1 A_1}{G_2 A_2} \times \frac{h_2}{h_1}$，考察的是抗侧力构件的截面特性及与层高的关系，属于近似计算的方法（用于方案阶段及初步设计阶段估算）。一般适合于以剪切变形为主的结构及结构部位，如框架结构、结构的嵌固部位（结构嵌固部位刚度比计算的相关问题见第 6.1.14 条）及转换层设置在 1、2 层时的转换层与其上层结构的等效剪切刚度比等。

2）楼层剪力与层间位移的比值法，即按胡克定律（楼层标高处产生单位水平位移所需要的水平力）确定结构的侧向刚度（图 3.4.3-5），$\gamma = \frac{V_1 \Delta_2}{V_2 \Delta_1}$，本层与相邻上层的比值不宜小于 0.7，与相邻上部三层侧向刚度平均值的比值不宜小于 0.8。该方法物理概念清晰，理论上适合于所有的结构，尤其适合于楼层侧向刚度有规律地均匀变化的结构，适用于对结构“软弱层”及“薄弱层”的初步判别。但当楼层侧向刚度变化过大时，适应性较差。

3）考虑层高修正的楼层侧向刚度比值法，即《高规》公式（3.5.2-2）中规定的计算方法。在以弯曲变形或弯剪变形为主的结构（如框架-抗震墙结构、板柱-抗震墙结构、抗震墙结构、框架-核心筒结构、筒中筒结构等）中，楼面结构对侧向刚度的贡献较小，层高变化时侧向刚度变化滞后，对上部结构的侧向刚度比可采用考虑层高修正的楼层侧向刚度比值法，$\gamma = \frac{V_1 \Delta_2 h_1}{V_2 \Delta_1 h_2}$，该方法在国外规范中有采用。

4）等效侧向刚度法，即《高规》公式（E.0.3）中规定的计算方法（也称为剪弯刚度），计算的是转换层及下部结构上部与转换层上部的等效侧向刚度比 $\gamma_e = \frac{\Delta_2 H_1}{\Delta_1 H_2}$，考察的是结构特定区域内结构侧向变形角的比值，适合于结构侧向刚度变化较大的特殊部位，如转换层设置在2层以上时转换层上、下部结构等。应使 γ_e 接近1（$\gamma_e \leqslant 1$），且不应小于0.8。

采用“等效侧向刚度法”计算转换层上、下结构侧向刚度比时应注意，按《高规》附录E计算时，将转换层顶部作为嵌固端计算，忽略了转换层位置实际存在的转动变形，夸大了转换层上部结构的侧向刚度及转换层上部与转换层及其下部结构的等效侧向刚度比（图3.4.3-15），应采用“楼层剪力与层间位移的比值法”进行比较计算（按 $\gamma=\dfrac{V_1\Delta_2}{V_2\Delta_1}$ 的计算值不应小于0.6）。注意，转换层结构中非转换层部位的楼层侧向刚度比，仍应采用“楼层剪力与层间位移的比值法”计算。

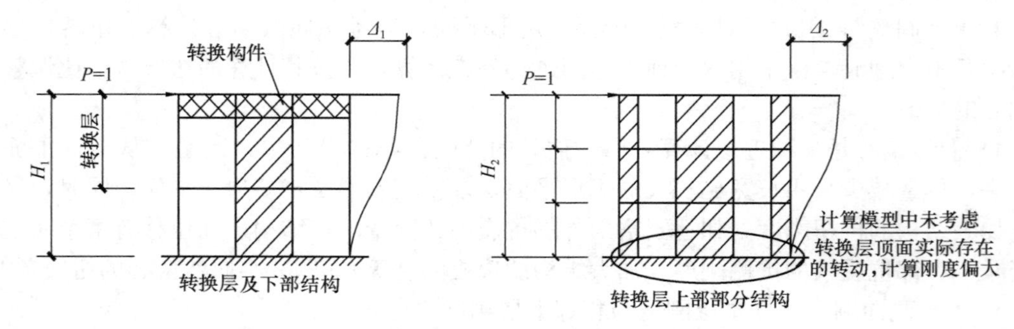

图3.4.3-15　等效侧向刚度比的计算

采用不同的计算方法时侧向刚度比的计算结果也不相同，有时计算结果差异很大，结构设计中应根据工程的具体情况及计算部位，正确选择侧向刚度比的计算方法（表3.4.3-7），必要时应采用多种计算方法进行比较确定。

侧向刚度比计算方法的选用建议　　表3.4.3-7

<table>
<tr><th>序号</th><th colspan="2">项　目</th><th>计算方法</th><th>计算公式</th><th colspan="2">计算要求及补充计算要求</th></tr>
<tr><td rowspan="3">1</td><td rowspan="3">结构的嵌固部位</td><td>基本计算</td><td>等效剪切刚度比值法</td><td>$\gamma=\dfrac{G_1A_1}{G_2A_2}\times\dfrac{h_2}{h_1}$</td><td colspan="2">$\gamma \geqslant 1.5$（应），$\gamma \geqslant 2$（宜）</td></tr>
<tr><td>框架结构（补充计算）</td><td>楼层剪力与层间位移的比值法</td><td>$\gamma=\dfrac{V_1\Delta_2}{V_2\Delta_1}$</td><td colspan="2">$\gamma \geqslant 2$，宜按等效剪切刚度法进行补充计算且补充计算的 $\gamma \geqslant 1.5$（应），$\gamma \geqslant 2$（宜）</td></tr>
<tr><td>其他结构（补充计算）</td><td>考虑层高修正的楼层侧向刚度比值法</td><td>$\gamma=\dfrac{V_1\Delta_2}{V_2\Delta_1}\times\dfrac{h_1}{h_2}$</td><td colspan="2">$\gamma \geqslant 2$，宜按等效剪切刚度法进行补充计算且补充计算的 $\gamma \geqslant 1.5$（应），$\gamma \geqslant 2$（宜）</td></tr>
<tr><td rowspan="3">2</td><td rowspan="3">转换层上、下（转换层所在的楼层 n）</td><td>$n=2$ 时</td><td>等效剪切刚度比值法</td><td>$\gamma=\dfrac{G_1A_1}{G_2A_2}\times\dfrac{h_2}{h_1}$</td><td colspan="2">应使 γ 接近1（$\gamma \leqslant 1$），且 $\gamma \geqslant 0.5$</td></tr>
<tr><td rowspan="2">$n \geqslant 3$ 时</td><td>楼层剪力与层间位移的比值法</td><td>$\gamma=\dfrac{V_1\Delta_2}{V_2\Delta_1}$</td><td>$\gamma \geqslant 0.6$</td><td rowspan="2">同时满足</td></tr>
<tr><td>等效侧向刚度法</td><td>$\gamma_e=\dfrac{\Delta_2 H_1}{\Delta_1 H_2}$</td><td>应使 γ_e 接近1（$\gamma_e \leqslant 1$），且 $\gamma_e \geqslant 0.8$</td></tr>
</table>

续表

序号	项目		计算方法	计算公式	计算要求及补充计算要求
3	其他部位	框架结构	楼层剪力与层间位移的比值法	$\gamma=\frac{V_1\Delta_2}{V_2\Delta_1}$	$\gamma\geqslant0.7$，与相邻上部三层 $\gamma\geqslant0.8$
		其他结构	考虑层高修正的楼层侧向刚度比值法	$\gamma=\frac{V_1\Delta_2}{V_2\Delta_1}\times\frac{h_1}{h_2}$	$\gamma\geqslant0.9$；当 $h_1>1.5h_2$ 时，$\gamma\geqslant1.1$。首层与二层 $\gamma\geqslant1.5$，仅适用于绝对嵌固的计算模型

注：公式中下角标 1 表示本层，2 表示相邻上层。

6. 关于薄弱层

1）钢筋混凝土抗侧力结构的“层间受剪承载力”按构件实际配筋和材料强度标准值计算。

2）采用反应谱法只能对薄弱层位置进行初步判别，一般需要采用弹塑性分析方法对薄弱层的位置予以确认（相关问题见第 3.6.1 条）。

四、相关索引

1. 关于双向地震作用与扭转不规则的关系见第 5.1.1 条。

2.《高规》的相关规定见其第 3.4.5、3.5.2 条及其附录 E。

第 3.4.4 条

一、标准的规定

3.4.4　建筑形体及其构件布置不规则时，应按下列要求进行地震作用计算和内力调整，并应对薄弱部位采取有效的抗震构造措施：

1　平面不规则而竖向规则的建筑，应采用空间结构计算模型，并应符合下列要求：

1）扭转不规则时，应计入扭转影响，且在具有偶然偏心的规定水平力作用下，楼层两端抗侧力构件弹性水平位移或层间位移的最大值与平均值的比值不宜大于 1.5，当最大层间位移远小于规范限值时，可适当放宽；

2）凹凸不规则或楼板局部不连续时，应采用符合楼板平面内实际刚度变化的计算模型；高烈度或不规则程度较大时，宜计入楼板局部变形的影响；

3）平面不对称且凹凸不规则或局部不连续，可根据实际情况分块计算扭转位移比，对扭转较大的部位应采用局部的内力增大系数。

2　平面规则而竖向不规则的建筑，应采用空间结构计算模型，刚度小的楼层的地震剪力应乘以不小于 1.15 的增大系数，其薄弱层应按本规范有关规定进行弹塑性变形分析，并应符合下列要求：

1）竖向抗侧力构件不连续时，该构件传递给水平转换构件的地震内力应根据烈度高低和水平转换构件的类型、受力情况、几何尺寸等，乘以 1.25～2.0 的增大系数；

2）侧向刚度不规则时，相邻层的侧向刚度比应依据其结构类型符合本规范相关章节的规定；

3）楼层承载力突变时，薄弱层抗侧力结构的受剪承载力不应小于相邻上一楼层的 65%。

3　平面不规则且竖向不规则的建筑，应根据不规则类型的数量和程度，有针对性地采取不低于本条1、2款要求的各项抗震措施。特别不规则的建筑，应经专门研究，采取更有效的加强措施或对薄弱部位采用相应的抗震性能化设计方法。

二、对标准规定的理解

1. 本条提出的是对不规则的处理要求，即针对的是已按第3.4.3条规定判别为不规则的结构所采取的具体措施。

2. 标准对各类不规则结构的计算要求归纳见表3.4.4-1。

3. 本条第1款第1）项提出的两项要求：

①地震作用计算应计及扭转影响，可理解为要考虑扭转耦联（见第5.2.3条）。

②对扭转不规则结构进行最大扭转位移比的控制要求（表3.4.4-1），即在考虑偶然偏心影响的规定水平地震力作用下楼层竖向构件扭转位移比应满足$\mu \leqslant 1.5$（当最大层间位移角θ_e远小于标准表5.5.1的限值时，可适当放宽）。

不规则结构的计算要求 **表3.4.4-1**

<table>
<tr><th>序号</th><th>不规则类型</th><th>情况</th><th colspan="2">计算要求</th></tr>
<tr><td rowspan="4">1</td><td rowspan="4">平面不规则而竖向规则</td><td rowspan="2">扭转不规则</td><td>地震作用计算应计及扭转影响（可理解为要考虑扭转耦联）</td><td rowspan="4">应采用空间结构计算模型</td></tr>
<tr><td>扭转不规则时，在考虑偶然偏心影响的规定水平地震力作用下楼层竖向构件扭转位移比应满足$\mu \leqslant 1.5$（当最大层间位移角θ_e远小于标准表5.5.1的限值时，可适当放宽）</td></tr>
<tr><td>凹凸不规则或楼板局部不连续</td><td>应采用符合楼板平面内实际刚度变化的计算模型，高烈度或不规则程度较大时，宜计入楼板局部变形的影响</td></tr>
<tr><td>平面不对称且凹凸不规则或局部不连续</td><td>可根据实际情况分块计算扭转位移比，对扭转较大的部位应采用局部的内力增大系数</td></tr>
<tr><td rowspan="3">2</td><td rowspan="3">平面规则而竖向不规则</td><td>竖向抗侧力构件不连续时</td><td>该构件传递给水平转换构件的地震内力应乘以1.25～2.0的增大系数</td><td rowspan="3">应采用空间结构计算模型；刚度小的楼层的地震剪力应乘以不小于1.15的增大系数（《高规》第3.5.8条规定为1.25），并应按有关规定进行弹塑性变形分析</td></tr>
<tr><td>侧向刚度不规则时</td><td>相邻层的侧向刚度比应依据其结构类型符合相关规定</td></tr>
<tr><td>楼层承载力突变时</td><td>薄弱层抗侧力结构的受剪承载力不应小于相邻上一楼层的65%</td></tr>
<tr><td>3</td><td>平面不规则且竖向不规则</td><td colspan="3">应采取不低于本条第1、2款要求的措施；对于特别不规则的建筑，应经专门研究，采取更有效的加强措施或对薄弱部位采用相应的抗震性能化设计方法</td></tr>
</table>

4. 当楼层的最大层间位移角θ_e不大于表5.5.1限值0.4倍时，可理解为符合本条第1款第1）项中的“远小于规范限值”（其中的“规范”应修改为“标准”）之情形，相应的楼层竖向构件最大的弹性水平位移和层间位移与该层平均值的比值可适当放宽至不大于1.6（表3.4.3-5及表3.4.3-6）。

5. 图3.4.3-5的情况，可理解为本条第2款所述的“刚度小的楼层”。

6. 本条第3款中的“专门研究”，一般指召开抗震设防专项审查会议。

7. 本条规定针对不同的不规则类型提出相应的计算要求，比较本条文各款项可以发现，当结构的竖向不规则时，规范对结构计算的要求比平面不规则时更为严格，结构设计中应特别注意结构的竖向不规则问题。

8. 性能化设计问题见《抗震标准》第3.10节。

第3.4.5条

一、标准的规定

3.4.5　体形复杂、平立面不规则的建筑，应根据不规则的程度、地基基础条件和技术经济等因素的比较分析，确定是否设置防震缝，并分别符合下列要求：

1　当不设置防震缝时，应采用符合实际的计算模型，分析判明其应力集中、变形集中或地震扭转效应等导致的易损部位，采取相应的加强措施。

2　当在适当部位设置防震缝时，宜形成多个较规则的抗侧力结构单元。防震缝应根据抗震设防烈度、结构材料种类、结构类型、结构单元的高度和高差以及可能的地震扭转效应的情况，留有足够的宽度，其两侧的上部结构应完全分开。

3　当设置伸缩缝和沉降缝时，其宽度应符合防震缝的要求。

二、对标准规定的理解

1. 设置防震缝，可以将复杂结构分割为较为规则的结构单元，有利于减小房屋的扭转并改善结构的抗震性能。但震害调查表明，按标准要求确定的防震缝宽度，在强烈地震作用下仍有发生碰撞的可能，而宽度过大的防震缝又会给建筑立面设计带来困难。因此，设置防震缝对结构设计而言是两难的选择。一般情况下，应优先考虑不设防震缝。当不设置防震缝时，应经分析比较，找出结构的易损部位，并采取相应的加强措施。

2. 本条第2款的规定可用图3.4.5-1来理解。

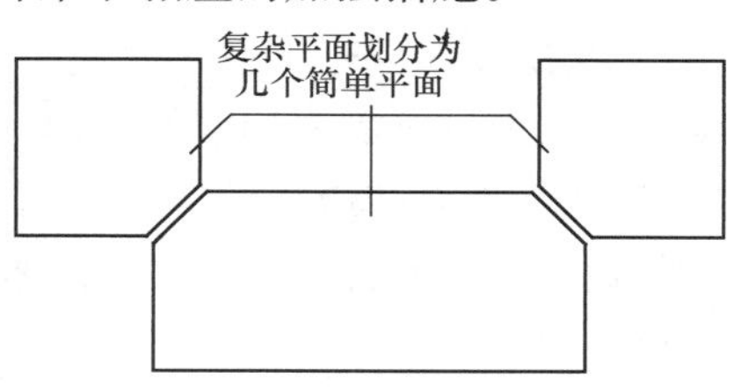

图3.4.5-1　防震缝设置

3. 必须设置防震缝时，防震缝应有足够的宽度。防震缝两侧结构体系不同时，防震缝的宽度应按不利的（对防震缝的宽度要求更大的）结构类型及较低房屋高度确定；当相邻结构的基础存在较大沉降时，应考虑沉降对防震缝宽度的影响（图3.4.5-2），防震缝宽度宜适当增大。

三、结构设计建议

1. 影响防震缝有效宽度的主要因素：

1）防震缝两侧的建筑饰面，尤其是瓷砖及其他硬质饰面实际上减小了防震缝的有效宽度，见图3.4.5-2(a)，地震发生时房屋的自由变形受到了限制，在大震或较大地震时发生碰撞。

2）建筑物差异沉降造成防震缝两侧结构“靠拢”，减小了防震缝的有效宽度，大震时发生碰撞。地基差异沉降越大、建筑物越高，“靠拢”效应越大，见图3.4.5-2(b)。

2. 按《抗震标准》确定的防震缝宽度，仍难以避免大震时两侧结构的碰撞。建议有条件时还应适当加大防震缝宽度，钢筋混凝土结构防震缝的宽度不应小于100mm。

3. 对高层建筑宜选用合理的建筑结构方案，避免设置防震缝，采取有效措施消除不设防震缝的不利影响。图3.4.5-2(b)中的“加强构造和连接”处应连接牢固，提高构件的受剪承载力，提高相关构件抵抗差异沉降的能力。

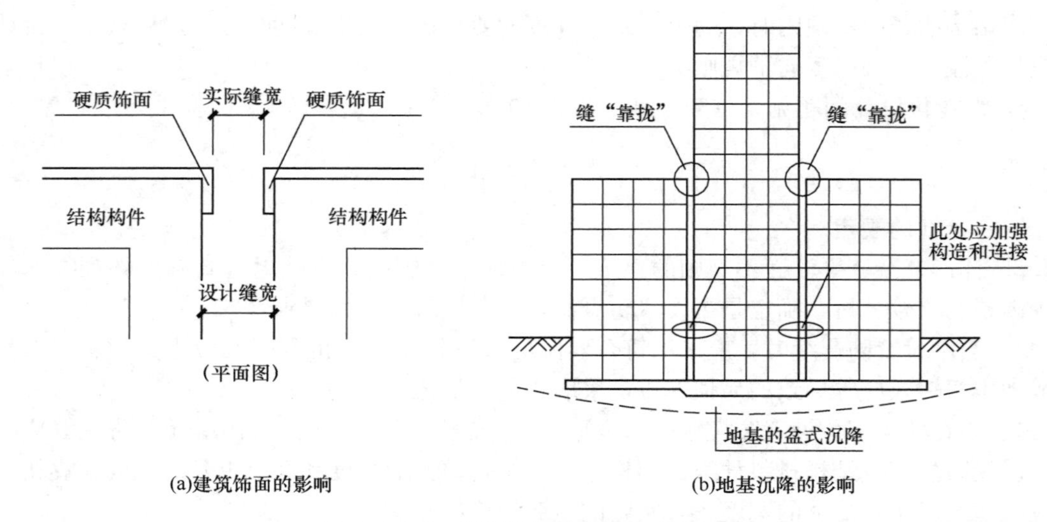

图 3.4.5-2 影响防震缝有效宽度的因素

4. 对防撞墙的设置应慎重。防撞墙的设置应均匀对称并有利于减小结构的扭转。设置在框架结构中的防撞墙，应注意其少量抗震墙的特点，大震时的限位作用有限。防震缝的宽度仍应满足对框架结构的要求。设置防撞墙的框架结构本质上属于抗震墙很少的框架结构，相关建议见第 6.1.3、6.1.4 条。

5. 避免防震缝两侧结构碰撞的设计建议：

1）有条件时应适当加大结构的侧向刚度，以减小结构的水平位移值。

2）当房屋高度较大时，避免采用结构侧向刚度相对较小的框架结构，可采用框架-抗震墙结构或少量抗震墙的框架结构。

3）适当加大防震缝的宽度，对重要部位或复杂部位可考虑按"中震"（设防烈度地震）确定防震缝的宽度，同时注意采取大震防跌落措施。

4）可结合工程的具体情况，设置阻尼器限制大震下结构的位移，减小结构碰撞的可能性，相关内容可见第 12 章。

四、相关索引

1. 混凝土结构的防震缝宽度应满足第 6.1.4 条的规定。

2. 砌体结构的防震缝宽度应满足第 7.1.7 条的规定。

3. 钢结构的防震缝宽度应满足第 8.1.4 条的规定。

4. "设置少量抗震墙的框架结构"见第 6.1.3 条。

3.5 结 构 体 系

要点：

1. 影响结构体系的因素很多，如抗震设防类别、抗震设防烈度、建筑高度、场地条件、地基、结构材料和施工等，还应考虑技术、经济和使用条件等。结构体系问题是结构抗震设计的关键问题。

2. 结构抗震设计的关键是解决承载力、刚度和延性问题。

1）对于非抗震结构，足够的材料强度和刚度是结构设计需要考虑的问题，而对于抗震结构，除要承担常规荷载外还要承担地震动作用，其材料强度和刚度不是越大越好（如抗弯强度过高不利于抗剪，刚度过大也会加大结构的地震作用），需要控制在合理的范围内。

2）结构体系由各类构件相互连接组成，抗震结构构件应具有必要的承载力、合理的刚度、良好的延性、可靠的连接，使相互之间合理均衡。

3）结构构件应具有良好的延性（即变形能力和耗能能力），延性可以提升结构的抗震潜力，增强结构的抗倒塌能力。结构抗震设计的本质就是对结构承载力、刚度和延性的合理把握问题。

第 3.5.1 条

一、标准的规定

3.5.1 结构体系应根据建筑的抗震设防类别、抗震设防烈度、建筑高度、场地条件、地基、结构材料和施工等因素，经技术、经济和使用条件综合比较确定。

二、对标准规定的理解

抗震结构应采用合理经济的结构类型，结构方案选取是否合理对安全和经济起主要作用。结构的地震反应与场地特性有密切关系，场地的地面运动特性又与地震震源机制、震级大小、震中距的远近有关；建筑的重要性、装修水准的高低对结构的侧向变形值有限制，还应考虑结构材料和施工条件的制约以及经济条件的许可等。

第 3.5.2 条

一、标准的规定

3.5.2 结构体系应符合下列各项要求：

1 应具有明确的计算简图和合理的地震作用传递途径。

2 应避免因部分结构或构件破坏而导致整个结构丧失抗震能力或对重力荷载的承载能力。

3 应具备必要的抗震承载力，良好的变形能力和消耗地震能量的能力。

4 对可能出现的薄弱部位，应采取措施提高其抗震能力。

二、对标准规定的理解

1.《抗震通规》的相关规定见其第 2.4.1 条，本条强调合理的结构体系对结构抗震性能的重要影响。

2. 在抗震结构设计中，标准特别强调概念设计的重要性。对结构计算简图的分析把握（明确地震作用的传力路径是什么，是如何从上部结构传至下部结构及地基基础的），是结构概念设计的重要内容之一，计算机的使用无法替代结构工程师的概念设计工作。

3. 抗震结构体系要求受力明确、传力合理且传力路线不间断，使结构的抗震分析更符合结构在地震时的实际表现，且对提高结构的抗震性能十分有利，是结构选型与结构抗侧力体系布置时应首先考虑的因素之一。

4.《抗震标准》采用的是多遇地震作用下的弹性计算方法，通过抗震措施实现设防烈度地震要求，通过控制结构的弹塑性位移实现“大震不倒”的设防目标。这些基本的抗震设防要求，对概念清晰、传力直接的规则结构及不规则程度较轻的一般不规则结构，具有较好的适应性，也能较准确地估计设防烈度地震及罕遇地震作用的影响。而对于特别不规则结构，其适应性差，在设防烈度地震及罕遇地震作用下的影响也将难以准确估计。

5. 对地震倒塌宏观现象的研究表明，房屋倒塌的最直接原因是结构因破坏而丧失承受重力荷载的能力。因此，任何情况下都应首先确保结构对重力荷载的承载力。

6. “必要的抗震承载力”指结构应具备必要的强度，良好的“变形能力”指结构的变形不致引起结构功能丧失或超越容许破坏的程度，良好的“消耗地震能量的能力”指结构吸收和消耗地震输入的能量并保存下来的能力，也就是良好的延性。结构的抗震能力需要强度、刚度和变形能力的统一，即抗震结构体系应具备必要的强度和良好的变形及耗能能力，仅有强度而缺乏足够的延性（如不设置圈梁构造柱的砌体结构等）时，在强烈地震作用下很容易破坏；虽有较好的延性而强度不足（如纯框架结构等）时，在强烈地震作用下必然产生很大的变形，破坏严重甚至倒塌。

第 3.5.3 条

一、标准的规定

3.5.3 结构体系尚宜符合下列各项要求：

1 宜有多道抗震防线。

2 宜具有合理的刚度和承载力分布，避免因局部削弱或突变形成薄弱部位，产生过大的应力集中或塑性变形集中。

3 结构在两个主轴方向的动力特性宜相近。

二、对标准规定的理解

1. 《抗震通规》的相关规定见其第 2.4.2 条。

2. 关于多道抗震防线：

1）震害调查表明，破坏性强震具有持续时间长（短则几秒，长则十几秒甚至更长时间）、脉冲往复次数多（对房屋造成累积破坏）等特点。单一结构体系的房屋（仅一道防线）一旦破坏，接踵而来的持续地震动将会造成房屋的倒塌。当房屋采用多道防线（两道或三道）时，第一道防线破坏后，其余防线能接替抵抗后续的地震动冲击，从而保证房屋最低限度的安全，避免房屋的倒塌。因此，抗震房屋设置多道防线是必须的，也是“大震不倒”的基本要求。

2）一个抗震结构体系，应由若干个延性较好的分体系组成，并由延性较好的结构构件连接起来协同工作。

（1）框架-抗震墙体系由延性框架和抗震墙两个系统组成（在框架-抗震墙结构中，抗震墙由于其侧向刚度大，成为抗震的第一道防线，框架则是抗震的第二道防线；而在抗震墙很少的框架结构中，由于抗震墙的数量少，不能成为一道防线，该结构体系也就不属于多道防线的结构体系）。

（2）双肢墙或多肢抗震墙体系由若干个单肢墙分系统组成，大震时连梁先屈服并吸收大量地震能量，既能传递弯矩和剪力，又能对墙肢有一定的约束作用。

（3）框架-支撑框架体系由延性框架和支撑框架两个系统组成。

（4）框架-筒体体系由延性框架和筒体两个系统组成。

（5）单层厂房的纵向体系中，柱间支撑是第一道防线，柱是第二道防线，并通过柱间支撑的屈服耗能来保证结构的安全。

(6) 延性框架（符合强柱弱梁要求）中，框架梁属于第一道防线，用梁的变形耗能，其屈服先于框架柱从而使柱处于第二道防线。

3）抗震结构体系应有最大可能数量的内外部赘余度（即超静定的次数要多），有意识地建立起一系列分布的屈服区（如耗能构件、连梁、偏心支撑、框架结构中的砌体填充墙、双连梁之间设置的砌体填充墙等），以使结构能吸收和耗散大量的地震能量，而这些有意设定的屈服区一旦破坏也易于修复。

4）震害调查还表明，地震倒塌是由于结构因破坏而丧失承受竖向荷载的能力，因此，第一道防线应优先选择不负担或尽量少负担重力荷载的构件（如支撑或填充墙）或稳定性较好的结构构件（如轴压比较小的抗震墙筒体等），不宜采用轴压比很大的框架柱或承受较大竖向荷载的支撑兼作第一道防线的抗侧力构件。

5）第一道防线的构件选择。震害调查表明，房屋倒塌源自抗侧力构件丧失承受竖向荷载的能力（尤其受大震作用下 $P\text{-}\Delta$ 效应的影响）。因此，应适当降低第一道防线中结构构件的竖向轴压力，使其即便有损坏也不会对整个结构的竖向承载力有较大的影响。实际工程中优先采用不负担或少负担重力荷载的竖向支撑、砌体填充墙，或者选用轴压比较小的抗震墙（注意，抗震墙的轴压比不是越小越好，应使墙肢保持适当的轴压力水平，如最小轴压比可控制为 $\mu_{\mathrm{Nmin}}=0.1\sim0.2$，以提高墙肢的受剪承载力并增加墙肢延性，同时可避免在大震作用下出现墙肢受拉情况，造成刚度和承载力的突降。结构设计中应避免抗震墙只承受自重的情况，如楼梯间外墙等）、抗震墙筒体等作为第一道防线的抗侧力构件，而不采用轴压比很大的框架柱作为第一道防线的抗侧力构件。

3. 关于刚度突变：

1）楼层侧向刚度的突然变大或突然变小都属于刚度突变，刚度突变是由于建筑形体复杂或主要抗侧力结构体系在竖向布置的不连续造成的。刚度突变的部位易出现应力集中和变形集中（或塑性变形集中）现象。应力集中的部位如果不进行适当的加强，将先于相邻部位进入塑性变形阶段，造成塑性变形集中，最终导致严重破坏甚至倒塌。

2）刚度突变部位往往也是结构楼层屈服承载力的突变部位，属于结构的软弱层并和薄弱层密切相关，因此，刚度突变部位经常是薄弱层的重要表征之一。

4. 关于抗震薄弱层：

1）薄弱层问题（只存在第三水准即“大震”设计中）是结构抗震设计应重点关注的问题，薄弱部位也是确保“大震不倒”的关键部位。应特别关注其抗震承载力及地震时的弹塑性变形问题，但薄弱层也不是一无是处，也可以利用，隔震层就是一种人为设置的薄弱层（参见第 12 章图 12.2.0-2）。

2）结构在强烈地震下不存在强度安全储备（这就是地震作用与荷载的最大区别），构件的实际承载力分析（注意不是承载力设计值分析）是判断薄弱层（部位）的基础。

3）要使楼层（部位）的设计承载力与设计计算的弹性受力之比在总体上保持一个相对均匀的变化（注意，弹性计算结果与弹塑性分析结果之间往往存在较大的差异，一般情况下，弹性计算结果的规律性不能等同于结构弹塑性的实际状态，只有当结构较为规则或不规则程度较轻时，结构弹性分析才与弹塑性分析之间有一定的相似性。不规则程度较高的结构、复杂结构等应进行专门的弹塑性分析），一旦楼层（部位）的这个比例有突变时，会由于塑性内力重分布导致塑性变形的集中。

4）要防止在局部上加强而忽视对整个结构各部位刚度、强度的协调。

5）控制薄弱层（部位），使之有足够的变形能力而又不使薄弱层位置发生转移，这是提高结构总体抗震性能的有效手段。

5. 结构两个主轴方向动力特性（周期和振型）相近，一般情况下指相差在20%以内，强调的是两向的均匀问题。对横墙很多、纵墙较少（或横墙较少、纵墙很多）的建筑应特别予以重视，这些建筑在强烈地震时，往往会由于某一方向太弱而率先破坏，从而引起整个建筑的连续倒塌。

注意，这里要求的是两向动力特性相近而不是刻意要求两个方向完全一致，因为两个主轴方向动力特性不相近的房屋，其两向的平面尺度一般相差较大（如长宽比较大的矩形平面等），过分强调两向一致必然会引起其他性能的过大差异（如抗震墙截面面积的较大差异，加大两向受剪承载力的差异等）。另外，当两个相邻振型周期过于接近时，振型之间的耦联明显（如周期比为0.85时，耦联系数约为0.27，而当周期比为0.9时，耦联系数约为0.5）。因此，这里寻求的是动力特性和其他抗震性能的均衡协调。

三、结构设计建议

在长宽比较大的矩形平面的建筑中，尤其应注意结构两个主轴方向的动力特性是否相近的问题。但也应注意相近不是相等，对两向墙量差异较大的结构，不要过分强调动力特性相近，避免由于片面追求结构两向计算指标相近而造成受剪承载力的过大差异，应寻求动力特性及结构受剪承载力的合理平衡点。

第3.5.4条

一、标准的规定

3.5.4 结构构件应符合下列要求：

1 砌体结构应按规定设置钢筋混凝土圈梁和构造柱、芯柱，或采用约束砌体、配筋砌体等。

2 混凝土结构构件应控制截面尺寸和受力钢筋、箍筋的设置，防止剪切破坏先于弯曲破坏、混凝土的压溃先于钢筋的屈服、钢筋的锚固粘结破坏先于钢筋破坏。

3 预应力混凝土的构件，应配有足够的非预应力钢筋。

4 钢结构构件的尺寸应合理控制，避免局部失稳或整个构件失稳。

5 多、高层的混凝土楼、屋盖宜优先采用现浇混凝土板。当采用预制装配式混凝土楼、屋盖时，应从楼盖体系和构造上采取措施确保各预制板之间连接的整体性。

二、对标准规定的理解

1. 结构构件是结构体系的组成元素，保证了每个结构构件的抗震性能也就夯实了整个结构抗震设计的基础。标准对各种不同材料的构件提出了提高承载力和改善其变形能力的原则和途径。

2. 采用约束手段（包括用圈梁、构造柱、芯柱、组合柱等来分割、包围等）使本身脆性的无筋砌体在发生裂缝后不致崩塌和散落，地震时不致丧失对重力荷载的承载力并具有一定的变形能力。

3. 钢筋混凝土构件的抗震设计中，应避免不可修复的脆性破坏，如混凝土压碎、构件剪切破坏、钢筋锚固部分拉脱（粘结破坏）等。

4. 钢结构房屋的延性好，但钢结构杆件的压屈破坏（杆件失去稳定）或局部失稳也是一种不可修复的脆性破坏，应避免。

5. 预应力混凝土结构作为抗侧力构件时，应按现行行业标准《预应力混凝土结构抗震设计规程》JGJ 140 的规定配置足够的非预应力钢筋，以利于改善预应力混凝土结构的抗震性能。

三、结构设计的相关问题

1. 地震区建筑，应尽量避免采用预应力混凝土结构作为主要抗侧力结构，必须采用时应采用部分预应力混凝土结构，不应采用全预应力混凝土结构。

2. 主要抗侧力构件及集中配置预应力筋的梁类构件应采用有粘结预应力筋，分散配置预应力筋的板类结构及楼盖的次梁可采用无粘结预应力筋。

无粘结预应力筋不得用于承重结构的受拉杆件及抗震等级为一级的框架（作为满足正常使用极限状态要求而配置的预应力钢筋可不受此限制）。

3. 在地震作用效应和重力荷载效应组合下，当符合下列两项之一时，无粘结预应力筋可在二、三级框架中应用；当符合第一项时，无粘结预应力筋可在悬臂梁中应用。

1）框架梁端部截面及悬臂梁根部截面由非预应力钢筋承担的弯矩设计值，不应小于组合弯矩设计值的 65%；或预应力筋仅用于满足构件的挠度和裂缝要求。

2）设有抗震墙或筒体，且在规定的水平力作用下，框架承担的地震倾覆力矩小于总地震倾覆力矩的 35%。

4. 框架-抗震墙结构、抗震墙结构及框架-核心筒结构中采用预应力混凝土楼板，除结构平面布置应符合《抗震标准》的有关要求外，尚应符合下列规定：

1）柱支承的预应力混凝土平板的厚度不宜小于跨度的 1/45～1/40，周边支承的预应力混凝土板厚度不宜小于跨度的 1/50～1/45，且其厚度分别不应小于 200mm 及 150mm。

2）在核心筒四个角部的楼板中，应设置扁梁或暗梁与外柱相连接，其余外框架柱处宜设置暗梁与内筒相连接。

3）在预应力混凝土平板凹凸不规则处及开洞处，应设置附加钢筋混凝土暗梁或边梁予以加强。

4）预应力混凝土平板的板端截面按下式计算的预应力强度比 λ 不宜大于 0.75。

$$\lambda = \frac{f_{py}A_p h_p}{f_{py}A_p h_p + f_y A_s h_s} \tag{3.5.4-1}$$

注：1. 对无粘结预应力混凝土平板，式（3.5.4-1）中的 f_{py} 应取无粘结预应力筋的应力设计值 σ_{pu}；

2. 对周边支承在梁、墙上的预应力混凝土平板可不受上述预应力强度比的限制。

5. 后张预应力筋的锚具不宜设置在梁柱节点核心区，并应布置在梁端箍筋加密区以外；当有试验依据或其他可靠的工程经验时，可将锚具设置在节点区，但应合理处理箍筋布置问题，必要时应考虑锚具对受剪截面产生削弱的不利影响。

6. 当后张无粘结预应力筋对柱截面的削弱（同一截面）不超过柱截面面积的 20%时，试验表明其对梁柱节点的轴压比影响不大（由于周边梁对提高节点区轴压比的有利影响）。但对于轴压比较大的柱仍应加强验算。

7. 多跨预应力单向板（梁）应考虑任意一跨度内由于地震作用引起的预应力束失效，可能引起多跨结构中其他各跨的连续破坏，故宜将无粘结预应力筋分段锚固，或增设中间锚固点。

8. 地震区建筑应优先考虑采用现浇楼盖，以加强结构的整体性，提高楼板的承载力，减少楼面裂缝。

第 3.5.5 条

一、标准的规定

3.5.5 结构各构件之间的连接，应符合下列要求：

1 构件节点的破坏，不应先于其连接的构件。

2 预埋件的锚固破坏，不应先于连接件。

3 装配式结构构件的连接，应能保证结构的整体性。

4 预应力混凝土构件的预应力钢筋，宜在节点核心区以外锚固。

二、对标准规定的理解

主体结构构件之间的连接应遵循的原则为：通过连接的承载力来发挥各构件的承载力、变形能力，从而使整个结构有良好的抗震能力。

第 3.5.6 条

一、标准的规定

3.5.6 装配式单层厂房的各种抗震支撑系统，应保证地震时厂房的整体性和稳定性。

二、对标准规定的理解

1. 装配式（或装配整体式）结构与现浇结构相比，由于各结构构件之间的连接较弱，其整体性也相对较差，因此，应采取比现浇结构更为严格有效的结构措施，加强构件之间的连接，确保结构的整体性和稳定性，提高结构的抗震能力。

2. 装配建筑的更多问题及处理可查阅文献[34]。

3.6 结 构 分 析

要点：

结构分析是结构设计的前提，是结构设计的重要依据性工作，合理的计算模型、合理的计算假定、合理选用计算程序、必要时的多模型多程序比较分析等对结构设计关系重大。

振型分解反应谱法是目前结构抗震设计计算的主要方法（见第 5.1.2 条），底部剪力法是一种简化的计算方法（见第 5.1.2 条），随着计算机应用的普及，底部剪力法在实际工程中的应用正逐渐减少，但其物理概念简单清晰，在方案及初步设计中常用。时程分析法作为振型分解反应谱法的补充计算方法，在工程中的应用越来越普遍（见第 3.6.1 条）。

第 3.6.1 条

一、标准的规定

3.6.1 除本规范特别规定者外，建筑结构应进行多遇地震作用下的内力和变形分析，此时，可假定结构与构件处于弹性工作状态，内力和变形分析可采用线性静力方法或线性动力方法。

二、对标准规定的理解

1. 要实现“小震不坏”的设防目标，需要进行多遇地震作用下的内力和变形分析，也是《抗震标准》对结构地震反应、截面承载力验算最基本的要求。当建筑物遭受低于本地区抗震设防烈度的多遇地震影响时，一般不受损坏或不需修理即可继续使用，此时，结构在多遇地震作用下的反应分析，可假定结构与构件处在弹性工作状态（实际结构在多遇地震作用下，结构构件已进入部分弹塑性阶段，如连梁及其他耗能构件等。需要说明的是，对无梁楼盖结构，柱帽顶部区域过早进入弹塑性阶段，采用弹性楼板 6 模型的有限元计算结果失真，危及结构安全），截面抗震验算以及层间弹性位移（包括楼层最大位移和楼层层间位移等）的验算，均以线弹性理论为基础。

2.《抗震标准》对结构在多遇地震作用下的弹性分析计算的相关要求见第 5 章的规定。

3. 关于弹性时程分析法 ：

1）什么是弹性时程分析法

（1）基本计算方法

结构地震作用计算分析时，以地震动的时间过程作为输入，用数值积分求解运动方程，把输入时间过程分为许多足够小的时段，每个时段内的地震动变化假定是线性的，从初始状态开始对时段逐个进行积分，每一时段的终止作为下一时段积分的初始状态，直至地震结束，求出结构在地震作用下，从静止到振动，直至振动终止整个过程的反应（位移、速度、加速度）。主要的逐步积分法有：中点加速度法、线性加速度法、威尔逊 θ 法和纽马克 β 法等。

时程分析法是由建筑结构的基本运动方程，输入对应于建筑场地的若干条地震加速度记录或人工加速度波形（时程曲线，图 3.6.1-1），通过积分运算求得在地面加速度随时间变化期间的结构内力和变形状态随时间变化的全过程，并以此进行构件截面抗震承载力验算和变形验算。时程分析法亦称数值积分法、直接动力法等。

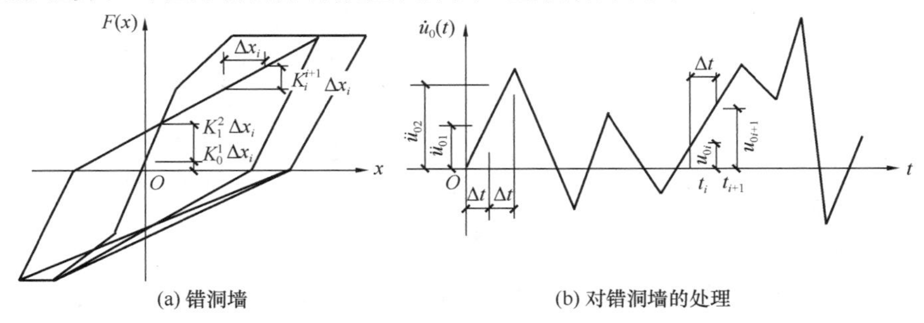

图 3.6.1-1　时程曲线

（2）基本方程及其解法

任一多层结构在地震作用下的运动方程是：

$$[m]\{\ddot{u}\}+[C]\{\dot{u}\}+[K]\{u\}=-[m]\{\ddot{u}_g\} \quad (3.6.1\text{-}1)$$

式中，$\ddot{u}_g$ 为地震地面运动加速度波。计算模型不同时，质量矩阵 $[m]$ 、阻尼矩阵 $[C]$ 、刚度矩阵 $[K]$ 、位移向量 $\{u\}$ 、速度向量 $\{\dot{u}\}$ 和加速度向量 $\{\ddot{u}\}$ 有不同的形式。

地震地面运动加速度记录波形是一个复杂的时间函数，方程的求解要利用逐步计算的数值方法。将地震作用时间划分成许多微小的时段，相隔 Δt，基本运动方程改写为 i 时刻至 $i+1$ 时刻的半增量微分方程：

$$[m]\{\ddot{x}\}_{i+1}+[C]_i^{i+1}\{\Delta\dot{x}\}_i^{i+1}+[K]_i^{i+1}\{\Delta x\}_i^{i+1}+\{Q\}_i=-[m]\{\ddot{u}_g\}_{i+1} \tag{3.6.1-2}$$

$$\{Q\}_i=\{Q\}_{i-1}+[K]_{i-1}^{i}\{\Delta x\}_{i-1}^{i}+[C]_{i-1}^{i}\{\Delta\dot{x}\}_{i-1}^{i}$$

$$\{Q\}_0=0$$

然后，借助于不同的近似处理，把 $\{\Delta\ddot{x}\}$、$\{\Delta\dot{x}\}$ 等均用 $\{\Delta x\}$ 表示，获得拟静力方程：

$$[K^*]_i^{i+1}\{\Delta x\}_i^{i+1}=\{\Delta P^*\}_i^{i+1} \tag{3.6.1-3}$$

求出 $\{\Delta x\}_i^{i+1}$ 后，就可得到 $i+1$ 时刻的位移、速度、加速度及相应的内力和变形，并作为下一步计算的初值，一步一步地求出全部结果——结构内力和变形随时间变化的全过程。

上述计算需要专门的计算软件实现。

（3）弹性时程分析法

将式（3.6.1-2）中的刚度矩阵 $[K]_i^{i+1}$、阻尼矩阵 $[C]_i^{i+1}$ 保持不变情况下的计算，称为弹性时程分析。

（4）常用的拟静力方程（表 3.6.1-1）

常用的拟静力方程 **表 3.6.1-1**

方 法	计 算 式
中点加速度法	$[K^*]_i^{i+1}\{\Delta x\}_i^{i+1}=\{\Delta P^*\}_i^{i+1}$ $[K^*]_i^{i+1}=[K]_i^{i+1}+\frac{4}{\Delta t^2}[m]+\frac{2}{\Delta t}[C]_i^{i+1}$ $\{\Delta P^*\}_i^{i+1}=-[m]\{\ddot{u}_g\}_{i+1}+\left(\frac{4}{\Delta t}[m]+2[C]_i^{i+1}\right)\{\dot{x}\}_i+[m]\{\ddot{x}\}_i-\{Q\}_i$ $\{x\}_{i+1}=\{x\}_i+\{\Delta x\}_i^{i+1}$ $\{\dot{x}\}_{i+1}=\frac{2}{\Delta t}\{\Delta x\}_i^{i+1}-\{\dot{x}\}_i$ $\{\ddot{x}\}_{i+1}=\frac{4}{\Delta t^2}\{\Delta x\}_i^{i+1}-\frac{4}{\Delta t}\{\dot{x}\}_i-\{\ddot{x}\}_i$
威尔逊 θ 法	$[K^*]_i^{i+1}\{\Delta x_\tau\}=\{\Delta P^*\}_i^{i+1}\quad(\tau=\theta\Delta t,\theta=1.4)$ $[K^*]_i^{i+1}=[K]_i^{i+1}+\frac{6}{\tau^2}[m]+\frac{3}{\tau}[C]_i^{i+1}$ $\{\Delta P^*\}_i^{i+1}=-[m]\left(\{\ddot{u}_g\}_{i+1}+(\theta-1)\{\Delta\ddot{u}_g\}_{i+1}^{i+2}-\frac{6}{\tau}\{\dot{x}\}_i-2\{\ddot{x}\}_i\right)$ $+[C]_i^{i+1}\left(3\{\dot{x}\}_i+\frac{\tau}{2}\{\ddot{x}\}_i\right)-\{Q\}_i$ $\{\Delta\ddot{x}_\tau\}=\frac{6}{\tau^2}\{\Delta x_\tau\}-\frac{6}{\tau}\{\ddot{x}\}_i-3\{\ddot{x}\}_i$ $\{x\}_{i+1}=\{x\}_i+\Delta t\{\dot{x}\}_i+\frac{\Delta t^2}{2}\{\ddot{x}\}_i+\frac{\Delta t^2}{6\theta}\{\Delta\ddot{x}_\tau\}$ $\{\dot{x}\}_{i+1}=\{\dot{x}\}_i+\Delta t\{\ddot{x}\}_i+\frac{\Delta t}{2\theta}\{\Delta\ddot{x}_\tau\}$ $\{\ddot{x}\}_{i+1}=\{\ddot{x}\}_i+\frac{1}{\theta}\{\Delta\ddot{x}_\tau\}$

续表

方法	计算式
纽马克β法	$[K^*]_i^{i+1}\{\Delta x\}_i^{i+1}=\{\Delta P^*\}_i^{i+1}$ $[K^*]_i^{i+1}=[K]_i^{i+1}+\frac{1}{\beta\Delta t^2}[m]+\frac{1}{2\beta\Delta t}[C]_i^{i+1}$ $\{\Delta P^*\}_i^{i+1}=-[m]\left(\{\ddot{u}_g\}_{i+1}-\frac{1}{\beta\Delta t}\{\dot{x}\}_i-\frac{1}{2\beta}\right)\{\ddot{x}\}_i+[C]_i^{i+1}\left(\frac{1}{2\beta}\{\dot{x}\}_i-\left(1-\frac{1}{4\beta}\right)\Delta t\{\ddot{x}\}_i\right)$ $\{x\}_{i+1}=\{x\}_i+\{\Delta x\}_i^{i+1}$ $\{\dot{x}\}_{i+1}=\frac{1}{2\beta\Delta t}\{\Delta\dot{x}\}_i^{i+1}+\left(1-\frac{1}{2\beta}\right)\{\dot{x}\}_i+\left(1-\frac{1}{4\beta}\right)\Delta t\{\Delta\ddot{x}\}_i$ $\{\ddot{x}\}_{i+1}=\frac{1}{\beta\Delta t^2}\{\Delta x\}_i^{i+1}-\frac{1}{\beta\Delta t}\{\dot{x}\}_i+\left(1-\frac{1}{2\beta}\right)\{\Delta\ddot{x}\}_i$ $\frac{1}{8}\leqslant\beta\leqslant\frac{1}{4}$；$\beta\leqslant\frac{1}{4}$，即中点加速度法；$\beta=\frac{1}{6}$，即线性加速度法

2）为什么要采用时程分析法

（1）与振型分解反应谱相比，时程分析法修正、补充了反应谱分析的不足。

① 反应谱法采用的是设计反应谱，只考虑了振动强度与平均频谱特性，而时程分析法全面反映了地震动强度、谱特性和持续时间三要素（相关问题见第 5.1.2 条）。

② 反应谱法基于弹性假定，时程分析法则可直接考虑构件与结构的弹塑性特性，并正确地找出结构的薄弱环节［注意，基于弹性假定的反应谱法所确定的薄弱层往往是不够准确的，图 3.6.1-2 所示的钢筋混凝土框架结构，地震时 6 层以上全部倒塌（即柱两端全部出现塑性铰］，按弹塑性时程分析法的分析结果与震害现象基本吻合，而按振型分解反应谱法分析则不能找出真正的薄弱层。因为薄弱层问题本质上应该是结构弹塑性问题，应采用时程分析法进行弹塑性补充分析），以控制在罕遇地震下结构的弹塑性反应，防止房屋倒塌。

③ 反应谱法只能分析最大地震反应，而时程分析法可以给出随时间变化的地震反应时程曲线，可以找出构件出现塑性铰的顺序，判别结构的破坏机理。

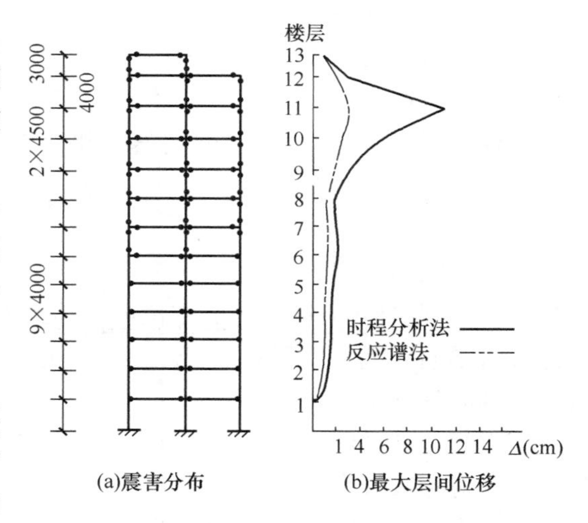

图 3.6.1-2 反应谱法与时程分析法的计算比较

（2）反应谱法一般只适用于规则结构，对复杂结构、特别重要的结构及较高的高层建筑（房屋顶部高振型影响比较明显）应采用时程分析方法进行补充计算。

3）弹性时程分析方法的应用

弹性时程分析方法的关键是<u>选波要“靠谱”</u>，即频谱特性、有效峰值和持续时间均要符合《抗震标准》第 5.1.2 条第 3 款的规定，这是因为<u>实际地震记录还不是很丰富，不同地震波输入进行时程分析的计算结果不同且差异较大，目前情况下还不能完全依靠有限的实际地震记录来准确进行结</u>

构分析。而设计反应谱则是在大量实际地震记录的基础上进行统计并结合经验判断所作出的规定，能预估建筑结构在其设计基准期内可能经受的地震作用，具有一定的合理性和准确性。“靠谱”有两层含义：一是选波要基本合理，符合反应谱的基本规律；二是计算结果应与反应谱接近，即“靠近反应谱”。

弹性时程分析可采用与反应谱法相同的计算模型（平面结构的层模型、复杂结构的三维空间分析模型等），计算可以在反应谱法建立的侧移刚度矩阵和质量矩阵的基础上进行，无须重新输入结构的基本参数。

由于工程计算结果的判断以模型的层间剪力和变形为主，通常以等效层模型为主要的分析模型，该模型的组成见表 3.6.1-2。

弹性时程分析的等效层模型 **表 3.6.1-2**

矩阵	主 要 特 点
质量矩阵	由集中于楼、屋盖处的重力荷载代表值对应的质量、转动惯量组成的对角矩阵
刚度矩阵	以楼层等效侧移刚度形成的三对角矩阵；等效侧移刚度取反应谱法求得的层间地震剪力 V_e 除以层间的位移 Δu_e，即 $$K_i = V_{ei}/\Delta u_{ei}$$
阻尼矩阵	对阻尼均匀的结构，使用瑞雷阻尼矩阵 C，即 $$C = aM + bK$$ $$\begin{Bmatrix} a \\ b \end{Bmatrix} = \frac{2\zeta}{\omega_1 + \omega_n} \begin{Bmatrix} \omega_1 \omega_n \\ 1 \end{Bmatrix}$$ 式中，M 为总质量矩阵；K 为总刚度矩阵；ω_1 为基本自振圆频率；ω_n 为必须考虑的最高振型 n 的圆频率；ζ 为结构阻尼比，对阻尼性质不均匀的结构，例如当结构为部分钢结构部分混凝土结构，或安装有大型消能装置，或考虑土一结构相互作用时，通过反映构件阻尼特性的单元阻尼矩阵，建立非经典阻尼的总阻尼矩阵

当需要考虑二向或三向地震作用时，弹性时程分析应同时输入二向或三向地震地面加速度分量的时程。

弹性时程分析与反应谱法的计算结果比较见图 3.6.1-3（更多内容见第 5.1.2 条）。

第 3.6.2 条

一、标准的规定

3.6.2 不规则且具有明显薄弱部位可能导致重大地震破坏的建筑结构，应按本规范有关规定进行罕遇地震作用下的弹塑性变形分析。此时，可根据结构特点采用静力弹塑性分析或弹塑性时程分析方法。

当本规范有具体规定时，尚可采用简化方法计算结构的弹塑性变形。

二、对标准规定的理解

1. “不规则”“具有明显薄弱部位”和“可能导致重大地震破坏”是必须对结构进行弹塑性变形分析的基本前提。结构设计中应注意运用结构抗震设计的基本理论和基本概念，对所设计的结构进行结构抗震性能的基本判别，并对“不规则且具有明显薄弱部位可能导致重大地震破坏”的现象予以足够的重视。

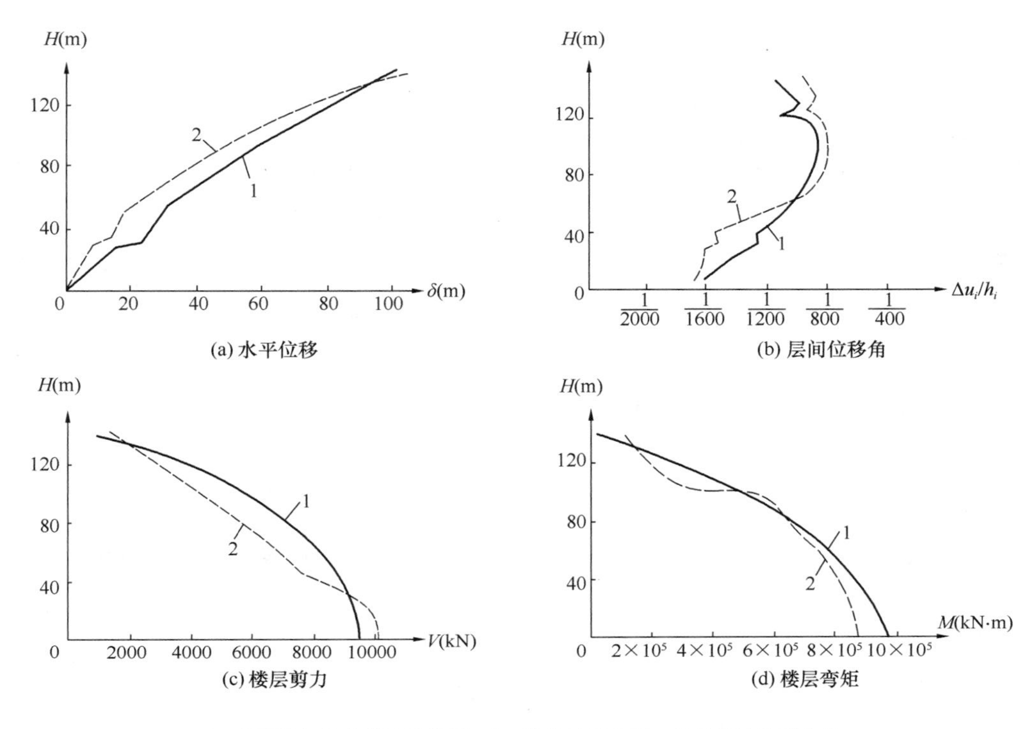

1—振型分解反应谱法计算值；2—弹性时程分析七条地震波的平均值

图 3.6.1-3　弹性时程分析与反应谱法的计算结果比较

2. 关于罕遇地震作用下的弹塑性变形分析：

弹塑性变形分析法，是指弹塑性时程分析法及静力弹塑性分析方法。

1）什么是弹塑性时程分析法

将式（3.6.1-2）中的刚度矩阵 $[K]_i^{i+1}$、阻尼矩阵 $[C]_i^{i+1}$ 随结构及其构件所处的变形状态，在不同时刻取不同数值的计算，称为弹塑性时程分析。

2）为什么要进行罕遇地震作用下的弹塑性变形分析

当建筑物遭受高于本地区抗震设防烈度的预估的罕遇地震影响时，不致倒塌或发生危及生命的严重破坏，这是三水准抗震设防目标的基本要求之一，即“大震不倒”。当建筑物的形体和抗侧力系统复杂时，罕遇地震作用将使结构薄弱部位发生应力集中和弹塑性变形的集中，严重时还会导致重大的破坏甚至有倒塌的危险。在这种情况下，采用的弹性设计方法（反应谱法及弹性时程分析等方法，只适用于“小震不坏”的抗震设防目标）已无法准确分析罕遇地震作用下结构应力与应变的对应关系，应采用弹塑性（即非线性）的分析法来检验结构薄弱部位的变形要求。

3）弹塑性时程分析法的计算模型

结构弹塑性时程分析法在实际应用中正趋向成熟及完善。目前实际电算程序中所用的计算模型有两类：一类是层模型，包括层剪切模型（图 3.6.2-1）和层弯剪模型（图 3.6.2-2）；另一类是较精确的杆系模型，其计算简图基本上与平面结构空间协同工作法及空间工作法相同。

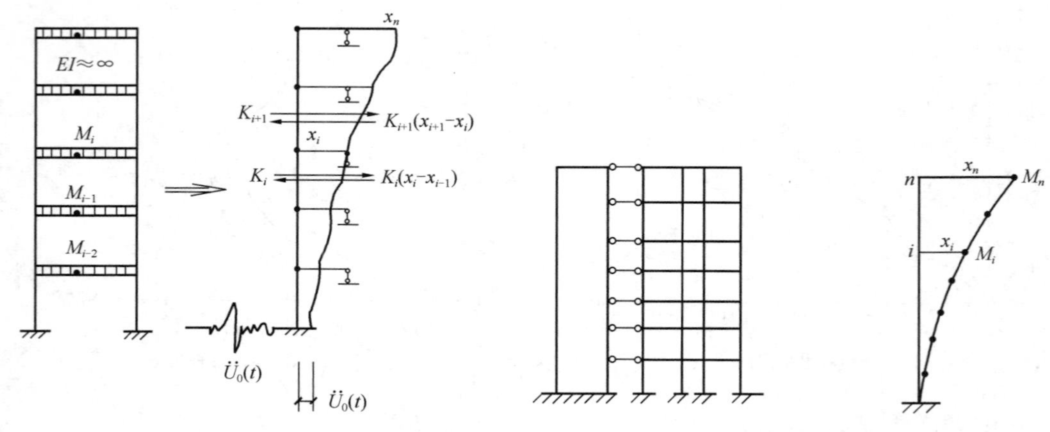

图 3.6.2-1 层剪切模型　　　　图 3.6.2-2 层弯剪模型

(1) 动力方程

上述两类计算模型的动力方程均可用下式表达，但两者的具体运算是不相同的。

$$[M]\{\ddot{x}\}+[C_{\rm t}]\{\dot{x}\}+[K_{\rm t}]\{x\}=-[M]\{\ddot{U}_{\rm g}({\rm t})\} \tag{3.6.2-1}$$

式中：$[M]$——楼层质量矩阵；

$[K_{\rm t}]$——结构刚度矩阵，在弹塑性阶段是 t 时刻的瞬间刚度矩阵，在足够小的时段 Δt 内，假定为常系数矩阵；

$[C_{\rm t}]$——阻尼矩阵，可按下式计算，其中 α 、β 为阻尼参数，两者可用弹性时程分析法中的算式；

$$[C_{\rm t}]=\alpha[M]+\beta[K_{\rm t}] \tag{3.6.2-2}$$

$\{\ddot{x}\}$ 、$\{\dot{x}\}$、$\{x\}$——各质点的加速度向量、速度向量及位移向量；

$\{\ddot{U}_{\rm g}(t)\}$——罕遇地震（大震）时的地面加速度向量，《抗震标准》规定的加速度最大值见表 5.1.2-2。

上述动力方程的计算结果与地震波的选用、结构计算模型的选用及杆件恢复力模型有关。

(2) 层剪切模型及其刚度矩阵

① 层剪切模型的适用性及基本假定

层剪切模型适用于以剪切变形为主的结构，如“强梁弱柱”的框架结构，程序备有这类模型可供选用，其主要假定条件为：

■ 楼板在平面内绝对刚性；

■ 框架梁的抗弯刚度远大于框架柱，故不考虑梁的弯曲变形（图 3.6.2-1)；

■ 各层楼板仅考虑其水平位移，不考虑扭转；

■ 每一层间的所有柱子可合并成一根总的剪切杆。

② 层剪切模型的刚度矩阵

由图 3.6.2-1 可知，层剪切模型的刚度矩阵和与其相关的阻尼矩阵均为三对角矩阵，即

$$[K_t]=\begin{bmatrix} K_1+K_2 & -K_2 & & & & 0 \\ -K_2 & K_2+K_3 & -K_3 & & & \\ & \cdots & \cdots & \cdots & & \\ & & \cdots & \cdots & \cdots & \\ & & & \cdots & \cdots & \cdots \\ 0 & & & -K_{n-1} & K_{n-1}+K_n & -K_n \\ & & & & -K_n & K_n \end{bmatrix}$$

(3.6.2-3)

$$[C_t]=\begin{bmatrix} C_1+C_2 & -C_2 & & & & 0 \\ -C_2 & C_2+C_3 & -C_3 & & & \\ & \cdots & \cdots & \cdots & & \\ & & \cdots & \cdots & \cdots & \\ & & & \cdots & \cdots & \cdots \\ 0 & & & -C_{n-1} & C_{n-1}+C_n & -C_n \\ & & & & -C_n & -C_n \end{bmatrix}$$

(3.6.2-4)

式中，K_i 为第 i 层的层间抗推刚度。为使计算结果尽可能接近实际结构，可采用弹性分析的空间工作法算得的水平位移 x_i 、x_{i-1} 及层间剪力 V_i 计算 K_i，即

$$K_i=\frac{V_i}{x_i-x_{i-1}} \tag{3.6.2-5}$$

（3）层弯剪模型及其刚度矩阵

① 层弯剪模型的适用性及基本假定

层弯剪模型既考虑了柱子的剪切变形又计及梁、柱的弯曲变形，故可适用于框架结构、框架-抗震墙结构及带有壁式框架的抗震墙结构（图 3.6.2-2）。该模型的主要假定为：

■ 楼板在平面内绝对刚性；

■ 各层楼板仅考虑其水平位移，不考虑扭转。

② 层弯剪模型的刚度矩阵

层弯剪模型的刚度矩阵 $[K_t]$，可利用弹性的空间工作的总刚度矩阵，消去与楼板扭转角 θ 有关的项而得，故矩阵 $[K_t]$ 是一满秩矩阵，它反映了各楼层间的位移影响。

（4）杆系模型及其刚度矩阵

① 杆系模型的适用性及基本假定

杆系模型可适用于多种类型的结构，如框架结构、框架-抗震墙结构和抗震墙结构，进行适当处理后也可用于筒体结构。这类模型的基本假定与空间工作法类同。

② 杆系模型的刚度矩阵

杆系模型的刚度矩阵是经凝聚后的侧向刚度矩阵。程序中备有多种杆单元，有柱单元、框架梁可应用退化刚度梁单元，对于抗震墙也可近似应用柱单元。

（5）杆件的恢复力模型

杆件的恢复力是指卸去外荷载后恢复至原有杆形的能力，它反映荷载或内力与变形之间的关系。结构构件处于弹性阶段时，刚度矩阵中的系数为常数，它相当于恢复力模型中

的初始刚度。而当结构构件进入弹塑性阶段后，随着杆件的屈服及伴随的刚度改变，需要对刚度矩阵进行相应的修改。

弹塑性时程分析程序中可供选用的恢复力模型主要有两种，一种是二折线模型（图 3.6.2-3），另一种是三折线模型（图 3.6.2-4）。这两种模型均可用于钢筋混凝土构件，三折线模型能较好地反映以弯曲破坏为主的特性，但相应地要增加输入的数据。

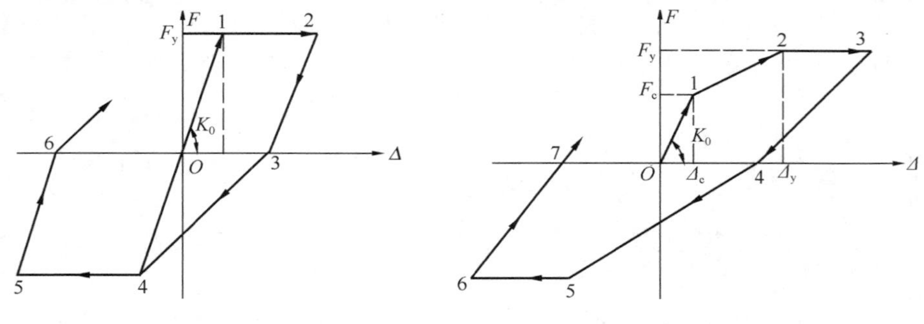

图 3.6.2-3　二折线模型　　　图 3.6.2-4　三折线模型

（6）动力方程的积分

地震的地面加速度是一随时间变化的随机脉冲，故不能采用某一函数表达。动力方程的解需采用数值分析，即对时间 t 采用逐步积分法，并逐步检查结构构件的状态改变。地震反应分析中应用较多的为威尔逊 θ 法。此时上述基本动力方程改用增量形式的方程，式（3.6.2-6）即为全增量的方程。

$$[M]\{\Delta\ddot{x}_i^{i+1}\}+[C_i^{i+1}]\{\dot{x}_i^{i+1}\}+[K_i^{i+1}]\{\Delta x_i^{i+1}\}=-[M]\{\Delta\ddot{U}_{g,i}^{i+1}\} \quad (3.6.2\text{-}6)$$

式中：$[C_i^{i+1}]$、$[K_i^{i+1}]$——分别为阻尼矩阵和刚度矩阵，在 t_i 至 t_{i+1} 时段内是常系数矩阵，结构构件处于弹性阶段时是初始刚度矩阵；

$\{\Delta\ddot{x}_i^{i+1}\}$、$\{\dot{x}_i^{i+1}\}$、$\{\Delta x_i^{i+1}\}$——分别为加速度向量、速度向量、位移向量在 t_i 至 t_{i+1} 时段内的增量；

$\{\Delta\ddot{U}_{g,i}^{i+1}\}$——在 t_i 至 t_{i+1} 时段内地面运动加速度增量。

（7）弹塑性时程分析程序的应用

① 宜结合结构类型选用合适的弹塑性时程分析程序。杆系模型在适用性及计算精度方面相对地优于层模型，但后者的数据量较少。

② 同弹性时程分析一样，要选用适宜的地震波。

③ 当程序具备选择恢复力模型的功能时，可进行不同恢复力模型的分析比较，选用合适的计算模型及计算结果。

④ 输入的各楼层质量，可取用楼层重力荷载代表值 $G_i=G_{ki}+\psi Q_{ki}$ 算得（对于一般民用建筑，取 $\psi=0.5$）。杆件屈服承载力应按混凝土及钢筋的强度标准值进行计算。柱单元的屈服准则如图 3.6.2-5 及图 3.6.2-6 所示。图中的数值，可根据地震作用组合内力设计值并经内力调整后所得的实际配筋量及相应杆件截面尺寸，由程序进行接续运算而得。

⑤ 弹塑性时程分析程序可输出各楼层水平位移、层间水平位移及层间水平剪力等包络值（最大值）。其中有设计所需的层间水平位移包络值，作为主要衡量指标，可用于鉴

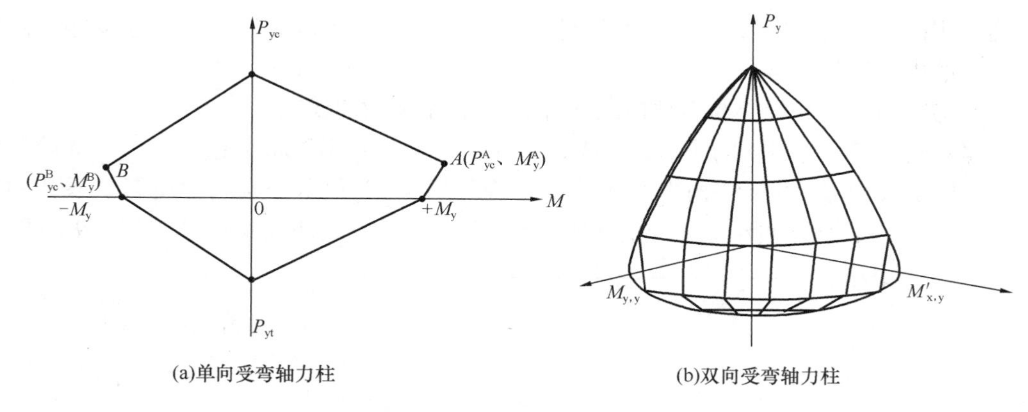

(a)单向受弯轴力柱 (b)双向受弯轴力柱

图 3.6.2-5 柱单元的屈服准则

别薄弱层的位置。必要时可调整薄弱层的刚度，以使层间位移角小于《抗震标准》表 5.5.5规定的限值。

4）静力弹塑性分析法简介

《抗震标准》将结构的静力弹塑性分析法（Pushover Analysis）列为罕遇地震作用下计算薄弱层弹塑性变形的方法之一。可使用的计算软件有 ETABS、3D3S 及 EPDA 等。

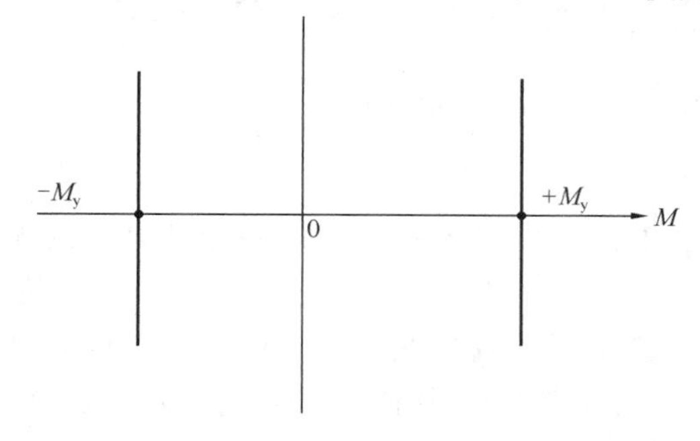

图 3.6.2-6 梁单元的屈服准则

（1）计算原理及假定

① 静力弹塑性分析法的实质是静力非线性分析法，它也是一种结构抗震能力的评价方法（其概念清晰、直观，但适用范围仅限于以剪切变形为主且质量和刚度沿高度分布比较均匀的结构，以及近似于单质点体系的结构），但不同于动力弹塑性时程分析法。

② 结构的计算模型可为二维或三维模型，计算过程中引用设计反应谱及其相关的计算结果，以此确定对结构施加的侧推荷载。

③ 从多遇地震作用至罕遇地震作用（即从小震至大震）分阶段取用相应的水平地震影响系数最大值 α_{max}，由此增加侧推荷载，使一些杆件的杆端依次出现塑性铰，结构侧向刚度相应减小（衰减）和结构自振周期增长，相应地调整要施加的侧推荷载。

④ 在上述逐步增加侧推荷载及修改总刚度矩阵和结构自振周期过程中，直至将侧推荷载逐步增至使薄弱层弹塑性位移角达到限值，以此确定达到目标位移，则可评价在罕遇地震作用下结构的抗震能力。

⑤ 上述施加的侧推荷载假定作用于各层质量中心处。荷载形式一般近似取用倒三角形，也可采用底部剪力法算得的水平地震作用分布图形。实际工程中的侧推荷载及结构自振周期确定时，一般取对应各阶段（指小震、中震到大震）x 向及 y 向第一振型的计算结果。

（2）计算步骤及绘制反应曲线（均可由程序自动完成）

① 利用多遇地震作用下的计算结果

■ 根据已确定的杆件截面及配筋量，计算杆件的屈服承载力（图 3.6.2-5 及图 3.6.2-6），以此可确定杆端出现塑性铰的形成条件。

■ 取用结构在竖向荷载作用下的杆件内力作为初始内力，以备与以后逐步施加侧推荷载产生的内力进行组合。

② 绘制不同 α_{max} 值及结构自振周期 T_1 的地震影响系数曲线

根据对应抗震设防烈度的小震、中震及大震的地震影响系数最大值 α_{max} 和不同阶段的结构自振周期 T_1 值，以及结构阻尼比 ζ 值和特征周期 T_g 值等，绘制地震影响系数曲线（图 3.6.2-7），在此图上再绘制相应的薄弱层弹塑性层间位移角曲线及底部剪力系数曲线。

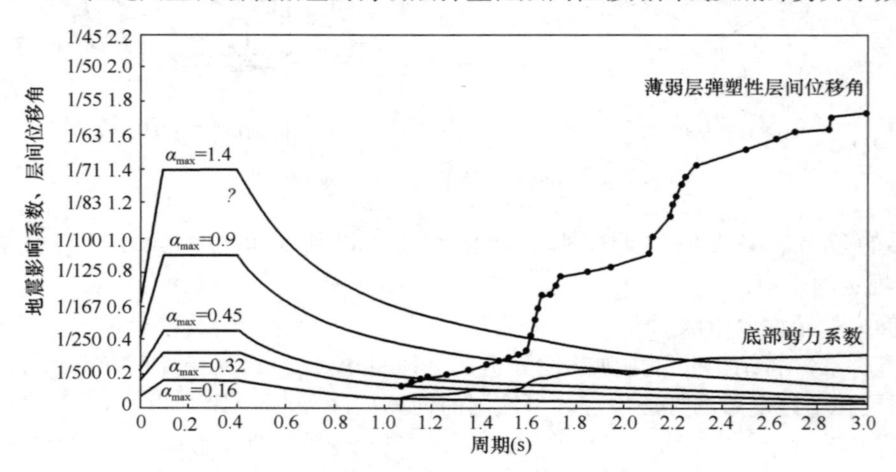

图 3.6.2-7　静力弹塑性分析结果（ y 向薄弱层层间位移角）

③ 分阶段对结构施加侧推荷载

■ 施加小震→中震阶段的侧推荷载——施加大于小震时各阶段按第一振型算得的侧推荷载值，以使一些杆件的杆端形成塑性铰。

■ 施加中震→大震阶段的侧推荷载——对上述出现杆端塑性铰的结构，以此计算这一结构模型的结构总刚度矩阵和自振周期，再增加一定数量的侧推荷载（ α_{max} 取用大于中震阶段的数值），由此又使一批杆件的杆端形成塑性铰。

■ 施加不小于大震时的侧推荷载——继续循序加大侧推荷载，直至达到预定的大震作用下的弹塑性层间位移限值。此时，累计的侧推荷载不小于大震作用下的相应数值。

④ 绘制各阶段施加侧推荷载的反应曲线

■ 绘制各阶段累计侧推荷载总量与结构总质量的比值曲线，即底部剪力系数曲线（图 3.6.2-7）；

■ 绘制各阶段累计侧推荷载作用下的薄弱层弹塑性层间位移角曲线（图 3.6.2-7）。也可采用各楼层的弹塑性层间位移角曲线，如图 3.6.2-8 所示，此时可更清楚地显示 V_0/G 值较大时的一些薄弱层位置及相应的层间位移角。

5）罕遇地震作用下结构主要抗震性能指标的判定

（1）对应大震时的 α_{max} 值，薄弱层的弹塑性层间位移角 θ_p 应小于 $[\theta_p]$，即 $\theta_p \leqslant [\theta_p]$。

（2）在符合 $\theta_p \leqslant [\theta_p]$ 的同时，结构上一批杆件的杆端产生塑性铰，但结构未失效或未成为机动体系（即能实现“大震不倒”的基本抗震性能目标）。

3. 罕遇地震作用下结构薄弱层的弹塑性变形验算要求，见《抗震标准》第 5.5.2～5.5.5 条。

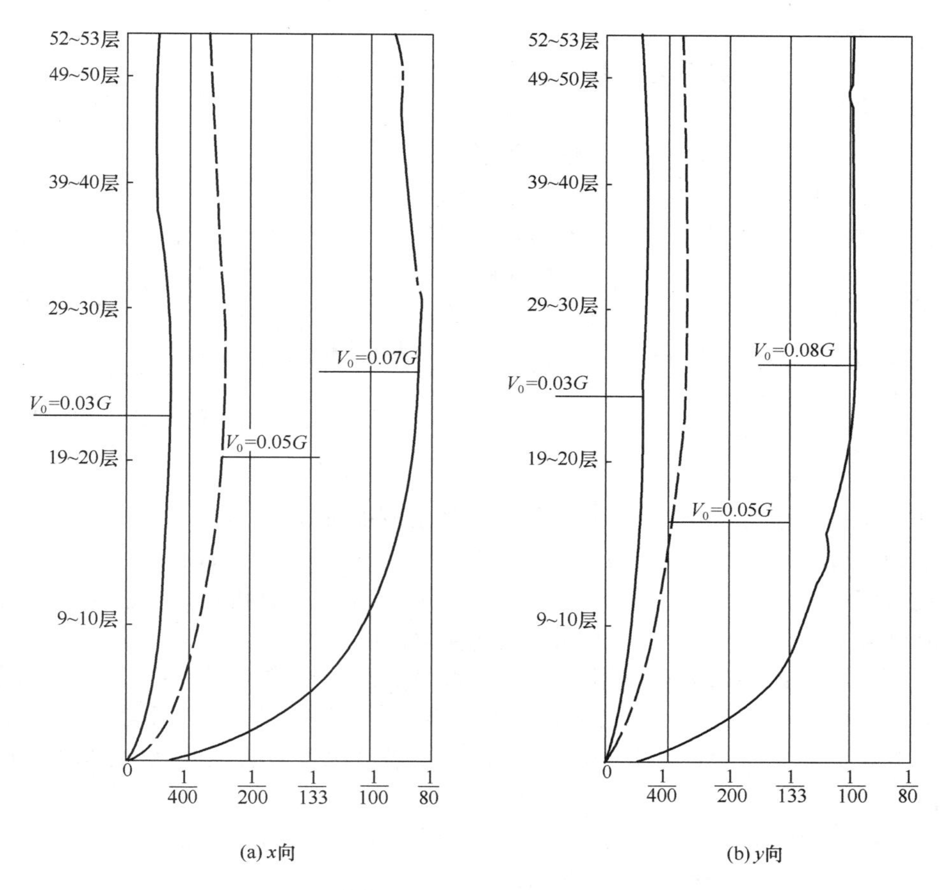

V_0—结构底部水平剪力；G—结构总质量

图 3.6.2-8 静力弹塑性分析计算结果（各楼层弹性层间位移角曲线）

第 3.6.3 条

一、标准的规定

3.6.3 当结构在地震作用下的重力附加弯矩大于初始弯矩的 10%时，应计入重力二阶效应的影响。

注：重力附加弯矩指任一楼层以上全部重力荷载与该楼层地震平均层间位移的乘积；初始弯矩指该楼层地震剪力与楼层层高的乘积。

二、对标准规定的理解

1. 在多遇地震作用下，重力二阶效应（也称为重力附加弯矩）一般不明显，但在罕遇地震作用下，结构进入弹塑性状态而侧移增大，需要考虑重力二阶效应的问题。钢筋混凝土框架结构、钢筋混凝土框架-抗震墙（筒体）结构、钢框架结构、钢框架-支撑结构等（侧向刚度相对较小的结构）必须考虑重力二阶效应影响，砌体结构、抗震墙结构等（侧向刚度相对较大的结构）可不考虑。

2.《抗震标准》的上述规定可用图 3.6.3-1 来理解，并可用下式来表达：

$$\theta_i = M_a/M_0 = \sum G_i \cdot \Delta u_i/(V_i h_i) > 0.1 \quad (3.6.3\text{-}1)$$

式中：θ_i ——稳定系数；

$\sum G_i$ ——i 层以上全部重力荷载计算值（考虑分项系数）。

Δu_i ——第 i 层楼层质心处的弹性或弹塑性层间位移，取在多遇地震（或罕遇地震）标准值作用下，不考虑偶然偏心影响，按各振型位移 CQC 组合计算的数值。见《抗震标准》第 5.5.1、5.5.4 条及《高规》第 3.7.3、3.7.5 条。

V_i ——第 i 层地震剪力计算值。

h_i ——第 i 层楼层高度。

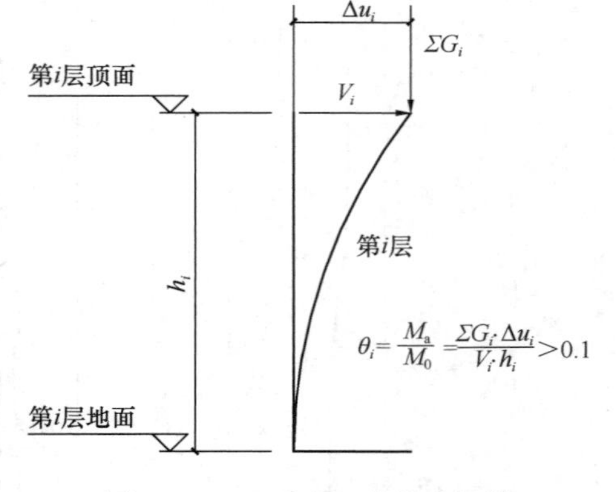

图 3.6.3-1 重力二阶效应计算

3. 框架结构位移角限值较大，计算侧移需考虑刚度折减。

4. 在弹性分析时，作为简化计算方法，二阶效应的内力增大系数可取 $1/(1-\theta)$。

5. 在弹塑性分析时，进行重力二阶效应分析所采用的计算机程序宜能考虑所受轴向力的结构和构件的几何刚度，也可采用其他的简化计算方法。

6. 混凝土柱考虑多遇地震作用下产生的重力二阶效应内力时，不应与《混凝土标准》承载力计算时考虑的重力二阶效应（见《混凝土标准》附录 B 及第 6.2.4 条）重复（多重考虑二阶效应时，计算结果偏大且与实际情况有较大的出入），应分别计算，取不利值。

7. 砌体结构及钢筋混凝土抗震墙结构（墙体弹性层间位移角限值较小，上述稳定系数一般在 0.1 以下）可不考虑重力二阶效应。

8. 考虑二阶效应的弹性分析方法见《混凝土标准》第 5.3.4、6.2.4 条和附录 B。

9. 关于基础倾斜对重力二阶效应的影响问题：

重力二阶效应的计算均建立在基础不发生转动（即结构嵌固部位没有初始转角）的假定条件下，事实上建筑物的地基基础或多或少都有可能发生倾斜，依据《地基规范》第 5.3.4 条的规定，多高层建筑的整体倾斜最大限值约 1/500。计算表明由基础倾斜产生的重力二阶效应与水平作用下结构重力二阶效应值相当，有时甚至占主导地位。因此，在重力二阶效应计算中不考虑基础的倾斜是不全面的，完全依靠《高规》第 5.4 节的刚重比控制也偏于不安全。建议对房屋高度较大（如房屋高度超过 100m）、房屋高宽比 H/B 较大（$H/B>4$）、基础刚度较小、基础整体性较差的高层建筑应适当考虑基础倾斜对重力二阶效应的影响，在刚重比计算控制时应留有适当的余地。

第 3.6.4 条

一、标准的规定

3.6.4 结构抗震分析时，应按照楼、屋盖的平面形状和平面内变形情况确定为刚性、分块刚性、半刚性、局部弹性和柔性等的横隔板，再按抗侧力系统的布置确定抗侧力构件间的共同工作并进行各构件间的地震内力分析。

二、对标准规定的理解

1. 刚性横隔板，指楼层在平面内可不考虑其面内变形的楼、屋盖，习惯上将其称为"刚性楼板"。对现浇钢筋混凝土楼、屋盖，当其整体性和完整性较好时，一般都可采用刚性楼板的假定（关于刚性楼盖的其他问题见第3.4.3条）。

2. 柔性横隔板，指在平面内可不考虑其刚度的楼、屋盖，习惯上将其称为"零刚度楼板"。

3. 除刚性和柔性横隔板以外的楼、屋盖习惯上称为"弹性楼板"，需考虑楼、屋盖平面内的变形。一般情况下，当楼、屋盖的整体性较差（如楼板开大洞，室内中庭，门厅大堂的跃层，楼、屋盖的弱连接等）时，应采用弹性楼板的计算假定进行补充计算，对相关构件进行包络设计。

4. 本条规定常用来进行结构构件的承载能力设计。半刚性、局部弹性和柔性等的横隔板模型不宜用来进行扭转不规则判别计算（必要时可用来进行扭转不规则的比较计算）。

第3.6.5条

一、标准的规定

3.6.5 质量和侧向刚度分布接近对称且楼、屋盖可视为刚性横隔板的结构，以及本规范有关章节有具体规定的结构，可采用平面结构模型进行抗震分析。其他情况，应采用空间结构模型进行抗震分析。

二、对标准规定的理解

1. 标准规定有条件时可采用平面结构模型进行抗震分析。

2.《抗震标准》规定的可采用平面结构模型进行抗震分析的相关规定见第5.1.2、5.2.6条。

三、结构设计建议

1. 由于计算机的应用和普及，采用空间结构模型进行抗震分析已相当普遍，故建议有条件时均采用空间分析程序计算。

2. 选择计算程序要注重适用性，最适合工程实际情况的计算模型和软件才是工程应采用的计算软件。所有软件都不是万能的，都需要其他分析软件的对比和验证，软件只有适应和不适应的区别，没有先进与落后之分。在空间结构模型面前，平面结构模型也不一定没有用处，关键要结合工程实际情况合理选用，相互取长补短。

3. 对于空间分析程序不完全适用的工程，可考虑采用平面结构模型进行抗震分析的补充计算。

1）剧场类框架结构，由于其观众厅及舞台一般比较空旷，而周边框架及附属用房等结构相对刚度较大（图3.6.5-1），当采用空间分析程序计算时，观众厅及舞台的内部框架有"偷懒"现象（实际分摊的地震作用很小）。为此，可采用平面模型对其中的内部框架进行承载力比较计算（图3.6.5-1中，除周边框架和台口框架外，其他框架的侧向刚度都比较小，相应地应进行补充计算，可采用平面结构模型分析程序如PK对平面中具有"偷懒"可能的框架进行剖切计算），并对其进行包络设计。

2）采用空间结构模型计算时，主梁悬臂和次梁悬臂的计算差异较大，这是由悬臂梁根部的竖向变形不同造成的。因此，当悬臂较大时，应注意对次梁悬臂的再验算，必要时

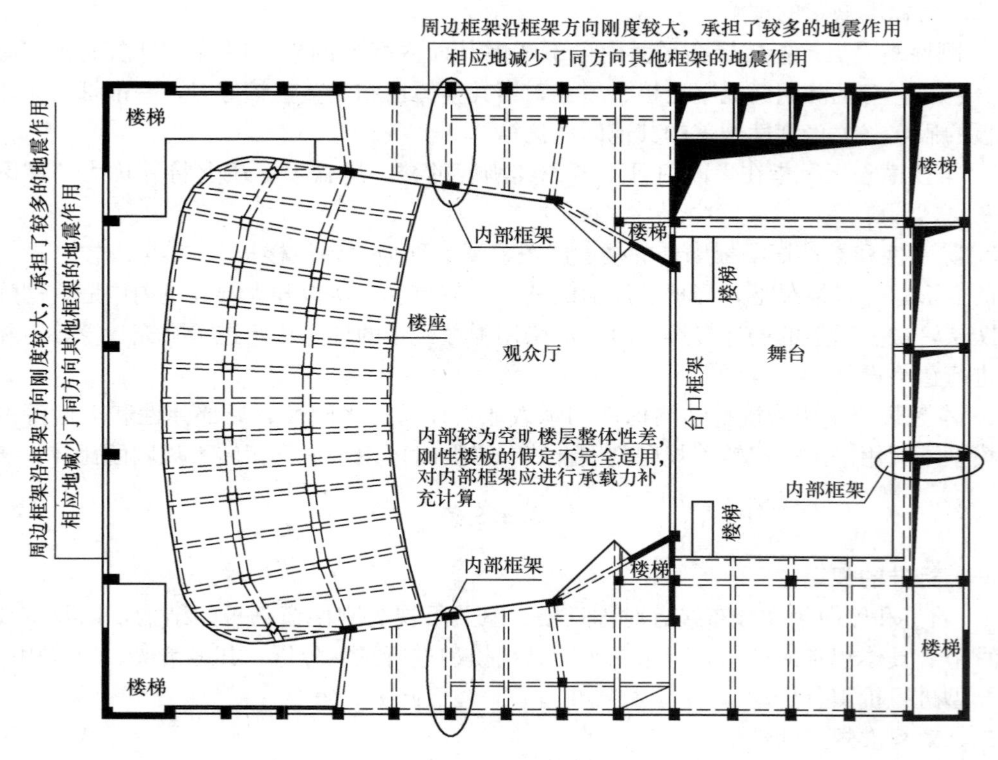

图 3.6.5-1　空旷结构的承载力补充计算

可采用手算或用 PK 程序进行补充验算，并对其进行包络设计，以弥补采用空间结构模型计算时次梁悬臂承载力的不足（图 3.6.5-2）。

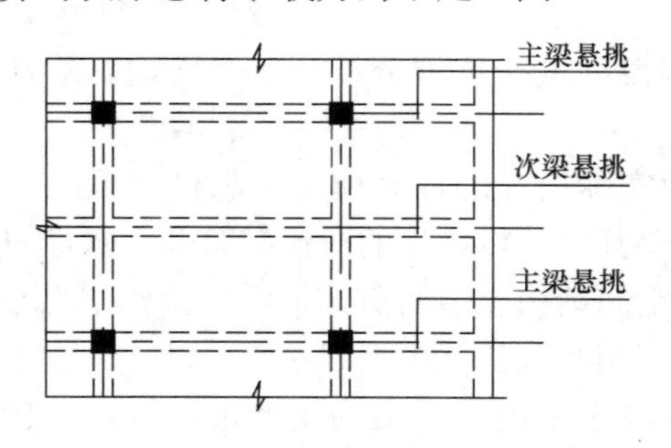

图 3.6.5-2　主梁悬臂与次梁悬臂

4. 对复杂结构的包络设计原则

1）包络设计法就是对工程中可能出现的情况分别计算，取不利值设计。注意，这里指的是“可能出现”的情况，不是任意夸大，要有必要的分析和判断。要做好结构的包络设计工作必须注重结构概念设计，注重工程经验的积累。

2）工程设计问题千变万化，影响结构效应的因素很多，有时问题盘根错节非常复杂，现有条件下难以准确分析，需要进行不断研究分析并逐步加以解决。但工程问题和科研活动的本质区别在于工程问题不能等，必须及时加以处理。实际工程要求结构设计人员具备清晰的结构概念和丰富的工程经验，能以最基本的结构理念解决最复杂的工程问题，寻求的是以最低代价、最快速度解决复杂工程问题的简单而有效的方法。

3）实际工程中的包络设计法，可以是对构件的包络设计、对重要部位的包络设计，也可以是对整个结构的包络设计等。应根据工程的实际情况灵活掌握，针对不同情况，采用不同的包络设计原则。

(1) 对结构的包络设计

结构体系是影响结构设计的重要因素，然而影响结构体系的因素很多（详细分析见第 6.1.1 条），以钢筋混凝土结构为例，抗震墙的多少直接影响到结构体系。例如，在抗震墙很少的框架结构（详细分析见第 6.1.3 条）中，对框架需要按框架与抗震墙协同工作及纯框架结构分别计算，包络设计（取不利值设计，图 3.6.5-3）。其根本原因在于，在风荷载及多遇地震作用下，结构基本处于弹性阶段，抗震墙虽然数量不多，但由于其自身侧向刚度很大，仍具有很大的抗侧作用，此时框架与抗震墙协同工作，可以把抗震墙很少的框架结构看作一般框架-抗震墙结构，并按框架-抗震墙结构进行分析计算。而在设防烈度地震及罕遇地震作用下，抗震墙裂缝开展，刚度急剧退化，还由于抗震墙数量很少，根本不可能成为第一道防线（注意，有读者认为“在抗震墙很少的框架结构中抗震墙可作为第二道防线”，这是错误的，抗震墙具有侧向刚度大的特点，这就决定其不可能成为第二道防线，要么成为第一道防线，要么不能成为第一道防线），抗震墙所承担的地震作用迅速转嫁给框架结构，此时，抗震墙很少的框架结构可以看作纯框架结构，需要按框架结构进行分析，并应验算纯框架结构在罕遇地震作用下的弹塑性位移（即大震位移）。

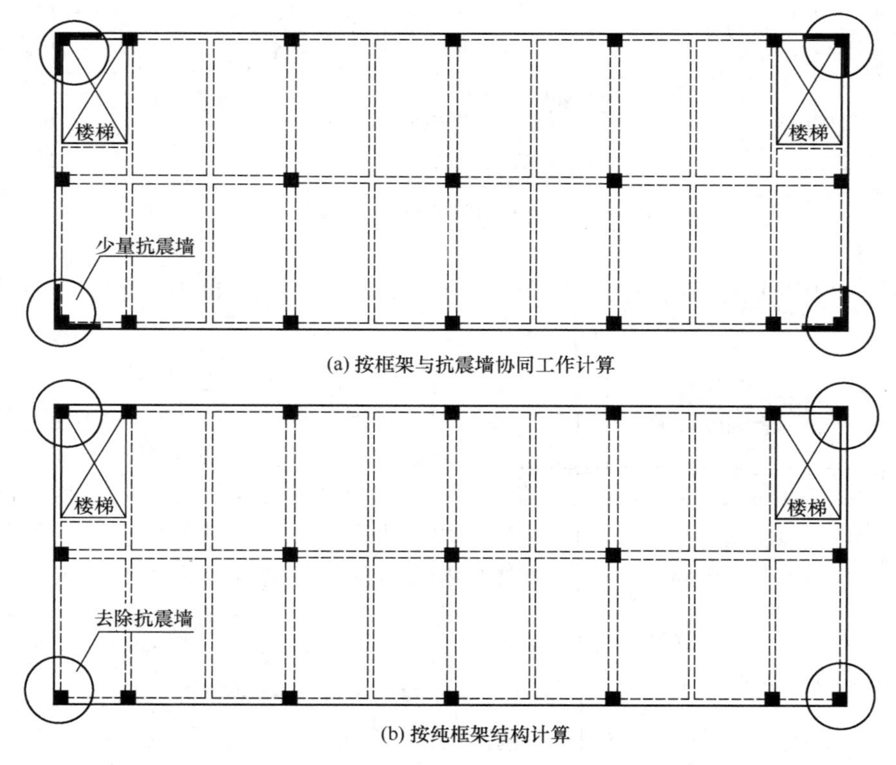

图 3.6.5-3 抗震墙很少的框架结构的包络设计

上述依据“小震不坏”（含风荷载影响）、“大震不倒”的抗震设计基本要求，围绕风荷载、多遇地震及罕遇地震作用展开的分阶段计算分析，就是结构包络设计的重要内容，解决的是在不同情况下结构体系的变化所带来的设计难题。

对结构的包络设计远不止上述的少量抗震墙的框架结构，其他还包括：少量框架的抗震墙结构、带小裙房的抗震墙住宅、空旷结构中的内部框架按单榀框架进行的补充计算(图 3.6.5-1)等。

(2) 对重要部位的包络设计

对结构重要部位的包络设计是结构设计中常见的包络设计方法，应根据结构部位的受力复杂程度，对其可能出现的各种情况分别进行分析，取不利值设计，用以解决复杂部位的结构设计问题。如设置下沉式庭院的结构，由于地下室顶板大开洞而不能作为上部结构的嵌固部位，当嵌固端下移至地下一层地面时，应结合工程的具体情况，考虑地下室顶板对上部结构实际存在的嵌固作用（受地下室周边挡土墙及墙外填土的影响），将地下室顶板及地下一层地面分别作为上部结构的嵌固端，进行相应的分析计算，并取不利值包络设计（图 3.6.5-4）。

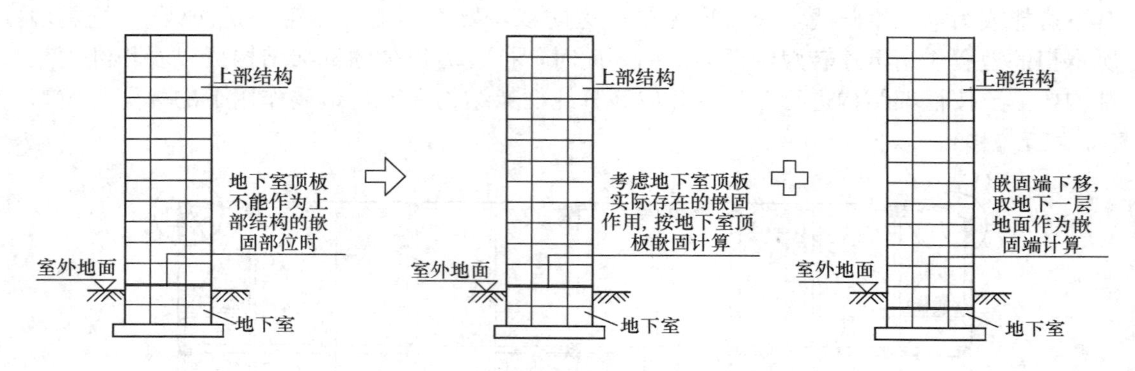

图 3.6.5-4 上部结构嵌固部位不同时的包络设计

结构设计中需要进行包络设计的部位还有很多，如转换结构的转换层、连体结构的连接体等。

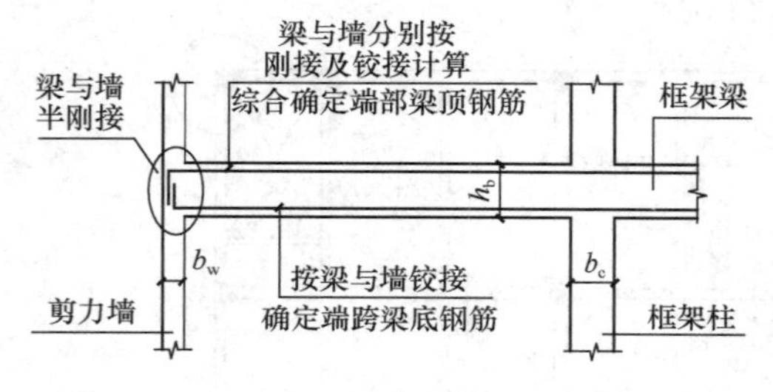

图 3.6.5-5 主梁与抗震墙平面外连接时的包络设计

(3) 对构件的包络设计

对构件的包络设计是结构设计中最基本的包络设计方法，应根据构件的受力情况，对其进行补充分析验算，取不利值设计，用以解决复杂受力构件的结构设计问题。如结构设计中经常遇到的主梁端支座与抗震墙平面外连接的问题（图 3.6.5-5），受抗震墙平面外抗弯刚度及主梁抗弯刚度的影响，梁与抗震墙平面外的连接既非刚接也非铰接而属于弹性连接，结构计算中对主梁端支座情况的模拟困难（虽可以采取相应程序进行复杂分析，但费时费工，只有在科研活动中才有可能采用），常可根据工程具体情况，采用按刚接和铰接分别计算，对主梁端跨底部包络设计，对抗震墙及主梁端支座进行合理配筋。

结构设计中需要进行包络设计的构件很多，如连梁的包络设计、次梁梁端与主梁的垂直连接、次梁梁端与抗震墙平面外连接等。

第3.6.6条

一、标准的规定

3.6.6 利用计算机进行结构抗震分析时，应符合下列要求：

1 计算模型的建立、必要的简化计算与处理，应符合结构的实际工作状况，计算中应考虑楼梯构件的影响。

2 计算软件的技术条件应符合本规范及有关标准的规定，并应阐明其特殊处理的内容和依据。

3 复杂结构在多遇地震作用下的内力和变形分析时，应采用不少于两个合适的不同力学模型，并对其计算结果进行分析比较。

4 所有计算机计算结果，应经分析判断确认其合理、有效后方可用于工程设计。

二、对标准规定的理解

标准对结构分析计算的基本要求可以归结为下列几点：

1. 选用合理的计算程序。采用计算机进行结构分析时，应对软件的功能有切实的了解，计算模型的选取必须符合结构的实际工作情况。

2. 计算软件的技术条件应符合国家标准的要求，即应选用合法有效的结构计算软件。

3. 强调对计算结果的判别。对所采用的计算结果应先判别，并在确认合理有效后方可在设计中采用。

4. 结构设计中应进行必要的简化和处理。如对抗震墙，不能不管建筑或设备专业怎么开洞，结构人员就照图计算，而应进行必要的规则化处理，根据上下层墙体开洞情况，适当调整墙肢长度（图3.6.6-1），否则，不仅造成结构设计及施工复杂，结构设计的经济性差，还会造成结构传力路径不直接，侧向刚度变化大等，对抗震不利。

5. 地震中楼梯的梯板具有斜撑的受力特点，在不同的结构体系中，楼梯的影响也不相同（如对框架结构，楼梯的影响可能很大，而对抗震墙结构，楼梯的影响则可能很小），“考虑楼梯构件的影响”并不要求一律参加整体结构的计算，实际工程中应针对楼梯与主体结构的不同情况优先考虑采取抗震构造措施（见结构设计建议）。

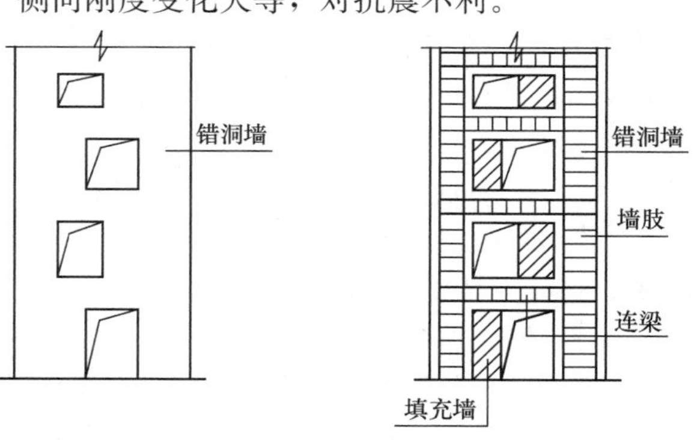

图3.6.6-1 对抗震墙的规则化处理

6. 复杂结构，指计算简图不明确、地震作用（或风荷载）传递途径不合理、力学模型十分复杂、难以找到完全符合实际工作状态的理想的计算模型，只能依据各个软件自身的特点在力学模型上分别进行某些不同程度的简化后才能运用该软件进行计算的结构。

对复杂结构应该采用多个相对恰当、合适的力学模型，而不是用截然不同的、不合理的计算模型进行比较。复杂结构是计算模型复杂的结构，不同的力学模型应属于不同的计算程序，避免单一计算模型带来的模型化误差。因此，关注的是计算模型的不同，而非程序编制单位的异同。以多塔结构为例，可采用以下计算模型：

1）底部一个塔，通过水平刚臂分成上部若干个不落地分塔的分叉结构模型。

2）多个落地塔，通过底部的低塔连成整体结构。

3）对底部按高塔分区，将高塔及其相关部位归入相应的高塔中，再按多个高塔进行联合计算。

三、结构设计的相关问题

1. 楼梯对结构设计计算的影响问题。

2. 对程序计算结果的判断应着重在以下几方面：

1）对程序总信息的控制和把握；

2）对程序主要计算结果的分析判断；

3）对其他结果的分析判断。

四、结构设计建议

1. 楼梯对结构的影响

1）楼梯作为重要的疏散工具，在抗震防灾中起着重要的作用。对抗震建筑中的楼梯设计应把握以下两点：一是楼梯结构对主体结构的抗震能力影响很大，一般楼梯的梯跑作为传递水平地震作用的重要构件，往往对主体结构的墙和柱产生重大的影响，使结构柱变成短柱或错层柱，因此在结构分析时应予以充分的重视；二是楼梯的梯跑与普通楼板一样传递水平地震作用，因此，需对梯板予以适当的加强，一般情况下，应在梯跑顶面加配跨中通长钢筋并与两端负筋满足受力搭接要求或负筋通长（或部分通长），其配筋率不宜小于0.10%（图3.6.6-2）。

2）汶川地震震害表明，楼梯对结构安全及人身安全影响重大，《抗震标准》明确提出了“计算中应考虑楼梯构件的影响”的要求。“考虑楼梯构件的影响”应注意下列两方面：一是楼梯对竖向构件的影响（使竖向构件中间受力，形成短柱或局部错层等）；二是要考虑楼梯的传力需要（楼梯作为水平传力构件之一，应确保其传力及疏散功能的实现）。

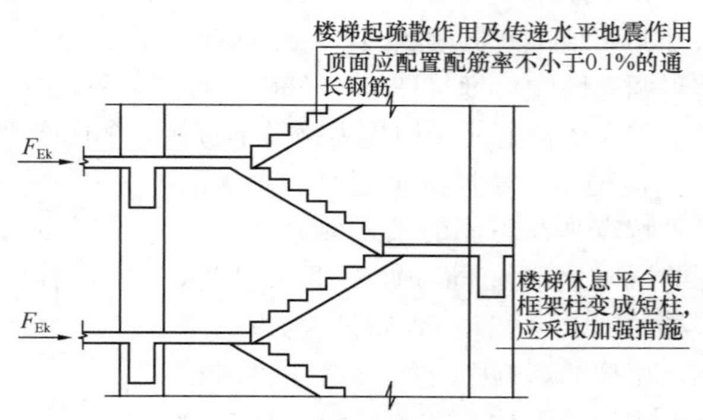

图3.6.6-2 楼梯的抗震作用及加强措施

3）理论研究及震害调查表明，楼梯对主体结构的影响取决于楼梯与主体结构的相对刚度之比，楼梯对主体结构影响的程度取决于主体结构的结构体系，主体结构的刚度越大、整体性越好（如采用抗震墙、框架-抗震墙结构等），楼梯对主体结构的影响越小；而主体结构的刚度越小、整体性越差（如框架结构、装配式楼盖结构、砌体结构等），楼梯对主体结构的影响就越大。

（1）在砌体结构、框架结构和装配式结构中，多遇地震作用下，由于结构基本处于弹性工作状态，填充墙、砌体承重墙开裂程度较低，刚度退化不严重，装配式楼盖的整体性尚可，楼梯刚度在主体结构刚度中的比值很小，楼梯对主体结构的影响不大。而在设防烈度地震及罕遇地震作用下，结构进入弹塑性状态，填充墙、砌体承重墙开裂严重，刚度急剧降低，装配式楼盖的整体性很差，楼梯刚度在主体结构刚度中的比值逐步加大，楼梯对主体结构的影响也随之加大。现浇梯板起局部刚性楼板的作用，传递水平地震剪力，导致梯板拉裂，框架柱形成短柱及错层柱而破坏。

（2）在抗震墙结构、框架-抗震墙结构和筒体结构中，由于结构刚度大，整体性好，楼梯自身刚度在主体结构中的刚度比值不大，楼梯受主体结构的“呵护”而很少破坏（对框架-抗震墙结构，指楼梯间四周有抗震墙和连梁围合的对楼梯有“呵护作用”的情况，当楼梯四周没有抗震墙，或抗震墙和连梁未形成围合时，与纯框架中的楼梯有相似之处，其对主体结构的影响要小于纯框架结构中的楼梯）。

4）考虑楼梯对主体结构的影响及主体结构对楼梯的影响时，应根据主体结构与楼梯的侧向刚度大小，采取相应的设计措施：

（1）楼梯应采用现浇或装配整体式钢筋混凝土结构，不应采用装配式楼梯。

（2）对框架结构、砌体结构及楼盖整体性较差的结构，应采取抗震构造措施，阻断楼梯梯板对结构侧向刚度的影响（相关建议见《抗震标准》第 6.1.15 条）。

（3）对抗震墙结构、框架-抗震墙结构等主体结构抗侧刚度大、楼盖整体性好的结构，当楼梯周围有抗震墙（或抗震墙与连梁）围合时，计算中可不考虑楼梯的影响，而采取有效的构造措施（加配梯跑跨中板顶通长钢筋、抗震墙端柱箍筋加密等），确保楼梯及相应抗震墙端柱的安全。

（4）楼梯对主体结构的影响及主体结构对楼梯的反作用主要集中在结构的底部，因此应加强楼梯底部的抗震措施，如明确楼梯梯板的传力途径，加强梯板的配筋，同时应加强与梯板相连的框架柱的受剪承载力。

（5）无地下室时，当楼梯在底层直接支承在孤独楼梯梁上（图 3.6.6-3），地震时楼梯板吸收的水平地震作用在楼梯梁处的水平传递路径被截断，而梯板外的孤独楼梯梁将无法承担梯板传来的水平推力，破坏常发生在梯板边缘的孤独梁截面处，因此应避免采用此做法。必须采用时，应适当加大楼梯梁在承受水平地震作用平面内的配筋并加密箍筋。

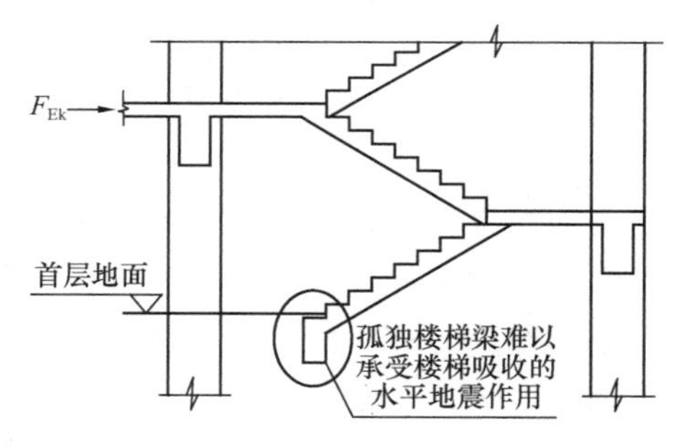

图 3.6.6-3　地震时底部孤独楼梯梁的破坏

（6）应特别注意设置楼梯形成的框架短柱，柱箍筋除应满足计算要求外，宜按抗震等级提高一级配置。

（7）结构设计中，常设置用于支承楼梯的梁上小柱，该小柱也应按框架柱要求设计。应确保柱截面面积不小于 300mm×300mm，柱最小边长不小于 200mm，并相应增加另一方向的柱截面长度（不小于 450mm，宜取 500mm）。

（8）与框架柱、楼梯小柱相连的楼梯平台梁应满足《抗震标准》对框架梁的构造要求。

2. 程序总信息中各调整参数的取值

总信息是影响结构计算全局的参数，程序使用中应在正确理解各参数的物理概念基础上，根据工程的实际情况及规范的相关要求经分析后确定。不同的计算程序参数各不相同，一般包含下列主要内容。

1）周期折减系数 CT

周期折减的根本目的是在结构计算中充分考虑填充墙刚度对计算周期的影响，因此，主体结构的类型及填充墙的类别和填充墙的多少决定了折减系数的大小，取值见表 3.6.6-1（见《高规》第 4.3.17 条）。

周期折减系数 CT **表 3.6.6-1**

结构类型	填充墙较多	填充墙较少
框架结构	0.6～0.7	0.7～0.8
框架-抗震墙结构	0.7～0.8	0.8～0.9
框架-核心筒结构	0.8～0.9	0.9～1.0
抗震墙结构	0.8～1.0	1.0

（1）填充墙对结构周期的影响与填充墙的类型、填充墙与主体结构的位置等密切相关，表 3.6.6-1 中系数按填充墙为实心砖墙确定，对其他各类填充墙（空心砖砌体、混凝土砌块砌体等）可依该表酌情调整确定。多层及高层建筑的周期折减系数，均可参考表 3.6.6-1并结合建筑墙体布置的具体情况综合确定。

（2）考虑填充墙影响而对主体结构周期的折减，实际上就是考虑填充墙刚度对主体结构刚度的影响程度，主体结构刚度越大，填充墙对结构周期影响越小，反之，则越大；填充墙的自身刚度越大，对主体结构周期影响也越大，反之，则越小。

（3）有的地区限定周期折减系数不得超过某一数值，以此作为增大地震作用的一种途径，尽管最终结果与调整地震作用的放大系数相近，但概念混淆，不建议推广。

（4）考虑填充墙对结构周期的影响是抗震概念设计的重要内容，由表 3.6.6-1 可以看出，表中系数取值的不同，对计算结果影响很大。因此，过分追求结构计算的精度不仅没有必要而且毫无实际意义。从本质上讲，结构抗震计算应属于估算的性质，寻找的是结构对地震反应的规律性。结构的抗震设计还应坚持“重概念轻精度”的原则，分清“概念设计”与“结构计算”的关系，“结构计算”应作为对“概念设计”的验证和补充，任何情况下都不应该以“结构计算”代替“概念设计”。

（5）实际工程中，有相当多的结构设计人员将较多精力用在表 3.6.6-1的具体数值上，为某一数值的取值而苦苦琢磨。实际上，表 3.6.6-1 的数值属于定性的判别（考虑填充墙刚度对结构影响的周期折减系数，本质上是对结构刚度的同步放大，原则上仅适用于填充墙布置与抗侧力结构刚度分布一致的情况），取值大小没有严格的界定（也无法做到精准）。当填充墙布置不对称、不均匀时，更应注意填充墙布置不对称、不均匀对结构的不利影响（填充墙平面布置不对称、不均匀引起结构的扭转，上下层填充墙布置的不对称、不均匀造成结构的扭转和上下层刚度的突变等），以及对主体结构的短柱效应（填充墙门、窗洞口设置使框架柱形成“短柱”，导致大震时框架柱的破坏）。结构设计中应特别注意《抗震标准》第 3.7.4 条的规定。

2）框架-抗震墙结构（框架-核心筒结构）中框架部分地震力调整系数 CF

框架-抗震墙结构（框架-核心筒结构）中，由于抗震墙（核心筒）的侧向刚度远大于框架部分，抗震墙（核心筒）承担大部分地震剪力，框架按其侧向刚度分担的地震作用很小，若按此进行框架设计，则当抗震墙（核心筒）开裂后结构很不安全。因此，标准要求当框架-抗震墙（核心筒）结构中各层框架总剪力（即第 i 层框架柱剪力之和）$V_{fi}<0.2V_0$ 时，取下列两式的较小值：$V_{fi}^c=1.5V_{fmax}$，$V_{fi}^c=0.2V_0$，以增加框架的安全度。调整时应注意：

（1）《抗震标准》第 6.7.1 条还规定，对框架-核心筒结构，“除加强层及其相邻上下层外，按框架-核心筒计算分析的框架部分各层地震剪力的最大值不宜小于结构底部总地震剪力的 10%。当小于 10%时，核心筒墙体的地震剪力应适当提高，边缘构件的抗震构造措施应适当加强；任一层框架部分承担的地震剪力不应小于结构底部总地震剪力的 15%。”

（2）在框架-抗震墙结构中，当框架柱数量从下至上分段有规律变化时，框架剪力可采取沿建筑高度分段调整的方法，其中 V_{fmax} 和 V_0 可理解为在建筑高度的某一分段内，框架部分的楼层剪力最大值和段底结构的总剪力值。这使框架柱数量沿建筑高度有规律变化的结构可以进行分段调整，避免采用单一调整系数带来的计算畸形。但对于形体过于复杂的建筑结构，其框架部分的调整仍应专门研究。

（3）对框架梁弯矩、剪力及对框架柱的弯矩调整，取用与框架柱剪力调整相同的系数，不调整轴力。

3）地震作用调整系数 CE

地震作用调整系数又称地震力调整系数，此系数可以用于放大或缩小地震作用，一般情况下取 $CE=1.0$，即不调整；特殊情况下，为提高或降低结构的安全度，可取其他值，一般取 $CE=0.85\sim1.50$。此系数和周期折减系数都可以起到调整地震力的作用，但意义不同，地震作用调整系数是对地震力的直接放大，而周期折减系数不仅可以调整结构周期（其本质是对结构侧向刚度的调整），还可以调整结构的地震力。

4）计算振型数 n

（1）计算振型数的多少与结构的复杂程度、结构层数及结构形式等有关，多、高层建筑振型数应以保证振型参与质量不小于总质量的 90%为前提，一般情况下（如规则结构并采用刚性楼板的计算假定时），多、高层建筑地震作用振型数非耦联时 $n\geqslant9$ 个，耦联时 $n\geqslant15$ 个；对多塔结构振型数，$n\geqslant$塔楼数量$\times9$。结构计算中应特别注意对结构主振型的判别，周期最大的振型不一定是主振型，要仔细检查其振型的参与质量，采用弹性楼板模型计算时，尤其要注意核查。

（2）结构设计计算一般采用振型分解反应谱法，而振型分解反应谱法的计算精度与振型的参与数有关［见《抗震标准》式（5.2.3-5）］。振型数越多，计算精度越高，当然所需的计算时间和计算资源也越多。在结构计算中要考虑所有振型既不可能也无必要，只要满足工程精度要求即可，因此，需确定恰当的计算振型数。

（3）振型数量的问题，其本质是振型所代表的质量问题，即振型参与质量问题。《抗震标准》第 5.2.2 条条文说明指出，振型数一般取振型参与质量达到总质量的 90%所需的振型数。振型参与质量与结构分析时采用的计算假定有关。

① 当采用刚性楼板假定时，自振周期较长的振型通常所代表的质量也大，往往就是结构的主振型，一般情况下，取前 9～15 个振型均能满足振型参与质量的限值要求。对高层建筑尤其是复杂高层建筑，还应适当增加计算振型数，以考虑高振型对结构顶部的

影响。

② 当采用弹性楼板假定时，由于结构的计算质点数量急剧增加，第一振型所代表质量有可能很小，就是常说的局部振动（注意，这与采用刚性楼板假定的计算有很大的不同），这种情况下，要满足标准的振型参与质量要求，往往需要的振型数会很多，有时甚至多达上百个。因此，采用弹性楼板假定计算时，一定要特别注意对振型参与质量的判别。

③ 当上部结构的嵌固部位取在地下室一层地面及其以下部位时，应特别注意地下室对楼层质量参与系数的影响（地下室的质量大，对楼层质量参与系数的影响也大），计算的振型数量应适当增加，确保地面以上结构的楼层质量参与系数满足要求。

④ 当房屋顶部楼层的刚度和质量变化较大时（如楼层刚度和质量逐层变小，或突然变小），高振型影响明显，应适当增加计算的振型数，必要时还应采用弹性时程分析法进行补充计算。

5）梁端弯矩调幅系数 BT

（1）考虑梁在竖向荷载作用下的塑性内力重分布，通过调整适当减小梁端负弯矩，相应地增加梁跨中弯矩，使梁上下配筋比较均匀。框架梁端负弯矩调幅后，梁跨中弯矩按平衡条件相应增大。梁端调幅系数应根据工程的具体情况综合确定，一般情况下可取如下数值：

装配整体式框架梁，取 $BT=0.7\sim0.8$；

现浇框架梁，取 $BT=0.8\sim0.9$。

（2）应注意实际工程中悬挑梁的梁端负弯矩不得调幅。

（3）结构弹性分析计算中，对杆系结构常采用计算跨度，梁端计算弯矩比实际弯矩大得多（图 3.6.6-4），不利于框架梁延性发展，不利于“强剪弱弯”“强柱弱梁”等抗震设计基本理念的实现。因此，对地震区建筑，更应注意对梁端弯矩的调幅，合理的梁端弯矩调幅属于抗震概念设计的重要内容之一，应予以高度的重视。

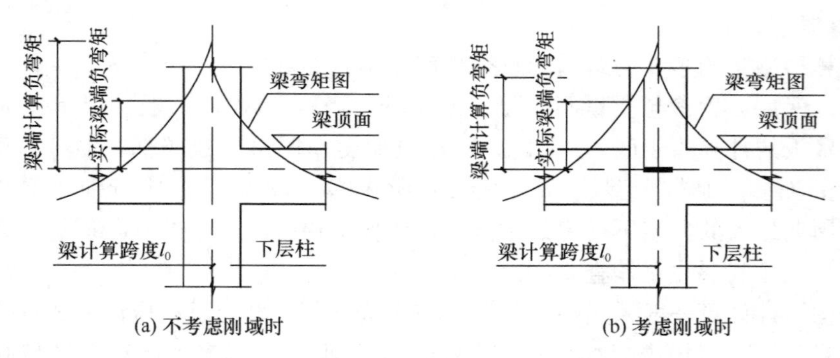

图 3.6.6-4　弹性分析计算中梁端计算弯矩与实际弯矩的关系

6）梁跨中弯矩放大系数 BM

（1）当不计算活荷载或不考虑活荷载的不利布置时，可通过此参数来调整梁在恒荷载和活荷载作用下的跨中弯矩（注意，不计算活荷载或不考虑活荷载的不利布置，与梁跨中弯矩放大系数两者同时出现，密不可分）。以弥补不考虑活荷载不利分布时的计算不足。同时可以发现，只要在活荷载数值不大（见《高规》第 5.1.8 条），活荷载对梁的跨中弯矩影响不大时，采用不考虑活荷载不利分布的简化计算方法，并通过跨中弯矩放大系数进行调整，可满足工程计算精度要求。梁跨中弯矩增大系数取值如下：

一般高层建筑　　$BM=1.0$
活荷载较大的高层建筑、一般多层建筑　　$BM=1.1\sim1.2$
活荷载较大的多层建筑　　$BM=1.2\sim1.3$

（2）考虑活荷载不利分布时，可不考虑梁的跨中弯矩放大。

（3）适当放大梁的跨中弯矩设计值，有利于提高结构承受竖向荷载的能力及提高对偶然荷载的适应能力，采取恰当技术措施（增加的跨中钢筋可不伸入梁端支座）后，不影响结构的抗震性能。同时，对于结构设计时建筑使用功能尚未完全确定，或在设计使用年限内建筑的使用功能有可能有重大调整的工程，适当考虑梁的跨中弯矩放大系数，使结构或构件获得恰当的安全储备，以应付局部超载的情况，是一种更深意义上的节约，也是对结构设计的保护。

7）连梁刚度折减系数 BLZ

（1）梁的一端（或两端）与抗震墙相连，且梁跨高比小于 5 的非悬臂梁称为连梁。抗震设计的连梁由于其跨高比小、刚度大，常作为主要的抗震耗能构件。在地震作用下（有时甚至在多遇地震作用下），连梁两端的变位差较大，使连梁产生很大的塑性变形，刚度退化严重，而连梁的刚度退化加大了抗震墙的负担。因此，在结构分析中应适当考虑连梁刚度过早退化的工作特点，加大墙肢的设计内力。但应注意对连梁的刚度折减是考虑连梁梁端出现的塑性变形，但不是连梁的失效（破坏）。

（2）连梁常被称为结构抗震设计中的“保险丝”，它可以起到耗散地震能量的作用，伴随着连梁梁端产生塑性变形（直至产生塑性铰），结构刚度退化，变形加大，结构出现内力重分布，抗震墙墙肢内力加大。故在计算地震作用效应时，可对连梁刚度进行折减，连梁刚度折减系数宜取 $BLZ=0.7$（6 度、7 度）及 0.5（8 度、9 度）。计算荷载（如重力荷载、风荷载等）作用效应时，连梁刚度不宜折减。

（3）连梁刚度的折减系数应取值合理。当取值过大（连梁刚度取值过大）时，连梁吸收的地震作用过多，在设防烈度地震或罕遇地震作用下，一旦连梁产生塑性铰甚至连梁失效，抗震墙无法承担由于连梁刚度退化或失效而转嫁的地震作用，将难以确保结构安全；而当取值过小（连梁刚度考虑过小）时，连梁的刚度得不到充分发挥，在多遇地震或风荷载作用下，结构的正常使用性能和舒适度降低，同时，结构设计的经济性也差。

（4）对复杂结构常被要求按“中震”设计，目前采用的“中震”设计方法不是真正意义上的“中震”设计，而是借助于小震弹性的计算方法，是对小震弹性计算的简单放大，属于概念设计的估算范畴。此时，连梁的刚度折减系数可取不小于 0.4 的数值。

（5）结构设计中，连梁超筋现象较普遍，对连梁超筋的处理见第 6.4.7 条相关内容。

8）梁刚度增大系数 BK

（1）由于梁和楼板是连成一体的 T 形截面梁，当采用刚性楼板假定的计算程序时，程序在梁的刚度计算中只能计及无翼缘的矩形截面梁刚度（EI_b），因此，需要采用梁刚度放大系数 BK 来近似考虑现浇楼板（及装配整体式楼盖）对梁刚度（EI）的贡献，即考虑现浇楼板影响后梁的刚度 $EI=BKEI_b$。

（2）<u>梁的刚度放大系数只适用于采用刚性楼板假定的计算程序</u>。采用弹性楼板假定的计算程序，能自动考虑现浇楼板对结构抗弯刚度的贡献，因而不需要采用梁的刚度放大系数，即梁刚度增大系数对按弹性楼板假定计算的梁不起作用。

（3）梁刚度增大系数对连梁不起作用。

（4）在现浇混凝土空心楼板中，应注意采用单向填充空心管引起的楼板各向异性问题，在平行和垂直于填充空心管方向，宜取用不同的梁刚度放大系数。

（5）梁刚度放大系数只在梁的内力等（即效应）计算中使用，在构件配筋计算（即抗力计算）时，程序对构件截面仍取无翼缘的矩形截面。

（6）结构弹性分析时，梁的刚度放大系数是一个统计意义上的数值（一般情况下，可直接按标准的规定取值，不宜采用程序自动计算的梁刚度放大系数），应根据现浇梁的典型截面及有效翼缘的实际情况（能涵盖大部分框架梁及相应翼缘）计算确定。当梁截面高度及现浇楼板厚度符合一般规律时，边梁可取 1.5，中梁可取 2.0（见《高规》第 5.2.2 条），有现浇层的装配整体式框架梁刚度放大系数可酌情减小。对无现浇层的装配式结构楼面梁、板柱体系的等代梁等，取 $BK=1.0$。梁截面高度越大，BK 数值越小；现浇楼板越厚，BK 数值越大。对其他情况，则可取典型梁及翼缘的截面计算确定。

确定梁的刚度放大系数时，应首先根据《混凝土标准》第 5.2.4 条确定受弯构件受压翼缘的计算宽度（注意，用于弹性计算时，受拉翼缘的计算宽度可以与受压翼缘相同取值），按 T 形（或 Γ 形）截面计算带翼缘梁的截面抗弯刚度，并与相应的矩形截面梁的截面抗弯刚度比较，其比值就是梁的刚度放大系数。在结构分析程序中，由于全工程采用统一的梁刚度放大系数，因此，确定该系数时，应取楼层框架梁的代表性截面（所谓代表性截面系指楼层中大部分框架梁的截面）计算，以免取值不合理造成结构计算较大的误差。举例说明如下。

【例 3.6.6-1】某工程的代表性框架梁（图 3.6.6-5）截面 $b\times h$ 为 400mm×700mm，现浇楼板厚度 $h'_f=120$mm，受压翼缘计算宽度 $b'_f=1840$mm，梁的刚度放大系数计算如下。

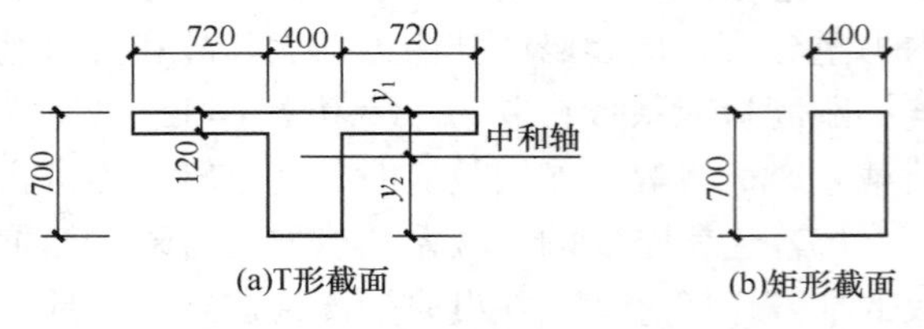

图 3.6.6-5　框架梁刚度放大系数的计算简图

带受压翼缘框架梁的截面面积：$A=400\times700+2\times720\times120=452800\ \text{mm}^2$

梁中和轴至梁顶距离：$y_1=\dfrac{2\times720\times120\times60+400\times700\times350}{452800}=239.3\text{mm}$

带翼缘框架梁的截面刚度：

$$I_b^{f'}=\frac{400\times700^3+1440\times120^3}{12}+1440\times120\times(239.3-60)^2+400\times700\times(350-239.3)^2$$

$$=1.164\times10^{10}+5.555\times10^9+3.431\times10^9=2.0626\times10^{10}\text{mm}^4$$

矩形截面梁的截面刚度：$I_b=\dfrac{400\times700^3}{12}=1.143\times10^{10}\text{mm}^4$

则，梁的刚度放大系数：$BK=\dfrac{I_b^{f'}}{I_b}=\dfrac{2.0626E10}{1.143E10}=1.80$

9）梁扭矩折减系数 TB

（1）当计算程序中没有考虑现浇楼板（或装配整体式楼板）对梁抗扭转的约束作用

时，梁的计算扭矩偏大，在计算时应予以折减，一般可取梁扭矩折减系数为 $TB=0.4$。

（2）现浇楼板（或装配整体式楼板）有利于提高梁的抗扭能力，而采用杆系模型的计算程序时，杆件与杆件之间只有节点联系（即空间杆件模型），没有考虑实际楼板对防止梁构件扭转存在的约束作用，计算扭矩偏大。因此，要采用扭矩折减系数对计算扭矩进行折减。折减系数的取值，应根据楼板对梁的实际约束情况确定，梁两侧均有现浇楼板时，可取 0.4；当为独立梁（两侧均无楼板）时，应取 1.0。

（3）对悬臂梁根部的主梁应特别注意梁扭矩的折减，调整结构布置，避免由主梁直接悬挑（图 3.6.6-6）；对重要构件或采取扭矩折减明显不合理时，应取扭矩折减系数为 1.0 进行复核验算，并包络设计。

（4）注意，扭矩折减系数和弯矩调幅系数不同，程序对扭矩折减后一般都没有进行节点扭矩和弯矩的平衡验算，也就是说，被折减下来的扭矩实际是被“扔掉”了。如某梁在扭矩折减前的梁端计算扭矩为 100kN・m，取扭矩折减系数为 0.4 后，梁端计算扭矩为 40kN・m，而折减掉的 60kN・m 并没有进行节点平衡处理，被直接“扔掉”了。因此，对特殊情况（如悬挑梁根部的主梁等）应特别注意。

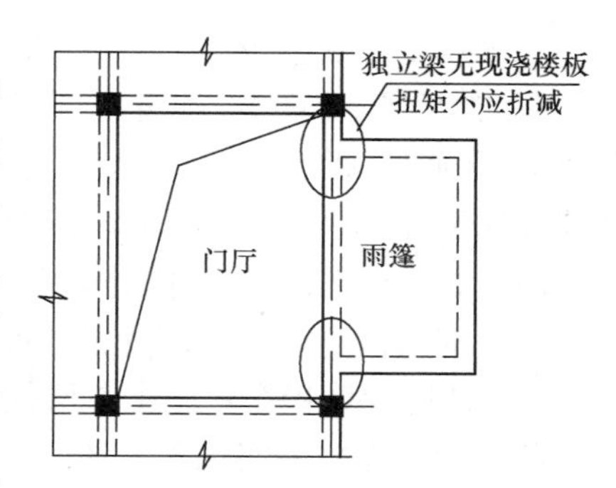

图 3.6.6-6　结构布置不合理造成的扭矩计算失真

（5）对结构和构件而言，抗扭一般是最薄弱的环节，因此，结构设计中应采取措施避免结构或构件承担过大的扭矩，充分发挥构件的承载能力特点（如钢筋混凝土构件以抗压、抗弯为主，钢结构构件以抗剪、抗弯、抗拉为主），实现结构设计的最优化。

10）关于竖向加载模型问题

竖向荷载加载模型应考虑施工过程中加载的实际过程（图 3.6.6-7）、混凝土的收缩徐变、地基的沉降等多种因素综合确定，竖向加载模型的选取不是纯计算问题，也并不是计算分层越细越好。

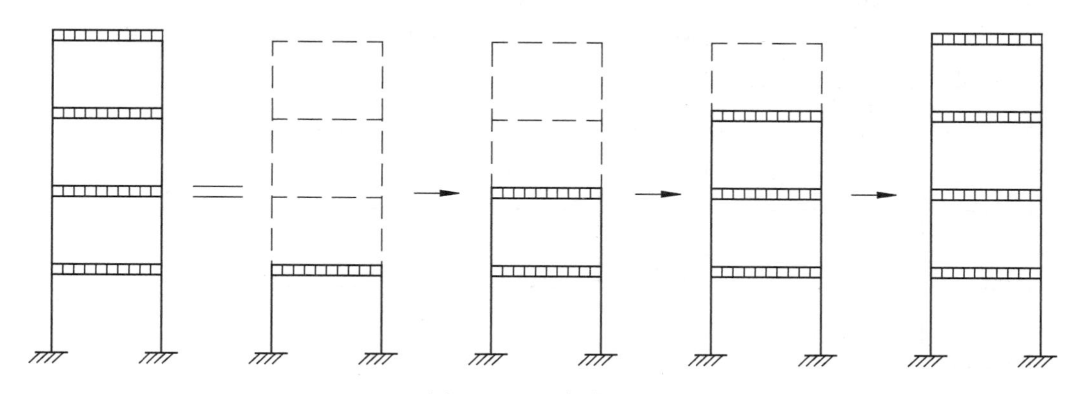
图 3.6.6-7　加载过程

关于竖向荷载作用下的施工分层加载分析如下。

（1）竖向荷载作用下的施工逐层加载的模拟要点

① 要点一：考虑结构刚度的形成过程

结构刚度随结构自重及其施工堆载由下而上逐层形成，在本层结构的形成以前下部结构已承受了其下各层的结构自重及其施工堆载的作用。

② 要点二：考虑结构自重及施工堆载的加载过程

结构自重及其施工堆载的加载过程随施工过程由下而上逐层完成，上部结构不受下部结构的自重及其施工堆载的影响。

③ 要点三：考虑施工过程中的平层效应

本层以下的结构自重及其施工堆载不影响本层内力，施工中的平层过程使本层以下各层结构自重及其施工堆载在竖向构件中不产生影响本层的变形累积。

④ 要点四：地基的沉降对上部结构的影响

在结构设计计算中，一般均假定上部结构的下端为嵌固端（没有水平位移、竖向位移和转角），而实际工程中，地基均有沉降和差异沉降（岩石地基除外，采用调平设计的地基其差异沉降较小），且一般呈现出中部大周边小的特点。对于平面竖向刚度分布不均匀的结构（如框架-核心筒结构等，中部核心筒的轴向变形要小于周围框架柱），地基的沉降减小了上部结构竖向差异沉降的幅度。

(2) 结构计算程序对施工分层加载的处理及程序的适用范围

在结构计算中要实现对上述四个要点的全面考虑是有困难的，因此，结构程序一般采用近似方法考虑上述各因素的影响。

① 考虑要点二的近似计算法：

为便于结构分析，多数程序可采用图 3.6.6-8 的分层加载模型来近似考虑竖向荷载下结构的变形（如 SATWE 程序的模拟施工加载 1，采用整体刚度、分层加载），其基本假定是直到结构完全建成都不承受任何荷载，即采用不变的结构总刚度矩阵，可分别算得各层的梁柱内力。需要指出的是，上述模拟施工加载的计算方法，不是真正意义上模拟施工的逐层加载过程，其本质是在结构完全建成后，竖向荷载由下而上的逐层添加过程，部分考虑了上述要点二的要求，但由于结构刚度的一次形成及未考虑施工的平层效应，使结构中形成大量不真实的内力，对特殊结构其计算结果与实际受力情况出入较大。

对带转换层的高层建筑结构和对轴向变形比较敏感的结构的计算，不宜采用上述模型计算，必须使用时应采用其他程序辅助计算。

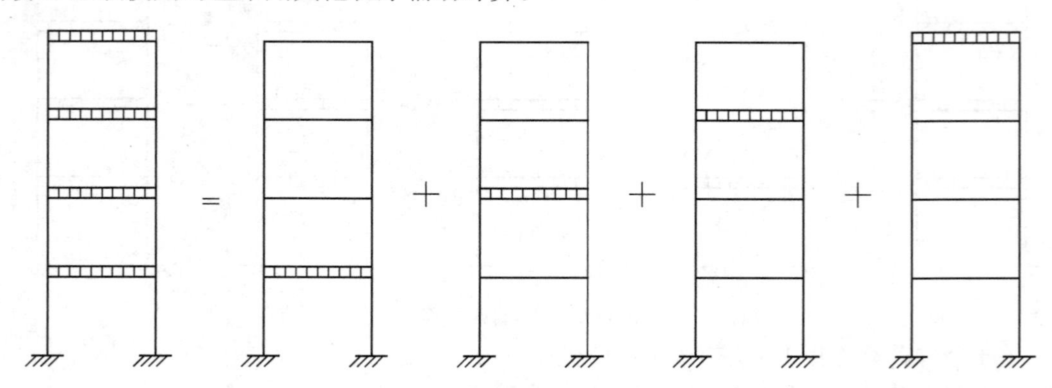

图 3.6.6-8 分层加载模型

② 考虑要点一、要点二的近似计算法：

针对图 3.6.6-8 所示模型的局限性，部分结构计算程序采用了考虑要点一、要点二的近似计算法，将结构刚度的形成过程、荷载的加载过程与施工过程结合起来一同考虑，较好地解决了结构刚度一次形成所带来的计算误差（如 SATWE 计算程序中的模拟施工加载 3，采用分层刚度、分层加载），可以模拟带转换层的高层建筑结构的实际受力情况。此类程序尤其适用于带转换层的高层建筑结构和对轴向变形比较敏感的结构。

采用此类程序计算时，由于其所占用计算资源较多，相应的计算时间较长，因此，需根据工程计算的需要程度选择每次一层或多层的加载模型。同时，由于未考虑要点三，又使其计算的准确性大打折扣。

③ 对需要考虑地基不均匀沉降及施工平层效应的工程，有的计算程序在上述模拟施工的基础上，再采用经验调整处理法（即人为加大竖向构件的轴向刚度，一般为构件轴向刚度的 10～100 倍，可根据上部结构与基础的刚度情况确定），模拟基础不均匀沉降及施工过程中的平层效应对上部结构的影响（如SATWE 计算程序中的施工模拟 2）。尽管上述经验调整处理法在理论上并不严密，但这种处理方法在一定程度上综合考虑了地基的不均匀沉降及施工过程中的平层效应等多种因素，削弱了竖向荷载按竖向刚度的重分布，使墙、柱的轴力更加均匀，使结构计算趋于合理。对一般工程应优先考虑采用此计算模型。

④ 模拟施工加载还应考虑结构施工的实际过程，当每层结构面积较小，每层的施工周期较短（结构混凝土从浇筑到拆除底模期间可多层施工，如一周一层等）时，不宜采用每一层分层加载模型计算，应采用具有多层加载功能的计算程序。当每层结构面积较大，每层的施工周期较长（如一个月左右）时，可采用每一层分层加载模型计算。

3. 对所采用的结构计算软件的再核查判断

1）计算软件的合理选用，直接影响到计算结果的准确性及可信度。

2）对重要的高层结构、复杂结构（如《抗震标准》规定的不规则结构、特别不规则结构等），必要时应至少采用两个不同力学模型的结构分析程序进行计算比较，以避免结构计算带来的模型化误差。

3）对布置不规则、形体复杂的结构及筒体结构等空间作用明显的结构，《抗震标准》许可采用各种空间分析法；对于筒体结构，必要时可将其进一步剖分为各种单元的组合，采用更细致的分析法进行计算。

4）常用的空间分析程序多属杆系结构计算程序，又因采用楼板贯通楼层及刚性楼板等假定，故不能充分满足复杂结构计算的要求。对此，应采用合适的计算模型（如有限元计算模型等）进行分析比较。

4. 对计算结果合理性的判断

应根据结构类型分析其动力特性和位移特性，判别其合理性。

1）对重要计算指标的判别

（1）地下室的楼层侧向刚度与相邻上部楼层侧向刚度之比 γ

当 $\gamma \geqslant 2$ 时，上部结构计算的嵌固端取在地下室顶面标高；当 $\gamma < 2$ 时，除应按嵌固端取在地下室顶面标高计算外，还应将上部结构计算的固定端下移至满足 $\gamma \geqslant 2$ 处进行比较计算（此处 γ 为计算固定端下一层地下室结构与上部结构首层的侧向刚度比值）。γ 的计算原则见《抗震标准》第 6.1.14 条。

（2）剪重比 λ

① 结构楼层剪重比 λ（又称楼层地震剪力系数）应满足最小剪重比 λ_{min} 的要求（即 $\lambda \geq \lambda_{min}$），并应使剪重比处于较合理的范围内。$\lambda_{min}$ 值见《抗震标准》表 5.2.5。

② 结构剪重比的大小受结构形式、场地条件和建筑高度等多种因素的影响（如多层框架结构的剪重比一般比较大），对计算结果应综合判别。

③ 耦联计算地震作用时，其第一周期的剪重比应在常规范围内，但不能简单地与非耦联时的计算比较，因其振型较为复杂，地震作用下结构的底部剪力应与非耦联计算结果相近或略小（一般约为非耦联计算结果的 0.9 倍）。

④ 非耦联计算属于强迫平动范畴，适合于扭转很小的对称或基本对称结构。而对于一般结构非耦联计算时，由于忽略了结构实际存在的扭转，结构平动计算刚度偏大，结果不真实，从而使结构底部剪重比计算值偏大。

⑤ 对基本周期小于 3.5s 的规则结构，其底部总剪力与总重量的比（即底部剪重比）大致为：7 度Ⅱ类场地，$V/G=1.6\%\sim2.8\%$；8 度Ⅱ类场地，$V/G=3.2\%\sim5\%$。实际结构的剪重比受多种因素的影响，可不受上述数值的限制。

（3）扭转周期与平动周期之比 T_t/T_1

① 结构以扭转为主的第一自振周期 T_t 与以平动为主的第一自振周期 T_1 之比应符合下列要求：

A 级高度高层建筑 T_t/T_1 应 ≤ 0.9；

B 级高度高层建筑、混合结构高层建筑及复杂高层建筑（包括带转换层的结构、带加强层的结构、错层结构、连体结构和多塔结构等）T_t/T_1 应 ≤ 0.85。

② 对自振周期以扭转为主及以平动为主的具体判别方法规范未予明确。现行做法是将振型的反应能量拆分为平动能量和扭动能量两部分，并将各自能量占总能量的比例定义为平动成分和扭转成分。当某个振型的平动成分大于 50%时，即可将该振型判定为平动为主的振型；反之，就是扭转为主的振型。

③ 限制扭平周期比与限制楼层位移比的关系

结构实际存在的扭转与结构的抗扭能力是不完全相同的两个问题。对楼层位移比的限制，关注的是结构实际承受的扭转效应；而限制结构扭转周期与第一平动周期的比值，其目的是对结构的抗扭能力进行判断。两者虽然都和结构的扭转有关，但关注的角度不同。扭转周期过大，说明该结构的抗扭能力弱（注意，结构不一定有扭转，可能是完全对称的结构，如抗侧刚度过于集中在平面中部的框架-核心筒结构等），这类结构一旦遭受意外的扭转作用，将会导致较大的扭转破坏，结构设计中应尽量避免。

对高层建筑及特别复杂的多层建筑，应控制扭转周期与第一平动周期（宜控制与第二平动周期）的比值满足标准要求，以提高结构的抗扭能力。对一般的多层建筑，可只控制扭转周期与第一平动周期的比值。

（4）扭转位移比 $\delta_2/\overline{\delta}$

① 扭转位移比 $\delta_2/\overline{\delta}$ 包含下列两项内容：

楼层竖向构件的最大水平位移与平均水平位移之比；

楼层竖向构件的最大层间位移与平均层间位移之比。

② 在规定水平力作用下（水平力的作用位置考虑偶然偏心影响），楼层竖向构件的扭

转位移比应满足下列要求：

A 级高度高层建筑应为 $\delta_2/\bar{\delta}\leqslant1.5$，宜为 $\delta_2/\bar{\delta}\leqslant1.2$；

B 级高度高层建筑、混合结构高层建筑及复杂高层建筑（包括带转换层的结构、带加强层的结构、错层结构、连体结构和多塔楼结构等），应为 $\delta_2/\bar{\delta}\leqslant1.4$，宜为 $\delta_2/\bar{\delta}\leqslant1.2$。

③ 当计算的最大层间位移角（$\Delta u/h$）很小（表 3.4.3-5 及表 3.4.3-6）时，扭转位移比的限制可适当放宽。

④ 根据扭转位移比可判别结构的不规则类别。

注意，楼层最大位移与平均位移比值计算时，平均位移取楼层最大位移与楼层最小位移的平均值（见《抗震标准》第 3.4.3 条），即 $\bar{\delta}=(\delta_1+\delta_2)/2$，不一定是质心位移。

（5）楼层层间最大位移 Δu 与层高 h 之比

① 按弹性方法计算的楼层层间最大位移 Δu 与层高 h 之比应符合标准的要求（见《抗震标准》表 5.5.1）；

② 对于结构位移无其他特殊要求的一般建筑物，应以满足标准要求为基本控制条件，方案及初步设计阶段不宜过分追求贴限（贴近标准的位移限值），可为施工图阶段的调整留有适当的余地；

③ 对结构位移（包括水平位移、竖向位移及对楼层的防隔震要求等）比较敏感和相关工艺有严格要求的特殊建筑，结构的位移控制应按规定从严。

注意，最大弹性层间位移角验算时的 Δu，仍采用各振型位移的 CQC 组合（不采用规定水平力计算），不考虑偶然偏心的影响（见《抗震标准》第 3.6.3、5.5.1 条及《高规》第 3.7.3 条）。

（6）高层建筑结构的刚重比（结构的刚度与重力荷载之比，注意基础的倾斜对重力二阶效应的影响，详见第 3.6.3 条）

① 高层建筑结构稳定对刚重比的要求（见《高规》第 5.4.4 条）：

对抗震墙结构、框架-抗震墙结构、板柱-抗震墙结构、筒体结构：$EJ_{\mathrm{d}}\geqslant1.4H^2\sum_{i=1}^{n}G_i$

对框架结构：$D_i\geqslant10\sum_{j=i}^{n}G_j/h_i\ (i=1,2,\cdots n)$

② 考虑重力二阶效应对刚重比的要求（见《高规》第 5.4.1 条）：

在水平力作用下，当结构的刚度与重力荷载之比（刚重比）满足下列要求时，可不考虑重力二阶效应的不利影响。

对抗震墙结构、框架-抗震墙结构、板柱-抗震墙结构、筒体结构：$EJ_{\mathrm{d}}\geqslant2.7H^2\sum_{i=1}^{n}G_i$

对框架结构：$D_i\geqslant20\sum_{j=i}^{n}G_j/h_i\ (i=1,2,\cdots n)$

一般的高层建筑在水平力作用下的重力二阶效应和高层建筑结构的稳定，均可通过结构的刚重比来控制。但应注意，刚重比验算原则上只适用于规则结构，对高宽比较大（如 $H/B>4$）的结构、倾覆稳定有明显问题的结构，仍应进行专门的稳定验算并采取相应结构措施。

高层建筑结构的稳定设计主要是控制在风荷载或水平地震作用下，重力荷载产生的二阶效应（重力 P-Δ 效应）不致过大，从而避免结构的失稳倒塌。结构的刚重比是影响重

力 P-Δ 效应的主要参数，通过对结构刚重比的控制来满足高层建筑结构的稳定要求。

注意，刚度计算中的层间位移，采用的是质心位移 Δu，仍采用各振型位移的 CQC 组合（不采用规定的水平力计算），不考虑偶然偏心的影响（见《抗震标准》第 3.4.3 条及《高规》第 3.5.2 条）。

（7）框架的倾覆力矩比 M_F/M

抗震设计的框架-抗震墙结构中，在规定水平力作用下，底层（指上部结构的嵌固部位）框架部分承受的地震倾覆力矩 M_F 与结构总倾覆力矩 M 的比值，决定框架的抗震等级及结构的最大适用高度和高宽比限值等，相关内容见第 6.1.3 条。

（8）结构刚心和质心的分析

应重点检查结构刚心和质心的分布情况，调整并减小结构的扭转效应。做好这一点对提高结构在大震下的抗倒塌能力尤为重要（小震设计时，结构的扭转效应往往依靠主要抗侧力构件如远离刚度中心的抗震墙等承担，相关构件虽仍能满足承载力要求，但应力水平已很高，大震时，这些构件较早地进入弹塑性状态，造成变形集中，导致结构构件破坏，严重时引起倒塌）。

2）对其他计算指标的判别

（1）非耦联计算地震作用时，其第一周期一般可判断如下：

框架结构　$T_1=(0.1\sim0.15)N$

框架-抗震墙结构　$T_1=(0.08\sim0.12)N$

抗震墙结构　$T_1=(0.04\sim0.08)N$

筒中筒结构　$T_1=(0.06\sim0.10)N$

其中 N 为结构的计算层数（上述对周期的近似计算比较适合于 40 层以下的高层建筑，对多层建筑及 40 层以上的高层建筑，上述估算结果可能会有较大的偏差）。

（2）振型曲线应光滑连续，零点位置能符合一般规律（含坐标起点在内，第 i 振型与坐标纵轴应有 i 个交点）。

（3）结构侧向刚度与楼层水平位移的关系：

① 结构的楼层水平位移应沿建筑高度渐变，不应出现大的突变，位移值应满足标准的要求。

② 结构楼层水平位移与结构的侧向刚度有关，结构的侧向刚度越大，其计算位移值越小，反之，计算位移值就越大。从结构抗震概念设计出发，结构楼层水平位移控制的关键就是结构合理侧向刚度的控制。抗震设计的建筑，其结构侧向刚度大时，结构的楼层水平位移较容易满足标准的要求，但主体结构的地震作用随之增大，各相关结构构件的负担也越大；相反，其结构侧向刚度过小时，虽然主体结构的地震作用也随之减小，但结构的楼层水平位移将难以满足标准的要求，使高层建筑尤其是超高层建筑在水平荷载（如风荷载等）作用下舒适度降低。因此，结构楼层水平位移的控制过程本质上就是结构侧向刚度的控制过程，寻求的是结构侧向刚度（影响结构投资）和在水平荷载作用下建筑舒适度的合理平衡点。

结构初算（一般在结构方案确定或初步设计阶段）后，应根据初算结果对整体结构进行调整。如楼层水平位移值偏小，说明结构侧向刚度偏大，则可以适量减小结构的刚度，对墙、梁截面可作适当的减小（尤其是连梁，可适当减小连梁截面高度，有利于大震时的结构耗能），对抗震墙可作开洞处理或适量取消部分抗震墙；如楼层水平位移值偏大，说明结构侧向刚度偏小，则可以适量增加结构的侧向刚度，对墙、梁截面可作适当的加大或适量增加部分抗震墙，必要时可考虑改用侧向刚度较大的结构形式及增设加强层、斜撑等。

3）对构件配筋的合理性判别

结构计算完毕，除应对整体分析结果进行判别和调整外，还应对构件配筋的合理性进行分析判断，可按以下步骤进行。

（1）一般构件的配筋计算值是否符合构件受力特性？

（2）特殊构件（如转换梁、转换柱、大悬挑梁、大跨度、穿层柱和有特殊荷载作用的部位）的内力、配筋是否正常？是否与其所处的特殊部位相一致？是否有必要进行进一步的分析？是否需要采用其他方法（其他程序或手算复核）进行比较和补充计算？

（3）竖向构件的轴压比核查。框架柱及框支柱的轴压比、短肢抗震墙的轴压比等是否满足要求？竖向构件加强部位（如角柱、框支柱、抗震墙底部加强区）的配筋是否已反映出计算及各种内力放大的加强和构造要求？

注意，一般抗震墙及短肢抗震墙的轴压比是指，在重力荷载代表值作用下产生的轴力设计值的轴压比（见第 6.4.2 条），其含义不同于框架柱的轴压比（见第 6.3.6 条）。

（4）个别构件超筋超限的判断与处理。抗震墙结构、框架-抗震墙结构中连梁及框筒结构中的裙梁一般较易出现超筋超限现象，应采取适当的处理方法。抗震墙连梁超筋、超限时，可作如下处理：

① 减小连梁的截面高度。

② 抗震设计抗震墙中连梁的弯矩和剪力可进行塑性调幅，以降低其剪力设计值。但在结构计算中已对连梁进行了刚度折减的连梁，其调幅范围应限制或不再调幅。当部分连梁降低弯矩设计值后，其余部位的连梁和墙肢的弯矩应相应加大。

一般情况下，经全部调幅（包括计算中连梁刚度折减和对计算结果的后期调幅）后的弯矩设计值不小于调幅前（完全弹性）的 0.8 倍（6 度、7 度）和 0.5 倍（8 度、9 度）。

③ 当连梁的破坏对承受竖向荷载无明显影响（即连梁不作为次梁的支承梁）时，可假定该连梁在大震下的破坏，对抗震墙按独立墙肢进行第二次多遇地震作用下的结构内力分析，墙肢应按两次计算所得的较不利内力进行配筋设计，以保证墙肢的安全。

④ 对超筋连梁的其他处理方法见第 6.4.7 条。

5. 对结构平衡性的判断

分析结构在单一荷载（重力荷载或风荷载）作用下的内外力平衡条件，判断结构计算的可靠性。进行内外力平衡分析时注意：

1）应在内力调整之前。

2）平横校核只能对同一结构在同一荷载条件下进行，因此，不能考虑施工过程的模拟加载影响。

3）平衡分析时应考虑全部内力。

4）不能对经过内力组合（如经 SRSS 或 CQC 法组合）或经过内力调整后的地震作用效应进行平衡分析，如必须进行平衡校核时，可采用单一振型（一般取第一振型）的地震作用进行平衡分析。

5）平衡分析宜有重点地适量进行。

6. 结构重点部位的局部计算和分析

由于结构整体计算中往往需要对某些构件或局部区域作出适当的假定，因此，结构整体计算无法对所有构件作出准确的计算分析，故除整体分析外，必要时需对结构的局部进行补充计算分析。

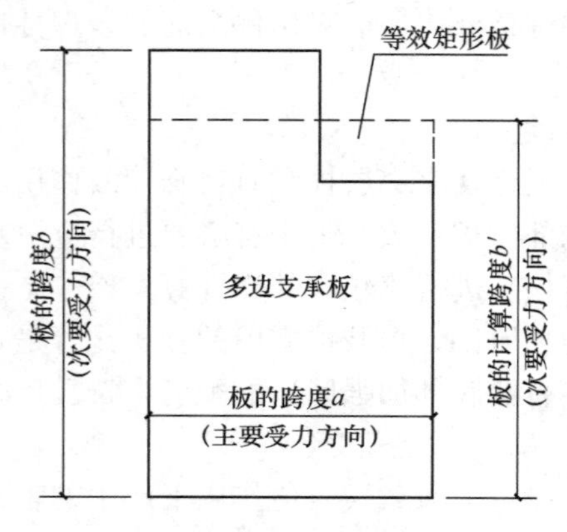

图 3.6.6-9　多边形楼板的简化计算过程

1）异型板的计算模型确定

（1）一般楼板都是矩形板，但在结构平面复杂的情况下，将会出现异型板，对任意形状的楼板，应优先采用相应的复杂楼板计算程序（如复杂楼板的有限元分析程序），同时其内力设计值尚不宜小于按简化计算的结果。

（2）复杂楼板的简化计算，首先应根据板的基本形状确定其主要传力方向（即异型板的主跨），然后保持主跨不变，用与其面积相同或相近的矩形在次要受力方向上拉伸，使板边凸出矩形外的面积与凹入矩形内的面积相近，这时锁定的矩形板即可确定为任意板的等效矩形板计算模型（图 3.6.6-9）。

（3）需要注意的是，由于等效矩形板的支座受力方向与异型板的布置钢筋方向不一致，因此计算时可按周边简支计算，实际配筋时支座板顶钢筋可按相邻板受力确定或按构造设置，板底钢筋按受力方向双向配置。

2）框支梁与框支柱的计算分析

整体分析时，当程序不能完全恰当地反映框支梁、框支柱及其上抗震墙的受力情况时，需进行局部的有限元分析，其计算模型如图 3.6.6-10 所示。

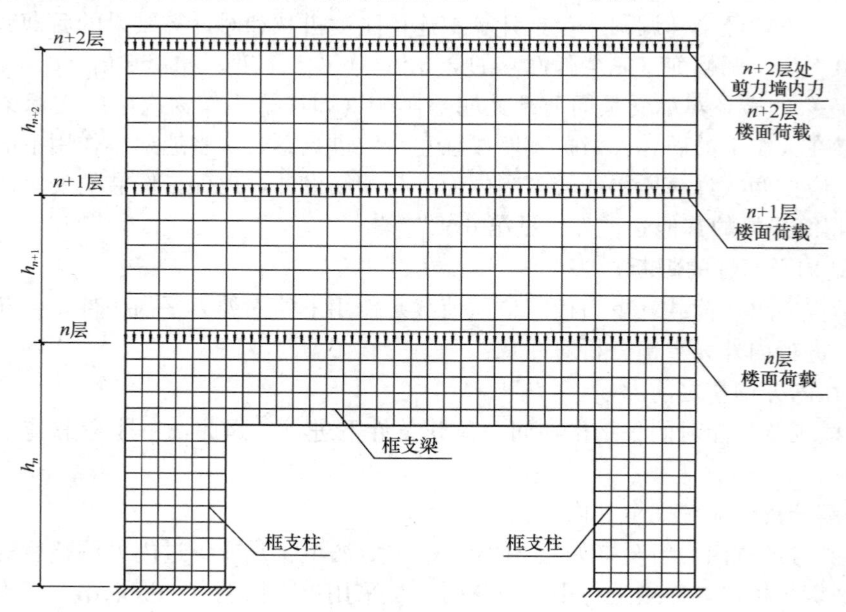

图 3.6.6-10　框支抗震墙补充计算模型

单元格的划分，框支梁、框支柱的间距一般取 250～300mm，抗震墙的间距一般取 300～500mm，以确保计算精度，满足有关配筋要求，在求得单元的应力后，再根据应力的分布及构造要求进行配筋，配筋时需注意：

（1）除根据应力配筋外，尚应按已有试验构件的破坏形态在薄弱位置处加强；

（2）框支梁应加强腰筋的配置，腰筋肢数和大小及间距也应随单元的应力分布情况确定，不应按一般梁的构造设置；

（3）框支梁的上一层抗震墙需特别加强；

（4）有抗震设防要求的结构，框支梁的配筋尚应考虑其上抗震墙可能出现的裂缝改变计算应力的分布，应根据工程实践经验适当加强。

3.7 非结构构件

要点：

非结构构件一般指在结构分析中不考虑承受重力荷载、风荷载及地震作用的构件。作为建筑物组成部分的非结构构件，其抗震设计的合理与否关系到主体结构的抗震安全和建筑物的正常使用。本节主要讨论与主体结构设计有关的内容，即非结构构件与主体结构的连接及锚固问题。

1. 附属构件（如女儿墙、厂房高低跨的封墙、雨篷等）的防倒塌问题。主要采取加强非结构构件自身的整体性及与主体结构的锚固等抗震措施。

2. 装饰物（建筑贴面、装饰、顶棚和悬吊重物等）的防脱落及装饰破坏问题。主要采取加强与主体结构的连接，对重要装饰物采用柔性连接等抗震措施。

3. 非结构的墙体（围护墙、内隔墙、框架及抗震墙的填充墙等）对主体结构的影响问题（如减小主体结构的自振周期并增大结构的地震作用；改变主体结构的侧向刚度分布并改变地震作用在各结构构件之间的内力分布状态；局部高度的填充墙使框架柱形成短柱，导致地震时柱的脆性破坏等）。

4. 附属机电设备及支架与主体结构的连接和锚固问题。应采取措施确保地震后能迅速恢复运行。

第 3.7.1～3.7.6 条

一、标准的规定

3.7.1 非结构构件，包括建筑非结构构件和建筑附属机电设备，自身及其与结构主体的连接，应进行抗震设计。

3.7.2 非结构构件的抗震设计，应由相关专业人员分别负责进行。

3.7.3 附着于楼、屋面结构上的非结构构件，以及楼梯间的非承重墙体，应与主体结构有可靠的连接或锚固，避免地震时倒塌伤人或砸坏重要设备。

3.7.4 框架结构的围护墙和隔墙，应估计其设置对结构抗震的不利影响，避免不合理设置而导致主体结构的破坏。

3.7.5 幕墙、装饰贴面与主体结构应有可靠连接，避免地震时脱落伤人。

3.7.6 安装在建筑上的附属机械、电气设备系统的支座和连接，应符合地震时使用功能的要求，且不应导致相关部件的损坏。

二、对标准规定的理解

1. 任何非结构构件和设备，凡是安装在建筑物上的，就应当进行抗震设计。

2. 设备自身的抗震设计应当由设备的生产厂家进行。

3. 标准规定，非结构构件应进行抗震设计的部位是：

1）非结构构件自身；

2）非结构构件与结构主体的连接部位。

4. 关于第 3.7.4 条，《抗震通规》第 5.1.3 条和《砌体通规》第 4.5.1 条有相关规定。

三、结构设计的相关问题

1. 非结构构件在地震中的破坏允许大于结构构件，其抗震设防的目标要低于《抗震标准》第 1.0.1 条的规定。

2. 当非结构构件的破坏会影响建筑的安全和使用功能时，应进行抗震设计。

3. 非结构构件一般为三类：

1）附属结构构件，如女儿墙、高低跨封墙、雨篷等；

2）装饰物，如贴面、顶棚、悬吊重物等；

3）围护墙和隔墙。

4. 非结构构件的抗震设计，应由相关专业人员分别负责进行（明确了非结构构件抗震设计的责任主体为“相关专业”）。

5. 刚性填充墙改变了整个结构或某些构件的刚度、承载力和传力路径，在很大程度上改变了结构的动力特性，对整个结构的抗震性能带来出乎意料的影响，包括：

1）在地震作用下，增加了结构的侧向刚度，使结构的自振周期变短，从而加大整个建筑物的水平地震作用，其增加的幅度可达 30%～50%。

2）改变了结构地震剪力的分布状况。地震作用初期，由于填充墙的初始刚度很大（限制了框架的变形，减小了整个结构的地震位移），分担了大部分的地震剪力，使框架所承担的地震剪力减小。随着地震作用的加大，填充墙开裂并消耗地震能量，填充墙充当第一道抗震防线。

3）在结构设计中，填充墙对结构的影响常用周期折减系数来表达。应特别注意刚性填充墙设置的均匀对称性问题，对填充墙布置很不均匀的工程应进行必要的补充计算，并采取有效的抗震措施，避免因填充墙设置不均匀造成结构的较大扭转。

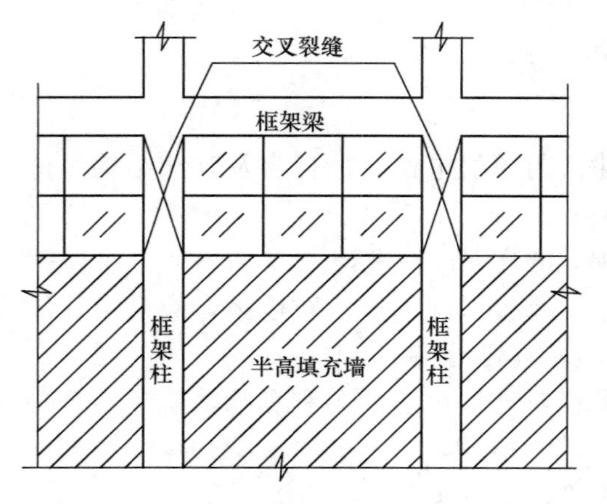

图 3.7.1-1 半高填充墙导致框架柱的地震破坏

4）应采取措施减轻围护墙和隔墙对结构抗震的不利影响，避免不合理设置而导致主体结构的破坏。例如，嵌砌的框架柱间砖填充墙不到顶或房屋外墙在框架柱间局部高度砌墙，常常使这些框架柱处于短柱状态，导致大震时地震剪力大增，震害表明短柱破坏明显（图 3.7.1-1）。对框架柱应采取必要的加强措施，并采取措施防止半高墙对框架柱的嵌固作用。

6. 非结构构件的抗震计算及构造要求见《抗震标准》第 13 章的规定。

7. 非结构构件抗震设计的大致分类见表 3.7.1-1。

非结构构件抗震设计的大致分类 **表 3.7.1-1**

序号	非结构构件类别	非结构构件抗震设计的主管专业及主要工作	备 注
1	女儿墙	建筑专业设置构造柱及墙顶压顶圈梁	结构设计说明中规定圈梁、构造柱截面及配筋、墙体与主体结构的连接要求
2	围护墙和隔墙	建筑专业设置构造柱及圈梁	
3	玻璃幕墙	由相关厂家负责幕墙设计并提出幕墙安装所需的在主体结构上的连接埋件要求	结构设计负责幕墙对主体结构的影响审查，并按要求留设连接件
4	附属机电设备	相关专业及厂家负责机电设备自身的安全并提出其设备与主体连接的基础设置要求	结构专业依据设备专业的要求，留设设备基础

3.8 隔震与消能减震设计

要点：

建筑结构采用隔震与消能减震设计是一种新技术，现阶段主要用于对使用功能有特殊要求和高烈度地区的建筑。

第 3.8.1、3.8.2 条

一、标准的规定

3.8.1 隔震与消能减震设计，可用于对抗震安全性和使用功能有较高要求或专门要求的建筑。

3.8.2 采用隔震或消能减震设计的建筑，当遭遇到本地区的多遇地震影响、设防地震影响和罕遇地震影响时，可按高于本规范第 1.0.1 条的基本设防目标进行设计。

二、对标准规定的理解

1. 现阶段采用隔震和消能减震设计新技术主要用于对使用功能有特殊要求和高烈度地区的建筑，即用于投资方愿意通过增加投资来提高抗震安全标准的建筑。

2. 建筑结构隔震设计和消能减震设计的设防目标应不低于基本抗震设防目标，即：

当遭受多遇地震作用时，基本不受损坏和不影响使用功能；当遭受本地区设防烈度的地震作用时，不需修理仍可继续使用；当遭受高于本地区设防烈度的罕遇地震作用时，不发生危及生命安全和丧失使用功能的破坏。

3. 按现行标准进行建筑结构隔震设计和消能减震设计，还不能达到在设防烈度地震作用下上部结构不受损坏或主体结构处于弹性工作阶段的要求，但与非隔震和非消能减震建筑相比，应有所提高。

4. “隔震”本质上不属于“抗震”的范畴，“隔震”是通过采取相应措施，隔开地震作用，从而降低结构的水平地震加速度反应。采用现有技术手段的“隔震”，只能减小水平地震作用，尚不能有效“隔开”竖向地震作用。

5. “消能减震”采用“消”的办法，通过设置适当数量的消能器增加结构的阻尼，减小结构的地震反应。采用消能减震方案，不仅可以减小结构的水平地震反应，而且对减小结构的竖向地震反应都是有效的。

6. 隔震结构的设计可优先考虑按现行国家标准《建筑隔震设计标准》GB/T 51408 执行（更多问题可查阅文献[34]）建筑结构隔震设计和消能减震设计也可按《抗震标准》第 12 章规定进行。

3.9 结构材料与施工

要点：

要贯彻结构抗震设计意图，实现设计构想，结构材料和施工技术应有足够的保障，为此，标准提出了对材料和施工的基本要求。

第 3.9.1、3.9.2 条

一、标准的规定

3.9.1 抗震结构对材料和施工质量的特别要求，应在设计文件上注明。

3.9.2 结构材料性能指标，应符合下列最低要求：

1 砌体结构材料应符合下列规定：

1） 普通砖和多孔砖的强度等级不应低于 MU10，其砌筑砂浆强度等级不应低于 M5；

2） 混凝土小型空心砌块的强度等级不应低于 MU7.5，其砌筑砂浆强度等级不应低于 Mb7.5。

2 混凝土结构材料应符合下列规定：

1） 混凝土的强度等级，框支梁、框支柱及抗震等级为一、二级的框架梁、柱、节点核心区，不应低于 C30；构造柱、芯柱、圈梁及其他各类构件不应低于 C25；

2） 抗震等级为一、二、三级的框架和斜撑构件（含梯段），其纵向受力钢筋采用普通钢筋时，钢筋的抗拉强度实测值与屈服强度实测值的比值不应小于 1.25；钢筋屈服强度实测值与屈服强度标准值的比值不应大于 1.3，且钢筋在最大拉力下的总伸长率实测值不应小于 9%。

3 钢结构的钢材应符合下列规定：

1） 钢材的屈服强度实测值与抗拉强度实测值的比值不应大于 0.85；

2） 钢材应有明显的屈服台阶，且伸长率不应小于 20%；

3） 钢材应有良好的焊接性和合格的冲击韧性。

二、对标准规定的理解

1. 本条为 2024 年局部修订条文。

2. 《抗震通规》的相关规定见其第 2.4.5、5.1.2、5.5.11 条，《混凝土通规》的相关规定见其第 2.0.2、3.2.3 条。本条为《抗震标准》对结构材料选用的规定。表明采用合格抗震材料对结构抗震的重要性。

3. 提出砌体结构、钢筋混凝土结构中结构材料的最低强度等级要求，其目的在于满足结构必要的强度要求。关于构造柱、芯柱、圈梁及其他各类构件的混凝土强度等级，第 3.9.2 条第 2 款仅用于混凝土结构的非承重砌体墙，而对于砌体结构中的承重反而没有明确。实际工程中，所有各类结构（包括混凝土结构、砌体结构和钢结构等）中的构造柱、芯柱、圈梁及其他各类构件的混凝土强度等级均不应低于 C25。

4. 对抗震等级为一、二、三级的框架（注意，不只是框架结构，而是对所有框架，即包括框架结构和其他各类结构中的框架，如框架-抗震墙结构中的框架，框架-核心筒结构中的框架等），规定其纵向受力钢筋采用普通钢筋时（只是对普通钢筋的要求，对预应力钢筋等则有其他专门要求），钢筋的抗拉强度实测值与屈服强度实测值的比值不应小于 1.25（图 3.9.2-1），其目的是保证当构件某个部位出现塑性铰以后，塑性铰处有足够的转动能力和耗能能力（即塑性铰出现以后，塑性铰的受弯承载力仍有保证）。

5. 对抗震等级为一、二、三级的框架，规定其纵向受力钢筋采用普通钢筋时，钢筋的屈服强度实测值与强度标准值的比值不应大于 1.3（图 3.9.2-1），其目的是实现强柱弱梁、强剪弱弯所规定的内力调整得以实现（即构件的实际承载力不能与按材料标准强度计算的承载力出入太大，否则，即便按所规定的系数进行内力调整，也将难以实现强柱弱梁、强剪弱弯的抗震设防目标）。

6. 钢结构中钢材的抗拉强度是决定结构安全储备的关键（图 3.9.2-2），伸长率反映钢材能承受残余变形量的程度及塑性变形的能力，钢材的屈服强度不宜过高，同时要求有明显的屈服台阶，伸长率应大于 20%，以保证构件具有足够的塑性变形能力；冲击韧性是抗震结构的要求。当采用进口钢材时，也应符合标准的上述要求。

7. 现行国家标准《混凝土结构工程施工质量验收规范》GB 50204 第 5.2.3 条规定“对按一、二、三级抗震等级设计的框架和斜撑构件（含梯段）中的纵向受力普通钢筋应采用 HRB400E、HEB500E、HRBF400E 或 HRBF500E 钢筋”，即要求采用带 E 编号的钢筋（原因是实际工程中只有采用带 E 编号的钢筋，才能满足《抗震标准》第 3.9.2 条第 2 款规定的普通钢筋性能指标要求），比《抗震标准》的要求更严。实际工程中，对抗震等级为一、二、三级的框架和斜撑构件（含梯段），其纵向受力钢筋采用普通钢筋时，可在设计文件中注明“采用带 E 编号的钢筋”，如 HRB400 级带 E 编号的钢筋（HRB400E）。

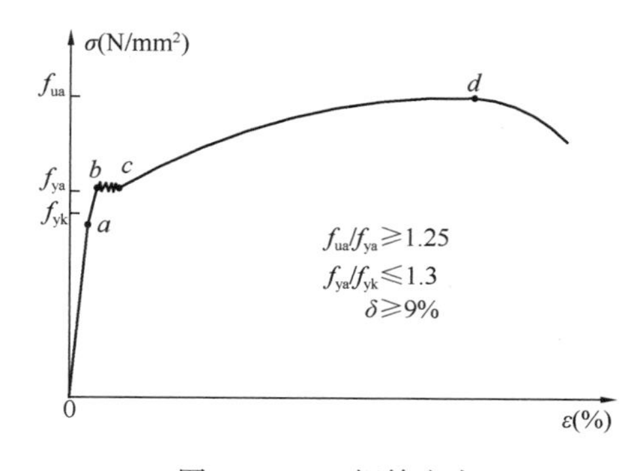

图 3.9.2-1 钢筋应力

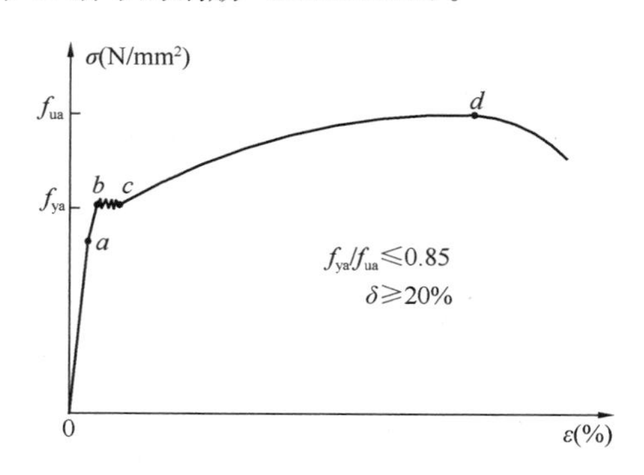

图 3.9.2-2 钢筋伸长率

三、相关索引

《混凝土标准》的相关规定见其第 4 章及第 11.2 节。

第 3.9.3 条

一、标准的规定

3.9.3 结构材料性能指标，尚宜符合下列要求：

1 普通钢筋宜优先采用延性、韧性和焊接性较好的钢筋；普通钢筋的强度等级，纵向受力钢筋宜选用符合抗震性能指标的不低于 HRB400 级的热轧钢筋，也可采用符合抗震性能指标的 HRB335 级热轧钢筋；箍筋宜选用符合抗震性能指标的不低于 HRB335 级的热轧钢筋，也可选用 HPB300 级热轧钢筋。

注：钢筋的检验方法应符合现行国家标准《混凝土结构工程施工质量验收规范》GB 50204 的规定。

2 混凝土结构的混凝土强度等级，抗震墙不宜超过 C60，其他构件，9 度时不宜超过 C60，8 度时不宜超过 C70。

3 钢结构的钢材宜采用 Q235 等级 B、C、D 的碳素结构钢及 Q345 等级 B、C、D、E 的低合金高强度结构钢；当有可靠依据时，尚可采用其他钢种和钢号。

二、对标准规定的理解

1. 根据《混凝土标准》(2024 年局部修订)，条文中的“HRB335”钢筋应废止。

2. 本条规定中的 8、9 度指本地区抗震设防烈度 8、9 度。

3. 标准推荐采用延性好、韧性及可焊性较好的热轧钢筋“符合抗震性能指标”的钢筋指满足 3.9.2 条第 2 款第 2）项要求的钢筋。

4. 高强混凝土的脆性随混凝土强度等级的提高而增加，限制钢筋混凝土结构中的混凝土强度等级，其目的在于限制高强混凝土的脆性性质。

5. 现行国家标准《碳素结构钢》GB/T 700 中将 Q235 钢分为 A、B、C、D 四个等级，其中 A 级钢不要求任何冲击试验值，并只在用户要求时才进行冷弯试验，且不保证焊接要求的含碳量，故不建议在结构设计中使用。

6. 现行国家标准《低合金高强度结构钢》GB/T 1591 中将 Q345 钢分为 A、B、C、D、E 五个等级，其中 A 级钢不保证冲击韧性要求和延性性能基本要求，故也不建议在结构设计中采用。

第 3.9.4 条

一、标准的规定

3.9.4 在施工中，当需要以强度等级较高的钢筋替代原设计中的纵向受力钢筋时，应按照钢筋受拉承载力设计值相等的原则换算，并应满足最小配筋率要求。

二、对标准规定的理解

1. 为降低材料的脆性和贯彻原设计意图，抗震结构在材料选用、施工程序特别是材料代用上有其特殊的要求。《抗震通规》的相关规定见其第 5.2.5 条。

2. 钢筋替换应遵循抗拉强度总设计值相等的原则。

3. 钢筋替换应满足正常使用极限状态（挠度限值及裂缝宽度）要求。

4. 钢筋替换应满足构造（钢筋配筋率和钢筋间距等）要求和最小配筋率要求（见《混凝土标准》第 8.5 节）。

5. 钢筋替换后钢筋受拉承载力不应高于原设计的钢筋受拉总承载力设计值，以免造成薄弱部位的转移，以及构件发生混凝土压碎、剪切破坏等脆性破坏。

6. 不应采用冷处理钢筋（冷拉钢筋、冷轧钢筋）替换原设计中抗侧力构件的热轧钢筋。

7. 楼板中采用冷处理钢筋（冷拉钢筋、冷轧钢筋）替换原设计中的热轧钢筋时应慎重。对于有较高延性要求及抗震设计的关键部位的楼板（如转换层楼板、结构嵌固部位楼板等），不应采用冷处理钢筋，也不应采用冷处理钢筋替换原设计中的热轧钢筋。

第 3.9.5 条

一、标准的规定

3.9.5　采用焊接连接的钢结构，当接头的焊接拘束度较大、钢板厚度不小于 40mm 且承受沿板厚方向的拉力时，钢板厚度方向截面收缩率不应小于国家标准《厚度方向性能钢板》GB/T 5313 关于 Z15 级规定的容许值。

二、对标准规定的理解

1. 厚钢板 Z 向性能要求的基本条件如下：

1）焊接连接的钢结构；

2）钢板厚度不小于 40mm；

3）承受沿板厚方向的拉力。

2. 现行国家标准《厚度方向性能钢板》GB/T 5313 的规定见表 3.9.5-1 和图 3.9.5-1。

Z 向性能钢板的基本要求　　　　**表 3.9.5-1**

性能指标	Z15	Z25	Z35
断面收缩率 ψ_z	15%	25%	35%
硫含量（质量分数）	≤0.010%	≤0.007%	≤0.005%
适用板厚	15～400mm		
屈服点	≤500MPa		

表 3.9.5-1 中，$\psi_z=\dfrac{A_0-A_1}{A_0}\times100\%$，其中，$A_1$ 为试件拉断后断口处的横截面面积，A_0 为试件原截面面积。

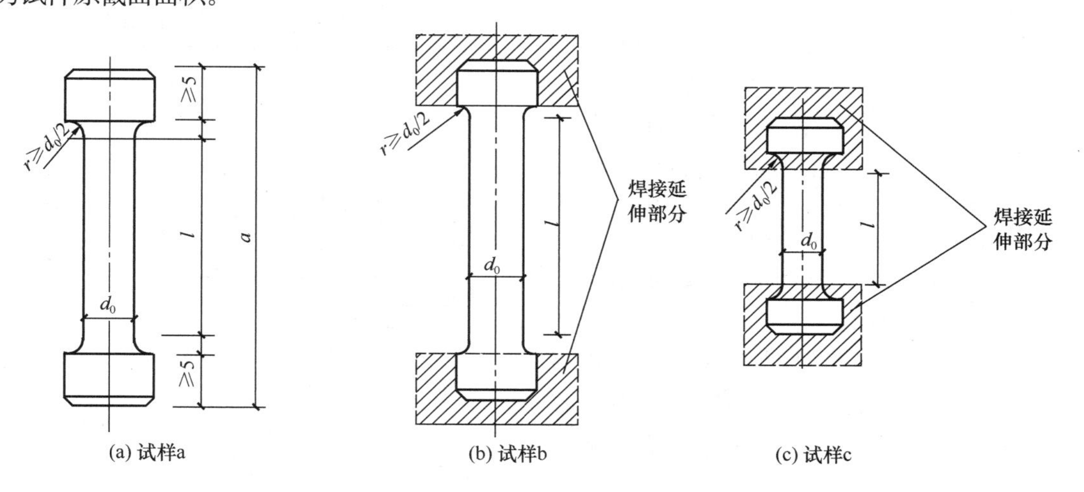

图 3.9.5-1　厚度方向性能钢板试样外形尺寸

第 3.9.6 条

一、标准的规定

3.9.6　钢筋混凝土构造柱和底部框架-抗震墙房屋中的砌体抗震墙，其施工应先砌墙后浇构造柱和框架梁柱。

二、对标准规定的理解

《抗震通规》的相关规定见其第 5.5.11 条。本条规定的目的是加强对施工质量的监督和控制，以确保砌体抗震墙与构造柱、底层框架柱的连接，增强对抗侧力砌体墙的约束，提高其变形能力，实现预期的抗震设防目标。

第 3.9.7 条

一、标准的规定

3.9.7 混凝土墙体、框架柱的水平施工缝，应采取措施加强混凝土的结合性能。对于抗震等级一级的墙体和转换层楼板与落地混凝土墙体的交接处，宜验算水平施工缝截面的受剪承载力。

二、对标准规定的理解

1. 抗震墙在水平施工缝处，由于新老混凝土结合不良，很容易形成抗震薄弱部位（本条是对施工的要求）。

2. 一级抗震墙的水平施工缝截面处受剪承载力，考虑施工缝处钢筋处于复合受力状态（钢筋同时受剪和受拉或受压），对其强度按 0.6 进行折减，并考虑轴向压力的摩擦作用（有利于提高水平施工缝截面处受剪承载力）和轴向拉力的不利影响，按下式验算：

$$V_{wj} \leqslant \frac{1}{\gamma_{RE}}(0.6 f_y A_s + 0.8N) \tag{3.9.7-1}$$

式中：V_{wj}——抗震墙施工缝处组合的剪力设计值；

f_y——竖向钢筋抗拉强度设计值；

A_s——施工缝处抗震墙腹板内的竖向分布钢筋、竖向插筋（在上下墙体中应分别有足够锚固长度 l_{aE}）和边缘构件（不包括边缘构件以外的两侧翼墙）纵向钢筋的总截面面积（图 3.9.7-1）；

N——施工缝处考虑地震作用组合的轴向力设计值，压力取正值，拉力取负值。其中重力荷载的分项系数，按有利、不利原则分别取值，受压时有利，取 1.0；受拉时不利，取 1.2。

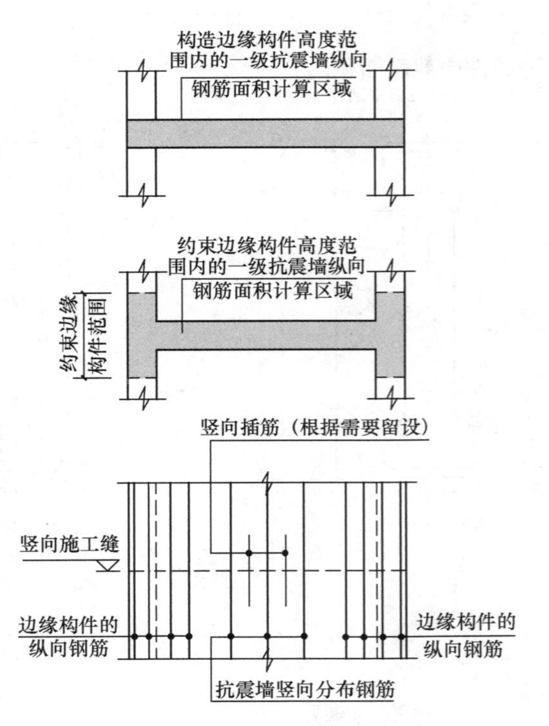

图 3.9.7-1 抗震墙钢筋面积

三、相关索引

1.《高规》的相关规定见其第 7.2.12 条。

2.《混凝土标准》的相关规定见其第 11.7.6 条。

3.10 建筑抗震性能化设计

要点：

建筑抗震性能化设计是解决复杂抗震问题的有效方法，如何根据工程的具体情况，确定合理的抗震性能目标、采取恰当的计算和抗震措施，实现抗震性能目标的要求是本节要解决的主要问题。抗震性能化设计的抗震设防目标应不低于标准的基本抗震性能目标。

抗震性能化设计的基本思路是“高延性，低弹性承载力”或“低延性，高弹性承载力”（原则上仅适用于结构的某一部位或部分构件，不适用于整个结构，钢结构除外）。提高结构或构件的抗震承载力和变形能力，都是提高结构抗震性能的有效途径，而仅提高抗震承载力需要以对地震作用的准确预测为基础。限于地震研究的现状，应以提高结构或构件的变形能力并同时提高抗震承载力作为抗震性能化设计的首选。

《高规》第 3.11 节对结构抗震性能化设计有更具体而详细的规定，实际工程设计时应相互参照执行。

第 3.10.1 条

一、标准的规定

3.10.1 建筑抗震性能化设计，应根据其抗震设防类别、设防烈度、场地条件、结构类型和不规则性，建筑和附属设施的功能要求、投资规模、震后的损失、社会影响和修复难易程度等，对选定的抗震性能目标进行技术和经济可行性分析与论证。

二、对标准规定的理解

1. 本条为 2024 年局部修订条文。

2. 在复杂高层建筑及超限工程设计审查中经常提到结构的性能化设计问题，性能化设计是结构抗震设计的精髓，由于房屋的重要性程度及建筑使用功能不同，结构或结构部位及结构构件的抗震设防目标也不完全相同，应根据具体情况采取相应的抗震措施。结构设计中可按照《抗震标准》附录 M 第 M.1 节的规定确定结构及构件的抗震性能指标。

3. “性能化设计”（Performance Based Design）的意义：

近年来多次大地震及特大地震的震害表明，由于城市的发展和城市人口密度的增加。城市设施复杂，经济生活节奏加快，地震灾害所引起的经济损失急剧增加。因此，以生命安全为抗震设防唯一目标的单一设防标准是不全面的，应考虑控制建筑和设施的地震破坏，保持地震时正常的生产、生活功能，减少地震对社会经济生活所带来的危害，有必要采用高于（或不低于）基本抗震设防目标的性能化设计方法。

第 3.10.2 条

一、标准的规定

3.10.2 建筑抗震性能化设计，应根据实际工程需要和可行性，选定具有明确针对性的性能目标。建筑的性能目标，宜采用不同地震动水准下的建筑性能状态要求进行表征，包括对应于不同地震动水准的结构和非结构的性能要求。

二、对标准规定的理解

1. 本条为2024年局部修订条文。

2. 建筑的抗震性能化设计，以现有的抗震科学水平和经济条件为前提，立足于承载力和变形能力的综合考虑，具有很强的针对性（针对具体工程的不规则情况及特殊的使用功能要求等）和灵活性。针对工程的需要和可能，可以对整个结构，也可以对某些部位或关键构件，灵活运用各种措施达到预期的抗震性能目标（即对应于不同地震动水准的预期损坏状态和使用功能，不低于《抗震标准》第1.0.1条规定的基本抗震设防目标的要求），以提高抗震安全性或满足使用功能的专门要求。

3. 抗震性能化设计的实际应用：

抗震性能化设计贯穿于结构抗震设计的始终，其本质是概念设计，并不神秘。我们结构设计中的许多工作其实就是抗震性能化设计的具体内容，此处举例说明如下。

1）《抗震标准》中的三水准设防目标，就是一种性能目标。明确要求大震下不发生危及生命的严重破坏即“大震不倒”，就是最基本的抗震性能目标。

2）对起疏散作用的楼梯，提出采取加强措施，使之成为“抗震安全岛”的要求，确保大震下能作为安全避难和逃生通道的具体目标和性能要求，这是对具体部位提出的满足地震时功能要求的抗震性能目标。

3）对特别不规则结构、复杂建筑结构，根据具体情况对抗侧力结构的水平构件和竖向构件提出相应的性能目标要求，提高结构或关键部位结构的抗震安全性。对水平转换构件，为确保大震下自身及相关构件的安全，提出大震下的性能目标等，如：

（1）对框支梁及框支柱按“中震”设计。由于框支梁及框支柱承托上部结构，为重要的结构构件，因此按“中震弹性”或“中震不屈服”设计。对应的性能目标就是在设防烈度地震（“中震”）作用下，框支梁及框支柱仍处于弹性（或不屈服）状态。

（2）重要结构的门厅柱按“中震”设计。由于门厅柱数层通高，且作为上部楼层竖向荷载的主要支承构件，属于重要的结构构件，因此按“中震弹性”或“中震不屈服”设计。对应的性能目标就是在设防烈度地震（“中震”）作用下，门厅柱仍处于弹性（或不屈服）状态。

（3）对承受较大拉力的楼面梁按“中震”设计。受斜柱的影响，楼面梁常承受较大水平力，考虑钢筋混凝土楼板开裂后承载能力的降低，按“零刚度”楼板假定并按“中震”设计。当梁承受的拉力较大时，可考虑采用型钢混凝土梁或钢梁。

（4）对特别重要的结构，当采用双重抗侧力结构时，如钢框架-钢筋混凝土核心筒结构中，对底部加强部位的抗震墙提出截面剪压比限值要求，按大震剪力不超过 $0.15 f_c b_w h_{w0}$ 确定。

4. 鉴于目前强烈地震下结构非线性分析方法的计算模型及参数的选用，尚缺少从强震记录、设计施工资料到实际震害的验证，对结构性能的判断难以十分准确，因此性能目标选用中宜偏于安全考虑。

第3.10.3条

一、标准的规定

3.10.3 建筑抗震性能化设计应符合下列要求：

1 抗震性能化设计的建筑应按下列要求选定地震动水准：

1）对设计工作年限 50 年的建筑，可选用本标准的多遇地震、设防地震和罕遇地震的地震作用，其中，设防地震的加速度应按本标准表 3.2.2 的设计基本地震加速度采用，设防地震的地震影响系数最大值，6 度、7 度（0.10g）、7 度（0.15g）、8 度（0.20g）、8 度（0.30g）、9 度时分别取 0.12、0.23、0.34、0.45、0.68 和 0.90；

2）对设计工作年限超过 50 年的建筑，宜按实际需要和可能，经专门研究后对地震作用作适当调整；

3）对处于发震断裂两侧 10km 以内的建筑，地震动参数应计入近场影响，5km 及以内宜乘以增大系数 1.5，5km 以外宜乘以不小于 1.25 的增大系数。

2 建筑抗震性能目标的确定应符合下列要求：

1）抗震性能化设计的建筑，其性能目标应不低于本标准第 1.0.1 条对基本设防目标的规定；

2）预期地震动水准下需保持正常使用的建筑，其设计应综合考虑结构及其构件、建筑非结构构件、建筑附属机电设备以及专门仪器设备对其使用功能的影响。其结构竖向抗侧力构件和非结构部分的设计要求，可分别按不低于本标准附录 M.1 中有关性能 2 的规定和附录 M.2 中有关性能 2 的规定采用；也可根据相关规定确定建筑性能目标以及相应的控制要求。

3 建筑抗震性能设计的具体技术指标应符合下列要求：

1）结构或关键部位抗震承载能力、抗震变形能力的具体指标应根据选定的性能目标确定，并应计及地震作用取值的不确定性设置适当的冗余；

2）结构构件的抗震承载能力指标宜根据不同地震动水准、结构不同部位、不同构件类型的抗震要求确定，包括不发生脆性剪切破坏、形成塑性铰、达到屈服值或保持弹性等；

3）结构构件的抗震变形能力指标宜根据不同地震动水准下结构不同部位的预期变形状态确定；

4）结构构件的延性要求应根据其预期的变形状态确定，当构件的承载能力与实际需求相比明显提高时，延性构造可适当降低。

二、对标准规定的理解

1. 本条为 2024 年局部修订条文。

2. “专门研究”一般指抗震专项审查或经相应规格的专门会议确定。

3. 关于本条第 1 款第 3）项的近场影响，国内外近断层记录、震害资料和研究成果表明，绝大多数的近断层效应与强震（8 度及以上）有关。实际工程中无论是否考虑性能化设计，都应考虑近场效应影响，建议如下：

1）6、7 度地区，可不考虑近场效应的相关调整。

2）8 度及以上地区可按下列原则调整：

（1）罕遇地震的地震动加速度幅值乘以 1.5（5km 以外乘以 1.25）；

（2）大震时程分析选波时，应注意脉冲效应和竖向效应；

（3）对竖向地震敏感的结构（如大跨度结构、超高层建筑、隔震建筑等），竖向分量也应调整，且应补充以竖向地震为主的分析计算；

（4）大震防倒塌验算包括大震变形验算、损伤与屈服机制控制等内容；

（5）大震防倒塌验算不满足要求时，可适当调整小震设计（放大系数可取罕遇地震对应放大系数的一半，即 1.25 和 1.13），或加强关键部位及薄弱层构造等。

4. “基本设防目标”要达到的是大震下不发生危及生命的严重破坏，即“生命安全”的最低性能目标，而性能化设计的性能目标则是不仅要确保大震下不发生危及生命的严重破坏，还要达到提高结构抗震安全性或满足使用功能的专门要求等，其设防目标比“基本设防目标”更高。

性能目标的选择有高有低，如“小震时完好”其性能目标就很低，因为这是抗震设计的基本要求，也是最基本的性能目标。若提出“中震时完好”则性能目标要求较高，即属于特殊的超出标准一般要求的性能目标。

5. 抗震承载力高时，在满足基本抗震构造要求（不低于四级）的情况下可适当降低结构的抗震构造要求，而当抗震承载力水平较低时，则应采取较高等级的抗震构造要求（注意，延性对应于抗震构造措施，而抗震承载力对应于抗震措施中的抗震计算要求）。

6. 抗震性能目标依据地震时建筑允许破坏的程度（即地震破坏的等级，属于抗震设计中的宏观控制标准，不应拘泥于个别具体的计算指标）确定，关注的是对破坏程度的可接受能力。

1）地震破坏等级的划分见表 3.10.3-1，相关的性能目标见表 3.10.3-2～表 3.10.3-5 及图 3.10.3-1。

地震破坏等级的划分　　表 3.10.3-1

名称	破坏描述	继续使用的可能性	变形参考值
基本完好（含完好）	承重构件完好；个别非承重构件轻微损坏；附属构件有不同程度破坏	一般不需修理即可继续使用	$<[\Delta u_e]$
轻微破坏	个别承重构件轻微裂缝（对钢结构构件指残余变形），个别非承重构件明显破坏；附属构件有不同程度破坏	不需要修理或需稍加修理，仍可继续使用	$(1.5\sim2)[\Delta u_e]$
中等破坏	多数承重构件轻微裂缝（或残余变形），部分明显裂缝（或残余变形）；个别非承重构件严重破坏	需一般修理，采取安全措施后可适当使用	$(3\sim4)[\Delta u_e]$
严重破坏	多数承重构件严重破坏或部分倒塌	应排险大修，局部拆除	$<0.9[\Delta u_p]$
倒塌	多数承重构件倒塌	需拆除	$>[\Delta u_p]$

注：个别指 5%以下，部分指 30%以下，多数指超过 50%。

对应于不同状态的最大层间位移角限值　　表 3.10.3-2

结构类型	弹性层间位移角	不同破坏状态				弹塑性层间位移角
		完好	轻微破坏	中等破坏	不严重破坏	
钢筋混凝土框架	1/550	1/550	1/250	1/120	1/60	1/50
钢筋混凝土抗震墙、筒中筒	1/1000	1/1000	1/500	1/250	1/135	1/120
钢筋混凝土框架-抗震墙、板柱-抗震墙、框架-核心筒	1/800	1/800	1/400	1/200	1/110	1/100

续表

结构类型	弹性层间位移角	不同破坏状态				弹塑性层间位移角
		完好	轻微破坏	中等破坏	不严重破坏	
钢筋混凝土框支层	1/1000	1/1000	1/500	1/250	1/135	1/120
钢结构	1/250	1/250	1/200	1/100	1/55	1/50
钢框架-混凝土核心筒、型钢混凝土框架-混凝土核心筒	1/800	1/800	1/400	1/200	1/110	1/100

对应于不同性能要求的承载力指标　　表 3.10.3-3

性能要求	多遇地震	设防地震	罕遇地震
性能 1	完好，按常规设计	完好，承载力按地震效应设计值（考虑抗震等级调整）复核	基本完好，承载力按地震效应设计值（不计抗震等级调整）复核
性能 2	完好，按常规设计	基本完好，承载力按地震效应设计值（不计抗震等级调整）复核	轻～中等破坏，承载力按极限值复核
性能 3	完好，按常规设计	轻微破坏，承载力按标准值复核	中等破坏，承载力达到极限值后能维持稳定，降低小于 5%
性能 4	完好，按常规设计	轻～中等破坏，承载力按极限值复核	不严重破坏，承载力达到极限值后基本维持稳定，降低小于 10%

对应于不同性能要求的层间位移指标　　表 3.10.3-4

性能要求	多遇地震	设防地震	罕遇地震
性能 1	完好，变形远小于弹性位移限值	完好，变形小于弹性位移限值	基本完好，变形略大于弹性位移限值
性能 2	完好，变形远小于弹性位移限值	基本完好，变形略大于弹性位移限值	有轻微塑性变形，变形小于 2 倍弹性位移限值
性能 3	完好，变形远小于弹性位移限值	轻微破坏，变形小于 2 倍弹性位移限值	有明显塑性变形，变形约 4 倍弹性位移限值
性能 4	完好，变形远小于弹性位移限值	轻～中等破坏，变形小于 3 倍弹性位移限值	不严重破坏，变形不大于 0.9 倍塑性变形限值

注：设防地震和罕遇地震下的变形计算，应考虑重力二阶效应（见第 3.6.3 条），可扣除整体弯曲变形。

对应于不同性能要求的构造抗震等级　　表 3.10.3-5

性能要求	构造的抗震等级
性能 1	基本抗震构造。可按常规设计的有关规定降低 2 度采用，但不得低于 6 度，且不发生脆性破坏
性能 2	低延性构造。可按常规设计的有关规定降低 1 度采用，当构件的承载力高于多遇地震提高 2 度的要求时，可按降低 2 度采用。但均不得低于 6 度，且不发生脆性破坏
性能 3	中等延性构造。当构件的承载力高于多遇地震提高 1 度的要求时，可按常规设计的有关规定降低 1 度且不低于 6 度采用，否则仍按常规设计的规定采用
性能 4	高延性构造。仍按常规设计的有关规定采用

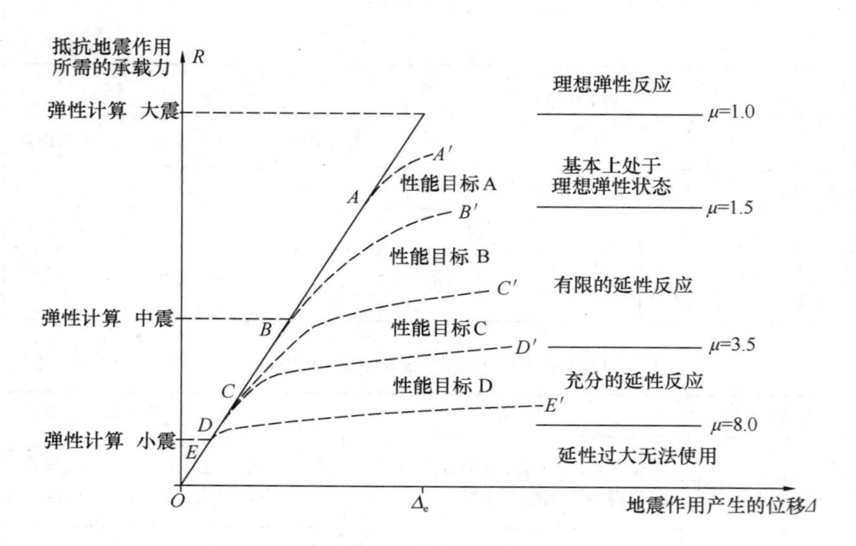

图 3.10.3-1 抗震性能目标、承载力与延性之间的关系

(1) 完好（图 3.10.3-1 中 OAA'），即所有结构构件保持弹性状态。在地震作用下必须满足标准规定的承载力和弹性变形的要求，即各种承载力设计值（拉、压、弯、剪、压弯、拉弯、稳定等）满足标准对抗震承载力的要求 $S\leqslant R/\gamma_{RE}$ ，层间变形满足标准规定的多遇地震下的位移角限值 $[\Delta u_e]$。

(2) 基本完好（图 3.10.3-1 中 OBB'），即结构构件基本保持弹性状态，各种承载力设计值基本满足标准对抗震承载力的要求 $S\leqslant R/\gamma_{RE}$，其中的效应 S 不含抗震等级的调整系数，即各抗震等级的调整系数取 1.0。

(3) 轻微破坏（图 3.10.3-1 中 OCC'），即结构构件可能出现轻微的塑性变形，但不达到屈服状态，按材料标准值计算的承载力 R_k 大于作用标准组合的效应 S_k，即 $S_k\leqslant R_k$。

(4) 中等破坏（图 3.10.3-1 中 ODD'），即结构构件出现明显的塑性变形，但控制在一般加固即可恢复使用的范围内。

(5) 接近严重破坏（图 3.10.3-1 中 OEE'），为结构抗震设计的一般情况（一般情况指满足《抗震标准》最基本要求的三水准设防目标），结构关键的竖向构件出现明显的塑性变形，部分水平构件可能失效需要更换，经过大修加固后可恢复使用。

(6) 需要说明的是，目前条件下，抗震性能化设计实行承载力及变形双重控制要求，一般情况下以承载力控制为主，层间弹塑性变形控制为辅。层间弹塑性变形限值 $[\Delta u]$ 应按表 3.10.3-2 取值。

2) 性能目标的确定

(1) 对照表 3.10.3-1～表 3.10.3-5 可选定不低于一般情况（《抗震标准》第 1.0.1 条规定的基本设防目标）的预期性能目标。

(2) 从图 3.10.3-1 不难看出，建筑的性能目标一般可分为四个等级，即从性能目标 A 至性能目标 D，其中以性能目标 A 的承载力要求最高而延性要求最低，性能目标 D 的承载力要求最低但延性要求最高。对照图 3.10.3-1 还可以看出，结构抗震设计时不需要达到大震完全弹性的要求。

（3）实现上述性能目标，需要落实各个地震水准下构件的承载力、变形和细部构造的具体指标。仅提高承载力时，安全性有相应的提高，但使用上变形要求不一定能满足；仅提高变形能力时，结构在小震、中震下的损坏情况大致没有改变，但抵御大震倒塌的能力提高。因此，性能设计往往侧重于通过提高承载力，推迟结构进入塑性工作阶段并减少塑性变形，必要时还需同时提高刚度以满足使用功能的变形要求，而变形能力的要求可根据结构及其构件在中震、大震下进入弹塑性的程度加以调整。

性能化设计寻求的是结构或构件在承载力及变形能力的合理平衡点，当承载能力提高幅度较大时，可适当降低延性要求；而当承载力水平提高幅度较小时，可相应提高结构或构件的延性（即当延性指标的实现有困难时，可通过提高结构或构件的承载力加以弥补；而当提高结构或构件的承载力有困难时，可通过提高结构或构件的延性加以弥补）。

对各项性能目标，结构的楼盖体系必须有足够安全的承载力，以保证结构的整体性，一般应使楼板在地震中基本处于弹性状态，否则，应采取适当的加强措施。为避免发生脆性破坏，设计中应控制混凝土结构构件的受剪截面面积，满足标准对剪压比的限值要求。性能目标中的抗震构造“基本要求”相当于混凝土结构中四级抗震等级的构造要求，低、中、高和特种延性要求，大致相当于混凝土结构中三、二、一和特一级抗震等级的构造要求。考虑地震作用的不确定性，对工程设计中的延性要求宜适当提高。

（4）对性能目标 A，结构构件在预期大震下仍基本处于弹性状态，最多只产生一些不明显的非弹性变形（图 3.10.3-1 中 OAA' 与 OBB' 之间）。对应于性能目标 A，要求建筑在多遇地震下完好（即小震弹性）；设防烈度地震下完好并能正常使用（即中震弹性或基本弹性）；罕遇地震作用下能基本完好，经检修后可继续使用（即大震基本弹性或大震不屈服）。

某些特别重要的建筑，需要结构具有足够的承载力，从而保证其在中震、大震下始终处于基本弹性状态；也有一些建筑虽然不特别重要，但其设防烈度较低（如 6 度）或结构的地震反应较小，也可以保证其在中震、大震下始终处于基本弹性状态。某些特别不规则的结构，若业主愿意付出经济代价，也能使其在中震、大震下始终处于基本弹性状态。因此，对特殊工程及采用隔震、减震技术或低烈度设防且风荷载很大时，可对某些关键构件提出此项性能要求，其房屋的高度和不规则性一般不需要专门限制。

结构满足大震下弹性或基本弹性设计要求，大震下结构可不考虑地震内力调整系数，但应采用作用分项系数。各构件的细部抗震构造仅需满足最基本的构造要求（如采取抗震等级为四级的构造措施），结构具有最基本的延性性能。

（5）对性能目标 B（图 3.10.3-1 中 OBB' 与 OCC' 之间），结构构件在中震下完好，在预期大震下可能屈服。例如，某 6 度设防的钢筋混凝土框架-核心筒结构，其风力是小震的 2.4 倍，在风荷载作用下的层间位移是小震的 2.5 倍。结构的层间位移和所有构件的承载力均可满足按中震（不计风荷载效应）的设计要求。考虑水平构件在大震下的损坏使刚度降低和阻尼加大，竖向构件的最小极限承载力仍可满足大震下的验算要求。因此，总体结构可达到性能目标 B 的要求。

结构的薄弱部位或重要部位构件的抗震承载力满足大震弹性设计要求，整个结构按非线性分析计算，允许某些选定的部位接近屈服（如部分受拉钢筋屈服），但不发生剪切等脆性破坏。各构件的细部抗震构造需满足低延性要求（相当于混凝土结构中三级抗震等级的构造要求）。

（6）对性能目标 C（图 3.10.3-1 中 OCC' 与 ODD' 之间），在中震下已有轻微塑性变形，大震下有明显塑性变形。

结构的薄弱部位或重要部位构件的抗震承载力满足大震不屈服的设计要求，即不考虑内力调整的地震作用效应 S_k（作用分项系数及内力调整系数均取 1.0）与按强度标准值计算（材料分项系数及抗震承载力调整系数均取 1.0）的抗震承载力 R_k 满足 $S_k \leqslant R_k$ 的要求。整个结构应进行非线性分析计算，允许某些选定的部位接近屈服，但不发生剪切等脆性破坏。各构件的细部抗震构造需满足中等延性要求（相当于混凝土结构中二级抗震等级的构造要求）。

（7）对性能目标 D（图 3.10.3-1 中 ODD' 与 OEE' 之间），在中震下的损坏已大于性能指标 3，结构总体的承载力略高于一般情况。

结构应进行非线性分析，结构的薄弱部位或重要部位构件在大震下允许达到屈服阶段，但满足选定的变形限值（如除框架结构以外的混凝土结构，在大震下的层间弹塑性变形控制在 1/500～1/300），竖向构件不发生剪切等脆性破坏。各构件的细部抗震构造应满足高延性的要求（相当于混凝土结构中一级抗震等级的构造要求）。

对应于图 3.10.3-1 中 OEE'，结构应进行非线性分析，结构的薄弱部位或重要部位构件在大震下允许达到屈服阶段，满足现行标准在大震下的弹塑性变形要求，竖向构件不发生剪切等脆性破坏。各构件的细部抗震构造应满足特种延性的要求（相当于混凝土结构中特一级抗震等级的构造要求）。

7.《抗震标准》与“性能化设计”的关系：

1）《抗震标准》规定的“三水准设防目标”为抗震设计的基本设防目标（见第 1.0.1 条）。

2）各水准的建筑性能要求见表 1.0.1-1。

3）为实现“三水准设防目标”而采取的“两阶段设计步骤”见表 1.0.1-2。

4）比较可知，《抗震标准》的“三水准设防目标”本质上是一种最基本的“性能化设计”。

5）2008 年 5 月 28 日，中国工程院对汶川地震的灾害评估报告指出，震中区砌体结构的完好率为 10%。非正规设计的倒塌率为 100%。《建筑抗震设计规范》GBJ 11—89 实施以前的建筑倒塌率接近 100%；该规范实施以后的建筑中，规则结构较完好，底框结构破坏严重，框架结构的完好率为 40%，框架-抗震墙结构及抗震墙结构基本完好。上述评估报告可反映出相应建筑的性能水准。

8. 抗震性能化设计的应用建议：

1）建筑抗震性能指标应根据建筑物的重要性、房屋高度、结构体系、不规则程度等情况灵活把握，确定的一般原则可见表 3.10.3-6。

抗震性能指标确定的一般原则 **表 3.10.3-6**

序号	工程情况	结构关键部位设计建议	说　明
1	超 B 级高度的特别不规则结构	性能目标 A	应进行抗震超限审查
2	超 B 级高度的一般不规则结构	性能目标 B	应进行抗震超限审查
3	超 B 级高度的规则结构	性能目标 C	应进行抗震超限审查

续表

序号	工程情况	结构关键部位设计建议	说明
4	超A级高度但不超B级高度的特别不规则结构	性能目标B	应进行抗震超限审查
5	超A级高度但不超B级高度的一般不规则结构	性能目标C	应进行抗震超限审查
6	超A级高度但不超B级高度的规则结构	性能目标D	应进行抗震超限审查
7	A级高度的特别不规则结构	性能目标D	应进行专门研究
8	A级高度的一般不规则结构	按一般情况设计	可直接按《抗震标准》设计
9	大跨度复杂结构	根据复杂情况确定相应的性能目标	应进行抗震超限审查

2）抗震性能化设计中的常见做法见表3.10.3-7。一般情况下，抗剪要求不应低于抗弯要求。

抗震性能化设计的常见做法 **表3.10.3-7**

情况分类	要求		说明
抗剪	大震剪应力控制	大震下抗震墙的剪压比不大于0.15	确保大震下抗震墙不失效
	中震弹性	按中震要求进行抗侧力结构的抗剪控制，与抗震等级相对应的调整系数均取1.0	$S \leqslant R/\gamma_{RE}$
	中震不屈服	按中震不屈服要求进行抗侧力结构的抗剪控制，抗力及效应均采用标准值，与抗震等级相对应的调整系数均取1.0 $S_k \leqslant R_k$	由于抗力和效应均采用标准值，与抗震等级相对应的调整系数均取1.0，其计算结果需与小震弹性设计比较取不利值设计
抗弯	大震不屈服	按大震不屈服要求进行结构的抗弯设计，抗力及效应均采用标准值，与抗震等级相对应的调整系数均取1.0 $S_k \leqslant R_k$	一般不要求大震完全弹性
	中震弹性	按中震弹性要求进行结构的抗弯设计，与抗震等级相对应的调整系数均取1.0	$S \leqslant R/\gamma_{RE}$
	中震不屈服	按中震不屈服要求进行结构的抗弯设计，抗力及效应均采用标准值，与抗震等级相对应的调整系数均取1.0 $S_k \leqslant R_k$	由于抗力和效应均采用标准值，与抗震等级相对应的调整系数均取1.0，其计算结果需与小震弹性设计比较取不利值设计
其他	剪力调整应根据不同结构体系确定相应目标	取$0.25Q_0$及$1.8V_{fmax}$的较大值	多用于钢框架-支撑结构，且较不容易实现
		取$0.2Q_0$及$1.5V_{fmax}$的较大值	用于钢筋混凝土框架-核心筒结构，且较不容易实现
		取$0.25Q_0$及$1.8V_{fmax}$的较小值	用于混合结构，且较容易实现
	提高抗震等级	根据抗震性能目标确定适当提高结构的抗震等级	提高抗震构造措施
	延性要求	设置型钢、芯柱等	提高抗震构造措施

3）以例题说明如下。

【例 3.10.3-1】

(1) 工程概况：抗震设防烈度 7 度（0.15g），场地类别为Ⅳ类。主楼房屋高度 196m，地上 44 层，采用带钢斜撑的钢管混凝土外框架与钢筋混凝土核心筒组成的混合结构体系，钢框架梁，现浇混凝土楼板。裙楼房屋高度 36m，地上 9 层，采用现浇钢筋混凝土框架结构，楼盖采用梁板结构。

(2) 主楼不规则情况见表 3.10.3-8 及表 3.10.3-9。

【例 3.10.3-1】主楼不规则情况 1 **表 3.10.3-8**

序号	不规则类型	涵　义	计算值	是否超限	备　注
1	扭转不规则	考虑偶然偏心的扭转位移比大于 1.2	1.20	否	《抗震标准》第 3.4.3 条
2	偏心布置	偏心距大于 0.15 或相邻层质心相差较大	无	否	《高钢规》第 3.3.2 条
3	凹凸不规则	平面凹凸尺寸大于相应边长 30%等	无	否	《抗震标准》第 3.4.3 条
4	组合平面	细腰形或角部重叠形	无	否	《高规》第 3.4.3 条
5	楼板不连续	有效宽度小于 50%，开洞面积大于 30%，错层大于梁高	2～4 层、6～9 层局部楼板不连续，开洞面积大于 30%	是	《抗震标准》第 3.4.3 条
6	刚度突变	相邻层刚度变化大于 70%或连续三层变化大于 80%	无	否	《抗震标准》第 3.4.3 条
7	立面尺寸突变	缩进大于 25%，外挑大于 10%和 4m（楼面梁悬挑除外）	无	否	《高规》第 3.5.5 条
8	构件间断	上下墙、柱、支撑不连续，含加强层	首层以下部分支撑不连续	是	《抗震标准》第 3.4.3 条
9	承载力突变	相邻层受剪承载力变化大于 80%	0.95	否	《抗震标准》第 3.4.3 条

【例 3.10.3-1】主楼不规则情况 2 **表 3.10.3-9**

序号	简　称	涵　义	计算值	是否超限
1	扭转偏大	不含裙房的楼层，较多楼层考虑偶然偏心的扭转位移比大于 1.4	1.2	否
2	抗扭刚度弱	扭转周期比大于 0.9，混合结构扭转周期比大于 0.85	0.55	否
3	层刚度偏小	本层侧向刚度小于相邻上层的 50%	无	否
4	抗震墙及大量框架柱的高位转换	框支转换构件位置：7 度超过 5 层，8 度超过 3 层	无	否
5	厚板转换	7～9 度设防的厚板转换	无	否
6	塔楼偏置	单塔或多塔与大底盘的质心偏心距大于底盘相应边长 20%	无	否
7	复杂连接	各部分层数、刚度、布置不同的错层或连体结构	无	否
8	多重复杂	结构同时具有转换层、加强层、错层、连体和多塔类型的 2 种以上	无	否

(3) 主楼超限情况分析：主楼在 2～4 层、6～9 层局部楼板不连续，有效宽度小于

50%。房屋高度超过7度时混合结构的最大高度限值为190m，属于一般不规则的高度超限的高层建筑。

（4）主楼超限结构性能目标见表3.10.3-10。

【例3.10.3-1】主楼超限结构性能目标 **表3.10.3-10**

地震烈度		多遇地震	设防地震	罕遇地震
整体结构抗震性能		完好	可修复	不倒塌
允许层间位移		1/659	—	1/100
底部加强部位及上下层构件性能	核心筒墙体抗剪	弹性	弹性	允许进入塑性，控制塑性变形
	核心筒墙体抗弯		不屈服	
	穿层柱、钢斜撑	弹性	弹性	不屈服
	其他外框柱、钢斜撑	弹性	不屈服	允许进入塑性，控制塑性变形
	框架梁	弹性	不屈服	允许进入塑性，控制塑性变形
5～9层穿层柱		弹性	弹性	不屈服
其余各层构件性能		弹性	允许进入塑性，控制塑性变形	允许进入塑性，控制塑性变形

（5）主楼的主要设计措施：

① 外框架柱的地震剪力取总地震剪力的20%和框架按刚度分配最大层剪力的1.5倍二者的较大值。

② 底部加强部位混凝土筒体的受剪承载力满足中震弹性和大震下截面剪压比不大于0.15的要求。

③ 底部加强部位混凝土筒体的抗震等级按特一级（即提高一级）采取抗震构造措施，核心筒四角沿房屋全高设置约束边缘构件，其他约束边缘构件向上延伸至轴压比不大于0.25处。

④ 在核心筒四角处设置通高钢骨。

⑤ 在楼层大开洞的顶层即5、10层的楼板下设置水平交叉钢支撑（按大震楼层剪力设计），以增强楼层的整体刚度，确保楼层在大震下的整体性及传递水平力的有效性。同时适当加厚混凝土楼板至不小于150mm，并按双层双向配筋，每层每方向的配筋率不小于0.3%。

⑥ 与裙楼的连桥采用钢结构，连桥与主楼采用滑动连接，其支座按大震下位移量设计，并采取防跌落措施。连接部位按大震不屈服计算。

（6）裙楼不规则情况见表3.10.3-11及表3.10.3-12。

【例3.10.3-1】裙楼不规则情况1 **表3.10.3-11**

序号	不规则类型	涵　义	计算值	是否超限	备　注
1	扭转不规则	考虑偶然偏心的扭转位移比大于1.2	1.40	是	《抗震标准》第3.4.3条
2	偏心布置	偏心距大于0.15或相邻层质心相差较大	无	否	《高规》第3.3.2条
3	凹凸不规则	平面凹凸尺寸大于相应边长30%等	无	否	《抗震标准》第3.4.3条
4	组合平面	细腰形或角部重叠形	无	否	《高规》第3.4.3条
5	楼板不连续	有效宽度小于50%，开洞面积大于30%，错层大于梁高	2层、6～8层大开洞	是	《抗震标准》第3.4.3条

续表

序号	不规则类型	涵　　义	计算值	是否超限	备　　注
6	刚度突变	相邻层刚度变化大于70%或连续三层变化大于80%	无	否	《抗震标准》第3.4.3条
7	立面尺寸突变	缩进大于25%，外挑大于10%和4m（楼面梁悬挑除外）	斜柱挑出9m	是	《高规》第3.5.5条
8	构件间断	上下墙、柱、支撑不连续，含加强层	2层局部梁托柱	是	《抗震标准》第3.4.3条
9	承载力突变	相邻层受剪承载力变化大于80%	0.90	否	《抗震标准》第3.4.3条

【例3.10.3-1】裙楼不规则情况2　　表3.10.3-12

序号	简　　称	涵　　义	计算值	是否超限
1	扭转偏大	不含裙房的楼层，较多楼层考虑偶然偏心的扭转位移比大于1.4	1.40	否
2	抗扭刚度弱	扭转周期比大于0.9，混合结构扭转周期比大于0.85	0.66	否
3	层刚度偏小	本层侧向刚度小于相邻上层的50%	无	否
4	抗震墙及大量框架柱的高位转换	框支转换构件位置：7度超过5层，8度超过3层	无	否
5	厚板转换	7～9度设防的厚板转换	无	否
6	塔楼偏置	单塔或多塔与大底盘的质心偏心距大于底盘相应边长20%	无	否
7	复杂连接	各部分层数、刚度、布置不同的错层或连体结构	无	否
8	多重复杂	结构同时具有转换层、加强层、错层、连体和多塔类型的2种以上	无	否

（7）裙楼超限情况分析：裙楼为扭转不规则、立面尺寸有突变及个别竖向构件不连续的工程，属于一般不规则的超限高层建筑。

（8）裙楼超限结构性能目标见表3.10.3-13。

【例3.10.3-1】裙楼超限结构性能目标　　表3.10.3-13

地震烈度	多遇地震	设防地震	罕遇地震
整体结构抗震性能	完好	可修复	不倒塌
允许层间位移	1/550	—	1/50
地下一层柱、一层框架及斜框架柱	弹性	不屈服，不发生剪切等脆性破坏	允许进入塑性，控制塑性变形
其余各层构件性能	弹性	允许进入塑性，控制塑性变形	允许进入塑性，控制塑性变形

（9）裙楼的主要设计措施：

①对地下一层柱、一层框架及斜框架柱等重要构件进行中震不屈服验算。

②底层柱的抗震等级按一级（即提高一级）采取抗震构造措施。

③对大开洞周边的楼板采取加强措施，楼板厚度不小于150mm，并按双层双向配筋，每层每方向的配筋率不小于0.3%。

④对大开洞周边的梁、各层房屋周边的梁及开洞形成的无楼板梁，采取加大通长钢筋及腰筋等加强措施。

（10）超限工程应按规定进行抗震超限审查，填写超限申报表，并应根据当地建设行政主管部门制定的表格申报。以下列出某工程的超限申报表（由王春光博士提供，表3.10.3-14及表3.10.3-15），供读者参考。

表 3.10.3-14

超限高层建筑工程抗震设防专项审查申报表

申报日期：2011.7.20

建设单位	××公司			工程名称	××工程(主楼)			建设地址	××市		
勘察单位	××市地质工程勘察院		资质		联系人		电话		建筑面积	主体	114156m^2
设计单位	中国建筑设计研究院有限公司		资质	甲级	联系人		电话			裙房	13231m^2
结构体系	主体	带钢斜撑的钢管混凝土框架-核心筒结构	主楼高度	地上	196m	主楼层数	地上	44层		地下	33487m^2
	裙房	框架结构		地下	14.45m		地下	3层	抗震设防类别	主楼乙类，裙房丙类	
实测剪切波速	数量	2	抗震设防标准	烈度	7度				地震影响系数	多遇地震	0.12
	深度	20m		基本加速度	0.15g					罕遇地震	0.72
采用峰值加速度	多遇地震	55cm/s^2	场地特征周期	多遇地震	0.65s	场地类别	Ⅳ类		实测等效剪切波速(20m)	130m/s	
	罕遇地震	310cm/s^2		罕遇地震	0.65s	覆盖层厚度	＞80m				
是否液化场地土层部位	否	地基承载力	9～1层 180kPa	桩端持力层深度	约70m				基础类型	主楼	钻孔灌注桩+筏形基础
		桩端持力层岩性	9～1层 粉质黏土	桩型	泥浆护壁钻孔灌注桩					裙房	钻孔灌注桩+筏形基础
单桩承载力	计算	5300kN	建筑物沉降	总沉降量	95mm	地下室	顶板厚度	180mm	上部结构嵌固位置	地下室顶板	
	试桩	—		差异沉降量	15mm		底板厚度	2700mm			
主楼高度	地上	196m	主楼层数	地上	44层	出屋面	高度	—	裙房	高度	36m
	地下	14.45m		地下	3层		层数	—		层数	8层
结构高宽比	5		单塔或多塔合质心与底盘刚度中心距离	$X=4.9$m，$Y=1.6$m(首层)			建筑平面不规则性特征	主楼2～4层、6～9层短向部分楼板不连续			
建筑立面不规则性特征	规则		楼板计算假定	计算周期位移时为刚性楼板假定		结构总质量	2046851kN		计算振型数是否考虑扭转耦联	考虑	

续表

<table>
<tr><td rowspan="2">抗震等级</td><td>地上</td><td>特一级</td><td rowspan="2">抗震墙间距</td><td>纵向</td><td>6m</td><td rowspan="2">计算软件名称</td><td>第一个</td><td>PMSAP</td><td rowspan="2">基本周期</td><td>纵向</td><td>4.04s</td></tr>
<tr><td>地下</td><td>地下一层特一级，其余二级</td><td>横向</td><td>7m</td><td>第二个</td><td>ETABS</td><td>横向</td><td>2.99s</td></tr>
<tr><td>基底剪力</td><td>X=51715kN
Y=48180kN</td><td>周期调整系数</td><td>0.9</td><td>剪重比</td><td>X=3.15%
Y=2.93%</td><td>墙体承担的倾覆力矩比</td><td>X=67.1%
Y=72.6%</td><td>扭转基本周期</td><td>2.22s</td><td>周期比（T_t/T_1）</td><td>0.55</td></tr>
<tr><td>最大层间位移</td><td>X=1/1201
Y=1/717</td><td>层间平均位移</td><td>X=1/1215
Y=1/734</td><td>最大扭转位移比</td><td>X=1.09
Y=1.20</td><td>薄弱层部位</td><td>无</td><td>剪力墙最大轴压比</td><td>0.44</td><td>剪力墙底部加强区高度及层数</td><td>21m，4层</td></tr>
<tr><td>框架柱最大轴压比</td><td colspan="2">0.61</td><td>框架梁最大剪压比</td><td>0.14</td><td>转换层上下刚度比</td><td>—</td><td>水平加强层上下刚度比</td><td>—</td><td>有效质量系数</td><td colspan="2">X=98.8%
Y=98.5%</td></tr>
<tr><td>地震波名称（弹性、弹塑性）</td><td colspan="3">RH1TG06，TH1TG06，RH4TG06</td><td rowspan="2">输入地震波计算的基底剪力</td><td>最大值</td><td>X=52650kN
Y=40532kN</td><td colspan="2" rowspan="2">时程分析与反应谱法底部剪力比</td><td>各波中最小值</td><td colspan="2">X=0.89kN
Y=0.90kN</td></tr>
<tr><td>输入波数量</td><td colspan="3">3</td><td>最小值</td><td>X=39083kN
Y=39585kN</td><td>多条波平均值</td><td colspan="2">X=0.96，
Y=0.99</td></tr>
<tr><td rowspan="2">混凝土强度等级</td><td>最高</td><td>C60</td><td rowspan="2">钢筋强度等级</td><td>最高</td><td>HRB400</td><td rowspan="2">关键部位梁</td><td>最大截面</td><td>□700×650×20×30（mm）</td><td rowspan="2">关键部位柱</td><td>最大截面</td><td>□1200×1200×70（mm）</td></tr>
<tr><td>最低</td><td>C30</td><td>最低</td><td>HPB235</td><td>最小截面</td><td>I600×200×12×16（mm）</td><td>最小截面</td><td>□1000×1000×35（mm）</td></tr>
<tr><td rowspan="2">墙体厚度</td><td>最大</td><td colspan="3">800mm</td><td rowspan="2">筒体厚度</td><td>最大</td><td colspan="2">800mm</td><td rowspan="2">楼盖厚度</td><td colspan="2" rowspan="2">120mm</td></tr>
<tr><td>最小</td><td colspan="3">200mm</td><td>最小</td><td colspan="2">200mm</td></tr>
<tr><td>超限内容</td><td colspan="11">高度超限，主楼高度196m，超过7度区钢-混凝土混合结构的最大适用高度190m；
主楼2～4层、6～9层短向部分楼板不连续</td></tr>
<tr><td>主要构造措施</td><td colspan="11">核心筒按特一级，角部及其他适当部位放置型钢构件</td></tr>
<tr><td>超限工程的主要措施及有待解决的问题</td><td colspan="11">1. 结构性能化设计：①底部加强区核心筒墙体中震不屈服；②穿层柱、钢斜撑大震弹性；③底部加强区其他构件中震不屈服。
2. 对典型节点进行有限元分析，采取相应措施确保节点设计合理安全。
3. 在5、10层楼板的下部对应下层开洞部位设置交叉支撑、适当增加楼板厚度及配筋率。
4. 对外框斜撑相交位置的楼层梁板进行适当加强，增加梁板截面及配筋率</td></tr>
</table>

超限高层建筑工程抗震设防专项审查申报表

表 3.10.3-15

申报日期：2011.7.20

建设单位	××公司			工程名称	××工程(裙楼)			建设地址	××市		
勘察单位	××市地质工程勘察院		资质		联系人		电话		建筑面积	主体	$114156m^2$
设计单位	中国建筑设计研究院有限公司		资质	甲级	联系人		电话			裙房	$13231m^2$
结构体系	主体	带钢斜撑的钢管混凝土框架-核心筒	主楼高度	地上	196m	主楼层数	地上	44层		地下	$33487m^2$
	裙房	框架结构		地下	14.45m		地下	3层	抗震设防类别	主楼乙类，裙房丙类	
实测剪切波速	数量	2	抗震设防标准		烈度	7度			地震影响系数	多遇地震	0.12
	深度	20m			基本加速度	0.15g				罕遇地震	0.72
采用峰值加速度	多遇地震	$55cm/s^2$	场地特征周期	多遇地震	0.65s	场地类别	Ⅳ类		实测等效剪切波速（20m）	130m/s	
	罕遇地震	$310cm/s^2$		罕遇地震	0.65s	覆盖层厚度	＞80m				
是否液化场地土层部位	否	地基承载力		6层 260kPa	桩端持力层深度	约 41m			基础类型	主楼	钻孔灌注桩＋筏形基础
		桩端持力层岩性		6粉砂	桩型	泥浆护壁钻孔灌注桩				裙房	钻孔灌注桩＋筏形基础
单桩承载力	计算	1500kN	建筑物沉降	总沉降量	32mm	地下室	顶板厚度	180mm	上部结构嵌固位置	地下室顶板	
	试桩	—		差异沉降量	13mm		底板厚度	1000mm			
主楼高度	地上	196m	主楼层数	地上	44层	出屋面	高度	—	裙房	高度	36m
	地下	14.45m		地下	3层		层数	—		层数	8层
结构高宽比	0.97		单塔或多塔合质心与底盘刚度中心距离		$X=3.7m$，$Y=3.6m$(首层)		建筑平面不规则性特征		2层，6～8层部分楼板不连续		
建筑立面不规则性特征	规则		楼板计算假定		计算周期位移时为刚性楼板假定	结构总质量	950445kN		计算振型数是否考虑扭转耦联	考虑	

续表

抗震等级	地上	二级	抗震墙间距	纵向	—	计算软件名称	第一个	PMSAP	基本周期	纵向	0.86s
	地下	地下一层二级，其余三级		横向	—		第二个	ETABS		横向	1.12s
基底剪力	X=26609kN Y=30634kN	周期调整系数	0.7	剪重比	X=8.1% Y=9.3%	墙体承担的倾覆力矩比	—	扭转基本周期	0.74s	周期比（T_t/T_1）	0.66
最大层间位移	X=1/663 Y=1/832	层间平均位移	X=1/746 Y=1/1082	最大扭转位移比	X=1.15 Y=1.41	薄弱层部位	无	剪力墙最大轴压比	—	剪力墙底部加强区高度及层数	—
框架柱最大轴压比	0.73(D1层)	框架梁最大剪压比	0.13	转换层上下刚度比	—	水平加强层上下刚度比	—	有效质量系数	X=99.8% Y=97.7%		
地震波名称（弹性、弹塑性）	RH1TG06，TH3TG06，TH4TG06	输入地震波计算的基底剪力	最大值	X=25034kN Y=38083kN	时程分析与反应谱法底部剪力比	各波中最小值	X=0.80， Y=0.0.77				
输入波数量	3		最小值	X=21460kN Y=23541kN		多条波平均值	X=0.86， Y=0.96				
混凝土强度等级	最高	C50	钢筋强度等级	最高	HRB400	关键部位梁	最大截面	1000×2000(mm)	关键部位柱	最大截面	1000×1200(mm)
	最低	C30		最低	HPB235		最小截面	600×800(mm)		最小截面	800×800(mm)
墙体厚度	最大	—	筒体厚度	最大	—	楼盖厚度	120mm				
	最小	—		最小	—						
超限内容	1. 扭转不规则(扭转位移比大于1.2)；2. 2层、6～8层部分楼板不连续；3. 立面尺寸突变(10轴处斜柱挑出9m)；4. 竖向构件不连续(2层A轴2处梁托柱)										
主要构造措施	地下一层及一层框架按一级(即提高一级)采取抗震构造措施										
超限工程的主要措施及有待解决的问题	1. 严格控制框架柱的轴压比满足规范要求。 2. 在斜撑、与斜撑相连的竖柱及斜撑的顶层梁内设钢骨。 3. 对大开洞的周边楼板适当加厚，采用双向双层配筋，并适当提高配筋率。 4. 对大开洞的周边梁、各楼层的外圈框架梁框架柱适当增大截面并加强配筋。 5. 采用轻质填充墙，尽量减轻结构的自重，减小地震作用										

第3.10.4条

一、标准的规定

3.10.4 建筑抗震性能化设计的结构分析应符合下列要求：

1 分析模型应正确、合理地反映地震作用的传递途径和结构在不同地震动水准下的工作状态。

2 结构分析方法应根据预期性能目标下结构的工作状态确定。当结构处于弹性状态时可采用线性方法；当结构处于塑性状态时，可根据结构进入塑性的程度和部位采用等效线性方法、静力非线性方法或动力非线性方法。

3 结构非线性分析应符合下列要求：

1）结构非线性分析模型相对于线性分析模型可适当简化，二者在多遇地震下的线性分析结果应基本一致；

2）结构分析时应计入重力二阶效应的影响，并合理确定结构构件的弹塑性参数，其中，构件的承载能力应依据实际截面和实际配筋等信息确定；

3）结构非线性计算结果宜与弹性假定计算结果进行对比分析，以识别构件的可能破坏部位及弹塑性变形程度。

二、对标准规定的理解

1. 本条为2024年局部修订条文。

2. 应采取确保楼盖弹性的技术措施，使楼盖的实际性能与计算的假定一致或基本一致。

3. 一般情况下，应考虑构件在强烈地震下进入弹塑性工作阶段和重力二阶效应。鉴于目前弹塑性分析的现状（弹塑性参数及分析软件均需要进一步研究和改进），当预期的弹塑性变形不太大时，可采用等效阻尼（适当加大阻尼数值，但仍采用线性分析方法，以近似考虑弹塑性的影响）等模型进行简化估算。为增加弹塑性计算结果的可靠程度，可借助理想弹性假定的计算结果，加以综合判别。

1）结构弹塑性分析时，一般应对多遇地震反应谱计算时模型中的次要结构进行适当的简化，但简化后两者在弹性阶段的分析模型应基本相同，主要计算参数（嵌固端等）和主要计算结果（主振型、周期、总地震作用等）应一致或基本一致。

2）在弹塑性阶段，结构构件和整个结构实际具有的抵抗地震作用的承载力是客观存在的，不会因为计算方法的不同而改变。若采用不同计算方法（或计算程序）得出的承载力差异较大，则计算方法或计算参数存在问题，应仔细复核调整。

（1）弹塑性分析时，若整个结构的实际受剪承载力超过同样阻尼比的理想弹性假定计算的大震剪力，则计算异常。

（2）弹塑性分析时，若薄弱层的层间位移小于按理想弹性假定计算的该部位大震的层间位移，则计算异常。

（3）弹塑性分析时，采用不同的计算方法，所计算的承载力、位移及塑性变形的程度会有差别，但发现的薄弱层部位一般应相同。进行结构弹塑性分析时，尤其是动力弹塑性分析时，由于所选用的波形不同，其计算结果差异较大，但应力集中和应变集中的规律应该一致。因此，关注弹塑性分析应关注其分析结果的规律，而不是具体数值。

4. 影响弹塑性位移计算结果的因素很多，现阶段计算结果与承载力计算相比离散性较大。大震弹塑性时程分析时，由于阻尼的处理方法不够完善，波形数量较少，因此，大震弹塑性层间位移的参考数值 Δu_{p}^{a}，需借助小震弹性时程分析及小震的反应谱法确定：即，不宜直接把计算的弹塑性层间位移 Δu_{p} 视为实际位移。需用同一软件计算得到同一波形、同一部位的大震弹塑性层间位移 Δu_{p} 与小震弹性层间位移 Δu_{e} 的比值 η_{p}，再将此比值系数 η_{p} 乘以反应谱法计算的该部位小震层间位移 Δu_{e}^{s}，才能视为大震下的弹塑性层间位移的参考值 Δu_{p}^{a}。

$$\Delta u_{p}^{a} = \eta_{p} \Delta u_{e}^{s} \quad (3.10.4\text{-}1)$$

$$\eta_{p} = \Delta u_{p} / \Delta u_{e} \quad (3.10.4\text{-}2)$$

5. 大震下结构进入弹塑性工作阶段，结构的阻尼比加大。一般情况下，钢结构可取 0.05；钢筋混凝土结构可取 0.07；混合结构可根据主要抗侧力构件的设置情况，在 0.05～0.07 之间合理取值。

6. 弹塑性分析方法有很多，而各种分析方法又有其特定的使用范围，应正确采用适合所选定性能目标的相应计算方法。采用不同计算方法时，同一结构的弹性计算结果应一致或相近。而在中震或大震作用下，由于结构所受的地震作用不同，结构的弹塑性性能也不同，计算分析结果存在明显差异，有时效应的规律也不相同。如对双肢墙，小震作用时，墙肢可能为压弯构件，而在中震或大震作用下，墙肢可能为拉弯构件，构件的受力状态发生根本的改变，抗震性能也有很大的不同。因此，对于中震及大震下的结构完全采用弹性分析方法，并采用在小震弹性计算结果上同比例放大的简化计算方法，对大震下受力情况有可能改变的特定结构构件是不合适的。

第 3.10.5 条

一、标准的规定

3.10.5 结构及其构件抗震性能化设计的参考目标和设计方法，可按本标准附录 M 第 M.1 节的规定采用。

建筑构件和建筑附属设备抗震性能化设计的参考目标和设计方法，可按本标准附录 M 第 M.2 节的规定采用。

二、对标准规定的理解

本条为 2024 年局部修订条文。

三、结构设计建议

性能 1，一般适用于采用隔振、减震的结构，即对不采用隔振、减震措施的结构不应整个结构采用性能 1 的要求（其他结构形式中的关键构件可采用性能 1）。因为，结构在大震下不存在强度储备，提高整个结构的承载力水平，只是延缓结构进入塑性变形的时间，在强烈地震及超强地震作用下仍有破坏的可能。而对关键部位及薄弱部位的局部加强（但不能引起薄弱部位的转移）并提高抗震措施，是现有技术和财力的合理利用。

3.11 建筑物地震反应观测系统

要点：

建筑物地震反应观测的根本目的在于促进抗震工程和抗震科学的发展，有条件时或特别重要的建筑工程应考虑设置地震反应观测系统。

第 3.11.1 条

一、标准的规定

3.11.1　抗震设防烈度为 7、8、9 度时，高度分别超过 160m、120m、80m 的大型公共建筑，应按规定设置建筑结构的地震反应观测系统，建筑设计应留有观测仪器和线路的位置。

二、对标准规定的理解

1. 为有利于地震工程和工程抗震科学的发展，标准提出设置地震反应观测系统的要求。

2. 对建筑高度符合设置地震反应观测系统的工程，在施工图设计以前，应与投资方沟通，以能满足标准的要求。

3. “大型公共建筑”可理解为表 3.1.1-15 所列的甲、乙类建筑。

4 场地、地基和基础

说明：

地震作用使土体产生动应力和动变形，并与建筑物的静应力和静变形相叠加。场地、地基和基础在传递地震能量时的作用各不相同。岩土（场地、地基）作为地震波的传播介质，对地震波起放大与滤波作用，并将振动传到建筑物（基础）上，使结构产生惯性力，这种振动效应常常引起上部结构的震害。

岩土自身的地震失稳与土体破坏，有一定的区域性，但破坏后难以修复，应予以避免。

地基基础在地震作用下的状态属于非弹性的半空间动力学范畴，其理论分析、模型实验和实物试验相对困难，抗震计算理论的成熟程度较低，地基基础的抗震设计目前仍采用不成熟的拟静力法。

4.1 场　　地

要点：

场地是建筑群体的所在地域，其范围大体相当于厂区、居民点和自然村落的区域，一般指不小于 $1km^2$ 的占地范围。

场地对建筑物的地震反应是直接的，场地条件的好坏将直接影响建筑物的地震作用的大小。

第 4.1.1 条

一、标准的规定

4.1.1 选择建筑场地时，应按表 4.1.1 划分对建筑抗震有利、一般、不利和危险的地段。

有利、一般、不利和危险地段的划分 **表 4.1.1**

地段类别	地质、地形、地貌
有利地段	稳定基岩，坚硬土，开阔、平坦、密实、均匀的中硬土等
一般地段	不属于有利、不利和危险的地段
不利地段	软弱土，液化土，条状突出的山嘴，高耸孤立的山丘，陡坡、陡坎，河岸和边坡的边缘，平面分布上成因、岩性、状态明显不均匀的土层（含故河道、疏松的断层破碎带、暗埋的塘浜沟谷和半填半挖地基），高含水量的可塑黄土，地表存在结构性裂缝等
危险地段	地震时可能发生滑坡、崩塌、地陷、地裂、泥石流等及发震断裂带上可能发生地表位错的部位

二、对标准规定的理解

1.《抗震通规》的相关规定见其第 3.1.1、3.1.2 条。

2. 震害表明，局部地形条件对地震烈度的影响与岩土的构成密切相关，同时非岩质地形对烈度的影响比岩质地形对烈度的影响更为明显。

3. 由于结构设计在建设场地的选择中一般是被动的接受方，因此，在结构方案及初步设计阶段，应特别注重对建设场地的再判别。建设场地不能选在危险地段。

4. 对不利地段，应根据不利程度采取相应的技术措施，相关规定见《抗震标准》4.3 节。

5. 地震的传播与地震作用的特点见第 2.1.4 条。

第 4.1.2 条

一、标准的规定

4.1.2 建筑场地的类别划分，应以土层等效剪切波速和场地覆盖层厚度为准。

二、对标准规定的理解

1. 依据土层等效剪切波速和场地覆盖层厚度确定场地类别。

2. 当有可靠的剪切波速和覆盖层厚度且其值处于表 4.1.6 所列场地类别的分界线附近时，应允许按插值方法确定地震作用计算所用的特征周期。注意，这里仅是对特征周期的调整，对场地类别不调整。

第 4.1.3 条

一、标准的规定

4.1.3 土层剪切波速的测量，应符合下列要求：

1 在场地初步勘察阶段，对大面积的同一地质单元，测试土层剪切波速的钻孔数量不宜少于 3 个。

2 在场地详细勘察阶段，对单幢建筑，测试土层剪切波速的钻孔数量不宜少于 2 个，测试数据变化较大时，可适量增加；对小区中处于同一地质单元内的密集建筑群，测试土层剪切波速的钻孔数量可适当减少，但每幢高层建筑和大跨空间结构的钻孔数量均不得少于 1 个。

3 对丁类建筑及丙类建筑中层数不超过 10 层，高度不超过 24m 的多层建筑，当无实测剪切波速时，可根据岩土名称和性状，按表 4.1.3 划分土的类型，再利用当地经验在表 4.1.3 的剪切波速范围内估算各土层的剪切波速。

土的类型划分和剪切波速范围 **表 4.1.3**

土的类型	岩土名称和性状	土层剪切波速范围（m/s）
岩石	坚硬、较硬且完整的岩石	$v_s>800$
坚硬土或软质岩石	破碎和较破碎的岩石或软和较软的岩石，密实的碎石土	$800\geqslant v_s>500$
中硬土	中密、稍密的碎石土，密实、中密的砾、粗、中砂，$f_{ak}>150$ 的黏性土和粉土，坚硬黄土	$500\geqslant v_s>250$
中软土	稍密的砾、粗、中砂，除松散外的细、粉砂，$f_{ak}\leqslant 150$ 的黏性土和粉土，$f_{ak}>130$ 的填土，可塑性黄土	$250\geqslant v_s>150$
软弱土	淤泥和淤泥质土，松散的砂，新近沉积的黏性土和粉土，$f_{ak}\leqslant 130$ 的填土，流塑黄土	$v_s\leqslant 150$

注：f_{ak}为由载荷试验等方法得到的地基承载力特征值（kPa）；v_s 为岩土剪切波速。

二、对标准规定的理解

1. 标准对“每幢高层建筑和大跨空间结构”的波速孔数量有最低限值要求，高层建筑指房屋高度超过 24m 的建筑；大跨空间结构指表 10.2.1-1 所列的建筑。

2. 标准的上述规定可以用表 4.1.3-1 和表 4.1.3-2 来理解。

土层剪切波速测量时的钻孔数量要求 **表 4.1.3-1**

勘察阶段	情　况	钻孔数量要求
初步勘察	大面积的同一地质单元	不宜少于 3 个
详细勘察	对单幢建筑	不宜少于 2 个，数据变化较大时，可适当增加
	小区中处于同一地质单元的密集建筑群	可适当减少，但每幢高层建筑和大跨空间结构下不得少于 1 个

可查表 4.1.3 估算剪切波速的建筑类型 **表 4.1.3-2**

序号	建 筑 类 别	范　围
1	丙类建筑	不超过 10 层，且高度不超过 24m 的多层建筑
2	丁类建筑	全部

3. 土层剪切波速的测量及钻孔的数量主要由地震地质部门确定，但作为结构设计人员应按标准规定的要求对地质部门提供的报告进行适当的判断，以便及时发现问题，避免因剪切波速问题而造成结构设计返工。

第 4.1.4 条

一、标准的规定

4.1.4 建筑场地覆盖层厚度的确定，应符合下列要求：

1 一般情况下，应按地面至剪切波速大于 500m/s 且其下卧各层岩土的剪切波速均不小于 500m/s 的土层顶面的距离确定。

2 当地面 5m 以下存在剪切波速大于其上部各土层剪切波速 2.5 倍的土层，且该层及其下卧各层岩土的剪切波速均不小于 400m/s 时，可按地面至该土层顶面的距离确定。

3 剪切波速大于 500m/s 的孤石、透镜体，应视同周围土层。

4 土层中的火山岩硬夹层，应视为刚体，其厚度应从覆盖土层中扣除。

二、对标准规定的理解

1. “孤石”和“透镜体”的体积相对较小，影响范围有限，可不考虑其对土层剪切的影响，而“硬夹层”则应作为单独一层来考虑，并将其厚度从覆盖土层中扣除。

2. 标准的上述规定可由图形（图 4.1.4-1～图 4.1.4-4）来理解，其对应关系如表 4.1.4-1所示。图 4.1.4-3 中的孤石、透镜体可视为局部硬夹层，场地覆盖层厚度确定时不考虑其影响（将其视为周围土层，当该局部硬夹层存在于多个土层中时，可按不同标高确定为相应的土层）。而图 4.1.4-4 中的火山岩硬夹层可理解为成层的硬夹层，场地覆盖层厚度确定时应扣除这一硬夹层厚度。

标准条文与对应图形 **表 4.1.4-1**

标准条文	第 1 款	第 2 款	第 3 款	第 4 款
对应图形	图 4.1.4-1	图 4.1.4-2	图 4.1.4-3	图 4.1.4-4

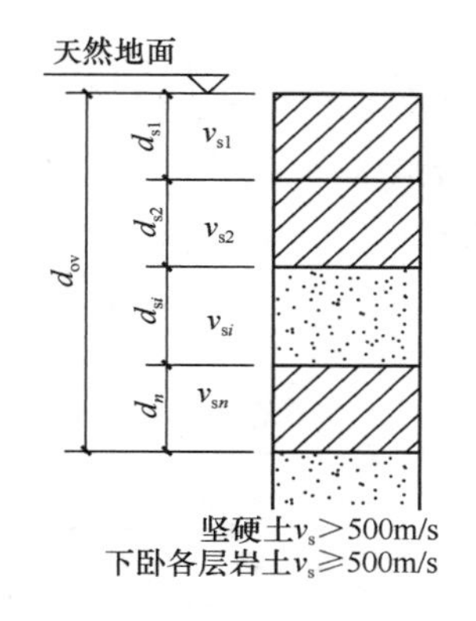

图 4.1.4-1　一般情况

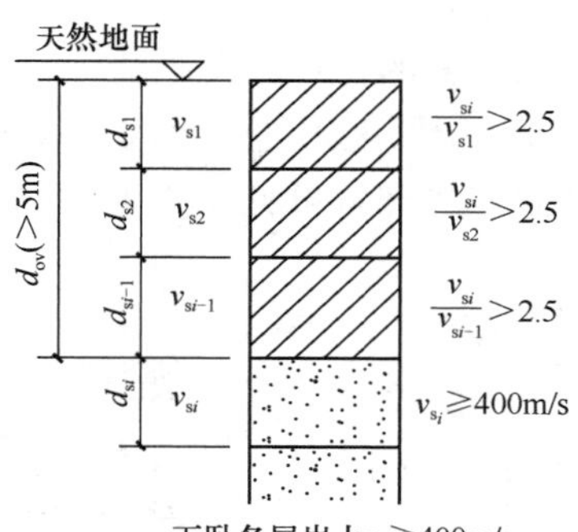

图 4.1.4-2　硬土层

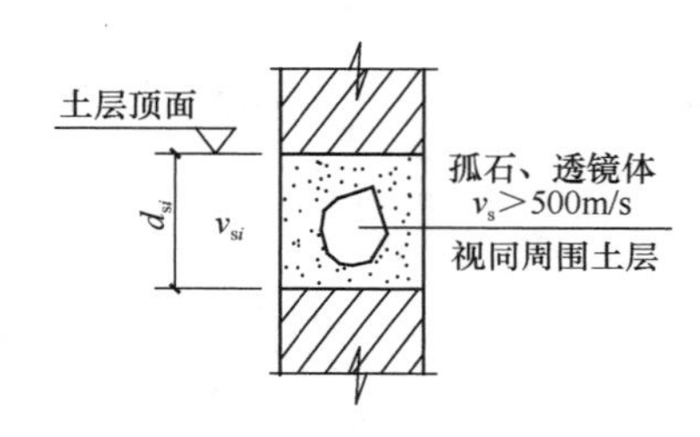

图 4.1.4-3　孤石、透镜体

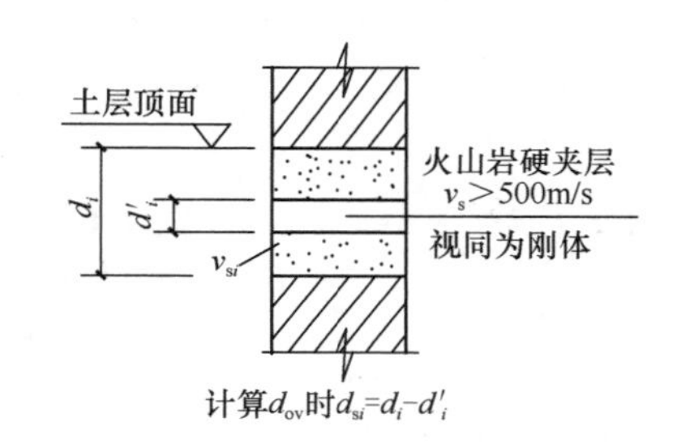

图 4.1.4-4　硬夹层

3. 建筑场地覆盖层厚度的确定与天然地面有关，一般情况下与设计地面（设计室外地面标高）无关。但当为深挖方或高填方地基（如山地、坡地建筑等）时，应特别注意深挖高填对场地覆盖层厚度的影响（深挖高填均将改变场地覆盖层厚度，对场地类别产生影响。一般情况下，深挖能减小地表覆土厚度，有利于场地类别的改善；而高填则加大地表覆土厚度，对场地类别产生不利影响），必要时应提请勘察单位就深挖高填对场地的影响进行补充勘察及说明。

第 4.1.5 条

一、标准的规定

4.1.5　土层的等效剪切波速，应按下列公式计算：

$$v_{se}=d_0/t \tag{4.1.5-1}$$

$$t=\sum_{i=1}^{n}(d_i/v_{si}) \tag{4.1.5-2}$$

式中：v_{se}——土层等效剪切波速（m/s）；

d_0——计算深度（m），取覆盖层厚度和 20m 两者的较小值；

t——剪切波在地面至计算深度之间的传播时间；

d_i——计算深度范围内第 i 土层的厚度（m）；

v_{si}——计算深度范围内第 i 土层的剪切波速（m/s）；

n——计算深度范围内土层的分层数。

二、对标准规定的理解

1. 等效剪切波速的物理意义很清晰，它代表的是覆盖层厚度内土层的平均剪切波速。以剪切波速在覆盖层厚度内的传播时间作为主要计算指标。

2. 对标准规定的理解可见图 4.1.5-1～图 4.1.5-3。

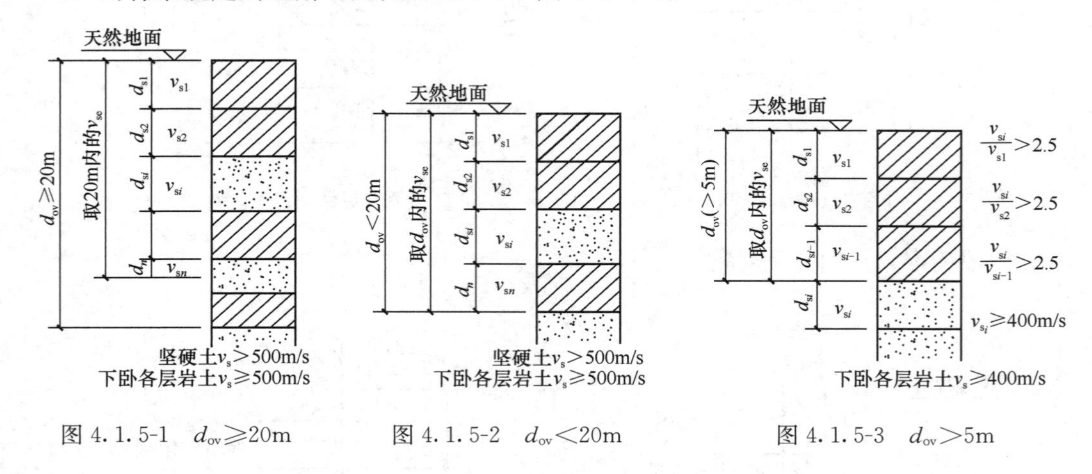

图 4.1.5-1 $d_{ov}\geqslant 20m$　　图 4.1.5-2 $d_{ov}<20m$　　图 4.1.5-3 $d_{ov}>5m$

第 4.1.6 条

一、标准的规定

4.1.6 建筑的场地类别，应根据土层等效剪切波速和场地覆盖层厚度按表 4.1.6 划分为四类，其中Ⅰ类分为Ⅰ$_0$、Ⅰ$_1$两个亚类。当有可靠的剪切波速和覆盖层厚度且其值处于表 4.1.6 所列场地类别的分界线附近时，应允许按插值方法确定地震作用计算所用的特征周期。

各类建筑场地的覆盖层厚度（m） **表 4.1.6**

岩石的剪切波速或土的等效剪切波速（m/s）	场地类别				
	Ⅰ$_0$	Ⅰ$_1$	Ⅱ	Ⅲ	Ⅳ
v_s>800	0				
800≥v_s>500		0			
500≥v_{se}>250		<5	≥5		
250≥v_{se}>150		<3	3～50	>50	
v_{se}≤150		<3	3～15	15～80	>80

注：表中 v_s 系岩石的剪切波速。

二、对标准规定的理解

1. 《抗震通规》的相关规定见其第 3.1.3 条。

2. 表 4.1.6 中，对岩石采用剪切波速 v_s（v_s>500m/s），不采用等效剪切波速 v_{se}；对其他土层采用等效剪切波速 v_{se}（v_{se}≤500m/s）。

3. 使用表 4.1.6 时，应从已知的 v_{se} 和场地覆盖层厚度（d_{ov}）来确定场地的类别。

4. 当有充分依据时，可按插值方法（图 4.1.6-1）确定边界线附近（指相差15%的范围）的 T_g 值。注意，调整的是相应场地类别的 T_g 值，对场地类别不调整。

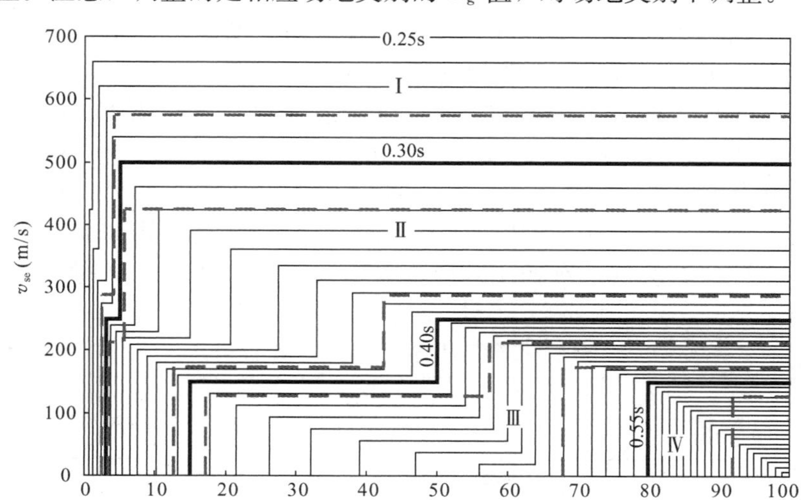

图 4.1.6-1 在 d_{ov}-v_{se} 平面上的 T_g 等值线图

说明：用于设计特征周期一组，图中相邻 T_g 等值线的差值均为 0.01s。

三、结构设计建议

1. 注意，《抗震标准》表 4.1.6 主要适用于土层剪切波速随深度呈递增趋势的场地，对于有较厚软土夹层的场地，则不太适用，因为软土夹层对短周期地震动有抑制作用，将改变地表地震波的组成成分。因此，宜适当调整场地类别和设计地震动参数。

1）场地类别对结构抗震设计影响重大，当场地类别介于两类分界线附近时，场地类别不同将使计算结果差异很大，因此，对场地类别及其特征周期在结构抗震设计前就应该予以明确，避免在结构设计完成后或设计过程中不断调整而引起结构设计的大量返工。

2）建筑的场地类别一般应根据勘察报告和地震安全性评价报告确定，在结构抗震设计前，结构设计人员应对勘察报告或地震安全性评价报告确定的场地类别进行再判断，必要时可根据现行《建筑工程抗震性态设计通则》CECS 160 附录 A 确定工程所在地的抗震设防烈度、设计基本地震加速度、特征周期分区。当所确定的数值与勘察报告和地震安全性评价报告的数值相差较大时，应提请进行再论证。

3）采用插值方法确定场地特征周期时应注意下列问题：

(1) 确定特征周期可采用多种方法，而采用插值方法确定地震作用计算所用的特征周期是一种简单的近似方法。本条规定中的“应允许”指可以（允许）采用近似的按插值方法确定地震作用计算所用的特征周期。

(2) 对处于特征周期一组的建筑场地，其特征周期直接根据场地的等效剪切波速和覆盖层厚度，由表 4.1.6-1 取值。

(3) 对处于特征周期二组的建筑场地，特征周期应取一组相应场地的 7/6。

(4) 对处于特征周期三组的建筑场地，特征周期应取一组相应场地的 4/3。

4）采用插值方法确定场地特征周期的工程实例如下：

【例 4.1.6-1】某工程，抗震设防烈度为 7 度，设计基本地震加速度为 0.15g，设计地震分组为第一组。场地内 2 个波速孔实测地基土剪切波速统计结果表明，埋深 20m 范围内场地土等效剪切波速 v_{se}=122.3～126.7m/s，覆盖层厚度 d_{ov}=78m。按《抗震标准》判定，该场地土的类型属于软弱土，场地类别为Ⅲ类，场地的特征周期 T_g=0.54s(以 v_{se}=122.3～126.7m/s，d_{ov}=78m，查表 4.1.6-1)。而《抗震标准》表 5.1.4-2 提供的特征周期 T_g=0.45s，与 0.54s 相差较大。因此，特殊情况下，应对场地特征周期进行细分，并按实际的特征周期进行结构的分析计算。本工程进行了比较计算，按 T_g=0.54s 计算的地震作用效应值，比按 T_g=0.45s 计算的地震作用效应值增大约 20%。

场地分类和场地特征周期 T_g（单位 s）　　　**表 4.1.6-1**

v_{se} (m/s)	d_{ov}（m）											
	<2.0	2.5	3.0	4.0	5.0	6.0	7.0	8.0	10.0	15.0	20.0	30.0
>510	0.25	0.25	0.25	0.25	0.25	0.25	0.25	0.25	0.25	0.25	0.25	0.25
500	0.25	0.25	0.25	0.25	0.25	0.25	0.25	0.25	0.25	0.25	0.25	0.25
450	0.25	0.25	0.25	0.25	0.25	0.25	0.26	0.26	0.26	0.27	0.27	0.28
400	0.25	0.25	0.25	0.25	0.25	0.26	0.26	0.26	0.26	0.27	0.28	0.31
350	0.25	0.25	0.25	0.25	0.25	0.26	0.26	0.26	0.27	0.28	0.30	0.32
300	0.25	0.25	0.25	0.25	0.26	0.26	0.27	0.27	0.28	0.29	0.31	0.33
275	0.25	0.25	0.25	0.25	0.26	0.26	0.27	0.27	0.28	0.30	0.32	0.34
250	0.25	0.25	0.25	0.26	0.26	0.27	0.27	0.27	0.28	0.31	0.33	0.35
225	0.25	0.25	0.25	0.26	0.27	0.27	0.28	0.28	0.29	0.32	0.34	0.36
200	0.25	0.25	0.25	0.26	0.27	0.27	0.28	0.28	0.29	0.32	0.34	0.36
180	0.25	0.25	0.25	0.26	0.27	0.27	0.28	0.28	0.29	0.32	0.35	0.37
160	0.25	0.25	0.25	0.26	0.27	0.28	0.29	0.30	0.31	0.33	0.36	0.38
150	0.25	0.25	0.26	0.27	0.28	0.29	0.30	0.30	0.31	0.34	0.36	0.39
140	0.25	0.25	0.26	0.27	0.28	0.29	0.30	0.30	0.31	0.34	0.36	0.39
120	0.25	0.25	0.26	0.27	0.29	0.30	0.32	0.32	0.33	0.35	0.37	0.40
100	0.25	0.25	0.26	0.28	0.29	0.31	0.33	0.33	0.34	0.36	0.38	0.41
90	0.25	0.25	0.26	0.28	0.29	0.31	0.33	0.33	0.34	0.36	0.38	0.41
85	0.25	0.25	0.26	0.28	0.30	0.32	0.34	0.34	0.35	0.36	0.38	0.42
80	0.25	0.25	0.26	0.28	0.30	0.32	0.34	0.34	0.35	0.36	0.38	0.42
70	0.25	0.25	0.26	0.28	0.30	0.32	0.34	0.34	0.35	0.37	0.39	0.43
60	0.25	0.25	0.26	0.28	0.31	0.33	0.35	0.35	0.36	0.37	0.39	0.43
50	0.25	0.25	0.26	0.28	0.31	0.33	0.35	0.35	0.36	0.38	0.40	0.44
45	0.25	0.25	0.26	0.28	0.31	0.33	0.35	0.35	0.36	0.38	0.40	0.44
40	0.25	0.25	0.26	0.28	0.31	0.33	0.35	0.35	0.36	0.38	0.40	0.44
30	0.25	0.25	0.26	0.29	0.31	0.34	0.36	0.36	0.37	0.39	0.41	0.46
场地类别	Ⅰ		Ⅱ							Ⅲ		

续表

v_{se} (m/s)	d_{ov} (m)											场地类别
	35.0	40.0	45.0	48.0	50.0	65.0	80.0	90.0	100.0	110.0	≥120.0	
>510	0.25	0.25	0.25	0.25	0.25	0.25	0.25	0.25	0.25	0.25	0.25	Ⅰ
500	0.26	0.26	0.26	0.26	0.26	0.26	0.26	0.26	0.26	0.26	0.26	Ⅱ
450	0.29	0.29	0.30	0.30	0.30	0.31	0.32	0.33	0.33	0.34	0.34	
400	0.32	0.33	0.34	0.35	0.35	0.37	0.38	0.39	0.40	0.41	0.41	
350	0.33	0.34	0.35	0.36	0.36	0.38	0.39	0.40	0.40	0.41	0.42	
300	0.34	0.35	0.36	0.37	0.37	0.39	0.40	0.41	0.41	0.42	0.42	
275	0.35	0.36	0.37	0.38	0.38	0.40	0.41	0.42	0.42	0.43	0.43	
250	0.36	0.37	0.37	0.38	0.39	0.40	0.42	0.43	0.44	0.45	0.45	
225	0.37	0.38	0.38	0.39	0.39	0.41	0.43	0.44	0.45	0.46	0.47	
200	0.37	0.38	0.39	0.40	0.40	0.42	0.44	0.45	0.46	0.47	0.49	
180	0.38	0.39	0.40	0.40	0.41	0.43	0.46	0.48	0.49	0.50	0.51	
160	0.39	0.40	0.41	0.42	0.42	0.46	0.49	0.51	0.53	0.55	0.57	
150	0.40	0.41	0.42	0.43	0.43	0.47	0.51	0.53	0.55	0.57	0.59	
140	0.40	0.42	0.43	0.44	0.44	0.48	0.52	0.54	0.56	0.58	0.60	Ⅳ
120	0.41	0.43	0.44	0.45	0.46	0.50	0.54	0.57	0.60	0.63	0.66	
100	0.43	0.44	0.46	0.47	0.48	0.52	0.57	0.60	0.63	0.66	0.69	
90	0.43	0.45	0.47	0.48	0.48	0.53	0.58	0.62	0.65	0.68	0.71	
85	0.43	0.45	0.48	0.49	0.49	0.54	0.60	0.64	0.67	0.71	0.74	
80	0.44	0.46	0.48	0.50	0.50	0.56	0.62	0.66	0.70	0.74	0.77	
70	0.44	0.46	0.50	0.51	0.51	0.58	0.65	0.70	0.74	0.81	0.83	
60	0.45	0.47	0.51	0.53	0.53	0.61	0.69	0.74	0.79	0.87	0.88	
50	0.45	0.47	0.52	0.54	0.55	0.64	0.72	0.78	0.84	0.94	0.94	
45	0.46	0.48	0.53	0.55	0.56	0.65	0.74	0.80	0.86	0.97	0.97	
40	0.46	0.48	0.54	0.56	0.56	0.66	0.76	0.82	0.88	1.00	1.00	
30	0.48	0.50	0.55	0.57	0.58	0.69	0.79	0.86	0.93	1.00	1.00	
场地类别	Ⅲ					Ⅳ						

5）计算罕遇地震作用时，特征周期应增加 0.05s。

2. 桩基础及地基处理等对场地类别的影响

1）场地类别划分时所考虑的主要是地震地质条件对地震动的效应，采用桩基础（如采用钻孔灌注桩的后注浆技术等）或地基处理（如水泥土搅拌桩等）影响到建筑物的下卧土层，可以改善下卧层地基的性质，使其得到适当的加密处理，这种对建筑物地基的改善作用是明显存在的，但也应该看到其处理的范围相对较小，属于局部范围地基条件的改善。而建筑场地（见第 2.1.8 条）是建筑群体所在地，场地的尺度比建筑物地基的尺度大得多，因此，场地内局部（建筑物对应区域、有限深度）范围内地基条件的改善，具有减小土层中地震加速度的作用（见第 4.1.1 条），但这种改善对整个场地的地震特性影响不大。因此，一般情况下，在结构抗震设计中常忽略桩基础或地基处理对场地条件改善的有利影响（可不考虑场地类别的改变，且偏于安全）。

2）但对大面积超厚填方的场地，特别是山区岩面埋深较浅的Ⅰ类场地及山谷抛填形成的场地，应按填方（造成覆土层厚度加大，引起场地类别变化）后的情况确定场地类别。遇有大面积深厚填土的工程，应特别注意对勘察报告的再核查，必要时应提请勘察单位对场地类别进行补充判断。

第 4.1.7 条

一、标准的规定

4.1.7 场地内存在发震断裂时，应对断裂的工程影响进行评价，并应符合下列要求：

1 对符合下列规定之一的情况，可忽略发震断裂错动对地面建筑的影响：

1）抗震设防烈度小于 8 度；

2）非全新世活动断裂；

3）抗震设防烈度为 8 度和 9 度时，隐伏断裂的土层覆盖厚度分别大于 60m 和 90m。

2 对不符合本条 1 款规定的情况，应避开主断裂带。其避让距离不宜小于表 4.1.7 对发震断裂最小避让距离的规定。在避让距离的范围内确有需要建造分散的、低于三层的丙、丁类建筑时，应按提高一度采取抗震措施，并提高基础和上部结构的整体性，且不得跨越断层线。

发震断裂的最小避让距离（m）　　表 4.1.7

<table>
<tr><th rowspan="2">烈 度</th><th colspan="4">建筑抗震设防类别</th></tr>
<tr><th>甲</th><th>乙</th><th>丙</th><th>丁</th></tr>
<tr><td>8</td><td>专门研究</td><td>200m</td><td>100m</td><td>—</td></tr>
<tr><td>9</td><td>专门研究</td><td>400m</td><td>200m</td><td>—</td></tr>
</table>

二、对标准规定的理解

1. 发震断裂带上可能发生地表错位的地段属于危险地段，应采取避让措施。

2. 对标准的上述规定可用表 4.1.7-1 来理解。

对断裂的工程评价要求　　表 4.1.7-1

<table>
<tr><th>序号</th><th>条 件</th><th>评 价 结 论</th></tr>
<tr><td rowspan="3">1</td><td>设防烈度小于 8 度</td><td rowspan="3">可忽略发震断裂错动对地面建筑的影响</td></tr>
<tr><td>非全新世活动断裂</td></tr>
<tr><td>8、9 度时，隐伏断裂的土层覆盖厚度分别大于 60m 和 90m</td></tr>
<tr><td>2</td><td>不符合条件 1 时</td><td>应避开主断裂带。其避让距离不宜小于表 4.1.7 对发震断裂最小避让距离的规定</td></tr>
</table>

3. 发震断裂对地面建筑物的影响与基岩以上覆土层的厚度有关，覆土层越厚，其错动影响越小。

4. 在避让距离内应严格限制房屋类型及层数（仅限房屋层数为一、二层的丙、丁类建筑，严格禁止建造甲、乙类建筑；对山区可能发生滑坡的地带，属于特别危险的地段，严禁建造民居），采取严格的抗震措施（按提高一度确定抗震措施），并提高基础及上部结构的整体性，且不允许跨越断层。

三、结构设计建议

1. 由于结构设计对建筑场地的选择设有太多发言权，因此，在设计之前应仔细复核场地地震地质条件，当场地为不应建设的危险地段时，应及时与建设单位进行沟通并留有记录，便于日后追溯。

2. 对于发震断裂对工程的影响问题，学术界看法不一。从工程角度看，断裂对建筑物的影响主要表现在是否会引起地表错动。震害调查表明，地表错动时，建在错动带上的建筑物，其破坏的程度是难以用工程措施加以避免的。而准确地预测断裂位置、断裂对建筑物的作用机理及对破坏程度的评估，近期内难以取得突破性进展，因此避让是上策。

第 4.1.8 条

一、标准的规定

4.1.8 当需要在条状突出的山嘴、高耸孤立的山丘、非岩石和强风化岩石的陡坡、河岸和边坡边缘等不利地段建造丙类及丙类以上建筑时，除保证其在地震作用下的稳定性外，尚应估计不利地段对设计地震动参数可能产生的放大作用，其水平地震影响系数最大值应乘以增大系数。其值应根据不利地段的具体情况确定，在 1.1～1.6 范围内采用。

二、对标准规定的理解

1.《抗震通规》的相关规定见其第 4.1.1 条。

2. 对标准的上述规定可用表 4.1.8-1 来理解。

在不利地段建造丙类及丙类以上建筑时的措施　　表 4.1.8-1

建筑的不利地段情况	相应的技术措施
条状突出的山嘴、高耸孤立的山丘、非岩石和强风化岩石的陡坡、河岸和边坡边缘等不利地段	保证其在地震作用下的稳定性
	估计不利地段对设计地震动参数可能产生的放大作用，其水平地震影响系数最大值应乘以增大系数；其值可根据不利地段的具体情况确定，取 1.1～1.6

3. 局部突出地形顶部的地震影响系数的增大系数确定过程如下：

$$\lambda = 1 + \xi\alpha \tag{4.1.8-1}$$

式中：λ——局部突出地形顶部的地震影响系数的增大系数；

α——局部突出地形地震动参数的增大幅度，按表 4.1.8-2 采用；

ξ——附加调整系数，与建筑场地离突出台地边缘（最近点）的距离 L_1 与相对高差 H 的比值有关（图 4.1.8-1）。当 $L_1/H<2.5$ 时，$\xi=1.0$；当 $2.5\leqslant L_1/H<5$ 时，$\xi=0.6$；当 $L_1/H\geqslant5$ 时，$\xi=0.3$。

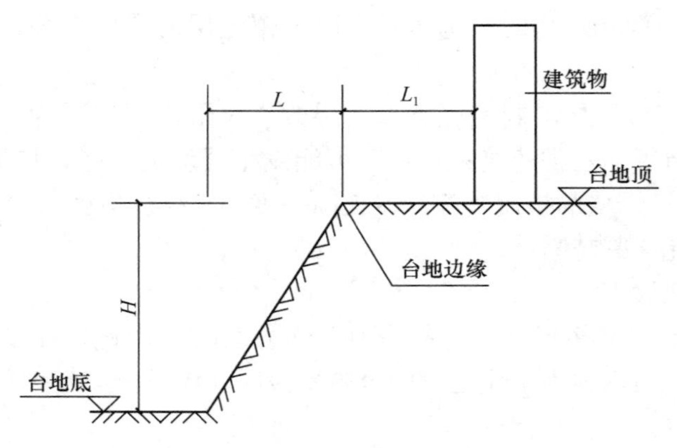

图 4.1.8-1 局部突出地形的影响

局部突出地形地震影响系数的增大幅度 α 值 **表 4.1.8-2**

突出地形的高度 H（m）	非岩质地层	$H<5$	$5\leqslant H<15$	$15\leqslant H<25$	$H\geqslant25$
	岩质地层	$H<20$	$20\leqslant H<40$	$40\leqslant H<60$	$H\geqslant60$
局部突出台地边缘的侧向平均坡降（H/L）	$H/L<0.3$	0	0.1	0.2	0.3
	$0.3\leqslant H/L<0.6$	0.1	0.2	0.3	0.4
	$0.6\leqslant H/L<1.0$	0.2	0.3	0.4	0.5
	$H/L\geqslant1.0$	0.3	0.4	0.5	0.6

4. 本条规定适用于山包、山梁、悬崖、陡坡等各种地形。

三、结构设计建议

1. 资料显示，局部地形条件对抗震有影响。一般情况下，非岩质地形对烈度的影响比岩质地形的影响更为明显，但对于岩石地基高达数十米的条状突出的山嘴和高耸孤立的山丘，由于鞭鞘效应明显，振动有所加大，烈度有所提高。因此，《抗震标准》将属于岩石地基的“条状突出的山嘴、高耸孤立的山丘”也列为对抗震的不利地段，而山谷地区则不存在上述鞭鞘效应，因而不属于抗震的不利地段，但应注意地震引起的次生灾害（滑坡、泥石流等，山区建筑还应特别注意建筑物对山区排洪体系的维护，避免诱发新的地质灾害）对建筑的影响。

2. 震害调查已多次证实，局部高突地形对地震动的反应比山脚的开阔地强烈得多，山坡、山顶处建筑物遭受到的地震烈度较平地要高出 1～3 度，结构设计时应予以充分的重视。

3. 场地条件是影响地震地面运动的重要因素，震害调查表明，高突地形、条状突出的山嘴等对地震烈度的影响明显（1974 年云南昭通地震时，芦家湾大队地形复杂，在不大的范围内，同一等高线上的震害就大不一样。在条形的舌尖端，烈度相当于 9 度，稍向内侧为 7 度，近大山处则为 8 度，见图 4.1.8-2）。因此，当结

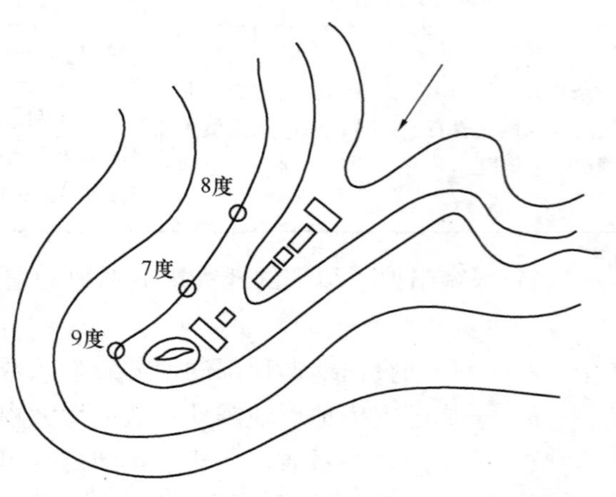

图 4.1.8-2 芦家湾大队地形及烈度示意图
（图中方块为建筑物）

构设计中遇有山坡、山顶建筑时，应特别注意不利地形对抗震设计的影响，必要时应对抗震设计的基础资料（即地震作用的大小）进行相应的调整，以确保结构抗震安全。

4. 以工程实例说明如下。

【例 4.1.8-1】 大连城堡酒店工程局部地形条件对抗震设计的影响

1）工程概况见【例 3.3.1-1】。

2）中国地震局工程力学研究所在本工程边坡地震稳定性评价报告中指出：本工程场地位于山坡上，山坡地形对地震动有明显的放大作用，依据本工程场地的实际高差 H 和坡降角度 H/L，确定本场地地震动峰值加速度放大 1.2 倍。

5. 实际工程中，当局部突出的高度 H 较小（如对岩质地层 $H<8$m，非岩质地层 $H<2$m）时，可不将其列为局部突出，不需要考虑局部突出地形顶部地震影响系数的增大，只需采取确保地基基础稳定的结构措施。

第 4.1.9 条

一、标准的规定

4.1.9 场地岩土工程勘察，应根据实际需要划分的对建筑有利、一般、不利和危险的地段，提供建筑的场地类别和岩土地震稳定性（含滑坡、崩塌、液化和震陷特性）评价，对需要采用时程分析法补充计算的建筑，尚应根据设计要求提供土层剖面、场地覆盖层厚度和有关的动力参数。

二、对标准规定的理解

1.《抗震通规》的相关规定见其第 3.1.1 条。

2. 本条规定了抗震设计对勘察报告的基本要求。勘察报告也是抗震设计的依据性文件。

3. 勘察报告除应满足本条对抗震设计的要求外，尚需满足《地基规范》第 3.0.3 条的相关规定。

三、结构设计建议

1. 工程地质勘察主要着眼于地质情况及现有场地条件下的场地稳定问题，而地震安全性评价则着重强调现有条件下的地震安全性问题，两者对特殊条件下（如山区建筑，深挖高填等引起）的地震地质安全性问题则未能涉及。因此，对复杂工程场地，应由建设方委托具有专门资质的单位进行工程的地震地质安全性评价。

2. 以工程实例说明如下。

【例 4.1.9-1】 大连城堡酒店工程地震地质安全性评价

1）工程概况见【例 3.3.1-1】。

2）本工程建于半山腰，属于特殊的建筑地段，边坡的稳定（包括山坡自身的稳定、工程建设中深挖高填引起的山坡稳定问题、地震尤其是罕遇地震诱发的边坡稳定问题等）对建筑物的安全至关重要。一般的地质勘察往往只关注工程地质本身的问题，很少涉及地震对场地边坡稳定的影响。而一般的场地地震安全性评价又仅限于现有边坡的地震安全问题。为此，应进行本工程边坡地震稳定性综合评价。

3）中国地震局工程力学研究所对本工程边坡地震稳定性，评价的主要结论为：剖面 4-4 和剖面 5-5 在设防烈度地震作用下处于稳定状态，在预估的罕遇地震作用下处于基本稳定状态和稳定状态。剖面 1-1 至剖面 3-3 后缘的角砾在设防烈度地震作用下都会沿基岩面滑动，除 2-2 剖面在预估的罕遇地震作用下处于欠稳定状态，其他两个剖面均会沿基岩面滑动，应采取加固（护坡）措施，建议采用预应力锚索＋混凝土面板对边坡进行加固处理。

4.2　天然地基和基础

要点：

限于对地基基础抗震性能的了解，其抗震设计与上部结构的抗震设计相比显得粗放。目前地基基础的抗震验算仍采用纯经验的拟静力法，假定地震作用如同静力，承载力的验算方法与静力状态下相同，但考虑地震作用下天然地基抗震承载力的调整。

在地基基础的抗震设计中，如何实现“大震不倒”的设防目标，一直是工程界关注的问题。在相关规范没有明确规定之前，应重视大震时的地基基础问题，对重大工程、特殊工程的基础设计应留有适当的余地。

第 4.2.1 条

一、标准的规定

4.2.1　下列建筑可不进行天然地基及基础的抗震承载力验算：

1　本规范规定可不进行上部结构抗震验算的建筑。

2　地基主要受力层范围内不存在软弱黏性土层的下列建筑：

1）一般的单层厂房和单层空旷房屋；

2）砌体房屋；

3）不超过 8 层且高度在 24m 以下的一般民用框架和框架-抗震墙房屋；

4）基础荷载与 3）项相当的多层框架厂房和多层混凝土抗震墙房屋。

注：软弱黏性土层指 7 度、8 度和 9 度时，地基承载力特征值分别小于 80、100 和 120kPa 的土层。

二、对标准规定的理解

1. 地基基础的抗震设计采用纯经验的办法，对大多数未发生过震害的地基基础（注意，只适用于天然地基），规定其不验算的范围。

2. 标准的本条规定，可按表 4.2.1-1 理解。

可不进行天然地基及基础抗震承载力验算的建筑　　表 4.2.1-1

序号	结构类别	具体内容	
1	单层结构	地基主要受力层范围内不存在软弱黏土层	一般的单层厂房和单层空旷房屋
2	砌体结构		全部
3	多层框架、框架-抗震墙及抗震墙结构		不超过 8 层且高度在 24m 以下的一般民用框架和框架-抗震墙房屋
4			基础荷载与第 3 项相当的多层框架厂房和多层混凝土抗震墙房屋
5	其他	《抗震标准》规定的可不进行上部结构抗震验算的建筑	

3. 符合表 4.2.1-1 的建筑，其天然地基及基础均可不验算抗震承载力。

4. “7 度、8 度和 9 度”指本地区抗震设防烈度。

5. 天然地基的抗震承载力验算即《抗震标准》第 4.2.4 条规定的内容。

6. 基础的抗震承载力验算包含基础的抗弯、抗剪和抗冲切等计算内容，见《地基规范》第 8 章相关内容。

三、结构设计的相关问题

1. 天然地基与基础抗震承载力验算的差异问题。

2. 《抗震标准》未规定，当进行地基处理后是否也可以执行标准的上述规定。

3. 关于表 4.2.1-1 中第 1 项单层结构的结构形式问题。

四、结构设计建议

1. 天然地基一般都具有较好的抗震性能，震害调查表明，在遭受破坏的建筑中，因地基失效导致的破坏要少于上部结构惯性力的破坏，因此，对符合条件的地基（尤其是天然地基）可不进行抗震承载力验算很容易理解。而基础的抗震承载力与其下部是否是天然地基关系不大，天然地基的承载力高低也各不相同，因此，对天然地基上的基础也可不进行抗震承载力验算较难以理解（只能理解为地基基础的抗震验算与其实际受力状况存在明显差异）。目前情况下，有条件时，宜加强对基础抗震承载力的验算，尤其当天然地基的承载力特征值较高时更应注意。

2. 采用地基加固措施从某种意义上说，就是对天然地基进行了加固处理，对加固后的天然地基建议按下列两种情况考虑。

1）当按原有天然地基条件能满足表 4.2.1-1 的要求时，采用地基加固措施后的地基可认为同样满足规范的要求。

2）当按原有天然地基条件不能满足表 4.2.1-1 的要求时，宜对采用地基加固措施后的地基进行相关抗震验算（即不属于标准规定的可不进行抗震承载力验算的地基）。

3. 表 4.2.1-1 中第 1 项的单层房屋，标准未规定其结构形式；表 4.2.1-1 中第 3 项的房屋，标准规定其适用于框架和框架-抗震墙房屋。对采用框架-抗震墙结构的房屋及少量抗震墙的框架结构房屋，由于抗震墙承受了大部分水平地震作用，设计时应特别注意加强对抗震墙下基础及地基的抗震验算。

4. 实际工程中，由于建筑的要求，某些特殊的单层及多层建筑常常也采用钢筋混凝土抗震墙结构。由于抗震墙结构墙体布置均匀，竖向荷载及侧向刚度分布也均匀，其特点与砌体结构相近，因此，对抗震墙下地基及基础的抗震承载力仍可不验算。

5. 地基主要受力层范围可按根据基础的形式及地基压缩层厚度确定，基础底面以下地基压缩层的厚度 z_n 可按式（4.2.1-1）计算，其中 b 为基础宽度（m）。

$$z_n = b(2.5 - 0.4\ln b) \tag{4.2.1-1}$$

1）独立基础底面以下的主要受力层范围，取式（4.2.1-1）计算值及 $1.5b$ 与 5m 的最大值。

2）条形基础底面以下的主要受力层范围，取式（4.2.1-1）计算值及 $3b$ 与 5m 的最大值。

3）其他基础底面以下的主要受力层范围，取式（4.2.1-1）计算值且不小于 5m。

6. 对标准规定可不进行天然地基与基础抗震承载力验算的工程进行验算时发现，抗震验算往往起控制作用，而实际震害调查又表明此类工程因地基失效导致的破坏情况较少。这说明，采用纯经验的拟静力法进行地基基础的抗震验算，与地基基础的实际受力状况存在差异。因此，应重视地基基础的概念设计，关注上部结构的荷载均匀、承受竖向荷载的结构布置均匀、抗侧力结构布置的均匀、地基及基础的均匀等问题。有条件时宜加强对天然地基与基础抗震承载力的验算，以确保安全。

第 4.2.2 条

一、标准的规定

4.2.2 天然地基基础抗震验算时，应采用地震作用效应标准组合，且地基抗震承载力应取地基承载力特征值乘以地基抗震承载力调整系数计算。

二、对标准规定的理解

1.《抗震通规》的相关规定见其第 3.2.1 条。本条明确了天然地基抗震承载力验算的基本原则。

2. 传至天然地基持力层顶面的效应，采用地震作用效应的标准组合，对应于公式(5.4.1)中，不考虑风荷载的影响（地基抗震承载力验算时，取用的是地震起控制作用的效应组合）且各分项系数取 1.0。

3. 天然地基承载力特征值按《地基规范》的相关规定确定。

4. 天然地基在荷载作用下的承载力验算仍应满足《地基规范》的相关要求。

三、结构设计建议

上述对天然地基的规定也可适用于经地基处理以后的人工地基（如换填处理、CFG 桩处理等)。

第 4.2.3 条

一、标准的规定

4.2.3 地基抗震承载力应按下式计算：

$$f_{aE} = \xi_a f_a \tag{4.2.3}$$

式中：f_{aE}——调整后的地基抗震承载力；

ξ_a——地基抗震承载力调整系数，应按表 4.2.3 采用；

f_a——深宽修正后的地基承载力特征值，应按现行国家标准《建筑地基基础设计规范》GB 50007 采用。

地基抗震承载力调整系数　　表 4.2.3

岩土名称和性状	ξ_a
岩石，密实的碎石土，密实的砾、粗、中砂，$f_{ak}\geqslant$300kPa 的黏性土和粉土	1.5
中密、稍密的碎石土，中密和稍密的砾、粗、中砂，密实和中密的细、粉砂，150kPa$\leqslant f_{ak}<$300kPa 的黏性土和粉土，坚硬黄土	1.3
稍密的细、粉砂，100kPa$\leqslant f_{ak}<$150kPa 的黏性土和粉土，可塑黄土	1.1
淤泥，淤泥质土，松散的砂，杂填土，新近堆积黄土及流塑黄土	1.0

二、对标准规定的理解

1. 本条规定中的“地基”可理解为天然地基，在天然地基的抗震验算中，对地基土承载力特征值调整系数的规定，主要考虑下列两个因素：

1）地基土在有限次循环动力作用下的强度一般较静强度提高。

2）在地震作用下，结构可靠度容许有一定程度的降低。

2. 对桩基础的抗震承载力调整见第 4.4.2 条。

三、结构设计建议

人工地基的抗震承载力可参考本条规定按公式（4.2.3）调整，相应的地基承载力特征值 f_a 取地基处理后且经深宽修正过的地基承载力特征值。在建筑物边缘处，应考虑人工地基与天然地基的交接情况，并可适当考虑该交接面附近土体应力的徐变对地基实际承载力的影响。一般情况下，对建筑边缘处的人工地基抗震承载力调整应留有适当的余地。

第 4.2.4 条

一、标准的规定

4.2.4 验算天然地基地震作用下的竖向承载力时，按地震作用效应标准组合的基础底面平均压力和边缘最大压力应符合下列各式要求：

$$p \leqslant f_{aE} \tag{4.2.4-1}$$

$$p_{max} \leqslant 1.2 f_{aE} \tag{4.2.4-2}$$

式中：p——地震作用效应标准组合的基础底面平均压力；

p_{max}——地震作用效应标准组合的基础边缘的最大压力。

高宽比大于 4 的高层建筑，在地震作用下基础底面不宜出现脱离区（零应力区）；其他建筑，基础底面与地基土之间脱离区（零应力区）面积不应超过基础底面面积的 15%。

二、对标准规定的理解

1. 地基基础的抗震验算，一般采用所谓“拟静力法”，此法假定地震作用如同静力，然后在这种条件下验算地基和基础的承载力和稳定性。

2. 对“其他建筑”可理解为高宽比不大于 4 的建筑（高层建筑、多层建筑等）。

3. 标准的上述规定可以用图 4.2.4-1～图 4.2.4-4 来理解。

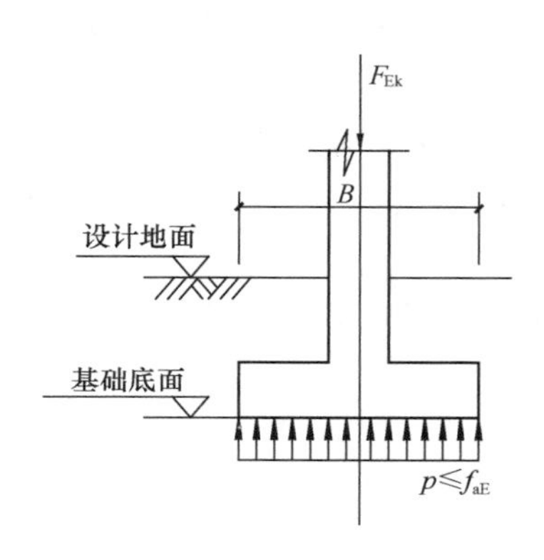

图 4.2.4-1 基底平均压力

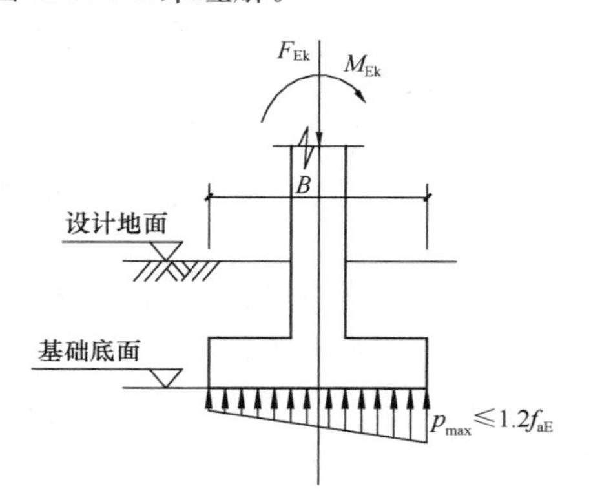

图 4.2.4-2 基础边缘最大压力

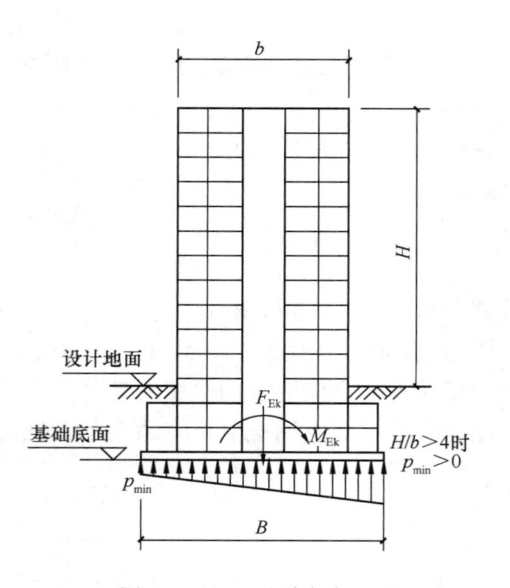

图 4.2.4-3　无零应力区

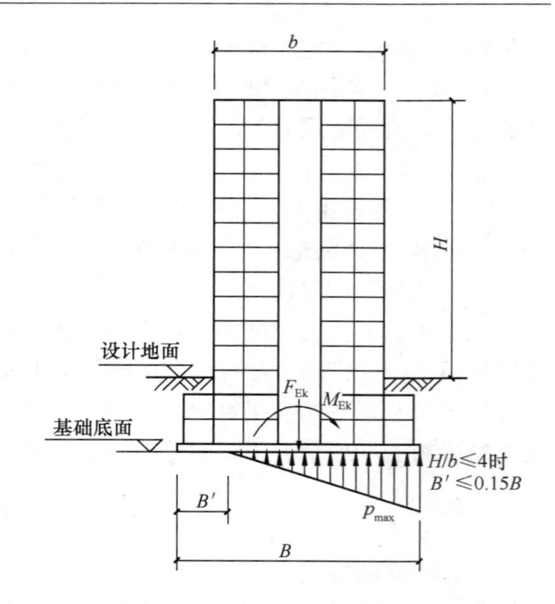

图 4.2.4-4　零应力区控制

三、结构设计的相关问题

1. 对高层建筑以高宽比（H/b）作为控制基础底面与地基土之间零应力区面积的唯一指标，在理论上并不严密，一般来说，本条规定只可用于基础尺寸与上部结构相同的情形（即图 4.2.4-3 中 b 与 B 尺寸相同时，地下室及基础无外扩）。

2. 按标准条文规定对基础底面与地基土之间零应力区面积进行控制，当建筑的高宽比数值在 4 附近时，控制标准跳跃太大，不连续。

3. 在对地基的零应力区面积限值中，未规定基础形式。当地基零应力区面积限值相同时，不同基础形式下的限值标准各不相同。

四、结构设计建议

1. 对基底的零应力区控制问题，应根据不同建筑结构（高层建筑、多层建筑），不同基础形式（箱形基础和筏形基础等整体式基础，单独基础或联合基础）和不同效应（荷载效应、地震作用效应）区别对待。对所有建筑，不加分析地套用《抗震标准》第 4.2.4 条的规定是不合适的。对多层建筑可适当放宽地震作用组合时基底零应力区的限值。

2. 无地震作用组合时：

1）对整体式基础（如箱形基础、筏形基础等），《地基规范》第 8.4.2 条明确规定了在荷载效应准永久组合下的荷载偏心距 e 应满足下式的要求：

$$e\leqslant 0.1W/A \tag{4.2.4-3}$$

式中：e——基底平面形心与上部结构在永久荷载与楼（屋）面可变荷载准永久组合下的重心的偏心距（m）；

W——与偏心方向一致的基础底面边缘抵抗矩（m^3）；

A——基础底面的面积（m^2）。

对矩形基础，式（4.2.4-3）也可以改写成：

$$e\leqslant 0.1W/A=B/60 \tag{4.2.4-4}$$

式中：B——弯矩作用方向（垂直于弯矩的矢量方向）基底平面的边长（m）。

基底反力按直线分布假定计算的基础，其底面边缘具备产生零应力区的条件是 $e>B/6$。比较式（4.2.4-4）可以发现，对整体式基础，在荷载效应准永久组合下的荷载偏心距 e 的限值要比 $B/6$ 小得多（仅为其值的 1/10）。

2）对其他基础（单独基础或联合基础等），《地基规范》只控制基础底面边缘的最大压力［当基础底面产生零应力区后，应按《地基规范》式（5.2.2-4）计算］，而对基础底面的零应力区没有限制。

3）当主楼（指高层建筑）和裙房采用不同基础形式，或基础的刚度明显不同时，对低压缩性地基或端承桩基础（注意，是有条件限制的），裙房与主楼的零应力区可分别控制。

（1）当主楼周边设置小范围裙房且主楼和裙房采用整体式基础时，应验算主楼和裙房共用整体式基础时的基础底面零应力区，见图 4.2.4-5(a)。

（2）当主楼周边设置较大范围的裙房时，应调整主楼与裙房的基础形式及刚度，主楼采用整体性强的基础形式，裙楼采用整体性较弱的基础形式或独立基础加防水板。此时，对基础底面零应力区可将主楼和裙房分开验算［图 4.2.4-5(b)、图 4.2.4-5(c)］。当裙楼采用整体式基础时，裙楼基础的零应力区验算方法与主楼整体式基础相同；当裙楼采用非整体式基础时，零应力区验算的方法同非整体式基础。

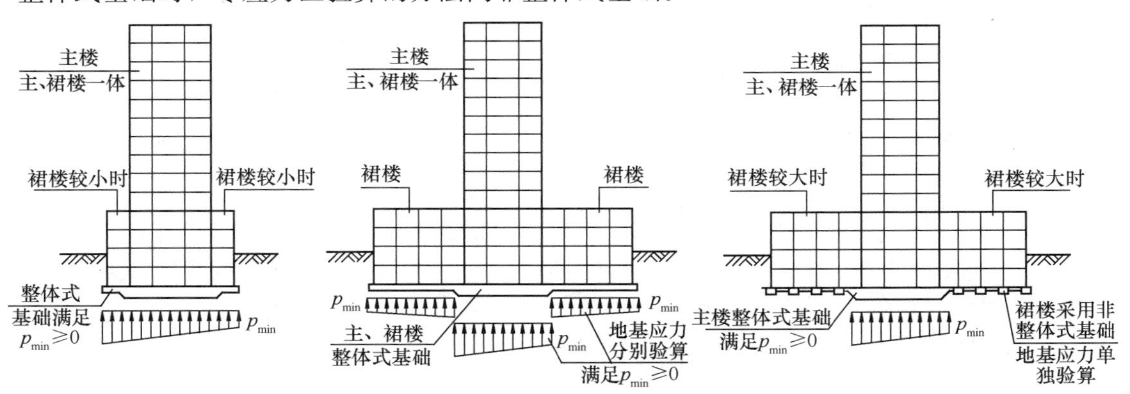

(a) 小裙房时主楼的整体式基础　(b) 大裙房时主楼的整体式基础一　(c) 大裙房时主楼的整体式基础二

图 4.2.4-5　整体式基础的零应力区限值

3. 有地震作用组合时：

1）对高层建筑，按房屋的高宽比（H/b）确定基础底面的零应力区限值并不妥当。这是因为，基础底面面积的大小不完全取决于房屋高宽比。地下室的扩展及基础周边的“飞挑”都有利于房屋的稳定。因此，对整体式基础，按房屋高度 H 与基础底面有效宽度 B（当为大地下室的整体基础时，取 $B=b+2d$，d 为基础埋深）的比值（H/B）来确定应力比的控制要求将更加合理。

2）可适当考虑规定的连续性，建议当 $H/B>4$ 时，按图 4.2.4-6 控制基础底面的零应力区面积；当 $H/B\leqslant3$ 时，按图 4.2.4-7 控制基础底面的零应力区面积；当 $3<H/B\leqslant4$ 时，可根据 H/B 的具体数值，按线性内插法确定基础底面的零应力区面积。

3）当高层建筑采用非整体式基础（如单独基础、联合基础等）时，可根据结构的高宽比（H/b）确定基础底面零应力区的限值要求［图 4.2.4-8(a)、图 4.2.4-8(b)］。

4）对多层建筑，由于结构的高宽比较小，多数情况下，地震作用（包括罕遇地震）下结构的稳定问题并不严重。比较《地基规范》第5.2.2条的规定可以发现，在荷载效应标准组合下基底的零应力区可以不受控制，而对有地震作用组合的基底零应力区面积进行过分严格的限制，就显得没有太多的道理。因此，适当放宽多层建筑在地震作用组合下基底零应力区面积的限制是合理的。一般情况下可限制基底零应力区面积不超过30%，确有依据且经验算结构的稳定能满足规范要求时，可放宽至不超过50%，见图4.2.4-8(c)。举例说明如下。

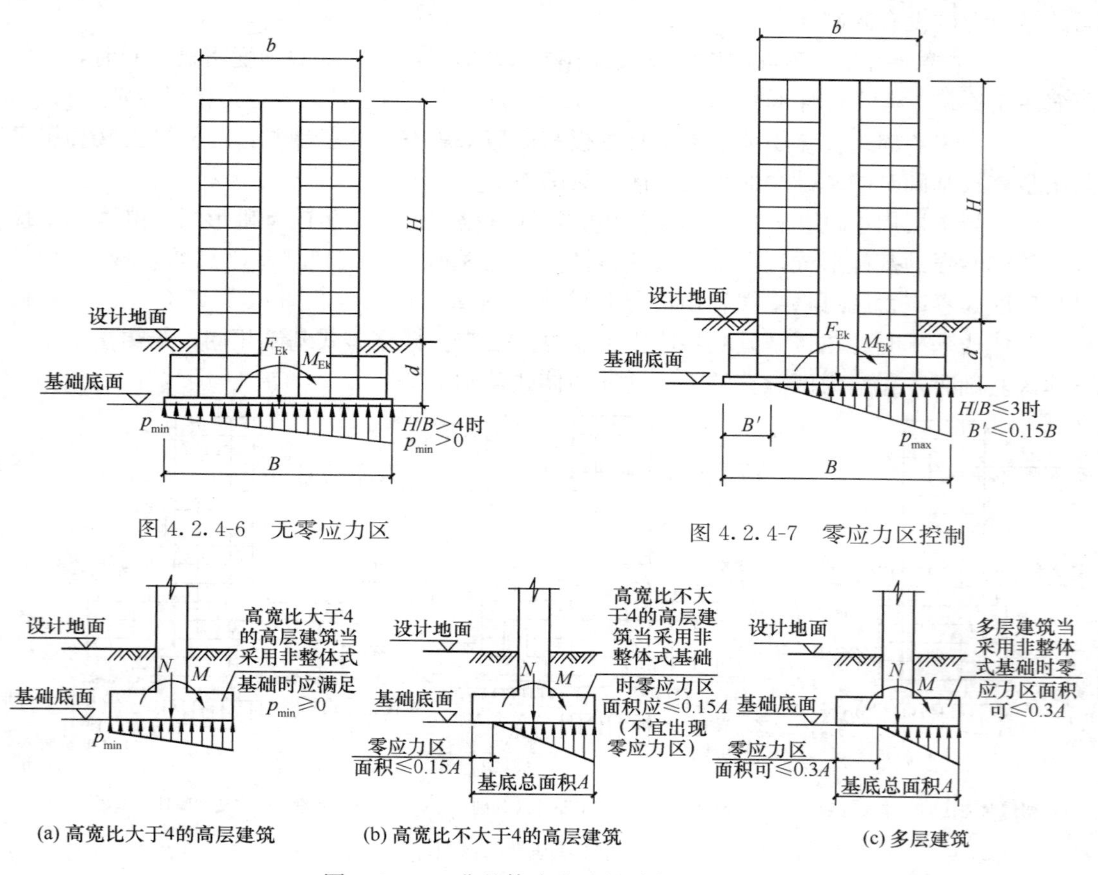

图4.2.4-6　无零应力区

图4.2.4-7　零应力区控制

图4.2.4-8　非整体式基础的零应力区限值

【例4.2.4-1】北京某工程，地上3层，无地下室，采用柱下独立基础（注意，由于独立基础承担柱底弯矩，基础顶面需配置抗弯钢筋；基础顶面宜水平或同一坡度，不宜设计成台阶状），对有地震作用组合的基底零应力区面积按30%控制，比基底零应力区面积按15%控制时节约30%以上。

4. 注意，本条所述地基的最小应力是指地基的总应力值，而不是指地基净反力。

5. 对基础底面的零应力区不再沿用“拉应力”的名称，这是因为在基础与地基的交界面很少出现明显的拉应力。当明显受拉时，地基土塑性开展并与基础底面脱开，形成零应力区。因此，采用零应力区的概念更为恰当。

6. 当基础平面为矩形时，零应力区的面积比简化为零应力区宽度与相应基础底面宽度之比。

7. 当基础双向受力时，可按两个单向受力基础分别验算（注意，按单向受力基础验算时，每个方向的轴力均应取总轴力），两向均应满足零应力区面积的限值要求。

8. 注意对地震作用效应标准组合的把握，以正确确定上部结构传给地基持力层顶面的反力值。

9. 对人工地基在地震作用下的竖向承载力进行验算时，也可执行本条规定。

五、相关索引

《抗震标准》的相关规定见第 6.1.13 条。

4.3 液化土和软土地基

要点：

1. 液化是指物体由固体转化为液体的一种现象。砂土与粉土这类土在地震作用下有变得密实的趋势。如果是饱和土，排水后才能变密，若排水受阻（如土本身渗透性不太好或有外界条件的封闭等），则土中孔隙水压上升（也可看作振动下的土粒能量传给水，使水压上升）。当孔隙水压上升到与土粒间的有效压力相等时，土粒处于没有粒间压力传递的失重状态。粒间联系破坏，成为可以随水流动的悬浊液，而当压力过高时，形成喷水冒砂，导致破坏。

2. 液化土和软土地基对结构抗震极为不利，必须采取相应的技术措施加以处理。

3. 液化地基的判别和处理要求见图 4.3.0-1。

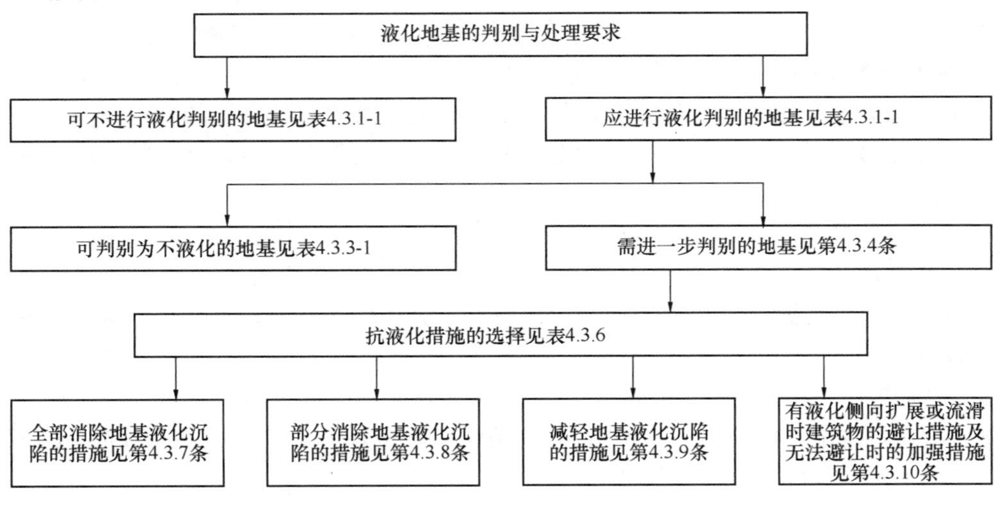

图 4.3.0-1 液化地基的判别和处理要求

第 4.3.1 条

一、标准的规定

4.3.1 饱和砂土和饱和粉土（不含黄土）的液化判别和地基处理，6 度时，一般情况下可不进行判别和处理，但对液化沉陷敏感的乙类建筑可按 7 度的要求进行判别和处理，7～9度时，乙类建筑可按本地区抗震设防烈度的要求进行判别和处理。

二、对标准规定的理解

1. 本条规定中的6度、7～9度均指本地区抗震设防烈度。

2. 对标准的上述规定可用表4.3.1-1理解。

对饱和砂土和饱和粉土的液化判别要求 **表4.3.1-1**

本地区抗震设防烈度	情 况	液化的处理要求
6度	一般情况	可不进行判别和处理
	对液化沉陷敏感的乙类建筑	可按7度的要求进行判别和处理
	甲类建筑	需专门研究
7～9度	甲类建筑	需专门研究
	乙类建筑	可按本地区抗震设防烈度的要求进行判别和处理
	丙、丁类建筑	按第4.3.2条要求进行液化判别

第4.3.2条

一、标准的规定

4.3.2 地面下存在饱和砂土和饱和粉土时，除6度外，应进行液化判别；存在液化土层的地基，应根据建筑的抗震设防类别、地基的液化等级，结合具体情况采取相应的措施。

注：本条饱和土液化判别要求不含黄土、粉质黏土。

二、对标准规定的理解

1. 本条规定中的6度指本地区抗震设防烈度。《抗震通规》的相关规定见其第3.2.2条。

2. 本条是关于液化判别和处理的专门规定，体现标准对地基安全的重视程度。

3. 遇有地基土的液化问题时，首先应对液化进行判别，一旦确认属于液化土，应确定液化的等级，然后根据液化等级和建筑的抗震设防分类，选择合适的处理措施，包括地基处理（完全液化处理、局部液化处理等）和对上部结构采取加强整体性的相应措施等。

第4.3.3条

一、标准的规定

4.3.3 饱和的砂土或粉土（不含黄土），当符合下列条件之一时，可初步判别为不液化或可不考虑液化影响：

1 地质年代为第四纪晚更新世（Q_3）及其以前时，7、8度时可判为不液化。

2 粉土的黏粒（粒径小于0.005mm的颗粒）含量百分率，7度、8度和9度分别不小于10、13和16时，可判为不液化土。

注：用于液化判别的黏粒含量系采用六偏磷酸钠作分散剂测定，采用其他方法时应按有关规定换算。

3 浅埋天然地基的建筑，当上覆非液化土层厚度和地下水位深度符合下列条件之一时，可不考虑液化影响：

$$d_u > d_0 + d_b - 2 \quad (4.3.3\text{-}1)$$

$$d_w > d_0 + d_b - 3 \quad (4.3.3\text{-}2)$$

$$d_u + d_w > 1.5d_0 + 2d_b - 4.5 \quad (4.3.3\text{-}3)$$

式中：d_w——地下水位深度（m），宜按设计基准期内年平均最高水位采用，也可按近期内年最高水位采用；

d_u——上覆盖非液化土层厚度（m），计算时宜将淤泥和淤泥质土层扣除；

d_b——基础埋置深度（m），不超过 2m 时应采用 2m；

d_0——液化土特征深度（m），可按表 4.3.3 采用。

液化土特征深度（m） **表 4.3.3**

饱和土类别	7 度	8 度	9 度
粉土	6	7	8
砂土	7	8	9

注：当区域的地下水位处于变动状态时，应按不利的情况考虑。

二、对标准规定的理解

1. 本条规定中的 7、8、9 度均指本地区抗震设防烈度。

2. “不液化”与“可不考虑液化影响”不同，“可不考虑液化影响”是有液化，但液化的影响很小，小到在工程上可以忽略不计的程度。

3. “浅埋的天然地基”可理解为基础埋深不超过 5m 的天然地基。

4. 标准的上述规定可用表 4.3.3-1 来理解。

可判别为不液化的条件 **表 4.3.3-1**

序号	本地区抗震设防烈度	可判别为不液化的条件	
1	6 度	一般不考虑液化影响（见第 4.3.1 条规定）	
2	7 度、8 度	地质年代为第四纪晚更新世（Q_3）及其以前	
3	7 度	粉土的黏粒（粒径小于 0.005mm 的颗粒）含量百分率≥10	
4	8 度	粉土的黏粒（粒径小于 0.005mm 的颗粒）含量百分率≥13	
5	9 度	粉土的黏粒（粒径小于 0.005mm 的颗粒）含量百分率≥16	
6	7～9 度	浅埋的天然地基的建筑，当上覆非液化土层厚度 d_u 和地下水位深度 d_w 符合右侧条件之一时，可不考虑液化影响。d_w、d_u、d_b 均从地表算起	$d_u>(d_0+d_b-2)$
			$d_w>(d_0+d_b-3)$
			$(d_u+d_w)>(1.5d_0+2d_b-4.5)$

【例 4.3.3-1】某扩建工程的边柱紧邻既有地下结构，抗震设防烈度为 8 度，设计基本地震加速度值为 0.3g，设计地震分组为第一组。基础采用直径 800mm 泥浆护壁旋挖成孔灌注桩，图 4.3.3-1 为某边柱等边三桩承台基础图，柱截面尺寸为 500mm×1000mm，基础及其以上土体的加权平均重度为 20kN/m³。

地下水位以下的各层土处于饱和状态，②层粉砂 A 点处的标准贯入锤击数（未经杆长修正）为 16 击，图 4.3.3-1 给出了①、③层粉质黏土的液限 W_L、塑限 W_P 及含水率 W_S。试问，下列关于各地基土层的描述中，何项是正确的？

(A) ①层粉质黏土可判别为震陷性软土

(B) A 点处的粉砂为液化土

(C) ③层粉质黏土可判别为震陷性软土

(D) 该地基上埋深小于 2m 的天然地基的建筑可不考虑②层粉砂液化的影响

【答案】(B)

根据《抗震标准》第 4.3.11 条：

对①层土，$W_S=28\%<0.9W_L=0.9\times35.1\%=31.6\%$

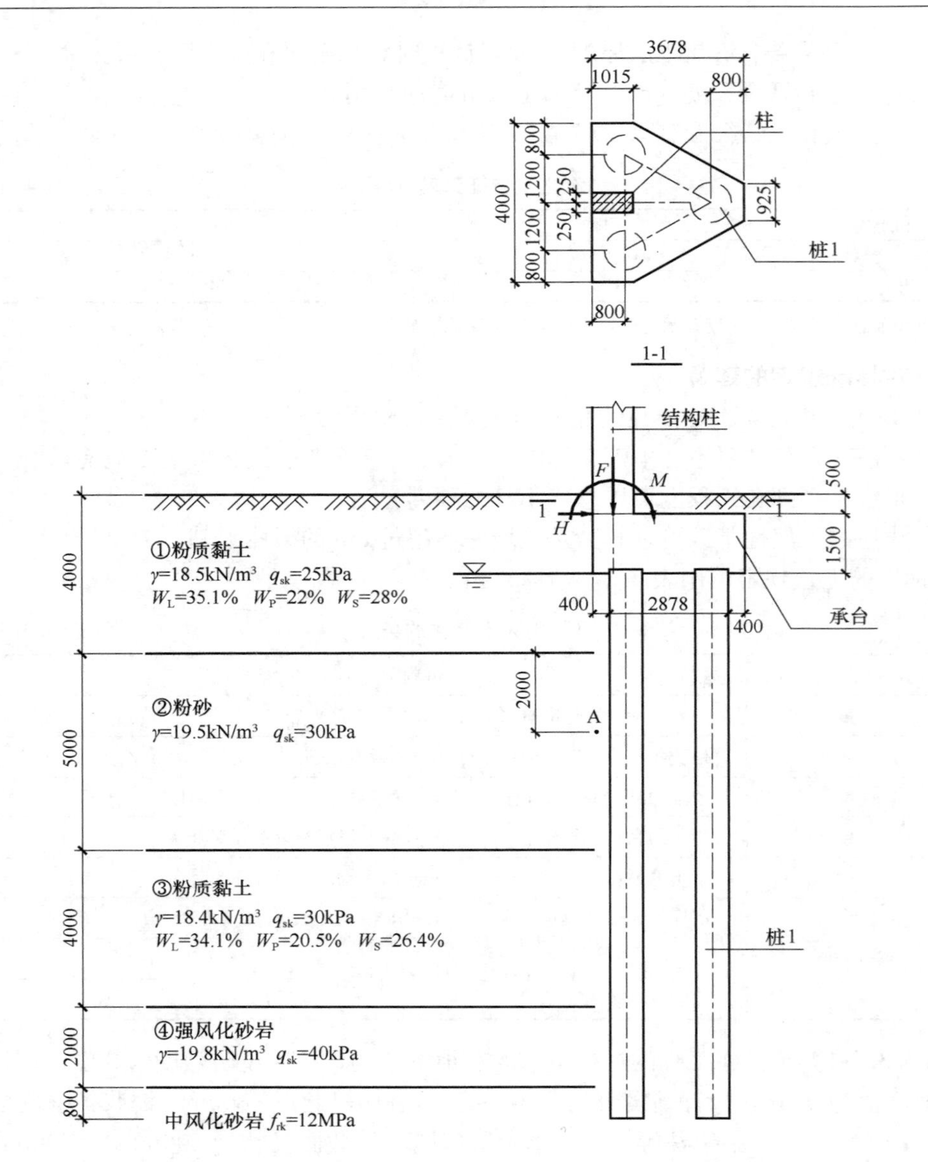

图 4.3.3-1 三桩承台

对③层土，$W_S=26.4\%<0.9W_L=0.9\times34.1\%=30.7\%$

二者均不满足震陷性软土的判别条件，因此选项（A）、（C）不正确。

对①层土，$I_L=\dfrac{W-W_P}{W_L-W_P}=\dfrac{6}{13.1}=0.46<0.75$

对③层土，$I_L=\dfrac{5.9}{13.6}=0.43<0.75$

两者均不满足《抗震标准》式（4.3.11-2）的要求，据此也可以判断选项（A）、（C）不正确；

对②层粉砂中的A点，根据《抗震标准》式（4.3.4）可得：

$$N_{cr}=16\times0.8\times[\ln(0.6\times6+1.5)-0.1\times2]\times\sqrt{3/3}=18.3>N=16$$

因此，A 点处的粉砂可判为液化土，选项（B）正确。

由于

$$d_u=4m，d_w=2m，d_b=2m，d_0=8m$$

$$d_u=4m \quad d_0+d_b-2=8+2-2=8m$$

$$d_u<d_0+d_b-2$$

$$d_w=2m \quad d_0+d_b-3=8+2-3=7m$$

$$d_w<d_0+d_b-3$$

$$d_u+d_w=6m，1.5d_0+2d_b-4.5=12+4-4.5=11.5m$$

$$d_u+d_w<1.5d_0+2d_b-4.5$$

浅埋天然地基的建筑，可不考虑液化影响的条件均不满足，因此选项（D）不正确。

本例主要说明地基土体液化或震陷判别方法。对饱和的砂土和粉土，首先应根据地下水位、土层分布及其物理指标判别是否属于液化土，一旦属于液化土，应确定地基的液化等级，并根据液化等级和建筑抗震设防分类，选择合适的处理措施。对软土，在高烈度区，其震陷是造成震害的重要原因，国内外多次大地震中的破坏实例充分说明了这一点。一旦判别为震陷性软土后，应采取桩基、地基处理等技术措施。

①、③层土为粉质黏土，①层大部分位于地下水位以下，③层全部位于地下水位以下，其震陷性可根据《抗震标准》第 4.3.11 条由天然含水率、液限、液性指数等综合判定。

A 点位于粉砂层，首先计算该点液化判别标准贯入锤击数临界值，根据标准贯入锤击数与标准贯入锤击数临界值的比较可判断其为液化土。

其次，根据《抗震标准》第 4.3.3 条对②层粉砂液化进行初步判断，浅埋天然地基的建筑可不考虑液化影响的三个条件均不满足。

5. 对液化土的判别一般由岩土工程师完成并在勘察报告中予以明确。结构工程师的主要工作是对勘察报告的再核查，避免液化判别不准确而引起结构设计的返工。

第 4.3.4 条

一、标准的规定

4.3.4 当饱和砂土、粉土的初步判别认为需进一步进行液化判别时，应采用标准贯入试验判别法判别地面下 20m 范围内土的液化；但对本规范第 4.2.1 条规定可不进行天然地基及基础的抗震承载力验算的各类建筑，可只判别地面下 15m 范围内土的液化。当饱和土标准贯入锤击数（未经杆长修正）小于或等于液化判别标准贯入锤击数临界值时，应判为液化土。当有成熟经验时，尚可采用其他判别方法。

在地面下 20m 深度范围内，液化判别标准贯入锤击数临界值可按下式计算：

$$N_{cr}=N_0\beta[\ln(0.6d_s+1.5)-0.1d_w]\sqrt{3/\rho_c} \tag{4.3.4}$$

式中：N_{cr}——液化判别标准贯入锤击数临界值；

N_0——液化判别标准贯入锤击数基准值，可按表 4.3.4 采用；

d_s——饱和土标准贯入点深度（m）；

d_w——地下水位（m）；

ρ_c——黏粒含量百分率，当小于 3 或为砂土时，应采用 3；

β——调整系数，设计地震第一组取 0.80，第二组取 0.95，第三组取 1.05。

液化判别标准贯入锤击数基准值 N_0 **表 4.3.4**

设计基本地震加速度（g）	0.10	0.15	0.20	0.30	0.40
液化判别标准贯入锤击数基准值	7	10	12	16	19

二、对标准规定的理解

1. 本条规定中的设计基本地震加速度为本地区抗震设防烈度对应的数值。

2. 调整了液化判别深度，一般情况下要求将液化判别深度加大到 20m，但对第 4.2.1 条规定可不进行天然地基及基础的抗震承载力验算的各类建筑，则可只判别至地面下 15m 范围。

3. 液化判别的深度是从天然地面算起的深度，应注意天然地面（现有地面）与最终完成地面的高差关系。对地表进行深挖高填的特殊工程，结构设计时应特别注意，必要时应提请进行专门研究。

4. 计算过程见【例 4.3.3-1】。

5. 本条所规定的工作应由岩土工程师完成。

第 4.3.5 条

一、标准的规定

4.3.5 对存在液化砂土层、粉土层的地基，应探明各液化土层的深度和厚度，按下式计算每个钻孔的液化指数，并按表 4.3.5 综合划分地基的液化等级：

$$I_{lE}=\sum_{i=1}^{n}\left[1-\frac{N_i}{N_{cri}}\right]d_iW_i \tag{4.3.5}$$

式中：I_{lE}——液化指数；

n——在判别深度范围内每一个钻孔标准贯入试验点的总数；

N_i、N_{cri}——分别为 i 点标准贯入锤击数的实测值和临界值，当实测值大于临界值时应取临界值；当只需要判别 15m 范围以内的液化时，15m 以下的实测值可按临界值采用；

d_i——i 点所代表的土层厚度（m），可采用与该标准贯入试验点相邻的上、下两标准贯入试验点深度差的一半，但上界不高于地下水位深度，下界不深于液化深度；

W_i——i 土层单位土层厚度的层位影响权函数值（单位为 m^{-1}）。当该层中点深度不大于 5m 时应采用 10，等于 20m 时应采用零值，5m～20m 时应按线性内插法取值。

液化等级与液化指数的对应关系 **表 4.3.5**

液化等级	轻 微	中 等	严 重
液化指数 I_{lE}	$0<I_{lE}\leqslant 6$	$6<I_{lE}\leqslant 18$	$I_{lE}>18$

二、对标准规定的理解

1. N_{cri} 按式（4.3.4）计算。

2. 本条所规定的工作应由岩土工程师完成。

3. 地基中等或严重液化时，地面常出现喷水冒砂现象（图 4.3.5-1）。2011 年 2 月 22 日新西兰克莱斯特彻奇里氏 6.3 级地震中，地基液化导致地面喷水冒砂、街道泥浆成河（注意，地基液化与地震并不一定同时发生，有时在地震后数小时或数天才发生）。与液化等级相对应的液化指数及对建筑物的危害情况见表 4.3.5-1。

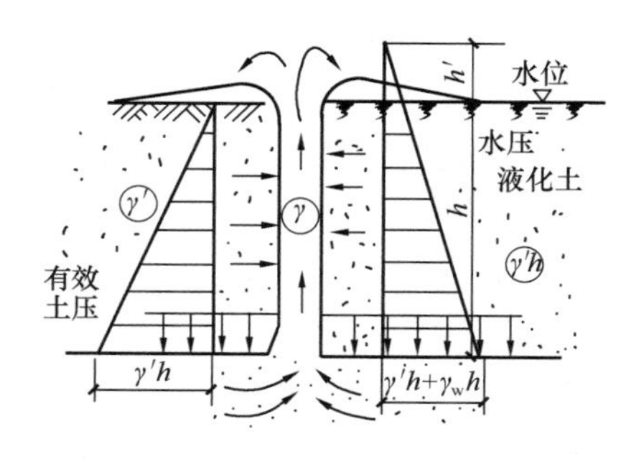

图 4.3.5-1 地震时液化土的喷水冒砂现象

液化等级对应的液化指数及对建筑物的危害情况 **表 4.3.5-1**

液化等级	液化指数（20m）I_{lE}	地面喷水冒砂情况	对建筑物的危害
轻微	<6	地面无喷水冒砂，或仅在洼地、河边有零星的喷水冒砂点	危害性小，一般不引起明显的震害
中等	6～18	喷水冒砂可能性大，从轻微到严重均有，多数属中等	危害性较大，可造成不均匀沉陷和开裂，有时不均匀沉陷可达 200mm
严重	>18	一般喷水冒砂很严重，地面变形很明显	危害性大，不均匀沉陷可能大于 200mm，高重心结构可能产生不容许的倾斜

第 4.3.6 条

一、标准的规定

4.3.6 当液化砂土层、粉土层较平坦且均匀时，宜按表 4.3.6 选用地基抗液化措施；尚可计入上部结构重力荷载对液化危害的影响，根据液化震陷量的估计适当调整抗液化措施。

不宜将未经处理的液化土层作为天然地基持力层。

抗液化措施 **表 4.3.6**

建筑抗震设防类别	地基的液化等级		
	轻微	中等	严重
乙类	部分消除液化沉陷，或对基础和上部结构处理	全部消除液化沉陷，或部分消除液化沉陷且对基础和上部结构处理	全部消除液化沉陷
丙类	基础和上部结构处理，亦可不采取措施	基础和上部结构处理，或更高要求的措施	全部消除液化沉陷，或部分消除液化沉陷且对基础和上部结构处理
丁类	可不采取措施	可不采取措施	基础和上部结构处理，或其他经济的措施

注：甲类建筑的地基抗液化措施应进行专门研究，但不宜低于乙类的相应要求。

二、对标准规定的理解

1. 本条是对第 4.3.2 条的具体化。

2. 抗液化措施是对液化地基的综合治理，不是所有液化地基都需要根治。液化程度轻微者，一般不需要特殊处理（但甲、乙建筑由于其特殊的重要性，仍需要采取措施）。对液化等级属于中等的场地，应尽量采用较易实施的对基础和上部结构处理的构造措施，不一定要加固处理液化土层。

3. 对"液化砂土层、粉土层较平坦"的规定可理解为场地液化土层坡度不大于 10°。

4. 本条规定不适用于场地液化土层坡度大于 10°和液化土层严重不均匀的情况。

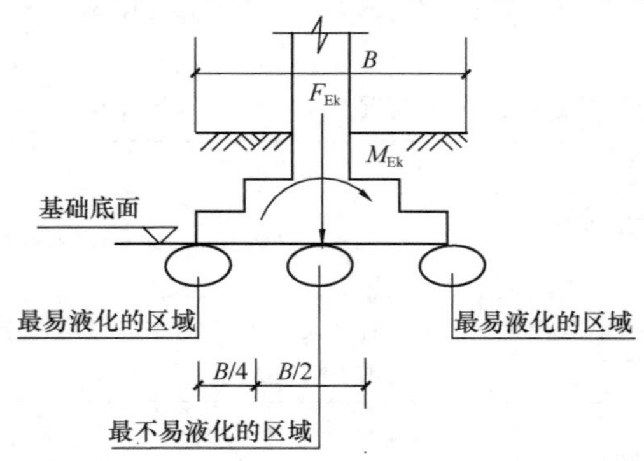

图 4.3.6-1 持力层为液化土层时的液化区域

5. 理论分析和振动台试验均表明，土所受的压力越大，则土粒间的有效应力增大，比压力小的土更不容易液化，因此，基础的附加应力有助于抗液化，使基础直下方的土抗液化能力高于基础外同标高的土。液化的主要危害来自基础的外侧（有土压力差），液化持力层范围内位于基础正下方的部位其实最难液化，由于最先液化区域对基础正下方未液化部分的影响，使之失去侧边土的压力支持（图 4.3.6-1）。因此，在外侧易液化区的影响得到控制的情况下，轻微液化的土层仍可作为基础的持力层。

《抗震标准》第 14.3.3 条条文说明中指出，当基坑开挖中采用深度大于 20m 的地下连续墙作为围护结构时，坑内土体将因地下连续墙的挟持包围而形成较好的场地条件，地震时一般不液化。因此，采取措施增强对液化土体的约束作用也可作为处理地基液化的有效方法之一。

6. 液化的危害主要来自震陷，特别是不均匀震陷。震陷量主要决定于土层的液化程度和上部结构的荷载影响，可按震陷量来评价液化的危害程度（注意，震陷量的评价方法还不够成熟，可作为调整抗震液化措施的辅助方法），见表 4.3.6-1。

不同震陷量时的抗液化措施 **表 4.3.6-1**

序号	震陷量 S_E（mm）	抗液化措施	
1	<50	可不采取抗液化措施	在同等震陷量下，乙类建筑应该采取比丙类建筑更高的抗液化措施
2	50～150	可优先考虑采取结构和基础的构造措施	
3	>150	需进行地基处理，基本消除液化震陷	

S_E 按式（4.3.6-1）及式（4.3.6-2）计算：

砂土
$$S_E = \frac{0.44}{B}\xi S_0(d_1^2 - d_2^2)(0.01p)^{0.6}\left(\frac{1-D_r}{0.5}\right)^{1.5} \tag{4.3.6-1}$$

粉土
$$S_E = \frac{0.44}{B}\xi k S_0(d_1^2 - d_2^2)(0.01p)^{0.6} \tag{4.3.6-2}$$

式中：S_E——液化震陷量平均值，液化层为多层时，先按各土层分别计算后再相加；

B——基础宽度（m），对住房等密集型基础取建筑平面宽度；当 $B \leqslant 0.44d_1$ 时，取 $B = 0.44d_1$；

S_0——经验系数，对第一组，当本地区抗震设防烈度为 7、8、9 度时分别取 0.05、0.15 和 0.3；

d_1——由室外地面算起的液化深度（m）；

d_2——由室外地面算起的上覆非液化土层深度（m），液化层为持力层时取 $d_2=0$；

p——宽度为 B 的基础底面地震作用效应标准组合的压力（kPa）；

D_r——砂土相对密度（%），可依据标准贯入锤击数 N 取 $D_r=\left(\frac{N}{0.23\sigma'_v+16}\right)^{0.5}$，其中 σ'_v 为标贯点处上覆土层的有效自重压应力（kPa），地下水位以下取浮重度计算；

k——与粉土承载力 f_{ak} 有关的经验系数，当 $f_{ak}\leqslant80$kPa 时取 0.30，当 $f_{ak}\geqslant300$kPa 时取 0.08，其他可按线性内插法确定；

ξ——修正系数，直接位于基础下的非液化厚度满足第 4.3.3 条第 3 款对上覆非液化土层厚度 d_u 的要求时，取 $\xi=0$；无非液化土层时，取 $\xi=1$，中间情况按线性内插法确定。

第 4.3.7 条

一、标准的规定

4.3.7 全部消除地基液化沉陷的措施，应符合下列要求：

1 采用桩基时，桩端伸入液化深度以下稳定土层中的长度（不包括桩尖部分），应按计算确定，且对碎石土，砾、粗、中砂，坚硬黏性土和密实粉土尚不应小于 0.8m，对其他非岩石土尚不宜小于 1.5m。

2 采用深基础时，基础底面应埋入液化深度以下的稳定土层中，其深度不应小于 0.5m。

3 采用加密法（如振冲、振动加密、挤密碎石桩、强夯等）加固时，应处理至液化深度下界；振冲或挤密碎石桩加固后，桩间土的标准贯入锤击数不宜小于本规范第 4.3.4 条规定的液化判别标准贯入锤击数临界值。

4 用非液化土替换全部液化土层，或增加上覆非液化土层的厚度。

5 采用加密法或换土法处理时，在基础边缘以外的处理宽度，应超过基础底面下处理深度的 1/2 且不小于基础宽度的 1/5。

二、对标准规定的理解

1. 本条第 1 款可用图 4.3.7-1 来理解。

2. 本条第 2 款可用图 4.3.7-2 来理解。

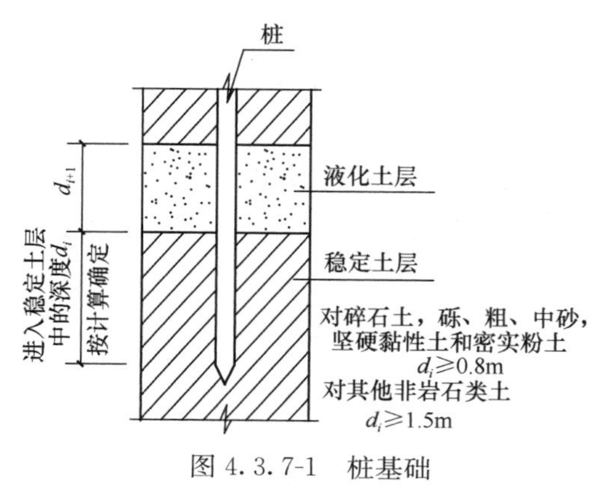

图 4.3.7-1 桩基础

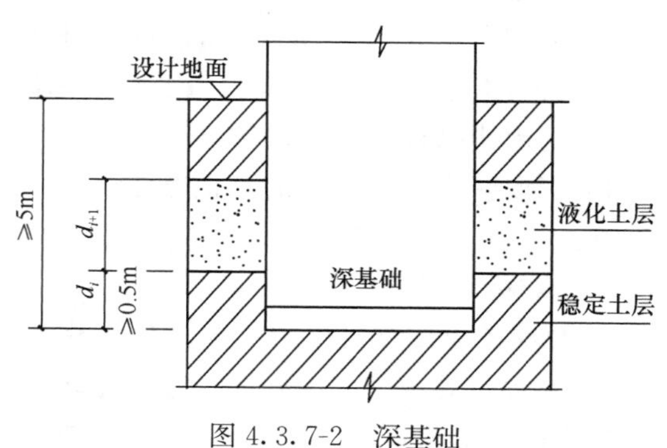

图 4.3.7-2 深基础

3. 本条第 3 款可用图 4.3.7-3 和图 4.3.7-4 来理解。

4. 本条第 4 款可用图 4.3.7-5 来理解。

5. 本条第 5 款可用图 4.3.7-6 来理解。

6. “深基础”一般指基础埋深大于 5m 的基础。

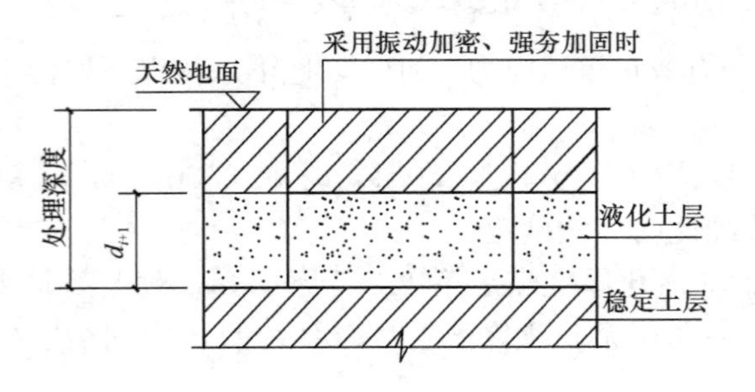

图 4.3.7-3　振动加密、强夯加固

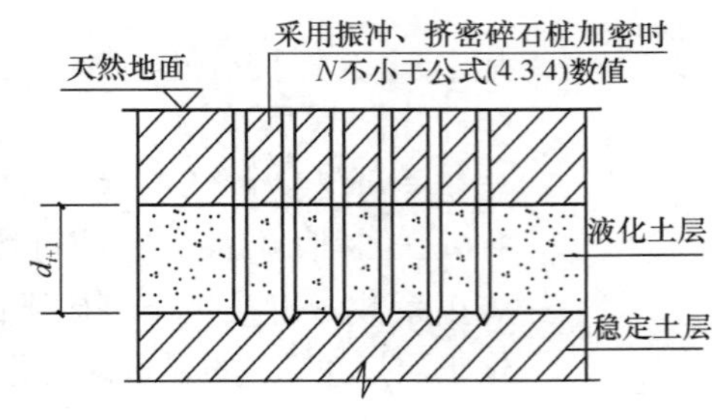

图 4.3.7-4　振冲、挤密桩

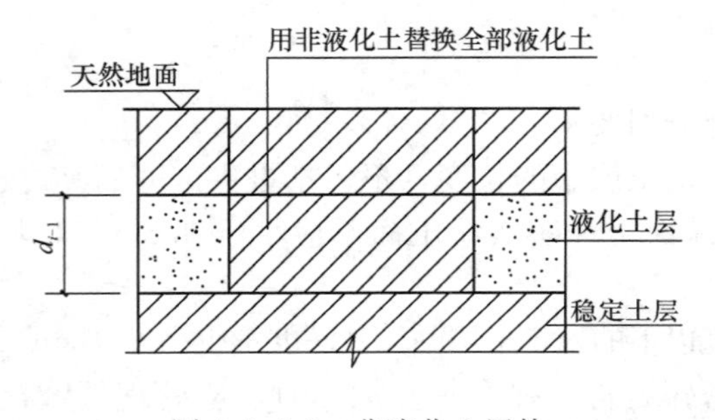

图 4.3.7-5　非液化土置换

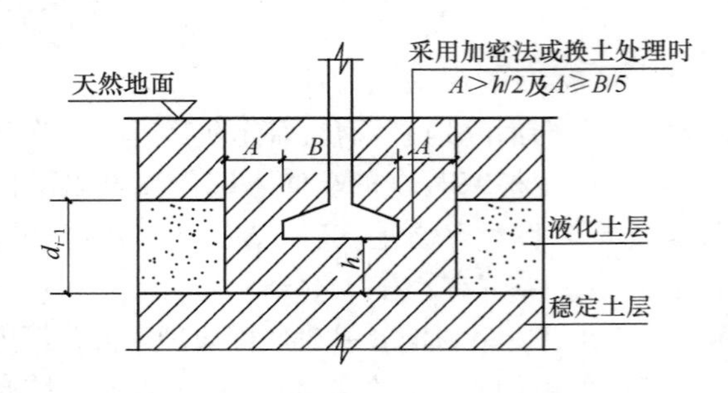

图 4.3.7-6　加密或换土

第 4.3.8 条

一、标准的规定

4.3.8　部分消除地基液化沉陷的措施，应符合下列要求：

1　处理深度应使处理后的地基液化指数减少，其值不宜大于 5（即≤5——编者注）；大面积筏基、箱基的中心区域，处理后的液化指数可比上述规定降低 1（即≤6——编者注）；对独立基础和条形基础，尚不应小于基础底面下液化土特征深度和基础宽度的较大值。

注：中心区域指位于基础外边界以内沿长宽方向距外边界大于相应方向 1/4 长度的区域。

2　采用振冲或挤密碎石桩加固后，桩间土的标准贯入锤击数不宜小于按本规范第 4.3.4 条规定的液化判别标准贯入锤击数临界值。

3　基础边缘以外的处理宽度，应符合本规范第 4.3.7 条 5 款的要求。

4　采取减小液化震陷的其他方法，如增厚上覆非液化土层的厚度和改善周边的排水条件等。

二、对标准的理解

1. 对本条第 1 款可用图 4.3.8-1 和图 4.3.8-2 来理解。

1）对规范规定中“大面积筏基、箱基”应根据工程经验确定，大面积筏基、箱基一般指基础的全部或部分（分块）采用筏基、箱基的情况，而不是局部（或个别柱下）筏基、箱基的情况。

2）大面积筏基、箱基中心区域部分消除液化沉陷的措施要求可以适当降低的原因见表 4.3.6-1，大面积筏基、箱基中心区域见图 4.3.8-3。

2. 对本条第 2 款的理解见图 4.3.7-4。

3. 对本条第 3 款的理解见图 4.3.7-6。

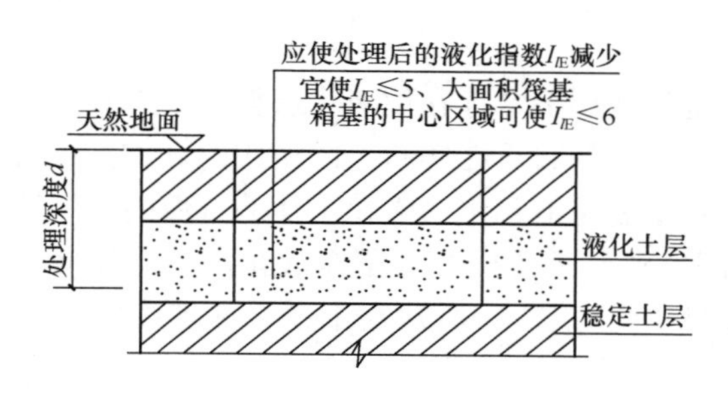

图 4.3.8-1 处理后的液化指数

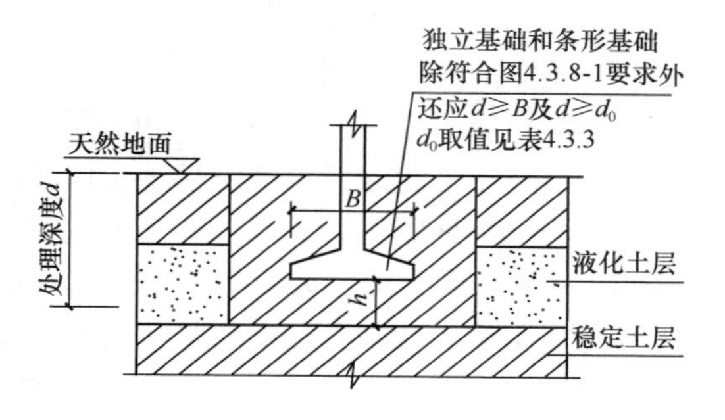

图 4.3.8-2 独立基础和条形基础

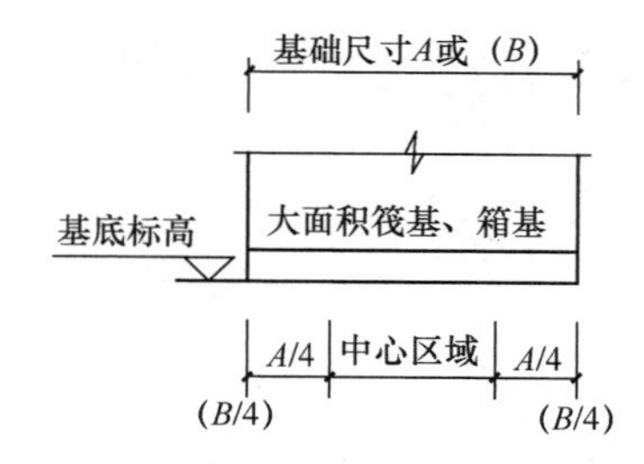

图 4.3.8-3 大面积筏基、箱基的中心区域

第 4.3.9 条

一、标准的规定

4.3.9 减轻液化影响的基础和上部结构处理，可综合采用下列各项措施：

1 选择合适的基础埋置深度。

2 调整基础底面积，减少基础偏心。

3 加强基础的整体性和刚度，如采用箱基、筏基或钢筋混凝土交叉条形基础，加设基础圈梁等。

4 减轻荷载，增强上部结构的整体刚度和均匀对称性，合理设置沉降缝，避免采用对不均匀沉降敏感的结构形式等。

5 管道穿过建筑处应预留足够尺寸或采用柔性接头等。

二、对标准规定的理解

1. 第 4.3.7～4.3.9 条规定了消除液化震陷和减轻液化影响的具体措施，这些措施都是在震害调查和分析判断的基础上提出来的。

2. 从这些具体的规定中可以看出，增加上部结构的整体刚度，提高上部结构的均匀对称性，确保地基均匀受力，避免局部地基应力集中是十分重要的。

第 4.3.10 条

一、标准的规定

4.3.10 在故河道以及临近河岸、海岸和边坡等有液化侧向扩展或流滑可能的地段内不宜修建永久性建筑，否则应进行抗滑动验算、采取防土体滑动措施或结构抗裂措施。

二、对标准规定的理解

1. 液化侧向扩展或流滑

液化层多属于河流中、下游的冲击层，在地质成因上常存在使液化层面稍稍带有走向河心的倾斜。在液化之后，液化层上覆的非液化土层的自重在倾斜方向形成的分力，还有尚未消失的水平地震力，二者的合力或仅仅土自重就可能超出已液化土体的抗剪能力（液化后的土是液状物，几乎没有抗剪能力），从而导致已液化层与上覆非液化层一起流向河心，这种现象称为“液化侧向扩展或流滑”（图 4.3.10-1），通常发生在地面坡度小于 5°的平缓岸坡或海滨。

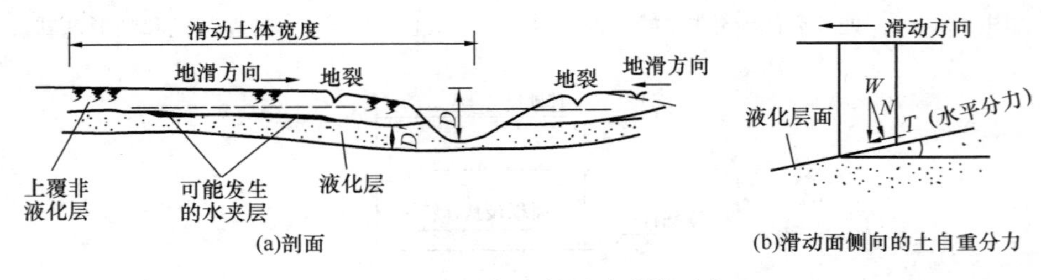

图 4.3.10-1 侧向扩展或流滑示意

2. 河湖岸边属于有液化侧向扩展或流滑可能的地段，结构设计时应特别注意避让，或采取切实有效的结构措施，确保地基基础的稳定。

3. 本条规定可用图 4.3.10-2 来理解，图中的“常时水线”宜按设计基准期内年平均最高水位采用，也可按近几年最高水位采用。

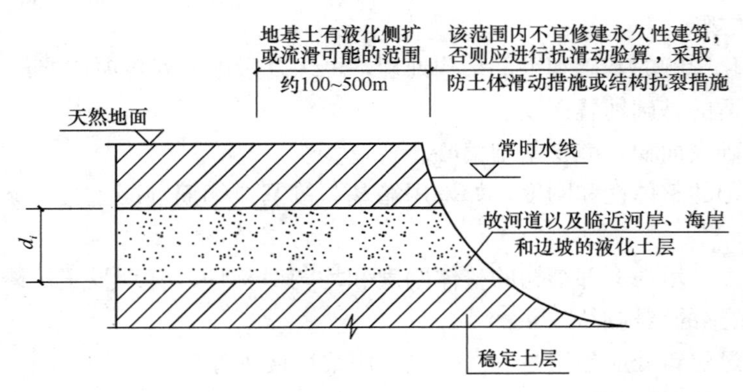

图 4.3.10-2 有液化侧扩或流滑可能的地段

4. 震害调查表明，液化侧扩范围在距常时水线 50m 范围内时水平位移和竖向位移均很大；在 50～150m 范围内，水平地面位移仍较大；大于 150m 后水平位移较小，基本不造成震害。但对辽河、黄河等河岸其影响范围可达 500m，应特别予以重视。

5. 侧向流动土体对结构的推力可按下列原则确定：

1）非液化的上覆土层施加于结构的侧向压力可按被动土压力 E_p 计算。破坏土楔向上滑，与被动土压发生时的运动方向一致（图 4.3.10-3），而楔后土体向下滑动。

2）液化土层中的侧压力 E 相当于竖向总压力的 1/3（图 4.3.10-3）；

3）计算桩基承受测压的面积时，按图 4.3.10-3 取相应土层厚度，宽度取垂直于滑动方向桩排的宽度（图 4.3.10-4）。当方桩截面边长与滑动方向不垂直时，应按桩垂直于滑动方向的投影长度计算。当采用多排桩时，应考虑所有桩在垂直于滑动方向的宽度并扣除重叠部分。

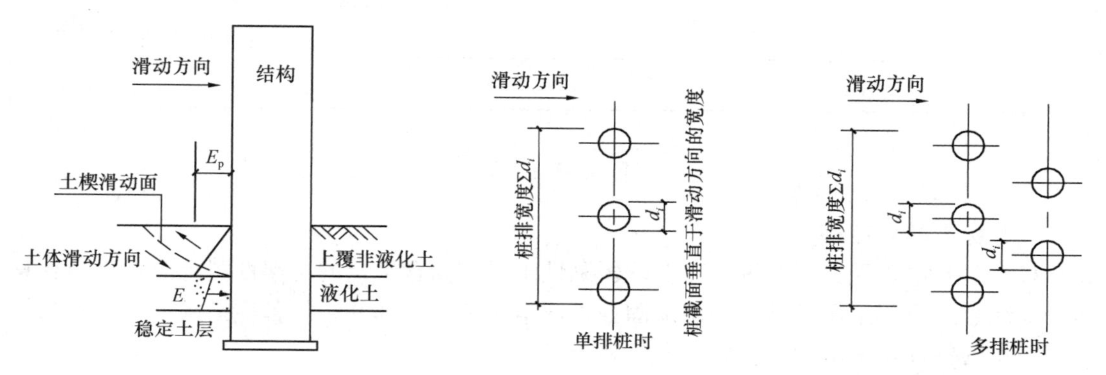

图 4.3.10-3　土压力示意

图 4.3.10-4　桩排宽度的计算

6. 减小地裂对结构影响的措施有：

1）将建筑的主轴（即主要受力方向）沿垂直河流长度方向布置，可减小垂直于液化流动方向桩排的宽度。

2）使建筑的长高比小于 3，减小结构区段的长度，提高结构的抗变形能力。

3）采用筏基或箱基，基础内应根据需要加配抗拉钢筋，基础的抗弯钢筋可兼作抗拉钢筋，抗拉钢筋可由中部向基础边缘逐段减小。

第 4.3.11 条

一、标准的规定

4.3.11 地基中软弱黏性土层的震陷判别，可采用下列方法。饱和粉质黏土震陷的危害性和抗震陷措施应根据沉降和横向变形大小等因素综合研究确定，8 度（0.30g）和 9 度时，当塑性指数小于 15 且符合下式规定的饱和粉质黏土可判为震陷性软土。

$$W_S \geqslant 0.9W_L \qquad (4.3.11\text{-}1)$$

$$I_L \geqslant 0.75 \qquad (4.3.11\text{-}2)$$

式中：W_S——天然含水量；

W_L——液限含水量，采用液、塑限联合测定法测定；

I_L——液性指数。

二、对标准规定的理解

1. 本条规定中的 8、9 度为本地区抗震设防烈度。

2. 软弱黏性土层的定义见第 4.2.1 条。我国软土地基及湿陷性黄土分布广泛，软土及湿陷性黄土的震陷应特别注意。

3. 当基础底面以下非软弱土层的厚度符合表 4.3.11-1 时，可不采取消除软土地基的震陷影响措施。

基础底面以下非软弱土层的厚度　　表 4.3.11-1

本地区抗震设防烈度	基础底面以下非软弱土层的厚度（m）	备　注
7	≥0.5b 且≥3	b 为基础底面宽度（m）
8	≥b 且≥5	
9	≥1.5b 且≥8	

第 4.3.12 条

一、标准的规定

4.3.12　地基主要受力层范围内存在软弱黏性土层和高含水量的可塑性黄土时，应结合具体情况综合考虑，采用桩基、地基加固处理或本规范第 4.3.9 条的各项措施，也可根据软土震陷量的估计，采取相应措施。

二、对标准规定的理解

1. 地基主要受力层范围见第 4.2.1 条。

2. 软弱黏性土层的定义见第 4.2.1 条。

4.4　桩　　基

要点：

桩基抗震属于工程中的难题，一方面，由地基输入桩基的地震作用在有桩时比无桩时更难以准确估计，另一方面，桩在土中承受水平向地震作用时，其工作状态是属于弹性地基梁还是弹塑性地基梁取决于地基土在地震作用下的状态。针对目前桩基设计方法的不足，可采取恰当的技术措施予以弥补。

在桩基础的抗震设计中，如何实现“大震不倒”的设防目标，一直是工程界关注的问题。在相关规范没有明确规定之前，对重大工程、特殊工程的基桩设计应留有适当的余地，并采取有效的结构措施，强化桩与承台的连接，确保在大震时连接不失效。

第 4.4.1 条

一、标准的规定

4.4.1　承受竖向荷载为主的低承台桩基，当地面下无液化土层，且桩承台周围无淤泥、淤泥质土和地基承载力特征值不大于 100kPa 的填土时，下列建筑可不进行桩基抗震承载力验算：

1　6 度～8 度时的下列建筑：

1）一般的单层厂房和单层空旷房屋；

2）不超过 8 层且高度在 24m 以下的一般民用框架房屋和框架-抗震墙房屋；

3）基础荷载与 2）项相当的多层框架厂房和多层混凝土抗震墙房屋。

2 本规范第 4.2.1 条之 1 款规定的建筑及砌体房屋。

二、对标准规定的理解

1. 本条规定中的“6 度～8 度”为本地区抗震设防烈度。

2. 本条规定与第 4.2.1 条的规定相似，对标准的上述规定可用表 4.4.1-1 来理解。

可不进行桩基抗震承载力验算的建筑 **表 4.4.1-1**

<table>
<tr><th>序号</th><th>基本条件</th><th colspan="2">结构类型</th><th>具体内容</th></tr>
<tr><td>1</td><td rowspan="4">以承受竖向荷载为主的低承台桩基，当地面下无液化土层，且桩承台周围无淤泥、淤泥质土和地基承载力特征值不大于 100kPa 的填土时</td><td>单层结构</td><td rowspan="3">6～8 度时</td><td>一般的单层厂房和单层空旷房屋</td></tr>
<tr><td>2</td><td rowspan="2">框架结构、框架-抗震墙结构及抗震墙结构</td><td>不超过 8 层且高度在 24m 以下的一般民用框架房屋和框架-抗震墙房屋</td></tr>
<tr><td>3</td><td>基础荷载与 2 项相当的多层框架厂房和多层混凝土抗震墙房屋</td></tr>
<tr><td>4</td><td colspan="3">《抗震标准》规定的可不进行上部结构抗震验算的建筑</td></tr>
</table>

3. 表 4.4.1-1 与表 4.2.1-1 的区别在于表 4.4.1-1 中 1～3 项只适用于 6～8 度，且不包含砌体结构。

三、结构设计建议

1. 对砌体结构，建议可不进行桩基抗震承载力验算。

2. 对“承受竖向荷载为主”的理解，标准未给出具体规定，可根据工程经验确定，当无工程经验时，可依据竖向荷载在边桩顶总荷载中的比例来确定。一般情况下，当竖向荷载在边桩顶的荷载大于 75%的桩顶总荷载时，可判断为“承受竖向荷载为主”的桩基。

3. 对“低承台桩基”的判别，标准无具体规定，可根据工程经验确定，当无工程经验时，可依据桩底与地基土的接触关系确定。当承台底面与天然地基紧密接触（应考虑地基的沉降问题）时，可确定为“低承台桩基”（桩实际工作时不会形成“悬臂桩”）。

4. 关于“单层厂房和单层空旷房屋”的结构类型问题，见《抗震标准》第 4.2.1 条的相关说明。

第 4.4.2 条

一、标准的规定

4.4.2 非液化土中低承台桩基的抗震验算，应符合下列规定：

1 单桩的竖向和水平向抗震承载力特征值，可均比非抗震设计时提高 25%。

2 当承台周围的回填土夯实至干密度不小于现行国家标准《建筑地基基础设计规范》GB 50007 对填土的要求时，可由承台正面填土与桩共同承担水平地震作用；但不应计入承台底面与地基土间的摩擦力。

二、对标准规定的理解

1. “正面填土”可理解为承台与水平地震剪力方向垂直的面（多边形承台为投影面积），只计算受被动土压力作用的一个面。

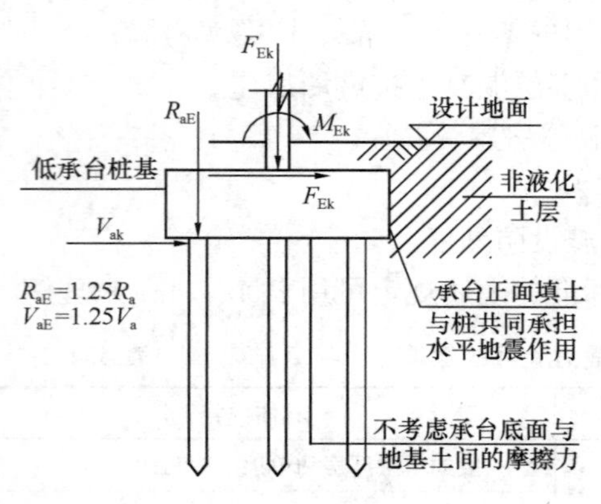

图 4.4.2-1 非液化土中的低承台桩基

2. 对“低承台桩基”的理解，见第4.4.1条相关说明。

3. 承台周围回填土的回填夯实干密度要求见《地基规范》第6.3节对填土的相关规定。

4. 之所以不考虑承台底面与地基土之间的摩擦力，是因为一般情况下该摩擦力不可靠：软弱黏性土有震陷问题，一般黏性土存在与承台脱空的问题（因桩身摩擦力产生的桩间土在附加应力下的压缩）；欠固结土的固结下沉问题；非液化土的砂砾震密问题等。而对于疏桩基础，如果桩的设计承载力按桩极限荷载取用，桩、土的竖向荷载分摊比例明确，则承台与土不会脱空，可以适当考虑承台与土的摩擦力。

5. 对标准的上述规定可用图4.4.2-1来理解。

三、结构设计建议

1. 地下室与桩、土共同抵抗水平地震作用时，假定由桩、地下室前方正面填土的被动土压力、地下室侧面填土的摩擦力（实际工程中一般不考虑）共同平衡水平力。

2. 承台前方正面填土单位面积承担水平地震剪力的数值，应根据回填土土质及密实度等情况结合工程经验确定，当无可靠工程经验时，可按15kPa确定。

3. 带钢筋混凝土地下室的桩基工程，应根据地下室的层数、地下室与主体结构的关系及土体对地下室约束情况，结合工程经验确定桩所分担的房屋底部（上部结构的嵌固部位，一般为地下室顶板）水平地震剪力 V_0（一般情况下，当地下室层数超过2层时，可不考虑桩承担地震剪力），并对桩顶部区域采取计算和箍筋加密的措施。当没有可靠工程经验时，可按表4.4.2-1确定。

地下室层数不同时桩负担的地震剪力 **表 4.4.2-1**

地下室层数	1	2	3	≥4
桩负担的地震剪力	$0.9V_0$	$0.4V_0$	$0.1V_0$	可不考虑

第4.4.3条

一、标准的规定

4.4.3 存在液化土层的低承台桩基抗震验算，应符合下列规定：

1 承台埋深较浅时，不宜计入承台周围土的抗力或刚性地坪对水平地震作用的分担作用。

2 当桩承台底面上、下分别有厚度不小于1.5m、1.0m的非液化土层或非软弱土层时，可按下列二种情况进行桩的抗震验算，并按不利情况设计：

1） 桩承受全部地震作用，桩承载力按本规范第4.4.2条取用，液化土的桩周摩阻力及桩水平抗力均应乘以表4.4.3的折减系数。

土层液化影响折减系数 表 4.4.3

实际标贯锤击数/临界标贯锤击数	深度 d_s（m）	折减系数（指保有承载力——编者注）
≤0.6	$d_s \leqslant 10$	0
	$10 < d_s \leqslant 20$	1/3
>0.6～0.8	$d_s \leqslant 10$	1/3
	$10 < d_s \leqslant 20$	2/3
>0.8～1.0	$d_s \leqslant 10$	2/3
	$10 < d_s \leqslant 20$	1

2）地震作用按水平地震影响系数最大值的 10%采用，桩承载力仍按本规范第 4.4.2 条 1 款取用，但应扣除液化土层的全部摩阻力及桩承台下 2m 深度范围内非液化土的桩周摩阻力。

3 打入式预制桩及其他挤土桩，当平均桩距为 2.5～4 倍桩径且桩数不少于 5×5 时，可计入打桩对土的加密作用及桩身对液化土变形限制的有利影响。当打桩后桩间土的标准贯入锤击数值达到不液化的要求时，单桩承载力可不折减，但对桩尖持力层作强度校核时，桩群外侧的应力扩散角应取为零。打桩后桩间土的标准贯入锤击数宜由试验确定，也可按下式计算：

$$N_1 = N_p + 100\rho(1 - e^{-0.3N_p}) \tag{4.4.3}$$

式中：N_1——打桩后的标准贯入锤击数；

ρ——打入式预制桩的面积置换率；

N_p——打桩前的标准贯入锤击数。

二、对标准规定的理解

1. 此处的“液化土层”指承台高度和桩身高度范围内存在的液化土层，对标准的上述规定可用图 4.4.3-1～图 4.4.3-4 来理解。

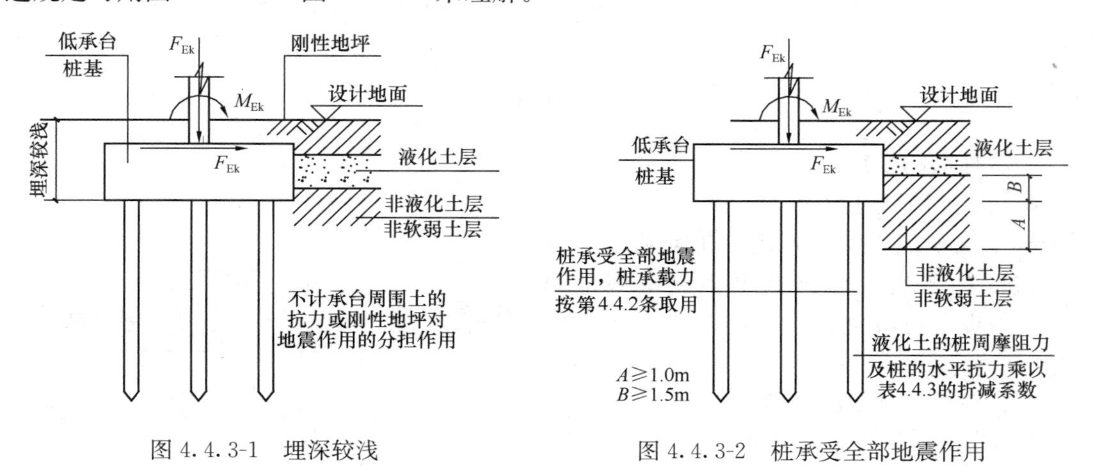

图 4.4.3-1 埋深较浅　　图 4.4.3-2 桩承受全部地震作用

2. 当符合本条第 2 款条件时，标准要求按图 4.4.3-2 和图 4.4.3-3 分别验算，按不利情况设计。水平地震影响系数最大值按表 5.1.4-1 取值。

3. 对本条第 3 款，标准未限定采用同一桩径的预制桩。当桩径不同时，可取桩径的加权平均值 $\overline{d}$，按式（4.4.3-1）计算：

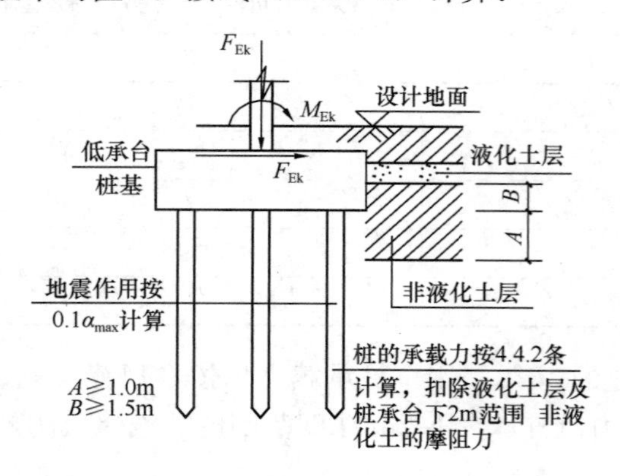

图 4.4.3-3 地震作用按 $0.1\alpha_{max}$ 计算

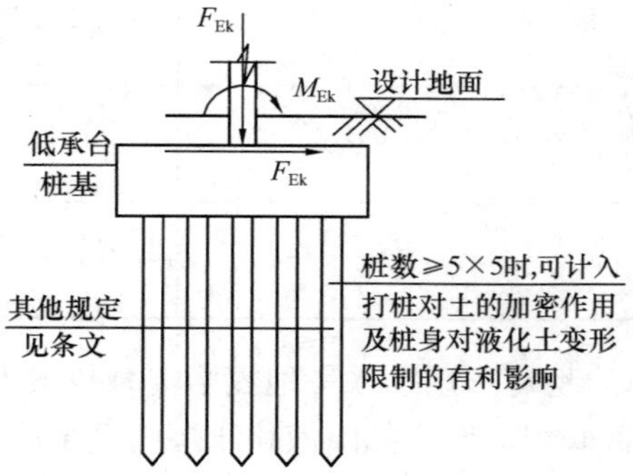

图 4.4.3-4 桩对土的挤密作用

$$\overline{d}=\frac{n_1 d_1+\cdots+n_i d_i+\cdots+n_n d_n}{n_1+\cdots+n_i+\cdots+n_n} \tag{4.4.3-1}$$

式中：d_i——第 i 种桩的桩径；

n_i——第 i 种桩径的预制桩数量。

4. 平均桩距 $\overline{l}$ 可取桩距的加权平均值，按式（4.4.3-2）计算：

$$\overline{l}=\frac{n_1 l_1+\cdots+n_i l_i+\cdots+n_n l_n}{n_1+\cdots+n_i+\cdots+n_n} \tag{4.4.3-2}$$

式中：l_i——第 i 种桩的桩距；

n_i——第 i 种桩径的预制桩数量。

5. 打入式预制桩的面积置换率 ρ，当为空心桩且不设桩尖时，取毛面积（即不扣除空心面积）计算。

6. “打桩后桩间土的标准贯入锤击数值达到不液化的要求”，即 $N_1>N_{cr}$，N_{cr} 见式（4.3.4）。

第 4.4.4 条

一、标准的规定

4.4.4 处于液化土中的桩基承台周围，宜用密实干土填筑夯实，若用砂土或粉土则应使土层的标准贯入锤击数不小于本规范第 4.3.4 条规定的液化判别标准贯入锤击数临界值。

二、对标准规定的理解

1. 对标准的上述规定可用图 4.4.4-1 来理解。N 为桩承台周围回填土层的标准贯入锤击数。

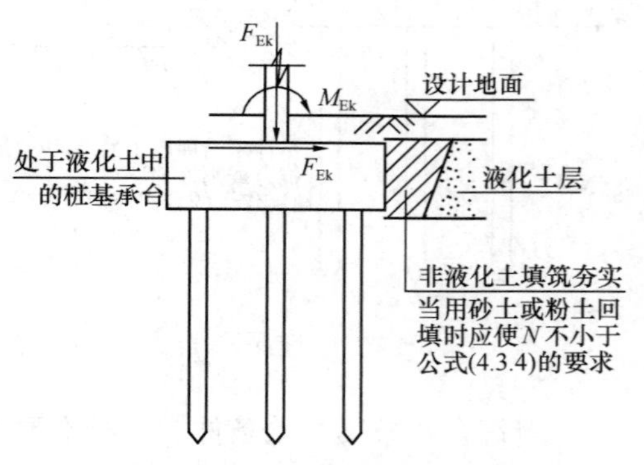

图 4.4.4-1 液化土层中的桩基

2. 对“处于液化土中的桩基承台”可理

解为桩基承台与液化土直接接触的情况。

3. 桩基理论分析证明，地震作用下的桩基在软、硬土层交界面处最易受到剪、弯损害。

4. 本条的要点在于保证软土或液化土层附近桩身的抗弯和抗剪能力。

5. 对“密实干土”可理解为“干土”，其密实需要在回填夯实过程中实现，在填筑夯实前，填土不可能是密实的。

第 4.4.5 条

一、标准的规定

4.4.5 液化土和震陷软土中桩的配筋范围，应自桩顶至液化深度以下符合全部消除液化沉陷所要求的深度，其纵向钢筋应与桩顶部相同，箍筋应加粗和加密。

二、对标准规定的理解

1.《抗震通规》的相关规定见其第 3.2.3 条。本条规定表明标准对液化土和震陷软土中桩基安全的重视。

2. 桩基全部消除液化沉陷的要求见第 4.3.7 条第 1 款的规定（图 4.3.7-1）。

3. 当液化土或震陷软土埋深较深（埋深大于 5m）时，应自液化土层顶（宜从桩顶）至液化深度以下符合全部消除液化沉陷所要求的深度，桩的纵向钢筋应与液化土层顶部桩配筋相同，箍筋应加粗和加密。

4. “箍筋应加粗和加密”的幅度，应根据工程需要和工程经验确定。当无可靠工程经验时，箍筋加密区间距可取非加密区间距的 1/2。箍筋加粗是对箍筋截面面积的要求，可直接将箍筋直径比计算要求加大一级(2mm)，也可在结构设计中尽量采用 HRB400 级钢筋，达到在不增加箍筋材料用量的前提下，满足标准的要求。

5. 对标准的上述规定可用图 4.4.5-1 来理解。

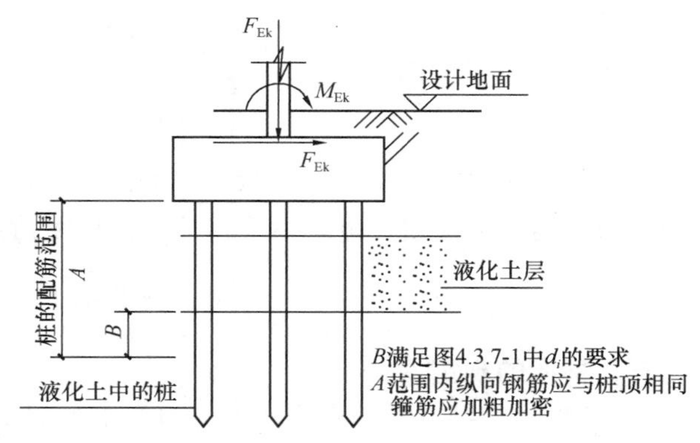

图 4.4.5-1 液化土层中的桩配筋

第 4.4.6 条

一、标准的规定

4.4.6 在有液化侧向扩展的地段，桩基除应满足本节中的其他规定外，尚应考虑土流动时的侧向作用力，且承受侧向推力的面积应按边桩外缘间的宽度计算。

二、对标准规定的理解

1. 河湖岸边属于有侧向扩展或流滑可能的地段，结构设计时应特别注意避让，或采取切实有效的结构措施，确保基础的稳定。

2. 距常时水线 100～500m 范围内的建筑抗液化要求见第 4.3.10 条的规定。

3. 土流动时的侧向作用力，按图 4.3.10-3 计算。

5 地震作用和结构抗震验算

说明：

地震作用计算是结构抗震设计的重要内容，也是进行构件截面设计的重要依据。地震作用计算包含水平地震作用计算和竖向地震作用计算。在上述两部分中，水平地震作用计算是基础。地震作用计算的主要方法有：底部剪力法、振型分解反应谱法和时程分析法等。

结构抗震验算除按规定进行多遇地震作用下的截面抗震验算外，尚应进行相应的变形验算。

结构抗震设计应区分不同要求，对同一结构布置采取不同的计算假定计算。计算书一般应分为对结构进行不规则判别（在规定的水平力作用下，考虑偶然偏心等）和截面设计计算（根据工程具体情况，采用刚性楼板假定、分块刚性楼板假定、弹性楼板假定及零刚度楼板假定等，考虑双向地震，框架柱配筋按单向偏心计算或按双向偏心计算等）两部分。

5.1 一 般 规 定

要点：

本节规定了地震作用计算的最基本的内容，包括：计算方法的确定、时程曲线的确定原则、重力荷载的确定依据、反应谱曲线的确定过程和结构抗震验算的基本要求等。

第 5.1.1 条

一、标准的规定

5.1.1 各类建筑结构的地震作用，应符合下列规定：

1 一般情况下，应至少在建筑结构的两个主轴方向分别计算水平地震作用，各方向的水平地震作用应由该方向抗侧力构件承担。

2 有斜交抗侧力构件的结构，当相交角度大于 15°时，应分别计算各抗侧力构件方向的水平地震作用。

3 质量和刚度分布明显不对称的结构，应计入双向水平地震作用下的扭转影响；其他情况，应允许采用调整地震作用效应的方法计入扭转影响。

4 8、9 度时的大跨度和长悬臂结构及 9 度时的高层建筑，应计算竖向地震作用。

注：8、9 度时采用隔震设计的建筑结构，应按有关规定计算竖向地震作用。

二、对标准规定的理解

1.《混凝土通规》第 4.3.6 条规定：“大跨度、长悬臂的混凝土结构或结构构件，当抗震设防烈度不低于 7 度（0.15g）时，应进行竖向地震作用计算分析。”

2.《抗震通规》的相关规定见其第 4.1.2 条，《混凝土通规》见其第 4.3.6 条。本条规定中的8、9度均为本地区抗震设防烈度。

3. “一般情况”指第2、3、4款以外的情况。

4. 对“质量和刚度分布明显不对称的结构”的理解，标准未给予具体的量化，在实际工程执行过程中有一定的困难，一般应根据工程具体情况和工程经验确定，当无可靠经验时可依据楼层扭转位移比的数值按下列原则确定：

1）考虑偶然偏心影响的扭转位移比$\mu>1.2$时，说明结构质量和刚度分布已处于明显不对称状态，此时应计入双向地震作用下的扭转影响（取双向地震作用和单向地震作用考虑偶然偏心两种情况的不利值）。

2）对“质量和刚度分布明显不对称的结构”的判断属于对结构不规则的判断，采用的是表3.4.3-1对“扭转不规则”的计算方法。当结构属于“质量和刚度分布明显不对称的结构”时，应按第5.2.3条考虑扭转耦联的地震效应。同一结构的周边构件考虑扭转耦联的地震效应将大于不考虑扭转耦联的地震效应。当对结构的质量和刚度分布情况无法准确判别时，计算中也可直接考虑双向地震作用下的扭转耦联效应。

5. 标准对大跨度和长悬臂的定义参见表5.1.1-1，实际执行过程中还应考虑设计地震加速度及长悬臂不同的构件特征等影响，宜按表5.1.1-2确定。

大跨度和长悬臂结构 **表5.1.1-1**

本地区抗震设防烈度	大跨度屋架	长悬臂板	备注
7度（0.15g）、8度	≥24m	≥2m	其他结构的跨度大于表中数值时，也可确定为大跨度结构
9度	≥18m	≥1.5m	

大跨度和长悬臂结构的综合确定原则 **表5.1.1-2**

本地区抗震设防烈度	大跨度屋架	长悬臂梁	长悬臂板	简化计算时竖向地震作用最小值取重力荷载代表值的比例系数
7度（0.10g）	>24m	>6m	>3m	5%
7度（0.15g）	>20m	>5m	>2.5m	7.5%
8度（0.20g）	>16m	>4m	>2m	10%
8度（0.30g）	>14m	>3.5m	>1.75m	15%
9度（0.40g）	>12m	>3m	>1.5m	20%

6. 注意“有斜交抗侧力构件的结构”与“斜交结构”不同，“有斜交抗侧力构件的结构”指结构中任一构件与结构主轴方向斜交时，均应按标准要求计算各抗侧力构件方向的水平地震作用。“斜交结构”指结构的两个主轴方向交角不是直角（斜交）的情况。

三、结构设计建议

1. 结构设计时，对大跨度和长悬臂结构可按表5.1.1-2及表6.1.2综合确定。

2. 一般情况下可直接采用现有计算程序，按振型分解反应谱法进行大跨度和长悬臂结构的竖向地震作用计算，当工程需要的竖向地震作用数值与程序所采用的数值有差别时，可通过调整竖向地震作用分项系数γ_{Ev}（当需要加大竖向地震作用影响时，对γ_{Ev}取大于1的数值，反之则对γ_{Ev}取小于1的数值，相关内容详见第5.4.1条）来实现。

四、相关索引

《高规》的相关规定见其第4.3.2条。

第 5.1.2 条

一、标准的规定

5.1.2 各类建筑结构的抗震计算，应采用下列方法：

1 高度不超过 40m、以剪切变形为主且质量和刚度沿高度分布比较均匀的结构，以及近似于单质点体系的结构，可采用底部剪力法等简化方法。

2 除 1 款外的建筑结构，宜采用振型分解反应谱法。

3 特别不规则的建筑、甲类建筑和表 5.1.2-1 所列高度范围的高层建筑，应采用时程分析法进行多遇地震下的补充计算；当取三组加速度时程曲线输入时，计算结果宜取时程法的包络值和振型分解反应谱法的较大值；当取七组及七组以上的时程曲线时，计算结果可取时程法的平均值和振型分解反应谱法的较大值。

采用时程分析法时，应按建筑场地类别和设计地震分组选用实际强震记录和人工模拟的加速度时程曲线，其中实际强震记录的数量不应少于总数的 2/3，多组时程曲线的平均地震影响系数曲线应与振型分解反应谱法所采用的地震影响系数曲线在统计意义上相符，其加速度时程的最大值可按表 5.1.2-2 采用。弹性时程分析时，每条时程曲线计算所得结构底部剪力不应小于振型分解反应谱法计算结果的 65%，多条时程曲线计算所得结构底部剪力的平均值不应小于振型分解反应谱法计算结果的 80%。

采用时程分析的房屋高度范围 **表 5.1.2-1**

烈度、场地类别	房屋高度范围（m）
8 度Ⅰ、Ⅱ类场地和 7 度	>100
8 度Ⅲ、Ⅳ类场地	>80
9 度	>60

时程分析所用地震加速度时程的最大值（cm/s^2） **表 5.1.2-2**

地震影响	6 度	7 度	8 度	9 度
多遇地震	18	35（55）	70（110）	140
罕遇地震	125	220（310）	400（510）	620

注：括号内数值分别用于设计基本地震加速度为 0.15g 和 0.30g 的地区。

4 计算罕遇地震下结构的变形，应按本规范第 5.5 节规定，采用简化的弹塑性分析方法或弹塑性时程分析法。

5 平面投影尺度很大的空间结构，应根据结构形式和支承条件，分别按单点一致、多点、多向单点或多向多点输入进行抗震计算。按多点输入计算时，应考虑地震行波效应和局部场地效应。6 度和 7 度Ⅰ、Ⅱ类场地的支承结构、上部结构和基础的抗震验算可采用简化方法，根据结构跨度、长度不同，其短边构件可乘以附加地震作用效应系数 1.15～1.30；7 度Ⅲ、Ⅳ类场地和 8、9 度时，应采用时程分析方法进行抗震验算。

6 建筑结构的隔震和消能减震设计，应采用本规范第 12 章规定的计算方法。

7 地下建筑结构应采用本规范第 14 章规定的计算方法。

二、对标准规定的理解

1.《抗震通规》的相关规定见其第 4.2.1 条。本条规定中的 6、7、8、9 度均为本地区抗震设防烈度。

2. 本条第 1 款的规定可用图 5.1.2-1 来理解。

3. 底部剪力法等简化方法适用于表 5.1.2-3 所列情况。随着电子计算程序的普遍应用，实际工程中不宜采用底部剪力法等简化方法，但作为概念设计的重要内容，仍应理解底部剪力法的基本原理。

底部剪力法等简化方法的适用条件　　表 5.1.2-3

序号	条　件
1	建筑高度不超过 40m、以剪切变形为主且质量和刚度沿高度均匀分布的结构
2	近似于单质点体系的结构

4. 底部剪力法和振型分解反应谱法是结构抗震计算的基本方法，时程分析法作为补充计算方法，对特别不规则、特别重要的和较高的高层建筑要求采用。

5. 框架结构的变形主要为剪切变形，因此“以剪切变形为主”的结构应主要体现框架结构的变形特征。

6. 对“质量和刚度沿高度分布比较均匀”结构的理解如下。

“规则”与“均匀”不同，上下有规律变化（如上大下小）为均匀但不一定规则，一般情况下应根据工程经验确定，当无可靠工程经验时，可按下列原则确定。

1）质量沿高度分布比较均匀（图 5.1.2-2）：

任一楼层的质量不小于相邻楼层质量的 70%（顶层除外）且不大于相邻楼层质量的 130%；

任一楼层的质量不小于相邻三个楼层质量平均值的 80%（顶层除外）且不大于相邻三个楼层质量平均值的 120%。

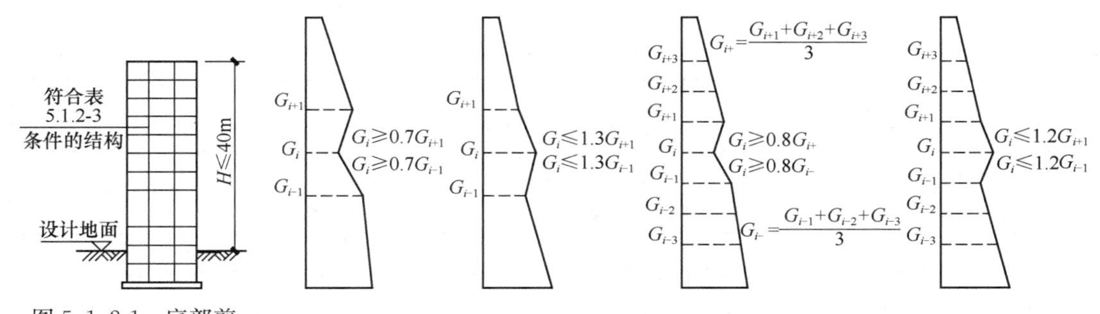

图 5.1.2-1　底部剪力法的适用条件

图 5.1.2-2　质量分布比较均匀

2）刚度沿高度分布比较均匀（图 5.1.2-3）：

任一楼层的刚度不小于相邻楼层刚度的 70%（顶层除外）且不大于相邻楼层的 130%；

任一楼层的刚度不小于相邻三个楼层刚度平均值的 80%（顶层除外）且不大于相邻三个楼层刚度平均值的 120%。

3）局部收进或突出的水平向尺寸不大于相邻层的 25%。

7. “近似于单质点体系的结构”要求楼层数量不至于太多。

8. 采用弹性时程分析法作补充计算时，时程曲线的基本要求见表 5.1.2-4。此处的

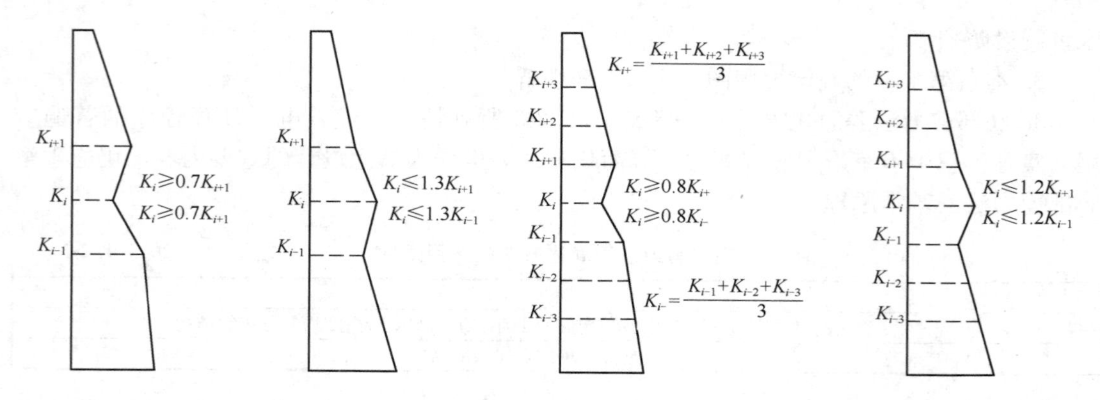

图 5.1.2-3 刚度分布比较均匀

“补充计算”指对“主要计算”的补充，着重于对底部剪力、楼层剪力和层间位移角（注意，不是按表 3.4.3-1 进行结构不规则性判别时计算的层间位移，而是按 CQC 组合计算的层间位移）等的比较。当时程分析法的计算结果大于振型分解反应谱法时，相关部位的构件内力和配筋应进行相应调整（实际工程中可进行包络设计）。

时程曲线的基本要求（弹性时程分析） **表 5.1.2-4**

序号	项 目	要 求
1	曲线数量要求	实际强震记录的数量不应少于总数的 2/3
2	每条曲线计算结果	结构主方向底部总剪力（注意，不要求结构主、次两个方向的底部剪力同时满足）不应小于振型分解反应谱法的 65%（也不大于 135%）
3	多条曲线计算结果	底部剪力平均值不应小于振型分解反应谱法的 80%（也不大于 120%）

9. 选择时程曲线的三大要素见表 5.1.2-5（“靠谱”原则见第 3.6.1 条）。

选择时程曲线的三大要素 **表 5.1.2-5**

序号	项 目	要 求
1	频谱特性	可用地震影响系数曲线表征，依据所处的场地类别和设计地震分组确定
2	加速度有效峰值	按表 5.1.2-6 中所列的地震加速度最大值采用
3	持续时间	一般为结构基本周期的 5～10 倍

10. “在统计意义上相符”是指，多组时程波的平均地震影响系数曲线与振型分解反应谱法所用的地震影响系数曲线相比，在对应于结构主要振型（对主振型的把握见第 3.6.6 条）的周期点上相差不大于 20%。

11. 平面投影尺度很大的空间结构见第 10.2.1 条的规定。

三、结构设计建议

1. 对计算结果的分析比较及应采取的调整措施：

1）当取三组加速度时程曲线输入时，计算结果取时程法的包络值（三条波的最大值）和振型分解反应谱法两者的较大值。

（1）三条加速度时程曲线的计算结果取各条同一层间的剪力和变形在不同时刻的最大值（即取时程法的包络值与振型分解反应谱法的计算结果相比较），以结构层间的剪力和层间变形为主要控制指标。

（2）当按时程分析法计算的结构底部剪力（三条时程曲线计算结果的包络值）不大于振型分解反应谱法的计算结果时，直接取振型分解反应谱法的计算结果设计。

（3）当按时程分析法计算的结构底部剪力（三条时程曲线计算结果的包络值）大于振型分解反应谱法的计算结果（但不大于120%）时，由于时程分析法计算一般不具备后续配筋设计功能，因此，应将振型分解反应谱法计算值乘以相应的放大系数（三条时程曲线计算结果的包络值/振型分解反应谱法的计算结果），使两种方法的结构底部剪力大致相当，然后，取振型分解反应谱法的计算结果设计。

2）当取七组及七组以上的时程曲线时，计算结果可取时程法的平均值和振型分解反应谱法的较大值。

（1）多条加速度时程曲线的计算结果取各条同一层间的剪力和变形在不同时刻的最大值的平均值（即取时程法的平均值与振型分解反应谱法的计算结果相比较），以结构层间的剪力和层间变形为主要控制指标。

（2）当按时程分析法计算的结构底部剪力（多条时程曲线计算结果的平均值）不大于振型分解反应谱法的计算结果时，直接取振型分解反应谱法的计算结果设计。

（3）当按时程分析法计算的结构底部剪力（多条时程曲线计算结果的平均值）大于振型分解反应谱法的计算结果（但不大于120%）时，由于时程分析法计算一般不具备后续配筋设计功能，因此，应将振型分解反应谱法计算值乘以相应的放大系数（多条时程曲线计算结果的平均值/振型分解反应谱法的计算结果），使两种方法的结构底部剪力大致相当，然后，取振型分解反应谱法的计算结果设计。

3）对层间变形较大的楼层，应适当增加配筋或改变构件截面尺寸。

4）受加速度时程曲线的选择影响，时程分析法的计算结果差异较大，实际工程中应尽量取七组及七组以上的时程曲线计算，避免由于加速度时程曲线选择不当而引起过大的计算误差。

5）弹性时程分析法的主要计算结果为楼层水平地震剪力和层间位移分布。对于高层建筑，通常可以由此判别结构是否存在高振型响应（如果存在高振型响应，应对结构上部相关楼层地震剪力加以调整放大）并发现薄弱层。

2. 对复杂结构及超限高层建筑结构，常被要求对重要部位或重要构件按“中震”（即设防烈度地震）进行设计，相应的时程分析所用地震加速度时程曲线的最大值见表5.1.2-6。“中震”设计的相关问题见第5.1.4条。

时程分析所用地震加速度的最大值 a_{max}（cm/s^2）　　表5.1.2-6

地震影响	6度	7度（0.10g）	7度（0.15g）	8度（0.20g）	8度（0.30g）	9度
按“小震”设计时	18	35	55	70	110	140
按“中震”设计时	50	100	150	200	300	400
按“大震”设计时	125	220	310	400	510	620

3. 关于超长结构的多点激励问题：

1）考虑地震动在传播过程中方向、幅值、相位以及频谱特性等随空间的变异性就是地震的多点激励问题（图5.1.2-4）。一般情况下，结构长度超过400m时，宜进行考虑多点地震输入的分析比较。

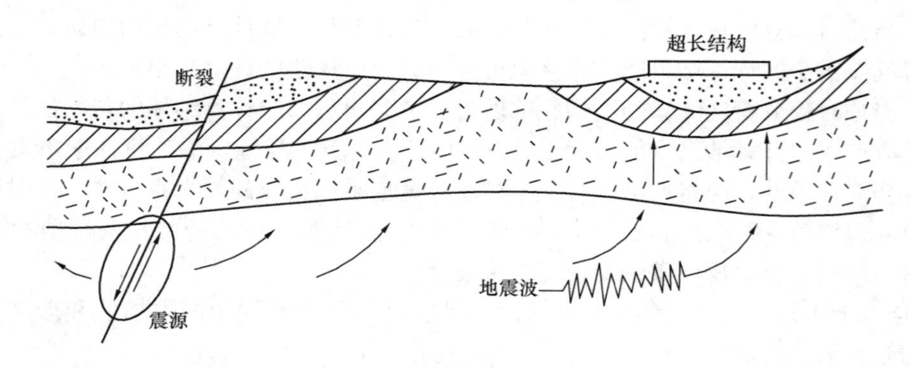

图 5.1.2-4 超长结构的多点激励问题

2）多点输入问题是地震工程学中的难点问题。早在 1965 年，Bogdanoff 等人就注意到了地震动传播过程的时滞效应对大跨度结构的影响。日本阪神地震时，位于震中附近的明石海峡大桥刚挂好钢缆，主梁尚未架设。震后发现，靠神户一侧的主塔和锚台位置没有发生变化，而淡路岛一侧的主塔和锚台却分别外移了 1m 和 1.3m，使主跨的跨度由原来的 1990m 增加为 1991m。而这是采用单点地震输入模式所无法解释的问题。这说明，对大跨度结构多点输入是更为合理、更符合实际的地震输入模式，也是对单点地震输入模式的有益补充。

3）欧洲桥梁规范在规定地震作用时，考虑了空间变化的地震运动特征，并指出在下列两种情况下应考虑地震运动的空间变化：

（1）桥长大于 200m，且有地质上的不连续或明显的不同地貌特征；

（2）桥长大于 600m。

4）我国“超限空间结构工程抗震设防专项审查技术要点”中指出，超长结构应有多点地震输入的分析比较。当结构长度超过 400m 时可确定为超长结构。

5）由于桥梁结构的跨度要比建筑结构大得多，因此，多点激励地震反应的分析在桥梁领域的研究应用更为广泛。

6）对超长结构的多点输入问题尚处在研究探索中。首都机场 3 号航站楼的多点输入地震作用分析表明，与单点输入地震作用相比，多点输入地震作用主要对建筑短边及周边的结构构件产生一定的附加影响（其附加地震作用效应不超过 30%），而对其他部位的结构构件一般不产生明显的影响。考虑到目前多点输入抗震计算的实际情况（理论研究的现状及分析程序的应用等原因），建议：结构长度不超过 400m 的工程一般可不考虑多点输入问题。需要考虑多点输入问题的结构宜优先考虑采用简化计算的方法，对短边（及周边）构件进行适当的放大。对于特别重要的超长结构，宜委托专门机构进行多点地震输入的分析比较。

4. 对振型分解反应谱法和底部剪力法的相关概念说明如下。

1）振型分解反应谱法

（1）振型分解反应谱法的基本原理

① 根据结构动力学原理，结构的任意振动状态都可以分解为许多独立正交的振型，每一个振型都有一定的振动周期和振动位移，利用结构的这一振动特性，可以将一个多自由度体系的结构分解成若干个相当于各自振周期的单自由度体系结构，求得结构的地震反

应，然后用振型组合法求出多自由度体系的地震反应，这就是振型分解法。

② 采用反应谱求各振型的反应时，称为振型分解反应谱法。

③ 对于 n 个自由度的弹性体系，相应地有 n 个自振频率和 n 个主振型，除第一主振型外的其他振型统称为高阶振型。体系任意一点的振动都是由各主振型的简谐振动而叠加的复合振动。振型越高，阻尼作用造成的衰减越快，通常高振型只在振动初始才比较明显，以后逐步衰减，在建筑抗震设计时一般只考虑较低的几个振型的影响（对复杂结构及高振型影响比较明显的结构，应考虑更高振型的影响）。

（2）多质点弹性体系自由振动主振型的正交性

① 以两个自由度弹性体系为例，该体系分别按频率 ω_1 和 ω_2 作简谐振动时，两个振型的曲线及两个质点上相应的惯性力如图 5.1.2-5 所示，惯性力为 $m_i\omega_i^2X_{ji}$，其中 i 为质点编号，j 为振型序号。根据功的互等原理，第一主振型的惯性力在第二主振型的位移上所做的功等于第二主振型的惯性力在第一主振型的位移上所做的功，可得：

$$(m_1\omega_1^2X_{11})X_{21}+(m_2\omega_1^2X_{12})X_{22}=(m_1\omega_2^2X_{21})X_{11}+(m_2\omega_2^2X_{22})X_{12} \tag{5.1.2-1}$$

整理后得

$$(\omega_1^2-\omega_2^2)(m_1X_{11}X_{21}+m_2X_{12}X_{22})=0 \tag{5.1.2-2}$$

由于$(\omega_1^2-\omega_2^2)\neq 0$,则

$$m_1X_{11}X_{21}+m_2X_{12}X_{22}=0 \tag{5.1.2-3}$$

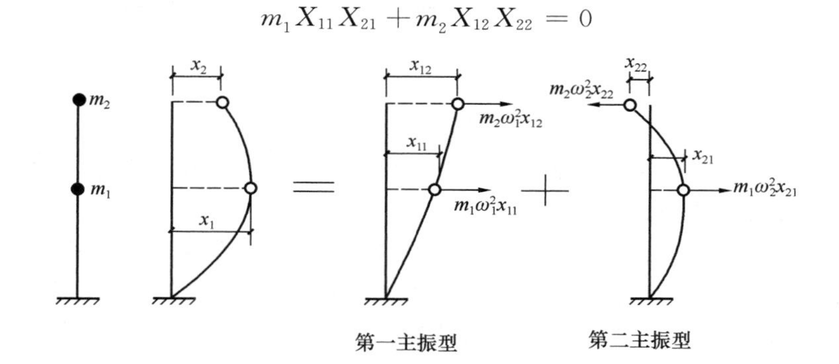

图 5.1.2-5 振型的正交性

②式（5.1.2-3）所表示的关系称为主振型的正交性，它反映主振型的特性。其物理意义是：某一振型在振动过程中所引起的惯性力不在其他振型的位移上做功，即某一振型的动能不会转移到其他振型上去，也就是体系按某一振型做自由振动时不会激起该体系其他振型的振动。

③利用主振型的正交性，可以将一个多自由度的弹性体系分解为 n 个独立非耦联的单自由度体系，求出各单自由度体系的位移，再通过振型组合即可求出整个原结构体系的位移，从而使一个复杂的多质点体系振动求解问题简化成单自由度体系的求解问题。

2）底部剪力法

根据地震反应谱，以工程结构的第一周期和等效单质点的重力荷载代表值求得结构的底部总剪力，然后以一定的法则将底部总剪力在结构高度方向进行分配，确定各质点的地震作用，这就是底部剪力法。它是一种简化的计算方法，随着电子计算机的应用，其在实际工程中的应用正逐步减少，但其概念清晰，便于计算，在概念设计及实际工程的方案设计、初步设计阶段常有采用。

第 5.1.3 条

一、标准的规定

5.1.3 计算地震作用时，建筑的重力荷载代表值应取结构和构配件自重标准值和各可变荷载组合值之和。各可变荷载的组合值系数，应按表 5.1.3 采用。

组合值系数 **表 5.1.3**

可变荷载种类		组合值系数
雪荷载		0.5
屋面积灰荷载		0.5
屋面活荷载		不计入
按实际情况计算的楼面活荷载		1.0
按等效均布荷载计算的楼面活荷载	藏书库、档案库	0.8
	其他民用建筑	0.5
起重机悬吊物重力	硬钩吊车	0.3
	软钩吊车	不计入

注：硬钩吊车的吊重较大时，组合值系数应按实际情况采用。

二、对标准规定的理解

1. 本条规定强调重力荷载代表值在地震作用计算中的重要性。

2. “重力荷载代表值”G_E 为永久荷载标准值与有关可变荷载的组合值之和。

三、结构设计的相关问题

1. 在抗震设计计算中，重力荷载对结构的效应以重力荷载代表值效应的形式表现，因此，对永久荷载比例较大或活荷载比例较大的结构，还应特别注意楼面荷载的影响。

2. 现有计算程序中，无法区分楼面荷载的性质，因而也就无法严格执行标准的上述规定，一般情况下对民用建筑的各类楼面活荷载可统一取用组合值系数 0.5。

3. 现有计算程序无法严格区分实际屋面与计算顶层的关系，无法区分实际存在的大屋面，而统一将结构计算模型的最顶层作为屋面考虑。

四、结构设计建议

1. 上人屋面的活荷载较大，工程中常作为重要的人员活动场所，标准在 G_E 计算中统一“不计入”屋面活荷载的规定值得商量，且偏于不安全。为此，建议结构设计时对屋面活荷载的组合值系数可按以下原则取值：一般情况下，对不上人屋面可取 0（即不计算）；对上人屋面（或设备活荷载较大的不上人屋面），其屋面活荷载的组合值系数可按楼面活荷载考虑。

2. 对“按等效均布荷载计算的楼面活荷载”不宜只限定为“藏书库、档案库”，宜确定为“藏书库、档案库等”，对活荷载较大的特殊用房（如库房、空调机房、设备用房、UPS 电池室等），只要活荷载特性与藏书库、档案库等相近，均可按标准对“藏书库、档案库”的规定计算。屋面活荷载（如重型设备荷载等）较大时也可按“藏书库、档案库”的楼面活荷载计算。“按实际情况计算的楼面活荷载”指楼面活荷载的大小和作用位置均按实际布置情况（如由甲方或设备厂家提供等）计算，而不是按等效均布荷载计算的情况。

3. 结构设计中一般可不考虑消防车荷载效应与地震作用效应的组合。

4. 对硬钩吊车的“吊重较大”情况，应根据工程经验确定。一般情况下，对硬钩吊车可按“吊重较大”考虑，其组合值系数可取0.95。

5. 由于抗震设计中竖向构件的轴压比计算以G_E为依据，故经常出现地震作用组合时竖向构件的轴压比数值小于非地震时的情况，因此对轴压比的控制应留有适当的余地，以免配筋过大，下列情况时应特别注意：

1）当永久荷载较大时——此时，非抗震计算结果常由永久荷载效应控制，永久荷载的分项系数为1.35；

2）楼面活荷载较大时——此时，G_E中对楼面活荷载的折减数值很大。

五、相关索引

《高规》的相关规定见其第4.3.6条，《抗震通规》的相关规定见其第4.1.3条。

第5.1.4条

一、标准的规定

5.1.4 建筑结构的地震影响系数应根据烈度、场地类别、设计地震分组和结构自振周期以及阻尼比确定。其水平地震影响系数最大值应按表5.1.4-1采用；特征周期应根据场地类别和设计地震分组按表5.1.4-2采用，计算罕遇地震作用时，特征周期应增加0.05s。

注：周期大于6.0s的建筑结构所采用的地震影响系数应专门研究。

水平地震影响系数最大值 **表5.1.4-1**

地震影响	6度	7度	8度	9度
多遇地震	0.04	0.08（0.12）	0.16（0.24）	0.32
罕遇地震	0.28	0.50（0.72）	0.90（1.20）	1.40

注：括号中数值分别用于设计基本地震加速度为0.15g和0.30g的地区。

特征周期值（s） **表5.1.4-2**

设计地震分组	场地类别				
	I_0	I_1	Ⅱ	Ⅲ	Ⅳ
第一组	0.20	0.25	0.35	0.45	0.65
第二组	0.25	0.30	0.40	0.55	0.75
第三组	0.30	0.35	0.45	0.65	0.90

二、对标准规定的理解

1. 本条规定的地震影响系数为反应谱法的基本计算参数。

2. 本条规定中的6、7、8、9度均为本地区抗震设防烈度。

3. 弹性反应谱理论仍是现阶段抗震设计的基本理论，反应谱法也仍是现阶段抗震设计计算的主要方法。

三、结构设计建议

1. 对复杂结构及超限高层建筑结构，常被要求对重要部位或重要构件按“中震”

（即设防烈度地震，相应的地震影响系数最大值见第 3.10.3 条规定）进行设计，当利用现有计算程序计算时，可通过调整水平地震影响系数最大值 α_{max} 值（表 5.1.4-3）来实现。

抗震设计时对应的水平地震影响系数最大值 α_{max} **表 5.1.4-3**

地震影响	6 度	7 度（0.10g）	7 度（0.15g）	8 度（0.20g）	8 度（0.30g）	9 度
按“小震”设计时	0.04	0.08	0.12	0.16	0.24	0.32
按“中震”设计时	0.12	0.23	0.34	0.45	0.68	0.90
按“大震”设计时	0.28	0.50	0.72	0.90	1.20	1.40
极罕遇地震	0.36	0.72	1.00	1.35	2.00	2.43

2. 按“中震”设计时应注意以下几点：

1）注意区分“中震弹性”“中震不屈服”和“中震极限承载力”设计的差别。

2）中震设计时，主要着眼于对结构构件承载力的调整，不考虑风荷载效应与地震作用效应的组合。设计时取表 5.1.4-3 中的水平地震影响系数，连梁的刚度折减系数可取不小于 0.50 的数值（一般可取 0.50）。

3）按“中震”设计是一种近似的计算方法（因为在“中震”时，实际结构或结构构件完全有可能进入弹塑性状态，按理想弹性假定进行的计算分析，只是借用弹性计算的方法来大致判断“中震”时结构的反应），强调以概念设计为主，不必追求过高的计算精度。当以“中震不屈服”为计算目标时，也可以采用“中震弹性”的计算方法，在构件的应力控制上适当放松（如钢桁架结构可按“中震弹性”方法计算，其构件应力比控制在不大于 1.1）。

4）“中震”设计可作为一种补充设计手段，仅适用于结构关键部位或薄弱部位的性能设计，一般情况下没有必要对整个结构按“中震弹性”设计。

3. “中震弹性”，即按不考虑地震作用效应调整的设计值复核。依据《抗震标准》第 5.4.1 条的要求，对地震作用效应 S_{Ek}（包括 S_{Ehk} 和 S_{Evk}）不考虑与抗震等级相应的放大系数或调整系数，也不考虑 $0.2Q_0$ 调整（即《高规》中带 * 号的效应值）后，按式(5.1.4-1)计算地震作用效应的组合并复核其承载力设计值。

$$S = \gamma_G S_{GE} + \gamma_E S_{Ek} \leqslant R/\gamma_{RE} \tag{5.1.4-1}$$

4. “中震不屈服”，即按标准值复核。取地震作用效应标准值 S_{Ek}（包括 S_{Ehk} 和 S_{Evk}），按式（5.1.4-2）计算地震作用效应的标准组合并复核其承载力标准值。

$$S = S_{GE} + S_{Ek} \leqslant R_k \tag{5.1.4-2}$$

式中：R_k——构件截面承载力标准值，即取材料强度标准值（钢材的屈服强度）、f_{yk}、f_{ck}、f_{tk} 算得的承载力。

5. “中震极限承载力”，即按极限承载力复核。取地震作用效应标准值 S_{Ek}（包括 S_{Ehk} 和 S_{Evk}），按式（5.1.4-3）计算地震作用效应的标准组合并复核其极限承载力。

$$S = S_{GE} + S_{Ek} \leqslant R_u \tag{5.1.4-3}$$

式中：R_u——按材料最小极限强度值计算的构件承载力；钢材强度可取最小极限值，钢筋强度可取屈服强度的 1.25 倍，混凝土强度可取立方体强度的 0.88 倍。

6. “中震”及“大震”设计属于抗震性能化设计的内容，《高规》的相关规定较具体且可操作性强，实际工程可按《高规》设计。“中震”及“大震”设计，不考虑与抗震等级相应的调整，也不考虑其他适用于“小震”设计的调整（如 $0.2Q_0$ 调整等）。

四、相关索引

《高规》的相关规定见其第 3.11.3 条，《抗震通规》的相关规定见其第 4.2.2 条。

第 5.1.5 条

一、标准的规定

5.1.5 建筑结构地震影响系数曲线（图 5.1.5）的阻尼调整和形状参数应符合下列要求：

1 除有专门规定外，建筑结构的阻尼比应取 0.05，地震影响系数曲线的阻尼调整系数应按 1.0 采用，形状参数应符合下列规定：

1） 直线上升段，周期小于 0.1s 的区段。

2） 水平段，自 0.1s 至特征周期区段，应取最大值（α_{max}）。

3） 曲线下降段，自特征周期至 5 倍特征周期区段，衰减指数应取 0.9。

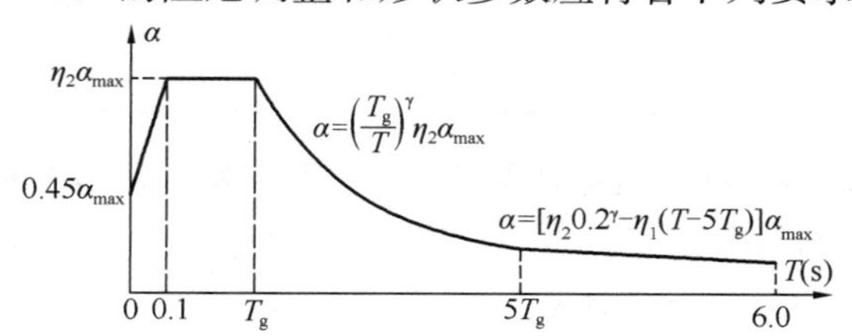

α—地震影响系数；α_{max}—地震影响系数最大值；
η_1—直线下降段的下降斜率调整系数；γ—衰减指数；
T_g—特征周期；η_2—阻尼调整系数；T—结构自振周期

图 5.1.5 地震影响系数曲线

4） 直线下降段，自 5 倍特征周期至 6s 区段，下降斜率调整系数应取 0.02。

2 当建筑结构的阻尼比按有关规定不等于 0.05 时，地震影响系数曲线的阻尼调整系数和形状参数应符合下列规定：

1） 曲线下降段的衰减指数应按下式确定：

$$\gamma = 0.9 + \frac{0.05 - \zeta}{0.3 + 6\zeta} \tag{5.1.5-1}$$

式中：γ——曲线下降段的衰减指数；

ζ——阻尼比。

2） 直线下降段的下降斜率调整系数应按下式确定：

$$\eta_1 = 0.02 + \frac{0.05 - \zeta}{4 + 32\zeta} \tag{5.1.5-2}$$

式中：η_1——直线下降段的下降斜率调整系数，小于 0 时取 0。

3） 阻尼调整系数应按下式确定：

$$\eta_2 = 1 + \frac{0.05 - \zeta}{0.08 + 1.6\zeta} \tag{5.1.5-3}$$

式中：η_2——阻尼调整系数，当小于 0.55 时，应取 0.55。

二、对标准规定的理解

1. 设计反应谱是用来预估建筑结构在设计基准期内可能经受的地震作用，通常是根据大量实际地震记录的反应谱进行统计并结合工程经验判断加以确定的。

2. α_{max} 与设防烈度和设防水准有关，而 α 与影响地震作用大小和分布的各种因素有关（如场地条件、地震强弱、地震分组、建筑结构的动力特性等）。

3. 各类结构的阻尼比数值见表 5.1.5-1。

各类结构的阻尼比　　　　**表 5.1.5-1**

结构类型		混凝土结构	钢结构			预应力混凝土结构		型钢混凝土结构
			≤50m	>50m <200m	≥200m	预应力框架结构	仅梁或板采用预应力的框架-剪力墙结构等	
阻尼比	小震	0.05	0.04	0.03	0.02	0.03	0.05	0.04
	大震	适当加大宜 0.07	0.05			0.05	0.07	0.05

4. 对于阻尼比为 0.02 的钢结构和阻尼比为 0.05 的钢筋混凝土结构，钢结构的地震影响系数 α 值，在 $T_j<T_g$ 时，其值比钢筋混凝土结构约增大 20%～30%；在长周期 $T_j>5T_g$ 时，仍约增大 20%。

5. 建筑结构地下室埋置较深时，基础、地下室刚度较大，基底地震运动较地面地震运动的峰值加速度、反应谱地震影响系数最大值 α_{max} 有所减小，场地特征周期也有所减短。可适当考虑地震波传递到深基础底部较传递到地面放大效应有所减弱的影响。

6. 标准将衰减指数 γ 表述为“曲线下降段的衰减指数”，应理解为下降段（包括曲线下降段和直线下降段）的衰减指数，或按图 5.1.5 直接称其为“衰减指数”。

7. 决定地震影响系数的主要因素：

1）烈度

在其他条件相同的情况下，设防烈度越高，地震影响系数越大（图 5.1.5-1）。不同烈度的地震影响系数 α 之比就是地震影响系数最大值 α_{max} 之比，如设防烈度 9 度（0.40g）与 7 度（0.10g）的地震影响系数比值为 0.32/0.08=4.0 倍。

2）阻尼比

结构的阻尼可以消耗和吸收地震能量。阻尼越大，地震影响系数越小。在其他条件相同的情况下，不同阻尼比时的地震影响系数曲线见图 5.1.5-2。

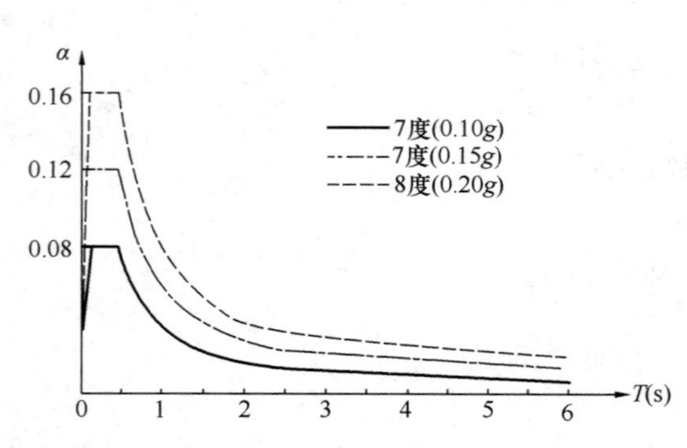

图 5.1.5-1　不同烈度时的地震影响系数曲线

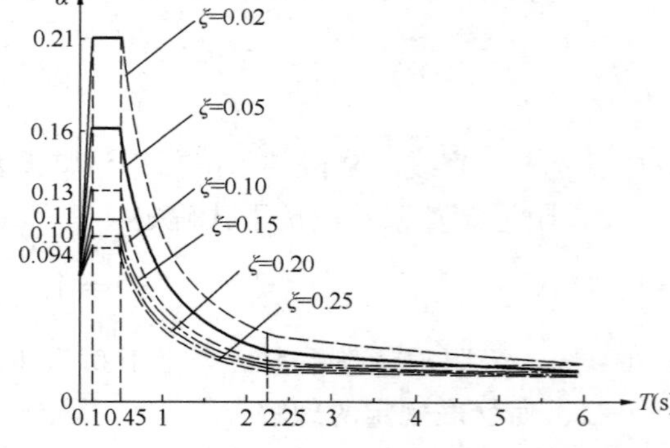

图 5.1.5-2　不同阻尼比时的地震影响系数曲线（8 度、第一组）

3）场地条件

场地覆盖层越厚、土质越软，其地面加速度反应谱的峰值所对应的周期越长，当其他条件不变时，不同场地条件下的地震影响系数曲线见图 5.1.5-3。

4）设计地震分组

设计地震分组主要反映震源远近的影响。离震中越远，地震波中长周期分量贡献越大，加速度反应谱的主要峰点越偏于较长周期。不同设计地震分组时的地震影响系数曲线见图 5.1.5-4。设计地震分组对加速度反应谱的影响与场地类别对加速度反应谱的影响类似，但影响程度没有场地类别那样强烈。

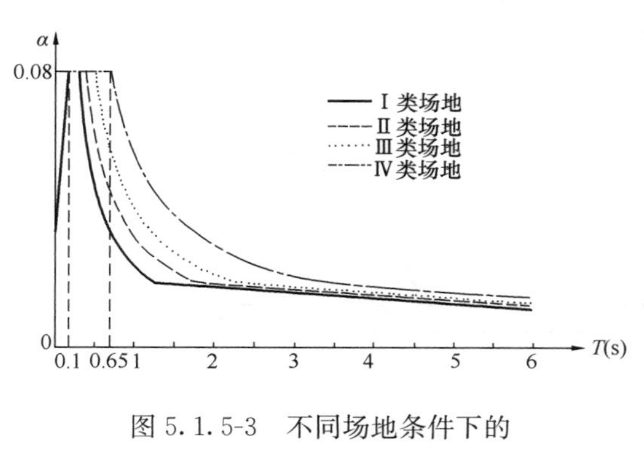

图 5.1.5-3 不同场地条件下的地震影响系数曲线

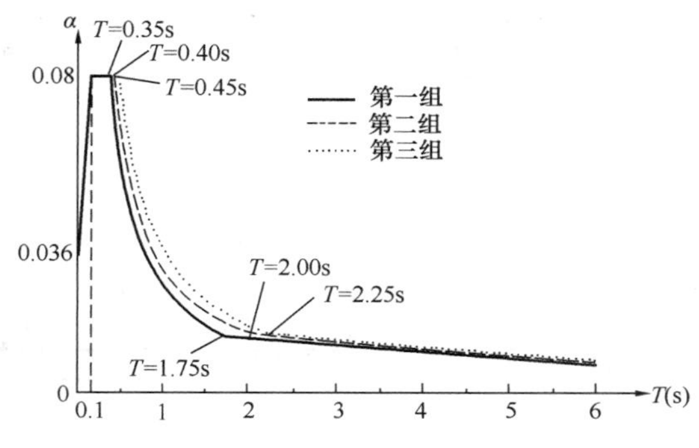

图 5.1.5-4 不同设计地震分组的地震影响系数曲线

8. 关于反应谱的相关问题说明如下。

1）地震加速度反应谱 S_a（T）：

地震（加速度）反应谱可理解为一个确定的地面运动，通过一组阻尼比相同但自振周期各不相同的单自由度体系，所引起的各体系最大加速度反应与相应体系自振周期间的关系曲线（图 5.1.5-5）。影响反应谱的主要因素是结构阻尼比和地震动特性（地震动振幅、频谱特性和持续时间）。

（1）结构的阻尼比越小，结构的地震反应越大，地震反应谱数值越大。

（2）地震动的振幅仅对地震反应谱数值的大小有影响，地震动的振幅越大，地震反应谱值也越大，它们之间呈线性比例关系。

（3）地震动的频谱特性不同，地震反应谱的“峰”的位置也不相同，场地越软、震中距越大，地震动主要周期越长（即频率越小），地震反应谱的“峰”对应的周期也越长。

（4）地震动持续时间影响地震反应的循环往复次数，一般对最大反应及地震反应谱影响不大。

2）设计反应谱：

单自由度体系的水平地震作用可由地震反应谱按式（5.1.5-4）算出。

$$F = mS_a(T) \tag{5.1.5-4}$$

对不同的地震记录，地震反应谱 S_a（T）也不相同。而进行结构抗震设计时无法准确预知今后发生地震的地震动过程，也就无法确定相应的地震反应谱，因此，需要对大量已发生的实际地震记录的地震反应谱 S_a（T）进行统计并专门研究后得出可供结构抗震设计用的反应谱，该反应谱称为设计反应谱。

式（5.1.5-4）可改写为式（5.1.5-5）：

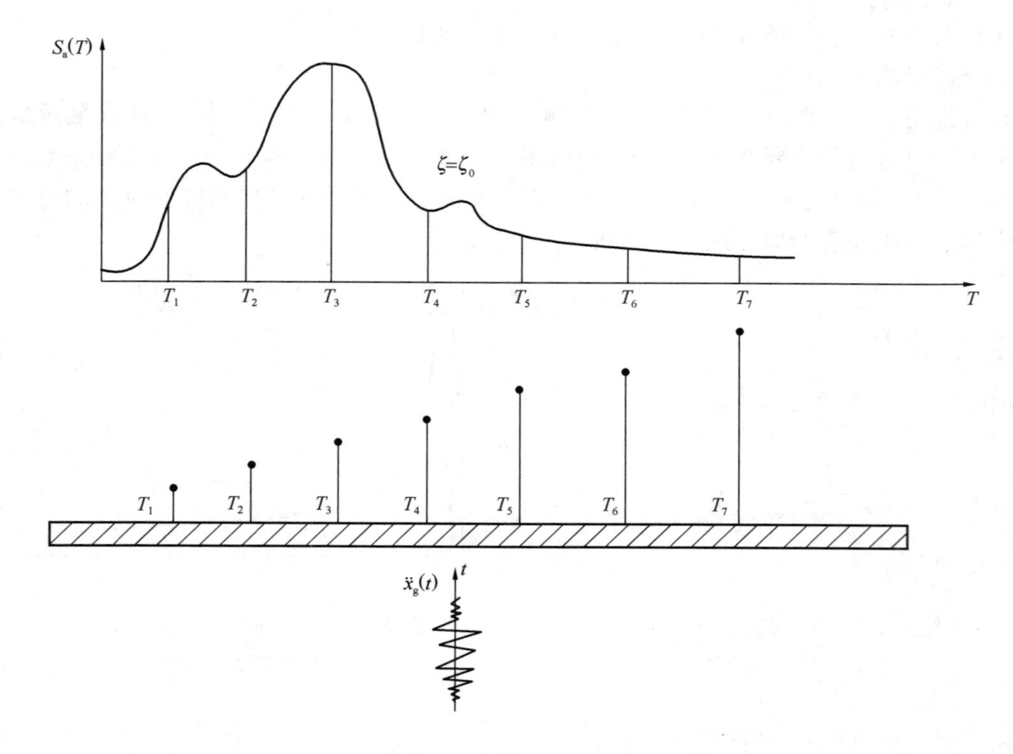

图 5.1.5-5　地震反应谱

$$F = mg\frac{|\ddot{x}_g|_{max}S_a(T)}{g|\ddot{x}_g|_{max}} = Gk\beta(T) \tag{5.1.5-5}$$

式中：G——结构的重量；

k——地震系数；

$\beta(T)$——动力系数；

$|\ddot{x}_g|_{max}$——地面运动加速度峰值。

（1）地震系数 $k=\frac{|\ddot{x}_g|_{max}}{g}$

一般情况下，地面运动加速度峰值越大，地震烈度越大。地震系数与地震烈度有关，烈度增加一度，地震系数大致增加一倍。如 8 度（$0.20g$）时 $k=0.2$，比 7 度（$0.10g$）时 $k=0.1$ 增加一倍。我国抗震设计采用两阶段设计方法，第一阶段进行多遇地震作用下结构强度及弹性变形验算，其 k 值大致相当于基本烈度所对应 k 值的 0.35 倍；第二阶段进行罕遇地震作用下结构的弹塑性变形验算，其 k 值大致相当于基本烈度所对应 k 值的 1.5～2.5 倍（烈度越高，k 值越小，见表 5.1.2-6）。

（2）动力系数 $\beta(T)=\frac{S_a(T)}{|\ddot{x}_g|_{max}}$

动力系数为结构最大加速度反应与地面最大加速度的比值，其物理意义为结构加速度相对于地面加速度的放大系数。$\beta(T)$ 的实质为规则化的地震反应谱，不同地震记录的地面加速度 $|\ddot{x}_g|_{max}$ 不同时，地震反应谱 $S_a(T)$ 不具可比性，但动力系数 $\beta(T)$ 具有可比性。通过计算每一类地震动记录的动力系数平均值（$\zeta=0.05$ 时），见式（5.1.5-6），

经平滑处理后可供设计使用的动力系数谱曲线见图 5.1.5-6。

$$\bar{\beta}(T)=\frac{\sum_{i=1}^{n}\beta_i(T)}{n} \tag{5.1.5-6}$$

$$\beta_{max}=2.25,\ \beta_0=1=0.45\beta_{max}/\eta_2$$

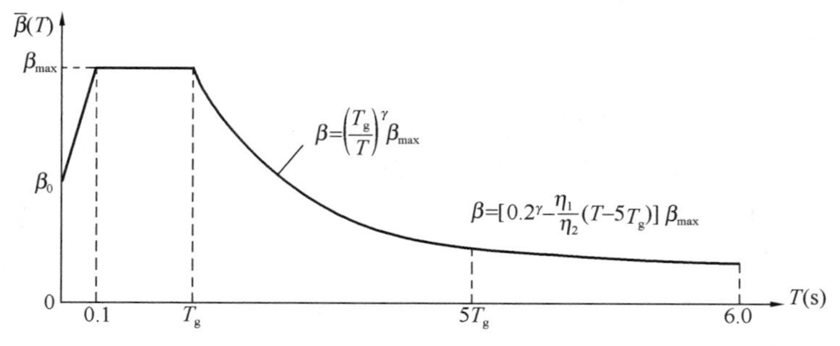

图 5.1.5-6 动力系数谱曲线

(3) 地震影响系数 $\alpha(T)=k\cdot\bar{\beta}(T)$

由于 $\alpha(T)$ 与 $\bar{\beta}(T)$ 仅差一地震系数，因而其物理意义与 $\bar{\beta}(T)$ 相同。地震影响系数按 $\alpha(T)=k\cdot\bar{\beta}(T)$ 计算。$\alpha_{max}=k\beta_{max}=2.25k$，6 度($0.05g$)时，相应于多遇地震的 $\alpha_{max}=k\beta_{max}=2.25\times0.05\times0.35=0.0394$，设防烈度地震时的 $\alpha_{max}=k\beta_{max}=2.25\times0.05=0.1125$，罕遇地震时的 $\alpha_{max}=k\beta_{max}=2.25\times0.05\times2.5=0.281$。标准经适当归纳调整后确定的地震影响系数曲线谱见图 5.1.5-7，抗震设计时对应的水平地震影响系数最大值 α_{max} 见表 5.1.4-3。

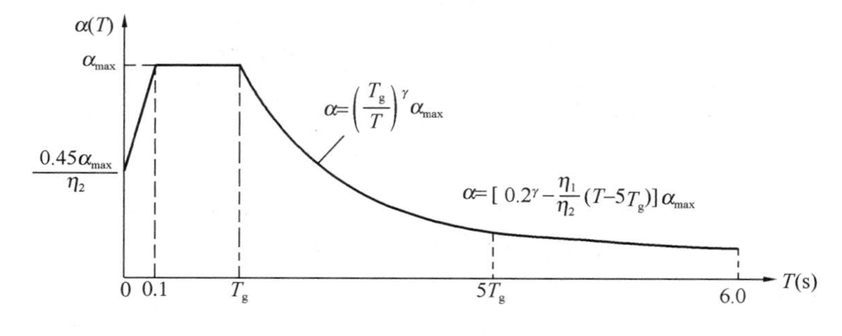

图 5.1.5-7 地震影响系数谱曲线

3）结构设计中，应分清标准反应谱、一般反应谱和规准化反应谱之间的差别。《抗震标准》第 5.1.5 条给出的反应谱是标准反应谱(以地震影响系数曲线的形式给出)；一般反应谱[即地震加速度反应谱 $S_a(T)$]为随周期变化的复杂曲线，常受随机因素的影响，变化剧烈而出现明显的不合理性，在实际工程中难以直接应用；规准化反应谱就是将复杂形状的一般反应谱用有规律的曲线(根据《抗震标准》的要求)表达，以方便工程抗震设计使用。

4）人工合成地震波：

地震动的人工合成，即根据输入地震反应谱，模拟地震动的时间过程，多用加速度图表示。加速度时程为一非平稳的随机过程，一般可用三角级数叠加法或自回归滑动平均模型模拟，此项工作由地震部门完成。

5）设计反应谱理论上可分为加速度控制段（对应于图 5.1.5 曲线的平直段)、速度控制段（对应于图5.1.5曲线的曲线下降段）和位移控制段（对应于图5.1.5曲线的直线下降段）。振型分解反应谱法对地震动态作用中的地面运动速度和位移对长周期结构的破坏作用尚无法作出准确的估计。

第5.1.6条

一、标准的规定

5.1.6 结构的截面抗震验算，应符合下列规定：

1 6度时的建筑（不规则建筑及建造于Ⅳ类场地上较高的高层建筑除外），以及生土房屋和木结构房屋等，应符合有关的抗震措施要求，但应允许不进行截面抗震验算。

2 6度时不规则建筑、建造于Ⅳ类场地上较高的高层建筑，7度和7度以上的建筑结构（生土房屋和木结构房屋等除外），应进行多遇地震作用下的截面抗震验算。

注：采用隔震设计的建筑结构，其抗震验算应符合有关规定。

二、对标准规定的理解

1. 本条规定中的6、7度均为本地区抗震设防烈度。

2. 标准的上述规定可概括如表5.1.6-1所示。

抗震验算规定 **表5.1.6-1**

序号	建筑类型	抗震验算规定
1	抗震设计的生土房屋和木结构房屋	应允许不进行截面抗震验算，但应符合有关的抗震措施要求
2	6度时不规则建筑、建造于Ⅳ类场地上较高的高层建筑	应进行多遇地震作用下的截面抗震验算
3	6度时除2项以外的建筑	应允许不进行截面抗震验算，但应符合有关的抗震措施要求
4	除1项以外的7度及7度以上的建筑	应进行多遇地震作用下的截面抗震验算

3. “较高的高层建筑”指高于40m的钢筋混凝土框架、高于60m的其他钢筋混凝土民用房屋和类似的工业厂房，以及高层钢结构房屋。此类建筑，其基本周期可能大于Ⅳ类场地的特征周期T_g，6度时的地震作用数值可能大于同一建筑在7度Ⅱ类场地时的数值，故仍需进行抗震验算。

4. 6度区的其他建筑（表5.1.6-1中第3项）一般可不进行结构的截面抗震验算，主要因为地震作用在结构设计中基本上不起控制作用。

第5.1.7条

一、标准的规定

5.1.7 符合本规范第5.5节规定的结构，除按规定进行多遇地震作用下的截面抗震验算外，尚应进行相应的变形验算。

二、对标准规定的理解

1. 《抗震标准》除提出多遇地震时的承载力验算要求外，本条提出了多遇地震时的变形验算要求，应按第5.5节的要求进行。

2. 按抗震设防要求，在多遇地震下建筑主体结构不受损坏，非结构构件（包括围护墙、隔墙、幕墙、内外装修等）没有过重破坏且不导致人员伤亡，保证建筑的使用功能。

标准通过多遇地震下的变形验算来判别是否满足建筑的使用功能要求。

5.2 水平地震作用计算

要点：

1. 水平地震作用计算是结构抗震计算的重要组成部分，是结构抗震设计计算的基础。
2. 为便于理解水平地震作用计算的过程，概括如图 5.2.0-1 所示。

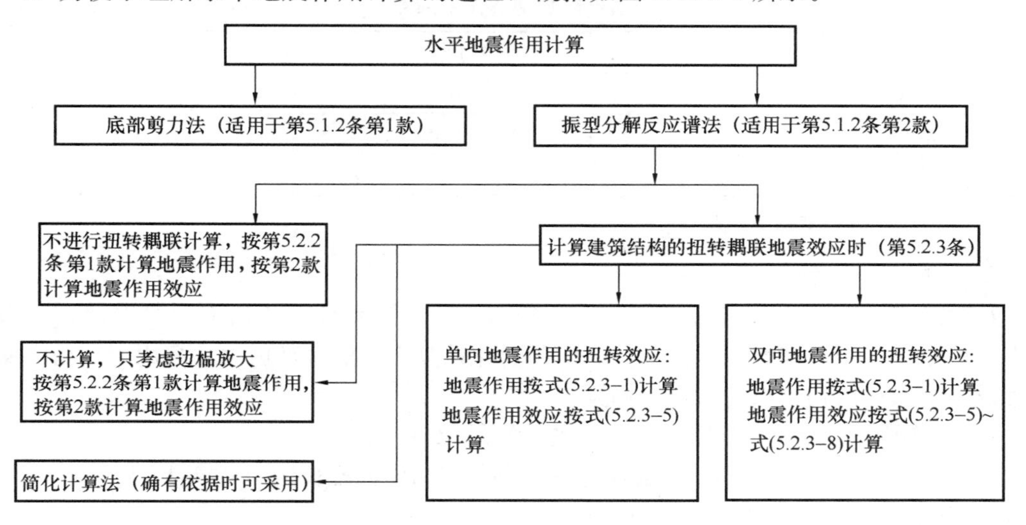

图 5.2.0-1 水平地震作用计算过程

第 5.2.1 条

一、标准的规定

5.2.1 采用底部剪力法时，各楼层可仅取一个自由度，结构的水平地震作用标准值，应按下列公式确定（图 5.2.1）：

$$F_{\mathrm{Ek}} = \alpha_1 G_{\mathrm{eq}} \tag{5.2.1-1}$$

$$F_i = \frac{G_i H_i}{\sum_{j=1}^{n} G_j H_j} F_{\mathrm{Ek}}(1-\delta_n)(i=1,2,\cdots n) \tag{5.2.1-2}$$

$$\Delta F_n = \delta_n F_{\mathrm{Ek}} \tag{5.2.1-3}$$

式中：F_{Ek}——结构总水平地震作用标准值；

α_1——相应于结构基本自振周期的水平地震影响系数值，应按本规范第 5.1.4、第 5.1.5 条确定，多层砌体房屋、底部框架砌体房屋，宜取水平地震影响系数最大值；

G_{eq}——结构等效总重力荷载，单质点应取总重力荷载代表值，多质点可取总重力荷载代表值的 85%；

F_i——质点 i 的水平地震作用标准值；

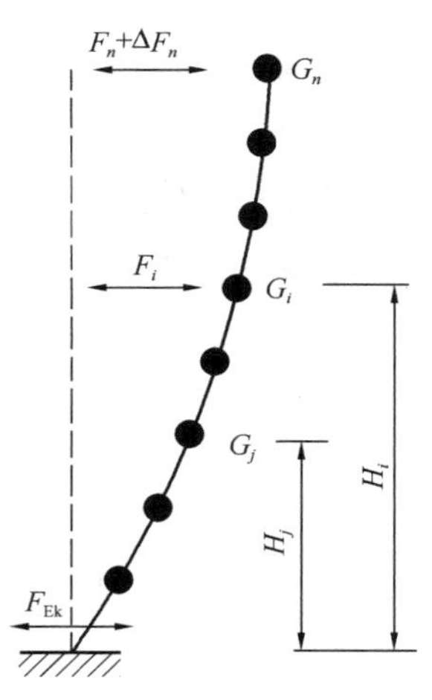

图 5.2.1 结构水平地震作用计算简图

G_i、G_j——分别为集中于质点 i、j 的重力荷载代表值，应按本规范第 5.1.3 条确定；

H_i、H_j——分别为质点 i、j 的计算高度；

δ_n——顶部附加地震作用系数，多层钢筋混凝土和钢结构房屋可按表 5.2.1 采用，其他房屋可采用 0.0；

ΔF_n——顶部附加水平地震作用。

顶部附加地震作用系数 **表 5.2.1**

T_g (s)	$T_1>1.4T_g$	$T_1\leqslant1.4T_g$
$T_g\leqslant0.35$	$0.08T_1+0.07$	0.0
$0.35<T_g\leqslant0.55$	$0.08T_1+0.01$	
$T_g>0.55$	$0.08T_1-0.02$	

注：T_1 为结构基本自振周期。

二、对标准规定的理解

1. 底部剪力法的适用条件见第 5.1.2 条第 1 款。随着计算机的应用与普及，一般情况下均可采用振型分解反应谱法计算。作为简化计算方法的底部剪力法多用于结构的概念设计及方案设计或初步设计阶段的估算中。

2. 底部剪力法与振型分解反应谱法的计算结果分析：

1）顶部剪力小于振型分解反应谱法，尤其当周期较长时，误差更大（最高可达 25%），故需考虑顶部放大（用 δ_n 来处理）；

2）基底总剪力大于振型分解反应谱法，故乘以调整系数 0.85。

3. 单层厂房及砌体房屋顶部不调整，即取 $\delta_n=0$，见《抗震标准》第 7、9 章相关规定。

三、相关索引

《高规》的相关规定见其附录 C。

第 5.2.2 条

一、标准的规定

5.2.2 采用振型分解反应谱法时，不进行扭转耦联计算的结构，应按下列规定计算其地震作用和作用效应：

1 结构 j 振型 i 质点的水平地震作用标准值，应按下列公式确定：

$$F_{ji}=\alpha_j\gamma_jX_{ji}G_i\quad(i=1,2,\cdots n,j=1,2,\cdots m)\tag{5.2.2-1}$$

$$\gamma_j=\frac{\sum_{i=1}^{n}(X_{ji}G_i)}{\sum_{i=1}^{n}(X_{ji}^2G_i)}\tag{5.2.2-2}$$

式中：F_{ji}——j 振型 i 质点的水平地震作用标准值；

α_j——相应于 j 振型自振周期的地震影响系数，应按本规范第 5.1.4、第 5.1.5 条确定；

X_{ji}——j 振型 i 质点的水平相对位移；

γ_j——j 振型的参与系数。

2 水平地震作用效应（弯矩、剪力、轴向力和变形），当相邻振型的周期比小于0.85时，可按下式确定：

$$S_{Ek}=\sqrt{\Sigma S_j^2} \tag{5.2.2-3}$$

式中：S_{Ek}——水平地震作用标准值的效应；

S_j——j 振型水平地震作用标准值的效应，可只取前2～3个振型，当基本自振周期大于1.5s或房屋高宽比大于5时，振型个数应适当增加。

二、对标准规定的理解

1. 振型个数一般可取振型参与质量达到总质量的90%时所需的总振型数，当周期较长（T_1＞1.5s）或当高宽比大于5时，振型数应适当增加以考虑高振型的影响。

2. 当采用弹性楼板假定时，应特别注意对楼层参与质量的把握。

3. 地震作用（F_{ji}为地震作用力）与地震作用效应（S_{Ek}是由地震作用力 F_{ji} 产生的效应，即弯矩、剪力、轴向力和变形等）不同。

4. 地震作用效应可采用式（5.2.2-3）平方和开方法（SRSS）简化计算，但当相邻振型的周期比不小于0.85（即 $T_{i+1}/T_i \geqslant 0.85$）时，建筑结构的扭转耦联效应比较明显，采用式（5.2.2-3）计算误差较大，此时应采用式（5.2.3-5）的CQC效应组合法。

5. 为避免误解，本条对标准原公式（5.2.2-2）的表示方式进行了适当的调整。

三、相关索引

《高规》的相关规定见其第4.3.9条。

第5.2.3条

一、标准的规定

5.2.3 水平地震作用下，建筑结构的扭转耦联地震效应应符合下列要求：

1 规则结构不进行扭转耦联计算时，平行于地震作用方向的两个边榀各构件，其地震作用效应应乘以增大系数。一般情况下，短边可按1.15采用，长边可按1.05采用；当扭转刚度较小时，周边各构件宜按不小于1.3采用。角部构件宜同时乘以两个方向各自的增大系数。

2 按扭转耦联振型分解法计算时，各楼层可取两个正交的水平位移和一个转角共三个自由度，并应按下列公式计算结构的地震作用和作用效应。确有依据时，尚可采用简化计算方法确定地震作用效应。

1）j 振型 i 层的水平地震作用标准值，应按下列公式确定：

$$F_{xji}=\alpha_j\gamma_{tj}X_{ji}G_i$$

$$F_{yji}=\alpha_j\gamma_{tj}Y_{ji}G_i \quad (i=1,2,\cdots n,\ j=1,2,\cdots m)$$

$$F_{tji}=\alpha_j\gamma_{tj}r_i^2\varphi_{ji}G_i \tag{5.2.3-1}$$

式中：F_{xji}、F_{yji}、F_{tji}——分别为 j 振型 i 层的 x 方向、y 方向和转角方向的地震作用标准值；

X_{ji}、Y_{ji}——分别为 j 振型 i 层质心在 x、y 方向的水平相对位移；

φ_{ji}——j 振型 i 层的相对扭转角；

r_i——i 层转动半径，可取 i 层绕质心的转动惯量除以该层质量的商的正二次方根（即 $r_i=\sqrt{\frac{J_i}{m_i}}$—— 编者注）；

γ_{tj}——计入扭转的 j 振型的参与系数，可按下列公式确定：

当仅取 x 方向地震作用时

$$\gamma_{tj}=\sum_{i=1}^{n}X_{ji}G_i/\sum_{i=1}^{n}(X_{ji}^2+Y_{ji}^2+\varphi_{ji}^2r_i^2)G_i \tag{5.2.3-2}$$

当仅取 y 方向地震作用时

$$\gamma_{tj}=\sum_{i=1}^{n}Y_{ji}G_i/\sum_{i=1}^{n}(X_{ji}^2+Y_{ji}^2+\varphi_{ji}^2r_i^2)G_i \tag{5.2.3-3}$$

当取与 x 方向斜交的地震作用时

$$\gamma_{tj}=\gamma_{xj}\cos\theta+\gamma_{yj}\sin\theta \tag{5.2.3-4}$$

式中：γ_{xj}、γ_{yj}——分别由式（5.2.3-2）、式（5.2.3-3）求得的参与系数；

θ——地震作用方向与 x 方向的夹角。

2）单向水平地震作用下的扭转耦联效应，可按下列公式确定：

$$S_{Ek}=\sqrt{\sum_{j=1}^{m}\sum_{k=1}^{m}\rho_{jk}S_jS_k} \tag{5.2.3-5}$$

$$\rho_{jk}=\frac{8\sqrt{\zeta_j\zeta_k}(\zeta_j+\lambda_T\zeta_k)\lambda_T^{1.5}}{(1-\lambda_T^2)^2+4\zeta_j\zeta_k(1+\lambda_T^2)\lambda_T+4(\zeta_j^2+\zeta_k^2)\lambda_T^2} \tag{5.2.3-6}$$

式中：S_{Ek}——地震作用标准值的扭转效应；

S_j、S_k——分别为 j、k 振型地震作用标准值的效应，可取前 9～15 个振型；

ζ_j、ζ_k——分别为 j、k 振型的阻尼比；

ρ_{jk}——j 振型与 k 振型的耦联系数；

λ_T——k 振型与 j 振型的自振周期比。

3）双向水平地震作用下的扭转耦联效应，可按下列公式中的较大值确定：

$$S_{Ek}=\sqrt{S_x^2+(0.85S_y)^2} \tag{5.2.3-7}$$

或

$$S_{Ek}=\sqrt{S_y^2+(0.85S_x)^2} \tag{5.2.3-8}$$

式中，S_x、S_y 分别为 x 向、y 向单向水平地震作用按式（5.2.3-5）计算的扭转效应。

二、对标准规定的理解

1. 作用在给定侧移的某一质点上的弹性回复力不仅取决于这一质点上的侧移，还取决于其他各质点的位移，这一现象称作耦联。估算水平地震作用扭转耦联影响时的边柱放大系数见表 5.2.3-1。

边柱放大系数 **表 5.2.3-1**

情况	短边	长边	结构扭转刚度较小时	备　注
边柱放大系数	1.15	1.05	≥1.3	角柱同时乘以两个方向各自的放大系数

2. 式（5.2.3-7）和式（5.2.3-8）中 S_x、S_y 为单向水平地震作用计算的扭转耦联效应（不考虑偶然偏心），即单向地震作用时按式（5.2.3-5）计算的 S 值（注意，不进行双向地震作用计算时，应考虑偶然偏心）。

【例 5.2.3-1】 已知某框架柱，在 x 向单向水平地震作用下（不考虑偶然偏心）该

框架柱在 x 向弯矩 $M_{xX}=80kN\cdot m$；在 y 向单向水平地震作用下（不考虑偶然偏心）该框架柱在 x 向弯矩 $M_{xY}=50kN\cdot m$。要求按式（5.2.3-7）、式（5.2.3-8）计算该框架柱在 x 向的弯矩 M_x。

按式（5.2.3-7）计算，则 $M_x=\sqrt{80^2+(0.85\times50)^2}=90.6kN\cdot m$，按式（5.2.3-8）计算，则 $M_x=\sqrt{50^2+(0.85\times80)^2}=84.4kN\cdot m$，比较取大值，$M_x=90.6kN\cdot m$。

3. 双向地震作用与偶然偏心可不同时考虑，但应各自计算，取最不利值。

4. 考虑双向水平地震作用扭转耦联的复杂性及理论分析与实际工程之间的差异，当按式（5.2.3-7）、式（5.2.3-8）计算截面配筋时，一般可不再考虑框架柱的双向偏心受力（实际工程设计经验表明，考虑双向地震作用并按双向偏心受压计算式计算框架柱的配筋时，计算结果偏大）。

5. "扭转刚度较小"的结构指表 5.2.3-2 所列各结构，一般为稀柱框架-核心筒结构或类似的结构。

扭转刚度较小的结构 **表 5.2.3-2**

结构类型	一 般 结 构		较高的高层建筑	"较高的高层建筑"见第 5.1.6 条相关说明
判别指标	T_θ 为第一振型周期	T_θ 不为第一振型周期 但 $T_\theta>0.75T_{x1}$、$T_\theta>0.75T_{y1}$	$T_\theta>1.33T_{x2}$ $T_\theta>1.33T_{y2}$	

6. 由于计算机的应用，使简化计算方法的使用机会越来越少。但简化计算方法物理概念明确，当确有依据时，可采用简化计算方法确定考虑扭转的地震作用效应。此处介绍扭转系数法，供参考估算使用。

扭转系数法表示的是，扭转时某榀抗侧力结构构件按平动分析的层剪力效应增大。

适用于同时满足下列三种情况的框架结构：

1）房屋高度低于 40m 的框架结构；

2）各层的"质心"连线和"计算刚心"连线接近于两串轴线时；

3）偏心参数 ε 满足 $0.1<\varepsilon<0.3$。

边榀框架的扭转效应增大系数 η 为

$$\eta=0.65+4.5\varepsilon \tag{5.2.3-9}$$

$$\varepsilon=e_y s_y/(K_\varphi/K_x) \tag{5.2.3-10}$$

式中：e_y——i 层刚心至 i 层以上总质心的距离（y 方向）；

s_y——i 层边榀框架至 i 层以上总质心的距离（y 方向）；

K_x——第 i 层的平动刚度；

K_φ——第 i 层绕质心的扭转刚度。

7. 关于双向水平地震作用的扭转效应计算：

1）标准对结构双向水平地震作用的扭转耦联效应计算，其本质是对单向水平地震作用扭转耦联效应的再组合计算，即双向水平地震作用的扭转耦联效应计算，是对已经按式（5.2.3-1）～式（5.2.3-6）计算出的单向水平地震作用扭转耦联效应，再按式（5.2.3-7）和式（5.2.3-8）规定的组合要求计算而得出的。由于 S_x、S_y 不一定在同一时刻发生，因此，可采用平方和开方法（SRSS）估计双向地震作用效应。

双向地震作用不是两个方向地震同时对结构作用的计算，而是对单向地震作用采用较为简单的效应组合方法，是对双向地震作用效应的近似考虑。以框架柱为例（表 5.2.3-3）计算如下。

X、Y 向单向水平地震作用下的框架柱的内力标准值 **表 5.2.3-3**

柱内力标准值		轴力	x 轴弯矩	y 轴弯矩	x 轴剪力	y 轴剪力	扭矩
单向水平地震作用	X 向	N_X	M_{xX}	M_{yX}	V_{xX}	V_{yX}	T_X
	Y 向	N_Y	M_{xY}	M_{yY}	V_{xY}	V_{yY}	T_Y

$$N = \max\left(\sqrt{N_X^2 + (0.85N_Y)^2},\ \sqrt{N_Y^2 + (0.85N_X)^2}\right) \tag{5.2.3-11}$$

$$T = \max\left(\sqrt{T_X^2 + (0.85T_Y)^2},\ \sqrt{T_Y^2 + (0.85T_X)^2}\right) \tag{5.2.3-12}$$

$$V_x = \max\left(\sqrt{V_{xX}^2 + (0.85V_{xY})^2},\ \sqrt{V_{xY}^2 + (0.85V_{xX})^2}\right) \tag{5.2.3-13}$$

$$V_y = \max\left(\sqrt{V_{yX}^2 + (0.85V_{yY})^2},\ \sqrt{V_{yY}^2 + (0.85V_{yX})^2}\right) \tag{5.2.3-14}$$

$$M_x = \max\left(\sqrt{M_{xX}^2 + (0.85M_{xY})^2},\ \sqrt{M_{xY}^2 + (0.85M_{xX})^2}\right) \tag{5.2.3-15}$$

$$M_y = \max\left(\sqrt{M_{yX}^2 + (0.85M_{yY})^2},\ \sqrt{M_{yY}^2 + (0.85M_{yX})^2}\right) \tag{5.2.3-16}$$

（说明：大写字母表示地震作用方向，小写字母表示效应方向）

2）计算表明，双向地震作用对结构竖向构件（如框架柱）影响较大，而对水平构件（如框架梁）影响不明显。

3）按标准规定，位移的计算也应考虑双向地震作用（表 5.2.3-4、表 5.2.3-5）。

X、Y 向单向水平地震作用下楼层的位移值 **表 5.2.3-4**

项目		楼层的弹性水平位移 u		楼层的弹性层间位移 Δu	
		x 向	y 向	x 向	y 向
单向水平地震作用	X 向	u_{xX}	u_{yX}	Δu_{xX}	Δu_{yX}
	Y 向	u_{xY}	u_{yY}	Δu_{xY}	Δu_{yY}

$$u_x = \max\left(\sqrt{u_{xX}^2 + (0.85u_{xY})^2},\sqrt{u_{xY}^2 + (0.85u_{xX})^2}\right) \tag{5.2.3-17}$$

$$u_y = \max\left(\sqrt{u_{yX}^2 + (0.85u_{yY})^2},\sqrt{u_{yY}^2 + (0.85u_{yX})^2}\right) \tag{5.2.3-18}$$

$$\Delta u_x = \max\left(\sqrt{\Delta u_{xX}^2 + (0.85\Delta u_{xY})^2},\sqrt{\Delta u_{xY}^2 + (0.85\Delta u_{xX})^2}\right) \tag{5.2.3-19}$$

$$\Delta u_y = \max\left(\sqrt{\Delta u_{yX}^2 + (0.85\Delta u_{yY})^2},\sqrt{\Delta u_{yY}^2 + (0.85\Delta u_{yX})^2}\right) \tag{5.2.3-20}$$

S_y/S_x、S/S_x 的数值关系 **表 5.2.3-5**

S_y/S_x	1.0	0.9	0.8	0.7	0.6	0.5	0.4	0.3	0.2	0.1	0.0
S/S_x	1.31	1.26	1.21	1.16	1.12	1.09	1.06	1.03	1.01	1.00	1.00

4）实测强震记录表明，地震运动从来都是三维运动，三向同时作用，只是它们存在相位差，最大峰值加速度不同时到达。而三个方向峰值加速度不等，当一个方向的水平峰值加速度为 1 时，另一个水平方向的峰值加速度一般为 0.85 [式（5.2.3-7）及式（5.2.3-8）中另一方向地震作用的效应系数取 0.85]，竖向峰值加速度一般为 0.65 [式（5.3.1-1）中 $\alpha_{vmax}=0.65\alpha_{hmax}$]。因此，双向水平地震作用采用的是随机振动理论。

8. 在进行结构的弹性分析时，式（5.2.3-6）中振型阻尼比 ζ_j 及 ζ_k 一般取相同的数值，则式（5.2.3-6）可改写成式（5.2.3-21），结构的阻尼比按表 5.1.5-1 取值。当为钢筋混凝土结构时，式（5.2.3-6）又可改写成式（5.2.3-22），相应的 λ_T 与 ρ_{jk} 的关系见表 5.2.3-6。从中可以看出，ρ_{jk} 随两个振型周期比 λ_T 的减小而迅速衰减，当 $\lambda_T<0.7$ 时，两个振型的相关性已经很小，常可以忽略不计。

$$\rho_{jk}=\frac{8\zeta^2(1+\lambda_T)\lambda_T^{1.5}}{(1-\lambda_T^2)^2+4\zeta^2(1+\lambda_T^2)\lambda_T+8\zeta^2\lambda_T^2} \tag{5.2.3-21}$$

$$\rho_{jk}=\frac{0.02(1+\lambda_T)\lambda_T^{1.5}}{(1-\lambda_T^2)^2+0.01(1+\lambda_T^2)\lambda_T+0.02\lambda_T^2} \tag{5.2.3-22}$$

钢筋混凝土结构 λ_T 与 ρ_{jk} 的数值关系 **表 5.2.3-6**

λ_T	1.0	0.95	0.9	0.85	0.8	0.7	0.6	0.5	0.4
ρ_{jk}	1.000	0.791	0.473	0.273	0.166	0.071	0.035	0.018	0.010

三、相关索引

1.《高规》的相关规定见其第 4.3.10 条。

2. 美国土木工程师协会标准《建筑结构设计荷载》（ASCE 7）规定 C 类设防的建筑结构（相当于我国 8 度抗震设防）采用线弹性反应谱按正交主轴方向单向计算地震作用时，应考虑双向地震作用效应；A 方向地震作用产生的内力加上 B 方向地震作用产生的 A 方向内力乘以 30%用于结构构件承载力计算，即 $S_A=S_{AA}+0.3S_{AB}$。

3. 关于三向地震作用说明如下。

1）实测强震记录表明，地面运动是三维（2 个平动，1 个竖向）运动，因此，严格说来，抗震设计应该考虑三向地震作用效应的组合。对于抗震设防烈度 8 度及以上地区，竖向地震作用不容忽视。对于质量和刚度分布明显不对称的结构，应考虑双向地震作用相互耦联的影响，对上述地区及上述结构还应考虑三向地震作用效应的组合。

对三向地震作用，现行标准没有明确要求，可对重要建筑结构考虑三向地震作用效应组合进行抗震设计。

2）反应谱三向地震作用组合：

对加速度峰值记录和反应谱的分析发现，当同时考虑水平与竖向地震作用时，二者的效应组合比一般为 0.4 [注意，反应谱法的组合系数是 0.4，与时程分析法计算式（5.2.3-30）及式（5.2.3-31）所采用的系数 0.65 不同]，因此，三向地震作用效应组合标准值 S_{Ek} 可按下列三个计算式中的较大值确定：

$$S_{Ek}=\sqrt{S_x^2+(0.85S_y)^2}+0.4S_z \tag{5.2.3-23}$$

$$S_{Ek}=\sqrt{S_y^2+(0.85S_x)^2}+0.4S_z \tag{5.2.3-24}$$

$$S_{Ek}=S_z \tag{5.2.3-25}$$

多遇地震作用下截面抗震验算时，三向地震作用效应组合设计值可按下列三个计算式中的较大值确定：

$$S_E=1.4\sqrt{S_x^2+(0.85S_y)^2}+0.56S_z \tag{5.2.3-26}$$

$$S_E=1.4\sqrt{S_y^2+(0.85S_x)^2}+0.56S_z \tag{5.2.3-27}$$

$$S_E=1.4S_z \tag{5.2.3-28}$$

式中：S_x、S_y——分别为 x 向、y 向单向水平地震作用（考虑扭转耦联，不考虑偶然偏心）按式（5.2.3-5）计算的在 S_E 方向的扭转效应标准值；

S_z——竖向地震作用在 S_E 方向的效应标准值。按《抗震标准》式（5.3.1-1）计算。系数 0.56=1.4×0.4。

3）时程分析三向地震作用效应组合：

直接采用动力方程进行弹性、弹塑性时程分析计算地震反应时，可采用以下两种计算方法。

（1）直接参考采用具有三向地震运动记录的地震波：

$$S_{Ek}=S_x+S_y+S_z \tag{5.2.3-29}$$

式中：S_{Ek}——时程分析三向地震作用效应标准值；

S_x、S_y、S_z——分别为 x、y、z 向地震地面运动记录得到的地震波产生的在同一方向的效应标准值。

注意：

① 采用的地震波应适合场地类别，以使其频谱特性与实际场地情况相符。

② 对三向地震波中最大的水平向峰值加速度应进行调整，使之符合设防标准及使用年限的要求。

③ 另一水平向及竖向地震波的峰值加速度采用与最大水平向峰值加速度相同的调整。

④ 最大水平向地震波，要在两个结构主轴方向分别输入（即将结构的两个主轴方向调换）计算，取不利值。

（2）采用场地安评报告提供的人工模拟水平单向地震波或采用已有水平单向地震记录的地震波：

沿结构 x 向作用为主　$S_{Ek}=S_x+0.85S_y+0.65S_z$　（5.2.3-30）

沿结构 y 向作用为主　$S_{Ek}=S_y+0.85S_x+0.65S_z$　（5.2.3-31）

式中：S_{Ek}——时程分析三向地震作用效应标准值；

S_x、S_y、S_z——分别为 x、y、z 向输入同一地震波产生的在同一效应方向的效应标准值。

注意，按式（5.2.3-30）及式（5.2.3-31）计算时，因三向地震波频谱相同且无相位差，故总的三向地震作用组合效应将有所增大，偏于安全。

第 5.2.4 条

一、标准的规定

5.2.4　采用底部剪力法时，突出屋面的屋顶间、女儿墙、烟囱等的地震作用效应，宜乘以增大系数 3，此增大部分不应往下传递，但与该突出部分相连的构件应予计入；采用振型分解法时，突出屋面部分可作为一个质点；单层厂房突出屋面天窗架的地震作用效应的增大系数，应按本规范第 9 章的有关规定采用。

二、对标准规定的理解

1. 震害表明，突出屋面的屋顶间、女儿墙、烟囱等震害往往比主体结构严重得多，其主要原因是突出屋面的这些结构的质量和刚度突然减小，鞭梢效应明显（图 5.2.4-1）。

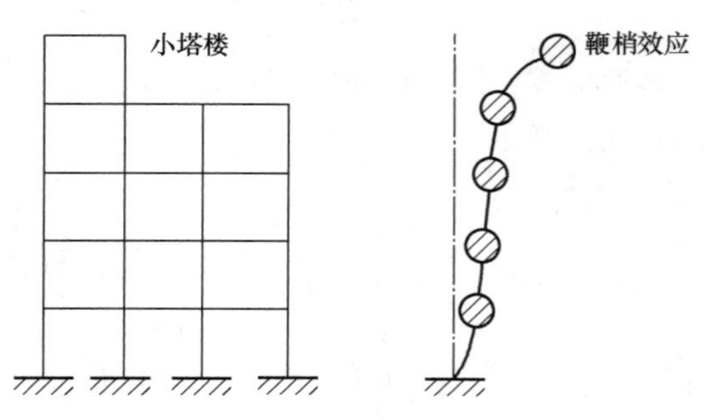

图 5.2.4-1　小塔楼的鞭梢效应

2. 采用底部剪力法时，大屋面的水平地震作用标准值应考虑放大（图 5.2.4-2）。

3. 采用振型分解反应谱法计算时，对突出屋面的小塔楼可作为一个质点考虑；当计算振型数足够时，小塔楼的水平地震作用标准值可不放大。

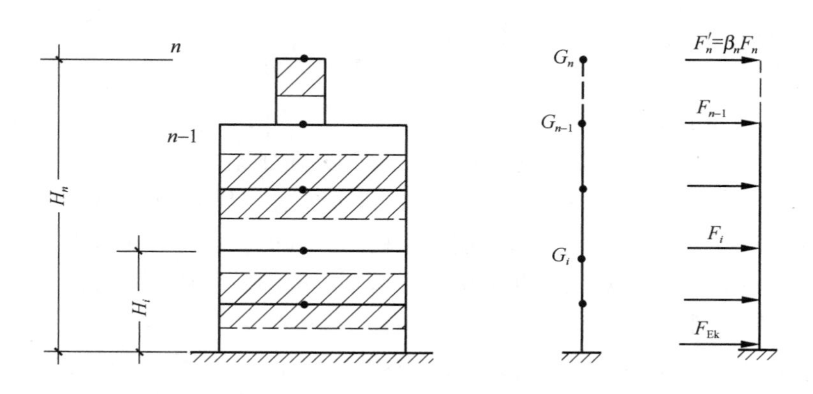

图 5.2.4-2　小塔楼的水平地震作用

三、结构设计建议

1. 当利用计算程序采用振型分解反应谱法计算时，应注意对大屋面重力荷载代表值的计算调整。

2. 进行结构整体分析时，对于突出屋面的楼电梯间、屋面构架、屋面水池等，可将其质量及承受的水平风力加于屋面层，同时可计及转换层楼板对梁的有利约束作用。

四、相关索引

现行广东省标准《高层建筑混凝土结构技术规程》DBJ/T 15—92 第 5.3.5 条规定："在结构整体计算中，转换层结构、加强层结构、连体结构、竖向收进结构（含多塔楼结构），应选用合适的计算模型进行分析。在整体计算中对转换层、加强层、连接体等做简化处理的，宜对其局部进行更细致的补充计算分析。框支梁上剪力墙偏置时，应考虑竖向荷载对梁轴线偏心的影响，可采用沿梁轴线附加扭矩的方法近似，同时计及转换层楼板对梁的约束作用。"

第 5.2.5 条

一、标准的规定

5.2.5　抗震验算时，结构任一楼层的水平地震剪力应符合下式要求：

$$V_{EKi} > \lambda \sum_{j=i}^{n} G_j \qquad (5.2.5)$$

式中：V_{EKi}——第 i 层对应于水平地震作用标准值的楼层剪力；

λ——剪力系数，不应小于表 5.2.5 规定的楼层最小地震剪力系数值，对竖向不规则结构的薄弱层，尚应乘以 1.15 的增大系数；

G_j——第 j 层的重力荷载代表值。

楼层最小地震剪力系数值　　　　**表 5.2.5**

类　别	6 度	7 度	8 度	9 度
扭转效应明显或基本周期小于 3.5s 的结构	0.008	0.016（0.024）	0.032（0.048）	0.064
基本周期大于 5.0s 的结构	0.006	0.012（0.018）	0.024（0.036）	0.048

注：1　基本周期介于 3.5s 和 5s 之间的结构，按插入法取值；
　　2　括号内数值分别用于设计基本地震加速度为 0.15g 和 0.30g 的地区。

二、对标准规定的理解

1. 本条规定中的 6、7、8、9 度为本地区抗震设防烈度。

2. 对长周期结构（T_1>3.5s）计算所得的水平地震作用效应较小。同时，对于长周期结构，地震动态作用中的地面运动速度和位移对结构的破坏具有更大的影响，反应谱只反应加速度对结构的影响，对长周期结构往往是不全面的，当计算的楼层剪力过小时，应进行楼层最小剪力限制。

3. 本条规定不区分结构形式，规定统一的最低要求适用于所有结构（包含隔震和消能减震结构；隔震层以上结构的楼层水平地震剪力系数，也应按本地区抗震设防烈度符合本条规定）。

4. 竖向不规则结构的定义见表 3.4.3-2。薄弱层的楼层最小地震剪力系数值见表 5.2.5-1。

薄弱层的楼层最小地震剪力系数值　　　　**表 5.2.5-1**

类　别	6 度	7 度		8 度		9 度
	(0.05g)	(0.10g)	(0.15g)	(0.20g)	(0.30g)	(0.40g)
扭转效应明显或基本周期小于 3.5s 的结构	0.0092	0.0184	0.0276	0.0368	0.0552	0.0736
基本周期大于 5.0s 的结构	0.0069	0.0138	0.0207	0.0276	0.0414	0.0552

5. “扭转效应明显”的结构可根据扭转位移比数值来判别。当考虑偶然偏心影响的扭转位移比数值不小于 1.2 时，即可判定为扭转效应明显（注意，“扭转效应明显”与表 5.2.3-2 的“扭转刚度较小”不同，“扭转效应明显”说明结构受到实际的扭转影响，而结构的“扭转刚度较小”说明结构的抗扭转能力较弱，但并不一定会受到较大扭转的影响）。

6. 对楼层最小水平地震剪力的控制，主要是为反映地震作用不确定性及地面地震运动速度、位移对结构的作用影响，以弥补加速度反应谱计算方法的不足。

7. 楼层地震剪力偏小有两种情况，一是结构侧向刚度偏小，二是抗震设防烈度较低，场地条件太好，如 6 度区建筑、7 度区Ⅰ类场地建筑等，实际工程中应加以区分（见结构设计建议 4）。

三、结构设计建议

1. 当计算的楼层地震水平剪力标准值小于最小楼层水平剪力时，可相应地增大该部位楼层剪力至满足规范要求，随之相应地增大并调整该部位楼层所受到的地震作用效应。

2. 当底部总剪力不满足要求时，结构各楼层的剪力（无论是否满足最小剪力系数要求）均需按不小于结构底层的剪力调整系数进行调整，不能只调整不满足最小剪力系数的楼层。

1）当结构基本自振周期位于设计反应谱的加速度控制段（对应于《抗震标准》图 5.1.5的反应谱曲线的平直段）时，则各楼层均需乘以同样大小的增大系数（$\Delta\lambda_0$，注意，这里是各层剪力的增大系数相同，如1层为$\Delta\lambda_0 F_{Ek1}$、2层为$\Delta\lambda_0 F_{Ek2}$、3层为$\Delta\lambda_0 F_{Ek3}$，其他各层以此类推)。

2）当结构基本自振周期位于设计反应谱的位移控制段（对应于《抗震标准》图5.1.5的反应谱曲线的直线下降段）时，则各楼层均需按底部剪力系数的差值（$\Delta\lambda_0$）增加该楼层的地震剪力（注意，这里是各层剪力系数的差值相同，即楼层地震剪力增加的数值为$\Delta F_{Eki}=\Delta\lambda_0 G_{Ei}=\Delta\lambda_0\sum_{j=i}^{n}G_j$，如1层为$\Delta\lambda_0 G_{E1}=\Delta\lambda_0\sum_{j=1}^{n}G_j$、2层为$\Delta\lambda_0 G_{E2}=\Delta\lambda_0\sum_{j=2}^{n}G_j$、3层为$\Delta\lambda_0 G_{E3}=\Delta\lambda_0\sum_{j=3}^{n}G_j$，其他各层以此类推)。

3）当结构基本自振周期位于设计反应谱的速度控制段（对应于《抗震标准》图5.1.5的反应谱曲线的曲线下降段）时，每层增加的地震剪力数值不应小于$\Delta\lambda_0 G_{Ei}$（注意，《抗震标准》要求为大于$\Delta\lambda_0 G_{Ei}$，因实际工程中无法确定具体数值，故此处改为不小于$\Delta\lambda_0 G_{Ei}$)，即：

（1）底层增加的地震剪力为$\Delta\lambda_0 G_{E1}$。

（2）顶层增加的地震剪力可取动位移作用［即上述（2）项的数值，$\Delta\lambda_0 G_{En}$］和加速度作用［即上述（1）项$\Delta\lambda_0 F_{Ekn}$］二者的平均值，即$\Delta F_{Ekn}=0.5\Delta\lambda_0(G_{En}+F_{Ekn})$，且不小于$\Delta\lambda_0 G_{En}$。

（3）中间层（位于底层与顶层之间）的楼层地震剪力的增加值可按线性分布计算。

4）上述调整举例说明如下。

【例5.2.5-1】 抗震设防烈度7度区的某8层房屋，房屋高度25m，最小地震剪力系数为0.016，各层重力荷载代表值G_i（kN）及水平地震作用下的楼层剪力标准值F_{Eki}（kN）见表5.2.5-2。结构底部剪力系数为0.014，不满足最小剪力系数0.016的要求，需要调整（底层及第2、3层楼层剪力不满足最小剪力系数要求，不满足的楼层数不多，且最大调整幅度较小，为1.143)，分别按基本自振周期位于设计反应谱的加速度控制段、速度控制段和位移控制段，调整各楼层地震剪力。

①当基本自振周期位于设计反应谱的加速度控制段时，结构底层的地震剪力调整系数$\Delta\lambda=0.016/0.014=1.143$，则以上各层的楼层剪力均乘以底层的增大系数（如2层的楼层剪力为1.143×1610=1840kN)，且满足不小于0.016的要求（如2层楼层剪力系数为1840/111000=0.0166>0.016)。调整后各楼层的地震剪力值（kN）及地震剪力增加值（kN）和楼层剪力系数见表5.2.5-2中的“方法①”。

②当基本自振周期位于设计反应谱的位移控制段时，结构底层的地震剪力调整系数差$\Delta\lambda_0=0.016-0.014=0.002$，则以上各层的楼层剪力均按相同的调整系数差（$\Delta\lambda_0=0.002$）增加楼层的地震剪力$\Delta\lambda_0 G_{Ei}$（如2层的楼层剪力增加值为0.002×111000=222kN)，且增加后楼层的地震剪力系数满足不小于0.016的要求（如2层增加后的楼层剪力为1610+222=1832kN，楼层剪力系数为1832/111000=0.0165>0.016)。调整后各楼层的地震剪力值（kN）及地震剪力增加值（kN）和楼层剪力系数见表4.3.12-2中的“方法②”。

③当基本自振周期位于设计反应谱的速度控制段时，结构底层的地震剪力增加值同方法①、②，即258kN；顶层的剪力增加值取①、②的平均值，即0.5（44+36）=

40kN>$\Delta\lambda_0 G_{En}$=36kN；中间楼层的剪力增加值按线性分布确定，且满足不小于0.016的要求［如2层楼层剪力的增加值为40+（258−40）×6/7=227kN，楼层剪力为227+1610=1837kN，剪力系数为1837/111000=0.0165>0.016］。调整后各楼层的地震剪力值（kN）及地震剪力增加值（kN）和楼层剪力系数见表5.2.5-2中的“方法③”。

【例5.2.5-1】计算数据汇总 表5.2.5-2

楼层		1	2	3	4	5	6	7	8
G_i（kN）		18000	18000	15000	15000	15000	15000	15000	18000
ΣG_{Ei}（kN）		129000	111000	93000	78000	63000	48000	33000	18000
楼层剪力 F_{Eki}（kN）		1806	1610	1395	1326	1008	792	550	306
楼层剪力系数 λ_i		0.014	0.0145	0.015	0.017	0.016	0.0165	0.0167	0.017
方法①	剪力增加值	258	230	200	190	144	113	79	44
	楼层剪力	2064	1840	1595	1516	1152	905	629	350
	调整后 λ_i	0.016	0.0166	0.0172	0.0194	0.0183	0.0189	0.0191	0.0194
方法②	剪力增加值	258	222	186	156	126	96	66	36
	楼层剪力	2064	1832	1588	1499	1143	897	623	346
	调整后 λ_i	0.016	0.0165	0.017	0.019	0.018	0.0185	0.0187	0.019
方法③	剪力增加值	258	227	195	164	133	102	71	40
	楼层剪力	2064	1837	1581	1482	1134	888	616	342
	调整后 λ_i	0.016	0.0165	0.0171	0.0191	0.0181	0.0186	0.0188	0.0192

5）由以上算例可以发现，采用不同的调整方法对调整后楼层地震剪力的数值影响不大，且应注意到这是标准对楼层最小地震剪力的调整，实际工程中对楼层剪力的调整可直接采用方法①，即所有楼层采用与底层相同的剪力增大系数$\Delta\lambda$，以简化调整过程并偏于安全。当楼层最小地震剪力系数不出现在结构底层时，按上述方法调整后还应对调整后的楼层剪力进行再核算，确保所有楼层满足最小地震楼层剪力要求。

3. 控制调整的幅度，不宜大于1.2～1.3。

4. 当调整幅度大于1.3时，应调整结构布置和截面尺寸，提高结构侧向刚度，满足结构稳定和承载力要求（当按放大后的地震剪力计算的弹性层间位移角仍能满足标准要求时，也可不调整结构体系和结构布置）。

5. 满足最小地震剪力要求是结构后续抗震计算的前提，即只有先进行了最小地震剪力调整，然后才能调整构件内力、位移、倾覆力矩等。

四、相关索引

当高层建筑结构剪重比过小（剪力系数λ<0.02）时，还应验算结构的稳定，详见《高规》第5.4.4条。《抗震通规》的相关规定见其第4.2.3条，其规定中给出的插值计算式$(9.5-T_1)/6$与表5.2.5一致。

第5.2.6条

一、标准的规定

5.2.6 结构的楼层水平地震剪力，应按下列原则分配：

1 现浇和装配整体式混凝土楼、屋盖等刚性楼、屋盖建筑，宜按抗侧力构件等效刚度的比例分配。

2 木楼盖、木屋盖等柔性楼、屋盖建筑，宜按抗侧力构件从属面积上重力荷载代表值的比例分配。

3 普通的预制装配式混凝土楼、屋盖等半刚性楼、屋盖的建筑，可取上述两种分配结果的平均值。

4 计入空间作用、楼盖变形、墙体弹塑性变形和扭转的影响时，可按本规范各有关规定对上述分配结果作适当调整。

二、对标准规定的理解

1. 本条第 1 款可理解为符合刚性楼板的假定。

2. 本条第 2 款可理解为符合零刚度楼板的假定，若为柔性楼盖时，对大开洞形成的内部空旷类建筑（如剧场、多功能厅、体育馆及建筑的中庭等），当采用空间结构分析程序设计计算时，应采用平面结构模型作补充分析计算（第 3.6.5 条）。

3. 对“从属面积”与“竖向导荷”说明如下。

1）抗震设计时，梁的从属面积与竖向导荷概念相近，但计算方法不同。楼面梁从属面积应按梁两侧各 1/2 梁间距范围内的实际面积确定，见图 5.2.6-1（a）、（b）；而竖向荷载分配模式是根据楼板传递竖向荷载的方式确定的，分为单向板传力、双向板传力和按周边均匀传力等多种模式，见图 5.2.6-1（c）。

需要说明的是，抗震设计时楼面梁的从属面积，与《荷载规范》第 5.1.2 条楼面活荷载折减时采用的楼面梁从属面积概念不同。抗震设计时楼面梁的从属面积，主要用于空间作用小（协同工作能力差，近似于平面结构）的结构，单向抗侧力结构承担由全部重力荷载代表值产生的地震作用，因此，这里的从属面积是楼层的全部面积。而《荷载规范》第 5.1.2 条的从属面积，考察的是楼面梁承受楼面活荷载的面积（依据其受荷面积的大小，也就是相应区域内同时达到活荷载设计值的概率大小，确定活荷载折减系数），本质上是一种竖向导荷方式，分为单向板和双向板，单向板取值见图 5.2.6-1（a），双向板取值见图 5.2.6-1（c）。

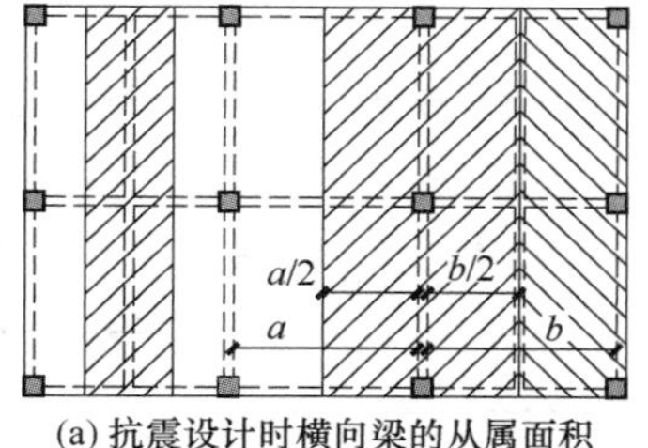

(a) 抗震设计时横向梁的从属面积

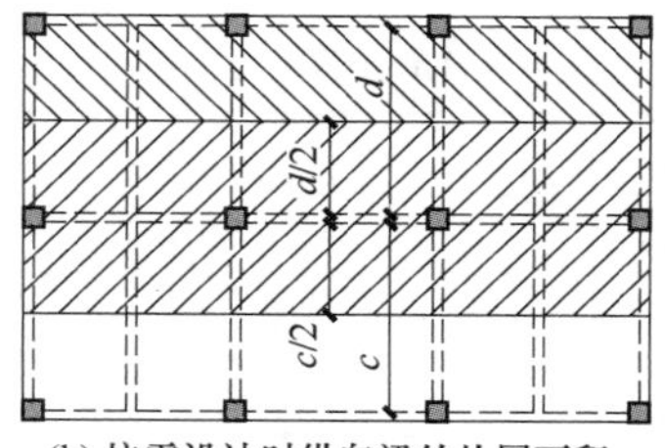

(b) 抗震设计时纵向梁的从属面积

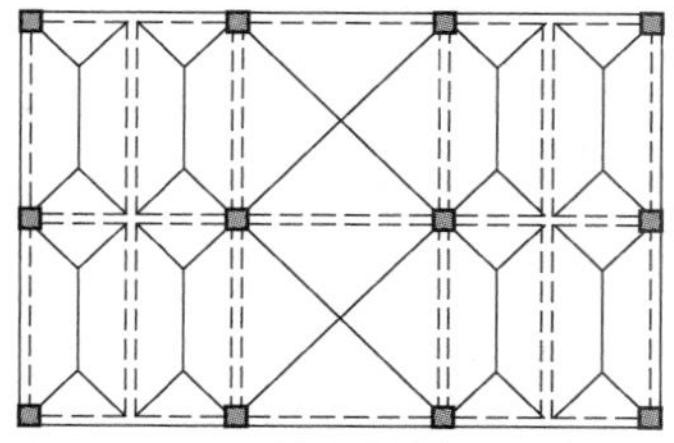
(c) 梁的竖向导荷模式

图 5.2.6-1 梁的从属面积与竖向导荷模式

2）使用电算程序并习惯于梁的竖向导荷模式后，结构设计中应注意避免将竖向导荷与抗震设计时梁的从属面积概念混淆。

3）梁的从属面积在荷载折减时需考虑，此外，在结构抗震设计中也需要考虑（如砌体结构中对砌体墙段的抗震承载力验算时）。

4）注意“从属面积上重力荷载代表值”的计算，其依据是“从属面积”及其相应的荷载，与一般情况下的重力荷载代表值计算过程不同，尤其是采用计算程序计算时，应特别注意荷载的分配模式（即从属关系），必要时应进行补充验算。

4. 本条第 3 款规定半刚性楼盖（弹性楼板）的结构，可取刚性楼盖和零刚度楼盖两种模型计算结果的平均值。注意，是两种模型分别计算后，取计算结果的平均值。

5. 本条规定要求归纳见表 5.2.6-1。

各类楼层的水平地震剪力分配方法　　表 5.2.6-1

标准条款号	楼盖形式	楼层水平地震剪力的分配方式
1	刚性楼板	按抗侧力构件等效刚度的比例分配
2	零刚度楼板	按抗侧力构件从属面积上重力荷载代表值的比例分配
3	弹性楼板	取 1、2 款的平均值
4	其他楼盖	按标准相关规定分配

第 5.2.7 条

一、标准的规定

5.2.7　结构抗震计算，一般情况下可不计入地基与结构相互作用的影响；8 度和 9 度时建造于Ⅲ、Ⅳ类场地，采用箱基、刚性较好的筏基和桩箱联合基础的钢筋混凝土高层建筑，当结构基本自振周期处于特征周期的 1.2 倍至 5 倍范围时，若计入地基与结构动力相互作用的影响，对刚性地基假定计算的水平地震剪力可按下列规定折减，其层间变形可按折减后的楼层剪力计算。

1　高宽比小于 3 的结构，各楼层水平地震剪力的折减系数，可按下式计算：

$$\psi = \left(\frac{T_1}{T_1 + \Delta T}\right)^{0.9} \tag{5.2.7}$$

式中：ψ——计入地基与结构动力相互作用后的地震剪力折减系数；

T_1——按刚性地基假定确定的结构基本自振周期（s）；

ΔT——计入地基与结构动力相互作用的附加周期（s），可按表 5.2.7 采用。

附加周期（s）　　表 5.2.7

烈　度	场地类别	
	Ⅲ类	Ⅳ类
8	0.08	0.20
9	0.10	0.25

2　高宽比不小于 3 的结构，底部的地震剪力按第 1 款规定折减，顶部不折减，中间各层按线性插入值折减。

3　折减后各楼层的水平地震剪力，应符合本规范第 5.2.5 条的规定。

二、对标准规定的理解

1. 本条规定中的 8、9 度指本地区抗震设防烈度。

2. 关于高层建筑深基坑对场地地震加速度的影响问题：

1）高层建筑常设置多层地下室，在寸土寸金的中心城市，设置 4～5 层地下室的情况屡见不鲜，地下室埋深一般都在 20m 以上。地震发生时，由土层传到高层建筑地下室的地震波是由基底处的地震波和地下室外墙接收到的地震波两部分组成的。理论研究和实测表明，一般土层的地震加速度随距地面的深度增加而减小，越接近地表越大。日本规范规定，−20m 时的土中加速度为地面加速度的 1/3～1/2，中间深度的加速度值按插入法确定。图 5.2.7-1 所示为不同场地的实测地震加速度随深度变化的关系曲线。

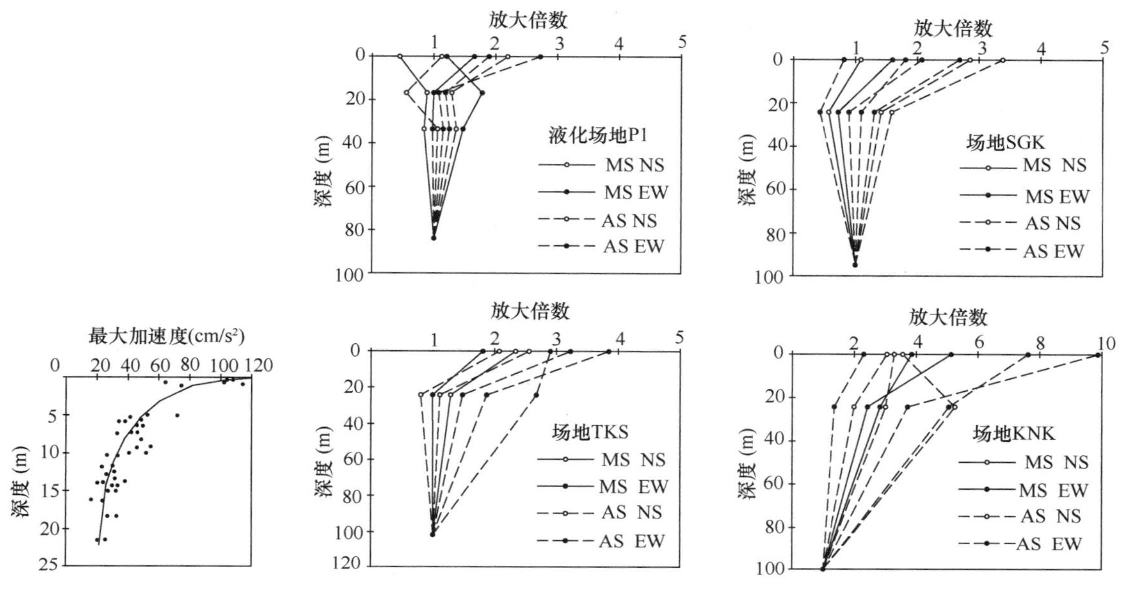

图 5.2.7-1 加速度随深度变化关系（日本，1995）

2）地震能量通过场地和地基基础作用于建筑结构，由于地基与结构动力相互作用的影响，结构实际的水平地震作用要小于按地面加速度刚性地基的分析结果（对于不同的结构形式，其值一般在 10%～20%之间，结构侧向刚度越大，其减小的数值也大），但国内对此研究尚不充分。考虑地震作用的复杂性和不确定性及我国地震作用取值相对较小的现实，一般情况下可不考虑地基与上部结构的相互作用影响（即不考虑深基坑对地面地震加速度的减小作用），可按刚性地基假定计算（偏于安全）。

3）《抗震标准》第 14.2.3 条指出："地震作用的取值，应随地下的深度比地面相应减少：基岩处的地震作用可取地面的一半，地面至基岩的不同深度处可按插入法确定。"地下室层数较多、深度较大时，也可执行此规定，对地震作用予以适当折减。

3. 对按地面加速度刚性地基假定计算的水平地震剪力进行折减（图 5.2.7-2），宜符合表 5.2.7-1 的要求。

水平地震剪力折减的基本条件　　表 5.2.7-1

本地区抗震设防烈度	场地类别	基础类型	结构形式	基本自振周期
8、9	Ⅲ、Ⅳ	箱基、刚度较好的筏基、桩箱联合基础	钢筋混凝土高层建筑结构	(1.2～5) T_g

4. 对本条第 1 款可用图 5.2.7-3 来理解。

5. 对本条第 2 款可用图 5.2.7-4 来理解；对高宽比较大的高层建筑，由于高振型的影响，其顶部几层的地震作用不宜减小。

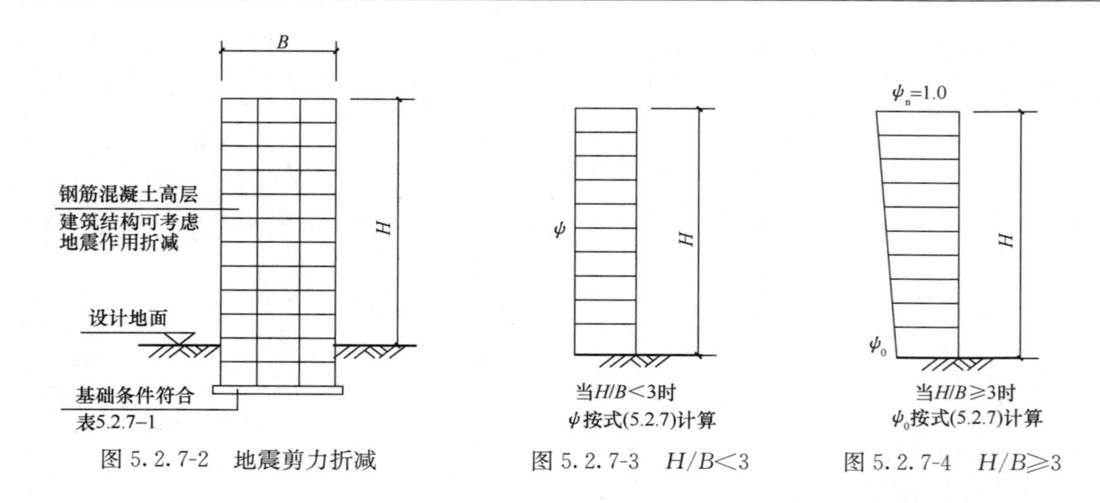

图 5.2.7-2 地震剪力折减　　图 5.2.7-3 $H/B<3$　　图 5.2.7-4 $H/B\geqslant3$

6. 折减后各楼层水平地震剪力应满足楼层最小地震剪力系数要求（表 5.2.5 及表 5.2.5-1）。

5.3 竖向地震作用计算

要点：

竖向地震作用计算与水平地震作用计算，无论在计算式的形式上还是在相关数据的取值上都十分相似，应正确把握大跨度和大悬臂的定义，恰当考虑竖向地震作用。

第 5.3.1 条

一、标准的规定

5.3.1 9 度时的高层建筑，其竖向地震作用标准值应按下列公式确定（图 5.3.1）；楼层的竖向地震作用效应可按各构件承受的重力荷载代表值的比例分配，并宜乘以增大系数 1.5。

$$F_{\mathrm{Evk}}=\alpha_{\mathrm{vmax}}G_{\mathrm{eq}} \tag{5.3.1-1}$$

$$F_{\mathrm{v}i}=\frac{G_iH_i}{\sum G_jH_j}F_{\mathrm{Evk}} \tag{5.3.1-2}$$

式中：F_{Evk}——结构总竖向地震作用标准值；

$F_{\mathrm{v}i}$——质点 i 的竖向地震作用标准值；

α_{vmax}——竖向地震影响系数的最大值，可取水平地震影响系数最大值的 65%；

G_{eq}——结构等效总重力荷载，可取其重力荷载代表值的 75%。

二、对标准规定的理解

1. 本条规定中的 9 度为本地区抗震设防烈度。

2. 式（5.3.1-1）与式（5.2.1-1）形式相同，各项参数取值原则相近。但应注意两者

的 G_{eq} 取值不同（计算水平地震作用时 $G_{eq}=0.85G_E$，而计算竖向地震作用时 $G_{eq}=0.75G_E$）。

3. 和水平地震作用效应相比，竖向地震作用的效应取用统一的增大系数 1.5。竖向地震作用可采用与式（5.2.1-1）相同的形式表达：

$$F_{Evk}=\alpha_{vmax}G_{eq}=0.65\alpha_{hmax}\times0.75G_E$$
$$=0.49\alpha_{hmax}G_E \quad (5.3.1\text{-}3)$$

式中：α_{hmax}——水平地震影响系数最大值，按《抗震标准》表 5.1.4-1 取值。

4. 标准规定 9 度时的高层建筑需按式（5.3.1-1）计算竖向地震作用，实际工程中，对标准未明确要求计算竖向地震作用的工程，可根据大跨度和长悬臂情况按表 5.1.1-2 计算。

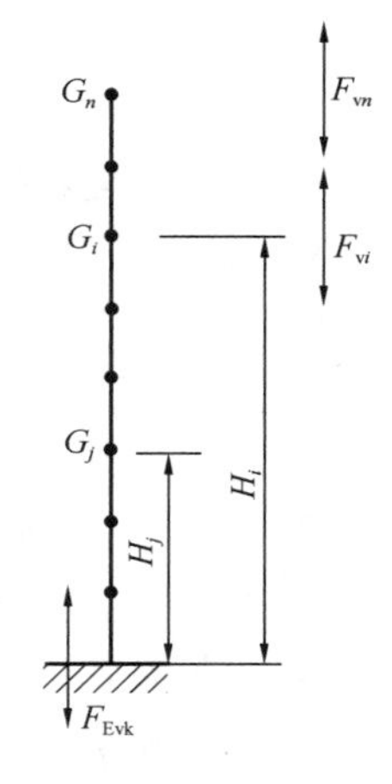

图 5.3.1 结构竖向地震作用计算简图

三、相关索引

《高规》的相关规定见其第 4.3.13 条。

第 5.3.2 条

一、标准的规定

5.3.2 跨度、长度小于本规范第 5.1.2 条第 5 款规定且规则的平板型网架屋盖和跨度大于 24m 的屋架、屋盖横梁及托架的竖向地震作用标准值，宜取其重力荷载代表值和竖向地震作用系数的乘积；竖向地震作用系数可按表 5.3.2 采用。

竖向地震作用系数 **表 5.3.2**

结构类型	烈　度	场地类别		
		Ⅰ	Ⅱ	Ⅲ、Ⅳ
平板型网架、钢屋架	8	可不计算（0.10）	0.08（0.12）	0.10（0.15）
	9	0.15	0.15	0.20
钢筋混凝土屋架	8	0.10（0.15）	0.13（0.19）	0.13（0.19）
	9	0.20	0.25	0.25

注：括号中数值用于设计基本地震加速度为 0.30g 的地区。

二、对标准规定的理解

1. 本条规定中的 8、9 度为本地区抗震设防烈度。

2. 表 5.3.2 仅用于钢网架、钢屋架和钢筋混凝土屋架等，其他大跨度结构的竖向地震作用计算见第 5.3.3 条。

第 5.3.3 条

一、标准的规定

5.3.3 长悬臂构件和不属于本规范第 5.3.2 条的大跨结构的竖向地震作用标准值，8 度和 9 度可分别取该结构、构件重力荷载代表值的 10%和 20%，设计基本地震加速度为 0.30g 时，可取该结构、构件重力荷载代表值的 15%。

二、结构设计建议

1. 本条规定中的8、9度应理解为本地区抗震设防烈度。

2. 对于板类悬挑结构，应适当从严控制。

3. 当程序中无法直接按标准要求进行竖向地震作用计算，或按程序的直接计算无法满足设计要求时，可采用下列方法实现：

1）在效应组合中调整竖向地震作用分项系数 γ_{Ev}（见《抗震标准》第5.4.1条）。

2）当结构中仅部分构件需考虑竖向地震作用时，可按此条要求进行配筋调整，近似按同样的放大系数加大配筋，与之相关的各构件做相应的调整。

4. 大跨度、长悬臂结构的定义可见表5.1.1-2及表6.1.2。

5. 对长悬臂、大跨度及其他特别重要的构件（如转换构件等），其竖向挠度应按下述两种组合情况的不利值验算。混凝土构件的挠度限值按《混凝土标准》第3.4.3条确定，大跨钢结构构件的挠度限值按《抗震标准》第10.2.12条确定。

1）应考虑荷载的准永久组合，按《混凝土标准》第7.2节的有关规定计算。

2）还应参考《抗震标准》第10.2.12条的规定，按式（5.3.3-1）计算构件在重力荷载代表值和竖向地震作用标准值作用下的组合挠度值 f。

$$f = f_{GE} + f_{Ev} \tag{5.3.3-1}$$

式中：f_{GE}——重力荷载代表值作用下构件的挠度值，可分别计算静荷载作用下的挠度 f_G 和1/2活荷载作用下的挠度 $f_{0.5P}$，即 $f_{GE}=f_G+f_{0.5P}$；

f_{Ev}——竖向地震作用标准值作用下构件的挠度值，可以直接与重力荷载代表值挂钩，如8度时可取 $f_{Ev}=0.1f_{GE}$，则 $f=1.1f_{GE}=1.1\ (f_G+f_{0.5P})$。

第5.3.4条

一、标准的规定

5.3.4 大跨度空间结构的竖向地震作用，尚可按竖向振型分解反应谱方法计算。其竖向地震影响系数可采用本规范第5.1.4、第5.1.5条规定的水平地震影响系数的65%，但特征周期可均按设计第一组采用。

二、对标准规定的理解

1. 结构设计中，对竖向地震作用习惯于采用简化计算方法。本条提出了适合于空间结构的竖向振型分解反应谱方法，拓展了大型复杂结构的竖向地震作用计算。

2. 实际工程中，对大跨度和长悬臂结构及结构设计中对竖向地震较为敏感的部位和构件，应尽量采用本条规定的竖向振型分解反应谱方法计算，计算时应特别注意，在预期竖向地震较大的位置应设置构件计算分点（也就是计算质量点，有质量才有竖向地震作用）。

5.4 截面抗震验算

要点：

1. 截面抗震验算是结构抗震截面设计的重要内容，结构在地震作用下的抗震验算根本上应该是结构在罕遇地震作用下的弹塑性变形验算，但为减少验算工作量并符合设计习惯，对大部分结构，采用将变形验算转换为以多遇地震作用下构件承载能力验算的形式来表现（当结构的均匀性和规则性较好时，较容易估算结构在强震下的反应，而对复杂结构则效果较差）。

2. 现阶段结构构件截面抗震验算基本上采用各有关标准的非抗震承载力设计值，并用承载力抗震调整系数与之衔接，即将非抗震的承载力设计值除以承载力抗震调整系数 γ_{RE}，计算时采用直接将考虑地震作用的效应值乘以 γ_{RE} 进行折减的方法。

3. 本节各条的规定表明截面抗震验算是抗震设计中的重要环节。

第 5.4.1 条

一、标准的规定

5.4.1 结构构件的地震作用效应和其他荷载效应的基本组合，应按下式计算：

$$S = \gamma_G S_{GE} + \gamma_{Eh} S_{Ehk} + \gamma_{Ev} S_{Evk} + \psi_w \gamma_w S_{wk} \tag{5.4.1}$$

式中：S——结构构件内力组合的设计值，包括组合的弯矩、轴向力和剪力设计值；

γ_G——重力荷载分项系数，一般情况应采用 1.3，当重力荷载效应对构件承载能力有利时，不应大于 1.0；

γ_{Eh}、γ_{Ev}——分别为水平、竖向地震作用分项系数，应按表 5.4.1 采用；

γ_w——风荷载分项系数，应采用 1.5；

S_{GE}——重力荷载代表值的效应，可按本标准第 5.1.3 条采用，但有吊车时，尚应包括悬吊物重力标准值的效应；

S_{Ehk}——水平地震作用标准值的效应，尚应乘以相应的增大系数或调整系数；

S_{Evk}——竖向地震作用标准值的效应，尚应乘以相应的增大系数或调整系数；

S_{wk}——风荷载标准值的效应；

ψ_w——风荷载组合值系数，一般结构取 0.0，风荷载起控制作用的建筑应采用 0.2。

注：本标准一般略去表示水平方向的下标。

地震作用分项系数 **表 5.4.1**

地震作用	γ_{Eh}	γ_{Ev}
仅计算水平地震作用	1.4	0.0
仅计算竖向地震作用	0.0	1.4
同时计算水平与竖向地震作用（水平地震为主）	1.4	0.5
同时计算水平与竖向地震作用（竖向地震为主）	0.5	1.4

二、对标准规定的理解

1. 本条为 2024 年局部修订条文。

2. 在确定 γ_G 时，标准所说的“一般情况”系指除重力荷载效应对构件承载力有利之外的所有情况。

3. 确定 γ_G 时，只考虑重力荷载对结构的有利和不利两种情况，不考虑由永久荷载效应控制的组合，即 γ_G 不取 1.35 [式（5.4.1）可以理解为由地震作用效应控制的组合]。

4. 在水平及竖向地震作用标准值的效应（S_{Ehk}、S_{Evk}）计算过程中，应乘以相应的增大系数或调整系数，各项具体的增大系数或调整系数见《抗震标准》的相关规定（如对钢筋混凝土框架见第 6.2 节）。

5. ψ_w 取值时，应注意对“风荷载起控制作用的建筑”的把握，一般情况下，均可按

“风荷载起控制作用的组合”取值，即取 $\psi_w=0.2$，以策安全。

6. 考虑地震作用效应组合及其他荷载效应的基本组合时，由于 γ_G 和 S_{GE} 的取值原则不同于非地震时，造成非地震时框架柱的轴压比有可能远大于地震作用组合时的轴压比数值，当永久荷载与楼面活荷载比值较大或当楼面活荷载的数值较大时更为明显。结构设计时对地震作用下的轴压比控制应综合考虑，避免出现超大配筋的情况。

7. “但有吊车时，尚应包括悬吊物重力标准值的效应”，可理解为强调第 5.1.3 条的要求。

8. “仅计算竖向地震作用”的情况指仅考虑“$\gamma_G S_{GE}+\gamma_{Ev}S_{Evk}$”的组合，此时各类结构构件承载力抗震调整系数，应按第 5.4.3 条的规定取 1.0。

三、相关索引

《高规》的相关规定见其第 5.6 节，《抗震通规》的相关规定见其第 4.3.2 条。

第 5.4.2 条

一、标准的规定

5.4.2　结构构件的截面抗震验算，应采用下列设计表达式：

$$S \leqslant R/\gamma_{RE} \tag{5.4.2}$$

式中：γ_{RE}——承载力抗震调整系数，除另有规定外，应按表 5.4.2 采用；

R——结构构件承载力设计值。

承载力抗震调整系数　　**表 5.4.2**

材　　料	结构构件	受力状态	γ_{RE}
钢	柱，梁，支撑，节点板件，螺栓，焊缝	强度	0.75
	柱，支撑	稳定	0.80
砌体	两端均有构造柱、芯柱的抗震墙	受剪	0.9
	其他抗震墙	受剪	1.0
混凝土	梁	受弯	0.75
	轴压比小于 0.15 的柱	偏压	0.75
	轴压比不小于 0.15 的柱	偏压	0.80
	抗震墙	偏压	0.85
	各类构件	受剪、偏拉	0.85

二、对标准规定的理解

1. 《抗震通规》的相关规定见其第 4.3.1 条。依据《抗震通规》，表 5.4.2 中的 0.9 和 1.0 应修改为 0.90 和 1.00。

2. 截面抗震验算是结构抗震截面设计的重要内容。事实上，结构在设防烈度地震作用下的抗震验算根本上应该是地震作用下的弹塑性变形验算，但为减少验算工作量并符合设计习惯，对大部分结构，采用将变形验算转换为众值烈度地震作用下的构件承载能力验算的形式来表现（当结构的均匀性和规则性较好时，尚可以依据弹性计算的结果估算结构在强震下的反应，而对复杂结构一般无法采用这种估算方法）。

3. 对特别不规则结构及特殊结构构件，应注意在设防烈度地震及罕遇地震作用下，结构内力与多遇地震下的不同（变化规律及受力特性等，如不等肢的双肢抗震墙，在多遇地震作用下，小墙肢可能是偏心受压构件，而在设防烈度地震或罕遇地震作用下，小墙肢就可能变为偏心受拉构件），必要时，应进行补充计算或比较验算。

4. 现阶段大部分结构构件的截面抗震验算采用的是各有关标准非抗震的承载力设计值，故抗震设计的抗力分项系数相应地变为承载力设计值的抗震调整系数 γ_{RE}。

5. 承载力抗震调整系数可取 $\gamma_{RE} \leqslant 1.00$ 的原因是：

1）快速加载下的材料强度比常规静力荷载下的材料强度高，由于地震作用的加载速度高于常规静力荷载的加载速度，因此材料强度有所提高。

2）地震作用是偶然作用，结构抗震可靠度要求可比承受荷载作用下的可靠度要求低，而结构构件的截面抗震验算借用非地震作用的表达式，因而可对可靠度进行相应的调整。

6. 式（5.4.2）可改写成式（5.4.2-1）。事实上，对重力荷载代表值效应 S_{GE} 也进行 γ_{RE} 折减，从设计概念上来讲并不清晰，为确保构件承受重力荷载的能力，式(5.4.2-1)宜改写成式（5.4.2-2）的形式，即仅对地震作用及风荷载效应进行折减。采用式(5.4.2-1)时［注意，大部分计算程序都按式（5.4.2-1）计算］，应确保 $\gamma_{RE}\gamma_G \geqslant 1.00$，一般情况下，当 $\gamma_{RE} \leqslant 0.80$ 时应加强验算。

$$\gamma_{RE} S \leqslant R \tag{5.4.2-1}$$

$$\gamma_{RE} S = S_{GE} + \gamma_{RE}(\gamma_{Eh} S_{Ehk} + \gamma_{Ev} S_{Evk} + \psi_w \gamma_w S_{wk}) \leqslant R \tag{5.4.2-2}$$

三、结构设计建议

1.《抗震标准》第 6.6.3 条规定“板柱节点应进行冲切承载力的抗震验算”，但未规定抗冲切承载力调整系数，实际工程中抗冲切承载力抗震调整系数宜取 0.85。

2. 砌体结构构件的 γ_{RE}，《抗震标准》与《砌体规范》的规定不完全相同，取用时应注意区分，一般情况下可按《砌体规范》取值。

3. 对 γ_{RE} 的其他规定见第 5.4.3 条。

第 5.4.3 条

一、标准的规定

5.4.3 当仅计算竖向地震作用时，各类结构构件承载力抗震调整系数均应采用1.0。

二、对规范规定的理解

1.《抗震通规》的相关规定见其第 4.3.1 条。依据《抗震通规》，条文中的 1.0 应修改为 1.00。本条强调结构构件竖向承载力的重要性，而将其承载力抗震调整系数单列，并规定均应取 1.00。

2. 地震时应确保结构承受竖向荷载的能力，相关问题见第 5.4.2 条。

3. “仅计算竖向地震作用”的情况，见第 5.4.1 条。

5.5 抗震变形验算

要点：

1. 抗震变形验算是满足建筑正常使用功能的重要措施，也是抗震性能设计的重要内容之一。弹性变形验算实现的是第一水准的设防要求，属于正常使用极限状态的验算；弹塑性层间位移角限值是确保在罕遇地震作用下，建筑主体结构遭受破坏或严重破坏时不倒塌，实现第三水准的设防要求。

2. 地震作用下结构的弹塑性变形直接依赖于结构实际的屈服强度（屈服承载力）而不是承载力设计值。

3. 结构的弹塑性变形验算过程可用图 5.5.0-1 来表示。

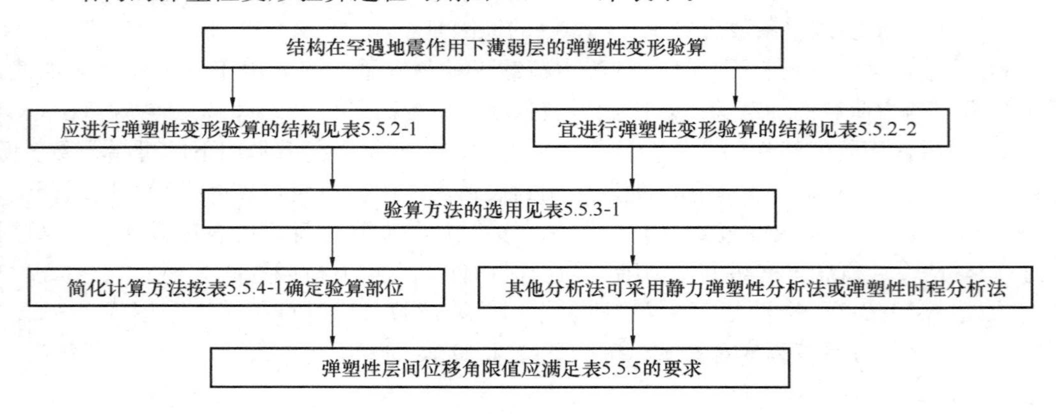

图 5.5.0-1 结构的弹塑性变形验算过程

4. 弹塑性分析方法介绍见第 3.6.2 条的相关说明。

第 5.5.1 条

一、标准的规定

5.5.1 表 5.5.1 所列各类结构应进行多遇地震作用下的抗震变形验算，其楼层内最大的弹性层间位移应符合下式要求：

$$\Delta u_e \leqslant [\theta_e]h \tag{5.5.1}$$

式中：Δu_e——多遇地震作用标准值产生的楼层内最大的弹性层间位移；计算时，除以弯曲变形为主的高层建筑外，可不扣除结构整体弯曲变形；应计入扭转变形，各作用分项系数均应采用 1.0；钢筋混凝土结构构件的截面刚度可采用弹性刚度；

$[\theta_e]$——弹性层间位移角限值，宜按表 5.5.1 采用；

h——计算楼层层高。

弹性层间位移角限值　　表 5.5.1

结构类型	$[\theta_e]$
钢筋混凝土框架	1/550
钢筋混凝土框架-抗震墙、板柱-抗震墙、框架-核心筒	1/800
钢筋混凝土抗震墙、筒中筒	1/1000
钢筋混凝土框支层	1/1000
多、高层钢结构	1/250

二、对标准规定的理解

1. 结构的弹性变形验算是对多遇地震作用标准值产生的楼层最大弹性层间位移 Δu_e 的验算。Δu_e 计算中的楼层位移与扭转位移比计算中的楼层位移计算方法有如下不同。

1）在 Δu_e 的计算中，楼层位移采用在多遇地震作用标准值下各振型位移的 CQC 组合，就是先求出各振型下的效应（即位移），再按 CQC 组合原则进行组合。Δu_e 的最大值一般出现在建筑物的端部角点处。

2）在扭转位移比的计算中，楼层位移采用考虑偶然偏心影响的规定水平力作用，即先采用振型组合方法（CQC法或SRSS法，一般宜采用CQC方法）求出楼层地震力，再将该地震力（其作用位置考虑偶然偏心影响）作用在楼层上并求出楼层水平位移。

2. 在Δu_e的计算中，标准规定“应计入扭转变形”的影响，此处的“应计入扭转变形”可理解为要考虑扭转耦联(依据《高规》第3.7.3条的规定，Δu_e计算中不需要考虑偶然偏心)。

3. 在Δu_e的计算中，一般不扣除由于结构重力P-Δ效应所产生的水平相对位移，对于以弯曲变形为主的较高的高层建筑（如抗震墙结构等，高度超过150m或$H/B>6$的高层建筑），可以扣除结构整体弯曲所产生的楼层水平绝对位移，也可以不扣除而直接放宽位移角限值（应进行专门研究并征得施工图审查单位的认可）。

4. Δu_e的计算采用多遇地震作用标准值、刚性楼板假定，不考虑偶然偏心，对钢筋混凝土构件采用弹性刚度。

三、结构设计建议

1. 弹性层间位移角限值主要依据的是国内外大量的试验研究和有限元分析结果（表5.5.1-1），以钢筋混凝土构件（框架柱、抗震墙等抗侧力构件）开裂时的层间位移角作为弹性层间位移角限值。统计表明，框架-抗震墙结构、框架-筒体结构、抗震墙结构、筒体结构等在多遇地震作用下的弹性层间位移均小于1/800，其中85%小于1/1200。

试验及有限元分析的结构构件开裂层间位移角　　表5.5.1-1

结构形式	①试验结果	②有限元分析结果	规范取值	备　注
框架结构	不开洞填充墙框架 1/2500	不开洞填充墙框架 1/2000	1/550	按构件弹性刚度计算
	开洞填充墙框架 1/926	无填充墙框架 1/800		
抗震墙结构	1/3300～1/1100	1/4000～1/2500	1/1000	(①+②)/2= 1/3000～1/1600

2. 标准对结构弹性层间位移角的限值属于宏观控制的内容，且由于层间位移计算中未考虑如构件的实际配筋等因素对结构刚度的有利影响，因此，当结构设计中采取切实有效的结构措施（如采取加密框架柱箍筋等，以提高结构延性）后，应允许对层间位移角限值予以适当的放宽（一般情况下以不大于10%为宜）。

3. 对单层钢筋混凝土柱排架结构和单层及多层框排架结构，标准未明确其弹性层间位移角限值。一般情况下，可只对其在罕遇地震作用下的弹塑性层间位移角进行控制（见《抗震标准》第5.5.5条）。

1）单层钢筋混凝土柱排架结构的弹性层间位移角限值，可比照《抗震标准》第5.5.5条的规定，确定为1/330。

2）单层及多层框排架结构的弹性层间位移角限值，可结合实际工程中框架与排架的布置情况，取1/550～1/330的中间数值（框架为主时，取接近1/550的数值；排架为主时，取接近1/330的数值），并宜适当从严控制，偏框架取值。

3）高层建筑不应采用框排架结构。

4.《抗震标准》表5.5.1的弹性层间位移角是相对于地面的位移（相对位移），而不是结构的绝对位移。以西安为例，该地区设防烈度为8度，汶川地震时西安地区的烈度约为6.5度，处在结构抗震设计的多遇地震作用范围内，结构处于弹性状态，结构的弹性位移角没有超过标准的限值。按计算，位于某抗震墙结构第20层处的水平位移最大值为57000/1000=57mm（楼层离地面高度按57m计算），而人所感觉到的实际位移要比57mm大许多，除因地震时人的恐惧而夸大了地震位移外，还有一个重要的原因就是地震时人们感觉到的是绝对位移，即地面运动的位移（El Centro波记录的地面运动最大位移为210mm）与建筑物弹性相对位移的叠加。

5. 当风荷载较大且地震作用相对较小（如6、7度地区）时，对于以弯曲变形为主的较高的高层建筑（如抗震墙结构等，高度超过150m或$H/B>6$的高层建筑），其在风荷载作用下的层间位移计算也可借鉴本条规定，扣除结构整体弯曲所产生的楼层水平绝对位移，或不扣除而直接放宽位移角限值（应进行专门研究并征得施工图审查单位的认可）。《高规》第3.7.3条对房屋高度在150～250m之间的高层建筑，采用不扣除整体弯曲变形，而放宽位移角限值（最大至1/500）的方法。

四、相关索引

《高规》的相关规定见其第3.7.3条，《抗震通规》相关规定见其第4.3.3条。

第5.5.2条

一、标准的规定

5.5.2 结构在罕遇地震作用下薄弱层的弹塑性变形验算，应符合下列要求：

1 下列结构应进行弹塑性变形验算：

1） 8度Ⅲ、Ⅳ类场地和9度时，高大的单层钢筋混凝土柱厂房的横向排架；

2） 7～9度时楼层屈服强度系数小于0.5的钢筋混凝土框架结构和框排架结构；

3） 高度大于150m的结构；

4） 甲类建筑和9度时乙类建筑中的钢筋混凝土结构和钢结构；

5） 采用隔震和消能减震设计的结构。

2 下列结构宜进行弹塑性变形验算：

1） 本规范表5.1.2-1所列高度范围且属于本规范表3.4.3-2所列竖向不规则类型的高层建筑结构；

2） 7度Ⅲ、Ⅳ类场地和8度时乙类建筑中的钢筋混凝土结构和钢结构；

3） 板柱-抗震墙结构和底部框架砌体房屋；

4） 高度不大于150m的其他高层钢结构；

5） 不规则的地下建筑结构及地下空间综合体。

注：楼层屈服强度系数为按钢筋混凝土构件实际配筋和材料强度标准值计算的楼层受剪承载力和按罕遇地震作用标准值计算的楼层弹性地震剪力的比值；对排架柱，指按实际配筋面积、材料强度标准值和轴向力计算的正截面受弯承载力与按罕遇地震作用标准值计算的弹性地震弯矩的比值。

二、对标准规定的理解

1. 本条规定中的7、8、9度为本地区抗震设防烈度。

2. 震害分析表明，大震作用下，一般结构都会存在塑性变形集中的薄弱层，而这种薄弱层仅按承载力计算往往难以体现，这是因为结构构件的强度是按小震计算的，且各截面实际的配筋与计算不一致，造成各部位在大震下的效应增加的比例也不相同，从而使有

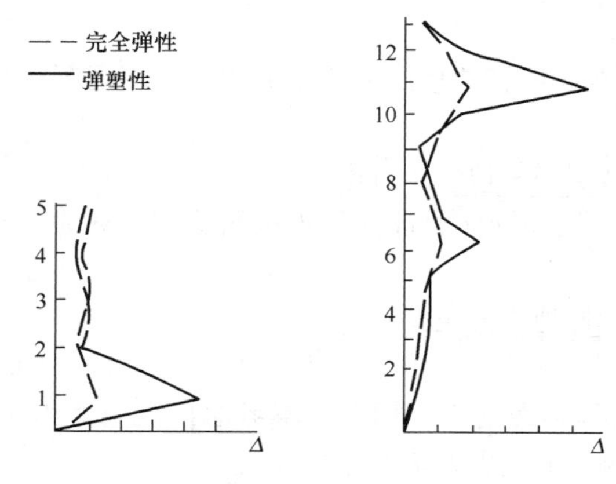

图 5.5.2-1　结构弹塑性层间变形的分布

些楼层率先屈服，形成塑性变形集中，随着地震强度的增加而进入弹塑性状态，形成薄弱层并可能造成结构的倒塌。

计算分析表明，结构的弹塑性层间变形沿高度分布是不均匀的（图 5.5.2-1），主要的影响因素是楼层屈服强度分布情况。在楼层屈服强度相对较低的薄弱部位，地震作用下将产生很大的塑性层间变形，而其他各层的层间变形相对较小，接近弹性计算结果。因此，控制了薄弱层在罕遇地震下的变形，就能确保结构的大震安全性。判别薄弱层部位和验算薄弱层的弹塑性变形也就成为第二阶段抗震设计（实现“大震不倒”的设防目标）的主要内容。

结构设计中应特别注意，弹性计算中按承载力判别的薄弱层部位与实际结构的薄弱层位置有较大的差异，振型分解反应谱法往往不能发现真正的薄弱层（只能对薄弱层位置进行初步判别），一般需要采用弹塑性分析法进行补充分析验证（有时两种方法计算的薄弱层位置差异很大，相关问题见第 3.6.1 条）。

3. 表 5.5.2-1 所列的各类结构应进行弹塑性变形验算。

应进行弹塑性变形验算的结构　　表 5.5.2-1

序　　号	结　构　类　型	相　关　规　定
1	高大的单层钢筋混凝土柱厂房的横向排架	8 度Ⅲ、Ⅳ类场地和 9 度时
2	除 1 项以外的钢筋混凝土结构	1）甲类建筑和 9 度时的乙类建筑； 2）7～9 度时，楼层屈服强度系数 $\xi_y<0.5$ 的框架结构和框排架结构； 3）高度＞150m 时
3	钢结构	1）高度＞150m 时； 2）甲类建筑和 9 度时的乙类建筑
4	隔震和消能减震结构	全部

4. 表 5.5.2-2 所列的各类结构宜进行弹塑性变形验算。

宜进行弹塑性变形验算的结构　　表 5.5.2-2

序号	结　构　类　型	相　关　规　定
1	各类高层建筑结构	表 5.1.2-1 所列高度范围且属于表 3.4.3-2 所列的竖向不规则时
2	板柱-抗震墙结构	全部
3	底部框架砌体房屋	全部
4	除 1、2 项以外的钢筋混凝土结构和多层钢结构	7 度Ⅲ、Ⅳ类场地和 8 度时的乙类建筑
5	高层钢结构	高度≤150m 时

5. 楼层屈服强度系数 ξ_y 按下式计算：

$$\xi_y = V_a/V_e \tag{5.5.2-1}$$

对排架柱 $$\xi_y = M_a/M_e \tag{5.5.2-2}$$

式中：V_a——按构件实际配筋和材料强度标准值计算的楼层受剪承载力（按《混凝土标准》计算）；

V_e——按罕遇地震作用标准值计算的楼层弹性地震剪力；

M_a——按实际配筋面积、材料强度标准值和轴向力计算的正截面受弯承载力（按《混凝土标准》计算）；

M_e——按罕遇地震作用标准值计算的弹性地震弯矩。

三、结构设计建议

1. 对抗震墙数量很少的框架结构，应进行罕遇地震作用下（不考虑抗震墙作用时）的弹塑性位移验算，以确保其实现“大震不倒”的抗震设防目标。

2. 对框排架结构的楼层屈服强度系数，可结合实际工程中框架与排架的布置情况，按框架和排架分别计算，综合取值。

四、相关索引

《高规》的相关规定见其第 3.7.4 条。

第 5.5.3 条

一、标准的规定

5.5.3 结构在罕遇地震作用下薄弱层（部位）弹塑性变形计算，可采用下列方法：

1 不超过 12 层且层刚度无突变的钢筋混凝土框架和框排架结构、单层钢筋混凝土柱厂房可采用本规范第 5.5.4 条的简化计算法。

2 除 1 款以外的建筑结构，可采用静力弹塑性分析方法或弹塑性时程分析法等。

3 规则结构可采用弯剪层模型或平面杆系模型，属于本规范第 3.4 节规定的不规则结构应采用空间结构模型。

二、对标准规定的理解

1. 标准的上述规定可用表 5.5.3-1 来理解。

弹塑性变形计算方法的选用 **表 5.5.3-1**

序 号	情 况	计算方法
1	1）不超过 12 层且层刚度无突变的钢筋混凝土框架结构和框排架结构； 2）单层钢筋混凝土柱厂房	可采用第 5.5.4 条的简化方法
2	除 1 项以外的建筑结构	可采用静力弹塑性分析法或弹塑性时程分析法等
3	规则结构	可采用弯剪层模型或平面杆系模型
4	第 3.4 节规定的不规则结构	应采用空间结构模型

2. 对层刚度是否突变的把握可见表 3.4.3-2，当为侧向刚度不规则时，可判别为层刚度有突变。

三、相关索引

《高规》的相关规定见其第 5.5.2 条。

第 5.5.4 条

一、标准的规定

5.5.4　结构薄弱层（部位）弹塑性层间位移的简化计算，宜符合下列要求：

1　结构薄弱层（部位）的位置可按下列情况确定：

1）楼层屈服强度系数沿高度分布均匀的结构，可取底层；

2）楼层屈服强度系数沿高度分布不均匀的结构，可取该系数最小的楼层（部位）和相对较小的楼层，一般不超过 2～3 处；

3）单层厂房，可取上柱。

2　弹塑性层间位移可按下列公式计算：

$$\Delta u_p = \eta_p \Delta u_e \tag{5.5.4-1}$$

或

$$\Delta u_p = \mu \Delta u_y = \frac{\eta_p}{\xi_y} \Delta u_y \tag{5.5.4-2}$$

式中：Δu_p——弹塑性层间位移；

Δu_y——层间屈服位移；

μ——楼层延性系数；

Δu_e——罕遇地震作用下按弹性分析的层间位移；

η_p——弹塑性层间位移增大系数，当薄弱层（部位）的屈服强度系数不小于相邻层（部位）该系数平均值的 0.8 时，可按表 5.5.4 采用。当不大于该平均值的 0.5 时，可按表内相应数值的 1.5 倍采用；其他情况可采用内插法取值；

ξ_y——楼层屈服强度系数。

弹塑性层间位移增大系数　　　　**表 5.5.4**

结构类型	总层数 n 或部位	ξ_y		
		0.5	0.4	0.3
多层均匀框架结构	2～4	1.30	1.40	1.60
	5～7	1.50	1.65	1.80
	8～12	1.80	2.00	2.20
单层厂房	上柱	1.30	1.60	2.00

二、对标准规定的理解

1. 简化计算的薄弱层部位可按表 5.5.4-1 来确定。

简化计算的薄弱层部位　　　　**表 5.5.4-1**

序　号	情　况	计算部位
1	楼层屈服强度系数 ξ_y 沿高度分布均匀的结构	取底层
2	楼层屈服强度系数 ξ_y 沿高度分布不均匀的结构	取 ξ_y 值最小的楼层和相对较小的楼层，一般为 2～3 处
3	单层厂房	取上柱

2. 地震作用下结构的弹塑性变形直接依赖于结构的屈服强度（屈服承载力），因此，

对弹塑性变形的验算与对弹性变形的验算有本质的区别，前者对应于结构的屈服承载力，后者对应于多遇地震作用的标准值。

3. 对弹性刚度沿建筑高度变化较平缓的结构，可近似按均匀结构的 η_p 取值并适当放大。

三、结构设计建议

1. 影响结构弹塑性变形的因素很多，相应的计算方法也很多，但各有不足。对结构的薄弱层弹塑性层间位移计算应考虑各种情况，综合取值（相关问题见第 3.10.4 条）。

2. 本条规定的计算方法属于简化的估算方法，一般只适用于侧向刚度沿建筑高度变化较均匀的结构。

3. 罕遇地震作用下结构薄弱层（部位）的弹塑性变形问题，本质上应该是结构的弹塑性分析问题，采用弹性分析方法计算罕遇地震作用下的层间位移 Δu_e，本身就是一种很大程度的近似。

4. 对复杂结构薄弱层（部位）的弹塑性变形验算应执行《抗震标准》第 5.5.3 条第 3 款的规定。

第 5.5.5 条

一、标准的规定

5.5.5 结构薄弱层（部位）弹塑性层间位移应符合下式要求：

$$\Delta u_p \leqslant [\theta_p]h \tag{5.5.5}$$

式中：$[\theta_p]$ ——弹塑性层间位移角限值，可按表 5.5.5 采用；对钢筋混凝土框架结构，当轴压比小于 0.40 时，可提高 10%；当柱子全高的箍筋（可区分加密区和非加密区——编者注）构造比本规范第 6.3.9 条规定的体积配箍率大 30%时，可提高 20%，但累计不超过 25%；

h——薄弱层楼层高度或单层厂房上柱高度。

弹塑性层间位移角限值 **表 5.5.5**

结构类型	$[\theta_p]$
单层钢筋混凝土柱排架	1/30
钢筋混凝土框架	1/50
底部框架砌体房屋中的框架-抗震墙	1/100
钢筋混凝土框架-抗震墙、板柱-抗震墙、框架-核心筒	1/100
钢筋混凝土抗震墙、筒中筒	1/120
多、高层钢结构	1/50

二、对标准规定的理解

1. 钢筋混凝土结构的弹塑性变形主要由构件关键受力区的弯曲变形、剪切变形和节点区受拉钢筋的滑移这三部分非线性变形组成。

2. 影响钢筋混凝土结构层间极限位移角的因素包括：梁柱的相对强弱关系、配筋率、轴压比、剪跨比、混凝土的强度等级、配筋率等，其中轴压比和配筋率是最主要的因素。

3. 钢筋混凝土框架结构当采取相应构造措施后的 $[\theta_p]$ 值见表 5.5.5-1。

采取相应构造措施后钢筋混凝土框架结构的［θ_p］值 **表 5.5.5-1**

提高幅度	10%	20%	25%
数值	1/45	1/42	1/40

三、结构设计建议

对单层及多层框排架结构（高层建筑不应采用框排架结构），标准未规定弹塑性层间位移角限值，可结合实际工程中框架与排架的布置情况，取 1/50～1/30 的中间数值（框架为主时，取接近 1/50 的数值；排架为主时，取接近 1/30 的数值），并宜适当从严控制，偏框架取值。

6 多层和高层钢筋混凝土房屋

说明：

钢筋混凝土结构在我国应用十分普遍，钢筋混凝土结构抗震设计的重点在于切实符合“三水准、两阶段”的设计要求，本章的重点在于把握结构计算的要点，满足相应的抗震措施要求。

本章适用于多层及高层钢筋混凝土房屋的抗震设计，标准对单层工业厂房及空旷房屋和大跨屋盖建筑的特殊要求见第 9 章和第 10 章。

6.1 一 般 规 定

要点：

本节规定了钢筋混凝土结构抗震设计的基本原则，主要涉及设防烈度和确定房屋抗震等级时的设防烈度调整、房屋的最大高度限值等。

第 6.1.1 条

一、标准的规定

6.1.1 本章适用的现浇钢筋混凝土房屋的结构类型和最大高度应符合表 6.1.1 的要求。平面和竖向均不规则的结构，适用的最大高度宜适当降低。

注：本章“抗震墙”指结构抗侧力体系中的钢筋混凝土剪力墙，不包括只承担重力荷载的混凝土墙。

现浇钢筋混凝土房屋适用的最大高度（m） **表 6.1.1**

结构类型		烈度				
		6	7	8（0.20g）	8（0.30g）	9
框架		60	50	40	35	24
框架-抗震墙		130	120	100	80	50
抗震墙		140	120	100	80	60
部分框支抗震墙		120	100	80	50	不应采用
筒 体	框架-核心筒	150	130	100	90	70
	筒中筒	180	150	120	100	80
板柱-抗震墙		80	70	55	40	不应采用

注：1 房屋高度指室外地面到主要屋面板板顶的高度（不包括局部突出屋顶部分）；
2 框架-核心筒结构指周边稀柱框架与核心筒组成的结构；
3 部分框支抗震墙结构指首层或底部两层为框支层的结构，不包括仅个别框支墙的情况；
4 表中框架，不包括异形柱框架；
5 板柱-抗震墙结构指板柱、框架和抗震墙组成抗侧力体系的结构；
6 乙类建筑可按本地区抗震设防烈度确定其适用的最大高度；
7 超过表内高度的房屋，应进行专门研究和论证，采取有效的加强措施。

二、对标准规定的理解

1. 本条规定中的 6、7、8、9 度均指本地区抗震设防烈度。

2. 钢筋混凝土墙，只有在结构抗侧力体系中考虑其侧向刚度的贡献时，该墙才属于“抗震墙”（由于其作为承担地震剪力的主要结构构件，故又将其称为“剪力墙”），否则只能算是承受重力荷载的钢筋混凝土墙。在某些特定的结构体系中，应特别注意在不同情况下，钢筋混凝土墙“角色”（受力特性）的转变（如在抗震墙很少的框架结构中，当受风荷载（包括遭受比多遇地震更小的地震作用）时，钢筋混凝土墙对主体结构的侧向刚度有贡献，此时属于抗震墙。而在地震（包括多遇地震、设防烈度地震及罕遇地震）作用下，由于钢筋混凝土墙的数量很少而很快开裂并退出抗侧工作，钢筋混凝土墙对主体结构的侧向刚度不再有贡献，此时属于只承受竖向荷载的钢筋混凝土墙），应进行相应的包络设计。

3. 表 6.1.1 不适用于甲类建筑，甲类建筑的最大高度应专门研究。

4. 乙类建筑房屋的最大适用高度可按本地区设防烈度确定。

5. 部分框支抗震墙结构中不包含框支层在地下室的结构。

6. “个别框支墙”是指，房屋内部不落地的抗震墙（注意，不落地抗震墙不能在房屋周边）的截面面积（取框支层的上一层计算），不大于该层抗震墙总截面面积（包括落地墙和不落地墙）10%的情况，结构设计时房屋适用的最大高度仍可按全落地抗震墙结构确定，可仅对框支转换及其相关部位采取加强措施。

7. 房屋高度超过表 6.1.1 数值时，应专门研究，必要时应进行超限审查。

三、结构设计的相关问题

1. 对标准“适当降低”规定的定量把握。

2. 对“主要屋面”的理解。

3. “板柱-抗震墙结构”与“框架-核心筒结构”的区别。

4. 对框支层在地下，但地下一层与首层抗侧刚度之比不满足上部结构在地下室顶面嵌固要求的建筑，是否属于表 6.1.1 中的框支结构的问题。

5. 结构设计中的单层排架结构、单层及多层框排架结构的房屋适用高度问题。

6. 少量抗震墙的框架结构的房屋适用高度问题。

四、结构设计建议

1. “适当降低”的量值，标准未具体规定，应根据工程经验综合确定，当无可靠经验时可比高度限值降低 10%。

2. 关于房屋高度说明如下。

1）房屋高度指室外地面至主要屋面高度，不包括局部突出屋面的电梯机房、水箱、构架等高度。

2）对于“主要屋面”的定义，标准未予细化，编者建议可按如下原则确定：

（1）对屋顶层面积与其下层面积相比有突变者（图 6.1.1-1），当屋面面积小于其下层面积的 40%（注意，实际工程中对屋面面积具体比值的把握稍有差异，应根据工程的重要性、复杂程度、房屋高度等具体情况在 30%～50%之间合理确定。工程越重要、越复杂，房屋高度越接近最大高度限值，可按较小值控制，实际工程中把握较困难时也可按偏安全地取较小值控制）时，可作为屋顶“局部突出”考虑，房屋高度的计算范围不包含“局部突出”的楼层。

（2）对屋顶层面积与其下层面积相比缓变者（图 6.1.1-2），当屋面面积小于其下缓变前标准楼层面积的 40%时，可作为屋顶“局部突出”考虑，房屋高度的计算范围不包含“局部突出”的楼层。

（3）砌体房屋的主要屋面及房屋高度的确定，见第 7.1.2 条。

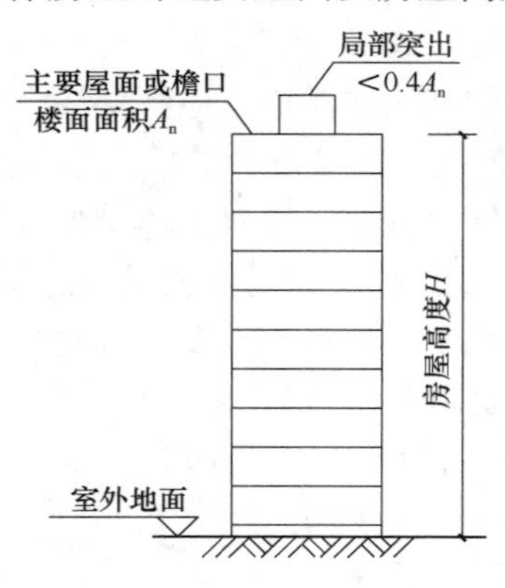

图 6.1.1-1　局部突出

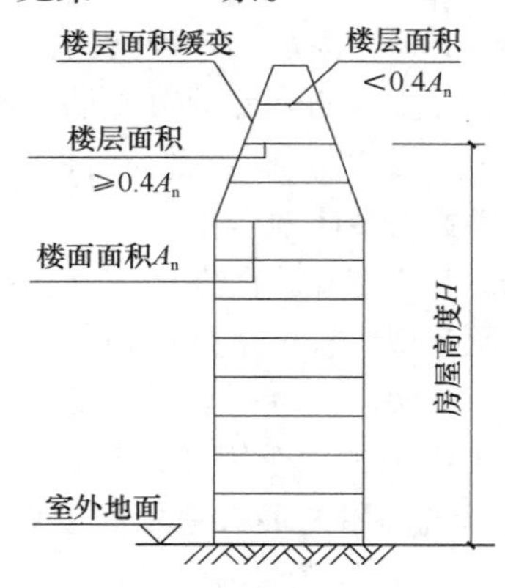

图 6.1.1-2　楼层面积缓变

3. 板柱-抗震墙结构的定义见第 6.6.1 条，注意与框架-核心筒结构的区别。

4. 框架-核心筒结构的定义见第 6.7.1 条，注意与板柱-抗震墙结构的区别。

5. 当地下一层有框支结构时，应分不同情况区别对待。

1）当地下一层与首层抗侧刚度之比（抗侧刚度比的计算见第 6.1.14 条）满足上部结构在地下室顶面嵌固要求时，可认为不属于表 6.1.1 中的“部分框支抗震墙”结构。

2）当地下一层与首层抗侧刚度之比（抗侧刚度比的计算见第 6.1.14 条）不满足上部结构在地下室顶面嵌固要求时，可理解为属于表 6.1.1 中的“部分框支抗震墙”结构。实际工程设计时应根据工程的具体情况，在计算要求、构造措施等方面灵活把握（可采取比一般非框支结构要求高，但低于典型的框支结构的抗震措施和抗震构造措施）。

6. 表中“框架”还不包括单层排架结构、单层及多层框排架结构。当为 6～8 度时，多层框排架结构的房屋高度不应超过 24m；9 度时不应采用多层框排架结构。

7. 对少量抗震墙的框架结构，其房屋高度限值见第 6.1.3 条。

8. 对板柱-抗震墙结构房屋适用的最大高度，《建筑抗震设计规范》GB 50011—2001（2008 年版）限制较为严格，而《抗震标准》将其允许的最大高度做了大幅度调整，尤其是 6、7 度地区，其允许高度成倍增加。《抗震标准》的修订必然会带来板柱-抗震墙结构的大量采用。考虑到板柱-抗震墙结构实际工程经验相对较少，未经受过强烈地震的考验，且板柱-抗震墙结构多用于办公楼、商场等公共建筑，因此，建议在实际工程中对板柱-抗震墙结构房屋适用的最大高度应适当降低（如降低 20%）。

9. 地震倾覆力矩比（M_f/M_0，其中 M_f 为在规定的水平力作用下，结构底层框架部分承受的地震倾覆力矩，当为复杂结构时，M_f 应取底部加强部位高度范围内各层 M_f 的不利值；M_0 为结构底层总地震倾覆力矩）对房屋高度的影响见表 6.1.1-1；按倾覆力矩比确定房屋的最大适用高度如图 6.1.1-3 所示。

地震倾覆力矩比对房屋高度的影响　　**表 6.1.1-1**

地震倾覆力矩比	最大适用高度	备　注
$M_f/M_0 \leqslant 10\%$	按抗震墙结构确定	属于少量框架的抗震墙结构
$10\% < M_f/M_0 \leqslant 50\%$	按框架-抗震墙结构确定	属于框架-抗震墙结构

续表

地震倾覆力矩比	最大适用高度	备　注
$50\% < M_f/M_0 \leqslant 80\%$	比框架结构适当增加，可按倾覆力矩比在框架结构和框架-抗震墙结构两者的最大适用高度之间内插确定	属于少量抗震墙的框架结构按图 6.1.1-3 确定
$M_f/M_0 > 80\%$	按框架结构确定（详见第 6.1.3 条）	属于抗震墙很少的框架结构

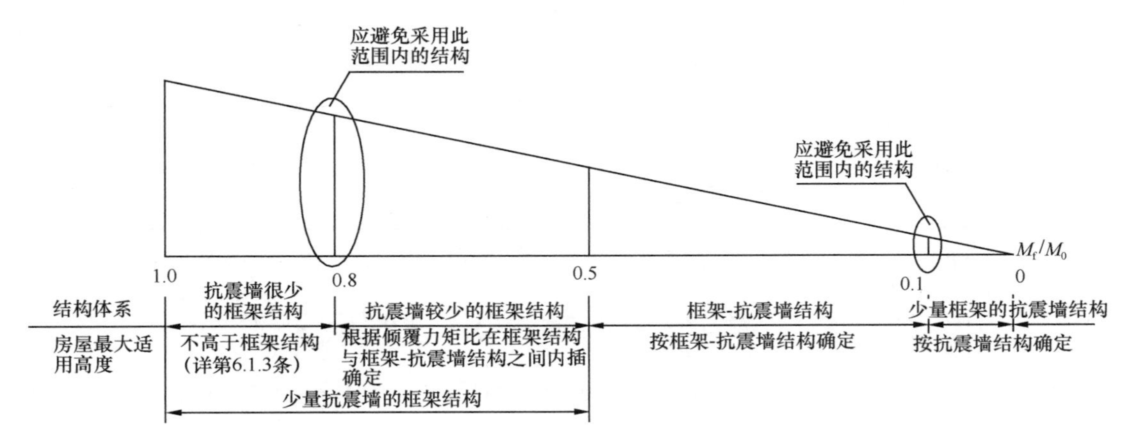

图 6.1.1-3 按倾覆力矩比确定房屋的最大适用高度

五、相关索引

1. 少量抗震墙的框架结构的其他问题见第 6.1.3 条。
2. 《高规》的相关规定见其第 3.3.1 条及第 8.1.3 条。

第 6.1.2 条

一、标准的规定

6.1.2 钢筋混凝土房屋应根据设防类别、烈度、结构类型和房屋高度采用不同的抗震等级，并应符合相应的计算和构造措施要求。丙类建筑的抗震等级应按表 6.1.2 确定。

现浇钢筋混凝土房屋的抗震等级　　表 6.1.2

结构类型			设防烈度									
			6		7			8			9	
框架结构	高度（m）		≤24	>24	≤24		>24	≤24		>24	≤24	
	框架		四	三	三		二	二		一	一	
	大跨度框架		三		二			一			一	
框架-抗震墙结构	高度（m）		≤60	>60	≤24	25～60	>60	≤24	25～60	>60	≤24	25～50
	框架		四	三	四	三	二	三	二	一	二	一
	抗震墙		三		三	二		二	一		一	
抗震墙结构	高度（m）		≤80	>80	≤24	25～80	>80	≤24	25～80	>80	≤24	25～60
	抗震墙		四	三	四	三	二	三	二	一	二	一
部分框支抗震墙结构	高度（m）		≤80	>80	≤24	25～80	>80	≤24	25～80			
	抗震墙	一般部位	四	三	四	三	二	三	二			
		加强部位	三	二	三	二	一	二	一			
	框支层框架		二		二		一	一				

续表

结构类型		设防烈度						
		6		7		8		9
框架-核心筒结构	框架	三		二		一		一
	核心筒	二		二		一		一
筒中筒结构	外筒	三		二		一		一
	内筒	三		二		一		一
板柱-抗震墙结构	高度（m）	≤35	＞35	≤35	＞35	≤35	＞35	
	框架、板柱的柱	三	二	二	二	一		
	抗震墙	二	二	二	一	二	一	

注：1　建筑场地为Ⅰ类时，除6度外应允许按表内降低一度所对应的抗震等级采取抗震构造措施，但相应的计算要求不应降低；

2　接近或等于高度分界时，应允许结合房屋不规则程度及场地、地基条件确定抗震等级；

3　大跨度框架指跨度不小于18m的框架；

4　高度不超过60m的框架-核心筒结构按框架-抗震墙的要求设计时，应按表中框架-抗震墙结构的规定确定其抗震等级。

二、对标准规定的理解

1. 表6.1.2中房屋高度可按有效数字控制。

2. 表6.1.2中的"设防烈度"应理解为抗震设防标准（即按表3.3.3-2确定的抗震设防标准）。

3. 标准规定"丙类建筑的抗震等级应按表6.1.2确定"，事实上，当遇有《抗震标准》第3.3.3条所列条件的丙类建筑［即7度（0.15g）、8度（0.30g）Ⅲ、Ⅳ类场地］时，不能直接按表6.1.2确定。

4. 表6.1.2注1和注2中的"应允许"均可理解为"可"，即建筑场地为Ⅰ类时，7、8、9度的丙类建筑可按表内降低一度所对应的抗震等级采取抗震构造措施，但相应的计算要求不应降低。接近或等于高度分界时，可结合房屋不规则程度及场地、地基条件确定抗震等级。

5. 表6.1.2注4中的"应按"可理解为"可按"，即高度不超过60m的框架-核心筒结构按框架-抗震墙的要求设计时，可按表中框架-抗震墙结构的规定确定其抗震等级。因为当房屋高度不超过60m时，按框架-抗震墙结构确定的抗震等级不会严于框架-核心筒结构，因此，没有理由规定必须采用较低的抗震等级。

6. 在框架结构中，只要存在大跨度框架，则该榀框架的抗震等级就应按大跨度框架确定（大跨度框架的相邻层或相邻跨的抗震等级应根据具体情况作相应调整），其他框架可不调整。对于框架-抗震墙结构（或框架-核心筒结构、板柱-抗震墙结构等）中的大跨度框架，也宜参考上述做法，适当提高其抗震等级。顶层抽柱形成的大跨度屋盖结构，当屋盖采用钢网架等非混凝土结构时，其框架柱的抗震等级也应按大跨度框架结构确定。

三、结构设计的相关问题

以房屋高度60m作为框架-核心筒结构可按框架-抗震墙结构确定抗震等级的唯一标准，虽然从受力角度可能是合理的，但不同烈度时明显不合理。如烈度为6度时，框架-

核心筒结构适用的最大高度为 150m，框架-抗震墙结构适用的最大高度为 130m，即 60～130m 之间有 70m 的高度是不允许按框架-抗震墙结构确定抗震等级的；而对于高烈度地区如 9 度区，60m 的高度已超过框架-抗震墙结构适用的最大高度。

四、结构设计建议

1. 影响现浇钢筋混凝土房屋抗震等级的因素很多，主要有建筑类别、场地条件、本地区设防烈度、结构形式、建筑高度等。

2.《抗震通规》的抗震等级表中有房屋最大高度控制标准，《抗震标准》有表 6.1.1，故本条不再重复。

3. 抗震等级的确定过程中应注意，抗震措施的抗震等级与抗震构造措施的抗震等级有时不完全一致（表 3.3.3-2），使用时应注意区分。当抗震措施的抗震等级与抗震构造措施的抗震等级不一致时，应按抗震措施的抗震等级进行抗震计算（输入电脑计算），并按抗震构造措施的抗震等级进行构造设计。

4. 表 6.1.2 注 4 的合理性问题：

对于可同时采用框架-抗震墙结构及框架-核心筒结构的工程，采用不同结构体系的最大区别在于，抗震等级的确定及核心筒角部边缘构件的设置要求不同。采用框架-抗震墙结构可以根据房屋的高度确定抗震等级，采用框架-核心筒结构则根据设防烈度确定抗震等级，且抗震等级不低于框架-抗震墙结构，同时，核心筒角部边缘构件的设置要求明显高于框架-抗震墙结构。通过【例 6.1.2-1】的简单比较就可以发现标准规定存在的问题。

【例 6.1.2-1】 7 度抗震设防的某丙类建筑，房屋高度 55m，楼、电梯井位于房屋平面中部，其周围可设置抗震墙。同时具备采用框架-抗震墙及框架-核心筒结构的条件。当采用框架-核心筒结构（楼、电梯周围的抗震墙形成筒）时，结构整体性强，抗震性能好，按现行标准确定框架及核心筒抗震墙的抗震等级为二级，核心筒角部边缘构件设置要求高；而采用框架-抗震墙结构（楼、电梯周围的抗震墙不形成筒）时，结构整体性、抗震性能均较差，按现行标准确定框架抗震等级为三级，抗震墙的抗震等级为二级。比较可以发现，采用框架-抗震墙结构可以得到降低抗震措施的“标准奖赏”，明显不合理。

对房屋高度不超过框架-抗震墙结构房屋最大适用高度限值，结构设计中同时具备采用框架-核心筒结构体系时，可根据房屋高度的具体情况，结合业主对设计经济指标的要求，对结构体系灵活把握，建议如下：

1）有条件时，宜按框架-核心筒结构设计，以获取良好的结构抗震性能，提高房屋的结构品质。

2）当房屋高度较小（不统一规定房屋高度限值，而规定与房屋最大适用高度的比例关系，如不超过标准对 A 级高度框架-抗震墙结构最大适用高度限值的 80%）时，也可按框架-抗震墙结构设计。为避免结构体系与结构措施之间的差异造成施工图审查时的误解，在施工图设计文件中应将结构体系描述为框架-抗震墙结构。

3）当房屋高度接近 A 级高度框架-抗震墙结构最大适用高度限值时，应按框架-核心筒结构设计。

4）严格意义上说，标准对框架-核心筒结构的特殊要求，只适用于房屋高度较大而不能采用框架-抗震墙结构的房屋。

5. 地震倾覆力矩比（M_f/M_0，其中 M_f 为在规定的水平力作用下，结构底层框架部分承受的地震倾覆力矩，当为复杂结构时，M_f 应取底部加强部位高度范围内各层 M_f 的不利值；M_0 为结构底层总地震倾覆力矩）对抗震等级的影响见表 6.1.2-1。

地震倾覆力矩比对抗震等级的影响　　表 6.1.2-1

地震倾覆力矩比	框架的抗震等级	抗震墙的抗震等级	备　注
$M_f/M_0 \leqslant 10\%$	按框架-抗震墙结构设计	按抗震墙结构设计	属于少量框架的抗震墙结构（见第 6.1.3 条）
$10\% < M_f/M_0 \leqslant 50\%$	按框架-抗震墙结构设计	按框架-抗震墙结构设计	属于框架-抗震墙结构
$50\% < M_f/M_0 \leqslant 80\%$	按框架结构设计	同框架的抗震等级，宜按框架-抗震墙结构设计	属于少量抗震墙的框架结构（见第 6.1.3 条）
$M_f/M_0 > 80\%$	按框架结构设计	同框架的抗震等级	属于抗震墙很少的框架结构（见第 6.1.3 条）

6. 对甲、乙类建筑，当按规定提高一度采取抗震措施时，如果房屋高度超过提高一度后对应的房屋最大适用高度（表 6.1.1），则应采取比对应抗震等级更有效的抗震构造措施。

7. 对建造在Ⅲ、Ⅳ类场地且基本地震加速度为 7 度（0.15g）或 8 度（0.30g）的丙类建筑，当按规定分别按 8 度（0.20g）或 9 度（0.40g）采取抗震构造措施时，如果房屋高度超过对应 8 度（0.20g）或 9 度（0.40g）的房屋最大适用高度（表 6.1.1），则应采取比对应抗震等级更有效的抗震构造措施。

8. 当乙类建筑建造在Ⅲ、Ⅳ类场地且基本地震加速度为 7 度（0.15g）或 8 度（0.30g）时，应提高一度采取抗震措施，并应采取比提高一度更有效的抗震构造措施（表 3.3.3-2）。

五、相关索引

1.《高规》的相关规定见其第 3.9.3、3.9.4 条。

2.《混凝土标准》的相关规定见其第 11.1.3 条。

3.《抗震通规》的相关规定见其第 5.2.1 条。

第 6.1.3 条

一、标准的规定

6.1.3　钢筋混凝土房屋抗震等级的确定，尚应符合下列要求：

1　设置少量抗震墙的框架结构，在规定的水平力作用下，底层框架部分所承担的地震倾覆力矩大于结构总地震倾覆力矩的 50%时，其框架的抗震等级应按框架结构确定，抗震墙的抗震等级可与其框架的抗震等级相同。

注：底层指计算嵌固端所在的层。

2　裙房与主楼相连，除应按裙房本身确定抗震等级外，相关范围不应低于主楼的抗震等级；主楼结构在裙房顶板对应的相邻上下各一层应适当加强抗震构造措施。裙房与主楼分离时，应按裙房本身确定抗震等级。

3　当地下室顶板作为上部结构的嵌固部位时，地下一层的抗震等级应与上部结构相同，地下一层以下抗震构造措施的抗震等级可逐层降低一级，但不应低于四级。地下室中无上部结构的部分，抗震构造措施的抗震等级可根据具体情况采用三级或四级。

4 当甲、乙类建筑按规定提高一度确定其抗震等级而房屋的高度超过本规范表 6.1.2相应规定的上界时，应采取比一级更有效的抗震构造措施。

注：本章“一、二、三、四级”即“抗震等级为一、二、三、四级”的简称。

二、对标准规定的理解

1.“在规定的水平力作用下，底层框架部分所承担的地震倾覆力矩大于结构总倾覆力矩的 50%”，可理解为对“少量抗震墙的框架结构”的定义，而不应该理解为对“少量抗震墙的框架结构”的附加条件，因为当底层框架部分所承担的地震倾覆力矩不大于 50%时，已不属于少量抗震墙的框架结构。

2. 本条规定将少量抗震墙的框架结构的范围进一步扩大（与《高规》相比），包含旧版规范中的少量抗震墙的框架结构及强框架的框架-抗震墙结构。

3. 裙房与主楼相关部位的抗震等级不应低于主楼的抗震等级（即在特定情况下，如主楼采用抗震墙结构而裙房采用框架结构，则裙房的抗震等级有可能高于主楼）。

4. 地下室的抗震等级与上部结构不完全一致，当地下室顶板作为上部结构的嵌固部位时，地下一层作为上部结构竖向构件的延伸和锚固区域，其抗震等级对应于上部结构首层的抗震措施和抗震构造措施要求；地下一层以下的楼层一般不要求计算地震作用，其抗震等级仅对应于抗震构造措施的要求（见结构设计建议 3）。

5. 注意对“上部结构的嵌固部位”的理解，强调“嵌固部位”的概念。工程中的嵌固是一个“区域”或“部位”，而不是理论上的“嵌固点”或“嵌固端”。嵌固是对“上部结构”的嵌固，而不一定是对相邻上一层的“嵌固”。

6. 对甲、乙类建筑，当按提高一度确定抗震等级时，房屋的高度超过表 6.1.2 相应规定的上界时，抗震措施（内力调整）不再提高，抗震构造措施应再提高一级，当已为一级时，应“比一级更有效”（可理解为一级强或一级+，应根据工程的具体情况确定，取高于一级但不一定就是特一级抗震等级。实际工程中为方便设计，也可直接采取特一级抗震等级的构造要求）。

7. 设置少量抗震墙的框架结构，其防震缝的宽度应按框架结构确定。

8. 在规定水平力作用下，框架部分按刚度分配的地震倾覆力矩按式（6.1.3-1）计算。用于结构体系判别而按式（6.1.3-1）进行的地震倾覆力矩计算属于估算的性质（仅适用于结构体系判别），要准确计算结构的地震倾覆力矩，需要考虑各抗侧力构件的弯矩、剪力和轴力的共同影响。

$$M_c = \sum_{i=1}^{n}\sum_{j=1}^{m} V_{ij} h_i \tag{6.1.3-1}$$

式中：n——结构层数；

m——框架 i 层的柱子根数；

V_{ij}——第 i 层 j 根框架柱的计算地震剪力；

h_i——第 i 层的层高。

9.《高规》对框架-抗震墙结构的相关规定见其第 8.1.3 条。

三、结构设计的相关问题

1. 本条第 1 款中规定的少量抗震墙的框架结构中，其抗震墙的设置数量可能是“较少”，也可能是“很少”，对抗震墙的数量不加区分易造成对结构体系判别的混乱。

2. 对少量抗震墙的框架结构，本条规定了框架及抗震墙的抗震等级，第 6.2.13 条规定了框架地震剪力的计算方法，而对其他涉及结构设计的更详细做法未做具体规定（如抗震墙的基本计算要求、包络设计方法及框架的大震位移控制等），仍然无法改变对少量抗震墙的框架结构无法设计的问题。

四、结构设计建议

1. 关于少量抗震墙的框架结构

1）《高规》第 6.1.7 条中对少量抗震墙的框架结构给出了一般性规定，推出了这一独特的结构体系，但对其中的抗震墙及框架未予以量化，未明确提出框架的包络设计及大震位移的验算要求，对抗震墙在这种结构形式中的作用未予以说明，相关文献的规定和解释也各不相同，导致结构设计及施工图审查时无章可循或对布置少量抗震墙的框架结构提出按框架-抗震墙结构设计的混乱局面。造成该结构体系事实上处在有规定而无法采用的尴尬境地，这成为布置少量抗震墙的框架结构在实际工程中难以广泛应用的主要原因。《抗震标准》中本条对少量抗震墙的框架结构做出了新的规定，使少量抗震墙的框架结构的范围进一步扩大，在实际工程中更难以准确把握和应用。

2）《高规》第 8.1.3 条对框架和抗震墙（《高规》条文中为剪力墙）组成的结构进行了细化，实际工程中应按《高规》的规定设计。《高规》第 8.1.3 条的相关规定及理解如下：

抗震设计的框架-抗震墙结构（此处可理解为框架和抗震墙组成的结构，因为抗震墙很少的结构和框架柱很少的结构都不具有框架-抗震墙结构的体系特征），应根据在规定的水平力作用下结构底层框架部分承受的地震倾覆力矩与结构总地震倾覆力矩的比值，确定相应的设计方法（框架和抗震墙组成的结构由于抗震墙数量不同，在规定的水平力作用下，结构底层框架部分承受的地震倾覆力矩与结构总地震倾覆力矩的比值也不相同，相应的结构性能也有较大的差别。在结构设计时，按框架-抗震墙模型进行实际输入和计算分析，并根据倾覆力矩的比值确定该结构相应的适用高度和构造措施等），并应符合下列规定：

（1）框架部分承受的地震倾覆力矩不大于结构总地震倾覆力矩的 10%时（意味着结构中框架承担的地震作用较小，绝大部分由抗震墙承担，工作性能接近于纯抗震墙结构，属于少量框架的抗震墙结构），按抗震墙结构进行设计（侧向位移控制指标、抗震墙的抗震等级等按抗震墙结构控制，其最大适用高度按框架-抗震墙结构控制，这是规范偏于安全的规定），其中的框架部分应按框架-抗震墙结构的框架进行设计（按框架-抗震墙结构计算并确定相应框架的抗震等级、框架的剪力调整等，对框架的剪力调整也是规范偏于安全的规定，因为少量框架实际上起不到二道防线的作用）；

（2）当框架部分承受的地震倾覆力矩大于结构总地震倾覆力矩的 10%但不大于 50%时（属于典型的框架-抗震墙结构，或称其为弱框架的框架-抗震墙结构），按框架-抗震墙结构进行设计；

（3）当框架部分承受的地震倾覆力矩大于结构总地震倾覆力矩的 50%但不大于 80%时（意味着结构中抗震墙的数量偏少，框架承担较大的地震作用，属于《抗震标准》规定的少量抗震墙的框架结构，可称其为强框架的框架-抗震墙结构，为避免抗震墙过早破坏，其位移相关控制指标应按框架-抗震墙结构采用），按框架-抗震墙结构进行设计，其最大适用高度可比框架结构适当增加（增加的幅度可视抗震墙承担的地震倾覆力矩来确定，可依据倾覆力矩的比值，在框架结构与框架-抗震墙结构的最大适用高度之间内插，框架部分承受的地震倾覆力矩比为80%时，可确定为框架结构，框架部分承受的地震倾覆力矩比为50%时，可确定为框架-抗震墙结构)，框架部分的抗震等级和轴压比限值宜按框架结构的规定采用（对这类结构，房屋最大适用高度、框架部分的抗震等级和轴压比限值有专门规定，其他做法均同框架-抗震墙结构)；

（4）当框架部分承受的地震倾覆力矩大于结构总地震倾覆力矩的80%时［意味着结构中剪力墙的数量极少，属于《抗震标准》规定的少量抗震墙的框架结构，可称其为抗震墙很少的框架结构，这种少墙结构，由于其抗震性能比框架-抗震墙结构差（但抗震性能优于纯框架结构），不主张采用（有条件时应尽量采用框架-抗震墙结构），以避免抗震墙受力过大、过早破坏。不可避免时，宜采取将抗震墙减薄、开竖缝、开结构洞、配置少量单排钢筋等措施，减小抗震墙的作用］，按框架-抗震墙结构进行设计（抗震墙的抗震等级及其轴压比限值按框架-抗震墙结构中的抗震墙确定，框架的抗震等级及其轴压比限值按框架结构的规定采用)，但其最大适用高度宜按框架结构采用。当结构的层间位移角不满足框架-抗震墙结构的规定时，可按《高规》第3.11节的有关规定进行结构抗震性能分析和论证（在低烈度地区，一般容易满足框架-抗震墙结构的层间位移角限值要求，而在高烈度地区一般较难满足框架-抗震墙结构的层间位移角限值要求，应进行结构抗震性能分析和论证，抗震性能目标为小震不坏、中震可修、大震不倒)。

需要说明的是：

①《高规》上述规定中的（3)、(4）项就是《抗震标准》本条规定中的少量抗震墙的框架结构。

② 设置少量抗震墙并没有改变结构体系，是带有少量抗震墙的框架结构，属于一种特殊的结构形式，但仍是框架结构（明确结构体系的目的在于分清框架及抗震墙在结构中的地位，其中框架是主体，是承受竖向荷载的主体，也是主要的抗侧力结构)。

③ 结构分析计算中除应考虑抗震墙与框架的协同工作外，还应满足按纯框架结构进行设计计算及包络设计的要求等。

④ 标准虽未明确要按纯框架结构计算，但对这一特殊的框架结构，现行相关标准对钢筋混凝土框架结构的所有要求（承载力要求、弹性变形限值要求、弹塑性变形限值要求等）均应满足，因此，按纯框架结构的要求进行设计计算是必要的。对这类框架结构按纯框架结构和按框架与抗震墙协同工作（即按框架-抗震墙结构）分别计算，包络设计也是必需的。

3）在钢筋混凝土框架结构中，下列三种情况下需要设置少量的钢筋混凝土抗震墙：

（1）在多遇地震（或风荷载）作用下，当纯框架结构的弹性层间位移角 θ_e 不能满足标准 $\theta_e \leqslant 1/550$ 的要求时，通过布置少量抗震墙，使结构的弹性层间位移角满足相应的限值要求（图6.1.3-1及相关说明)。

（2）当纯框架的地震位移满足标准要求，即纯框架结构的弹性层间位移角能满足 $\theta_e \leqslant 1/550$ 的要求时，为适当减小结构在多遇地震作用下的侧向变形，而设置少量钢筋混凝土抗震墙。在这里，设置少量抗震墙的目的在于适当改善框架结构的抗震性能。

（3）依据《抗震标准》第6.1.1条的规定，按《抗震标准》第6.1.4条第2款规定在防震缝两侧设置抗撞墙的钢筋混凝土框架结构房屋，其本质就是少量抗震墙的框架结构。

4）对少量抗震墙的框架结构设计的相关问题说明如下。

（1）布置少量抗震墙的框架结构与抗震墙较少的框架-抗震墙结构在定量上无明确的界限，如在结构的弹性层间位移角仅能满足框架结构限值要求的前提下，可将框架和抗震墙协同工作的结构描述为“配置少量抗震墙的框架结构”，而当结构的弹性层间位移角满足框架-抗震墙结构限值要求的前提下，又可将框架和抗震墙协同工作的结构描述为“框架-抗震墙结构”。这种对结构体系定性把握的摇摆性加大了结构设计中对结构体系描述的随意性。

（2）标准规定了考虑抗震墙与框架的协同工作原则，但未明确对抗震墙和框架的具体设计方法。

5）为在结构设计中更好地把握规范，提出以下设计建议供参考。

（1）《抗震标准》扩大了少量抗震墙的框架结构的范围，体现了《抗震标准》加大抗震墙设置要求的基本精神，但这一特定的结构体系需要在工程中得以顺利应用，尚需标准做出相应的补充规定。

（2）宜根据框架与抗震墙的倾覆力矩比值，对少量抗震墙的框架结构再进行适当细分（当 M_f/M_0＝50％～80％时，可确定为抗震墙较少的框架结构；当 M_f/M_0＞80％时，可确定为抗震墙很少的框架结构），以避免结构分类的过大跳跃，有利于实际工程的应用（表 6.1.3-1及图 6.1.3-1）。

结构体系与 M_f/M_0 的大致关系（建议）　　表 6.1.3-1

结构体系	纯框架结构	少量抗震墙的框架结构		框架-抗震墙结构	少量框架的抗震墙结构	抗震墙结构
		抗震墙很少	抗震墙较少			
M_f/M_0	1.0	1.0～A	A～0.5	0.5～B	B～0	0

注：1. M_0 为在规定的水平力作用下，结构底层地震倾覆力矩的总和；

2. 对应于少量抗震墙的框架结构，本表相应确定少量框架的抗震墙结构；

3. A 和 B 值应根据工程经验确定，一般情况可分别取 0.8 和 0.1。

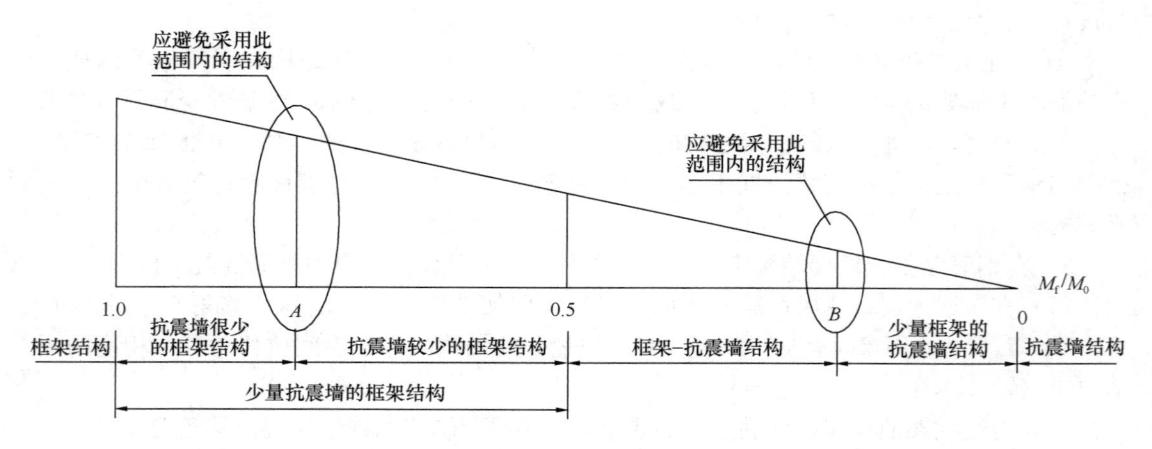

图 6.1.3-1　结构体系与 M_f/M_0 的大致关系（《抗震标准》）

（3）布置少量抗震墙的框架结构的最大适用高度：

① 对抗震墙很少的框架结构，其最大适用高度可按框架结构确定。当按纯框架结构

计算的弹性层间位移角不满足《抗震标准》$\theta_e \leqslant 1/550$ 限值时，其最大适用高度应比框架结构再适当降低（如降低 10%）。

② 对抗震墙较少的框架结构，其最大适用高度可比框架结构适当增加（如可增加 10%），当按纯框架结构计算的弹性层间位移角满足《抗震标准》$\theta_e \leqslant 1/550$ 限值时，其房屋的最大适用高度也可根据倾覆力矩的比值，在框架结构（$M_f/M_0=80\%$）与框架-抗震墙（$M_f/M_0=50\%$）之间按线性插入法确定。

（4）对抗震墙较少的框架结构可按以下原则设计。

① 按《抗震标准》第 6.1.3 条的要求，应按框架结构确定框架的抗震等级及轴压比限值，抗震墙的抗震等级宜按框架-抗震墙结构中的抗震墙确定（注意，标准规定抗震墙的抗震等级可与其框架的抗震等级相同，当 6 度区房屋高度不大于 24m 时，偏于不安全）。

② 按框架-抗震墙结构进行层间位移验算，层间位移限值宜按框架-抗震墙结构确定，一般情况下也可根据倾覆力矩的比值，在框架结构（$M_f/M_0=80\%$）与框架-抗震墙（$M_f/M_0=50\%$）之间按线性插入法确定（可偏严取值）。

③ 依据《抗震标准》第 6.1.4 条规定，防震缝的宽度应按框架结构确定，其防震缝的宽度相对较大。对抗震墙较少的框架结构，其防震缝的宽度也可根据工程经验确定（事先应与施工图审查单位沟通，避免返工），宜根据框架的倾覆力矩的比值，在框架结构与框架-抗震墙结构之间合理取值，并宜偏于安全地按偏框架取值。

④ 其余均按框架-抗震墙结构要求设计。

（5）对抗震墙很少的框架结构（结构的层间位移角不满足框架-抗震墙结构的限值时）可按以下原则设计。

① 按框架和抗震墙协同工作验算层间位移，层间位移限值宜按框架结构确定。

② 防震缝的宽度应按框架结构确定。

③ 框架的设计原则：

■ 按纯框架结构（不计入抗震墙）和框架-抗震墙结构分别计算，包络设计。

■ 对纯框架结构进行大震弹塑性位移验算。

■ 框架的抗震等级及轴压比限值按纯框架结构确定。

④ 抗震墙的设计原则：

■ 抗震墙抗震等级可取框架-抗震墙结构中抗震墙的抗震等级。

■ 抗震墙的配筋设计：

对计算不超筋的抗震墙按计算配筋。

对抗剪不超筋而抗弯超筋的抗震墙，按计算要求配置抗震墙的水平及竖向分布钢筋，按抗震墙端部最大配筋要求（配筋率不超过 5%）配置端部纵向钢筋。

对抗剪超筋的抗震墙（应优先考虑对抗震墙采取开竖缝措施，降低抗震墙的抗弯刚度，减小抗震墙的地震剪力），按抗震墙的剪压比限值确定抗震墙的受剪承载力（按《混凝土标准》第 11.7.3 条计算 V_w）并确定墙的水平钢筋（按《混凝土标准》第 11.7.4 条计算 A_{sh}），按强剪弱弯要求确定墙的竖向钢筋（根据抗震墙的抗震等级，按《混凝土标准》第 11.7.2 条确定墙的计算剪力 V，按《混凝土标准》第 11.7.4 条计算抗震墙考虑地震作用组合的弯矩设计值 $M=\lambda V h_0$，并按 $M=\frac{1}{\gamma_{RE}}[f_y A_s(h_{w0}-b_w)]$ 计算，同时按构造要求配置抗震墙的竖向分布钢筋）。

■ 在抗震墙很少的框架结构中，框架是主要的抗侧力结构。在风荷载或地震作用很小（低于多遇地震作用）时，抗震墙辅助框架结构满足标准对框架结构的弹性层间位移角要求，提供的是抗震墙的弹性刚度 $E_w I_w$；在设防烈度地震及罕遇地震时，抗震墙塑性变形加剧。

■ 有施工图审查单位要求，对抗震墙很少的框架结构中的抗震墙，必须按框架-抗震墙协同工作（即按框架-抗震墙结构计算）的计算结果配筋设计。其实这种做法并不妥当，因为抗震墙很少的框架结构与框架-抗震墙结构有本质的区别，并不是只要有抗震墙就都能成为框架-抗震墙结构，也并不是所有的抗震墙都能成为第一道防线。在抗震墙很少的框架结构中，抗震墙成不了第一道防线［注意，由于抗震墙自身的刚度大，这就决定了抗震墙（不管结构体系如何）均不可能成为第二道防线］。

（6）需要注意的是，抗震墙下的基础应按上部为框架和抗震墙协同工作时的计算结果设计。但当按地震作用标准组合效应确定基础面积或桩数量时，应充分考虑地基基础的各种有利因素，避免基础面积过大或桩数过多。以桩基础为例，设计时宜考虑桩土共同工作等因素，以适当减少抗震墙下桩的数量，并使抗震墙下桩数与正常使用状态下需要的桩数相差不太多，否则，会加大抗震墙与框架柱的不均匀沉降。

（7）特别建议：

由于布置少量抗震墙的框架结构在设计原则及具体设计中存在诸多不确定因素，给结构设计和施工图审查带来相当的困难，笔者建议，结构设计中应尽量避免采用，尽可能采用概念清晰、便于操作且抗震性能更好的框架-抗震墙结构；必须采用时，应提前与施工图审查单位沟通，以利于设计顺利进行，避免返工。

2. 裙房的抗震等级

1）地面以上裙房与主楼相连时，应按裙房本身及主楼确定抗震等级。

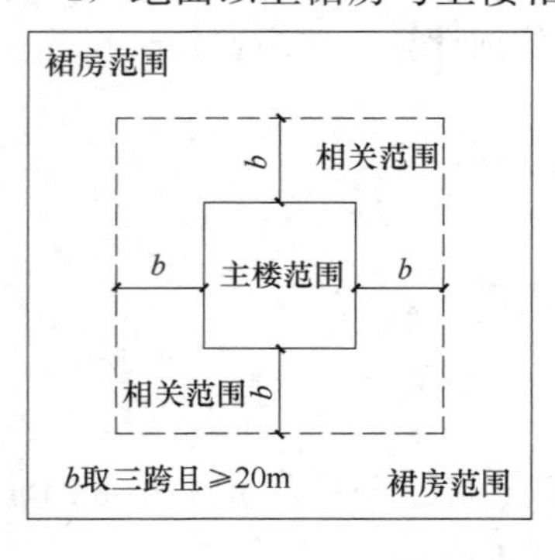

图 6.1.3-2 主楼与裙房抗震等级的相关范围（平面图）

（1）当主楼的抗震等级高于裙房时，裙房内与主楼的相关范围（从主楼周边外延 3 跨且不小于 20m，见图 6.1.3-2）的抗震等级不得低于主楼。

（2）当裙房的抗震等级高于主楼时，主楼内与裙房的相关范围（从裙房与主楼交界线向主楼内延 3 跨且不小于 20m，考虑主楼的平面尺寸一般不很大，因此，宜取裙房高度范围内对应的全部主楼范围。当主楼边长不大于 40m 时，应取裙房高度范围内对应的全部主楼范围）的抗震等级应不低于裙房。

（3）当主楼采用抗震墙结构、裙房采用框架结构时，在裙房及相邻上一层高度范围内，主楼抗震墙及相关范围内框架的抗震等级，不应低于主楼按框架-抗震墙结构确定的抗震等级。

（4）注意上述“相关范围”为抗震等级由高向低的延伸范围，有条件时应适当扩大。此处的“相关范围”与第 6.1.14 条中塔楼与地下室侧向刚度比计算中的“相关范围”在概念和取值上均有差别，应注意区分。

2）地面以上裙房与主楼不相连时，应按裙房本身确定抗震等级。

3. 地下室的抗震等级

1）当地下室顶板作为上部结构的嵌固部位时，地下一层的抗震等级（抗震措施及抗震构造措施）与上部结构相同，地下一层（不含）以下对应于抗震构造措施的抗震等级可逐层降低一级，但不低于四级。当地下室顶板以上的主楼和裙房不相连，且主楼和裙房的抗震等级不相同时，地下一层相关范围（注意，互为相关范围，当主楼的抗震等级高于裙房时，为裙房内与主楼的相关范围；当裙房的抗震等级高于主楼时，为主楼内与裙房的相关范围，当主楼边长不大于 40m 时，应取整个主楼范围）的抗震等级应取较高的抗震等级。

2）当地下室顶板不能作为上部结构的嵌固部位时，标准未作明确规定，笔者建议当地下一层地面作为上部结构的嵌固部位时，地下二层的抗震等级与地下一层相同，地下二层（不含）以下对应于抗震构造措施的抗震等级可逐层降低一级，但不低于四级。嵌固在地下室其他楼层时，以此类推。

3）纯地下室（即地下室中超出主楼及裙房范围且无地上结构的部分）对应于抗震构造措施的抗震等级（包括地下一层在内的全部地下室楼层），可根据具体情况采用三级或四级。

上部结构为钢结构（钢框架结构、钢框架-支撑结构等），当地上一层钢构件延伸至地下一层为型钢混凝土构件时，地下一层的抗震等级可与地上一层钢结构相同。

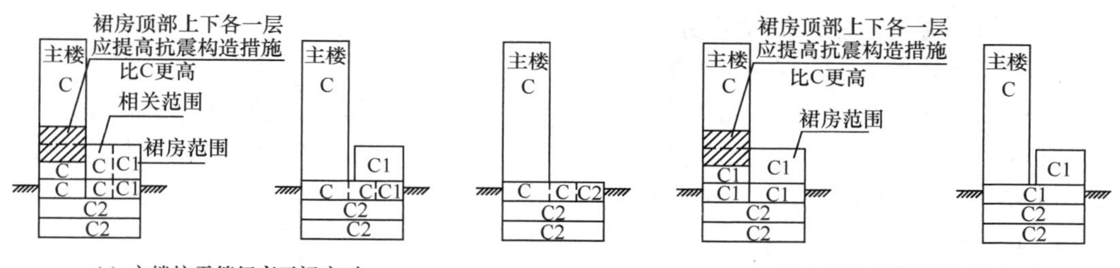

图 6.1.3-3 主楼、裙房、地下室的抗震等级

注：“C”表示主楼抗震等级；“C1”表示裙房抗震等级；“C2”表示根据具体情况取三级或更低等级。

4）上部结构嵌固部位的确定：

（1）当地下一层结构的楼层侧向刚度与相邻的上部结构首层的楼层侧向刚度比满足要求时，地下室顶板可作为上部结构的嵌固端，其 γ 可按下列方法计算。

① 电算时 γ 按式（6.1.3-2）计算。

$$\gamma=\frac{V_1\Delta_2}{V_2\Delta_1}\geqslant 2 \tag{6.1.3-2}$$

式中：γ——地下一层结构的楼层侧向刚度与相邻上部结构首层的楼层侧向刚度的比值，在采用电算程序计算时，不应考虑回填土对地下室约束的相对刚度系数；

V_1、V_2——地下一层及上部结构首层的楼层剪力；

Δ_1、Δ_2——地下一层及上部结构首层质心处的层间位移，按各振型位移的 CQC 组合计算。

② 手算（用于方案阶段及初步设计阶段估算）时 γ 可按式（6.1.3-3）计算。

$$\gamma = \frac{G_1 A_1 h_2}{G_2 A_2 h_1} \geqslant 1.5 \tag{6.1.3-3}$$

式中：G_1、G_2——地下一层与上部结构首层的混凝土剪变模量；

A_1、A_2——地下一层与上部结构首层的折算受剪面积；

$$A_1 = A_{w1} + 0.12A_{c1} \tag{6.1.3-4}$$

$$A_2 = A_{w2} + 0.12A_{c2} \tag{6.1.3-5}$$

A_{w1}、A_{w2}——抗震验算方向地下一层与上部结构首层抗震墙受剪总有效面积（一般只计算抗震墙腹板面积）；

A_{c1}、A_{c2}——地下一层与上部结构首层框架柱（包括抗震墙端柱）总截面面积；当柱截面宽度不大于300mm且柱截面高宽比不小于4时，可按抗震墙考虑；

h_1、h_2——地下一层与上部结构首层的高度。

（2）当不满足上述（1）项的要求时，地下室对上部结构的嵌固部位应下移（至地下二层或更下方的地下室楼层），直至地下室某楼层侧向刚度与上部结构首层的楼层侧向刚度比满足要求，此时相应的地下室楼板可作为上部结构的嵌固部位（更多问题见第6.1.14条）。

第6.1.4条

一、标准的规定

6.1.4 钢筋混凝土房屋需要设置防震缝时，应符合下列规定：

1 防震缝宽度应分别符合下列要求：

1） 框架结构（包括设置少量抗震墙的框架结构）房屋的防震缝宽度，当高度不超过15m时不应小于100mm；高度超过15m时，6度、7度、8度和9度分别每增加高度5m、4m、3m和2m，宜加宽20mm；

2） 框架-抗震墙结构房屋的防震缝宽度不应小于本款1）项规定数值的70%，抗震墙结构房屋的防震缝宽度不应小于本款1）项规定数值的50%；且均不宜小于100mm；

3） 防震缝两侧结构类型不同时，宜按需要较宽防震缝的结构类型和较低房屋高度确定缝宽。

2 8、9度框架结构房屋防震缝两侧结构层高相差较大时，防震缝两侧框架柱的箍筋应沿房屋全高加密，并可根据需要在缝两侧沿房屋全高各设置不少于两道垂直于防震缝的抗撞墙。抗撞墙的布置宜避免加大扭转效应，其长度可不大于1/2层高，抗震等级可同框架结构；框架构件的内力应按设置和不设置抗撞墙两种计算模型的不利情况取值。

二、对标准规定的理解

1.《抗震通规》的相关规定见其第2.4.4条。

2. 设置防震缝属于抗震设计的一般规定，因此，本条规定中的6、7、8、9度应理解为本地区抗震设防烈度。

3. 按标准要求确定的防震缝宽度仍难以避免大震时的碰撞，因此，设置防震缝应慎重。

4. 框架结构的抗撞墙设置见图6.1.4-1。

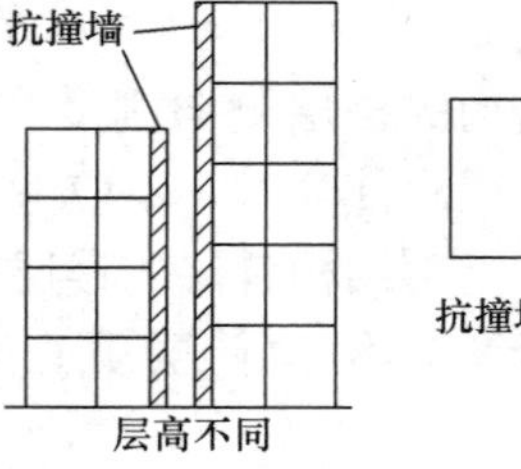

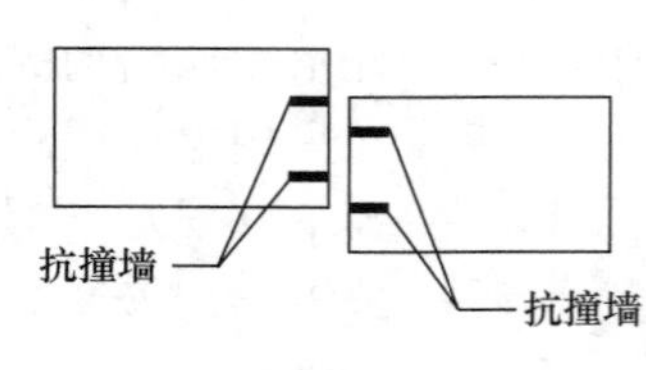

图6.1.4-1 抗撞墙示意图

5. 防震缝最小宽度 δ_{min} 见表 6.1.4-1。

防震缝最小宽度 δ_{min}（mm） **表 6.1.4-1**

结构类型	房屋总高 H（m）		δ_{min}（mm）			
			6 度	7 度	8 度	9 度
框架结构	$H\leqslant15$m		100			
	$H=15+\Delta H$	算式	$\delta_{min}\geqslant100+20\dfrac{\Delta H}{\Delta h}$			
		Δh	5m	4m	3m	2m
框架-抗震墙结构	$H=15+\Delta H$		$\delta_{min}\geqslant0.7\left(100+20\dfrac{\Delta H}{\Delta h}\right)=70+14\dfrac{\Delta H}{\Delta h}\geqslant100$			
抗震墙结构			$\delta_{min}\geqslant0.5\left(100+20\dfrac{\Delta H}{\Delta h}\right)=50+10\dfrac{\Delta H}{\Delta h}\geqslant100$			

注：1. ΔH 为房屋高度大于 15m 后的差值（m），$\Delta H=H-15$。

2. Δh 为对应于不同抗震设防烈度时，计算防震缝最小宽度的基准值（m）；H 为缝两侧建筑高度的较小值。

3. 中震（抗震设防烈度）下的防震缝宽度（mm）可按下式计算：

$$W=0.8(3\Delta_A+3\Delta_B)+20=2.4(\Delta_A+\Delta_B)+20\geqslant100 \tag{6.1.4-1}$$

式中：Δ_A、Δ_B——分别为多遇地震下建筑 A、建筑 B 在较低建筑屋面标高处的弹性侧移计算值；

常数 3——中震（设防烈度地震）下的结构弹塑性侧移与多遇地震下结构弹性侧移的比值；

系数 0.8——建筑 A 与建筑 B 地震侧移最大值的遇合系数。

三、结构设计的相关问题

1. 对本条第 2 款中“层高相差较大”的理解。

2. 防震缝的宽度与结构形式及抗震设防烈度有关，而结构的层间位移（弹性或弹塑性）限值只与结构形式有关。

3. 本条规定只对设置防撞墙的框架提出了包络设计的要求，对于防撞墙的具体设计要求（如当防撞墙计算超筋时如何配筋等）仍不明确。

4. 确定防震缝宽度时，应注意对“较低房屋高度”和“较不利结构形式”的把握。

四、结构设计建议

1. 对框架结构房屋防震缝两侧结构高度、刚度或层高相差较大的定量把握，一般可通过位移计算结果来判别，当同一标高（或相近标高）处楼层位移相差在 20%以上时，可确定为结构的刚度相差较大。结构高度及层高的差异，最终体现的仍然为楼层位移的不同。

2. 当房屋高度相差较多时，较高房屋位于较低房屋的屋顶以上部位，可根据实际工程的具体情况适当减少或不设抗撞墙（但抗撞墙的设置不应造成侧向刚度的突变）。

3. 对抗撞墙的设置应慎重，框架结构中抗撞墙应均匀设置，避免设置抗撞墙使结构产生明显的扭转。抗撞墙的作用与在框架结构中设置很少量钢筋混凝土抗震墙的作用相同（抗撞墙符合《抗震标准》第 6.1.1 条对抗震墙的定义）。设置抗撞墙的框架结构其本质就是设置很少量抗震墙的框架结构，大震时的限位作用有限。对框架的设计及对抗撞墙设计的相关建议见第 6.1.3 条。防震缝的宽度仍应满足对框架结构的要求。

4. 对高层建筑宜选用合理的建筑结构方案，避免设置防震缝，采取有效措施消除不设防震缝的不利影响。关键部位应加强构造与连接，提高构件的受剪承载力，提高相关构件抵抗差异沉降的能力。

5. 乙类建筑的防震缝宽度应比计算值适当加大。

6. 避免防震缝碰撞的设计建议：

1）有条件时应适当加大结构的刚度，以减小结构的水平位移量值。

2）当房屋高度较大时，避免采用结构侧向刚度相对较小的框架结构，可采用框架-抗震墙结构或少量抗震墙的框架结构。

3）适当加大防震缝的宽度，对重要部位或复杂部位可考虑按中震确定防震缝的宽度，同时注意采取大震防碰撞措施。

4）可结合工程具体情况，设置阻尼器限制大震下结构的位移，减小结构碰撞的可能性。

5）设置防震缝的其他相关问题见第 3.4.5 条。

第 6.1.5 条

一、标准的规定

6.1.5 框架结构和框架-抗震墙结构中，框架和抗震墙均应双向设置，柱中线与抗震墙中线、梁中线与柱中线之间偏心距大于柱宽的 1/4 时，应计入偏心的影响。

甲、乙类建筑以及高度大于 24m 的丙类建筑，不应采用单跨框架结构；高度不大于 24m 的丙类建筑不宜采用单跨框架结构。

二、对标准规定的理解

标准的上述规定可以用图 6.1.5-1 来理解，当偏心距超出限值时，做法见图 6.1.5-2 和图 6.1.5-3。

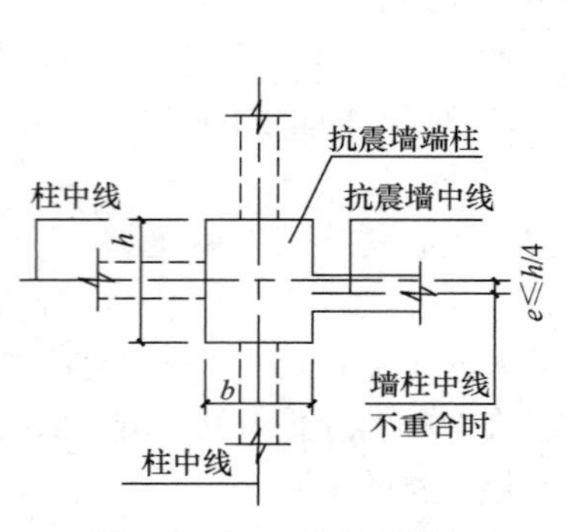

图 6.1.5-1 单向不重合

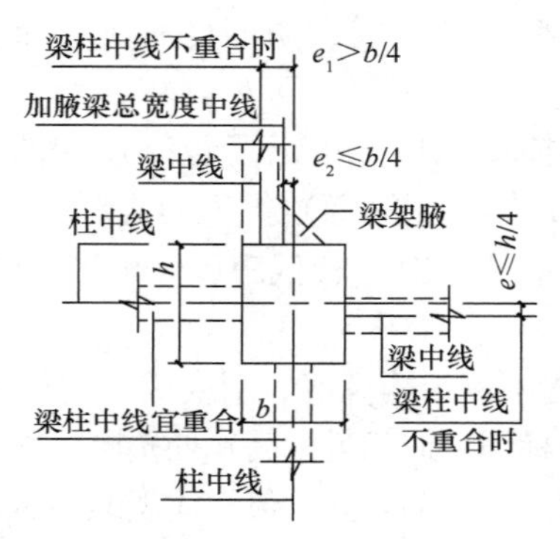

图 6.1.5-2 双重不重合

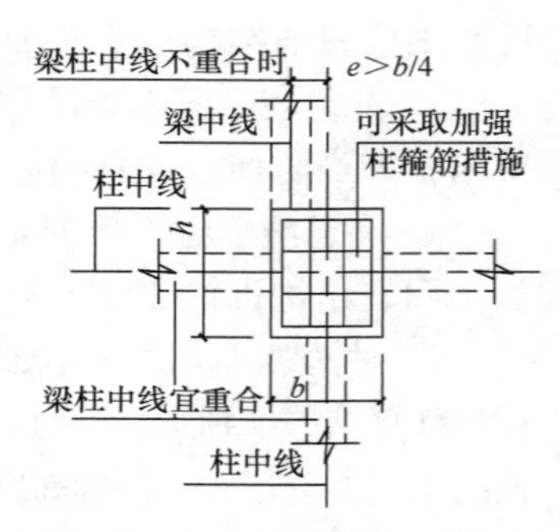

图 6.1.5-3 柱箍筋加强措施

三、结构设计建议

1. 震害表明，单跨框架结构由于缺少必要的冗余度，地震破坏严重。因此，实际工程中应避免采用单跨框架结构。必须采用时，应采取设置支撑、柱子翼墙或少量的钢筋混凝土抗震墙等措施。

2. 应区分单跨框架和单跨框架结构，有单跨框架不一定就是单跨框架结构。只有在框架结构中，某个主轴方向均为单跨框架，或两个多跨框架之间最大距离超过表 6.1.5-1 中的数值时，才可认定为单跨框架结构（注意，不包括框架-抗震墙结构中的单跨框架）。

多跨框架之间的最大间距（单位 m，取较小值） **表 6.1.5-1**

楼盖形式	抗震设防标准				备　注
	6 度	7 度	8 度	9 度	B 为多跨框架之间无大洞的楼、屋盖的最小宽度
现浇楼盖	4B，50	4B，50	3B，40	2B，30	

3. 对单跨框架和单跨框架结构，以及长短框架分布不均匀的结构，应特别注意采用平面结构计算模型进行补充计算。

四、相关索引

《高规》的相关规定见其第 6.1.2、6.1.6 条。

第 6.1.6 条

一、标准的规定

6.1.6 框架-抗震墙、板柱-抗震墙结构以及框支层中，抗震墙之间无大洞口的楼、屋盖的长宽比，不宜超过表 6.1.6 的规定；超过时，应计入楼盖平面内变形的影响。

抗震墙之间楼屋盖的长宽比 **表 6.1.6**

<table>
<tr><th colspan="2" rowspan="2">楼、屋盖类型</th><th colspan="4">设防烈度</th></tr>
<tr><th>6</th><th>7</th><th>8</th><th>9</th></tr>
<tr><td rowspan="2">框架-抗震墙结构</td><td>现浇或叠合楼、屋盖</td><td>4</td><td>4</td><td>3</td><td>2</td></tr>
<tr><td>装配整体式楼、屋盖</td><td>3</td><td>3</td><td>2</td><td>不宜采用</td></tr>
<tr><td colspan="2">板柱-抗震墙结构的现浇楼、屋盖</td><td>3</td><td>3</td><td>2</td><td>—</td></tr>
<tr><td colspan="2">框支层的现浇楼、屋盖</td><td>2.5</td><td>2.5</td><td>2</td><td>—</td></tr>
</table>

二、对标准规定的理解

1. 表 6.1.6 中的“设防烈度”应理解为表 3.3.3-2 调整后的抗震设防标准。

2. 在框架-抗震墙、板柱-抗震墙结构以及框支层中，楼板的整体性对结构的协同工作影响很大，结构设计时应特别注意加强楼板的整体性和完整性及面内刚度。

3. 抗震墙的间距不宜超过表 6.1.6-1 中数值（取较小值），其中 B 为楼面传递水平力的有效宽度（m），一般可取抗侧力构件之间的楼面宽度。当房屋端部未布置抗震墙时，第一片抗震墙与房屋端部的距离，不宜大于表 6.1.6-1 中间距的一半。

4. 当抗震墙间距不满足表 6.1.6-1 时，可认为结构布置不满足框架-抗震墙结构的基本要求，应补充分析计算并进行包络设计，必要时应进行抗震性能化设计。

抗震墙间距（m） **表 6.1.6-1**

<table>
<tr><th colspan="2" rowspan="2">楼、屋盖类型</th><th colspan="3">抗震设防标准（调整后的烈度）</th></tr>
<tr><th>6、7</th><th>8</th><th>9</th></tr>
<tr><td rowspan="2">框架-抗震墙结构</td><td>现浇或叠合楼、屋盖</td><td>4B，50</td><td>3B，40</td><td>2B，30</td></tr>
<tr><td>装配整体式楼、屋盖</td><td>3B，40</td><td>2B，30</td><td rowspan="3">不宜采用</td></tr>
<tr><td colspan="2">板柱-抗震墙结构的现浇楼、屋盖</td><td>3B，40</td><td>2B，30</td></tr>
<tr><td colspan="2">框支层的现浇楼、屋盖（转换层位置 n）</td><td colspan="2">2B，24（n≤2）；1.5B，20（n≥3）</td></tr>
</table>

三、结构设计建议

在设置地下车库的地下室中，混凝土墙的间距常超出表 6.1.6-1 的数值，结构设计中应特别注意，适当设置混凝土墙，以使地下室结构侧向刚度均匀，确保地下室结构的整体性及协同工作能力。

第 6.1.7 条

一、标准的规定

6.1.7 采用装配整体式楼、屋盖时，应采取措施保证楼、屋盖的整体性及其与抗震墙的可靠连接。装配整体式楼、屋盖采用配筋现浇面层加强时，其厚度不应小于 50mm。

二、对标准规定的理解

采用装配整体式楼、屋盖的结构，由于楼、屋盖的整体性较差，结构的协同工作能力也较差。结构设计时应针对其特点，采取加强连接及加强楼、屋盖整体性的措施。

第 6.1.8 条

一、标准的规定

6.1.8　框架-抗震墙结构和板柱-抗震墙结构中的抗震墙设置，宜符合下列要求：

1　抗震墙宜贯通房屋全高。

2　楼梯间宜设置抗震墙，但不宜造成较大的扭转效应。

3　抗震墙的两端（不包括洞口两侧）宜设置端柱或与另一方向的抗震墙相连。

4　房屋较长时，刚度较大的纵向抗震墙不宜设置在房屋的端开间。

5　抗震墙洞口宜上下对齐；洞边距端柱不宜小于 300mm。

二、对标准规定的理解

1. 由楼梯间抗震墙和连梁围合形成对楼梯的保护圈，可以减少楼梯踏步对框架-抗震墙结构的影响，同时也使楼梯处在抗震墙的“呵护”中，使大震时楼梯的疏散功能不受影响。但当楼梯间设置抗震墙对结构造成较大的扭转效应时，可考虑将楼梯踏步与主体结构脱开（更多问题见第 6.1.15 条）。

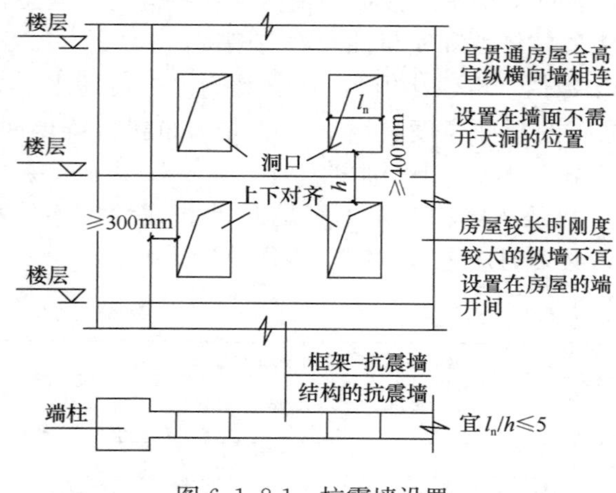

图 6.1.8-1　抗震墙设置

2. “房屋较长”一般指房屋的长度接近或超过《混凝土标准》表 8.1.1 规定的区段长度的情况，本条第 4 款规定的目的在于避免设置纵向抗震墙而引起结构温度应力的突增。

3. 对本条规定的理解见图 6.1.8-1。

三、结构设计建议

1. 与抗震墙结构相比，框架-抗震墙结构中的抗震墙数量较少，且常将其作为抗震设防的第一道防线，故宜选用相对较强的连梁（宜使连梁 $l_n/h\leqslant5$）。

2. 结构设计中，经常出现对抗震墙洞口不进行归并处理就直接上机计算的问题，造成抗震墙传力复杂，结构概念模糊，结构费用增加。为此，结构设计中应特别注意对抗震墙洞口的规则化处理，上、下层错洞口时，应采取措施合理归并洞口，优化结构设计（图 3.6.6-1）。

第 6.1.9 条

一、标准的规定

6.1.9　抗震墙结构和部分框支抗震墙结构中的抗震墙设置，应符合下列要求：

1　抗震墙的两端（不包括洞口两侧）宜设置端柱或与另一方向的抗震墙相连；框支

部分落地墙的两端（不包括洞口两侧）应设置端柱或与另一方向的抗震墙相连。

2 较长的抗震墙宜设置跨高比大于 6 的连梁形成洞口，将一道抗震墙分成长度较均匀的若干墙段，各墙段的高宽比不宜小于 3。

3 墙肢的长度沿结构全高不宜有突变；抗震墙有较大洞口时，以及一、二级抗震墙的底部加强部位，洞口宜上下对齐。

4 矩形平面的部分框支抗震墙结构，其框支层的楼层侧向刚度不应小于相邻非框支层楼层侧向刚度的 50%；框支层落地抗震墙间距不宜大于 24m，框支层的平面布置宜对称，且宜设抗震筒体；底层框架部分承担的地震倾覆力矩，不应大于结构总地震倾覆力矩的 50%。

二、对标准规定的理解

1. 部分框支抗震墙结构一般适用于矩形平面，对复杂平面一般不宜采用部分框支抗震墙结构。必须采用时，应采取更加严格的抗震措施。

2. 在部分框支抗震墙结构中，应确保落地抗震墙的数量，框支层不得采用少量抗震墙的框架结构。

3. 底层框架部分承担的地震倾覆力矩，可按第 6.1.3 条的规定，理解为在规定水平力作用下的倾覆力矩。

4. 抗震墙布置及墙肢长度均应考虑均匀性的要求，墙肢长度较大时应进行适当的处理。标准的上述规定可以由图 6.1.9-1～图 6.1.9-4 来理解。

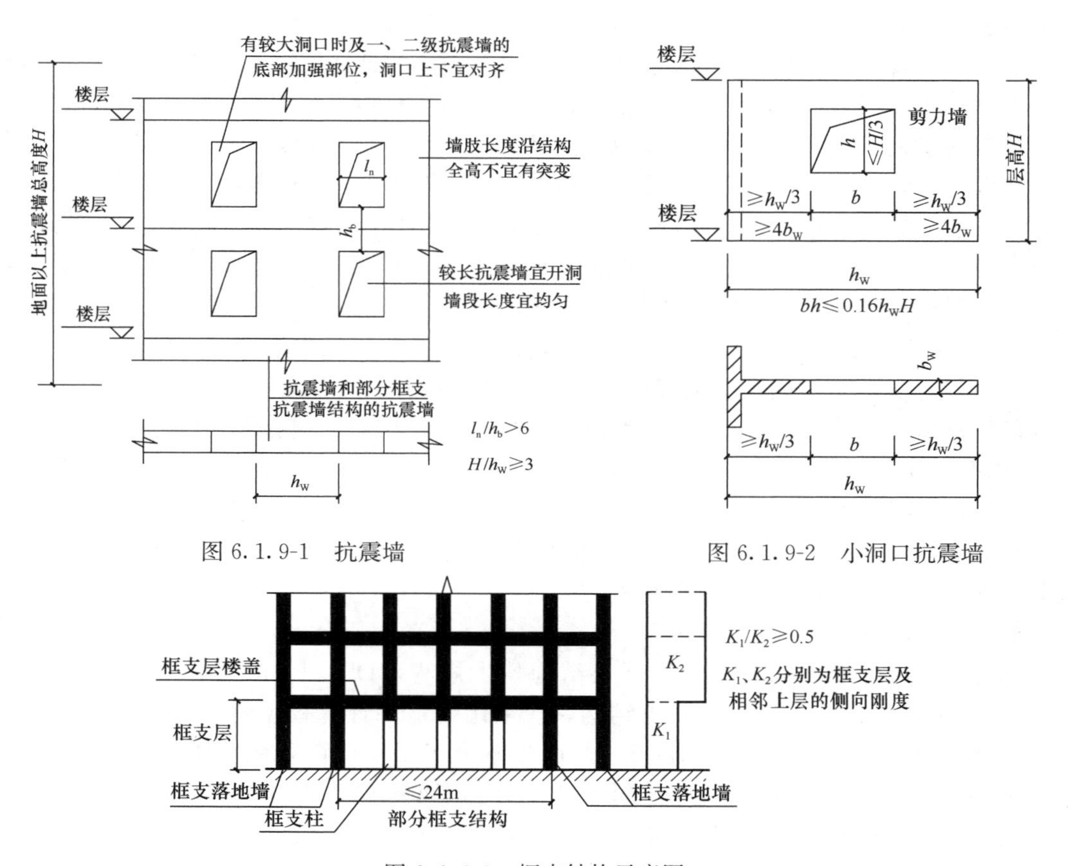

图 6.1.9-1 抗震墙

图 6.1.9-2 小洞口抗震墙

图 6.1.9-3 框支结构示意图

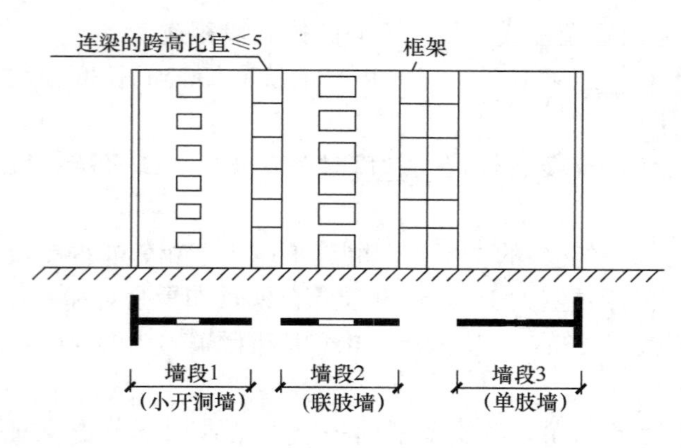

图 6.1.9-4 较长抗震墙的组成示意

三、结构设计的相关问题

对第 2 款“较长的抗震墙”、第 3 款“较大洞口”的把握问题。

四、设计建议

1.“较长的抗震墙”应根据实际工程中墙肢的长度情况综合确定，当其他墙肢的长度普遍偏小时，应适当控制较长墙肢的长度。一般情况下，当墙肢长度超过 8m 时，可确定为墙肢较长。较长的抗震墙吸收较多的地震作用，相应地其他墙肢分配的地震作用较小，地震时，一旦长墙肢破坏，其他墙肢将难以承担长墙转嫁的地震作用，因此，应弱化长墙的计算刚度，适当加大其他墙肢的地震作用。

2. 当抗震墙肢很长且连梁的跨高比（l_0/h_b，其中 l_0 为连梁的计算跨度，$l_0=1.15l_n$，l_n 为连梁的净跨，h_b 为连梁的截面高度。实际工程中对连梁也可按 l_n/h_b 进行近似计算，偏安全）小、刚度大时，则墙体的整体性好，在水平地震作用下，抗震墙的剪切变形大，墙肢的破坏高度范围大（将有可能超出底部加强区范围）。因此，抗震墙结构应具有足够的延性，而细高的抗震墙（墙高宽比 $H/h_w\geqslant3$，其中 H 为抗震墙的总高度，h_w 为抗震墙的墙肢长度即截面高度）容易设计成弯曲破坏的延性抗震墙，可避免墙的剪切破坏（脆性破坏）。实际工程中对长墙可通过开设结构计算洞口（建筑使用功能不需要的洞口，待抗震墙施工完毕后采用填充墙砌筑封堵），按标准要求将其分成长度较小、较为均匀的连肢墙，洞口连梁采用约束刚度较小的弱连梁（即要求采用刚度小、约束弯矩很小的连梁，一般可取连梁的 $l_n/h_b>6$），以使连梁在地震作用下首先开裂、屈服，并使墙段成为以弯曲变形为主的若干独立墙肢。此外，墙肢长度 h_w 较小时，受弯产生的裂缝宽度也较小。但工程经验表明，应使连梁具有合理的刚度和恰当的延性（连梁的跨高比宜为 $l_n/h_b\leqslant5$），并应避免出现独立墙肢，以提高结构设计的经济性（构造配筋除外）。

3. 对“较大洞口”的定量把握，应根据工程经验确定；当无可靠设计经验时，可依据洞口位置及开洞率的大小来确定，当洞口位置不在墙中部 1/3 区域且开洞率（洞口立面面积/墙肢立面面积）超过小开口抗震墙洞口尺寸上限（开洞率大于 0.16）时，可确定为“较大洞口”（图 6.1.9-2）。

4. 应采取措施控制框支层以上结构的抗震墙数量，尽可能采用大开间抗震墙结构，避免框支层上下结构的楼层侧向刚度比过大，减小“鸡腿效应”。

五、相关索引

现行广东省标准《高层建筑混凝土结构技术规程》DBJ/T 15—92—2021 第 5.3.6 条规定：“复杂平面和立面的剪力墙结构，应采用合适的计算模型进行分析。……距墙端 4 倍墙厚以上、高度小于层高的 1/3、面积不大于所在墙面积的 1/16 的小洞口（注意，这是对“整体墙”的要求，不同于“小开口整体墙”——编者注），计算时可忽略。仅在截面受剪承载力验算时考虑局部削弱的影响，采取必要的加强措施。”参见图 6.1.9-2。

第 6.1.10 条

一、标准的规定

6.1.10 抗震墙底部加强部位的范围，应符合下列规定：

1 底部加强部位的高度，应从地下室顶板算起。

2 部分框支抗震墙结构的抗震墙，其底部加强部位的高度，可取框支层加框支层以上两层的高度及落地抗震墙总高度的 1/10 二者的较大值。其他结构的抗震墙，房屋高度大于 24m 时，底部加强部位的高度可取底部两层和墙体总高度的 1/10 二者的较大值；房屋高度不大于 24m 时，底部加强部位可取底部一层。

3 当结构计算嵌固端位于地下一层的底板或以下时，底部加强部位尚宜向下延伸到计算嵌固端。

二、对标准规定的理解

1. 为了设计延性抗震墙，一般应控制在抗震墙底部（即嵌固端以上一定高度）范围内屈服、出现塑性铰，并将该区域作为底部加强部位，提高其受剪承载力并加强抗震构造措施，使其具有较大的弹塑性变形能力，从而提高整个结构在罕遇地震作用下的抗倒塌能力。

2. 明确了底部加强部位的起算点从地下室顶板算起。但注意房屋高度仍应从室外地面算起。

3. 结构嵌固部位不在地下室顶板时，结构嵌固部位的下移不影响地面以上底部加强部位的范围，嵌固部位下移，则底部加强部位向下延伸，嵌固部位下移越多，则底部加强部位向下延伸越长。

4. 房屋高度不超过 24m 时，底部加强部位高度取底部一层。裙房与主楼之间不设防震缝时，主楼在裙房顶上下各一层应采取加强措施（见第 6.1.3 条），当裙房层数较少时也可直接将底部加强部位向上延伸至裙房顶部以上一层。

5. 标准的上述规定可按图 6.1.10-1 来理解。

三、结构设计建议

1. 应注意底部加强部位起算点与房屋高度起算点的不同。对主要屋面的把握见第 6.1.1 条。

2. 结构设计中常听到将嵌固部位下移可以节约结构造价的说法，产生这种糊涂观念

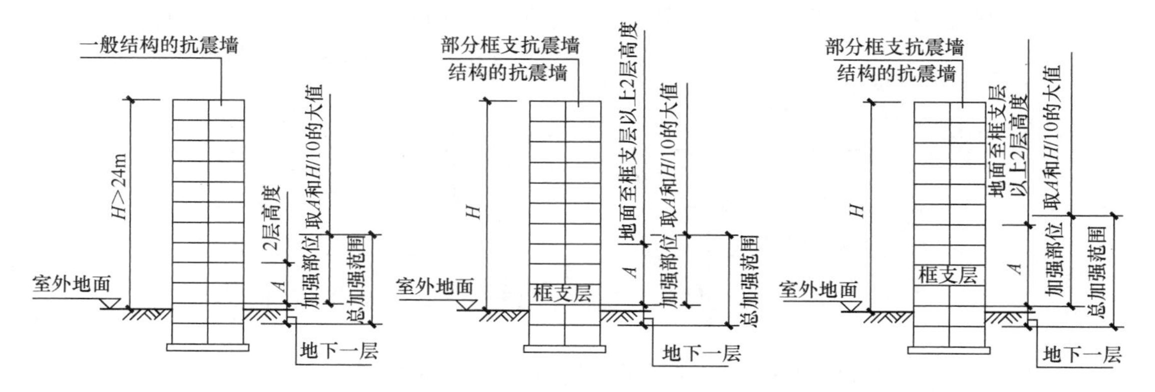

图 6.1.10-1 底部加强部位

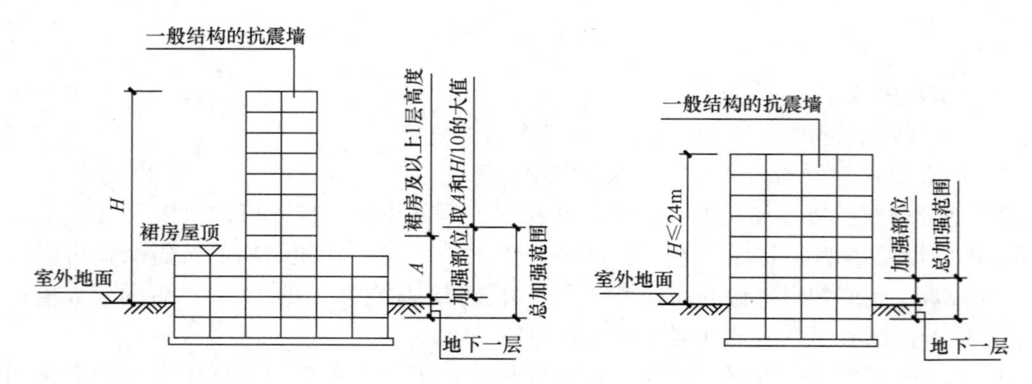

图 6.1.10-1　底部加强部位（续）

的根本原因在于对底部加强部位的把握不准。从本条规定中不难看出，嵌固部位取在地下室顶板是最经济、最合理的选择（有利于减小抗震墙总加强部位的范围、框架强柱根的范围等）。因此，有条件时应采取措施确保上部结构在地下室顶板嵌固。

3. 当结构计算嵌固端位于地下一层的底板或以下时，底部加强部位宜向下延伸到计算嵌固端的下一层（当计算嵌固端在基础顶面时，底部加强部位延伸至基础顶面）。

第 6.1.11 条

一、标准的规定

6.1.11　框架单独柱基有下列情况之一时，宜沿两个主轴方向设置基础系梁：

1　一级框架和Ⅳ类场地的二级框架；

2　各柱基础底面在重力荷载代表值作用下的压应力差别较大；

3　基础埋置较深，或各基础埋置深度差别较大；

4　地基主要受力层范围内存在软弱黏性土层、液化土层或严重不均匀土层；

5　桩基承台之间。

二、对标准规定的理解

1. 本条第 1 款规定可以用图 6.1.11-1 来理解。

2. 本条第 2 款规定可以用图 6.1.11-2 来理解。对“重力荷载代表值作用下的压应力差别较大”的理解，应根据工程经验确定，无可靠经验时可按相差 20%以上考虑。

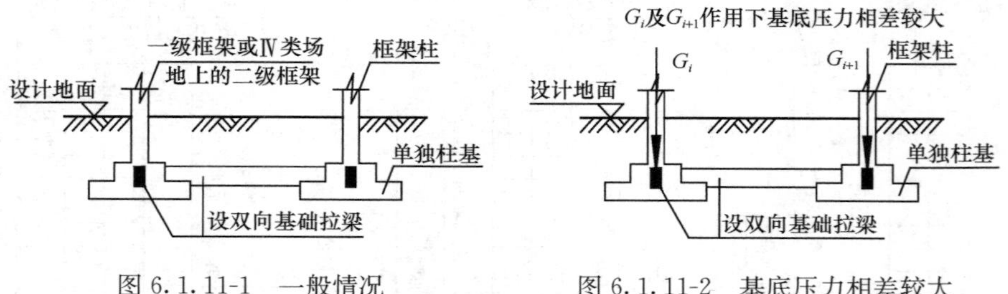

图 6.1.11-1　一般情况　　　　图 6.1.11-2　基底压力相差较大

3. 本条第 3 款规定可以用图 6.1.11-3 和图 6.1.11-4 来理解。对“基础埋置较深”和“基础埋置深度差别较大”的理解，应根据工程经验确定，无可靠经验时可按如下考虑：

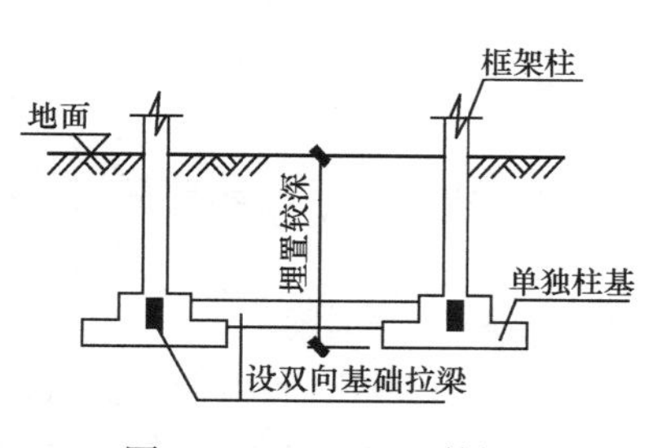

图 6.1.11-3 埋置较深

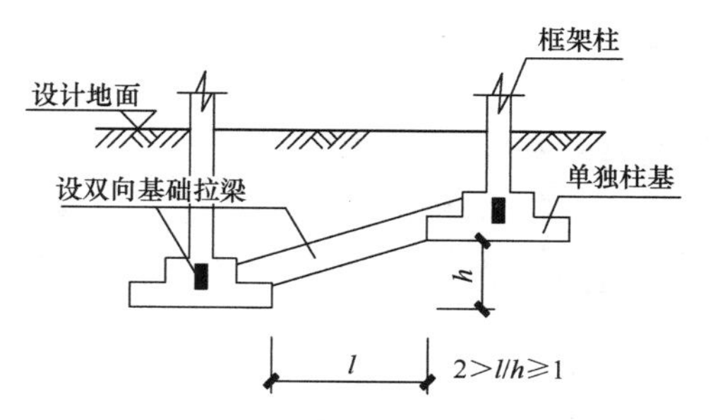

图 6.1.11-4 埋深相差较大

1）当基础埋置深度大于 5m 时，可理解为基础埋置较深；

2）当相邻两基础边缘的净距 l 与高差 h 之比 $2>l/h\geqslant1$ 时，可理解为基础埋置深度差别较大。

4. 本条第 4 款规定可以用图 6.1.11-5 来理解。对“地基主要受力层范围”的理解见第 4.2.1 条。

5. 本条第 5 款规定可以用图 6.1.11-6 来理解。

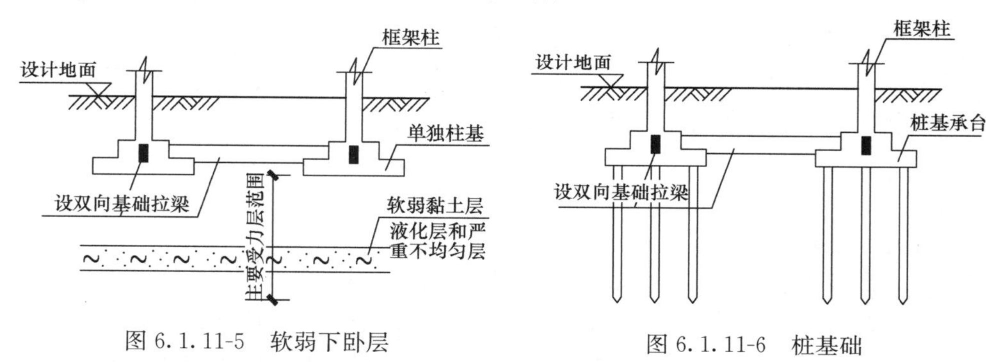

图 6.1.11-5 软弱下卧层　　图 6.1.11-6 桩基础

三、相关索引

《地基规范》的相关规定见其第 3.0.2 条和第 8.5.20 条。

第 6.1.12 条

一、标准的规定

6.1.12 框架-抗震墙结构、板柱-抗震墙结构中的抗震墙基础和部分框支抗震墙结构的落地抗震墙基础，应有良好的整体性和抗转动的能力。

二、对标准规定的理解

在框架-抗震墙结构、板柱-抗震墙结构中，抗震墙作为抗侧的主体（第一道防线），确保其基础刚度和整体性，可避免在地震作用下抗震墙基础的较大转动，从而确保抗震墙的抗侧刚度，确保计算的内力和位移的准确性。标准的上述规定可按图 6.1.12-1 来理解。

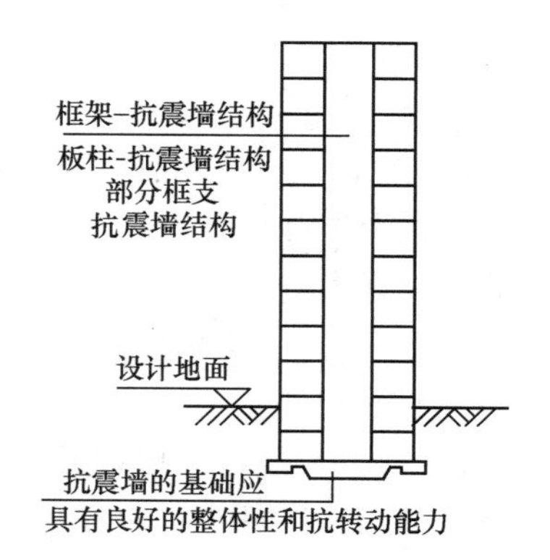

图 6.1.12-1 框架与剪力墙

第 6.1.13 条

一、标准的规定

6.1.13 主楼与裙房相连且采用天然地基，除应符合本规范第 4.2.4 条的规定外，在多遇地震作用下主楼基础底面不宜出现零应力区。

二、对标准规定的理解

1. 主楼与裙房相连且采用天然地基的情况较多，可以是主楼、裙房均采用整体式基础，也可以是主楼采用整体式基础，裙房采用独立基础或条形基础，还可以是主楼和裙房均采用独立基础或条形基础。

2. 标准的上述规定可以由图 6.1.13-1 来理解。

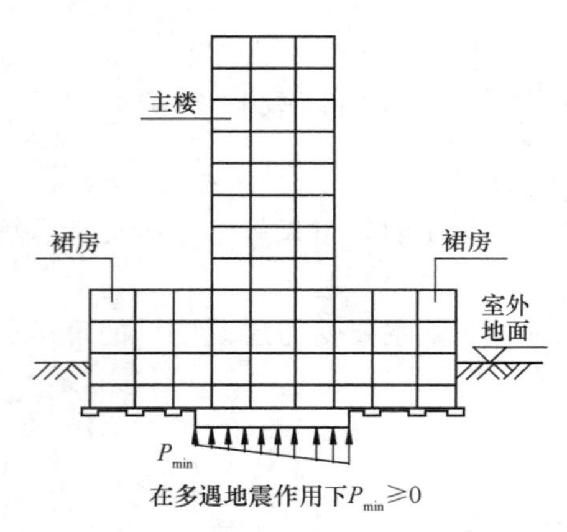

图 6.1.13-1 主楼与裙房相连

三、相关索引

1. 关于基础底面的零应力区的其他问题见第 4.2.4 条。

2.《高规》的相关规定见其第 12.1.7 条。

3.《地基规范》的相关规定见其第 5.2.2 条。

第 6.1.14 条

一、标准的规定

6.1.14 地下室顶板作为上部结构嵌固部位时，应符合下列要求：

1 地下室顶板应避免开设大洞口；地下室在地上结构相关范围的顶板应采用现浇梁板结构，相关范围以外的地下室顶板宜采用现浇梁板结构；其楼板厚度不宜小于 180mm，混凝土强度等级不宜小于 C30，应采用双层双向配筋，且每层每个方向的配筋率不宜小于 0.25%。

2 结构地上一层的侧向刚度，不宜大于相关范围地下一层侧向刚度的 0.5 倍；地下室周边宜有与其顶板相连的抗震墙。

3 地下室顶板对应于地上框架柱的梁柱节点除应满足抗震计算要求外，尚应符合下列规定之一：

1） 地下一层柱截面每侧纵向钢筋不应小于地上一层柱对应纵向钢筋的 1.1 倍，且地下一层柱上端和节点左右梁端实配的抗震受弯承载力之和应大于地上一层柱下端实配的抗震受弯承载力的 1.3 倍。

2） 地下一层梁刚度较大时，柱截面每侧的纵向钢筋面积应大于地上一层对应柱每侧纵向钢筋面积的 1.1 倍；同时梁端顶面和底面的纵向钢筋面积均应比计算增大 10%以上。

4 地下一层抗震墙墙肢端部边缘构件纵向钢筋的截面面积，不应少于地上一层对应墙肢端部边缘构件纵向钢筋的截面面积。

二、对标准规定的理解

1. 本条第 2 款的“相关范围”应理解为“上部结构及其相关范围”。其中“地上一层的侧向刚度，不宜大于相关范围地下一层侧向刚度的0.5倍”的规定宜表述为“地下一层（上部结构及相关范围）的侧向刚度不宜小于地上一层侧向刚度的2倍”。因为标准原文着眼于对地上一层结构侧向刚度的控制，但实际工程中地上一层侧向刚度的调控（减小）余地并不大，着眼于控制（加大）地下一层及上部结构相关范围的侧向刚度则更为可行。

2. 地下室顶板作为上部结构的嵌固部位时，本条规定提出下列基本要求：

1）“应避免开设大洞口”。此规定的目的就是要确保上部结构嵌固部位的整体性。常有建筑因设置下沉式广场、商场自动步梯等导致楼板开大洞，对楼板整体性削弱太多，迫使嵌固部位下移。

2）对楼盖结构形式、楼板厚度及配筋提出详细要求，其目的就是要通过采取结构措施，加强楼层的平面内和平面外刚度并确保楼层整体性的实现。梁板结构的楼层平面外刚度较大，地震作用下，楼板的面外变形较小，符合刚性楼板的假定，有利于传递水平地震剪力。相对于梁板结构而言，无梁楼盖结构的面外刚度较小，难以符合刚性楼板假定的基本要求，因此，作为上部结构嵌固部位的地下室顶板，上部结构及其相关范围应采用现浇梁板结构，裙房地下室顶板的其他范围宜采用现浇梁板结构（可采用无梁楼盖结构)。其中的“相关范围”指主楼以外不大于20m的范围，见图6.1.14-1（d)；考察的是上部结构周边地下室对上部结构有效约束刚度的贡献，可尽量偏小取值以策安全。此处的“相关范围”与第6.1.3条中的“相关范围”在概念及取值上存在较大差异，应注意区分。

3）标准的其他要求见图6.1.14-1。

三、结构设计的相关问题

1. 地下室顶板“大洞口”的量化标准。

2. 地下室顶板不作为上部结构嵌固部位时的相关问题。

3. 标准未规定楼层侧向刚度的具体计算方法。

4. 对地下室柱配筋不小于上层配筋的1.1倍要求的合理性问题。

四、结构设计建议

1. 地下室顶板作为上部结构嵌固部位时

1）无论是否作为上部结构的嵌固部位，地下室顶板都起传递主楼底部剪力的作用（将主楼底部剪力分配传递给侧向刚度更大的地下室混凝土墙)，地下室顶板必须具有足够的平面内和平面外刚度，以有效传递主楼基底剪力，其厚度不宜小于180mm，若柱网内设置多根次梁使板跨度较小（应根据工程经验确定，一般可按板跨度不大于4m考虑）时，板厚可适当减小（应根据工程经验确定，如减小至楼板厚度≥160mm)。但对一般工程，地下室顶板厚度也不宜太大，否则将导致地下室顶板配筋过大（因要满足每层每个方向的配筋率不宜小于0.25%的基本要求。对多层建筑，当地下室顶板的完整性较好时，可根据工程具体情况，适当减小地下室顶板的厚度，如可取160mm)。

2）高层建筑的地下室顶板及裙房地下室与主楼相关范围的地下室顶板应采用梁板结构。现有较多工程在地下室顶面采用无梁楼盖结构，由于一般无梁楼盖的平面外刚度较普通梁板结构小得多，在竖向荷载作用下无梁楼盖将产生较大的面外变形，地震作用时，地下室顶板作为上部结构的嵌固部位将承受很大的水平地震剪力，加剧了无梁板的面外变形，对传递水平地震剪力和协调结构变形不利。

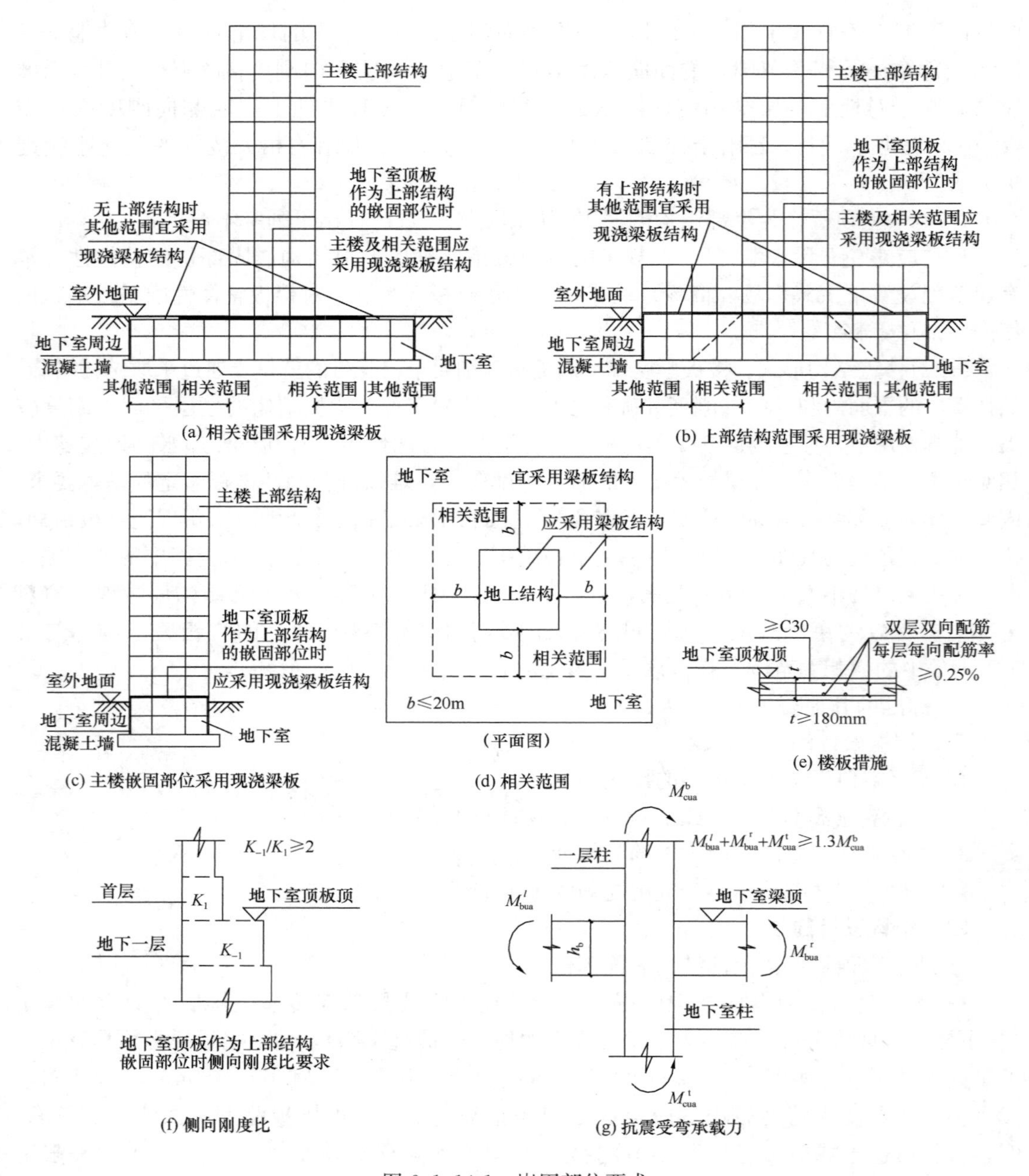

图 6.1.14-1 嵌固部位要求

当无梁楼盖的楼板厚度足够大（如楼板厚度不小于跨度的 1/20 且不小于 300mm）时，可认为其属于梁板结构（注意，应与施工图审查单位沟通）。当采用现浇空心楼板时，空腔上、下实心混凝土板的最小厚度均不得小于 150mm（并应满足防水要求）。

3）本条第 3 款的要求，其目的就是确保塑性铰只能在上柱底部截面出现（注意，嵌固层梁端、地下室嵌固层柱顶不得出现塑性铰。柱根塑性铰是上部结构最后出现的塑性铰，即以框架结构为例，上部结构理想的出铰顺序为：梁端→柱端→柱根），以实配的抗震受弯承载力的形式实现。

（1）本条规定以配筋控制柱截面实际受弯承载力的办法，实际上只适合于嵌固端上下柱截面不变的情况。而通常情况下，地下室柱截面有条件加大。加大柱截面面积与加大配筋同样可以达到提高地下室柱截面的实际受弯承载力的目的。因此，若能规定地下柱每方向的实际受弯承载力不应小于相应地上柱的 1.1 倍，同时地下柱的每侧纵向钢筋面积不宜小于地上柱，则概念更为清晰，也便于操作。这样可以适应地上柱与地下柱不同截面和不同配筋的多种情况。

（2）加大地下室柱纵向钢筋时，应将地下室增加的纵向钢筋在地下室顶层梁板内弯折锚固，避免同时对一层柱底截面实际受弯承载力的加大。现有设计单位采用直接将上部结构柱根配筋放大 1.1 倍作为地下一层和其上一层的框架柱配筋，以实现标准对地下室框架柱截面的纵向配筋要求，这种做法与标准的初衷正相反，且加剧了地下室顶层框架柱及框架梁的负担，对嵌固端“强梁弱上柱”机制的实现极为不利。

（3）在柱配筋详图的设计中，通常用平面绘图法，采用国家建筑标准设计图集《混凝土结构施工图平面整体表示方法制图规则和构造详图（现浇混凝土框架、剪力墙、梁、板）》22G101-1，而图集一般只给出地面以上柱变配筋的做法（多出的钢筋在不需要的楼层内搭接或锚固）。对嵌固部位上、下的柱配筋，套用图集对地面以上柱配筋变化的做法同样也是不合适的。实际工程设计时应在结构设计总说明或柱详图中补充图 6.1.14-2 所示做法。

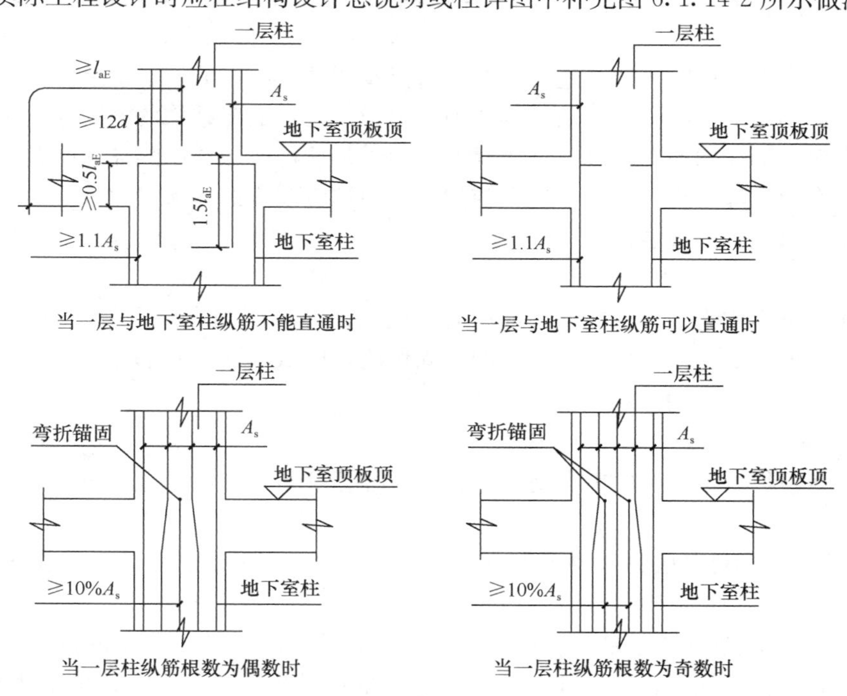

图 6.1.14-2 地下室顶板作为上部结构嵌固部位时地下柱的配筋要求

实际工程中，对本条第 3 款第 2）项中：“地下一层梁刚度较大时”的判断较为困难，可依据《高规》第 12.2.1 条的相关规定，不考虑“地下一层梁刚度较大时”这一前提，直接执行其后续规定。

2. 地下室顶板不作为上部结构嵌固部位时

地下室顶板不作为上部结构嵌固部位时，对地下室顶板及嵌固部位楼板的要求，标准未作具体规定，应根据工程经验确定，当无可靠工程经验时，可参照以下做法设计。

1）上部结构的嵌固部位的确定：

（1）按地下结构与地上结构的楼层侧向刚度比来确定上部结构的嵌固部位，即：可依次验算地下二层及以下各层对首层的楼层侧向刚度比，当满足 $\gamma \geqslant 2$ 时，便可确定上部结构的嵌固部位。地下一层地面作为上部结构嵌固部位时的刚度比计算要求见图 6.1.14-3，嵌固部位继续下移时以此类推。

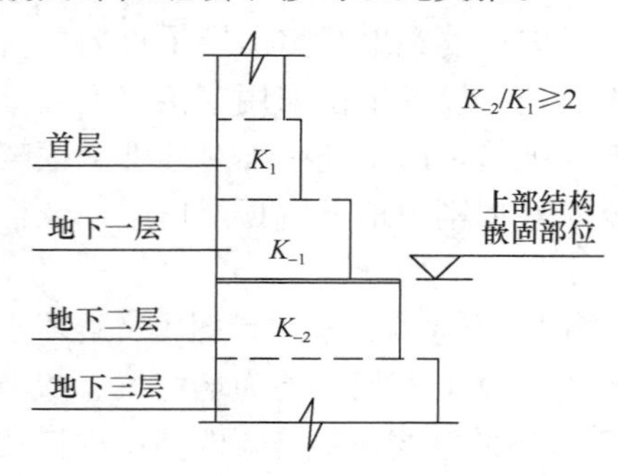

图 6.1.14-3　地下一层地面作为上部结构嵌固部位时的刚度比要求

（2）还应注意，“地下室结构的楼层侧向刚度”指结构自身的刚度，在确定上部结构嵌固部位时，楼层侧向刚度比的计算中不考虑土对地下室外墙的约束作用。

（3）事实上，回填土对地下室结构的约束作用很大，一般情况下可按地下室结构自身刚度的 3～5 倍近似考虑。因此，地下室结构与周围回填土的总刚度要比地下室结构的自身刚度大许多。比较可以发现，当地下室顶板作为上部结构嵌固部位时，包括地下室结构自身及回填土影响的地下室总侧向刚度为上部结构的 4.5 倍以上；而当地下室顶板不能作为上部结构嵌固部位时，包括地下室结构自身及回填土约束的地下室总侧向刚度，一般情况下也不会小于上部结构的 3 倍。因此地下室顶板处对上部结构的嵌固作用是客观存在的，是否作为上部结构的嵌固部位，考察的只不过是这种嵌固作用的强弱问题。无论地下室顶板是否作为上部结构的嵌固部位，结构设计中均应该考虑地下室顶板处实际存在的嵌固作用，并采取相应的加强措施。

2）计算要求：

地下室顶板不作为上部结构嵌固部位时（以上部结构嵌固在地下一层地面为例），仍应考虑地下室顶板对上部结构实际存在的嵌固作用，应取不同嵌固部位（地下一层的地面和地下室顶板顶面）分别计算，包络设计。

3）构造做法：

对地下室顶板，除顶板厚度可适当降低至不小于 160mm（宜 180mm）外，其他均可按本条规定设计。

4）当地下二层对首层的楼层侧向刚度比 $\gamma \geqslant 2$ 时，地下二层的顶板可按嵌固部位楼板要求设计。

5）当地下二层顶作为上部结构的嵌固部位时，地下二层及以下层的抗震等级的确定见第 6.1.3 条的相关规定，有条件时可适当提高在嵌固部位以下（尤其是紧邻嵌固部位）楼层的抗震等级。

6）当上部结构的嵌固部位在地下二层顶板以下时，上述 2）～5）各步骤相应调整。

3. 确定上部结构嵌固部位的楼层侧向刚度比计算（见第 6.1.3 条结构设计建议）

一般情况下，按不同方法计算的嵌固部位楼层侧向刚度比数值各不相同，有时计算结果相差很大（如当地下室设置矮墙时，由于矮墙对地下室的侧向刚度贡献很大，而墙体面积的增加有限），此时应以式（6.1.3-2）的计算为主，同时按式（6.1.3-3）的计算结果应为$\gamma \geqslant 1.5$（表3.4.3-6）。

4. 关于上部结构嵌固部位的问题讨论

1）上部结构的嵌固部位，理论上应具备下列两个基本条件：

（1）该部位的水平位移为零；

（2）该部位的转角为零。

2）从纯力学角度看，嵌固部位是一个点或一条线（如果拿这一死标准去衡量工程实际中的嵌固部位，显然很难满足），而从工程角度看，嵌固部位是一个区域，只有相对的嵌固，没有绝对的固定（实际工程中不存在纯理论上的绝对嵌固部位）。

3）地下室顶面通常具备满足上述嵌固部位要求的基本条件，一般情况下，应尽量将上部结构的嵌固部位选择在地下室顶面。

（1）地下室顶板作为上部结构的嵌固部位时，结构的加强部位明确，地下室结构的加强范围高度较小，结构设计经济性好。有人提出为节省工程造价可以采用降低嵌固部位的办法，其理由是降低结构的嵌固部位可以减小地下室的加强区域高度。其实这是错误的，是对上部结构底部加强部位概念的误解，明显没有考虑上述第2条中应采取的相应结构措施，因而是不合适的，也是不安全的。

（2）嵌固部位在地下室顶面是最经济的选择，这也就是为什么一般工程都应该选择地下室顶面作为嵌固部位的原因。嵌固部位越降低，总加强范围越大，因而结构的费用越高。

4）注意，只有地下室才具备对上部结构嵌固的基本条件。上部其他楼层（如裙房顶等处），即便满足刚度比要求也不能成为其上部结构的嵌固部位，而只能作为刚度突变楼层考虑（属于刚度突变区域，引起内力突变并产生变形集中现象，对结构抗震不利）。

5）当地下室顶面无法作为上部结构的嵌固部位时：

（1）当为一层地下室时，可按现行《高层建筑筏形与箱形基础技术规范》JGJ 6（简称《筏箱规范》）的要求将嵌固部位取在基础顶面；

（2）当为多层地下室时，可按图6.1.14-3的建议确定上部结构的嵌固部位。图6.1.14-3中的要求，就是在一定区域内满足对上部结构的侧向刚度比要求。而在嵌固端确定后的结构设计时，应考虑地下室外围填土对地下室刚度的贡献及地下一层对上部结构实际存在的嵌固作用，对地下室顶板采取相应的加强措施，对首层及地下一层的抗侧力构件采取适当的加强措施，必要时可采取包络设计方法。

6）当地下室顶面无法作为上部结构的嵌固部位时，对上部结构嵌固部位的确定在工程界争议较大，主要观点如下：

（1）套用《抗震标准》的规定，仅当下层的抗侧刚度与上层的抗侧刚度比$K_{i-1}/K_i \geqslant 2$时，才认为第i层为上部结构的嵌固部位。粗看起来上述观点似乎很有道理，其实不然，地下室的抗侧刚度之所以在通常情况下能大于首层许多，是因为，地下室通常设有刚度很大的周边钢筋混凝土墙（挡土墙），一般情况下很容易满足$K_{-1}/K_1 \geqslant 2$的要求。但是，在地下室平面没有很大突变、不增加很多钢筋混凝土墙的情况下，要实现地下二层或以下各层其下层的侧向刚度大于上层2倍，则几乎是不可能的，最后的结果只有一个，那就是嵌固在基础（或箱基）顶面。

（2）我们考察的是地下室对上部结构的嵌固作用，刚度比始终应该是对上部结构底层（即建筑首层）的刚度比值。需要说明的是，在施工图审查过程中，当地下一层地面作为上部结构的嵌固部位时，有时被要求验算地下二层与地下一层的楼层侧向刚度比是否满足$\gamma \geqslant 2$，显然这一要求是不恰当的。

（3）套用《筏箱规范》的规定，直接将嵌固端取在基础（或箱基）顶面，或采用计算手段考虑土对地下室刚度的贡献。现行广东省标准《高层建筑混凝土结构技术规程》DBJ/T 15—92—2021 第 5.3.7 条的条文说明指出："计算模型中嵌固端的物理意义是水平位移和转角均为零。基础底板面或地下室底板面的约束条件较为接近计算假定。计算时可用土弹簧模拟地下室外侧土约束的影响，土弹簧刚度的选取宜与地下室外侧岩土的工程性质匹配。"上述做法将带来诸多不确定问题：

① 结构总的地震作用效应被放大（作为地方标准若其目的就是要高于国家标准，则可以理解）；

② 嵌固端取在基础顶面，导致上部结构嵌固端的下移，抗震设计的强柱根在基础顶面位置，极不合理。把地下室对首层的实际约束作用，等同于刚度变化的一般部位，不合理也不安全；

③ 嵌固端取在基础顶面时，地下室的抗震等级如何合理确定的问题；

④ 嵌固端取在基础顶面时，对地下室各层的楼板是否应考虑加强问题，加强的原则如何准确确定；

⑤ 规定过于原则，不方便使用，如地下一层模拟地下室外墙是否应考虑土对地下室的约束作用、土体弹簧的刚度取值等；

⑥ 在转换层结构中，造成对底部大空间层数判别的混乱。

（4）要求在计算楼层侧向刚度比时考虑地下室外围填土对地下室刚度的贡献，这同样是一个似是而非的问题，若在计算楼层侧向刚度比时考虑地下室外围填土对地下室刚度的贡献（通常取刚度放大系数为 3～5，以考虑回填土对结构的约束作用），则任何时候均能满足$K_{-1}/K_1 \geqslant 2$的要求，而无须进行楼层侧向刚度比的验算。很明显这一观点是有问题的。

因此，在作为确定嵌固部位量化指标的楼层侧向刚度比计算中，只考虑结构自身的侧向刚度比（不考虑地下室外围填土对地下室刚度的贡献）是合理的。而在嵌固端确定后的结构设计中，应考虑地下室外围填土对地下室刚度的贡献，并进行相关的设计计算。

5. 关于结构设计计算

在结构设计计算时应分两步走，第一步（确定嵌固部位时的计算），先假定结构的嵌固部位在基础顶面，不考虑回填土对地下室楼层侧向刚度的贡献，计算基础顶面以上各层结构自身的楼层侧向刚度比（注意相关范围的确定）；第二步（嵌固部位确定后的计算），根据上述第一步计算的楼层侧向刚度比值确定上部结构在地下室的嵌固部位，并将计算模型中的嵌固部位调整至已确定的嵌固部位楼层，同时考虑回填土对地下室楼层侧向刚度的影响，进行结构及构件的设计计算。

6. 与嵌固部位有关的问题

标准中只规定了当地下室顶板作为上部结构嵌固部位时的各项具体规定，当上部结构的嵌固部位下移时，相关问题可按如下建议处理：

1）对应于第 6.2.3 条关于框架结构的"强柱根"要求，地下室顶板处仍是上部框架结构的"强柱根"，并将此"强柱根"对应的配筋由地下室顶板往下延伸至上部结构的嵌固部位。

2）对应于《抗震标准》第 6.1.14 条第 3 款关于"强梁弱柱"的位置，除地下室顶板外，增加往下延伸的上部结构嵌固部位。

3）房屋高度 H 的起算点仍为室外地面，与“嵌固部位”无关。实际工程中可考虑“嵌固部位”下移导致地震作用加大等不利因素，适当提高结构的性能设计目标。

4）基础的埋置深度与建筑物高度（即房屋高度）H 有关，与“嵌固部位”无关。实际工程中可考虑地基土对房屋约束作用的降低导致“嵌固部位”下移等不利因素，采取适当的验算及加强措施，以确保建筑物的抗倾覆稳定性。

5）对应于《抗震标准》第 6.3.9 条关于底层框架柱柱根的箍筋加密问题，地下室顶板（无地下室时为基础顶面或首层刚性地坪）仍是“底层柱柱根”区域。对上部结构的嵌固部位也应按“底层柱柱根”处理，即从地下室顶板往下延伸至嵌固端。

6）地下室楼板的刚性楼板计算模型，常会导致地下一层抗震墙及连梁抗剪超筋，采用弹性楼板 6 模型可以较好地解决这一问题。

7. 嵌固端计算模型对上部结构计算结果的影响

在结构设计计算中，一般都要假定上部结构的嵌固位置，实际上，这一假定只在刚性地基的条件下才能实现，而对于绝大多数属于柔性地基而言，水平力作用下的结构底部以及地下室和基础都会出现不同程度的转动。另外，地基的沉降也是影响上部结构嵌固假定的重要原因。因此，所谓嵌固只存在理论上的可能，而工程中的嵌固实际上只是指无限接近固定的计算基面。

1）实际工程中，对上部结构嵌固端的计算模型大致可分为以下几种：

（1）“绝对嵌固模型”，就是嵌固端完全约束（水平位移、竖向位移和转角位移均为零）；

（2）“一般嵌固模型”，就是嵌固端水平位移完全约束（水平位移及竖向位移为零，而转角位移不为零，带地下室且在地下室顶面嵌固的模型就属于“一般嵌固模型”）；

（3）“按地下室刚度计算的嵌固模型”，就是将绝对嵌固端取在基础顶面，地下室按实际刚度并考虑土体对地下室刚度的影响。

2）不同嵌固端计算模型对计算结果的影响：

（1）采用“绝对嵌固模型”，上部结构的侧向刚度计算值偏大，地震作用偏大，结构位移较小，楼层位移比及高层建筑底部按《高规》式（3.5.2-2）计算的楼层侧向刚度比较容易满足；上部结构的底部加强部位明确。“绝对嵌固模型”一般只用在结构的比较计算中，如多塔楼复杂结构中的单塔楼模型比较计算、高层建筑底部按《高规》式（3.5.2-2）计算的楼层侧向刚度比等。

（2）按“一般嵌固模型”计算，能较准确地反映在水平力（如风荷载、地震作用等）作用下上部结构的竖向构件在地下室顶面转动的实际情况，但夸大了地下室对嵌固端水平位移的约束刚度，上部结构的侧向刚度计算值仍偏大，地震作用偏大，结构位移较小，楼层位移比及高层建筑底部按《高规》式（3.5.2-2）计算的楼层侧向刚度比较不容易满足；上部结构的底部加强部位明确。“一般嵌固模型”可用在地下室侧向刚度较大，地下室水平位移足够小（小到可以忽略不计的程度）的情况。一般工程，可优先考虑采用此计算模型。

（3）采用“按地下室刚度计算的嵌固模型”，能较好地模拟地下室对上部结构楼层侧向刚度的影响，反映在水平力（如风荷载、地震作用）作用下地下室产生水平位移和转角的实际情况。但要准确模拟地下室外填土对地下室侧向刚度的影响较为困难，计算前提较粗，计算结果的可信度较低，高层建筑底部按《高规》式（3.5.2-2）计算的楼层位移较难以满足。上部结构的底部加强部位位置（涉及内力调整、抗震构造措施等）不应随嵌固端的往下延伸而变化。“按地下室刚度计算的嵌固模型”可用在地下室侧向刚度较小，地下室水平位移较大（大到无法忽略的程度）的情况。尽管本计算模型从理论上说是对地下室的最合理模拟，但由于地基计算参数取值的复杂性和不确定性，因此，一般情况下不建议采用。必要时可采用此模型进行比较计算。

8. 复杂情况下上部结构嵌固部位的确定问题

实际工程中，上部结构嵌固部位的确定过程往往较为复杂（如当地下一层与首层的刚度比不满足要求时，当地下室顶板的完整性不满足要求时等），结构的嵌固端确定比较困难，建议采用包络设计方法，进行不同嵌固部位的多模型比较计算，取不利值设计。

1）将地下室顶板作为上部结构的嵌固部位计算，主要用于结构整体计算指标的把握。上部结构首层及其以上楼层的结构设计，地下室与上部结构相关构件设计时，可考虑由地上一层向下延伸。

2）将上部结构的嵌固部位确定在地下一层地面或至基础顶面进行比较计算，确定嵌固部位下移对结构弹性层间位移角的影响等。

3）当主楼地下室顶板与裙房地下室顶板标高错位较大时，可按图 6.1.14-4 所示做法，取主楼首层地面和裙房地下室顶面嵌固模型，分别计算，首层及地面以上相关楼层和地下一层的竖向构件配筋取不利值设计。

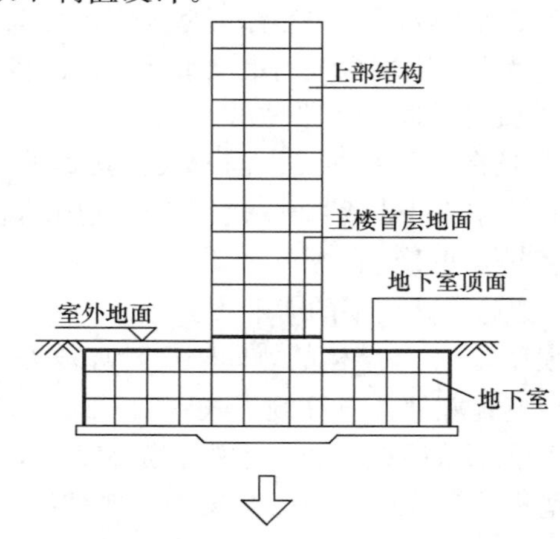

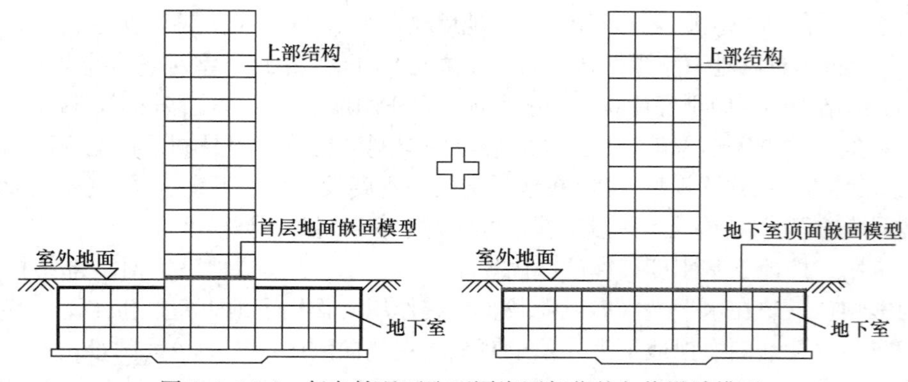

图 6.1.14-4　复杂情况下取不同嵌固部位的包络设计模型

五、相关索引

1. 对于有地下室的砌体结构，当地下室顶板作为上部结构嵌固部位时的设计建议见第 7.1.2 条。

2.《高规》的相关规定见其第 5.3.7 条及第 12.2.1 条。

第 6.1.15 条

一、标准的规定

6.1.15 楼梯间应符合下列要求：

1 宜采用现浇钢筋混凝土楼梯。

2 对于框架结构，楼梯间的布置不应导致结构平面特别不规则；楼梯构件与主体结构整浇时，应计入楼梯构件对地震作用及其效应的影响，应进行楼梯构件的抗震承载力验算；宜采取构造措施，减少楼梯构件对主体结构刚度的影响。

3 楼梯间两侧填充墙与柱之间应加强拉结。

二、结构设计建议

1. "楼梯间的布置不应导致结构平面特别不规则"是对楼梯设计的最基本要求，适用于所有各类结构的楼梯，不仅限于框架结构。

2. 当楼梯构件与主体结构整浇时，楼梯板起斜撑的作用，对主体结构的刚度、承载力及整体结构的规则性影响很大，尤其是在框架结构中。

3. 减少楼梯构件对主体结构刚度影响的构造措施，可结合工程具体情况确定，一般情况下，可采取将楼梯平台与主体结构脱开的办法（或在每梯段下端梯板与平台或楼层之间设置水平隔离缝），以切断楼梯平台板与主体结构的水平传力途径，使每层楼梯平台板支承在楼面梁上且对结构的侧向刚度贡献降到最低限度（图 6.1.15-1）。

4. 楼梯柱的截面面积不应小于 300mm×300mm(或 200mm×450mm，一般取 200mm×500mm)，楼梯梁及楼梯柱按框架梁柱设计，其抗震等级与主体结构框架的抗震等级相同(见第 6.3.5 条及图 6.1.15-1)。

5. 汶川地震震害表明，楼梯对结构安全及人身安全影响重大，《抗震标准》要求"应

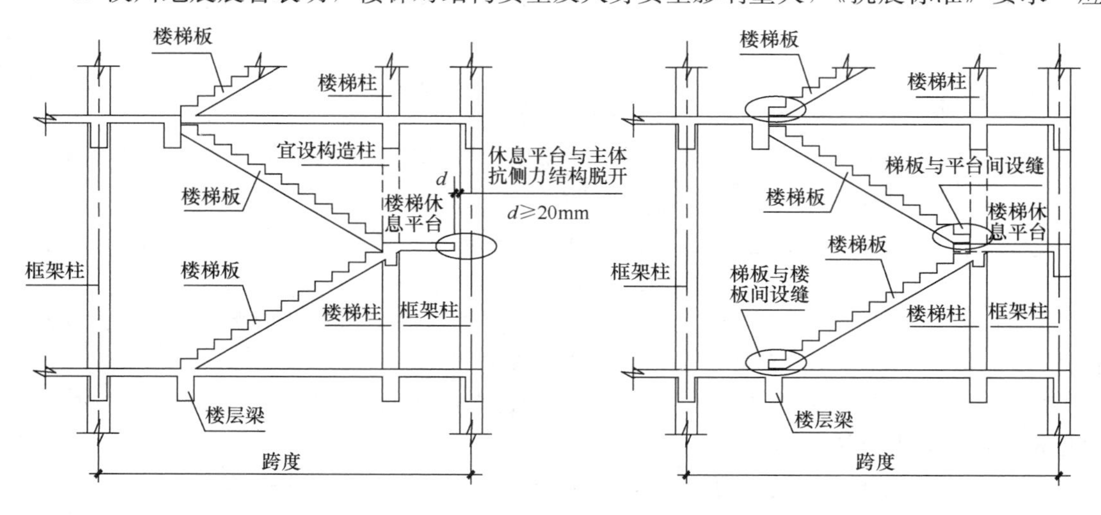

图 6.1.15-1 减少楼梯构件对主体结构刚度影响的做法示意

计入”楼梯构件的影响。考虑楼梯构件的影响时应注意下列两方面：一是，楼梯对主体结构竖向构件的影响（使主体结构竖向构件中间受力，形成短柱或局部错层等）；二是，要考虑楼梯的传力需要（楼梯作为水平传力构件之一，应确保其传力及疏散功能的实现）。

6. 理论研究及震害调查表明，楼梯对主体结构的影响，取决于楼梯与主体结构的相对刚度之比。楼梯对主体结构影响的程度取决于主体结构的结构体系，主体结构的刚度越大、整体性越好（如采用抗震墙、框架-抗震墙结构等），楼梯对主体结构的影响越小；而主体结构的刚度越小、整体性越差（如框架结构、装配式楼盖结构、砌体结构等），楼梯对主体结构的影响就越大。

1）楼梯对主体结构的影响主要集中在砌体结构、框架结构和装配式结构中。在多遇地震作用下，由于结构基本处于弹性工作状态，填充墙、砌体承重墙开裂程度较低，刚度退化不严重，装配式楼盖的整体性尚可，楼梯刚度在主体结构刚度中的比值很小，楼梯对主体结构的影响不大。而在设防烈度地震及罕遇地震作用下，结构进入弹塑性状态，填充墙、砌体承重墙开裂严重，刚度急剧降低，装配式楼盖的整体性很差，楼梯刚度在主体结构刚度中的比值逐步加大，楼梯对主体结构的影响也随之加大。现浇梯板起局部刚性楼板的作用，传递水平地震剪力，导致梯板拉裂，框架柱形成短柱及错层柱而破坏。

2）在抗震墙结构、框架-抗震墙结构、筒体结构中，由于结构刚度大，整体性好，楼梯自身刚度在主体结构中的刚度比值不大，楼梯受主体结构的“呵护”而很少破坏。

7. 考虑楼梯对主体结构的影响及主体结构对楼梯的影响时，应根据主体结构与楼梯的抗侧刚度大小，采取相应的设计措施：

1）楼梯采用现浇或装配整体式钢筋混凝土结构，不应采用装配式楼梯。

2）对框架结构中起疏散作用的楼梯，应优先考虑在楼梯间周边设置抗震墙。

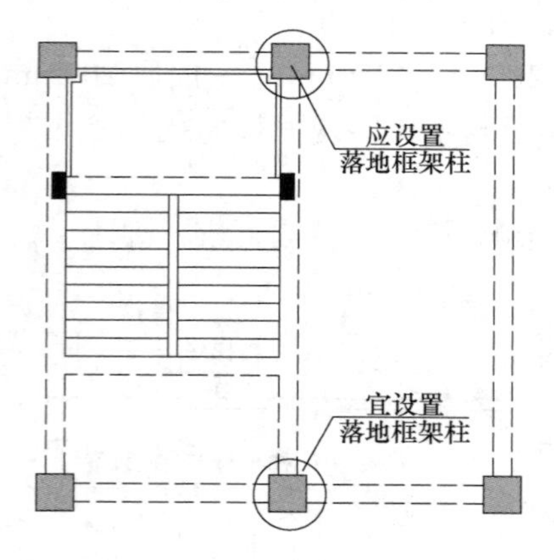

图 6.1.15-2 楼梯间周边设置落地框架柱

3）对框架结构中起疏散作用的楼梯，当楼梯间周边无法设置抗震墙时，应根据不同情况采取楼梯休息平台与主体结构的隔离措施，否则应采取必要的计算措施及加强措施。

（1）应考虑在楼梯间周边设置落地框架柱，以形成周围框架对楼梯的有效呵护（图 6.1.15-2）。

（2）实际工程中，避免或减小楼梯对主体结构影响的主要隔离措施有：

① 将楼梯休息平台与主体结构脱开或采取梯段下端滑动措施；

② 宜在梯板周边设置暗梁（图 6.1.15-3），提高楼梯抵抗水平地震作用的能力；

③ 宜在休息平台与上层结构之间设置钢筋混凝土构造柱（图 6.1.15-1），改善楼梯结构的抗震性能。

（3）当无法采取隔离措施时，在结构计算中应考虑楼梯对主体结构的影响及主体结构对楼梯的影响，并宜进行包络设计。

① 现阶段，在对结构进行扭转不规则判别及位移计算时，尚无法准确考虑楼梯对主体结构的影响，结构设计时除计算时应考虑楼梯的影响外，还应特别注重抗震概念设计，

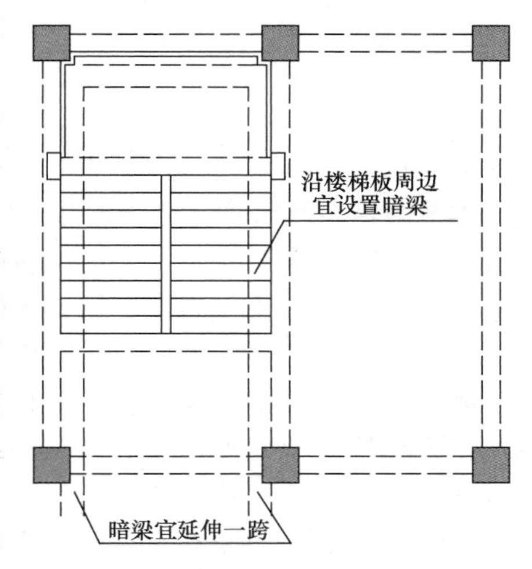

图 6.1.15-3 楼梯板周边宜设置暗梁

避免楼梯对主体结构造成的过大扭转并应采取相应的抗震措施；

② 构件设计时，应考虑楼梯的影响，对相关构件按考虑与不考虑楼梯的影响进行分别计算，包络设计。

4）对抗震墙结构、框架-抗震墙结构等主体结构抗侧刚度大、楼盖整体性好的结构，当楼梯周围有抗震墙围合时，计算中可不考虑楼梯的影响，而采取有效的构造措施（加配梯跑跨中板顶通长钢筋、框架柱箍筋加密等），以确保楼梯及相应框架柱的安全。

5）楼梯对主体结构的影响及主体结构对楼梯的反作用主要集中在结构的底部，因此，应加强楼梯底部的抗震措施（图 6.1.15-4），如：明确楼梯梯板的传力途径，加强梯板的配筋，同时应加强与梯板相连之框架柱的受剪承载力。

6）无地下室时，若楼梯在底层直接支承在孤独楼梯梁上（图 6.1.15-5），地震时楼梯板吸收的水平地震作用在楼梯梁处的水平传递路径被截断，而梯板外的孤独楼梯梁将无法承担梯板传来的水平推力，破坏常发生在梯板边缘的孤独梁截面处，因此，应避免采用此做法。必须采用时，应适当加大楼梯梁的平面外配筋并加密箍筋。

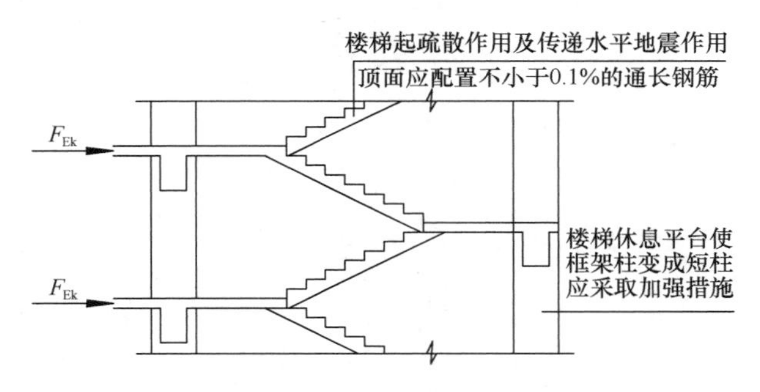

图 6.1.15-4 楼梯的抗震作用及加强措施

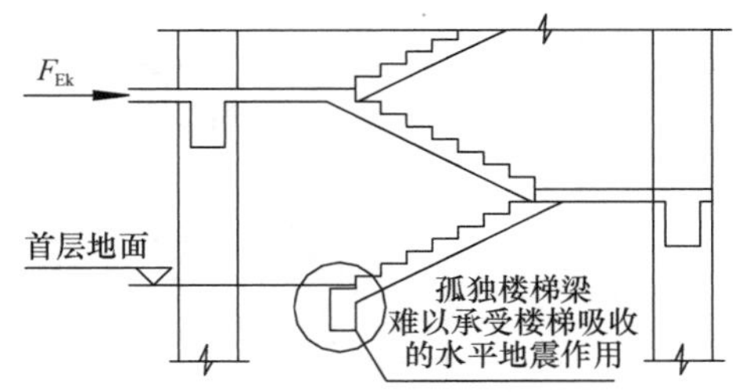

图 6.1.15-5 地震时底部孤独楼梯梁的破坏

7）应特别注意设置楼梯形成的框架短柱，柱箍筋除应满足计算要求外，宜按抗震等级提高一级配置。

8. 楼梯间两侧填充墙与柱之间的拉结要求见第 13.3.4 条。构造柱的设置要求见第 7.3.1 条及第 7.4.1 条。

第 6.1.16～6.1.18 条

标准的规定

6.1.16 框架的填充墙应符合本规范第 13 章的规定。

6.1.17 高强混凝土结构抗震设计应符合本规范附录 B 的规定。

6.1.18 预应力混凝土结构抗震设计应符合本规范附录 C 的规定。

6.2　计　算　要　点

要点：

本节内容涉及钢筋混凝土结构构件的内力调整，系数多、相互关系错综复杂，梳理清楚有利于掌握标准“四强、四弱”的基本要求。主要问题有：框架柱柱端弯矩的确定、框架梁梁端剪力的确定、抗震墙剪力的确定等。

本节规定中区分“一级的框架结构和9度的一级框架”及其他情况，对照《高规》的相关规定，对“一级的框架结构和9度的一级框架”，其计算无须符合对“其他情况 ”的规定。还应注意，本节中对“一级框架结构和9度的一级框架”采用抗震受弯承载力所对应的弯矩值（注意，是考虑γ_{RE}的弯矩值，不完全等同于弯矩设计值），虽然公式符号相同，但意义不完全相同。

此处汇总列出《抗震标准》及《高规》对构件内力调整的系数（表6.2.0-1及表6.2.0-2），以便于对比分析（表中除标明的《高规》条款号外，其余均为《抗震标准》的条款号）。

钢筋混凝土框架内力的调整系数　　**表6.2.0-1**

结构类型	构件类型	部位（标准条款号）	抗震等级	内力增大系数及其表达式【被增大对象】			备　注
				弯矩	剪力	轴力	
框架结构	框架梁	全部框架梁（6.2.4）	特一级	1.0	1.2【对一级 V_c】	1.0	注1：按梁端弯矩设计值计算的剪力设计值
			一级		按式(6.2.4-2)计算 V_c		
			二级		1.2【注1】		
			三级		1.1【注1】		
			四级		1.0【注1】		
	框架柱	底层柱柱底截面（6.2.3）（6.2.5）（6.2.6）	特一级	2.04＝1.2×1.7（2.244＝1.1×2.04）【注2】	1.2（1.32＝1.1×1.2）【对一级 V_c】	1.0	注2：柱下端截面组合的弯矩计算值
			一级	1.7（1.87＝1.1×1.7）【注2】	按式(6.2.5-2)计算 V_c（1.1V_c）		
			二级	1.5（1.65＝1.1×1.5）【注2】	1.95＝1.3×1.5（2.145＝1.1×1.95）【注2】		
			三级	1.3（1.43＝1.1×1.3）【注2】	1.56＝1.2×1.3（1.716＝1.1×1.56）【注2】		
			四级	1.2（1.32＝1.1×1.2）【注2】	1.32＝1.1×1.2（1.452＝1.1×1.32）【注2】		
		其他层框架柱端截面（6.2.2）（6.2.5）（6.2.6）	特一级	1.2（1.32＝1.1×1.2）【对一级 M_c】	1.2（1.32＝1.1×1.2）【对一级 V_c】	1.0	注3：节点左右梁端截面相同时针方向组合的弯矩设计值之和 ΣM_b
			一级	按式(6.2.1-1)计算 M_c（1.1M_c）	按式(6.2.5-2)计算 V_c（1.1V_c）		
			二级	1.5（1.65＝1.1×1.5）【注3】	1.95＝1.3×1.5（2.145＝1.1×1.95）【注3】		
			三级	1.3（1.43＝1.1×1.3）【注3】	1.56＝1.2×1.3（1.716＝1.1×1.56）【注3】		
			四级	1.2（1.32＝1.1×1.2）【注3】	1.32＝1.1×1.2（1.452＝1.1×1.32）【注3】		

续表

结构类型	构件类型	部位（标准条款号）	抗震等级	内力增大系数及其表达式【被增大对象】			备 注
				弯矩	剪力	轴力	
部分框支抗震墙结构	转换梁及框架梁	转换梁（《高规》10.2.4）	特一级	1.9【注 4】	1.9【注 5】	1.9【注 6】	注 4:水平地震作用下的计算弯矩 M_b；注 5:水平地震作用下的计算剪力 V_b；注 6:水平地震作用下的计算轴力 N_b
			一级	1.6【注 4】	1.6【注 5】	1.6【注 6】	
			二级	1.3【注 4】	1.3【注 5】	1.3【注 6】	
		框架梁（6.2.4）		同“框架结构”的框架梁			
	转换柱及框架柱	转换柱上端截面和底层柱柱底（6.2.5）（6.2.10）（《高规》10.2.11）（《高规》3.10.4）	特一级	1.8（1.98=1.1×1.8）【注 7】	2.52=1.2×2.1（2.772=1.1×2.52）【注 7】	1.8【注 8】	注 7:柱端组合弯矩设计值(不考虑强柱弱梁要求)；注 8:地震作用下的计算轴力 N_c
			一级	1.5（1.65=1.1×1.5）【注 7】	2.1=1.4×1.5（2.31=1.1×2.1）【注 7】	1.5【注 8】	
			二级	1.3（1.43=1.1×1.3）【注 7】	1.56=1.2×1.3（1.716=1.1×1.56）【注 7】	1.2【注 8】	
		转换柱的其他部位（6.2.10）	特一级	1.68=1.2×1.4（1.848=1.1×1.68）【注 3】	2.352=1.2×1.96 2.587=1.1×2.352【注 3】	1.8【注 8】	注 3:同上；注 8:同上
			一级	1.4（1.54=1.1×1.4）【注 3】	1.96=1.4×1.4（2.156=1.1×1.96）【注 3】	1.5【注 8】	
			二级	1.2（1.32=1.1×1.2）【注 3】	1.44=1.2×1.2（1.584=1.1×1.44）【注 3】	1.2【注 8】	
		框架柱		同“其他结构的框架”中的框架柱			
其他结构的框架	框架梁		同“框架结构”的框架梁			1.0	注 2:同上
	框架柱	底层柱柱底截面（6.2.5）（6.2.6）	9 度的一级	1.0（1.1=1.1×1.0）【注 2】	按式(6.2.5-2)计算 V_c（$1.1V_c$）		
			一级		1.4（1.54=1.1×1.4）【注 2】		
			二级		1.2（1.32=1.1×1.2）【注 2】		
			三、四级		1.1（1.21=1.1×1.1）【注 2】		

续表

<table>
<tr><th rowspan="2">结构类型</th><th rowspan="2">构件类型</th><th rowspan="2">部位（标准条款号）</th><th rowspan="2">抗震等级</th><th colspan="3">内力增大系数及其表达式【被增大对象】</th><th rowspan="2">备　注</th></tr>
<tr><th>弯矩</th><th>剪力</th><th>轴力</th></tr>
<tr><td rowspan="4">其他结构的框架</td><td rowspan="4">框架柱</td><td rowspan="4">其他层框架柱
(6.2.2)
(6.2.5)
(6.2.6)</td><td>9 度的一级</td><td>按式(6.2.2-1)
计算 M_c
($1.1M_c$)</td><td>按式(6.2.5-2)
计算 V_c
($1.1V_c$)</td><td rowspan="4">1.0</td><td rowspan="4">注 3：同上</td></tr>
<tr><td>一级</td><td>1.4
(1.54＝1.1×1.4)
【注 3】</td><td>1.96＝1.4×1.4
(2.156＝1.1×1.96)
【注 3】</td></tr>
<tr><td>二级</td><td>1.2
(1.32＝1.1×1.2)
【注 3】</td><td>1.44＝1.2×1.2
(1.584＝1.1×1.44)
【注 3】</td></tr>
<tr><td>三、四级</td><td>1.1
(1.21＝1.1×1.1)
【注 3】</td><td>1.21＝1.1×1.1
(1.331＝1.1×1.21)
【注 3】</td></tr>
</table>

注：1. 括号“（　）”中数值用于角柱；
2. 特一级的相关规定见《高规》第 3.10 节；
3. 底层柱的配筋取柱上端和下端的大值。

钢筋混凝土抗震墙设计内力的调整系数　　　　表 6.2.0-2

<table>
<tr><th rowspan="2">结构类型</th><th rowspan="2">构件类型</th><th rowspan="2">部位（标准条款号）</th><th rowspan="2">抗震等级</th><th colspan="2">内力调整系数及其表达式【被增大对象】</th><th rowspan="2">备　注</th></tr>
<tr><th>弯矩</th><th>剪力</th></tr>
<tr><td rowspan="20">普通高层结构</td><td rowspan="6">连梁</td><td rowspan="6">全部连梁
(6.2.4)</td><td>特一级</td><td>同一级连梁</td><td>同一级连梁</td><td rowspan="6">注 A：梁端截面组合的弯矩计算值；
注 B：与梁端截面实配的正截面抗震受弯承载力相对应的弯矩值</td></tr>
<tr><td>9 度的一级</td><td>1.0【注 B】</td><td>1.1【注 B】</td></tr>
<tr><td>一级</td><td rowspan="4">1.0【注 A】</td><td>1.3【注 A】</td></tr>
<tr><td>二级</td><td>1.2【注 A】</td></tr>
<tr><td>三级</td><td>1.1【注 A】</td></tr>
<tr><td>四级</td><td>1.0【注 A】</td></tr>
<tr><td rowspan="9">一般抗震墙</td><td rowspan="6">底部加强部位
(6.2.8)
(《高规》3.10.5)</td><td>特一级</td><td>1.1【注 C】</td><td>1.9【注 D】</td><td rowspan="9">注 C：本层墙肢底部截面考虑地震作用组合的弯矩计算值；
注 D：墙肢考虑地震作用组合的剪力计算值；
注 E：墙肢截面考虑地震作用组合的弯矩计算值</td></tr>
<tr><td>9 度的一级</td><td>1.0【注 C】</td><td>按式（6.2.8-2）计算</td></tr>
<tr><td>一级</td><td rowspan="4">1.0【注 C】</td><td>1.6【注 D】</td></tr>
<tr><td>二级</td><td>1.4【注 D】</td></tr>
<tr><td>三级</td><td>1.2【注 D】</td></tr>
<tr><td>四级</td><td>1.0【注 D】</td></tr>
<tr><td rowspan="3">其他部位
(6.2.7)
(《高规》3.10.5)</td><td>特一级</td><td>1.3【注 E】</td><td>1.4【注 D】</td></tr>
<tr><td>一级</td><td>1.2【注 E】</td><td>1.3【注 D】</td></tr>
<tr><td>二、三、四级</td><td>1.0【注 E】</td><td>1.0【注 D】</td></tr>
<tr><td rowspan="5">短肢抗震墙</td><td>底部加强部位</td><td colspan="3">同一般抗震墙的加强部位</td><td rowspan="5">注 D：同上；
特一级不宜采用短肢抗震墙，必须采用时，应比《高规》第 3.10.5 条适当放大，表中取 1.2×1.4＝1.68</td></tr>
<tr><td rowspan="4">其他部位
(6.2.7)
(《高规》7.2.2、3.10.5)</td><td>特一级</td><td rowspan="4">同一般抗震墙的其他部位</td><td>1.68＝1.2×1.4
【注 D】</td></tr>
<tr><td>一级</td><td>1.4
【注 D】</td></tr>
<tr><td>二级</td><td>1.2
【注 D】</td></tr>
<tr><td>三级</td><td>1.1【注 D】</td></tr>
</table>

续表

<table>
<tr><th rowspan="2">结构类型</th><th rowspan="2">构件类型</th><th rowspan="2">部位（标准条款号）</th><th rowspan="2">抗震等级</th><th colspan="2">内力调整系数及其表达式【被增大对象】</th><th rowspan="2">备　注</th></tr>
<tr><th>弯矩</th><th>剪力</th></tr>
<tr><td rowspan="7">复杂高层结构</td><td>连梁</td><td>所有连梁</td><td colspan="3">同普通高层结构的“连梁”</td><td rowspan="7">注 D：同上；
注 F：墙肢底部截面考虑地震作用组合的弯矩计算值</td></tr>
<tr><td rowspan="5">落地抗震墙</td><td rowspan="4">转换结构中落地抗震墙的底部加强部位（6.2.8）（《高规》3.10.5、7.2.6、10.2.18）</td><td>特一级</td><td>1.8【注 F】</td><td>1.9【注 D】</td></tr>
<tr><td>一级</td><td>1.5【注 F】</td><td>1.6【注 D】</td></tr>
<tr><td>二级</td><td>1.3【注 F】</td><td>1.4【注 D】</td></tr>
<tr><td>三级</td><td>1.1【注 F】</td><td>1.2【注 D】</td></tr>
<tr><td>其他部位</td><td colspan="3">同普通高层结构一般抗震墙的“其他部位”</td></tr>
<tr><td>短肢抗震墙</td><td>所有部位</td><td colspan="3">同普通结构的“短肢抗震墙”</td></tr>
</table>

注：1. “9 度的一级”可不按表中“一级”要求调整；
2. 特一级的相关规定见《高规》第 3.10 节。

第 6.2.1 条

一、标准的规定

6.2.1 钢筋混凝土结构应按本节规定调整构件的组合内力设计值，其层间变形应符合本规范第 5.5 节的有关规定。构件截面抗震验算时，非抗震的承载力设计值应除以本规范规定的承载力抗震调整系数；凡本章和本规范附录未作规定者，应符合现行有关结构设计规范的要求。

二、对标准规定的理解

1. 明确了本节对钢筋混凝土构件的调整是对组合内力（即已经按公式（5.4.1）组合后的内力）设计值的再调整。

2. 明确了构件截面抗震验算时，采用非抗震的承载力设计值除以 γ_{RE} 的方法，也就是按非抗震的方法计算并对其进行相应的放大（$1/\gamma_{RE}$）。

3. 规定了当《抗震标准》未作具体规定时，应执行现行有关标准的规定。

第 6.2.2 条

一、标准的规定

6.2.2 一、二、三、四级框架的梁柱节点处，除框架顶层和柱轴压比小于 0.15 者及框支梁与框支柱的节点外，柱端组合的弯矩设计值应符合下式要求：

$$\Sigma M_c = \eta_c \Sigma M_b \quad (6.2.2\text{-}1)$$

一级的框架结构和9 度的一级框架可不符合上式要求，但应符合下式要求：

$$\Sigma M_c = 1.2 \Sigma M_{bua} \quad (6.2.2\text{-}2)$$

式中：ΣM_c ——节点上下柱端截面顺时针或反时针方向组合的弯矩设计值之和，上下柱端的弯矩设计值，可按弹性分析分配；

ΣM_b ——节点左右梁端截面反时针或顺时针方向组合的弯矩设计值之和，一级框架节点左右梁端均为负弯矩时，绝对值较小的弯矩应取零；

ΣM_{bua} ——节点左右梁端截面反时针或顺时针方向实配的正截面抗震受弯承载力所对应的弯矩值之和，根据实配钢筋面积（计入梁受压筋和相关楼板钢筋）和材料强度标准值确定（$\gamma_{RE}=0.75$——编者注）；

η_c ——框架柱端弯矩增大系数；对框架结构，一、二、三、四级可分别取 1.7、1.5、1.3、1.2；其他结构类型中的框架，一级可取 1.4，二级可取 1.2，三、四级可取 1.1。

当反弯点不在柱的层高范围内时，柱端截面组合的弯矩设计值可乘以上述柱端弯矩增大系数。

二、对标准规定的理解

1. 本条规定中的 9 度应理解为本地区抗震设防烈度 9 度。

2. 注意框架与框架结构的区别。

3. 本条仅适用于梁柱节点（即不适用于柱根截面）。表 6.2.2-1 所列情况不适用于本条款。柱轴压比很小（<0.15）时由于其具有较大的变形能力（顶层框架柱也具有轴压比小且变形能力较大的特点），故可不考虑强柱弱梁要求。框支梁与框支柱的节点一般难以实现强柱弱梁，故可不验算，而通过采取相应的抗震措施来保证。

可不进行强柱弱梁验算的情况 **表 6.2.2-1**

部位	一、二、三、四级框架的梁柱节点处		
情况	框架顶层	柱轴压比小于 0.15	框支梁与框支柱的节点

4. 在梁端弯矩计算中，标准要求按“反时针或顺时针”方向分别计算并取较大值，即取反时针方向之和以及顺时针方向之和两者绝对值的较大值。

5. 当框架底部若干层的柱反弯点不在柱的层高范围内时，说明该若干层的框架梁相对较弱，虽较容易满足强柱弱梁要求，但为避免在竖向荷载和地震共同作用下变形集中，导致压屈失稳，柱端弯矩仍应乘以增大系数。

6. 研究表明，当梁的实配钢筋不超过计算配筋的 10%，并考虑楼板钢筋及钢筋超强影响时，梁端实配的正截面抗震受弯承载力所对应的弯矩 M_{bua} 往往要超过梁端弯矩设计值 M_b 的 1.65 倍，相应地，式（6.2.2-2）可改写为式（6.2.2-3）。

$$\Sigma M_c = 1.2\Sigma M_{bua} \approx 2M_b \tag{6.2.2-3}$$

1）比较式（6.2.2-1）及式（6.2.2-3）[即式（6.2.2-2）] 可以发现，一般情况下 9 度设防烈度的一级框架（注意，《高规》为“9 度时的框架”，因高层建筑无“丁类”建筑，因而由表 3.3.3-2 可知，对高层建筑 9 度时对应于抗震措施的抗震等级不低于一级）和一级抗震等级的框架结构，其计算柱端弯矩设计值由式（6.2.2-2）控制。从中也可以推算出，仅考虑楼板钢筋及钢筋超强影响时，地震时梁端实际所能承受的弯矩将增大 50%以上。

2）依据《混凝土标准》第 11.4.1 条规定，楼板的实配钢筋可取梁有效翼缘宽度范围（《混凝土标准》第 5.2.4 条规定了受压翼缘的有效宽度，见表 6.2.2-2，强柱弱梁验算中受拉翼缘的有效宽度也可按表 6.2.2-2 取值；依据《高规》第 6.2.1 条的规定，可直接取梁两侧各 6 倍板厚的范围）内的纵向钢筋（取板顶及板底全部纵向钢筋面积）。

3）M_{bua} 可按式（6.2.2-4）计算。

受弯构件受压区有效翼缘计算宽度 b'_f 表 6.2.2-2

情况			T形、I形截面		倒L形截面
			肋形梁、肋形板	独立梁	肋形梁、肋形板
1	按计算跨度 l_0 考虑		$l_0/3$	$l_0/3$	$l_0/6$
2	按梁（肋）净距 s_n 考虑		$b+s_n$	—	$b+s_n/2$
3	按翼缘高度 h'_f 考虑	$h'_f/h_0 \geqslant 0.1$	—	$b+12h'_f$	—
		$0.1>h'_f/h_0 \geqslant 0.05$	$b+12h'_f$	$b+6h'_f$	$b+5h'_f$
		$h'_f/h_0<0.05$	$b+12h'_f$	b	$b+5h'_f$

注：1. 表中 b 为腹板宽度；
2. 肋形梁在梁跨内设有间距小于纵肋间距的横肋时，可不考虑表中情况 3 的规定；
3. 加腋的T形、I形和倒L形截面，当受压区加腋的高度 $h_h \geqslant h'_f$ 且加腋的宽度 $b_h \leqslant 3h_h$ 时，其翼缘计算宽度可按表中情况 3 的规定分别增加 $2b_h$（T形、I形截面）和 b_h（倒L形截面）；
4. 独立梁受压区的翼缘板在荷载作用下经验算沿纵肋方向可能产生裂缝时，其计算宽度应取腹板宽度 b。

$$M_{bua}=M_{buk}/\gamma_{RE}\approx f_{yk}A_s^a(h_0-a_s')/\gamma_{RE}\text{，其中 }\gamma_{RE}=0.75 \qquad (6.2.2\text{-}4)$$

式中：A_s^a——梁及其有效翼缘宽度范围内与梁同方向的楼板配筋的总和，当梁与楼板采用不同等级的钢筋时，应分别计算。

4）比较可以发现，式（6.2.2-1）和式（6.2.2-2）中的$\sum M_c$ 的意义是不同的，前者对应的是弯矩设计值（没有 γ_{RE}问题），而后者是抗震受弯承载力所对应的弯矩值（已考虑 γ_{RE}），实际工程中应加以区分。

5）在 M_b 计算过程中，仅"一级框架"节点左右梁端均为负弯矩时，绝对值较小的弯矩应取零；对其他抗震等级的框架节点，绝对值较小的弯矩可不取零，直接取实际值。

7. 对一级框架结构和 9 度的一级框架，本条规定强调采用实配方法，即按梁端实配钢筋确定相应的柱端弯矩设计值［式（6.2.2-2）］，而直接采用增大系数的方法［式（6.2.2-1）］属于简单的估算方法。因此，即使按增大系数的方法比实配方法确定的柱端弯矩设计值更大，也可不采用增大系数的方法。对于二、三级框架结构，也可采用式（6.2.2-2）计算，但其中的系数 1.2 可改为 1.1。

8. 标准的上述规定可用图 6.2.2-1～图 6.2.2-4 来理解。

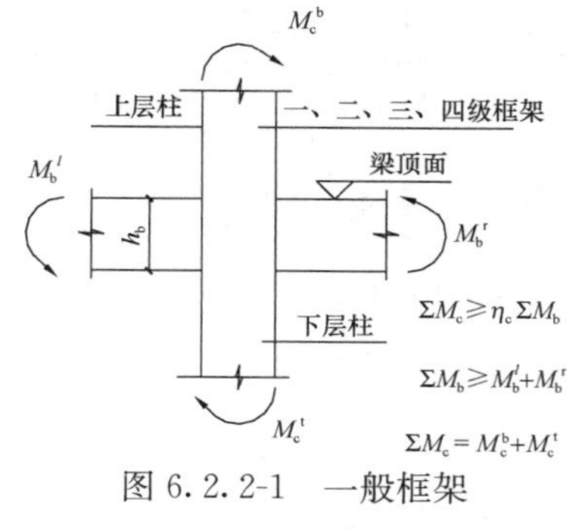

图 6.2.2-1 一般框架

图 6.2.2-2 一级框架结构及 9 度的一级框架

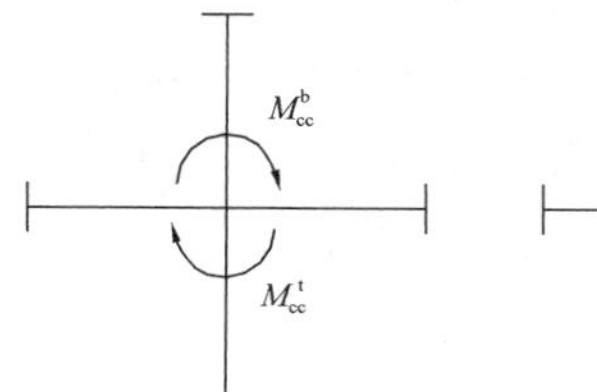

图中M_{cc}^b、M_{cc}^t为按弹性分析法计算的柱端弯矩

图中M_c^b、M_c^t为柱端弯矩设计值

图 6.2.2-3 柱端弯矩

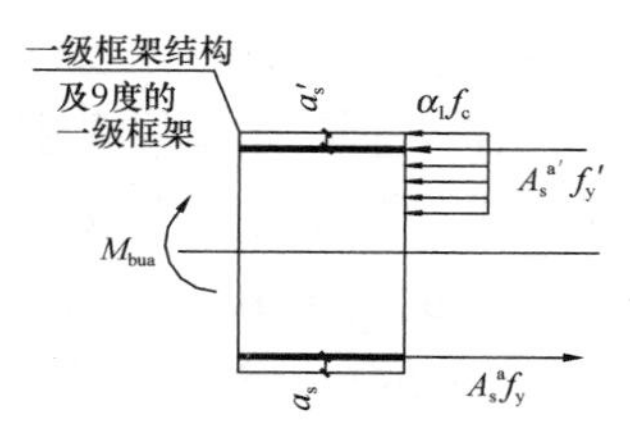

图中$A_s^{a'}$、A_s^a为梁及其有效翼缘宽度范围内楼板实配的钢筋面积

图 6.2.2-4 M_{bua}

9.“强柱弱梁”关注的是塑性铰的出铰机制问题，本质上是“大震不倒”的内容。

三、结构设计建议

1. 影响强柱弱梁的主要因素

1）梁端负弯矩

由图 6.2.2-1 可以看出，梁端负弯矩是影响强柱弱梁的重要因素，梁端负弯矩越大，则对框架柱的要求越高；因此，适当降低梁端负弯矩数值（考虑刚域并适当调幅），对强柱弱梁的实现具有积极意义。

2）梁端正弯矩

由图 6.2.2-1 还可以发现，在强柱弱梁验算中，梁端正弯矩与节点相对应的梁端负弯矩组成强柱弱梁验算中的梁端力偶，合理取用梁端正弯矩数值（应严格控制梁端正弯矩钢筋的数量），同样对强柱弱梁的实现具有重要意义。

3）梁端楼板配筋的影响

在现浇结构中，现浇楼板对梁的刚度影响可通过梁刚度放大系数予以近似考虑，但就现浇楼板配筋对梁端实际受弯承载力的影响，其研究和设计措施相对滞后。

4）梁端实配钢筋

梁端（指梁端的顶部和底部）实配钢筋直接影响梁端受弯承载力，合理控制梁端实配钢筋与计算钢筋的比例关系，对强柱弱梁的实现意义重大。

2. 结构设计中存在的主要问题

1）弹性计算模型加大了梁端负弯矩（图 6.2.2-5）

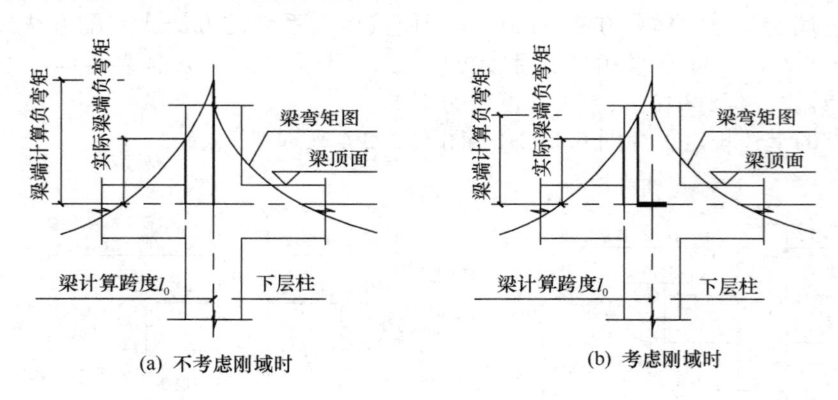

图 6.2.2-5　梁端实际弯矩与计算弯矩的关系

结构分析计算中，框架梁端部负弯矩按梁的计算跨度 l_0 计算，内力计算位置位于梁柱交点处（即在柱截面中心处，当考虑刚域时，梁端计算截面位于柱截面范围内离柱边 $h_b/4$ 处），结构计算没有考虑柱截面尺寸对构件计算内力的影响，而构件抗力计算时采用的是梁端（柱边）截面，抗力和效应计算分别采用不同截面，造成截面位置的不一致，加大了梁端截面配筋量值，从而加大了强柱弱梁实现的难度。

2）不合理的构件裂缝宽度验算加大了梁端实际配筋（图 6.2.2-5）

验算梁端截面的裂缝宽度时，内力取值和实际截面位置不统一（内力取自柱截面范围内的梁计算端部，不是真正的梁端，应取柱边缘处梁的真实截面），这种内力与计算截面的不一致，导致梁端计算弯矩过大，梁端裂缝宽度计算值大于实际值，同时，加大梁端配筋，对强柱弱梁的实现极为不利。

3）梁底钢筋的不合理配置（图 6.2.2-6）

目前，梁详图设计基本上采用平面绘图方法，不区分具体情况盲目套用图集，造成梁端底面的实际配筋大大超出强柱弱梁计算中对应于梁底弯矩设计值的配筋量，梁底配筋越多，问题越严重。

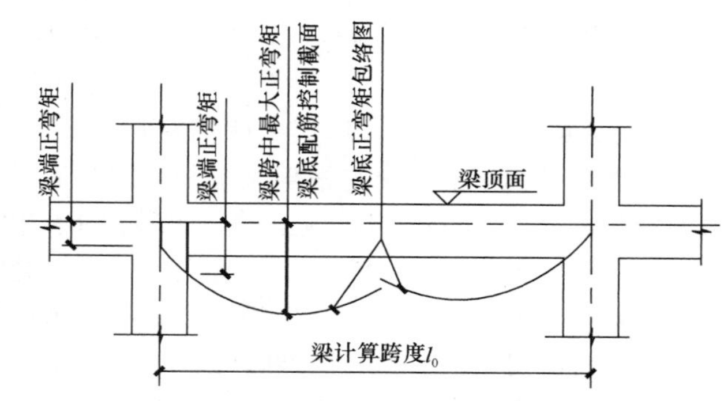

图 6.2.2-6 跨中最大正弯矩与梁端正弯矩的关系

4）现浇楼板配筋对梁端实际承载力的影响（图 6.2.2-7）

现浇楼板的配筋对框架梁实际截面承载力有明显影响，在梁端截面有效翼缘宽度范围内，与框架梁跨度同向的楼板钢筋对框架梁端部实际受弯承载力的影响很大（楼板厚度越大，配筋越多，问题越大，实际工程中尤其应注意主梁加大板结构布置的强柱弱梁问题），但在计算程序中没有得到很好的体现，增大了强柱弱梁实现的难度。

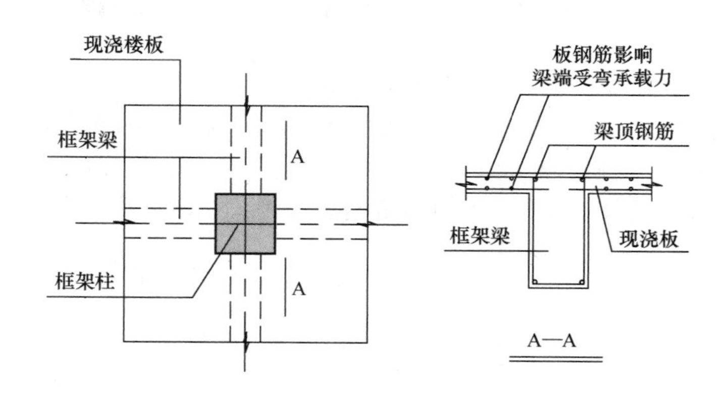

图 6.2.2-7 现浇楼板配筋对梁端受弯承载力的影响

5）梁端实配钢筋与计算钢筋量的差值问题

实际工程中，梁端钢筋的超配（梁端负弯矩钢筋超配，梁端正弯矩钢筋超配）现象普遍，加大了梁端实际受弯承载力与计算受弯承载力的差距，使强柱弱梁的实现更加困难。

3. 相关的结构设计建议

1）抗震设计的结构应尽量考虑结构的塑性内力重分布，采用柱边缘截面处的梁端内力设计值，建议在计算程序中设置梁净跨单元，用于强柱弱梁的计算及构件裂缝验算。

2）构件的裂缝宽度验算中，宜采用考虑塑性内力重分布的分析方法，采用柱边缘截面处的梁端内力设计值，确保构件的裂缝宽度验算不致给强柱弱梁验算增加新的负担。同时，建议按梁的净跨单元验算框架梁梁端的裂缝宽度。当所选用的程序不能自动取用支座边缘内力时，可根据工程经验，对梁端弯矩进行适当的折减；也可根据框架梁竖向荷载的比值，采用下列近似计算方法将梁端及跨中按弹性方法计算的弯矩均乘以折减系数 C，C 可根据简支梁在集中荷载下的跨中弯矩 M_{p0} 与全部荷载下的跨中弯矩 M_0 的比值 n（$n=M_{p0}/M_0$）按下式确定：$C=[nl_0+(1-n)l_n]l_n/l_0^2$，其中 l_n 为梁的净跨，l_0 为梁的支座中心距；当以均布荷载为主时 $C=(l_n/l_0)^2$，以集中荷载为主时 $C=l_n/l_0$。

3）应正确区分框架梁跨中截面配筋要求与框架梁端部截面梁底配筋的不同概念，控制梁端下部实际配筋的数量与强柱弱梁计算中梁底配筋的计算值不致相差过大，建议可根据框架梁端部底面配筋要求和框架梁跨中钢筋的差异情况，适当控制梁底钢筋进入支座（框架柱内）的数量（当梁底设置多排钢筋时，一般情况下，可仅考虑第一排钢筋进入支座，其他各排钢筋可不进入支座，即在柱截面外截断，以控制进入框架柱内的梁底钢筋不小于框架梁端部截面梁底配筋的计算值，及满足标准对框架梁配筋的构造要求为原则），既有利于强柱弱梁的实现，同时可减少过多钢筋在梁柱节点区的锚固，有利于保证节点区混凝土的质量。

4）应适当考虑现浇楼板中的钢筋对框架梁端部实际的正截面抗震受弯承载力的影响，建议计算程序在强柱弱梁的计算中应留有开关，以便设计人员可根据楼板负弯矩钢筋的实际配置情况，对用于强柱弱梁验算的梁端组合负弯矩设计值乘以适当的放大系数。当所选用的程序不能近似考虑楼板钢筋对强柱弱梁的影响时，在手算复核中，考虑框架梁有效翼缘宽度范围（按表 6.2.2-2 取值）内，与框架梁跨度同向的板内（板顶与板底）纵向钢筋的作用。

5）应严格控制梁端实配钢筋，对梁端负弯矩钢筋不应超配（控制实配钢筋不超过计算钢筋面积，一般情况下，可取实配钢筋面积为计算钢筋面积的 95%～100%）；对梁端正弯矩钢筋应控制超配比例（一般情况下，可控制超配量在 10%以内）。

6）在进行梁的配筋设计及梁端裂缝验算时，应考虑梁端实配受压钢筋的作用，以适当减小梁顶配筋，有利于强柱弱梁的实现。

四、相关索引

1.《混凝土标准》的相关规定见其第 5.2.4、11.4.1 条。

2.《高规》的相关规定见其第 6.2.1 条。

第 6.2.3 条

一、标准的规定

6.2.3 一、二、三、四级框架结构的底层，柱下端截面组合的弯矩设计值，应分别乘以增大系数 1.7、1.5、1.3 和 1.2。底层柱纵向钢筋应按上下端的不利情况配置。

二、对标准规定的理解

1. 底层指无地下室的基础以上或地下室以上的首层。

2. 框架结构柱底弯矩的增大系数见表 6.2.3-1。

框架结构柱底弯矩的增大系数 η_c　　　　**表 6.2.3-1**

抗震等级	一级	二级	三级	四级	注意：是对柱下端截面组合的弯矩计算值的增大
增大系数	1.7	1.5	1.3	1.2	

3. 底层柱纵向钢筋宜按上下端的不利情况配置，见图 6.2.3-1。

4. 本条只适用于框架结构中的框架柱，不适用于框架-抗震墙结构、框架-筒体结构等有抗震墙结构中的框架柱。

三、相关索引

1. 《混凝土标准》的相关规定见其第 11.4.2 条。

2. 《高规》的相关规定见其第 6.2.2 条。

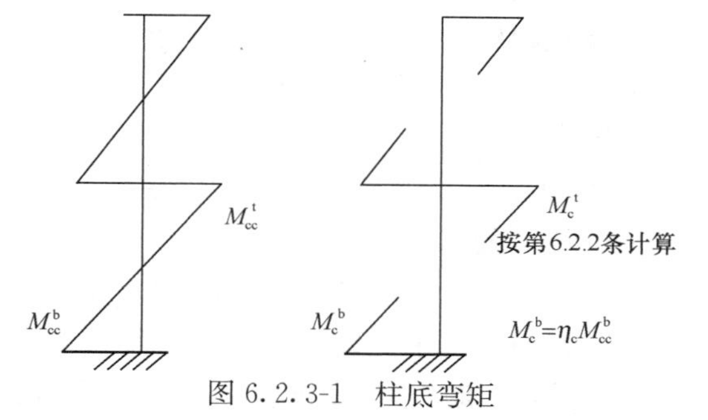

图 6.2.3-1　柱底弯矩

注：图中 M_{cc}、M_{cc}^{b} 为按弹性分析法计算的考虑地震作用组合的柱端弯矩计算值。底层柱配筋取柱上下端的不利值。

第 6.2.4 条

一、标准的规定

6.2.4　一、二、三级的框架梁和抗震墙的连梁，其梁端截面组合的剪力设计值应按下式调整：

$$V = \eta_{vb}(M_b^l + M_b^r)/l_n + V_{Gb} \tag{6.2.4-1}$$

一级的框架结构和 9 度的一级框架梁、连梁可不按上式调整，但应符合下式要求：

$$V = 1.1(M_{bua}^l + M_{bua}^r)/l_n + V_{Gb} \tag{6.2.4-2}$$

式中：　V——梁端截面组合的剪力设计值；

l_n——梁的净跨；

V_{Gb}——梁在重力荷载代表值（9 度时高层建筑还应包括竖向地震作用标准值）作用下，按简支梁分析的梁端截面剪力设计值；

M_b^l、M_b^r——分别为梁左右端反时针或顺时针方向组合的弯矩设计值，一级框架两端弯矩均为负弯矩时，绝对值较小的弯矩应取零；

M_{bua}^l、M_{bua}^r——分别为梁左右端反时针或顺时针方向实配的正截面抗震受弯承载力所对应的弯矩值，根据实配钢筋面积（计入受压钢筋和相关楼板钢筋）和材料强度标准值确定（γ_{RE}＝0.75——编者注）；

η_{vb}——梁端剪力增大系数，一级可取 1.3，二级可取 1.2，三级可取 1.1。

二、对标准规定的理解

1. 本条规定中的 9 度应理解为本地区抗震设防烈度 9 度。

2. 梁端剪力增大系数实际上是对梁端部分剪力（不是全部剪力）的增大，见表 6.2.4-1。

梁端剪力增大系数 η_{vb}　　　　**表 6.2.4-1**

抗震等级	一级	二级	三级	注意：仅是对由梁端同时针方向组合的（包括实配的）弯矩设计值反算所得之剪力值的增大，对重力荷载代表值的剪力不放大
增大系数	1.3	1.2	1.1	

3. 式（6.2.4-2）适用于一级框架结构的框架梁、9 度的一级框架梁。

4. 在梁端弯矩计算中，标准要求按“反时针或顺时针”方向分别计算并取较大值，即取反时针方向之和以及顺时针方向之和两者的较大值。

5. M_{bua}^{l}、M_{bua}^{r} 计算及楼板钢筋对其的影响见第 6.2.2 条相关内容。

6. 标准的上述规定可按图 6.2.4-1 来理解。

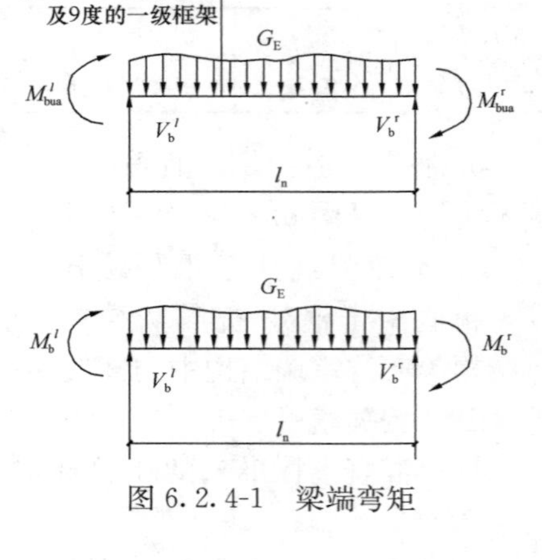

图 6.2.4-1　梁端弯矩

三、相关索引

1. 连梁的受力特点分析见第 6.4.7 条。

2. 《混凝土标准》的相关规定见其第 11.3.2 条。

3. 《高规》的相关规定见其第 6.2.5、7.2.21 条。

第 6.2.5 条

一、标准的规定

6.2.5　一、二、三、四级的框架柱和框支柱组合的剪力设计值应按下式调整：

$$V = \eta_{vc}(M_c^b + M_c^t)/H_n \qquad (6.2.5\text{-}1)$$

一级的框架结构和 9 度的一级框架可不按上式调整，但应符合下式要求：

$$V = 1.2(M_{cua}^b + M_{cua}^t)/H_n \qquad (6.2.5\text{-}2)$$

式中：　V——柱端截面组合的剪力设计值；框支柱的剪力设计值尚应符合本规范第 6.2.10 条的规定；

H_n——柱的净高；

M_c^t、M_c^b——分别为柱的上下端顺时针或反时针方向截面组合的弯矩设计值，应符合本规范第 6.2.2、6.2.3 条的规定；框支柱的弯矩设计值尚应符合本规范第 6.2.10 条的规定；

M_{cua}^t、M_{cua}^b——分别为偏心受压柱的上下端顺时针或反时针方向实配的正截面抗震受弯承载力所对应的弯矩值，根据实配钢筋面积、材料强度标准值和轴压力等确定（γ_{RE}按偏心受压柱查表 5.4.2 确定——编者注）；

η_{vc}——柱剪力增大系数；对框架结构，一、二、三、四级可分别取 1.5、1.3、1.2、1.1；对其他结构类型的框架，一级可取 1.4，二级可取 1.2，三、四级可取 1.1。

二、对标准规定的理解

1. 本条规定中的 9 度应理解为本地区抗震设防烈度 9 度。

2. 柱剪力增大系数 η_{vc} 与框架柱的类型有关，框架结构中框架柱的剪力增大系数要大于其他结构类型（如框架-抗震墙结构、框架-核心筒结构、板柱-抗震墙结构等）的框架柱，见表 6.2.5-1。

3. 标准的上述规定可按图 6.2.5-1 来理解。

4. 在柱端弯矩设计值计算中，标准要求按“反时针或顺时针”方向分别计算并取较大值，即取反时针方向之和以及顺时针方向之和两者的较大值。但应注意本条规定与第

6.2.2、6.2.4 条的规定略有不同，当柱的反弯点不在楼层内时，不再要求将较小弯矩值取零。这是因为当柱的反弯点不在楼层内时，说明这些楼层的框架柱相对较强（框架梁相对较弱），只需按两柱端弯矩设计值的差值计算，即可确保框架柱的强剪弱弯。

框架柱剪力增大系数 η_{vc}　　表 6.2.5-1

抗震等级		一级	二级	三级	四级	注意：是对由柱端同时针方向组合的（包括实配的）弯矩设计值反算所得之剪力值的增大
增大系数	框架结构	1.5	1.3	1.2	1.1	
	其他结构	1.4	1.2	1.1		

5. M_c、M_{cua} 计算见第 6.2.2 条。

三、相关索引

1.《混凝土标准》的相关规定见其第 11.4.3 条。

2.《高规》的相关规定见其第 6.2.3 条。

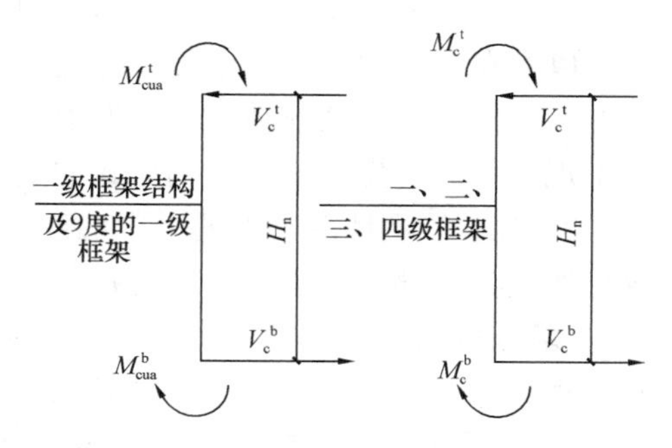

图 6.2.5-1　柱端弯矩和剪力

第 6.2.6 条

一、标准的规定

6.2.6　一、二、三、四级框架的角柱，经本规范第 6.2.2、6.2.3、6.2.5、6.2.10 条调整后的组合弯矩设计值、剪力设计值尚应乘以不小于 1.10 的增大系数。

二、对标准规定的理解

1. 对角柱弯矩、剪力设计值放大 10%是对已按相关规定调整后的组合内力（组合弯矩设计值、剪力设计值）的再调整，见表 6.2.6-1。

框架角柱内力设计值的再增大系数　　表 6.2.6-1

内力设计值再调整范围	组合弯矩设计值再调整系数	组合剪力设计值再调整系数
一、二、三、四级框架的角柱	≥1.1	≥1.1

2. 关于角柱的设计计算，《混凝土标准》和《抗震标准》只规定了内力放大，而《高规》还规定了“框架角柱应按双向偏心受力构件进行正截面承载力设计”。实际工程中，框架柱的双向偏心受力计算和双向地震作用不同时考虑，也就意味着本条规定中的组合弯矩设计值是单向地震作用的计算结果。

三、相关索引

1.《混凝土标准》的相关规定见其第 11.4.5 条。

2.《高规》的相关规定见其第 6.2.4 条。

第 6.2.7 条

一、标准的规定

6.2.7　抗震墙各墙肢截面组合的内力设计值，应按下列规定采用：

1　一级抗震墙的底部加强部位以上部位，墙肢的组合弯矩设计值应乘以增大系数，其值可采用 1.2；剪力相应调整（《高规》要求剪力增大系数取 1.3——编者注）。

2　部分框支抗震墙结构的落地抗震墙墙肢不应出现小偏心受拉。

3　双肢抗震墙中，墙肢不宜出现小偏心受拉；当任一墙肢为偏心受拉时，另一墙肢的剪力设计值、弯矩设计值应乘以增大系数1.25。

二、对标准规定的理解

1. 本条第1款的规定仅适用于“底部加强部位以上”，其中“其值可采用1.2；剪力相应调整”的规定可理解为“其值可采用1.2；剪力相应调整，即也需乘以不小于1.2（注意，《高规》为1.3）的增大系数”。可按图6.2.7-1来理解。

2. 震害分析表明，当抗震墙在多遇地震作用下出现偏心受拉时，在设防烈度地震及罕遇地震作用下，其抗震能力将大大降低；在多遇地震作用下为偏心受压而在设防烈度地震作用下转为偏心受拉的墙肢，其在设防地震及罕遇地震作用下的抗震能力也有实质性的减弱，也需要采取相应的加强措施。因此，抗震设计中对在多遇地震作用下的偏心受拉墙肢，以及在多遇地震作用下虽不是偏心受拉墙肢，而在设防烈度地震作用下转变为受拉墙肢的情况应予以高度重视。在多遇地震作用下，部分框支抗震墙结构的落地抗震墙墙肢不应出现小偏心受拉，其他结构形式的抗震墙不宜出现受拉墙肢。

3. 双肢抗震墙的其中的一个墙肢为偏心受拉时，一旦出现全截面受拉开裂，其刚度退化严重，大部分地震作用将转移到受压墙肢，因此，需要适当提高受压墙肢的承载能力（加大墙肢的弯矩和剪力设计值），注意到地震的往复作用，实际上双肢抗震墙的每个墙肢，都有可能按增大后的内力配筋。

4. 本条第2、3款中的大偏心受拉及小偏心受拉，均是指在多遇地震作用下墙肢的受力状况。

5. 本条第2款规定可按图6.2.7-2来理解，第3款规定可按图6.2.7-3、图6.2.7-4来理解。

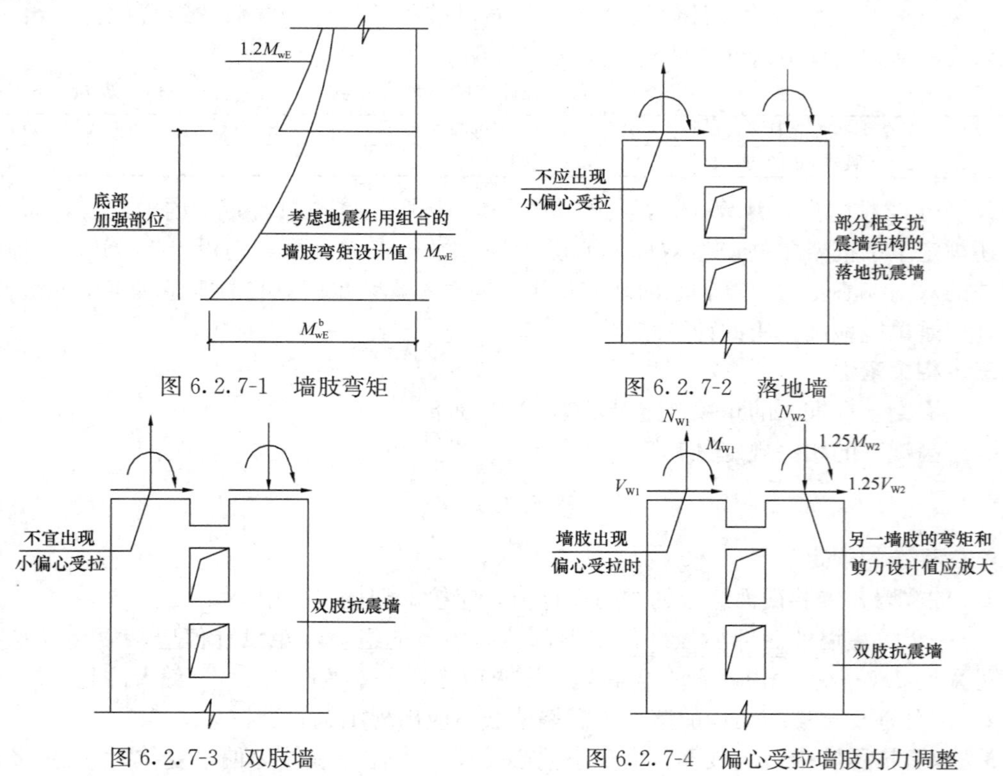

图6.2.7-1 墙肢弯矩

图6.2.7-2 落地墙

图6.2.7-3 双肢墙

图6.2.7-4 偏心受拉墙肢内力调整

三、结构设计的相关问题

对抗震墙墙底出现塑性铰的情况，标准要求迫使抗震墙底部加强部位先出现塑性铰，且要求塑性铰不是集中在墙底及其附近区域，而是要在底部加强部位的范围内充分发展。以一级抗震墙为例，当实际地震大于结构预期的地震作用时，抗震墙在底部加强区内的塑性铰由下而上发展，这与结构力学的基本原理不一致。

四、结构设计建议

1. 在部分框支抗震墙结构中，当无法避免小偏心受拉墙肢时，应根据工程经验采取切实有效的措施，必要时可不考虑该抗震墙的作用（结构计算中将该墙肢去除，实际设计时可根据工程具体情况确定）。

2. 标准的本条规定对小偏心受拉控制更严，主要是为了限制剪力墙的全截面受拉开裂。小偏心受拉墙肢为全截面受拉，更容易出现全截面受拉开裂的情况，而大偏心受拉时，存在混凝土受压区域（可查阅《混凝土标准》第 6.2.23 条大偏心受拉计算模型），一般情况下，不会导致墙肢全截面受拉开裂。

五、相关索引

1. 抗震墙端柱为小偏心受拉时，应按第 6.3.8 条第 4 款配置纵向钢筋。

2. 部分框支抗震墙结构的一级落地抗震墙底部加强部位，当墙肢底部截面出现大偏心受拉时，应按第 6.2.11 条的要求在墙肢的底部截面处另设交叉防滑斜筋。

3. 《混凝土标准》的相关规定见其第 11.7.1 条。

4. 《高规》的相关规定见其第 7.2.4、7.2.5 条。

第 6.2.8 条

一、标准的规定

6.2.8 一、二、三级的抗震墙底部加强部位，其截面组合的剪力设计值应按下式调整：

$$V = \eta_{vw} V_w \tag{6.2.8-1}$$

9 度的一级可不按上式调整，但应符合下式要求：

$$V = 1.1 \frac{M_{wua}}{M_w} V_w \tag{6.2.8-2}$$

式中：V ——抗震墙底部加强部位截面组合的剪力设计值；

V_w ——抗震墙底部加强部位截面组合的剪力计算值；

M_{wua} ——抗震墙底部截面按实配纵向钢筋面积、材料强度标准值和轴力等计算的抗震受弯承载力所对应的弯矩值（取 $\gamma_{RE}=0.85$——编者注）；有翼墙时应计入墙两侧各一倍翼墙厚度范围内的纵向钢筋；

M_w ——抗震墙底部截面组合的弯矩设计值；

η_{vw} ——抗震墙剪力增大系数，一级可取 1.6，二级可取 1.4，三级可取 1.2。

二、对标准规定的理解

1. 本条规定中的 9 度应理解为本地区抗震设防烈度 9 度。

2. 抗震墙剪力增大系数 η_{vw} 见表 6.2.8-1。

抗震墙剪力增大系数 η_{vw} **表 6.2.8-1**

抗震等级	一级	二级	三级	注意：是对抗震墙底部加强部位截面组合的剪力计算值的增大
增大系数	1.6	1.4	1.2	

3. 对标准的上述规定可按图 6.2.8-1 来理解。注意本图与图 6.2.11-2 的异同。

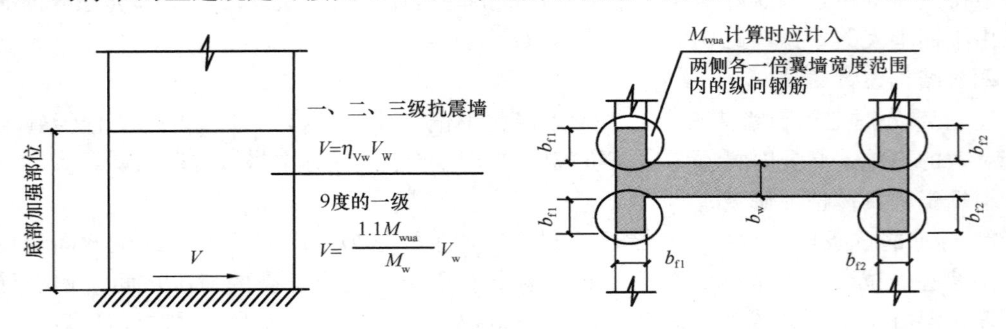

图 6.2.8-1 底部加强部位

三、相关索引

1. 《混凝土标准》的相关规定见其第 11.7.2 条。
2. 《高规》的相关规定见其第 7.2.6 条。

第 6.2.9 条

一、标准的规定

6.2.9 钢筋混凝土结构的梁、柱、抗震墙和连梁，其截面组合的剪力设计值应符合下列要求：

跨高比大于 2.5 的梁和连梁及剪跨比大于 2 的柱和抗震墙：

$$V \leqslant \frac{1}{\gamma_{RE}}(0.20f_c bh_0) \tag{6.2.9-1}$$

跨高比不大于 2.5 的连梁、剪跨比不大于 2 的柱和抗震墙、部分框支抗震墙结构的框支柱和框支梁，以及落地抗震墙的底部加强部位：

$$V \leqslant \frac{1}{\gamma_{RE}}(0.15f_c bh_0) \tag{6.2.9-2}$$

剪跨比应按下式计算：

$$\lambda = M^c/(V^c h_0) \tag{6.2.9-3}$$

式中：λ——剪跨比，应按柱端或墙端截面组合的弯矩计算值 M^c、对应的截面组合剪力计算值 V^c 及截面有效高度 h_0 确定，并取上下端计算结果的较大值；反弯点位于柱高中部的框架柱可按柱净高与2 倍柱截面高度（《高规》为 $2h_0$——编者注）之比计算；

V——按本规范第 6.2.4、6.2.5、6.2.6、6.2.8、6.2.10 条等规定调整后的梁端、柱端或墙端截面组合的剪力设计值；

f_c——混凝土轴心抗压强度设计值；

b——梁、柱截面宽度或抗震墙墙肢截面宽度；圆形截面柱可按面积相等的方形截面柱计算；

h_0 ——截面有效高度，抗震墙可取墙肢长度。

二、对标准规定的理解

1. 墙肢的剪压比为截面的平均剪应力与混凝土轴心抗压强度的比值。这是在结构抗震设计中经常使用的关键指标。试验研究表明，墙肢的剪压比超过一定数值时，导致较早出现斜裂缝，即使增加横向钢筋也不能有效提高其受剪承载力（在横向钢筋未屈服的情况下，可能已发生墙肢混凝土斜压破坏或发生受弯钢筋屈服后的剪切变形破坏，它不是受剪承载力不足，而是剪切变形超过了混凝土的极限导致的破坏），应限制墙肢剪压比（本质是要求抗震墙肢达到一定的面积指标），对剪跨比较小的矮墙（应避免采用）其限制更为严格。

2. 各类构件的剪压比要求见表 6.2.9-1。

各类构件的剪压比要求 **表 6.2.9-1**

构 件 类 型	剪压比 $\left(\frac{\gamma_{RE}V}{f_cbh_0}\right)$ 要求	$\frac{V}{f_cbh_0}$
$l_0/h>2.5$ 的梁、$l_0/h>2.5$ 的连梁，$\lambda>2$ 的框架柱和抗震墙	≤0.20	≤0.235
$l_0/h\leqslant2.5$ 的连梁，$\lambda\leqslant2$ 的框架柱和抗震墙，转换柱，转换梁，落地抗震墙的底部加强部位	≤0.15	≤0.176

3. 框架柱及抗震墙的剪跨比 λ 计算如图 6.2.9-1 所示。

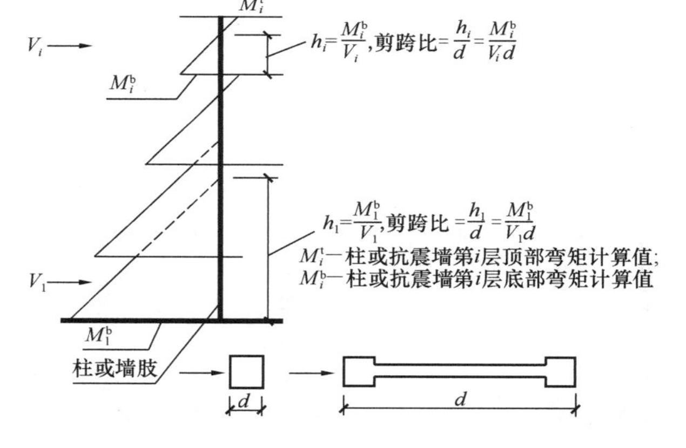

图 6.2.9-1 剪跨比计算

对反弯点位于柱高中部的框架柱，其剪跨比计算时，规定中的“2 倍柱截面高度”应采用“2 倍柱截面有效高度 h_0”，即 $\lambda=H_n/(2h_0)$，H_n 为柱净高。

4. 圆形截面柱按面积相等原则等效后的方形截面边长为 $0.886d$，其中 d 为圆形截面柱的直径。

三、结构设计建议

1. 对跨高比的计算，国家现行相关标准均没有给出具体的规定，此处借用《混凝土标准》第 10.7.1、11.7.8 条的规定，跨高比按 l_0/h 计算，$l_0=1.15l_n$，其中 l_0 为梁计算跨度，l_n 为梁的净跨度，h 为梁截面高度。

2. 实际工程中，为有利于施工控制，常可用 l_n/h 来替代连梁的跨高比 l_0/h，且偏于安全。

四、相关索引

1.《混凝土标准》的相关规定见其第 11.3.3、11.4.6、11.7.3 条。

2.《高规》的相关规定见其第 6.2.6、7.2.7 条。

第 6.2.10 条

一、标准的规定

6.2.10 部分框支抗震墙结构的框支柱尚应满足下列要求：

1 框支柱承受的最小地震剪力，当框支柱的数量不少于10根时，柱承受地震剪力之和不应小于结构底部总地震剪力的20%；当框支柱的数量少于10根时，每根柱承受的地震剪力不应小于结构底部总地震剪力的2%。框支柱的地震弯矩应相应调整。

2 一、二级框支柱由地震作用引起的附加轴力应分别乘以增大系数1.5、1.2；计算轴压比时，该附加轴力可不乘以增大系数。

3 一、二级框支柱的顶层柱上端和底层柱下端，其组合的弯矩设计值应分别乘以增大系数1.5和1.25（《高规》为1.3——编者注），框支柱的中间节点应满足本规范第6.2.2条的要求。

4 框支梁中线宜与框支柱中线重合。

二、对标准规定的理解

1. 对本条第1款可用图6.2.10-1来理解，适用于框支层不超过2层的情况，主楼与裙房相连时，V_0 不含裙房，框支柱也不包括裙房框架柱。

2. 对本条第2款可用图6.2.10-2来理解。“由地震作用引起的附加轴力”指用来平衡抗震墙力矩（由地震作用引起）的框支柱轴力，不包括重力荷载代表值效应产生的轴力。

3. 对本条第3款可用图6.2.10-3来理解，《高规》第10.2.11条规定的增大系数，二级为1.3，三级为1.2，特一级为1.8。

4. 对本条第4款可用图6.2.10-4来理解。

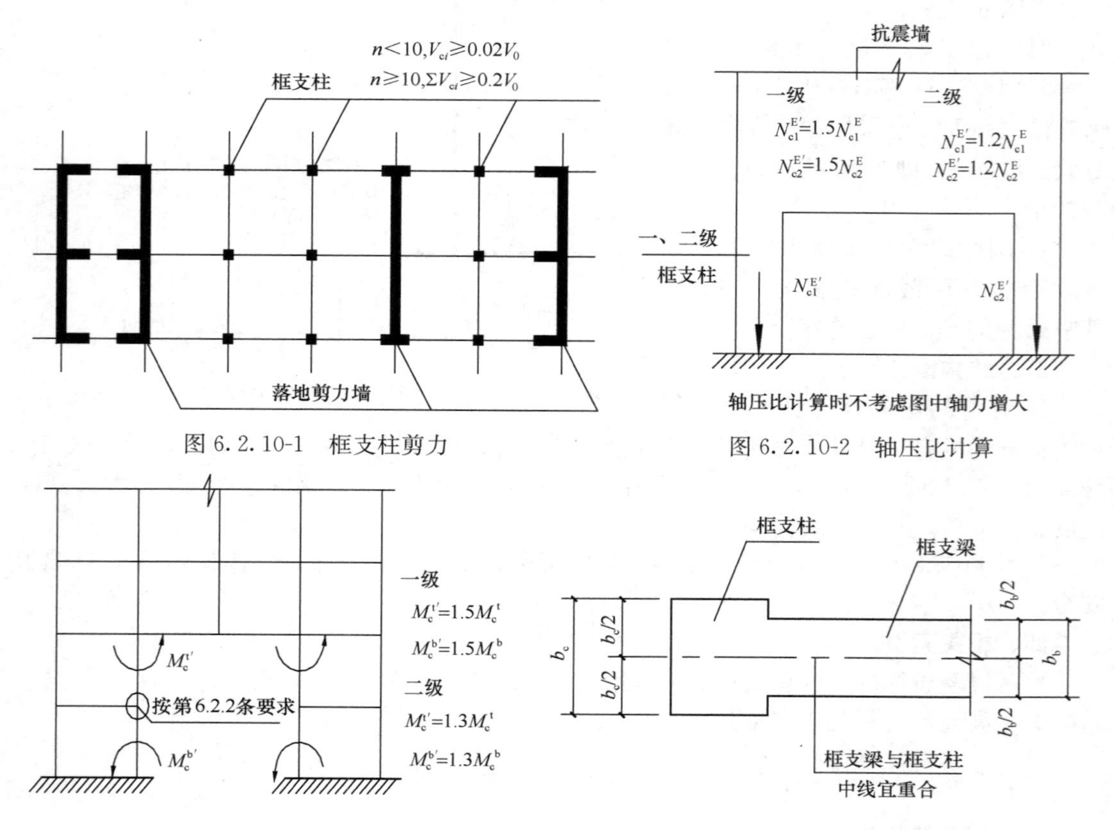

图6.2.10-1 框支柱剪力

图6.2.10-2 轴压比计算

图6.2.10-3 框支柱弯矩

图6.2.10-4 框支梁柱中线重合

三、结构设计的相关问题

当框支柱数量少于10根且框支柱刚度相差较大时，按本条要求调整后对较大刚度的框支柱其加强程度较低，而刚度较小的框支柱则易出现配筋过大的反常结果。

四、结构设计建议

1. 当框支柱数量少于10根时，框支柱的侧向刚度差异不能太大，截面应基本相当。建议有条件时，对照标准对框支柱数量多于10根时的处理方法，可按以下原则补充调整计算，并取标准方法与式（6.2.10-2）计算之大值设计，举例说明如下。

【例6.2.10-1】

某层框支柱数量为n根（$n<10$），则框支柱承受的总地震剪力V_{c0}不应小于$n\times2\%$的结构底部总地震剪力V_0，即

$$V_{c0}=2\% nV_0 \tag{6.2.10-1}$$

每根框支柱承受的地震剪力V_{ci}按各框支柱承受的地震剪力计算值V_{ci}^{c}的比例分配，即

$$V_{ci}=\frac{V_{ci}^{c}}{\sum_{i=1}^{n}V_{ci}^{c}}V_{c0} \tag{6.2.10-2}$$

2. 当框支柱数量不少于10根时，由于框支柱的刚度受框支梁等构件的影响大，实际所承受的剪力各不相同：

框支柱承受的总地震剪力V_{c0}不应小于20%的结构底部总地震剪力V_0，即

$$V_{c0}=0.2V_0 \tag{6.2.10-3}$$

每根框支柱承受的地震剪力V_{ci}按各框支柱承受的地震剪力计算值V_{ci}^{c}的比例分配，即

$$V_{ci}=\frac{V_{ci}^{c}}{\sum_{i=1}^{n}V_{ci}^{c}}V_{c0} \tag{6.2.10-4}$$

五、相关索引

《高规》的相关规定见其第10.2.17条。《高规》针对底部框支层为3层及3层以上情况有专门规定。

第6.2.11条

一、标准的规定

6.2.11 部分框支抗震墙结构的一级落地抗震墙底部加强部位尚应满足下列要求：

1 当墙肢在边缘构件以外的部位在两排钢筋间设置直径不小于8mm、间距不大于400mm的拉结筋时，抗震墙受剪承载力验算可计入混凝土的受剪作用。

2 墙肢底部截面出现大偏心受拉时，宜在墙肢的底截面处另设交叉防滑斜筋，防滑斜筋承担的地震剪力可按墙肢底截面处剪力设计值的30%采用。

二、对标准规定的理解

1. 本条第1款可用图6.2.11-1来理解。在框支抗震墙结构中，落地抗震墙是保证结构抗震性能的关键构件，落地剪力墙应避免采用矮墙（指抗震墙的高度与墙长之比小于3的墙），减少矮墙效应（矮墙抗弯刚度巨大，延性差，地震时，承担过多地震弯矩，罕遇地震时受剪承载力不足导致破坏）。标准只考虑受震墙中有可靠拉筋（图6.2.11-1）约束的混凝

土受剪承载力（按《混凝土标准》第 11.7.4 条计算），确保大震时抗震墙的受剪承载力。

2. 本条第 2 款可用图 6.2.11-2 来理解。

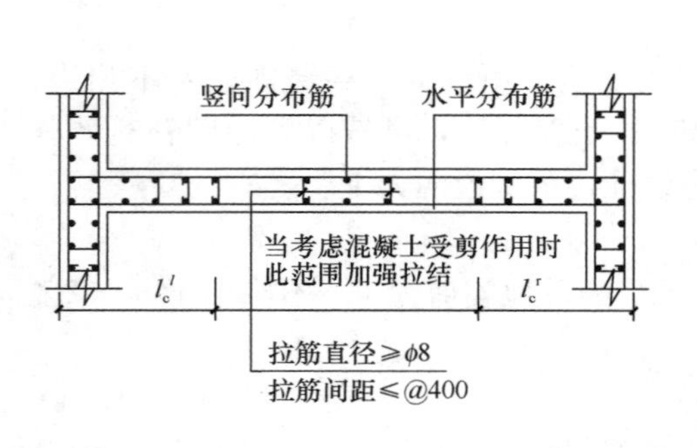

图 6.2.11-1 落地抗震墙

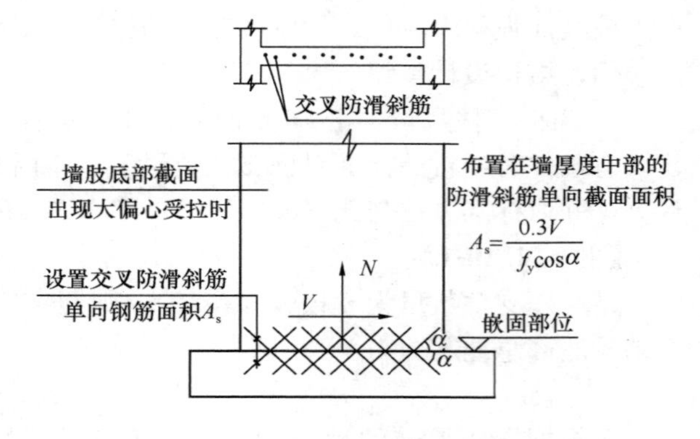

图 6.2.11-2 防滑斜筋

三、结构设计建议

应结合工程具体情况，必要时对重要部位的一级抗震墙的施工缝截面受剪承载力，按式（3.9.7-1）及图 3.9.7-1 验算。

四、相关索引

1. 应限制部分框支抗震墙结构的落地抗震墙偏心受拉情况，见第 6.2.7 条。
2. 抗震墙端柱为小偏心受拉时，应按第 6.3.8 条第 4 款配置纵向钢筋。
3. 《混凝土标准》的相关规定见其第 11.7.6 条。
4. 《高规》的相关规定见其第 7.2.12 条。

第 6.2.12 条

一、标准的规定

6.2.12 部分框支抗震墙结构的框支柱顶层楼盖应符合本规范附录 E 第 E.1 节的规定。

二、对标准规定的理解

《抗震标准》附录第 E.1 节规定了矩形平面抗震墙结构框支层楼板设计的基本要求，包括楼板的抗剪计算要求、楼板的洞口加强要求、楼板的平面内受弯和受剪承载力要求及楼板的构造要求等（表 6.2.12-1）。

转换层结构的抗震设计要求 **表 6.2.12-1**

序号	项目	内容	要求	补充说明
1	矩形平面抗震墙结构框支层楼板	楼板构造要求	现浇楼板，厚度不小于 180mm，混凝土强度等级不低于 C30，双层双向配筋，每层每向配筋率不小于 0.25%	重要部位楼板加强的基本做法
		框支层楼板的剪力设计值	$V_f \leqslant 0.1176 f_c b_f t_f$ V_f —由不落地抗震墙传到落地抗震墙处，按刚性楼板计算的框支层楼板组合的剪力设计值，并乘以放大系数 2（8 度）和 1.5（7 度）； b_f、t_f —分别为框支层楼板的宽度（平行于剪力作用方向）和厚度	验算落地抗震墙的楼板组合的剪力设计值时，不乘放大系数

续表

序号	项目	内　　容	要　　求	补充说明
1	矩形平面抗震墙结构框支层楼板	框支层楼板的受剪承载力（与落地抗震墙交界截面）	$V_f \leqslant 1.176 f_y A_s$ A_s—穿过落地抗震墙的框支层楼盖（包括梁和板）的全部钢筋截面面积	当采用不同牌号钢筋时，应分别计算 $f_y A_s = \Sigma f_{yi} A_{si}$
		框支层楼板边缘和较大洞口周边	应设置边梁，梁宽不小于板厚的2倍，纵筋总配筋率不小于1.00%	梁钢筋接头宜采用机械连接或焊接，楼板钢筋应在边梁内可靠锚固（宜$\geqslant l_{aE}$），梁宽宜≥400mm
		对建筑平面较长（或不规则）及各抗震墙内力相差较大的框支层	必要时，可采用简化方法验算楼板平面内的受弯、受剪承载力	相关计算简图可查阅文献[36]第10.2.24条和第10.2.25条
2	筒体结构转换层	转换层上下层的结构质量中心（主楼）	宜接近重合（不包括裙楼）	侧向刚度比包括相关范围； 转换层楼盖的抗震验算和构造同1
		转换层上下层的侧向刚度比	不宜大于2	
		转换层上部的墙（或柱）	宜直接落在转换层的主结构上	
		7度及7度以上的高层建筑	不宜采用厚板转换层结构	
		转换层楼盖	不应有大洞口，平面内宜接近刚性，与筒体、抗震墙应有可靠连接	
3	其他	8度时的转换层结构	应考虑竖向地震作用	9度不应采用转换结构

第6.2.13条

一、标准的规定

6.2.13 钢筋混凝土结构抗震计算时，尚应符合下列要求：

1 侧向刚度沿竖向分布基本均匀的框架-抗震墙结构和框架-核心筒结构，任一层框架部分承担的剪力值，不应小于结构底部总地震剪力的20%和按框架-抗震墙结构、框架-核心筒结构计算的框架部分各楼层地震剪力中最大值1.5倍二者的较小值。

2 抗震墙地震内力计算时，连梁的刚度可折减，折减系数不宜小于0.50（位移计算时可不折减——编者注）。

3 抗震墙结构、部分框支抗震墙结构、框架-抗震墙结构、框架-核心筒结构、筒中筒结构、板柱-抗震墙结构计算内力和变形时，其抗震墙应计入端部翼墙的共同工作。

4 设置少量抗震墙的框架结构，其框架部分的地震剪力值，宜采用框架结构模型和框架-抗震墙结构模型二者计算结果的较大值。

二、对标准规定的理解

1. 本条第1款的调整在各振型剪力组合之后，且该组合剪力应满足第5.2.5条的规定，当不满足第5.2.5条规定时，应先调整至满足表5.2.5的要求，然后方可按本条规定调整。对本条第 1 款可用图 6.2.13-1 来理解，第 2 款可用图 6.2.13-2 来理解。

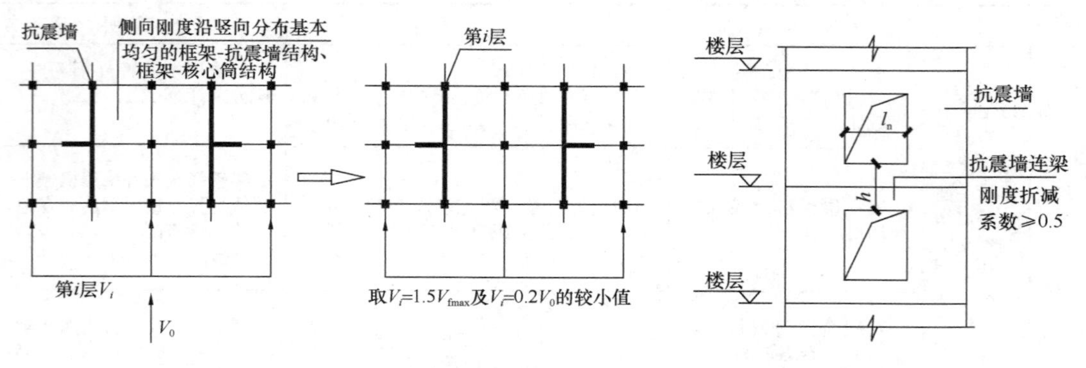

图 6.2.13-1　楼层剪力　　　　图 6.2.13-2　连梁刚度

2. 本条第 2 款规定指在多遇地震作用下的计算，当进行结构在罕遇地震下的弹塑性分析时，连梁的刚度折减系数可减小（根据工程经验确定，一般可取折减系数≥0.3）。

3. 本条第 3 款规定“抗震墙应计入端部翼墙的共同工作”，实际工程中可参考《建筑抗震设计规范》GB 50011—2001（2008 年版）的规定，翼墙的有效长度，每侧由墙面算起可取相邻抗震墙净间距的一半、至门窗洞口的墙长度及抗震墙总高度的 15%三者的最小值。

三、结构设计的相关问题

1. 对本条第 1 款中侧向刚度沿竖向分布“基本均匀”的理解。

2. 当建筑不符合本条第 1 款中侧向刚度沿竖向分布“基本均匀”条件时的做法。

3. 关于有效翼缘宽度计算的三个不同规定：

1）内力和变形计算（计算效应 S）时，抗震墙的有效翼缘计算宽度按表 6.2.13-1 确定。

内力和变形计算时纵墙或横墙的有效翼缘宽度 b_f（取表中最小值）　表 6.2.13-1

考虑项目	一侧有翼缘时的 b_f	两侧有翼缘时的 b_f
抗震墙净距 t　S_0　t	$t+S_0/2$	$t+S_0$
至洞边距离 c_1　t　c_2	$t+c_1$ 或 $t+c_2$	$t+c_1+c_2$
抗震墙墙肢总高度 H	0.075H	0.15H

2）承载力计算（计算抗力 R）时，抗震墙的有效翼缘计算宽度可参考《混凝土结构设计规范》GB 50010—2002 第 10.5.3 条的规定，参考表 6.2.13-2 确定。

承载力计算中抗震墙的翼缘计算宽度 b_f（取表中最小值）　　表 6.2.13-2

序号	考虑项目		一侧有翼缘时的 b_f	两侧有翼缘时的 b_f
1	抗震墙的间距	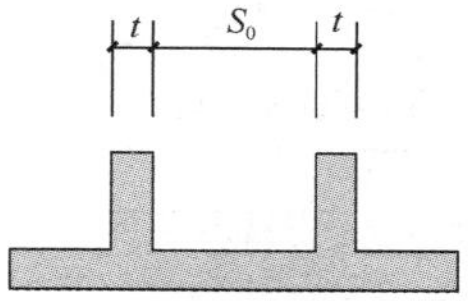 t　S_0　t	$S_0/2+t$	S_0+t
2	门窗洞间翼缘的宽度	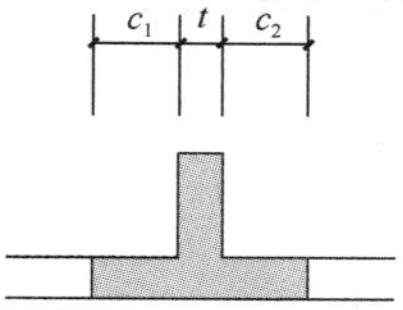 c_1　t　c_2	c_1+t 或 c_2+t	c_1+t+c_2
3	抗震墙厚度及翼墙宽度	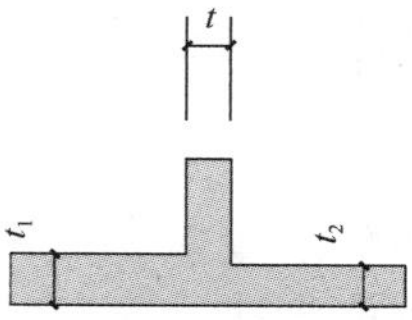 t　t_1　t_2	$t+6t_1$ 或 $t+6t_2$	$6t_1+t+6t_2$
4	抗震墙墙肢总高度 H		$0.05H$	$0.1H$

3）受弯构件受压区有效翼缘的计算宽度按表 6.2.2-2 确定。

四、结构设计建议

1. 对本条第 1 款中侧向刚度沿竖向"基本均匀"的理解，可参照第 5.1.2 条中相关说明。

2. 当建筑不符合侧向刚度沿竖向"基本均匀"的条件时，若采用本条规定将可能造成调整结果的混乱，此时，可按《高规》的规定，依据框架柱数量的变化规律沿高度分段调整。

3. 大堂、门厅等处穿层柱宜按 $1.5V_{fmax}$ 及 $0.2V_0$ 的较大值调整，调整以后的剪力设计值尚不应小于相应楼层一般框架柱（非穿层柱）的剪力设计值（由于穿层柱侧向刚度较小，其调整后的剪力设计值有可能小于相同楼层、相同柱截面的其他框架柱，因此需要对穿层柱的剪力进行包络设计，以策安全）。对重要结构的穿层柱应采用性能化设计方法，并确保抗震性能目标的实现。

五、相关索引

1. 少量抗震墙框架结构的相关问题见第 6.1.3 条。框架-核心筒结构还应符合第 6.7.1 条的规定。

2.《混凝土标准》的相关规定见其第 5.2.4 条。

3.《高规》的相关规定见其第 5.2.1、8.1.4 条。

第 6.2.14 条

一、标准的规定

6.2.14　框架节点核芯区的抗震验算应符合下列要求：

1　一、二、三级框架的节点核芯区应进行抗震验算；四级框架节点核芯区可不进行抗震验算，但应符合抗震构造措施的要求。

2　核芯区截面抗震验算方法应符合本规范附录D的规定。

二、对标准规定的理解

标准对节点核芯区的验算要求见表6.2.14-1。

节点核芯区的验算要求　　**表6.2.14-1**

框架的抗震等级	一、二、三级	四级	验算要求
核芯区验算要求	应验算	可不验算但应符合抗震构造措施要求	见《抗震标准》附录D

三、相关索引

1.《混凝土标准》的相关规定见其第11.6节。

2.《高规》的相关规定见其第6.2.7条。

6.3　框架的基本抗震构造措施

要点：

本节属于与结构设计施工图最为密切的内容，也是施工图审查中反映出来问题最多的内容，熟练地掌握本节内容可以避免出现许多违反规定的情况。

第6.3.1条

一、标准的规定

6.3.1　梁的截面尺寸，宜符合下列各项要求：

1　截面宽度不宜小于200mm；

2　截面高宽比不宜大于4；

3　净跨与截面高度之比不宜小于4。

二、对标准规定的理解

1. 依据《混凝土通规》第4.4.4条规定：“矩形截面框架梁的截面宽度不应小于200mm。”

2. 框架结构的框架梁截面高度可按计算跨度l_0的1/18～1/10确定。应综合考虑建筑功能要求及使用要求确定框架梁的高度，一般说来，在各项计算指标满足标准要求的前提下，适当减小框架梁的高度不仅有利于提高房屋净高，提升建筑品质，还有利于强柱弱梁、强剪弱弯设计目标的实现，有利于提高框架结构的抗震性能。

3. 对本条规定可用图6.3.1-1来理解。

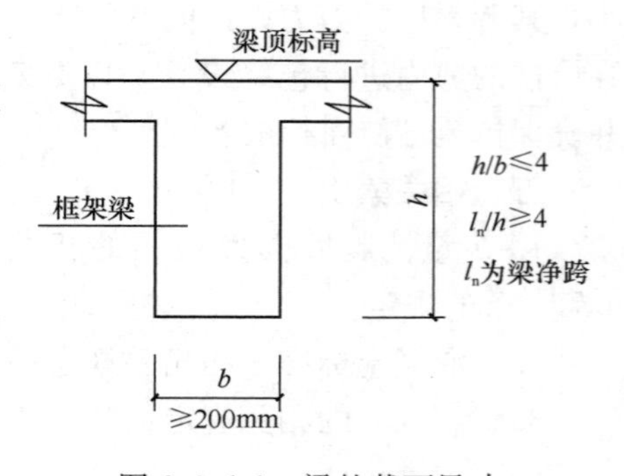

图6.3.1-1　梁的截面尺寸

三、相关索引

1.《混凝土标准》的相关规定见其第11.3.5条。

2.《混凝土通规》的相关规定见其第4.4.4条。

3.《高规》的相关规定见其第 6.3.1 条。

第 6.3.2 条

一、标准的规定

6.3.2 梁宽大于柱宽的扁梁应符合下列要求：

1 采用扁梁的楼、屋盖应现浇，梁中线宜与柱中线重合，扁梁应双向布置。扁梁的截面尺寸应符合下列要求，并应满足现行有关规范对挠度和裂缝宽度的规定：

$$b_b \leqslant 2b_c \qquad (6.3.2\text{-}1)$$

$$b_b \leqslant b_c + h_b \qquad (6.3.2\text{-}2)$$

$$h_b \geqslant 16d \qquad (6.3.2\text{-}3)$$

式中：b_c ——柱截面宽度，圆形截面取柱直径的 0.8 倍；

b_b、h_b ——分别为梁截面宽度和高度；

d ——柱纵筋直径。

2 扁梁不宜用于一级框架结构。

二、对标准规定的理解

对本条规定可用图 6.3.2-1 来理解。

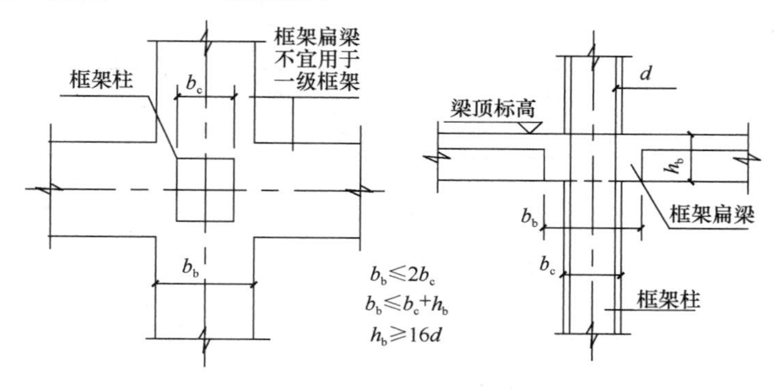

图 6.3.2-1　扁梁的要求

三、结构设计建议

1. 宽扁梁的定义：当 $b_b \geqslant h_b$ 时的梁称为宽扁梁，其中 b_b 为梁的截面宽度，h_b 为梁的截面高度。

2. 可取宽扁梁的截面高度 h_b ＝（1/22～1/16）l_0，其中 l_0 为梁的计算跨度；对预应力梁可取宽扁梁的截面高度 h_b ＝（1/25～1/20）l_0。

3. 宽扁梁边框架的边梁宽度不宜大于柱宽（柱垂直于边框架方向的截面尺寸）。

4. 对梁宽超过相应柱截面宽度的宽扁梁应采取加强措施，确保宽扁梁梁端钢筋的有效锚固。必要时应考虑其梁端的实际受力状况，对梁端弯矩进行适当的调幅处理。

5. 扁梁一般不宜用于一级框架结构，注意限制其在一级框架结构中的使用；对其他抗震等级的框架结构、其他结构体系（框架-抗震墙结构、框架-核心筒结构、板柱-抗震墙结构等）中的框架虽未提出限制要求，有条件时也应考虑标准的本条规定或适当控制扁梁的截面高度使之不致“过扁”。

四、相关索引

《高规》的相关规定见其第 6.3.1 条。

第 6.3.3 条

一、标准的规定

6.3.3 梁的钢筋配置，应符合下列各项要求：

1 梁端计入受压钢筋的混凝土受压区高度和有效高度之比，一级不应大于 0.25，二、三级不应大于 0.35。

2 梁端截面的底面和顶面纵向钢筋配筋量（实配钢筋——编者注）的比值，除按计算确定外，一级不应小于0.5，二、三级不应小于0.3。

3 梁端箍筋加密区的长度、箍筋最大间距和最小直径应按表 6.3.3 采用，当梁端纵向受拉钢筋配筋率大于2%时，表中箍筋最小直径数值应增大 2mm。

梁端箍筋加密区的长度、箍筋的最大间距和最小直径 **表 6.3.3**

抗震等级	加密区长度（采用较大值）(mm)	箍筋最大间距（采用最小值）(mm)	箍筋最小直径 (mm)
一	$2h_b$，500	$h_b/4$，$6d$，100	10
二	$1.5h_b$，500	$h_b/4$，$8d$，100	8
三	$1.5h_b$，500	$h_b/4$，$8d$，150	8
四	$1.5h_b$，500	$h_b/4$，$8d$，150	6

注：1 d 为纵向钢筋直径，h_b 为梁截面高度；

2 箍筋直径大于 12mm、数量不少于 4 肢且肢距不大于 150mm 时，一、二级的最大间距应允许适当放宽，但不得大于 150mm。

二、对标准规定的理解

1. 根据《抗震通规》确定的原则，配筋率按有效数字控制，“0.5”宜修改为“0.50”，“0.3”宜修改为“0.30”，“2%”宜修改为“2.00%”。

2. 对本条第 1 款规定可用图 6.3.3-1 来理解。依据《高规》第 6.3.3 条规定梁顶纵向受拉钢筋的配筋率不宜大于 2.50%，不应大于 2.75%；当纵向受拉钢筋的配筋率大于 2.50%时，受压钢筋（注：应按受压钢筋强度 $A'_s f'_y \geqslant A_s^- f_y/2$ 控制）不应小于受拉钢筋的一半。

3. 对本条第 2 款规定可用图 6.3.3-2 来理解。

4. 对本条第 3 款规定可用图 6.3.3-3 来理解，当采用不同钢筋直径时，d 取较小值计算。一般情况下，纵向钢筋的直径 d 不宜相差过大。

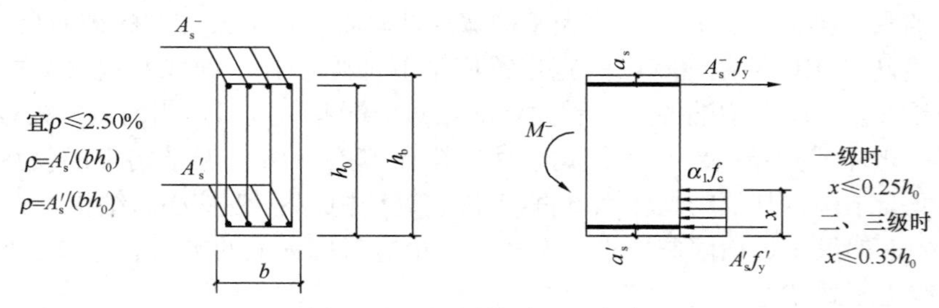

图 6.3.3-1 梁端受压区高度

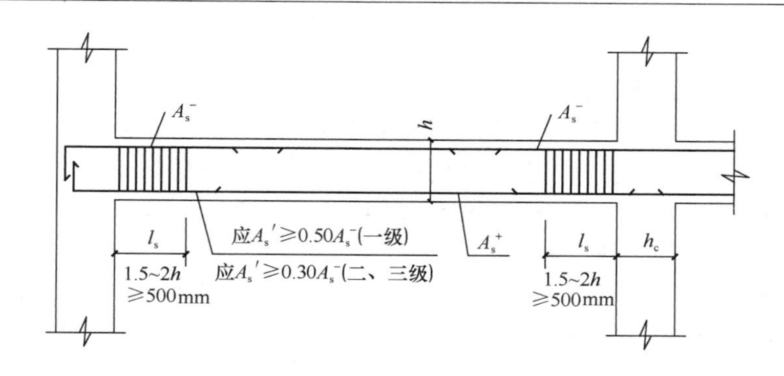

图 6.3.3-2 梁端底面配筋

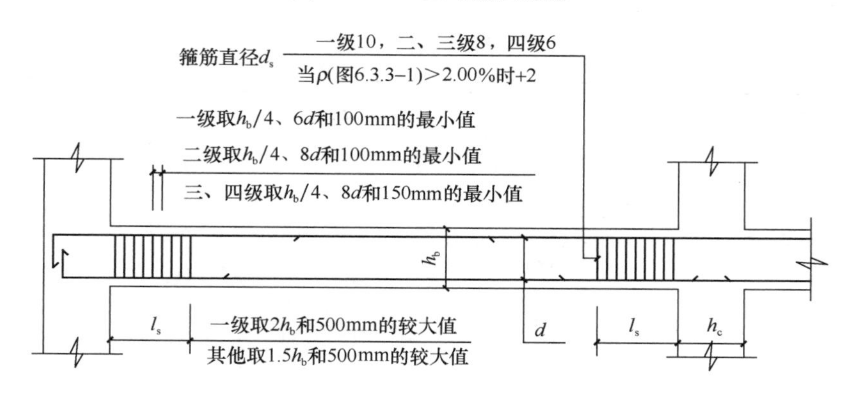

图 6.3.3-3 梁端箍筋

三、相关索引

1.《混凝土标准》的相关规定见其第 11.3.1、11.3.6、11.3.7 条。

2.《高规》的相关规定见其第 6.3.2、6.3.3 条。

3.《混凝土通规》的相关规定见其第 4.4.8 条。

第 6.3.4 条

一、标准的规定

6.3.4 梁的钢筋配置，尚应符合下列规定：

1 梁端纵向受拉钢筋的配筋率不宜大于2.5%。沿梁全长顶面、底面的配筋，一、二级不应少于 2ϕ14，且分别不应少于梁顶面、底面两端纵向配筋中较大截面面积的 1/4；三、四级不应少于 2ϕ12。

2 一、二、三级框架梁内贯通中柱的每根纵向钢筋直径（《混凝土标准》第 11.6.7 条不含顶层——编者注），对框架结构不应大于矩形截面柱在该方向截面尺寸的 1/20，或纵向钢筋所在位置圆形截面柱弦长的 1/20；对其他结构类型的框架不宜大于矩形截面柱在该方向截面尺寸的 1/20，或纵向钢筋所在位置圆形截面柱弦长的 1/20（《混凝土标准》对一级框架结构和 9 度一级框架的 1/25——编者注）。

3 梁端加密区的箍筋肢距，一级不宜大于 200mm 和 20 倍箍筋直径的较大值，二、三级不宜大于 250mm 和 20 倍箍筋直径的较大值，四级不宜大于 300mm。

二、对标准规定的理解

1. 根据《抗震通规》确定的原则，配筋率按有效数字控制，“2.5%”宜修改为“2.50%”。

2. 注意，本条第 2 款的规定只适用于抗震等级为一、二、三级框架，其中“不应大于”的规定针对的是框架结构；“其他结构类型”指除框架结构以外的结构类型，如框架-抗震墙结构、板柱-抗震墙结构、框架-核心筒结构等。对四级框架未加以限制。

3. 对本条第 1 款规定可用图 6.3.4-1 来理解。

4. 对本条第 2 款规定可用图 6.3.4-2、图 6.3.4-3 来理解。

5. 对本条第 3 款规定可用图 6.3.4-4 来理解。

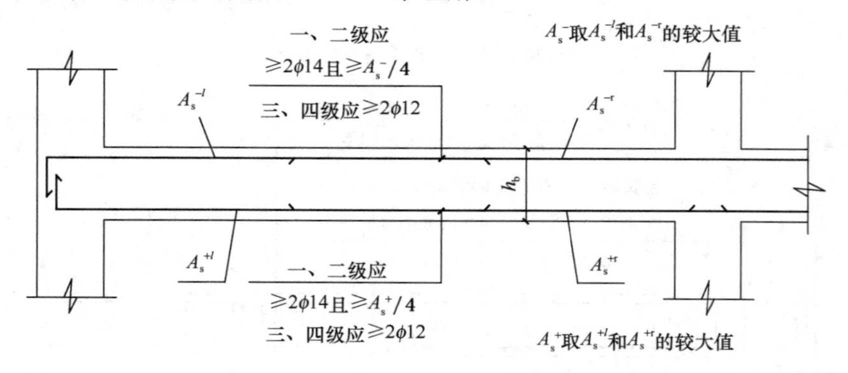

图 6.3.4-1 梁纵向钢筋

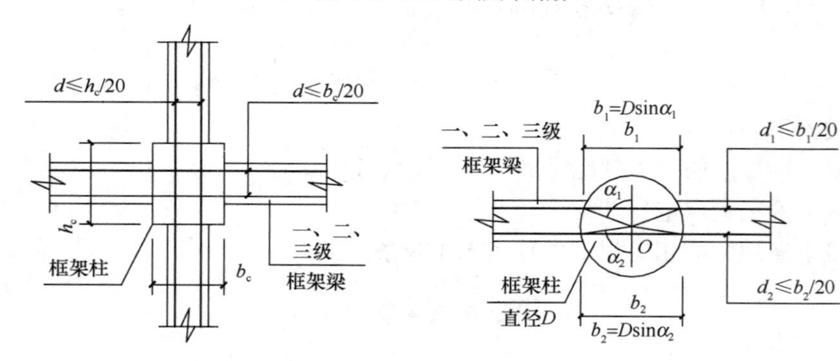

图 6.3.4-2 矩形截面中柱

图 6.3.4-3 圆形截面中柱

三、结构设计建议

1. 沿梁全长的顶面和底面的配筋，应优先考虑由梁纵向钢筋直通（采用机械连接），对梁顶钢筋当直通有困难时，也可考虑将梁顶跨中钢筋与梁两端负筋受力搭接，搭接长度满足l_{lE}要求。规定中的“2φ14”和“2φ12”可理解为对最少钢筋数量和最小钢筋直径的限制，实际工程中应尽量采用 HRB400 钢筋。

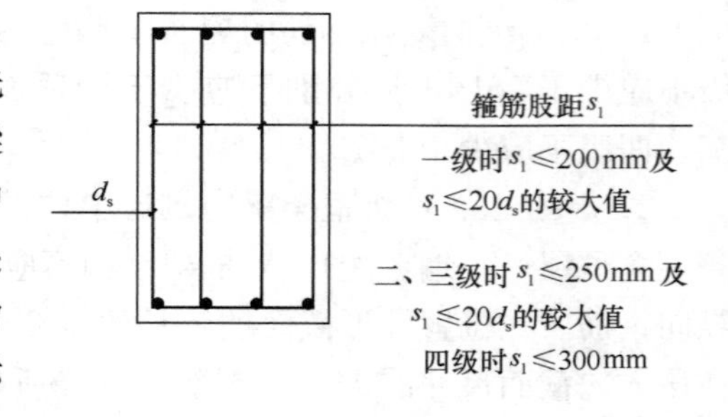

图 6.3.4-4 梁端箍筋

2. 对四级框架梁中的钢筋直径，可根据工程经验确定，也可根据不同结构类型确定，即不宜大于矩形截面柱在该方向截面尺寸的

1/20，或纵向钢筋所在位置圆形截面柱弦长的 1/20。

3. 框架梁与圆形截面框架柱应对心连接，当圆柱截面较小不满足本条规定时，宜加大梁柱节点区，并采取相应的约束措施（设置三向箍筋，配箍满足节点区要求）。

四、相关索引

1.《混凝土标准》的相关规定见其第 11.3.7、11.3.8、11.6.7 条。

2.《高规》的相关规定见其第 6.3.3、6.3.5 条。

第 6.3.5 条

一、标准的规定

6.3.5 柱的截面尺寸，宜符合下列各项要求：

1 截面的宽度和高度，四级或不超过 2 层时不宜小于 300mm，一、二、三级且超过 2 层时不宜小于 400mm；圆柱的直径，四级或不超过 2 层时不宜小于 350mm，一、二、三级且超过 2 层时不宜小于 450mm。

2 剪跨比宜大于 2。

3 截面长边与短边的边长之比不宜大于 3。

二、对标准规定的理解

1. 依据《混凝土通规》第 4.4.4 条规定："矩形截面框架柱的边长不应小于 300mm，圆形截面柱的直径不应小于 350mm"。

2. 对层数不超过 2 层时的框架柱截面要求予以适当放松。

3. 对本条规定可用图 6.3.5-1 来理解。

4. 剪跨比计算见本标准第 6.2.9 条。

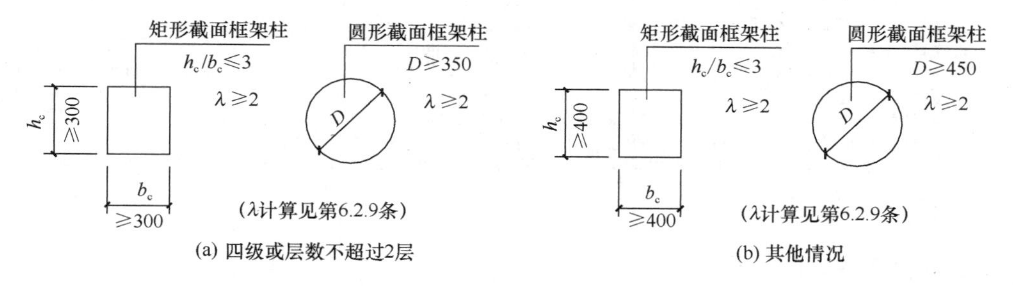

图 6.3.5-1　框架柱截面（单位：mm）

三、结构设计建议

楼梯是防火及地震时的主要疏散通道，楼梯柱作为特殊的结构构件，应满足框架柱的最小截面尺寸要求。实际工程中可根据不同情况区别对待：

1. 在楼梯板与主体结构整浇的框架结构中，楼梯板起斜撑的作用，对框架结构的刚度、承载力和结构的规则性影响较大，楼梯柱应严格按框架柱的要求设计。

2. 楼梯梁和楼梯柱的抗震等级同主体结构框架，楼梯梁、楼梯柱应符合框架梁、框架柱的构造要求（当楼梯柱由楼面梁支承时，楼梯柱的截面面积应满足标准对框架柱的最低要求，支承楼梯柱的楼面次梁也应按框架梁设计）。

3. 当楼梯柱由楼面梁支承，且平台板与主体结构脱开时，楼梯柱的截面尺寸宜满足框架柱的要求。因受建筑使用要求限制，柱宽度不能满足标准要求时，应控制柱截面宽度不小于200mm，并相应加大柱截面高度，使楼梯柱截面面积满足框架柱的最小截面面积（300mm×300mm）要求。楼梯柱箍筋宜全高加密。

4. 当楼梯间设置刚度足够的周围抗震墙（周围抗震墙与连梁形成的围合）时，楼梯宜与周围抗震墙整浇。

四、相关索引

1. 楼梯抗震设计的其他相关规定见第3.6.6、6.1.15条。
2. 《混凝土标准》的相关规定见其第11.4.11条。
3. 《高规》的相关规定见其第6.4.1条。
4. 《混凝土通规》的相关规定见其第4.4.4条。

第6.3.6条

一、标准的规定

6.3.6 柱轴压比不宜超过表6.3.6的规定；建造于Ⅳ类场地且较高的高层建筑，柱轴压比限值应适当减小。

柱轴压比限值 **表6.3.6**

结构类型	抗震等级			
	一	二	三	四
框架结构	0.65	0.75	0.85	0.90
框架-抗震墙，板柱-抗震墙、框架-核心筒及筒中筒	0.75	0.85	0.90	0.95
部分框支抗震墙	0.6	0.7	—	

注：1 轴压比指柱组合的轴压力设计值与柱的全截面面积和混凝土轴心抗压强度设计值乘积之比值；对本规范规定不进行地震作用计算的结构，可取无地震作用组合的轴力设计值计算。
2 表内限值适用于剪跨比大于2、混凝土强度等级不高于C60的柱；剪跨比不大于2的柱，轴压比限值应降低0.05；剪跨比小于1.5的柱，轴压比限值应专门研究并采取特殊构造措施。
3 沿柱全高采用井字复合箍且箍筋肢距不大于200mm、间距不大于100mm、直径不小于12mm，或沿柱全高采用复合螺旋箍、螺旋间距不大于100mm、箍筋肢距不大于200mm、直径不小于12mm，或沿柱全高采用连续复合矩形螺旋箍、螺旋净距不大于80mm、箍筋肢距不大于200mm、直径不小于10mm，轴压比限值均可增加0.10；上述三种箍筋的最小配箍特征值均应按增大的轴压比由本规范表6.3.9确定。
4 在柱的截面中部附加芯柱，其中另加的纵向钢筋的总面积不少于柱截面面积的0.8%，轴压比限值可增加0.05；此项措施与注3的措施共同采用时，轴压比限值可增加0.15，但箍筋的体积配箍率仍可按轴压比增加0.10的要求确定。
5 柱轴压比不应大于1.05。

二、对标准规定的理解

1. 本条规定中的柱轴压比限值应统一取小数点后两位，即“0.6”应修改为“0.60”，“0.7”应修改为“0.70%”，“0.8%”应修改为“0.80%”。

2. 柱的轴压比μ_N按式（6.3.6-1）计算；轴压比按有效数字控制。

$$\mu_N = N/(A_c f_c) \tag{6.3.6-1}$$

式中：N——柱组合的轴压力设计值；

A_c——柱的全截面面积；

f_c——柱混凝土轴心抗压强度设计值。

3. “较高的高层建筑”指：高于40m的框架结构或高于60m的其他结构体系的混凝土房屋建筑。柱轴压比减小的幅度可根据工程的具体情况确定，降低幅度一般可取0.05。

4. 结构形式和抗震等级是直接影响轴压比限值的主要因素。框架柱的轴压比因结构体系的不同其限值也不相同，按框架-抗震墙结构中的框架柱、框架结构中的框架柱、框支柱的顺序，其轴压比限值由松到严。

5. 当采取必要的技术措施后，可对表 6.3.6 中的轴压比数限值［μ_N］作适当调整，但轴压比最大值不应大于 1.05。

6. 柱全高不同箍筋设置对轴压比限值的影响见表 6.3.6-1。

柱全高不同箍筋设置对轴压比限值的影响　　表 6.3.6-1

沿柱高采用的箍筋配置方式	轴压比限值增加值	对应图号
采用井字复合箍，箍筋间距≤100mm、肢距≤200mm、箍筋直径≥12mm	0.10	图 6.3.6-2
采用复合螺旋箍，螺旋间距≤100mm、肢距≤200mm、箍筋直径≥12mm	0.10	图 6.3.6-3
采用连续复合矩形螺旋箍，螺旋净距≤80mm、肢距≤200mm、箍筋直径≥10mm	0.10	图 6.3.6-4
以上三种配箍方式的配箍特征值应按增大后的轴压比数值查表 6.3.9 取用		

7. 表 6.3.6 注 2 可用图 6.3.6-1 来理解。

8. 表 6.3.6 注 3 可用图 6.3.6-2～图 6.3.6-4 来理解。

9. 表 6.3.6 注 4 中芯柱的配筋要求见图 6.3.6-5。

10. 当芯柱（图 6.3.6-5）与注 3（图 6.3.6-2～图 6.3.6-4）共同采用时，轴压比限值可比表 6.3.6 数值增加 0.15，其箍筋的配箍特征值仍可按轴压比增加 0.10 的要求确定（表 6.3.6-2）。

柱轴压比 μ_N 比表 6.3.6 增加 0.15 时箍筋的配箍特征值 λ_v　　表 6.3.6-2

结构形式	抗震等级	轴压比 μ_N	箍筋形式	配箍特征值 λ_v
框架	一级	0.80	①	0.185
			②	0.165
	二级	0.90	①	0.180
			②	0.160
	三级	1.00	①	0.185
			②	0.165
	四级	1.05	①	0.200
			②	0.180
框架-抗震墙、板柱-抗震墙、框架-核心筒及筒中筒	一级	0.90	①	0.215
			②	0.195
	二级	1.00	①	0.205
			②	0.185
	三级	1.05	①	0.200
			②	0.180
部分框支抗震墙	一级	0.75	①	0.170
			②	0.150
	二级	0.85	①	0.170
			②	0.150

注：1. 箍筋形式①为普通箍、复合箍；箍筋形式②为螺旋箍、复合或连续复合螺旋箍。
2. 与本表相对应的体积配箍率见第 6.3.9 条。

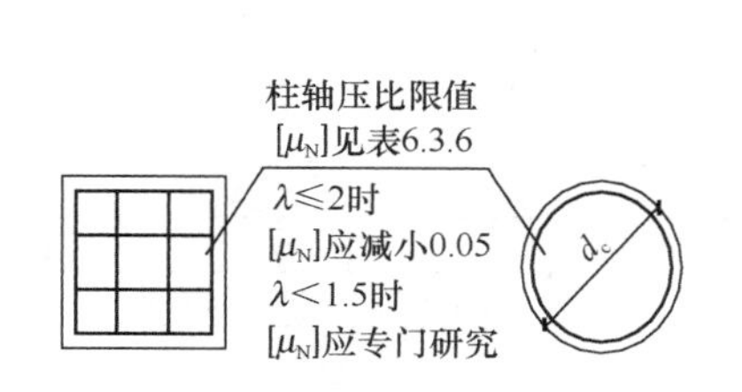

图 6.3.6-1　轴压比限值

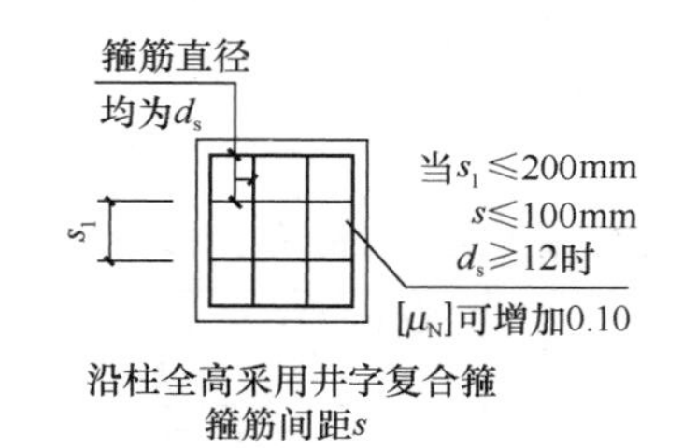

图 6.3.6-2　井字复合箍

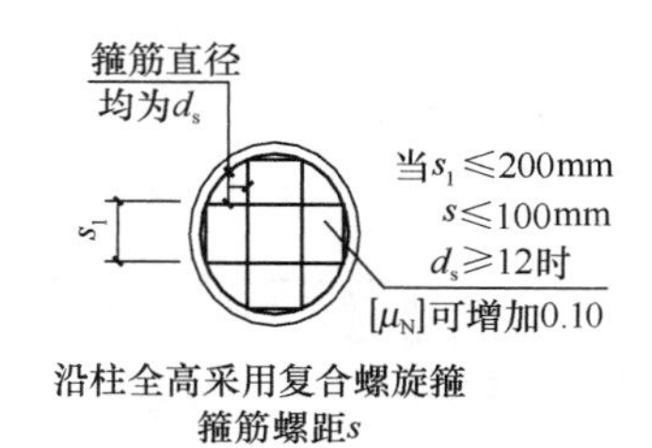

图 6.3.6-3　复合螺旋箍

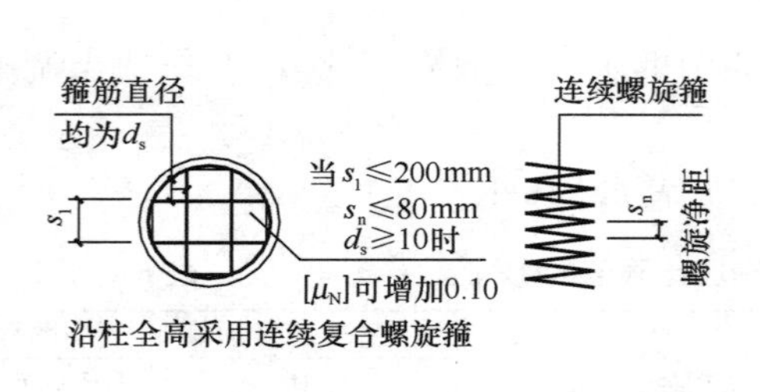

图 6.3.6-4　连续复合螺旋箍

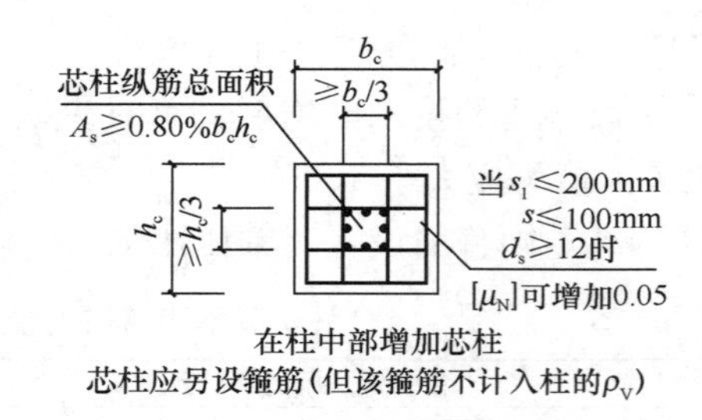

图 6.3.6-5　芯柱

三、结构设计建议

1. 地震作用下构件的轴压比数值有可能小于非地震作用时构件的轴压力与 f_cA_c 的比值（尤其当静荷载较大或活荷载较大时），因此，地震作用下构件轴压比数值不一定对应于构件的最大轴压力值，这是由于不同的效应组合所造成的。

2. 对标准规定可不进行地震作用计算的结构，也可进行地震作用计算，但计算地震作用与不计算地震作用所得出的柱轴压比数值不同（注意，当按表 6.3.6 注 1 规定对不进行地震作用计算的结构，取无地震作用组合的轴力设计值计算轴压比时，有可能出现不进行地震作用计算时的轴压比数值大于进行地震作用计算时的轴压比数值的情况），这也是由于不同的效应组合（有地震作用组合和无地震作用组合，具体组合原则可查阅《高规》第 5.6.1～5.6.4 条）所造成的。

3. 荷载作用组合的柱子轴压力与 f_cA_c 的比值不能过大。从《混凝土标准》式（6.2.15）可以看出，当轴压比力 $N \geq 0.9 f_cA$ 时，所增加的轴压力将全部由钢筋来承担，很不经济，尤其是地下室柱更应注意对截面的控制程度。

4. 注意对最大轴力的控制，不能简单地按最大轴压比控制，尤其当地震作用内力不起控制作用时，更应注意。

5. 增加柱子的纵向钢筋面积，有利于提高柱子的受压承载力，但当沿柱截面周边过多配置纵向钢筋时，也给柱子的强剪弱弯（需要加大箍筋的配置）增加了难度。而设置芯柱，不但可以提高柱子的受压承载力，对柱子的强剪弱弯不产生明显的影响，还可以提高柱子的变形能力。在压、弯、剪的作用下，当柱子出现弯、剪裂缝的大变形情况时，芯柱可以有效地减小柱子的压缩，保持柱截面外形和截面承载力，特别对于承受高轴压的短柱，更有利于提高变形能力，延缓倒塌。

6. 地震倾覆力矩比（M_f/M，其中 M_f 为在规定的水平力作用下，结构底部框架部分承受的地震倾覆力矩，M 为结构底部总地震倾覆力矩）对柱轴压比限值的影响见表 6.3.6-3。

地震倾覆力矩比对框架柱轴压比限值的影响　　　　**表 6.3.6-3**

地震倾覆力矩比	框架的抗震等级及轴压比限值	备注
$M_f/M \leq 10\%$	按框架-抗震墙结构设计	少量框架柱的抗震墙结构
$10\% < M_f/M \leq 50\%$	按框架-抗震墙结构设计	框架-抗震墙结构
$50\% < M_f/M \leq 80\%$	按框架结构设计	少量抗震墙的框架结构
$M_f/M > 80\%$	按框架结构设计	抗震墙很少的框架结构

四、相关索引

1.《混凝土标准》的相关规定见其第 11.4.16 条。

2.《高规》的相关规定见其第 6.4.2、8.1.3 条。

第 6.3.7 条

一、标准的规定

6.3.7 柱的钢筋配置，应符合下列各项要求：

1 柱纵向受力钢筋的最小总配筋率应按表 6.3.7-1 采用，同时每一侧配筋率不应小于0.2%；对建造于Ⅳ类场地且较高的高层建筑，最小总配筋率应增加0.1%。

柱截面纵向钢筋的最小总配筋率（百分率） **表 6.3.7-1**

类别	抗震等级			
	一	二	三	四
中柱和边柱	0.9（1.0）	0.7（0.8）	0.6（0.7）	0.5（0.6）
角柱、框支柱	1.1	0.9	0.8	0.7

注：1 表中括号内数值用于框架结构的柱；
2 钢筋强度标准值小于 400MPa 时，表中数值应增加0.1，钢筋强度标准值为 400MPa 时，表中数值应增加 0.05；
3 混凝土强度等级高于 C60 时，上述数值应相应增加0.1。

2 柱箍筋在规定的范围内应加密，加密区的箍筋间距和直径，应符合下列要求：

1） 一般情况下，箍筋的最大间距和最小直径，应按表 6.3.7-2 采用。

柱箍筋加密区的箍筋最大间距和最小直径 **表 6.3.7-2**

抗震等级	箍筋最大间距（采用较小值，mm）	箍筋最小直径（mm）
一	6d，100	10
二	8d，100	8
三	8d，150（柱根 100）	8
四	8d，150（柱根 100）	6（柱根 8）

注：1 d 为柱纵筋最小直径；
2 柱根指底层柱下端箍筋加密区。

2） 一级框架柱的箍筋直径大于 12mm 且箍筋肢距不大于 150mm 及二级框架柱的箍筋直径不小于 10mm 且箍筋肢距不大于 200mm 时，除底层柱下端外，最大间距应允许采用 150mm；三级框架柱的截面尺寸不大于 400mm 时，箍筋最小直径应允许采用 6mm；四级框架柱剪跨比不大于 2 时，箍筋直径不应小于 8mm。

3） 框支柱和剪跨比不大于 2 的框架柱，箍筋间距不应大于 100mm。

二、对标准规定的理解

1. 根据《混凝土通规》第 4.4.9 条的规定，条文中的各数字均应取至小数点后两位，即“0.1”应修改为“0.10”，“0.5”应修改为“0.50”，“0.1%”应修改为“0.10%”，依此类推。

2. 表 6.3.7-1 按钢筋强度标准值为 500MPa 确定，体现标准提倡节能节材的基本精神。表注 2、注 3 情况同时出现时，配筋率叠加。配筋率按有效数字控制。

3. 对本条第 1 款规定可用图 6.3.7-1、图 6.3.7-2 来理解。

4. 对本条第 2 款第 1 项规定可用图 6.3.7-3、图 6.3.7-4 来理解。箍筋的间距与柱纵筋最小直径有关，因此，同一柱截面纵向钢筋直径不宜相差太大。

5. 对本条第 2 款第 2 项规定可用图 6.3.7-3、图 6.3.7-4 来理解。

6. 对本条第 2 款第 3 项规定可用图 6.3.7-3 来理解。

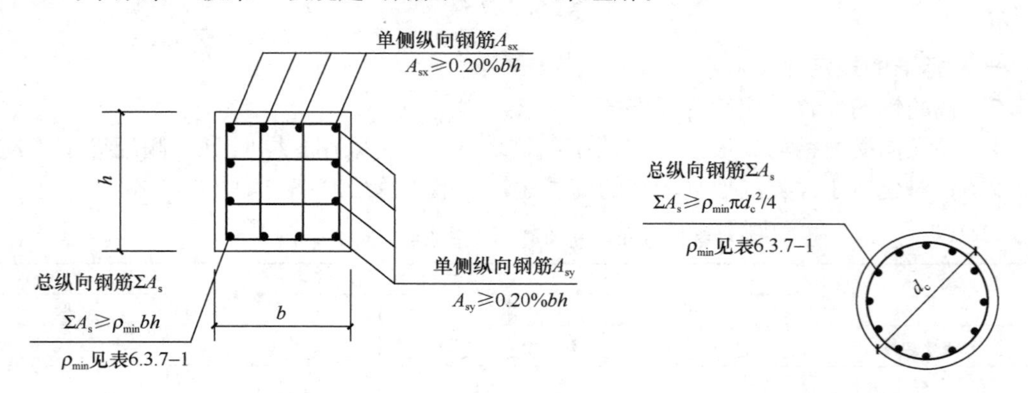

图 6.3.7-1　矩形截面柱　　　　图 6.3.7-2　圆形截面柱

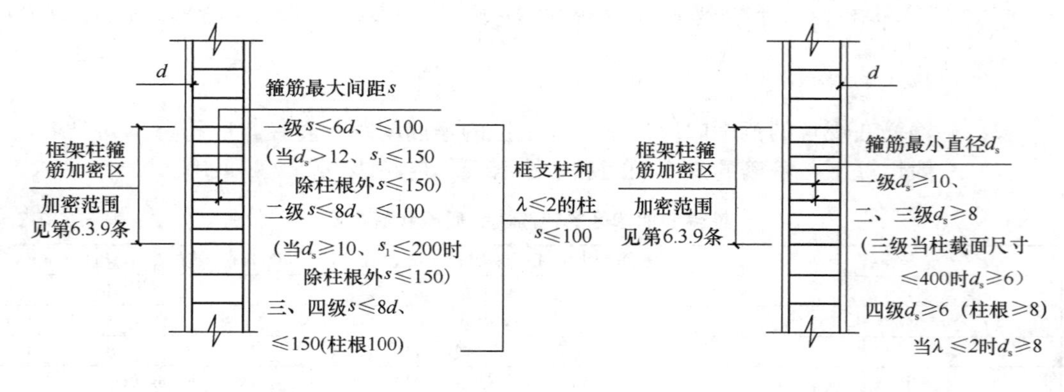

图 6.3.7-3　柱箍筋间距　　　　图 6.3.7-4　柱箍筋直径

三、相关索引

1. 《混凝土标准》的相关规定见其第 11.4.12 条。

2. 《高规》的相关规定见其第 6.4.3 条。

3. 《混凝土通规》的相关规定见其第 4.4.9 条。

第 6.3.8 条

一、标准的规定

6.3.8　柱的纵向钢筋配置，尚应符合下列规定：

1　柱的纵向钢筋宜对称配置。

2　截面边长大于 400mm 的柱，纵向钢筋间距不宜大于 200mm。

3　柱总配筋率不应大于5%；剪跨比不大于 2 的一级框架的柱，每侧纵向钢筋配筋率不宜大于1.2%。

4　边柱、角柱及抗震墙端柱在小偏心受拉时，柱内纵筋总截面面积应比计算值增加 25%。

5 柱纵向钢筋的绑扎接头应避开柱端的箍筋加密区。

二、对标准规定的理解

1. 根据《混凝土通规》的规定，配筋率应取至小数点后两位，即条文中的“5%”应修改为“5.00%”，“1.2%”应修改为“1.20%”。

2. 柱纵向钢筋宜均匀对称布置，同一柱截面钢筋直径不宜相差太大。

3. 对本条第 2 款规定可用图 6.3.8-1 来理解。

4. 对本条第 3 款规定可用图 6.3.8-2、图 6.3.8-3 来理解。配筋率按《混凝土通规》有效数字调整。

5. 对本条第 4 款规定可用图 6.3.8-4 来理解。规则结构较容易估计结构的地震反应，在多遇地震下的计算分析，可基本反映结构在设防地震及罕遇地震时的受力特点及变形规律。而在不规则结构尤其是特别不规则结构中，由于受力关系复杂，多遇地震下的计算难以估计在设防地震及罕遇地震时的结构反应，有时构件的受力状态及变形规律会出现本质的变化（如小震时为偏心受压构件，而在设防地震或大震时可能变为偏心受拉构件）。实际工程中对在多遇地震作用下有可能出现偏心受拉情况的柱子，应注意适当增加实配的柱内纵筋截面面积。

6. 对本条第 5 款规定可用图 6.3.8-5 来理解。

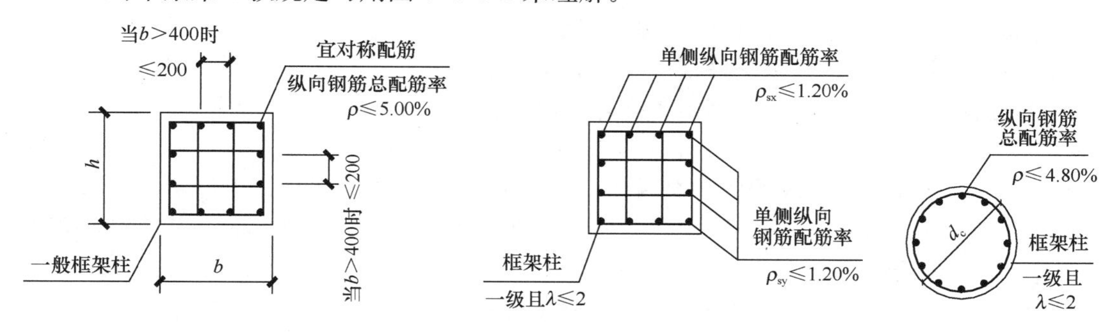

图 6.3.8-1 对称配筋　　图 6.3.8-2 单侧纵向钢筋　　图 6.3.8-3 圆形柱

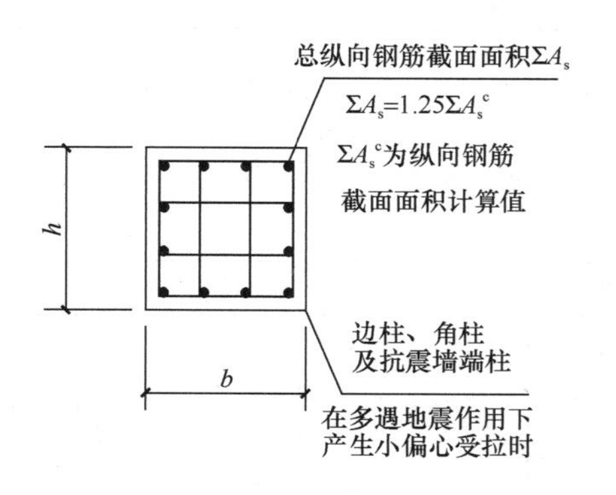

图 6.3.8-4 边角柱及端柱

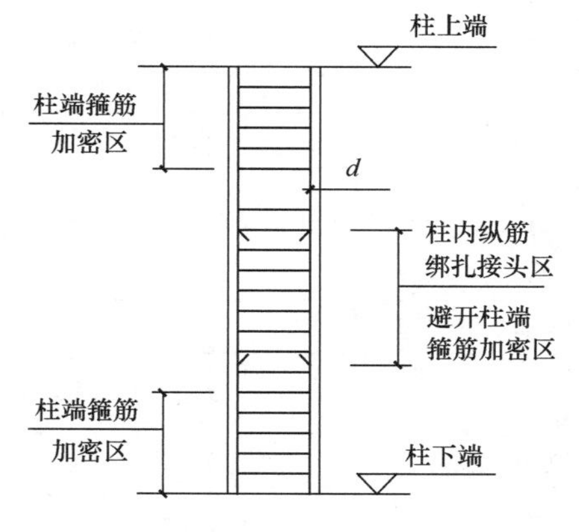

图 6.3.8-5 纵筋绑扎接头区

三、相关索引

1. 对偏心受拉情况的限制见第 6.2.7、6.2.11 条的相关规定。
2. 《混凝土标准》的相关规定见其第 11.4.13 条。
3. 《高规》的相关规定见其第 6.4.4 条。
4. 《混凝土通规》的相关规定见其第 4.4.9 条。

第 6.3.9 条

一、标准的规定

6.3.9 柱的箍筋配置，尚应符合下列要求：

1 柱的箍筋加密范围，应按下列规定采用：

1) 柱端，取截面高度（圆柱直径）、柱净高的 1/6 和 500mm 三者的最大值；

2) 底层柱的下端不小于柱净高的 1/3；

3) 刚性地面上下各 500mm；

4) 剪跨比不大于 2 的柱、因设置填充墙等形成的柱净高与柱截面高度之比不大于 4 的柱、框支柱、一级和二级框架的角柱，取全高。

2 柱箍筋加密区的箍筋肢距，一级不宜大于 200mm，二、三级不宜大于 250mm，四级不宜大于 300mm。至少每隔一根纵向钢筋宜在两个方向有箍筋或拉筋约束；采用拉筋复合箍时，拉筋宜紧靠纵向钢筋并钩住箍筋。

3 柱箍筋加密区的体积配箍率，应按下列规定采用：

1) 柱箍筋加密区的体积配箍率应符合下式要求：

$$\rho_v \geqslant \lambda_v f_c / f_{yv} \tag{6.3.9}$$

式中：ρ_v——柱箍筋加密区的体积配箍率，一级不应小于 0.8%，二级不应小于 0.6%，三、四级不应小于 0.4%；计算复合螺旋箍的体积配箍率时，其非螺旋箍的箍筋体积应乘以折减系数 0.80；

f_c——混凝土轴心抗压强度设计值，强度等级低于 C35 时，应按 C35 计算；

f_{yv}——箍筋或拉筋抗拉强度设计值；

λ_v——最小配箍特征值，宜按表 6.3.9 采用。

柱箍筋加密区的箍筋最小配箍特征值　　表 6.3.9

抗震等级	箍筋形式	柱轴压比								
		≤0.3	0.4	0.5	0.6	0.7	0.8	0.9	1.0	1.05
一	普通箍、复合箍	0.10	0.11	0.13	0.15	0.17	0.20	0.23	—	—
	螺旋箍、复合或连续复合矩形螺旋箍	0.08	0.09	0.11	0.13	0.15	0.18	0.21	—	—
二	普通箍、复合箍	0.08	0.09	0.11	0.13	0.15	0.17	0.19	0.22	0.24
	螺旋箍、复合或连续复合矩形螺旋箍	0.06	0.07	0.09	0.11	0.13	0.15	0.17	0.20	0.22
三、四	普通箍、复合箍	0.06	0.07	0.09	0.11	0.13	0.15	0.17	0.20	0.22
	螺旋箍、复合或连续复合矩形螺旋箍	0.05	0.06	0.07	0.09	0.11	0.13	0.15	0.18	0.20

注：普通箍指单个矩形箍和单个圆形箍，复合箍指由矩形、多边形、圆形箍或拉筋组成的箍筋；复合螺旋箍指由螺旋箍与矩形、多边形、圆形箍或拉筋组成的箍筋；连续复合矩形螺旋箍指用一根通长钢筋加工而成的箍筋。

2）框支柱宜采用复合螺旋箍或井字复合箍，其最小配箍特征值应比表 6.3.9 内数值增加 0.02，且体积配箍率不应小于1.5%。

3）剪跨比不大于 2 的柱宜采用复合螺旋箍或井字复合箍，其体积配箍率不应小于1.2%，9 度一级时不应小于1.5%。

4 柱箍筋非加密区的箍筋配置，应符合下列要求：

1）柱箍筋非加密区的体积配箍率不宜小于加密区的 50%。

2）箍筋间距，一、二级框架柱不应大于 10 倍纵向钢筋直径，三、四级框架柱不应大于 15 倍纵向钢筋直径。

二、对标准规定的理解

1. 二级抗震等级不应出现轴压比为 1.05 的情况，故表 6.3.9 中应删去相应数值，即 0.24 和 0.22。

2. 根据《混凝土通规》的规定，轴压比和配筋率均应取至小数点后两位，条文中各相关数据应修改。

3. 对本条第 1 款规定可用图 6.3.9-1～图 6.3.9-6 来理解。

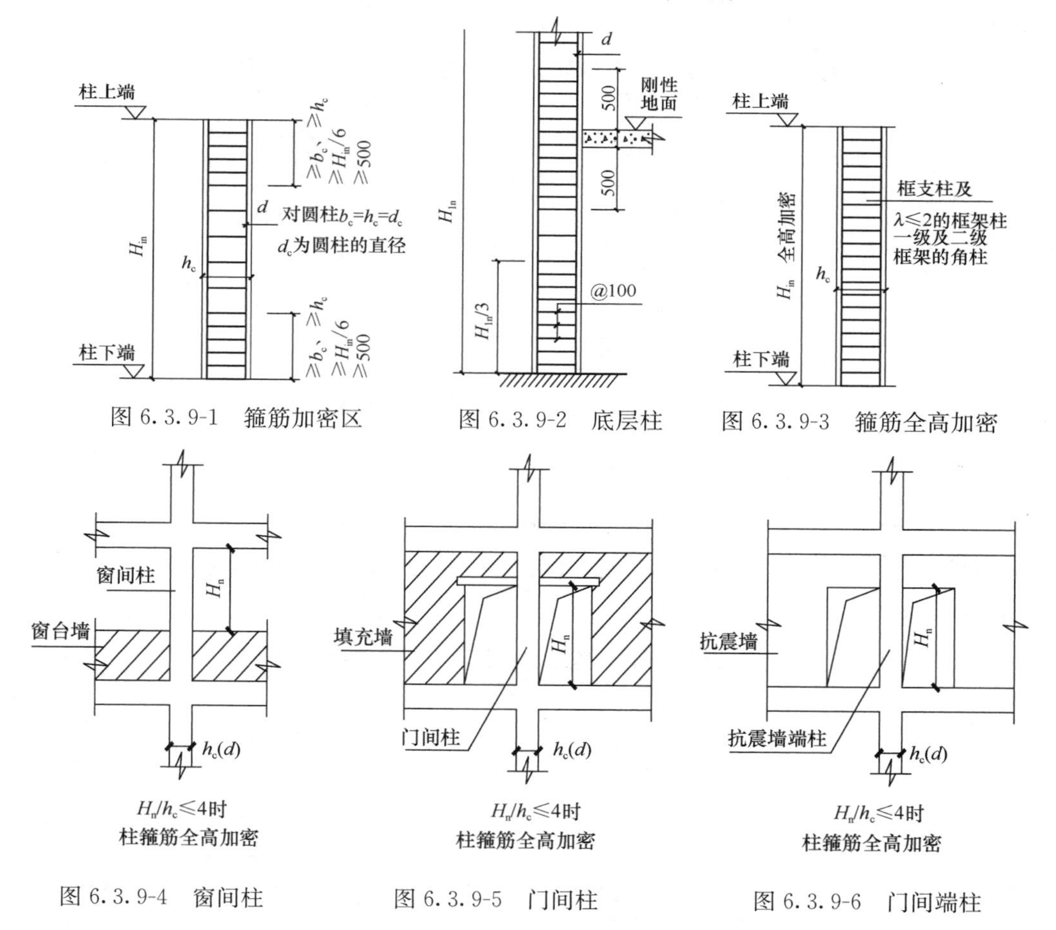

图 6.3.9-1 箍筋加密区　　图 6.3.9-2 底层柱　　图 6.3.9-3 箍筋全高加密

图 6.3.9-4 窗间柱　　图 6.3.9-5 门间柱　　图 6.3.9-6 门间端柱

4. 对本条第 2 款的规定可用图 6.3.9-7、图 6.3.9-8 来理解。“拉筋复合箍”指外圈为封闭箍筋，内部当无法设置封闭箍筋时可采用少量拉筋的情形（图 6.3.9-8）。

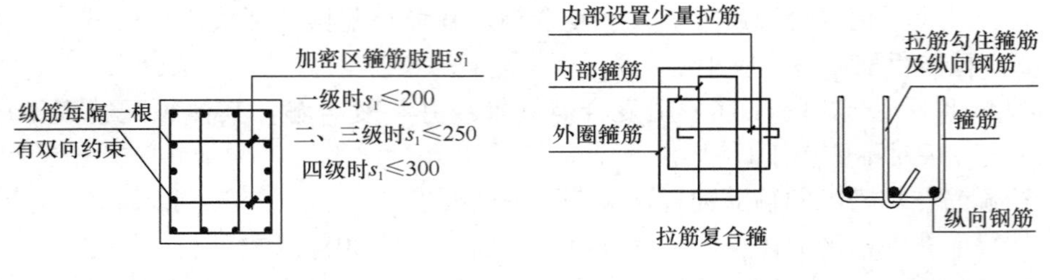

图 6.3.9-7 箍筋肢距　　　　图 6.3.9-8 拉筋复合箍

5. “复合螺旋箍”中的螺旋箍指采用同一根钢筋加工而成的箍筋（图 6.3.6-4），“连续复合矩形螺旋箍”中的连续螺旋箍，指采用同一根钢筋加工而成的，平面形状为矩形的螺旋箍筋。

1）本条第 3 款第 3 项的“9 度”应理解为本地区抗震设防烈度 9 度。

2）依据《高规》的规定，特一级框架柱箍筋加密区的箍筋最小配箍特征值比一级增加 0.02，特一级框支柱箍筋加密区的箍筋最小配箍特征值比一级增加 0.03。特一级框架柱、框支柱箍筋加密区的箍筋最小配箍特征值汇总见表 6.3.9-1。

特一级框架柱、框支柱箍筋加密区的箍筋最小配箍特征值　　表 6.3.9-1

情况	抗震等级	箍筋形式	柱轴压比						
			≤0.30	0.40	0.50	0.60	0.70	0.80	0.90
框架柱	特一级	井字复合箍	0.12	0.13	0.15	0.17	0.19	0.22	0.25
		复合或连续复合矩形螺旋箍	0.10	0.11	0.13	0.15	0.17	0.20	0.23
框支柱	特一级	井字复合箍	0.13	0.14	0.16	0.18	0.20	—	—
		复合或连续复合矩形螺旋箍	0.11	0.12	0.14	0.16	0.18	—	—
	一级	井字复合箍	0.12	0.13	0.15	0.17	0.19	—	—
		复合或连续复合矩形螺旋箍	0.10	0.11	0.13	0.15	0.17	—	—
	二级	井字复合箍	0.10	0.11	0.13	0.15	0.17	0.19	—
		复合或连续复合矩形螺旋箍	0.08	0.09	0.11	0.13	0.15	0.17	—

3）对应于各抗震等级不同轴压比时的柱端箍筋加密区最小体积配箍率汇总见表 6.3.9-2～表 6.3.9-8。

柱（特一级抗震等级）端箍筋加密区最小体积配箍率 ρ_v（%）　　表 6.3.9-2

箍筋形式	混凝土强度等级	柱轴压比						
		≤0.30	0.40	0.50	0.60	0.70	0.80	0.90
井字复合箍	≤C35	0.800	0.804	0.928	1.051	1.175	1.361	1.454
	C40	0.849	0.920	1.061	1.203	1.344	1.556	1.662
	C45	0.937	1.016	1.172	1.329	1.485	1.719	1.836
	C50	1.027	1.112	1.283	1.454	1.626	1.882	2.011
	C55	1.124	1.218	1.406	1.593	1.780	2.061	2.202
	C60	1.222	1.324	1.528	1.731	1.935	2.241	2.394
	C65	1.320	1.430	1.650	1.870	2.090	2.420	2.585
	C70	1.413	1.531	1.767	2.002	2.238	2.591	2.768

续表

箍筋形式	混凝土强度等级	柱轴压比						
		≤0.30	0.40	0.50	0.60	0.70	0.80	0.90
复合螺旋箍或连续复合螺旋箍	≤C35	0.800	0.800	0.804	0.928	1.051	1.237	1.330
	C40	0.800	0.800	0.920	1.061	1.203	1.415	1.521
	C45	0.800	0.860	1.016	1.172	1.329	1.563	1.680
	C50	0.855	0.941	1.112	1.283	1.454	1.711	1.839
	C55	0.937	1.031	1.218	1.406	1.593	1.874	2.015
	C60	1.019	1.120	1.324	1.528	1.731	2.037	2.190
	C65	1.100	1.210	1.430	1.650	1.870	2.200	2.365
	C70	1.178	1.296	1.531	1.767	2.002	2.356	2.532

注：1. 表中数值为HPB300钢筋的最小体积配箍率，当箍筋采用其他牌号钢筋时，需将表中数值乘以折减系数（采用HRB400时为0.75，采用HRB500时为0.62），但均不得小于0.80%。

2. 剪跨比不大于2的柱宜采用复合螺旋箍或井字复合箍，其体积配箍率不应小于1.20%，9度时不应小于1.50%。

3. 表中对应于轴压比0.90的数值，已按表6.3.6注4的规定，对轴压比限值增加0.15（即0.75+0.15=0.90）时，箍筋的体积配箍率取对应于轴压比为0.85（即0.75+0.10=0.85）的数值。

框支柱（特一级抗震等级）端箍筋加密区最小体积配箍率 ρ_v（%）　　表6.3.9-3

箍筋形式	混凝土强度等级	柱轴压比				
		≤0.30	0.40	0.50	0.60	0.70
井字复合箍	≤C35	1.600	1.600	1.600	1.600	1.600
	C40	1.600	1.600	1.600	1.600	1.600
	C45	1.600	1.600	1.600	1.600	1.600
	C50	1.600	1.600	1.600	1.600	1.711
	C55	1.600	1.600	1.600	1.687	1.874
	C60	1.600	1.600	1.630	1.833	2.037
	C65	1.600	1.600	1.760	1.980	2.200
	C70	1.600	1.649	1.884	2.120	2.356
复合螺旋箍或连续复合螺旋箍	≤C35	1.600	1.600	1.600	1.600	1.600
	C40	1.600	1.600	1.600	1.600	1.600
	C45	1.600	1.600	1.600	1.600	1.600
	C50	1.600	1.600	1.600	1.600	1.600
	C55	1.600	1.600	1.600	1.600	1.687
	C60	1.600	1.600	1.600	1.600	1.833
	C65	1.600	1.600	1.600	1.760	1.980
	C70	1.600	1.600	1.649	1.884	2.120

注：1. 表中数值为HPB300钢筋的最小体积配箍率，当箍筋采用其他牌号钢筋时，需将表中数值乘以折减系数（采用HRB400时为0.75，采用HRB500时为0.62），但均不得小于1.50%。

2. 当轴压比为0.75（即0.60+0.15=0.75）时，箍筋的体积配箍率取对应于轴压比为0.70（即0.60+0.10=0.70）的数值。

框支柱（一级抗震等级）端箍筋加密区最小体积配箍率 ρ_v（%）　　表 6.3.9-4

箍筋形式	混凝土强度等级	柱轴压比				
		≤0.30	0.40	0.50	0.60	0.70
井字复合箍	≤C35	1.500	1.500	1.500	1.500	1.500
	C40	1.500	1.500	1.500	1.500	1.500
	C45	1.500	1.500	1.500	1.500	1.500
	C50	1.500	1.500	1.500	1.500	1.625
	C55	1.500	1.500	1.500	1.593	1.780
	C60	1.500	1.500	1.528	1.731	1.935
	C65	1.500	1.500	1.650	1.870	2.090
	C70	1.500	1.531	1.767	2.002	2.238
复合螺旋箍或连续复合螺旋箍	≤C35	1.500	1.500	1.500	1.500	1.500
	C40	1.500	1.500	1.500	1.500	1.500
	C45	1.500	1.500	1.500	1.500	1.500
	C50	1.500	1.500	1.500	1.500	1.500
	C55	1.500	1.500	1.500	1.500	1.593
	C60	1.500	1.500	1.500	1.528	1.731
	C65	1.500	1.500	1.500	1.650	1.870
	C70	1.500	1.500	1.531	1.767	2.002

注：1. 表中数值为 HPB300 钢筋的最小体积配箍率，当箍筋采用其他牌号钢筋时，需将表中数值乘以折减系数（采用 HRB400 时为 0.75，采用 HRB500 时为 0.62），但均不得小于 1.50%。
2. 当轴压比为 0.75（即 0.60＋0.15＝0.75）时，箍筋的体积配箍率取对应于轴压比为 0.70（即 0.60＋0.10＝0.70）的数值。

框支柱（二级抗震等级）端箍筋加密区最小体积配箍率 ρ_v（%）　　表 6.3.9-5

箍筋形式	混凝土强度等级	柱轴压比					
		≤0.30	0.40	0.50	0.60	0.70	0.80
井字复合箍	≤C35	1.500	1.500	1.500	1.500	1.500	1.500
	C40	1.500	1.500	1.500	1.500	1.500	1.500
	C45	1.500	1.500	1.500	1.500	1.500	1.500
	C50	1.500	1.500	1.500	1.500	1.500	1.625
	C55	1.500	1.500	1.500	1.500	1.593	1.780
	C60	1.500	1.500	1.500	1.528	1.731	1.935
	C65	1.500	1.500	1.500	1.650	1.870	2.090
	C70	1.500	1.500	1.531	1.767	2.002	2.238
复合螺旋箍或连续复合螺旋箍	≤C35	1.500	1.500	1.500	1.500	1.500	1.500
	C40	1.500	1.500	1.500	1.500	1.500	1.500
	C45	1.500	1.500	1.500	1.500	1.500	1.500
	C50	1.500	1.500	1.500	1.500	1.500	1.500
	C55	1.500	1.500	1.500	1.500	1.500	1.593
	C60	1.500	1.500	1.500	1.500	1.528	1.731
	C65	1.500	1.500	1.500	1.500	1.650	1.870
	C70	1.500	1.500	1.500	1.531	1.767	2.002

注：1. 表中数值为 HPB300 钢筋的最小体积配箍率，当箍筋采用其他牌号钢筋时，需将表中数值乘以折减系数（采用 HRB400 时为 0.75，采用 HRB500 时为 0.62），但均不得小于 1.50%。
2. 当轴压比为 0.85（即 0.70＋0.15＝0.85）时，箍筋的体积配箍率取对应于轴压比为 0.80（即 0.70＋0.10＝0.80）的数值。

柱（一级抗震等级）端箍筋加密区最小体积配箍率 ρ_v（%）　　表 6.3.9-6

箍筋形式	混凝土强度等级	柱轴压比						
		≤0.30	0.40	0.50	0.60	0.70	0.80	0.90
普通箍 复合箍	≤C35	0.800	0.800	0.804	0.928	1.051	1.237	1.330
	C40	0.800	0.800	0.920	1.061	1.203	1.415	1.521
	C45	0.800	0.860	1.016	1.172	1.329	1.563	1.680
	C50	0.856	0.941	1.112	1.283	1.454	1.711	1.839
	C55	0.937	1.031	1.218	1.406	1.593	1.874	2.015
	C60	1.019	1.120	1.324	1.528	1.731	2.037	2.190
	C65	1.100	1.210	1.430	1.650	1.870	2.200	2.365
	C70	1.178	1.296	1.598	1.844	2.090	2.459	2.532
螺旋箍 复合螺旋箍 或连续复合 螺旋箍	≤C35	0.800	0.800	0.800	0.804	0.928	1.113	1.206
	C40	0.800	0.800	0.800	0.920	1.061	1.273	1.379
	C45	0.800	0.800	0.860	1.016	1.172	1.407	1.524
	C50	0.800	0.800	0.941	1.112	1.283	1.540	1.668
	C55	0.800	0.843	1.031	1.218	1.406	1.687	1.827
	C60	0.815	0.917	1.120	1.324	1.528	1.833	1.986
	C65	0.880	0.990	1.210	1.430	1.650	1.980	2.145
	C70	0.942	1.060	1.296	1.531	1.767	2.120	2.297

注：1. 表中数值为 HPB300 钢筋的最小体积配箍率，当箍筋采用其他牌号钢筋时，需将表中数值乘以折减系数（采用 HRB400 时为 0.75，采用 HRB500 时为 0.62），但均不得小于 0.80%。

2. 剪跨比不大于 2 的柱宜采用复合螺旋箍或井字复合箍，其体积配箍率不应小于 1.20%，9 度时不应小于 1.50%。

3. 表中对应于轴压比 0.90 的数值，已按表 6.3.6 注 4 的规定，对轴压比限值增加 0.15（即 0.75+0.15=0.90）时，箍筋的体积配箍率取对应于轴压比为 0.85（即 0.75+0.10=0.85）的数值。

柱（二级抗震等级）端箍筋加密区最小体积配箍率 ρ_v（%）　　表 6.3.9-7

箍筋形式	混凝土强度等级	柱轴压比							
		≤0.30	0.40	0.50	0.60	0.70	0.80	0.90	1.00
普通箍 复合箍	≤C35	0.600	0.600	0.680	0.804	0.928	1.051	1.175	1.268
	C40	0.600	0.637	0.778	0.920	1.061	1.203	1.344	1.450
	C45	0.625	0.703	0.860	1.016	1.172	1.329	1.485	1.602
	C50	0.684	0.770	0.941	1.112	1.283	1.454	1.626	1.754
	C55	0.750	0.843	1.031	1.218	1.406	1.593	1.780	1.921
	C60	0.815	0.917	1.120	1.324	1.528	1.731	1.935	2.088
	C65	0.880	0.990	1.210	1.430	1.650	1.870	2.090	2.255
	C70	0.942	1.060	1.296	1.531	1.767	2.002	2.238	2.414

续表

箍筋形式	混凝土强度等级	柱轴压比							
		≤0.30	0.40	0.50	0.60	0.70	0.80	0.90	1.00
螺旋箍复合螺旋箍或连续复合螺旋箍	≤C35	0.600	0.600	0.600	0.680	0.804	0.928	1.051	1.144
	C40	0.600	0.600	0.637	0.778	0.920	1.061	1.203	1.309
	C45	0.600	0.600	0.703	0.860	1.016	1.172	1.329	1.446
	C50	0.600	0.600	0.770	0.941	1.112	1.283	1.454	1.583
	C55	0.600	0.656	0.843	1.031	1.218	1.406	1.593	1.734
	C60	0.611	0.713	0.917	1.120	1.324	1.528	1.731	1.884
	C65	0.660	0.770	0.990	1.210	1.430	1.650	1.870	2.035
	C70	0.707	0.824	1.060	1.296	1.531	1.767	2.002	2.179

注：1. 表中数值为HPB300钢筋的最小体积配箍率，当箍筋采用其他牌号钢筋时，需将表中数值乘以折减系数（采用HRB400时为0.75，采用HRB500时为0.62），但均不得小于0.60%。
2. 剪跨比不大于2的柱宜采用复合螺旋箍或井字复合箍，其体积配箍率不应小于1.20%。
3. 表中对应于轴压比1.00的数值，已按表6.3.6注4的规定，对轴压比限值增加0.15（即0.85+0.15=1.00）时，箍筋的体积配箍率取对应于轴压比为0.95（即0.85+0.10=0.95）的数值。

柱（三、四级抗震等级）端箍筋加密区最小体积配箍率 ρ_v（%）　　表6.3.9-8

箍筋形式	混凝土强度等级	柱轴压比								
		≤0.30	0.40	0.50	0.60	0.70	0.80	0.90	1.00	1.05
普通箍复合箍	≤C35	0.400	0.433	0.557	0.680	0.804	0.928	1.051	1.237	1.361
	C40	0.424	0.495	0.637	0.778	0.920	1.061	1.203	1.415	1.556
	C45	0.469	0.547	0.703	0.860	1.016	1.172	1.329	1.563	1.719
	C50	0.513	0.599	0.770	0.941	1.112	1.283	1.454	1.711	1.882
	C55	0.562	0.656	0.843	1.031	1.218	1.406	1.593	1.874	2.061
	C60	0.611	0.713	0.917	1.120	1.324	1.528	1.731	2.037	2.241
	C65	0.660	0.770	0.990	1.210	1.430	1.650	1.870	2.200	2.420
	C70	0.706	0.824	1.060	1.296	1.531	1.767	2.002	2.356	2.591
螺旋箍复合螺旋箍或连续复合螺旋箍	≤C35	0.400	0.400	0.433	0.557	0.680	0.804	0.928	1.113	1.237
	C40	0.400	0.424	0.495	0.636	0.778	0.920	1.061	1.273	1.415
	C45	0.400	0.469	0.547	0.703	0.860	1.016	1.172	1.407	1.563
	C50	0.429	0.513	0.599	0.770	0.941	1.112	1.283	1.540	1.711
	C55	0.469	0.562	0.656	0.843	1.031	1.218	1.406	1.687	1.874
	C60	0.509	0.611	0.713	0.917	1.120	1.324	1.528	1.833	2.037
	C65	0.550	0.660	0.770	0.990	1.210	1.430	1.650	1.980	2.200
	C70	0.589	0.707	0.824	1.060	1.296	1.531	1.767	2.120	2.356

注：1. 表中数值为HPB300钢筋的最小体积配箍率，当箍筋采用其他牌号钢筋时，需将表中数值乘以折减系数（采用HRB400时为0.75，采用HRB500时为0.62），但均不得小于0.40%。
2. 剪跨比不大于2的柱宜采用复合螺旋箍或井字复合箍，其体积配箍率不应小于1.20%。

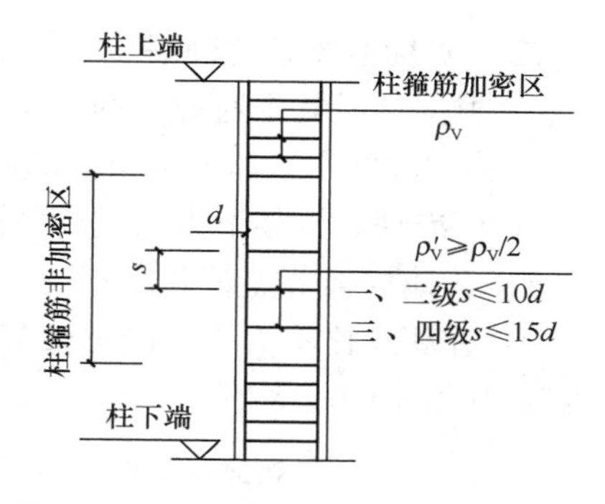

图 6.3.9-9　非加密区箍筋

6. 对本条第 4 款的规定可用图 6.3.9-9 来理解。

三、结构设计的相关问题

1. 标准规定抗震墙端柱当满足其相关规定时，应符合框架柱的要求，因此，应考虑抗震墙开洞对端柱的影响。

2. 标准未给出柱体积配箍率 ρ_v 的计算公式，设计中对箍筋范围内混凝土核心面积的取值标准各不相同。

四、结构设计建议

1. 抗震墙开洞对端柱的影响，可参考填充墙对框架柱的影响。对抗震墙开洞等形成的端柱净高 H_n 与柱截面高度 h_c 之比不大于 4 的柱（图 6.3.9-6），箍筋沿端柱全高加密，其他应满足端柱设计要求。

2. 当为矩形柱截面时，应特别注意箍筋计算的方向性问题，避免出现计算差错。

3. 箍筋的体积配箍率 ρ_v 可按下式计算。对复合箍重叠部分的箍筋体积应根据工程经验确定，当无可靠工程经验时，应扣除重叠箍筋。

1）普通箍筋及复合箍筋（图 6.3.9-10）

$$\rho_v = \frac{n_1 A_{s1} l_1 + n_2 A_{s2} l_2 + n_3 A_{s3} l_3}{A_{cor} s} \tag{6.3.9-1}$$

2）螺旋箍筋

$$\rho_v = \frac{4A_{ss1}}{d_{cor} s} \tag{6.3.9-2}$$

式中：$n_1 A_{s1} l_1 \sim n_3 A_{s3} l_3$——分别为沿 1～3 方向（图 6.3.9-10）的箍筋肢数、肢面积及肢长（肢长为中到中长度，复合箍中重叠肢长宜扣除）；

A_{cor}、d_{cor}——分别为普通箍筋或复合箍筋范围内及螺旋箍筋范围内最大的混凝土核心面积和核心直径（计算至箍筋内表面）；

s——箍筋沿柱高度方向的间距；

A_{ss1}——螺旋箍筋的单肢面积。

五、相关索引

1.《混凝土标准》的相关规定见其第 11.4.15、11.4.17、11.4.18 条。

2.《高规》的相关规定见其第 3.10.2、6.4.6、6.4.7、6.4.8 条。

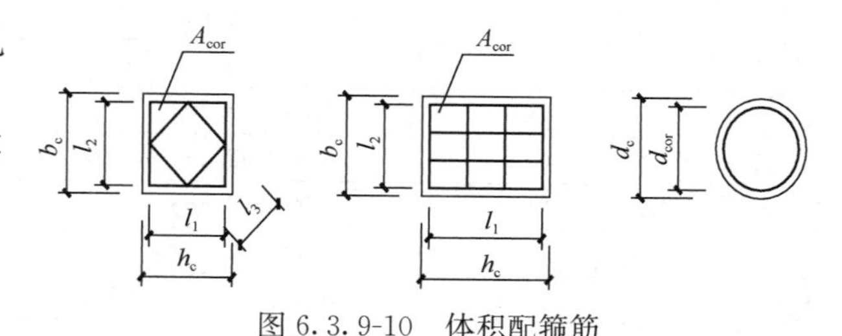

图 6.3.9-10　体积配箍筋

第 6.3.10 条

一、标准的规定

6.3.10　框架节点核芯区箍筋的最大间距和最小直径宜按本规范第 6.3.7 条采用；一、二、三级框架节点核芯区配箍特征值分别不宜小于 0.12、0.10 和 0.08，且体积配箍率分别不宜小于0.6%、0.5%和0.4%。柱剪跨比不大于 2 的框架节点核芯区，体积配箍率不宜小于核芯区上、下柱端的较大体积配箍率。

二、对标准规定的理解

1. 根据《混凝土通规》的规定，配筋率应取至小数点后两位，即条文中的“0.6%”应修改为“0.60”，“0.5%”应修改为“0.50%”，“0.4%”应修改为“0.40%”。

2. 标准规定框架节点的配箍特征值 λ_v 和体积配箍率 ρ_v 可区别下列不同情况考虑：

1）普通框架节点核芯区相关数值要求（表 6.3.10-1）；

2）柱剪跨比不大于 2 的框架节点核芯区的配箍特征值，不宜小于核芯区上、下柱端配箍特征值中的较大值。

普通框架节点核芯区配箍特征值 λ_v 及体积配箍率 $\rho_{v.min}$（%）　　表 6.3.10-1

抗震等级	λ_v	混凝土强度等级							
		≤C35	C40	C45	C50	C55	C60	C65	C70
一级	0.12	0.742	0.849	0.938	1.027	1.124	1.222	1.320	1.413
二级	0.10	0.619	0.707	0.781	0.856	0.937	1.019	1.100	1.178
三级	0.08	0.495	0.566	0.625	0.684	0.750	0.815	0.880	0.942

注：1. 表中数值按 HPB300 钢筋计算，当采用 HRB400 钢筋和 HRB500 钢筋时，可将表中系数分别乘以 0.75 和 0.62，但 $\rho_{v.min}$（%）分别不宜小于 0.60（一级）、0.50（二级）和 0.40（三级）；

2. 节点区的最小配箍特征值与柱端相比相当于轴压比为 0.45（对应于采用普通箍、复合箍）、0.55（对应于采用螺旋箍、复合或连续复合矩形螺旋箍）时的配箍特征值。

三、结构设计的相关问题

1. 标准未规定四级框架节点的配箍特征值和体积配箍率，可理解为按三级框架节点考虑。

2. 标准未规定框支结构框架节点的配箍特征值和体积配箍率，可理解为按普通框架节点考虑。标准的本条规定，造成框支柱端与其节点的体积配箍率差异很大。

1）表 6.3.10-1 与表 6.3.9-2、表 6.3.9-6～表 6.3.9-8 比较结果见表 6.3.10-2。

框架柱柱端与节点核芯区体积配箍率比较　　表 6.3.10-2

抗震等级	混凝土强度等级	框架柱柱端最小体积配箍率 ρ_{v1}（%）	框架节点核芯区最小体积配箍率 ρ_{v2}（%）	ρ_{v2}/ρ_{v1}
特一级	≤C35	0.800～1.454	0.742	0.928～0.510
	C40	0.849～1.662	0.849	
	C45	0.937～1.836	0.938	
	C50	1.027～2.011	1.027	
	C55	1.124～2.202	1.124	
	C60	1.222～2.394	1.222	
	C65	1.320～2.585	1.320	
	C70	1.413～2.768	1.413	
一级	≤C35	0.800～1.330	0.742	0.928～0.558
	C40	0.800～1.521	0.849	
	C45	0.800～1.680	0.938	
	C50	0.856～1.839	1.027	
	C55	0.937～2.015	1.124	
	C60	1.109～2.190	1.222	
	C65	1.100～2.365	1.320	
	C70	1.178～2.532	1.413	

续表

抗震等级	混凝土强度等级	框架柱柱端最小体积配箍率 ρ_{v1}（%）	框架节点核芯区最小体积配箍率 ρ_{v2}（%）	ρ_{v2}/ρ_{v1}
二级	≤C35	0.600～1.268	0.619	1.032～0.488
	C40	0.600～1.450	0.707	
	C45	0.625～1.602	0.781	
	C50	0.684～1.754	0.856	
	C55	0.750～1.921	0.937	
	C60	0.815～2.088	1.019	
	C65	0.880～2.255	1.100	
	C70	0.942～2.414	1.178	
三级	≤C35	0.400～1.361	0.495	1.238～0.364
	C40	0.424～1.556	0.566	
	C45	0.469～1.719	0.625	
	C50	0.513～1.882	0.684	
	C55	0.562～2.061	0.750	
	C60	0.611～2.241	0.815	
	C65	0.660～2.420	0.880	
	C70	0.706～2.591	0.942	

2）表 6.3.10-1 与表 6.3.9-3～表 6.3.9.5 比较结果见表 6.3.10-3。

框支柱柱端与节点核芯区体积配箍率比较　　表 6.3.10-3

抗震等级	混凝土强度等级	框支柱柱端体积配箍率 ρ_{v1}（%）	框支节点核芯区体积配箍率 ρ_{v2}（%）	ρ_{v2}/ρ_{v1}
特一级	≤C35	1.500	0.742	0.495
	C40	1.500	0.849	0.566
	C45	1.500～1.563	0.938	0.625～0.600
	C50	1.500～1.711	1.027	0.685～0.600
	C55	1.500～1.874	1.124	0.749～0.600
	C60	1.500～2.037	1.222	0.815～0.600
	C65	1.500～2.200	1.320	0.880～0.600
	C70	1.530～2.356	1.413	0.924～0.600
一级	≤C35	1.500	0.742	0.495
	C40	1.500	0.849	0.566
	C45	1.500	0.938	0.625
	C50	1.500～1.625	1.027	0.685～0.632
	C55	1.500～1.780	1.124	0.749～0.632
	C60	1.500～1.935	1.222	0.815～0.632
	C65	1.500～2.090	1.320	0.880～0.632
	C70	1.500～2.238	1.413	0.942～0.632

续表

抗震等级	混凝土强度等级	框支柱柱端体积配箍率 ρ_{v1}（%）	框支节点核芯区体积配箍率 ρ_{v2}（%）	ρ_{v2}/ρ_{v1}
二级	≤C35	1.500	0.495	0.330
	C40	1.500	0.566	0.377
	C45	1.500	0.625	0.417
	C50	1.500	0.684	0.456
	C55	1.500～1.593	0.750	0.500～0.471
	C60	1.500～1.731	0.815	0.543～0.471
	C65	1.500～1.870	0.880	0.587～0.471
	C70	1.500～2.002	0.942	0.628～0.471

3）通过上述比较不难发现下列几点：

（1）标准对框架节点的箍筋设置要求为相当于轴压比 0.45（对应于采用普通箍、复合箍）、0.55（对应于采用螺旋箍、复合或连续复合矩形螺旋箍）时的最小体积配箍率，即当小于上述轴压比时，节点区的最小体积配箍率要大于相应的柱端配箍率要求；大于上述轴压比时，节点区的最小体积配箍率要小于相应的柱端配箍率要求，使小轴压比时节点配箍得以加强而大轴压比时却减小节点配箍，与结构设计的一般原则有差别。

（2）当抗震等级为一级、二级和三级时，其节点区的体积配箍率仅相当于柱端最小体积配箍率的 55.8%、48.8%和 36.4%。

（3）考虑框支框架的特殊受力特性，对框支框架节点的体积配箍率不作提高要求，即：对框支框架其框支柱端与框支框架节点的箍筋体积配箍率的配置要求不同步，框支柱比普通框架柱的最小体积配箍率提高 12%以上，而框支框架的节点最小体积配箍率不作相应的提高，加剧了框支框架的框支柱端与节点区体积配箍率的差异。

四、结构设计建议

鉴于对标准要求的上述理解，对结构设计提出下列建议。

1. 有条件时，应适当加大框支框架节点核芯区的体积配箍率，以避免框架柱端与核芯区最小体积配箍率出现较大的差异，考虑标准规定的各级框支框架柱端体积配箍率要大于相应抗震等级时的框架柱端，为此建议框支框架节点核芯区的箍筋体积配箍率可比相应抗震等级的框架柱核芯区箍筋的体积配箍率提高 10%，特一级比一级增加 20%，相关数值见表 6.3.10-4。

框支框架节点核芯区的体积配箍率（建议值）ρ_{vmin}（%）　　表 6.3.10-4

抗震等级	混凝土强度等级							
	≤C35	C40	C45	C50	C55	C60	C65	C70
特一级	0.980	1.121	1.238	1.356	1.484	1.613	1.743	1.869
一级	0.816	0.934	1.032	1.130	1.237	1.344	1.452	1.558
二级	0.681	0.778	0.859	0.942	1.031	1.121	1.210	1.296
三级	0.545	0.623	0.688	0.753	0.825	0.897	0.968	1.036

注：表中数值按 HPB300 钢筋计算，当采用 HRB400 钢筋和 HRB500 钢筋时，可将表中系数分别乘以 0.70 和 0.62，但 $\rho_{v.min}$（%）分别不宜小于 0.70（特一级）、0.60（一级）、0.50（二级）和 0.40（三级）。

2. 应特别注意，柱剪跨比不大于 2 的框架节点核芯区配箍特征值宜取核芯区上、下柱端的较大配箍特征值。

五、相关索引

1.《混凝土标准》的相关规定见其第 11.6.8 条。

2.《高规》的相关规定见其第 6.4.10 条。

6.4　抗震墙结构的基本抗震构造措施

要点：

1. 本节内容为抗震墙结构设计的重要内容之一，也是《抗震标准》的重点内容，是结构设计中问题相对较多的一块；涉及的主要内容有：抗震墙约束边缘构件和构造边缘构件等。

2. 抗震墙结构的耗能能力为同样高度框架结构的 20 倍左右，抗震墙还具有大震下“裂而不倒”及震后易于修复的特点。

3. 当抗震墙结构中只有很少量的框架柱时，可确定为少量框架柱的抗震墙结构（结构体系的划分原则见第 6.1.3 条及《高规》第 8.1.3 条第 1 款），少量框架柱的抗震墙结构属于抗震墙结构的一种特殊形式，房屋适用的最大高度可按框架-抗震墙结构确定，对抗震墙及框架进行包络设计，并应注意以下几点：

1）带少量框架柱的抗震墙结构，其结构体系仍属于抗震墙结构。

2）抗震墙的抗震等级按纯抗震墙结构确定；框架柱的抗震等级按框架-抗震墙结构中的框架确定。

3）结构分析分两步［抗震墙及框架的抗震等级按上述 2）确定］。

（1）对框架柱按特殊构件处理，不考虑框架柱的抗侧作用，框架柱只承担竖向荷载（在程序计算中可对框架柱点铰处理），可不考虑对框架柱的剪力调整。

（2）按框架-抗震墙结构计算，考虑框架柱的 $0.2Q_0$ 调整（应按 $1.5V_{fmax}$ 调整）。

按上述两步计算的大值对抗震墙及框架柱进行包络设计（图 6.4.0-1）。

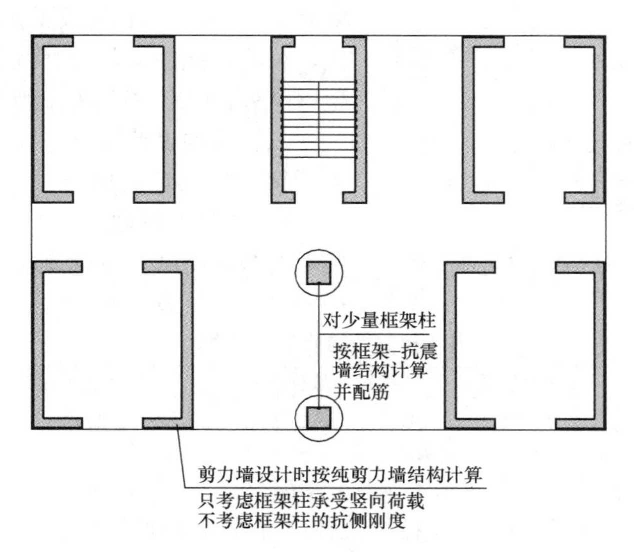

图 6.4.0-1　对少量框架柱的抗震墙结构的包络设计

第 6.4.1 条

一、标准的规定

6.4.1　抗震墙的厚度，一、二级不应小于 160mm 且不宜小于层高或无支长度的 1/20，三、四级不应小于 140mm 且不宜小于层高或无支长度的 1/25；无端柱或翼墙时，一、二级不宜小于层高或无支长度的 1/16，三、四级不宜小于层高或无支长度的 1/20。

底部加强部位的墙厚，一、二级不应小于 200mm 且不宜小于层高或无支长度的 1/16，三、四级不应小于 160mm 且不宜小于层高或无支长度的 1/20；无端柱或翼墙时，一、二级不宜小于层高或无支长度的 1/12，三、四级不宜小于层高或无支长度的 1/16。

二、对标准规定的理解

1. 标准的上述规定可用表 6.4.1-1 来理解。

抗震墙最小厚度　　**表 6.4.1-1**

抗震等级	情况	抗震墙最小厚度（mm）		说明
		底部加强部位	其他部位	
一、二级（高层建筑）	端部有端柱或翼墙	200mm，$L/16$	160mm，$L/20$	L 为层高或抗震墙的无支长度
	端部无端柱或翼墙	200mm，$L/12$	160mm，$L/16$	
三、四级（多层建筑）	端部有端柱或翼墙	160mm，$L/20$	140mm，$L/25$	
	端部无端柱或翼墙	160mm，$L/16$	140mm，$L/20$	

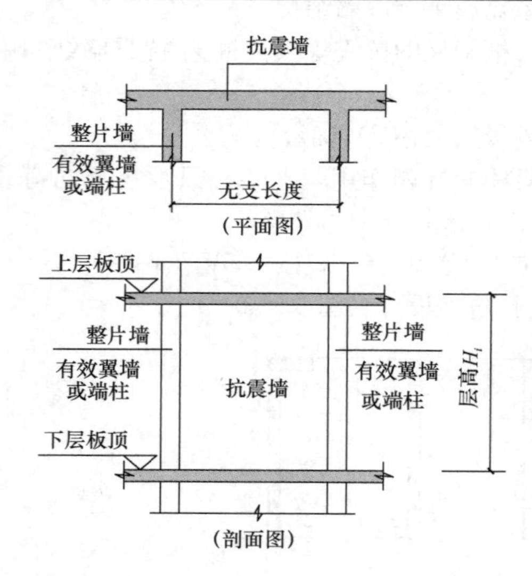

图 6.4.1-1　抗震墙的层高与无支长度

2.“底部加强部位”见第 6.1.10 条规定。

3. 抗震墙的“无支长度”指沿抗震墙长度方向平面外两道有效横向支撑墙（正交或斜交的整片墙、有效翼墙或端柱等）之间的距离，见图 6.4.1-1（两侧无现浇楼板的电梯间墙，应按无支长度验算墙的稳定）。

4.“无端柱或翼墙”应理解为无端柱或无有效翼墙，这里不考虑无效翼墙（图 6.4.1-4）的作用，而是指墙的两端（含大洞口两端，不包括其他洞口两端）为一字形的矩形截面。

三、结构设计建议

1. 对抗震墙的划分

1）各类墙肢截面高宽比 h_w/b_w（h_w 为抗震墙的截面高度，也就是墙的长度，b_w 为抗震墙的厚度）见表 6.4.1-2。

各类抗震墙的墙截面高宽比　　**表 6.4.1-2**

抗震墙分类	一般抗震墙	短肢抗震墙	超短肢抗震墙	柱形墙肢
抗震墙截面高宽比	$h_w/b_w>8$	$8\geqslant h_w/b_w>4$	$4\geqslant h_w/b_w>3$	$h_w/b_w\leqslant 3$

注：表中“超短肢抗震墙”“柱形墙肢”是编者为便于区分不同情况而划分的。

2）依据《混凝土标准》第 9.4.1 条规定，$h_w/b_w>4$ 时，宜按墙进行设计。《高规》第 7.1.7 条规定当 $h_w/b_w\leqslant 4$ 时，“宜按框架柱进行截面设计”（注意，“截面设计”指抗力计算，效应计算时仍按墙考虑）。

3）对于 $h_w/b_w \leqslant 3$ 的抗震墙墙肢的理解见第 6.4.6 条。

4）依据《高规》第 7.1.8 条规定，短肢抗震墙指截面厚度不大于 300mm，各肢截面高度 h_w 与厚度 b_w 之比 h_w/b_w 的最大值大于 4 但不大于 8 的抗震墙（$8 \geqslant h_w/b_w > 4$）。

注意，《高规》强调所有墙肢中 h_w/b_w 的最大值，即对 L 形、T 形、十字形抗震墙只要有一肢为一般抗震墙时，整个墙肢就可以不划分为短肢抗震墙。编者认为这一规定的合理性值得探讨。《高规》第 7.1.8 条条文说明指出，短肢抗震墙沿建筑高度可能有较多楼层的墙肢会出现反弯点，受力特性接近异形柱。而《高规》按所有墙肢中最大 h_w/b_w 来判定短肢抗震墙的规定，并没有从根本上改变较短墙肢的异形柱特性。编者建议，实际工程中仍应按互为翼墙的理念，以墙肢为基本判别单元。实际工程中，短肢抗震墙又可分为一字形短肢抗震墙和带翼墙（翼墙长度$\geqslant 3b_w$ 时）短肢抗震墙两种。墙肢厚度不大于 500mm 时，对墙肢截面厚度 $b_w \geqslant H/15$（H 为层高）、$b_w \geqslant 300$mm 且 $h_w \geqslant 2000$mm 的墙，可不按短肢抗震墙考虑；墙厚大于 500mm 时，$h_w/b_w \geqslant 4$ 的墙可定义为一般抗震墙，见表 6.4.1-3。

一般抗震墙的定义　　　　**表 6.4.1-3**

情况	一般	$b_w \leqslant 500$mm	$b_w > 500$mm
条件	$h_w/b_w > 8$	$b_w \geqslant H/15$，$b_w \geqslant 300$mm，$h_w \geqslant 2000$mm	$h_w/b_w \geqslant 4$

注意，现行广东省标准《高层建筑混凝土结构技术规程》DBJ/T 15—92 第 7.1.8 条的条文说明指出："将截面长厚比不大于 8 作为短肢剪力墙与一般剪力墙分界点时有矛盾发生，例如，有一截面厚度为 200mm、截面长度为 1650mm 的剪力墙，按截面长厚比不大于 8 来判断，它是一般剪力墙；当墙厚加厚至 250mm 时，却算作短肢剪力墙，设计反而要加强，明显不合理。"

5）强连梁（连梁的净跨度与连梁截面高度的比值不大于 2.5，且连梁截面高度不小于 400mm）的连肢墙（洞口位置见图 6.1.9-2，洞高不宜大于层高的 0.5 倍，不应大于层高的 0.8 倍），可不判定为短肢抗震墙。

6）判断是否为短肢抗震墙的基本依据是墙肢的高宽比（h_w/b_w），同时应注意互为翼墙的概念。有效翼墙可提高抗震墙墙肢的稳定性能，但不能改变墙肢的短肢抗震墙属性。以 L 形墙肢为例说明如下。

【例 6.4.1-1】 竖向墙肢（墙肢 A）厚度为 200mm，水平向墙肢（墙肢 B）厚度为 180mm，墙肢 A 总长度为 1800mm，墙肢 B 总长度为 900mm（图 6.4.1-2）。判别墙肢是否为短肢抗震墙。

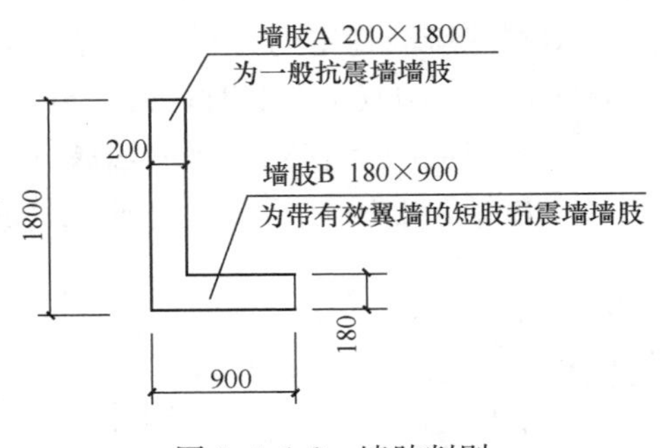

图 6.4.1-2　墙肢判别

当考察墙肢 A 时，$h_w/b_w = 1800/200 = 9 > 8$，墙肢 A 为带有效翼墙的一般抗震墙墙肢。当考察墙肢 B 时，$h_w/b_w = 900/180 = 5 < 8$，为短肢抗震墙；其翼墙为 $1800/180 = 10 > 3$，为有效翼墙，即墙肢 B 为带有效翼墙的短肢抗震墙墙肢。

7）实际工程中，为迎合建设单位控制结构混凝土用量及钢筋用量的要求，常有设计单位不区分工程的具体情况，对较高的高层建筑，机械地控制抗震墙截面的高宽比（h_w/b_w），如将 200mm 厚抗震墙的墙肢长度控制在 1650mm 或 1700mm，以避免出现短肢抗震墙。其实，这种做法不仅违背抗震墙结构设计的基本原则，同时由于墙肢两端需要设置边缘构件，连梁配筋也大于墙体配筋，因此，结构设计的经济性也不见得好（加上墙体开洞处需要采用砌体填充墙）。在抗震墙结构尤其是高度较大（如房屋高度不小于 80m）的抗震墙结构中，应尽量采用一般抗震墙，以提高结构的抗震性能，并降低房屋的综合造价。

8）对地下室墙肢，如果对应的地上墙肢为一般抗震墙（墙厚为 b_w，墙长为 h_w），由于地下室层高的原因而需加厚抗震墙的厚度（至 b_{w0}），导致不满足一般抗震墙的宽厚比要求，此时应根据不同情况区别对待：

（1）当以墙厚为 b_w、墙长为 h_w 按《高规》附录 D 验算，满足抗震墙墙肢的稳定要求时，该墙肢（墙厚为 b_{w0}，墙长为 h_w）可不按短肢抗震墙设计。

（2）当以墙厚为 b_w、墙长为 h_w 按《高规》附录 D 验算，不满足抗震墙墙肢的稳定要求时，该墙肢（墙厚为 b_{w0}，墙长为 h_w）应按短肢抗震墙设计。

2. 对有效翼墙的判别

1）对抗震墙有效翼墙的判定，《抗震标准》第 6.4.5 条规定“抗震墙的翼墙长度小于其 3 倍厚度或端柱截面边长小于 2 倍墙厚时，按无翼墙、无端柱查表”。注意其中的“厚度”指被考察的墙肢厚度 b_w，而不应是翼墙本身厚度 b_f，见图 6.4.1-3（注意，《高规》表 7.2.15 条注 2 中指出“剪力墙的翼墙长度小于翼墙厚度的 3 倍”时按无翼墙考虑，编者认为这一规定明显不合理，当 b_w 与 b_f 厚度不同时，简单比较后就会发现其中的问题，如当 b_w＝500mm、b_f＝200mm 时，长度 600mm 的翼墙对 500mm 厚抗震墙的约束作用很有限；而当 b_w＝200mm、b_f＝500mm 时，长度 600mm 的翼墙对 200mm 厚抗震墙的约束作用就已足够大）。有资料依据标准对抗震墙边缘构件范围的规定，来定义 T 形截面抗震墙的翼墙长度（要求在翼墙宽度每侧不小于 2 倍墙厚时才认定翼墙有效）是不合理的，有效翼墙与边缘构件钢筋的分布范围不是同一概念。任何情况下，当翼墙长度 h_f 不小于墙肢厚度 b_w 的 3 倍时，均可认为翼墙有效，见图 6.4.1-3。

2）翼墙是否有效，实际上考察的是翼墙墙肢（b_f 段墙肢）对墙肢本身（b_w 段墙肢）稳定的有利影响程度。无效翼墙见图 6.4.1-4。很明显对于 L 形墙肢（或 T 形墙肢）具有互为翼墙的特性（对 T 形截面，就腹板墙肢对翼缘墙肢而言，更准确地说应该是侧墙墙肢，其对翼缘墙肢稳定的有利影响与 L 形截面的翼墙墙肢作用相同），即当考察 L 形墙肢（或 T 形墙肢）的其中一肢时，另一与之垂直的墙肢就是其翼墙墙肢；同样，当考察另一墙肢时，相对应的墙肢就是翼墙墙肢（图 6.4.1-5）。对斜交墙肢，则情况相对复杂，结构设计时可结合上述对有效翼墙的判别原则，当翼墙墙肢（b_f 段墙肢）在垂直于被考察

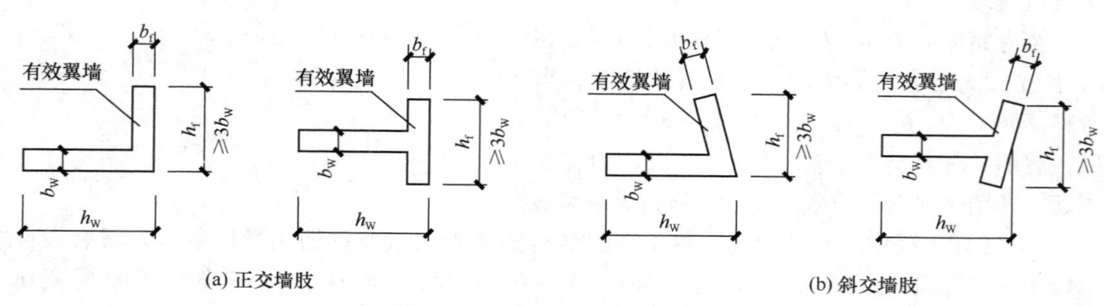

图 6.4.1-3　抗震墙的有效翼墙

墙肢（b_w 段墙肢）长度方向的投影长度$\geqslant 3b_w$时，可判别为有效翼墙（图 6.4.1-6），否则，为无效翼墙（图 6.4.1-4）。注意，这里的“无效翼墙”主要指翼墙墙肢（b_f 段墙肢）对墙肢本身（b_w 段墙肢）稳定的影响小到可以忽略的程度，墙肢（b_w 段墙肢）稳定验算时不考虑无效翼墙的存在。但“无效翼墙”只是对墙肢稳定的作用较小而被认为“无效”，其仍可以分担墙肢的轴压力，起减小墙肢轴压比的作用，且墙肢端部的配筋可均匀分布在“无效翼墙”范围内，以提高墙肢截面的内力臂长度。有条件时应尽量设置翼墙（无论其是否为有效翼墙，结构整体分析时可不计入无效墙肢，施工图绘制时设置）。

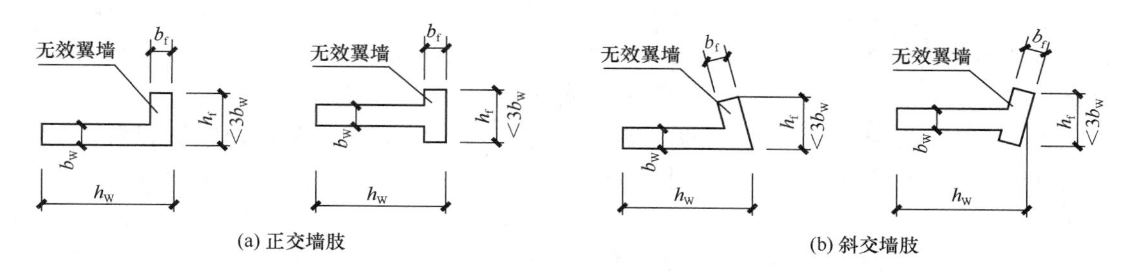

图 6.4.1-4　抗震墙的无效翼墙

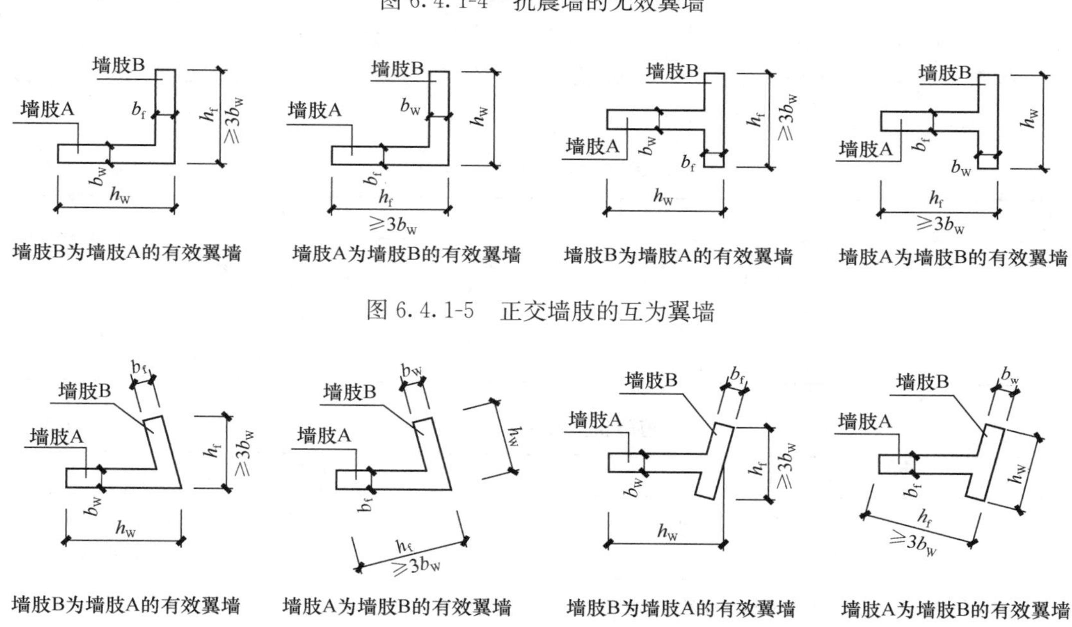

图 6.4.1-5　正交墙肢的互为翼墙

图 6.4.1-6　斜交墙肢的互为翼墙

3. 对“短肢抗震墙较多”的判别

1）依据《高规》第 7.1.8 条，具有较多短肢抗震墙的抗震墙结构是指，在规定的水平地震作用下，短肢抗震墙承担的底部倾覆力矩不小于结构底部总地震倾覆力矩的 30％的抗震墙结构。由此规定可以对框架-抗震墙结构及框架-核心筒结构中的短肢抗震墙较多的情况作出判别，即在规定的水平力作用下，短肢抗震墙承担的底部（当为复杂结构时，取底部加强部位）倾覆力矩不小于结构底部总地震倾覆力矩的 30％时。

对“短肢抗震墙较多”还可以从承受竖向荷载的能力及结构的均匀对称性等多方面综

合确定，当符合下列条件之一时，也可判定为“短肢抗震墙较多”。

（1）短肢抗震墙的截面面积占抗震墙总截面面积50%以上；

（2）短肢抗震墙承受荷载的面积较大，达到楼层面积的40%～50%及以上（较高的建筑允许的面积应取更小的数量）；

（3）短肢抗震墙的布置比较集中，集中在平面的一边或建筑的周边（形成局部范围内短肢剪力墙较多）。也就是说，当短肢抗震墙出现破坏后，楼层或局部楼层有可能倒塌。

上述（1）项，其本质是对结构倾覆力矩的判别，当按（1）项要求判别时，短肢抗震墙的倾覆力矩约为结构倾覆力矩的20%～30%，与《高规》的规定相当；（2）、（3）项则从短肢抗震墙承受竖向荷载的能力及结构均匀对称的角度来把握。

2）在抗震墙结构中设置少量的短肢抗震墙是允许的，设置少量的短肢抗震墙并不影响对原结构体系的判别，其结构仍可确定为一般抗震墙结构或可称其为短肢抗震墙不较多的抗震墙结构。

3）当短肢抗震墙较多时应采取相应的结构加强措施（注意，当短肢抗震墙不较多时，可不采取短肢抗震墙较多时相应的结构加强措施），见表6.4.1-4，概括起来主要有以下两点：一是对房屋适用高度从严控制，二是限制短肢抗震墙承担的倾覆力矩。

《高规》第7.2.2条规定了短肢抗震墙（无论是否为短肢抗震墙较多的情况）的设计要求（表6.4.1-5）。

短肢抗震墙较多时的设计要求汇总　　表6.4.1-4

序号	项　目	规　定
1	房屋的最大适用高度 H	比抗震墙结构适当降低，且7度 $H \leqslant 100$m、8度（0.2g）$H \leqslant 80$m、8度（0.3g）$H \leqslant 60$m
2	在规定水平力作用下短肢抗震墙承担的底部地震倾覆力矩 M_w	$M_w \leqslant 0.5M_0$ M_0 为结构底部总地震倾覆力矩

短肢抗震墙的设计要求　　表6.4.1-5

序号	项　目	规　定
1	带有效翼墙或端柱的短肢抗震墙的轴压比 μ_N	抗震等级为一、二、三级时分别不宜大于0.45、0.50和0.55；无翼墙或端柱时其轴压比限值还应再降低0.10
2	短肢抗震墙除底部加强部位外的各层剪力设计值增大系数	一级1.4、二级1.2、三级1.1
3	短肢抗震墙截面的全部纵向钢筋的最小配筋率	底部加强部位一、二级≥1.20%，三、四级≥1.00% 其他部位一、二级≥1.00%，三、四级≥0.80%
4	短肢抗震墙的最小截面厚度	底部加强部位≥200mm，其他部位≥180mm
5	短肢抗震墙宜设置翼墙	一字形短肢抗震墙平面外不宜布置与之相交的单侧楼面梁

4）高层建筑结构均不应采用全部为短肢抗震墙的抗震墙结构（见《高规》第7.1.8条）。

5）规范没有明确规定单层及多层建筑结构不应采用全部为短肢抗震墙的抗震墙结构，

结构设计中可根据工程的具体情况灵活掌握。

4. 关于依据《高规》附录 D 按墙体稳定计算确定墙肢厚度的问题

1）实际工程中当墙厚不满足本条规定要求时，常需要按《高规》附录 D 验算墙肢的稳定。在墙肢平面外设置确保墙肢稳定的约束构件对提高墙肢的承载力及确保墙肢的稳定性作用明显。试验表明，有平面外约束（长翼墙、端柱或有效翼墙等）的墙肢与平面外无约束矩形截面墙肢相比，不仅墙板的稳定性明显改善，而且其极限承载力约提高 40%，极限层间位移角约增加一倍，对地震能量的消耗能力大 20%左右。

2）实际工程中当墙顶荷载 q 较小时，计算所需的墙厚也较小，举例说明如下。

【例 6.4.1-2】 某 13 层抗震墙住宅楼，首层层高 7m，按稳定计算的墙厚 200mm。墙肢厚度仅为层高的 1/35，影响结构安全。

3）设计建议：

(1）按《高规》附录 D 计算墙体稳定时，可只按墙肢顶底受楼板约束的计算模型［即按《高规》式（D.0.1）计算］验算墙肢的稳定性（两侧无现浇楼板的楼、电梯间墙，应按无支长度验算），以确保墙肢安全。

(2）当以层高作为主要控制指标时，按稳定计算确定的墙肢厚度不应小于层高的 1/25。

四、相关索引

1.《混凝土标准》的相关规定见其第 11.7.12 条。

2.《高规》的相关规定见其第 7.2.1、7.2.2 条及附录 D。

3.《混凝土通规》的相关规定见其第 4.4.4 条。

第 6.4.2 条

一、标准的规定

6.4.2 一、二、三级抗震墙在重力荷载代表值作用下墙肢的轴压比，一级时，9 度不宜大于0.4，7、8 度不宜大于0.5；二、三级时不宜大于0.6。

注：墙肢轴压比指墙的轴压力设计值与墙的全截面面积和混凝土轴心抗压强度设计值乘积之比值。

二、对规范规定的理解

1. 根据《混凝土通规》的规定，轴压比限值应取至小数点后两位，即条文中的“0.4”应修改为“0.50”，“0.5”应修改为“0.50”，“0.6”应修改为“0.60”。

2. 标准的上述规定可用表 6.4.2-1 来理解；轴压比按有效数字控制。

抗震墙轴压比限值 $[\mu_N]$ **表 6.4.2-1**

抗震等级（设防烈度）	一级（9 度）	一级（7、8 度）	二、三级
$[\mu_N]$	0.40	0.50	0.60

3. 墙的轴压比 μ_N（注意，第 6.4.5 条中的轴压比与第 6.2.9 条中的剪跨比均采用 λ 表示，为避免冲突，此处按《高规》第 7.2.15 条的规定，轴压比用 μ_N 表示）控制适用于墙肢全部截面（即底部加强部位和其他部位），并按式（6.4.2-1）计算。

$$\mu_N = N/(A_w f_c) \tag{6.4.2-1}$$

式中：N——在重力荷载代表值作用下墙肢的轴向压力设计值；

A_w——墙的全截面面积；

f_c——墙混凝土轴心抗压强度设计值。

4. 重力荷载代表值 G_E 计算见第 5.1.3 条。重力荷载代表值设计值即重力荷载分项系数 γ_G（第 5.4.1 条）与重力荷载代表值 G_E 的乘积。

三、结构设计建议

1. 标准对四级抗震等级的抗震墙未提出明确的轴压比限值要求，结构设计中可结合工程实际情况确定。建议可按不大于 0.70 考虑。

2. 在底部加强部位相邻上一层以上的墙肢，宜按《高规》第 7.2.14 条的要求，在约束边缘构件层与构造边缘构件层之间设置过渡层，过渡层边缘构件的箍筋配置要求，可低于约束边缘构件的要求，但应高于构造边缘构件的要求。当其轴压比较大（9 度一级 $\mu_N>0.20$，7、8 度一级 $\mu_N>0.25$，二级 $\mu_N>0.30$、三级 $\mu_N>0.40$）时，宜设置约束边缘构件，以增加第一道防线的抗震能力。

四、相关索引

1.《混凝土标准》的相关规定见其第 11.7.16 条。

2.《高规》的相关规定见其第 7.2.13 条。

第 6.4.3 条

一、标准的规定

6.4.3　抗震墙竖向、横向分布钢筋的配筋，应符合下列要求：

1　一、二、三级抗震墙的竖向和横向分布钢筋最小配筋率均不应小于 0.25%，四级抗震墙分布钢筋最小配筋率不应小于 0.20%。

注：高度小于 24m 且剪压比很小的四级抗震墙，其竖向分布筋的最小配筋率应允许按 0.15%采用。

2　部分框支抗震墙结构的落地抗震墙底部加强部位，竖向和横向分布钢筋配筋率均不应小于0.3%。

二、对标准规定的理解

1. 根据《混凝土通规》的规定，配筋率应取至小数点后两位，即条文中的“0.3%”应修改为“0.30%”。

2. 本条强调抗震墙分布钢筋尤其是水平分布钢筋的重要性，结构设计中应重点把握。配筋率可按有效数字控制。

3. 试验研究表明，抗震墙中分布钢筋具有抗剪、抗弯、减少收缩裂缝等多方面的作用。如果竖向分布筋过少，则当墙肢端部的纵向受力钢筋屈服后，裂缝将迅速开展；而当横向分布钢筋过少时，斜裂缝一旦出现则迅速发展成为斜向主裂缝，导致抗震墙破坏。

4. 当剪压比 $\gamma_{RE}V/(f_c b_w h_{w0})<0.02$ 时，可确定为“剪压比很小”的情况。

5. 规范的上述规定可用图 6.4.3-1、图 6.4.3-2 来理解。

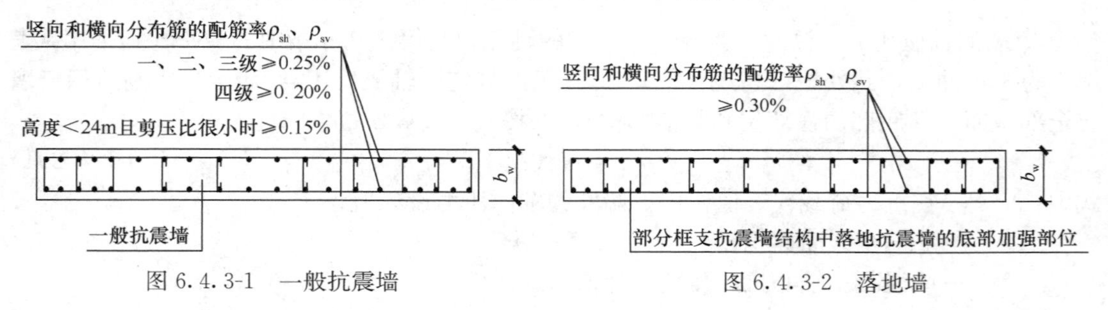

图 6.4.3-1　一般抗震墙　　　图 6.4.3-2　落地墙

6. “底部加强部位”见本章第 6.1.10 条规定。

三、相关索引

1.《混凝土标准》的相关规定见其第 11.7.14 条。

2.《高规》的相关规定见其第 7.2.17、10.2.19 条。

3.《混凝土通规》的相关规定见其第 4.4.7 条。

第 6.4.4 条

一、标准的规定

6.4.4 抗震墙竖向和横向分布钢筋的配置，尚应符合下列规定：

1 抗震墙的竖向和横向分布钢筋的间距不宜大于 300mm，部分框支抗震墙结构的落地抗震墙底部加强部位，竖向和横向分布钢筋的间距不宜大于 200mm。

2 抗震墙厚度大于 140mm 时，其竖向和横向分布钢筋应双排布置，双排分布钢筋间拉筋的间距不宜大于 600mm，直径不应小于 6mm。

3 抗震墙竖向和横向分布钢筋的直径，均不宜大于墙厚的 1/10 且不应小于 8mm；竖向钢筋直径不宜小于 10mm。

二、对标准规定的理解

1. 标准的上述规定可用图 6.4.4-1 来理解。《高规》第 7.2.3 条规定，抗震墙厚度大于 400mm、但不大于 700mm 时，宜采用三排配筋；大于 700mm 时，宜采用四排配筋。

2. “底部加强部位”见本章第 6.1.10 条规定。

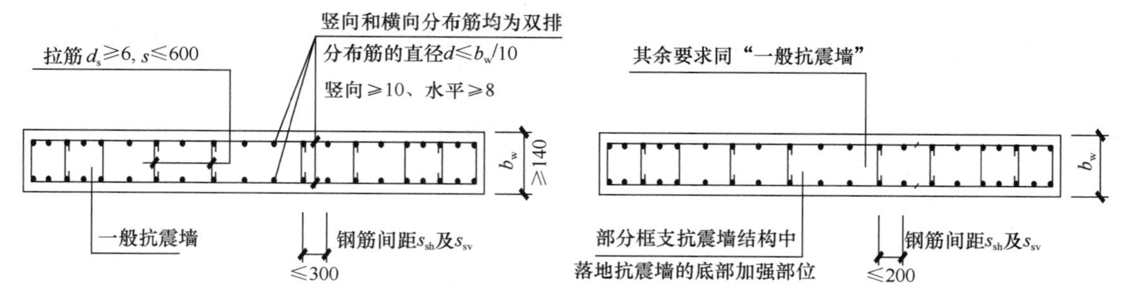

图 6.4.4-1 抗震墙竖向和横向分布钢筋

三、相关索引

1.《混凝土标准》的相关规定见其第 11.7.15 条。

2.《高规》的相关规定见其第 7.2.3、7.2.18 条。

第 6.4.5 条

一、标准的规定

6.4.5 抗震墙两端和洞口两侧应设置边缘构件，边缘构件包括暗柱、端柱和翼墙，并应符合下列要求：

1 对于抗震墙结构，底层墙肢底截面的轴压比不大于表 6.4.5-1 规定的一、二、三级抗震墙及四级抗震墙，墙肢两端可设置构造边缘构件，构造边缘构件的范围可按图 6.4.5-1 采用，构造边缘构件的配筋除应满足受弯承载力要求外，并宜符合表 6.4.5-2 的要求。

抗震墙设置构造边缘构件的最大轴压比 **表 6.4.5-1**

抗震等级或烈度	一级（9度）	一级（7、8度）	二、三级
轴压比	0.1	0.2	0.3

抗震墙构造边缘构件的配筋要求 **表 6.4.5-2**

抗震等级	底部加强部位			其他部位		
	纵向钢筋最小量（取较大值）	箍筋		纵向钢筋最小量（取较大值）	拉筋	
		最小直径（mm）	沿竖向最大间距（mm）		最小直径（mm）	沿竖向最大间距（mm）
一	$0.010A_c$，6ϕ16	8	100	$0.008A_c$，6ϕ14	8	150
二	$0.008A_c$，6ϕ14	8	150	$0.006A_c$，6ϕ12	8	200
三	$0.006A_c$，6ϕ12	6	150	$0.005A_c$，4ϕ12	6	200
四	$0.005A_c$，4ϕ12	6	200	$0.004A_c$，4ϕ12	6	250

注：1 A_c 为边缘构件的截面面积。

2 其他部位的拉筋，水平间距不应大于纵筋间距的2倍；转角处宜采用箍筋。

3 当端柱承受集中荷载时，其纵向钢筋、箍筋直径和间距应满足柱的相应要求。

2 底层墙肢底截面的轴压比大于表 6.4.5-1 规定的一、二、三级抗震墙，以及部分框支抗震墙结构的抗震墙，应在底部加强部位及相邻的上一层设置约束边缘构件，在以上的其他部位可设置构造边缘构件。约束边缘构件沿墙肢的长度、配箍特征值、箍筋和纵向钢筋宜符合表 6.4.5-3 的要求（图 6.4.5-2）。

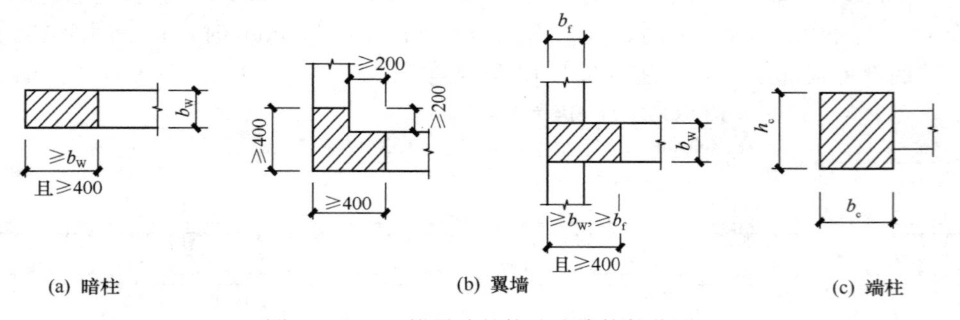

图 6.4.5-1 抗震墙的构造边缘构件范围

抗震墙约束边缘构件的范围及配筋要求 **表 6.4.5-3**

项目	一级（9度）		一级（7、8度）		二、三级	
	$\lambda \leq 0.2$	$\lambda > 0.2$	$\lambda \leq 0.3$	$\lambda > 0.3$	$\lambda \leq 0.4$	$\lambda > 0.4$
l_c（暗柱）	$0.20h_w$	$0.25h_w$	$0.15h_w$	$0.20h_w$	$0.15h_w$	$0.20h_w$
l_c（翼墙或端柱）	$0.15h_w$	$0.20h_w$	$0.10h_w$	$0.15h_w$	$0.10h_w$	$0.15h_w$
λ_v	0.12	0.20	0.12	0.20	0.12	0.20
纵向钢筋（取较大值）	$0.012A_c$，8ϕ16		$0.012A_c$，8ϕ16		$0.010A_c$，6ϕ16（三级6ϕ14）	
箍筋或拉筋沿竖向间距	100mm		100mm		150mm	

注：1 抗震墙的翼墙长度小于其3倍厚度或端柱截面边长小于2倍墙厚时，按无翼墙、无端柱查表；端柱有集中荷载时，配筋构造尚应满足与墙相同抗震等级框架柱的要求。

2 l_c 为约束边缘构件沿墙肢长度，且不小于墙厚和400mm；有翼墙或端柱时不应小于翼墙厚度或端柱沿墙肢方向截面高度加300mm。

3 λ_v 为约束边缘构件的配箍特征值，体积配箍率可按本规范式（6.3.9）计算，并可适当计入满足构造要求且在墙端有可靠锚固的水平分布钢筋的截面面积。

4 h_w 为抗震墙墙肢长度。

5 λ 为墙肢轴压比。

6 A_c 为图 6.4.5-2 中约束边缘构件阴影部分的截面面积。

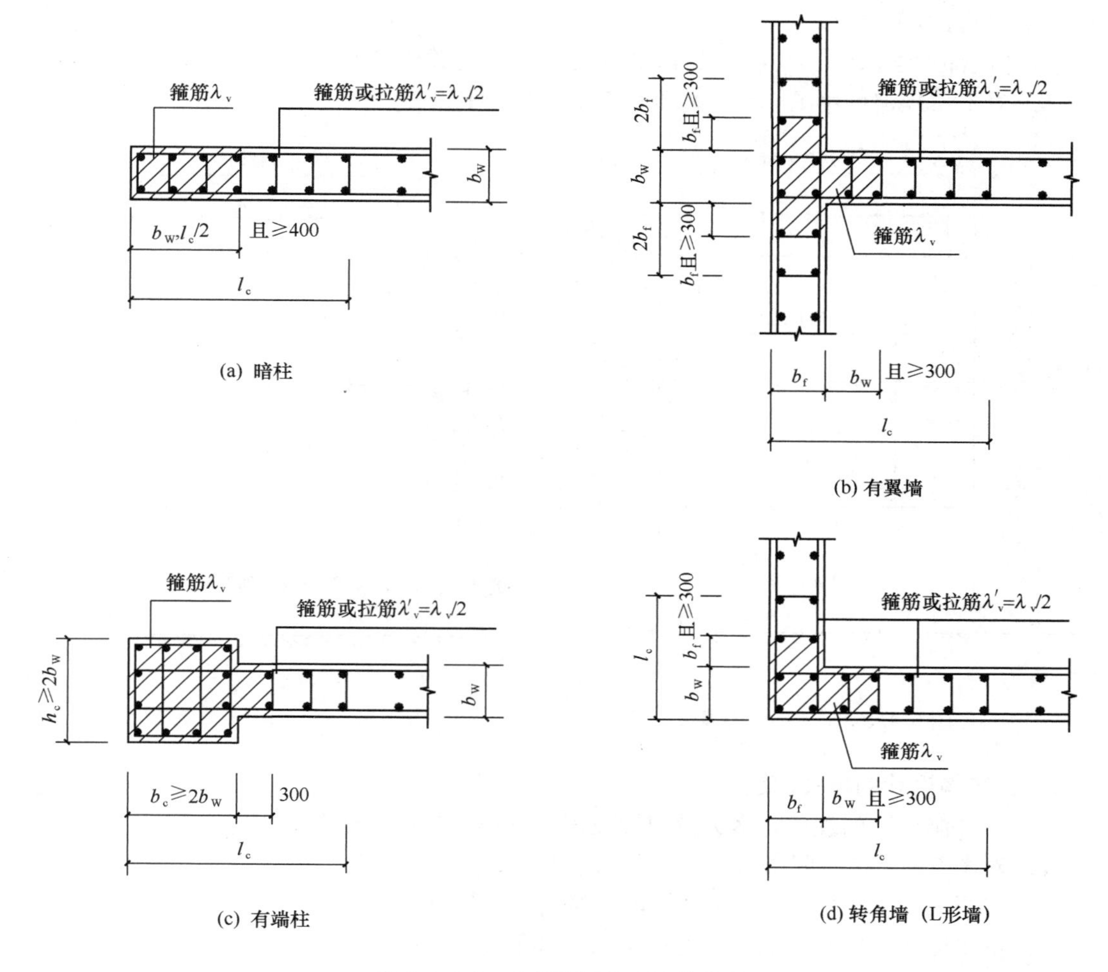

图 6.4.5-2　抗震墙的约束边缘构件

二、对标准规定的理解

1. 根据《混凝土通规》轴压比应取至小数点后两位，条文中的“0.1”应修改为“0.10”，“0.2”应修改为“0.20”，“0.3”应修改为“0.30”，“0.4”应修改为“0.40”。

2. 本条规定中的 7、8、9 度应理解为本地区抗震设防烈度。

3. 表 6.4.5-3 将轴压比用“λ”来表示，与公式（6.2.9-3）中的剪跨比符号重复，建议此处用 μ_N。轴压比 μ_N 计算要求见第 6.4.2 条。表 6.4.5-3 中，三级抗震等级时纵向钢筋只有 6ϕ14 要求，而没有面积百分率要求，可参考《高规》第 7.2.15 条取 $0.01A_c$。

4. 本条规定抗震墙结构的抗震墙设置构造边缘构件条件为：

1）底层墙肢底截面的轴压比不大于表 6.4.5-1 规定的一、二、三级抗震墙；

2）四级抗震墙。

注意，对抗震墙的构造边缘构件尺寸，《高规》第 7.2.16 条与《抗震标准》图 6.4.5-1 不同。建议对高层建筑应按《高规》要求设置构造边缘构件。

对其他结构（框架-抗震墙结构、框架-核心筒结构，注意不包括板柱-抗震墙结构）的抗震墙，因相应条款（第 6.5.4、6.7.2 条）有明确的要求（应符合第 6.4 节的规定），因此，也应执行本条规定。

5. “底部加强部位”见第 6.1.10 条规定，重力荷载代表值计算见第 5.1.3 条。

6. 对本条规定可用图 6.4.5-3 和图 6.4.5-4 来理解。

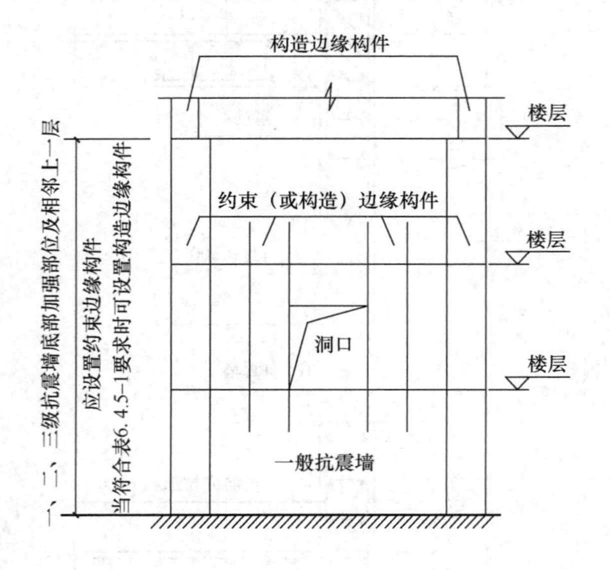

图 6.4.5-3　一般抗震墙

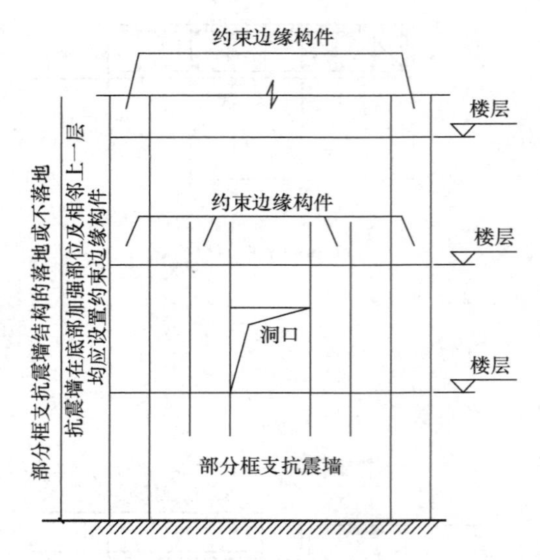

图 6.4.5-4　部分框支抗震墙

三、结构设计的相关问题

1. 对“洞口”的理解，多大洞口两侧需设置边缘构件，标准未明确。

2. 对图 6.4.5-2 中阴影区“箍筋”的理解。

3. 对图 6.4.5-2 中非阴影区“箍筋或拉筋”的理解。

4. 抗震墙水平分布钢筋替代约束边缘构件箍筋的问题。

5. 端柱“承受集中荷载”时箍筋及纵筋构造按柱要求，对“承受集中荷载”的理解与把握。

6. 十字形抗震墙的边缘构件问题。

7. 边缘构件最大配筋率的问题及纵向钢筋的强度等级问题。

8. “抗震墙的翼墙长度小于其 3 倍厚度”，对“其”的理解问题。

四、结构设计建议

1. 开洞对抗震墙的影响与洞口的位置和大小密切相关，当洞口位于抗震墙中部且洞口面积较小［洞口立面（洞宽×洞高）/抗震墙面积（墙长×层高）≤0.16］时，可确定为小开洞抗震墙（图 6.1.9-2），其洞口两侧可不设置边缘构件。

2. 转角墙（L 形墙）属于有翼墙的抗震墙，且是一种互为翼墙的抗震墙（更多问题见第 6.4.1 条）。

3. 对图 6.4.5-2 中阴影区“箍筋”可理解为“以箍筋为主”（应优先考虑采用封闭箍筋，最后的一对纵筋之间无法设置箍筋时，可采用拉筋但该拉筋应远离约束边缘构件的端部，该拉筋可计入体积配箍率 λ_v 中），相关说明见第 6.3.9 条并参见图 6.3.9-8 中“拉筋复合箍”。

4. 对图 6.4.5-2 中非阴影区“箍筋或拉筋”可理解为外圈由封闭箍筋组成，内部可采用拉筋，见图 6.4.5-5。

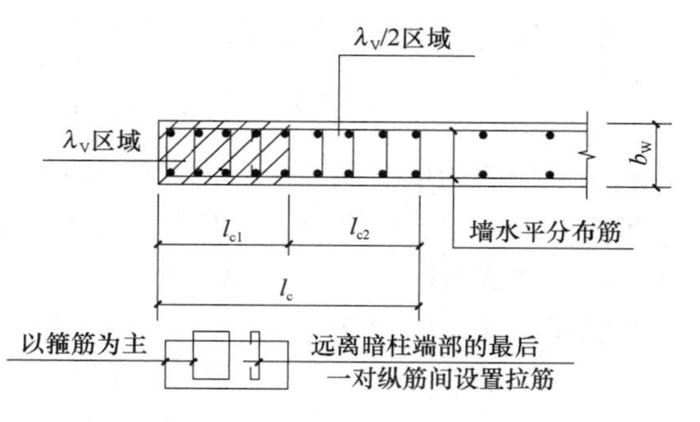

图 6.4.5-5 以箍筋为主

5. $\lambda_v/2$ 范围内的箍筋及拉筋，应结合竖向分布钢筋及水平分布钢筋的排列情况确定，可按图 6.4.5-6 及图 6.4.5-7 设计。在不增加纵向钢筋用量的前提下，适当加密 $\lambda_v/2$ 范围内纵向钢筋的间距（图 6.4.5-8～图 6.4.5-13），可减小该区域内箍筋或拉筋的直径。同时应尽量采用 HRB400 钢筋，以节约钢材。拉筋的单肢截面面积按下式计算：

$$\rho_v = \frac{V_{sv}}{A_{cor}s} \geqslant \rho_{v\min} = \frac{\lambda_v f_c}{2f_{yv}} \tag{6.4.5-1}$$

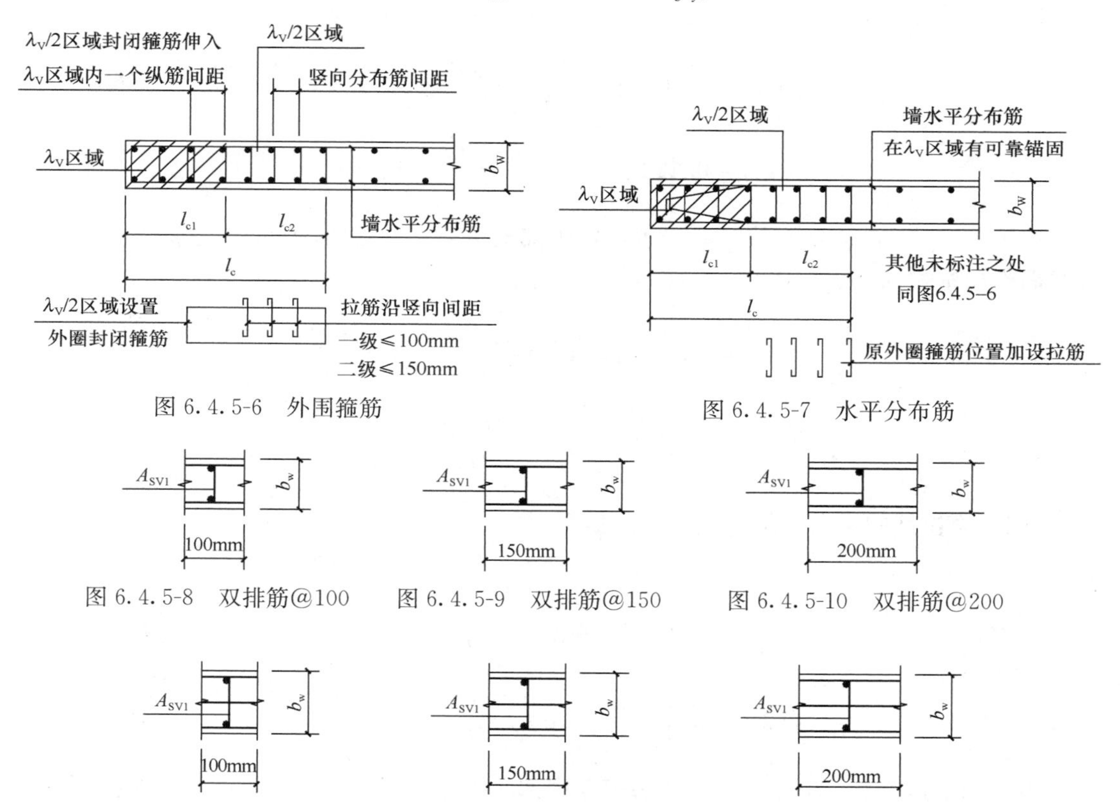

图 6.4.5-6 外围箍筋

图 6.4.5-7 水平分布筋

图 6.4.5-8 双排筋@100　图 6.4.5-9 双排筋@150　图 6.4.5-10 双排筋@200

图 6.4.5-11 三排筋@100　图 6.4.5-12 三排筋@150　图 6.4.5-13 三排筋@200

1）当拉筋的水平间距为 100mm 时（图 6.4.5-8、图 6.4.5-11）：

（1）当拉筋的竖向间距为 100mm 时：

$V_{sv} = (200 + b_w - 50)A_{sv1}, A_{cor} \cdot s = 100 \times 100(b_w - 50)$，则：

$$\text{当} \lambda_v = 0.12 \text{时，} A_{sv1} = \frac{600(b_w - 50)f_c}{(b_w + 150)f_{yv}} \tag{6.4.5-2}$$

箍筋及拉筋的单肢截面面积及建议选用的钢筋见表 6.4.5-5。

$$当\lambda_v = 0.20时，A_{sv1} = \frac{1000(b_w - 50)f_c}{(b_w + 150)f_{yv}} \tag{6.4.5-3}$$

箍筋及拉筋的单肢截面面积及建议选用的钢筋见表 6.4.5-6。

当 400mm< b_w ≤700mm，并考虑墙厚中部水平分布钢筋的作用时，箍筋及拉筋的单肢截面面积按式（6.4.5-4）及式（6.4.5-5）计算，箍筋及拉筋的单肢截面面积及建议选用的钢筋见表 6.4.5-7 及表 6.4.5-8。

$$当\lambda_v = 0.12时，A_{sv1} = \frac{600(b_w - 50)f_c}{(b_w + 250)f_{yv}} \tag{6.4.5-4}$$

$$当\lambda_v = 0.20时，A_{sv1} = \frac{1000(b_w - 50)f_c}{(b_w + 250)f_{yv}} \tag{6.4.5-5}$$

（2）当拉筋的竖向间距为 150mm 时：

$V_{sv} = (200 + b_w - 50)A_{sv1}, A_{cor} \cdot s = 100 \times 150(b_w - 50)$，则：

$$当\lambda_v = 0.12时，A_{sv1} = \frac{900(b_w - 50)f_c}{(b_w + 150)f_{yv}} \tag{6.4.5-6}$$

$$当\lambda_v = 0.20时，A_{sv1} = \frac{1500(b_w - 50)f_c}{(b_w + 150)f_{yv}} \tag{6.4.5-7}$$

当 400mm< b_w ≤700mm，并考虑墙厚中部水平分布钢筋的作用时，箍筋及拉筋的单肢截面面积按式（6.4.5-8）及式（6.4.5-9）计算。

$$当\lambda_v = 0.12时，A_{sv1} = \frac{900(b_w - 50)f_c}{(b_w + 250)f_{yv}} \tag{6.4.5-8}$$

$$当\lambda_v = 0.20时，A_{sv1} = \frac{1500(b_w - 50)f_c}{(b_w + 250)f_{yv}} \tag{6.4.5-9}$$

（3）当拉筋的竖向间距为 200mm 时：

$V_{sv} = (200 + b_w - 50)A_{sv1}, A_{cor} \cdot s = 100 \times 200(b_w - 50)$，则：

$$当\lambda_v = 0.12时，A_{sv1} = \frac{1200(b_w - 50)f_c}{(b_w + 150)f_{yv}} \tag{6.4.5-10}$$

$$当\lambda_v = 0.20时，A_{sv1} = \frac{2000(b_w - 50)f_c}{(b_w + 150)f_{yv}} \tag{6.4.5-11}$$

当 400mm< b_w ≤700mm，并考虑墙厚中部水平分布钢筋的作用时，箍筋及拉筋的单肢截面面积按式（6.4.5-12）及式（6.4.5-13）计算。

$$当\lambda_v = 0.12时，A_{sv1} = \frac{1200(b_w - 50)f_c}{(b_w + 250)f_{yv}} \tag{6.4.5-12}$$

$$当\lambda_v = 0.20时，A_{sv1} = \frac{2000(b_w - 50)f_c}{(b_w + 250)f_{yv}} \tag{6.4.5-13}$$

2）当拉筋的水平间距为 150mm 时（图 6.4.5-9、图 6.4.5-12）：

（1）当拉筋的竖向间距为100mm时：

$V_{sv} = (300 + b_w - 50)A_{sv1}, A_{cor} \cdot s = 150 \times 100(b_w - 50)$，则：

$$\text{当}\lambda_v = 0.12\text{时，}A_{sv1} = \frac{900(b_w - 50)f_c}{(b_w + 250)f_{yv}} \tag{6.4.5-14}$$

$$\text{当}\lambda_v = 0.20\text{时，}A_{sv1} = \frac{1500(b_w - 50)f_c}{(b_w + 250)f_{yv}} \tag{6.4.5-15}$$

当400mm$< b_w \leqslant$700mm，并考虑墙厚中部水平分布钢筋的作用时，箍筋及拉筋的单肢截面面积按式（6.4.5-16）及式（6.4.5-17）计算。

$$\text{当}\lambda_v = 0.12\text{时，}A_{sv1} = \frac{900(b_w - 50)f_c}{(b_w + 400)f_{yv}} \tag{6.4.5-16}$$

$$\text{当}\lambda_v = 0.20\text{时，}A_{sv1} = \frac{1500(b_w - 50)f_c}{(b_w + 400)f_{yv}} \tag{6.4.5-17}$$

（2）当拉筋的竖向间距为150mm时：

$V_{sv} = (300 + b_w - 50)A_{sv1}, A_{cor} \cdot s = 150 \times 150(b_w - 50)$，则：

$$\text{当}\lambda_v = 0.12\text{时，}A_{sv1} = \frac{1350(b_w - 50)f_c}{(b_w + 250)f_{yv}} \tag{6.4.5-18}$$

$$\text{当}\lambda_v = 0.20\text{时，}A_{sv1} = \frac{2250(b_w - 50)f_c}{(b_w + 250)f_{yv}} \tag{6.4.5-19}$$

当400mm$< b_w \leqslant$700mm，并考虑墙厚中部水平分布钢筋的作用时，箍筋及拉筋的单肢截面面积按式（6.4.5-20）及式（6.4.5-21）计算。

$$\text{当}\lambda_v = 0.12\text{时，}A_{sv1} = \frac{1350(b_w - 50)f_c}{(b_w + 400)f_{yv}} \tag{6.4.5-20}$$

$$\text{当}\lambda_v = 0.20\text{时，}A_{sv1} = \frac{2250(b_w - 50)f_c}{(b_w + 400)f_{yv}} \tag{6.4.5-21}$$

（3）当拉筋的竖向间距为200mm时：

$V_{sv} = (300 + b_w - 50)A_{sv1}, A_{cor} \cdot s = 150 \times 200(b_w - 50)$，则：

$$\text{当}\lambda_v = 0.12\text{时，}A_{sv1} = \frac{1800(b_w - 50)f_c}{(b_w + 250)f_{yv}} \tag{6.4.5-22}$$

$$\text{当}\lambda_v = 0.20\text{时，}A_{sv1} = \frac{3000(b_w - 50)f_c}{(b_w + 250)f_{yv}} \tag{6.4.5-23}$$

当400mm$< b_w \leqslant$700mm，并考虑墙厚中部水平分布钢筋的作用时，箍筋及拉筋的单肢截面面积按式（6.4.5-23）及式（6.4.5-24）计算。

$$\text{当}\lambda_v = 0.12\text{时，}A_{sv1} = \frac{1800(b_w - 50)f_c}{(b_w + 400)f_{yv}} \tag{6.4.5-24}$$

$$当\lambda_v=0.20时，A_{sv1}=\frac{3000(b_w-50)f_c}{(b_w+400)f_{yv}} \tag{6.4.5-25}$$

3）当拉筋的水平间距为200mm时（图6.4.5-10、图6.4.5-13）：

（1）当拉筋的竖向间距为100mm时：

$V_{sv}=(400+b_w-50)A_{sv1}, A_{cor}\cdot s=200\times100(b_w-50)$，则：

$$当\lambda_v=0.12时，A_{sv1}=\frac{1200(b_w-50)f_c}{(b_w+350)f_{yv}} \tag{6.4.5-26}$$

$$当\lambda_v=0.20时，A_{sv1}=\frac{2000(b_w-50)f_c}{(b_w+350)f_{yv}} \tag{6.4.5-27}$$

当400mm$<b_w\leqslant$700mm，并考虑墙厚中部水平分布钢筋的作用时，箍筋及拉筋的单肢截面面积按式（6.4.5-28）及式（6.4.5-29）计算。

$$当\lambda_v=0.12时，A_{sv1}=\frac{1200(b_w-50)f_c}{(b_w+550)f_{yv}} \tag{6.4.5-28}$$

$$当\lambda_v=0.20时，A_{sv1}=\frac{2000(b_w-50)f_c}{(b_w+550)f_{yv}} \tag{6.4.5-29}$$

（2）当拉筋的竖向间距为150mm时：

$V_{sv}=(400+b_w-50)A_{sv1}, A_{cor}\cdot s=200\times150(b_w-50)$，则：

$$当\lambda_v=0.12时，A_{sv1}=\frac{1800(b_w-50)f_c}{(b_w+350)f_{yv}} \tag{6.4.5-30}$$

$$当\lambda_v=0.20时，A_{sv1}=\frac{3000(b_w-50)f_c}{(b_w+350)f_{yv}} \tag{6.4.5-31}$$

当400mm$<b_w\leqslant$700mm，并考虑墙厚中部水平分布钢筋的作用时，箍筋及拉筋的单肢截面面积按式（6.4.5-32）及式（6.4.5-33）计算。

$$当\lambda_v=0.12时，A_{sv1}=\frac{1800(b_w-50)f_c}{(b_w+550)f_{yv}} \tag{6.4.5-32}$$

$$当\lambda_v=0.20时，A_{sv1}=\frac{3000(b_w-50)f_c}{(b_w+550)f_{yv}} \tag{6.4.5-33}$$

（3）当拉筋的竖向间距为200mm时：

$V_{sv}=(400+b_w-50)A_{sv1}, A_{cor}\cdot s=200\times200(b_w-50)$，则：

$$当\lambda_v=0.12时，A_{sv1}=\frac{2400(b_w-50)f_c}{(b_w+350)f_{yv}} \tag{6.4.5-34}$$

$$当\lambda_v=0.20时，A_{sv1}=\frac{4000(b_w-50)f_c}{(b_w+350)f_{yv}} \tag{6.4.5-35}$$

当400mm$<b_w\leqslant$700mm，并考虑墙厚中部水平分布钢筋的作用时，箍筋及拉筋的单

肢截面面积按式（6.4.5-36）及式（6.4.5-37）计算。

$$\text{当}\lambda_v = 0.12\text{时}，A_{sv1} = \frac{2400(b_w - 50)f_c}{(b_w + 550)f_{yv}} \tag{6.4.5-36}$$

$$\text{当}\lambda_v = 0.20\text{时}，A_{sv1} = \frac{4000(b_w - 50)f_c}{(b_w + 550)f_{yv}} \tag{6.4.5-37}$$

4）拉筋的单肢截面面积计算及相关表格汇总见表 6.4.5-4。

抗震墙约束边缘构件 $\lambda_v/2$ 区域内拉筋面积及配筋选用表汇总　　表 6.4.5-4

拉筋间距（mm）		λ_v	$b_w\leqslant400$mm 时的拉筋			400mm$<b_w\leqslant700$mm 时的拉筋		
水平	竖向		公式	表格	简图	公式	表格	简图
100	100	0.12	6.4.5-2	6.4.5-5	6.4.5-8	6.4.5-4	6.4.5-7	6.4.5-11
		0.20	6.4.5-3	6.4.5-6		6.4.5-5	6.4.5-8	
	150	0.12	6.4.5-6	略		6.4.5-8	略	
		0.20	6.4.5-7	略		6.4.5-9	略	
	200	0.12	6.4.5-10	略		6.4.5-12	略	
		0.20	6.4.5-11	略		6.4.5-13	略	
150	100	0.12	6.4.5-14	略	6.4.5-9	6.4.5-16	略	6.4.5-12
		0.20	6.4.5-15	略		6.4.5-17	略	
	150	0.12	6.4.5-18	略		6.4.5-20	略	
		0.20	6.4.5-19	略		6.4.5-21	略	
	200	0.12	6.4.5-22	略		6.4.5-24	略	
		0.20	6.4.5-23	略		6.4.5-25	略	
200	100	0.12	6.4.5-26	略	6.4.5-10	6.4.5-28	略	6.4.5-13
		0.20	6.4.5-27	略		6.4.5-29	略	
	150	0.12	6.4.5-30	略		6.4.5-32	略	
		0.20	6.4.5-31	略		6.4.5-33	略	
	200	0.12	6.4.5-34	略		6.4.5-36	略	
		0.20	6.4.5-35	略		6.4.5-37	略	

抗震墙约束边缘构件 $\lambda_v/2$ 区域内拉筋面积及配筋选用表　　表 6.4.5-5

(λ_v=0.12，拉筋的水平及竖向间距均为 100mm)

墙厚(mm)	钢筋	混凝土强度等级					
		≤C35	C40	C45	C50	C55	C60
160	A_{sv} (mm^2)	13.2	15.1	16.7	18.2	20.0	21.7
	配筋	ϕ6	ϕ6	ϕ6	ϕ6	ϕ6	ϕ6
180	A_{sv} (mm^2)	14.6	16.7	18.5	20.2	22.2	24.1
	配筋	ϕ6	ϕ6	ϕ6	ϕ6	ϕ6	ϕ6
200	A_{sv} (mm^2)	15.9	18.2	20.1	22.0	24.1	26.2
	配筋	ϕ6	ϕ6	ϕ6	ϕ6	ϕ6	ϕ6
220	A_{sv} (mm^2)	17.1	19.5	21.6	23.6	25.9	28.1
	配筋	ϕ6	ϕ6	ϕ6	ϕ6	ϕ6	ϕ6
240	A_{sv} (mm^2)	18.1	20.7	22.9	25.0	27.4	29.8
	配筋	ϕ6	ϕ6	ϕ6	ϕ6	ϕ6	ϕ8
250	A_{sv} (mm^2)	18.6	21.2	23.5	25.7	28.1	30.6
	配筋	ϕ6	ϕ6	ϕ6	ϕ6	ϕ6	ϕ8
300	A_{sv} (mm^2)	20.6	23.6	26.1	28.5	31.3	34.0
	配筋	ϕ6	ϕ6	ϕ6	ϕ8	ϕ8	ϕ8
350	A_{sv} (mm^2)	22.3	25.5	28.2	30.8	33.8	36.7
	配筋	ϕ6	ϕ6	ϕ6	ϕ8	ϕ8	ϕ8
400	A_{sv} (mm^2)	23.6	27.0	29.9	32.7	35.8	38.9
	配筋	ϕ6	ϕ6	ϕ8	ϕ8	ϕ8	ϕ8

注：1. 表中数值按 HPB300 计算，适用于一级(9 度)μ_N≤0.20，一级(7、8 度)μ_N≤0.30 及二、三级 μ_N≤0.40 时；
2. 特一级抗震等级时，表中数值需乘 1.2；
3. 当选用 HRB400 钢筋时，应将表中 A_{sv}乘以 0.75；
4. 所选用的拉筋还宜满足表 6.4.5-2 规定的最小直径要求。

抗震墙约束边缘构件 $\lambda_v/2$ 区域内拉筋面积及配筋选用表　　表 6.4.5-6

(λ_v=0.20，拉筋的水平及竖向间距均为 100mm)

墙厚(mm)	钢筋	混凝土强度等级					
		≤C35	C40	C45	C50	C55	C60
160	A_{sv} (mm^2)	22.0	25.1	27.7	30.4	33.3	36.2
	配筋	ϕ6	ϕ6	ϕ6	ϕ8	ϕ8	ϕ8
180	A_{sv} (mm^2)	24.4	27.9	30.8	33.7	36.9	40.1
	配筋	ϕ6	ϕ6	ϕ8	ϕ8	ϕ8	ϕ8
200	A_{sv} (mm^2)	26.5	30.3	33.5	36.7	40.2	43.7
	配筋	ϕ6	ϕ8	ϕ8	ϕ8	ϕ8	ϕ8
220	A_{sv} (mm^2)	28.4	32.5	35.9	39.3	43.1	46.8
	配筋	ϕ8	ϕ8	ϕ8	ϕ8	ϕ8	ϕ8

续表

墙厚(mm)	钢筋	混凝土强度等级					
		≤C35	C40	C45	C50	C55	C60
240	A_{sv} (mm^2)	30.2	34.5	38.1	41.7	45.7	49.6
	配筋	ϕ8	ϕ8	ϕ8	ϕ8	ϕ8	
250	A_{sv} (mm^2)	30.9	35.4	39.1	42.8	46.9	50.9
	配筋	ϕ8	ϕ8	ϕ8	ϕ8	ϕ8	ϕ10
300	A_{sv} (mm^2)	34.4	39.3	43.4	47.6	52.1	56.6
	配筋	ϕ8	ϕ8	ϕ8	ϕ8	ϕ10	ϕ10
350	A_{sv} (mm^2)	37.1	42.5	46.9	51.4	56.2	61.1
	配筋	ϕ8	ϕ8	ϕ8	ϕ10	ϕ10	ϕ10
400	A_{sv} (mm^2)	39.4	45.0	49.8	54.5	59.6	64.8
	配筋	ϕ8	ϕ8	ϕ8	ϕ10	ϕ10	ϕ10

注：1. 表中数值按 HPB300 计算，适用于一级(9 度)μ_N>0.20，一级(7、8 度)μ_N>0.30 及二、三级 μ_N>0.40 时；
2. 特一级抗震等级时，表中数值需乘 1.2；
3. 当选用 HRB400 钢筋时，应将表中 A_{sv}乘以 0.75；
4. 所选用的拉筋还宜满足表 6.4.5-2 规定的最小直径要求。

抗震墙约束边缘构件 λ_v/2 区域内拉筋面积及配筋选用表　　表 6.4.5-7

(λ_v=0.12，拉筋的水平及竖向间距均为 100mm，考虑墙厚中部水平分布钢筋的作用)

墙厚(mm)	钢筋	混凝土强度等级					
		≤C35	C40	C45	C50	C55	C60
450	A_{sv} (mm^2)	21.2	24.3	26.8	29.4	32.1	34.9
	配筋	ϕ6	ϕ6	ϕ6	ϕ8	ϕ8	ϕ8
500	A_{sv} (mm^2)	22.3	25.5	28.2	30.8	33.8	36.7
	配筋	ϕ6	ϕ6	ϕ6	ϕ8	ϕ8	ϕ8
550	A_{sv} (mm^2)	23.2	26.5	29.3	32.1	35.2	38.2
	配筋	ϕ6	ϕ6	ϕ8	ϕ8	ϕ8	ϕ8
600	A_{sv} (mm^2)	24.0	27.5	30.4	33.2	36.4	39.6
	配筋	ϕ6	ϕ6	ϕ8	ϕ8	ϕ8	ϕ8
650	A_{sv} (mm^2)	24.8	28.3	31.3	34.2	37.5	40.8
	配筋	ϕ6	ϕ6	ϕ8	ϕ8	ϕ8	ϕ8
700	A_{sv} (mm^2)	25.4	29.1	32.1	35.1	38.5	41.8
	配筋	ϕ6	ϕ8	ϕ8	ϕ8	ϕ8	ϕ8

注：1. 表中数值按 HPB300 计算，适用于一级（9 度）μ_N≤0.20，一级（7、8 度）μ_N≤0.30 及二、三级 μ_N≤0.40 时；
2. 特一级抗震等级时，表中数值需乘 1.2；
3. 当选用 HRB400 钢筋时，应将表中 A_{sv}乘以 0.75；
4. 所选用的拉筋还宜满足表 6.4.5-2 规定的最小直径要求。

抗震墙约束边缘构件 λ_v/2 区域内拉筋面积及配筋选用表　　表 6.4.5-8

(λ_v=0.20，拉筋的水平及竖向间距均为 100mm，考虑墙厚中部水平分布钢筋的作用)

墙厚(mm)	钢筋	混凝土强度等级					
		≤C35	C40	C45	C50	C55	C60
450	A_{sv} (mm^2)	35.4	40.4	44.7	48.9	53.6	58.2
	配筋	ϕ8	ϕ8	ϕ8	ϕ8	ϕ10	ϕ10

续表

墙厚(mm)	钢筋	混凝土强度等级					
		≤C35	C40	C45	C50	C55	C60
500	A_{sv} (mm^2)	37.1	42.5	46.9	51.4	56.2	61.1
	配筋	ϕ8	ϕ8	ϕ8	ϕ10	ϕ10	ϕ10
550	A_{sv} (mm^2)	38.7	44.2	48.9	53.5	58.6	63.7
	配筋	ϕ8	ϕ8	ϕ8	ϕ10	ϕ10	ϕ10
600	A_{sv} (mm^2)	40.0	45.8	50.6	55.4	60.7	65.9
	配筋	ϕ8	ϕ8	ϕ10	ϕ10	ϕ10	ϕ10
650	A_{sv} (mm^2)	41.3	47.2	52.1	57.1	62.4	67.9
	配筋	ϕ8	ϕ8	ϕ10	ϕ10	ϕ10	ϕ10
700	A_{sv} (mm^2)	42.3	48.4	53.5	58.6	64.1	69.7
	配筋	ϕ8	ϕ8	ϕ10	ϕ10	ϕ10	ϕ10

注：1. 表中数值按 HPB300 计算，适用于一级（9 度）$\mu_N>0.20$，一级（7、8 度）$\mu_N>0.30$ 及二、三级 $\mu_N>0.40$ 时；
2. 特一级抗震等级时，表中数值需乘 1.2；
3. 当选用 HRB400 钢筋时，应将表中 A_{sv} 乘以 0.75；
4. 所选用的拉筋还宜满足表 6.4.5-2 规定的最小直径要求。

6. 建议当水平筋的锚固及布置同时满足下列条件时，水平分布筋可替代相同位置（相同标高）处的非阴影区封闭箍筋（图 6.4.5-15）。当墙的水平分布钢筋的竖向间距不满足 $\lambda_v/2$ 区域内箍筋间距时，可另附加最外圈的水平封闭箍筋，即水平分布钢筋与水平封闭箍筋间隔设置。

1）当墙内水平分布钢筋在阴影区内有可靠锚固时；

2）当墙内水平分布筋的强度等级及截面面积均不小于非阴影区外圈封闭箍筋时；

3）当墙内水平分布钢筋的位置（标高）与箍筋位置（标高）相同时。

为什么 $\lambda_v/2$ 区域不利用墙的水平分布钢筋时，该钢筋可放置在边缘构件的保护层中（不是有效锚固），而需要利用墙的水平分布钢筋替代 $\lambda_v/2$ 区域内的箍筋时，该钢筋必须在 λ_v 区域内可靠锚固呢？要回答这个问题，还要从矩形截面墙受剪时的截面剪应力分布说起。由材料力学知道，矩形截面受剪时，剪应力的分布形状为两头小中间大的抛物线形（图 6.4.5-14），截面两端的抗剪作用很小，而截面中部的剪应力很大，因此，墙的抗剪主要由墙体中部的水平钢筋承担，这也就是要用墙的水平钢筋来抗剪的主要原因。截面端部主要是给墙体提供约束（实际工程中，墙端部的约束箍筋常小于墙中部的水平抗剪钢筋），因而并不要求水平钢筋在边缘构件内的有效锚固（这时，由墙剪力引起的墙内水平钢筋的拉应力值很小，墙的水平分布钢筋在墙的端部区域没有得到充分利用）；而在需要利用水平钢筋替代 $\lambda_v/2$ 区域的部分箍筋（利用墙端部区域内的水平钢筋）时，则必须确保水平钢筋在 λ_v 区域内的有效锚固。有效锚固的方法应根据工程经验确定，图 6.4.5-15所示的做法可供参考。当水平钢筋的利用率高，钢筋设计拉应力较大时可采用图 6.4.5-15（a）的做法。墙水平分布钢筋在 λ_v 区域内的锚固长度：当采用直线锚固时，不应小于 l_{aE}；当弯折锚固时，水平长度应不小于 0.4 l_{aE}，弯折长度为 15d。注意，替代 λ_v 范围内的箍筋时，应采取更加严格的端部锚固措施，参见国家建筑标准设计图集《混凝土结构施工图

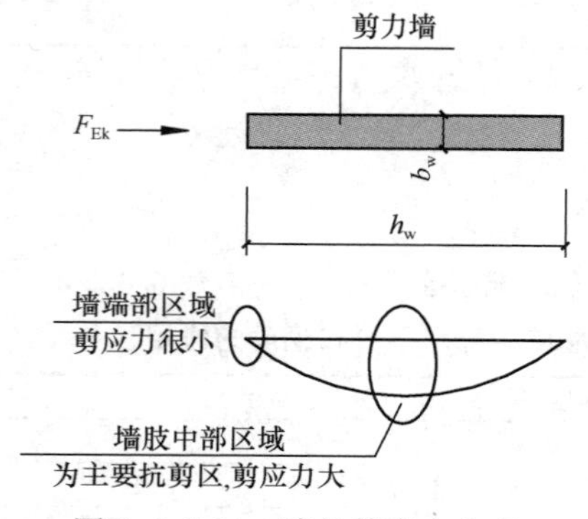

图 6.4.5-14 墙的剪应力分布

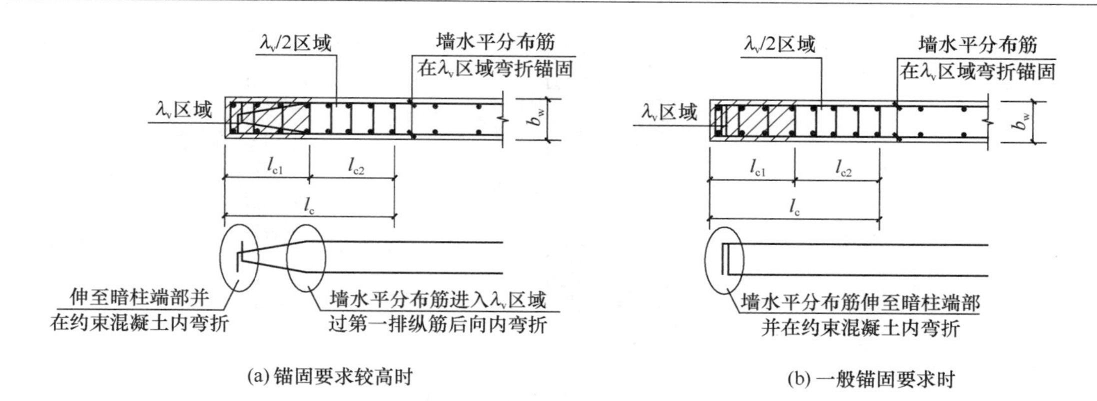

图 6.4.5-15　墙的水平分布钢筋在 λ_v 区域的有效锚固措施

平面整体表示方法制图规则和构造详图（现浇混凝土框架、剪力墙、梁、板）》22G101-1，且替代的总量不宜大于 $\lambda_v/3$。

7. 表 6.4.5-3 规定，抗震等级为一、二级的抗震墙，在其约束边缘构件的阴影区范围内纵向钢筋配筋率分别不应小于 1.20%和 1.00%。表 6.4.5-2 注 3 还规定："当端柱承受集中荷载时，其纵向钢筋、箍筋直径和间距应满足柱的相应要求"，对照表 6.3.7-1 可知，显然如果仅按框架柱的构造要求配置端柱的箍筋及纵向钢筋，则不能保证满足上述要求。注意，端柱是抗震墙的一部分，只是截面形状像柱，但端柱是墙，不是柱。因此，"当端柱承受集中荷载时，其纵向钢筋、箍筋直径和间距应满足柱的相应要求"可理解为"当端柱承受集中荷载时，其纵向钢筋、箍筋直径和间距除应满足抗震墙的要求外还应满足柱的相应要求"（图 6.4.5-16）。

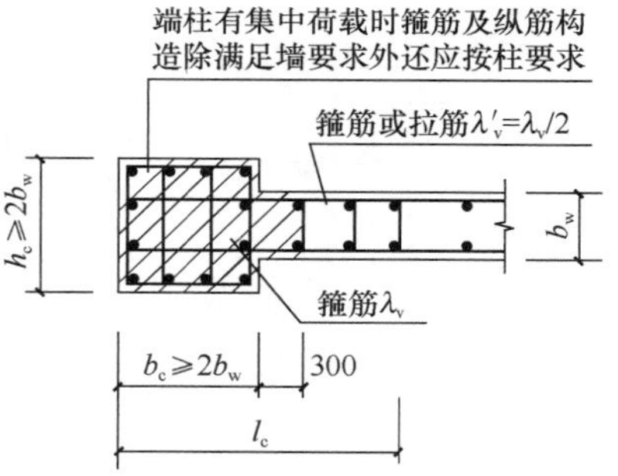

图 6.4.5-16　对图 6.4.5-2（c）的补充

对端柱"承受集中荷载"的定量把握标准未明确规定，建议当端柱作为框架梁或普通梁的支座时，可判定为"承受集中荷载"而按"还应满足框架柱的构造要求"设计。注意，其中的"柱"指"框架柱"且只是箍筋和纵筋"还应满足框架柱的构造要求"。而当为纯抗震墙结构时，该"框架柱"实际并不存在，可理解为虚拟的"框架柱"，并取该虚拟"框架柱"的抗震等级同相应抗震墙，从而确定端柱的纵筋及箍筋的构造要求。（《混凝土标准》第 11.7.18 条及《高规》第 7.2.16 条均是对构造边缘构件的要求，由此，可认为本条规定既适用于约束边缘构件，也适用于构造边缘构件）。

8. 对十字形抗震墙，可按两片抗震墙分别在各自端部按规定设置边缘构件，交叉部位因不属于抗震墙的边缘，故可设置构造钢筋加强两墙的连接。

9. 抗震墙约束边缘构件范围 l_c 的取值与墙肢长度 h_w 有关，其 h_w 取值原则如下：

1）对整体小开口抗震墙，墙肢长度取包含洞口在内的墙肢总长度 h_w。相应小洞口两侧可不设置边缘构件。

2）对其他墙肢，h_w 取墙肢长度（即墙肢被洞口分割后的长度）。

3）设计中对抗震墙洞口应进行结构的规则化处理（见第 6.1.8 条及图 6.4.5-17）。

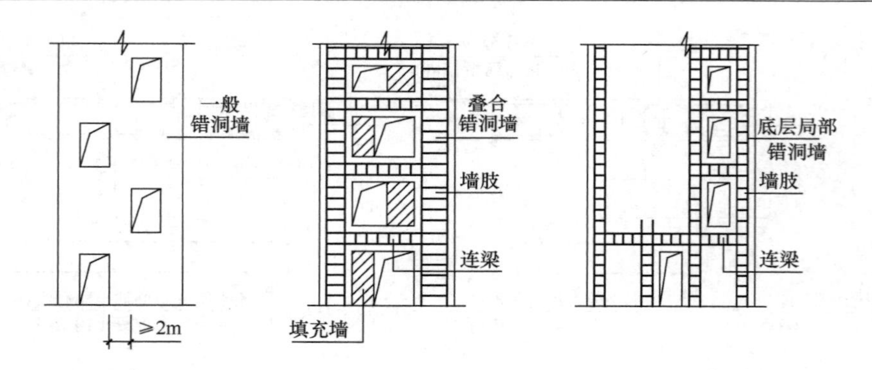

图 6.4.5-17 对抗震墙洞口的规则化处理

10. 关于约束边缘构件箍筋及拉筋沿水平方向的肢距，可执行《高规》第 7.2.15 条的规定，不宜大于 300mm，不应大于竖向钢筋间距的 2 倍。

1）箍筋“肢距”与“无支长度”不同。箍筋的“无支长度”指箍筋平面内两个拉结点之间的距离，该拉结点能限制箍筋在平面内的侧向移动（图 6.4.5-18），而箍筋“肢距”仅指两肢箍筋之间的距离（即不一定能限制箍筋在平面内的侧向移动）。

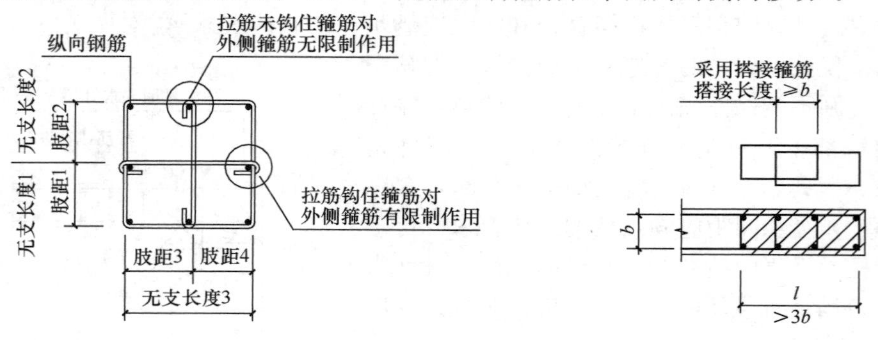

图 6.4.5-18 箍筋无支长度与肢距

图 6.4.5-19 箍筋的长短边之比

2）为充分发挥约束边缘构件的作用，一字形约束边缘构件（暗柱）箍筋的长边与短边之比不宜大于 3（T 形及 L 形约束边缘构件可适当放宽限值），相邻两个箍筋的搭接长度不宜小于短边长度（图 6.4.5-19）。

11. 表 6.4.5-3 中箍筋或拉筋沿竖向的间距，应理解为对全部约束边缘构件的要求，即适用于约束边缘构件的阴影区（λ_v 区域）和非阴影区（$\lambda_v/2$ 区域）。

12. 标准仅规定约束边缘构件阴影区纵向钢筋的最小配筋率限值，未规定其最大配筋率限值，编者建议，可参照标准对框架柱的最大配筋率要求，限制总配筋率不大于 5.00%。纵向钢筋的最大间距与箍筋及拉筋的最大肢距相对应，既满足上述 10 之要求，也满足《高规》第 6.4.4 条的规定。

13. 其他相关内容可参考国家建筑标准设计图集《混凝土结构剪力墙边缘构件和框架柱构造钢筋选用（剪力墙边缘构件、框支柱）》14G330-1。

14. 地下室顶板作为上部结构嵌固部位时，地下室（上部结构嵌固部位的楼层）与上部结构抗震墙对应位置的约束边缘构件，实际上是首层边缘构件的向下延伸，按首层设计即可（图 6.4.5-20）。而沿地下室外墙长度方向设置的上部结构向下延伸的边缘构件，在地下室墙长的中部远离嵌固部位时，可适当加大边缘构件的箍筋间距，见图 6.4.5-21。对纯地下室墙(对应位置无上部结构抗震墙)，可按抗震等级为三级或四级设置构造边缘构件。

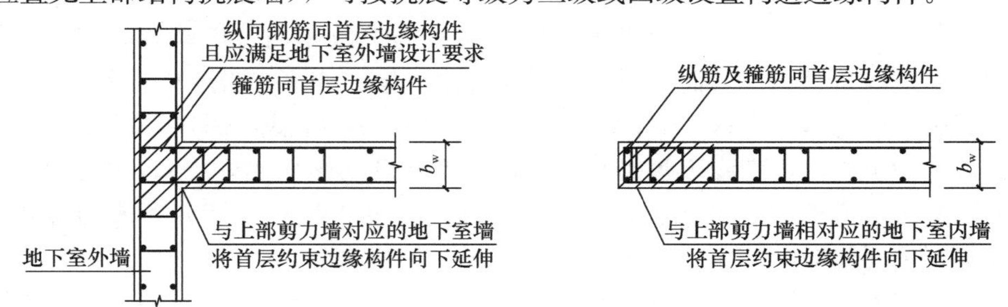

图 6.4.5-20　首层约束边缘构件在地下室的延伸

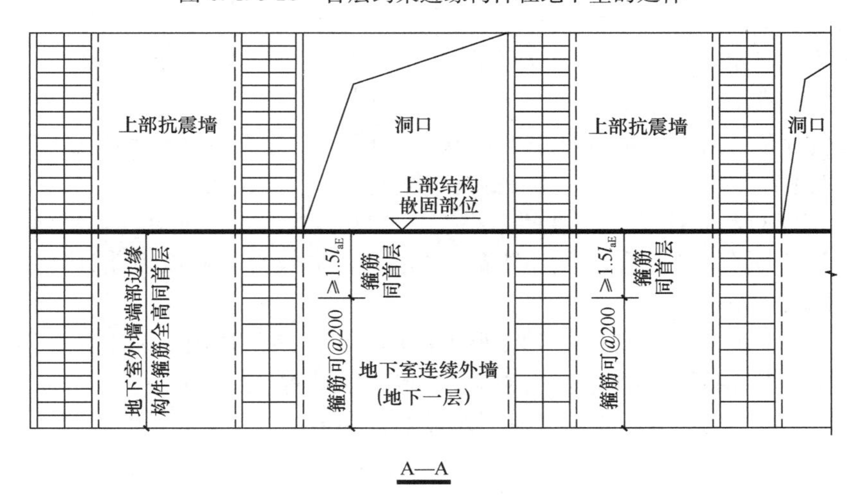

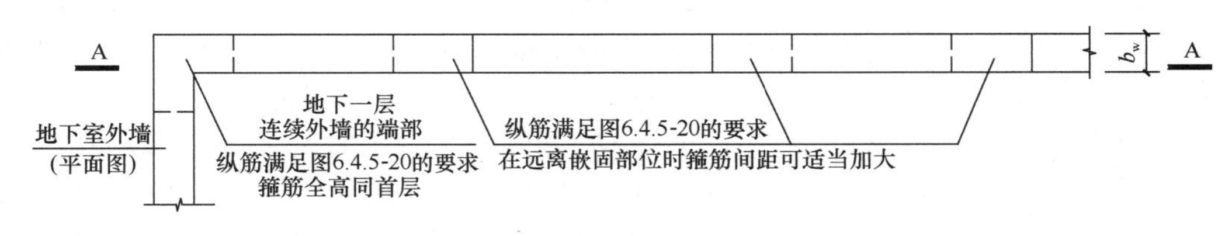

图 6.4.5-21　地下一层外墙边缘构件中箍筋的配置

地下室挡土墙设计要点见文献［34］，上部无剪力墙的地下室挡土墙，其主要作用是挡土，墙厚大于 400mm 时，也无须按剪力墙要求在墙厚中部设置多排钢筋。

15. 对抗震设防低烈度区的框支结构及复杂高层建筑结构，规范要求在底部加强部位设置抗震墙端柱、翼墙及约束边缘构件。此时，尽管抗震等级可能低于二级，建议也应该按二级抗震等级的要求设置约束边缘构件。

16. 关于端柱与抗震墙的计算模型问题说明如下。

设置端柱时，墙采用墙元而端柱采用柱模型，对同一结构构件采用不同计算单元进行模拟，由于不同计算单元之间的模型化差异及相互的变形协调问题，常造成计算结果怪异，设计计算时应引起足够的重视并采取相应计算措施。

1）首先应明确端柱是抗震墙的一部分，只不过形状像柱，但不是柱，是墙。设置端柱的根本目的在于对抗震墙提供约束作用，并有利于抗震墙的平面外稳定。

2）有端柱的抗震墙，其竖向荷载往往主要作用在端柱上。依据圣维南原理，在竖向荷载作用点以下足够远处，由于混凝土对竖向荷载的扩散作用（扩散角为45°），其竖向荷载不完全由端柱自己承担，而由墙肢全截面共同承担。端柱与墙体共同承担竖向荷载及由竖向荷载引起的弯矩，在这里墙体始终是承担竖向荷载的主体（图 6.4.5-22）。

对有端柱的抗震墙，有程序建议按墙＋柱模型计算（图 6.4.5-23），主要出于对墙平面外刚度的考虑，模拟的是有端柱墙的平面外刚度，而这种柱、墙分离式的等效处理方法，存在下列主要问题。

（1）带端柱墙的计算面积误差，端柱与墙的总截面面积比实际情况增加了约 b_w^2，约为 1/4 的端柱面积，直接影响带端柱抗震墙的抗剪承载力（墙肢截面长度越小，其计算误差越大，且偏于不安全）。

（2）墙肢长度缩短了约 b_w，加大了带端柱抗震墙的面内刚度计算误差。

（3）计算的模型化误差

墙、柱平行布置时，柱端（杆单元两端）与墙角部节点（墙单元节点）无法直接连接，程序处理上需要引入罚单元（就是在柱端和墙角部节点之间引入一根水平向的虚拟梁）（图 6.4.5-23），而罚单元刚度的大小直接影响结构计算的准确性，目前情况下，程序尚无法根据工程具体情况合理取用罚单元的刚度，造成带端柱剪力墙计算结果不合理，严重时超筋超限普遍。

结构计算中也难以考虑图 6.4.5-22 所示的压应力扩散的作用。采用罚单元连接的柱、墙分离式计算，常导致同一结构构件内端柱与墙肢的计算压应力水平差异很大。当不考虑结构构件的轴向变形时，往往夸大了柱子承受竖向荷载的能力，造成柱墙轴力的绝大部分由端柱承担，而抗震墙只承担其中的很小部分，端柱配筋过大，计算不合理。而当过多地考虑结构构件的轴向变形时，又常常造成抗震墙墙肢承担过多的竖向力，计算结果也不合理。

（4）容易产生概念的误区。柱、墙分离式等效处理方法的采用，常使设计者混淆端柱与框架柱的本质区别。应该明确端柱不是柱而是墙，应强调端柱与墙的整体概念。柱、墙分离式等效处理方法可作为设计的辅助计算方法，而不应作为首先推荐的方法。

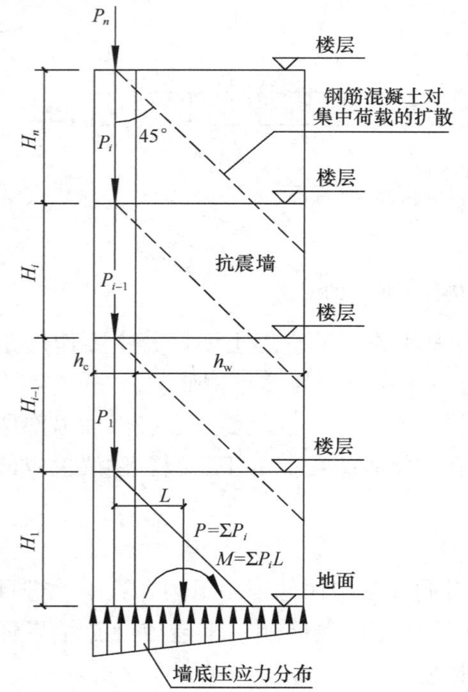

图 6.4.5-22　钢筋混凝土对竖向荷载的扩散

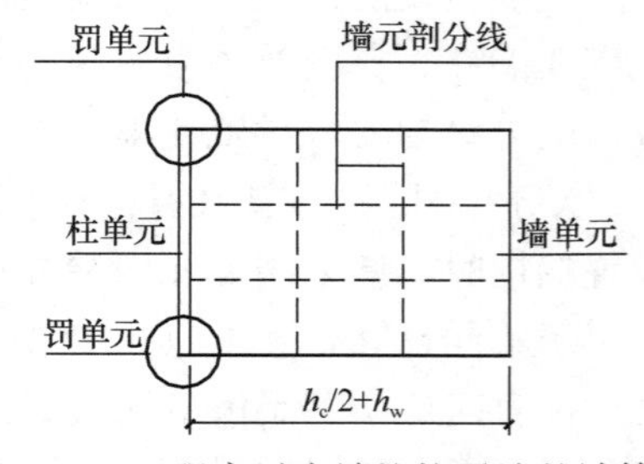

图 6.4.5-23　程序对有端柱抗震墙的计算模型

（5）程序采用墙＋柱的输入模式，会出现端柱的抗震等级同框架的情况（这个问题很容易被忽视）。而在框架-抗震墙结构中，框架的抗震等级一般不会高于抗震墙的抗震等级，会出现偏不安全的情况，应人工修改端柱的抗震等级，使其同抗震墙。

3）应优先采用沿墙肢长度方向T形墙的计算模型。当采用墙＋柱计算模型的计算结果明显不合理时，为消除罚单元设置不当造成的影响，建议按以下方法进行比较计算，取合理结果设计。

（1）在端柱与墙之间开计算洞（洞口可取500mm×800mm），形成柱＋刚性梁＋墙的计算模型，刚性梁宽度同墙厚，截面高度可取层高－800mm；

（2）采用等效墙厚法计算。墙长为（h_c+h_w），按墙截面面积相等的原则将有端柱抗震墙等效为矩形截面抗震墙［图6.4.5-24（c）］，即墙的等效截面厚度b'_w，并进行等效厚度抗震墙的平面外稳定验算，此时，由于对端柱的有利作用（端柱对墙肢平面外稳定的有利影响）考虑略有不足，其结果是偏于安全的。必要时也可考虑实际端柱截面对墙肢稳定的有利影响，采用手算复核。

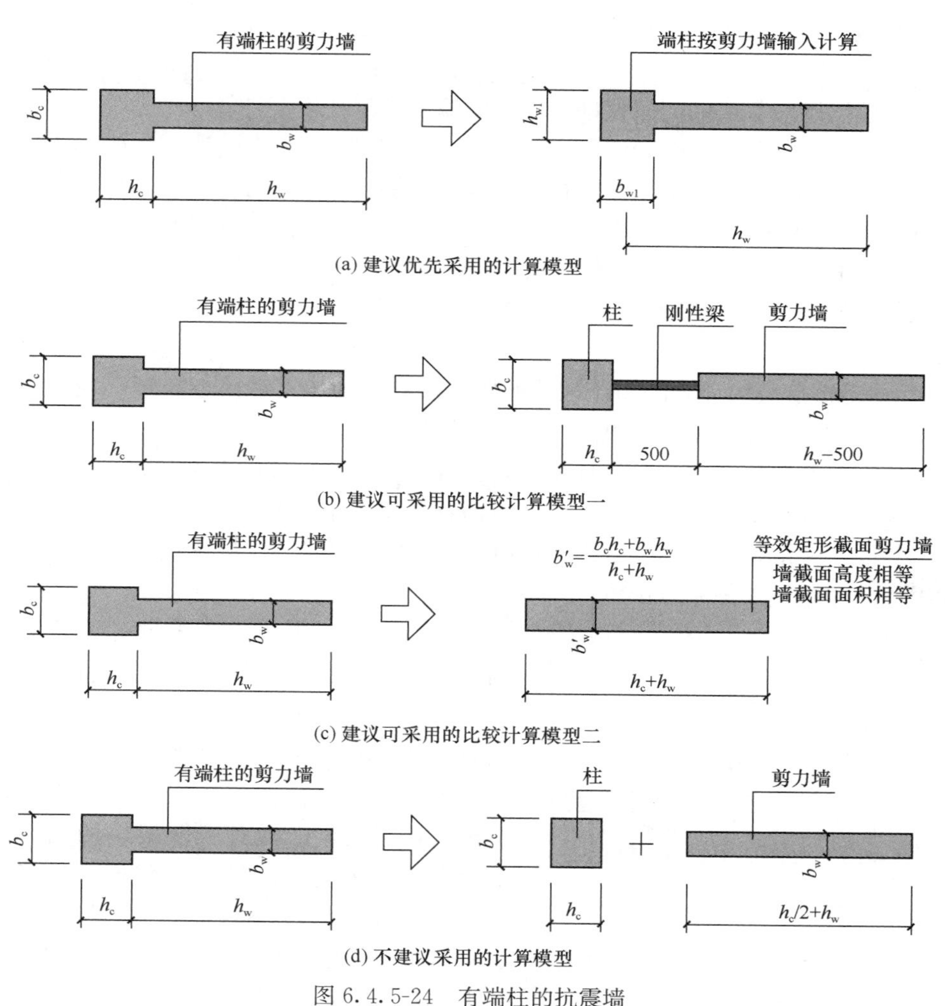

图6.4.5-24 有端柱的抗震墙

五、相关索引

1.《混凝土标准》的相关规定见其第 11.7.17～11.7.19 条。

2.《高规》的规定与《抗震标准》有区别，相关规定见《高规》第 7.2.14～7.2.16 条。

第 6.4.6 条

一、标准的规定

6.4.6 抗震墙的墙肢长度不大于墙厚的 3 倍时，应按柱的有关要求进行设计；矩形墙肢的厚度不大于 300mm 时，尚宜全高加密箍筋。

二、对标准规定的理解

对于 $h_w/b_w \leqslant 3$ 的抗震墙墙肢，本条规定按柱进行设计《高规》和《混凝土标准》为 $h_w/b_w \leqslant 4$。注意，此处主要指的是在抗力设计时，采用柱截面计算 h_0 的原则来确定墙肢的 h_{w0}（$h_{w0}=h_w-a_s$，框架柱和抗震墙对 a_s 的取值不同。按抗震墙进行截面设计时，一般可取 $a_s=b_w$；在按框架柱进行截面设计时，一般可取 a_s =35mm），只是 h_{w0} 的取值及对纵向钢筋的配置要求同框架柱，其他仍然按抗震墙要求，注意以下几点。

1. 墙肢按抗震墙输入计算时，在效应计算过程中程序始终是按墙元模型计算的。配筋计算时，根据墙肢截面的高厚比确定按抗震墙或框架柱模型计算。

1）程序按抗震墙进行配筋计算的墙肢（$h_w/b_w>3$），配筋设计时，按其要求将纵向钢筋配置在墙端部的一定区域内是可行的，没有必要再按框架柱进行复核验算。

2）程序按框架柱进行配筋计算的"柱形墙肢"（$h_w/b_w \leqslant 3$），配筋设计时，应将纵向钢筋按框架柱钢筋的配置方式配置在墙肢端部（与一般框架柱周边配筋不同，小墙肢按框架柱计算配筋只在墙肢长度方向有计算配筋输出，而在墙肢宽度方向无计算配筋输出）。

3）无论是按抗震墙计算配筋还是按框架柱计算配筋，其纵向分布钢筋均应按计算要求（计算设定的纵向分布钢筋、纵筋的配筋区域等）配置。

2. "柱形墙肢"按框架柱输入计算时，在效应及配筋计算的全部过程中，程序始终是按框架柱模型计算的。配筋设计时，应将纵向钢筋按框架柱钢筋的配置方式配置在墙肢周边（完全等同于一般框架柱的要求）。其纵向分布钢筋无需再按抗震墙的计算要求（计算设定的纵向分布钢筋配筋率）配置。

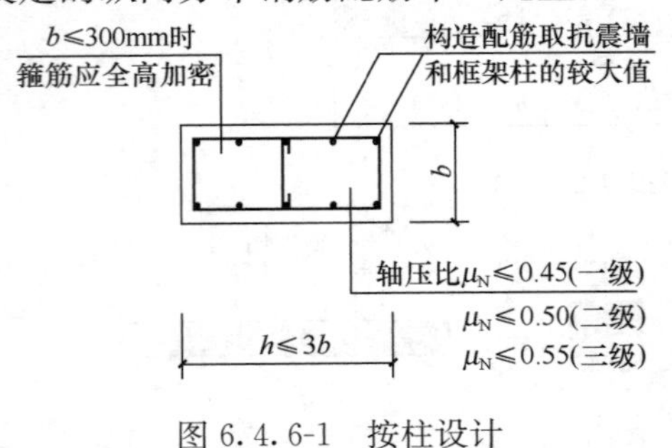

图 6.4.6-1 按柱设计

3. 有文献将标准对"柱形墙肢"（按抗震墙输入计算时）"按框架柱进行截面设计"的要求扩大到对"柱形墙肢"的轴压比限值，提出墙肢的轴压比也按框架柱要求，认为是从严要求（图 6.4.6-1）。其实，比较可以发现，在抗震等级相同时，标准对于框架柱的轴压比限值要远大于对抗震墙的轴压比限值（尽管这里有轴压比计算方法的不同）。以抗震等级二级为例，框架柱的轴压比限值为 0.85（按框架-抗震墙中的框架柱确定），而抗震墙的轴压比限制仅为 0.50（按短肢抗震墙确定）。因此对"柱形墙肢"只按框架柱要求控制其轴压比不一定是合适的。必要时可实行双控，即同时满足抗震墙及框架柱的轴压比限值要求。

三、相关索引

1.《混凝土标准》的相关规定见其第 9.4.1 条。

2.《高规》的相关规定见其第 7.1.7 条。

第 6.4.7 条

一、标准的规定

6.4.7 跨高比较小的高连梁，可设水平缝形成双连梁、多连梁或采取其他加强受剪承载力的构造。顶层连梁的纵向钢筋伸入墙体的锚固长度范围内，应设置箍筋。

二、对标准规定的理解

1. 连梁是连接各墙肢协同工作的关键构件。试验研究表明：连梁的 $l_n/h_b \geqslant 5$ 时其力学性能同框架梁，$5 > l_n/h_b > 2.5$ 时连梁以弯曲破坏为主，当 $l_n/h_b \leqslant 2.5$ 时其破坏形态为剪切破坏（剪切滑移破坏、剪切斜拉破坏），其中，弯曲破坏和剪切滑移破坏有一定的延性，而剪切斜拉破坏则几乎没有延性。

2. 连梁（主要指小跨高比的连梁，具有跨度小、梁截面高而属于深梁且对剪应力十分敏感的特点）和普通框架梁在受力特点上有明显区别，竖向荷载的弯矩和剪力一般不大（连梁一般不作为其他楼面梁的主要支承构件），而水平荷载或水平地震作用下墙肢相互产生的约束弯矩（在连梁的两端同时针方向）和剪力很大，使梁产生很大的剪切变形，出现斜裂缝（在反复作用下出现交叉斜裂缝，见图 6.4.7-1）。

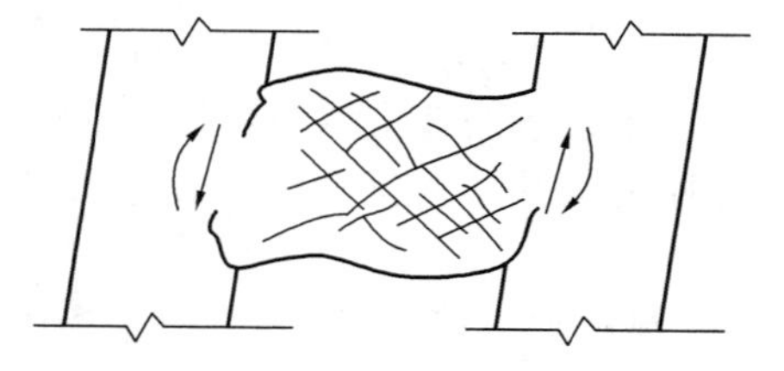

图 6.4.7-1 连梁的受力与变形

3. 连梁设计的基本要求是：

1）在“小震”和风荷载作用下，处于弹性或基本弹性工作状态。

2）在“中震”下，作为连肢抗震墙的第一道防线，连梁两端出现塑性铰，应按“强剪弱弯”原则使梁端出现弯曲屈服塑性铰，以耗散地震能量。按“强墙肢、弱连梁”的设计原则，使连梁屈服先于墙肢且使墙肢形成多铰机构，具有较大的延性。

3）在“大震”下，允许连梁发生破坏。

4. 跨高比较小的高连梁一般指 $l_n/h_b \leqslant 2.5$ 的连梁，可设水平缝形成双连梁或多连梁（图 6.4.7-2）。

5. 加强连梁受剪承载力的构造，指连梁内设置交叉钢筋或暗撑（见第 6.7.4 条）及抗剪用钢板或窄翼缘型钢等。

6. 顶层连梁纵向钢筋伸入墙体的锚固长度范围内设置箍筋（图 6.4.7-5）。

7. 连梁的抗震等级同抗震墙（$l_n/h_b \geqslant 5$ 时可同框架梁）。依据《高规》第 3.10.5 条的规定，特一级连梁的要求同一级。

三、结构设计建议

1. 关于双连梁

1）对双连梁的等效

所谓“双连梁”指在连梁中部以水平缝隔开的上下两根连梁。对双连梁的设计由来已久，一般用来处理连梁的超筋问题。当连梁超筋时，采取在连梁中部设置水平缝的办法，将整个截面高度的连梁分割成两个或多个截面高度相等（或相近）的小截面连梁，受计算手段的限制，结构设计中通常将开缝双连梁进行简单等效，即按连梁抗剪截面面积相等的原则等效，见图 6.4.7-2（c），等效连梁的宽度为小截面连梁宽度的 2 倍，高度与小截面连梁相等，按简单等效后的连梁截面进行结构分析计算，再根据计算结果对设置水平缝的连梁进行配筋设计。

2）简单等效存在的问题

对“双连梁”按连梁抗剪截面面积相等的原则进行简单等效后，其截面的受剪承载力没有改变，但等效引起了连梁实际受弯承载力及受力状况的巨大改变。处理不当，连梁的强剪弱弯难以实现，在罕遇地震作用下有可能导致连梁失效，危及抗震墙（甚至整个结构）的安全。

在水平缝上下设置的连梁为一对连梁，与并排设置的两根同截面连梁完全不同，两根并排设置的连梁，其截面特性可以是每根连梁的简单叠加（$A=A_1+A_2, EI=EI_1+EI_2$），而上下并排设置的连梁的截面特性不再遵循两根梁的简单组合原则（$A=A_1+A_2$，$EI\neq EI_1+EI_2$），连梁的实际抗弯能力比两根并排设置的单梁有大幅度的提高，其主要原因是上下设置的连梁承担着附加轴力，轴力形成的内力偶对外力起平衡作用，实际连梁的抗弯刚度与等效连梁之间存在很大的差异，此处以算例（由杨婷工程师完成）比较并说明之。

【例 6.4.7-1】 某单片钢筋混凝土抗震墙，墙厚 200mm，其他尺寸如图 6.4.7-2（a）所示，比较可以发现，按抗弯刚度相等原则等效的连梁截面为 200mm×1460mm，简单等效的连梁截面为 400mm×900mm，前者抗弯刚度是后者的 2.13 倍，是不开缝连梁（200mm×1900mm）的 0.454 倍。对连梁抗弯刚度估算的偏差将导致结构计算内力的很大变化：

（1）在多遇地震作用下，连梁的超筋多为抗剪截面不够，采用简单等效的小截面高度连梁计算，则连梁抗弯刚度计算值过小，表面的计算结果合理，掩盖了实际连梁抗弯刚度

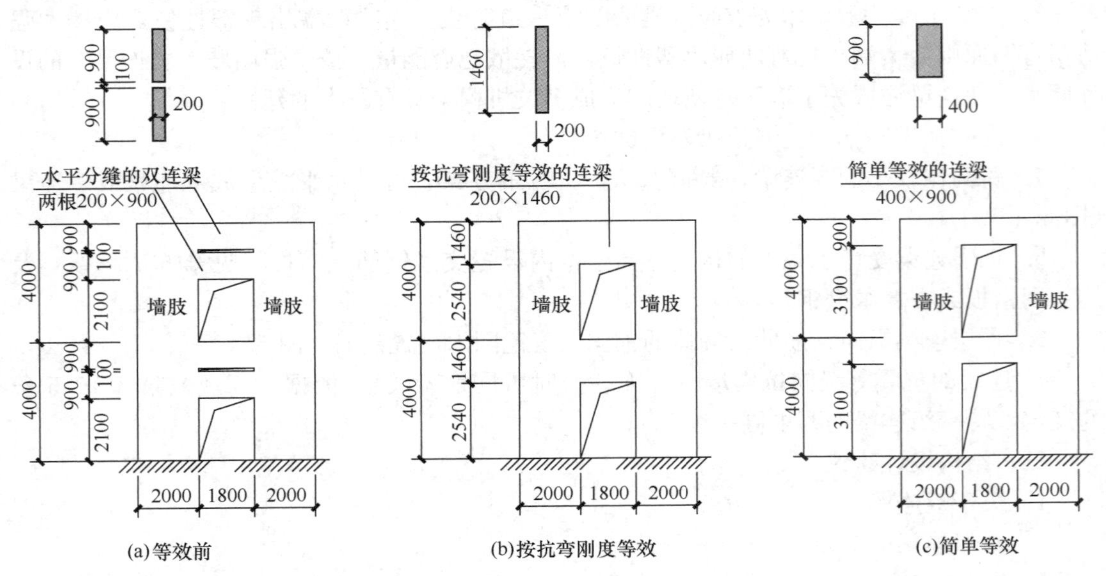

图 6.4.7-2　对双连梁的等效

大而引起的连梁受剪承载力不足（连梁强弯弱剪）的矛盾。而按小截面连梁计算出的连梁纵向钢筋，配置在实际抗弯刚度较大的双连梁上，将导致实际连梁吸收过多的地震弯矩，使连梁承担比计算大得多的地震剪力，不符合强剪弱弯的基本设计原则，地震作用时，极易出现梁端的剪切破坏，使连梁过早地退出工作。

（2）在罕遇地震作用时，由于连梁剪切破坏而退出工作，使连梁两侧的墙肢变成独立墙肢，导致墙肢地震作用效应的急剧增加。由于结构设计时没有按《高规》第 7.2.26 条的规定，考虑在大震下连梁不参与工作，“按独立墙肢的计算简图进行第二次多遇地震作用下的内力分析，墙肢截面应按两次计算的较大值计算配筋”，大震时墙肢存在破坏的可能，造成结构构件的各个击破，给结构的防倒塌带来威胁。

（3）计算连梁的抗弯刚度计算值过小［注意，此处的连梁抗弯刚度计算值过小，与上述（2）中的剪切刚度过小是不同的两个问题］时，将导致连梁分担的地震作用减小，大大加大了墙肢的负担（但即便如此，墙肢还不足以单独承担连梁剪切破坏后的地震作用），结构设计经济性差。

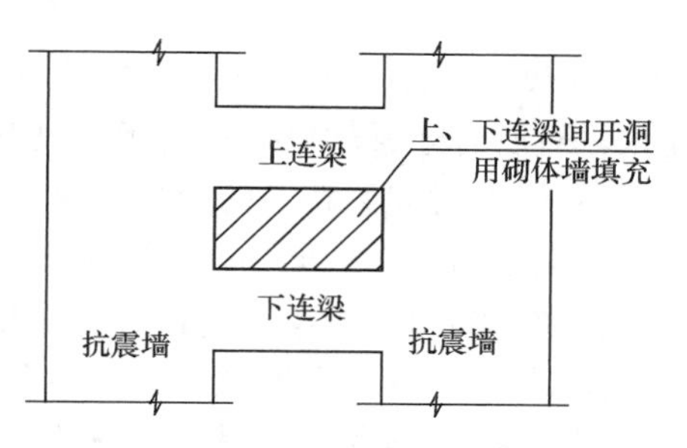

图 6.4.7-3 汶川地震区的双连梁

（4）汶川地震的震害调查发现，震区采用的“双连梁”如图 6.4.7-3 所示，两根连梁之间留有较大的间距并用砌体墙填充，填充墙区域有利于设备管线通行，填充墙给双连梁提供了较大的初始刚度（墙体裂缝前），有利于抗风。地震作用时，中间的填充墙首先破坏，起到耗能和保护连梁及抗震墙的作用。因此，结构破坏不严重。震害表明，设置“双连梁”对抗震耗能有一定的作用，但此双连梁的设计计算方法有待进一步研究和改进，以期符合实际的受力状况。

3）对跨高比较小的高连梁，采取设置水平缝的双连梁，并采用简单等效方法确定连梁的计算截面时，由于在计算假定、截面选取等方面存在诸多困难，实际连梁与等效连梁在设计计算及受力模型上存在很大的差异，且难以确保大震下连梁的强剪弱弯，易造成大震下结构及构件的各个击破，难以实现大震不倒的抗震设计基本要求，因此，强震区使用时应特别注意对实际连梁强剪弱弯的控制。

超筋连梁采用设置水平缝的双连梁时，应采用具有双连梁计算功能的：合适的计算程序，以及合理的等效截面进行计算。

有条件时对超筋连梁可采用下述 3 建议的方法，以最大限度地利用连梁的实际承载力，优化设计。

2. 对连梁超筋的处理

1）实际工程中对连梁的超筋现象要进行必要的处理，确保连梁的强剪弱弯，确保连梁塑性发展后其他结构构件有足够的抗震能力。

2）抗震墙连梁的计算模型

对于抗震墙连梁应根据连梁的强弱采用不同的计算模型，当为较强连梁（连梁的净跨度 l_n 与连梁截面高度 h 的比值 $l_n/h<5$，且连梁截面高度不小于 400mm）时，应采用墙开洞模型计算；当为弱连梁（$l_n/h\geqslant5$）时，应采用梁元模型计算（图 6.4.7-4）。注意，仅依据梁的跨高比判别连梁与框架梁也不完全合理，建议当实际连梁截面高度小于 400mm

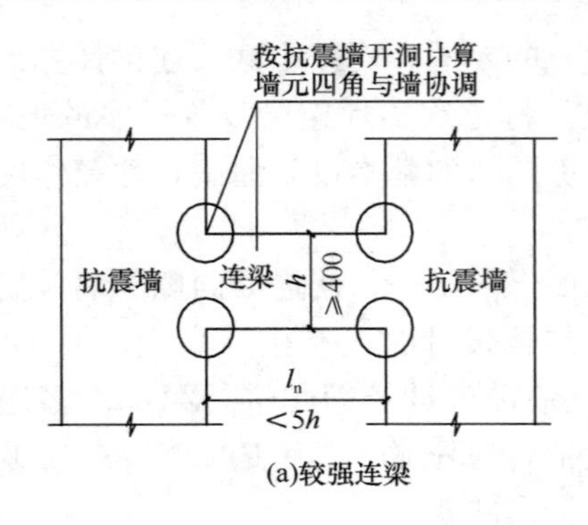

(a)较强连梁

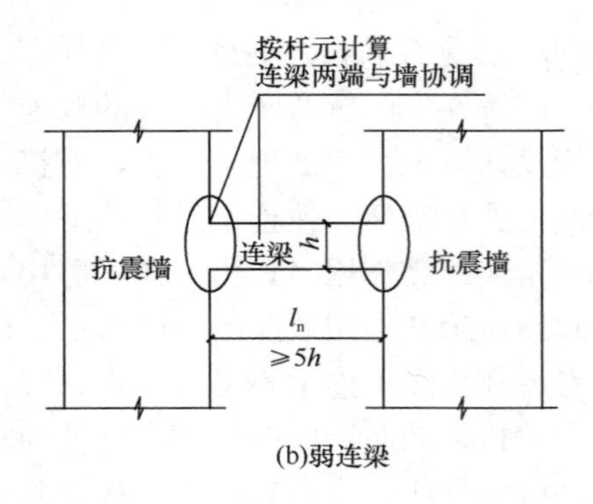

(b)弱连梁

图 6.4.7-4 强弱连梁的实用区分方法

（连梁跨度也较小）时，也应判定为弱连梁。实际工程中，为减少设计工作量且便于调整优化，对所有连梁均可按墙元模型计算。

3）标准对连梁超筋的处理要求

抗震墙结构、框架-抗震墙结构、框架-核心筒结构中的连梁及筒体结构中的裙梁一般较易出现超筋超限现象。有设计人员根据超筋的数量来确定是否对连梁进行处理，如控制10处，10处以下就不处理，这是不合适的。对连梁的超筋应进行分析判断并应采取适当的处理方法。抗震墙连梁超筋、超限时，可按标准的要求进行如下处理。

（1）连梁调幅处理

抗震墙中连梁的弯矩和剪力可进行塑性调幅（注意，对框架梁，只能对竖向荷载下的梁端弯矩进行调幅，而对连梁则没有这一限制，也就是说，对连梁弯矩的调幅是对连梁端弯矩组合值的调幅），以降低其剪力设计值。但在结构计算中已对连梁进行了刚度折减时，其调幅范围应限制或不再调幅。当部分连梁降低弯矩设计值后，其余部位的连梁和墙肢的弯矩应相应加大。

一般情况下，经全部调幅（包括计算中连梁刚度折减和对计算结果的后期调幅）后的弯矩设计值不宜小于调幅前（完全弹性）的0.8倍（6、7度）和0.5倍（8、9度）。

采用本调整方法应注意以下几点：

① 对连梁的调幅可采用两种方法：一是在内力计算前，直接将连梁的刚度进行折减；二是在内力计算后，将连梁的弯矩和剪力组合值乘以折减系数。

② 采用对连梁弯矩调幅的办法，考虑连梁的塑性内力重分布，降低连梁的计算内力，同时应加大抗震墙的地震效应设计值。

③ 本调整方法考虑连梁端部的塑性内力重分布，对跨高比较大的连梁效果比较好，而对跨高比较小的连梁效果较差。

④ 经本次调整，仍可确保连梁对承受竖向荷载无明显影响。

（2）减小连梁的截面，主要是降低连梁的截面高度，从而达到减小连梁计算内力的目的，同时加大抗震墙的地震效应设计值。

（3）连梁的铰接处理

当连梁的破坏对承受竖向荷载无明显影响（即连梁不作为次梁或主梁的支承梁）时，可假定该连梁在大震下的破坏，对抗震墙按独立墙肢进行第二次多遇地震作用下的结构内力分析（为减少结构计算工作量，当弱连梁按杆元输入时，可将连梁按两端铰接梁计算），墙肢应按两次计算所得的较大内力进行配筋设计（一般情况下，连梁铰接处理后，墙的配筋计算结果较大），以保证墙肢的安全。

采用本调整方法应注意以下几点：

① 对抗震墙按独立墙肢进行第二次多遇地震作用下的结构内力分析的方法，是认为连梁对抗震墙约束作用完全失效。事实上，通过采取恰当的构造措施可确保连梁对抗震墙的约束不完全丧失，避免出现“独立墙肢”。

② 本调整方法中为减少结构计算工作量而采用的铰接连梁计算模型，就是当采取合理的构造措施（如强剪弱弯）后，在大震时仍能确保连梁对抗震墙的水平约束作用。

③ 应特别注意本次调整中的连梁是其破坏对承受竖向荷载无明显影响的连梁，即该连梁不能作为次梁或主梁的支承梁。

④ 还应重视对上述“第二次”的理解，是包络设计的重要步骤之一。

⑤ 对连梁两端点铰后，连梁被简化为两端铰接的轴力杆件，其本身截面的大小对抗震墙的内力计算及结构的整体刚度计算影响不大。

⑥ 连梁的铰接处理方法只能在“墙＋梁”的计算模型中，即连梁为杆元模型。而对于较强连梁计算采用的“墙开洞”模型，对连梁的铰接处理常受连梁计算模型的限制而难以采用。

（4）上述（1）、（2）的方法相近，应优先考虑。当采用上述两种方法后仍然不能解决连梁的超筋超限问题时，则可采用上述（3）的处理方法。

4）对连梁超筋处理的实用方法

当对连梁进行铰接处理后，抗震墙的配筋会大增，合理利用连梁梁端塑性铰（可以承担相应弯矩，不同于结构力学铰）的工程特性，适当考虑连梁刚度并减小抗震墙配筋，减少结构设计的工作量，是实用设计方法的基本出发点。

（1）计算过程

① 通过改变连梁计算截面高度，寻求实际截面连梁的最大受剪承载力所对应的截面弯矩设计值，以及与之相应的抗震墙内力和配筋。注意，其中对连梁截面高度的减小，是一种计算手段，只是为寻找与连梁最大受剪承载力相对应的受弯承载力数值的过程，连梁的实际截面高度并没有减小（即计算时减小了连梁高度，实际施工图中的连梁还是原来的截面）。

② 减小抗震墙的连梁计算截面高度后，此时，连梁的计算结果可能仍然显示超筋，但其计算剪力 V_2 已不大于实际连梁截面的最大受剪承载力 $[V_1]$，即 $V_2 \leqslant [V_1]$，满足第 6.2.9 条的要求，则计算结束。

（2）抗震墙的配筋设计

对抗震墙应进行包络设计，配筋取第一次（即用连梁的实际截面进行的计算，称为第一次多遇地震作用下的结构内力分析）、第二次（即用减小了高度的连梁计算截面进行的计算，称为第二次多遇地震作用下的结构内力分析）计算结果的较大值（一般情况下，根据结构设计概念很容易判断出抗震墙的控制内力及配筋，无须对两份计算逐一核对取值）。

（3）连梁的截面及配筋设计

对连梁取实际截面，即第一次计算的截面，按 V_2 及相应弯矩 M_2 计算连梁配筋，举例如下。

【例 6.4.7-2】 某连梁截面为 250mm×600mm，该连梁所能承担的最大剪力（按第 6.2.9 条计算，也可从电算结果的超筋信息中直接读取）$[V_1]$ =303kN，初次计算（第一次计算）剪力为 $V_1=400\text{kN}>[V_1]$，需调整。减小连梁的计算截面至 250mm×450mm（第二次计算），此时连梁的计算剪力 $V_2=280\text{kN}<[V_1]$，调整计算结束（相应计算弯矩为 $M_2=200\text{kN}\cdot\text{m}$，计算纵筋为 1682mm^2）。施工图设计时，连梁截面仍取为 250mm×600mm，取用内力 V_2、M_2 计算配筋。过程见表 6.4.7-1。

连梁超筋调整计算过程及配筋要点　　表 6.4.7-1

<table>
<tr><th>步骤</th><th>计算截面 b×h (mm)</th><th>计算剪力 V(kN)</th><th>截面允许剪力[V₁] (kN)</th><th>计算判别</th><th>计算弯矩 M(kN·m)</th><th>计算纵筋 (mm²)</th><th>实际截面 b×h (mm)</th><th>实配箍筋 (mm²)</th><th>实配纵筋 (mm²)</th></tr>
<tr><td>1</td><td>250×600</td><td>400>303</td><td rowspan="2">303</td><td>需调整</td><td>350</td><td>2122</td><td rowspan="2">250×600</td><td rowspan="2">217 (表 6.4.7-3)</td><td rowspan="2">M_{ax}[1682×(450－35)/(600－35)，0.40%×250×600]＝1235</td></tr>
<tr><td>2</td><td>250×450</td><td>280<303</td><td>计算结束</td><td>200</td><td>1682</td></tr>
</table>

实际配筋时还可进行如下适当的简化处理。

① 纵向钢筋配置：根据实际连梁与计算连梁有效高度的比值，对计算的连梁纵向钢筋面积进行调整，并按其配筋［注意，当连梁计算截面减小的幅度过大（从计算结果中表现为 V_2 小于［V_1］过多）时，常出现纵向钢筋的折算值不满足最小配筋率要求（《混凝土标准》第 11.7.11 条规定，连梁沿上、下边缘单侧纵向钢筋的最小配筋率不应小于 0.15%，且配筋不宜小于 2ϕ12），此时应适当加大至满足最小配筋率要求］。当箍筋按下述②的方法配置时，连梁仍能满足强剪弱弯的要求。需要说明的是，有文献提出按公式（6.2.4-1）反算连梁梁端弯矩的方法（以下简称“反算法”），笔者认为“反算法”存在以下问题：

“反算法”假定连梁两端弯矩相等，当连梁两端墙肢截面刚度差异较大时，误差也大；

采用“反算法”补充计算工作量大，作为一种近似计算方法，意义不大。

② 箍筋配置：对连梁箍筋也可以按连梁的截面要求（第 6.2.9 条的要求）作为其剪力设计值求出相应连梁的箍筋面积，计算式如下。

永久、短暂设计状况时，按《高规》式（7.2.22-1）右式与式（7.2.23-1）右式相等：

$$0.25f_cbh_0=0.7f_tbh_0+f_{yv}\frac{A_{sv}}{s}h_0 \tag{6.4.7-1}$$

得

$$A_{sv}=\frac{(0.25f_c-0.7f_t)s}{f_{yv}}b \tag{6.4.7-2}$$

当连梁箍筋间距 $s=100$mm 时，永久、短暂设计状况的连梁最大箍筋面积见表 6.4.7-2。

永久、短暂设计状况的连梁最大箍筋面积（mm^2）　　表 6.4.7-2

梁宽 (mm)	永久、短暂设计状况					
	C25	C30	C35	C40	C45	C50
200	155	191	229	266	299	331
250	194	240	285	332	373	413
300	232	287	343	399	448	496

续表

梁宽 (mm)	永久、短暂设计状况					
	C25	C30	C35	C40	C45	C50
350	271	335	400	466	522	579
400	310	383	457	532	597	661
450	349	431	514	598	672	744
500	388	478	572	665	746	827
550	427	526	629	731	821	909
600	465	574	686	798	895	992

注：表中数值按 HPB300 钢筋计算，当采用 HRB400 钢筋时，表中数值乘以 0.75。

抗震设计，跨高比大于 2.5 时：

按《高规》式（7.2.22-2）右式与式（7.2.23-2）右式相等：

$$0.20f_{c}bh_{0}=0.42f_{t}bh_{0}+f_{yv}\frac{A_{sv}}{s}h_{0} \tag{6.4.7-3}$$

得

$$A_{sv}=\frac{(0.20f_{c}-0.42f_{t})s}{f_{yv}}b \tag{6.4.7-4}$$

抗震设计，跨高比不大于 2.5 时：

按《高规》式（7.2.22-3）右式与式（7.2.23-3）右式相等：

$$0.15f_{c}bh_{0}=0.38f_{t}bh_{0}+0.9f_{yv}\frac{A_{sv}}{s}h_{0} \tag{6.4.7-5}$$

得

$$A_{sv}=\frac{(0.17f_{c}-0.42f_{t})s}{f_{yv}}b \tag{6.4.7-6}$$

当连梁箍筋间距 s=100mm 时，抗震设计的连梁最大箍筋面积见表 6.4.7-3。

抗震设计的连梁最大箍筋面积（mm²）　　表 6.4.7-3

梁宽 (mm)	跨高比大于 2.5 时						跨高比不大于 2.5 时						
	C25	C30	C35	C40	C45	C50	C20	C25	C30	C35	C40	C45	C50
200	137	168	200	231	258	285	87	110	136	162	187	210	232
250	172	210	249	289	322	356	109	138	169	202	235	263	291
300	206	252	299	346	386	427	130	165	204	243	282	315	349
350	240	294	349	403	451	498	152	193	238	283	328	367	407
400	275	336	399	461	515	569	173	221	271	324	375	420	465
450	309	378	449	519	580	640	195	249	306	364	422	473	523
500	343	420	498	577	644	711	217	276	339	404	470	526	582
550	378	462	548	634	708	782	239	304	374	445	516	578	640
600	412	504	598	691	772	853	261	332	407	485	563	630	698

注：表中数值按 HPB300 钢筋计算，当采用 HRB400 钢筋时，表中数值乘以 0.75。

（4）采用本调整方法应注意以下几点：

① 本次调整中的连梁为其梁破坏对承受竖向荷载无明显影响的连梁，即连梁不作为

次梁或主梁的支承梁。

② 本调整方法不宜作为首选方法，仅适用于确无其他手段加大结构的侧向刚度（以满足结构的层间弹性位移角要求）时的特殊情况。

③ 本调整方法的基本思路是：连梁与抗震墙的连接既不是完全刚接也不是完全铰接，而是期望通过采取合理的抗震措施，实现连梁与抗震墙的半刚接。

④ 本调整方法对抗震墙实行包络设计，对连梁满足强剪弱弯的设计要求，连梁箍筋根据实际连梁截面的最大受剪承载力确定。

⑤ 本次调整计算可理解为包络设计的重要步骤之一。

⑥ 当程序具有“剪力铰”（对应于由截面受弯承载力控制的一般塑性铰，此处将由截面受剪承载力控制的塑性铰称之为“剪力铰”）计算单元时，上述计算将变得十分简单。

（5）对超筋连梁处理的小结

① 处理的根本目的是在确保连梁强剪弱弯的前提下，尽可能充分利用连梁的有效截面和刚度吸收地震能量并耗能，合理确定墙肢内力及配筋，达到既满足抗震设计要求，又节约投资的目的。

② 处理的方法是依据连梁截面受剪承载力反求连梁所能承担的最大弯矩（注意，此处与受弯承载力控制的梁端塑性铰不同的是，塑性铰是在梁端受剪承载力足够的情况下，寻求梁端的最大受弯承载力，形成以梁端受弯承载力控制的塑性铰，为便于说明问题，此处称其为“弯矩铰”），寻求的则是与连梁梁端最大受剪承载力相匹配的最大梁端弯矩，形成以梁端受剪承载力控制的塑性铰——“剪力铰”。

③ 处理的建议是针对目前程序不具备“剪力铰”计算功能（建议程序中应增加此项实用功能）所提出的变通解决办法，即通过采用减小连梁计算截面高度进行试算的办法，寻求在连梁的计算剪力不大于实际连梁截面受剪承载力的前提下，连梁的最大计算弯矩。当程序具备“剪力铰”功能时，对超筋连梁的处理将变得非常简单。

5）连梁的抗震等级：一般情况下，净跨度与截面高度的比值小于 5 的连梁（即较强连梁）的抗震等级应同抗震墙，其他连梁的抗震等级可同框架梁。

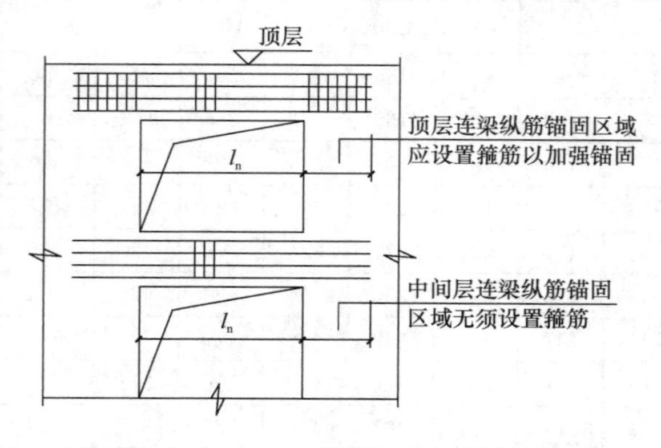

图 6.4.7-5 连梁纵向钢筋的锚固要求

6）为什么顶层连梁的纵向钢筋在抗震墙内的直线锚固长度范围内需要设置箍筋，而对其他楼层连梁纵筋的锚固范围内不需要设置箍筋呢（图 6.4.7-5）？这是因为顶层抗震墙体对连梁纵筋尤其是连梁顶部纵向钢筋的锚固效果差，所以其锚固范围内应设置箍筋，使连梁的纵向钢筋处在箍筋约束的墙体混凝土内，保证连梁纵向钢筋在抗震墙内的锚固效果。对其他楼层，由于抗震墙对连梁纵向钢筋的锚固有可靠保证，因此，锚固范围内不再需要设置箍筋。

7）当超筋连梁必须承受竖向荷载（即作为楼面梁的支承构件）时，可在超筋连梁内设置抗剪钢板（应沿连梁通长设置），以钢板（或窄翼缘的工字钢梁，注意，不应采用宽翼缘的工字钢梁，以抑制超筋连梁受弯承载力的增长，有利于实现连梁的强剪弱弯）及外包混凝土共同承担连梁的梁端剪力，或可偏安全地全部由钢板自身承担连梁的全部梁端剪力，钢板梁的外包钢筋混凝土确保钢板的稳定（其做法同型钢混凝土梁）。钢板在抗震墙内应有可靠锚固或与墙内型钢可靠连接。

四、相关索引

1.《混凝土标准》的相关规定见其第 11.7.9 条。

2.《高规》的相关规定见其第 7.2.26、7.2.27 条。

6.5 框架-抗震墙结构的基本抗震构造措施

要点：

框架-抗震墙结构作为一种特殊的结构形式，其抗震墙有特殊的要求，相对于抗震墙结构中的抗震墙，有所加强。震害调查表明，框架-抗震墙结构的中的抗震墙控制层间位移（较框架结构减小很多），降低了对框架的延性要求，同时也减小了顶层高振型的鞭梢效应。

框架-抗震墙结构是具有多道防线的抗震结构体系。在大震作用下，随着抗震墙刚度的退化，框架起着保护结构稳定及防止整体结构倒塌的作用，此时已开裂的抗震墙仍有一定的耗能能力，且结构刚度退化也在一定程度上减小了地震作用，因此，框架并不需要承受过大的地震作用（只需满足恰当的承载力要求）。

框架-抗震墙结构推迟了框架塑性铰的形成，因此框架部分的强柱弱梁要求、强柱根要求等可不需要按纯框架结构那么严格。

第 6.5.1 条

一、标准的规定

6.5.1 框架-抗震墙结构的抗震墙厚度和边框设置，应符合下列要求：

1 抗震墙的厚度不应小于 160mm 且不宜小于层高或无支长度的 1/20，底部加强部位的抗震墙厚度不应小于 200mm 且不宜小于层高或无支长度的 1/16。

2 有端柱时，墙体在楼盖处宜设置暗梁，暗梁的截面高度不宜小于墙厚和 400mm 的较大值；端柱截面宜与同层框架柱相同，并应满足本规范第 6.3 节对框架柱的要求；抗震墙底部加强部位的端柱和紧靠抗震墙洞口的端柱宜按柱箍筋加密区的要求沿全高加密箍筋。

二、对标准规定的理解

1. 标准的上述规定可用表 6.5.1-1 和表 6.5.1-2 及图 6.5.1-1 理解。

框架-抗震墙结构的抗震墙的最小厚度　　表 6.5.1-1

部位	底部加强部位	其他部位	备　注
最小厚度（mm）	200；$L/16$	160；$L/20$	“L”为层高或抗震墙的无支长度

框架-抗震墙结构的其他要求　　表 6.5.1-2

项目内容	一般要求
抗震墙的周边	应设置梁（或暗梁）和端柱组成的边框
端柱截面	与同层框架柱相同，还应满足第 6.3 节对框架柱的要求
抗震墙底部加强部位的端柱和紧靠抗震墙洞口的端柱	宜按柱端加密区的要求沿全高加密箍筋

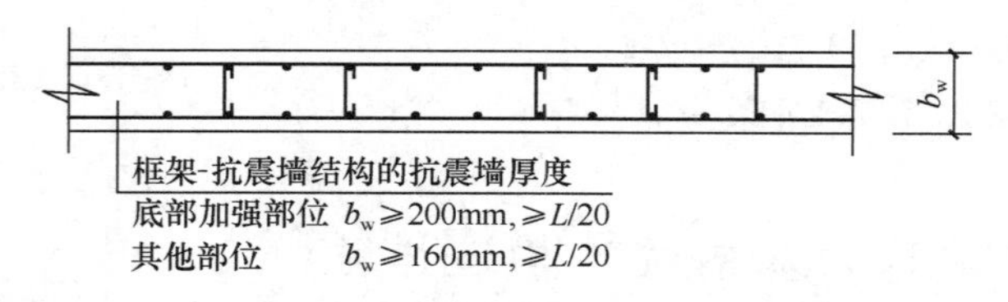

图 6.5.1-1 框架-抗震墙结构中抗震墙的厚度

2. 对“墙体在楼盖处宜设置暗梁”的规定可理解为：墙体在楼盖处应设梁或暗梁（注意，并不是只允许设置暗梁），应优先考虑采用对墙体约束更好的明梁。之所以规定“设置暗梁”，是因为一般情况下由于建筑的使用功能往往限制明梁的设置，设置暗梁属于最低要求。

3. 端柱边与洞边的距离不大于墙厚 b_w 及 500mm 的较大值时，可判定为紧靠抗震墙洞口的端柱。

三、结构设计的相关问题

1. 对抗震墙中设置的梁（或暗梁）的配筋标准未作具体规定。

2.《抗震标准》的条文说明中指出：“如果梁（指边框梁——编者注）的宽度大于墙的厚度，则每一层的抗震墙有可能成为高宽比小的矮墙”。这一说法不同于抗震墙的基本抗震设计理念，值得思考。设置边框梁，提高了抗震墙的整体稳定性，承担了更多的地震作用，相关结构构件在强震下可能发生破坏，只能说明单纯加大抗震墙的抗侧刚度，而不采取相应的结构措施，不利于结构抗震。但这不能说明加设边框梁会导致墙体破坏，更难以理解设置边框梁对抗震墙高宽比的影响。条文说明中列举的日本对比试验，表明整片抗震墙与开缝抗震墙的受力特性有很大的不同（但不涉及设置边框梁的利弊问题）。推算整片抗震墙的高宽比约在 2～3 之间，接近矮墙，而开缝抗震墙与开缝方式有关。也说明在特定情况下（如抗震墙数量足够多时），适当减小各抗震墙的抗弯刚度，提高其变形能力，会更有利于结构抗震。

四、结构设计建议

1. 在框架-抗震墙结构中的抗震墙周边宜设置梁（或暗梁）和端柱组成的边框（见《高规》第 8.2.2 条），柱网轴线的抗震墙应设置端柱，其他位置的抗震墙可设置暗柱。

2. 一般情况下，框架-抗震墙结构中的抗震墙数量较抗震墙结构少，且平面布置或是分散，或是较多地集中在平面的中部区域。框架-抗震墙结构中的抗震墙比抗震墙结构中的抗震墙重要得多，因此，有必要采取措施加强抗震墙的整体性。

3. 标准要求设置边框的抗震墙，主要指与框架相连的抗震墙（一般是柱网位置的抗震墙），该抗震墙属于较重要的抗震墙，且具备设置边框柱的基本条件。因此，应该设置边框柱与梁（或暗梁）组成的边框。见图 6.5.1-2。

这里的边框柱与第 6.4.5 条中的端柱有所不同，端柱主要用来约束墙体并提高墙体平面外的稳定性能。而边框柱主要与梁或暗梁形成闭合的边框，给抗震墙提供平面内

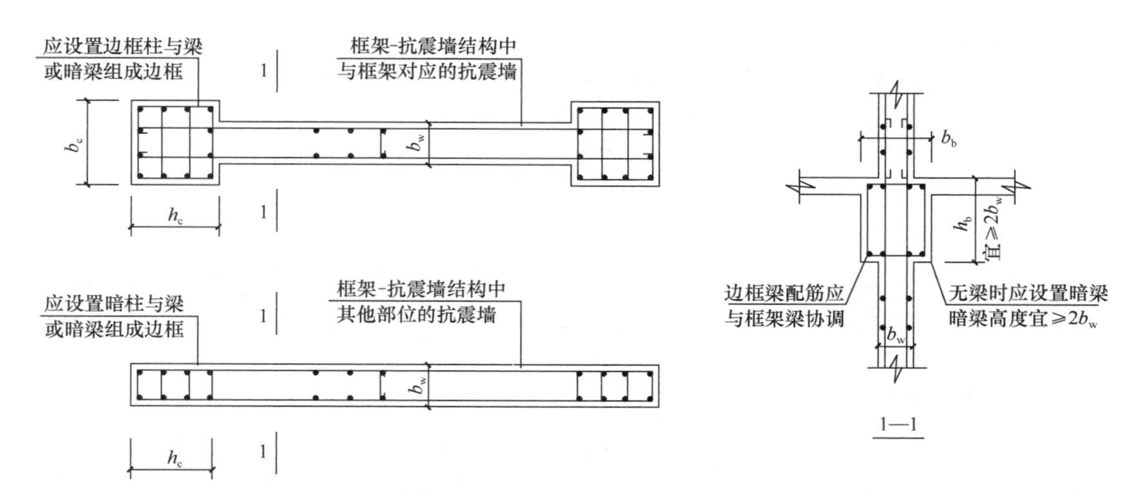

图 6.5.1-2 抗震墙边框的设置要求

约束。

4. 其他位置的抗震墙，当端部不具备设置边框柱条件时，可设置暗柱与梁（或暗梁）组成的边框。

5. 暗梁高度一般不宜小于抗震墙厚度的 2 倍或楼层梁的高度。

6. 对抗震墙中设置的梁（或暗梁）一般可按构造配置纵向钢筋，与框架梁结合处应满足框架梁梁端配筋要求，并应与框架梁相协调，边框梁纵向钢筋宜通长配置。当框架梁配筋较大时，应适当加大边框梁端部的纵向钢筋，并适当加密边框梁的梁端箍筋。

连梁部位的边框梁还应满足连梁的配筋要求。

当施工图采用平面绘图法时，边框梁宜与框架梁一同绘制，综合配筋。

五、相关索引

1.《混凝土标准》的相关规定见其第 11.7.12 条。

2.《高规》的相关规定见其第 8.2.2 条。

第 6.5.2 条

一、标准的规定

6.5.2 抗震墙的竖向和横向分布钢筋，配筋率均不应小于 0.25%，钢筋直径不宜小于 10mm，间距不宜大于 300mm，并应双排布置，双排分布钢筋间应设置拉筋。

二、对标准规定的理解

1. 标准的上述规定可用图 6.5.2-1 理解。

2. 对照 6.4.3 条规定可以发现，标准对框架-抗震墙结构中的抗震墙，其水平分布钢筋的最小直径为 $\phi10$，大于抗震墙结构中抗震墙的构造要求（$\phi8$）。

三、结构设计建议

拉筋间距不应大于 600mm，直径不应小于 6mm。

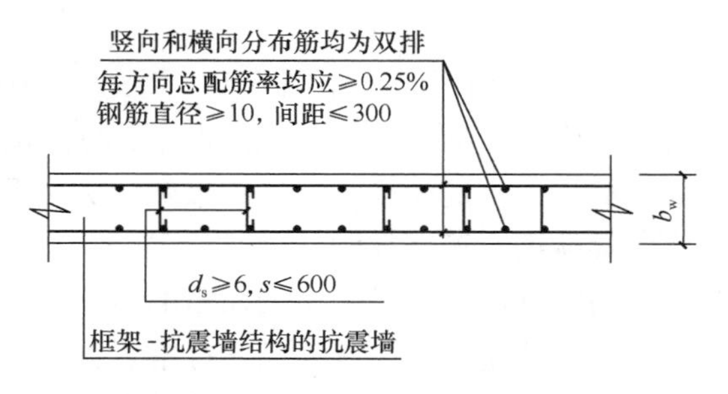

图 6.5.2-1 抗震墙的竖向和横向分布钢筋

四、相关索引

1.《混凝土标准》的相关规定见其第 11.7.14、11.7.15 条。

2.《高规》的相关规定见其第 8.2.1 条。

第 6.5.3 条

一、标准的规定

6.5.3 楼面梁与抗震墙平面外连接时，不宜支承在洞口连梁上；沿梁轴线方向宜设置与梁连接的抗震墙，梁的纵筋应锚固在墙内；也可在支承梁的位置设置扶壁柱或暗柱，并应按计算确定其截面尺寸和配筋。

二、对标准规定的理解

1. 抗震墙具有平面内外刚度差异极大的特点，其平面外刚度及承载力相对较低是其软肋（薄弱环节），因此，当抗震墙肢与其平面外方向的楼面梁连接时，应采取相应的加强措施以确保墙肢平面外的承载力及其稳定性。

2. “梁的纵筋应锚固在墙内”可理解为楼面梁的钢筋进入墙内的长度才算有效锚固长度。

3. “按计算确定其截面和配筋”中的“其”可理解为支承梁的“扶壁柱或暗柱”。

三、结构设计建议

1. 一般情况下，为满足梁钢筋在墙内的锚固长度要求，可将梁端（主要是梁顶负筋）采用细而密的钢筋，控制纵筋直径，以满足钢筋的水平锚固长度 $0.4l_{aE}$ 的要求。若工程允许也可按铰接处理，铰接时对梁端构造钢筋仍需执行 $0.4l_{aE}$ 的锚固要求。对梁底钢筋，当由支座截面控制时，做法同梁端负筋；当支座截面不起控制作用时，可按《混凝土标准》第 8.3.2 条的规定，按计算配筋面积与实际配筋面积的比值，对钢筋平直段长度 $0.4l_{aE}$ 进行折减。

2. 在框架梁与抗震墙平面外连接中，当墙厚度较小时，往往较难直接满足梁端钢筋的直段锚固要求（$0.4l_a$ 或 $0.4l_{aE}$）。此时应采取相应的加强措施，见图 6.5.3-1。

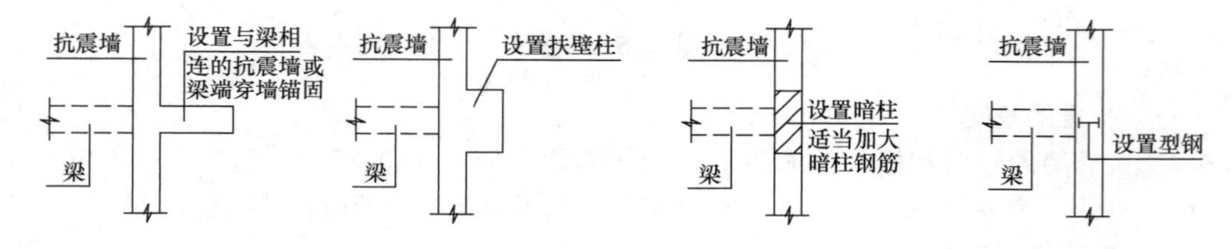

图 6.5.3-1 梁与墙平面外连接的加强措施

3. 工程中当无法采用图 6.5.3-1 的加强措施时，可对梁墙节点进行铰接处理（梁截面高度不应大于两倍墙厚），将梁与墙的连接端按铰接端计算，并考虑工程的实际情况，对铰接端进行构造配筋。梁的铰接端应满足框架梁的构造配筋要求，尤其应加强梁端箍筋配置（梁端仍应箍筋加密），确保其强剪弱弯。梁的铰接端的构造配置的纵筋应避免采用粗大直筋的钢筋，尽量采用细而密的钢筋，以减少钢筋的直段锚固长度 $0.4l_{aE}$ 对墙厚的要求，梁顶钢筋还应满足《混凝土标准》第 9.2.6 条的要求。梁底跨中钢筋直径较大时，可将其与梁底构造钢筋在墙外机械连接或搭接，其搭接区域内箍筋应加密。

4. 次梁与抗震墙平面外连接时，也可参照图 6.5.3-2 设计。在地震作用下，当梁端不出现正弯矩时，梁底钢筋也可按平直段锚固不小于 l_{as} 设计，即不考虑抗震，只满足承受楼面竖向荷载要求。

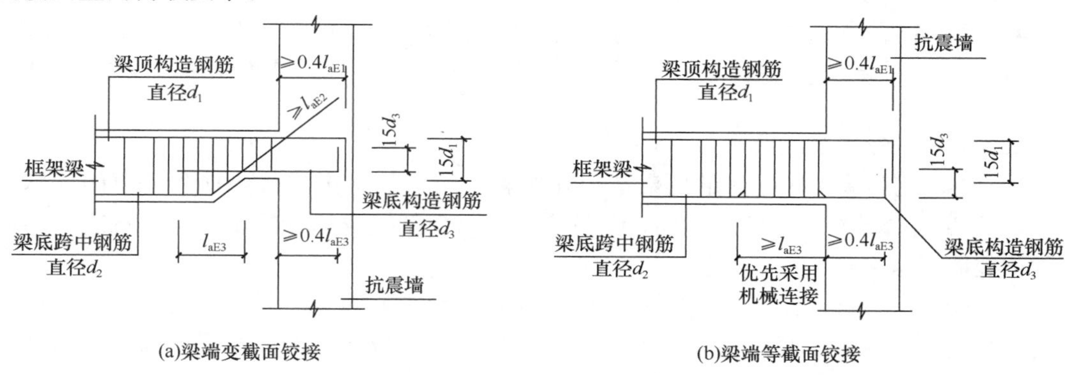

图 6.5.3-2 梁与墙平面外连接的铰接处理

5. 简支梁端的负钢筋设置：

1) 一般情况下，当梁端与其支座整浇时，可界定为梁端“实际受到部分约束”的情况，应执行《混凝土标准》第 9.2.6 条的规定。

2)《混凝土标准》第 9.2.6 条规定：“当梁端按简支计算但实际受到部分约束时，应在支座区上部设置纵向构造钢筋，其截面面积不应小于梁跨中下部纵向受力钢筋计算所需截面面积的 1/4”（图 6.5.3-3）。结构设计中应注意下列问题：

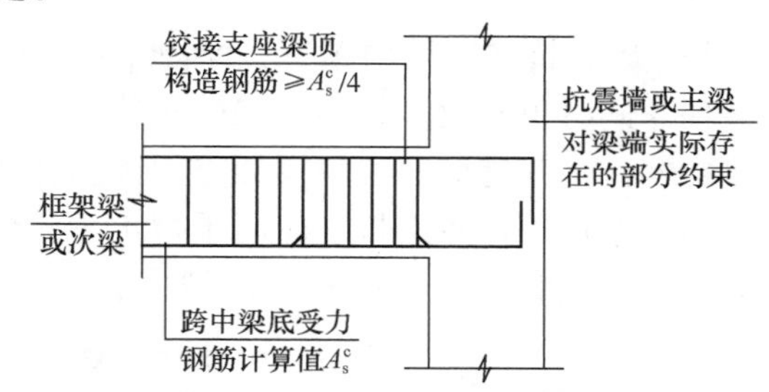

图 6.5.3-3 存在部分约束的梁铰接端纵筋配置要求

(1) 应尽量避免采用一端与支座铰接的大跨度梁（在抗震墙住宅中尤其应注意），以减少梁跨中计算的纵向钢筋面积，从而减小梁铰接端顶部的构造钢筋面积。

(2) 注意对“梁端实际受到部分约束”的把握。一般情况下，当梁端为抗震墙（平面外）、框架柱（小截面）或截面抗扭刚度较大的主框架梁时，可确定为“梁端实际受到部分约束”的情形。

(3) 应注意规范规定的是梁跨中“纵向受力钢筋计算所需截面面积”，而不是实际配筋面积，铰接端梁顶配筋时应注意剔除因构件的挠度裂缝控制等其他因素导致的梁跨中纵向钢筋的增加部分，只考虑其中的强度计算钢筋面积。当梁跨中计算配筋面积较大（一般由跨度及荷载较大引起）时，应采用细而密的多排钢筋。

(4) 当梁跨度较大时，统一按梁跨中计算钢筋的 1/4 确定为铰接支座梁端构造负钢筋的做法也很值得商榷。编者认为以控制不小于最小配筋率的配筋较为合理。实际工程中可结合支座对梁的实际约束情况，对梁及其支座构件进行包络设计（按梁端简支和梁端刚接分别计算）合理配筋。并采取措施确保梁端强剪弱弯及较好的转动能力。

第 6.5.4 条

一、标准的规定

6.5.4 框架-抗震墙结构的其他抗震墙构造措施，应符合本规范第 6.3 节、6.4 节的有关要求。

注：设置少量抗震墙的框架结构，其抗震墙的抗震构造措施，可仍按本规范第 6.4 节对抗震墙的规定执行。

二、对标准规定的理解

1. 框架-抗震墙结构应满足框架结构和抗震墙结构的基本构造要求和本节的特殊要求。对框架-抗震墙结构中的抗震墙，其抗震措施（包括抗震构造措施）均比抗震墙结构中的抗震墙严格。

2. 在设置少量抗震墙的框架结构中，由于抗震墙的数量少，且作用有限，因此抗震墙的抗震构造措施要比框架-抗震墙结构中的抗震墙有所降低，因而可采用与抗震墙结构中抗震墙相同的抗震构造措施。

6.6 板柱-抗震墙结构抗震设计要求

要点：

1. 板柱-抗震墙结构作为一种特殊的结构形式，标准对其结构体系的使用有较多的限制条件，同时也作出了较为详细的构造规定。板柱-抗震墙结构中的抗震墙为结构主要的抗侧力构件，其重要程度与框架-抗震墙结构中的抗震墙相当。标准要求抗震墙承担结构的全部地震作用，各层板柱应能承担不少于各层全部地震作用的 20%。构造上除满足专门规定外还应满足对框架-抗震墙结构的要求，归纳如表 6.6.0-1。

板柱-抗震墙结构的构造要求 **表 6.6.0-1**

项目		构造要求
抗震墙	底部加强部位及其上一层的墙体	按第 6.4.5 条设置约束边缘构件
	其他部位	按第 6.4.5 条设置构造边缘构件
柱及抗震墙端柱的抗震构造措施		同框架结构中的框架柱
房屋周边		应采用有梁框架（楼、电梯洞口周边宜设置边框梁）
8 度时宜采用有托板或柱帽的板柱节点	托板或柱帽根部厚度（mm）	包含板厚在内的总厚度宜≥16d，d 为柱纵筋直径
	托板或柱帽边长（mm）	宜≥$4h+h_c$，其中 h 为板厚，h_c 为柱截面相应边长
房屋的屋盖和地下一层的顶板		宜采用梁板结构
无柱帽平板应在柱上板带中设置的构造暗梁	构造暗梁宽度	宜取柱宽加柱两侧各≤1.5h
	构造暗梁的配筋	支座上部钢筋面积应≥50%的柱上板带钢筋面积
		下部钢筋宜≥50%的支座上部钢筋面积
		箍筋直径应≥8mm，间距宜≤$3h/4$，在暗梁两端应加密，肢距宜≤$2h$
		纵筋直径宜大于板带钢筋，（且<$b_c/20$）
无柱帽柱上板带的板底钢筋的连接位置		宜在距柱边≥$2h$ 以外连接，采用搭接时端部宜有垂直于板面的弯钩

2.《抗震标准》将板柱-抗震墙结构房屋适用的最大高度做了大幅度调整，尤其是 6、

7度地区，其允许高度成倍增加。标准的修订必然会带来板柱-抗震墙结构的大量采用。考虑到板柱-抗震墙结构房屋实际工程经验相对较少、未经受过强烈地震的考验且板柱-抗震墙结构多用于办公楼、商场等公共建筑，因此，建议在实际工程中应严格控制房屋高度，当房屋高度接近表6.1.1上界时，应采取严格的结构措施。

3. 板柱-抗震墙结构与框架-核心筒结构的异同分析见第6.7节。

第6.6.1条

一、标准的规定

6.6.1 板柱-抗震墙结构的抗震墙，其抗震构造措施应符合本节规定，尚应符合本规范第6.5节的有关规定；柱（包括抗震墙端柱）和梁的抗震构造措施应符合本规范第6.3节的有关规定。

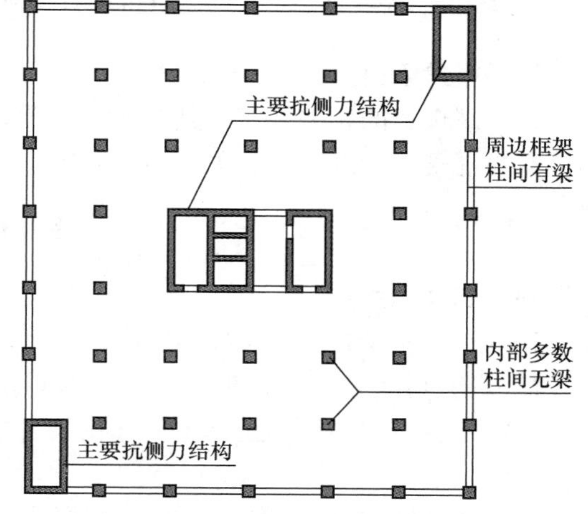

图6.6.1-1 板柱-抗震墙结构的典型平面

二、对标准规定的理解

1. 板柱-抗震墙结构系指楼层平面除周边框架柱间有梁，楼梯间有梁，内部多数柱之间不设梁，主要抗侧力结构为抗震墙或核心筒（图6.6.1-1）。

2. 板柱-抗震墙结构中的抗震墙属于主要的抗侧力构件，重要程度与框架-抗震墙结构中的抗震墙相当，因此其构造应满足本节的专门规定，还应满足标准对框架-抗震墙结构中的抗震墙要求，梁和柱（包括抗震墙端柱）要满足标准对框架结构的要求。

第6.6.2条

一、标准的规定

6.6.2 板柱-抗震墙的结构布置，尚应符合下列要求：

1 抗震墙厚度不应小于180mm，且不宜小于层高或无支长度的1/20；房屋高度大于12m时，墙厚不应小于200mm。

2 房屋的周边应采用有梁框架，楼、电梯洞口周边宜设置边框梁。

3 8度时宜采用有托板或柱帽的板柱节点，托板或柱帽根部的厚度（包括板厚）不宜小于柱纵筋直径的16倍，托板或柱帽的边长不宜小于4倍板厚和柱截面对应边长之和。

4 房屋的地下一层顶板，宜采用梁板结构。

二、对标准规定的理解

1. 设计经验表明，一般情况下应优先考虑采用有托板或柱帽的板柱节点，有利于提高结构承受竖向荷载的能力并改善结构的抗震性能。而当采用无托板或无柱帽的平板式板柱节点时，柱周楼板受力复杂且应力水平过高，在柱周围区域的楼板常出现较大裂缝，对结构的安全及房屋的正常使用影响较大。

2. 标准的上述规定可见图6.6.2-1～图6.6.2-3。

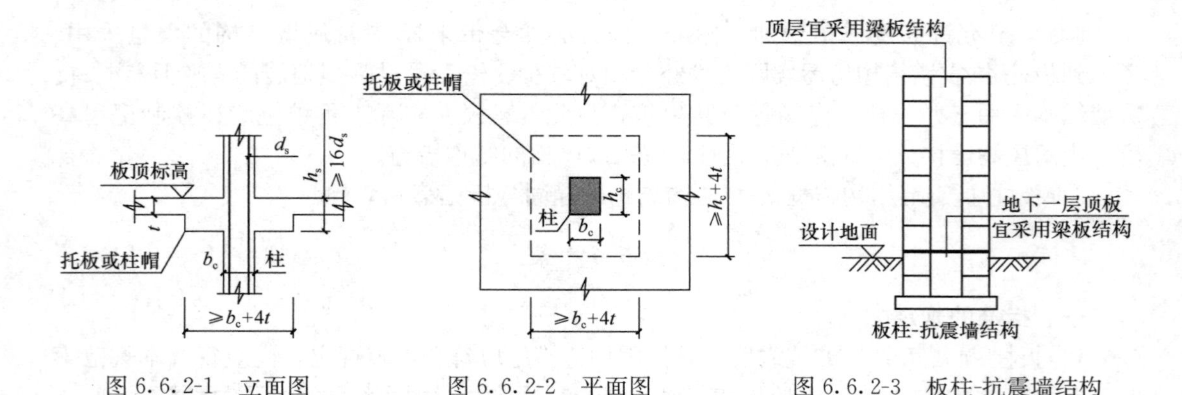

图 6.6.2-1 立面图　　图 6.6.2-2 平面图　　图 6.6.2-3 板柱-抗震墙结构

三、相关索引

1. 《高规》的相关规定见其第 8.1.9 条。

2. 《混凝土标准》的相关规定见其第 11.9.2、11.9.5 条。

第 6.6.3 条

一、标准的规定

6.6.3 板柱-抗震墙结构的抗震计算，应符合下列要求：

1 房屋高度大于 12m 时，抗震墙应承担结构的全部地震作用；房屋高度不大于 12m 时，抗震墙宜承担结构的全部地震作用。各层板柱和框架部分应能承担不少于本层地震剪力的 20%。

2 板柱结构在地震作用下按等代平面框架分析时，其等代梁的宽度宜采用垂直于等代平面框架方向两侧柱距各 1/4。

3 板柱节点应进行冲切承载力的抗震验算，应计入不平衡弯矩引起的冲切，节点处地震作用组合的不平衡弯矩引起的冲切反力设计值应乘以增大系数，一、二、三级板柱的增大系数可分别取 1.7、1.5、1.3。

二、对标准规定的理解

1. 对本条第 1 款规定可用图 6.6.3-1 理解。

2. 对本条第 2 款规定可用图 6.6.3-2 理解。

3. 板柱节点不平衡弯矩引起的冲切可按《混凝土标准》附录F的相关规定计算。当冲

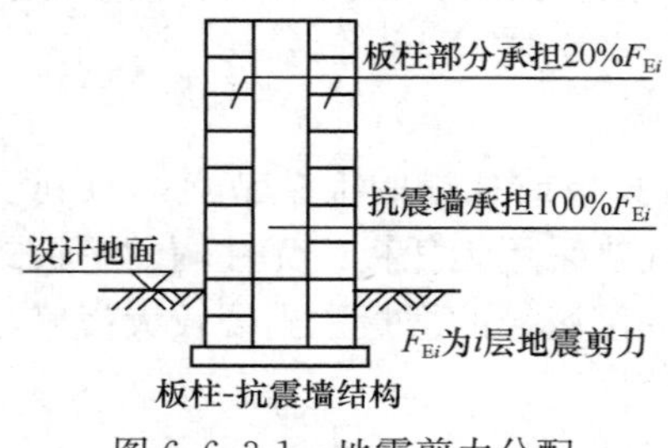

图 6.6.3-1 地震剪力分配

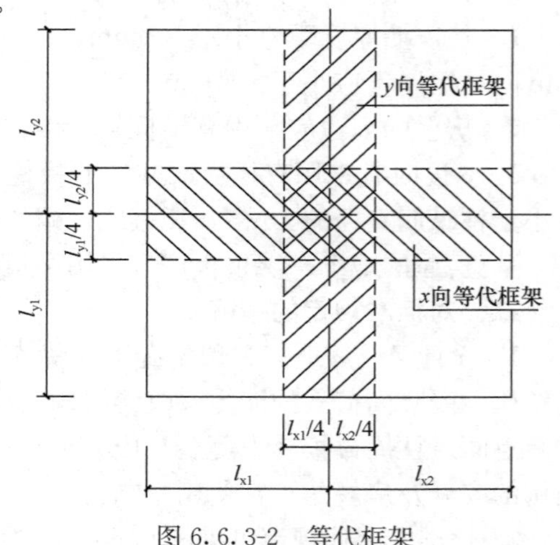

图 6.6.3-2 等代框架

切承载力不足时，可设置型钢剪力架（板厚不应小于 200mm）。

三、结构设计建议

本条规定“板柱节点应进行冲切承载力的抗震验算”，但未规定抗冲切承载力调整系数，实际工程中抗冲切承载力抗震调整系数宜取 0.85。对板柱节点还应注意对持久设计状况、短暂设计状况下进行冲切承载力验算。

四、相关索引

《高规》的相关规定见其第 8.1.9 条。《抗震通规》的相关规定见其第 5.2.4 条。

第 6.6.4 条

一、标准的规定

6.6.4 板柱-抗震墙结构的板柱节点构造应符合下列要求：

1 无柱帽平板应在柱上板带中设构造暗梁，暗梁宽度可取柱宽及柱两侧各不大于 1.5 倍板厚。暗梁支座上部钢筋面积应不小于柱上板带钢筋面积的 50%，暗梁下部钢筋不宜少于上部钢筋的 1/2；箍筋直径不应小于 8mm，间距不宜大于 3/4 倍板厚，肢距不宜大于 2 倍板厚，在暗梁两端应加密。

2 无柱帽柱上板带的板底钢筋，宜在距柱面为 2 倍板厚以外连接，采用搭接时钢筋端部宜有垂直于板面的弯钩。

3 沿两个主轴方向通过柱截面的板底连续钢筋的总截面面积，应符合下式要求：

$$A_s \geqslant N_G / f_y \tag{6.6.4}$$

式中：A_s ——板底连续钢筋总截面面积；

N_G ——在本层楼板重力荷载代表值（8 度时尚宜计入竖向地震）作用下的柱轴压力设计值；

f_y ——楼板钢筋的抗拉强度设计值。

4 板柱节点应根据抗冲切承载力要求，配置抗剪栓钉或抗冲切钢筋。

二、对标准规定的理解

1.《抗震通规》的相关规定见其第 5.2.4 条。一般情况下，应避免采用无柱帽平板，优先采用有托板或柱帽的板柱节点（有柱帽时也宜执行本条规定）。

2. 对本条第 1 款规定可用图 6.6.4-1 理解。

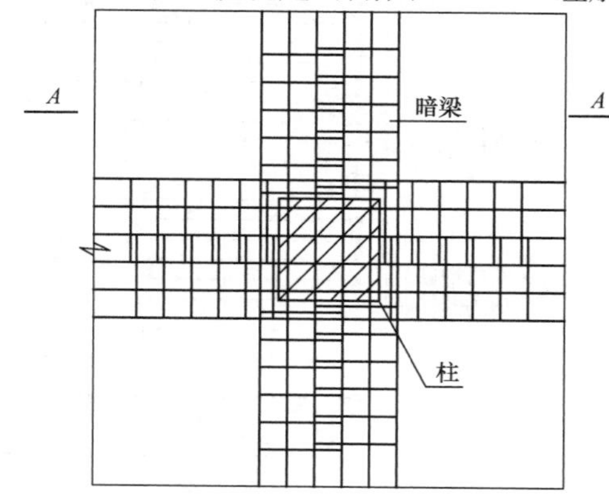

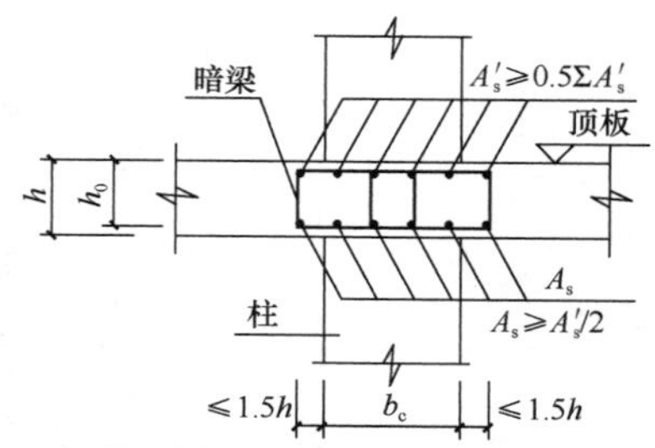

图 6.6.4-1 暗梁设置

3. 对本条第 2 款规定可用图 6.6.4-2 理解。

4. 本条第 3 款规定的根本目的是防止板柱结构的楼板在柱边开裂后楼板的脱落，可用图 6.6.4-3 理解。A_{sx}、A_{sy}为两个主轴方向通过柱截面的板底连续钢筋面积，当两个主轴的方向的荷载及跨度均相同时，$A_s = 2A_{sx} = 2A_{sy}$。

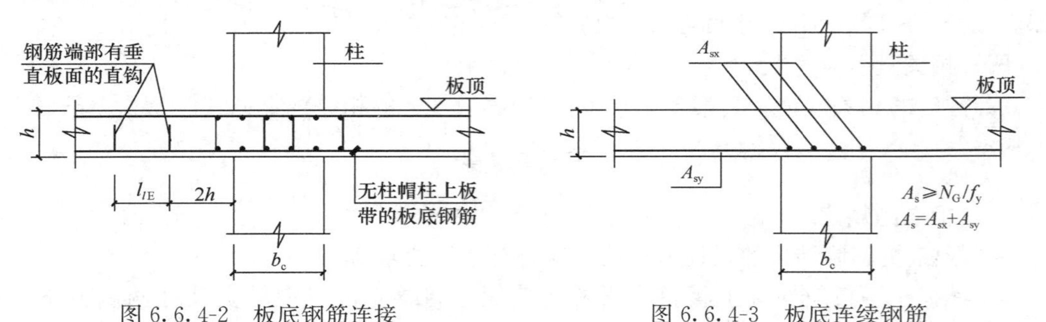

图 6.6.4-2　板底钢筋连接　　　　图 6.6.4-3　板底连续钢筋

三、结构设计的相关问题

1. 标准未规定柱上板带、暗梁、跨中板带的跨中上部钢筋配置要求。

2. 等代框架的柱上板带钢筋在房屋周边框架梁的锚固有效性问题。

四、结构设计建议

1. 柱上板带、暗梁和跨中板带，应根据工程具体情况结合工程经验，在跨中上部配置适量的钢筋。建议参考标准对框架梁的构造规定，分别不宜少于相应柱上板带、暗梁和跨中板带顶面两端纵向配筋中较大面积的 1/4。

2. 板柱-抗震墙结构作为一种特殊的结构形式，标准对其结构体系的使用有较多的限制条件，同时也作出了较为详细的构造规定（表 6.6.0-1）。在板柱-抗震墙结构设计中，应特别注意等代框架的柱上板带钢筋在房屋周边框架梁的锚固问题：

1）等代框架除部分钢筋能在边框架柱内有效锚固外，其余钢筋均在边框架梁内锚固（图 6.6.4-4）。

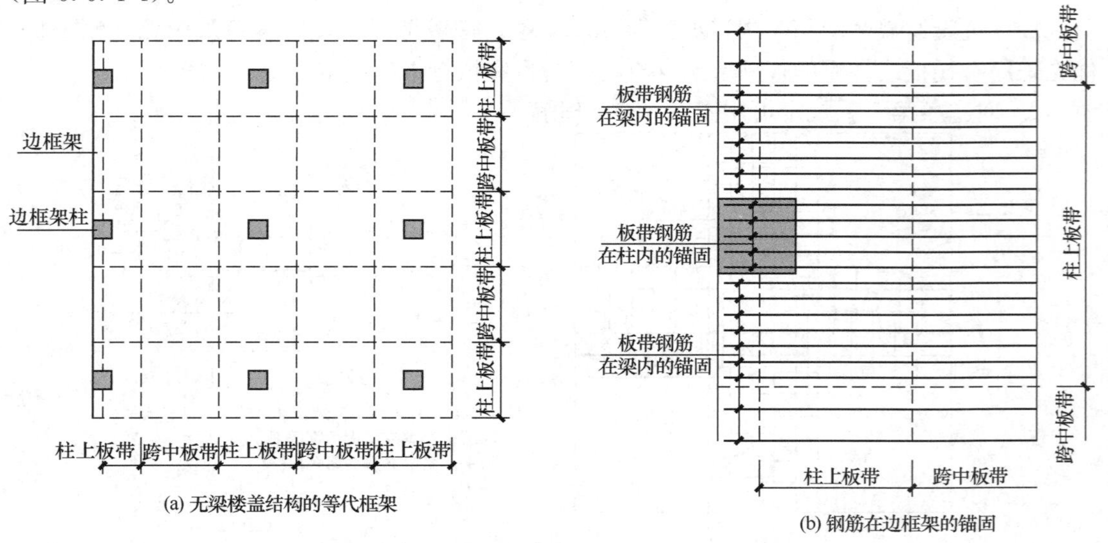

图 6.6.4-4　等代框架钢筋在边支座的锚固

2）等代框架端支座的弯矩转换为边框架梁的扭矩，需要靠边框架梁的抗扭能力来传递等代框架梁端部弯矩，利用的是混凝土构件的最弱项——抗扭能力，设计不合理。且常由于设计者采用扭矩折减系数（如取 0.4），造成设计内力的丢失。

3）由于等代框架梁端部实际承受的弯矩较小，应相应加大等代框架的边跨跨中及第一内支座的弯矩设计值。

4）应采取措施提高周边框架梁的抗扭能力，确保等代梁弯矩的有效传递。优先考虑采用抗扭刚度相对较大的宽扁梁，或在边框架梁端部设置水平加腋（图 6.6.4-5）。

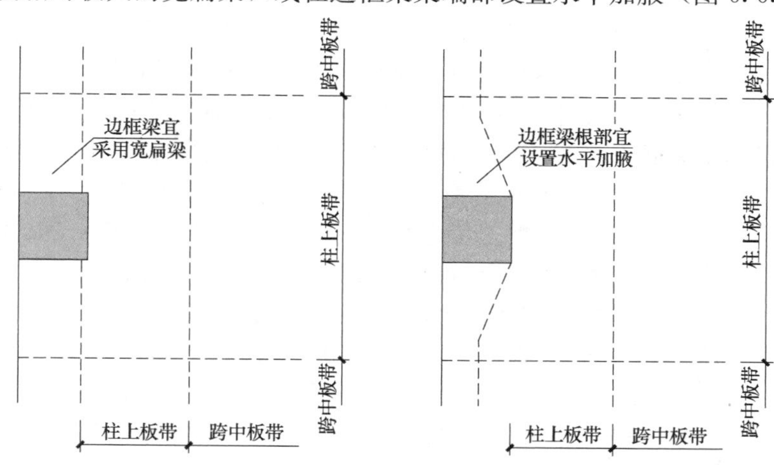

图 6.6.4-5　确保等代框架边支座传力有效的结构构造措施

6.7　筒体结构抗震设计要求

要点

筒体结构包括框架-核心筒结构及筒中筒结构两种，框架-核心筒结构的核心筒、筒中筒结构的内筒的四角应沿全高设置约束边缘构件，同时，约束边缘构件的尺寸应满足规范要求，筒体结构的基本要求见《高规》第 9 章的相关规定。《抗震通规》的相关规定见其第 5.2.3 条。

第 6.7.1 条

一、标准的规定

6.7.1　框架-核心筒结构应符合下列要求：

1　核心筒与框架之间的楼盖宜采用梁板体系；部分楼层采用平板体系时应有加强措施。

2　除加强层及其相邻上下层外，按框架-核心筒计算分析的框架部分各层地震剪力的最大值不宜小于结构底部总地震剪力的 10%。当小于 10%时，核心筒墙体的地震剪力应适当提高，边缘构件的抗震构造措施应适当加强；任一层框架部分承担的地震剪力不应小于结构底部总地震剪力的 15%。

3　加强层设置应符合下列规定：

1）9 度时不应采用加强层。

2）加强层的大梁或桁架应与核心筒内的墙肢贯通；大梁或桁架与周边框架柱的连接宜采用铰接或半刚性连接。

3）结构整体分析应计入加强层变形的影响。

4）施工程序及连接构造上，应采取措施减小结构竖向温度变形及轴向压缩对加强层的影响。

二、对标准规定的理解

1. 框架-核心筒结构的定义：楼层平面周边框架柱之间有梁，内部设有核心筒（抗震墙和连梁围合成筒，核心筒可以是单筒，也可以多个单筒的组合筒），当仅有一部分主要承受竖向荷载的柱不设梁时，此类结构属于框架-核心筒结构（图 6.7.1-1）。

2. 本条第 2 款可理解为框架-核心筒对框架部分各层计算的地震剪力的基本要求（不宜小于结构底部总地震剪力的 10%）。当框架部分的计算剪力不满足这一基本要求时，应采取加强措施（框架部分承担的地震剪力不应小于结构底部总地震剪力的 15%）。其中的“适当提高”和“适当加强”应根据工程经验确定。一般情况下，“适当提高”可按放大 1.1 倍考虑，“适当加强”可按抗震等级提高一级考虑。

3. 本条规定中的“9 度”为本地区抗震设防烈度 9 度。

4. 框架-核心筒结构的典型平面见图 6.7.1-1，对本条第 1、3 款的理解分别见图 6.7.1-2、图 6.7.1-3 和图 6.7.1-4。

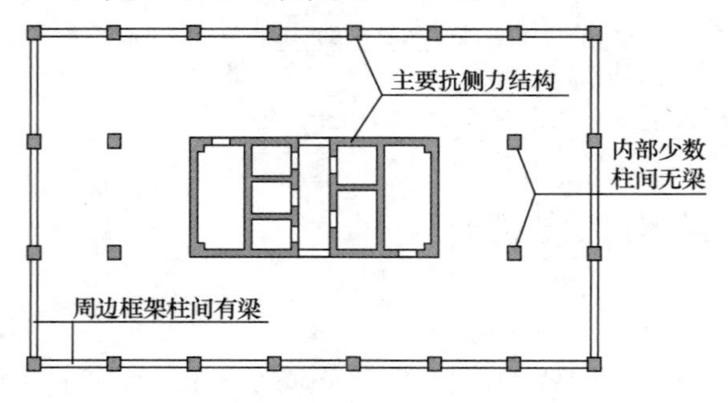

图 6.7.1-1　框架-核心筒结构的典型平面

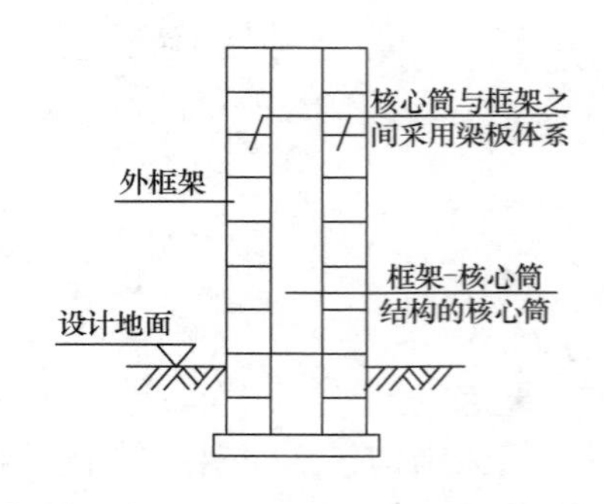

图 6.7.1-2　框架-核心筒结构

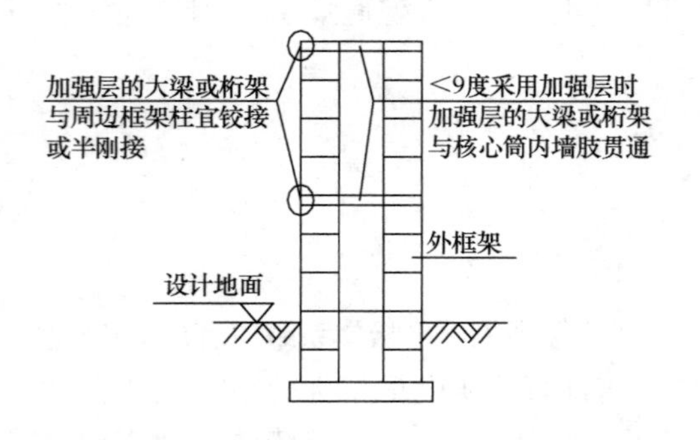

图 6.7.1-3　加强层设置

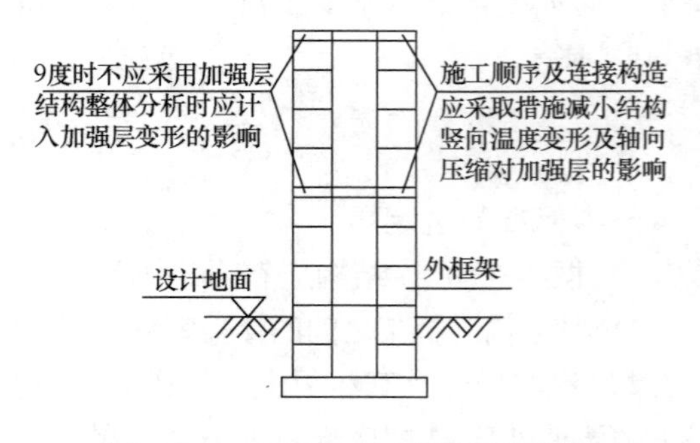

图 6.7.1-4　9 度时不应采用加强层

三、结构设计建议

1. 框架-核心筒结构与板柱-抗震墙结构：

1）框架-核心筒结构与板柱-抗震墙结构的房屋最大适用高度相差很大，由于标准对框架-核心筒结构与板柱-抗震墙结构的定义重在定性区别上，没有明确的定量标准，实际工程中把握困难。结构设计中，建议从典型平面出发，把握两种结构体系的差别。

2）标准对板柱-抗震墙结构与框架-核心筒结构房屋的最大适用高度限值见表 6.7.1-1。结构体系的不同，房屋最大适用高度相差很大。

板柱-抗震墙结构、框架-核心筒结构房屋的最大适用高度（m） **表 6.7.1-1**

结构体系		抗震设防烈度				
		6 度	7 度	8 度(0.20g)	8 度(0.30g)	9 度
板柱-抗震墙		80	70	55	40	不应采用
框架-核心筒	A 级高度	150	130	100	90	70
	B 级高度	210	180	140	120	—

3）板柱-抗震墙结构与框架-核心筒结构的典型平面见图 6.6.1-1 及图 6.7.1-1，定性把握要点见表 6.7.1-2。

板柱-抗震墙结构与框架-核心筒结构的异同 **表 6.7.1-2**

序号	情况	板柱-抗震墙结构	框架-核心筒结构	比较与把握
1	梁的布置	楼层平面除周边框架柱之间有梁，楼梯间有梁	楼层平面周边框架柱之间有梁	共同点：楼层周边有梁
		内部多数柱之间不设梁	仅有少数主要承受竖向荷载的柱不设梁	共同点是内部有不设梁的柱。不同点在于“多数”与“少数”
2	抗震墙的布置	抗震墙或核心筒按需要布置。无特殊的位置限制，不一定要设置成核心筒	强调抗震墙应设置成核心筒，并布置在平面中部	共同点：均有抗震墙。不同点在于抗震墙位置和抗震墙是否成筒
3	主要抗侧力结构	抗震墙	核心筒及框架	主要抗侧力结构不同

4）从表 6.7.1-2 可以看出，当板柱-抗震墙结构在平面中部也设置核心筒时，其与框架-核心筒结构的主要区别在于对无梁框架柱“多”与“少”的把握上，两种结构体系之间没有明确的划分界限。以图 6.7.1-1 为例，左右两侧各两根框架柱时，可以认为是无梁框架柱“较少”，如果上下各再增加三根无梁框架柱乃至核心筒四角以外再各增加一根无梁框架柱时，是否还能认为无梁框架柱较少呢？这种结构体系划分的不确定状况，给结构设计及施工图审查带来相当大的困难。

5）建议：在框架-核心筒结构中，周边框架与内部核心筒之间主要承受竖向荷载的无梁框架柱宜控制在核心筒外围一排（图 6.7.1-5）。结构设计时，应采取相应的结构措施，对框架-核心筒结构进行包络设计：

（1）只考虑无梁框架柱承受竖向荷载的作用，不考虑其抗侧作用，按竖向刚度 EA 不变，EI 为零的特殊构件计算（现有程序可以直接将柱点为上下端铰接柱），其计算结果主要用于核心筒及周边框架的结构设计；

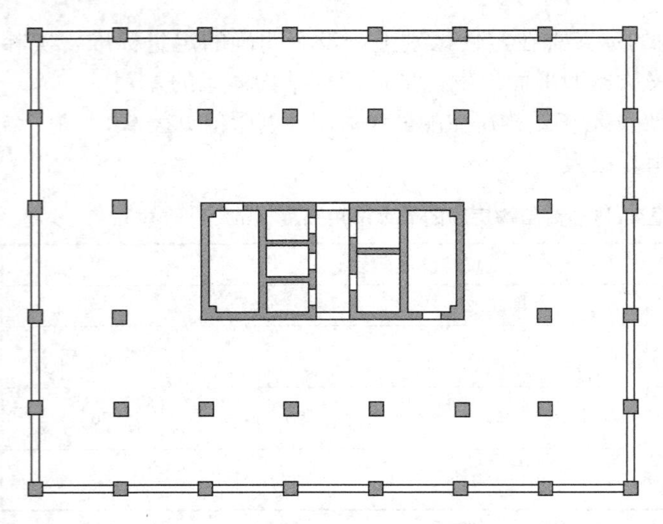

图 6.7.1-5 框架-核心筒结构内部无梁框架柱的数量限值

(2) 考虑无梁框架柱的抗侧作用，按框架与核心筒共同工作计算，其计算结果主要用于无梁框架柱的设计。

2. 框架-核心筒结构与框架-抗震墙结构：

1) 当房屋高度没有超过框架-抗震墙结构的最大适用高度，在采用框架-核心筒结构形式时，标准对核心筒角部边缘构件的要求要比框架-抗震墙结构严格得多。事实上，框架-核心筒结构与一般框架-抗震墙结构相比，由于核心筒抗震墙形成筒体，其抗震性能要优于分散布置的抗震墙，有条件时，应执行框架-核心筒结构对核心筒角部的边缘构件的设置规定，以获得结构更好的抗震性能。当房屋高度小于框架-抗震墙结构最大适用高度限值较多（如小于20%）时，可按框架-抗震墙结构设计。

2) 标准对框架-抗震墙结构与框架-核心筒结构房屋的最大适用高度限值见表 6.7.1-3。结构体系不同，房屋最大适用高度相差明显（8 度 A 级高度房屋除外）。

框架-抗震墙结构、框架-核心筒结构房屋的最大使用高度（m） **表 6.7.1-3**

情况	结构体系	抗震设防烈度				
		6 度	7 度	8 度(0.20g)	8 度(0.30g)	9 度
A 级高度	框架-抗震墙	130	120	100	80	50
	框架-核心筒	150	130	100	90	70
B 级高度	框架-抗震墙	160	140	120	100	—
	框架-核心筒	210	180	140	120	—

3) 之所以框架-核心筒结构的房屋最大适用高度较多地超出框架-抗震墙结构，是因为抗震墙形成筒体后结构的整体牢固性得到很大的加强，结构的抗震性能较框架-抗震墙（抗震墙分散布置，没有形成整体）结构提高很多。结构设计中，有条件时应优先考虑将抗震墙围成筒体，以改善结构的抗震性能。

4) 对框架-核心筒结构，除应满足对框架-抗震墙结构的一般要求外，标准对核心筒四角的边缘构件设置提出了具体而明确的要求（见第 6.7.2 条）。严格意义上说，标准对框架-核心筒结构的特殊要求，只适用于房屋高度较高而不能采用框架-抗震墙结构的房屋。

3. 关于结构竖向变形的相关问题见第 3.6.6 条。

四、相关索引

《高规》关于框架-核心筒结构的相关规定见其第 9.2 节。

第 6.7.2 条

一、标准的规定

6.7.2　框架-核心筒结构的核心筒、筒中筒结构的内筒，其抗震墙除应符合本规范第 6.4 节的有关规定外，尚应符合下列要求：

1　抗震墙的厚度、竖向和横向分布钢筋应符合本规范第 6.5 节的规定；筒体底部加强部位及相邻上一层，当侧向刚度无突变时，不宜改变墙体厚度。

2　框架-核心筒结构一、二级筒体角部的边缘构件宜按下列要求加强：底部加强部位，约束边缘构件范围内宜全部采用箍筋，且约束边缘构件沿墙肢的长度宜取墙肢截面高度的 1/4，底部加强部位以上的全高范围内宜按转角墙的要求设置约束边缘构件。

3　内筒的门洞不宜靠近转角。

二、对标准规定的理解

标准对框架-核心筒（尤其是核心筒四角的约束边缘构件）提出了严格的要求，本条规定可用图 6.7.2-1～图 6.7.2-4 理解。

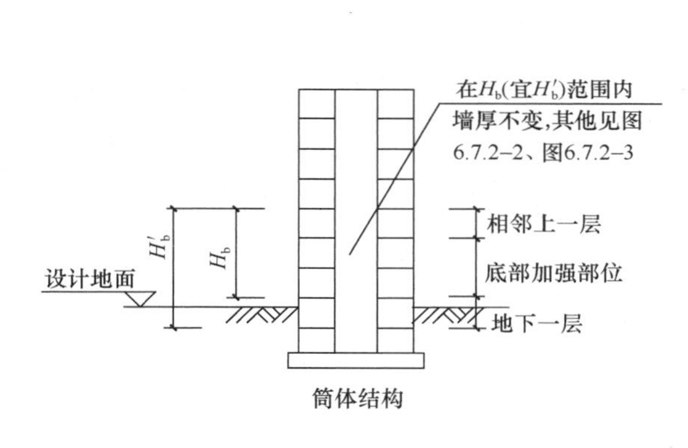

图 6.7.2-1　墙体厚度

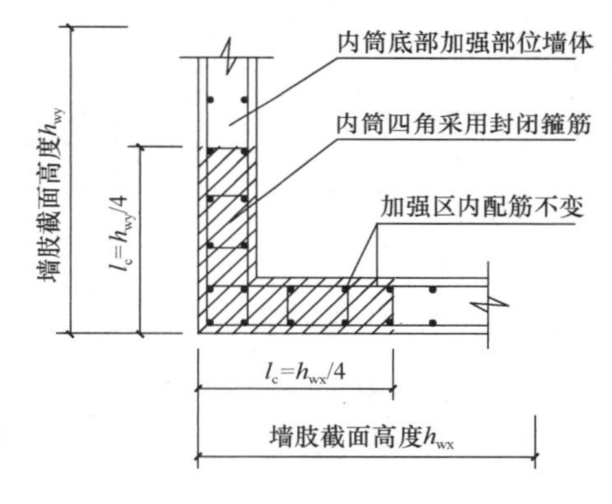

图 6.7.2-2　底部约束边缘构件

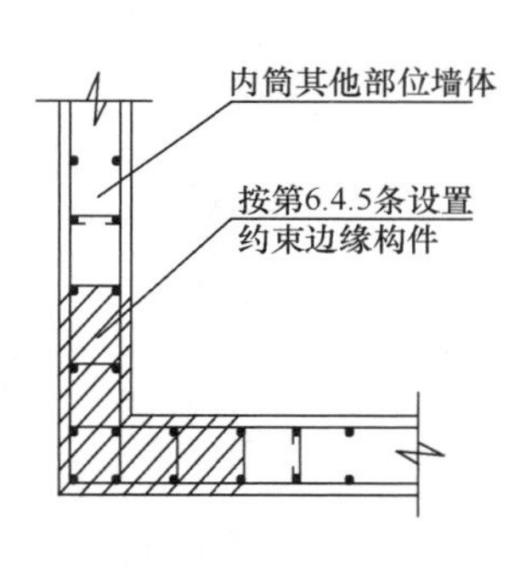

图 6.7.2-3　其他部位

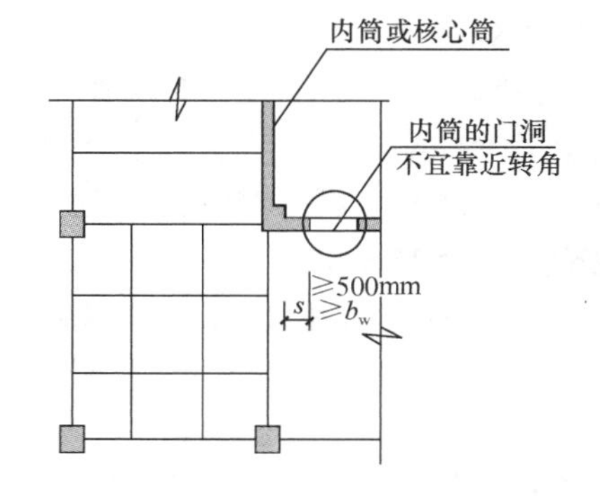

图 6.7.2-4　内筒的门洞

三、相关索引

1.《混凝土标准》的相关规定见其第 11.7.17 条。

2.《高规》关于框架-核心筒结构中核心筒、筒中筒结构中内筒的抗震设计规定见其第 9.1.7 条。

第 6.7.3 条

一、标准的规定

6.7.3 楼面大梁不宜支承在内筒连梁上。楼面大梁与内筒或核心筒墙体平面外连接时，应符合本规范第 6.5.3 条的规定。

二、对标准规定的理解

1. 标准的本条规定可用图 6.7.3-1 来理解。当楼面大梁的支承位置有连梁时，楼面大梁可以斜向与墙肢相连，或设置过渡梁改变梁的支承关系。楼面大梁必须与连梁相连时，连梁应采取严格措施确保强剪弱弯，必要时可在连梁内设置抗剪钢板（见第 6.4.7 条）。

2. 楼面大梁与内筒或核心筒墙体平面外连接的加强措施见图 6.5.3-1。

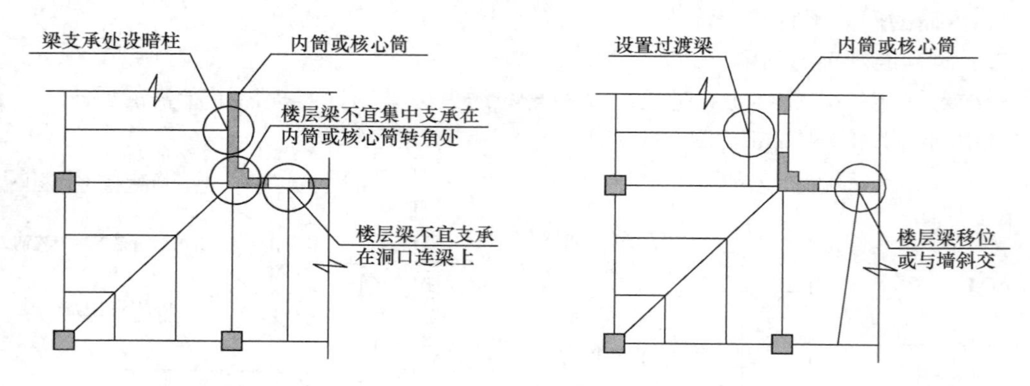

图 6.7.3-1 楼面大梁布置

三、相关索引

《高规》的相关规定见其第 9.1.10 条。

第 6.7.4 条

一、标准的规定

6.7.4 一、二级核心筒和内筒中跨高比不大于 2 的连梁，当梁截面宽度不小于 400mm 时，可采用交叉暗柱配筋，并应设置普通箍筋；截面宽度小于 400mm 但不小于 200mm 时，除配置普通箍筋外，可另增设斜向交叉构造钢筋。

二、对标准规定的理解

1. 标准的本条规定可用图 6.7.4-1 来理解。本条规定可适用于所有抗震等级为一、二级且跨高比不大于 2 的连梁，而不仅限于一、二级核心筒和内筒中跨高比不大于 2 的连梁。

2.《混凝土标准》第 11.7.10 条规定："对于一、二级抗震等级的连梁，当跨高比不大于 2.5 时，除配置普通箍筋外宜另配置斜向交叉钢筋。"当洞口连梁截面宽度不小于 250mm 时，可采用交叉斜筋配筋。当连梁截面宽度不小于 400mm 时，可采用集中对角斜筋配筋或对角暗撑配筋。交叉钢筋的单向对角斜筋宜≥2ϕ12，交叉暗撑钢筋每组宜≥4ϕ14。

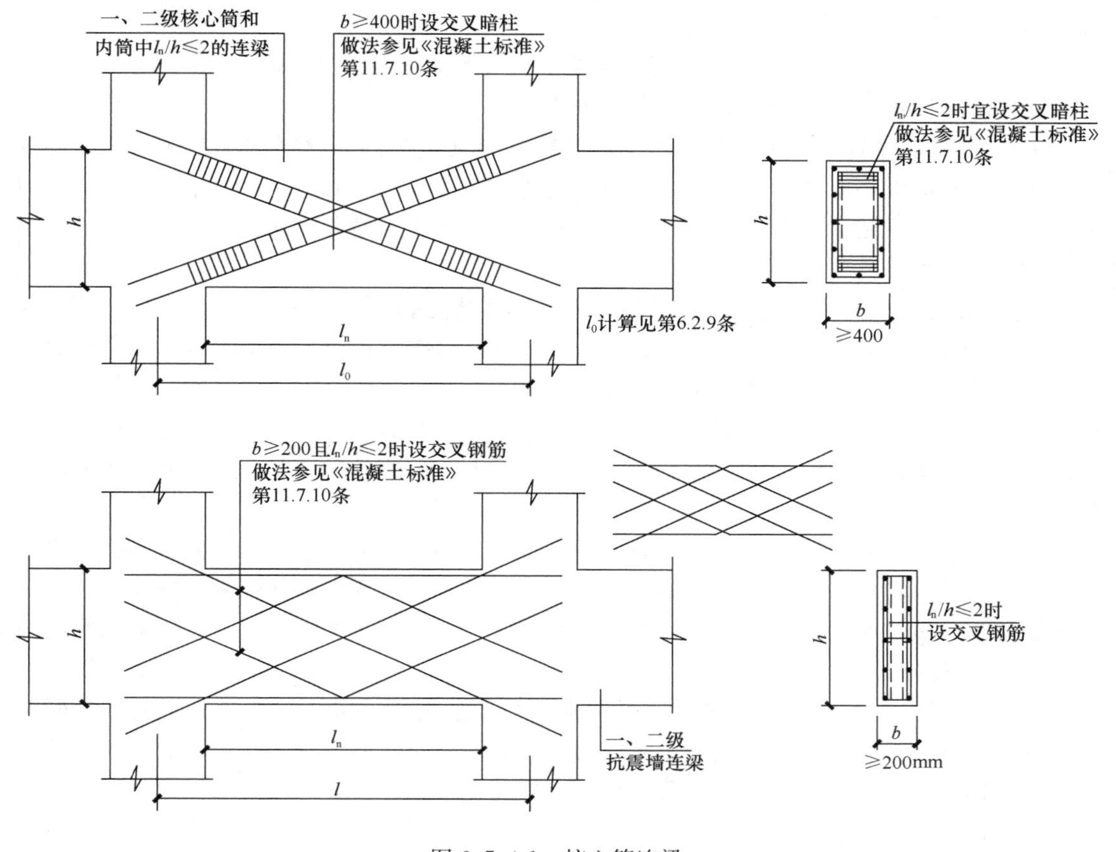

图 6.7.4-1 核心筒连梁

3. 实际工程中连梁的跨高比宜按 L_n/h 控制。

三、结构设计的相关问题

1. 标准未规定交叉暗柱配筋的计算方法。

2. 当连梁截面宽度不小于 400mm 时需设置暗撑，其可执行的难度很大，暗撑是否需要承担全部剪力、普通箍筋是否可以按构造要求设置等结构设计中的具体操作规定不明确。

3. 由于受连梁两侧抗震墙边缘构件钢筋的影响，设置交叉暗撑时需要的连梁宽度更宽，否则难以保证连梁及相关墙体的混凝土质量。

四、结构设计建议

1. 全部剪力应由暗撑承担。每根暗撑应由 4 根纵向钢筋组成，纵筋直径不应小于 14mm，其总面积 A_s 应按下列公式计算：

1）无地震作用组合时：

$$A_s \geqslant \frac{V_b}{2f_y \sin\alpha} \tag{6.7.4-1}$$

2）有地震作用组合时：

$$A_s \geqslant \frac{\gamma_{RE} V_b}{2f_y \sin\alpha} \tag{6.7.4-2}$$

式中：α——暗撑与水平线的夹角。

2. 影响暗撑设置与施工的钢筋有：连梁的分布钢筋、箍筋及纵向钢筋、连梁两端抗震墙暗柱的纵向钢筋及箍筋等，扣除钢筋保护层及各钢筋直径后，实际工程中要在宽度400mm的连梁内设置暗撑是十分困难的，即便勉强把暗撑钢筋设置就位也很难保证连梁及其两侧暗柱的混凝土质量。一般情况下，连梁宽度小于500mm时，暗撑很难设置。对按规定应设置交叉暗撑的连梁，当施工确有困难时，可改为设置交叉钢筋，但同时应加强对连梁箍筋的验算。

3. 连梁暗撑及交叉钢筋的设置应结合工程具体情况确定，并应采取相应的结构措施：

1）当连梁截面宽度较大时，应按规范要求设置暗撑，连梁的全部剪力由暗撑承担，连梁的箍筋按构造配置（注意：结构计算中暗撑和箍筋的抗剪作用不同时考虑，箍筋按构造要求设置）。其中："连梁截面宽度较大"指：满足暗撑设置及施工对连梁的宽度要求，一般情况下，当连梁截面宽度不小于500mm时，应设置暗撑。暗撑的计算及构造要求见《混凝土标准》第11.7.10、11.7.11条。

2）当连梁截面宽度小于500mm且不小于200mm时，宜设置构造交叉钢筋，连梁的全部剪力由普通箍筋承担（注意：结构计算中箍筋与交叉钢筋的抗剪作用不同时考虑，但此处做法与设置暗撑时不同，交叉钢筋按构造要求设置）。构造交叉钢筋不应少于4根直径12mm的钢筋。

4. 施工过程中由于暗撑设置困难而需改用交叉钢筋时，应注意查验原结构设计时暗撑设置的原则。当原设计中连梁的全部剪力由暗撑承担时，应特别注意改用交叉钢筋后需增配普通箍筋，并符合全部剪力由普通箍筋承担的设计原则。

五、相关索引

1.《混凝土标准》的相关规定见其第11.7.10、11.7.11条。

2.《高规》的相关规定见其第9.3.8条。

第6.7.5条

一、标准的规定

6.7.5 筒体结构转换层的抗震设计应符合本规范附录E第E.2节的规定。

二、对规范规定的理解

1. 转换层上下结构质量中心宜接近（不包括裙房），转换层上下层的侧向刚度比不宜大于2。

2. 转换层上部被转换的竖向抗侧力构件（墙、柱）宜直接落在转换层的主结构上。

3. 7度及7度以上的高层建筑不宜采用厚板转换层结构。

4. 转换层楼盖不应有大洞口，楼板在平面内宜接近刚性楼板假定。

5. 转换层楼盖与筒体、抗震墙应有可靠连接。

6. 8度时转换层楼盖应考虑竖向地震作用。

7. 9度时不应采用转换层结构。

三、相关索引

《高规》的相关规定见其第10.2节。

7　多层砌体房屋和底部框架砌体房屋

说明：

1. 本章所列各类结构，均属于基本抗震性能较差的结构体系，因此，需采取适当的技术措施改善或加强结构的抗震性能，以满足建筑基本抗震性能要求和功能要求。砌体房屋的抗震设计中应特注重震害调查和工程经验，且多为详细而具体的要求，设计时应予以重点把握。

2. 本章第7.3、7.4、7.5节和第7.6节中，标准提出“可靠连接”和“可靠拉结”的要求，由于标准对此未予具体规定，因此，应根据工程经验确定。当无可靠设计经验时，可参考相关规范的有关规定及相关标准图集的做法确定。

3. 当砌体房屋的纵、横墙不能满足抗震强度验算要求时，应根据抗剪强度差值的大小，选择不同的提高受剪承载力方法：

1）增加墙厚；

2）提高砌体的强度等级；

3）在砌体结构的水平灰缝中配置适当数量的钢筋，以改善砌体结构的受力性能，提高砌体的延性；

4）墙体段内增设构造柱或芯柱。

4. 由于砌体结构乙类建筑的主要附加抗震措施在房屋层数及高度的控制，因此本章中的烈度均可理解为本地区设防烈度。

5. 砌体结构的抗震措施与抗震设防标准、房屋层数等直接挂钩，这些措施主要来自震害调查，以经验为主。其实对砌体结构完全可以采用与混凝土结构相同的做法，确定不同的抗震等级采取相应的抗震措施。

6. 砌体结构抗震设计时，墙体的强度设计值应按《砌体规范》取值并调整（相关问题分析及结构设计建议见第7.1.1条）。

7. 砌体结构抗震设计时，除执行《抗震标准》的要求外还应对照执行《砌体规范》的相关规定。

7.1　一　般　规　定

要点：

砌体结构不同于钢筋混凝土结构，主要通过对建筑高度及楼层数量等的限制来实现抗震设计的基本要求。

第7.1.1条

一、标准的规定

7.1.1　本章适用于普通砖（包括烧结、蒸压、混凝土普通砖）、多孔砖（包括烧结、混凝土多孔砖）和混凝土小型空心砌块等砌体承重的多层房屋，底层或底部两层框架-抗震墙砌体房屋。

配筋混凝土小型空心砌块房屋的抗震设计，应符合本规范附录 F 的规定。

注：1. 采用非黏土的烧结砖、蒸压砖、混凝土砖的砌体房屋，块体的材料性能应有可靠的试验数据；当本章未作具体规定时，可按本章普通砖、多孔砖房屋的相应规定执行。

2. 本章中“小砌块”为“混凝土小型空心砌块”的简称。

3. 非空旷的单层砌体房屋，可按本章规定的原则进行抗震设计。

二、对标准规定的理解

1. 标准的上述规定可用表 7.1.1-1 来理解。

本章的适用范围 **表 7.1.1-1**

序号	内容		设计要求
1	本章的适用范围		烧结普通砖砌体承重的多层房屋
			烧结多孔砖砌体承重的多层房屋
			混凝土小型空心砌块砌体承重的多层房屋
			底层或底部两层框架-抗震墙的砌体房屋
2	配筋混凝土小型空心砌块抗震墙房屋		其抗震设计应符合《抗震标准》附录 F 的规定
3	采用非黏土的烧结砖、蒸压砖、混凝土砖的砌体房屋		块体的材料性能应有可靠的试验数据
4	采用蒸压灰砂砖和蒸压粉煤灰砖砌体的房屋（见第 7.1.2 条）	当砌体的抗剪强度达到普通黏土砖砌体的 70%时	房屋的层数应比普通黏土砖房屋减少一层
			房屋总高度应减少 3m
		当砌体的抗剪强度达到普通黏土砖砌体的取值时	房屋的层数和总高度同普通黏土砖房屋

2. 依据《砌体规范》第 3.2.2 条规定，蒸压灰砂砖、蒸压粉煤灰砖与烧结普通砖砌体的抗剪强度见表 7.1.1-2。

蒸压灰砂砖、蒸压粉煤灰砖与烧结普通砖砌体的抗剪强度设计值（MPa） **表 7.1.1-2**

强度类别	砌体类别	砂浆强度等级			
		≥M10	M7.5	M5	M2.5
抗剪 f_v	烧结普通砖、烧结多孔砖	0.17	0.14	0.11	0.08
	蒸压灰砂砖、蒸压粉煤灰砖	0.12	0.10	0.08	—

注：表中蒸压灰砂砖、蒸压粉煤灰砖的抗剪强度均大于相应烧结普通砖砌体抗剪强度的 70%。

3. 标准对于普通砖、多孔砖及小型空心砌块以外的砌体，提出以砌体的抗剪强度指标作为判别是否可套用本标准的唯一指标，不低于黏土砖砌体时按黏土砖房屋相应的规定设计，不低于黏土砖砌体强度的 70%时，降低层数及高度后再按黏土砖房屋相应的规定设计。

4. 当采用蒸压类砖作为承重墙体材料时，仅可采用 240mm×115mm×53mm 的实心砖，蒸压的多孔砖和空心砖不得用于承重墙体。

5. 非黏土类烧结砖，除 240mm×115mm×53mm 的实心砖以外，应当优先选用多孔砖，如 KP1 型(240mm×115mm×90mm)和 M 型(190mm×190mm×90mm)模数多孔砖。

6. 混凝土小型空心砌块的主导块型为 390mm×190mm×190mm，以及与之相匹配的辅助块型。

7. 砌体施工质量为 A、C 级时，调整砌体结构的材料分项系数，相当于对 f 乘以 1.07 和 0.89。

三、结构设计的相关问题

标准未说明当砌体的抗剪强度低于黏土砖砌体的 70%时，6、7 度地区是否还可以采用蒸压灰砂砖和蒸压粉煤灰砖砌体的房屋。

四、结构设计建议

1. 当砌体抗剪强度低于黏土砖砌体的 70%时，其砌体强度的设计值已不满足《砌体规范》第 3.2.2 条的要求，故建议在 6、7 度地区不再采用不符合《砌体规范》要求的蒸压灰砂砖和蒸压粉煤灰砖砌体的房屋。

2. 在全面禁止采用黏土类制品（包括黏土实心砖、黏土多孔砖及黏土空心砖等）的地区，应当采用非黏土类砌体，如：混凝土空心小砌块材料、矿渣砖、灰砂砖等。

3. 不得采用非标准的混凝土砌块。

4. 关于砌体强度设计值的调整问题说明如下。

1）《砌体规范》第 3.2.3 条规定，下列情况的各类砌体，其砌体强度设计值应乘以调整系数 γ_a：

（1）对无筋砌体构件，其截面面积小于 0.3m^{2}时（注意：墙的截面面积为墙的全长截面面积，而不是单位长度面积)，γ_a为其截面面积加 0.7；对配筋砌体构件，当其中砌体截面面积小于 0.2m^{2}时，γ_a为其截面面积加 0.8；构件截面面积以 m^{2}计；

（2）当砌体用强度等级小于 M5.0 的水泥砂浆砌筑时，对第 3.2.1 条各表中的数值，γ_a为 0.9；对第 3.2.2 条表 3.2.2 中数值，γ_a为 0.8；

（3）当验算施工中房屋的构件时，γ_a为 1.1。

2）对《砌体规范》上述规定解读时应注意以下几点：

（1）应特别注意对上述规定中“各类砌体”的理解，强度调整适用于无筋砌体和配筋砌体，即适用于所有各类砌体。

（2）影响砌体强度的因素及所涉及的砌体种类分别说明如下：

① 砌体截面面积过小时，砌体强度应进行调整。对配筋砌体，关注的是配筋砌体中的砖砌体截面面积，对不同的配筋砌体，其中的砖砌体截面面积取值原则不同：对网状配筋砖砌体受压构件采用《砌体规范》公式(8.1.2-2)计算时，其砖砌体的截面面积与网状配筋砌体构件的截面面积相同；而对于组合砖砌体构件采用《砌体规范》公式(8.2.3)、公式(8.2.4-1)～公式(8.2.4-3)计算时，其砖砌体的截面面积应扣除配筋混凝土及砂浆面层的面积[即采用图 7.1.1-1(a)、(b)中的斜线部分面积]；对于砖砌体和钢筋混凝土构造柱组合墙采用《砌体规范》公式(8.2.7-1)计算时，应采用砖砌体的净截面面积 A_n[图 7.1.1-1(c)中扣除构造柱面积后的斜线部分面积]。

② 采用水泥砂浆时，对砌体强度的调整；注意只是对《砌体规范》表 3.2.1-1～表 3.2.1-7和表 3.2.2 中砌体强度等级小于 M5.0 数值的调整。

③ 受多种因素影响时，各系数是否应连乘，《砌体规范》没有明确。

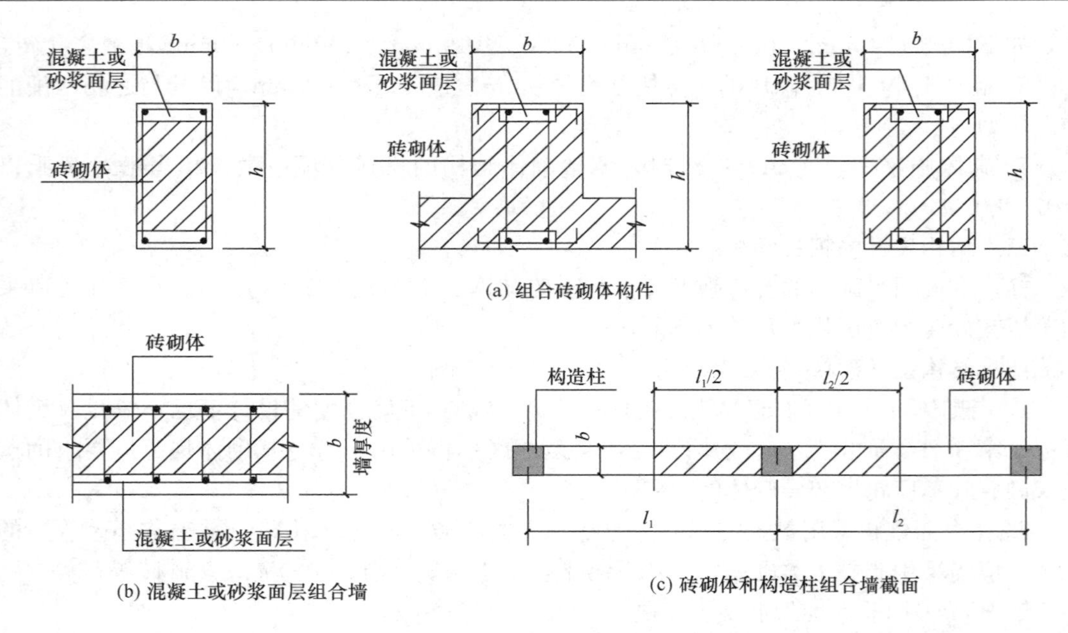

图 7.1.1-1 配筋砌体构件截面

④ 对灌孔砌体（单排孔混凝土砌块对孔砌筑时）的调整，是只调整未灌孔砌体的抗压强度设计值 f，还是应调整 f_g，《砌体规范》没有明确。

3）对砌体强度调整的设计建议：

(1)《砌体规范》第 3.2.3 条中规定的各项调整，可只对砖砌体强度设计值 f 进行调整（也即见 f 就调整，但不包括砌体的弹性模量，注意：局部受压时可不考虑截面面积项调整，其他情况仍按规定调整）。

(2) 多种因素影响时，各系数应连乘。

(3) 在《砌体规范》规定不很明确的情况下，为便于操作而提出上述建议，当规范有新规定时，应以相关规定为准。

五、相关索引

1. 砌体强度及强度调整要求见《砌体规范》第 3.2.1、3.2.2、3.2.3 条。

2. 砌体房屋的层数和总高度限值见第 7.1.2 条。

第 7.1.2 条

一、标准的规定

7.1.2 多层房屋的层数和高度应符合下列要求：

1 一般情况下，房屋的层数和总高度不应超过表 7.1.2 的规定。

2 横墙较少的多层砌体房屋，总高度应比表 7.1.2 的规定降低 3m，层数相应减少一层；各层横墙很少的多层砌体房屋，还应再减少一层。

注：横墙较少是指同一楼层内开间大于 4.2m 的房间占该层总面积的 40％以上；其中，开间不大于 4.2m 的房间占该层总面积不到 20％且开间大于 4.8m 的房间占该层总面积的 50％以上为横墙很少。

3 6、7 度时，横墙较少的丙类多层砌体房屋，当按规定采取加强措施并满足抗震承载力要求时，其高度和层数应允许仍按表 7.1.2 的规定采用。

4 采用蒸压灰砂砖和蒸压粉煤灰砖的砌体的房屋，当砌体的抗剪强度仅达到普通黏土砖砌体的 70%时，房屋的层数应比普通砖房减少一层，总高度应减少 3m；当砌体的抗剪强度达到普通黏土砖砌体的取值时，房屋层数和总高度的要求同普通砖房屋。

房屋的层数和总高度限值（m） **表 7.1.2**

房屋类别		最小抗震墙厚度（mm）	烈度和设计基本地震加速度											
			6		7				8				9	
			0.05g		0.10g		0.15g		0.20g		0.30g		0.40g	
			高度	层数	高度	层数	高度	层数	高度	层数	高度	层数	高度	层数
多层砌体房屋	普通砖	240	21	7	21	7	21	7	18	6	15	5	12	4
	多孔砖	240	21	7	21	7	18	6	18	6	15	5	9	3
	多孔砖	190	21	7	18	6	15	5	15	5	12	4	—	—
	小砌块	190	21	7	21	7	18	6	18	6	15	5	9	3
底部框架-抗震墙砌体房屋	普通砖 多孔砖	240	22	7	22	7	19	6	16	5	—	—	—	—
	多孔砖	190	22	7	19	6	16	5	13	4	—	—	—	—
	小砌块	190	22	7	22	7	19	6	16	5	—	—	—	—

注：1 房屋的总高度指室外地面到主要屋面板板顶或檐口的高度，半地下室从地下室室内地面算起，全地下室和嵌固条件好的半地下室应允许从室外地面算起；对带阁楼的坡屋面应算到山尖墙的 1/2 高度处。

2 室内外高差大于 0.6m 时，房屋总高度应允许比表中的数据适当增加，但增加量应少于 1.0m。

3 乙类的多层砌体房屋仍按本地区设防烈度查表，其层数应减少一层且总高度应降低 3m；不应采用底部框架-抗震墙砌体房屋。

4 本表小砌块砌体房屋不包括配筋混凝土小型空心砌块砌体房屋。

二、对标准规定的理解

1. 房屋的高度是指满足标准基本抗震构造要求（设置了圈梁、构造柱等）的房屋高度。

2. 对本条第 1 款“一般情况下”的理解，当突破本条规定的情况应属于非一般情况，此时，应进行专门研究并进行抗震专项审查。

3. “横墙较少”可按式（7.1.2-1）量化。

$$A_{i,4.2}/A_i > 0.4 \quad (7.1.2\text{-}1)$$

式中：$A_{i,4.2}$ —— i 楼层内开间大于 4.2m 的房间平面面积之和；

A_i —— i 楼层的总平面面积。

4. “横墙很少”的房屋，一般为教学楼中全部为教室的多层砌体房屋或食堂、俱乐部和会议楼等。“横墙很少”应同时具备下列两个条件：

1）开间不大于 4.2m 占该层总平面面积不到 20%，即按式（7.1.2-1）计算的面积比超过 80%时的砌体房屋。

2）开间大于 4.8m 的房间占该层总平面面积的 50%以上，即按式（7.1.2-2）计算的面积比超过 50%时的砌体房屋。

$$A_{i,4.8}/A_i > 0.5 \qquad (7.1.2\text{-}2)$$

式中：$A_{i,4.8}$——i 楼层内开间大于 4.8m 的房间平面面积之和；

A_i——i 楼层的总平面面积。

5. 本条第 3 款中的“按规定采取加强措施”，可理解为按《抗震标准》第 7.3.14 条规定采取的相应加强措施。

6. “全地下室”指：全部地下室埋置在室外地坪以下，或部分结构露出地面而无窗洞口的地下室。按表 7.1.2 进行房屋层数限制时不作为一层考虑，但应保证地下室结构的整体性及其与上部结构的连续性。

7. “半地下室”按下列三种情况考虑：

1）“半地下室”作为一层使用，开有较大的采光和通风窗洞口。“半地下室”层高中有大部分或部分埋置于室外地面以下时，“半地下室”应算作一层（按表 7.1.2 进行房屋总层数及总高度控制时，地下室作为一层考虑），房屋总高度从地下室室内地面算起。

2）“半地下室”层高较小（一般在 2.2m 左右）地下室外墙无洞口或仅有较小的通气窗口，对“半地下室”墙的截面削弱很少，半地下室层高中有大部分埋置于室外地面以下，或高出地面部分不超过 1.0m 时，“半地下室”可以不算作一层（按表 7.1.2 进行房屋总层数及总高度控制时，地下室不作为一层考虑），房屋总高度从室外地面算起。

3）当“半地下室”外窗设有窗井，每开间的窗井两侧墙与“半地下室”的横墙相贯通，并使窗井周围墙体形成封闭空间，使外窗井形成扩大的半地下室底盘结构，并对半地下室作为上部结构的嵌固端有利时，可将其确定为“嵌固条件好的半地下室”（按表 7.1.2 进行房屋总层数及总高度控制时）不作为一层考虑。

8. 不论是“全地下室”还是“半地下室”，抗震强度验算时均应当作一层并应满足墙体承载力要求。

9. 带阁楼的坡屋面其层数及总高度区分下列几种情况：

1）当坡屋面有吊顶，吊顶采用轻质材料，水平刚度小，吊顶空间不利用时，坡屋面不作为一层，但总高度应算至山尖墙的 1/2 高度处。

2）当坡屋面有阁楼层，阁楼的地面为钢筋混凝土结构或木楼盖，阁楼作为储物或居住用，最低处高度在 2m 以上时，坡屋面应作为一层计算，总高度算至山尖墙的 1/2 高度处。

3）坡屋面的阁楼面积小于顶层楼面面积时，可根据阁楼层面积占顶层面积的比例、阁楼层与顶层重力荷载代表值的比例、阁楼层的最低处高度等确定房屋的层数和高度。当阁楼面积/顶层面积＜0.3 及重力荷载代表值之比＜0.3，且阁楼层最低处高度≤1.8m（需三项同时满足）时，阁楼可不作为一层计算，高度也不计入总高度。而将此阁楼作为房屋的局部突出按《抗震标准》第 5.2.4 条规定进行抗震验算。

10. 9 度时不允许采用多孔砖砌体房屋，8 度（0.30g）及 9 度时不得采用底部框架-抗震墙砌体房屋。

11. 表 7.1.2 注 1 可用图 7.1.2-1～图 7.1.2-5 来理解。

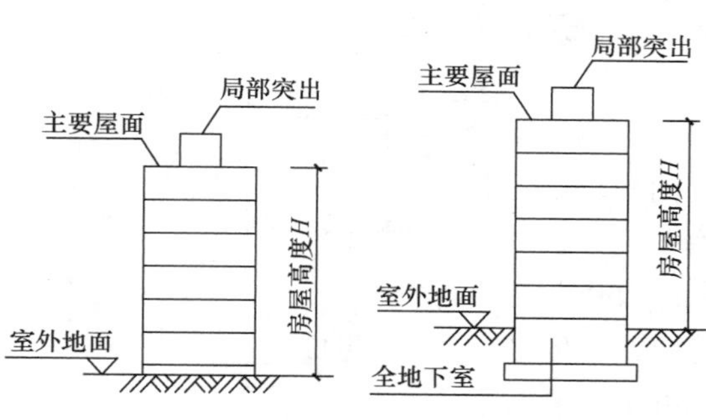

图 7.1.2-1　一般情况　　图 7.1.2-2　全地下室

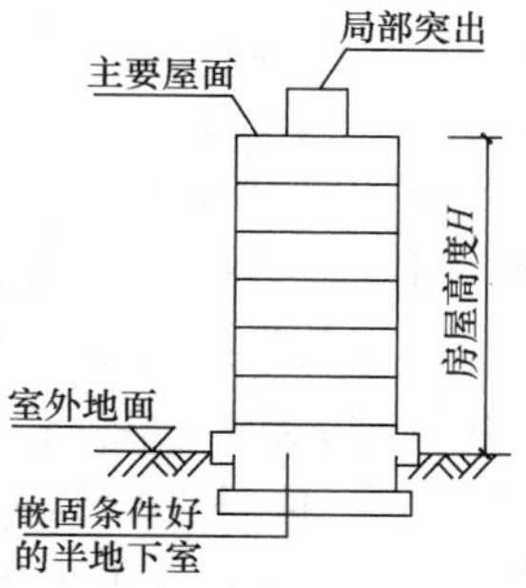

图 7.1.2-3　嵌固条件好的半地下室

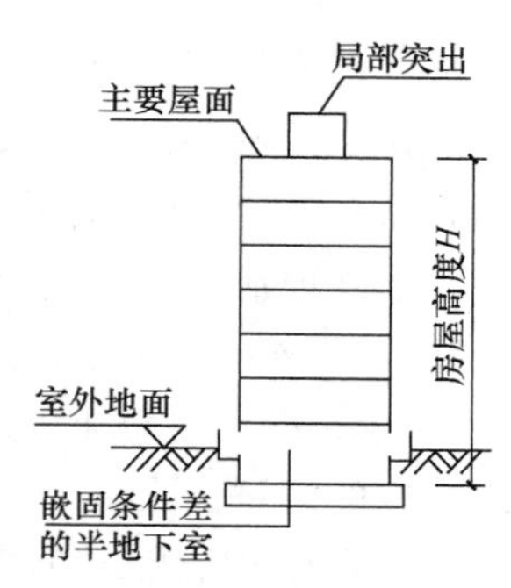

图 7.1.2-4　嵌固条件差的半地下室

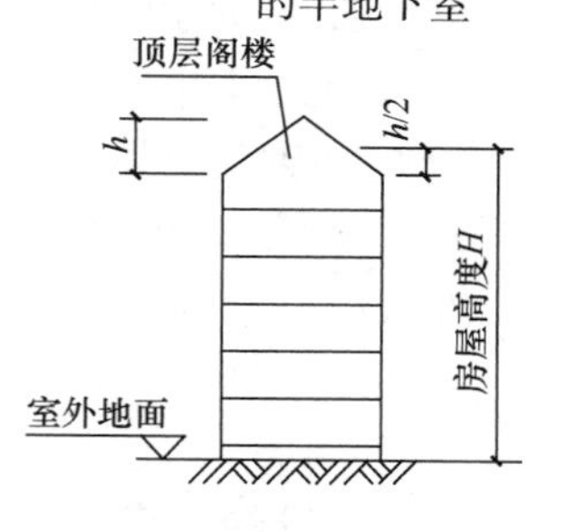

图 7.1.2-5　坡屋顶

三、结构设计的相关问题

1. 屋顶局部突出与房屋总高度的关系。

2. 对“嵌固条件好的半地下室”的理解。

3. 砌体结构的抗震措施与钢筋混凝土结构有根本区别。

四、结构设计建议

1. “横墙较少”“横墙很少”时房屋层数及总高度的调整要求：

1）当按式（7.1.2-1）及式（7.1.2-2）计算时，可能横墙的总体布置要求不属于“横墙较少”或“横墙很少”之情况，此时应特别注意结构平面布置的不均匀性问题，注意局部“横墙较少”或“横墙很少”的情况，并采取相应的抗震措施。

2）当局部“横墙较少”时，可按《抗震标准》第 7.3.14 条要求，采取相应的加强措施并满足抗震承载力要求，层数和总高度可以不降低；

3）当局部“横墙很少”时，可按《抗震标准》第 7.3.14 条要求，采取相应的加强措施并满足抗震承载力要求，层数和总高度可以按“横墙较少”时考虑。

2. 表 7.1.2 中注 2 的“适当增加”，因在工程设计中无法定量把握，且有增加上限值 1m 的要求，因而，不再考虑规范“适当增加”的要求，习惯上统一取增加值不超过 1m。

3. 关于屋顶局部突出与房屋总高度的关系说明如下。

1）房屋高度指室外地面至主要屋面板板顶或檐口的高度，不包括局部突出屋面的楼梯间、屋顶构架等高度。房屋高度可按有效数字控制。

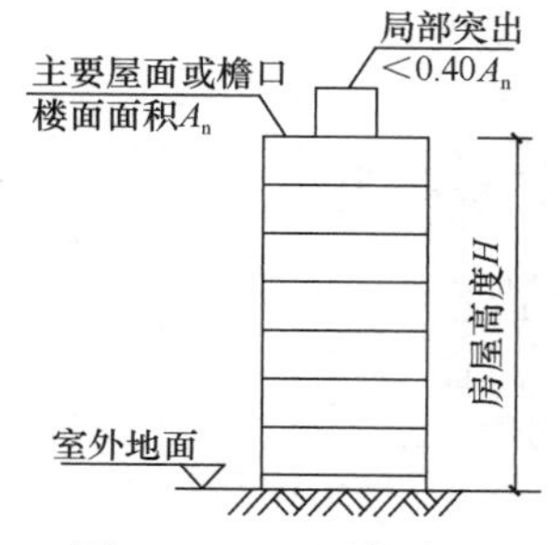

图 7.1.2-6　局部突出

2）“主要屋面”的定义规范未予细化，编者建议可按如下原则确定：

3）对屋顶层面积与其下层面积相比有突变者，当屋面面积小于其下层面积（及重力荷载代表值）的 40%时，可作为屋顶“局部突出”考虑，房屋高度的计算范围内不包含“局部突出”的楼层（图 7.1.2-6）。

4）对屋顶层面积与其下层面积相比缓变者，当屋面面积小于其下缓变前标准楼层面积（或重力荷载代表值）的 40%

时，可作为屋顶“局部突出”考虑，房屋高度的计算范围内不包含“局部突出”的楼层（图 7.1.2-7）。

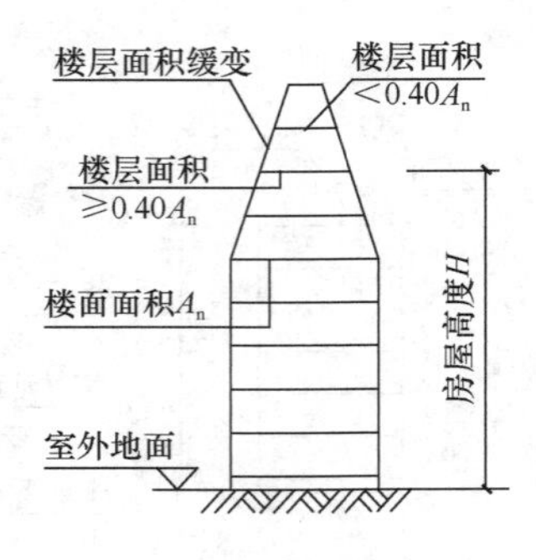

图 7.1.2-7　楼层面积缓变

4. 对半地下室顶板设置在室外地面以上 1.5m 以内，或地面下开窗洞处均设有窗井墙且窗井墙又为地下室内横墙的延伸时，半地下室可理解为“嵌固条件好的半地下室”。

5. 在设置地下室的砌体结构中，当地下室顶板作为上部结构的嵌固部位时，地下室顶板厚度应适当增加。一般情况下，宜比其他楼层板厚增加 20mm，且不小于 120mm，对重要工程及复杂工程宜取 150mm。地下室顶板宜采用双层双向配筋，且每层每方向的配筋率不宜小于 0.25%。

五、相关索引

1. 配筋砌块砌体剪力墙房屋适用的最大高度见《砌体规范》第 10.1.3 条。

2. 本条第 3 款采取加强措施的规定见第 7.3.14 条。

3. 《抗震通规》的相关规定见其第 5.5.1 条。

第 7.1.3 条

一、标准的规定

7.1.3　多层砌体承重房屋的层高，不应超过 3.6m。

底部框架-抗震墙砌体房屋的底部，层高不应超过 4.5m；当底层采用约束砌体抗震墙时，底层的层高不应超过 4.2m。

注：当使用功能确有需要时，采用约束砌体等加强措施的普通砖房屋，层高不应超过 3.9m。

二、对标准规定的理解

1. 房屋的底层或底部楼层由于使用功能的要求，常需要适当加大层高，采用约束砌体的加强措施（构造柱的间距不大于层高，构造柱与圈梁形成对砌体的有效约束，拉结钢筋网片的设置符合构造要求，见第 7.3.14、7.5.4、7.5.5 条等），可实现层高适当增加的要求，且费用较低。其加强措施的范围宜为自层高加大楼层的上一层及其以下的各楼层（如当仅需加大 3 层的层高时，可仅对 4 层及 4 层以下的墙体采取加强措施），同时应考虑加强措施的延续性，避免加强措施的突然变化（如构造柱设置可参照图 7.3.2-7 缓变）。

2. 除采用约束砌体的加强措施外，还可以采用配筋砌体等加强措施。

3. 对标准本条规定的理解见图 7.1.3-1～图 7.1.3-3。底部框架-抗震墙砌体房屋的底

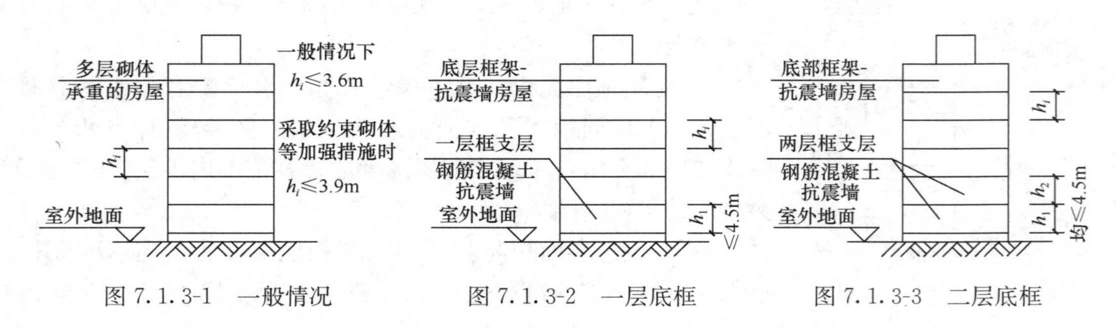

图 7.1.3-1　一般情况　　图 7.1.3-2　一层底框　　图 7.1.3-3　二层底框

部以上楼层的层高限值同一般多层砌体承重房屋。

第 7.1.4 条

一、标准的规定

7.1.4 多层砌体房屋总高度与总宽度的最大比值，宜符合表 7.1.4 的要求。

房屋最大高宽比 **表 7.1.4**

烈度	6	7	8	9
最大高宽比	2.5	2.5	2.0	1.5

注：1 单面走廊房屋的总宽度不包括走廊宽度；

2 建筑平面接近正方形时，其高宽比宜适当减小。

二、对标准规定的理解

1. 提出房屋高宽比的限值要求，其目的为了控制结构不出现弯曲破坏，保证房屋的稳定性，从而可以对砌体结构的整体倾覆不做验算。作为以剪切变形为主的砌体结构，应尽量避免弯曲变形的产生，当房屋的高宽比不超过表 7.1.4 的限值时，可避免在房屋底层出现水平裂缝，即不出现弯曲破坏。

2. 对方形建筑“高宽比宜适当减小”的根本目的，在于控制建筑物出现房屋两个方向的高宽比同时接近表 7.1.4 中最大值的情形。

三、结构设计的相关问题

表 7.1.4 注 2 的“高宽比宜适当减小”的量化。

四、结构设计建议

1. 对表 7.1.4 注 2 的“高宽比宜适当减小”的量化，应根据工程经验确定，当无可靠设计经验时，可考虑将表 7.1.4 中数值减小 20%。

2. 当不满足表 7.1.4 要求时，应验算多层砌体房屋的整体受弯承载力。

3. 房屋的总宽度应取房屋的典型平面宽度，不应计算单面悬挑走廊的宽度及平面上局部突出的楼梯间等的宽度。

第 7.1.5 条

一、标准的规定

7.1.5 房屋抗震横墙的间距，不应超过表 7.1.5 的要求：

房屋抗震横墙的间距（m） **表 7.1.5**

房屋类别		烈度 6	烈度 7	烈度 8	烈度 9
多层砌体房屋	现浇或装配整体式钢筋混凝土楼、屋盖	15	15	11	7
	装配式钢筋混凝土楼、屋盖	11	11	9	4
	木屋盖	9	9	4	—
底部框架-抗震墙砌体房屋	上部各层	同多层砌体房屋			—
	底层或底部两层	18	15	11	—

注：1 多层砌体房屋的顶层，除木屋盖外的最大横墙间距应允许适当放宽，但应采取相应加强措施；

2 多孔砖抗震墙横墙厚度为 190mm 时，最大横墙间距应比表中数值减少 3m。

二、对标准规定的理解

1. 《抗震通规》的相关规定见其第 5.5.2 条。本条强调控制砌体房屋抗震墙的最大间距对于确保房屋抗震安全的极端重要性。

2. 对底部框架-抗震墙砌体房屋的抗震墙间距限值分为底部和上部两部分，上部为对砌体房屋的抗震墙间距要求。在房屋底部，由于上部楼层的地震作用要通过底部楼盖传递至底部抗震墙，楼盖产生的水平变形将大于一般的钢筋混凝土框架-抗震墙房屋，为此，在相同变形限值条件下，底部框架-抗震墙砌体房屋的抗震墙（钢筋混凝土抗震墙或砌体抗震墙）间距需适当减小（与表 6.1.6-1 比较）。

3. 砌体结构中的墙体是抗震中的主要抗侧力构件，墙体的多少直接决定了砌体结构的抗震能力的大小，只规定横墙间距而不限制纵墙间距，主要考虑到纵墙的长度相对较长，而实际变化范围的可能性较小，同时控制了横墙的间距，也就确保了纵墙的稳定性。

4. 多层砌体房屋的横向地震作用主要由横墙承担，同时要求楼盖具有足够的水平刚度。

5. 无论是横墙承重还是纵墙承重，横墙间距都应满足表 7.1.5 的要求。

6. 表 7.1.5 注 1 中的“采取相应加强措施”可理解为采取对大房间相应的加强楼盖整体性的措施（见《抗震规范》第 7.3 节）。

三、结构设计的相关问题

表 7.1.5 注 1 中对顶层最大横墙间距应允许“适当放宽”的把握。

四、结构设计建议

1. 采用现浇钢筋混凝土楼盖时，当错位在 500mm 以内时可认为是连续墙；采用预制钢筋混凝土楼盖时，当错位在 300mm 以内时也可认为是连续墙。

2. 结构设计中应控制纵墙数量，使房屋在纵横方向刚度均匀，纵墙至少应设置 3 道。

3. 由于砌体结构的地震作用按单方向计算，因此，抗震墙承担地震作用的从属面积（见第 7.2.2 条），按墙体承担的水平地震作用范围来划分，与墙体承担的竖向荷载面积不一定完全相同。

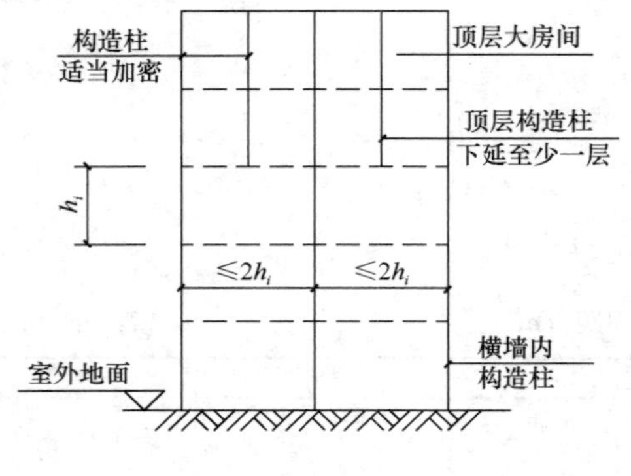

图 7.1.5-1 顶层大房间

4. 对多层砌体房屋的顶层，常因需要设置大房间（如会议室等），当采用钢筋混凝土屋盖时，横墙间距可根据设计经验适当放宽。当无可靠设计经验时，可控制大房间平面的长宽比不大于 2.5，抗震横墙的最大间距不超过表 7.1.5 中的 1.4 倍及 18m。同时，抗震横墙除满足抗震承载力验算要求外，相应的构造柱应加强并向下延伸至少一层（即屋顶层大房间横墙的构造柱应做到至少两层直通，见图 7.1.5-1）。

第 7.1.6 条

一、标准的规定

7.1.6 多层砌体房屋中砌体墙段的局部尺寸限值，宜符合表 7.1.6 的要求：

房屋的局部尺寸限值（m）　　表 7.1.6

部　　位	6度	7度	8度	9度
承重窗间墙最小宽度	1.0	1.0	1.2	1.5
承重外墙尽端至门窗洞边的最小距离	1.0	1.0	1.2	1.5
非承重外墙尽端至门窗洞边的最小距离	1.0	1.0	1.0	1.0
内墙阳角至门窗洞边的最小距离	1.0	1.0	1.5	2.0
无锚固女儿墙（非出入口处）的最大高度	0.5	0.5	0.5	0.0

注：1　局部尺寸不足时，应采取局部加强措施弥补，且最小宽度不宜小于 1/4 层高和表列数据的 80%；

2　出入口处的女儿墙应有锚固。

二、对标准规定的理解

1. 限制砌体结构房屋的局部尺寸，其目的在于使同一轴线上的墙段能够均匀地分配地震剪力，防止因这些部位的失效而造成整体结构的破坏甚至倒塌。

2. 局部尺寸不满足时，表 7.1.6 注 1 的“局部加强措施”，可理解为在该墙段采取增设构造柱等加强措施。

3. “外墙尽端”指，建筑物平面凸角处（不包括外墙总长的中部区域局部凸折处）的外墙端头，以及建筑平面凹角处（不包括外墙总长的中部区域局部凹折处）未与内墙相连的外墙端头。

三、结构设计建议

1. 不得将不满足局部尺寸要求的砌体墙段改为钢筋混凝土墙段（以免造成新的抗剪承载力的不均匀），也不应在砌体墙段中设置截面过大的钢筋混凝土柱以承担地震剪力。

2. 小型空心混凝土砌块结构，由于其孔洞内插入钢筋并浇灌混凝土，其特性与钢筋混凝土结构相近，故可采用钢筋混凝土局部墙段。

3. 墙段的最小宽度不得小于层高的 1/4 及 800mm（屋顶女儿墙除外）。

4. 当房屋中砌体墙段的局部尺寸不能满足表 7.1.6 的要求时，可适当加大构造柱的截面和配筋。但墙段的长度不应小于 800mm（小于 800mm 时，不应作为承重墙体计算，可不计算，但按构造设置，或按填充墙处理）。构造柱设置在墙段中部，其在墙长方向的长度不得大于 300mm（图 7.1.6-1）。

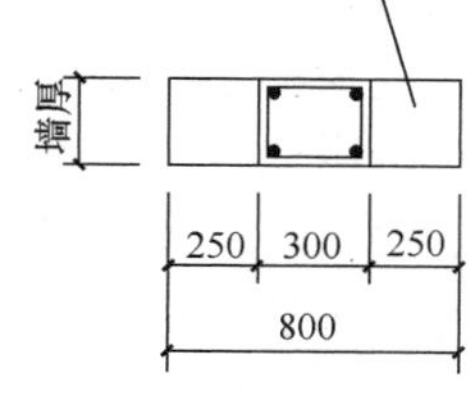

图 7.1.6-1　对墙肢的局部加强措施

第 7.1.7 条

一、标准的规定

7.1.7　多层砌体房屋的建筑布置和结构体系，应符合下列要求：

1　应优先采用横墙承重或纵横墙共同承重的结构体系。不应采用砌体墙和混凝土墙混合承重的结构体系。

2　纵横向砌体抗震墙的布置应符合下列要求：

1）宜均匀对称，沿平面内宜对齐，沿竖向应上下连续；且纵横向墙体的数量不宜相差过大。

2）平面轮廓凹凸尺寸，不应超过典型尺寸的50%；当超过典型尺寸的25%时，房屋转角处应采取加强措施。

3）楼板局部大洞口的尺寸不宜超过楼板宽度的30%，且不应在墙体两侧同时开洞。

4）房屋错层的楼板高差超过500mm时，应按两层计算；错层部位的墙体应采取加强措施。

5）同一轴线上的窗间墙宽度宜均匀；墙面洞口的面积，6、7度时不宜大于墙面总面积的55%，8、9度时不宜大于50%。

6）在房屋宽度方向的中部应设置内纵墙，其累计长度不宜小于房屋总长度的60%（高宽比大于4的墙段不计入）。

3　房屋有下列情况之一时宜设置防震缝，缝两侧均应设置墙体，缝宽应根据烈度和房屋高度确定，可采用70mm～100mm：

1）房屋立面高差在6m以上；

2）房屋有错层，且楼板高差大于层高的1/4；

3）各部分结构刚度、质量截然不同。

4　楼梯间不宜设置在房屋的尽端或转角处。

5　不应在房屋转角处设置转角窗。

6　横墙较少、跨度较大的房屋，宜采用现浇钢筋混凝土楼、屋盖。

二、对标准规定的理解

1. 为防止不同材料性能（弹性模量差异过大，导致受剪承载力差异悬殊）的墙体被各个击破，规定“不应采用砌体墙和混凝土墙混合承重的结构体系”。

2. 关于“横墙承重”“纵、横墙承重”和“纵墙承重”说明如下。

1）在砌体结构中，由于房屋的横向尺寸一般要比房屋的纵向小很多，房屋的横向刚度相对较小，而“横墙承重”的结构一般有比较多的横墙，且横墙的间距又受到严格的限制，使横墙多且均匀，抗震性能相对较好。震害调查表明，纵墙承重的房屋，因横向支承较少，纵墙较易受弯曲破坏而导致房屋倒塌。

2）在一般现浇钢筋混凝土楼盖中均属“纵、横墙承重”的结构，其优点在于纵横墙都能合理分担地震剪力，纵横墙均匀对称布置，可使各墙垛受力基本相同，避免薄弱部位的破坏，有益于房屋整体抗震性能的发挥。

3）在寒冷地区，为充分利用纵墙较厚的条件，常采用“纵墙承重”方案。其弊端在于减少了必要的横墙布置，横向地震作用往往首先导致结构的破坏。

需要说明的是，在砌体结构中，墙体是否直接承担竖向荷载与分担的地震作用无关。水平地震作用是按从属面积来划分的，所以非承重的结构墙体由于竖向压力小反而不利于抗剪能力的发挥，因此，纵墙承重方案中横墙一般不承担垂直荷载，对抗震更为不利。

4）“同一轴线”指同一轴线或同一弧线，包括同一轴线或同一弧线上墙段平行错位净距离不超过2倍连接墙厚的墙段，且错位处两墙段之间的连接墙的厚度不小于被连接墙段的墙体厚度（图7.1.7-1）。

5）“房屋宽度方向的中部”可理解为房屋宽度方向中部1/3的区域。当房屋层数很少

（如两层）时，该区域内的纵墙长度控制可适当放松，但其累计长度不宜小于房屋总长度的50%（高宽比大于4的墙段侧向刚度很小，可不计入），见图7.1.7-2。

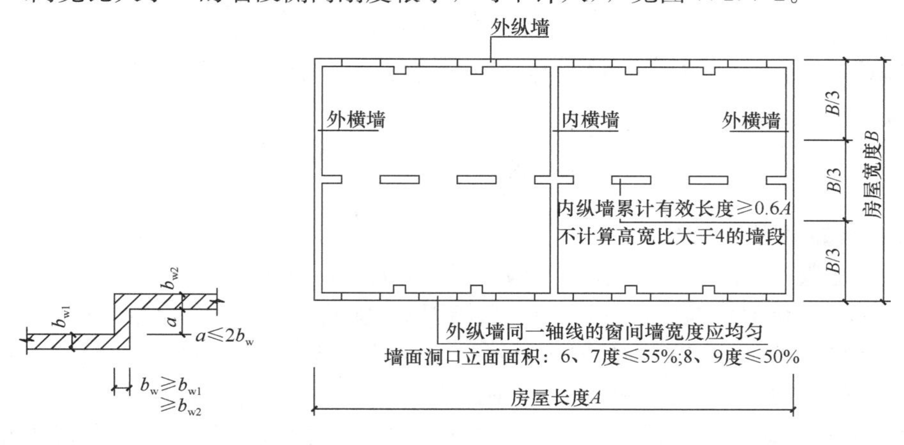

图7.1.7-1　同一轴线　　　　图7.1.7-2　洞口面积

3. 楼梯间墙体缺少各层楼板的侧向支承，尤其在顶层墙体有一层半高度没有支承，因此，楼梯应避免设置在尽端，并应采取适当的加强措施，同时应避免楼梯踏步对楼梯间墙体的削弱。

4. 在房屋转角处受力复杂，设置转角窗对结构的整体性影响很大，地震时极易造成该部位的严重破坏。

5. 对本条规定的理解还可见图7.1.7-3～图7.1.7-5。对平面典型尺寸的理解可见图3.4.3-10。

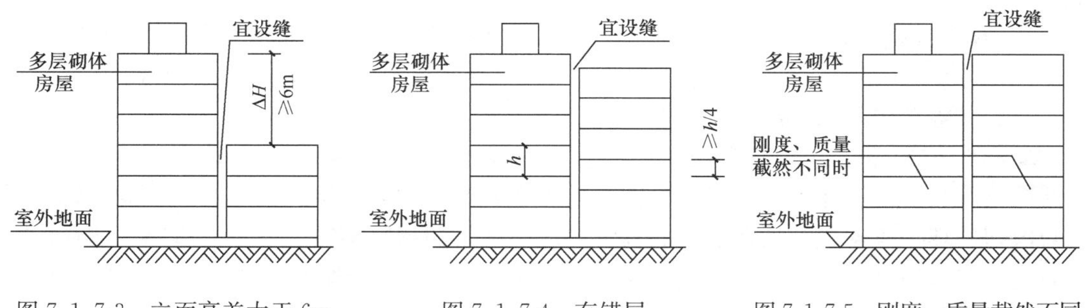

图7.1.7-3　立面高差大于6m　　图7.1.7-4　有错层　　图7.1.7-5　刚度、质量截然不同

三、结构设计的相关问题

1. 对防震缝两侧均应设置墙体要求的理解。

2. 对"各部分结构刚度、质量截然不同"的理解。

3. 对"跨度较大"的把握。

四、结构设计建议

1. 不设置防震缝一般只是会引起房屋的局部破坏。防震缝两侧应允许采用悬挑结构，是否设墙可根据工程需要而定。

2. 各部分结构刚度截然不同，可理解为采用不同的结构体系，或同一体系结构的平面、立面布置突变较多，可参照第 3.4.2 条。

3. 各部分质量截然不同，主要是荷载分布的严重不均匀造成的。

4. 对复式结构房屋，应按楼板标高作为集中质点进行补充计算。

5. 跨度不小于 7.5m 时，可确定为“跨度较大”的情况。

6. 局部地下室对抗震不利，不宜采用。

第 7.1.8 条

一、标准的规定

7.1.8 底部框架-抗震墙砌体房屋的结构布置，应符合下列要求：

1 上部的砌体墙体与底部的框架梁或抗震墙，除楼梯间附近的个别墙段外均应对齐。

2 房屋的底部，应沿纵横两方向设置一定数量的抗震墙，并应均匀对称布置。6 度且总层数不超过四层的底层框架-抗震墙砌体房屋，应允许采用嵌砌于框架之间的约束普通砖砌体或小砌块砌体的砌体抗震墙，但应计入砌体墙对框架的附加轴力和附加剪力并进行底层的抗震验算，且同一方向不应同时采用钢筋混凝土抗震墙和约束砌体抗震墙；其余情况，8 度时应采用钢筋混凝土抗震墙，6、7 度时应采用钢筋混凝土抗震墙或配筋小砌块砌体抗震墙。

3 底层框架-抗震墙砌体房屋的纵横两个方向，第二层计入构造柱影响的侧向刚度与底层侧向刚度的比值，6、7 度时不应大于 2.5，8 度时不应大于 2.0，且均不应小于 1.0。

4 底部两层框架-抗震墙砌体房屋的纵横两个方向，底层与底部第二层侧向刚度应接近，第三层计入构造柱影响的侧向刚度与底部第二层侧向刚度的比值，6、7 度时不应大于 2.0，8 度时不应大于 1.5，且均不应小于 1.0。

5 底部框架-抗震墙砌体房屋的抗震墙应设置条形基础、筏形基础等整体性好的基础。

二、对标准规定的理解

1. 底部框架-抗震墙砌体房屋中的底部钢筋混凝土抗震墙，其高宽比往往小于 1，属于低矮抗震墙，地震作用时以受剪为主，剪力引起的斜裂缝直接影响其受力性能，破坏形态为剪切破坏，属于脆性破坏。结构设计时应采用带边框的钢筋混凝土抗震墙，即在抗震墙周边设置由边框梁（或暗梁）和边框柱（或框架柱），以增加对墙体的约束作用，提高墙体的极限承载力，确保在即使抗震墙破坏后，周边的梁和柱仍能承受竖向荷载。对矮墙应优先进行开洞处理，将其分割为高宽比大于 2（宜控制高宽比不小于 3）墙肢，提高墙体延性并增加耗能能力。

2. 本条第 2 款中规定“同一方向”不允许同时采用钢筋混凝土抗震墙和约束砌体抗震墙，主要是避免在同一方向出现钢筋混凝土抗震墙和约束砌体抗震墙共同受力的不利局面（不同材料的弹性模量差异很大，造成墙体的抗剪承载力差异悬殊，各个击破导致房屋倒塌）。对两个不同方向（房屋的两个主轴方向，即横向和纵向）分别采用钢筋混凝土抗震墙和约束砌体抗震墙，标准虽未进行明确限制，但考虑实际地震的复杂性及结构实际存在的扭转影响，结构设计时不宜采用。不作为抗震墙的砌体墙，应按填充墙后砌施工。在底部框架-抗震墙砌体结构中，各类抗震墙的适用范围见表 7.1.8-1。

底部框架-抗震墙砌体结构中各类抗震墙的适用范围　　表 7.1.8-1

房屋底部抗震墙的类型	适用范围
约束普通砖砌体抗震墙（不应采用约束多孔砖砌体）约束小砌块砌体抗震墙	6度且总层数不超过4层（注意：仅限于底层框架-抗震墙砌体房屋，不适用于底部两层框架-抗震墙砌体房屋）
配筋小砌块砌体抗震墙	6度及7度（0.10g 及 0.15g）时
钢筋混凝土抗震墙	6、7度及8度（0.20g）时

3. 本条第3、4款均要求底部框架-抗震墙结构的底层或底部两层的侧向刚度与相邻上层之比在合理的范围内，既不能太弱也不能太强。太弱则对底部结构本身不利；过强（当底部框架-抗震墙的侧向刚度大于上层砌体结构时）则可能导致底部吸收过大的地震作用，同时会造成结构薄弱部位的转移（薄弱部位从下部延性较好的钢筋混凝土结构转移至上部延性差的砌体结构），对结构的抗震不利。

4. “计入构造柱影响的侧向刚度”可按以下方法计算。程序计算时，应输入构造柱；手算时，按弹性模量的比值将构造柱厚度等效成相应的墙体厚度，按表7.2.3-1计算。

5. 对本条规定可按图7.1.8-1～图7.1.8-5理解。

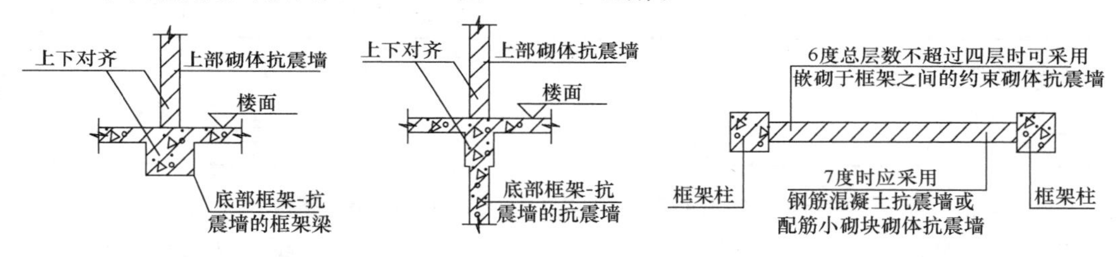

图 7.1.8-1　梁托墙　　图 7.1.8-2　墙上墙　　图 7.1.8-3　砌体抗震墙

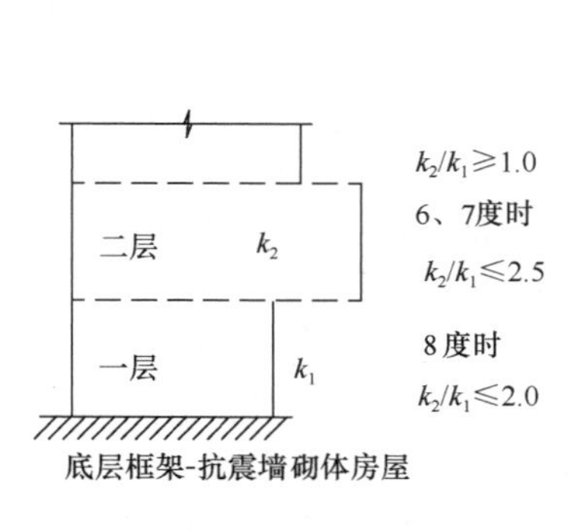

图 7.1.8-4　一层底框

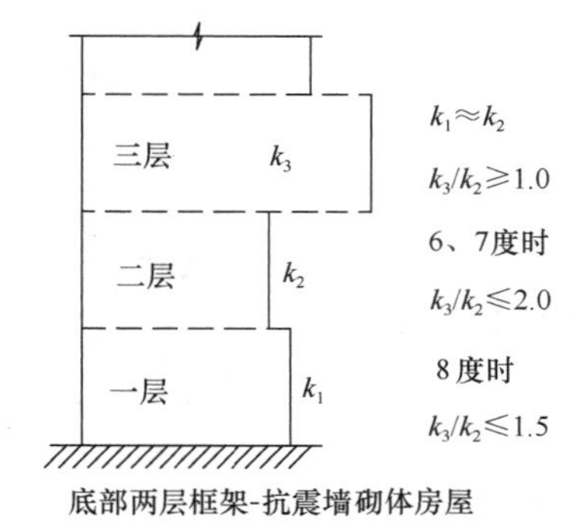

图 7.1.8-5　二层底框

三、结构设计的相关问题

对本条第4款“底层与底部第二层侧向刚度应接近”的把握。

四、结构设计建议

1. 楼梯间的个别墙段应基本对齐，对基本对齐的定量把握，应根据工程经验确定，当无可靠设计经验时，可控制不对齐墙的数量≤1/3且不能连续超过两道。

2. 本条第4款“底层与底部第二层侧向刚度应接近”应根据工程经验确定，当无可靠设计经验时，可按抗侧刚度相差不超过20%来控制。

3. 侧向刚度比计算方法见表3.4.3-7。

五、相关索引

底部框架-抗震墙砌体房屋的其他规定见本节第7.1.9条。《抗震通规》的相关规定见其第5.5.3条。

第7.1.9条

一、标准的规定

7.1.9 底部框架-抗震墙砌体房屋的钢筋混凝土结构部分，除应符合本章规定外，尚应符合本规范第6章的有关要求；此时，底部混凝土框架的抗震等级，6、7、8度应分别按三、二、一级采用，混凝土墙体的抗震等级，6、7、8度应分别按三、三、二级采用。

二、对规范规定的理解

1. 混凝土部分还应满足标准对混凝土结构的相关要求。

2. 底部框架-抗震墙砌体房屋中混凝土部分的抗震等级见表7.1.9-1。

底部框架-抗震墙砌体房屋中混凝土部分的抗震等级　　表7.1.9-1

结构类型	抗震设防烈度		
	6	7	8
混凝土框架	三	二	一
混凝土抗震墙	三	三	二

3. 考虑到底部框架-抗震墙砌体房屋的高度较低，底部的钢筋混凝土抗震墙应按低矮墙或开竖缝墙设计，由表7.1.9-1可以看出，其抗震等级比钢筋混凝土抗震墙结构的框支层有所放宽。

7.2 计算要点

要点：

砌体结构的抗震计算主要是简化计算。根据一般经验，抗震设计时，只需对纵、横墙的不利墙段进行截面验算。

第7.2.1条

一、标准的规定

7.2.1 多层砌体房屋、底部框架-抗震墙砌体房屋的抗震计算，可采用底部剪力法，并应按本节规定调整地震作用效应。

二、对标准规定的理解

1. 砌体房屋的层数不多，墙体布置较为均匀，其刚度沿高度分布一般也较为均匀，并以剪切变形为主，故可采用底部剪力法。

2. 底部框架-抗震墙砌体房屋，其侧向刚度沿竖向变化很大，属于竖向不规则房屋。但房屋层数较少，故仍可采用底部剪力法进行简化计算，但需要进行相应的效应调整，使之较符合实际情况。

3. 随着空间分析程序的普遍应用，一般情况下，均有条件按空间结构分析。当结构的空间作用不明显、平面和立面变化较大时，应注意空间分析程序的不完全适用性（第 3.6.6 条），必要时可按平面框架进行补充计算。

三、相关索引

1. 底部剪力法见第 5.2.1 条。

2. 对底部框架-抗震墙房屋按底部剪力法计算的地震作用调整规定见第 7.2.4 条。

第 7.2.2 条

一、标准的规定

7.2.2 对砌体房屋，可只选从属面积较大或竖向应力较小的墙段进行截面抗震承载力验算。

二、对标准规定的理解

1. 本条结合砌体房屋的受力特点，是对第 3.6.4 条计算分析基本原则的细化。

2. 砌体房屋需进行抗震承载力计算的墙段为承担地震作用较大（即从属面积较大，重力荷载代表值 G_E 较大，承担地震作用也较大）、竖向压应力较小（即从属面积较小，重力荷载代表值 G_E 较小，竖向压力也较小）、局部截面较小的墙段。

3. 关于从属面积说明如下。

1）什么是“从属面积”

砌体结构抗震设计中的“从属面积”指墙体负担地震作用的面积，是依据水平地震作用来划分的荷载面积，且一方向的地震作用全部由平行于该方向的墙体承担（即横向水平地震作用全部由横向抗震墙承担，而纵向水平地震作用则全部由纵向抗震墙承担）。

2）“从属面积”与“竖向导荷”的区别

墙（或梁）的从属面积与竖向导荷概念相近，但计算方法不同。“从属面积”是按单方向墙体承担全部竖向荷载划分的荷载面积范围，主要用于对楼面荷载折减及砌体墙段的抗震验算。而“竖向导荷”则取决于结构布置及传力途径，两者的面积范围不完全相同。经常使用电算程序并习惯于梁的竖向导荷模式后，结构设计中常把其与从属面积概念混淆。

3）“从属面积”的划分

楼面梁从属面积应按梁两侧各 1/2 梁间距范围内的实际面积确定［图 7.2.2-1（a）、（b）］；而竖向荷载分配模式是根据楼板传递竖向荷载的方式确定的，分为单向板传力、双向板传力和按周边均匀传力等多种模式［图 7.2.2-1（c）］。

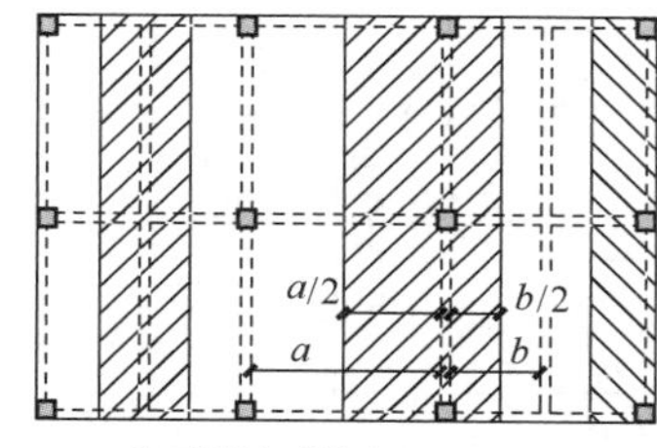

(a) 抗震设计时横向梁的从属面积

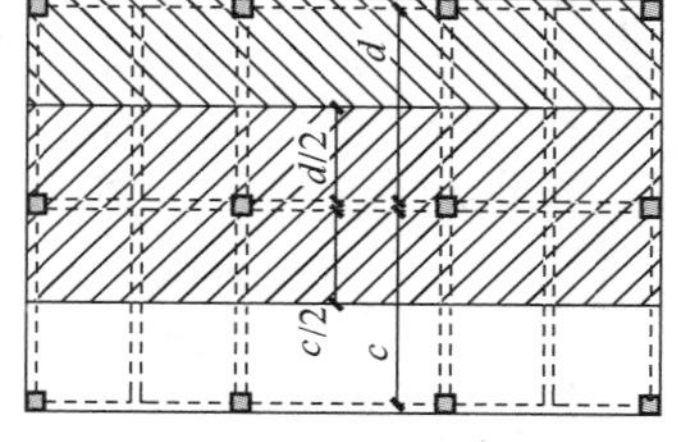

(b) 抗震设计时纵向梁的从属面积

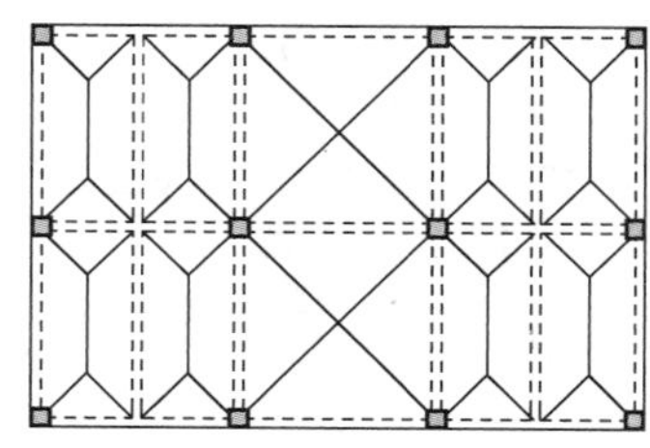
(c) 梁的竖向导荷模式

图 7.2.2-1　梁的从属面积与竖向导荷模式

第7.2.3条

一、标准的规定

7.2.3　进行地震剪力分配和截面验算时，砌体墙段的层间等效侧向刚度应按下列原则确定：

1　刚度的计算应计及高宽比的影响。高宽比小于1时，可只计算剪切变形；高宽比不大于4且不小于1时，应同时计算弯曲和剪切变形；高宽比大于4时，等效侧向刚度可取0.0。

注：墙段的高宽比指层高与墙长之比，对门窗洞边的小墙段指洞净高与洞侧墙宽之比。

2　墙段宜按门窗洞口划分；对设置构造柱的小开口墙段按毛墙面计算的刚度，可根据开洞率乘以表7.2.3的墙段洞口影响系数。

墙段洞口影响系数　　**表7.2.3**

开洞率	0.10	0.20	0.30
影响系数	0.98	0.94	0.88

注：1　开洞率为洞口水平截面积与墙段水平毛截面积之比，相邻洞口之间净宽小于500mm的墙段视为洞口；

2　洞口中线偏离墙段中线大于墙段长度的1/4时，表中影响系数折减0.9；门洞的洞顶高度大于层高80%时，表中数据不适用；窗洞高度大于50%层高时，按门洞对待。

二、对标准规定的理解

1. 高宽比对墙段侧向刚度的影响见表7.2.3-1。

高宽比 λ 对墙段侧向刚度 D 的影响　　**表7.2.3-1**

序号	情　况	对侧向刚度 D 的影响
1	$\lambda<1$	可只计算剪切变形，$D=GA_w/(H_w\xi)$
2	$1\leqslant\lambda\leqslant4$	应同时计算弯曲和剪切变形，$D=1\Big/\left(\frac{H_w^3}{12EI}+\frac{H_w\xi}{GA_w}\right)$
3	$\lambda>4$	等效侧向刚度可取0.0

注：G为砌体的剪变模量，取$G=0.4E$；ξ为剪应变不均匀系数，对矩形截面$\xi=1.2$；H_w为该墙段的层间高度；I为该墙段的截面惯性矩；A_w为该墙段的截面面积。

2. 墙段高宽比计算要求见图7.2.3-1，洞口偏置的影响及多个洞口的影响见图7.2.3-2。

3. 小开洞墙的刚度按整墙计算并考虑墙段洞口影响系数，当门洞（注意，与是否称

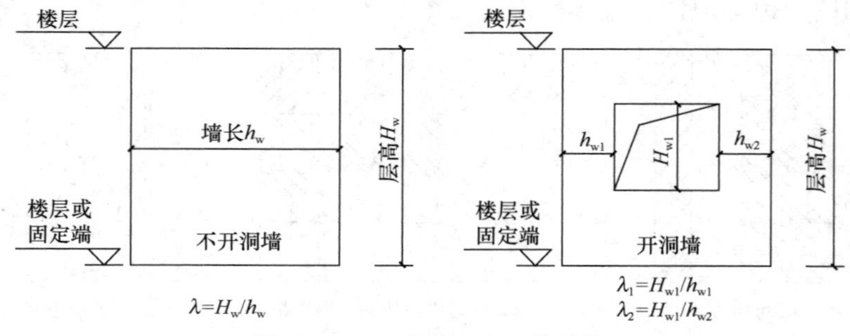

图7.2.3-1　墙段高宽比的计算

其为门洞无关，关键指标是洞口高度与层高的比值，当洞口高度大于层高 50%时，即为门洞，应按门洞计算开洞率）的洞顶高度大于层高的 80%（图 7.2.3-3）时，不再属于小开洞墙（表 7.2.3 不适用），洞口两侧应分为不同的墙段。

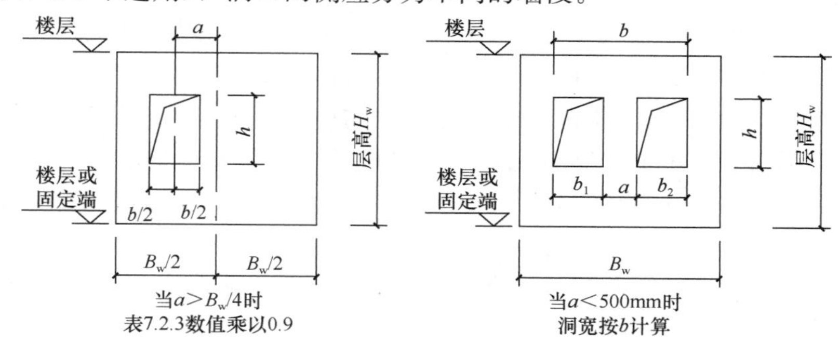

图 7.2.3-2　洞口偏置及多个洞口

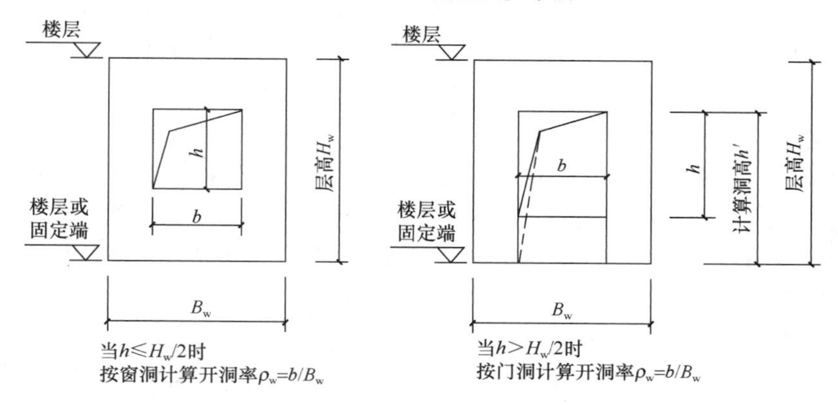

图 7.2.3-3　开洞率计算

4. 砌体墙段的层间等效侧向刚度，应依据本条规定按先 1 后 2 的原则判定（即先按本条第 1 款判别，然后再根据需要按本条第 2 款判别）。

三、结构设计的相关问题

1. 关于墙段高宽比计算。

2. 对“小开洞墙段”的理解。

3. 小开洞墙段的开洞率计算问题。

四、结构设计建议

1. 关于墙段高宽比的计算，可理解为抗震计算中对高宽比的简化计算。

2. 因本条未规定小开洞墙段的开洞率范围，可结合表 7.2.3 的数值确定当开洞率不大于 30%时，可判定为小开洞墙段。

3. 标准简化了小开洞墙段的开洞率计算，弱化了洞口高度对开洞率的影响（使得表 7.2.3 注 2 中对门洞的判断变得没有意义），对等厚度墙小开洞墙段的开洞率实际已简化为等效洞口宽度与墙段毛截面长度（含洞口长度）的比值（图 7.2.3-3）。

4. 建议表 7.2.3 仅适用于窗洞（“墙段宜按门窗洞口划分”可调整为“墙段宜按门洞划分”），当为门洞时，门洞两侧应分为不同墙段（表 7.2.3 不再适用）。

第 7.2.4 条

一、标准的规定

7.2.4　底部框架-抗震墙砌体房屋的地震作用效应，应按下列规定调整：

1　对底层框架-抗震墙砌体房屋，底层的纵向和横向地震剪力设计值均应乘以增大系数；其值应允许在 1.2～1.5 范围内选用，第二层与底层侧向刚度比大者应取大值。

2　对底部两层框架-抗震墙砌体房屋，底层和第二层的纵向和横向地震剪力设计值亦均应乘以增大系数；其值应允许在 1.2～1.5 范围内选用，第三层与第二层侧向刚度比大者应取大值。

3　底层或底部两层的纵向和横向地震剪力设计值应全部由该方向的抗震墙承担，并按各墙体的侧向刚度比例分配。

二、对标准规定的理解

1. 本条表明对底部框架-抗震墙砌体房屋进行地震作用效应调整的重要性和必要性。本条是对底部框架-抗震墙砌体房屋的专门规定，执行本条后不再执行第 3.4.4 条第 2 款的规定。

2. 底部框架-抗震墙砌体房屋是由两种不同材料混合承重的房屋，两种材料抗震性能不同（弹性模量差异尤其突出），底部框架-抗震墙为刚柔性结构，主要由框架承担竖向荷载，钢筋混凝土抗震墙或砌体抗震墙承担水平地震作用，上部砌体结构为刚性结构，依靠砌体墙抗剪。上部砌体结构的水平地震剪力要依靠过渡层楼板传递给下部抗震墙，属于侧向刚度变化很大、传力不直接的不规则结构，体系极不合理。

3. 底部框架-抗震墙砌体房屋的底层或底部两层，可根据与上层的侧向刚度比值的大小确定地震剪力的增大系数，刚度比数值较大时，取较大的增大系数，刚度比数值较小时，则可取较小的增大系数。

4. 本条地震作用效应的调整，是对底层或底部抗震墙地震剪力，即结构底部总剪力的调整（调整后的总剪力比计算值放大 1.2～1.5 倍）。底部抗震墙应承担经调整放大后结构的全部地震剪力。在抗震墙未开裂之前，抗震墙的侧向刚度（约占结构总侧向刚度的 90％～95％）远大于框架。因此，在弹性阶段不计框架的作用。

5. 抗震墙墙肢在多遇地震作用下不应出现小偏心受拉。

三、结构设计建议

1. 底部框架-抗震墙房屋是我国现有经济条件下的一种特殊的结构形式。震害调查表明，其底部为明显的薄弱部位，容易发生应力集中及变形集中现象（图 7.2.4-1，小震时弹性层间位移反应比较均匀，而在大震作用下，底部弹塑性变形集中，将率先屈服），出现较大的侧移而破坏甚至倒塌（其抗震性能比相同高度的多层砌体砖房还要差），按第一阶段进行的“小震”下弹性设计时，薄弱层通常也能满足抗震承载力验算要求，因而难以发现问题，很难确保房屋在“大震”下的安全。有条件时应尽量避免采用这一结构体系。必须采用时，应严格控制房屋层数和楼层侧向

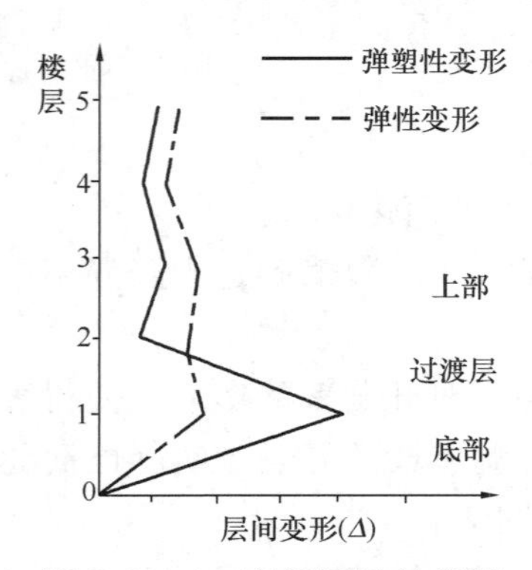

图 7.2.4-1　底部框架-抗震墙砌体房屋的层间变形

刚度比并采取特殊的加强措施。

2. 地震剪力的增大系数应根据工程经验确定，当无可靠设计经验时，也可根据楼层侧向刚度比按线性内插法确定。

四、相关索引

底部框架-抗震墙砌体结构中底部框架的地震作用效应计算见第 7.2.5 条。《抗震通规》的相关规定见其第 5.5.7 条。

第 7.2.5 条

一、标准的规定

7.2.5 底部框架-抗震墙砌体房屋中，底部框架的地震作用效应宜采用下列方法确定：

1 底部框架柱的地震剪力和轴向力，宜按下列规定调整：

1） 框架柱承担的地震剪力设计值，可按各抗侧力构件有效侧向刚度比例分配确定；有效侧向刚度的取值，框架不折减；混凝土墙或配筋混凝土小砌块砌体墙可乘以折减系数 0.30；约束普通砖砌体或小砌块砌体抗震墙可乘以折减系数 0.20。

2） 框架柱的轴力应计入地震倾覆力矩引起的附加轴力，上部砖房可视为刚体，底部各轴线承受的地震倾覆力矩，可近似按底部抗震墙和框架的有效侧向刚度的比例分配确定。

3） 当抗震墙之间楼盖长宽比大于 2.5 时，框架柱各轴线承担的地震剪力和轴向力，尚应计入楼盖平面内变形的影响。

2 底部框架-抗震墙砌体房屋的钢筋混凝土托墙梁计算地震组合内力时，应采用合适的计算简图。若考虑上部墙体与托墙梁的组合作用，应计入地震时墙体开裂对组合作用的不利影响，可调整有关的弯矩系数、轴力系数等计算参数。

二、对标准规定的理解

1. 在底部框架-抗震墙砌体房屋中，在抗震墙承担了全部地震剪力（经第 7.2.4 条调整后的设计值比计算值放大 1.2～1.5 倍）后，底部框架还需要承担相应的地震剪力，结合第 7.2.4 条可以发现，在底部框架-抗震墙砌体房屋中对底部抗震墙和框架的地震剪力的分配，采用的就是包络设计的原则。

2. 钢筋混凝土抗震墙在层间位移角为1/1000左右时出现裂缝，当层间位移角为1/500时，其刚度已降低至弹性刚度的 30%左右；砌体抗震墙在层间位移角为 1/500 左右时出现角裂缝，其刚度已降低至弹性刚度的 20%左右；而框架结构在层间位移角为 1/500 时，仍处于弹性状态，刚度基本不变。框架柱承担地震剪力计算考虑了抗震墙刚度退化的影响，各抗侧力构件有效侧向刚度系数见表 7.2.5-1。

结构构件的有效侧向刚度系数 **表 7.2.5-1**

构件名称	框架柱	混凝土墙或配筋混凝土小砌块砌体墙	约束普通砖砌体或小砌块砌体抗震墙
有效侧向刚度折减系数	1.0	0.3	0.2

3. 框架柱承担的地震剪力设计值 V_i 按下式计算：

$$V_i = \frac{\Sigma D_c}{\Sigma D_i} V_0 \qquad (7.2.5\text{-}1)$$

式中： V_0 ——按第 7.2.4 条调整完毕的结构底部总地震剪力设计值；

ΣD_c、ΣD_i ——分别为框架柱及所有结构构件的有效侧向刚度。

4. 底部框架-抗震墙砌体房屋中，计算由地震剪力引起的柱端弯矩时，底层柱的反弯点高度可取底层柱计算高度 H_0 的 0.55 倍；柱的最上端和最下端组合的弯矩设计值应乘以增大系数 1.5（一级）、1.25（二级）和 1.15（三级）。

5. 底部框架-抗震墙砌体房屋的钢筋混凝土托墙梁，地震作用时因砖墙已开裂，故一般可不考虑上部墙体与托墙梁的组合作用。

三、结构设计的相关问题

考虑上部墙体与托墙梁的组合作用时的弯矩系数、剪力系数取值。

四、结构设计建议

1. 考虑上部墙体与托墙梁的组合作用时，在托墙梁上部各层墙体不开洞和跨中 1/3 范围内开一个洞的情况下，可偏于安全地采用荷载折减的简化计算方法（图 7.2.5-1～图 7.2.5-4）：

1）计算托墙梁弯矩时，由重力荷载代表值 G_E 产生的弯矩，4 层以下全部计入组合，4 层以上可有所折减，取不小于 4 层的数值计入组合；

2）计算托墙梁剪力时，重力荷载代表值 G_E 产生的剪力不折减。

2. 《砌体规范》第 10.4.5 条规定：

1）由重力荷载代表值 G_E 产生的框支梁内力应按《砌体规范》第 7.3 节的有关规定计算；

2）重力荷载代表值 G_E 按《抗震标准》第 5.1.3 条的规定计算；

3）托梁的弯矩增大系数 α_M 和剪力增大系数 β_V 见表 7.2.5-2。

托梁的弯矩增大系数 α_M 和剪力增大系数 β_V　　表 7.2.5-2

抗震等级	一　级	二　级	三　级	四　级
α_M、β_V	1.15	1.10	1.05	1.0

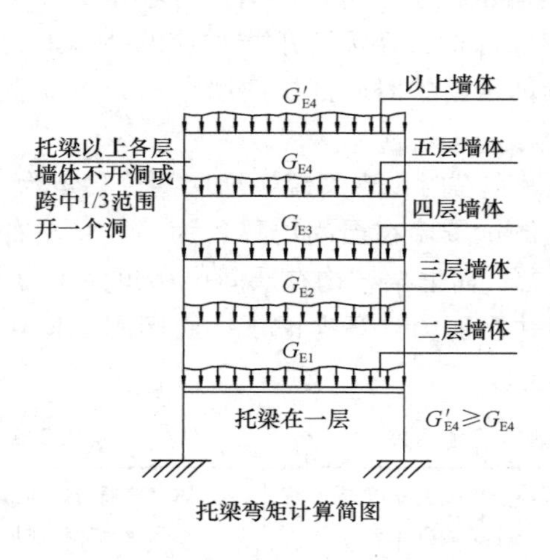

图 7.2.5-1　托梁在一层时的弯矩

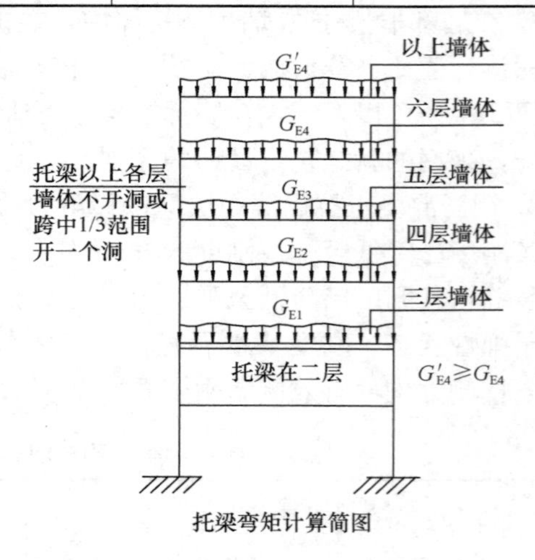

图 7.2.5-2　托梁在二层时的弯矩

五、相关索引

1. 底部框架-抗震墙砌体房屋的地震作用效应调整见《抗震标准》第 7.2.4 条。

2. 《砌体规范》对底部框架的地震作用调整规定见其第 10.4.3 条。

3.《砌体规范》对底部框架-抗震墙砌体结构中托墙梁的计算规定见其第10.4.5条。

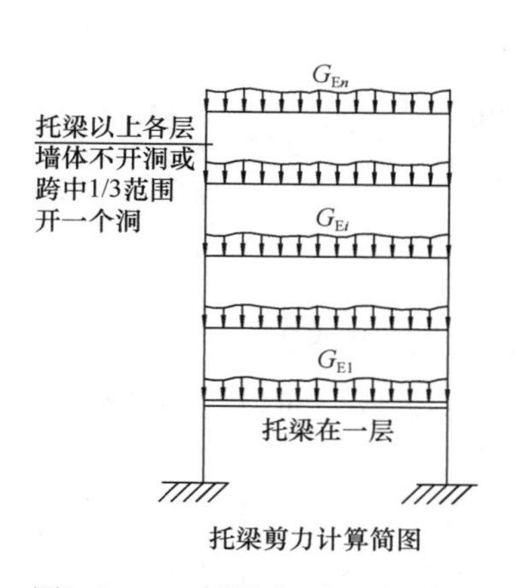

图7.2.5-3 托梁在一层时的剪力

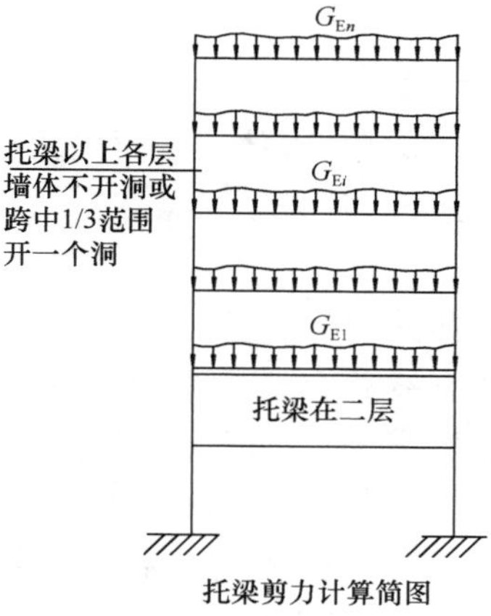

托梁剪力计算简图

图7.2.5-4 托梁在二层时的剪力

第7.2.6条

一、标准的规定

7.2.6 各类砌体沿阶梯形截面破坏的抗震抗剪强度设计值，应按下式确定：

$$f_{vE}=\zeta_N f_v \tag{7.2.6}$$

式中：f_{vE}——砌体沿阶梯形截面破坏的抗震抗剪强度设计值；

f_v——非抗震设计的砌体抗剪强度设计值；

ζ_N——砌体抗震抗剪强度的正应力影响系数，应按表7.2.6采用。

砌体强度的正应力影响系数 **表7.2.6**

砌体类别	σ_0/f_v							
	0.0	1.0	3.0	5.0	7.0	10.0	12.0	≥16.0
普通砖，多孔砖	0.80	0.99	1.25	1.47	1.65	1.90	2.05	—
小砌块	—	1.23	1.69	2.15	2.57	3.02	3.32	3.92

注：σ_0为对应于重力荷载代表值的砌体截面平均压应力。

二、对标准规定的理解

1. 地震作用下砌体的强度指标不同于静力，砖砌体强度是按震害调查资料综合估算并参照部分试验给出的，砌块砌体的强度则依据试验确定。

2. 砌体结构抗剪承载力的计算，有两种半理论半经验的方法——主拉和剪摩。当砂浆等级不小于M2.5级且在$1<\sigma_0/f_v\leqslant 4$时，两种方法结果相近。

3. 对“砌体沿阶梯形截面破坏”的理解可见图7.2.6-1。

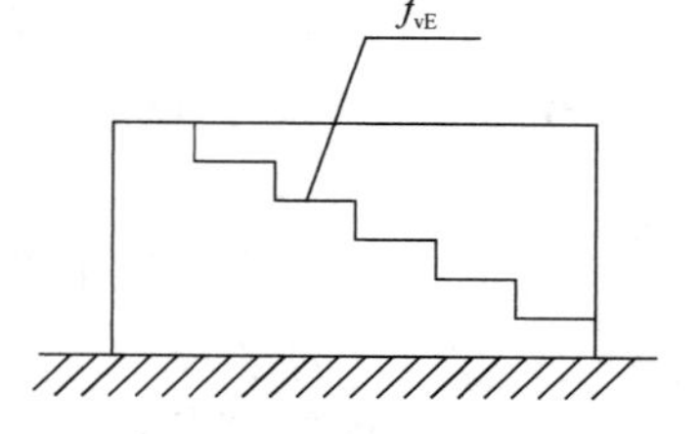

图7.2.6-1 砌体沿阶梯形截面破坏

三、相关索引

《抗震通规》的相关规定见其第5.5.6条。《砌体通规》的相关规定见其第3.4.2条。《砌体规范》的相关规定见其第10.2.1、10.3.1条。

第 7.2.7 条

一、标准的规定

7.2.7 普通砖、多孔砖墙体的截面抗震受剪承载力，应按下列规定验算：

1 一般情况下，应按下式验算：

$$V \leqslant f_{vE}A/\gamma_{RE} \tag{7.2.7-1}$$

式中：V——墙体剪力设计值；

f_{vE}——砖砌体沿阶梯形截面破坏的抗震抗剪强度设计值；

A——墙体横截面面积（对应于 f_{vE}的面积，腹板方向包含构造柱的墙体全部面积——编者注），多孔砖取毛截面面积；

γ_{RE}——承载力抗震调整系数，承重墙按本表 5.4.2 采用，自承重墙按 0.75 采用（《砌体规范》为 1.0，宜按《砌体规范》取值——编者注）。

2 采用水平配筋的墙体，应按下式验算：

$$V \leqslant \frac{1}{\gamma_{RE}}(f_{vE}A + \zeta_s f_{yh}A_{sh}) \tag{7.2.7-2}$$

式中：f_{yh}——水平钢筋抗拉强度设计值；

A_{sh}——层间墙体竖向截面的总水平钢筋面积，其配筋率应不小于 0.07%且不大于 0.17%；

ζ_s——钢筋参与工作系数，可按表 7.2.7 采用。

钢筋参与工作系数　表 7.2.7

墙体高宽比	0.4	0.6	0.8	1.0	1.2
ζ_s	0.10	0.12	0.14	0.15	0.12

3 当按式（7.2.7-1）、式（7.2.7-2）验算不满足要求时，可计入基本均匀设置于墙段中部、截面不小于 240mm×240mm（墙厚 190mm 时为 240mm×190mm）且间距不大于 4m 的构造柱对受剪承载力的提高作用，按下列简化方法验算：

$$V \leqslant \frac{1}{\gamma_{RE}}[\eta_c f_{vE}(A - A_c) + \zeta_c f_t A_c + 0.08 f_{yc} A_{sc} + \zeta_s f_{yh} A_{sh}] \tag{7.2.7-3}$$

式中：A_c——中部构造柱的横截面总面积（对横墙和内纵墙，A_c >0.15A 时，取 0.15A；对外纵墙，A_c >0.25A 时，取 0.25A）；

f_t——中部构造柱的混凝土轴心抗拉强度设计值；

A_{sc}——中部构造柱的纵向钢筋截面总面积（配筋率不小于 0.6%，大于 1.4%时取 1.4%）；

f_{yh}、f_{yc}——分别为墙体水平钢筋、构造柱钢筋抗拉强度设计值；

ζ_c——中部构造柱参与工作系数；居中设一根时取 0.5，多于一根时取 0.4；

η_c——墙体约束修正系数；一般情况取 1.0，构造柱间距不大于 3.0m 时取 1.1；

A_{sh}——层间墙体竖向截面的总水平钢筋面积，无水平钢筋时取 0.0。

二、对标准规定的理解

1. 一般情况下，可将配筋率 0.02%～0.07%的砌体确定为约束砌体，将配筋率

0.07%~0.17%的砌体确定为配筋砌体。

2. 由表 7.2.7 可以看出，墙体配筋对墙体抗剪强度的影响大小受墙体高宽比的影响较大，当墙体高宽比为 1.2 时，其配筋对墙体抗剪的作用反而下降。

3. 式（7.2.7-3）为半经验半理论的简化公式，主要特点有：

1）墙段两端的构造柱对承载力的影响主要反映其约束作用，忽略其对墙段刚度的影响。

2）引入中部构造柱参与工作及构造柱对墙体约束修正系数。

3）构造柱的承载力分别考虑了混凝土和钢筋的抗剪作用，但同时又限制过分加大混凝土的截面和配筋。

4）公式的计算结果与试验结果相比偏于保守。

三、结构设计的相关问题

对“墙段中部”的理解。

四、结构设计建议

1. 对“墙段中部”的范围，建议按墙长中间的 1/3 区域考虑，作为抗剪需要的构造柱，宜配置在上述中部区域内（图 7.2.7-1、图 7.2.7-2）。

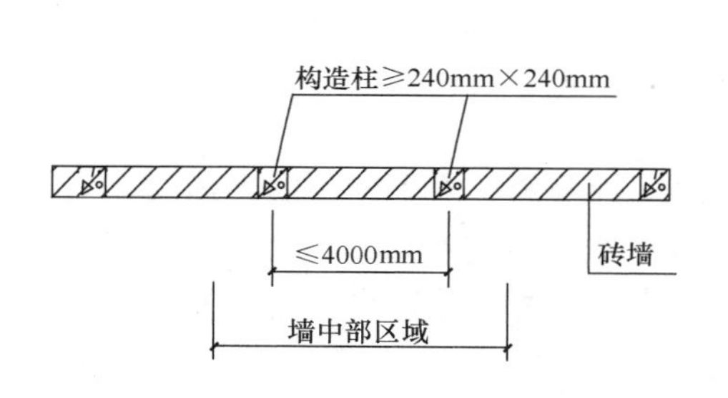

图 7.2.7-1　墙中部构造柱

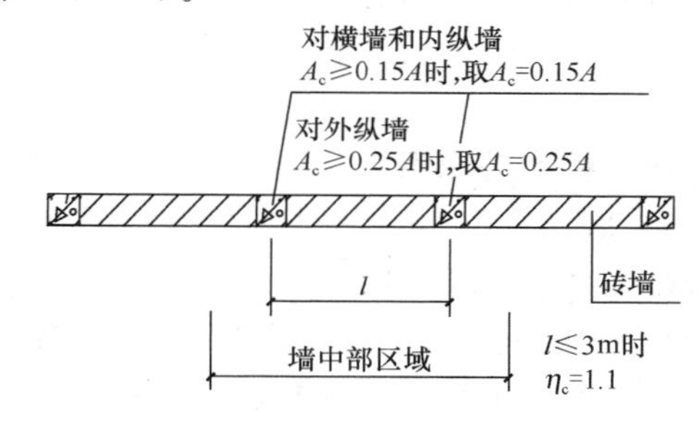

图 7.2.7-2　墙中部构造柱计算参数

2. 注意，墙中部设置构造柱后，砌体由一般约束砌体变为砖砌体和钢筋混凝土构造柱组合墙。

3. 不应在砌体墙中设置截面很大的钢筋混凝土柱或钢筋混凝土墙。

五、相关索引

《砌体规范》的相关规定见其第 10.1.5、10.2.2 条。

第 7.2.8 条

一、标准的规定

7.2.8　小砌块墙体的截面抗震受剪承载力，应按下式验算：

$$V \leqslant \frac{1}{\gamma_{RE}}[f_{vE}A + (0.3f_tA_c + 0.05f_yA_s)\zeta_c] \quad (7.2.8)$$

式中：f_t——芯柱混凝土轴心抗拉强度设计值；

A_c——芯柱截面总面积；

A_s——芯柱钢筋截面总面积；

f_y——芯柱钢筋抗拉强度设计值；

ζ_c——芯柱参与工作系数，可按表 7.2.8 采用。

注：当同时设置芯柱和构造柱时，构造柱截面可作为芯柱截面，构造柱钢筋可作为芯柱钢筋。

芯柱参与工作系数 **表 7.2.8**

填孔率 ρ	$\rho<0.15$	$0.15\leqslant\rho<0.25$	$0.25\leqslant\rho<0.5$	$\rho\geqslant0.5$
ζ_c	0.0	1.0	1.10	1.15

注：填孔率指芯柱根数（含构造柱和填实孔洞数量）与孔洞总数之比。

二、对标准规定的理解

1. 两端均设有构造柱、芯柱时，取 $\gamma_{RE}=0.9$；其他情况取 $\gamma_{RE}=1.0$。

2. 小砌块砌体中设置的构造柱与芯柱具有同样的抗剪效果，实际工程中由于构造柱的混凝土易于检查且质量容易保证，其实际抗剪效果一般要好于芯柱。

3. 填孔率计算，统计孔洞总数时，应计入构造柱的根数（即把构造柱看作一根混凝土截面面积和配筋与芯柱不同的特殊芯柱）。

4. 当同时设置芯柱和构造柱时，可分别按芯柱和构造柱计算各自的 f_tA_c 和 f_yA_s。

三、相关索引

《砌体规范》的相关规定见其第 10.1.5、10.3.2 条。

第 7.2.9 条

一、标准的规定

7.2.9 底层框架-抗震墙砌体房屋中嵌砌于框架之间的普通砖或小砌块的砌体墙，当符合本规范第 7.5.4 条、第 7.5.5 条的构造要求时，其抗震验算应符合下列规定：

1 底层框架柱的轴向力和剪力，应计入砖墙或小砌块墙引起的附加向轴力和附加剪力，其值可按下列公式确定：

$$N_f=V_wH_f/l \tag{7.2.9-1}$$

$$V_f=V_w \tag{7.2.9-2}$$

式中：V_w——墙体承担的剪力设计值，柱两侧有墙时可取二者的较大值；

N_f——框架柱的附加轴压力设计值；

V_f——框架柱的附加剪力设计值；

H_f、l——分别为框架的层高和跨度。

2 嵌砌于框架之间的普通砖墙或小砌块墙及两端框架柱，其抗震受剪承载力应按下式验算：

$$V\leqslant\frac{1}{\gamma_{REc}}\Sigma(M_{yc}^{u}+M_{yc}^{l})/H_0+\frac{1}{\gamma_{REw}}\Sigma f_{vE}A_{w0} \tag{7.2.9-3}$$

式中：V——嵌砌普通砖墙或小砌块墙及两端框架柱剪力设计值；

A_{w0}——砖墙或小砌块墙水平截面的计算面积，无洞口时取实际截面的 1.25 倍，有洞口时取截面净面积，但不计入宽度小于洞口高度 1/4 的墙肢截面面积；

M_{yc}^{u}、M_{yc}^{l}——分别为底层框架柱上下端的正截面受弯承载力设计值，可按现行国家标准《混凝土结构设计规范》GB 50010 非抗震设计的有关公式取等号计算；

H_0——底层框架柱的计算高度，两侧均有砖墙时取柱净高的 2/3，其余情况取柱净高；

γ_{REc}——底层框架柱承载力抗震调整系数，可采用 0.8；

γ_{REw}——嵌砌普通砖墙或小砌块墙承载力抗震调整系数，可采用 0.9。

二、对标准规定的理解

1. 除条文中的“本规范”应修改为“本标准”外，“《混凝土结构设计规范》GB 50010”应修改为“《混凝土结构设计标准》GB/T 50010”。

2. 底层框架-抗震墙砌体房屋中采用砖砌体或小砌块砌体作为砌体抗震墙时，砖墙（或小砌块墙）和框架成为组合的抗侧力构件，在试验和震害调查基础上得出的公式（7.2.9-3）就是由该两部分组成的。

3. 由砖墙或小砌块墙与周边框架所承担的地震作用，将通过周边框架向下传递，因此，底层框架周边的框架柱还需考虑砖墙或小砌块墙的附加轴力和附加剪力［式（7.2.9-1）、式（7.2.9-2）和图 7.2.9-1］。

4. 底层框架柱上、下端的正截面受弯承载力设计值 M_{yc}^{u}、M_{yc}^{l}，按《混凝土标准》第 6.2.10 条计算。

5. A_{w0} 取值见图 7.2.9-2 和图 7.2.9-3。

6. H_0 取值见图 7.2.9-4 和图 7.2.9-5。

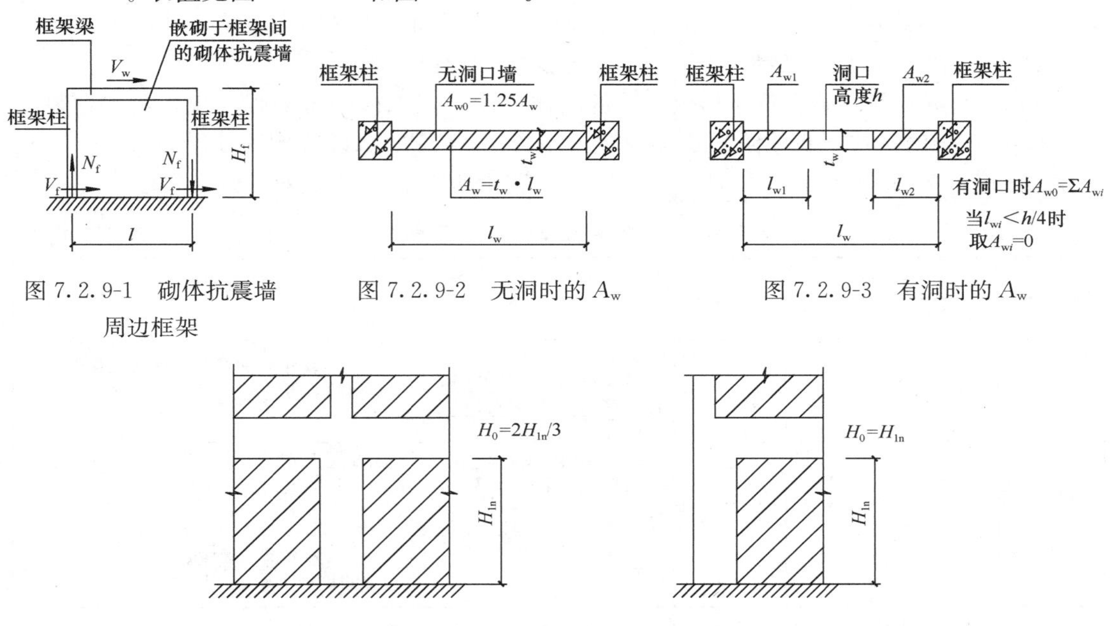

图 7.2.9-1 砌体抗震墙周边框架

图 7.2.9-2 无洞时的 A_w

图 7.2.9-3 有洞时的 A_w

图 7.2.9-4 底层框架中柱

图 7.2.9-5 底层框架边柱

三、相关索引

《砌体规范》的相关规定见其第 10.4.4 条。

7.3 多层砖砌体房屋抗震构造措施

要点：

对砌体结构房屋，抗震构造是结构设计的重要内容之一，也是施工图审查的重点内容。砌体结构的构造重点是圈梁和构造柱的设置。实践证明，圈梁与构造柱共同设置，能增强房屋的整体性和变形能力，提高房屋的抗震能力，避免在墙体开裂后突然倒塌，是抗震的有效措施。设置构造柱还能提高砌体的受剪承载力，尤其当构造柱设置在墙段中部时抗剪作用更大。

对砌体结构强调采取有效的拉结措施，砌体抗震墙中拉结钢筋网片设置的相关问题见第 7.3.2 条。

第 7.3.1 条

一、标准的规定

7.3.1　各类多层砖砌体房屋，应按下列要求设置现浇钢筋混凝土构造柱（以下简称构造柱）：

1　构造柱设置部位，一般情况下应符合表 7.3.1 的要求。

2　外廊式和单面走廊式的多层房屋，应根据房屋增加一层的层数，按表 7.3.1 的要求设置构造柱，且单面走廊两侧的纵墙均应按外墙处理。

3　横墙较少的房屋，应根据房屋增加一层的层数，按表 7.3.1 的要求设置构造柱。当横墙较少的房屋为外廊式或单面走廊式时，应按本条 2 款要求设置构造柱；但 6 度不超过四层、7 度不超过三层和 8 度不超过二层时，应按增加二层的层数对待。

4　各层横墙很少的房屋，应按增加二层的层数设置构造柱。

5　采用蒸压灰砂砖和蒸压粉煤灰砖的砌体房屋，当砌体的抗剪强度仅达到普通黏土砖砌体的 70%时，应根据增加一层的层数按本条 1～4 款要求设置构造柱；但 6 度不超过四层、7 度不超过三层和 8 度不超过二层时，应按增加二层的层数对待。

多层砖砌体房屋构造柱设置要求　　**表 7.3.1**

<table>
<tr><th colspan="4">房屋层数</th><th colspan="2" rowspan="2">设置部位</th></tr>
<tr><th>6度</th><th>7度</th><th>8度</th><th>9度</th></tr>
<tr><td>四、五</td><td>三、四</td><td>二、三</td><td></td><td rowspan="3">楼、电梯间四角，楼梯斜梯段上下端对应的墙体处；
外墙四角和对应转角；
错层部位横墙与外纵墙交接处；
大房间内外墙交接处；
较大洞口两侧</td><td>隔 12m 或单元横墙与外纵墙交接处；
楼梯间对应的另一侧内横墙与外纵墙交接处</td></tr>
<tr><td>六</td><td>五</td><td>四</td><td>二</td><td>隔开间横墙（轴线）与外墙交接处；
山墙与内纵墙交接处</td></tr>
<tr><td>七</td><td>≥六</td><td>≥五</td><td>≥三</td><td>内墙（轴线）与外墙交接处；
内墙的局部较小墙垛处；
内纵墙与横墙（轴线）交接处</td></tr>
</table>

注：较大洞口，内墙指不小于 2.1m 的洞口；外墙在内外墙交接处已设置构造柱时应允许适当放宽，但洞侧墙体应加强。

二、对标准规定的理解

1. 本条是结构设计中应重点把握的构造措施。

2. “楼梯斜梯段上下端对应的墙体处”设置构造柱，其目的是使楼梯间墙体成为约束砌体，考虑实际工程中的楼梯尺寸，一般情况下，在楼梯斜梯段上、下端对应的墙体处设置构造柱，可使构造柱的间距不大于 4m，增强对砌体墙的约束能力。此要求既适用于在楼梯斜梯段上、下端设置楼梯梁，楼梯荷载通过平台楼梯梁直接传给墙体的情况，也适用于楼梯斜梯段上、下端不设置楼梯梁（相应构造柱的位置可根据具体情况确定）的情况。

3. 本条第 2～5 款可理解为在查表 7.3.1 前应先确定查表所用的“查表层数”（表 7.3.1-1）。本条第 3 款中“当横墙较少的房屋为外廊式或单面走廊式时，应按本条 2 款要求设置构造柱”的规定，其措施力度相对较小，结构设计时可直接按增加 2 层后查表设置构造柱。

各类房屋查表 7.3.1 所需的计算楼层数　　表 7.3.1-1

<table>
<tr><th>序号</th><th colspan="2">房屋类型及烈度</th><th>房屋实际层数</th><th>查表层数</th></tr>
<tr><td>1</td><td colspan="2">一般情况</td><td>n</td><td>n</td></tr>
<tr><td>2</td><td colspan="2">外廊式和单面走廊式</td><td rowspan="2">n</td><td rowspan="2">$n+1$</td></tr>
<tr><td>3</td><td colspan="2">横墙较少的房屋</td></tr>
<tr><td rowspan="4">4</td><td rowspan="4">横墙较少的外廊式或单面走廊式房屋</td><td>6 度不超过四层</td><td rowspan="3">n</td><td rowspan="3">$n+2$</td></tr>
<tr><td>7 度不超过三层</td></tr>
<tr><td>8 度不超过二层</td></tr>
<tr><td>其他情况</td><td>n</td><td>$n+1$(宜 $n+2$)</td></tr>
<tr><td>5</td><td colspan="2">各层横墙很少的房屋</td><td>n</td><td>$n+2$</td></tr>
<tr><td rowspan="4">6</td><td rowspan="4">采用蒸压灰砂砖和蒸压粉煤灰砖的砌体房屋，当砌体的抗剪强度仅达到普通黏土砖砌体的 70%时</td><td>6 度不超过四层</td><td rowspan="3">n</td><td rowspan="3">$n+2$</td></tr>
<tr><td>7 度不超过三层</td></tr>
<tr><td>8 度不超过二层</td></tr>
<tr><td>其他情况</td><td>n</td><td>按 ($n+1$) 层再按 1～5 项确定</td></tr>
</table>

4. 当按表 7.3.1-1 确定的房屋“查表层数”超出表 7.3.1 范围时，构造柱设置要求不应低于表 7.3.1 中相应烈度的最高要求，且宜再适当提高。

5. 有错层的多层房屋（砌体结构应避免错层），在错层部位应设墙（墙的长度方向与错层剖面垂直），该墙与其他墙的交接处应设置构造柱，底部楼层（当房屋层数不多于四层时，为底层；当房屋层数为五～七层时，为底部两层）在该墙中部的构造柱应加密至间距不大于 2m。错层部位的楼板位置应分别设现浇钢筋混凝土圈梁。

三、结构设计的相关问题

1. 对表 7.3.1 中“大房间”“较小墙垛”“较大洞口”的理解及外墙较大洞口的把握。

2. 当房屋的局部楼层横墙很少时的构造柱设置。

四、结构设计建议

1. 震害调查表明：当房屋层数较少（如少于表 7.3.1 中的层数）时，构造柱的设置可适当降低要求，考虑到实际工程中，设置构造柱对提高房屋的抗震性能作用明显，且增加的费用不大，故建议仍宜按表 7.3.1 中的最低要求设置构造柱。

2. 一般情况下，当房屋开间或进深二者之一大于 4.2m 时，可确定为“大房间”。

3. 墙垛尺寸不满足表 7.1.6 中尺寸限值时，可确定为“较小墙垛”。在内外墙交接处设置构造柱，小墙段的两端可不设构造柱，但墙内钢筋网片应通长设置，间距应加密（根据墙垛的具体尺寸确定，宜为 250mm 或 370mm）。

4. 内外墙“较大洞口”可按如下原则把握：

1）内墙和外墙，当洞口宽度不小于 2.1m 或洞口宽度和高度均较大（如不小于 1.8m×1.8m）时，可确定为较大洞口。

2）当外墙在内外墙交接处已设置构造柱，当洞口宽度不小于 2.4m 或洞口宽度和高度均较大（如不小于 2.1m×2.1m）时，可确定为较大洞口。

5. 结构设计中应避免采用局部（局部楼层或同一楼层的局部）“横墙较少”“横墙很少”的墙体布置。

1）当房屋中某楼层“横墙较少”时，该楼层及其上、下各一层应按“横墙较少”设置构造柱。有条件时，应自该楼层的上一层起以下全部楼层按“横墙较少”设置构造柱。

2）当房屋中某楼层“横墙很少”时，该楼层及其上、下各一层应按“横墙很少”设置构造柱，其余楼层应按“横墙较少”（无论楼层是否属于“横墙较少”）设置构造柱。有条件时，应自该楼层的上一层起以下全部楼层按“横墙很少”设置构造柱。

3）当同一楼层的局部“横墙较少”“横墙很少”时，应视作整个楼层属于“横墙较少”“横墙很少”，偏安全地设置构造柱。当局部“横墙较少”“横墙很少”位于房屋平面长度方向的中部区域且分布基本对称时，可只对“横墙较少”“横墙很少”及其相关区域加强构造柱设置。

五、相关索引

《砌体规范》的相关规定见其第 10.2.4 条。《抗震通规》的相关规定见其第 5.5.8 条。

第 7.3.2 条

一、标准的规定

7.3.2 多层砖砌体房屋的构造柱应符合下列构造要求：

1 构造柱最小截面可采用 180mm×240mm（墙厚 190mm 时为 180mm×190mm），纵向钢筋宜采用 4ϕ12，箍筋间距不宜大于 250mm，且在柱上下端应适当加密；6、7 度时超过六层、8 度时超过五层和 9 度时，构造柱纵向钢筋宜采用 4ϕ14，箍筋间距不应大于 200mm；房屋四角的构造柱应适当加大截面及配筋。

2 构造柱与墙连接处应砌成马牙槎，沿墙高每隔 500mm 设 2ϕ6 水平钢筋和 ϕ4 分布短筋平面内点焊组成的拉结网片或 ϕ4 点焊钢筋网片，每边伸入墙内不宜小于 1m。6、7 度时底部 1/3 楼层，8 度时底部 1/2 楼层，9 度时全部楼层，上述拉结钢筋网片应沿墙体水平通长设置。

3 构造柱与圈梁连接处，构造柱的纵筋应在圈梁纵筋内侧穿过，保证构造柱纵筋上下贯通。

4 构造柱可不单独设置基础，但应伸入室外地面下 500mm，或与埋深小于 500mm 的基础圈梁相连。

5 房屋高度和层数接近本规范表 7.1.2 的限值时，纵、横墙内构造柱间距尚应符合下列要求：

1) 横墙内的构造柱间距不宜大于层高的二倍；下部 1/3 楼层的构造柱间距适当减小。

2) 当外纵墙开间大于 3.9m 时，应另设加强措施。内纵墙的构造柱间距不宜大于 4.2m。

二、对标准规定的理解

1. 研究和试验表明：

1）构造柱能够提高砌体的受剪承载力 10%～30%，提高幅度与墙体高厚比、竖向压力和开洞情况有关；

2）构造柱主要对砌体起约束作用，使之有较高的变形能力；

3）构造柱一般应设置在墙段两端特别在多道墙交汇处，使一根构造柱可以发挥对多道墙的约束作用，还应当设置在震害较重、连接构造比较薄弱和易于应力集中的部位。

2. 本条第 1 款可用图 7.3.2-1 来理解。

3. 本条第 2 款可用图 7.3.2-2、图 7.3.2-3 来理解。

4. 本条第 3 款可用图 7.3.2-4 来理解。

5. 本条第 4 款可用图 7.3.2-5、图 7.3.2-6 来理解。

6. 本条第 5 款可用图 7.3.2-7、图 7.3.2-8 来理解。

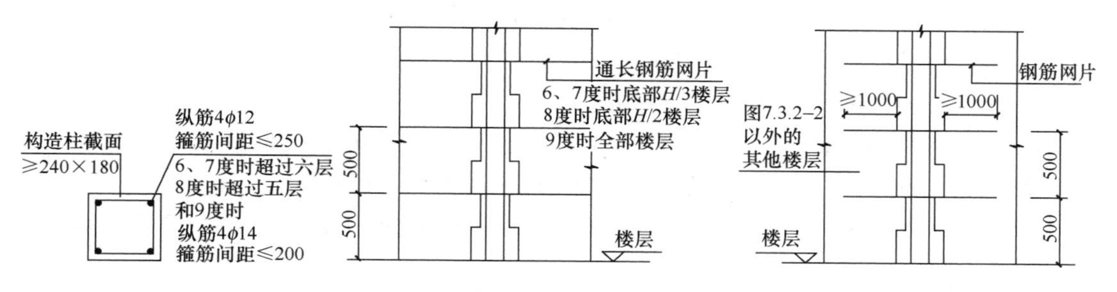

图 7.3.2-1　构造柱截面及配筋　　图 7.3.2-2　通长钢筋网片设置　　图 7.3.2-3　钢筋网片设置

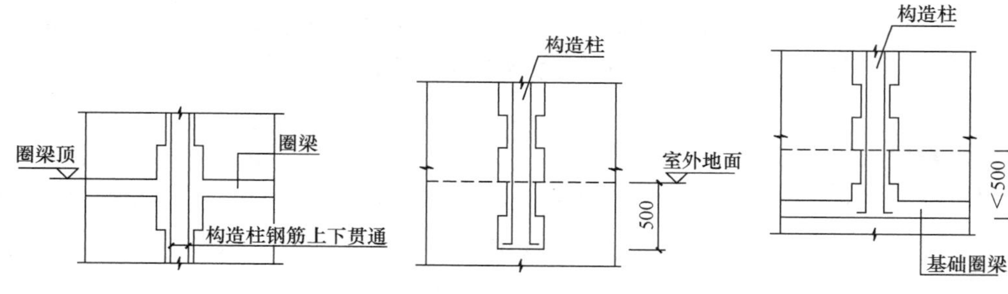

图 7.3.2-4　构造柱与圈梁连接　　图 7.3.2-5　构造柱可不单独设置基础　　图 7.3.2-6　构造柱与基础圈梁连接

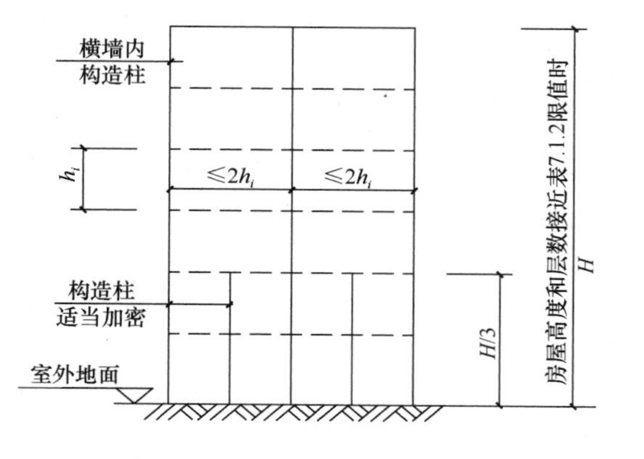

图 7.3.2-7　横墙构造柱加密

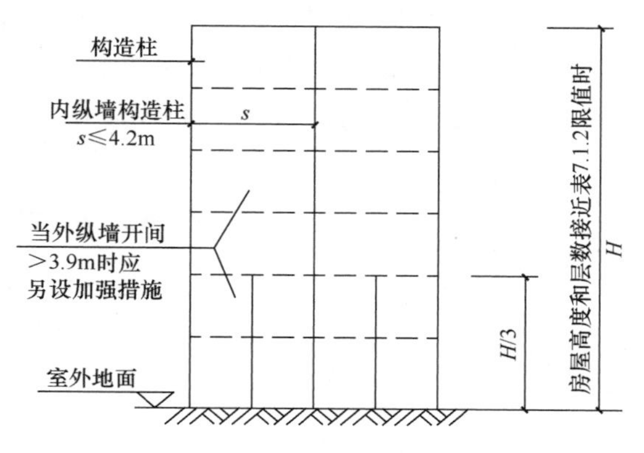

图 7.3.2-8　内纵墙构造柱

三、结构设计的相关问题

1. 标准未规定构造柱的箍筋直径。

2. 对本条第 5 款房屋高度和层数“接近”表 7.1.2 限值的理解。

3. 对本条第 5 款第 1 项“构造柱间距适当减小”的定量把握。

4. 当外纵墙开间大于 3.9m 时的加强措施内容。

四、结构设计建议

1. 钢筋混凝土构造柱的作用主要在于对墙体的约束，构造柱截面不必太大，但须与各层纵横墙的圈梁或现浇板连接，才能充分发挥约束作用，箍筋直径不必太大，以 $d_s \geqslant$ 6mm 为宜。

2. 当遇有下列情况时，可判定为房屋高度和层数“接近”表 7.1.2 限值：

1）房屋高度与表 7.1.2 中限值相差 3m 以内时；

2）层数与表 7.1.2 中限值相差一层时。

3. 有条件时，可将本条第 5 款中 1）项下部 1/3 楼层的构造柱间距减小为原来的一半。当房屋层高较大时，上部楼层横墙内的构造柱间距也不宜大于 4.2m。

4. 当外纵墙开间大于 3.9m 时的，建议外纵墙的构造柱应适当加密设置，外纵墙的窗间墙宜设置组合柱。

5. 砌墙时墙内设置的“2ϕ6 水平钢筋和 ϕ4 分布短筋平面内点焊（注意：只能在同一水平面内点焊，即点焊后钢筋网片的总厚度为 6mm。若采用不在同一水平面内的上下点焊时，水平钢筋与分布短筋点焊后的总厚度达 10mm，灰缝厚度难以满足要求）组成的拉结网片或 ϕ4 点焊钢筋网片”，其 ϕ4 分布短筋及 ϕ4 点焊钢筋沿墙长方向的间距宜 ≤200mm。

五、相关索引

《砌体规范》的相关规定见其第 10.2.5 条。

第 7.3.3 条

一、标准的规定

7.3.3 多层砖砌体房屋的现浇钢筋混凝土圈梁设置应符合下列要求：

1 装配式钢筋混凝土楼、屋盖或木屋盖的砖房，应按表 7.3.3 的要求设置圈梁；纵墙承重时，抗震横墙上的圈梁间距应比表内要求适当加密。

2 现浇或装配整体式钢筋混凝土楼、屋盖与墙体有可靠连接的房屋，应允许不另设圈梁，但楼板沿抗震墙体周边均应加强配筋并应与相应的构造柱钢筋可靠连接。

多层砖砌体房屋现浇钢筋混凝土圈梁设置要求　　表 7.3.3

墙类	烈度		
	6、7	8	9
外墙和内纵墙	屋盖处及每层楼盖处	屋盖处及每层楼盖处	屋盖处及每层楼盖处
内横墙	同上； 屋盖处间距不应大于 4.5m； 楼盖处间距不应大于 7.2m； 构造柱对应部位	同上； 各层所有横墙，且间距不应大于 4.5m； 构造柱对应部位	同上； 各层所有横墙

二、对标准规定的理解

1. 本条强调楼（屋）盖的整体性和完整性，其目的就是确保传递水平剪力的有效性。

2. 标准对纵墙承重房屋，规定了较为严格的圈梁设置要求。

3. 标准规定了现浇楼板允许不设圈梁的相关措施。

4. 对本条规定的理解见图 7.3.3-1、图 7.3.3-2。

三、相关索引

《砌体规范》的相关规定见其第 10.2.6、10.2.7 条。《砌体通规》的相关规定见其第 4.2.4 条。

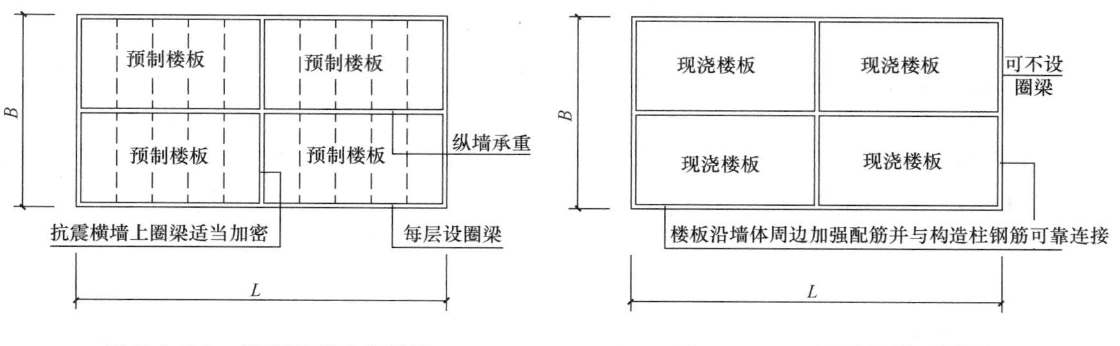

图 7.3.3-1　纵墙承重时的圈梁　　图 7.3.3-2　现浇楼板加强措施

第 7.3.4 条

一、标准的规定

7.3.4　多层砖砌体房屋现浇钢筋混凝土圈梁的构造应符合下列要求：

1　圈梁应闭合，遇有洞口圈梁应上下搭接。圈梁宜与预制板设在同一标高处或紧靠板底。

2　圈梁在本规范第 7.3.3 条要求的间距内无横墙时，应利用梁或板缝中配筋替代圈梁。

3　圈梁的（截面宽度不应小于 190mm——编者注）截面高度不应小于 120mm，配筋应符合表 7.3.4 的要求；按本规范第 3.3.4 条 3 款要求增设的基础圈梁，截面高度不应小于 180mm，配筋不应少于 4ϕ12。

多层砖砌体房屋圈梁配筋要求　　**表 7.3.4**

配　筋	烈　度		
	6、7	8	9
最小纵筋	4ϕ10	4ϕ12	4ϕ14
箍筋最大间距（mm）	250	200	150

二、对标准规定的理解

1. 对本条第 1 款的理解见图 7.3.4-1。

2. 对本条第 2 款的理解见图 7.3.4-2。

3. 对本条第 3 款的理解见图 7.3.4-3、图 7.3.4-4。

4.《砌体通规》的相关规定见其第 4.2.6 条。

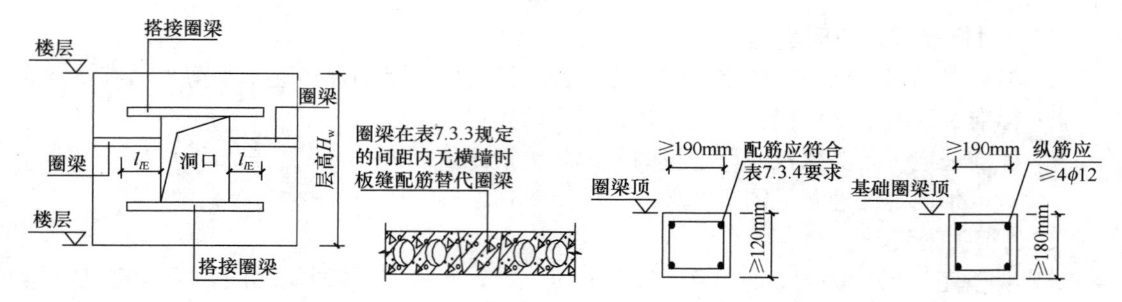

图 7.3.4-1　搭接圈梁　　图 7.3.4-2　板缝配筋替代圈梁　　图 7.3.4-3　圈梁构造　　图 7.3.4-4　基础圈梁

三、结构设计的相关问题

关于圈梁箍筋的直径选用问题。

四、结构设计建议

一般情况下，圈梁箍筋可采用直径 $d_s \geqslant 6$mm。

第 7.3.5 条

一、标准的规定

7.3.5　多层砖砌体房屋的楼、屋盖应符合下列要求：

1　现浇钢筋混凝土楼板或屋面板伸进纵、横墙内的长度，均不应小于 120mm。

2　装配式钢筋混凝土楼板或屋面板，当圈梁未设在板的同一标高时，板端伸进外墙的长度不应小于 120mm，伸进内墙的长度不应小于 100mm 或采用硬架支模连接，在梁上不应小于 80mm 或采用硬架支模连接。

3　当板的跨度大于 4.8m 并与外墙平行时，靠外墙的预制板侧边应与墙或圈梁拉结。

4　房屋端部大房间的楼盖，6 度时房屋的屋盖和 7～9 度时房屋的楼、屋盖，当圈梁设在板底时，钢筋混凝土预制板应相互拉结，并应与梁、墙或圈梁拉结。

二、对标准规定的理解

1. 对本条第 1 款的理解见图 7.3.5-1。
2. 对本条第 2 款的理解见图 7.3.5-2、图 7.3.5-3。
3. 对本条第 3 款的理解见图 7.3.5-4。
4. 对本条第 4 款的理解见图 7.3.5-5。
5. “大房间”见第 7.3.1 条的设计建议。

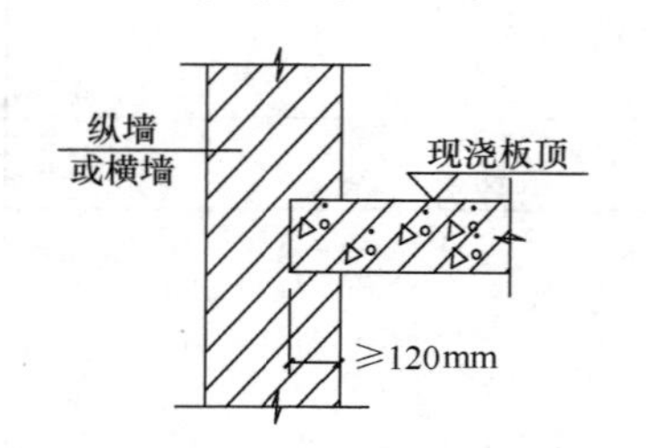

图 7.3.5-1　现浇楼板与墙连接

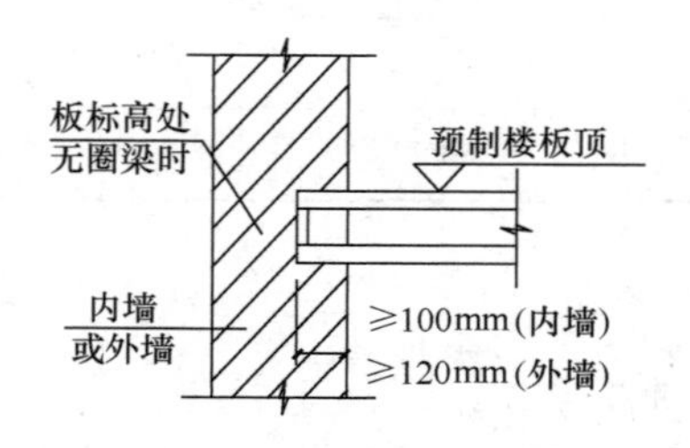

图 7.3.5-2　预制板与墙连接

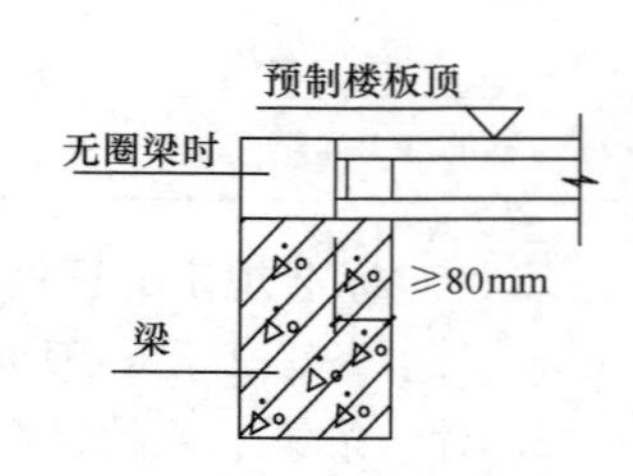

图 7.3.5-3　预制板与梁连接

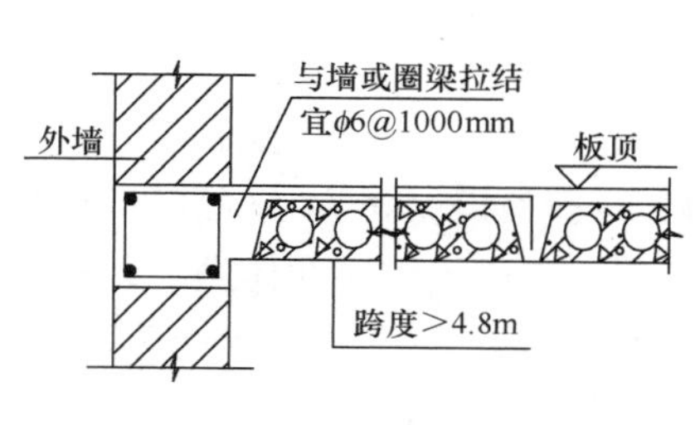

图 7.3.5-4　预制板侧面与墙拉接

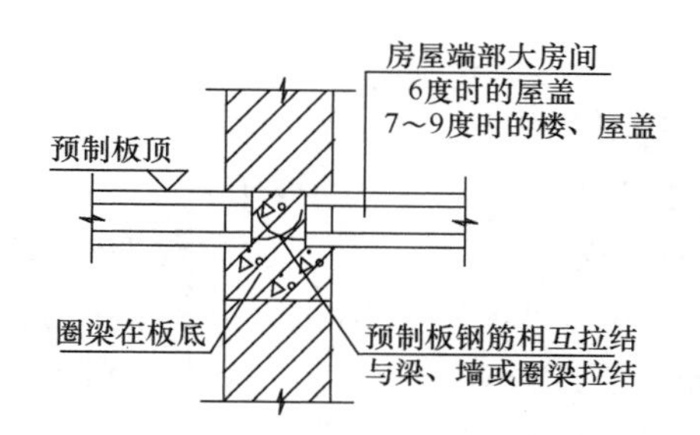

图 7.3.5-5　圈梁在板底时

三、相关索引

《抗震通规》的相关规定见其第 5.5.9 条。《砌体通规》的相关规定见其第 4.1.6 条。

第 7.3.6 条

一、标准的规定

7.3.6　楼、屋盖的钢筋混凝土梁或屋架应与墙、柱（包括构造柱）或圈梁可靠连接；不得采用独立砖柱。跨度不小于 6m 大梁的支承构件应采用组合砌体等加强措施，并满足承载力要求。

二、对标准规定的理解

对本条规定的理解可见图 7.3.6-1。

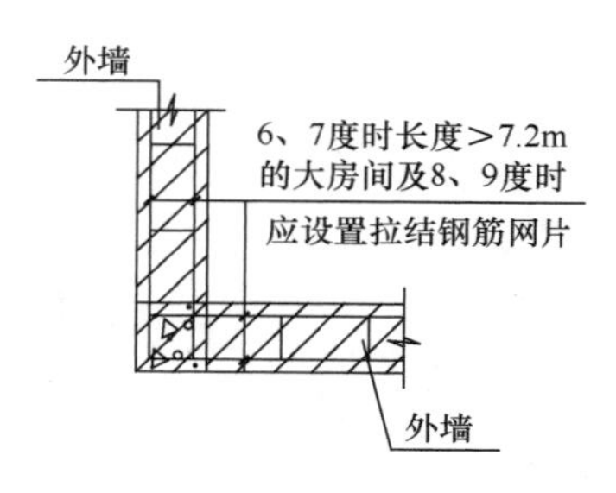

三、相关索引

《抗震通规》的相关规定见其第 5.5.9 条。

第 7.3.7 条

一、标准的规定

7.3.7　6、7 度时长度大于 7.2m 的大房间，以及 8、9 度时外墙转角及内外墙交接处，应沿墙高每隔 500mm 配置 2φ6 的通长钢筋和 φ4 分布短筋平面内点焊组成的拉结网片或 φ4 点焊网片。

二、对标准规定的理解

对本条规定的理解可见图 7.3.7-1、图 7.3.7-2，拉结钢筋网片做法及其伸入墙内的长度见第 7.3.2 条。

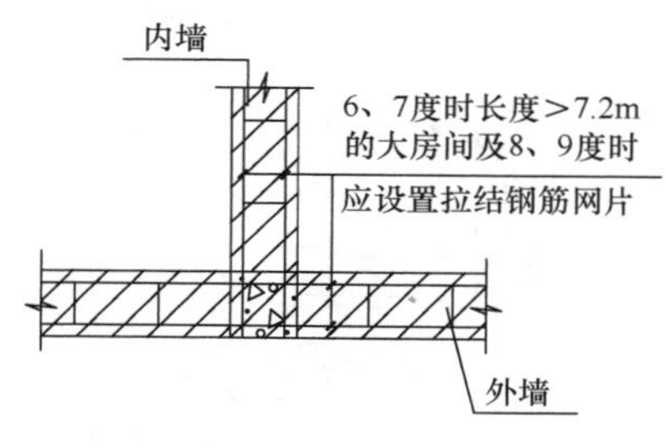

图 7.3.7-1　内外墙 T 形连接

图 7.3.7-2　外墙与外墙 L 形连接

第 7.3.8 条

一、标准的规定

7.3.8　楼梯间尚应符合下列要求：

1　顶层楼梯间墙体应沿墙高每隔 500mm 设 $2\phi6$ 通长钢筋和 $\phi4$ 分布短钢筋平面内点焊组成的拉结网片或 $\phi4$ 点焊网片；7～9 度时其他各层楼梯间墙体应在休息平台或楼层半高处设置 60mm 厚、纵向钢筋不应少于 $2\phi10$ 的钢筋混凝土带或配筋砖带，配筋砖带不少于 3 皮，每皮的配筋不少于 $2\phi6$，砂浆强度等级不应低于 M7.5 且不低于同层墙体的砂浆强度等级。

2　楼梯间及门厅内墙阳角处的大梁支承长度不应小于 500mm，并应与圈梁连接。

3　装配式楼梯段应与平台板的梁可靠连接，8、9 度时不应采用装配式楼梯段；不应采用墙中悬挑式踏步或踏步竖肋插入墙体的楼梯，不应采用无筋砖砌栏板。

4　突出屋顶的楼、电梯间，构造柱应伸到顶部，并与顶部圈梁连接，所有墙体应沿墙高每隔 500mm 设 $2\phi6$ 通长钢筋和 $\phi4$ 分布短筋平面内点焊组成的拉结网片或 $\phi4$ 点焊网片。

二、对标准规定的理解

1. 对本条第 1 款的理解见图 7.3.8-1 和图 7.3.8-2。

2. 对本条第 2 款的理解见图 7.3.8-3。

3. 对本条第 3 款的理解见图 7.3.8-4～图 7.3.8-6。

4. 对本条第 4 款的理解见图 7.3.8-7。

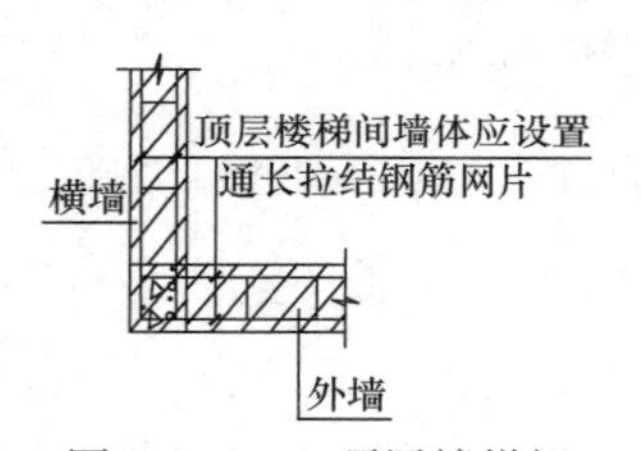

图 7.3.8-1　顶层楼梯间

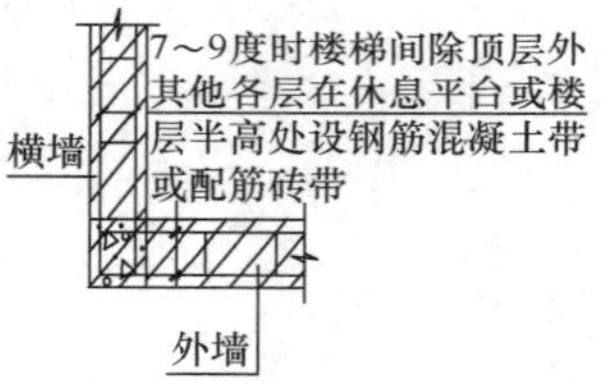

图7.3.8-2　休息平台或楼层半高处

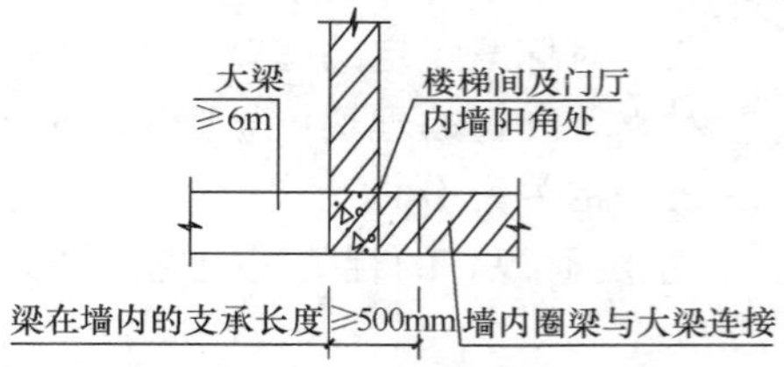

图 7.3.8-3　内墙阳角处

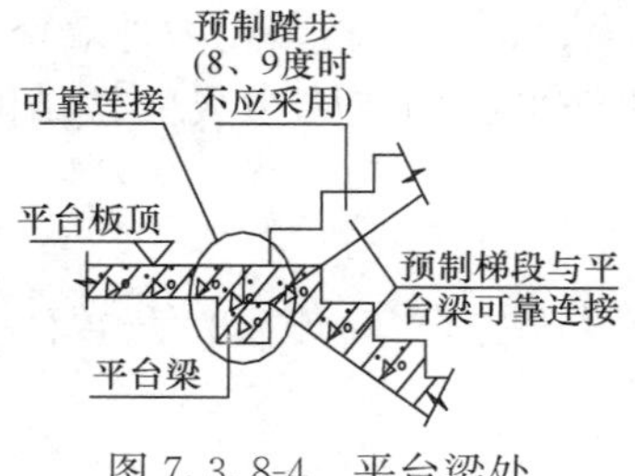

图 7.3.8-4　平台梁处

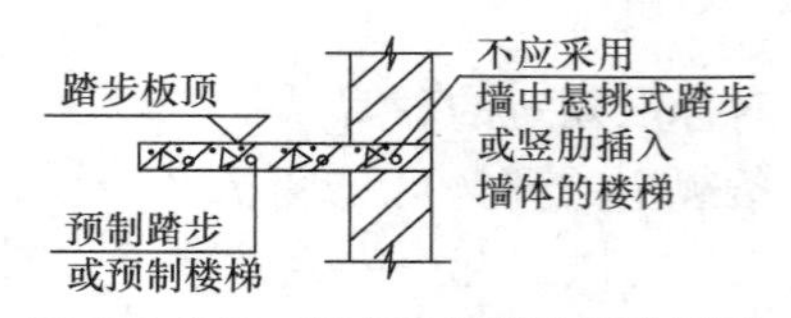

图 7.3.8-5　不应采用墙中预制踏步

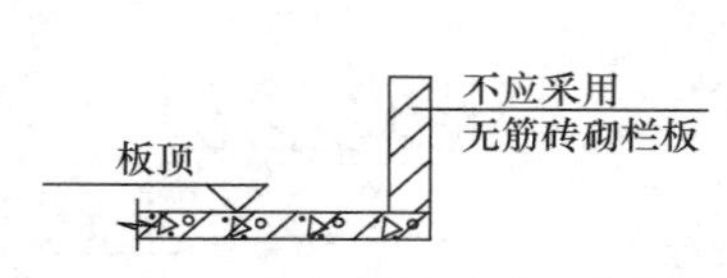

图 7.3.8-6　不应采用无筋砖砌体栏板

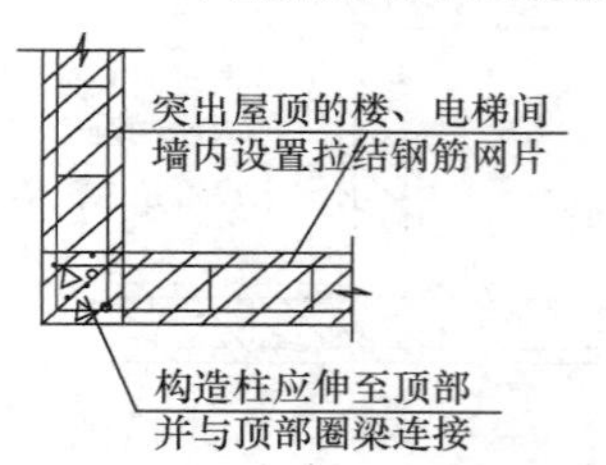

图 7.3.8-7　突出屋面的楼、电梯间

三、相关索引

1. 通长拉结钢筋网片的做法及其伸入墙内的长度见第 7.3.2 条。
2. 《抗震通规》的相关规定见其第 5.5.10 条。
3. 大梁的定义可参考第 7.3.6 条“跨度不小于 6m”。

第 7.3.9 条

一、标准的规定

7.3.9 坡屋顶房屋的屋架应与顶层圈梁可靠连接，檩条或屋面板应与墙、屋架可靠连接，房屋出入口处的檐口瓦应与屋面构件锚固。采用硬山搁檩时，顶层内纵墙顶宜增砌支承山墙的踏步式墙垛，并设置构造柱。

二、对标准规定的理解

对本条规定的理解可见图 7.3.9-1～图 7.3.9-4。

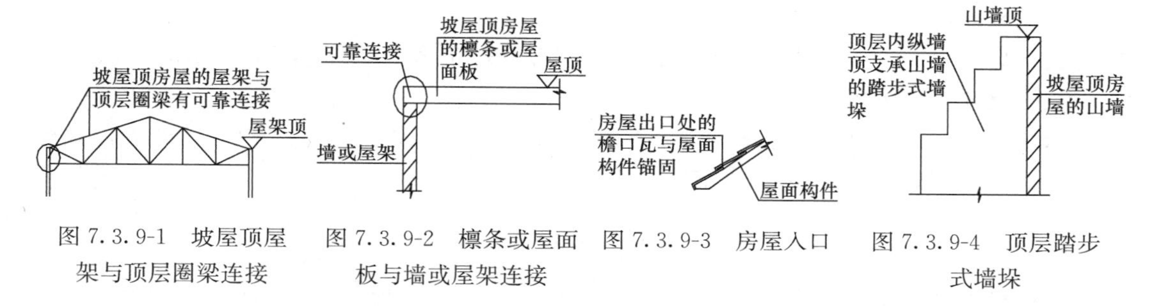

图 7.3.9-1 坡屋顶屋架与顶层圈梁连接　图 7.3.9-2 檩条或屋面板与墙或屋架连接　图 7.3.9-3 房屋入口　图 7.3.9-4 顶层踏步式墙垛

第 7.3.10 条

一、标准的规定

7.3.10 门窗洞处不应采用砖过梁；过梁支承长度，6～8 度时不应小于 240mm，9 度时不应小于 360mm。

二、对标准规定的理解

对本条规定的理解可见图 7.3.10-1。

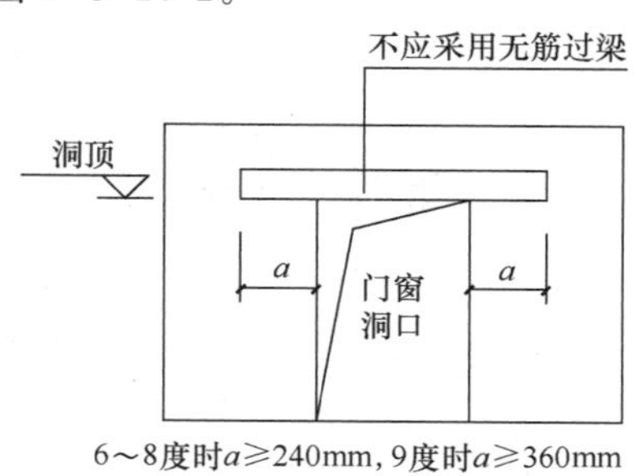

图 7.3.10-1 门窗洞顶不应采用砖过梁

第 7.3.11 条

一、标准的规定

7.3.11 预制阳台，6、7 度时应与圈梁和楼板的现浇板带可靠连接，8、9 度时不应采用预制阳台。

二、对标准规定的理解

对本条规定的理解可见图 7.3.11-1。

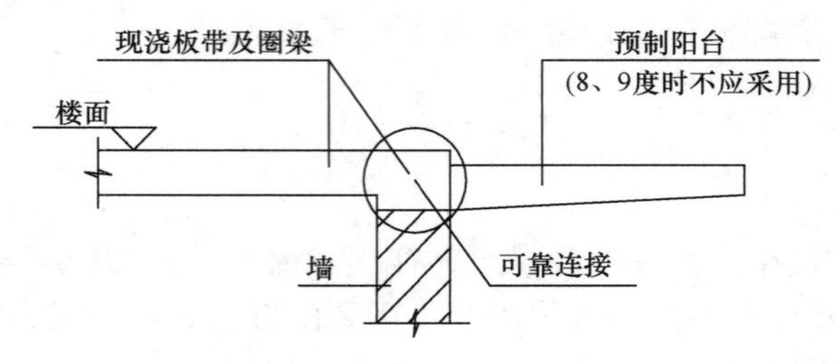

图 7.3.11-1　预制阳台与现浇板

第 7.3.12 条

一、标准的规定

7.3.12　后砌的非承重砌体隔墙，烟道、风道、垃圾道等应符合本规范第 13.3 节的有关规定。

二、对标准规定的理解

对后砌的非承重砌体隔墙，烟道、风道、垃圾道等墙体，按非结构构件处理，执行《抗震标准》对非结构构件的抗震措施。

第 7.3.13 条

一、标准的规定

7.3.13　同一结构单元的基础（或桩承台），宜采用同一类型的基础，底面宜埋置在同一标高上，否则应增设基础圈梁并应按 1∶2 的台阶逐步放坡。

二、对标准规定的理解

1. 对本条规定的理解可见图 7.3.13-1，每台放坡的高度宜≤500mm，基础外边缘应留出适当的施工操作间距。

2. 本条规定仅适用于砌体结构。

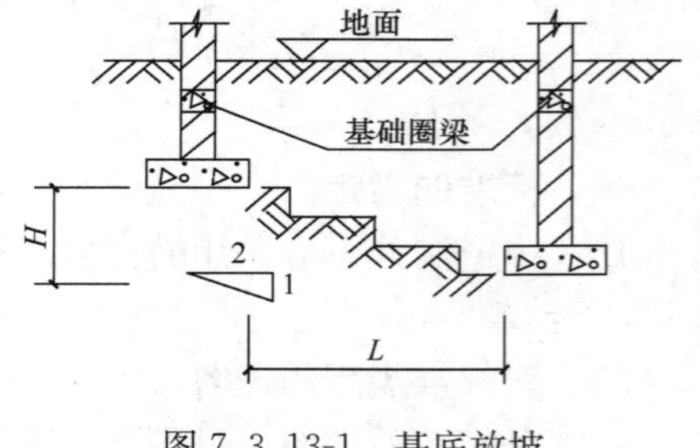

图 7.3.13-1　基底放坡

第 7.3.14 条

一、标准的规定

7.3.14　丙类的多层砖砌体房屋，当横墙较少且总高度和层数接近或达到本规范表 7.1.2 规定限值时，应采取下列加强措施：

1　房屋的最大开间尺寸不宜大于 6.6m。

2　同一结构单元内横墙错位数量不宜超过横墙总数的 1/3，且连续错位不宜多于两道；错位的墙体交接处均应增设构造柱，且楼、屋面板应采用现浇钢筋混凝土板。

3　横墙和内纵墙上洞口的宽度不宜大于 1.5m；外纵墙上洞口的宽度不宜大于 2.1m 或开间尺寸的一半；且内外墙上洞口位置不应影响内外纵墙与横墙的整体连接。

4 所有纵横墙均应在楼、屋盖标高处设置加强的现浇钢筋混凝土圈梁：圈梁的截面高度不宜小于150mm，上下纵筋各不应少于3ϕ10，箍筋不小于ϕ6，间距不大于300mm。

5 所有纵横墙交接处及横墙的中部，均应增设满足下列要求的构造柱：在纵、横墙内的柱距不宜大于3.0m，最小截面尺寸不宜小于240mm×240mm（墙厚190mm时为240mm×190mm），配筋宜符合表7.3.14的要求。

增设构造柱的纵筋和箍筋设置要求　　表7.3.14

位置	纵向钢筋			箍筋		
	最大配筋率（%）	最小配筋率（%）	最小直径（mm）	加密区范围（mm）	加密区间距（mm）	最小直径（mm）
角柱	1.8	0.8	14	全高	100	6
边柱			14	上端700 下端500		
中柱	1.4	0.6	12			

6 同一结构单元的楼、屋面板应设置在同一标高处。

7 房屋底层和顶层的窗台标高处，宜设置沿纵横墙通长的水平现浇钢筋混凝土带；其截面高度不小于60mm，宽度不小于墙厚，纵向钢筋不少于2ϕ10，横向分布筋的直径不小于ϕ6且其间距不大于200mm。

二、对标准规定的理解

1. 配筋率宜取至小数点后两位，条文中的“0.6”“0.8”“1.4”和“1.8”应分别修改为“0.60”“0.80”“1.40”和“1.80”。

2. 本条第4款箍筋“间距不大于300mm”的规定与表7.3.4的要求不一致，应符合表7.3.4的规定。

3. 对本条第1款规定的理解可见图7.3.14-1。

4. 对本条第2款规定的理解可见图7.3.14-2。

5. 对本条第3款规定的理解可见图7.3.14-3。

6. 对本条第4款规定的理解可见图7.3.14-4。

7. 对本条第5款规定的理解可见图7.3.14-5。

8. 对本条第7款规定的理解可见图7.3.14-6。

情况A
横墙较少且总高度
和层数接近或达到
规范限值时的房屋
最大开间≤6.6m

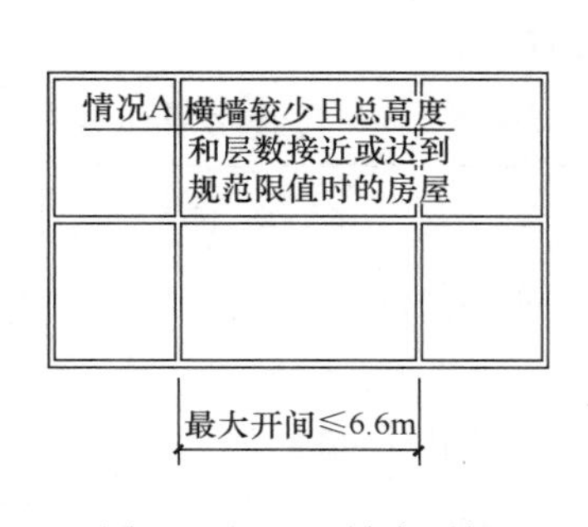

图7.3.14-1　最大开间

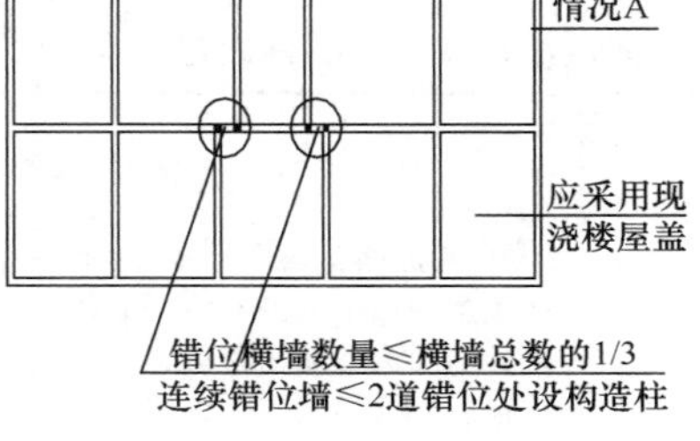

情况A
应采用现
浇楼屋盖
错位横墙数量≤横墙总数的1/3
连续错位墙≤2道错位处设构造柱

图7.3.14-2　横墙错位

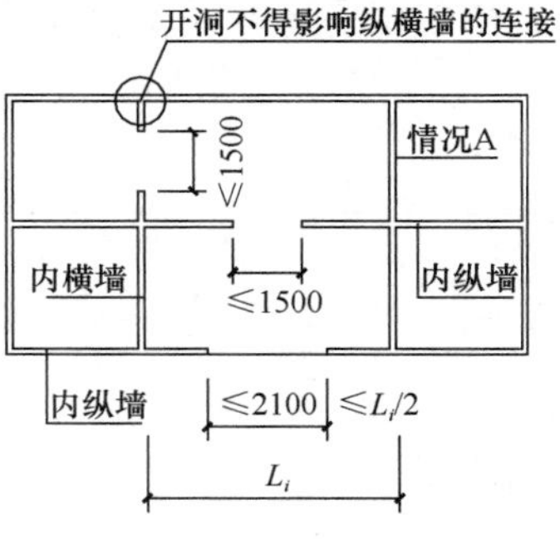

开洞不得影响纵横墙的连接
≤1500
情况A
内横墙
≤1500
内纵墙
内纵墙
≤2100
≤L_i/2
L_i

图7.3.14-3　墙体开洞

三、结构设计的相关问题

本条第3款洞口宽度限值，当为多个洞口时的处理。

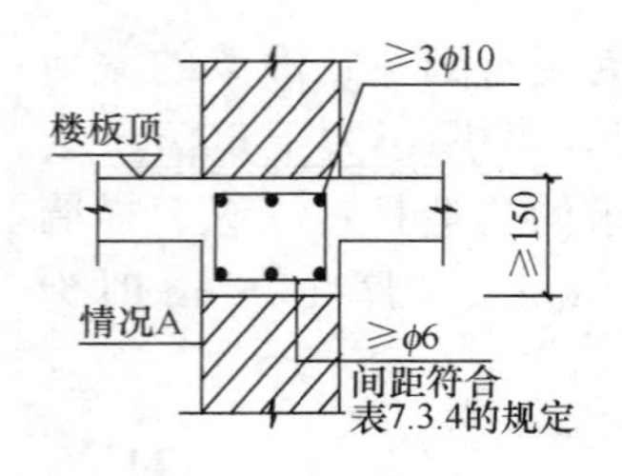

图 7.3.14-4　板顶圈梁

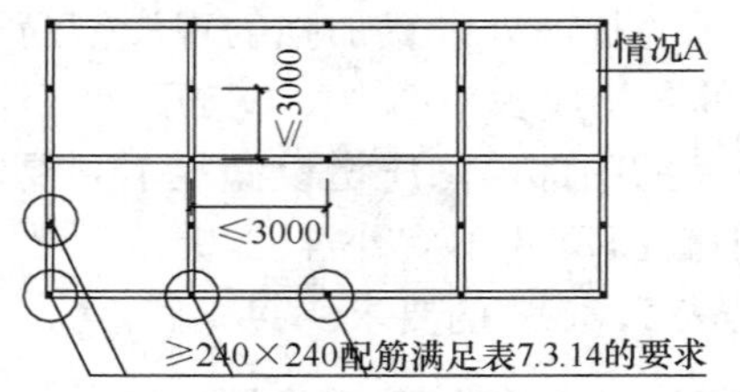

图 7.3.14-5　构造柱

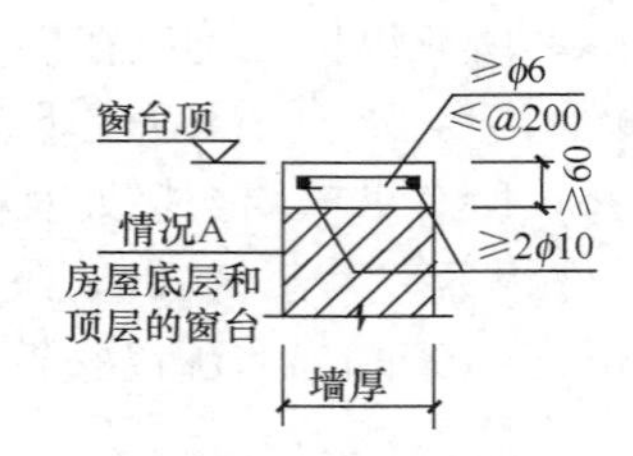

图 7.3.14-6　现浇钢筋混凝土带

四、结构设计建议

1. 同一墙段应避免开设多个洞口，当无法避免时建议按多个洞口的总宽度（当相邻洞口之间的净宽小于 500mm 的墙段视为洞口）执行本条第 3 款的规定。

2. “外墙上洞口位置不应影响内外纵墙与横墙的整体连接”可理解为在内外墙交接处及其附近不应开洞，也不宜开洞形成小墙垛。

7.4　多层砌块房屋抗震构造措施

要点：

为增加混凝土小型空心砌块砌体房屋的整体性和延性，提高其抗震承载力，标准规定了在墙体的适当部位设置钢筋混凝土芯柱的构造措施，这些措施基本沿用第 7.3 节的规定（理解和执行过程中可相互借鉴），同时对焊接钢筋网片的设置等还提出了适合混凝土小型空心砌块砌体房屋的专门要求。

实际工程中，影响混凝土小型空心砌块砌体房屋使用和推广的最主要因素是收缩裂缝问题，设置芯柱、构造柱及圈梁除可以明显提高房屋的整体性外，还对裂缝的出现及开展有一定的抑制作用。拉结钢筋网片设置的相关问题见第 7.3.2 条。

第 7.4.1 条

一、标准的规定

7.4.1　多层小砌块房屋应按表 7.4.1 的要求设置钢筋混凝土芯柱。对外廊式和单面走廊式的多层房屋、横墙较少的房屋、各层横墙很少的房屋，尚应分别按本规范第 7.3.1 条第 2、3、4 款关于增加层数的对应要求，按表 7.4.1 的要求设置芯柱。

多层小砌块房屋芯柱设置要求　　**表 7.4.1**

<table>
<tr><th colspan="4">房屋层数</th><th rowspan="2">设置部位</th><th rowspan="2">设置数量</th></tr>
<tr><th>6 度</th><th>7 度</th><th>8 度</th><th>9 度</th></tr>
<tr><td>四、五</td><td>三、四</td><td>二、三</td><td></td><td>外墙转角，楼、电梯间四角，楼梯斜梯段上下端对应的墙体处；
大房间内外墙交接处；
错层部位横墙与外纵墙交接处；
隔 12m 或单元横墙与外纵墙交接处</td><td rowspan="2">外墙转角，灌实 3 个孔；
内外墙交接处，灌实 4 个孔；
楼梯斜梯段上下端对应的墙体处，灌实 2 个孔</td></tr>
<tr><td>六</td><td>五</td><td>四</td><td></td><td>同上；
隔开间横墙（轴线）与外纵墙交接处</td></tr>
</table>

续表

房屋层数				设 置 部 位	设 置 数 量
6度	7度	8度	9度		
七	六	五	二	同上； 各内墙（轴线）与外纵墙交接处； 内纵墙与横墙（轴线）交接处和洞口两侧	外墙转角，灌实5个孔； 内外墙交接处，灌实4个孔； 内墙交接处，灌实4～5个孔； 洞口两侧各灌实1个孔
	七	≥六	≥三	同上； 横墙内芯柱间距不大于2m	外墙转角，灌实7个孔； 内外墙交接处，灌实5个孔； 内墙交接处，灌实4～5个孔； 洞口两侧各灌实1个孔

注：外墙转角、内外墙交接处、楼电梯间四角等部位，应允许采用钢筋混凝土构造柱替代部分芯柱。

二、对标准规定的理解

1. 《抗震通规》的相关规定见其第5.5.8条。

2. 本条可理解为在查表7.4.1前应先确定查表所用的计算楼层数，对外廊式和单面走廊式的多层房屋、横墙较少的房屋、各层横墙很少的房屋，应根据表7.3.1-1确定查表7.4.1时的房屋层数。

3. 外墙转角、内外墙交接处、楼电梯间四角等部位，应尽量采用钢筋混凝土构造柱，提高约束效果并方便施工。

4. 对“楼梯斜梯段上下端对应的墙体处”“大房间”的理解见第7.3.1条。

5. 灌孔宜相对于墙角均匀对称布置，当为L形墙角时，芯柱灌孔数量宜为3、5、7，当为T形交角时，芯柱灌孔数量宜为4、5、6、7。

三、结构设计的相关问题

对芯柱质量的担忧。

四、结构设计建议

1. 同第7.3.1条结构设计建议1。

2. 一般情况下，芯柱施工复杂、影响其施工质量的因素较多且难以直观地进行检测，有条件时可采用强度高、延性好、质量易保证的构造柱代替芯柱。

五、相关索引

《砌体规范》的相关规定见其第10.3.4条。

第7.4.2条

一、标准的规定

7.4.2 多层小砌块房屋的芯柱，应符合下列构造要求：

1 小砌块房屋芯柱截面不宜小于120mm×120mm。

2 芯柱混凝土强度等级，不应低于Cb20。

3 芯柱的竖向插筋应贯通墙身且与圈梁连接；插筋不应小于1ϕ12，6、7度时超过五层、8度时超过四层和9度时，插筋不应小于1ϕ14。

4 芯柱应伸入室外地面下500mm或与埋深小于500mm的基础圈梁相连。

5 为提高墙体抗震受剪承载力而设置的芯柱，宜在墙体内均匀布置，最大净距不宜大于 2.0m。

6 多层小砌块房屋墙体交接处或芯柱与墙体连接处应设置拉结钢筋网片，网片可采用直径 4mm 的钢筋点焊而成，沿墙高间距不大于 600mm，并应沿墙体水平通长设置。6、7 度时底部 1/3 楼层，8 度时底部 1/2 楼层，9 度时全部楼层，上述拉结钢筋网片沿墙高间距不大于 400mm。

二、对标准规定的理解

1. 根据《抗震通规》第 5.5.11 条的规定，条文中的“Cb20”应修改为“Cb25”。

2. 芯柱的设置要求见表 7.4.2-1。

芯柱的设置要求 **表 7.4.2-1**

<table>
<tr><th>序号</th><th>项 目</th><th colspan="2">内 容</th></tr>
<tr><td>1</td><td>芯柱的截面要求</td><td colspan="2">≥120×120</td></tr>
<tr><td>2</td><td>芯柱的混凝土强度等级</td><td colspan="2">≥Cb25</td></tr>
<tr><td rowspan="4">3</td><td rowspan="4">芯柱的竖向插筋</td><td colspan="2">≥1ϕ12，应贯通墙身且与圈梁连接</td></tr>
<tr><td>6、7 度时超过五层</td><td rowspan="3">≥1ϕ14</td></tr>
<tr><td>8 度时超过四层</td></tr>
<tr><td>9 度时</td></tr>
<tr><td>4</td><td>芯柱柱根做法</td><td colspan="2">同第 7.3.2 条规定（图 7.3.2-5、图 7.3.2-6）</td></tr>
<tr><td>5</td><td>为提高墙体抗震受剪承载力而设置的芯柱间距</td><td colspan="2">芯柱均匀设置最大净距≤2.0m</td></tr>
</table>

3. 沿墙体通长设置的焊接钢筋网片，灌孔数量的多少直接影响到网片对墙体的拉结作用，有条件时应适当增加灌孔数量或减小芯柱的间距。对本条规定第 6 款的理解见图 7.4.2-1。焊接钢筋网片的做法见第 7.3.2 条。

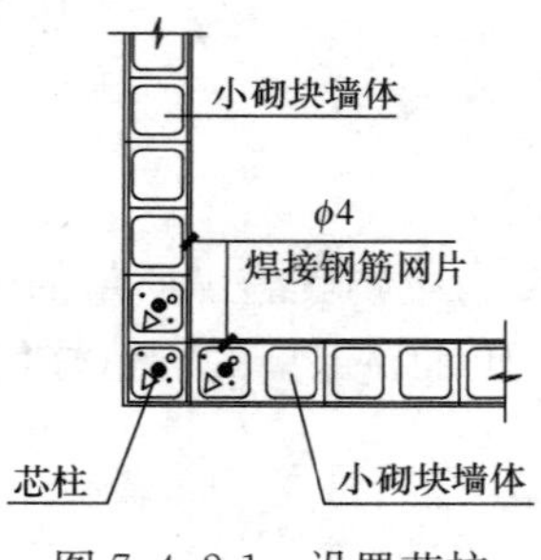

图 7.4.2-1 设置芯柱

第 7.4.3 条

一、标准的规定

7.4.3 小砌块房屋中替代芯柱的钢筋混凝土构造柱，应符合下列构造要求：

1 构造柱截面不宜小于 190mm×190mm，纵向钢筋宜采用 4ϕ12，箍筋间距不宜大于 250mm，且在柱上下端应适当加密；6、7 度时超过五层、8 度时超过四层和 9 度时，构造柱纵向钢筋宜采用 4ϕ14，箍筋间距不应大于 200mm；外墙转角的构造柱可适当加大截面及配筋。

2　构造柱与砌块墙连接处应砌成马牙槎，与构造柱相邻的砌块孔洞，6度时宜填实，7度时应填实，8、9度时应填实并插筋。构造柱与砌块墙之间沿墙高每隔600mm设置ϕ4点焊拉结钢筋网片，并应沿墙体水平通长设置。6、7度时底部1/3楼层，8度时底部1/2楼层，9度全部楼层，上述拉结钢筋网片沿墙高间距不大于400mm。

3　构造柱与圈梁连接处，构造柱的纵筋应在圈梁纵筋内侧穿过，保证构造柱纵筋上下贯通。

4　构造柱可不单独设置基础，但应伸入室外地面下500mm，或与埋深小于500mm的基础圈梁相连。

二、对标准规定的理解

替代芯柱的构造柱要求见表7.4.3-1。

替代芯柱的构造柱要求　　**表7.4.3-1**

<table>
<tr><th>序号</th><th>项　目</th><th colspan="4">内　容</th></tr>
<tr><td>1</td><td>构造柱截面</td><td colspan="4">≥190mm×190mm(外墙转角的构造柱可适当加大截面及配筋)</td></tr>
<tr><td rowspan="4">2</td><td rowspan="4">构造柱纵向钢筋</td><td colspan="4">≥4ϕ12</td></tr>
<tr><td colspan="3">6、7度时超过五层</td><td rowspan="3">≥4ϕ14</td></tr>
<tr><td colspan="3">8度时超过四层</td></tr>
<tr><td colspan="3">9度时</td></tr>
<tr><td rowspan="4">3</td><td rowspan="4">构造柱箍筋间距</td><td colspan="4">≤@250mm且在柱上下端适当加密</td></tr>
<tr><td colspan="3">6、7度时超过五层</td><td rowspan="3">≤@200mm</td></tr>
<tr><td colspan="3">8度时超过四层</td></tr>
<tr><td colspan="3">9度时</td></tr>
<tr><td rowspan="8">4</td><td rowspan="8">构造柱与砌块连接处</td><td colspan="4">应砌成马牙槎</td></tr>
<tr><td colspan="2" rowspan="3">与构造柱相邻砌块孔洞</td><td colspan="2">6度宜填实</td></tr>
<tr><td colspan="2">7度应填实</td></tr>
<tr><td colspan="2">8、9度应填实并插筋</td></tr>
<tr><td rowspan="4">ϕ4点焊拉结钢筋网片，并沿墙体水平通长设置</td><td colspan="3">沿墙高间距≤600mm</td></tr>
<tr><td colspan="2">6、7度时底部1/3楼层</td><td rowspan="3">沿墙高间距≤400mm</td></tr>
<tr><td colspan="2">8度时底部1/2楼层</td></tr>
<tr><td colspan="2">9度时全部楼层</td></tr>
<tr><td>5</td><td>构造柱与圈梁连接处</td><td colspan="4">构造柱纵筋上下贯通穿过圈梁</td></tr>
<tr><td>6</td><td>构造柱基础</td><td colspan="4">同第7.3.2条规定(图7.3.2-5、图7.3.2-6)</td></tr>
</table>

第7.4.4条

一、标准的规定

7.4.4　多层小砌块房屋的现浇钢筋混凝土圈梁的设置位置应按本规范第7.3.3条多层砖

砌体房屋圈梁的要求执行，圈梁宽度不应小于 190mm，配筋不应少于 4ϕ12，箍筋间距不应大于 200mm。

二、对标准规定的理解

1.《砌体通规》的相关规定见其第 4.2.6 条。

2. 对本条的理解可参见本章第 7.3.4 条，圈梁箍筋的间距比第 7.3.4 条要求更高。

三、结构设计的相关问题

关于圈梁箍筋的直径选用问题。

四、结构设计建议

一般情况下，圈梁箍筋可采用直径 $d_s \geqslant$6mm。

第 7.4.5 条

一、规范的规定

7.4.5　多层小砌块房屋的层数，6 度时超过五层、7 度时超过四层、8 度时超过三层和 9 度时，在底层和顶层的窗台标高处，沿纵横墙应设置通长的水平现浇钢筋混凝土带；其截面高度不小于 60mm，纵筋不少于 2ϕ10，并应有分布拉结钢筋；其混凝土强度等级不应低于C20。

水平现浇混凝土带亦可采用槽形砌块替代模板，其纵筋和拉结钢筋不变。

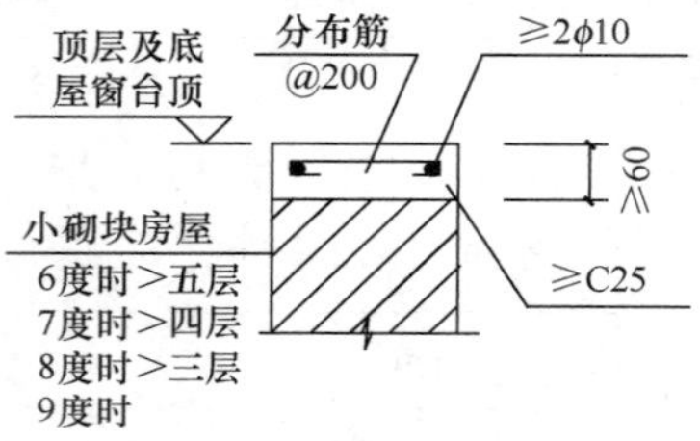

图 7.4.5-1　现浇钢筋混凝土带（单位：mm）

二、对标准规定的理解

1. 根据《抗震通规》第 5.5.11 条的规定，条文中的“C20”应修改为“C25”。

2. 本条规定与第 7.3.14 条第 7 款相似，对本条规定的理解可见图 7.4.5-1。现浇混凝土带中的分布钢筋间距宜为 200mm。

第 7.4.6 条

一、标准的规定

7.4.6　丙类的多层小砌块房屋，当横墙较少且总高度和层数接近或达到本规范表 7.1.2 规定限值时，应符合本规范第 7.3.14 条的相关要求；其中，墙体中部的构造柱可采用芯柱替代，芯柱的灌孔数量不应少于 2 孔，每孔插筋的直径不应小于 18mm。

二、对标准规定的理解

本条规定与第 7.3.14 条相比，除构造柱由芯柱取代外，其他基本一致。

第 7.4.7 条

一、标准的规定

7.4.7　小砌块房屋的其他抗震构造措施，尚应符合本规范第 7.3.5 条至第 7.3.13 条有关要求。其中，墙体的拉结钢筋网片间距应符合本节的相应规定，分别取 600mm 和 400mm。

二、对标准规定的理解

1. 本条规定中的“墙体的拉结钢筋网片间距”指：墙体的拉结钢筋网片沿墙高方向的间距。

2. 小砌块房屋的其他抗震构造措施基本沿用第7.3节的规定，同时对焊接钢筋网片的设置提出了专门要求。

7.5 底部框架-抗震墙砌体房屋抗震构造措施

要点：

底部框架-抗震墙砌体房屋是由上部砌体结构、下部框架-抗震墙（6度时可采用约束砌体抗震墙）结构组成的竖向刚度不规则的结构。其构造除应满足规范对砌体结构、框架-抗震墙结构的基本抗震要求外，还应满足本节对该结构体系的特殊要求，这些要求都是围绕着竖向不规则进行的，其加强的力度要强于多层砖房。《砌体规范》的相关要求见其第10.4节。

底部抗震墙往往属于低矮的抗震墙，因而在构造上要采取更为严格的措施。砌体抗震墙中拉结钢筋网片设置的相关问题见第7.3.2条。

底部框架-抗震墙砌体房屋属于复杂结构体系，先天不足在于其底部侧向刚度的变化过大，尽管在构造上采取了必要的加强措施，但其抗震性能仍要比多层砖房差（尤其是大震时）。因此，实际工程中应尽量避免采用这一不合理的结构体系，从根本上确保“大震不倒”性能目标的实现。

《砌体通规》的相关规定见其第4.3.1～4.3.4条。

第7.5.1条

一、标准的规定

7.5.1 底部框架-抗震墙砌体房屋的上部墙体应设置钢筋混凝土构造柱或芯柱，并应符合下列要求：

1 钢筋混凝土构造柱、芯柱的设置部位，应根据房屋的总层数分别按本规范第7.3.1条、7.4.1条的规定设置。

2 构造柱、芯柱的构造，除应符合下列要求外，尚应符合本规范第7.3.2、7.4.2、7.4.3条的规定：

1） 砖砌体墙中构造柱截面不宜小于240mm×240mm（墙厚190mm时为240mm×190mm）；

2） 构造柱的纵向钢筋不宜少于4ϕ14，箍筋间距不宜大于200mm；芯柱每孔插筋不应小于1ϕ14，芯柱之间沿墙高应每隔400mm设ϕ4焊接钢筋网片。

3 构造柱、芯柱应与每层圈梁连接，或与现浇楼板可靠拉接。

二、对标准规定的理解

1. 底部框架-抗震墙房屋自下而上可分为底框层、过渡层及上部楼层。本条所述之“上部墙体”指过渡层以上的上部楼层所对应的墙体。

2. 底部框架-抗震墙房屋的上部墙体构造柱的设置要求要高于层数和房屋高度相同的一般砌体结构，见表 7.5.1-1。

底部框架-抗震墙房屋的上部设置构造柱要求 **表 7.5.1-1**

项　目	内　容	项　目	内　容
构造柱设置要求	按表 7.3.1 要求	构造柱的箍筋间距	≤@200mm
构造柱的截面	≥240mm×240mm	构造柱与圈梁或现浇板	应可靠连接
构造柱的纵向钢筋	≥4ϕ14		

三、结构设计的相关问题

过渡层的范围层数未予明确。

四、结构设计建议

一般可取过渡层为底部框架-抗震墙上部的一层高度范围，必要时也可对以上楼层的墙体适当加强构造柱设置。

第 7.5.2 条

一、标准的规定

7.5.2 过渡层墙体的构造，应符合下列要求：

1 上部墙体的中心线宜与底部的框架梁、抗震墙的中心线相重合；构造柱或芯柱宜与框架柱上下贯通。

2 过渡层应在底部框架柱、混凝土墙或约束砌体墙的构造柱所对应处设置构造柱或芯柱；墙体内的构造柱间距不宜大于层高；芯柱除按本规范表 7.4.1 设置外，最大间距不宜大于 1m。

3 过渡层构造柱的纵向钢筋，6、7 度时不宜少于 4ϕ16，8 度时不宜少于 4ϕ18。过渡层芯柱的纵向钢筋，6、7 度时不宜少于每孔 1ϕ16，8 度时不宜少于每孔 1ϕ18。一般情况下，纵向钢筋应锚入下部的框架柱或混凝土墙内；当纵向钢筋锚固在托墙梁内时，托墙梁的相应位置应加强。

4 过渡层的砌体墙在窗台标高处，应设置沿纵横墙通长的水平现浇钢筋混凝土带；其截面高度不小于 60mm，宽度不小于墙厚，纵向钢筋不少于 2ϕ10，横向分布筋的直径不小于 6mm 且其间距不大于 200mm。此外，砖砌体墙在相邻构造柱间的墙体，应沿墙高每隔 360mm 设置 2ϕ6 通长水平钢筋和 ϕ4 分布短筋平面内点焊组成的拉结网片或 ϕ4 点焊钢筋网片，并锚入构造柱内；小砌块砌体墙芯柱之间沿墙高应每隔 400mm 设置 ϕ4 通长水平点焊钢筋网片。

5 过渡层的砌体墙，凡宽度不小于 1.2m 的门洞和 2.1m 的窗洞，洞口两侧宜增设截面不小于 120mm×240mm（墙厚 190mm 时为 120mm×190mm）的构造柱或单孔芯柱。

6 当过渡层的砌体抗震墙与底部框架梁、墙体不对齐时，应在底部框架内设置托墙转换梁，并且过渡层砖墙或砌块墙应采取比本条 4 款更高的加强措施。

二、对标准规定的理解

1. 过渡层指与底部框架-抗震墙相邻的上一砌体楼层。过渡层处于侧向刚度的变化较剧烈的区域（底部框架-抗震墙侧向刚度较小，过渡层及上部砌体结构侧向刚度较大），其在地震时破坏较重。故对此应采取专门措施予以加强（表 7.5.2-1）。

2. 本条可用图 7.5.2-1～图 7.5.2-5 来理解。

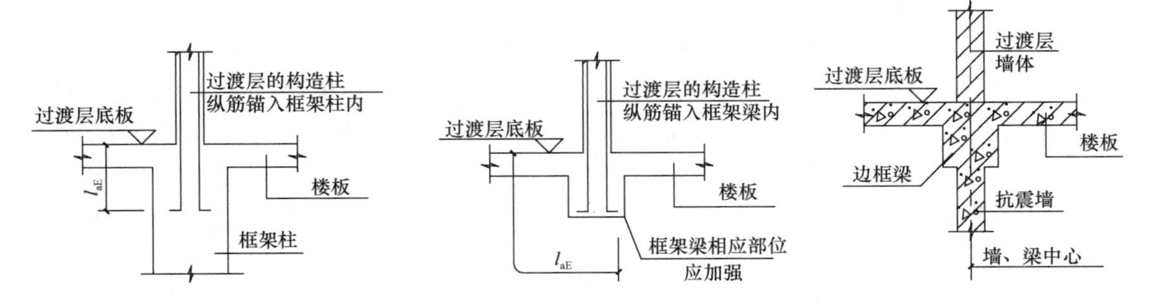

图 7.5.2-1　构造柱纵筋锚入框架柱　图 7.5.2-2　构造柱纵筋锚入框架柱　图 7.5.2-3　过渡层墙体

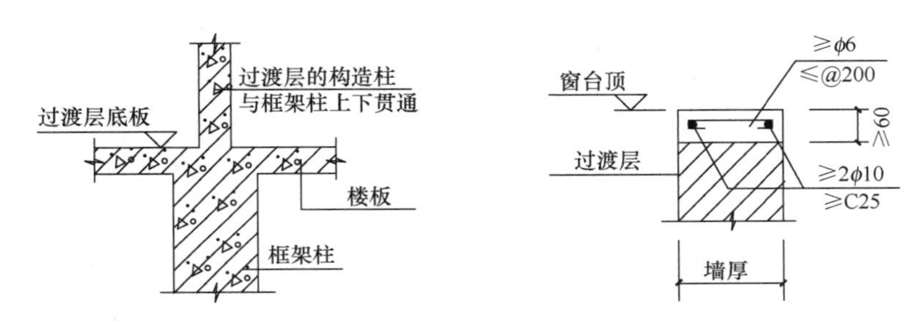

图 7.5.2-4　过渡层构造柱与框架柱　　图 7.5.2-5　现浇钢筋混凝土带

底部框架-抗震墙房屋的过渡层墙体构造要求　　表 7.5.2-1

序号	项　目		内　容
1	上部墙体	墙体中性线	宜与底部的框架梁、抗震墙的中心线相重合
		构造柱或芯柱	宜与框架柱上下贯通
2	过渡层墙体	构造柱或芯柱	在底部框架柱、混凝土墙或约束砌体墙的构造柱所对应处设置
		构造柱间距	墙体内的构造柱间距不宜大于层高
3	过渡层的芯柱		按本规范表 7.4.1 设置，最大间距不宜大于 1m
4	过渡层构造柱的纵向钢筋		6、7 度时不宜少于 4ϕ16，8 度时不宜少于 4ϕ18
5	过渡层的砌体墙在窗台标高处沿纵横墙通长的水平现浇钢筋混凝土带		截面高度不小于 60mm，宽度不小于墙厚，纵向钢筋不少于 2ϕ10，横向分布筋的直径不小于 6mm 且其间距不大于 200mm（建议设置高度不小于 120mm 的圈梁、配筋不小于 4ϕ10，ϕ6@200）
6	砖砌体墙 2ϕ6 通长水平钢筋和 ϕ4 分布短筋平面内点焊组成的拉结网片或 ϕ4 点焊钢筋网片		沿墙高每隔 360mm
7	小砌块砌体墙 ϕ4 通长水平点焊钢筋网片		沿墙高每隔 400mm
8	过渡层的砌体墙，凡宽度不小于 1.2m 的门洞和 2.1m 的窗洞两侧		设截面不小于 120mm×240mm（墙厚 190mm 时为 120mm×190mm）的构造柱或单孔芯柱
9	当过渡层的砌体抗震墙与底部框架梁、墙体不对齐时		应在底部框架内设置托墙转换梁，并且过渡层砖墙或砌块墙应采取比 5、6、7 项更高的加强措施

第7.5.3条

一、标准的规定

7.5.3 底部框架-抗震墙砌体房屋的底部采用钢筋混凝土墙时，其截面和构造应符合下列要求：

1 墙体周边应设置梁（或暗梁）和边框柱（或框架柱）组成的边框；边框梁的截面宽度不宜小于墙板厚度的1.5倍，截面高度不宜小于墙板厚度的2.5倍；边框柱的截面高度不宜小于墙板厚度的2倍。

2 墙板的厚度不宜小于160mm，且不应小于墙板净高的1/20；墙体宜开设洞口形成若干墙段，各墙段的高宽比不宜小于2。

3 墙体的竖向和横向分布钢筋配筋率均不应小于0.30%，并应采用双排布置；双排分布钢筋间拉筋的间距不应大于600mm，直径不应小于6mm。

4 墙体的边缘构件可按本规范第6.4节关于一般部位的规定设置。

二、对标准规定的理解

1. 规定中的“墙板厚度”可理解为钢筋混凝土抗震墙的厚度。

2. 对本条第1款的理解见图7.5.3-1、图7.5.3-2，使抗震墙成为带边框的抗震墙，提高墙体的抗震性能。

3. 对本条第2款的理解见图7.5.3-3，控制墙段高宽比的目的就是改变矮墙的受力特性，提高墙体的延性并提高墙体的耗能能力。

4. 对本条第3款的理解见图7.5.3-4，对抗震墙的分布钢筋要求同部分框支抗震墙结构中落地抗震墙的要求（见第6.4.3条）。

5. 对本条第4款的理解见图7.5.3-5。

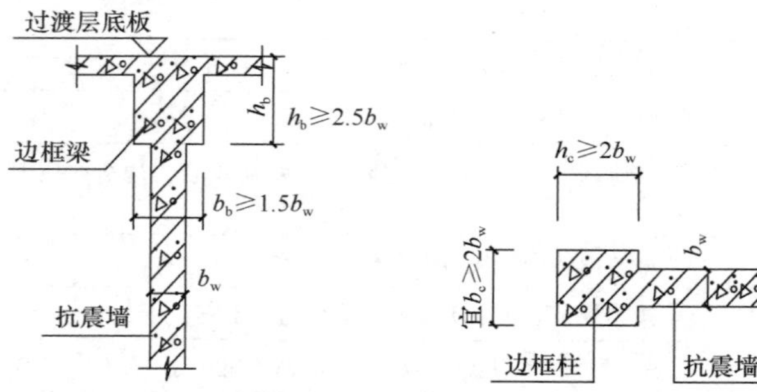

图7.5.3-1 墙体周边设边框

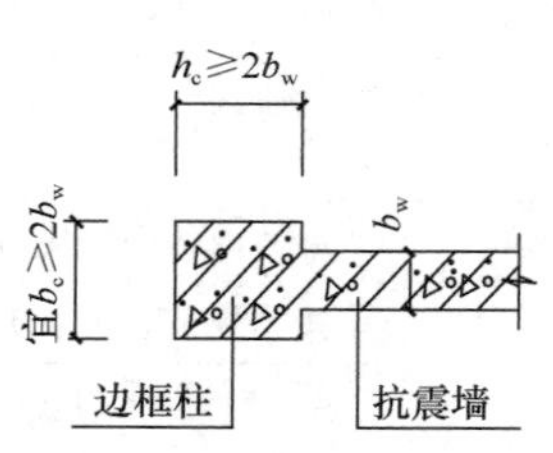

图7.5.3-2 边框柱

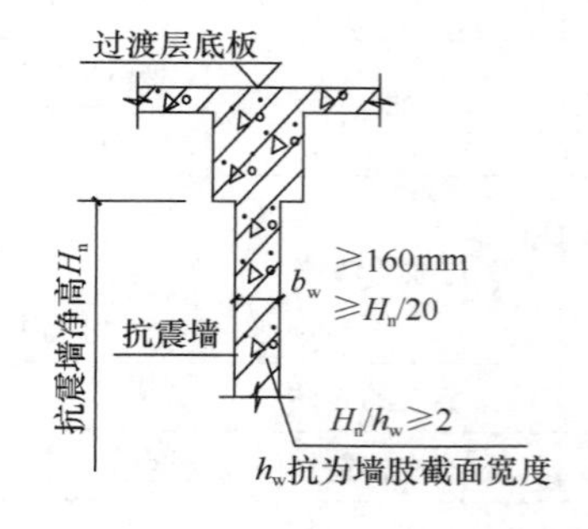

图7.5.3-3 墙的高宽比

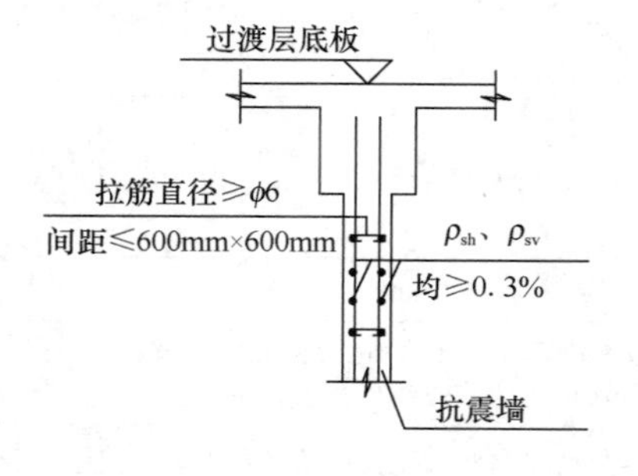

图7.5.3-4 墙体配筋构造

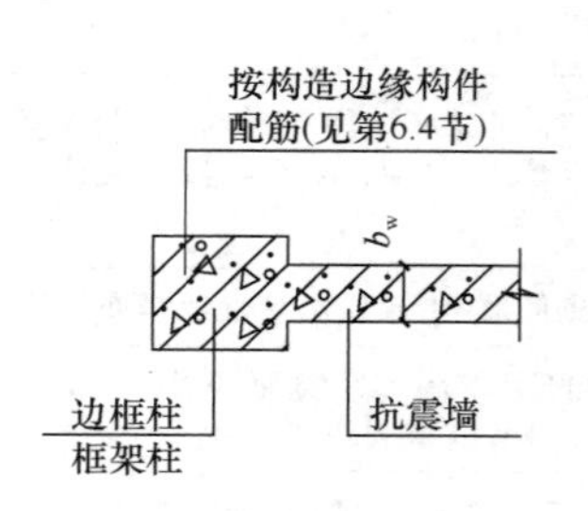

图7.5.3-5 边框柱构造

第 7.5.4 条

一、标准的规定

7.5.4　当 6 度设防的底层框架-抗震墙砖房的底层采用约束砖砌体墙时，其构造应符合下列要求：

1　砖墙厚不应小于 240mm，砌筑砂浆强度等级不应低于 M10，应先砌墙后浇框架。

2　沿框架柱每隔 300mm 配置 2ϕ8 水平钢筋和 ϕ4 分布短筋平面内点焊组成的拉结网片，并沿砖墙水平通长设置；在墙体半高处尚应设置与框架柱相连的钢筋混凝土水平系梁。

3　墙长大于 4m 时和洞口两侧，应在墙内增设钢筋混凝土构造柱。

二、对标准规定的理解

1. 依据第 7.1.8 条的规定，“6 度且总层数不超过四层的底层-框架抗震墙砌体房屋”，才“允许采用嵌砌于框架之间的约束普通砖砌体或小砌块砌体的砌体抗震墙”，也即只允许用在底层框架-抗震墙砖房中使用（而不允许在底部两层框架-抗震墙砖房中使用）。

2. 对本条第 1 款的理解见图 7.5.4-1。

3. 对本条第 2、3 款的理解见图 7.5.4-2。其中的钢筋网片比一般砌体结构中设置的钢筋网片（第 7.3.2 条中第 2 款）要求更严，采用的是 2ϕ8 的水平钢筋。

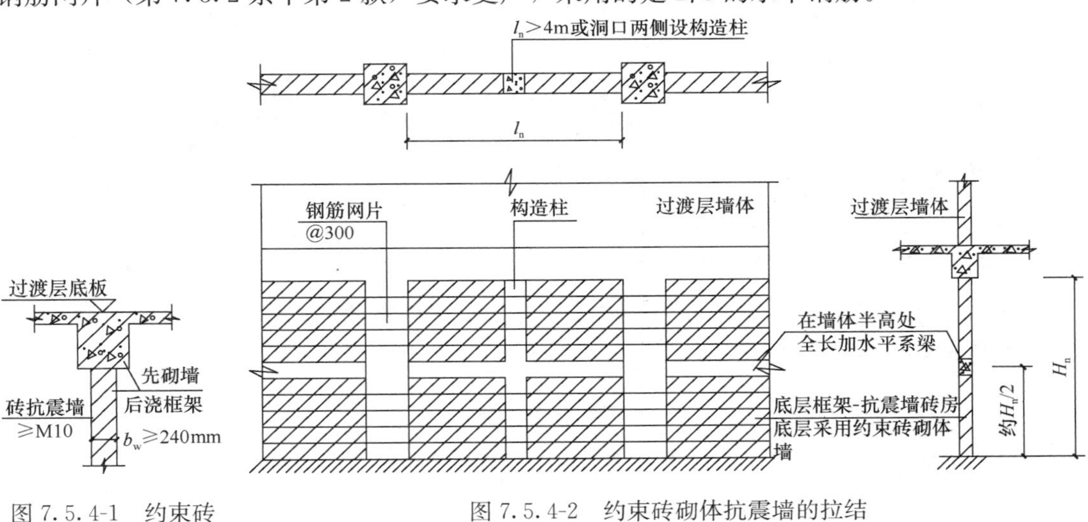

图 7.5.4-1　约束砖砌体抗震墙

图 7.5.4-2　约束砖砌体抗震墙的拉结

第 7.5.5 条

一、标准的规定

7.5.5　当 6 度设防的底层框架-抗震墙砌块房屋的底层采用约束小砌块砌体墙时，其构造应符合下列要求：

1　墙厚不应小于 190mm，砌筑砂浆强度等级不应低于 Mb10，应先砌墙后浇框架。

2　沿框架柱每隔 400mm 配置 2ϕ8 水平钢筋和 ϕ4 分布短筋平面内点焊组成的拉结网

片，并沿砌块墙水平通长设置；在墙体半高处尚应设置与框架柱相连的钢筋混凝土水平系梁，系梁截面不应小于 190mm×190mm，纵筋不应小于 4ϕ12，箍筋直径不应小于 ϕ6，间距不应大于 200mm。

3　墙体在门、窗洞口两侧应设置芯柱，墙长大于 4m 时，应在墙内增设芯柱，芯柱应符合本规范第 7.4.2 条的有关规定；其余位置，宜采用钢筋混凝土构造柱替代芯柱，钢筋混凝土构造柱应符合本规范第 7.4.3 条的有关规定。

二、对标准规定的理解

1. 依据第 7.1.8 条的规定，“6 度且总层数不超过四层的底层-框架抗震墙砌体房屋”，才“允许采用嵌砌于框架之间的约束普通砖砌体或小砌块砌体的砌体抗震墙”，即只允许在底层框架-抗震墙砖房中使用（而不允许在底部两层框架-抗震墙砖房中使用）。

2. 本条规定与第 7.5.4 条类似，理解应用时对两条规定可相互参照。

3. 对本条第 1 款的理解见图 7.5.5-1。

4. 对本条第 2、3 款的理解见图 7.5.5-2。

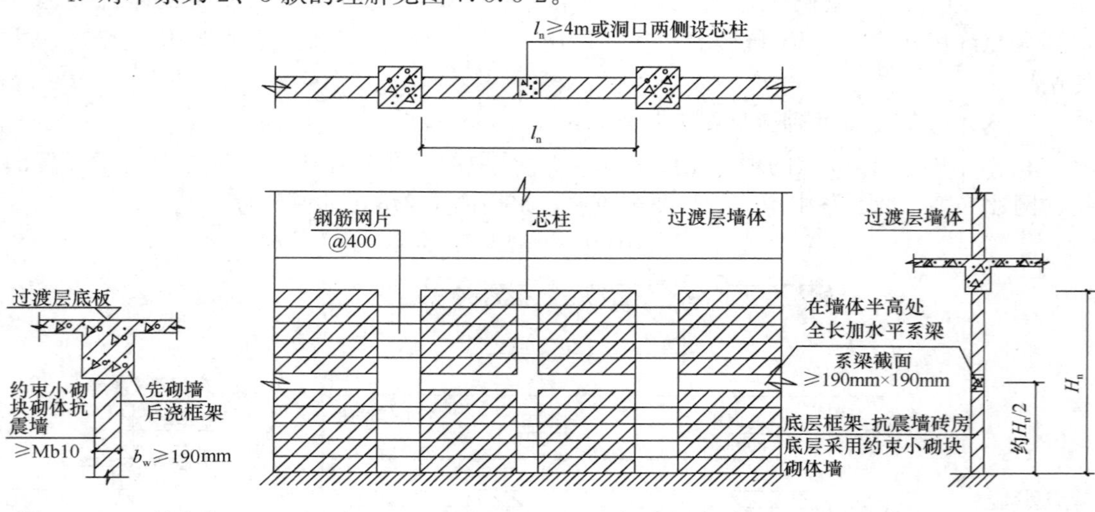

图 7.5.5-1　约束小砌块砌体抗震墙

图 7.5.5-2　约束小砌块砌体抗震墙的拉结

第 7.5.6 条

一、标准的规定

7.5.6　底部框架-抗震墙砌体房屋的框架柱应符合下列要求：

1　柱的截面不应小于 400mm×400mm，圆柱直径不应小于 450mm。

2　柱的轴压比，6 度时不宜大于 0.85，7 度时不宜大于 0.75，8 度时不宜大于 0.65。

3　柱的纵向钢筋最小总配筋率，当钢筋的强度标准值低于 400MPa 时，中柱在 6、7 度时不应小于0.9%，8 度时不应小于1.1%；边柱、角柱和混凝土抗震墙端柱在 6、7 度时不应小于1.0%，8 度时不应小于1.2%。

4　柱的箍筋直径，6、7 度时不应小于 8mm，8 度时不应小于 10mm，并应全高加密箍筋，间距不大于 100mm。

5　柱的最上端和最下端组合的弯矩设计值应乘以增大系数，一、二、三级的增大系数应分别按1.5、1.25和1.15采用。

二、对标准规定的理解

1. 依据《混凝土通规》第4.4.9条的规定，配筋率应取至小数点后两位，即条文中的“0.9%”“1.0%”“1.1%”和“1.2%”应分别修改为“0.90%”“1.00%”“1.10%”和“1.20%”。

2. 根据底部框架-抗震墙砌体房屋中框架柱的特点及其重要性，提出了不同于一般框架柱而大体接近框支柱的具体要求。

3. 规定了当钢筋的强度标准值低于400MPa时，柱的纵向钢筋最小总配筋率。

三、结构设计建议

当钢筋的强度标准值不低于400MPa时，柱的纵向钢筋最小总配筋率仍可按本条第3款中“钢筋的强度标准值低于400MPa时”的规定确定。

第7.5.7条

一、标准的规定

7.5.7　底部框架-抗震墙砌体房屋的楼盖应符合下列要求：

1　过渡层的底板应采用现浇钢筋混凝土板，板厚不应小于120mm；并应少开洞、开小洞，当洞口尺寸大于800mm时，洞口周边应设置边梁。

2　其他楼层，采用装配式钢筋混凝土楼板时均应设现浇圈梁；采用现浇钢筋混凝土楼板时应允许不另设圈梁，但楼板沿抗震墙体周边均应加强配筋并应与相应的构造柱可靠连接。

二、对标准规定的理解

1.《砌体通规》的相关规定见其第4.3.4条。本条规定与第7.3.3条相似，其目的就是要确保楼板的整体性和传递水平剪力的有效性。

2. 本条第1款可用图7.5.7-1来理解。楼板“小洞”可理解为不大于300mm×300mm的洞。

3. 对本条第2款的理解可参见图7.3.3-1和图7.3.3-2。

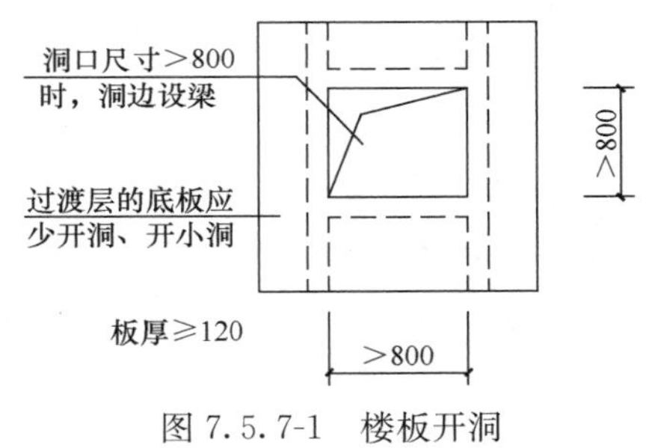

图7.5.7-1　楼板开洞

第7.5.8条

一、标准的规定

7.5.8　底部框架-抗震墙砌体房屋的钢筋混凝土托墙梁，其截面和构造应符合下列要求：

1　梁的截面宽度不应小于300mm，梁的截面高度不应小于跨度的1/10。

2　箍筋的直径不应小于8mm，间距不应大于200mm；梁端在1.5倍梁高且不小于1/5梁净跨范围内，以及上部墙体的洞口处和洞口两侧各500mm且不小于梁高的范围内，箍筋间距不应大于100mm。

3　沿梁高应设腰筋，数量不应少于2ϕ14，间距不应大于200mm。

4　梁的纵向受力钢筋和腰筋应按受拉钢筋的要求锚固在柱内，且支座上部的纵向钢筋在柱内的锚固长度应符合钢筋混凝土框支梁的有关要求。

二、对标准规定的理解

1. 本条强调钢筋混凝土托墙梁在底部框架-抗震墙砌体房屋中的极端重要性。

2. 对本条规定的理解见图 7.5.8-1，钢筋的锚固做法应符合对钢筋混凝土框支梁的要求。

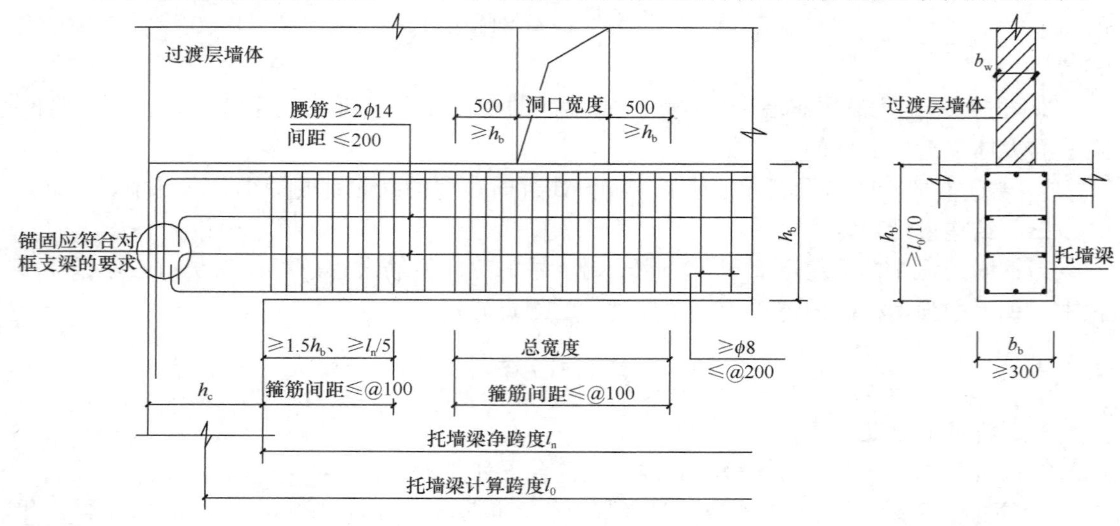

图 7.5.8-1 钢筋混凝土托梁

三、相关索引

《砌体通规》的相关规定见其第 4.3.3 条。托墙梁在柱的锚固还可参考《高规》第 10.2.8 条。

第 7.5.9 条

一、标准的规定

7.5.9 底部框架-抗震墙砌体房屋的材料强度等级，应符合下列要求：

1 框架柱、混凝土墙和托墙梁的混凝土强度等级，不应低于 C30。

2 过渡层砌体块材的强度等级不应低于 MU10，砖砌体砌筑砂浆强度的等级不应低于 M10，砌块砌体砌筑砂浆强度的等级不应低于 Mb10。

二、对标准规定的理解

规范对底部框架-抗震墙房屋的材料强度等级要求见表 7.5.9-1。

规范对底部框架-抗震墙房屋的材料强度等级要求 **表 7.5.9-1**

序号	构 件 名 称	材料强度要求
1	框架柱、抗震墙和托墙梁	混凝土强度等级≥C30
2	过渡层墙体	砌体块材的强度等级应≥MU10 砖砌体砌筑砂浆强度等级应≥M10 砌块砌体砌筑砂浆的强度等级应≥Mb10

第 7.5.10 条

一、标准的规定

7.5.10 底部框架-抗震墙砌体房屋的其他抗震构造措施，应符合本规范第 7.3 节、第 7.4

节和第 6 章的有关要求。

二、对标准规定的理解

底部框架-抗震墙砌体房屋是由上部砌体结构、下部框架-抗震墙（6 度时房屋层数不超过四层时，可采用约束砌体抗震墙及约束小砌块砌体抗震墙）结构组成的复杂结构体系。其构造除应满足对该结构体系的特殊要求外，还应满足规范对砌体结构、对框架-抗震墙结构的基本抗震要求。

8　多层和高层钢结构房屋

说明：

1. 钢结构的抗震性能优于钢筋混凝土结构，具有良好的延性，不仅能减弱地震反应，而且属于较理想的弹塑性结构，具有抵抗强烈地震的变形能力。与钢筋混凝土结构不同，剪切变形作为钢结构耗能的一种主要形式。

2. 本章内容不适用于上层为钢结构下层为混凝土结构的混合型多层结构。

3. 本章相关内容引自现行行业标准《高层民用建筑钢结构技术规程》JGJ 99（简称《高钢规》），结构设计时各本标准应相互参照。

8.1　一　般　规　定

要点：

针对钢结构的特点，规范制定了钢结构设计的一般原则。

第 8.1.1 条

一、标准的规定

8.1.1　本章适用的钢结构民用房屋的结构类型和最大高度应符合表 8.1.1 的规定。平面和竖向均不规则的钢结构，适用的最大高度宜适当降低。

注：1　钢支撑-混凝土框架和钢框架-混凝土筒体结构的抗震设计，应符合本规范附录 G 的规定；

2　多层钢结构厂房的抗震设计，应符合本规范附录 H 第 H.2 节的规定。

钢结构房屋适用的最大高度（m）　　**表 8.1.1**

结构类型	6、7 度	7 度	8 度		9 度
	(0.10g)	(0.15g)	(0.20g)	(0.30g)	(0.40g)
框架	110	90	90	70	50
框架-中心支撑	220	200	180	150	120
框架-偏心支撑（延性墙板）	240	220	200	180	160
筒体（框筒，筒中筒，桁架筒，束筒）和巨型框架	300	280	260	240	180

注：1　房屋高度指室外地面到主要屋面板板顶的高度（不包括局部突出屋顶部分）；

2　超过表内高度的房屋，应进行专门研究和论证，采取有效的加强措施；

3　表内的筒体不包括混凝土筒。

二、对标准规定的理解

1. 规定了本章的适用范围，本章适用于抗侧力结构为钢结构的民用房屋，不适用于钢与混凝土混合结构及多层工业建筑房屋。

2. 表 8.1.1 中的 6 度、7 度、8 度、9 度指本地区抗震设防烈度。

3. 房屋高度超过本条规定时，应专门研究并通过抗震超限审查。

4. 房屋的高度应为室外地面到主要屋面的高度。

三、结构设计的相关问题

对平面和竖向均不规则的钢结构，适用的最大高度应“适当降低”的把握。

四、结构设计建议

1. 对平面和竖向均不规则的钢结构，适用的最大高度降低的量值应根据工程经验确定，当无可靠设计经验时，可按降低20%考虑。

2. 对“主要屋面”的理解见第6.1.1条。

3. 对混凝土核心筒-钢框架混合结构，由于钢框架与混凝土核心筒的侧向刚度差异很大，国外对这一结构体系在高烈度区的采用十分谨慎。20世纪80年代起，这一结构体系在我国应用相当普遍（尤其是高烈度区超高层建筑），积累了一定的工程经验，规范也有相应的规定（《抗震标准》附录G），但鉴于这一结构体系的特殊性，考虑其抗震性能研究尚不完善，地震经验尤其是大震经验缺乏，在高烈度区超高层建筑的应用中应慎重并应进行超限建筑工程的抗震设防审查。

4. 当房屋上部为钢结构、下部为钢筋混凝土结构的混合型结构时，由于采用两种不同的结构材料，结构的阻尼比不同，侧向刚度发生突变，现有条件下难以准确把握此类结构的地震反应（此类结构体系在理论上是可行的，但主要受制于现有分析手段和实际工程经验）。因此，一般情况下应注意避免采用。实际工程中，当有可靠的工程经验时也可采用，但应注意以下问题：

1）对多层建筑，当下部采用钢筋混凝土结构上部采用钢结构（如在钢筋混凝土结构屋顶以上加建钢结构或轻钢结构的房屋）时，应进行专门论证。

2）高层或超高层建筑结构设计中，应尽量避免底部采用钢筋混凝土结构（如底部裙房层），上部采用钢结构（如裙房层以上的塔楼层），必须采用时，应设置过渡层实现从钢筋混凝土结构→型钢混凝土结构→钢结构的平稳过渡，并进行不同阻尼比的包络设计。其他相关问题可执行《高规》的规定。

五、相关索引

1.《高钢规》的相关规定见其第3.2.2条。

2. 关于钢结构的费用问题。

钢结构房屋中楼面结构与抗侧力结构的用钢量之间存在一定的比例关系，结构方案阶段时，对非抗震结构可按图8.1.1-1确定用钢量。抗震结构的用钢量应根据设防烈度、场地条件及结构形式等具体情况确定，一般为非抗震结构的1.5～2倍。

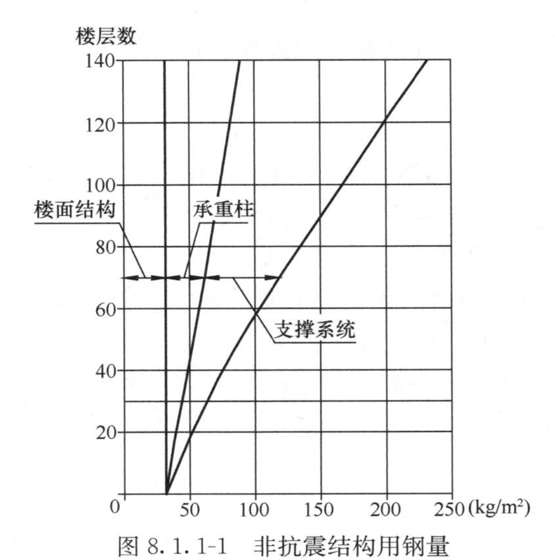

图8.1.1-1 非抗震结构用钢量

1）图8.1.1-1为国外钢结构工程的用钢量统计结果，从中可以看出以下几点：

（1）楼面结构的用钢量受房屋高度的影响不大，一般为33kg/m^2。

（2）承重柱的用钢量与房屋层数（高度）

成正比，但几乎成等比例关系。

（3）房屋层数对支撑结构的用钢量影响较大，房屋越高，用钢量越大，表现为明显的非线性增大关系。

（4）结构总用钢量与结构体系有关，如当为框架-支撑结构时，其总用钢量为楼面结构与承重柱及支撑系统的总和。相对于不同层数的房屋，其用钢量的大致关系见表 8.1.1-1。

不同层数的非抗震钢框架-支撑结构房屋的估算用钢量（kg/m^2） **表 8.1.1-1**

项目	楼层数												
	20	30	40	50	60	70	80	90	100	110	120	130	140
楼面结构	33												
承重柱	8	13	17	22	26	30	34	38	42	46	50	54	58
支撑系统	13	19	27	36	46	57	69	82	94	106	118	130	144
总用钢量	54	65	77	91	105	120	136	153	169	185	201	217	235

2）随着科研水平的不断提高、设计经验的逐步丰富，国外高层建筑钢结构的用钢量近期工程低于早期工程。有钢材强度提高的原因以及结构体系不断改进的因素，还有轻型建筑材料的使用等多方面原因。

3）建筑平面形状（对高层建筑及超高层建筑，纵横两个方向的平面尺寸越接近，结构的经济性越好，平面长宽比越大，结构的费用越高）、结构体系等对结构用钢量影响很大，合理的建筑平面和结构布置是节约工程造价的基础，高层、超高层建筑应特别注意结构的规则性问题。多层结构的平面变化、荷载差异较大，用钢量变化也大，图 8.1.1-1 仅作参考。

4）国内超高层钢结构设计尚处在起步和摸索阶段，用钢量的多少还与设计者的技术水平直接相关。

5）钢结构造价及综合技术经济效益：

（1）抗震性能优于钢筋混凝土结构

相对于钢筋混凝土而言，钢材基本上属于各向同性材料，抗压、抗拉和抗剪强度都很高，更重要的是它具有很好的延性。在地震作用下，不仅能减弱地震反应，而且属于较理想的弹塑性结构，具有抵抗强烈地震的变形能力。

（2）减轻结构自重，降低地基基础费用

钢筋混凝土高层建筑，当采用框架-剪力墙结构和框架-筒体结构，外墙采用玻璃幕墙或铝合金幕墙板，内墙采用轻质隔墙时，包括楼层活荷载在内的上部建筑结构全部重量约为 15～17kN/m^2。其中梁、板、柱及剪力墙等结构的自重约 10～12kN/m^2。相同条件下采用钢结构时，全部重量约为 10～12kN/m^2。其中钢结构和混凝土楼板的结构自重约 5～6kN/m^2。可见两类结构的自重比例约为 2∶1，全部重量的比值约为 1.5∶1，也就是说，75 层高的钢结构高层建筑的地上部分重量只相当于 50 层高的钢筋混凝土结构的重量，荷载减小很多，相应的地震作用也大为减小，基础荷载明显减小，大大降低了基础及地基的技术处理难度，减小了地基处理及基础的费用。

（3）减少结构所占的面积

对于地震区 30～40 层的钢筋混凝土结构的高层建筑，为满足柱子轴压比的限值要求，当柱网尺寸较大时，其截面尺寸有可能达 1.8m×1.8m～2.0m×2.0m，为满足结构的侧向刚度及层间位移要求，核心筒在底部的墙厚也将达 0.6～0.8m，这两项结构面积约为建筑面积的 7%。若采用钢结构，柱截面面积大为减小，核心筒采用钢柱及钢支撑时，包括外装修的做法，其厚度仍比钢筋混凝土核心筒的墙厚薄很多，相应结构面积一般约为建筑面积的 3%，比钢筋混凝土结构减少 4%，这将产生不小的经济效益。

（4） 施工周期短

钢结构构件先在工厂制作，然后在现场安装，一般不需要大量的脚手架，同时采用压型钢板或钢筋桁架组合模板作为钢筋混凝土楼板的永久性模板。混凝土楼板的施工可与钢构件安装交叉进行。而钢筋混凝土结构除钢筋可在工厂（或现场）下料外，其余大量的支模、钢筋绑扎和混凝土浇筑等均需在现场进行。因此，一般情况下，只要施工组织得当，高层钢结构的施工速度要比钢筋混凝土结构快 20%～30%，相应的施工周期也缩短，可使投资得以早日回报。

（5） 钢结构的造价要高于同高度的钢筋混凝土结构

不包括基础及地下室构件在内，上部高层钢结构的造价一般为同样高度钢筋混凝土结构造价的 1.5～2.0 倍，从而增加了上部结构的直接投资。钢结构的造价一般包括三部分：即钢材费用、制作安装费用和防火涂料费用，这三者的大致关系如下：

钢结构的造价＝钢材费用(占 45%)＋制作安装费用(占 35%)＋防火涂料费用(占 20%)

实际工程中钢结构的用钢量虽然大于钢筋混凝土结构的用钢量，但这不是两种结构差价的主要原因，其主要原因在于防火涂料费用所占比例较高，以及钢结构的制作安装技术含量较高，相应的劳务费用较高。而钢结构的制作安装费用及防火费用均与钢结构的用钢量有关，因此，节省用钢量对降低工程造价意义重大。

（6） 上部结构造价与全工程造价的比例关系

全部工程的造价除包括上部钢结构外还包括对工程造价影响较大的基础和地下室造价。基础造价与地基条件有很大的关系，软土地基时对高层建筑一般需采用桩基，因而基础费用较高。对一般高层建筑，上部钢结构的造价约为全部结构造价的 60%～70%。工程造价除包括结构造价外还包含费用相对很高的建筑装饰及电梯、机电设备等费用，粗略估算，一般全部结构造价约为工程总造价的 20%～30%，相应的上部钢结构的造价约为工程造价的 15%～20%。

（7） 采用钢结构的综合经济效益

由以上分析可知：上部钢结构的造价约为工程造价的 15%～20%。而一般工程造价约为工程总投资（包括拆迁、购地及市政增容费用等）的 50%～70%，相应地上部结构的造价约为工程总投资的 8%～15%。因此钢结构与钢筋混凝土结构之间的差价约为工程总投资的 3%～7%。这种差价常可由于采用钢结构后，因自重减轻而降低地基处理及基础造价、增加建筑使用面积和缩短施工周期等得到相当程度的弥补，从而提高工程的综合经济效益。

（8） 钢结构的耐火性能差

钢结构不耐火，在火灾烈焰下，构件温度迅速上升，钢材的屈服强度和弹性模量随温度的上升而急剧下降。当钢材温度超过 300℃时，其强度降低而塑性增加，至 750℃时，结构完全丧失承载能力（图 8.1.1-2），变形迅速增加，导致结构倒塌。因此，《高钢规》规定对

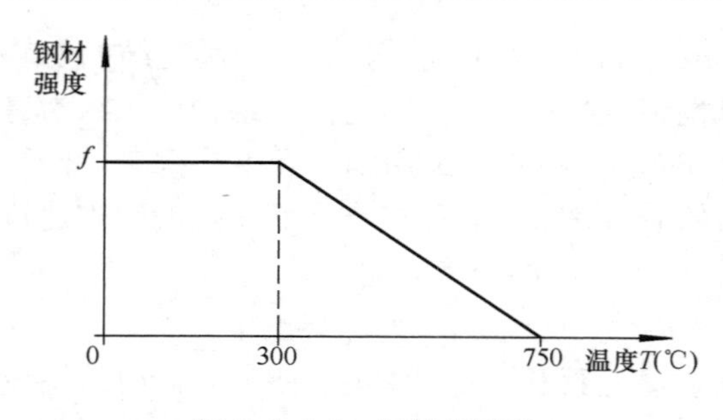

图 8.1.1-2 钢材的强度

钢结构中的梁、柱、支撑及起承重作用的压型钢板等要喷涂防火涂料加以保护（需要在房屋的全生命周期内进行定期施工，这是影响钢结构房屋推广使用的重大问题）。

（9）吸取震害经验教训完善钢结构设计

由于地震的随机性和实际工程的复杂性，难以避免结构平面和剖面的不规则，以及沿竖向刚度和强度突变的结构方案，存在结构的薄弱层和遭受破坏的可能性。钢结构虽有较好的延性，但还难以避免连接节点的开裂、支撑的压屈，及柱子脆性断裂等震害。因此，仍需逐步完善钢结构设计。

（10）钢材的供应

目前国内生产的符合设计规范要求的厚钢板仍需改进和研发，H 型钢虽已生产，但规格还不齐全，供应还需适应小批量的要求。因此，设计过程中需要为落实钢材供应作深入的调查研究，必要时要考虑采用进口钢材的可能性并落实供应条件，使结构方案和所采用的钢材得到落实。

第 8.1.2 条

一、标准的规定

8.1.2 本章适用的钢结构民用房屋的最大高宽比不宜超过表 8.1.2 的规定。

钢结构民用房屋适用的最大高宽比 表 8.1.2

烈度	6、7	8	9
最大高宽比	6.5	6.0	5.5

注：塔形建筑的底部有大底盘时，高宽比可按大底盘以上计算。

二、对标准规定的理解设计建议

1. 表 8.1.2 中的 6、7、8、9 度指本地区抗震设防烈度。

2. 有大底盘的钢结构塔楼的高宽比计算时，所采用的房屋高度可从大底盘的顶部算起（图 8.1.2-1）。在实际工程中对“大底盘”没有定量的区分标准，一般情况下，当下部裙房与上部结构在楼层面积、侧向刚度等方面有显著不同（如不含塔楼的裙房面积不小于塔楼面积的 2 倍，包含塔楼在内的裙房顶层侧向刚度不小于其上塔楼的 1.5 倍）时，可认为属于大底盘之情形。

三、结构设计建议

限制钢结构民用房屋的最大高宽比的根本目的就是要确保房屋的抗倾覆整体稳定性，当实际工程中高宽比超出表 8.1.2

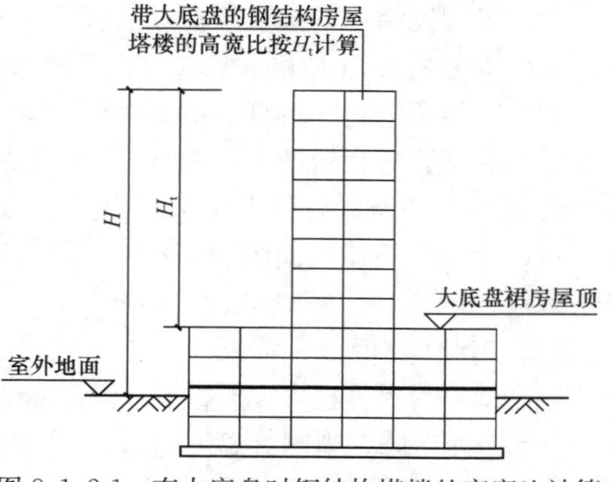

图 8.1.2-1 有大底盘时钢结构塔楼的高宽比计算

中限值时，应特别注意加强对结构在中震和大震下抗倾覆整体稳定的验算。

四、相关索引

《高钢规》的相关规定见其第3.2.3条。

第8.1.3条

一、标准的规定

8.1.3 钢结构房屋应根据设防分类、烈度和房屋高度采用不同的抗震等级，并应符合相应的计算和构造措施要求。丙类建筑的抗震等级应按表8.1.3确定。

钢结构房屋的抗震等级 **表8.1.3**

房屋高度	烈度			
	6	7	8	9
≤50m		四	三	二
>50m	四	三	二	一

注：1 高度接近或等于高度分界时，应允许结合房屋不规则程度和场地、地基条件确定抗震等级；

2 一般情况，构件的抗震等级应与结构相同；当某个部位各构件的承载力均满足2倍地震作用组合下的内力要求时，7～9度的构件抗震等级应允许按降低一度确定。

二、对标准规定的理解

1. 本条强调应根据不同情况确定抗震等级，采取相应的抗震措施。

2. 本条规定中的6、7、8、9度应理解为抗震设防标准，即经表3.1.1-2调整以后的烈度。

3. 比较表8.1.3与表6.1.2可以发现，和混凝土结构不同，钢结构的抗震等级只与设防标准和房屋高度有关，而与房屋自身的结构类型无关，即设防标准确定后一定房屋高度的钢结构，无论采用何种钢结构类型（如钢框架结构或钢框架-支撑结构等），其抗震等级是相同的。

4. 和混凝土结构一样，并非所有的丙类建筑的抗震等级都可以直接按表8.1.3确定，当遇有《抗震标准》第3.3.3条所列之情况时，应对抗震构造措施的抗震等级进行相应的调整。

5. 6度区房屋高度≤50m的钢结构，抗震措施可按非抗震结构设计（但地震作用仍应计算）。

6. “某个部位各构件”强调的是某区域内所有构件，而不是一两个构件。“2倍地震作用”基本达到地震作用提高一度计算的程度，此时相应于抗震措施的抗震等级可按降低一度考虑（注意，这是针对构件的设计规定，不能用于整体结构设计）。

三、结构设计的相关问题

以房屋高度50m为界确定相应的抗震等级，对房屋高度远大于50m的钢结构，其同一抗震等级所包括的房屋高度过大。如6度区，钢结构房屋适用的最大高度可达300m，在50～300m的250m高度范围内的钢结构房屋，其抗震等级均采用四级。

四、结构设计建议

1. 6度区房屋高度≤50m的钢结构，当平面和竖向均不规则时，可采用不低于四级的抗震等级。

2. 对房屋高度很高的钢结构房屋，宜根据房屋的重要性适当提高结构底部一定范围内的抗震等级。

3. 提高个别构件的承载力水平时，原则上不降低相应构件的抗震等级。在结构抗震性能设计中，可提高关键部位、关键构件的承载力水平，以改善薄弱部位的抗震性能。一般情况下，结构设计中不应很大程度地提高整个结构的抗震承载力水平。

五、相关索引

《抗震通规》的相关规定见其第 5.3.1、5.3.2 条。《高钢规》的相关内容见其第 3.7 节。

第 8.1.4 条

一、标准的规定

8.1.4 钢结构房屋需要设置防震缝时，缝宽应不小于相应钢筋混凝土结构（框架结构——编者注）房屋的 1.5 倍。

二、对标准规定的理解

1. 有条件时，钢结构房屋应尽量避免设置防震缝。

2. 依据本条及第 6.1.4 条规定，钢结构房屋的防震缝宽度见表 8.1.4-1，表中的 6、7、8、9 度可理解为本地区抗震设防烈度。

钢结构房屋防震缝的最小宽度 δ_{min} 表 8.1.4-1

<table>
<tr><th rowspan="2">结构类型</th><th rowspan="2" colspan="2">房屋总高 H（m）</th><th colspan="4">δ_{min}（mm）</th></tr>
<tr><th>6 度</th><th>7 度</th><th>8 度</th><th>9 度</th></tr>
<tr><td rowspan="3">钢框架</td><td colspan="2">$H \leqslant 15$</td><td colspan="4">150</td></tr>
<tr><td rowspan="2">$H=15+\Delta H$</td><td>算式</td><td colspan="4">$\delta_{min} \geqslant 150+30\dfrac{\Delta H}{\Delta h}$</td></tr>
<tr><td>Δh</td><td>5m</td><td>4m</td><td>3m</td><td>2m</td></tr>
<tr><td>框架-支撑（抗震墙板）</td><td rowspan="2" colspan="2">$H=15+\Delta H$</td><td colspan="4">$\delta_{min} \geqslant 1.5 \times 0.7\left(100+20\dfrac{\Delta H}{\Delta h}\right)=105+21\dfrac{\Delta H}{\Delta h} \geqslant 150$</td></tr>
<tr><td>筒体和巨型框架</td><td colspan="4">$\delta_{min} \geqslant 1.5 \times 0.5\left(100+20\dfrac{\Delta H}{\Delta h}\right)=75+15\dfrac{\Delta H}{\Delta h} \geqslant 150$</td></tr>
</table>

第 8.1.5 条

一、标准的规定

8.1.5 一、二级的钢结构房屋，宜设置偏心支撑、带竖缝钢筋混凝土抗震墙板、内藏钢支撑钢筋混凝土墙板、屈曲约束支撑等消能支撑或筒体。

采用框架结构时，甲、乙类建筑和高层的丙类建筑不应采用单跨框架，多层的丙类建筑不宜采用单跨框架。

注：本章“一、二、三、四级”即“抗震等级为一、二、三、四级”的简称。

二、对标准规定的理解

1. 本条规定中是对钢框架结构中的“单跨框架”的限制，不同于第 6.1.5 条中对“单跨框架结构”的限制，本条要求更严。“单跨框架”与“单跨框架结构”的异同见第 6.1.5 条。

2. 偏心支撑具有弹性阶段刚度接近中心支撑，弹塑性阶段的延性和消能能力接近于延性框架的特点，是一种良好的抗震结构。偏心支撑的种类见图 8.1.5-1。

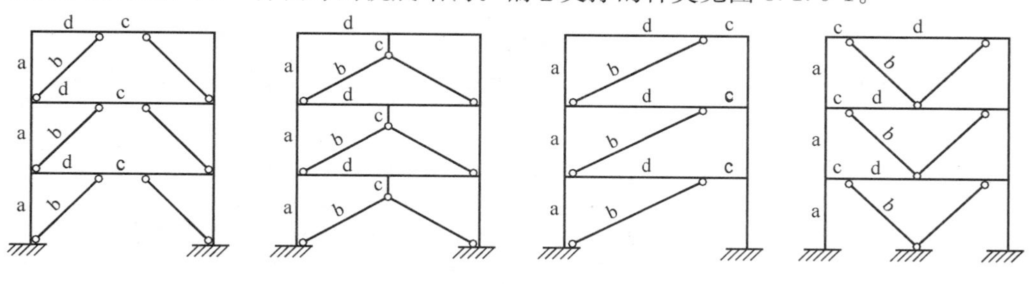

a—柱；b—支撑；c—消能梁段；d—其他梁段

图 8.1.5-1　偏心支撑的种类

三、结构设计建议

1. 采用偏心支撑的目的在于改变支撑斜杆与梁（消能梁段）的先后屈服顺序，即在罕遇地震作用时，一方面通过消能梁段的非弹性变形（主要是剪切变形）进行耗能，另一方面是消能梁段的剪切屈服在先（同跨的其余梁段未屈服），从而保护支撑斜杆不屈曲或屈曲在后。

2. 实现消能梁段保护支撑不屈曲可从以下几方面调整它们之间的承载力关系：

1）适当控制消能梁段的长度，且使消能梁段的实际受弯承载力略大于其受剪承载力，即设计成剪切屈服型（注意：这里与钢筋混凝土结构中的"强剪弱弯"要求有所不同，所要实现的是"强弯弱剪"），由腹板承担剪力，其设计剪力不超过受剪承载力的 80%，使其在多遇地震作用下保持弹性状态；

2）提高支撑斜杆的受压承载力，使其至少应为消能梁段达到屈服强度时相应支撑轴力的 1.6 倍；

3）为使塑性铰出现在梁上而不是在柱上，可将柱内力适当放大，并遵循"强柱弱梁"的设计原则。

3. 偏心支撑利用消能杆件耗能，在强烈地震作用下具有很好的变形能力，但同时又有抗侧刚度相对较小（相对于中心支撑而言）、加工安装复杂等不足。

4. 当房屋高度很高时，应采用偏心支撑结构。

5. 对超过 12 层（房屋高度 $H>50$m）的结构、有明显不规则及薄弱层的结构，宜采用偏心支撑结构。

6. 多层框架结构及房屋高度不很高（房屋高度 $H\leqslant50$m）的高层框架结构，应优先考虑设置中心支撑，以增加结构的侧向刚度，改善结构的抗震性能，提高结构设计的经济性。

7. 超过 12 层的钢结构房屋（房屋高度 $H>50$m），当抗震设防烈度为 8、9 度时，还可选择采用带竖缝钢筋混凝土剪力墙板、内藏钢支撑钢筋混凝土墙板或其他消能支撑。

1）带竖缝的钢筋混凝土墙板（图 8.1.5-2）

（1）带竖缝混凝土剪力墙板式预制板，其仅承担水平荷载产生的水平剪力，不承担或基本不承担竖向荷载产生的压力。墙板的竖缝宽度约为 100mm，缝的竖向长度约为墙板净高的 1/2，墙板内竖缝的水平间距约为墙板净高的 1/4。缝的填充材料一般采用延性好、易滑动的耐火材料（如石棉板等）。墙板与框架柱之间有缝隙，无任何连接，在墙板的上边缘以连接件与钢框架梁用高强度螺栓连接（高强度螺栓在楼面荷载施加之后再连接牢固），墙板

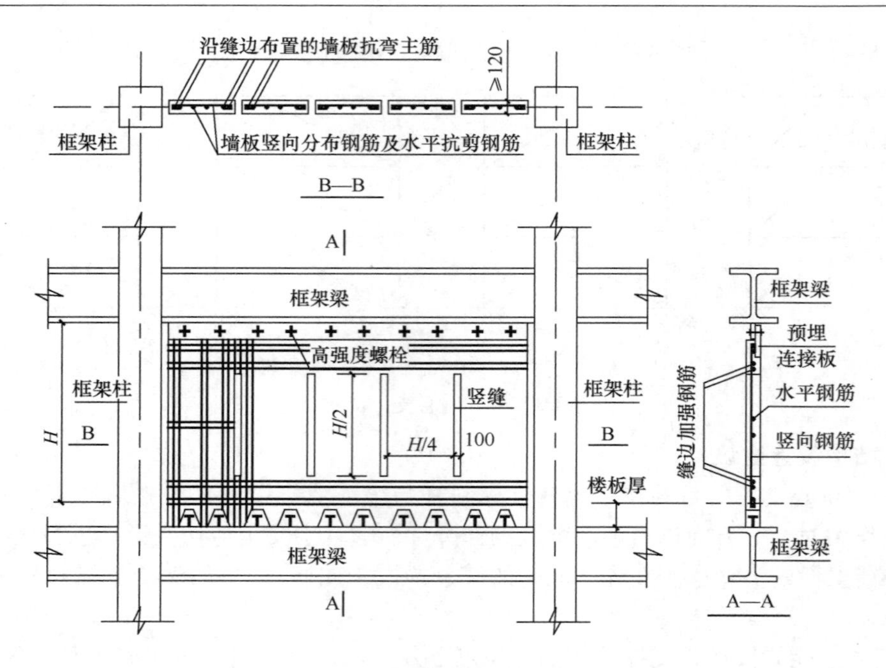

图 8.1.5-2　带竖缝的钢筋混凝土墙板

下边缘留有齿槽，可将钢梁上的栓钉嵌入其中，并沿下边缘全长埋入现浇混凝土楼板内。

（2）多遇地震作用时，墙板处于弹性阶段，侧向刚度大，墙板如同由竖肋组成的框架板承担水平剪力。墙板中的竖肋既承担剪力，又如同对称配筋的大偏心受压柱。在罕遇地震作用时，墙板处于弹塑性阶段而产生裂缝，竖肋弯曲后刚度降低，变形增大，起抗震耗能作用。

2）内藏钢板的钢筋混凝土剪力墙板（图 8.1.5-3）

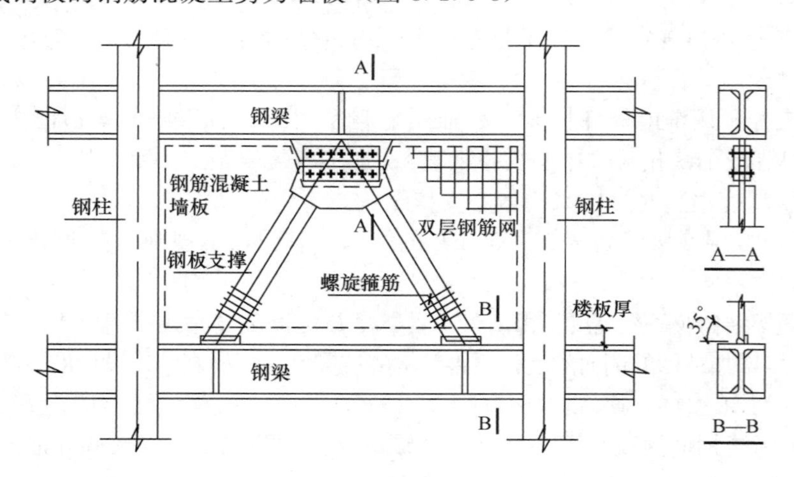

图 8.1.5-3　内藏钢板的钢筋混凝土剪力墙板

（1）内藏钢板的钢筋混凝土剪力墙板以钢板支撑为基本支撑、外包钢筋混凝土的预制板。基本支撑可以是中心支撑或偏心支撑，高烈度地区宜采用偏心支撑。预制墙板仅钢板支撑的上下端点与钢框架梁相连，其他各处与钢框架梁、框架柱均不连接，并留有缝隙（北京京城大厦预留缝隙为 25mm）。实际上是一种受力明确的钢支撑，由于钢支撑有外包混凝土，可不考虑其平面内和平面外的屈曲。

(2) 墙板仅承受水平剪力，不承担竖向荷载。由于墙板外包混凝土，相应地提高了结构的初始刚度，减小了水平位移。罕遇地震时混凝土开裂，侧向刚度减小，也起到了抗震耗能作用，同时钢板支撑仍能提供必要的承载力和侧向刚度。

3) 钢板剪力墙墙板（图 8.1.5-4）

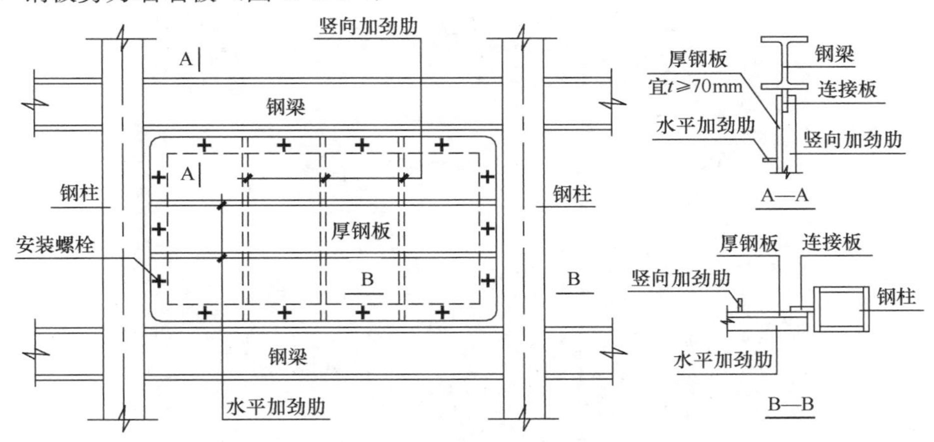

图 8.1.5-4 钢板剪力墙墙板

钢板剪力墙墙板一般采用厚钢板，设防烈度 7 度及 7 度以上时需在钢板两侧焊接纵向及横向加劲肋（非抗震及 6 度时可不设），以增强钢板的稳定性和刚度。钢板剪力墙的周边与框架梁、框架柱之间一般可采用高强度螺栓连接。钢板剪力墙墙板承担沿框架梁、柱周边的剪力，不承担框架梁上的竖向荷载（可采用后连接）。

4) 阻尼器及阻尼器支撑（图 8.1.5-5、图 8.1.5-6）

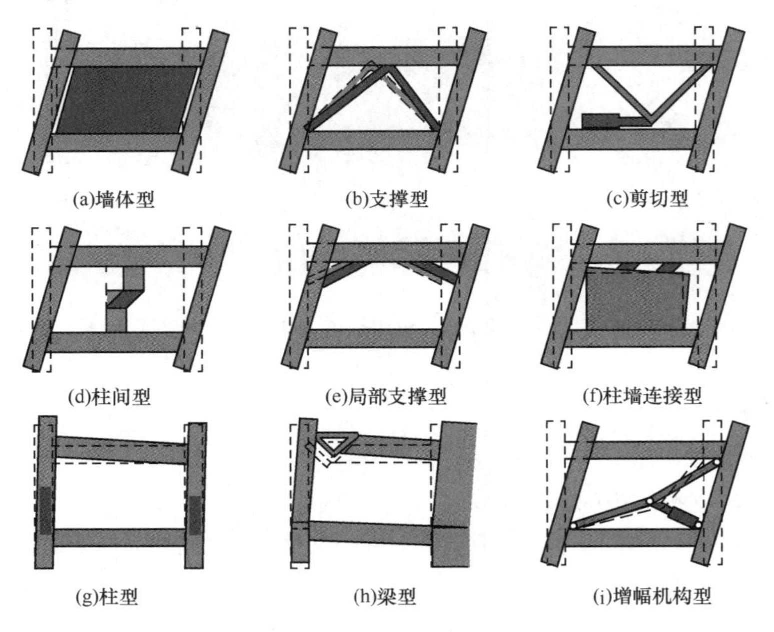

图 8.1.5-5 带阻尼的支撑

传统结构的抗震是以结构或构件的塑性变形来耗散地震能量的，而在结构中利用赘余构件设置阻尼器，赘余构件作为结构的分灾子系统，是耗散地震能量的主体，其在正常使用极限状态下，不起作用或基本不起作用，但在大震时，则可以最大限度吸收地震能力，而赘余结构的破坏或损伤不影响或基本不影响主体结构的安全，从而起到了保护主体结构安全的作用。

图 8.1.5-6 带阻尼的支撑照片

第 8.1.6 条

一、标准的规定

8.1.6 采用框架-支撑结构的钢结构房屋应符合下列规定：

1 支撑框架在两个方向的布置均宜基本对称，支撑框架之间楼盖的长宽比不宜大于 3。

2 三、四级且高度不大于 50m 的钢结构宜采用中心支撑，也可采用偏心支撑、屈曲约束支撑等消能支撑。

3 中心支撑框架宜采用交叉支撑，也可采用人字支撑或单斜杆支撑，不宜采用 K 形支撑；支撑的轴线宜交汇于梁柱构件轴线的交点，偏离交点时的偏心距不应超过支撑杆件宽度，并应计入由此产生的附加弯矩。当中心支撑采用只能受拉的单斜杆体系时，应同时设置不同倾斜方向的两组斜杆，且每组中不同方向单斜杆的截面面积在水平方向的投影面积之差不应大于10%。

4 偏心支撑框架的每根支撑应至少有一端与框架梁连接，并在支撑与梁交点和柱之间或同一跨内另一支撑与梁交点之间形成消能梁段。

5 采用屈曲约束支撑时，宜采用人字支撑、成对布置的单斜杆支撑等形式，不应采用K形或X形，支撑与柱的夹角宜在35°～55°之间。屈曲约束支撑受压时，其设计参数、性能检验和作为一种消能部件的计算方法可按相关要求设计。

二、对标准规定的理解

1. 对偏心支撑的理解见第8.1.5条。

2. 中心支撑的种类见图8.1.6-1。

3. 房屋高度$H\leqslant100$m的钢结构宜采用图8.1.6-2所示的中心支撑；房屋高度$H>100$m的钢结构宜采用图8.1.6-3所示的偏心支撑。

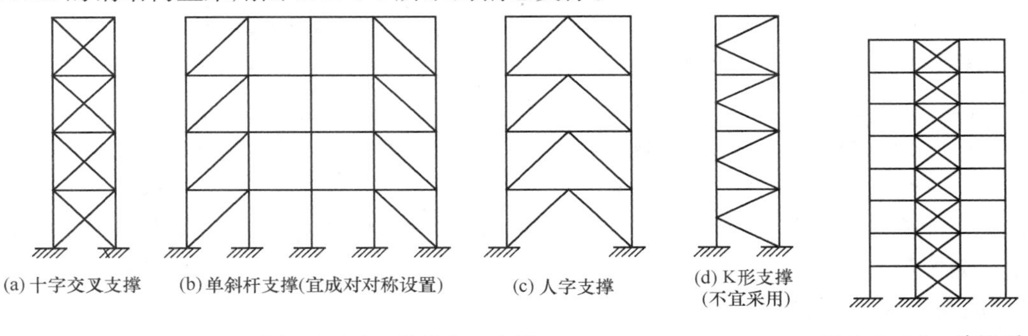

图8.1.6-1 各类中心支撑

图8.1.6-2 建议采用的中心支撑

三、结构设计建议

1. 中心支撑具有抗侧刚度大、加工安装简单等优点，但也有变形能力弱等不足。在水平地震作用下，中心支撑容易产生侧向屈曲，尤其在往复水平地震作用下，将会产生下列后果：

1）支撑斜杆重复压屈后，其受压承载力急剧下降；

2）支撑两侧的柱子产生压缩变形和拉伸变形时，由于支撑的端点实际构造做法并非完全铰接，引起支撑产生很大的内力；

3）在往复水平地震作用下，斜杆从受压的压屈状态变为受拉的拉伸状态，这将对结构产生冲击性作用力，使支撑及节点和相邻的构件产生很大的附加应力；

4）在往复水平地震作用下，同一楼层框架内的斜杆轮流压屈而又不能恢复（拉直），楼层的受剪承载力迅速降低。

2. 对较为规则的结构、没有明显薄弱层的结构，当房屋高度不很高（房屋高度$H\leqslant100$m）时，可采用中心支撑结构。

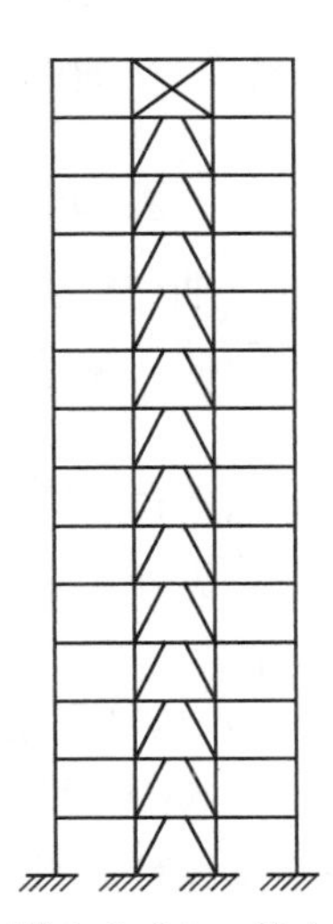

图8.1.6-3 偏心支撑

3. 偏心支撑框架的设计原则是强柱、强支撑和弱消能梁段，即在大震时消能梁段屈服形成塑性铰，且具有稳定的滞回性能，即使消能梁段进入应变硬化阶段，支撑斜杆、柱和其余梁段仍保持弹性。因此，每根斜杆只能在一端与消能梁段连接，若两端均与消能梁段相连，则可能一端的消能梁段屈服，而另一端的消能梁段不屈服（难以充分发挥所有消能梁段的耗能作用），使偏心支撑的承载力和消能能力降低。

4. 屈曲约束支撑是由芯材、约束芯材屈曲的套管和位于芯材与套管之间的无粘结材料和填充材料组成的一种支撑构件，这是一种受拉时同普通支撑，而受压时承载力与受拉时相当且具有某种消能机制的支撑。屈曲约束支撑在多遇地震时不发生屈曲，可按中心支撑设计，与V形、Λ形支撑相连的框架梁可不考虑屈曲引起的竖向不平衡力。但需控制屈曲约束支撑的轴力设计值：

$$N \leqslant 0.9N_{\mathrm{ysc}}/\gamma_{\mathrm{RE}} \tag{8.1.6-1}$$

$$N_{\mathrm{ysc}} = \eta_{\mathrm{y}} f_{\mathrm{ay}} A_1 \tag{8.1.6-2}$$

式中：N——屈曲约束支撑的轴力设计值；

N_{ysc}——芯板的受拉或受压屈服承载力，根据芯材约束屈服段的截面面积来计算；

η_{y}——芯板钢材的超强系数，Q235取1.25，Q195取1.15，低屈服点钢材（$f_{\mathrm{ay}}<160\mathrm{N/mm^2}$）取1.1，其实测值不应大于上述数值的15%；

f_{ay}——芯板钢材的屈服强度标准值；

A_1——约束屈服段的钢材截面面积。

作为消能构件时，其设计参数、性能检测、计算方法的具体要求需按专门的规定执行，主要内容如下：

1）屈曲约束支撑的性能要求：

（1）芯板钢材应有明显的屈服台阶，屈服强度不宜大于235N/mm²，伸长率不应小于25%。

（2）钢套管的弹性屈曲承载力不宜小于屈曲约束支撑极限承载力计算值的1.2倍。

（3）屈曲约束支撑应能在2倍设计层间位移角的情况下，限制芯板的局部和整体屈曲。

2）屈曲约束支撑应按同一工程中支撑的构造形式、约束屈服段材料和屈服承载力分类进行抽样试验检验，构造形式和约束屈服段材料相同且屈服承载力在50%～150%范围内的屈曲约束支撑划为同一类别。每种类别的抽样比例为2%，且不少于一根。试验时依次在1/300、1/200、1/150、1/100支撑长度的拉伸和压缩往复各3次变形。试验得到的滞回曲线应稳定、饱满，具有正的增量刚度，且最后一级变形第3次循环的承载力不低于经历最大承载力的85%，经历最大承载力不高于屈曲约束支撑极限承载力计算值的1.1倍。

3）计算方法可执行位移型阻尼器的相关规定（《抗震标准》第12.3节）。

5. 对房屋高度$H\leqslant 50\mathrm{m}$抗震等级为三、四级的钢结构房屋，宜优先考虑采用交叉支撑并按拉杆设计，经济性好。

第 8.1.7 条

一、标准的规定

8.1.7 钢框架-筒体结构，必要时可设置由筒体外伸臂或外伸臂和周边桁架组成的加强层。

二、对标准规定的理解

1. 本条规定中的钢框架-筒体结构指钢框架-钢核心筒（如钢支撑等）结构，而不是钢框架-混凝土核心筒结构。

2. 对本条规定的理解见图 8.1.7-1～图 8.1.7-3。伸臂桁架和周边桁架可同时使用，也可各自分别使用。

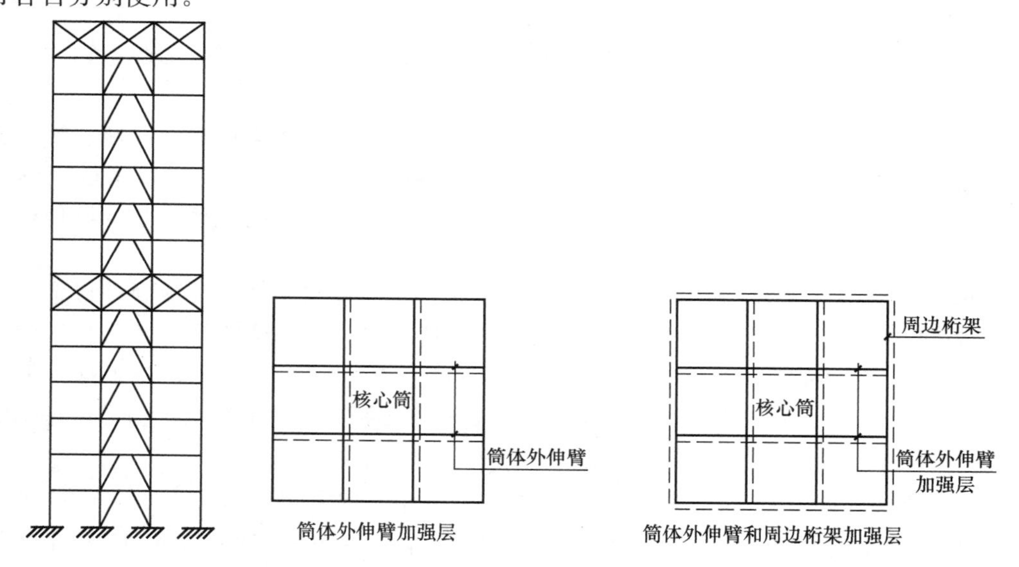

图 8.1.7-1 伸臂桁架　图 8.1.7-2 核心筒外伸臂　图 8.1.7-3 核心筒与伸臂及周边桁架

第 8.1.8 条

一、标准的规定

8.1.8 钢结构房屋的楼盖应符合下列要求：

1 宜采用压型钢板现浇钢筋混凝土组合楼板或钢筋混凝土楼板，并应与钢梁有可靠连接。

2 对 6、7 度时不超过 50m 的钢结构，尚可采用装配整体式钢筋混凝土楼板，也可采用装配式楼板或其他轻型楼盖；但应将楼板预埋件与钢梁焊接，或采取其他保证楼盖整体性的措施。

3 对转换层楼盖或楼板有大洞口等情况，必要时可设置水平支撑。

二、对标准规定的理解

1. 本条第 2 款规定中的 6、7 度可理解为抗震设防标准，即经表 3.1.1-2 调整后的烈度。

2. 压型钢板与现浇钢筋混凝土组合楼盖及非组合楼盖见图 8.1.8-1。

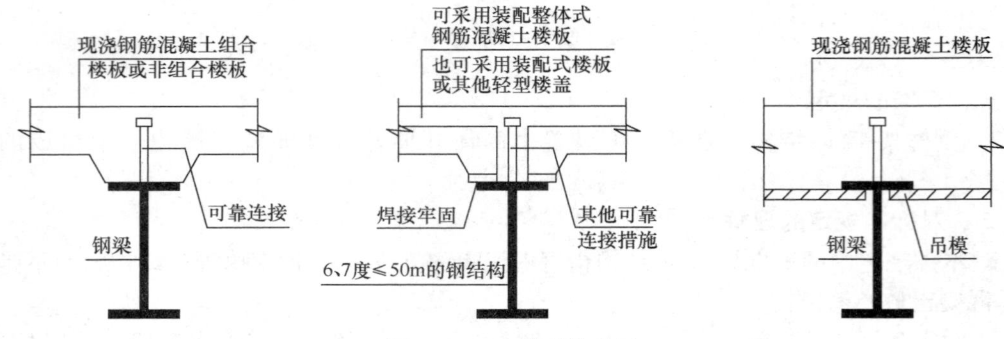

图 8.1.8-1　楼盖的选择

3. 保证楼板与钢梁可靠连接的技术措施有：

1）钢梁与现浇钢筋混凝土楼板连接时，采用栓钉连接、焊接短槽钢或角钢段连接及其他连接方法（图 8.1.8-2）。

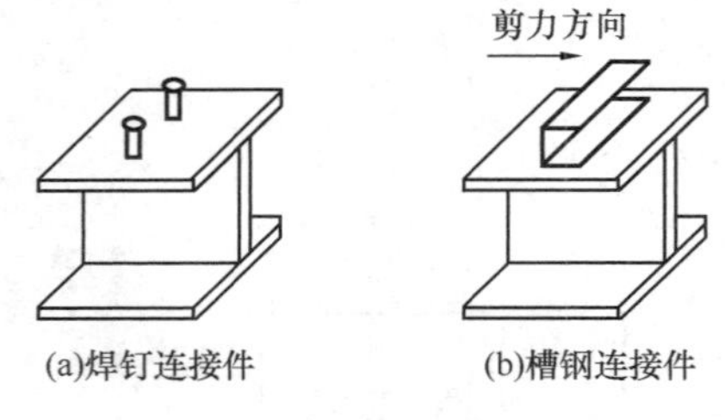

图 8.1.8-2　连接件的类型及设置方向

2）钢梁上设置装配整体式楼盖（预制楼板上设置钢筋混凝土整浇层）时，钢梁与预制板应焊接牢固，同时还可采用上述 1）的连接方法或其他连接方法加强连接。

3）钢梁上设置装配式楼盖（预制楼板上不设钢筋混凝土整浇层）时，钢梁与预制板应焊接牢固。

4. 对楼板的“大洞口”把握，应根据工程经验确定，主要把握楼板开洞对楼层水平剪力传递的影响程度，一般可按表 3.4.3-1 中的楼板局部不连续的情况量化。

5. 楼盖水平支撑一般可设置在楼板有大洞口且对水平剪力的传递有较大影响的楼层、结构设计中需传递较大剪力的楼层如竖向构件有较大折角的楼层及其他需特别加强的楼层等（图 8.1.8-3）。一般情况下，楼层水平支撑不承担楼面荷载，只考虑其承担楼层水平力。

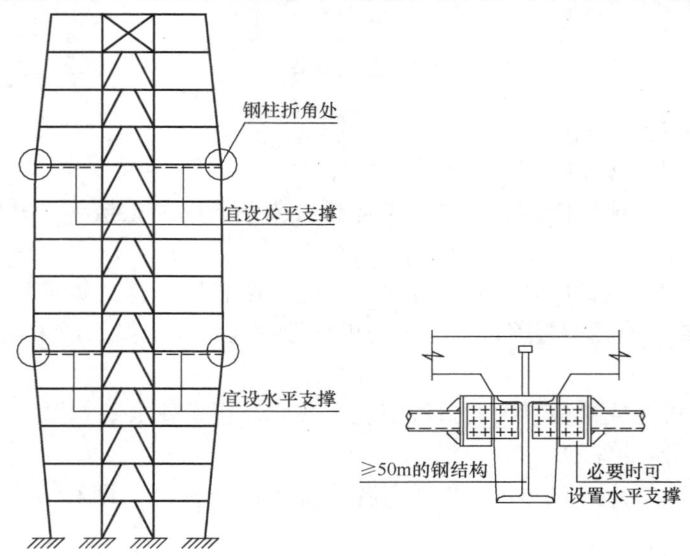

图 8.1.8-3　楼层水平支撑的设置

三、结构设计建议

1. 钢结构的楼盖结构应根据工程的具体情况确定，对一般高层建筑可采用压型钢板现浇混凝土楼盖。对使用功能有特殊要求的工程，也可采用普通钢筋混凝土楼盖。

1）设置压型钢板（图 8.1.8-4）。

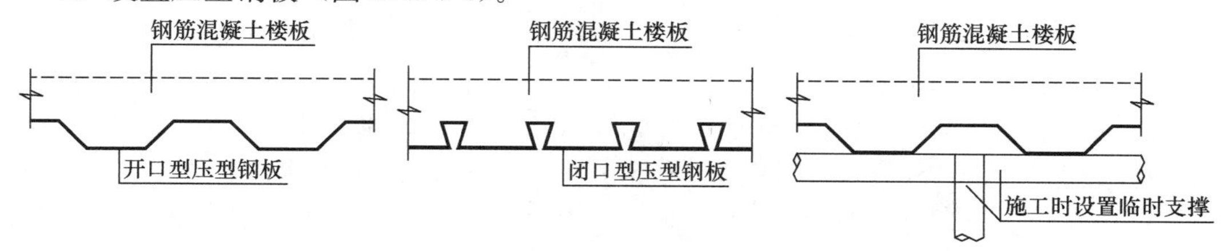

图 8.1.8-4 楼盖结构的选择

（1）对一般高层建筑钢结构工程，宜采用压型钢板，以减少高空支模工作量，加快工程进度。压型钢板可根据需要选择开口型及闭口型压型钢板。

①闭口型压型钢板，一般可考虑压型钢板替代钢筋的作用，节约楼板钢筋。但闭口型压型钢板自身费用较大（比开口型压型钢板费用增加约 30～50 元/m^2），且在板底不采取防火措施时，仅可考虑部分（凹槽内）压型钢板的替代钢筋作用，若板底采取防火措施，则还需增加防火费用。

②开口型压型钢板，由于只作为模板使用，不考虑压型钢板替代钢筋的作用。楼板钢筋用量有所增加，但压型钢板自身费用较低，且可节约防火费用。

一般情况下，可选择开口型压型钢板。无论选择开口型还是闭口型压型钢板，应尽量选择肋高相对较小的压型钢板，适当增加压型钢板底面的施工临时支撑，以节约工程造价。

（2）压型钢板与现浇钢筋混凝土组合楼盖及非组合楼盖应有可靠的连接，见图 8.1.8-1。

（3）采用压型钢板，两个方向楼板的厚度不同，尤其是开口型压型钢板混凝土楼板，楼板的配筋一般按单向板考虑，楼板的较小厚度方向按构造配筋设计。同时，楼板的厚薄不均，楼板各向异性，楼层的隔振、隔声效果较差，用作住宅及公寓楼板时还应采取其他有效措施。

2）不设置压型钢板。

（1）对房屋使用中有特殊要求的楼盖（如游泳池等），可设置普通钢筋混凝土楼盖，以提高楼盖的防腐蚀性能。注意：对钢梁可采用预留腐蚀余量的方法确定截面尺寸，并采取外加防腐蚀措施。

（2）对多层建筑及层数不多的高层建筑，为节省结构造价，也可采用普通钢筋混凝土楼板（钢结构中混凝土楼板的模板相对施工简单，可采用直接在钢梁上翼缘下的吊模，一般均低于压型钢板的费用。比采用开口型压型钢板可节约 85 元/m^{2}左右，比采用闭口型压型钢板可节约 120 元/m^{2}左右，其中尚不包括采用闭口型压型钢板时增加的防火费用）。

3）在钢结构中，当有特殊要求时也可直接采用钢板楼盖结构，但应注意对钢板设置加劲肋，以确保楼盖平面外的刚度，满足使用要求。同时由于在纯钢结构楼盖中，没有了混凝土楼板对钢构件的整体约束，应采取措施确保楼层平面的整体性及钢构件自身的稳定，如设置楼层水平支撑，梁上、下翼缘均应设置隅撑等。

由于采用钢楼盖费用较高，同时也难以满足民用建筑的使用功能要求，民用建筑中很少采用。钢楼盖一般用于工业建筑的特殊用途中。

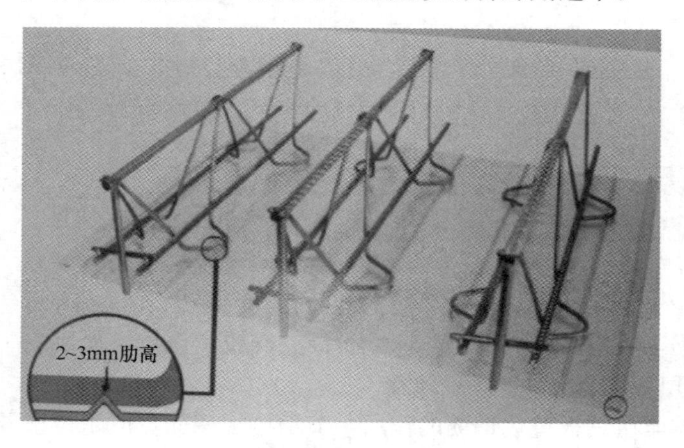

图 8.1.8-5　钢筋桁架组合模板

2. 近年来，钢筋桁架组合模板（将楼板中部分钢筋在工厂加工成钢筋桁架，并将钢筋桁架与薄钢板底模连成一体（图 8.1.8-5），用钢筋桁架承受施工荷载，可免去支模、拆模、现场钢筋绑扎等部分工序，减少现场作业量，降低人工成本，缩短工期，但采用钢筋桁架组合模板时钢筋用量较大，总费用与采用闭口型压型钢板相当。桁架可采用《混凝土标准》第 4.2 节规定的普通钢筋，没有抗震设计要求的楼板也可采用冷轧带肋钢筋）应用正日趋增多，由焊接钢筋骨架提供组合模板的刚度，薄钢板作为模板（不考虑钢板替代钢筋作用）钢板底模外观较好，可免去二次抹灰（板底需装修时，也可将钢板底模拆除）。钢筋桁架组合模板的主要产品参数见表 8.1.8-1。

钢筋桁架组合模板的主要产品参数　　表 8.1.8-1

序号	名称	规格
1	钢筋桁架上、下弦钢筋直径（mm）	6～12
2	楼板厚度（mm）	80～370
3	钢筋桁架的宽度（mm）	600
4	钢筋桁架的长度（m）	1～12
5	底模镀锌钢板厚度、镀锌量	0.4～0.6mm、双面镀锌量 120g/m^2

第 8.1.9 条

一、标准的规定

8.1.9　钢结构房屋的地下室设置，应符合下列要求：

1　设置地下室时，框架-支撑（抗震墙板）结构中竖向连续布置的支撑（抗震墙板）应延伸至基础；钢框架柱应至少延伸至地下一层，其竖向荷载应直接传至基础。

2　超过 50m 的钢结构房屋应设置地下室。其基础埋置深度，当采用天然地基时不宜小于房屋总高度的 1/15；当采用桩基时，桩承台埋深不宜小于房屋总高度的 1/20（注意，《高规》为 1/18——编者注）。

二、对标准规定的理解

1. 对本条规定的理解见图 8.1.9-1～图 8.1.9-3。

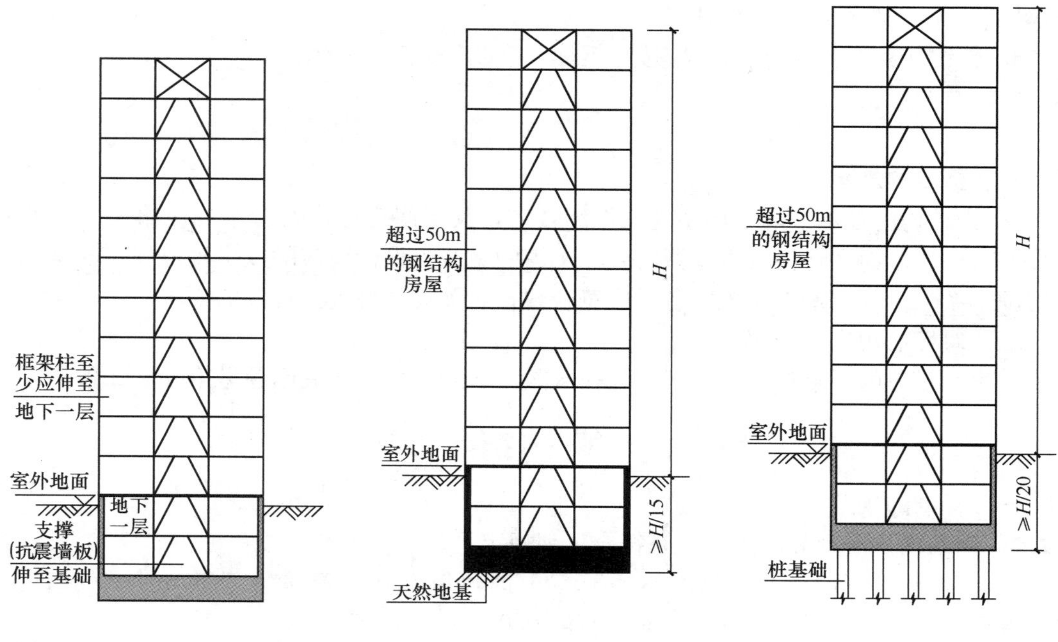

图 8.1.9-1　支撑延伸至基础　　图 8.1.9-2　地下室埋深　　图 8.1.9-3　桩基础埋深

2. 地下室的埋深一般从室外地面算起，其下部算至基础底面（桩基础算至承台底面）。

三、结构设计的相关问题

对地下室层数较多时，抗震墙板是否仍需全部伸至基础。

四、结构设计建议

1. 当地下室层数较多（地下室层数不少于 4 层）时，可根据工程的具体情况，当抗震墙板不承受竖向荷载时，可适当考虑缩短全部抗震墙板向下的延伸距离（不宜少于 2 层）。

2. 地上为钢结构且竖向构件延伸至地下一层（即地下一层为截面同一层的钢柱　外包混凝土形成型钢混凝土柱）时，地下一层结构的抗震等级可同地上一层钢结构。

五、相关索引

混凝土房屋的基础埋置深度要求，见《高规》第 12.1.8 条。

8.2 计　算　要　点

要点：

1. 本节规定了钢结构构件设计计算的基本原则和要求，由于所计算的内容广泛且计算过程较为复杂，经常需要进行多工况内力比较计算，因此，一般应借助于计算机程序完成（必要时可对部分杆件和节点进行手工复核），故在结构设计计算前应对所选用程序的功能有充分的了解，选用适合于工程特点且满足设计需要的计算程序，并采用其他程序辅助计算。

2. 抗震钢结构设计中，一般情况下设计要求构件屈服的先后顺序为：消能梁段→梁柱框架节点域→框架梁→框架柱。

3. 本节中多处 f_{ay}应为 f_y，应按《钢标》修改，$0.58f_y = f_{yv}$。

第8.2.1条

一、标准的规定

8.2.1 钢结构应按本节规定调整地震作用效应，其层间变形应符合本规范第5.5节的有关规定。构件截面和连接抗震验算时，非抗震的承载力设计值应除以本规范规定的承载力抗震调整系数；凡本章未作规定者，应符合现行有关设计规范、规程的要求。

二、对标准规定的理解

和第5.4节的要求相同，关于重力荷载效应 S_{GE} 计算及相关问题见第5.4.2条。

第8.2.2条

一、标准的规定

8.2.2 钢结构抗震计算的阻尼比宜符合下列规定：

1 多遇地震下的计算，高度不大于50m时可取0.04；高度大于50m且小于200m时，可取0.03；高度不小于200m时，宜取0.02。

2 当偏心支撑框架部分承担的地震倾覆力矩大于结构总地震倾覆力矩的50%时，其阻尼比可比本条1款相应增加0.005。

3 在罕遇地震下的弹塑性分析，阻尼比可取0.05。

二、对标准规定的理解

1. 本条规定中的“高度”指房屋高度 H，其计算方法见第6.1.1条。

2. “地震倾覆力矩”是在“规定水平力”作用下的计算结果，关于“规定水平力”见第3.4.3条。

3. 对本条规定的理解见表8.2.2-1。

钢结构在地震作用时的阻尼比 **表8.2.2-1**

情况		多遇地震下			罕遇地震下
		$H \leqslant 50$m	$50\text{m} < H < 200$m	$H \geqslant 200$m	
阻尼比	一般情况下	0.04	0.03	0.02	0.05
	满足第2款条件的偏心支撑结构	0.045	0.035	0.025	

三、结构设计建议

阻尼就是使自由振动衰减的各种摩擦和其他阻碍作用。阻尼比指阻尼系数与临界阻尼系数之比。结构的阻尼比本质上是一种材料性能的反应，它与结构形式、楼、屋盖结构类型、填充墙的类型及结构的受力特点有关（如采用钢框架结构与采用钢框架-支撑结构的阻尼比理应不同，规范将弱框架的框架支撑结构的阻尼比放大0.005，说明阻尼比与结构的受力特点及其整体刚度有关），而规范以房屋高度的大小来作为确定结构的阻尼比的主要因素，与阻尼比的定义有差别。规范的阻尼比数值不再是单一阻尼比的概念，可以理解为是一种对地震作用的综合调节系数。

第 8.2.3 条

一、标准的规定

8.2.3 钢结构在地震作用下的内力和变形分析，应符合下列规定：

1 钢结构应按本规范第 3.6.3 条规定计入重力二阶效应。进行二阶效应的弹性分析时，应按现行国家标准《钢结构设计标准》GB 50017 的有关规定，在每层柱顶附加假想水平力。

2 框架梁可按梁端截面的内力设计。对工字形截面柱，宜计入梁柱节点域剪切变形对结构侧移的影响；对箱形柱框架、中心支撑框架和不超过 50m 的钢结构，其层间位移计算可不计入梁柱节点域剪切变形的影响，近似按框架轴线进行分析。

3 钢框架-支撑结构的斜杆可按端部铰接杆计算；其框架部分按刚度分配计算得到的地震层剪力应乘以调整系数，达到不小于结构底部总地震剪力的 25%和框架部分计算最大层剪力 1.8 倍二者的较小值。

4 中心支撑框架的斜杆轴线偏离梁柱轴线交点不超过支撑杆件的宽度时，仍可按中心支撑框架分析，但应计及由此产生的附加弯矩。

5 偏心支撑框架中，与消能梁段相连构件的内力设计值，应按下列要求调整：

1） 支撑斜杆的轴力设计值，应取与支撑斜杆相连接的消能梁段达到受剪承载力时支撑斜杆轴力与增大系数的乘积；其增大系数，一级不应小于 1.4，二级不应小于 1.3，三级不应小于 1.2。

2） 位于消能梁段同一跨的框架梁内力设计值，应取消能梁段达到受剪承载力时框架梁内力与增大系数的乘积；其增大系数，一级不应小于 1.3，二级不应小于 1.2，三级不应小于 1.1。

3） 框架柱的内力设计值，应取消能梁段达到受剪承载力时柱内力与增大系数的乘积；其增大系数，一级不应小于 1.3，二级不应小于 1.2，三级不应小于 1.1。

6 内藏钢支撑钢筋混凝土墙板和带竖缝钢筋混凝土墙板应按有关规定计算，带竖缝钢筋混凝土墙板可仅承受水平荷载产生的剪力，不承受竖向荷载产生的压力。

7 钢结构转换构件下的钢框架柱，地震内力应乘以增大系数，其值可采用 1.5。

二、对规范规定的理解

1. 本条规定的是钢结构在地震作用下的内力和变形分析要求。
2. 对本条第 1、2 款的理解见表 8.2.3-1。
3. 对本条第 3 款的理解见表 8.2.3-2 及图 8.2.3-1。

钢结构在地震作用下的内力和变形分析　　表 8.2.3-1

序号	情　况	内　容
1	钢结构的重力二阶效应	按第 3.6.3 条及《钢标》计算
2	框架梁	可按梁端（支座边缘）内力设计
3	对工字形截面柱	考虑梁柱节点域剪切变形对结构侧移的影响
4	层间位移计算（箱形柱框架、中心支撑框架和 $H \leqslant 50$m 的钢结构）	可不计入梁柱节点域的剪切变形

钢框架-支撑结构的计算规定 **表 8.2.3-2**

序号	情 况	内 容	
1	钢框架-支撑结构的斜杆	按端部铰接杆计算（但设计仍应按刚接，见第 8.2.7 条）	
2	框架部分计算得到的地震层剪力的调整	结构底部总剪力的 25%（即 0.25 V_0）	取较小值
		框架部分最大层剪力的 1.8 倍（即 1.8 V_{fmax}）	

4. 对本条第 4 款的理解见表 8.2.3-3。

中心支撑框架构件的计算规定 **表 8.2.3-3**

情 况	内 容
中心支撑框架分析	当斜杆轴线偏离梁柱轴线交点不超过支撑杆件宽度时，可按中心支撑分析，但应计及由此产生的附加弯矩

5. 对本条第 5 款的理解见表 8.2.3-4（对应于图 8.1.5-1）。

偏心支撑框架构件的计算规定 **表 8.2.3-4**

序号	情 况	内 容
1	支撑杆件（b 杆）的轴力设计值	应取与支撑斜杆（b 杆）相连接的消能梁段（c 杆）达到受剪承载力时支撑斜杆（b 杆）的轴力与增大系数的乘积
		增大系数：一级≥1.4；二级≥1.3；三级≥1.2
2	位于消能梁段（c 杆）同一跨内的框架梁（d 杆）内力设计值	应取消能梁段（c 杆）达到受剪承载力时，框架梁（d 杆）内力与增大系数的乘积
		增大系数：一级≥1.3；二级≥1.2；三级≥1.1
3	框架柱（a 杆）内力设计值	应取消能梁段（c 杆）达到受剪承载力时，框架柱（a 杆）内力与增大系数的乘积
		增大系数：一级≥1.3；二级≥1.2；三级≥1.1

6. 对本条第 6、7 款的理解见表 8.2.3-5。

其 他 规 定 **表 8.2.3-5**

序号	情 况	内 容
1	内藏钢支撑钢筋混凝土墙板	按有关规定计算
2	带竖缝的钢筋混凝土墙板	按有关规定计算，可仅承受水平荷载产生的剪力，不承受竖向荷载产生的压力（图 8.2.3-3）
3	钢结构转换构件下的钢框架柱（图 8.2.3-2 中 a、b 杆）	地震内力应乘以增大系数（可取 1.5）

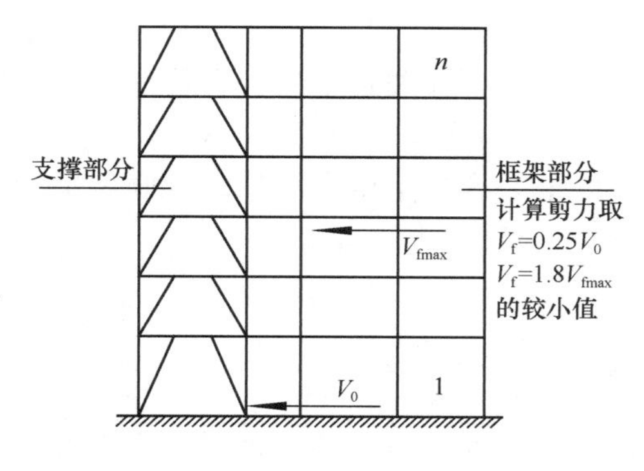

图 8.2.3-1 框架的剪力

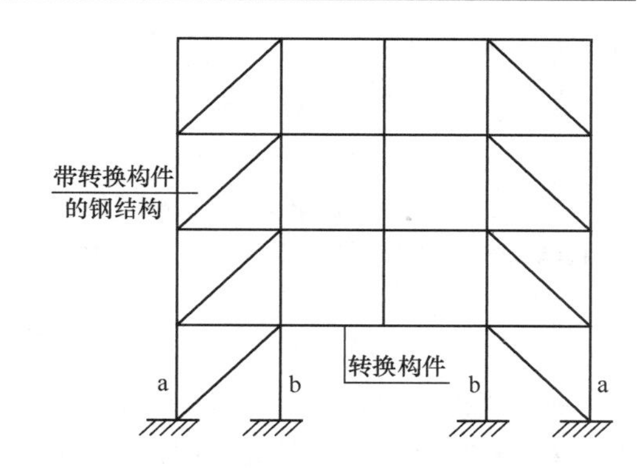

图 8.2.3-2 带转换构件的钢结构

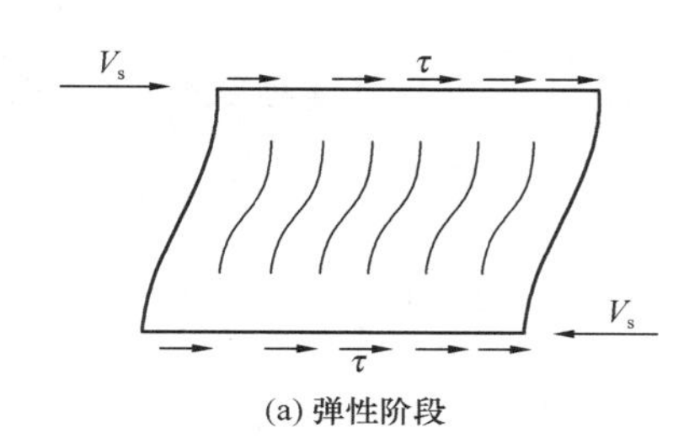

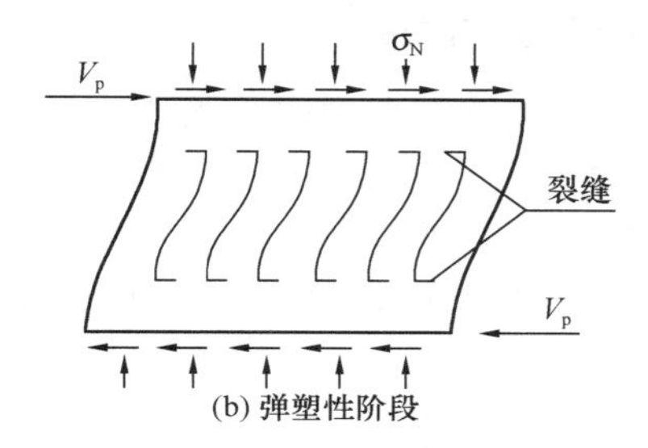

图 8.2.3-3 带竖缝的钢筋混凝土墙板

三、结构设计建议

1. 考虑节点域剪切变形对层间位移角的影响时，可近似将所得层间位移角与由节点域在相应楼层设计弯矩下的剪切变形角平均值相加求得。节点域剪切变形角的楼层平均值可按下式计算：

$$\Delta\gamma_i = \frac{1}{n}\Sigma\frac{M_{j,i}}{GV_{\mathrm{pe},ji}},(j=1,2,\cdots n) \tag{8.2.3-1}$$

式中：$\Delta\gamma_i$ ——第 i 层钢框架在所考虑的受弯平面内节点域剪切变形引起的变形角平均值；

$M_{j,i}$ ——第 i 层钢框架的第 j 个节点域所考虑的受弯平面内不平衡弯矩，由框架分析得出，即 $M_{j,i}=M_{\mathrm{b1}}+M_{\mathrm{b2}}$；

$V_{\mathrm{pe},ji}$ ——第 i 层钢框架的第 j 个节点域的有效体积；按式（8.2.5-4）、式（8.2.5-5）和式（8.2.5-6）计算；

M_{b1}、M_{b2} ——分别为受弯平面内第 i 层第 j 个节点左、右梁端同方向地震作用组合下的弯矩设计值；

n ——相应楼层的节点域数量。

2. 要实现标准的规定，首先应选择具有上述计算功能的分析软件，当因软件功能所限时可采取适当的计算手段补充计算，建议如下。

1）对表 8.2.3-2 中第 2 项的计算按下列步骤来实现：

（1）依据结构整体计算结果，判断钢框架部分的计算地震剪力是否满足 0.25 V_0 和 1.8 V_{fmax} 两者较小值的要求；

（2）当不满足上述（1）项时（可记录下此时 0.25 V_0 和 1.8 V_{fmax} 两者较小值的数值，为便于说明问题，此处称其为 V'_0），可采用加大楼层地震力放大系数的方法，当钢框架计算的楼层剪力数值≥V'_0时，即可认为满足了规范的要求。

2）本条的其他计算规定，当计算程序无法直接计算时，应通过辅助计算程序或手算完成。

3. 钢结构房屋的重力二阶效应问题要比钢筋混凝土结构严重得多，基础的倾斜更加剧了结构重力二阶效应，相关问题见第3.6.3条的相关说明。

第8.2.4条

一、标准的规定

8.2.4 钢框架梁的上翼缘采用抗剪连接件与组合楼板连接时，可不验算地震作用下的整体稳定。

二、对标准规定的理解

本条规定可理解为采用图8.1.8-1的可靠连接时，可不验算地震作用下钢梁的整体稳定。

三、结构设计建议

一般情况下抗剪连接件有：焊钉连接件、槽钢连接件（图8.1.8-2）。

第8.2.5条

一、标准的规定

8.2.5 钢框架节点处的抗震承载力验算，应符合下列规定：

1 节点左右梁端和上下柱端的全塑性承载力，除下列情况之一外，应符合下式要求：

1） 柱所在楼层的受剪承载力比相邻上一层的受剪承载力高出25%；

2） 柱轴压比不超过0.4，或$N_2 \leqslant \varphi A_c f$（$N_2$为2倍地震作用下的组合轴力设计值）；

3） 与支撑斜杆相连的节点。

等截面梁

$$\Sigma W_{pc}(f_{yc} - N/A_c) \geqslant \eta \Sigma W_{pb} f_{yb} \quad (8.2.5\text{-}1)$$

端部翼缘变截面的梁

$$\Sigma W_{pc}(f_{yc} - N/A_c) \geqslant \Sigma(\eta W_{pb1} f_{yb} + V_{pb} s) \quad (8.2.5\text{-}2)$$

式中：W_{pc}、W_{pb}——分别为交汇于节点的柱和梁的塑性截面模量；

W_{pb1}——梁塑性铰所在截面的梁塑性截面模量；

f_{yc}、f_{yb}——分别为柱和梁的钢材屈服强度；

N——地震组合的柱轴力；

A_c——框架柱的截面面积；

η——强柱系数，一级取1.15，二级取1.10，三级取1.05；

V_{pb}——梁塑性铰剪力；

s——塑性铰至柱面的距离，塑性铰可取梁端部变截面翼缘的最小处。

2 节点域的屈服承载力应符合下式要求：

$$\psi(M_{pb1} + M_{pb2})/V_p \leqslant (4/3) f_{yv} \quad (8.2.5\text{-}3)$$

工字形截面柱

$$V_p = h_{b1} h_{c1} t_w \quad (8.2.5\text{-}4)$$

箱形截面柱

$$V_p = 1.8 h_{b1} h_{c1} t_w \quad (8.2.5\text{-}5)$$

圆管截面柱 $$V_{\mathrm{p}}=(\pi/2)h_{\mathrm{b1}}h_{\mathrm{c1}}t_{\mathrm{w}} \tag{8.2.5-6}$$

3 工字形截面柱和箱形截面柱的节点域应按下列公式验算：

$$t_{\mathrm{w}}\geqslant(h_{\mathrm{b1}}+h_{\mathrm{c1}})/90 \tag{8.2.5-7}$$

$$(M_{\mathrm{b1}}+M_{\mathrm{b2}})/V_{\mathrm{p}}\leqslant(4/3)f_{\mathrm{v}}/\gamma_{\mathrm{RE}} \tag{8.2.5-8}$$

式中：M_{pb1}、M_{pb2}——分别为节点域两侧梁的全塑性受弯承载力（应为屈服承载力，按 $W_{\mathrm{pb}}\cdot f_{\mathrm{y}}$ 计算——编者注）；

V_{p}——节点域的体积；

f_{v}——钢材的抗剪强度设计值；

f_{yv}——钢材的屈服抗剪强度，取钢材屈服强度的 0.58 倍（$f_{\mathrm{yv}}=0.58f_{\mathrm{y}}$——编者注）；

ψ——折减系数；三、四级取 0.6，一、二级取 0.7；

h_{b1}、h_{c1}——分别为梁翼缘厚度中点间的距离和柱翼缘（或钢管直径线上管壁）厚度中点间的距离；

t_{w}——柱在节点域的腹板厚度；

M_{b1}、M_{b2}——分别为节点域两侧梁的弯矩设计值；

γ_{RE}——节点域承载力抗震调整系数，取 0.75。

二、对标准规定的理解

1. 本条规定的是对框架构件及节点的抗震承载力验算要求。

2. 研究表明，节点域既不能太厚，也不能太薄，太厚使节点域不能发挥其耗能作用，太薄则将使框架的侧向位移太大；在大震时节点域首先屈服（注意，节点域的屈服应后于消能梁段的屈服），其次才是梁出现塑性铰。

3. 节点域应进行下列验算：

1）节点的抗震承载力按式（8.2.5-1）、式（8.2.5-2）验算；

2）节点域的屈服承载力应按式（8.2.5-3）验算；

3）节点域的稳定性应按式（8.2.5-7）和式（8.2.5-8）验算。

4. 符合表 8.2.5-1 要求时，可不按式（8.2.5-1）、式（8.2.5-2）验算。

可不按式（8.2.5-1）、式（8.2.5-2）验算的条件 **表 8.2.5-1**

序号	条　件
1	满足式（8.2.5-9）要求时（图 8.2.5-1）
2	满足式（8.2.5-10）的要求时
3	在 2 倍地震作用下，柱正截面受压承载力满足式（8.2.5-11）的要求时
4	与支撑斜杆相连的节点

$$V_i\geqslant1.25V_{i+1} \tag{8.2.5-9}$$

式中：V_i——柱所在楼层的受剪承载力；

V_{i+1}——上一层的受剪承载力。

$$N/(A_{\mathrm{c}}f)\leqslant0.4 \tag{8.2.5-10}$$

$$N_2\leqslant\varphi A_{\mathrm{c}}f \tag{8.2.5-11}$$

式中：N——柱的轴向力设计值；

A_c——柱全截面面积；

f——柱的钢材抗压强度设计值；

N_2——为2倍地震作用下柱的组合轴力设计值；

φ——轴心受压钢柱的稳定系数，按《钢标》第7.2节的规定取值。

5. 当 $t_w \geqslant (h_{b1}+h_{c1})/70$ 时（图8.2.5-2），可不验算节点域的稳定性。

6. W_P 按构件全截面应力为 f_y 计算。

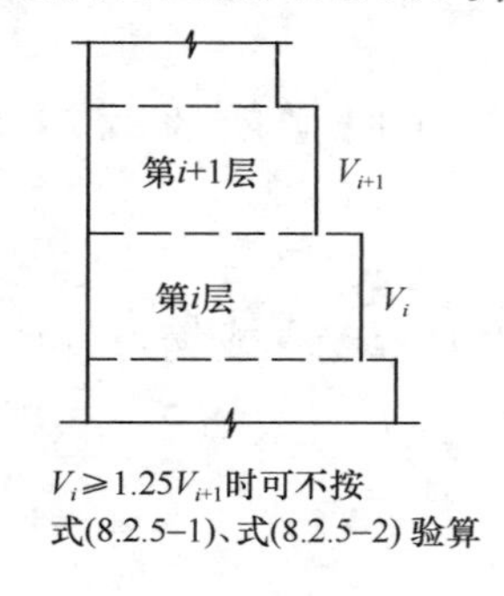

图8.2.5-1 节点抗震承载力

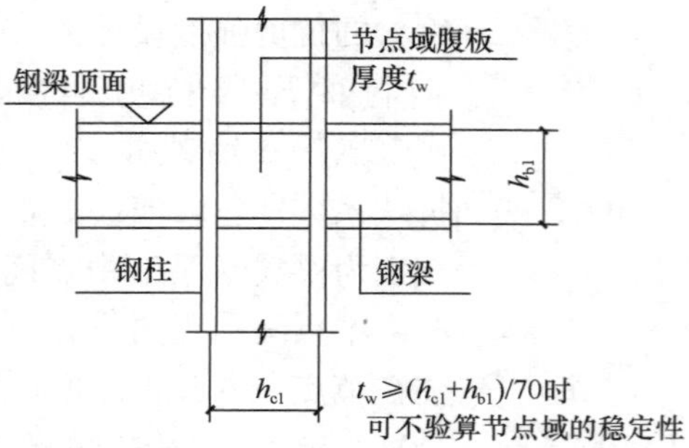

节点域腹板
厚度t_w
钢梁顶面
h_{b1}
钢柱
钢梁
h_{c1}
$t_w \geqslant (h_{c1}+h_{b1})/70$时
可不验算节点域的稳定性

图8.2.5-2 节点域的稳定性

三、相关索引

当不符合本条第2、3款要求时，节点域的加强措施见第8.3.5条。

第8.2.6条

一、标准的规定

8.2.6 中心支撑框架构件的抗震承载力验算，应符合下列规定：

1 支撑斜杆的受压承载力应按下式验算：

$$N/(\varphi A_{br}) \leqslant \psi f/\gamma_{RE} \tag{8.2.6-1}$$

$$\psi = 1/(1+0.35\lambda_n) \tag{8.2.6-2}$$

$$\lambda_n = (\lambda/\pi)\sqrt{f_{ay}/E} \tag{8.2.6-3}$$

式中：N——支撑斜杆的轴向力设计值；

A_{br}——支撑斜杆的截面面积；

φ——轴心受压构件的稳定系数；

ψ——受循环荷载时的强度降低系数；

λ、λ_n——支撑斜杆的长细比和正则化长细比；

E——支撑斜杆钢材的弹性模量；

f、f_{ay}——分别为钢材强度设计值和屈服强度；

γ_{RE}——支撑稳定破坏承载力抗震调整系数。

2 人字支撑和V形支撑的框架梁在支撑连接处应保持连续，并按不计入支撑支点作用的梁验算重力荷载和支撑屈曲时不平衡力作用下的承载力；不平衡力应按受拉支撑的最小屈服承载力（Af_y——编者注）和受压支撑最大屈曲承载力的0.3倍（$0.3\varphi Af_y$——编者注）计算。必要时，人字支撑和V形支撑可沿竖向交替设置或采用拉链柱。

注：顶层和出屋面房间的梁可不执行本款。

二、对标准规定的理解

1. 条文中的“屈服强度”应按《钢标》修改为“屈服点强度”，就是钢材牌号中的屈服点数值。

2. 本条规定了中心支撑框架构件的抗震承载力验算要求。

3. 在支撑压杆屈曲以前，支撑杆件在反复拉压荷载作用下的承载力要降低；当支撑压杆屈曲以后，其承载力的大幅度下降将导致在横梁的支撑连接处出现较大的不平衡集中力，可能引起横梁的破坏和楼板的下陷（或隆起），并在横梁两端产生塑性铰。

4. 支撑的破坏模式分为强度破坏和稳定破坏两种，其抗震承载力调整系数 γ_{RE} 应按表 5.4.2 取相应数值，强度破坏时取 $\gamma_{RE}=0.75$；稳定破坏时取 $\gamma_{RE}=0.80$。

5. 对标准规定的第 2 款的理解见图 8.2.6-1～图 8.2.6-4。

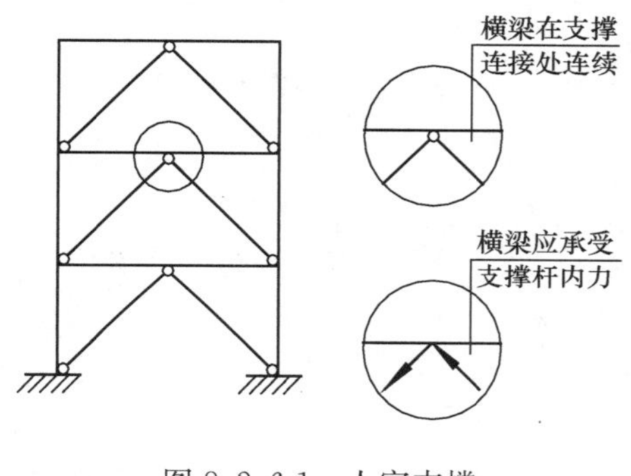

图 8.2.6-1 人字支撑

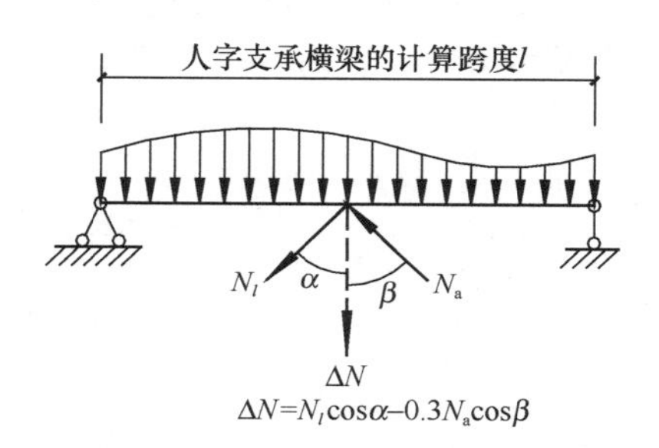

图 8.2.6-2 人字支撑的横梁

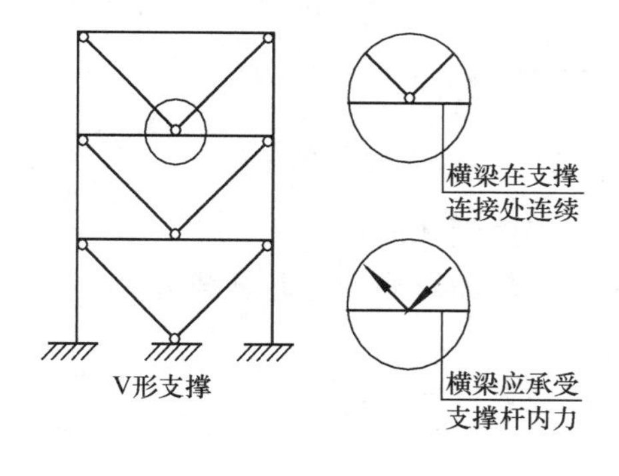

图 8.2.6-3 V 形支撑

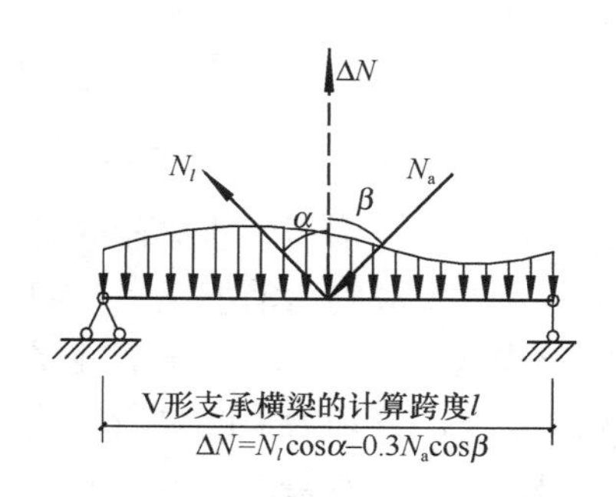

图 8.2.6-4 V 形支撑的横梁

6. 图 8.2.6-2 及图 8.2.6-4 中横梁的计算跨度 l 可取横梁两端塑性铰之间的距离。

7. 正则化长细比 λ_n 又称其为构件的相对长细比（表明长细比与有效承载力的关系），等于构件的长细比 λ 与欧拉临界力 σ_E 为 f_{ay} 时的长细比（$\pi\sqrt{E/f_{ay}}$）的比值，即 $\lambda_n=\lambda/(\pi\sqrt{E/f_{ay}})$。弹性屈曲和非弹性屈曲的界限长细比为 $\lambda_r=4.71\sqrt{E/f_{ay}}$（当采用 Q235 钢时，$\lambda_r=4.71\times\sqrt{206000/235}=139.5$；当采用 Q355 钢时，$\lambda_r=4.71\times\sqrt{206000/355}=113.5$），当构件实际长细比 $\lambda<\lambda_r$ 时（为短粗压杆），发生非弹性屈曲（屈曲时会有塑性出现，长细比限值需要考虑钢号修正系数 ε_k）；当构件实际长细比 $\lambda>\lambda_r$ 时（为长细压杆），发生弹性屈曲（在达到屈服强度前已经发生弹性屈曲，长细比限值不需要考虑钢号修正系

数 ε_k)。实际工程中，对于大长细比的框架柱，可采用《钢标》的直接分析法，计算长度系数取 1.0，并补充动力弹塑性分析，满足性能目标的要求。

三、结构设计建议

1. 本条所规定的计算过程一般需依靠程序计算完成（必要时可对部分支承杆件和节点进行手工复核）。因此，结构设计计算前应对所选用程序的功能有充分的了解。

2. 实际工程中，对于大长细比的框架柱，可采用《钢标》的直接分析法，计算长度系数取 1.0，并补充动力弹塑性分析，满足性能目标的要求。

第 8.2.7 条

一、标准的规定

8.2.7 偏心支撑框架构件的抗震承载力验算，应符合下列规定：

1 消能梁段的受剪承载力应符合下列要求：

当 $N \leqslant 0.15Af$ 时

$$V \leqslant \phi V_l/\gamma_{\mathrm{RE}} \tag{8.2.7-1}$$

$$V_l = 0.58A_{\mathrm{w}}f_{\mathrm{ay}} \text{ 或 } V_l = 2M_{l\mathrm{p}}/a\text{，取较小值}$$

$$A_{\mathrm{w}} = (h - 2t_{\mathrm{f}})t_{\mathrm{w}}$$

$$M_{l\mathrm{p}} = fW_{\mathrm{p}}$$

当 $N > 0.15Af$ 时

$$V \leqslant \phi V_{l\mathrm{c}}/\gamma_{\mathrm{RE}} \tag{8.2.7-2}$$

$$V_{l\mathrm{c}} = 0.58A_{\mathrm{w}}f_{\mathrm{ay}}\sqrt{1-[N/(Af)]^2}$$

$$\text{或 } V_{l\mathrm{c}} = 2.4M_{l\mathrm{p}}[1 - N/(Af)]/a\text{，取较小值}$$

式中：N、V——分别为消能梁段的轴力设计值和剪力设计值；

V_l、$V_{l\mathrm{c}}$——分别为消能梁段受剪承载力和计入轴力影响的受剪承载力；

$M_{l\mathrm{p}}$——消能梁段的全塑性受弯承载力；

A、A_{w}——分别为消能梁段的截面面积和腹板截面面积；

W_{p}——消能梁段的塑性截面模量；

a、h——分别为消能梁段的净长和截面高度；

t_{w}、t_{f}——分别为消能梁段的腹板厚度和翼缘厚度；

f、f_{ay}——消能梁段钢材的抗压强度设计值和屈服强度；

ϕ——系数，可取 0.9；

γ_{RE}——消能梁段承载力抗震调整系数，取 0.75。

2 支撑斜杆与消能梁段连接的承载力不得小于支撑的承载力。若支撑需抵抗弯矩，支撑与梁的连接应按抗压弯连接设计。

二、对标准规定的理解

1. 条文中的“f_{ay}”应按《钢标》修改为“f_{y}”。

2. 消能梁段指偏心支撑框架中斜杆与梁交点和柱之间的区段或同一跨内相邻两个斜

杆与梁交点之间的区段，地震（当地震作用足够大）时消能梁段首先屈服（注意：消能梁段应先于梁柱节点域的屈服）而使其余区段仍处于弹性受力状态。消能梁段见图 8.1.5-1 中 c 杆。

3. 消能梁段的受剪承载力与其所受的轴力大小有关，当轴力较大（$N>0.15Af$，注意，此处的轴力限值与第 8.5.3 条 $N>0.16Af$ 不同）接近 $0.15Af$ 时，注意还应按下式取较小值进行比较验算：$V_l=2M_{lp}/a$ 和 $V_{lc}=2.4M_{lp}[1-N/(Af)]/a$。

4. 为使支撑杆件能承受消能梁段的梁端弯矩，支撑与梁端的连接应设计成刚接（计算按铰接，见第 8.2.3 条第 3 款规定）。

5. 本条第 2 款的理解见图 8.2.7-1。

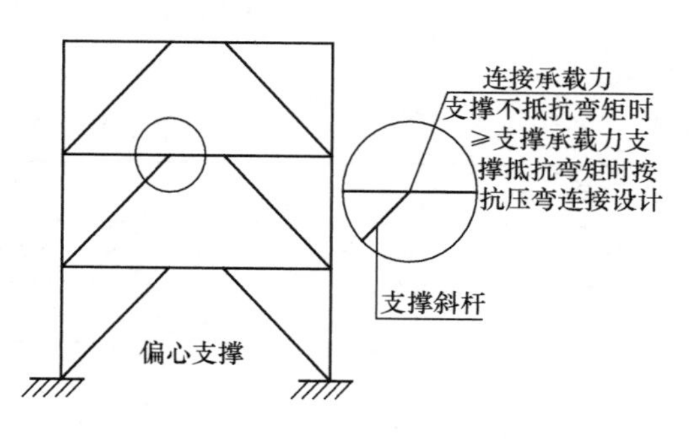

图 8.2.7-1 偏心支撑

第 8.2.8 条

一、标准的规定

8.2.8 钢结构抗侧力构件的连接计算，应符合下列要求：

1 钢结构抗侧力构件连接的承载力设计值，不应小于相连构件的承载力设计值；高强度螺栓连接不得滑移。

2 钢结构抗侧力构件连接的极限承载力应大于相连构件的屈服承载力。

3 梁与柱刚性连接的极限承载力，应按下列公式验算：

$$M_{u}^{j}\geqslant\eta_{j}M_{p}\tag{8.2.8-1}$$

$$V_{u}^{j}\geqslant1.2(2M_{p}/l_{n})+V_{Gb}\tag{8.2.8-2}$$

4 支撑与框架连接和梁、柱、支撑的拼接极限承载力，应按下列公式验算：

支撑连接和拼接 $$N_{ubr}^{j}\geqslant\eta_{j}A_{br}f_{y}\tag{8.2.8-3}$$

梁的拼接 $$M_{ub,sp}^{j}\geqslant\eta_{j}M_{p}\tag{8.2.8-4}$$

柱的拼接 $$M_{uc,sp}^{j}\geqslant\eta_{j}M_{pc}\tag{8.2.8-5}$$

5 柱脚与基础的连接极限承载力，应按下列公式验算：

$$M_{u,base}^{j}\geqslant\eta_{j}M_{pc}\tag{8.2.8-6}$$

式中：M_p、M_{pc}——分别为梁的塑性受弯承载力和考虑轴力影响时柱的塑性受弯承载力（应为屈服承载力，按屈服强度 f_y 计算，$M_p=W_p\cdot f_y$，$M_{pc}=W_{pc}\cdot f_y$——编者注）；

V_{Gb}——梁在重力荷载代表值（9 度时高层建筑尚应包括竖向地震作用标准值）作用下，按简支梁分析的梁端截面剪力设计值；

l_n——梁的净跨；

A_{br}——支撑杆件的截面面积；

M_u^j、V_u^j——分别为连接的极限受弯、受剪承载力；

N_{ubr}^j、$M_{ub,sp}^j$、$M_{uc,sp}^j$——分别为支撑连接和拼接、梁、柱拼接的极限受压（拉）、受弯承载力；

$M_{u,base}^j$——柱脚的极限受弯承载力；

η_j——连接系数，可按表 8.2.8 采用。

钢结构抗震设计的连接系数　　表 8.2.8

母材牌号	梁柱连接		支撑连接，构件拼接		柱　脚	
	焊接	螺栓连接	焊接	螺栓连接		
Q235	1.40	1.45	1.25	1.30	埋入式	1.2
Q345	1.30	1.35	1.20	1.25	外包式	1.2
Q345GJ	1.25	1.30	1.15	1.20	外露式	1.1

注：1　屈服强度高于 Q345 的钢材，按 Q345 的规定采用；

2　屈服强度高于 Q345GJ 的 GJ 钢材，按 Q345GJ 的规定采用；

3　翼缘焊接腹板栓接时，连接系数分别按表中连接形式取用。

二、对标准规定的理解

1. 本条规定钢结构构件的各项连接要求。考虑《高钢规》的规定以及箱形柱和圆管柱的相关要求，可对表 8.2.8 予以适当补充，见表 8.2.8-1。

钢结构抗震设计的连接系数（补充）　　表 8.2.8-1

母材牌号	梁柱连接		支撑连接，构件拼接		柱　脚	
	焊接	螺栓连接	焊接	螺栓连接		
Q235	1.40	1.45	1.25	1.30	埋入式	1.2 [1.0]
Q345	1.30 (1.35)	1.35 (1.40)	1.20	1.25	外包式	1.2 [1.0]
Q345GJ	1.25	1.30	1.15 (1.20)	1.20 (1.25)	外露式	1.1 [1.0]

注：1. 屈服强度高于 Q345 的钢材，按 Q345 的规定采用；

2. 屈服强度高于 Q345GJ 的 GJ 钢材，按 Q345GJ 的规定采用；

3. 翼缘焊接腹板栓接时，连接系数分别按表中连接形式取用；

4. 括号内数字为《高钢规》的规定，[ ] 内数字用于箱形柱和圆管柱。

2. 构件的连接需符合“强连接弱杆件”的原则，对连接应进行两阶段设计：第一阶段，要求按构件的承载力（注意：不是设计内力，避免按设计内力设计时构件截面及焊缝偏小，给第二阶段极限承载力设计带来困难）进行连接的弹性承载力设计。第二阶段，进行连接的极限承载力设计。

1）梁与柱的连接设计：

（1）梁与柱连接的弹性设计时，连接的弹性承载力可按下式估算：

$$M_j \geqslant 0.75[M] \tag{8.2.8-7}$$

$$V_j \geqslant 0.75[V] \tag{8.2.8-8}$$

$$[M] = W_e f \tag{8.2.8-9}$$

$$[V]=It_{w}f_{v}/S \qquad (8.2.8\text{-}10)$$

式中：$[M]$、$[V]$——梁与柱连接处梁截面的允许受弯和受剪承载力（注意，不是内力设计值）设计值；

M_j、V_j——梁与柱连接处连接的弯矩和剪力承载力设计值；

0.75——估算系数；

W_e——梁与柱连接截面的弹性截面模量；

f——梁与柱连接截面钢梁的钢材抗拉强度设计值；

I——梁与柱连接截面的净截面惯性矩；

t_w——梁与柱连接截面的腹板厚度；

f_v——梁与柱连接截面钢材的抗剪强度设计值；

S——截面对中和轴的面积矩。

(2) 梁与柱连接的弹塑性设计（极限受弯、极限受剪承载力计算）时，应满足式（8.2.8-1）和式（8.2.8-2）的要求。

2）支撑与框架的连接和梁、柱、支撑的拼接极限承载力应满足式（8.2.8-3）、式（8.2.8-4）和式（8.2.8-5）的要求。

3）本条第5款的"9度"指本地区抗震设防烈度9度。

8.3 钢框架结构抗震构造措施

要点：

标准对钢结构设计的构造要求采用与混凝土结构相同的方法，即以不同抗震等级来确定相应的抗震构造措施，能最大限度地考虑影响结构构造措施的各种因素，通过对各结构构件的设计控制来实现结构抗震设计的总体要求。

与钢筋混凝土结构不同，钢结构允许不满足强柱弱梁的要求，但应采取相应的构造措施。

第 8.3.1 条

一、标准的规定

8.3.1 框架柱的长细比，一级不应大于 $60\sqrt{235/f_{ay}}$，二级不应大于 $80\sqrt{235/f_{ay}}$，三级不应大于 $100\sqrt{235/f_{ay}}$，四级时不应大于 $120\sqrt{235/f_{ay}}$（f_{ay}为钢材牌号中的屈服点数值——编者注）。

二、结构设计建议

长细比控制属于钢结构构件设计的重要内容之一。当构件由长细比控制时，应尽量选用强度等级较低的钢材，以节约工程造价。

三、相关索引

1. 钢结构中心支撑杆件的长细比限值见第 8.4.1 条。

2.《钢标》的相关规定见其第 7.4.6 条。

第 8.3.2 条

一、标准的规定

8.3.2 框架梁、柱板件宽厚比，应符合表 8.3.2 的规定：

框架梁、柱板件宽厚比限值 **表 8.3.2**

板件名称		一级	二级	三级	四级
柱	工字形截面翼缘外伸部分	10	11	12	13
	工字形截面腹板	43	45	48	52
	箱形截面壁板	33	36	38	40
梁	工字形截面和箱形截面翼缘外伸部分	9	9	10	11
	箱形截面翼缘在两腹板之间的部分	30	30	32	36
	工字形截面和箱形截面腹板	72—120 $N_b/(Af) \leqslant 60$	72—100 $N_b/(Af) \leqslant 65$	80—110 $N_b/(Af) \leqslant 70$	85—120 $N_b/(Af) \leqslant 75$

注：1 表列数值适用于 Q235 钢，采用其他牌号钢材时，应乘以 $\sqrt{235/f_{ay}}$ 。

2 $N_b/(Af)$ 为梁轴压比。

二、对标准规定的理解

1. 本条规定是以结构符合强柱弱梁为前提的，当不能实现强柱弱梁［即不满足式（8.2.5-1）、式（8.2.5-2）要求］时，工字形截面柱的板件宽厚比应从严控制并符合表 8.3.2-1 的要求。

***H*>50m 的框架（不能满足强柱弱梁时）的工字形柱板件宽厚比限值调整 表 8.3.2-1**

板件名称		一级	二级	三级	四级
柱	工字形截面翼缘外伸部分	9	9	10	13
	工字形截面腹板	36	36	40	43

2. 从抗震设计角度考虑，对板件宽厚比的限值要求，主要适用于在地震作用下构件端部可能出现塑性铰的范围，非塑性铰范围的构件宽厚比可适当放宽。

三、结构设计建议

当按构件规格及截面特性表选用构件时，应注意其选用表为适用于抗震和非抗震的通用构件表，抗震设计时应进行必要的复核。

四、相关索引

1. 钢结构中心支撑板件的宽厚比限值见第 8.4.1 条。

2. 钢结构偏心支撑框架梁板件宽厚比的要求见第 8.5.1 条。

3.《钢标》的相关规定见其第 5.4 节。

第 8.3.3 条

一、标准的规定

8.3.3 梁柱构件的侧向支承应符合下列要求：

1 梁柱构件受压翼缘应根据需要设置侧向支承。

2　梁柱构件在出现塑性铰的截面，上下翼缘均应设置侧向支承。

3　相邻两侧向支承点间的构件长细比，应符合现行国家标准《钢结构设计标准》GB 50017 的有关规定。

二、对标准规定的理解

1.“梁柱构件在出现塑性铰的截面”，可理解为梁柱构件在地震（包括小震、中震和大震）作用下可能出现塑性铰的截面（如梁端和柱端截面等）。

2.“相邻两支承点间”对主梁可理解为两个与主梁垂直的次梁（或次梁与隅撑或隅撑与隅撑等）之间的距离。

3. 设置隅撑的根本目的是为确保梁柱构件的平面外稳定。

三、结构设计建议

1. 有条件（建筑允许）时，应优先按规范的本条规定设置侧向支承（隅撑）。

2. 当钢柱因故不能设置隅撑时，应采用箱形截面柱。

3. 当不能在梁下翼缘平面设置隅撑时，可按图 8.3.3-1 所示设置三角隅撑。

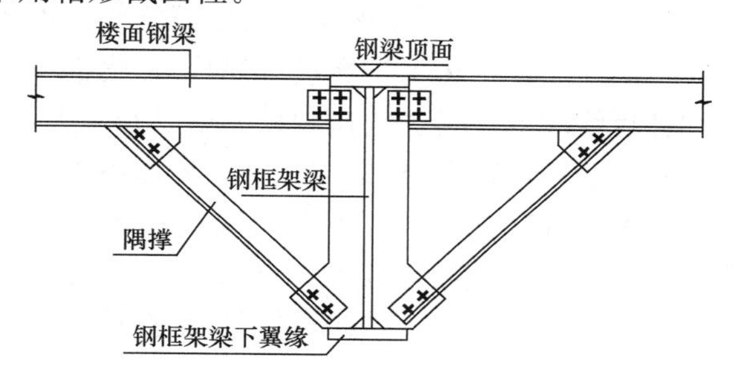

图 8.3.3-1　隅撑

4. 当钢梁的跨度不小于 8m 时，应设置侧向支承。

5. 当梁跨度小于 8m，且因建筑要求不能设置侧向支承时，可验算构件的翼缘应力，当构件的翼缘应力比足够小时（多遇地震作用下的翼缘应力比 $\sigma/f \leqslant 0.4$，可认为能满足中震时翼缘不出现塑性铰，即 $2.8\times0.4/1.11=1$，其中系数 2.8 为中震与小震地震作用的比例系数，1.11 为钢材强度标准值与设计值的比例系数），可不设置侧向支承。

6. 在地震作用下对钢梁的平面外稳定验算时，可取梁净跨度的 1/2 作为其平面外的计算长度（偏安全）。

四、相关索引

1.《钢标》的相关规定见其第 6.2 节。

2. 侧向支撑的设置见第 8.5.5 条和第 8.5.6 条。

第 8.3.4 条

一、标准的规定

8.3.4　梁与柱的连接构造应符合下列要求：

1　梁与柱的连接宜采用柱贯通型。

2　柱在两个互相垂直的方向都与梁刚接时宜采用箱形截面，并在梁翼缘连接处设置隔板；隔板采用电渣焊时，柱壁板厚度不宜小于 16mm，小于 16mm 时可改用工字形柱或采用贯通式隔板。当柱仅在一个方向与梁刚接时，宜采用工字形截面，并将柱腹板置于刚接框架平面内。

3　工字形柱（绕强轴）和箱形柱与梁刚接时（图 8.3.4-1），应符合下列要求：

1）梁翼缘与柱翼缘间应采用全熔透坡口焊缝；一、二级时，应检验焊缝的 V 形切口

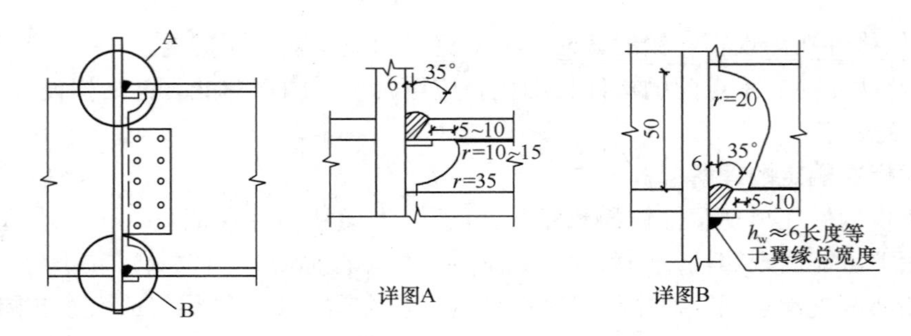

图 8.3.4-1 框架梁与柱的现场连接

冲击韧性，其夏比冲击韧性在－20℃时不低于 27J。

2）柱在梁翼缘对应位置应设置横向加劲肋（隔板），加劲肋（隔板）厚度不应小于梁翼缘厚度，强度与梁翼缘相同。

3）梁腹板宜采用摩擦型高强度螺栓与柱连接板连接（经工艺试验合格能确保现场焊接质量时，可用气体保护焊进行焊接）；腹板角部应设置焊接孔，孔形应使其端部与梁翼缘和柱翼缘间的全熔透坡口焊缝完全隔开。

4）腹板连接板与柱的焊接，当板厚不大于 16mm 时应采用双面角焊缝，焊缝有效厚度应满足等强度要求，且不小于 5mm；板厚大于 16mm 时采用 K 形坡口对接焊缝。该焊缝宜采用气体保护焊，且板端应绕焊。

5）一级和二级时，宜采用能将塑性铰自梁端外移的端部扩大形连接、梁端加盖板或骨形连接。

4 框架梁采用悬臂梁段与柱刚性连接时（图 8.3.4-2），悬臂梁段与柱应采用全焊接连接，此时上下翼缘焊接孔的形式宜相同；梁的现场拼接可采用翼缘焊接腹板螺栓连接或全部螺栓连接。

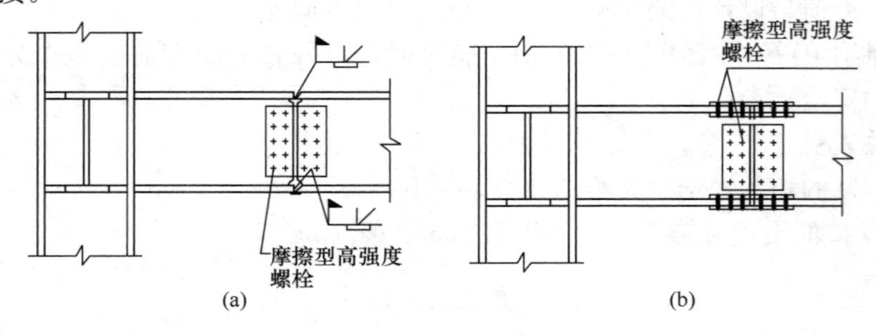

图 8.3.4-2 框架柱与梁悬臂段的连接

5 箱形柱在与梁翼缘对应位置设置的隔板，应采用全熔透对接焊缝与壁板相连。工字形柱的横向加劲肋与柱翼缘，应采用全熔透对接焊缝连接，与腹板可采用角焊缝连接。

二、对标准规定的理解

1. 绕强轴与梁刚接，可理解为沿工字形柱的腹板方向与梁刚接。

2. 隔板强度与梁翼缘相同，可理解为隔板强度不低于相应的梁翼缘。

3. 对本条第 1 款的理解见图 8.3.4-3。

4. 对本条第 2 款的理解见图 8.3.4-4。

5. 对本条第 3 款第 2 项的理解见图 8.3.4-5。

6. 对本条第 3 款第 5 项的理解见图 8.3.4-6。

7. 本条第 4 款中，标准未规定梁在柱外伸臂的长度，一般情况下，柱边线至梁伸臂远端距离为梁净跨度的 1/10（即 $l_n/10$）或 1.5 倍梁高（即 $1.5h_b$）且不小于 750mm（图 8.3.4-7及第 9.2.11 条相关说明）。

8. 对本条第 5 款的理解见图 8.3.4-8 和图 8.3.4-9。

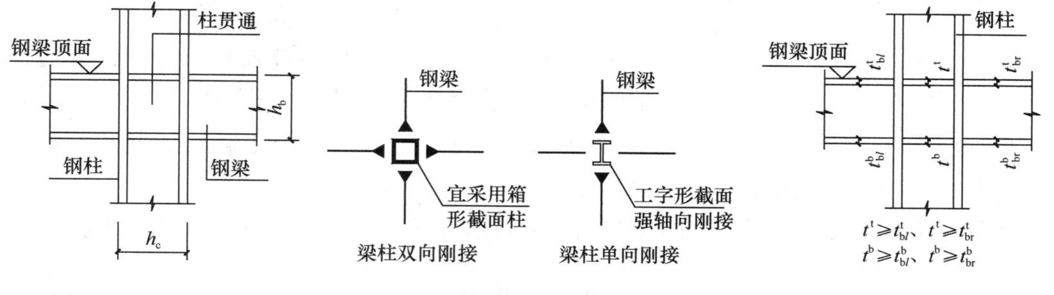

图 8.3.4-3　柱贯通　　图 8.3.4-4　梁柱连接　　图 8.3.4-5　加劲板

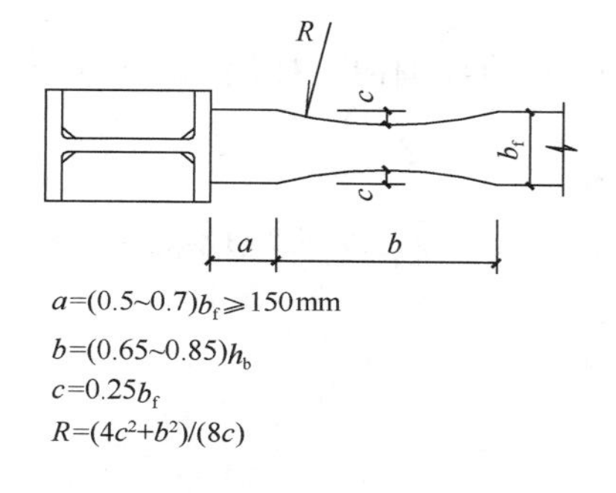

图 8.3.4-6　骨形连接

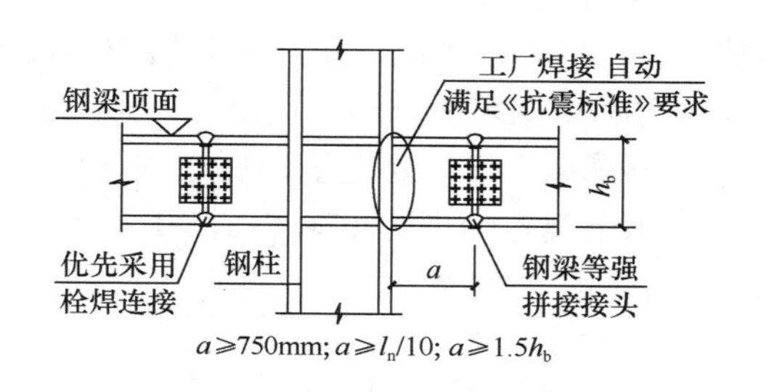

图 8.3.4-7　悬臂梁段连接

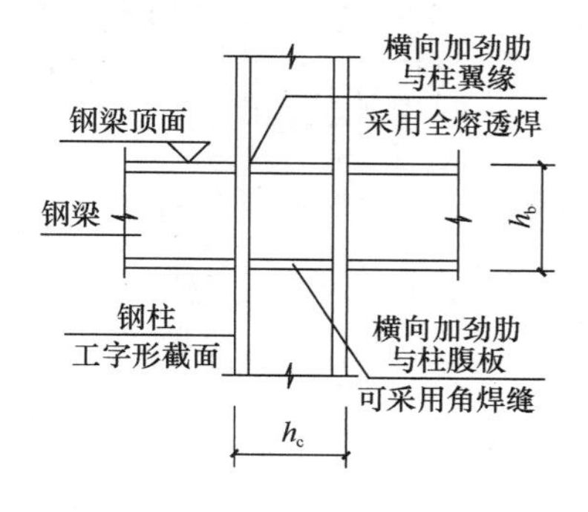

图 8.3.4-8　梁与 H 形柱连接

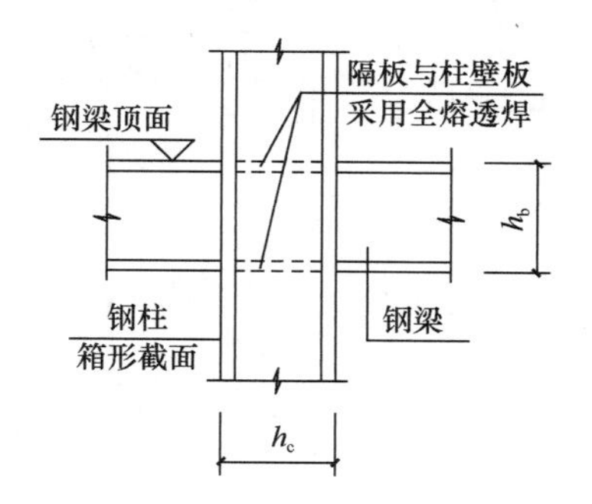

图 8.3.4-9　梁与箱形柱连接

第 8.3.5 条

一、标准的规定

8.3.5　当节点域的腹板厚度不满足本规范第 8.2.5 条第 2、3 款的规定时，应采取加厚柱腹板或采取贴焊补强板的措施。补强板的厚度及其焊缝应按传递补强板所分担剪力的要求设计。

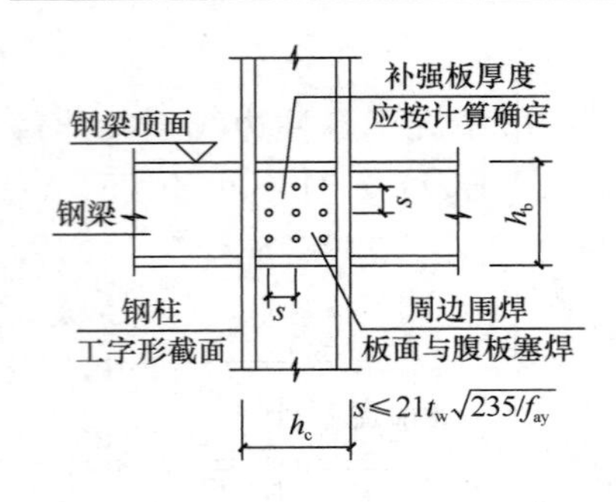

图 8.3.5-1　节点域补强

二、对标准规定的理解

1. 当节点域的腹板厚度不满足第 8.2.5 条第 2、3 款的规定时，应优先考虑加厚节点域的腹板厚度，当确有困难或采用轧制型钢时，可采用节点域贴焊补强板加强。

2. 节点域补强板与四周横向加劲板或柱翼缘可采用角焊缝焊接，此焊缝应能传递补强板所分担的剪力，补强板的板面应采用塞焊与节点域腹板连成整体，塞焊点之间的距离 $s\leqslant 21t_w\sqrt{235/f_{ay}}$，其中 t_w 为相连板件中板件厚度的较小值，其做法可见图 8.3.5-1。

3. 节点域补强板不得采用局部（不充满节点域）加强的方法，来满足节点域的体积要求。

第 8.3.6 条

一、标准的规定

8.3.6　梁与柱刚性连接时，柱在梁翼缘上下各 500mm 的范围内，柱翼缘与柱腹板间或箱形柱壁板间的连接焊缝应采用全熔透坡口焊缝。

二、对标准规定的理解

1. 在梁翼缘上下一定范围内属于柱设计的关键部位，应确保构件焊接的有效性。

2. 对本条规定的理解见图 8.3.6-1 和图 8.3.6-2。

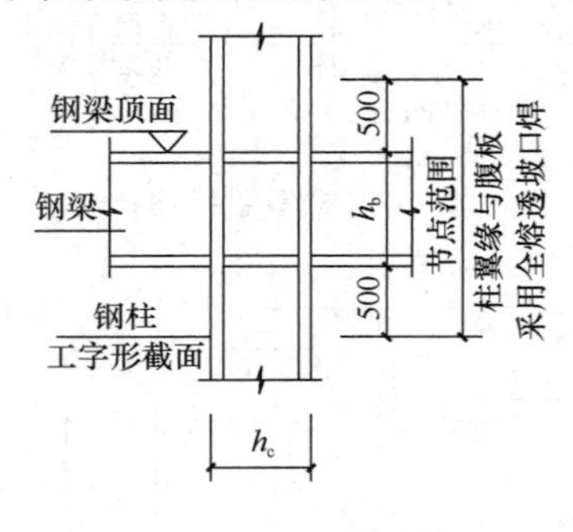

图 8.3.6-1　H 形柱

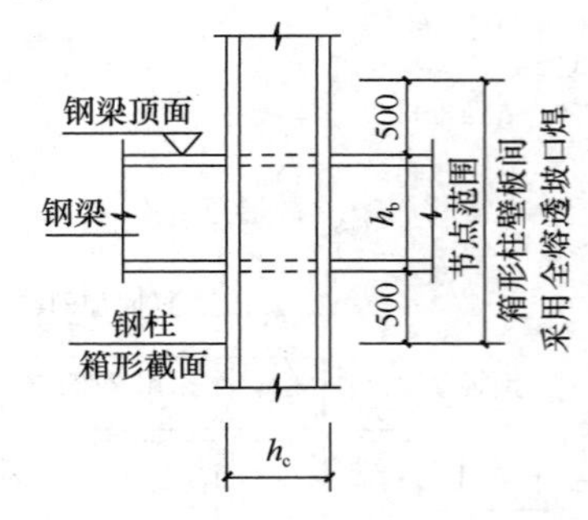

图 8.3.6-2　箱形柱

第 8.3.7 条

一、标准的规定

8.3.7　框架柱的接头距框架梁上方的距离，可取 1.3m 和柱净高一半二者的较小值。

上下柱的对接接头应采用全熔透焊缝，柱拼接接头上下各 100mm 范围内，工字形柱翼缘与腹板间及箱形柱角部壁板间的焊缝，应采用全熔透焊缝。

二、对标准规定的理解

1. 对本条规定的理解见图 8.3.7-1 和图 8.3.7-2。

2. “对接接头”可理解为构件在工厂制作时的接头；“拼接接头”可理解为构件在现场安装时的工地拼接接头。

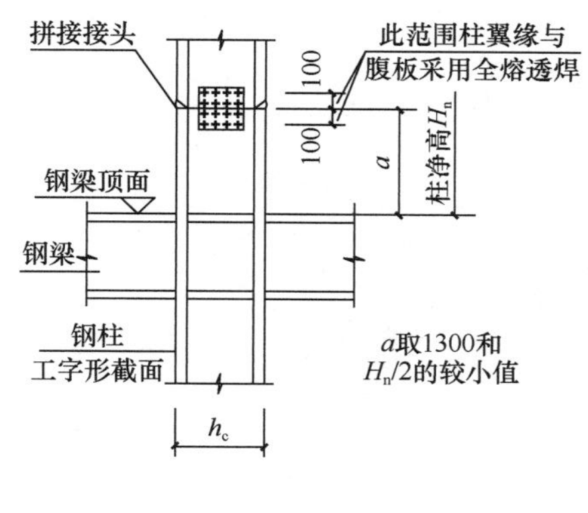

图 8.3.7-1 H 形柱

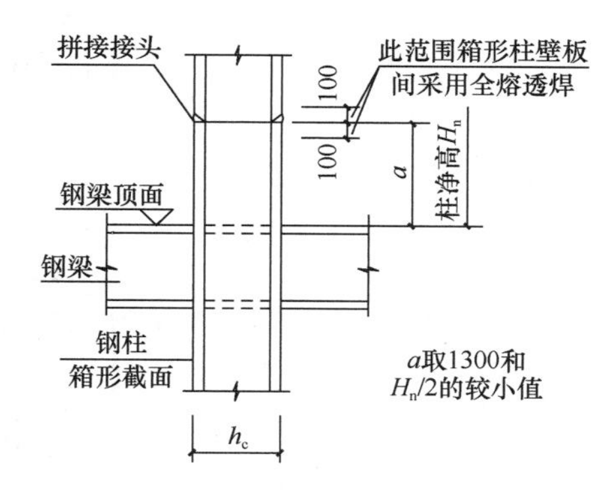

图 8.3.7-2 箱形柱

三、相关索引

《高钢规》对柱的连接要求见其第 8.4 节。

第 8.3.8 条

一、标准的规定

8.3.8 钢结构的刚接柱脚宜采用埋入式，也可采用外包式；6、7 度且高度不超过 50m 时也可采用外露式。

二、对标准规定的理解

1. 此处的“刚接柱脚”应理解为上部结构的固定端，当不设置地下室时，即为基础；当设置地下室时，即为上部结构的嵌固部位，而地下室的基础位置不一定要设置刚接柱脚。

2. 震害调查表明，外包式柱脚性能欠佳，故 8、9 度时不宜采用。

3. 外露式柱脚因难以保证柱脚刚接，且对使用功能及柱脚的耐久性影响较大，在高层建筑中一般较少采用。

三、结构设计建议

1. 关于埋入式柱脚（图 8.3.8-1）。

埋入式柱脚指将柱脚直接锚入基础（或基础梁）的柱脚，这种柱脚锚固效果好，但受钢柱的影响，基础（或基础梁）钢筋布置困难，施工难度大。埋入式柱脚可按《高钢规》的相关规定设计，也可采用以下近似计算方法：

1）按钢柱翼缘的轴力确定栓钉，钢柱一侧翼缘抗剪栓钉所承担的轴力 N_f 按公式（8.3.8-1）计算：

$$N_f = \frac{k \cdot N \cdot A_f}{A} + \frac{M}{h_c} \qquad (8.3.8\text{-}1)$$

式中：N——钢柱轴力设计值；

M——钢柱的弯矩设计值；

h_c——钢柱的截面高度；

A——钢柱的全截面面积；

A_f——钢柱一侧翼缘的截面面积；

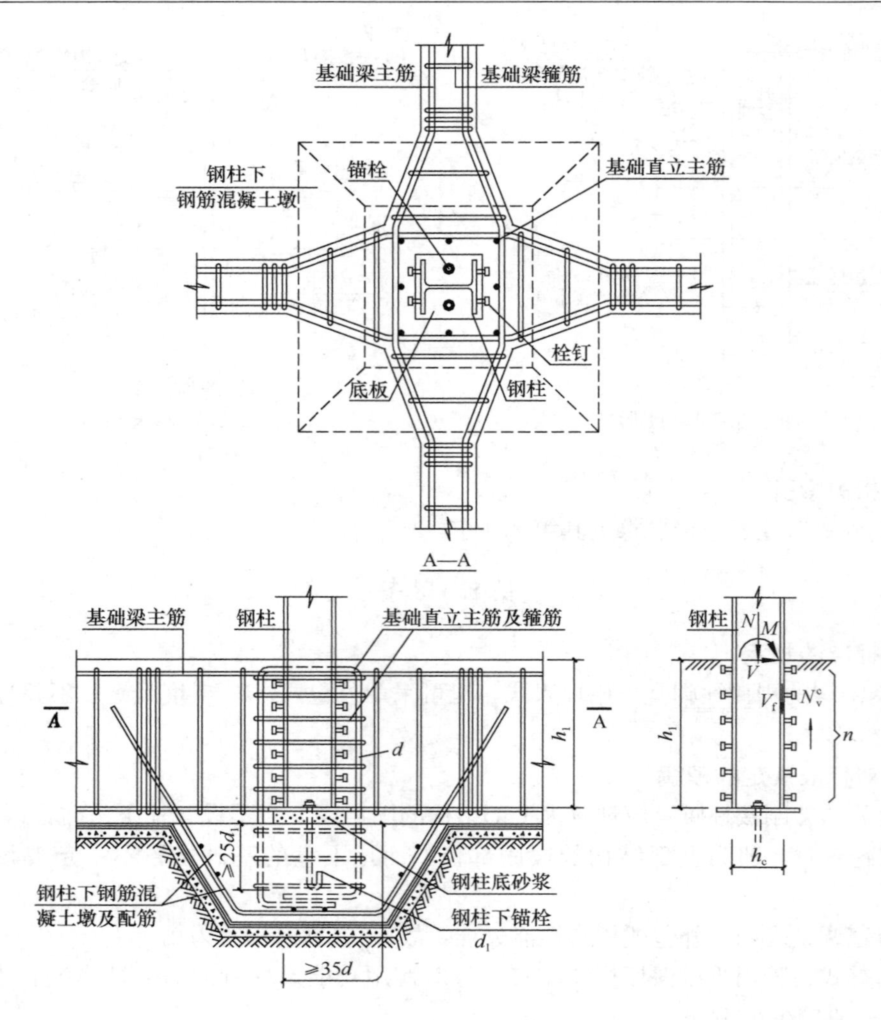

图 8.3.8-1 埋入式刚接柱脚

k——钢柱栓钉承受柱轴力的比例系数，一般情况下，当柱底混凝土墩与基础底板（或基础梁）等强设计（即混凝土墩的厚度不小于基础、混凝土的强度等级不低于基础、配筋不少于基础）时，可考虑柱轴力全部由柱底板直接传递至混凝土基础底板（或基础梁），取 $k=0$。当柱底混凝土墩对柱脚仅起安装定位作用，并按构造配筋时，可不考虑柱底面承受柱轴力，取 $k=1$；

N_f——钢柱一侧翼缘抗剪栓钉所能承担的柱轴力，应满足式（8.3.8-2）的要求。

$$N_f \leqslant n \cdot N_v^c \quad (8.3.8\text{-}2)$$

$$N_v^c = 0.43A_s\sqrt{E_c f_c} \quad (8.3.8\text{-}3)$$

且

$$N_v^c \leqslant 0.7A_s\gamma f \quad (8.3.8\text{-}4)$$

式中：N_v^c——一个圆柱头栓钉的抗剪承载力设计值；

A_s——一个圆柱头抗剪栓钉钉杆的截面面积；

E_c ——混凝土的弹性模量；

f_c ——混凝土的轴心抗压强度设计值；

n ——柱一侧抗剪栓钉的数量；

γ ——栓钉材料抗拉强度最小值与屈服强度之比，当栓钉材料性能等级为 4.6 级时，取 $\gamma = 1.67$；

f ——栓钉抗拉强度设计值。依据《钢标》第 14.3.1 条，圆柱头焊钉性能等级相当于碳素钢的 Q235 钢，则栓钉的 $f = 215\text{N/mm}^2$。

2）验算钢柱翼缘处的混凝土承压，由柱脚弯矩 M 产生的混凝土侧向压应力不得超过混凝土的抗压强度设计值，混凝土的压应力 σ 可近似按下式计算：

$$\sigma = M/W \leqslant f_c \tag{8.3.8-5}$$

式中：$W = bh_1^2/6$

b ——钢柱翼缘的宽度；

h_1 ——钢柱的埋入深度。

2. 关于外包式柱脚（图 8.3.8-2）。

外包式柱脚由钢柱脚和外包钢筋混凝土组成。外包式柱脚的钢柱底一般采用铰接，其

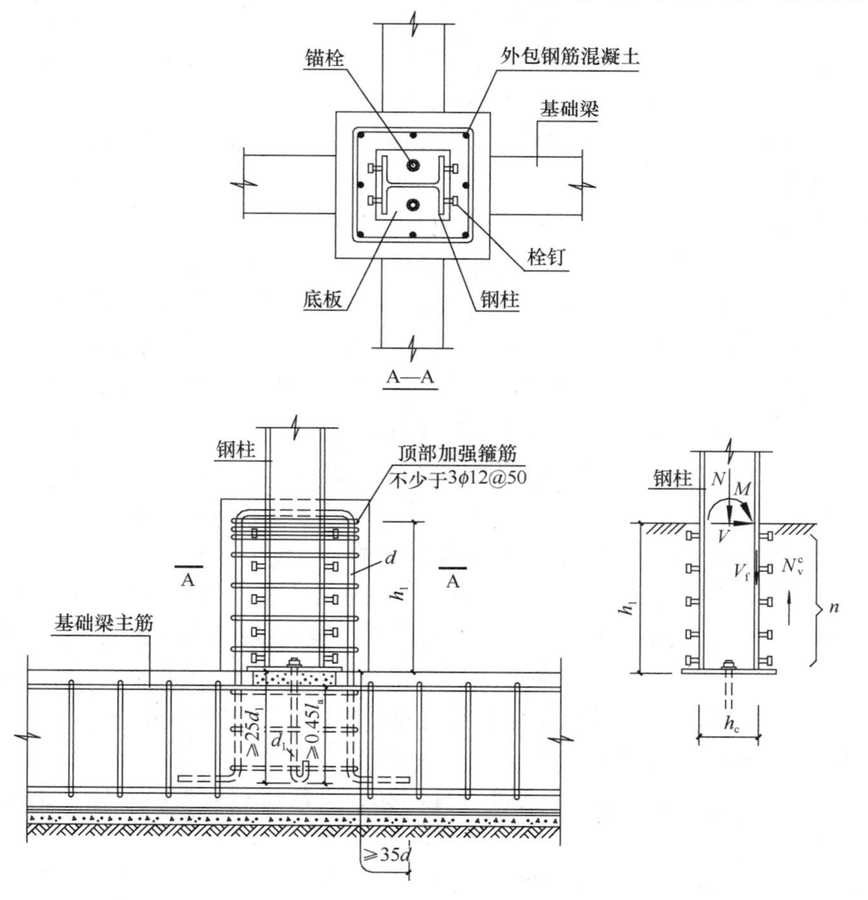

图 8.3.8-2　外包式刚接柱脚

底部弯矩和剪力全部由外包混凝土承担。外包式柱脚的轴力通过钢柱底板直接传给基础（或基础梁）；柱底弯矩则通过焊于钢柱翼缘上的栓钉传递给外包钢筋混凝土。外包钢筋混凝土的受弯承载力、受拉主筋的锚固长度、外包钢筋混凝土的受剪承载力、钢柱翼缘栓钉的数量及排列要求等均应满足规范要求。

1）设置于钢柱翼缘上的抗剪栓钉（承担钢柱弯矩向外包混凝土传递过程中，在钢柱翼缘上产生的沿钢柱轴向的剪力）起重要的传力作用，沿柱轴向的栓钉间距不得大于200mm，栓钉的直径不得小于16mm。钢柱一侧翼缘的抗剪栓钉按下式计算：

$$N_f = \frac{M}{h_c - t_f} \text{ 且 } N_f \leqslant nN_v^c \tag{8.3.8-6}$$

式中： M——外包钢筋混凝土顶部封闭箍筋处钢柱的弯矩设计值；

h_c、t_f——钢柱截面的高度和翼缘厚度。

2）外包钢筋混凝土的高度与埋入式柱脚的埋入深度相同。

3. 关于外露式柱脚。

外露式柱脚由外露的柱脚螺栓承担钢柱底的弯矩和轴力。采用外露式柱脚，柱脚的刚接难以保证，不应成为结构设计中的首选。必须采用时应注意以下问题：

1）当采用外露式柱脚时，柱脚承载力不宜小于柱截面塑性屈服承载力的1.2倍。柱脚锚栓不宜用以承受柱底水平剪力，柱底剪力应由钢底板与其下钢筋混凝土间的摩擦力或设置抗剪键及其他措施承担。柱脚锚栓应可靠锚固。

2）底板的尺寸由基础混凝土的抗压设计强度确定，计算底板厚度时，可偏安全地取底板各区格的最大压应力计算。

3）由于底板与基础之间不能承受拉应力，拉力应由锚栓来承担，当拉力过大，锚栓直径大于60mm时，可根据底板的受力实际情况，按压弯构件确定锚栓。

4）钢柱底部的水平剪力由底板与基础混凝土之间的摩擦力承受（摩擦系数可取0.4）。当水平剪力超过摩擦力时，可采取底板下焊接抗剪键（由抗剪键承担多余剪力，即$V \leqslant t_s h_s f_v$，其中V为扣除柱底摩擦力后钢柱底部的水平剪力设计值；t_s、h_s为抗剪键的腹板（可不考虑翼缘的抗剪作用）厚度及沿剪力V方向的长度；f_v为抗剪键所用钢材的抗剪强度设计值。还应注意对承受抗剪键水平剪力的混凝土的抗剪验算）、柱脚外包混凝土（由外包混凝土承担多余剪力，按《混凝土标准》第6.3.4条规定计算）等有效抗剪措施。

5）当柱脚底板尺寸过大时，应采用靴梁式柱脚。

6）从力学角度看，外露式柱脚更适合作为半刚接柱脚。震害表明：其破坏特征是锚栓剪断、拉断或拔出。当钢柱截面较大时，设计大于柱截面抗弯承载力的外露式柱脚是很困难的，且很不经济。结构设计中应考虑柱脚支座的非完全刚接特性，必要时按刚接和半刚接柱脚采用包络设计方法。当仅采用刚接柱脚计算时，应考虑柱反弯点的下移引起的柱顶弯矩及相关构件的内力增大问题。

7）应注意外露式柱脚的结构耐久性设计问题，采取恰当的保护和维护措施并在结构设计文件中明确。

4. 应注意对“刚接柱脚”的理解和把握。这里的“刚接柱脚”指的是上部结构的固定端（图8.3.8-3），实际工程中应针对不同情况加以区分。

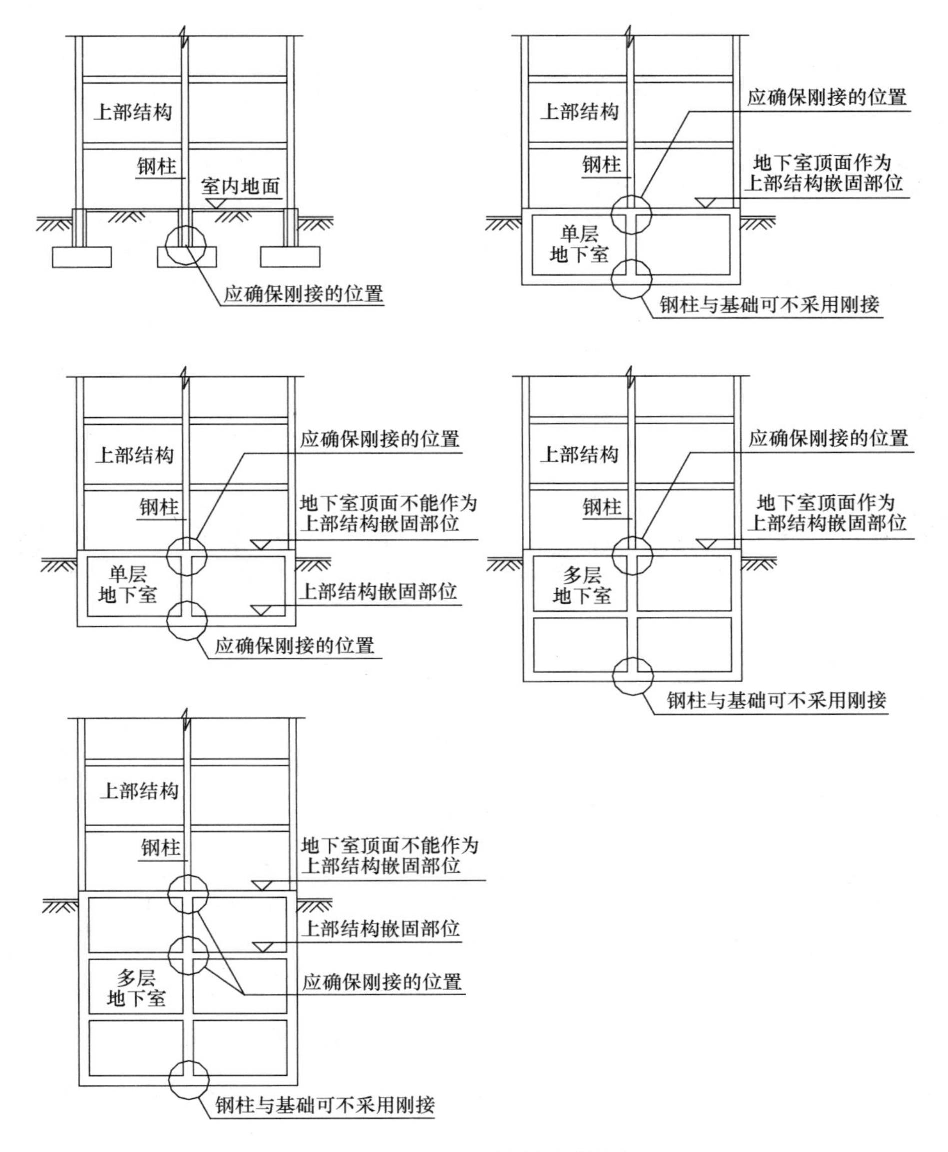

图 8.3.8-3 对刚接柱脚的把握

5. 有地下室时，上部结构的钢柱应直通地下一层成为型钢混凝土柱，在地下室的其他楼层应过渡为型钢混凝土柱或钢筋混凝土柱，有利于地下室结构及基础的设计与施工，也有利于对钢柱的保护。地下一层的抗震等级同上部钢结构。

1）当为一层地下室时，上部结构的钢柱在地下室应设置外包钢筋混凝土柱，钢柱脚在基础顶面采用外包柱脚，利用外包钢筋混凝土承担柱底弯矩和柱底剪力，钢柱在地下室顶面的轴力全部由地下室钢骨混凝土柱的栓钉传递给外包混凝土，柱脚做法见图 8.3.8-4。

2）当为多层地下室时，上部结构的钢柱在地下室应过渡为型钢混凝土柱或钢筋混凝土柱。当地下室顶板作为上部结构的嵌固部位时，柱脚做法可见图 8.3.8-5。当地下室顶板不能作为上部结构的嵌固部位时，则刚接柱脚应随嵌固部位下移。当地下二层顶板作为

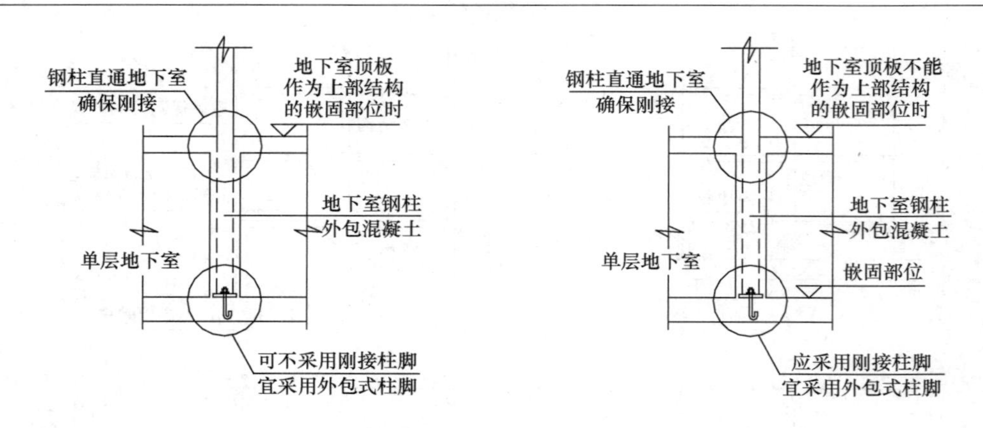

图 8.3.8-4 有单层地下室时钢柱柱脚做法

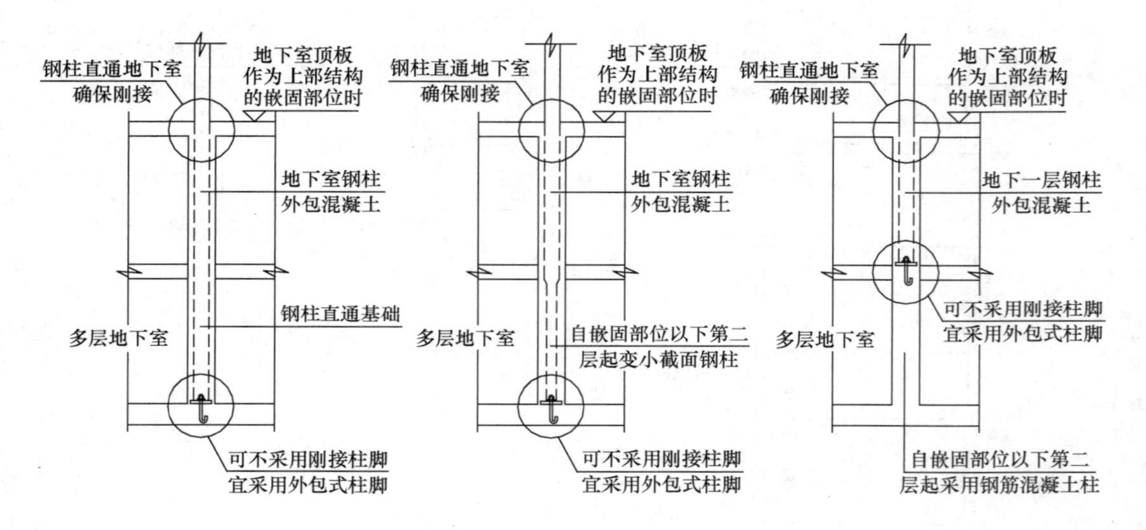

图 8.3.8-5 地下室顶板作为上部结构嵌固部位时钢柱柱脚做法

上部结构的嵌固部位时柱底做法可见图 8.3.8-6。嵌固部位继续下移时，可参考图 8.3.8-6。

6. 刚接柱脚的埋入深度：对型钢混凝土柱，不小于型钢截面高度的 3 倍；对钢管混凝土柱不小于钢管直径的 2 倍。可以看出，钢柱或型钢的埋入深度完全取决于钢管直径或型钢截面高度，而与钢管或型钢的厚度等因素无直接的关系，这种做法其实并不完全合理，尤其当钢管或型钢的截面不完全由柱底内力确定（如工程中经常采用的折线形钢框架，钢柱的截面高度常由折点截面的内力确定）时，其不合理性更加明显。对比钢筋混凝土杯口基础（柱的埋入深度一般为一倍柱截面高度），不难看出钢结构柱脚的埋入深度远大于混凝土杯口基础，存在较大的优化空间。

四、相关索引

1. 钢柱脚的相关要求见《高钢规》第 8.6 节。

2. 钢柱脚设置的相关问题可参考第 9.2.16 条。

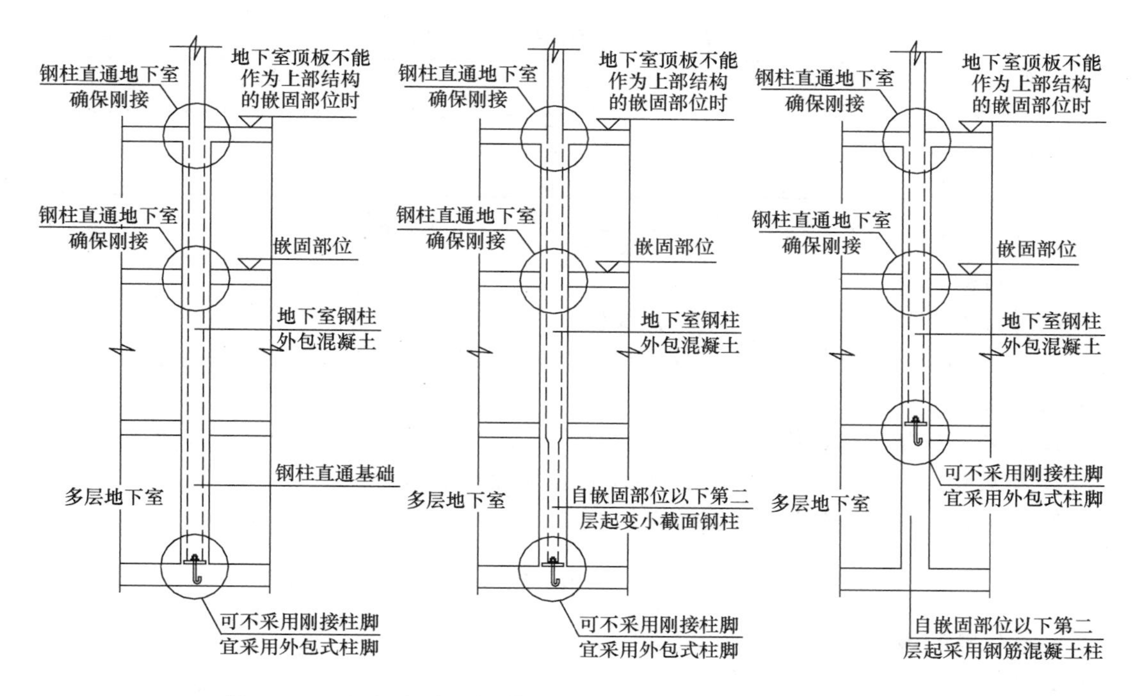

图 8.3.8-6 地下二层顶板作为上部结构嵌固部位时钢柱柱脚做法

8.4 钢框架-中心支撑结构的抗震构造措施

要点:

针对钢框架-中心支撑结构的特点，标准规定了中心支撑杆件的设计要求，主要适用于房屋高度 $H \geqslant 50\text{m}$ 的钢结构房屋。中心支撑的类型及设置的基本要求见第 8.1.6 条。

本节对支撑及钢框架杆件未提出特殊的材料要求，可理解为应满足第 3.9 节的基本要求。

对钢框架-中心支撑结构除应满足本节的特殊规定外，还需满足第 8.3 节对钢框架结构的基本要求。标准对钢框架-中心支撑结构的规定与钢框架-偏心支撑结构（第 8.5 节）相似，理解应用时可相互借鉴。

第 8.4.1 条

一、标准的规定

8.4.1 中心支撑的杆件长细比和板件宽厚比限值应符合下列规定:

1 支撑杆件的长细比，按压杆设计时，不应大于 $120\sqrt{235/f_{ay}}$；一、二、三级中心支撑不得采用拉杆设计，四级采用拉杆设计时，其长细比不应大于 180。

2 支撑杆件的板件宽厚比，不应大于表 8.4.1 规定的限值。采用节点板连接时，应注意节点板的强度和稳定。

钢结构中心支撑板件宽厚比限值 表 8.4.1

板件名称	一级	二级	三级	四级
翼缘外伸部分	8	9	10	13
工字形截面腹板	25	26	27	33
箱形截面腹板	18	20	25	30
圆管外径与壁厚比	38	40	40	42

注：表列数值适用于 Q235 钢，采用其他牌号钢材应乘以 $\sqrt{235/f_{ay}}$，圆管应乘以 $235/f_{ay}$。

二、对标准规定的理解

1. 本条强调支撑杆件稳定控制的重要性。

2. 可采用拉杆设计的支撑杆件仅限于 6、7 度的四级抗震等级的钢结构房屋。

三、相关索引

1. 抗震钢框架结构构件的板件宽厚比见第 8.3.2 条。

2. 抗震钢框架-偏心支撑结构构件的板件宽厚比见第 8.5.1 条。

3. 《钢标》的相关规定见其第 5.5 节。

第 8.4.2 条

一、标准的规定

8.4.2 中心支撑节点的构造应符合下列要求：

1 一、二、三级，支撑宜采用H型钢制作，两端与框架可采用刚接构造，梁柱与支撑连接处应设置加劲肋；一级和二级采用焊接工字形截面的支撑时，其翼缘与腹板的连接宜采用全熔透连续焊缝。

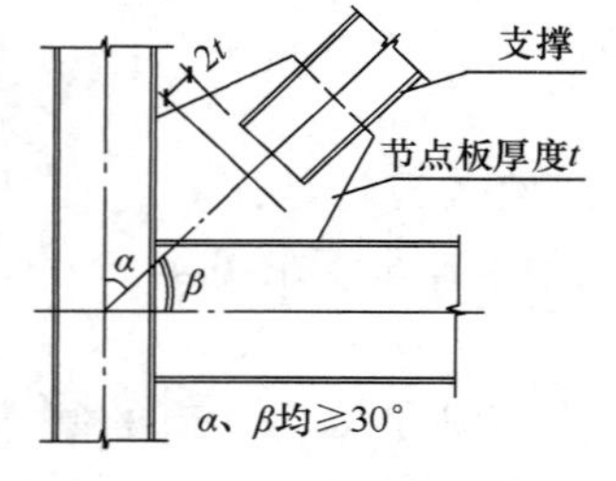

图 8.4.2-1 支撑端部节点板的构造示意图

2 支撑与框架连接处，支撑杆端宜做成圆弧。

3 梁在其与 V 形支撑或人字支撑相交处，应设置侧向支承；该支承点与梁端支承点间的侧向长细比（λ_y）以及支承力，应符合现行国家标准《钢结构设计标准》GB 50017 关于塑性设计的规定。

4 若支撑和框架采用节点板连接，应符合现行国家标准《钢结构设计标准》GB 50017 关于节点板在连接杆件每侧有不小于 30°夹角的规定；一、二级时，支撑端部至节点板最近嵌固点（节点板与框架构件连接焊缝的端部）在沿支撑杆件轴线方向的距离，不应小于节点板厚度的 2 倍。

二、对标准规定的理解

1. 本条是对支撑节点的具体构造要求，对本条规定的理解见图 8.4.2-1。

2. 塑性设计规定见《钢标》第 10 章，主要包括材料力学性能要求、板件宽厚比要求、构件强度要求、容许长细比和构造要求等。

第 8.4.3 条

一、标准的规定

8.4.3 框架-中心支撑结构的框架部分，当房屋高度不高于 100m 且框架部分按计算分配的地震剪力不大于结构底部总地震剪力的 25%时，一、二、三级的抗震构造措施可按框架结构降低一级的相应要求采用。其他抗震构造措施，应符合本规范第 8.3 节对框架结构抗震构造措施的规定。

二、对规范规定的理解

1. 和混凝土结构不同，确定钢结构的抗震等级时，不区分钢结构的具体形式，即无论是框架结构中的钢框架还是框架-支撑结构中的钢框架，都统一归类为钢框架。

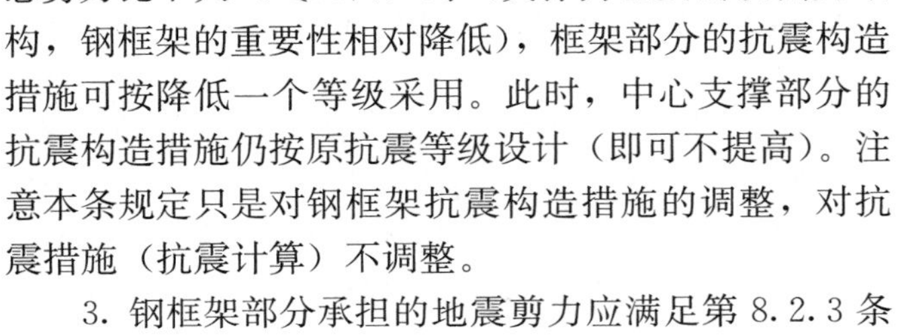

2. 对高度不太高（$H \leqslant 100$m）的钢框架-中心支撑结构，当框架部分承担的底部地震剪力与结构底部总剪力比不大（≤25%）时（支撑为主要的抗侧力结构，钢框架的重要性相对降低），框架部分的抗震构造措施可按降低一个等级采用。此时，中心支撑部分的抗震构造措施仍按原抗震等级设计（即可不提高）。注意本条规定只是对钢框架抗震构造措施的调整，对抗震措施（抗震计算）不调整。

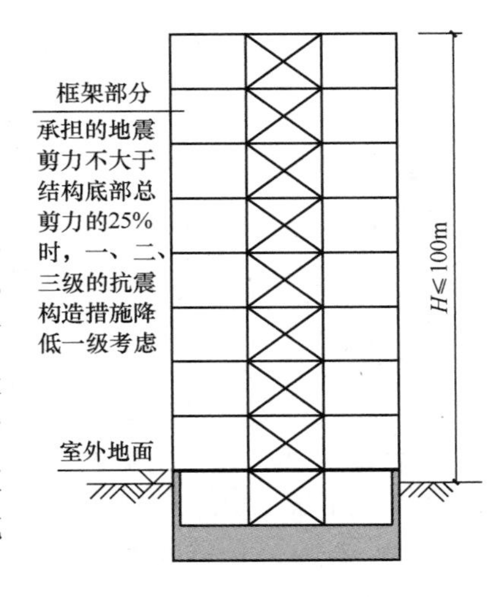

图 8.4.3-1 框架的剪力

3. 钢框架部分承担的地震剪力应满足第 8.2.3 条的规定。

4. 本条规定与第 8.5.7 条相似（可相互比较），对本条的理解见图 8.4.3-1。

三、相关索引

1. 钢结构的抗震等级见第 8.1.3 条。

2. 标准对框架-偏心支撑结构中的框架部分要求见第 8.5.7 条。

3. 钢框架结构的相应抗震构造要求见第 8.3 节。

8.5 钢框架-偏心支撑结构的抗震构造措施

要点：

偏心支撑杆件和消能梁段是抗震钢框架-偏心支撑结构中的特殊构件，应采取比其他结构更特殊的相关构造措施。

本节对消能梁段提出了特殊的材料要求，对支撑斜杆及其他构件未提出专门的材料要求，可理解为应满足第 3.9 节的基本要求。

对钢框架-偏心支撑结构除应满足本节的特殊规定外，还需满足第 8.3 节对钢框架结构的基本要求。规范对钢框架-偏心支撑结构的规定与钢框架-中心支撑结构（第 8.4 节）相似，理解应用时可相互借鉴。

第 8.5.1 条

一、标准的规定

8.5.1 偏心支撑框架消能梁段的钢材屈服强度不应大于 345MPa。消能梁段及与消能梁段同一跨内的非消能梁段，其板件的宽厚比不应大于表 8.5.1 规定的限值。

偏心支撑框架梁的板件宽厚比限值　**表 8.5.1**

板件名称		宽厚比限值
翼缘外伸部分		8
腹板	当 $N/(Af) \leqslant 0.14$ 时	$90[1-1.65N/(Af)]$
	当 $N/(Af) > 0.14$ 时	$33[2.3-N/(Af)]$

注：表列数值适用于 Q235 钢，当材料为其他钢号时应乘以 $\sqrt{235/f_{ay}}$，$N/(Af)$ 为梁轴压比。

二、对标准规定的理解

1. 本条强调对消能梁段的材料控制及对同一跨内非消能梁段板件宽厚比控制，对确保消能梁段延性及消能能力的重要性。

2. 消能梁段的上、下翼缘均应设置侧向支撑，当上翼缘与楼板固定且侧向支撑有可靠保证时，上翼缘侧向支撑可不设置。

3. 注意表 8.5.1 中对梁的轴压比的限值与第 8.2.7 条第 1 款（轴压比以 0.15 为界）和第 8.5.3 条第 1 款中（轴压比以 0.16 为界）的限值不同。轴压比从 0.14～0.16 时，相应的承载力验算和构造要求也不相同。板件宽厚比的限值从轴压比 0.14 为界；受剪承载力验算以轴压比 0.15 为界；轴压比大于 0.16 时，还应采取专门构造措施。

三、相关索引

1. 抗震钢框架结构构件的板件宽厚比见第 8.3.2 条。

2. 抗震钢框架-中心支撑结构构件的板件宽厚比见第 8.4.1 条。

3. 《钢标》的相关规定见其第 5.5 节。

第 8.5.2 条

一、标准的规定

8.5.2　偏心支撑框架的支撑杆件的长细比不应大于 $120\sqrt{235/f_{ay}}$，支撑杆件的板件宽厚比不应超过现行国家标准《钢结构设计标准》GB 50017 规定的轴心受压构件在弹性设计时的宽厚比限值。

二、对标准规定的理解

偏心支撑杆件的长细比限值与中心支撑压杆的长细比（第 8.4.1 条）相同。比较可以发现：在偏心支撑结构中，由于地震时消能梁段的消能对偏心支撑杆件及整体结构具有保护作用，其他构件的抗震构造措施可适当降低。

三、相关索引

1. 抗震钢框架柱的长细比见第 8.3.1 条。

2. 抗震钢框架-中心支撑杆件的长细比见第 8.4.1 条。

3. 《钢标》的相关规定见其第 3.5.2 条。

第 8.5.3 条

一、标准的规定

8.5.3　消能梁段的构造应符合下列要求：

1　当 $N > 0.16Af$ 时，消能梁段的长度应符合下列规定：

当 $\rho(A_w/A)<0.3$ 时

$$a<1.6M_{lp}/V_l \tag{8.5.3-1}$$

当 $\rho(A_w/A)\geqslant0.3$ 时

$$a\leqslant[1.15-0.5\rho(A_w/A)]1.6M_{lp}/V_l \tag{8.5.3-2}$$

$$\rho=N/V \tag{8.5.3-3}$$

式中：a ——消能梁段的长度；

ρ ——消能梁段轴向力设计值与剪力设计值之比。

2 消能梁段的腹板不得贴焊补强板，也不得开洞。

3 消能梁段与支撑连接处，应在其腹板两侧配置加劲肋，加劲肋的高度应为梁腹板高度，一侧的加劲肋宽度不应小于（$b_f/2-t_w$），厚度不应小于 $0.75t_w$ 和 10mm 的较大值。

4 消能梁段应按下列要求在其腹板上设置中间加劲肋：

1）当 $a\leqslant1.6M_{lp}/V_l$ 时，加劲肋间距不大于（$30t_w-h/5$）；

2）当 $2.6M_{lp}/V_l<a\leqslant5M_{lp}/V_l$ 时，应在距消能梁段端部 $1.5b_f$ 处配置中间加劲肋，且中间加劲肋间距不应大于（$52t_w-h/5$）；

3）当 $1.6M_{lp}/V_l<a\leqslant2.6M_{lp}/V_l$ 时，中间加劲肋的间距宜在上述二者间线性插入；

4）当 $a>5M_{lp}/V_l$ 时，可不配置中间加劲肋；

5）中间加劲肋应与消能梁段的腹板等高，当消能梁段截面高度不大于 640mm 时，可配置单侧加劲肋，消能梁段截面高度大于 640mm 时，应在两侧配置加劲肋，一侧加劲肋的宽度不应小于（$b_f/2-t_w$），厚度不应小于 t_w 和 10mm。

二、对标准规定的理解

1. 本条对消能梁段的构造要求，其目的就是为了使消能梁段在反复作用下具有良好的滞回性能（耗能能力）。

2. 支撑斜杆轴力的垂直分量成为消能梁段的剪力，水平分量成为消能梁段的轴力，当轴力较大（$N>0.16Af$，注意本条的轴力较大与第 8.2.7 条中的轴压比 0.15、表 8.5.1 中的轴压比 0.14 三者有差别，但差别很小）时，应降低消能梁段的受剪承载力，还应减少该消能梁段的长度，以确保其具有良好的滞回性能。本条第 1 款可理解为对消能梁段轴力较大时的特殊构造要求，当轴力较小（$N\leqslant0.16Af$）时，对消能梁段的长度可不做特殊要求。

3. 消能梁段的腹板需要有足够的弹塑性变形能力，由于腹板上贴焊的补强板不能进入弹塑性变形，因此，消能梁段不得采用贴焊补强板。

4. 在消能梁段与支撑的连接处，为传递消能梁段的剪力并防止腹板屈曲，需设置与腹板等高的加劲肋。

5. 依据消能梁段长度的不同大致可分为三种屈服模式：消能梁段较短时为剪切屈服型，消能梁段较长时为弯曲屈服型，中等长度的消能梁段为混合（剪切和弯曲）屈服型。应根据消能梁段不同的屈服模式，按本条第 4 款的要求在腹板上设置中间加劲肋，以确保腹板在屈服前具有足够的稳定承载力。

6. 偏心支撑的斜杆中心线与梁中心线的交点，一般在消能梁段的端部或内部（即消能梁段长度范围内），消能梁段的线刚度很大，吸收了很多的地震作用，承担大量的地震弯矩和剪力，利于消能梁段进入屈服消能状态，对抗震有利；但当交点在消能梁段以外时，消能梁段的线刚度减小，吸收的地震作用有限，不利于消能梁段进入屈服消能状态，对抗震不利。支撑斜杆与梁相交节点处产生的附加弯矩（与消能梁段端部的弯矩方向相反）对消能梁段的端部弯矩起减小作用，斜杆轴力的垂直分量（垂直于梁长度方向）起加大消能梁段端部弯矩的作用（与消能梁段端部弯矩方向相同）。

7. 对标准的本条规定可用表 8.5.3-1 来理解。

消能梁段的构造要求 **表 8.5.3-1**

序号	项　目	内　容
1	消能梁段的长度 a 当 $N>0.16Af$ （图 8.5.3-1、图 8.5.3-2）	当 $\rho(A_w/A)<0.3$ 时，$a<1.6M_{lp}/V_l$ (8.5.3-1) 当 $\rho(A_w/A)\geqslant0.3$ 时，$a\leqslant[1.15-0.5\rho(A_w/A)]1.6M_{lp}/V_l$ (8.5.3-2)
2	消能梁段的腹板	不得贴焊钢板，也不得开洞
3	消能梁段与支撑连接处	应在其腹板两侧设置加劲肋，如图 8.5.3-3 所示
4	消能梁段腹板的中间加劲肋间距 s （图 8.5.3-1、图 8.5.3-2）	当 $a<1.6M_{lp}/V_l$ 时，$s\leqslant(30t_w-h/5)$
		当 $2.6M_{lp}/V_l<a\leqslant5M_{lp}/V_l$ 时，在距消能梁端部 $1.5b_f$ 处 $s\leqslant(52t_w-h/5)$
		当 $1.6M_{lp}/V_l<a\leqslant2.6M_{lp}/V_l$ 时，s 在上述两式之间插入
		当 $a>5M_{lp}/V_l$ 时，可不配置中间加劲肋
	中间加劲肋的宽度及厚度 （h 为消能梁段截面高度）	$h\leqslant640$mm 时，配置单侧加劲肋（图 8.5.3-4）
		$h>640$mm 时，配置两侧加劲肋（图 8.5.3-5）

注：表中 A 为消能梁段的截面面积，A_w 为消能梁段的腹板面积，即 $A_w=t_wh_w$，t_w 为消能梁段的腹板厚度，h_w 为消能梁段的腹板高度。

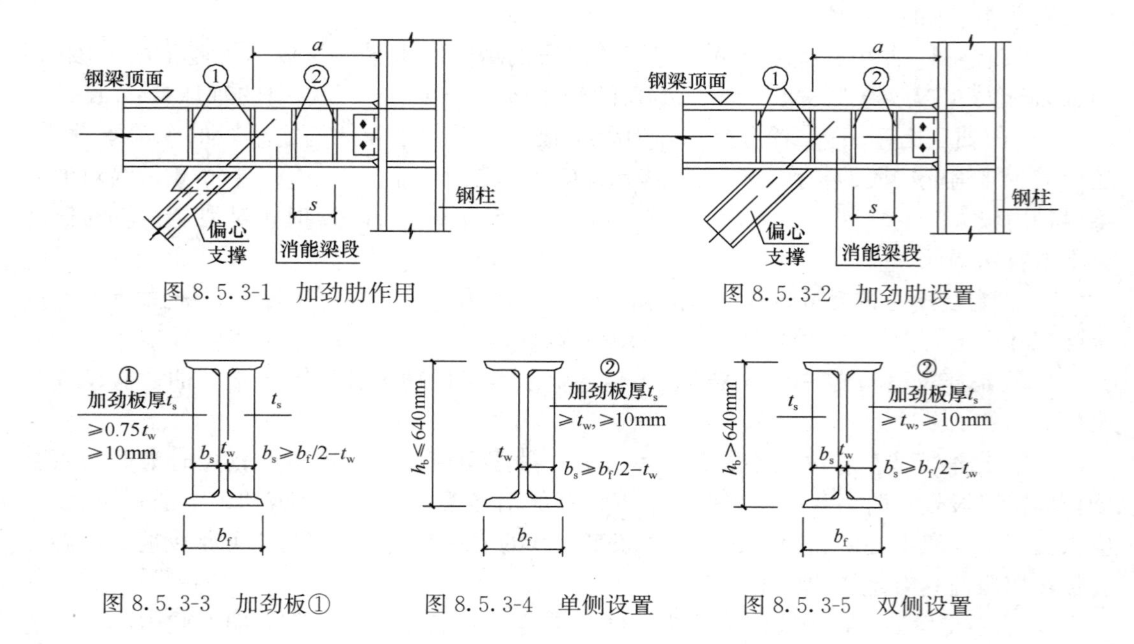

图 8.5.3-1 加劲肋作用　　图 8.5.3-2 加劲肋设置

图 8.5.3-3 加劲板①　　图 8.5.3-4 单侧设置　　图 8.5.3-5 双侧设置

第 8.5.4 条

一、标准的规定

8.5.4 消能梁段与柱的连接应符合下列要求：

1 消能梁段与柱连接时，其长度不得大于 $1.6M_{lp}/V_l$，且应满足相关标准的规定。

2 消能梁段翼缘与柱翼缘之间应采用坡口全熔透对接焊缝连接，消能梁段腹板与柱之间应采用角焊缝（气体保护焊）连接；角焊缝的承载力不得小于消能梁段腹板的轴力、剪力和弯矩同时作用时的承载力。

3 消能梁段与柱腹板连接时，消能梁段翼缘与横向加劲板间应采用坡口全熔透焊缝，其腹板与柱连接板间应采用角焊缝（气体保护焊）连接；角焊缝的承载力不得小于消能梁段腹板的轴力、剪力和弯矩同时作用时的承载力。

二、对标准规定的理解

消能梁段与柱的连接要求见表 8.5.4-1。本条规定中的“坡口全熔透焊缝”即为第 8.3.6 条中的“全熔透坡口焊缝”。

消能梁段与柱的连接要求 **表 8.5.4-1**

序号	项　目	规　定
1	消能梁段与柱连接的长度 a（图 8.5.4-1、图 8.5.4-2）	$a \leqslant 1.6M_{lp}/V_l$ 且满足第 8.2.7 的受剪承载力要求
2	消能梁段翼缘与柱翼缘之间的连接	应采用坡口全熔透对接焊缝
3	消能梁段腹板与柱之间连接	应采用角焊缝连接，角焊缝的承载力不得小于消能梁段腹板的轴力、剪力和弯矩同时作用时的承载力
4	消能梁段与柱腹板连接	消能梁段翼缘与连接板间应采用坡口全熔透焊缝
		消能梁段腹板与柱间应采用角焊缝，角焊缝的承载力不得小于消能梁段腹板的轴力、剪力和弯矩同时作用时的承载力

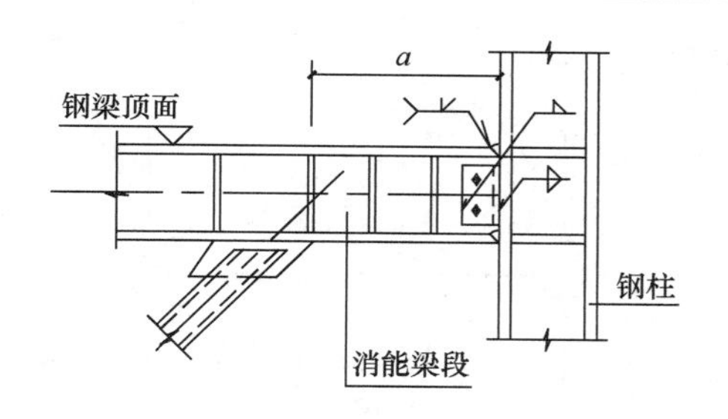

图 8.5.4-1　消能梁段与柱强轴连接

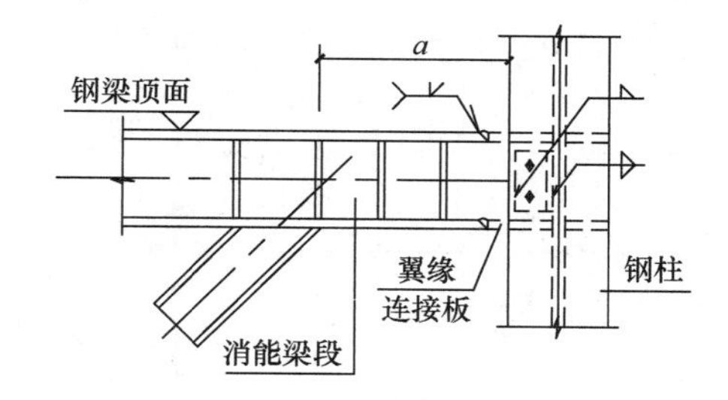

图 8.5.4-2　消能梁段与柱弱轴连接

第 8.5.5 条

一、标准的规定

8.5.5 消能梁段两端上下翼缘应设置侧向支撑，支撑的轴力设计值不得小于消能梁段翼缘轴向承载力设计值的 6%，即 $0.06\,b_f t_f f$。

二、对标准规定的理解

1. 消能梁段的侧向支撑设计的依据是消能梁段梁翼缘（注意，是消能梁段不是非消能梁段，只是梁翼缘，不是梁全截面）轴向承载力设计值（注意，是承载力设计值，而不是构件轴力设计值）。

2. 在消能梁段两端设置翼缘的侧向支撑，是为了确保其受压翼缘的稳定。当上翼缘与楼板连接牢固且楼板能确保上翼缘的稳定时，上翼缘可不设置侧向支撑。侧向支撑可为侧向隅撑，见图 8.5.5-1、图 8.5.5-2。

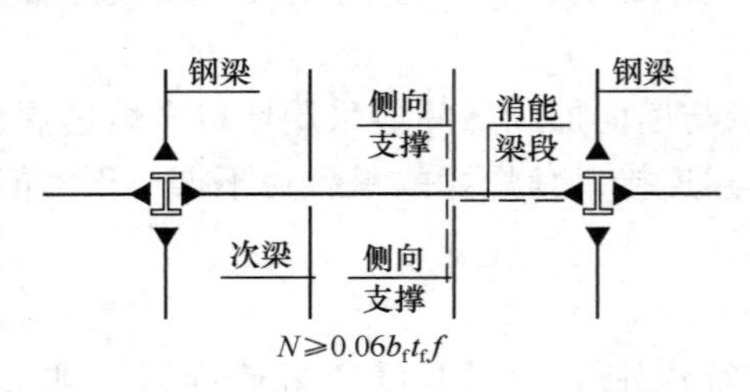

图 8.5.5-1　利用次梁设置消能梁段的侧向支撑

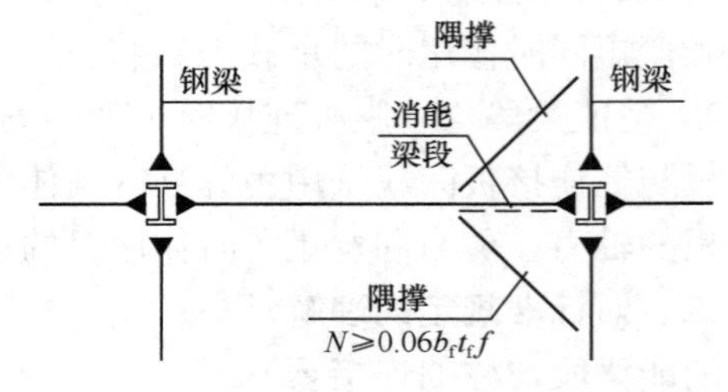

图 8.5.5-2　利用隅撑设置消能梁段的侧向支撑

第 8.5.6 条

一、标准的规定

8.5.6　偏心支撑框架梁的非消能梁段上下翼缘，应设置侧向支撑，支撑的轴力设计值不得小于梁翼缘轴向承载力设计值的 2%，即 $0.02\ b_ft_ff$ 。

二、对标准规定的理解

1. “偏心支撑框架梁的非消能梁段”指与消能梁段处于同一跨内的框架梁。该梁同样承受轴力、剪力和弯矩，需设置翼缘的侧向支撑确保其受压翼缘的稳定。

2. 非消能梁段的侧向支撑设计的依据是非消能梁段翼缘（注意，是非消能梁段而不是消能梁段，只是梁翼缘，而不是梁全截面）轴向承载力设计值（注意，是承载力设计值，而不是构件轴力设计值）。

3. 侧向支撑可为侧向隅撑，见图 8.5.6-1 和图 8.5.6-2。

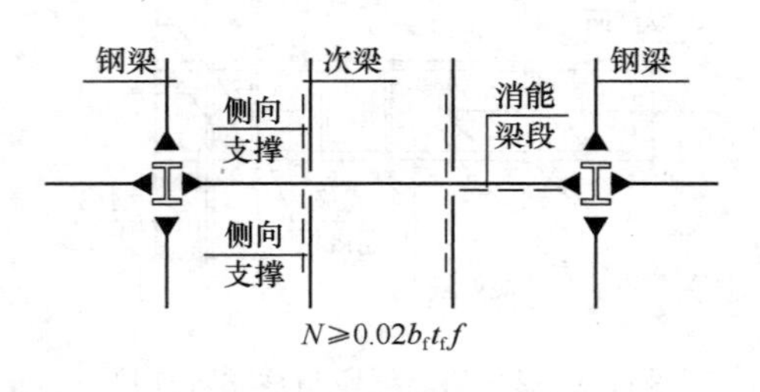

图 8.5.6-1　利用次梁设置非消能梁段的侧向支撑

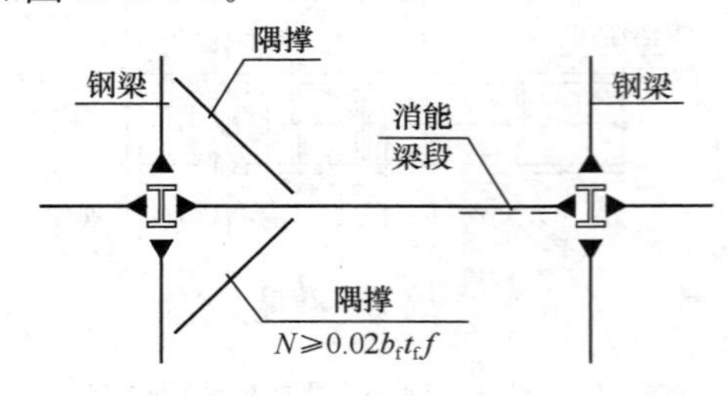

图 8.5.6-2　利用隅撑设置非消能梁段的侧向支撑

第 8.5.7 条

一、标准的规定

8.5.7　框架-偏心支撑结构的框架部分，当房屋高度不高于 100m 且框架部分按计算分配的地震作用不大于结构底部总地震剪力的25%时，一、二、三级的抗震构造措施可按框架结构降低一级的相应要求采用。其他抗震构造措施，应符合本规范第8.3节对框架结构抗震构造措施的规定。

二、对规范规定的理解

1. 和混凝土结构不同，钢结构的抗震等级只与房屋高度有关，与房屋的结构形式无关，因而，对钢框架无论是钢框架结构还是框架-支撑结构中的钢框架，都统一归类为钢框架。

2. 对高度不太高（$H \leqslant 100\text{m}$）的钢框架-偏心支撑结构，当框架部分承担的底部地震剪力与结构底部总剪力比不大（≤25%）时（支撑为主要的抗侧力结构，钢框架的重要性相对降低），框架部分的抗震构造措施可按降低一个等级采用。此时，偏心支撑部分的抗震构造措施仍按原抗震等级设计（即可不提高）。

3. 钢框架部分承担的地震剪力应满足第8.2.3条的规定。

4. 本条规定与第8.4.3条相似。对本条的理解见图8.5.7-1。

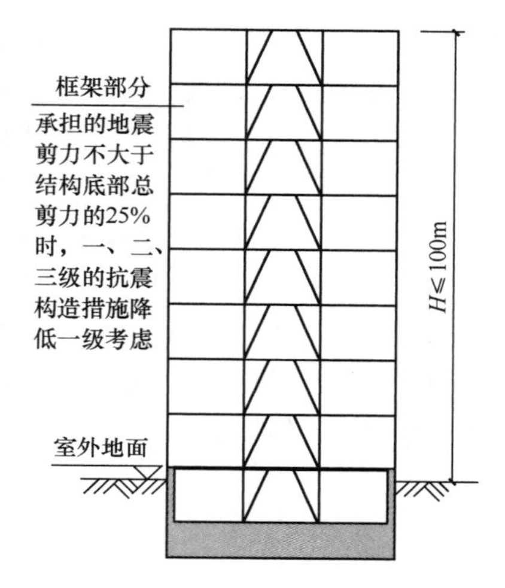

图8.5.7-1　框架剪力

三、相关索引

1. 框架-中心支撑结构的框架部分要求见第8.4.3条。

2. 钢框架结构的相关抗震构造要求见第8.3节。

9 单层工业厂房

说明：

单层工业厂房具有多跨、不等高和不等长等特点，还由于常采用铰接排架，结构的赘余度较小，对抗震不利，震害表明其破坏相对于其他形式的房屋较严重，因此对结构布置及抗震构造提出专门要求。

本章的规定均为具体规定，为便于设计应用，这里对规范的规定进行简单梳理。

9.1 单层钢筋混凝土柱厂房

要点：

针对单层钢筋混凝土柱厂房的特点，标准制定了相关的设计原则。其规定与钢筋混凝土框架结构有共性更有区别。

（Ⅰ）一 般 规 定

第 9.1.1 条

一、标准的规定

9.1.1 本节主要适用于装配式单层钢筋混凝土柱厂房，其结构布置应符合下列要求：

1 多跨厂房宜等高和等长，高低跨厂房不宜采用一端开口的结构布置。

2 厂房的贴建房屋和构筑物，不宜布置在厂房角部和紧邻防震缝处。

3 厂房体型复杂或有贴建的房屋和构筑物时，宜设防震缝；在厂房纵横跨交接处、大柱网厂房或不设柱间支撑的厂房，防震缝宽度可采用 100mm～150mm，其他情况可采用 50mm～90mm。

4 两个主厂房之间的过渡跨至少应有一侧采用防震缝与主厂房脱开。

5 厂房内上起重机的铁梯不应靠近防震缝设置；多跨厂房各跨上起重机的铁梯不宜设置在同一横向轴线附近。

6 厂房内的工作平台、刚性工作间宜与厂房主体结构脱开。

7 厂房的同一结构单元内，不应采用不同的结构形式；厂房端部应设屋架，不应采用山墙承重；厂房单元内不应采用横墙和排架混合承重。

8 厂房柱距宜相等，各柱列的侧移刚度宜均匀，当有抽柱时，应采取抗震加强措施。

注：钢筋混凝土框排架厂房的抗震设计，应符合本规范附录 H 第 H.1 节的规定。

二、对标准规定的理解

1. 装配式单层钢筋混凝土柱厂房的整体性差，通过适当设置防震缝将复杂平面简化为不同结构区段的单体建筑，有利于估算地震反应并采取相应的抗震措施。

2. 柱网不小于 12m 的厂房为大柱网厂房。

3. 单层混凝土柱厂房的防震缝宽度，不执行第 6.1.4 条的规定，应按本条规定确定。

4. 厂房结构布置要求见表 9.1.1-1。

厂房结构布置要求 **表 9.1.1-1**

序号	项　　目	内　　容
1	多跨厂房	宜等高和等长
2	厂房的贴建房屋和构筑物	不宜布置在厂房角部和紧邻防震缝处
3	厂房体型复杂或有贴建的房屋和构筑物时	宜设置防震缝，在厂房纵横跨交接处、大柱网厂房或不设柱间支撑的厂房，缝宽可采用 100～150mm，其他情况可采用 50～90mm
4	两个主厂房之间的过渡跨	至少应有一侧采用防震缝与主厂房脱开
5	厂房内上起重机的铁梯	不应靠近防震缝设置
6	多跨厂房各跨上起重机的铁梯	不宜设置在同一横向轴线附近
7	工作平台	宜与厂房主体脱开
8	厂房的同一结构单元内	不应采用不同的结构形式
9	厂房端部	应设屋架、不应采用山墙承重
10	厂房单元内	不应采用横墙和排架混合承重
11	厂房各列柱的侧移刚度	宜均匀

第 9.1.2 条

一、标准的规定

9.1.2 厂房天窗架的设置，应符合下列要求：

1 天窗宜采用突出屋面较小的避风型天窗，有条件或 9 度时宜采用下沉式天窗。

2 突出屋面的天窗宜采用钢天窗架；6～8 度时，可采用矩形截面杆件的钢筋混凝土天窗架。

3 天窗架不宜从厂房结构单元第一开间开始设置；8 度和 9 度时，天窗架宜从厂房单元端部第三柱间开始设置。

4 天窗屋盖、端壁板和侧板，宜采用轻型板材；不应采用端壁板代替端天窗架。

二、对标准规定的理解

1. 本条规定中的 6 度、7 度、8 度、9 度应理解为本地区抗震设防烈度。

2. 当每跨均设柱时，“第三柱间”即为第三跨。

3. 厂房天窗架的设置要求见表 9.1.2-1。

厂房天窗架的设置要求 **表 9.1.2-1**

序号	项　　目	内　　容
1	天窗	宜采用突出屋面较小的避风型天窗，有条件或 9 度时宜采用下沉式天窗
2	突出屋面的天窗	宜采用钢天窗架；6～8 度时，可采用矩形截面杆件的钢筋混凝土天窗架
3	8 度和 9 度时天窗架	宜从厂房单元端部第三柱间开始设置，从确保屋盖的整体性
4	天窗屋盖、端壁板和侧板	宜采用轻型板材

第 9.1.3 条

一、标准的规定

9.1.3 厂房屋架的设置，应符合下列要求：

1 厂房宜采用钢屋架或重心较低的预应力混凝土、钢筋混凝土屋架。

2 跨度不大于 15m 时，可采用钢筋混凝土屋面梁。

3 跨度大于 24m，或 8 度Ⅲ、Ⅳ类场地和 9 度时，应优先采用钢屋架。

4 柱距为 12m 时，可采用预应力混凝土托架（梁）；当采用钢屋架时，亦可采用钢托架（梁）。

5 有突出屋面天窗架的屋盖不宜采用预应力混凝土或钢筋混凝土空腹屋架。

6 8 度（0.30g）和 9 度时，跨度大于 24m 的厂房不宜采用大型屋面板。

二、对标准规定的理解

1. 本条规定中的 8、9 度应理解为本地区抗震设防烈度。

2. 重心较低的屋架指屋架的矢高不能太大，从梯形屋架→拱形屋架→屋面梁，其矢高由大变小，重心由高变低。

3. 厂房屋架的设置要求见表 9.1.3-1。

厂房屋架的设置要求 **表 9.1.3-1**

序号	项　　目	内　　容
1	屋架	宜采用钢屋架或重心较低的预应力混凝土、钢筋混凝土屋架
2	跨度不大于 15m 时	可采用钢筋混凝土屋面梁
3	跨度大于 24m，或 8 度Ⅲ、Ⅳ类场地和 9 度时	应优先采用钢屋架
4	柱距为 12m 时	可采用预应力混凝土托架（梁）
5	当采用钢屋架时	可采用钢托架（梁）
6	有突出屋面天窗架的屋盖	不宜采用预应力混凝土或钢筋混凝土空腹屋架
7	8 度（0.30g）和 9 度时，跨度大于 24m 的厂房	不宜采用大型屋面板

第 9.1.4 条

一、标准的规定

9.1.4 厂房柱的设置，应符合下列要求：

1 8 度和 9 度时，宜采用矩形、工字形截面柱或斜腹杆双肢柱，不宜采用薄壁工字形柱、腹板开孔工字形柱、预制腹板的工字形柱和管柱。

2 柱底至室内地坪以上 500mm 范围内和阶形柱的上柱宜采用矩形截面。

二、对标准规定的理解

1. 本条规定中的 8、9 度应理解为本地区抗震设防烈度。

2. 采用矩形、工字形截面柱或斜腹杆双肢柱有利于提高柱子的受剪承载力。柱底及室外地坪附近区域，属于柱子弯矩和剪力很大的区域，应采用矩形截面；阶形柱的上柱由于截面较小，也应采用矩形截面。

第 9.1.5 条

一、标准的规定

9.1.5 厂房围护墙、砌体女儿墙的布置、材料选型和抗震构造措施，应符合本规范第 13.3 节的有关规定。

二、对标准规定的理解

厂房的围护墙、砌体女儿墙应符合非结构构件的基本抗震要求。

（Ⅱ）计 算 要 点

第 9.1.6 条

一、标准的规定

9.1.6 单层厂房按本规范的规定采取抗震构造措施并符合下列条件之一时，可不进行横向和纵向抗震验算：

1 7 度Ⅰ、Ⅱ类场地、柱高不超过 10m 且结构单元两端均有山墙的单跨和等高多跨厂房（锯齿形厂房除外）。

2 7 度时和 8 度（0.20g）Ⅰ、Ⅱ类场地的露天吊车栈桥。

二、对标准规定的理解

本条规定中的 7、8 度应理解为本地区抗震设防烈度。

第 9.1.7 条

一、标准的规定

9.1.7 厂房的横向抗震计算，应采用下列方法：

1 混凝土无檩和有檩屋盖厂房，一般情况下，宜计及屋盖的横向弹性变形，按多质点空间结构分析；当符合本规范附录 J 的条件时，可按平面排架计算，并按附录 J 的规定对排架柱的地震剪力和弯矩进行调整。

2 轻型屋盖厂房，柱距相等时，可按平面排架计算。

注：本节轻型屋盖指屋面为压型钢板、瓦楞铁等有檩屋盖。

二、对标准规定的理解

1. 本条结合单层钢筋混凝土柱厂房的横向受力特点，是对第 3.6.4 条计算基本原则的细化。

2. 随着空间分析程序的普遍应用，一般情况下均有条件按空间结构分析。当结构的空间作用不明显、平面和立面变化较大时，应注意空间分析程序的不完全适用性（第 3.6.6 条），必要时可按平面框架进行补充计算（承载力）。

3.《抗震标准》附录 J 规定的方法可以作为概念设计手段对电算结果进行大致判别。

第 9.1.8 条

一、标准的规定

9.1.8 厂房的纵向抗震计算，应采用下列方法：

1 混凝土无檩和有檩屋盖及有较完整支撑系统的轻型屋盖厂房，可采用下列方法：

1）一般情况下，宜计及屋盖的纵向弹性变形，围护墙与隔墙的有效刚度，不对称时尚宜计及扭转的影响，按多质点进行空间结构分析；

2）柱顶标高不大于15m且平均跨度不大于30m的单跨或等高多跨的钢筋混凝土柱厂房，宜采用本规范附录K第K.1节规定的修正刚度法计算。

2 纵墙对称布置的单跨厂房和轻型屋盖的多跨厂房，可按柱列分片独立计算。

二、对标准规定的理解

1. 本条结合单层钢筋混凝土柱厂房的纵向受力特点，是对第3.6.4条计算基本原则的细化。

2. 在厂房的横向及纵向抗震计算中，简化计算方法（或借助于计算程序的单榀框、排架的比较计算）可以作为空间分析方法的补充，由此可对空间分析程序的计算结果进行判别，对不规则结构进行包络设计。

第9.1.9条

一、标准的规定

9.1.9 突出屋面天窗架的横向抗震计算，可采用下列方法：

1 有斜撑杆的三铰拱式钢筋混凝土和钢天窗架的横向抗震计算可采用底部剪力法；跨度大于9m或9度时，混凝土天窗架的地震作用效应应乘以增大系数，其值可采用1.5。

2 其他情况下天窗架的横向水平地震作用可采用振型分解反应谱法。

二、对标准规定的理解

1. 本条规定适用于有斜杆的三铰拱式钢筋混凝土天窗架，对其他形式的钢筋混凝土天窗架不适用。

2. 震害表明，非抗震设计的钢筋混凝土天窗架，其横向损坏并不明显，主要是横向天窗架一般都设置斜腹杆，横向刚度很大，基本上随屋盖平移。可直接按底部剪力法计算。

3. 由于钢天窗架的强度和延性优于混凝土天窗架，且可靠度高，因此，当跨度大于9m或本地区抗震设防烈度9度时，钢天窗架的地震作用效应可不用乘以增大系数1.5。

第9.1.10条

一、标准的规定

9.1.10 突出屋面天窗架的纵向抗震计算，可采用下列方法：

1 天窗架的纵向抗震计算，可采用空间结构分析法，并计及屋盖平面弹性变形和纵墙的有效刚度。

2 柱高不超过15m的单跨和等高多跨混凝土无檩屋盖厂房的天窗架纵向地震作用计算，可采用底部剪力法，但天窗架的地震作用效应应乘以效应增大系数，其值可按下列规定采用：

1）单跨、边跨屋盖或有纵向内隔墙的中跨屋盖：

$$\eta=1+0.5n \tag{9.1.10-1}$$

2）其他中跨屋盖：

$$\eta=0.5n \tag{9.1.10-2}$$

式中：η——效应增大系数；

n——厂房跨数，超过四跨时取四跨。

二、对标准规定的理解

震害表明：非抗震设计的钢筋混凝土天窗架，纵向破坏相当普遍。因此对纵向天窗架的地震作用效应应采取较为严格的计算措施，当采用简化方法计算时，应按跨数和位置对纵向天窗架的地震作用效应进行调整。

第 9.1.11 条

一、标准的规定

9.1.11 两个主轴方向柱距均不小于 12m、无桥式起重机且无柱间支撑的大柱网厂房，柱截面抗震验算应同时计算两个主轴方向的水平地震作用，并应计入位移引起的附加弯矩。

二、对标准规定的理解

1. 单层混凝土柱厂房的基本柱距为 6m，柱网不小于 12m 的厂房为大柱网厂房。

2. 大柱网厂房的双向地震作用按第 5.2.3 条的规定计算，应按振型分解反应谱法考虑扭转耦联地震作用效应。

3. 位移引起的重力附加弯矩（即 P-Δ 效应）应按第 3.6.3 条计算。

第 9.1.12 条

一、标准的规定

9.1.12 不等高厂房中，支承低跨屋盖的柱牛腿（柱肩）的纵向受拉钢筋截面面积，应按下式确定：

$$A_s \geqslant \left(\frac{N_G a}{0.85 h_0 f_y} + 1.2\frac{N_E}{f_y}\right)\gamma_{RE} \tag{9.1.12}$$

式中：A_s——纵向水平受拉钢筋的截面面积；

N_G——柱牛腿面上重力荷载代表值产生的压力设计值；

a——重力作用点至下柱近侧边缘的距离，当小于 $0.3h_0$ 时采用 $0.3h_0$；

h_0——牛腿最大竖向截面的有效高度；

N_E——柱牛腿面上地震组合的水平拉力设计值；

f_y——钢筋抗拉强度设计值；

γ_{RE}——承载力抗震调整系数，可采用 1.0。

二、对标准规定的理解

1. 震害表明，不等高厂房支承低跨屋盖的柱牛腿（柱肩）在地震作用下开裂较多，甚至发生牛腿面预埋钢板向外位移破坏。

2. 式（9.1.12）第一项为承受重力荷载的纵向钢筋，第二项为承受水平拉力的纵向钢筋。

3. 本条规定与《混凝土标准》第 9.3.11 条的规定相同。

第 9.1.13 条

一、标准的规定

9.1.13 柱间交叉支撑斜杆的地震作用效应及其与柱连接节点的抗震验算，可按本规范附录K第K.2节的规定进行。下柱柱间支撑的下节点位置按本规范第9.1.23条规定设置于基础顶面以上时，宜进行纵向柱列柱根的斜截面受剪承载力验算。

二、对标准规定的理解

1. 震害及试验研究表明：支撑斜杆的作用与斜杆的长细比密切相关，当柱间交叉支撑斜杆的长细比不大于200时，斜拉杆和斜压杆在支承桁架中的共同作用明显。

2. 支撑的侧移计算按剪切构件考虑，支撑任意一点的侧移等于该点以下各节间相对侧移值的叠加。可用以确定厂房纵向柱列侧移刚度及上、下支撑地震作用的分配。

3. 试验结果还表明：支撑的水平承载力相当于拉杆承载力与压杆承载力乘以“压杆卸载系数”之和的水平分量。

4. 计算表明：地震作用时柱间支撑杆件内力比非抗震设计时明显增大（大数倍）。

5. 柱间支撑与柱的连接节点在地震反复荷载作用下呈现明显的复杂受力状态（拉、弯、剪和压、弯、剪），其承载力比单调荷载作用下有所降低。

第9.1.14条

一、标准的规定

9.1.14　厂房的抗风柱、屋架小立柱和计及工作平台影响的抗震计算，应符合下列规定：

1　高大山墙的抗风柱，在8度和9度时应进行平面外的截面抗震承载力验算。

2　当抗风柱与屋架下弦相连接时，连接点应设在下弦横向支撑节点处，下弦横向支撑杆件的截面和连接节点应进行抗震承载力验算。

3　当工作平台和刚性内隔墙与厂房主体结构连接时，应采用与厂房实际受力相适应的计算简图，并计入工作平台和刚性内隔墙对厂房的附加地震作用影响。变位受约束且剪跨比不大于2的排架柱，其斜截面受剪承载力应按现行国家标准《混凝土结构设计规范》GB 50010的规定计算，并按本规范第9.1.25条采取相应的抗震构造措施。

4　8度Ⅲ、Ⅳ类场地和9度时，带有小立柱的拱形和折线形屋架或上弦节间较长且矢高较大的屋架，其上弦宜进行抗扭验算。

二、对标准规定的理解

1. 除条文中的“本规范”应修改为“本标准”外，“《混凝土结构设计规范》GB 50010”应修改为“《混凝土结构设计标准》GB/T 50010”。

2. 本条规定中的8、9度为本地区抗震设防烈度8、9度。

3. 本条规定均是依据震害而采取的具体加强措施：

1）抗风柱虽然不是单层厂房的主要承重构件，但它却是厂房纵向抗震中的重要构件，对保证厂房的纵向抗震安全具有重要作用。震害表明：8、9度区不少抗风柱的上柱和下柱柱根开裂、折断，导致山尖墙倒塌，严重时抗风柱连同山尖墙全部向外倾倒。

2）当厂房遭受到地震作用时，高大山墙引起的纵向地震作用具有较大的数值。当抗风柱与屋架下弦相连接时，虽然此类厂房均在两端第一开间下弦设置横向支撑，但由于阶形抗风柱的下柱刚度远大于上柱刚度，大部分水平地震作用将通过下柱的上端连接传至屋架下弦，但屋架下弦支撑的强度和刚度往往不能满足要求，从而导致屋架下弦支撑杆件压屈。此类震害在1966年邢台地震6度区及1975年海城地震8度区中均有发生。

3）当工作平台、刚性内隔墙与厂房柱主体结构相连时，在提高排架柱的侧移刚度、改变其动力特性、加大地震作用的同时，也会造成应力和变形集中，加重厂房的震害。地震造成排架柱折断或屋盖倒塌。

4）震害表明，在高烈度地区，上弦有小立柱的拱形和折线形屋架及上弦节点间长度较大和矢高较大的屋架，在地震作用下屋架上弦将产生附加扭矩，导致屋架上弦破坏。

4. 对本条规定中的“高大山墙”“节间较长”“矢高较大”等定性的规定标准未予以量化，实际工程中应根据工程经验加以把握，并可偏安全地取值。

（Ⅲ）抗 震 构 造 措 施

第 9.1.15 条

一、标准的规定

9.1.15 有檩屋盖构件的连接及支撑布置，应符合下列要求：

1 檩条应与混凝土屋架（屋面梁）焊牢，并应有足够的支承长度。

2 双脊檩应在跨度 1/3 处相互拉结。

3 压型钢板应与檩条可靠连接，瓦楞铁、石棉瓦等应与檩条拉结。

4 支撑布置宜符合表 9.1.15 的要求。

有檩屋盖的支撑布置 **表 9.1.15**

<table>
<tr><th colspan="2" rowspan="2">支撑名称</th><th colspan="3">烈度</th></tr>
<tr><th>6、7</th><th>8</th><th>9</th></tr>
<tr><td rowspan="4">屋架支撑</td><td>上弦横向支撑</td><td>单元端开间各设一道</td><td>单元端开间及单元长度大于 66m 的柱间支撑开间各设一道；
天窗开洞范围的两端各增设局部的支撑一道</td><td rowspan="3">单元端开间及单元长度大于 42m 的柱间支撑开间各设一道；
天窗开洞范围的两端各增设局部的上弦横向支撑一道</td></tr>
<tr><td>下弦横向支撑</td><td colspan="2" rowspan="2">同非抗震设计</td></tr>
<tr><td>跨中竖向支撑</td></tr>
<tr><td>端部竖向支撑</td><td colspan="3">屋架端部高度大于 900mm 时，单元端开间及柱间支撑开间各设一道</td></tr>
<tr><td rowspan="2">天窗架支撑</td><td>上弦横向支撑</td><td>单元天窗端开间各设一道</td><td rowspan="2">单元天窗端开间及每隔 30m 各设一道</td><td rowspan="2">单元天窗端开间及每隔 18m 各设一道</td></tr>
<tr><td>两侧竖向支撑</td><td>单元天窗端开间及每隔 36m 各设一道</td></tr>
</table>

二、对标准规定的理解

1. 本条规定中的“烈度”应理解为本地区抗震设防烈度。

2.“有檩屋盖”主要指波形瓦（石棉瓦及槽瓦）屋盖（属于轻屋盖）。注意与“无檩屋盖”（见第 9.1.16 条）的区别。

3. 震害表明，有檩屋盖只要设置保证屋盖整体刚度的支撑体系，屋面瓦与檩条间以及檩条与屋架间有牢固的拉结，一般均具有一定的抗震能力。

4.“足够的支承长度”应根据工程经验把握，且不宜小于 50mm。

第 9.1.16 条

一、标准的规定

9.1.16 无檩屋盖构件的连接及支撑布置，应符合下列要求：

1 大型屋面板应与屋架（屋面梁）焊牢，靠柱列的屋面板与屋架（屋面梁）的连接焊缝长度不宜小于 80mm。

2 6 度和 7 度时有天窗厂房单元的端开间，或 8 度和 9 度时各开间，宜将垂直屋架方向两侧相邻的大型屋面板的顶面彼此焊牢。

3 8 度和 9 度时，大型屋面板端头底面的预埋件宜采用角钢并与主筋焊牢。

4 非标准屋面板宜采用装配整体式接头，或将板四角切掉后与屋架（屋面梁）焊牢。

5 屋架（屋面梁）端部顶面预埋件的锚筋，8 度时不宜少于 4ϕ10，9 度时不宜少于 4ϕ12。

6 支撑的布置宜符合表 9.1.16-1 的要求，有中间井式天窗时宜符合表 9.1.16-2 的要求；8 度和 9 度跨度不大于 15m 的厂房屋盖采用屋面梁时，可仅在厂房单元两端各设竖向支撑一道；单坡屋面梁的屋盖支撑布置，宜按屋架端部高度大于 900mm 的屋盖支撑布置执行。

无檩屋盖的支撑布置 **表 9.1.16-1**

<table>
<tr><th colspan="3" rowspan="2">支撑名称</th><th colspan="3">烈度</th></tr>
<tr><th>6、7</th><th>8</th><th>9</th></tr>
<tr><td rowspan="6">屋架支撑</td><td colspan="2">上弦横向支撑</td><td>屋架跨度小于 18m 时同非抗震设计，跨度不小于 18m 时在厂房单元端开间各设一道</td><td colspan="2">单元端开间及柱间支撑开间各设一道，天窗开洞范围的两端各增设局部支撑一道</td></tr>
<tr><td colspan="2">上弦通长水平系杆</td><td rowspan="4">同非抗震设计</td><td>沿屋架跨度不大于 15m 设一道，但装配整体式屋面可仅在天窗开洞范围内设置；
围护墙在屋架上弦高度有现浇圈梁时，其端部处可不另设</td><td>沿屋架跨度不大于 12m 设一道，但装配整体式屋面可仅在天窗开洞范围内设置；
围护墙在屋架上弦高度有现浇圈梁时，其端部处可不另设</td></tr>
<tr><td colspan="2">下弦横向支撑</td><td rowspan="2">同非抗震设计</td><td rowspan="2">同上弦横向支撑</td></tr>
<tr><td colspan="2">跨中竖向支撑</td></tr>
<tr><td rowspan="2">两端竖向支撑</td><td>屋架端部高度≤900mm</td><td>单元端开间各设一道</td><td>单元端开间及每隔 48m 各设一道</td></tr>
<tr><td>屋架端部高度＞900mm</td><td>单元端开间各设一道</td><td>单元端开间及柱间支撑开间各设一道</td><td>单元端开间、柱间支撑开间及每隔 30m 各设一道</td></tr>
<tr><td rowspan="2">天窗架支撑</td><td colspan="2">天窗两侧竖向支撑</td><td>厂房单元天窗端开间及每隔 30m 各设一道</td><td>厂房单元天窗端开间及每隔 24m 各设一道</td><td>厂房单元天窗端开间及每隔 18m 各设一道</td></tr>
<tr><td colspan="2">上弦横向支撑</td><td>同非抗震设计</td><td>天窗跨度≥9m 时，单元天窗端开间及柱间支撑开间各设一道</td><td>单元端开间及柱间支撑开间各设一道</td></tr>
</table>

中间井式天窗无檩屋盖支撑布置　　表 9.1.16-2

<table>
<tr><td colspan="2" rowspan="2">支撑名称</td><td colspan="3">烈　　度</td></tr>
<tr><td>6、7</td><td>8</td><td>9</td></tr>
<tr><td colspan="2">上弦横向支撑
下弦横向支撑</td><td>厂房单元端开间各设一道</td><td colspan="2">厂房单元端开间及柱间支撑开间各设一道</td></tr>
<tr><td colspan="2">上弦通长水平系杆</td><td colspan="3">天窗范围内屋架跨中上弦节点处设置</td></tr>
<tr><td colspan="2">下弦通长水平系杆</td><td colspan="3">天窗两侧及天窗范围内屋架下弦节点处设置</td></tr>
<tr><td colspan="2">跨中竖向支撑</td><td colspan="3">有上弦横向支撑开间设置，位置与下弦通长系杆相对应</td></tr>
<tr><td rowspan="2">两端竖向支撑</td><td>屋架端部高度≤900mm</td><td colspan="2">同非抗震设计</td><td>有上弦横向支撑开间，且间距不大于 48m</td></tr>
<tr><td>屋架端部高度>900mm</td><td>厂房单元端开间各设一道</td><td>有上弦横向支撑开间，且间距不大于 48m</td><td>有上弦横向支撑开间，且间距不大于 30m</td></tr>
</table>

二、对标准规定的理解

1. 本条规定中的“烈度”应理解为本地区抗震设防烈度。

2. “无檩屋盖”指各类不用檩条的钢筋混凝土屋面板与屋架（梁）组成的屋盖（属于重屋盖），目前我国仍大量采用预制钢筋混凝土大型屋面板。

3. 震害表明，无檩屋盖的各构件间相互连成整体是厂房抗震的重要保证。设置屋盖支撑是保证屋盖整体性的重要措施。8 度区天窗跨度不小于 9m 和 9 度区天窗架宜设置上弦横向支撑。

4. 在本条规定中，屋面板和屋架（梁）的可焊性是第一道防线，为保证焊接强度，要求屋面板端头底面预埋板和屋架端部顶面预埋件均应加强锚固；相邻屋面板吊钩或四角顶面预埋件间的焊接连接是第二道防线。

第 9.1.17 条

一、标准的规定

9.1.17 屋盖支撑尚应符合下列要求：

1 天窗开洞范围内，在屋架脊点处应设上弦通长水平压杆；8 度Ⅲ、Ⅳ类场地和 9 度时，梯形屋架端部上节点应沿厂房纵向设置通长水平压杆。

2 屋架跨中竖向支撑在跨度方向的间距，6～8 度时不大于 15m，9 度时不大于 12m，当仅在跨中设一道时，应设在跨中屋架屋脊处；当设二道时，应在跨度方向均匀布置。

3 屋架上、下弦通长水平系杆与竖向支撑宜配合设置。

4 柱距不小于 12m 且屋架间距 6m 的厂房，托架（梁）区段及其相邻开间应设下弦纵向水平支撑。

5 屋盖支撑杆件宜采用型钢。

二、对标准规定的理解

1. 本条规定中的 6、7、8、9 度应理解为本地区抗震设防烈度。

2. 本条是对屋盖（有檩和无檩体系）支撑在特殊情况下的补充规定。

第 9.1.18 条

一、标准的规定

9.1.18　突出屋面的混凝土天窗架，其两侧墙板与天窗立柱宜采用螺栓连接。

二、对标准规定的理解

刚性连接一般适用于支撑刚度很大的情况。震害表明，当支撑刚度较小时，突出屋面的混凝土天窗架，若其两侧墙板与天窗立柱采用焊接连接，天窗立柱在下档与侧板连接处常出现开裂和破坏，而采用螺栓连接可充分利用螺栓连接的变形调节能力避免连接破坏。

第 9.1.19 条

一、标准的规定

9.1.19　混凝土屋架的截面和配筋，应符合下列要求：

1　屋架上弦第一节间和梯形屋架端竖杆的配筋，6 度和 7 度时不宜少于 4ϕ12，8 度和 9 度时不宜少于 4ϕ14。

2　梯形屋架的端竖杆截面宽度宜与上弦宽度相同。

3　拱形和折线形屋架上弦端部支撑屋面板的小立柱，截面不宜小于 200mm×200mm，高度不宜大于 500mm，主筋宜采用 Π 形，6 度和 7 度时不宜少于 4ϕ12，8 度和 9 度时不宜少于 4ϕ14，箍筋可采用 ϕ6，间距不宜大于 100mm。

二、对标准规定的理解

1. 本条规定中的 6、7、8、9 度应理解为本地区抗震设防烈度。

2. 在静力分析中，屋架端竖杆和第一节间上弦杆属于非受力的零杆，对此应采取比构造配筋更有效的加强措施，以提高其截面受弯、受剪承载力。

3. 对拱形和折线型屋架上弦端部支撑屋面板的小立柱，也应适当加大配筋并加密箍筋，提高其受拉、受弯和受剪承载力。

第 9.1.20 条

一、标准的规定

9.1.20　厂房柱子的箍筋，应符合下列要求：

1　下列范围内柱的箍筋应加密：

1）柱头，取柱顶以下 500mm 并不小于柱截面长边尺寸；

2）上柱，取阶形柱自牛腿面至起重机梁顶面以上 300mm 高度范围内；

3）牛腿（柱肩），取全高；

4）柱根，取下柱柱底至室内地坪以上 500mm；

5）柱间支撑与柱连接节点和柱变位受平台等约束的部位，取节点上、下各 300mm。

2　加密区箍筋间距不应大于 100mm，箍筋肢距和最小直径应符合表 9.1.20 的规定。

3　厂房柱侧向受约束且剪跨比不大于 2 的排架柱，柱顶预埋钢板和柱箍筋加密区的构造尚应符合下列要求：

1）柱顶预埋钢板沿排架平面方向的长度，宜取柱顶的截面高度，且不得小于截面高度的 1/2 及 300mm；

柱加密区箍筋最大肢距和最小箍筋直径　　表 9.1.20

烈度和场地类别		6度和7度Ⅰ、Ⅱ类场地	7度Ⅲ、Ⅳ类场地和8度Ⅰ、Ⅱ类场地	8度Ⅲ、Ⅳ类场地和9度
箍筋最大肢距（mm）		300	250	200
箍筋最小直径	一般柱头和柱根	ϕ6	ϕ8	ϕ8（ϕ10）
	角柱柱头	ϕ8	ϕ10	ϕ10
	上柱牛腿和有支撑的柱根	ϕ8	ϕ8	ϕ10
	有支撑的柱头和柱变位受约束部位	ϕ8	ϕ10	ϕ12

注：括号内数值用于柱根。

2） 屋架的安装位置，宜减小在柱顶的偏心，其柱顶轴向力的偏心距不应大于截面高度的 1/4；

3） 柱顶轴向力排架平面内的偏心距在截面高度 1/6～1/4 范围内时，柱顶箍筋加密区的箍筋体积配筋率：9 度不宜小于1.2%；8 度不宜小于1.0%；6、7 度不宜小于0.8%；

4） 加密区箍筋宜配置四肢箍，肢距不大于 200mm。

二、对标准规定的理解

1. 根据《混凝土通规》的规定，箍筋体积配筋率应取至小数点后两位，即条文中的“1.2%”“1.0%”和“0.8%”应分别修改为“1.20%”“1.00%”和”0.80%”。

2. 本条规定中的 6、7、8、9 度应理解为本地区抗震设防烈度。

3. 本条依据震害经验提出了对排架柱的抗震构造要求，其规定与第 6.3 节对框架柱的基本抗震构造措施相似：

1）柱子受约束的部位容易出现剪切破坏，需要适当加配箍筋；

2）刚度突变的部位也就是变形受约束的部位（如：设有柱间支撑的部位、嵌砌内隔墙、侧边贴建坡屋、靠山墙的角柱、平台连接处、上下柱连接处等）需要采取适当的加强措施。

第 9.1.21 条

一、标准的规定

9.1.21　大柱网厂房柱的截面和配筋构造，应符合下列要求：

1　柱截面宜采用正方形或接近正方形的矩形，边长不宜小于柱全高的 1/18～1/16。

2　重屋盖厂房地震组合的柱轴压比，6、7 度时不宜大于0.8，8 度时不宜大于0.7，9 度时不应大于0.6。

3　纵向钢筋宜沿柱截面周边对称配置，间距不宜大于 200mm，角部宜配置直径较大的钢筋。

4　柱头和柱根的箍筋应加密，并应符合下列要求：

1） 加密范围，柱根取基础顶面至室内地坪以上 1m，且不小于柱全高的 1/6；柱头取柱顶以下 500mm，且不小于柱截面长边尺寸；

2） 箍筋直径、间距和肢距，应符合本规范第 9.1.20 条的规定。

二、对标准规定的理解

1. 结合第 6.3.6 条的规定，轴压比应取至小数点后两位，即条文中的“0.8”“0.7”和“0.6”应分别修改为“0.80”“0.70”和“0.60”。

2. 本条规定中的6、7、8、9度应理解为本地区抗震设防烈度。

3. 大柱网厂房（定义见第9.1.11条）柱除应符合第9.1.20条的要求，还应满足本条规定的要求。

4. 震害表明，大柱网厂房具有以下震害特征：

1）柱根出现对角破坏，混凝土酥碎剥落，纵筋压屈，说明主要是纵、横两个方向地震作用的影响，柱根的强度和延性不足。

2）中柱的破坏率和破坏程度均大于边柱，说明柱的破坏与其轴压比有关。

3）大柱网厂房柱承受双向压、弯、剪的共同作用且 $P\text{-}\Delta$ 效应明显，受力复杂。

第9.1.22条

一、标准的规定

9.1.22　山墙抗风柱的配筋，应符合下列要求：

1　抗风柱柱顶以下300mm和牛腿（柱肩）面以上300mm范围内的箍筋，直径不宜小于6mm，间距不应大于100mm，肢距不宜大于250mm。

2　抗风柱的变截面牛腿（柱肩）处，宜设置纵向受拉钢筋。

二、对标准规定的理解

1. 抗风柱虽不属于厂房的主要承重构件，但却是厂房纵向抗震中的重要构件，对保证厂房的纵向抗震安全至关重要。

2. 抗风柱除应满足第9.1.14条的计算要求外还应满足本条的特殊要求，必要时，还可参考第9.1.20条的相关要求对抗风柱采取其他特殊加强措施。

第9.1.23条

一、标准的规定

9.1.23　厂房柱间支撑的设置和构造，应符合下列要求：

1　厂房柱间支撑的布置，应符合下列规定：

1）一般情况下，应在厂房单元中部设置上、下柱间支撑，且下柱支撑应与上柱支撑配套设置；

2）有起重机或8度和9度时，宜在厂房单元两端增设上柱支撑；

3）厂房单元较长或8度Ⅲ、Ⅳ类场地和9度时，可在厂房单元中部1/3区段内设置两道柱间支撑。

2　柱间支撑应采用型钢，支撑形式宜采用交叉式，其斜杆与水平面的交角不宜大于55度。

3　支撑杆件的长细比，不宜超过表9.1.23的规定。

交叉支撑斜杆的最大长细比　　　　**表9.1.23**

位置	烈度			
	6度和7度Ⅰ、Ⅱ类场地	7度Ⅲ、Ⅳ类场地和8度Ⅰ、Ⅱ类场地	8度Ⅲ、Ⅳ类场地和9度Ⅰ、Ⅱ类场地	9度Ⅲ、Ⅳ类场地
上柱支撑	250	250	200	150
下柱支撑	200	150	120	120

4　下柱支撑的下节点位置和构造措施，应保证将地震作用直接传给基础；当6度和7度（0.10g）不能直接传给基础时，应计及支撑对柱和基础的不利影响采取加强措施。

5　交叉支撑在交叉点应设置节点板，其厚度不应小于10mm，斜杆与交叉节点板应焊接，与端节点板宜焊接。

二、对标准规定的理解

1. 本条规定中的6、7、8、9度应理解为本地区抗震设防烈度。

2. 当厂房单元较长（表9.1.23-1）或8度Ⅲ、Ⅳ类场地和9度时，温度应力及纵向地震作用效应较大，在设置一道下柱支撑不能满足要求时可设置两道下柱支撑，但两道下柱支撑应在厂房单元中间1/3区段内，不宜设置在厂房端部。同时两道下柱支撑应适当拉开设置，有利于缩短地震作用的传递路线。

厂房单元较长的情况　　**表9.1.23-1**

本地区抗震设防烈度		6、7度	8、9度
厂房单元长度（m）	采用轻型围护材料时	≥150	≥120
	其他情况时	≥120	≥90

3. 交叉柱间支撑的侧向刚度大，有利于保证单层钢筋混凝土柱厂房在纵向地震作用下的稳定性，但同时对于下柱的连接节点处理提出了较高的要求。

4. 对本条规定的理解可见图9.1.23-1。

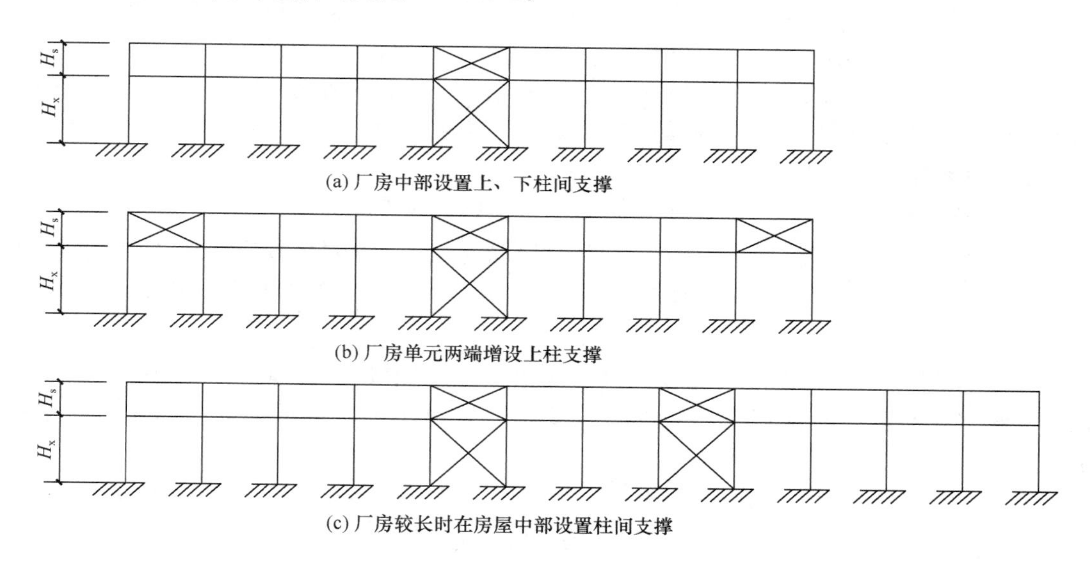

(a) 厂房中部设置上、下柱间支撑

(b) 厂房单元两端增设上柱支撑

(c) 厂房较长时在房屋中部设置柱间支撑

图9.1.23-1　柱间支撑

第9.1.24条

一、标准的规定

9.1.24　8度时跨度不小于18m的多跨厂房中柱和9度时多跨厂房各柱，柱顶宜设置通长水平压杆，此压杆可与梯形屋架支座处通长水平系杆合并设置，钢筋混凝土系杆端头与屋架间的空隙应采用混凝土填实。

二、对标准规定的理解

本条规定中的9度应理解为本地区抗震设防烈度9度。

第9.1.25条

一、标准的规定

9.1.25 厂房结构构件的连接节点，应符合下列要求：

1 屋架（屋面梁）与柱顶的连接，8度时宜采用螺栓，9度时宜采用钢板铰，亦可采用螺栓；屋架（屋面梁）端部支座垫板的厚度不宜小于16mm。

2 柱顶预埋件的锚筋，8度时不宜少于4ϕ14，9度时不宜少于4ϕ16；有柱间支撑的柱子，柱顶预埋件尚应增设抗剪钢板。

3 山墙抗风柱的柱顶，应设置预埋板，使柱顶与端屋架的上弦（屋面梁上翼缘）可靠连接。连接部位应位于上弦横向支撑与屋架的连接点处，不符合时可在支撑中增设次腹杆或设置型钢横梁，将水平地震作用传至节点部位。

4 支承低跨屋盖的中柱牛腿（柱肩）的预埋件，应与牛腿（柱肩）中按计算承受水平拉力部分的纵向钢筋焊接，且焊接的钢筋，6度和7度时不应少于2ϕ12，8度时不应少于2ϕ14，9度时不应少于2ϕ16。

5 柱间支撑与柱连接节点预埋件的锚件，8度Ⅲ、Ⅳ类场地和9度时，宜采用角钢加端板，其他情况可采用不低于HRB335级的热轧钢筋（宜采用HRB400钢筋——编者注），但锚固长度不应小于30倍锚筋直径或增设端板。

6 厂房中的起重机走道板、端屋架与山墙间的填充小屋面板、天沟板、天窗端壁板和天窗侧板下的填充砌体等构件应与支承结构有可靠的连接。

二、对标准规定的理解

1. 本条规定中的6、7、8、9度应理解为本地区抗震设防烈度。

2. 锚筋端部增设端板后，《抗震标准》对锚筋的长度未作具体规定，应执行《混凝土标准》的相关规定，当采用弯钩或其他机械锚固措施后锚筋的水平锚固长度不宜小于$0.7l_{aE}$。

3. 本条规定了厂房各构件连接（包括屋架与柱的连接、柱顶锚件、抗风柱、牛腿、柱与柱间支撑连接处的预埋件等）的具体要求，是对《抗震标准》第3.5.5条规定的细化。

9.2 单层钢结构厂房

要点：

震害表明，钢结构的抗震性能要好于其他结构，单层钢结构工业厂房在地震中的破坏并不严重，但也有损坏或坍塌。针对单层钢结构厂房的特点，标准规定的相关设计原则与钢框架结构及单层混凝土柱厂房结构有相似之处也有明显差异，设计时应注意区分和把握。

（Ⅰ）一 般 规 定

第 9.2.1 条

一、标准的规定

9.2.1 本节主要适用于钢柱、钢屋架或钢屋面梁承重的单层厂房。

单层的轻型钢结构厂房的抗震设计，应符合专门的规定。

二、对标准规定的理解

单层的轻型钢结构厂房的抗震设计，应执行《钢标》的规定。本节只适用于“普钢”结构。

第 9.2.2 条

一、标准的规定

9.2.2 厂房的结构体系应符合下列要求：

1 厂房的横向抗侧力体系，可采用刚接框架、铰接框架、门式刚架或其他结构体系。厂房的纵向抗侧力体系，8、9 度应采用柱间支撑；6、7 度宜采用柱间支撑，也可采用刚接框架。

2 厂房内设有桥式起重机时，起重机梁系统的构件与厂房框架柱的连接应能可靠地传递纵向水平地震作用。

3 屋盖应设置完整的屋盖支撑系统。屋盖横梁与柱顶铰接时，宜采用螺栓连接。

二、对标准规定的理解

1. 本条规定中的 6、7、8、9 度应理解为本地区抗震设防烈度。

2. 在钢结构厂房中，一般均应设置柱间支撑，地震作用主要由支撑承担和传递，采用钢框架作为主要抗侧力结构承担和传递地震作用的费用高、抗震效果差，因而很少采用。

3. 在 7～9 度地震作用下，单层钢结构厂房的主要震害是：柱间支撑的失稳变形、连接节点的断裂或拉脱、柱脚锚栓剪断和拉断、锚栓锚固过短导致的拔出破坏等。

第 9.2.3 条

一、标准的规定

9.2.3 厂房的平面布置、钢筋混凝土屋面板和天窗架的设置要求等，可参照本规范第 9.1 节单层钢筋混凝土柱厂房的有关规定。当设置防震缝时，其缝宽不宜小于单层混凝土柱厂房防震缝宽度的 1.5 倍。

二、对标准规定的理解

1. 单层钢结构厂房中混凝土构件的抗震要求可执行钢筋混凝土柱厂房的相关规定。

2. 单层钢结构厂房中的防震缝宽度按单层混凝土柱厂房防震缝宽度的 1.5 倍取值（注意，单层混凝土柱厂房的防震缝宽度不执行第 6.1.4 条的规定，应按第 9.1.1 条第 3 款的规定确定。一般情况下，可取 50～90mm）。

第 9.2.4 条

一、标准的规定

9.2.4 厂房的围护墙板应符合本规范第 13.3 节的有关规定。

二、对标准规定的理解

厂房的围护墙板应符合标准对非结构构件所规定的基本抗震要求。

（Ⅱ）抗 震 验 算

第 9.2.5 条

一、标准的规定

9.2.5 厂房抗震计算时，应根据屋盖高差、起重机设置情况，采用与厂房结构的实际工作状况相适应的计算模型计算地震作用。

单层厂房的阻尼比，可依据屋盖和围护墙的类型，取 0.045～0.05。

二、对标准规定的理解

单层钢结构厂房的阻尼比接近混凝土柱厂房。轻型围护的单层钢结构厂房在弹性状态工作的阻尼比较小。

第 9.2.6 条

一、标准的规定

9.2.6 厂房地震作用计算时，围护墙体的自重和刚度，应按下列规定取值：

1 轻型墙板或与柱柔性连接的预制混凝土墙板，应计入其全部自重，但不应计入其刚度；

2 柱边贴砌且与柱有拉结的砌体围护墙，应计入其全部自重；当沿墙体纵向进行地震作用计算时，尚可计入普通砖砌体墙的折算刚度，折算系数，7、8 和 9 度可分别取 0.6、0.4 和 0.2。

二、对标准规定的理解

1. 本条规定中的 7、8、9 度应理解为本地区抗震设防烈度。

2. 围护墙体的自重和刚度由围护墙的类型及其与厂房柱的连接所决定。对于与柱贴砌的普通砖墙围护厂房，除需考虑墙体的侧向刚度外，尚需考虑墙体开裂对其侧向刚度退化的影响。

3. 围护墙刚度与主体结构刚度的相互关系可见第 3.6.6 条。

第 9.2.7 条

一、标准的规定

9.2.7 厂房的横向抗震计算，可采用下列方法：

1 一般情况下，宜采用考虑屋盖弹性变形的空间分析方法；

2 平面规则、抗侧刚度均匀的轻型屋盖厂房，可按平面框架进行计算。等高厂房可采用底部剪力法，高低跨厂房应采用振型分解反应谱法。

二、对标准规定的理解

1. 本条结合单层钢结构厂房的横向受力特点，是对第3.6.4条计算基本原则的细化。与混凝土柱厂房的地震作用计算规定（见第9.1.7条）有一定的相似性。

2. 随着空间分析程序的普遍应用，一般情况下均有条件按空间结构分析。当结构的空间作用不明显、平面和立面变化较大时，应注意空间分析程序的不完全适用性（第3.6.6条），必要时可按平面框（排）架结构进行补充计算（承载力）。

3. 明确规定对不等高单层钢结构厂房，不能采用底部剪力法计算，必须采用振型分解反应谱法。

4. 结构空间分析方法与平面框架法的相互关系分析见第3.6.6条。

第9.2.8条

一、标准的规定

9.2.8 厂房的纵向抗震计算，可采用下列方法：

1 采用轻型板材围护墙或与柱柔性连接的大型墙板的厂房，可采用底部剪力法计算，各纵向柱列的地震作用可按下列原则分配：

1） 轻型屋盖可按纵向柱列承受的重力荷载代表值的比例分配；

2） 钢筋混凝土无檩屋盖可按纵向柱列刚度比例分配；

3） 钢筋混凝土有檩屋盖可取上述两种分配结果的平均值。

2 采用柱边贴砌且与柱拉结的普通砖砌体围护墙厂房，可参照本规范第9.1节的规定计算。

3 设置柱间支撑的柱列应计入支撑杆件屈曲后的地震作用效应。

二、对标准规定的理解

1. 本条结合单层钢结构厂房的纵向受力特点，是对第3.6.4条计算基本原则的细化。与混凝土柱厂房的地震作用计算规定（见第9.1.8条）有一定的相似性。

2. 楼盖整体性的强弱直接影响厂房柱地震作用的分配。

3. 按底部剪力法计算纵向柱列的水平地震作用时，所得的中间柱列纵向基本周期偏长，可利用周期折减系数进行修正。

4. 震害表明：单层钢结构厂房纵向主要由柱间支撑抵抗水平地震作用，柱间支撑也是震害的多发部位。柱间支撑屈曲与否对与支撑相连的框架柱受力影响较大，设置支撑的纵向柱列设计时，可根据支撑屈曲与不屈曲两种状态分别验算，包络设计。

第9.2.9条

一、标准的规定

9.2.9 厂房屋盖构件的抗震计算，应符合下列要求：

1 竖向支撑桁架的腹杆应能承受和传递屋盖的水平地震作用，其连接的承载力应大于腹杆的承载力，并满足构造要求。

2 屋盖横向水平支撑、纵向水平支撑的交叉斜杆均可按拉杆设计，并取相同的截面面积。

3 8、9度时，支承跨度大于24m的屋盖横梁的托梁以及设备荷重较大的屋盖横梁，均应按本规范第 5.3 节计算其竖向地震作用。

二、对标准规定的理解

1. 本条规定中的 8、9 度应理解为本地区抗震设防烈度。

2. 本条第 1 款是对第 3.5.5 条的细化规定。

3. 屋盖横向水平支撑、纵向水平支撑的交叉斜杆，考虑在地震作用下斜杆因失稳而失效，均可按拉杆设计（计算时不考虑压杆的作用，对拉杆按不同地震作用方向分别计算）。

4. 竖向地震作用可按第 5.3.2 条的规定计算。

第 9.2.10 条

一、标准的规定

9.2.10 柱间 X 形支撑、V 形或 Λ 形支撑应考虑拉压杆共同作用，其地震作用及验算可按本规范附录 K 第 K.2 节的规定按拉杆计算，并计及相交受压杆的影响，但压杆卸载系数（指压杆卸载后的计算荷载——编者注）宜改取 0.30。

交叉支撑端部的连接，对单角钢支撑应计入强度折减，8、9 度时不得采用单面偏心连接；交叉支撑有一杆中断时，交叉节点板应予以加强，其承载力不小于 1.1 倍杆件承载力。

支撑杆件的截面应力比，不宜大于 0.75。

二、对标准规定的理解

1. 本条规定中的 8、9 度应理解为本地区抗震设防烈度。

2. 单层钢结构厂房的柱间支撑一般采用中心支撑。X 形支撑用料省，抗震性能好，一般优先采用。但钢结构厂房的柱距往往要比单层混凝土柱厂房的基本柱距（6m）大几倍，V 形或 Λ 形支撑、单斜杆支撑（同一结构区段应成对设置）也是常用的柱间支撑形式。

3. 柱间 X 形支撑、V 形或 Λ 形支撑应考虑拉压杆共同作用，考虑在地震作用下压杆因失稳而失效，可按拉杆设计（计算时考虑压杆的卸载作用，卸载系数 0.30 指压杆卸载 70%，对拉杆按不同地震作用方向分别计算）。

第 9.2.11 条

一、标准的规定

9.2.11 厂房结构构件连接的承载力计算，应符合下列规定：

1 框架上柱的拼接位置应选择弯矩较小区域，其承载力不应小于按上柱两端呈全截面塑性屈服状态计算的拼接处的内力，且不得小于柱全截面受拉屈服承载力的 0.5 倍。

2 刚接框架屋盖横梁的拼接，当位于横梁最大应力区以外时，宜按与被拼接截面等强度设计。

3 实腹屋面梁与柱的刚性连接、梁端梁与梁的拼接，应采用地震组合内力进行弹性阶段设计。梁柱刚性连接、梁与梁拼接的极限受弯承载力应符合下列要求：

1） 一般情况，可按本规范第 8.2.8 条钢结构梁柱刚接、梁与梁拼接的规定考虑连接系数进行验算。其中，当最大应力区在上柱时，全塑性受弯承载力应取实腹梁、上柱二者的较小值。

2）当屋面梁采用钢结构弹性设计阶段的板件宽厚比时，梁柱刚性连接和梁与梁拼接，应能可靠传递设防烈度地震组合内力或按本款 1 项验算。

刚接框架的屋架上弦与柱相连的连接板，在设防地震下不宜出现塑性变形。

4 柱间支撑与构件的连接，不应小于支撑杆件塑性承载力（应为屈服承载力，按 f_y 计算——编者注）的 1.2 倍。

二、对标准规定的理解

1. 设计经验表明，对跨度不太大的轻型屋盖钢结构厂房，采用实腹屋面梁的一次性投资略高于屋架，但实腹屋面梁制作简单、质量好、施工进度快，施工及使用期间涂装、维护量小且方便。按厂房全寿命支出比较，采用实腹屋面梁比采用屋架更加合理。实腹屋面梁一般与钢柱刚性连接形成刚架结构。

2. 在刚架结构中，单跨横向刚架的最大应力区在柱上端位于梁底标高的截面处，多跨横向刚架一般出现在中间柱上端位于梁底标高的截面处。柱顶和柱底出现塑性铰是单层刚架厂房最明显的承载力特征，因此，在单层刚架结构中不采用"强柱弱梁"的设计概念。

3. 刚架梁端的最大应力区范围，可按距梁端（柱边）1/10 梁净跨（即 $l_n/10$）和 1.5 倍梁高（即 $1.5h_b$）中的较大值确定。实际工程中梁的拼接位置，应根据梁端最大应力区的范围、加工运输等条件综合确定。

4. 构件需要拼接接长时，宜采用等强拼接接头。相关做法见图 8.3.4-2。

（Ⅲ）抗 震 构 造 措 施

第 9.2.12 条

一、标准的规定

9.2.12 厂房的屋盖支撑，应符合下列要求：

1 无檩屋盖的支撑布置，宜符合表 9.2.12-1 的要求。

2 有檩屋盖的支撑布置，宜符合表 9.2.12-2 的要求。

3 当轻型屋盖采用实腹屋面梁、柱刚性连接的刚架体系时，屋盖水平支撑可布置在屋面梁的上翼缘平面。屋面梁下翼缘应设置隅撑侧向支承，隅撑的另一端可与屋面檩条连接。屋盖横向支撑、纵向天窗架支撑的布置可参照表 9.2.12 的要求。

4 屋盖纵向水平支撑的布置，尚应符合下列规定：

1）当采用托梁支承屋盖横梁的屋盖结构时，应沿厂房单元全长设置纵向水平支撑；

2）对于高低跨厂房，在低跨屋盖横梁端部支承处，应沿屋盖全长设置纵向水平支撑；

3）纵向柱列局部柱间采用托架支承屋盖横梁时，应沿托架的柱间及向其两侧至少各延伸一个柱间设置屋盖纵向水平支撑；

4）当设置沿结构单元全长的纵向水平支撑时，应与横向水平支撑形成封闭的水平支撑体系。多跨厂房屋盖纵向水平支撑的间距不宜超过两跨，不得超过三跨；高跨和低跨宜按各自的标高组成相对独立的封闭支撑体系。

5 支撑杆宜采用型钢；设置交叉支撑时，支撑杆的长细比限值可取 350。

无檩屋盖的支撑系统布置 **表 9.2.12-1**

<table>
<tr><td colspan="3" rowspan="2">支撑名称</td><td colspan="3">烈度</td></tr>
<tr><td>6、7</td><td>8</td><td>9</td></tr>
<tr><td rowspan="5">屋架支撑</td><td colspan="2">上、下弦横向支撑</td><td>屋架跨度小于 18m 时同非抗震设计；屋架跨度不小于 18m 时，在厂房单元端开间各设一道</td><td colspan="2">厂房单元端开间及上柱支撑开间各设一道；天窗开洞范围的两端各增设局部上弦支撑一道；当屋架端部支承在屋架上弦时，其下弦横向支撑同非抗震设计</td></tr>
<tr><td colspan="2">上弦通长水平系杆</td><td rowspan="4">同非抗震设计</td><td colspan="2">在屋脊处、天窗架竖向支撑处、横向支撑节点间和屋架两端处设置</td></tr>
<tr><td colspan="2">下弦通长水平系杆</td><td colspan="2">屋架竖向支撑节点处设置；当屋架与柱刚接时，在屋架端节间处按控制下弦平面外长细比不大于 150 设置</td></tr>
<tr><td rowspan="2">竖向支撑</td><td>屋架跨度小于 30m</td><td>厂房单元两端开间及上柱支撑各开间屋架端部各设一道</td><td>同 8 度，且每隔 42m 在屋架端部设置</td></tr>
<tr><td>屋架跨度大于等于 30m</td><td>厂房单元的端开间，屋架 1/3 跨度处和上柱支撑开间内的屋架端部设置，并与上、下弦横向支撑相对应</td><td>同 8 度，且每隔 36m 在屋架端部设置</td></tr>
<tr><td rowspan="3">纵向天窗架支撑</td><td colspan="2">上弦横向支撑</td><td>天窗架单元两端开间各设一道</td><td colspan="2">天窗架单元端开间及柱间支撑开间各设一道</td></tr>
<tr><td rowspan="2">竖向支撑</td><td>跨中</td><td>跨度不小于 12m 时设置，其道数与两侧相同</td><td colspan="2">跨度不小于 9m 时设置，其道数与两侧相同</td></tr>
<tr><td>两侧</td><td>天窗架单元端开间及每隔 36m 设置</td><td>天窗架单元端开间及每隔 30m 设置</td><td>天窗架单元端开间及每隔 24m 设置</td></tr>
</table>

有檩屋盖的支撑系统布置 **表 9.2.12-2**

<table>
<tr><td colspan="2" rowspan="2">支撑名称</td><td colspan="3">烈度</td></tr>
<tr><td>6、7</td><td>8</td><td>9</td></tr>
<tr><td rowspan="5">屋架支撑</td><td>上弦横向支撑</td><td>厂房单元端开间及每隔 60m 各设一道</td><td>厂房单元端开间及上柱柱间支撑开间各设一道</td><td>同 8 度，且天窗开洞范围的两端各增设局部上弦横向支撑一道</td></tr>
<tr><td>下弦横向支撑</td><td colspan="3">同非抗震设计；当屋架端部支承在屋架下弦时，同上弦横向支撑</td></tr>
<tr><td>跨中竖向支撑</td><td colspan="2">同非抗震设计</td><td>屋架跨度大于等于 30m 时，跨中增设一道</td></tr>
<tr><td>两侧竖向支撑</td><td colspan="3">屋架端部高度大于 900mm 时，厂房单元端开间及柱间支撑开间各设一道</td></tr>
<tr><td>下弦通长水平系杆</td><td>同非抗震设计</td><td colspan="2">屋架两端和屋架竖向支撑处设置；与柱刚接时，屋架端节间处按控制下弦平面外长细比不大于 150 设置</td></tr>
<tr><td rowspan="2">纵向天窗架支撑</td><td>上弦横向支撑</td><td>天窗架单元两端开间各设一道</td><td>天窗架单元两端开间及每隔 54m 各设一道</td><td>天窗架单元两端开间及每隔 48m 各设一道</td></tr>
<tr><td>两侧竖向支撑</td><td>天窗架单元端开间及每隔 42m 各设一道</td><td>天窗架单元端开间及每隔 36m 各设一道</td><td>天窗架单元端开间及每隔 24m 各设一道</td></tr>
</table>

二、对标准规定的理解

1. 本条规定中的6、7、8、9度应理解为本地区抗震设防烈度。

2. 本条是对屋盖支撑系统设置的具体要求。设置屋盖支撑系统（包括系杆）的主要目的是：保证屋盖的整体性（主要指屋盖各构件之间不错位）和屋盖横梁平面外的稳定性，保证屋盖和山墙水平地震作用传递路线的合理、简捷，且不中断。一般情况下，屋盖横向支撑应对应于上柱柱间支撑布置，以加强结构单元的整体性。

1）无檩屋盖（重型屋盖）指通用的1.5m×6.0m预制大型屋面板。与屋架焊接牢固（每块大型屋面板与屋架的连接应确保三个角点焊接牢固）的大型屋面板起上弦支撑的作用。

屋架的主要横向支撑应设置在传递屋架支座反力（屋架传递给厂房柱）的平面内，即，当屋架为上弦支承（端斜杆上承式）时，应以上弦横向支撑为主（一般可不设置对应的下弦支撑）；当屋架为下弦支承（端斜杆下承式）时，应以下弦横向支撑为主（还应对应地设置上弦横向支撑）。

2）有檩屋盖（轻型屋盖）主要指彩色涂层压型钢板、硬质金属面夹芯板等轻质板材和高频焊接薄壁型钢檩条（可兼作上弦系杆）组成的屋盖。屋架宜采用端斜杆上承式，将横向支撑设置在上弦平面，水平地震作用通过上弦平面传递。

3）屋盖纵向水平支撑应根据工程的具体情况综合分析，灵活合理布置。

第9.2.13条

一、标准的规定

9.2.13 厂房框架柱的长细比，轴压比小于0.2时不宜大于150；轴压比不小于0.2时不宜大于$120\sqrt{235/f_{ay}}$。

二、对标准规定的理解

1. 结合第6.3.6条的规定，轴压比应取至小数点后两位，即条文中的“0.2”应修改为“0.20”。

2. 通过厂房柱的长细比控制（按轴压比的大小适当调整长细比限值）避免出现柔性厂房，实现控制单层钢结构厂房最大柱顶位移及吊车梁顶面标高处位移的目的。

第9.2.14条

一、标准的规定

9.2.14 厂房框架柱、梁的板件宽厚比，应符合下列要求：

1 重屋盖厂房，板件宽厚比限值可按本规范第8.3.2条的规定采用，7、8、9度的抗震等级可分别按四、三、二级采用。

2 轻屋盖厂房，塑性耗能区板件宽厚比限值可根据其承载力的高低按性能目标确定。塑性耗能区外的板件宽厚比限值，可采用现行《钢结构设计标准》GB 50017弹性设计阶段的板件宽厚比限值。

注：腹板的宽厚比，可通过设置纵向加劲肋减小。

二、对标准规定的理解

1. 本条规定对应于第8.3.2条对钢框架结构的规定。

2. 本条规定中的7、8、9度应理解为本地区抗震设防烈度。

3. 板件的宽厚比是保证框架延性的关键指标，也是影响单位面积用钢量的重要因素。对重型屋盖和轻型屋盖应区别对待。

1）对重型屋盖（如无檩屋盖）参照第8.3.2条的相关规定。

2）对轻型屋盖（如有檩屋盖）由于屋盖重量小，厂房框架的受力经常出现由非地震组合控制的情况，此时可以分别按“高延性，低弹性承载力”或“低延性，高弹性承载力”的抗震性能设计方法确定板件宽厚比，即通过厂房柱框架承受的地震内力与其具有的弹性抗力进行比较来选择板件宽厚比：

（1）当构件的承载力（强度和稳定）均满足高承载力（2倍多遇地震作用下（$\gamma_{G}S_{GE}+2\gamma_{Eh}S_{E}$）$\leqslant R/\gamma_{RE}$）的要求时，可采用《钢标》弹性设计阶段的板件宽厚比限值（针对不同结构构件的局部稳定要求，见其第4.3节和第5.4节。为便于与表9.2.14-1比较，此处将其称作为C类）。

（2）当构件的承载力（强度和稳定）均满足中等承载力（1.5倍多遇地震作用下（$\gamma_{G}S_{GE}+1.5\gamma_{Eh}S_{E}$）$\leqslant R/\gamma_{RE}$）的要求时，可按表9.2.14-1中的B类采用。

（3）其他情况，可按表9.2.14-1中的A类采用。

（4）A类（板件宽厚比控制程度最严）可达到全截面塑性且塑性铰在转动过程中承载力不降低；B类（板件宽厚比控制程度中等）可达到全截面塑性，在应力强化开始前足以抵抗局部屈曲发生，其后由于局部屈曲限制了塑性铰的转动能力，C类（板件宽厚比控制程度最低）可达到腹板不发生局部屈曲的程度。

柱、梁构件的板件宽厚比限值 **表9.2.14-1**

<table>
<tr><th>构件</th><th colspan="2">板件名称</th><th>A类</th><th>B类</th><th>C类</th></tr>
<tr><td rowspan="5">柱</td><td rowspan="2">工字形截面</td><td>翼缘 b/t</td><td>10</td><td>12</td><td rowspan="9">《钢标》弹性设计阶段的板件宽厚比限值（针对不同结构构件的局部稳定要求，见其第3.5节）</td></tr>
<tr><td>腹板 h_0/t_w</td><td>44</td><td>50</td></tr>
<tr><td rowspan="2">箱形截面</td><td>壁板、腹板间翼缘 b/t</td><td>33</td><td>37</td></tr>
<tr><td>腹板 h_0/t_w</td><td>44</td><td>48</td></tr>
<tr><td>圆形截面</td><td>外径壁厚比 b/t</td><td>50</td><td>70</td></tr>
<tr><td rowspan="4">梁</td><td rowspan="2">工字形截面</td><td>翼缘 b/t</td><td>9</td><td>11</td></tr>
<tr><td>腹板 h_0/t_w</td><td>65</td><td>72</td></tr>
<tr><td rowspan="2">箱形截面</td><td>腹板间翼缘 b/t</td><td>30</td><td>36</td></tr>
<tr><td>腹板 h_0/t_w</td><td>65</td><td>72</td></tr>
</table>

注：表列数值适用于Q235钢。当材料为其他钢号时，圆形截面应乘以$235/f_{ay}$，其他截面应乘以$\sqrt{235/f_{ay}}$。

4. 单跨单层钢结构厂房横向刚架的塑性铰区（潜在的耗能区）一般在上柱的梁底标高附近，即使考虑塑性铰区钢材应变硬化，屋面梁仍可能处于弹性工作状态，因此，框架耗能区以外（即使在罕遇地震作用下，截面应力始终在弹性范围内波动）的部位，可采用C类控制标准。

5. 设计经验表明，对轻型围护材料的单层钢结构厂房，采用表9.2.14-1的宽厚比限值时，能充分利用构件自身的承载力，在抗震低烈度地区（地震作用不起控制作用时）可以较大程度地降低建设成本。

第 9.2.15 条

一、标准的规定

9.2.15 柱间支撑应符合下列要求：

1 厂房单元的各纵向柱列，应在厂房单元中部布置一道下柱柱间支撑；当 7 度厂房单元长度大于 120m（采用轻型围护材料时为 150m）、8 度和 9 度厂房单元大于 90m（采用轻型围护材料时为 120m）时，应在厂房单元 1/3 区段内各布置一道下柱支撑；当柱距数不超过 5 个且厂房长度小于 60m 时，亦可在厂房单元的两端布置下柱支撑。上柱柱间支撑应布置在厂房单元两端和具有下柱支撑的柱间。

2 柱间支撑宜采用 X 形支撑，条件限制时也可采用 V 形、Λ 形及其他形式的支撑。X 形支撑斜杆与水平面的夹角、支撑斜杆交叉点的节点板厚度，应符合本规范第 9.1 节的规定。

3 柱间支撑杆件的长细比限值，应符合现行国家标准《钢结构设计标准》GB 50017 的规定。

4 柱间支撑宜采用整根型钢，当热轧型钢超过材料最大长度规格时，可采用拼接等强接长。

5 有条件时，可采用消能支撑。

二、对标准规定的理解

1. 本条规定中的 7、8、9 度应理解为本地区抗震设防烈度。

2. 本条规定与第 9.1.23 条规定相似，柱间支撑的计算要求见第 9.2.10 条。

3. 柱间支撑对整个厂房的纵向刚度、自振周期、塑性铰产生的部位等都有影响。柱间支撑应合理确定其刚度和间距，以减小厂房的整体扭转效应。

4. 柱间支撑的长细比按《钢标》第 7.4 节的规定确定。

第 9.2.16 条

一、标准的规定

9.2.16 柱脚应能可靠传递柱身承载力，宜采用埋入式、插入式或外包式柱脚，6、7 度时也可采用外露式柱脚。柱脚设计应符合下列要求：

1 实腹式钢柱采用埋入式、插入式柱脚的埋入深度，应由计算确定，且不得小于钢柱截面高度的 2.5 倍。

2 格构式柱采用插入式柱脚的埋入深度，应由计算确定，其最小插入深度不得小于单肢截面高度（或外径）的 2.5 倍，且不得小于柱总宽度的 0.5 倍。

3 采用外包式柱脚时，实腹 H 形截面柱的钢筋混凝土外包高度不宜小于 2.5 倍的钢结构截面高度，箱形截面柱或圆管截面柱的钢筋混凝土外包高度不宜小于 3.0 倍的钢结构截面高度或圆管截面直径。

4 当采用外露式柱脚时，柱脚承载力不宜小于柱截面塑性屈服承载力的 1.2 倍。柱脚锚栓不宜用以承受柱底水平剪力，柱底剪力应由钢底板与基础间的摩擦力或设置抗剪键及其他措施承担。柱脚锚栓应可靠锚固。

二、对标准规定的理解

1. 本条规定中的6、7度应理解为本地区抗震设防烈度。

2. 埋入式、插入式柱脚，在钢柱根部截面容易满足塑性铰的要求。当埋入深度达到钢柱截面高度的2倍时，其柱脚部位的恢复力特征基本呈纺锤形。埋入式、插入式柱脚应确保钢柱的埋入（插入）深度和钢柱埋入（插入）范围内周边的混凝土厚度。

3. 外包式柱脚，其力学性能主要取决于外包混凝土。震害表明，其破坏主要是柱脚顶部箍筋不足。因此，外包端柱的钢筋应加强，特别是顶部箍筋，并确保外包混凝土厚度。

4. 外露式柱脚，从力学角度看，其更适合作为半刚接柱脚。震害表明：其破坏特征是锚栓剪断、拉断或拔出。由于柱脚锚栓破坏导致结构倾斜，严重时导致厂房坍塌。当钢柱截面较大时，设计大于柱截面抗弯承载力的外露式柱脚是很困难的，且很不经济。

与柱间支撑连接的外露式柱脚，无论计算是否需要，均应设置剪力键，以可靠抵抗水平地震作用。

5. 对本条规定的理解可见图9.2.16-1，钢柱脚的其他问题可参见第8.3.8条。

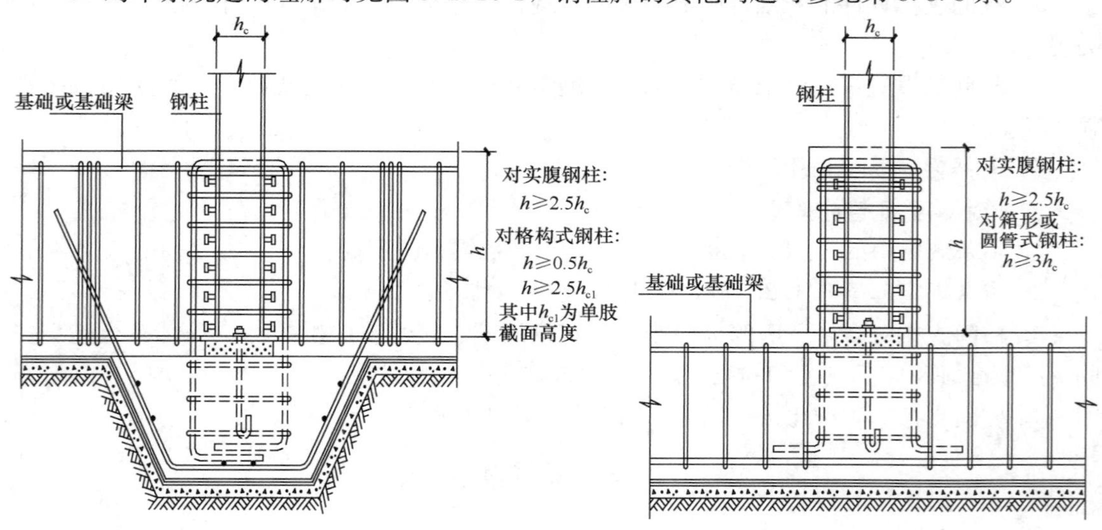

图9.2.16-1 钢柱脚

9.3 单层砖柱厂房

要点：

震害表明，砖柱厂房震害严重且不易修复，有条件时应尽量采用钢筋混凝土柱厂房或钢结构厂房，避免采用砖柱厂房。必须采用时，应严格执行规范针对单层砖柱厂房的特点制定的设计要求。

（Ⅰ）一 般 规 定

第9.3.1条

一、标准的规定

9.3.1 本节适用于6～8度（0.20g）的烧结普通砖（黏土砖、页岩砖）、混凝土普通砖砌筑的砖柱（墙垛）承重的下列中小型单层工业厂房：

1 单跨和等高多跨且无桥式起重机。

2 跨度不大于 15m 且柱顶标高不大于 6.6m。

二、对标准规定的理解

1. 本条规定中的 6、7、8 度应理解为本地区抗震设防烈度，其中的 8 度仅限于 8 度（0.20g）的情况，不适用于 8 度（0.30g）地区的工程。

2. 本条对单层砖柱厂房的规则性及房屋高度和跨度做出限制，将砖柱厂房使用限定在一个相对较小的范围内。

第 9.3.2 条

一、标准的规定

9.3.2 厂房的结构布置应符合下列要求，并宜符合本规范第 9.1.1 条的有关规定：

1 厂房两端均应设置砖承重山墙。

2 与柱等高并相连的纵横内隔墙宜采用砖抗震墙。

3 防震缝设置应符合下列规定：

1） 轻型屋盖厂房，可不设防震缝；

2） 钢筋混凝土屋盖厂房与贴建的建（构）筑物间宜设防震缝，防震缝的宽度可采用 50mm～70mm，防震缝处应设置双柱或双墙。

4 天窗不应通至厂房单元的端开间，天窗不应采用端砖壁承重。

注：本章轻型屋盖指木屋盖和轻钢屋架、压型钢板、瓦楞铁等屋面的屋盖。

二、对标准规定的理解

1. 均匀对称是单层砖柱厂房抗震设计的基本出发点，本条就是为实现这一基本抗震要求所采取的具体措施，通过这些具体措施将复杂平面分解为均匀对称并利于估计地震作用的简单平面。

2. 对重型屋盖（钢筋混凝土屋盖）要求设置防震缝，防震缝处应设置双柱或双墙确保结构的刚度和整体稳定性。

3. 对轻型屋盖（木屋盖、轻钢屋架、压型钢板、瓦楞铁等屋面的屋盖），因地震作用较小可以不设置防震缝。

4. 屋盖的端开间不应设置天窗且应对屋盖（尤其是端跨）采取适当的加强措施，使屋盖形成封闭的加强带，以确保屋盖结构的整体性。震害表明：天窗采用端砖壁时，震害严重甚至倒塌。故应严格限制其使用。

第 9.3.3 条

一、标准的规定

9.3.3 厂房的结构体系，尚应符合下列要求：

1 厂房屋盖宜采用轻型屋盖。

2 6 度和 7 度时，可采用十字形截面的无筋砖柱；8 度时不应采用无筋砖柱。

3 厂房纵向的独立砖柱柱列，可在柱间设置与柱等高的抗震墙承受纵向地震作用；

不设置抗震墙的独立砖柱柱顶，应设通长水平压杆。

4　纵、横向内隔墙宜采用抗震墙，非承重横隔墙和非整体砌筑且不到顶的纵向隔墙宜采用轻质墙；当采用非轻质墙时，应计及隔墙对柱及其与屋架（屋面梁）连接节点的附加地震剪力。独立的纵向和横向内隔墙应采取措施保证其平面外的稳定性，且顶部应设置现浇钢筋混凝土压顶梁。

二、对标准规定的理解

1. 本条规定中的6、7、8度应理解为本地区抗震设防烈度［不含8度（0.30g）］。

2. 震害调查表明，不配筋的等截面砖柱的单层厂房，在7度罕遇地震时仍能基本完好或轻微损坏，分析其原因在于厂房山墙的间距、开洞率和高宽比等均符合砌体结构静力计算的"刚性方案"条件且山墙厚度不小于240mm。其中的"刚性方案"条件可细分为以下情况：

1）厂房两端均设有承重山墙且山墙和横墙间距：对钢筋混凝土无檩屋盖不大于32m；对钢筋混凝土有檩屋盖、轻型屋盖和有密铺望板的木屋盖等不大于20m。

2）山墙或横墙上洞口的水平截面面积不超过山墙或横墙截面面积的50%。

3）山墙和横墙的长度不小于其高度。

3. 在房屋砖柱间设置与柱整体连接的砖墙并设置砖墙基础，是加强房屋侧向刚度的经济而有效的方法。一般情况下，不应在砖柱间设置交叉支撑（砖柱之间应力求刚度均匀变化不能有突变，若像钢筋混凝土柱厂房那样在砖柱之间设置支撑，则支撑将吸收大量的地震作用并剪断砖柱）。隔墙应与抗震墙合并设置，可充分利用墙体的功能，并避免隔墙对砖柱的不利影响。

（Ⅱ）计　算　要　点

第9.3.4条

一、标准的规定

9.3.4　按本节规定采取抗震构造措施的单层砖柱厂房，当符合下列条件之一时，可不进行横向或纵向截面抗震验算：

1　7度（0.10g）Ⅰ、Ⅱ类场地，柱顶标高不超过4.5m，且结构单元两端均有山墙的单跨及等高多跨砖柱厂房，可不进行横向和纵向抗震验算。

2　7度（0.10g）Ⅰ、Ⅱ类场地，柱顶标高不超过6.6m，两侧设有厚度不小于240mm且开洞截面面积不超过50%的外纵墙，结构单元两端均有山墙的单跨厂房，可不进行纵向抗震验算。

二、对标准规定的理解

1. 本条规定中的7度（0.10g）应理解为本地区抗震设防烈度7度（0.10g），不包括7度（0.15g）。

2. 柱顶标高指室内地面为±0.000时的标高，可理解为柱顶高度。

3. 本条规定以震害调查为依据，对应震害（详见第9.3.3条）采取相应的结构措施。

第 9.3.5 条

一、标准的规定

9.3.5 厂房的横向抗震计算，可采用下列方法：

1 轻型屋盖厂房可按平面排架进行计算。

2 钢筋混凝土屋盖厂房和密铺望板的瓦木屋盖厂房可按平面排架进行计算并计及空间工作，按本规范附录 J 调整地震作用效应。

二、对标准规定的理解

1. 单层砖柱厂房的横向抗震计算原则与钢筋混凝土柱厂房基本相同，可参照第 9.1.7 条的相关规定。

2. 震害调查表明，密铺望板瓦木屋盖的单层砖柱厂房具有明显的空间工作特性，山墙间距越小，其空间作用越明显。通常可对按排架计算的柱剪力和弯矩乘以相应的折减系数（《抗震标准》附录 J 表 J.2.3-2）。

第 9.3.6 条

一、标准的规定

9.3.6 厂房的纵向抗震计算，可采用下列方法：

1 钢筋混凝土屋盖厂房宜采用振型分解反应谱法进行计算。

2 钢筋混凝土屋盖的等高多跨砖柱厂房，可按本规范附录 K 规定的修正刚度法进行计算。

3 纵墙对称布置的单跨厂房和轻型屋盖的多跨厂房，可采用柱列分片独立进行计算。

二、对标准规定的理解

单层砖柱厂房的纵向抗震计算原则与钢筋混凝土柱厂房基本相同，可参照第 9.1.8 条的相关规定。

第 9.3.7 条

一、标准的规定

9.3.7 突出屋面天窗架的横向和纵向抗震计算，应符合本规范第 9.1.9 条和第 9.1.10 条的规定。

二、对标准规定的理解

单层砖柱厂房中突出屋面天窗架的横向和纵向抗震计算原则与钢筋混凝土柱厂房相同。

第 9.3.8 条

一、标准的规定

9.3.8 偏心受压砖柱的抗震验算，应符合下列要求：

1 无筋砖柱地震组合轴向力设计值的偏心距，不宜超过 0.9 倍截面形心到轴向力所在方向截面边缘的距离；承载力抗震调整系数可采用 0.9。

2 组合砖柱的配筋应按计算确定，承载力抗震调整系数可采用 0.85。

二、对标准规定的理解

单层砖柱的抗震验算按《砌体规范》要求进行，注意承载力抗震调整系数应采用本条规定的数值（与《砌体规范》规定相同），也不采用表 5.4.2 的数值。

（Ⅲ）抗 震 构 造 措 施

第 9.3.9 条

一、标准的规定

9.3.9 钢屋架、压型钢板、瓦楞铁等轻型屋盖的支撑，可按本规范表 9.2.12-2 的规定设置，上、下弦横向支撑应布置在两端第二开间；木屋盖的支撑布置，宜符合表 9.3.9 的要求，支撑与屋架或天窗架应采用螺栓连接；木天窗架的边柱，宜采用通长木夹板或铁板并通过螺栓加强边柱与屋架上弦的连接。

木屋盖的支撑布置 **表 9.3.9**

支撑名称		烈度		
		6、7	8	
		各类屋盖	满铺望板	稀铺望板或无望板
屋架支撑	上弦横向支撑	同非抗震设计		屋架跨度大于 6m 时，房屋单元两端第二开间及每隔 20m 设一道
屋架支撑	下弦横向支撑	同非抗震设计		
	跨中竖向支撑			
天窗架支撑	天窗两侧竖向支撑	同非抗震设计	不宜设置天窗	
	上弦横向支撑			

二、对标准规定的理解

1. 本条规定中的 6、7、8 度应理解为本地区抗震设防烈度，其中的 8 度指 8 度（0.20g）。

2. 砖柱厂房一般多采用瓦木屋盖，其屋盖的整体性差，应采取严格的抗震构造措施（如限制 8 度时木屋盖厂房设置天窗等），确保屋盖的完整性和必要的整体性。

第 9.3.10 条

一、标准的规定

9.3.10 檩条与山墙卧梁应可靠连接，搁置长度不应小于 120mm，有条件时可采用檩条伸出山墙的屋面结构。

二、对标准规定的理解

檩条一般直接搁置在山墙上，连接不好，地震时导致墙体错动甚至造成山墙倒塌。加大檩条搁置长度，加强檩条与山墙的连接，对厂房的抗震有利。

第 9.3.11 条

一、标准的规定

9.3.11 钢筋混凝土屋盖的构造措施，应符合本规范第 9.1 节的有关规定。

二、对标准规定的理解

单层砖柱厂房的钢筋混凝土屋盖的构造措施，与规范对钢筋混凝土柱厂房钢筋混凝土屋盖的要求相同。

第 9.3.12 条

一、标准的规定

9.3.12 厂房柱顶标高处应沿房屋外墙及承重内墙设置现浇闭合圈梁，8 度时还应沿墙高每隔 3m～4m 增设一道圈梁，圈梁的截面高度不应小于 180mm，配筋不应少于 4ϕ12；当地基为软弱黏性土、液化土、新近填土或严重不均匀土层时，尚应设置基础圈梁。当圈梁兼作门窗过梁或抵抗不均匀沉降影响时，其截面和配筋除满足抗震要求外，尚应根据实际受力计算确定。

二、对标准规定的理解

1. 震害调查表明，预制圈梁的抗震性能较差，在屋架底部标高处应设置现浇钢筋混凝土圈梁，并对圈梁的截面和配筋提出相应要求。设置基础圈梁能有效提高房层的整体性，并提高房屋对地基不均匀沉降的适应能力。

2. 8 度指 8 度（0.20g）。

第 9.3.13 条

一、标准的规定

9.3.13 山墙应沿屋面设置现浇钢筋混凝土卧梁，并应与屋盖构件锚拉；山墙壁柱的截面与配筋，不宜小于排架柱，壁柱应通到墙顶并与卧梁或屋盖构件连接。

二、对标准规定的理解

震害调查表明，山墙是单层砖柱厂房抗震的薄弱环节之一，发生外倾或局部坍塌的情况较多，严重者会全部倒塌。故应采用现浇钢筋混凝土卧梁并与屋盖加强锚拉。

第 9.3.14 条

一、标准的规定

9.3.14 屋架（屋面梁）与墙顶圈梁或柱顶垫块，应采用螺栓或焊接连接；柱顶垫块厚度不应小于 240mm，并应配置两层直径不小于 8mm 间距不大于 100mm 的钢筋网；墙顶圈梁应与柱顶垫块整浇。

二、对标准规定的理解

震害调查表明，垫板厚度太薄或配筋不足时，可能发生局部承压破坏和埋件锚固失效。

第 9.3.15 条

一、标准的规定

9.3.15 砖柱的构造应符合下列要求：

1 砖的强度等级不应低于 MU10，砂浆的强度等级不应低于 M5；组合砖柱中的混凝土强度等级不应低于C20。

2 砖柱的防潮层应采用防水砂浆。

二、对标准规定的理解

1. 按《抗震通规》第 5.5.11 条的规定，条文中的“C20”应修改为“C25”。

2. 对砖和砂浆的强度要求同第 3.9.2 条的规定。

3. 提出了组合砖柱中的混凝土强度等级要求及防潮层采用防水砂浆的要求。

第 9.3.16 条

一、标准的规定

9.3.16 钢筋混凝土屋盖的砖柱厂房，山墙开洞的水平截面面积不宜超过总截面面积的50%；8 度时，应在山墙、横墙两端设置钢筋混凝土构造柱，构造柱的截面尺寸可采用240mm×240mm，竖向钢筋不应少于 4ϕ12，箍筋可采用 ϕ6，间距宜为 250mm～300mm。

二、对标准规定的理解

1. 本条规定中的 8 度应理解为本地区抗震设防烈度 8 度（0.20g）。结合第 9.3.1 条的规定，可知本条规定中的 8 度不包括 0.30g 的地区。

2. 钢筋混凝土屋盖单层柱厂房，在横向水平地震作用下，由于存在着空间作用，山墙、横墙将负担较大的水平地震剪力，为减轻山墙、横墙的剪切破坏，确保房屋的空间作用，提出对山墙、横墙的开洞限制要求。

第 9.3.17 条

一、标准的规定

9.3.17 砖砌体墙的构造应符合下列要求：

1 8 度时，钢筋混凝土无檩屋盖砖柱厂房，砖围护墙顶部宜沿墙长每隔 1m 埋入 1ϕ8 竖向钢筋，并插入顶部圈梁内。

2 7 度且墙顶高度大于 4.8m 或 8 度时，不设置构造柱的外墙转角及承重内横墙与外纵墙交接处，应沿墙高每 500mm 配置 2ϕ6 钢筋，每边伸入墙内不小于 1m。

3 出屋面女儿墙的抗震构造措施，应符合本规范第 13.3 节的有关规定。

二、对标准规定的理解

1. 本条规定中的 7、8 度应理解为本地区抗震设防烈度。结合第 9.3.1 条的规定，可知本条规定中的 8 度不包括 0.30g 的地区。

2. 震害调查表明：采用钢筋混凝土无檩屋盖等刚性屋盖的单层砖柱厂房，在屋盖处圈梁底面下一至四皮砖的高度范围内常常出现水平裂缝。为此，应在砖墙顶部沿墙长每隔一定间距设置竖向钢筋，上端插入圈梁内，下端插入砖缝中（宜不小于五皮砖厚度）。

10　空旷房屋和大跨屋盖建筑

说明：

空旷房屋和大跨屋盖建筑具有空间作用弱、侧向刚度小的特点，结构的赘余度较小，对抗震不利，震害表明其破坏相对于其他形式的房屋较严重，因此需要对结构布置及抗震构造提出专门要求。

10.1　单层空旷房屋

要点：

1. 单层空旷房屋是一组不同类型的结构组成的建筑，常包含有单层的观众厅和多层（前后左右可能同时设置，也可能局部设置）的附属用房，比单层工业厂房的情况更为复杂。针对单层空旷房屋的特点，标准主要规定了有别于单层工业厂房的相关设计要求。

2. 对单层空旷房屋由于其空间作用有限，标准强调采用简化计算方法，必要时可采用平面协同或空间程序进行补充计算。

（Ⅰ）一　般　规　定

第 10.1.1 条

一、标准的规定

10.1.1　本节适用于较空旷的单层大厅和附属房屋组成的公共建筑。

二、对标准规定的理解

1　较空旷的房屋可理解为跨度较大、柱网间距较大、层高较高等。对其中“较大”和“较高”应根据工程经验把握。一般情况下跨度不小于 12m 时可理解为跨度较大；柱网不小于 12m 时可理解为柱网间距较大；层高不小于 6m 时可理解为层高较高。

2　单层大厅特指大厅是单层的，而对于附属房屋可以是多层或设置夹层等。

3　除公共建筑以外的其他各类建筑，当较为空旷时，也应执行本节的相关规定。

第 10.1.2 条

一、标准的规定

10.1.2　大厅、前厅、舞台之间，不宜设防震缝分开；大厅与两侧附属房屋之间可不设防震缝。但不设缝时应加强连接。

二、对标准规定的理解

1. 对单层空旷房屋及其附属建筑，由于其房屋层数（重力荷载）差异不大，应优先考虑不设置防震缝并采取相应的结构加强措施。

2. 结构布置时应遵循均匀、对称的基本原则，避免扭转。

第 10.1.3 条

一、标准的规定

10.1.3 单层空旷房屋的大厅屋盖的承重结构，在下列情况下不应采用砖柱：

1 7 度（0.15g）、8 度、9 度时的大厅。

2 大厅内设有挑台。

3 7 度（0.10g）时，大厅跨度大于 12m 或柱顶高度大于 6m。

4 6 度时，大厅跨度大于 15m 或柱顶高度大于 8m。

二、对标准规定的理解

1. 本条规定中的 6、7、8、9 度应理解为本地区抗震设防烈度。

2. 砖柱的抗震性能要远差于钢筋混凝土柱和钢柱，设防烈度较高的地区、跨度较大、层高（柱顶标高）较大时应严格限制。有条件时应避免采用砖柱。

第 10.1.4 条

一、标准的规定

10.1.4 单层空旷房屋大厅屋盖的承重结构，除本规范第 10.1.3 条规定者外，可在大厅纵墙屋架支点下增设钢筋混凝土-砖组合壁柱，不得采用无筋砖壁柱。

二、对标准规定的理解

鉴于对砖柱抗震性能的忧虑，需要采用砖柱（或砖壁柱）时，也应采用钢筋混凝土-砖组合柱（或壁柱）。

第 10.1.5 条

一、标准的规定

10.1.5 前厅结构布置应加强横向的侧向刚度，大门处壁柱和前厅内独立柱应采用钢筋混凝土柱。

二、对标准规定的理解

大门处壁柱和前厅内独立柱属于单层空旷房屋的重要构件，应采取措施确保其有效性。

第 10.1.6 条

一、标准的规定

10.1.6 前厅与大厅、大厅与舞台连接处的横墙，应加强侧向刚度，设置一定数量的钢筋混凝土抗震墙。

二、对标准规定的理解

在单层空旷房屋的重要连接部位（如前厅与大厅、大厅与舞台连接处），设置适当数量的钢筋混凝土抗震墙，有利于加强连接的有效性，确保房屋具有必要的整体抗震性能。

第 10.1.7 条

标准的规定

10.1.7 大厅部分其他要求可参照本规范第 9 章，附属房屋应符合本规范的有关规定。

（Ⅱ）计 算 要 点

第 10.1.8 条

一、标准的规定

10.1.8 单层空旷房屋的抗震计算，可将房屋划分为前厅、舞台、大厅和附属房屋等若干独立结构，按本规范有关规定执行，但应计及相互影响。

二、对标准规定的理解

单层空旷房屋的平面和体型均较为复杂，目前情况下，进行整体分析时难以采用符合实际工作状态的假定和合理的计算模型。从工程设计角度看除采用空间分析程序计算外，还应采用简化计算方法进行补充分析，将整个房屋划分为若干部分，分别进行计算，然后从构造上和荷载的局部影响上加以考虑互相协调。

第 10.1.9 条

一、标准的规定

10.1.9 单层空旷房屋的抗震计算，可采用底部剪力法，地震影响系数可取最大值。

二、对标准规定的理解

1. 对空旷房屋应以简化计算为主，最常见的方法是依据房屋的结构形式、空旷（或局部空旷）的程度、房屋的高低错落等情况，将其分为数个结构体系简单明确、空间作用大小及协同工作能力强弱差异明显的结构区段，对这些区段进行简化计算，合理协调。

2. 目前结构设计中多采用空间分析程序，当单层空旷房屋具有一定的整体性且采用空间分析程序进行结构分析时，应特别注意空旷带来的计算假定的适应性问题，必要时应进行相应的补充分析计算，并进行包络设计。

第 10.1.10 条

一、标准的规定

10.1.10 大厅的纵向水平地震作用标准值，可按下式计算：

$$F_{Ek}=\alpha_{max}G_{eq} \tag{10.1.10}$$

式中：F_{Ek}——大厅一侧纵墙或柱列的纵向水平地震作用标准值；

G_{eq}——等效重力荷载代表值。包括大厅屋盖和毗连附属房屋屋盖各一半的自重和50%雪荷载标准值，及一侧纵墙或柱列的折算自重。

二、对标准规定的理解

依据从属面积（计算方法见第 7.2.2 条）计算房屋的纵向地震作用。

第 10.1.11 条

一、标准的规定

10.1.11 大厅的横向抗震计算，宜符合下列原则：

1 两侧无附属房屋的大厅，有挑台部分和无挑台部分可各取一个典型开间计算；符合本规范第 9 章规定时，尚可计及空间工作。

2 两侧有附属房屋时，应根据附属房屋的结构类型，选择适当的计算方法。

二、对标准规定的理解

对于不同模型的计算协调，一般可通过经验系数对周期进行修正，使各部分的计算周期趋于一致。

第 10.1.12 条

一、标准的规定

10.1.12 8 度和 9 度时，高大山墙的壁柱应进行平面外（山墙平面外——编者注）的截面抗震验算。

二、对标准规定的理解

1. 本条规定中的 8、9 度可理解为本地区抗震设防烈度 8、9 度。

2. 单层空旷房屋中的舞台后山墙等可确定为高大山墙。

3. 震害调查表明：高大山墙的壁柱地震中容易破坏，设计中需加强验算。

（Ⅲ）抗 震 构 造 措 施

第 10.1.13 条

一、标准的规定

10.1.13 大厅的屋盖构造，应符合本规范第 9 章的规定。

二、对标准规定的理解

依据不同的屋盖类型（轻型屋盖或重型屋盖）执行第 9 章的相关规定。

第 10.1.14 条

一、标准的规定

10.1.14 大厅的钢筋混凝土柱和组合砖柱应符合下列要求：

1 组合砖柱纵向钢筋的上端应锚入屋架底部的钢筋混凝土圈梁内。组合砖柱的纵向钢筋，除按计算确定外，6 度Ⅲ、Ⅳ类场地和 7 度（0.10g）Ⅰ、Ⅱ类场地每侧不应少于 4ϕ14；7 度（0.10g）Ⅲ、Ⅳ场地每侧不应少于 4ϕ16。

2 钢筋混凝土柱应按抗震等级不低于二级的框架柱设计，其配筋量应按计算确定。

二、对标准规定的理解

1. 本条对组合砖柱规定中的 6、7 度应理解为本地区抗震设防烈度 6、7 度，其中 7 度不包括（0.15g）的地区，即组合砖柱不适用于 7 度（0.15g）及以上地区。

2. 对单层空旷房屋中的钢筋混凝土框架柱（抗震等级应不低于二级），配筋量按计算确定并应满足构造要求。尤其应注意短柱的箍筋加密问题。

第 10.1.15 条

一、标准的规定

10.1.15 前厅与大厅，大厅与舞台间轴线上横墙，应符合下列要求：

1 应在横墙两端，纵向梁支点及大洞口两侧设置钢筋混凝土框架柱或构造柱。

2 嵌砌在框架柱间的横墙应有部分设计成抗震等级不低于二级的钢筋混凝土抗震墙。

3 舞台口的柱和梁应采用钢筋混凝土结构，舞台口大梁上承重砌体墙应设置间距不大于 4m 的立柱和间距不大于 3m 的圈梁，立柱、圈梁的截面尺寸、配筋及与周围砌体的拉结应符合多层砌体房屋的要求。

4 9 度时，舞台口大梁上的墙体应采用轻质隔墙。

二、对标准规定的理解

1. 本条规定中的 9 度应理解为本地区抗震设防烈度 9 度。

2. 此处的轻质隔墙，专指轻钢龙骨石膏板墙等轻质墙体，轻质混凝土砌块墙体则不属于轻质隔墙。

3. 从本节规定分布范围可以看出，标准对前厅、大厅及舞台周围结构构件（前厅与大厅、大厅与舞台间轴线上横墙、台口柱、台口大梁等）予以高度的重视，也正是由于这些部位在单层空旷房屋中占有极其重要的地位，其功能性、使用要求等均比较高，平面、立面变化复杂，荷载变化大，层高较高等，属于非常规的结构布置及具有特殊功能要求的区域，对抗震构造措施应进行重点加强。

第 10.1.16 条

一、标准的规定

10.1.16 大厅柱(墙)顶标高处应设置现浇圈梁，并宜沿墙高每隔 3m 左右增设一道圈梁。梯形屋架端部高度大于 900mm 时还应在上弦标高处增设一道圈梁。圈梁的截面高度不宜小于 180mm，宽度宜与墙厚相同，纵筋不应少于 4ϕ12，箍筋间距不宜大于 200mm。

二、对标准规定的理解

1. 加强屋盖的整体性，确保屋盖与周围墙体的有效连接等，是提高单层空旷房屋结构抗震性能的重要途径。

2. 大厅四周的墙体一般较高，需设置多道水平圈梁（墙顶标高处的圈梁更为重要）以加强整体性和稳定性。

第 10.1.17 条

一、标准的规定

10.1.17 大厅与两侧附属房屋间不设防震缝时，应在同一标高处设置封闭圈梁并在交接处拉通，墙体交接处应沿墙高每隔 400mm 在水平灰缝内设置拉结钢筋网片，且每边伸入墙内不宜小于 1m。

二、对标准规定的理解

大厅与两侧的附属房屋之间一般不设防震缝，其交接处受力较大。应采取更为严格的连接措施（设置间距不大于400mm，且由拉结钢筋与分布短筋在平面内焊接的钢筋网片），以增强房屋的整体性。

第10.1.18条

一、标准的规定

10.1.18　悬挑式挑台应有可靠的锚固和防止倾覆的措施。

二、对标准规定的理解

悬挑式挑台，悬挑荷载及跨度均较大，应进行专门设计分析（应按第5.3.3条要求考虑竖向地震作用），锚固可靠，并采取严格的防倾覆措施，确保安全。

第10.1.19条

规范的规定

10.1.19　山墙应沿屋面设置钢筋混凝土卧梁，并应与屋盖构件锚拉；山墙应设置钢筋混凝土柱或组合柱，其截面和配筋分别不宜小于排架柱或纵墙组合柱，并应通到山墙的顶端与卧梁连接。

第10.1.20条

一、标准的规定

10.1.20　舞台后墙，大厅与前厅交接处的高大山墙，应利用工作平台或楼层作为水平支撑。

二、对标准规定的理解

1. 在单层空旷房屋中，前厅与大厅、大厅与舞台之间的墙体是主要的抗侧力构件，承担横向地震作用，在此设置适当数量的钢筋混凝土剪力墙是必须的。

2. 舞台的台口大梁，上部支承有舞台上的屋架及很大的设备荷载，受力复杂且台口两侧墙体为一端自由的高大悬墙，在舞台台口处不能形成一个门架式的抗震横墙，地震时破坏严重。设计中通常采取加强台口墙与大厅屋盖体系的拉结，采用钢筋混凝土墙体、立柱和水平圈梁等做法来加强墙体自身的整体性和稳定性。

10.2　大跨屋盖建筑

要点：

近年来大跨屋盖的建筑工程越来越多，这里的大跨屋盖建筑是指有别于传统板式、梁板式屋盖且具有更大跨越能力的屋盖体系，强调的是屋盖的跨越能力而不是简单的跨度大小。针对大跨屋盖建筑的特点，标准制定了相关的设计原则。

（Ⅰ）一　般　规　定

第10.2.1条

一、标准的规定

10.2.1　本节适用于采用拱、平面桁架、立体桁架、网架、网壳、张弦梁、弦支穹顶等基本形式及其组合而成的大跨度钢屋盖建筑。

采用非常用形式以及跨度大于120m、结构单元长度大于300m或悬挑长度大于40m的大跨钢屋盖建筑的抗震设计，应进行专门研究论证，采取有效的加强措施。

二、对标准规定的理解

1. 大跨度屋盖建筑专指大跨度钢屋盖建筑，不包括混凝土薄壳、组合网架、组合网壳等屋盖结构形式。

2. 大跨度钢屋盖建筑的结构形式多种多样，新形式不断出现，其基本形式见表10.2.1-1。

大跨度钢屋盖建筑的基本形式　　　　**表10.2.1-1**

大跨度钢屋盖的基本形式						
平面拱	平面桁架	立体桁架	网架	网壳	张弦梁	弦支穹顶

3. 由于柔性屋盖体系（悬索结构、膜结构、索杆张力结构等）的几何非线性效应，其地震作用的计算方法和抗震设计理论目前尚不成熟，故也不包括。

4. 对存在拉索的预张拉屋盖结构大致可分为三类：

1）预应力结构：预应力桁架、网架或网壳等；

2）悬挂（斜拉）结构：悬挂（斜拉）桁架、网架或网壳等；

3）张弦结构：张弦梁结构和弦支穹顶结构。

5. 特殊情况的大跨度钢屋盖建筑（表10.2.1-2）的抗震设计，应进行专门研究论证。

特殊情况的大跨度钢屋盖建筑　　　　**表10.2.1-2**

大跨类型	大跨度	超长结构单元	大悬挑	备　　注
情况	跨度＞120m	结构单元长度＞300m	悬挑长度＞40m	可开合屋盖也需要专门论证

第10.2.2条

一、标准的规定

10.2.2　屋盖及其支承结构的选型和布置，应符合下列各项要求：

1　应能将屋盖的地震作用有效地传递到下部支承结构。

2　应具有合理的刚度和承载力分布，屋盖及其支承的布置宜均匀对称。

3　宜优先采用两个水平方向刚度均衡的空间传力体系。

4　结构布置宜避免因局部削弱或突变形成薄弱部位，产生过大的内力、变形集中。对于可能出现的薄弱部位，应采取措施提高其抗震能力。

5　宜采用轻型屋面系统。

6　下部支承结构应合理布置，避免使屋盖产生过大的地震扭转效应。

二、对标准规定的理解

1. 大跨屋盖结构的选型和布置应优先保证屋盖的地震作用效应能有效地通过支座节点传递给下部结构或基础，且要求传递路径直接、简单、明确、合理。

2. 屋盖的地震作用不仅与屋盖本身有关，而且还与支座条件及下部结构的动力特性密切相关。结构布置应遵循均匀对称的基本原则，要求具有合理的刚度和承载力，屋盖自身应优先采用两个水平方向刚度均衡、整体刚度良好的空间传力体系（如网架、网壳、双向立体桁架、双向张弦梁或弦支穹顶等），还应关注整个结构（屋盖及下部结构）的地震反应，避免上下结构脱节。

3. 本条规定了大跨度钢屋盖建筑结构布置的基本要求，其基本原则与第3.4节、第3.5节的规定是一致的。

第10.2.3条

一、标准的规定

10.2.3 屋盖体系的结构布置，尚应分别符合下列要求：

1 单向传力体系的结构布置，应符合下列规定：

1）主结构（桁架、拱、张弦梁）间应设置可靠的支撑，保证垂直于主结构方向的水平地震作用的有效传递；

2）当桁架支座采用下弦节点支承时，应在支座间设置纵向桁架或采取其他可靠措施，防止桁架在支座处发生平面外扭转。

2 空间传力体系的结构布置，应符合下列规定：

1）平面形状为矩形且三边支承一边开口的结构，其开口边应加强，保证足够的刚度；

2）两向正交正放网架、双向张弦梁，应沿周边支座设置封闭的水平支撑；

3）单层网壳应采用刚接节点。

注：单向传力体系指平面拱、单向平面桁架、单向立体桁架、单向张弦梁等结构形式；空间传力体系指网架、网壳、双向立体桁架、双向张弦梁和弦支穹顶等结构形式。

二、对标准规定的理解

1. 大跨度钢屋盖结构体系分为单向传力体系和空间传力体系（表10.2.3-1）。

大跨度钢屋盖结构体系 **表10.2.3-1**

单向传力体系	平面拱、单向平面桁架、单向立体桁架、单向张弦梁等
空间传力体系	网架、网壳、双向立体桁架、双向张弦梁和弦支穹顶等

2. 单向传力体系的抗震薄弱环节在于垂直于主结构（平面桁架、平面拱、单向张弦梁等）方向的水平地震力的传递以及主结构的平面外稳定问题。需设置可靠的屋盖支撑。平面桁架应避免采用下弦支承。

3. 空间传力结构具有良好的整体性和空间受力特点，抗震性能优于单向传力体系。

第10.2.4条

一、标准的规定

10.2.4 当屋盖分区域采用不同的结构形式时，交界区域的杆件和节点应加强；也可设置防震缝，缝宽不宜小于150mm。

二、对标准规定的理解

1. 屋盖分区域采用不同抗震性能的结构形式时，在结构交界区域会产生复杂的地震响应，一般情况下不应采用此类结构布置。

2. 对防震缝的宽度还应按设防烈度地震下的位移要求复核（也可直接取多遇地震下相对位移的3倍），并取不小于150mm的数值。

第10.2.5条

标准的规定

10.2.5 屋面围护系统、吊顶及悬吊物等非结构构件应与结构可靠连接，其抗震措施应符合本规范第13章的有关规定。

（Ⅱ）计 算 要 点

第10.2.6条

一、标准的规定

10.2.6 下列屋盖结构可不进行地震作用计算，但应符合本节有关的抗震措施要求：

1 7度时，矢跨比小于1/5的单向平面桁架和单向立体桁架结构可不进行沿桁架的水平向以及竖向地震作用计算。

2 7度时，网架结构可不进行地震作用计算。

二、对标准规定的理解

1. 本条规定中的7度应理解为本地区抗震设防烈度7度。

2. 依据现行行业标准《空间网格结构技术规程》JGJ 7的规定，应将“矢跨比小于1/5”修改为“矢跨比不小于1/5”。

3. 大量网架结构计算机分析结果表明，单向平面桁架和单向立体桁架结构是否受沿桁架方向水平地震效应控制主要取决于矢跨比（矢高与跨度的比值）的大小，矢跨比不小于1/5（即矢跨比数值不小于0.2）的结构，竖向地震的影响相对较小。

第10.2.7条

一、标准的规定

10.2.7 屋盖结构抗震分析的计算模型，应符合下列要求：

1 应合理确定计算模型，屋盖与主要支承部位的连接假定应与构造相符。

2 计算模型应计入屋盖结构与下部结构的协同作用。

3 单向传力体系支撑构件的地震作用，宜按屋盖结构整体模型计算。

4 张弦梁和弦支穹顶的地震作用计算模型，宜计入几何刚度的影响。

二、对标准规定的理解

1. 屋盖结构的地震作用效应是与下部结构协同工作的结果，下部结构的竖向刚度一般较大，结构设计中通常仅以屋盖结构作为分析模型。研究表明，不考虑屋盖结构与下部结构的协同工作，会对屋盖结构的地震作用（水平地震作用及竖向地震作用）计算产生显著的影响，甚至得出错误的结果。

2. 研究分析表明，对跨度较大的张弦梁和弦支穹顶结构，由于预张力引起的非线性几何刚度对结构动力特性有一定的影响，在某些弦支穹顶结构中，撑杆和下弦拉索系统实际上是需要依靠预张力来保证体系稳定性的几何可变体系，需要计入几何刚度（一般可取重力荷载代表值作用下的结构平衡的内力包括预张力的贡献），否则会导致结构总刚矩阵奇异。

第 10.2.8 条

一、标准的规定

10.2.8 屋盖钢结构和下部支承结构协同分析时，阻尼比应符合下列规定：

1 当下部支承结构为钢结构或屋盖直接支承在地面时，阻尼比可取 0.02。

2 当下部支承结构为混凝土结构时，阻尼比可取 0.025～0.035。

二、对标准规定的理解

1. 当房屋上、下部全为钢结构（或钢屋盖直接支承在地面）时，取钢结构的阻尼比 0.02。

2. 当房屋上部为钢结构下部为钢筋混凝土结构时，房屋上、下部结构的阻尼比不同，协同计算时的阻尼比应根据工程经验及房屋上、下部结构的侧向刚度比例关系在 0.025～0.035 之间合理取值，混凝土结构的侧向刚度较大时宜取较高值，混凝土结构的侧向刚度较小时宜取较低值。也可根据位能等效原则按下述方法计算：

1）振型阻尼比法，就是对各阶振型确定相应的阻尼比。在组合结构中，不同材料的能量耗散机理不同，相应构件的阻尼比也不同，对每阶振型，不同构件单元对于振型阻尼比的贡献与单元的变形能有关，变形能大的单元对该振型阻尼比的贡献较大，反之则较小。可根据该振型下的单元变形能，采用加权平均的方法计算出每个振型的阻尼比 ζ_i

$$\zeta_i = \sum_{s=1}^{n} \zeta_s W_{si} / \sum_{s=1}^{n} W_{si} \tag{10.2.8-1}$$

式中：ζ_i——结构第 i 阶振型的阻尼比；

ζ_s——第 s 个单元阻尼比，对钢构件取 0.02，对混凝土构件取 0.05；

n——结构的单元总数；

W_{si}——第 s 个单元对应于第 i 阶振型的单元变形能。

2）统一阻尼比法，就是采用与 1）类似的方法，求得对应于整体结构的阻尼比。

$$\zeta = \sum_{s=1}^{n} \zeta_s W_s / \sum_{s=1}^{n} W_s \tag{10.2.8-2}$$

式中：ζ——整体结构的阻尼比；

ζ_s——第 s 个单元阻尼比，对钢构件取 0.02，对混凝土构件取 0.05；

n——结构的单元总数；

W_s——第 s 个单元在重力荷载代表值作用下的单元变形能。

3. 实际工程计算时，也可以按构件输入相应的阻尼比，由软件计算。

4. 实际工程计算分析表明，在罕遇地震下，屋盖钢结构也仅有少量构件能进入弹塑性屈服状态，因此，仍采用与多遇地震下相同的阻尼比（注意，这里与钢筋混凝土结构在罕遇地震下的阻尼比取值原则不同）。

第 10.2.9 条

一、标准的规定

10.2.9 屋盖结构的水平地震作用计算，应符合下列要求：

1 对于单向传力体系，可取主结构方向和垂直主结构方向分别计算水平地震作用。

2 对于空间传力体系，应至少取两个主轴方向同时计算水平地震作用；对于有两个以上主轴或质量、刚度明显不对称的屋盖结构，应增加水平地震作用的计算方向。

二、对标准规定的理解

1. 对于平面为圆形、正多边形的屋盖结构，可能存在两个以上的主轴方向，需要根据实际情况增加地震作用的计算方向。当屋盖结构、下部结构或支承的布置明显不对称时，还应增加水平地震作用的计算方向。

2. “取两个主轴方向同时计算水平地震作用”，可理解为应考虑双向地震作用的影响（见第5.2.3条）。而“取主结构方向和垂直主结构方向分别计算水平地震作用”，可理解为进行单向地震作用计算。

第10.2.10条

一、标准的规定

10.2.10 一般情况，屋盖结构的多遇地震作用计算可采用振型分解反应谱法；体型复杂或跨度较大的结构，也可采用多向地震反应谱法或时程分析法进行补充计算。对于周边支承或周边支承和多点支承相结合且规则的网架、平面桁架和立体桁架结构，其竖向地震作用可按本规范第5.3.2条规定进行简化计算。

二、对标准规定的理解

1. 考虑到大跨屋盖结构属于线性结构范畴，振型分解反应谱法依然可作为该结构弹性地震效应计算的基本方法。对体型复杂的大跨结构，可采用多向地震反应谱法或时程分析法进行补充计算（见第5.1.2条）。

2. 自振周期密集分布是大跨结构的重要特点。采用振型分解反应谱法时应考虑更多阶振型的组合。一般情况下，屋盖结构单独计算时，对网架结构振型数应取前10～15个；对网壳结构振型数应取前25～30个。对于体型复杂的屋盖结构或按上下部结构整体模型计算时，应取更多阶组合振型。对存在明显扭转效应的屋盖结构，应采用完整二次型方根组合（CQC）。

第10.2.11条

一、标准的规定

10.2.11 屋盖结构构件的地震作用效应的组合应符合下列要求：

1 单向传力体系，主结构构件的验算可取主结构方向的水平地震效应和竖向地震效应的组合、主结构间支撑构件的验算可仅计入垂直于主结构方向的水平地震效应。

2 一般结构，应进行三向地震作用效应的组合。

二、对标准规定的理解

1. 对单向传力体系，结构的抗侧力构件有明显的方向性。以单向桁架结构为例，桁架构件抵抗其面内的水平地震作用和竖向地震作用，垂直桁架方向的水平地震作用则由屋盖支撑承担。因此，可对各向抗侧力结构构件分别进行地震作用计算。

2. 除单向传力体系以外的一般结构，结构构件难以划分为某个方向的抗侧力构件，构件的地震作用往往是包含三个方向（两个水平方向和竖向）地震作用的结果。三向地震作用计算方法见第 5.2.3 条。

第 10.2.12 条

一、标准的规定

10.2.12　大跨屋盖结构在重力荷载代表值和多遇竖向地震作用标准值下的组合挠度值不宜超过表 10.2.12 的限值。

大跨屋盖结构的挠度限值　　**表 10.2.12**

结构体系	屋盖结构（短向跨度 l_1）	悬挑结构（悬挑跨度 l_2）
平面桁架、立体桁架、网架、张弦梁	$l_1/250$	$l_2/125$
拱、单层网壳	$l_1/400$	—
双层网壳、弦支穹顶	$l_1/300$	$l_2/150$

二、对标准规定的理解

1. 一般结构构件的竖向挠度计算中不考虑地震作用的效应组合，直接按荷载作用的标准组合及准永久组合计算。

2. 对大跨屋盖结构构件，其竖向挠度应按下述两种组合情况的不利值验算：

1）应考虑重力荷载作用的标准组合；

2）还应考虑重力荷载代表值和竖向地震作用（在简化计算中，对竖向地震作用一般不区分多遇地震、设防烈度地震和罕遇地震）标准值的组合。

3. 对长悬臂、大跨度及其他特别重要的构件（如转换构件等），其竖向挠度应按下述两种组合情况的不利值验算：

1）应考虑重力荷载作用的标准组合，按《混凝土标准》第 7.2 节的有关规定计算。

2）还应按式（10.2.12-1）计算构件在重力荷载代表值和竖向地震作用（在简化计算中，对竖向地震作用一般不区分多遇地震、设防烈度地震和罕遇地震）标准值下的组合挠度值 f。

$$f=f_{GE}+f_{Ev} \tag{10.2.12-1}$$

式中：f_{GE}——重力荷载代表值作用下构件的挠度值，可分别计算静荷载作用下的挠度 f_G 和 1/2 活荷载作用下的挠度 $f_{0.5P}$，即 $f_{GE}=f_G+f_{0.5P}$。

f_{Ev}——竖向地震作用标准值下的挠度值，可以直接与重力荷载代表值挂钩，如 8 度时可取 $f_{Ev}=0.1f_{GE}$，则 $f=1.1f_{GE}=1.1(f_G+f_{0.5P})$。

4. 在对所有大跨、大悬臂构件及特别重要的结构构件（如转换构件等）的挠度验算中，都应参考标准的本条规定进行上述 1、2 项验算，挠度限值依据不同的结构（或结构构件）形式按相关标准（对混凝土构件的挠度限值按《混凝土标准》第 3.4.3 条）确定。

第 10.2.13 条

一、标准的规定

10.2.13　屋盖构件截面抗震验算除应符合本规范第 5.4 节的有关规定外，尚应符合下列要求：

1　关键杆件的地震组合内力设计值应乘以增大系数；其取值，7、8、9 度宜分别按

1.1、1.15、1.2采用。

2　关键节点的地震作用效应组合设计值应乘以增大系数；其取值，7、8、9度宜分别按1.15、1.2、1.25采用。

3　预张拉结构中的拉索，在多遇地震作用下应不出现松弛。

注：对于空间传力体系，关键杆件指临支座杆件，即临支座2个区（网）格内的弦、腹杆；临支座1/10跨度范围内的弦、腹杆，两者取较小的范围。对于单向传力体系，关键杆件指与支座直接相临节间的弦杆和腹杆。关键节点为与关键杆件连接的节点。

二、对标准规定的理解

1. 本条规定中的7度、8度、9度应理解为本地区抗震设防烈度。

2. 大跨屋盖结构具有自重轻、刚度大的特点，震害表明：一般部位的震害相对其他结构要轻，但支座及其相邻杆件的破坏情况较多。

3. 应特别注意对结构设计"关键区域"的把握，无论是空间传力体系还是单向传力体系，临支座2个区（网）格或1/10跨度范围（取较小范围）内为"关键区域"，该区域内的杆件为关键杆件、节点为关键节点（图10.2.13-1）。

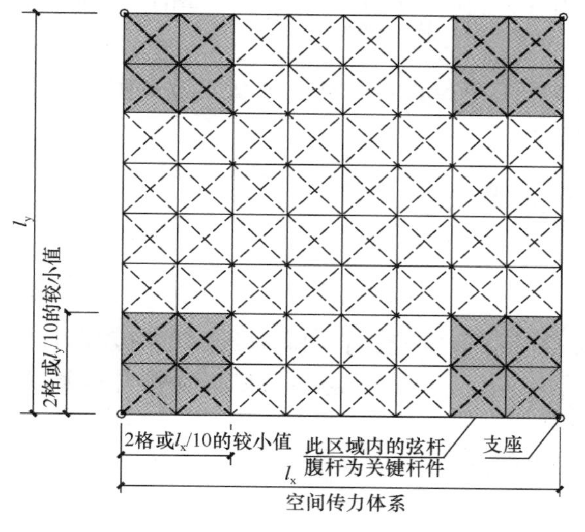

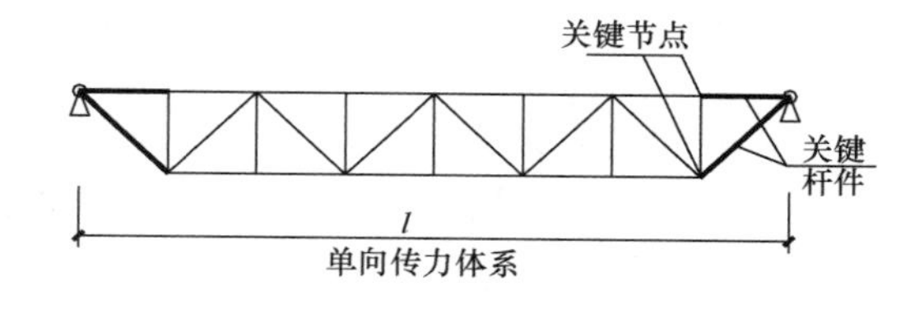

图10.2.13-1　屋盖结构的关键杆件及关键节点

（Ⅲ）抗 震 构 造 措 施

第10.2.14条

一、标准的规定

10.2.14　屋盖钢杆件的长细比，宜符合表10.2.14的规定。

钢杆件的长细比限值　　**表10.2.14**

杆件类型	受拉	受压	压弯	拉弯
一般杆件	250	180	150	250
关键杆件	200	150（120）	150（120）	200

注：1　括号内数值用于8、9度；

2　表列数据不适用于拉索等柔性构件。

二、对标准规定的理解

1. 本条规定中的8、9度应理解为本地区抗震设防烈度。

2. 杆件长细比限值略严于《钢标》和《空间网格结构技术规程》JGJ 7的规定。

第10.2.15条

一、标准的规定

10.2.15　屋盖构件节点的抗震构造，应符合下列要求：

1　采用节点板连接各杆件时，节点板的厚度不宜小于连接杆件最大壁厚的1.2倍。

2　采用相贯节点时，应将内力较大方向的杆件直通。直通杆件的壁厚不应小于焊于其上各杆件的壁厚。

3　采用焊接球节点时，球体的壁厚不应小于相连杆件最大壁厚的1.3倍。

4　杆件宜相交于节点中心。

二、对标准规定的理解

1. 应根据屋盖结构的类型及整体刚度等因素采用便于加工、制作、焊接的节点形式，节点的构造应符合计算假定。

2. 节点应具有足够的强度和刚度，做到强节点弱杆件，杆件应相交于节点中心，不产生附加弯矩。节点的实际构造应与计算假定一致。

第10.2.16条

一、标准的规定

10.2.16　支座的抗震构造应符合下列要求：

1　应具有足够的强度和刚度，在荷载作用下不应先于杆件和其他节点破坏，也不得产生不可忽略的变形。支座节点构造形式应传力可靠、连接简单，并符合计算假定。

2　对于水平可滑动的支座，应保证屋盖在罕遇地震下的滑移不超出支承面，并应采取限位措施。

3　8、9度时，多遇地震下只承受竖向压力的支座，宜采用拉压型构造。

二、对标准规定的理解

1. 本条规定中的8、9度应理解为本地区抗震设防烈度。

2. 支座节点是将屋盖地震作用传递给下部结构的关键部件，也是地震破坏较为严重的部位，属于第10.2.13条所述之“关键区域”内的关键节点。

3. 在超过设防烈度的地震作用下，支座节点应满足相应的延性要求（具有一定的抗变形能力，对水平可滑动支座在罕遇地震下应采用限位措施实现）。

4. 对在多遇地震作用下仅受压的支座，应考虑其在强烈地震（中震、大震）作用下可能出现的拉力（强震下的受力状况与小震时有可能不同，严重时甚至会出现内力反号的情况），采用能承受拉力的拉压型支座。

第 10.2.17 条

一、标准的规定

10.2.17 屋盖结构采用隔震及减震支座时，其性能参数、耐久性及相关构造应符合本规范第 12 章的有关规定。

二、对标准规定的理解

第 12 章对隔震及减震支座有专门规定。

11 土、木、石结构房屋

说明：

土、石结构房屋具有整体性差、结构的赘余度小、对抗震不利等特点，震害表明其破坏相对于其他形式的房屋严重，因此对结构布置及抗震构造提出专门要求。

随着我国综合经济实力的提高，土结构房屋越来越少，目前仅在经济极不发达地区、农村边远地区等尚有采用，对广大的经济较发达地区应避免采用土结构房屋。

11.1 一 般 规 定

要点：

针对土、木、石房屋的特点，标准制定了相关的设计原则。

第 11.1.1 条

一、标准的规定

11.1.1 土、木、石结构房屋的建筑、结构布置应符合下列要求：

1 房屋的平面布置应避免拐角或突出。

2 纵横向承重墙的布置宜均匀对称，在平面内宜对齐，沿竖向应上下连续；在同一轴线上，窗间墙的宽度宜均匀。

3 多层房屋的楼层不应错层，不应采用板式单边悬挑楼梯。

4 不应在同一高度内采用不同材料的承重构件。

5 屋檐外挑梁上不得砌筑砌体。

二、对标准规定的理解

1. 均匀对称是结构布置的基本原则，土、木、石结构房屋更应注意这一点。在平面内对齐、竖向连续是传递地震作用的基本要求，使地震剪力能均匀分配到各抗侧力墙段，避免出现应力集中或因扭转而造成部分墙段受力过大而破坏、倒塌。

2. 形状比较简单、规则的房屋，在地震作用下受力明确、简洁，也便于估计地震作用，在设计上易于处理。震害调查表明，简单、规整的房屋在地震时的破坏也较轻。

3. 注意，本条规定中对采用不同材料承重构件的限制是："同一高度""左右相邻"的不同材料的墙体。震害调查表明，两种不同材料的墙体（左右相邻）之间由于规格不同，不能相互咬槎砌筑，易形成通缝，导致房屋整体性差，在地震中破坏严重。但对于沿高度上不同材料的墙体（下部为较强的墙体，如砖墙、石墙等；上部为较弱的墙体，如砖墙、土坯墙等）则不受限制。

4. 相比砌体结构，对土、木、石结构房屋提出更高的均匀性和规则性要求。土、木、石结构房屋的抗震设计主要通过抗震概念设计和构造措施实现。

第11.1.2条

一、标准的规定

11.1.2 木楼、屋盖房屋应在下列部位采取拉结措施：

1 两端开间屋架和中间隔开间屋架应设置竖向剪刀撑。

2 在屋檐高度处应设置纵向通长水平系杆，系杆应采用墙揽与各道横墙连接或与木梁、屋架下弦连接牢固；纵向水平系杆端部宜采用木夹板对接，墙揽可采用方木、角铁等材料。

3 山墙、山尖墙应采用墙揽与木屋架、木构架或檩条拉结。

4 内隔墙墙顶应与梁或屋架下弦拉结。

二、对标准规定的理解

1. 木楼（屋）盖房屋的楼（屋）盖刚度较小，加强各构件之间的拉结是提高房屋整体性的重要措施，可以有效地提高房屋的抗震性能。

2. 试验研究表明，设置竖向剪刀撑可以增强木屋架的纵向稳定性（纵向通长水平系杆主要用于竖向剪刀撑、横墙、山墙的拉结）；采用墙揽将山墙与屋盖构件拉结牢固，可防止山墙外闪（沿垂直墙平面方向）破坏；内墙墙顶与梁或屋架下弦拉结可明显改善内墙的稳定性，防止其平面外失稳倒塌。

第11.1.3条

一、标准的规定

11.1.3 木楼、屋盖构件的支承长度应不小于表11.1.3的规定：

木楼、屋盖构件的最小支承长度（mm） **表11.1.3**

构件名称	木屋架、木梁	对接木龙骨、木檩条		搭接木龙骨、木檩条
位置	墙上	屋架上	墙上	屋架上、墙上
支承长度与连接方式	240（木垫块）	60（木夹板与螺栓）	120（木夹板与螺栓）	满搭

二、对标准规定的理解

满足规定的最小支承长度是确保房屋整体稳定性的基本措施。

第11.1.4条

一、标准的规定

11.1.4 门窗洞口过梁的支承长度，6～8度时不应小于240mm，9度时不应小于360mm。

二、对标准规定的理解

1. 本条规定中的6、7、8、9度应理解为本地区抗震设防烈度。

2. 提出过梁的支承长度要求，既是过梁承载力的要求，也是加强洞顶墙体连接的需要。

第 11.1.5 条

一、标准的规定

11.1.5 当采用冷摊瓦屋面时，底瓦的弧边两角宜设置钉孔，可采用铁钉与椽条钉牢；盖瓦与底瓦宜采用石灰或水泥砂浆压垄等做法与底瓦粘结牢固。

二、对标准规定的理解

震害调查表明，地震中坡屋面的溜瓦伤人是瓦屋面常见震害之一。对底瓦的固定不仅有利于抗震，还有利于提高瓦屋面的抗风性能，风荷载较大地区应特别注意。

第 11.1.6 条

一、标准的规定

11.1.6 土木石房屋突出屋面的烟囱、女儿墙等易倒塌构件的出屋面高度，6、7 度时不应大于 600mm；8 度（0.20g）时不应大于 500mm；8 度（0.30g）和 9 度时不应大于 400mm。并应采取拉结措施。

注：坡屋面上的烟囱高度由烟囱的根部上沿算起。

二、对标准规定的理解

突出屋面的构件（烟囱、女儿墙等）属于地震中易倒塌伤人的构件，通过限制突出屋面的高度及采取加强拉结措施加以控制。

第 11.1.7 条

一、标准的规定

11.1.7 土木石房屋的结构材料应符合下列要求：

1 木构件应选用干燥、纹理直、节疤少、无腐朽的木材。

2 生土墙体土料应选用杂质少的黏性土。

3 石材应质地坚实，无风化、剥落和裂纹。

二、对标准规定的理解

本条提出对土木石房屋的结构材料要求，作为对第 3.9.2 条的补充。

第 11.1.8 条

标准的规定

11.1.8 土木石房屋的施工应符合下列要求：

1 HPB300 钢筋端头应设置 180°弯钩。

2 外露铁件应做防锈处理。

11.2 生 土 房 屋

要点：

生土房屋的整体性及抗震能力均很差，一般情况下应避免采用。必须采用时仅限于低烈度地区的次要建筑或临时建筑，并应严格执行标准对生土房屋的抗震设计规定。

第 11.2.1 条

一、标准的规定

11.2.1 本节适用于6度、7度（0.10*g*）未经焙烧的土坯、灰土和夯土承重墙体的房屋及土窑洞、土拱房。

注：1 灰土墙指掺石灰（或其他粘结材料）的土筑墙和掺石灰土坯墙；

2 土窑洞指未经扰动的原土中开挖而成的崖窑。

二、对标准规定的理解

1. 本条规定中的6、7度应理解为本地区抗震设防烈度，注意：不包括7度（0.15*g*）的地区。

2. 生土房屋只适用低烈度地区的房屋。

第 11.2.2 条

一、标准的规定

11.2.2 生土房屋的高度和承重横墙墙间距应符合下列要求：

1 生土房屋宜建单层，灰土墙房屋可建二层，但总高度不应超过6m。

2 单层生土房屋的檐口高度不宜大于2.5m。

3 单层生土房屋的承重横墙间距不宜大于3.2m。

4 窑洞净跨不宜大于2.5m。

二、对标准规定的理解

生土房屋的抗震能力有限，一般仅限于单层。烈度不高于7度（0.10*g*）时，灰土墙承重房屋采取适当的措施后可建二层。

第 11.2.3 条

一、标准的规定

11.2.3 生土房屋的屋盖应符合下列要求：

1 应采用轻屋面材料。

2 硬山搁檩房屋宜采用双坡屋面或弧形屋面，檩条支承处应设垫木；端檩应出檐，内墙上檩条应满搭或采用夹板对接和燕尾榫加扒钉连接。

3 木屋盖各构件应采用圆钉、扒钉、钢丝等相互连接。

4 木屋架、木梁在外墙上宜满搭，支承处应设置木圈梁或木垫板；木垫板的长度、宽度和厚度分别不宜小于500mm、370mm和60mm；木垫板下应铺设砂浆垫层或黏土石灰浆垫层。

二、对标准规定的理解

1. 采用轻质屋面可减轻房屋重量，从而减小地震作用。

2. 平屋面防水效果差，不宜采用；单坡屋面房屋，后纵墙过高，稳定性差；采用双坡屋面有利于降低山墙（中部纵墙）高度，增强其稳定性。

3. 生土墙的抗压强度低，应采取措施使墙受荷均匀。设置垫板（如同砌体墙在集中荷载处设置梁垫）或圈梁（注意不一定设置钢筋混凝土圈梁，可采用配筋砖带或木圈梁）有利于集中荷载的分散，端檩出檐、檩条满搭在墙上或椽子上，可使外墙受荷均匀。

第 11.2.4 条

一、标准的规定

11.2.4 生土房屋的承重墙体应符合下列要求：

1 承重墙体门窗洞口的宽度，6、7 度时不应大于 1.5m。

2 门窗洞口宜采用木过梁；当过梁由多根木杆组成时，宜采用木板、扒钉、铅丝等将各根木杆连接成整体。

3 内外墙体应同时分层交错夯筑或咬砌。外墙四角和内外墙交接处，应沿墙高每隔 500mm 左右放置一层竹筋、木条、荆条等编织的拉结网片，每边伸入墙体应不小于 1000mm 或至门窗洞边，拉结网片在相交处应绑扎；或采取其他加强整体性的措施。

二、对标准规定的理解

1. 本条规定中的 6、7 度应理解为本地区抗震设防烈度，但不包括 7 度（0.15g）的地区。

2. 限制墙体的洞口尺寸，避免对墙体削弱过多，确保墙体的基本抗震能力。

3. 在生土墙中设置编织的拉结网片如同在砌体墙中设置焊接钢筋网片一样，以加强关键部位的连接和约束，增强墙体的整体性。

第 11.2.5 条

一、标准的规定

11.2.5 各类生土房屋的地基应夯实，应采用毛石、片石、凿开的卵石或普通砖基础，基础墙应采用混合砂浆或水泥砂浆砌筑。外墙宜做墙裙防潮处理（墙脚宜设防潮层）。

二、对标准规定的理解

1. 调查表明，造成房屋墙体非地震开裂的主要原因在于地基和基础的不均匀沉降。应采取相应措施重视地基处理和基础施工质量。

2. 设置防潮层主要为避免生土墙体受水反复侵蚀而酥落。

第 11.2.6 条

一、标准的规定

11.2.6 土坯宜采用黏性土湿法成型并宜掺入草苇等拉结材料；土坯应卧砌并宜采用黏土浆或黏土石灰浆砌筑。

二、对标准规定的理解

土坯的成型与砌筑直接关系到土墙的质量和强度。

第 11.2.7 条

一、标准的规定

11.2.7 灰土墙房屋应每层设置圈梁，并在横墙上拉通；内纵墙顶面宜在山尖墙两侧增砌踏步式墙垛。

二、对标准规定的理解

设置圈梁的目的是加强灰土房屋的整体性，应注意下列两点：一是，此处的圈梁可采用配筋砖带或木圈梁；二是，本条规定仅限于灰土墙房屋。

第 11.2.8 条

一、标准的规定

11.2.8 土拱房应多跨连接布置，各拱脚均应支承在稳固的崖体上或支承在人工土墙上；拱圈厚度宜为 300mm～400mm，应支模砌筑，不应后倾贴砌；外侧支承墙和拱圈上不应布置门窗。

二、对标准规定的理解

1. 拱脚的稳定、拱圈的牢固性和整体性直接决定了土拱房的抗震性能。

2. 一侧为崖体一侧为人工土墙，将会因为软硬不均导致破坏。

第 11.2.9 条

一、标准的规定

11.2.9 土窑洞应避开易产生滑坡、山崩的地段；开挖窑洞的崖体应土质密实、土体稳定、坡度较平缓、无明显的竖向节理；崖窑前不宜接砌土坯或其他材料的前脸；不宜开挖层窑，否则应保持足够的间距，且上、下不宜对齐。

二、对标准规定的理解

震害调查表明，选址及处理得当，土窑洞具有一定的抗震能力。

11.3 木结构房屋

要点：

单层及多层木结构房屋具有重量轻、地震作用小、耐震性能好（变形能力强）及节能环保的特点，在解决了木结构防火问题后，有条件时，对单层或多层建筑应优先考虑采用木结构房屋。针对木结构房屋的特点，规范制定了相关的设计原则。

第 11.3.1 条

一、标准的规定

11.3.1 本节适用于 6～9 度的穿斗木构架、木柱木屋架和木柱木梁等房屋。

二、对标准规定的理解

1. 由于木结构良好的耐震性能，其适用范围比土石结构房屋有很大的提高。

2. 地震区的木结构房屋，不应采用木柱与屋架或梁铰接（柱子上下端均为铰接）的不稳定结构体系，也不宜采用木柱下端固定（刚接）上端铰接的木排架结构（木排架结构应设置双向支撑，确保房屋的整体稳定性）。

3. 穿斗木构架房屋、木柱木屋架房屋和木柱木梁房屋分别见图 11.3.1-1～图 11.3.1-3。

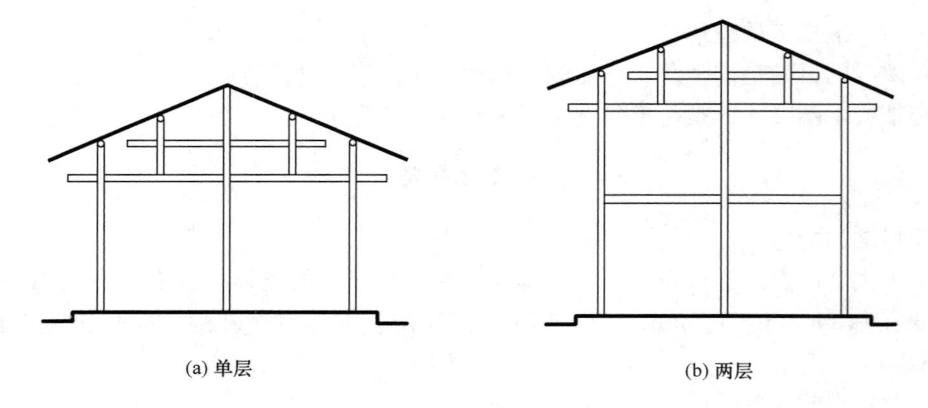

图 11.3.1-1 穿斗木构架房屋

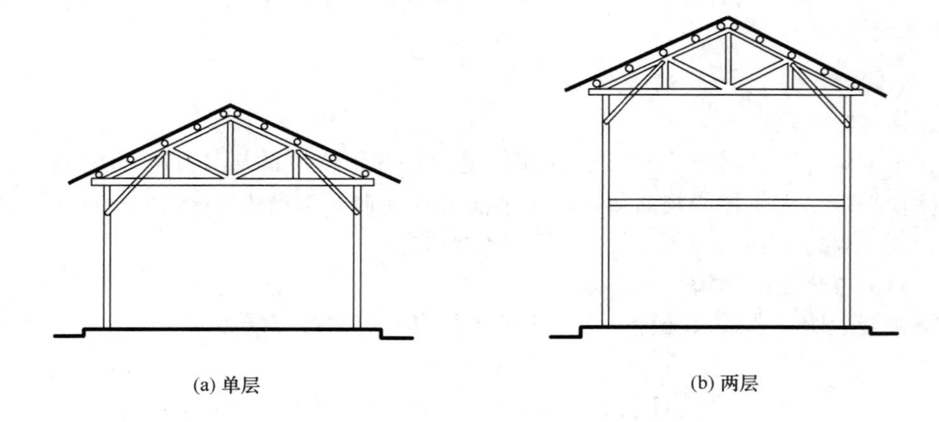

图 11.3.1-2 木柱木屋架房屋

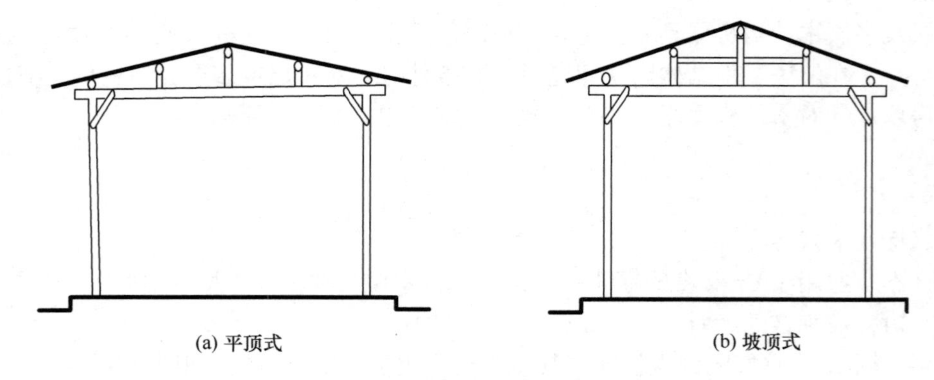

图 11.3.1-3 木柱木梁房屋

第 11.3.2 条

一、标准的规定

11.3.2 木结构房屋不应采用木柱与砖柱或砖墙等混合承重；山墙应设置端屋架（木梁），

不得采用硬山搁檩。

二、对标准规定的理解

1. 木柱属于柔性材料，变形能力强，砖柱或砖墙属于脆性材料，变形能力差。若两者混用，则在水平地震作用下变形不协调，房屋破坏严重。

2. 设置端屋架或木梁可减轻山墙在地震时的破坏，避免端开间塌落。

第 11.3.3 条

一、标准的规定

11.3.3 木结构房屋的高度应符合下列要求：

1 木柱木屋架和穿斗木屋架房屋，6～8 度时不宜超过二层，总高度不宜超过 6m；9 度时宜建单层，高度不应超过 3.3m。

2 木柱木梁房屋宜建单层，高度不宜超过 3m。

二、对标准规定的理解

1. 本条规定中的 6、7、8、9 度应理解为本地区抗震设防烈度。

2. 和砌体房屋一样，依据不同烈度、木结构房屋的类型，确定木结构房屋的层数及房屋高度。

3. 木柱木梁房屋一般为重量较大的平屋盖泥顶房屋，通常为粗梁细柱，梁柱连接简单，整体性差，震害严重。

4. 木柱木屋架和穿斗木屋架房屋（通常采用重量较轻的瓦屋面），具有结构重量轻、延性与整体性较好的特点；其抗震性能比木柱木梁房屋要好。

第 11.3.4 条

一、标准的规定

11.3.4 礼堂、剧院、粮仓等较大跨度的空旷房屋，宜采用四柱落地的三跨木排架。

二、对标准规定的理解

1. 四柱三跨木排架指中间有一个较大的主跨（一般主跨房屋高度较高），两侧各有一个较小的边跨（一般边跨房屋的高度较小）的结构，是大跨空旷木柱房屋的较为经济的结构形式。

2. 和钢筋混凝土结构一样，木结构房屋也应避免采用单跨房屋，震害调查表明：较大跨度（如 15～18m）的单跨木柱房屋，破坏严重甚至倒塌。而采用四柱三跨的结构形式，在强烈地震下（甚至地面出现裂缝）主跨无明显破坏。

第 11.3.5 条

一、标准的规定

11.3.5 木屋架屋盖的支撑布置，应符合本规范第 9.3 节有关规定的要求，但房屋两端的屋架支撑，应设置在端开间。

二、对标准规定的理解

木结构房屋无承重山墙，屋盖支撑应外移至端开间。

第 11.3.6 条

一、标准的规定

11.3.6　木柱木屋架和木柱木梁房屋应在木柱与屋架（或梁）间设置斜撑；横隔墙较多的居住房屋应在非抗震隔墙内设斜撑；斜撑宜采用木夹板，并应通到屋架的上弦。

二、对标准规定的理解

1. 木柱与屋架（或梁）设置斜撑的目的是控制横向侧移并加强整体性。宜采用夹板式斜撑，并应通过螺栓与屋架下弦节点和上弦紧密连接，若斜撑仅与下弦连接，可能导致地震时破坏严重甚至倒塌。

2. 穿斗木构架房屋整体性较好，具有一定的抗倒塌能力和变形能力，横向可不用设置斜撑，但应设置纵向支撑确保平面外的稳定性。

第 11.3.7 条

标准的规定

11.3.7　穿斗木构架房屋的横向和纵向均应在木柱的上、下柱端和楼层下部设置穿枋，并应在每一纵向柱列间设置 1～2 道剪刀撑或斜撑。

第 11.3.8 条

一、标准的规定

11.3.8　木结构房屋的构件连接，应符合下列要求：

1　柱顶应有暗榫插入屋架下弦，并用 U 形铁件连接；8、9 度时，柱脚应采用铁件或其他措施与基础锚固。柱础埋入地面以下的深度不应小于 200mm。

2　斜撑和屋盖支撑结构，均应采用螺栓与主体构件相连接；除穿斗木构件外，其他木构件宜采用螺栓连接。

3　椽与檩的搭接处应满钉，以增强屋盖的整体性。木构架中，宜在柱檐口以上沿房屋纵向设置竖向剪刀撑等措施，以增强纵向稳定性。

二、对标准规定的理解

1. 在木排架结构中，柱脚基础的锚固对结构的稳定至关重要，可采用拉结铁件和螺栓的连接方式，或采用有石销键的柱础，也可对木柱脚采取防腐处理后埋入地面以下的基础中。

2. 木排架结构应设置双向支撑，确保房屋的整体稳定性。

第 11.3.9 条

标准的规定

11.3.9　木构件应符合下列要求：

1　木柱的梢径不宜小于 150mm；应避免在柱的同一高度处纵横向同时开槽，且在柱的同一截面开槽面积不应超过截面总面积的 1/2。

2　柱子不能有接头。

3　穿枋应贯通木构架各柱。

第 11.3.10 条

一、标准的规定

11.3.10 围护墙应符合下列要求：

1 围护墙与木柱的拉结应符合下列要求：

1）沿墙高每隔 500mm 左右，应采用 8 号钢丝将墙体内的水平拉结筋或拉结网片与木柱拉结；

2）配筋砖圈梁、配筋砂浆带与木柱应采用 $\phi6$ 钢筋或 8 号钢丝拉结。

2 土坯砌筑的围护墙，洞口宽度应符合本规范第 11.2 节的要求。砖等砌筑的围护墙，横墙和内纵墙上的洞口宽度不宜大于 1.5m，外纵墙上的洞口宽度不宜大于 1.8m 或开间尺寸的一半。

3 土坯、砖等砌筑的围护墙不应将木柱完全包裹，应贴砌在木柱外侧。

二、对标准规定的理解

震害调查表明，木结构围护墙容易破坏甚至倒塌，木构件和砌体围护墙的质量、刚度有明显差异，自振特性和变形性能也不相同，在地震作用下木构件的变形能力大于砌体围护墙，产生的位移不一致，连接不牢时两者不能共同工作，甚至会相互碰撞，严重时倒塌。

11.4 石结构房屋

要点：

震害调查和研究表明，石结构房屋与砌体结构房屋的破坏特征相近，但考虑石块加工不平整，性能差异较大（均匀性差、离散性大），砌体的施工质量比砌块结构差，且石结构房屋的地震经验不足，因此，对石结构房屋的抗震设计提出比砌体结构更严格的要求。

第 11.4.1 条

标准的规定

11.4.1 本节适用于 6～8 度，砂浆砌筑的料石砌体（包括有垫片或无垫片）承重的房屋。

第 11.4.2 条

一、标准的规定

11.4.2 多层石砌体房屋的总高度和层数不应超过表 11.4.2 的规定。

多层石砌体房屋总高度（m）和层数限值　　　　表 11.4.2

墙体类别	烈度					
	6		7		8	
	高度	层数	高度	层数	高度	层数
细、半细料石砌体（无垫片）	16	五	13	四	10	三
粗料石及毛料石砌体（有垫片）	13	四	10	三	7	二

注：1 房屋总高度的计算同本规范表 7.1.2 注。

2 横墙较少的房屋，总高度应降低 3m，层数相应减少一层。

二、对标准规定的理解

1. 和砌体结构一样，提出对房屋高度及层数的限值要求，但比砌体房屋要求更严。

2. 对“横墙较少”的理解见第 7.1.2 条。

第 11.4.3 条

标准的规定

11.4.3 多层石砌体房屋的层高不宜超过 3m。

第 11.4.4 条

一、标准的规定

11.4.4 多层石砌体房屋的抗震横墙间距，不应超过表 11.4.4 的规定。

多层石砌体房屋的抗震横墙间距（m） 表 11.4.4

楼、屋盖类型	烈度		
	6	7	8
现浇及装配整体式钢筋混凝土	10	10	7
装配式钢筋混凝土	7	7	4

二、对标准规定的理解

石结构房屋的整体性较差，本条提出比砌体房屋（第 7.1.5 条）更严格的要求。

第 11.4.5 条

一、标准的规定

11.4.5 多层石砌体房屋，宜采用现浇或装配整体式钢筋混凝土楼、屋盖。

二、对标准规定的理解

本条规定的目的在于加强石结构房屋整体性，提高抗震能力。

第 11.4.6 条

标准的规定

11.4.6 石墙的截面抗震验算，可参照本规范第 7.2 节；其抗剪强度应根据试验数据确定。

第 11.4.7 条

一、标准的规定

11.4.7 多层石砌体房屋应在外墙四角、楼梯间四角和每开间的内外墙交接处设置钢筋混凝土构造柱。

二、对标准规定的理解

在石结构房屋的关键部位参照对砌体结构房屋的要求，设置适当数量的圈梁构造柱，提高石结构房屋的整体性。可参照第 7.3.1 条的规定。

第 11.4.8 条

一、标准的规定

11.4.8 抗震横墙洞口的水平截面面积，不应大于全截面面积的 1/3。

二、对标准规定的理解

洞口是石墙的薄弱环节，除应对洞口面积进行限制外，还宜将开洞区域限制在墙长的中部，应避免在石墙的边角部位开洞。

第 11.4.9 条

一、标准的规定

11.4.9 每层的纵横墙均应设置圈梁，其截面高度不应小于 120mm，宽度宜与墙厚相同，纵向钢筋不应小于 4ϕ10，箍筋间距不宜大于 200mm。

二、对标准规定的理解

圈梁的其他设置要求可参考第 7.3.3 条。

第 11.4.10 条

一、标准的规定

11.4.10 无构造柱的纵横墙交接处，应采用条石无垫片砌筑，且应沿墙高每隔 500mm 设置拉结钢筋网片，每边每侧伸入墙内不宜小于 1m。

二、对标准规定的理解

拉结钢筋网片的做法可参照第 7.3.2 条。

第 11.4.11 条

一、标准的规定

11.4.11 不应采用石板作为承重构件。

二、对标准规定的理解

石板多有节理，在房屋建造过程中常因堆载而破坏并造成人员伤亡，应严格限制其作为承重构件使用。

第 11.4.12 条

标准的规定

11.4.12 其他有关抗震构造措施要求，参照本规范第 7 章的相关规定。

12 隔震和消能减震设计

说明：

隔震和消能减震是建筑结构减轻地震灾害的有效手段，其中，隔震技术属于抗震设计中的主动控制技术，设置隔震层，可直接减少输入上部结构的地震能量，从而满足特殊使用功能的要求。而消能减震技术属于抗震设计中的被动控制技术，地震能量首先输入结构，然后再由消能器吸收或消耗。

隔震和消能减震设计的房屋应进行专门论证，必要时应报请进行抗震设防专项审查。

现行国家标准《建筑隔震设计标准》GB/T 51408 采用中震设计，与《抗震标准》有较大的不同，实际工程设计时应注意把握。

12.1 一 般 规 定

要点：

隔震体系通过设置隔震层，延长结构的自振周期（隔震层的本质就是一种特殊的薄弱层，该薄弱层承载能力可控，大震变形可控，且具有预定的复位功能等），减少水平地震作用（对应于图 5.1.5 中地震影响系数曲线的曲线下降段或直线下降段）。采用消能减震方案，通过消能器增加结构的阻尼来减少结构在风荷载和地震作用下的位移。

第 12.1.1 条

一、标准的规定

12.1.1 本章适用于设置隔震层以隔离水平地震动的房屋隔震设计，以及设置消能部件吸收与消耗地震能量的房屋消能减震设计。

采用隔震和消能减震设计的建筑结构，应符合本规范第 3.8.1 条的规定，其抗震设防目标应符合本规范第 3.8.2 条的规定。

注：1 本章隔震设计指在房屋基础、底部或下部结构与上部结构之间设置由橡胶隔震支座和阻尼装置等部件组成具有整体复位功能的隔震层，以延长整个结构体系的自振周期，减少输入上部结构的水平地震作用，达到预期防震要求。

2 消能减震设计指在房屋结构设计中设置消能器，通过消能器的相对变形和相对速度提供附加阻尼，以消耗输入结构的地震能量，达到预期防震减震要求。

二、对标准规定的理解

1. 隔震设计的目的是在房屋结构的底部（可以在基础、地下室顶板、下部结构与上部结构之间如裙房顶等）设置隔震层（隔震层可以由具有整体复位功能的橡胶隔震支座单独组成，也可以由橡胶隔震支座和阻尼装置等多部件组成。由于阻尼装置尚不具有可靠的复位功能，故不能单独成为隔震支座），隔离水平地震动（注意，不隔离竖向地震动），减少由隔震层下部结构输入其上部结构的地震能量。工程实践表明，隔震一般可使结构的水平地震加速度反应降低60%左右（也即能降低至非隔震设计时的40%左右），从而消除或有效地减轻结构构件和非结构构件的地震破坏，提高建筑物及其内部设施和人员的地震安全性，增强了震后房屋继续使用的功能，对特殊建筑还可实现地震（尤其是强烈地震）时不中断使用功能。

隔震技术属于抗震设计中的主动控制技术（设置隔震层，直接减少输入上部结构的地震能量），主要适用于低层及多层建筑（目前在高层建筑中也有应用）。

2. 减震设计的目的是通过在房屋结构的适当部位设置消能部件（可以根据工程具体情况结合建筑的功能要求，灵活设置消能部件），通过消能器的相对变形和相对速度提供附加阻尼（消能器有位移相关型和速度相关型，通过相对变形提供附加阻尼的消能器属于位移相关型消能器；通过相对速度提供附加阻尼的消能器属于速度相关型消能器），以消耗输入结构的地震能量。减震技术属于抗震设计中的被动控制技术（地震能量先输入结构，然后再由消能器吸收或消耗）。

3. 需要提高抗震安全性的建筑［尤其是位于9度、8度（0.30g）等地震高烈度区，且地震时有特殊使用要求的建筑或地震后需要尽快恢复使用功能的建筑］，可考虑采用隔震技术及消能减震技术。采用隔震技术及消能减震技术不一定需要增加投资，应进行经济技术的综合比较。

三、结构设计的相关问题

1. 对地震时有特殊使用要求或特殊抗震设防要求的工程，尤其对多层建筑工程，宜采用隔震设计技术，以减少输入上部结构的地震能量，较容易满足使用要求。《抗震标准》目前仅列入对橡胶隔震支座的基本要求。

2. 对地震时使用要求相对不高或有特殊抗震设防要求的工程，尤其对多层、高层建筑工程，宜采用消能减震设计技术。

第12.1.2条

一、标准的规定

12.1.2 建筑结构隔震设计和消能减震设计确定设计方案时，除应符合本规范第3.5.1条的规定外，尚应与采用抗震设计的方案进行对比分析。

二、对标准规定的理解

1. 抗震设计方案和隔震设计及消能减震设计方案都是结构抗震设计的成熟技术，所选用的结构方案，应能适合工程的具体情况，达到安全、适用、经济的目的。

2. 隔震设计和消能减震设计方案应在进行多方案比较后确定，尤其应与抗震设计方案进行比较，以验证采用隔震设计和消能减震设计方案的技术可行性及经济合理性等。

3. 此处的抗震设计方案为技术上可行，但综合技术经济指标可能欠佳的可实施方案，与隔震设计方案在房屋计算层数、房屋高度、结构布置甚至结构体系（如隔震设计采用框架结构，而非隔震设计采用框架-抗震墙结构）等方面有较大的不同。其与《抗震标准》所述之“非隔震”方案（如第12.2.5条水平减震系数β的计算中，这里的“非隔震”方案可能事实上并不存在，也不一定可行，只是为了确定隔震结构的减震系数而假想的结构方案，即取消对应于隔震设计而设置的相应的隔震层及相关梁板等）不完全相同。

三、结构设计的相关问题

1. 进行方案比选时，需结合房屋的抗震设防烈度、抗震设防分类、场地条件、使用功能要求等，对建筑和结构方案从安全和经济两个方面进行综合对比分析。比选结果可表明采用隔震和消能减震设计比采用抗震设计方案在提高结构抗震性能上优势明显。

2. 抗震设计方案与隔震设计和消能减震设计方案可能存在较大的差别，有时结构布置、结构体系可能不完全一致（如多层建筑采用隔震设计技术时，隔震层以上可采用纯框架结构，而当采用抗震设计方案时，可采用框架-抗震墙结构等，见图12.1.2-1）。

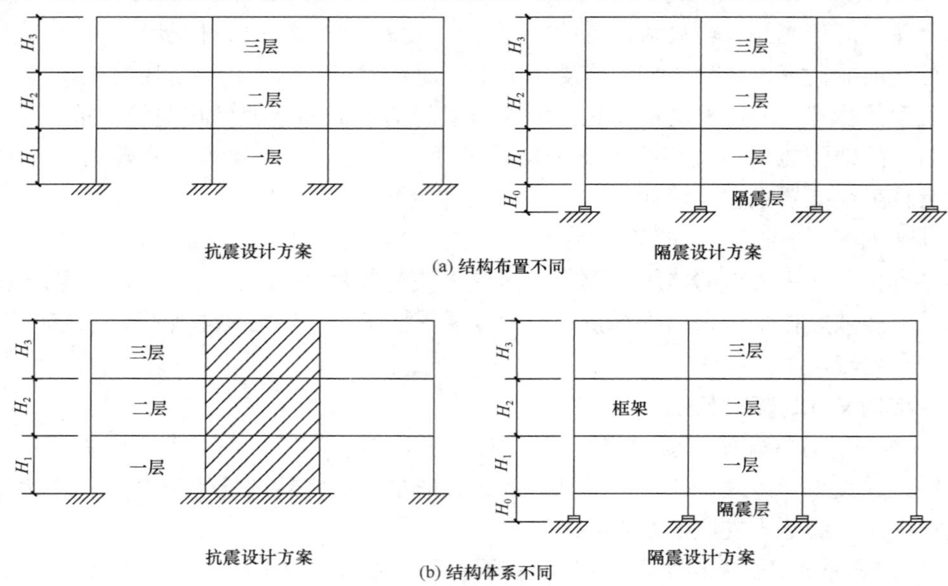

图12.1.2-1 抗震设计方案与隔震设计方案的不同

3. 确定隔震设计的水平向减震系数和减震设计的阻尼比时，所采用的抗震设计计算模型应与隔震设计计算模型基本一致（图12.1.2-2）。

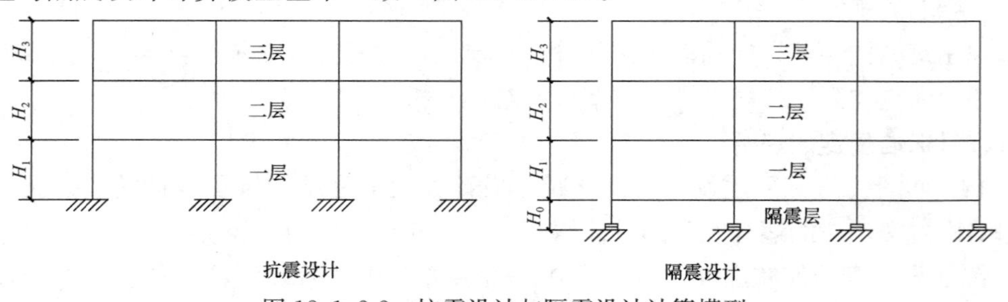

图12.1.2-2 抗震设计与隔震设计计算模型

第12.1.3条

一、标准的规定

12.1.3 建筑结构采用隔震设计时应符合下列各项要求：

1 结构高宽比宜小于4，且不应大于相关规范规程对非隔震结构的具体规定，其变形特征接近剪切变形，最大高度应满足本规范非隔震结构的要求；高宽比大于4或非隔震结构相关规定的结构采用隔震设计时，应进行专门研究。

2 建筑场地宜为Ⅰ、Ⅱ、Ⅲ类，并应选用稳定性较好的基础类型。

3 风荷载和其他非地震作用的水平荷载标准值产生的总水平力不宜超过结构总重力的10%。

4 隔震层应提供必要的竖向承载力、侧向刚度和阻尼；穿过隔震层的设备配管、配线，应采用柔性连接或其他有效措施以适应隔震层的罕遇地震水平位移。

二、对标准规定的理解

1. 隔震设计中主要采用橡胶隔震支座，针对橡胶隔震支座抗拉屈服强度低的特点，隔震技术主要适合于结构高宽比较小（在罕遇地震时柱底不产生拉力或柱底拉力很小）的低层或多层建筑。工程经验表明，不隔震时基本周期小于1.0s的建筑结构隔震效果最佳。

2. 对高宽比大于4或超出《抗震标准》对非隔震结构相关规定的结构采用隔震设计时，应进行专门研究（需进行整体抗倾覆验算，防止支座压屈并控制支座拉应力不超过1MPa）。注意，本条规定表述不够清晰，上述理解依据其条文说明确定。

3. 理论分析及工程经验表明，硬土场地上比较适合隔震房屋；软弱场地可以滤掉地震波中的高频分量，若在其上建造隔震房屋，延长结构的周期，将增大而不是减小地震反应。

三、结构设计建议

1. 应结合工程所在地区风荷载的特点，对风荷载的取值应适当留有余地，一般情况下可考虑按100年一遇的风荷载计算。

2. 标准对隔震结构高宽比的限值规定，不能确保在罕遇地震时结构的抗倾覆稳定性。因此，验算隔震支座拉、压力时，应按罕遇地震作用计算并留有适当的余地（考虑抗震设防烈度的不确定性）。

3. 穿越隔震层的设备管线，其水平位移应按隔震层以上结构在罕遇地震作用下的位移确定，并留出适当的余地。

四、相关索引

隔震结构设计示例见【例12.2.0-1】。

第12.1.4条

一、标准的规定

12.1.4 消能减震设计可用于钢、钢筋混凝土、钢-混凝土混合等结构类型的房屋。

消能部件应对结构提供足够的附加阻尼，尚应根据其结构类型分别符合本规范相应章节的设计要求。

二、对标准规定的理解

1. 消能减震装置能给结构提供足够的附加阻尼，可同时减小结构的水平和竖向地震作用，以满足罕遇地震下预期的位移要求，使用范围广，结构的类型和高度均不受限制。当采用侧向刚度较小的结构体系（如钢结构等）时，将更有利于发挥消能装置的作用。

2. 消能减震装置不改变结构的基本形式，消能减震房屋的抗震构造与一般抗震房屋相比不降低，其抗震安全性将有明显提高。

第12.1.5条

一、标准的规定

12.1.5 隔震和消能减震设计时，隔震装置和消能部件应符合下列要求：

1 隔震装置和消能部件的性能参数应经试验确定。

2 隔震装置和消能部件的设置部位，应采取便于检查和替换的措施。

3 设计文件上应注明对隔震装置和消能部件的性能要求，安装前应按规定进行检测，确保性能符合要求。

二、对标准规定的理解

1. 本条表明隔震装置和消能部件对隔震和消能减震设计中的重要性。

2. 在房屋使用过程中，隔震支座、阻尼器和消能减震部件需要定期检查和维护甚至更换，因此，应便于维护人员接近和操作。

3. 为确保隔震和消能减震效果，隔震支座、阻尼器和消能减震部件的性能参数应严格检验。

1）橡胶支座产品，安装前应对工程中所采用的各种类型、各种规格的原型部件进行随机抽样检验，若有一件抽样的一项性能不合格，则该次抽样检验不合格。对一般建筑，每种规格的产品抽样数量不少于总数的20%；若不合格，应重新抽取总数的50%，若仍不合格，则应100%检测。一般情况下，每项工程抽样总数不少于20件，每种规格抽样数量不少于4件。

2）消能器，按第12.3.6条规定进行检验，对可重复利用的消能器（如黏滞流体消能器等），抽检数量应适当增多（抽检过的消能器可用于主体结构）。对不可重复利用的消能器（如金属屈服位移相关型消能器等），在同一类型中抽检数量不少于2个（抽检过的消能器不能用于主体结构）。

3）型式检验和出厂检验均应由第三方完成。

4. 施工图上应按本条第3款注明相关要求。

三、相关索引

《抗震通规》的相关规定见其第5.1.5条。《钢结构通规》的相关规定见其第6.2.1条。

第 12.1.6 条

一、标准的规定

12.1.6 建筑结构的隔震设计和消能减震设计，可按抗震性能目标的要求进行性能化设计，当设防目标高于本标准第1.0.1条的基本设防目标时，尚应符合相关专门标准的规定。

二、对标准规定的理解

1. 本条为2024年局部修订条文。

2. 采用隔震设计和消能减震设计的房屋，一般属于较为重要的或使用功能有特殊要求的建筑，应优先考虑根据房屋的特点制定相应的性能目标，并进行性能化设计。

12.2 房屋隔震设计要点

要点：

针对房屋隔震设计的特点，标准制定了相关的设计原则。隔震设计的房屋一般应报请抗震设防专项审查。

为便于与标准的本节规定对照，此处以北京某隔震设计工程【例12.2.0-1】为例予以对比说明。

【例 12.2.0-1】 北京某工程隔震设计

一、工程概况

见【例 2.1.2-1】。

二、结构抗震设计目标

本地区抗震设防烈度为 8 度，设计基本地震加速度值为 0.20g，设计地震分组为第一组。工程属于使用功能有特殊要求（要求地震时不损坏信息系统和重要设备）的重要建筑，根据设计任务书要求，本工程为乙类建筑，场地类别Ⅲ类。其中灾备中心应按抗震设防烈度为 9 度（0.40g）设计。灾备中心抗震性能目标为：

在小震后，整体结构完好、无损伤，变形远小于弹性位移限值，可安全出入和使用。

在中震后，整体结构基本完好、变形略大于弹性位移限值，可安全出入和使用。

在大震后，整体结构中设计设定的个别杆件有轻微塑性变形，变形小于 2 倍弹性位移限值，可安全出入和使用。

三、结构的隔震设计

1. 方案比选

进行隔震及非隔震结构方案的分析比较。非隔震结构的结构体系、结构布置等与隔震结构有很大的不同（如隔震结构在隔震层以上时采用框架结构，而非隔震结构方案则需采用框架-抗震墙结构等，相应计算简图见第 12.1.2 条），比选的目的就是验证采用隔震结构的技术可行性和经济合理性等。因建筑不接受设置消能支撑的斜杆，故在方案比选中不考虑减震设计方案。

2. 隔震设计的合理性分析

采用隔震结构，隔震后，上部框架结构地震作用按 8 度（0.20g）设计，隔震层以上结构的构造符合 8 度（0.20g）要求；隔震层以下的地下室按 9 度设计。采用钢筋混凝土现浇楼盖结构。对照《抗震标准》的相关规定，叙述如下。

1）本工程在地下室顶板与地上一层地面层之间设置隔震层，隔震层由橡胶隔震支座组成，具有整体复位功能，以延长上部结构的自振周期，减小上部结构的水平地震作用，达到预期的防震要求。符合《抗震标准》第 12.1.1 条的要求。

2）本工程设计中对隔震与非隔震进行的对比分析表明：由于灾备中心使用活荷载大（达 15kN/m^2），且屋顶有 500mm 厚的屋顶绿化层，按 9 度抗震设计时，梁柱墙所需的构件截面及配筋均很大，结构费用高，效果差，不能满足强烈地震时的使用功能要求。而采用隔震设计后，隔震层以上结构的地震作用比隔震前（9 度，0.40g）降低一度（至 8 度，0.20g），抗震构造措施比隔震前（9 度，0.40g）降低一度（至 8 度，0.20g）。工程抗震性能好，强烈地震时使用功能有保证，综合效果好。符合《抗震标准》第 12.1.2 条的要求。

3）本工程具备采用隔震设计的各项条件，符合《抗震标准》第 12.1.3 条的要求：

（1）房屋的高宽比（最大值＝17.55/17.6≈1）远小于 4。

（2）建筑场地为Ⅲ类，地下室采用筏形基础，整体性好。

（3）风荷载（重现期 100 年）作用下的总水平力（3507kN），与结构的总重力（1412745kN）之比约为 2.5％，小于《抗震标准》第 12.1.3 条的 10％的限值。

（4）利用设备管线层作为结构的隔震层，实现隔震与建筑功能的有机结合。

3. 隔震设计计算的要点

隔震设计按《抗震标准》第 12.2 节的要求进行。

1）隔震支座设计：

（1）隔震铅芯橡胶支座的计算模型见图 12.2.0-1。

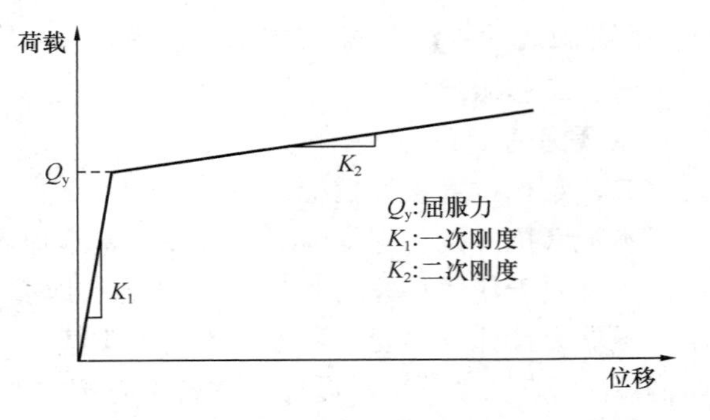

图 12.2.0-1 隔震铅芯橡胶支座计算模型

（2）隔震支座的竖向压力计算：

① 按永久荷载与可变荷载的组合（按荷载效应的基本组合）计算——符合《荷载标准》的要求，对应的压力限值取表 12.2.3 中对应于"丙类建筑"的数值。

② 水平地震作用（按《抗震标准》第 5.4.1 条规定，考虑地震作用效应和其他荷载效应的标准组合）计算——按隔震层以上结构遭受其（这里的"其"指隔震结构）罕遇地震作用计算（即按 9 度罕遇地震作用计算）。

③ 竖向地震作用（按《抗震标准》第 5.4.1 条规定，考虑地震作用效应和其他荷载效应的标准组合）计算——由于隔震不能有效隔离竖向地震作用，因此，此处的竖向地震作用按隔震前结构的设防烈度（即 9 度）计算最大轴向压力设计值。

由于《抗震标准》表 12.2.3 按不同类别的房屋提出不同的压力设计值限值，为此，上述②、③项应按 9 度（丙类建筑）和 8 度（乙类建筑）分别计算，并满足相应的压力限值要求。

④ 隔震垫在水平与竖向地震作用下的拉应力应不大于 1MPa。

（3）隔震支座的水平位移验算（图 12.2.0-2、图 12.2.0-3）：

① 在风荷载（重现期 100 年）作用下，隔震层以上结构的总水平剪力为 3507kN，柱总数为 242 个，柱底水平位移很小（表 12.2.0-1）。隔震层上、下结构基本不产生相对位移。

各情况下隔震层以上结构的位移估算 **表 12.2.0-1**

情况	隔震层以上结构的底部总剪力（kN）	单个支座的剪力（kN）	位移（mm）
风荷载（重现期 100 年）	3507	14	0.5
小震（相应于隔震层以下结构 9 度小震）	115104	475	25.7
中震（相应于隔震层以下结构 9 度中震）	194436	803	86
大震（相应于隔震层以下结构 9 度大震）	247381	1022	167
采用 LRB(G6)Φ1100－220 圆形铅芯橡胶隔震支座，等效侧向刚度 3.80N/mm，容许压力 14255kN；隔震支座的初始刚度为 32.13N/mm			

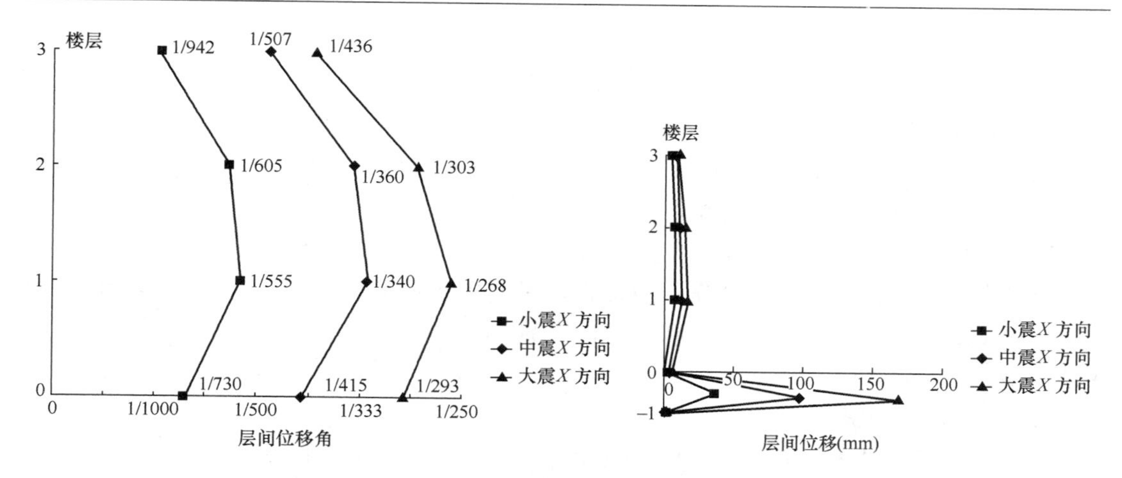

图 12.2.0-2　隔震后上部结构层间位移分布

图 12.2.0-3　隔震层位移分布

② 隔震层以上结构，在 9 度小震（9－1.5＝7.5）时，底部地震剪力为 115104kN，按 242 个直径 1100mm 的隔震支座计算，每个隔震支座的水平力为 475kN。隔震支座的最大水平位移为 25.7mm。

③ 隔震层以上结构，在 9 度中震时，底部地震剪力为 194436kN，按 242 个直径 1100mm 的隔震支座计算，每个隔震支座的水平力为 803kN。隔震支座的最大水平位移为 86mm。

④ 隔震层以上结构，在 9 度大震（9＋1＝10）时，底部地震剪力为 247381kN，按 242 个直径 1100mm 的隔震支座计算，每个隔震支座的水平力为 1022kN。支座的最大水平位移为 167mm。

⑤ 隔震支座在罕遇地震作用下的水平位移最大值（按《抗震标准》第 12.2.6 条规定计算）为 298mm。

2）隔震层以上结构的水平地震影响系数按公式（12.2.5）计算，其竖向地震作用标准值按 9 度计算，取不小于重力荷载代表值的 40%。

3）采用时程分析法按 9 度中震计算水平减震系数 β。

4）隔震设计的计算简图：

（1）隔震层以上结构三层，其中最下层为超短柱层，按柱底刚接计算。按 8 度（0.20g）计算地震作用（依据计算的减震系数，地震作用可减至 7 度，0.15g），按 8 度（0.20g）丙类建筑采取隔震措施。

（2）隔震层的支墩、支柱及相连构件，按 9 度 0.40g 罕遇地震作用下进行承载力验算。竖向构件的轴压比按 9 度地震计算并控制。

（3）隔震层上下的框架梁梁端，还应考虑支座更换要求（按竖向荷载作用计算上部结构传至隔震支座的荷载）复核梁端抗剪、抗弯、抗冲切等（手算复核）。

（4）隔震层以下结构的嵌固端取在地下一层地面，按中震（即 9 度，0.40g，中震）设计。

（5）地基基础仍按本地区设防烈度 8 度进行，抗液化措施按提高一个液化等级确定。

第 12.2.1 条

一、标准的规定

12.2.1 隔震设计应根据预期的竖向承载力、水平向减震系数和位移控制要求，选择适当的隔震装置及抗风装置组成结构的隔震层。

隔震支座应进行竖向承载力的验算和罕遇地震下水平位移的验算。

隔震层以上结构的水平地震作用应根据水平向减震系数确定；其竖向地震作用标准值，8 度（0.20g）、8 度（0.30g）和 9 度时分别不应小于隔震层以上结构总重力荷载代表值的 20%、30%和 40%。

二、对标准规定的理解

1. 本条强调减震系数控制、竖向地震作用计算等对隔震设计的重要性。

2. 隔震设计的基本目的是：通过隔震层的大变形（大水平位移）来减少隔震层以上结构的地震作用（水平地震作用），从而减少地震破坏。

3. 隔震设计需要解决的主要问题是：确定隔震层的位置、隔震支座的数量、规格和布置，隔震层在罕遇地震下的承载力和变形控制，隔震层以上结构的水平向减震系数及其与隔震层的连接构造等。

4. 设置隔震层不隔离（即不能减小）竖向地震作用，隔震后结构的竖向地震力可能大于水平地震力。

5. 隔震层通常设置在房屋的首层以下，即在地面层或地下层设置隔震层。当隔震层位于首层及其以上时（如北京地铁 10 号线二期五路停车场运用库工程，为裙房大底盘顶隔震的超限建筑工程，底盘为钢筋混凝土框架-抗震墙结构，隔震层以上为抗震墙结构），隔震体系的特点与普通结构可能有很大的差异，隔震层以下结构的设计计算也更为复杂，一般需要进行抗震设防专项审查。

三、相关索引

《钢结构通规》的相关规定见其第 6.2.2 条。

第 12.2.2 条

一、标准的规定

12.2.2 建筑结构隔震设计的计算分析，应符合下列规定：

1 隔震体系的计算简图，应增加由隔震支座及其顶部梁板组成的质点；对变形特征为剪切型的结构可采用剪切模型（图 12.2.2）；当隔震层以上结构的质心与隔震层刚度中心不重合时，应计入扭转效应的影响。隔震层顶部的梁板结构，应作为其上部结构的一部分进行计算和设计。

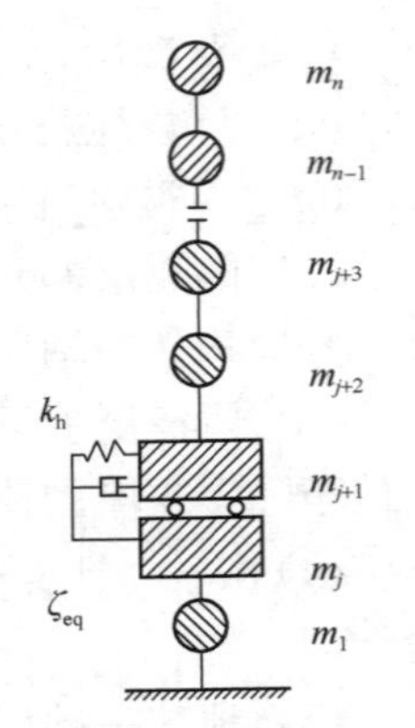

图 12.2.2 隔震结构计算简图

2 一般情况下，宜采用时程分析法进行计算；输入地震波的反应谱特性和数量，应符合本规范第 5.1.2 条的规定，计算结果宜取其包络值；当处于发震断层 10km 以内时，输入地震波应考虑近场影响系数，5km 以内宜取 1.5，5km 以外可取不小于 1.25。

3 砌体结构及基本周期与其相当的结构可按本规范附录 L 简化

计算。

二、结构设计建议

1. 在隔震体系的计算简图中（图12.2.2-1），应包括隔震支座及与之相连的柱墩和顶部梁板等。

2. 隔震支座应作为一个特殊构件（特殊柱）建模，在构件计算参数中输入隔震支座的竖向刚度、水平刚度和抗弯刚度等隔震参数，隔震支座与上、下部结构之间按刚接连接。

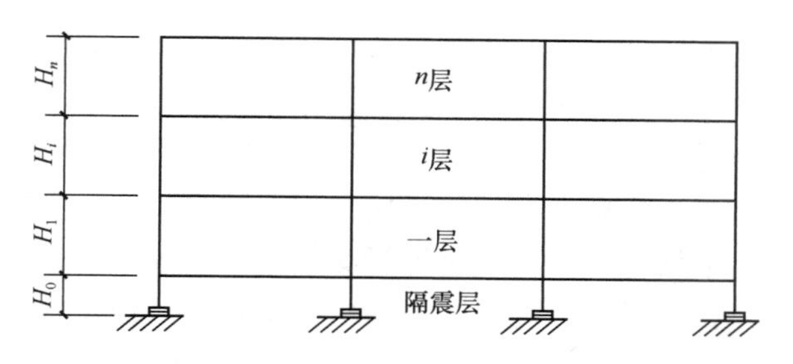

图 12.2.2-1 地面隔震时隔震结构的计算简图

3. 时程分析法的计算结果，可根据输入地震波的数量，按第 5.1.2 条的规定取相应的计算结果。

4. 隔震结构的计算属于非线性分析，对于存在局部非线性构件的建筑结构需要进行非线性动力时程分析。非线性单元的属性随时间的变化是非线性的，或者结构的某一方面随时间的变化是非线性的，但是对于每个时刻结构系统的经典力学平衡方程仍然是成立的，因此，传统的非线性求解方法仍然是通过每一时刻积分的平衡方程来求解。求解平衡方程的非线性模态积分求解方法是，在每个荷载增量步形成完整的平衡方程进行求解，也就是通常所说的“蛮力方法”。采用这种方法每个时间步长对全部结构系统重新形成刚度矩阵，并在每个时间增量内通过迭代来满足平衡要求。

第 12.2.3 条

一、标准的规定

12.2.3 隔震层的橡胶隔震支座应符合下列要求：

1 隔震支座在表 12.2.3 所列的压应力下的极限水平变位，应大于其有效直径的 0.55 倍和支座内部橡胶总厚度 3 倍二者的较大值。

2 在经历相应设计基准期的耐久试验后，隔震支座刚度、阻尼特性变化不超过初期值的±20%；徐变量不超过支座内部橡胶总厚度的 5%。

3 橡胶隔震支座在重力荷载代表值的竖向压应力不应超过表 12.2.3 的规定。

橡胶隔震支座压应力限值 **表 12.2.3**

建筑类别	甲类建筑	乙类建筑	丙类建筑
压应力限值（MPa）	10	12	15

注：1 压应力设计值应按永久荷载和可变荷载的组合计算；其中楼面活荷载应按现行国家标准《建筑结构荷载规范》GB 50009 的规定乘以折减系数。

2 结构倾覆验算时应包括水平地震作用效应组合；对需进行竖向地震作用计算的结构，尚应包括竖向地震作用效应组合。

3 当橡胶支座的第二形状系数（有效直径与橡胶层总厚度之比）小于 5.0 时应降低压应力限值：小于 5 不小于 4 时降低 20%，小于 4 不小于 3 时降低 40%。

4 外径小于 300mm 的橡胶支座，丙类建筑的压应力限值为 10MPa。

二、对标准规定的理解

1. 本条规定第 3 款的“重力荷载代表值”是广义的，不仅指《抗震标准》第 5.1.3 条的重力荷载代表值 G_E，还包含基本重力荷载（恒载 g 和活载 p）；不仅指荷载效应基本组合的设计值，还包括地震作用效应和其他荷载效应的标准组合值。橡胶隔震支座压应力代表值的计算可分为下列几种情况。

1）按永久荷载和可变荷载的基本组合计算的压应力设计值，其中楼面活荷载应按《荷载标准》的规定乘以相应的折减系数（当活荷载较小时也可不折减）：

（1）根据框架梁的从属面积（即框架梁承受楼板荷载的面积，不考虑次梁的影响）对传至框架梁的活荷载进行折减；

（2）根据隔震层以上房屋的层数，对传至隔震层柱墩的活荷载进行折减。

2）对结构进行倾覆验算时，应按《抗震标准》第5.4.1条的要求，进行包括水平地震作用效应和其他荷载效应标准组合的压应力值计算。

3）对需进行竖向地震作用计算的结构，应按《抗震标准》第5.4.1条的要求，进行包括竖向地震作用效应和其他荷载效应标准组合的压应力值计算，其中竖向地震作用标准值的计算应符合《抗震标准》第12.2.1条的规定。

2. 应特别注意，建筑抗震设防类别（甲、乙、丙）不同，其橡胶隔震支座压应力限值也不同。

3. 外径过小（小于300mm）的橡胶隔震支座，由于其稳定性差，故其压应力的限值应从严（丙类建筑的压应力限值为10MPa）。

三、结构设计的相关问题

按永久荷载和可变荷载的基本组合计算隔震支座的压应力设计值时，其压应力设计值为非抗震时的数值，而表12.2.3则是对应于地震作用组合的压应力限值，两者在概念上不统一。

四、结构设计建议

建议非抗震设计（对抗震设计的结构，重力荷载效应基本组合的压力设计值）时的压力限值同丙类建筑。表12.2.3中的“丙类建筑”应理解为“丙类建筑及持久、短暂设计状况时”。

第12.2.4条

一、标准的规定

12.2.4　隔震层的布置、竖向承载力、侧向刚度和阻尼应符合下列规定：

1　隔震层宜设置在结构的底部或下部，其橡胶隔震支座应设置在受力较大的位置，间距不宜过大，其规格、数量和分布应根据竖向承载力、侧向刚度和阻尼的要求通过计算确定。隔震层在罕遇地震下应保持稳定，不宜出现不可恢复的变形；其橡胶支座在罕遇地震的水平和竖向地震同时作用下，拉应力不应大于1MPa。

2　隔震层的水平等效刚度和等效黏滞阻尼比可按下列公式计算：

$$K_{\mathrm{h}} = \Sigma K_j \tag{12.2.4-1}$$

$$\zeta_{\mathrm{eq}} = \Sigma K_j \zeta_j / K_{\mathrm{h}} \tag{12.2.4-2}$$

式中：ζ_{eq}——隔震层等效黏滞阻尼比；

K_{h}——隔震层水平等效刚度；

ζ_j——j隔震支座由试验确定的等效黏滞阻尼比，设置阻尼装置时，应包括相应阻尼比；

K_j——j隔震支座（含消能器）由试验确定的水平等效刚度。

3　隔震支座由试验确定设计参数时，竖向荷载应保持本规范表12.2.3的压应力限值；对水平向减震系数计算，应取剪切变形100%的等效刚度和等效黏滞阻尼比；对罕遇地震验算，宜采用剪切变形250%的等效刚度和等效黏滞阻尼比，当隔震支座直径较大时可采用剪切变形100%时的等效刚度和等效黏滞阻尼比。当采用时程分析时，应以试验所得滞回曲线作为计算依据。

二、对标准规定的理解

1. 隔震层的位置应优先考虑设置在结构的底部，一般说来，隔震层位置越高，受力越复杂，隔震效果也越差，相应的费用也越高。

2. 隔震支座根据隔震设计需要确定，其设计参数由试验确定。

3. 对隔震支座进行拉应力控制主要出于以下考虑：

1）橡胶受拉后内部有损伤，降低了支座的弹性性能；

2）隔震支座出现拉应力，表明上部结构存在倾覆危险；

3）依据试验及国外规范（美国UBC）综合确定隔震支座拉应力限值。

4. 橡胶属于非弹性材料，橡胶隔震的有效刚度与振动周期有关，动、静刚度的差别很大，隔震设计计算中宜采用相应于隔震结构（包括隔震层以下结构、隔震层结构和隔震层以上结构的全部结构）基本周期的刚度。

5. 一般情况下，应优先选用中等直径的隔震支座（如直径600～1200mm，其性能稳定且成本较低），隔震支座直径不小于1500mm时可理解为隔震支座直径较大之情况。

第12.2.5条

一、标准的规定

12.2.5　隔震层以上结构的地震作用计算，应符合下列规定：

1　对多层结构，水平地震作用沿高度可按重力荷载代表值分布。

2　隔震后水平地震作用计算的水平地震影响系数可按本规范第5.1.4、第5.1.5条确定。其中，水平地震影响系数最大值可按下式计算：

$$\alpha_{\max1}=\beta\alpha_{\max}/\varphi \tag{12.2.5}$$

式中：$\alpha_{\max1}$——隔震后的水平地震影响系数最大值；

$\alpha_{\max}$——非隔震的水平地震影响系数最大值，按本规范第5.1.4条采用；

β——水平向减震系数；对于多层建筑，为按弹性计算所得的隔震与非隔震各层层间剪力的最大比值。对高层建筑结构，尚应计算隔震与非隔震各层倾覆力矩的最大比值，并与层间剪力的最大比值相比较，取二者的较大值；

φ——调整系数；一般橡胶支座，取0.80；支座剪切性能偏差为S-A类，取0.85；隔震装置带有阻尼器时，相应减少0.05。

注：1　弹性计算时，简化计算和反应谱分析时宜按隔震支座水平剪切应变为100%时的性能参数进行计算；当采用时程分析法时按设计基本地震加速度输入进行计算。

2　支座剪切性能偏差按现行国家产品标准《橡胶支座　第3部分：建筑隔震橡胶支座》GB/T 20688.3确定。

3　隔震层以上结构的总水平地震作用不得低于非隔震结构在6度设防时的总水平地震作用，并应进行抗震验算；各楼层的水平地震剪力尚应符合本规范第5.2.5条对本地区设防烈度的最小地震剪力系数的规定。

4 9度时和8度且水平向减震系数不大于0.3时，隔震层以上结构应进行竖向地震作用的计算。隔震层以上结构竖向地震作用标准值计算时，各楼层可视为质点，并按本规范式（5.3.1-2）计算竖向地震作用标准值沿高度的分布。

二、对标准规定的理解

1. 隔震层以上结构的地震作用计算过程中，水平向减震系数β的计算主要包括下列两方面的内容：

1）按弹性计算所得的隔震与非隔震时各层层间剪力比的最大值。

2）计算隔震与非隔震各层倾覆力矩比的最大值。

多层建筑按1）计算；高层建筑取1）和2）的较大值。

2. 非隔震结构的计算模型：

β的计算与结构的非隔震计算模型（注意，此处的非隔震计算模型不同于《抗震标准》第12.1.2条进行方案比较时所述抗震结构方案。非隔震模型在隔震支座以上的结构布置应完全等同于隔震结构）有关，隔震层以上结构的非隔震模型与隔震模型完全一致，所不同的是对隔震支座的模拟，柱底是按刚接还是按铰接，计算模型不同，其计算结果有差异（但差异不大）。非隔震模型是假想模型，实际工程并不存在，而隔震后结构的设计计算均建立在这一假想模型的前提下，因此，对隔震设计工程而言，非隔震计算模型的选取尤为重要。工程设计中对非隔震模型主要有下列两种做法。

1）柱底刚接模型（图12.2.5-1），该将隔震垫简化为固定端计算，采用这一计算模型认为非隔震结构即为一般抗震结构，柱底应该刚接。按此模型算得的水平向减震系数β值较大。实际工程中多采用这种模型，因为隔震支座可以承担部分弯矩，可认为属于半刚接模型。

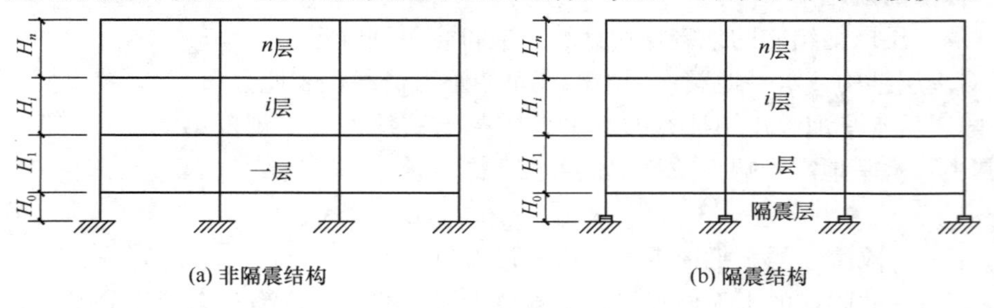

图12.2.5-1 非隔震结构的柱底刚接模型

2）柱底铰接模型（图12.2.5-2），该将隔震支座简化为铰接计算模型，采用这一计算模型模拟隔震支座的作用。该模型建立在隔震结构计算模型的基础上，算得的水平向减震系数β值较小。此模型在实际工程中应用较少，但可作为比较计算模型。

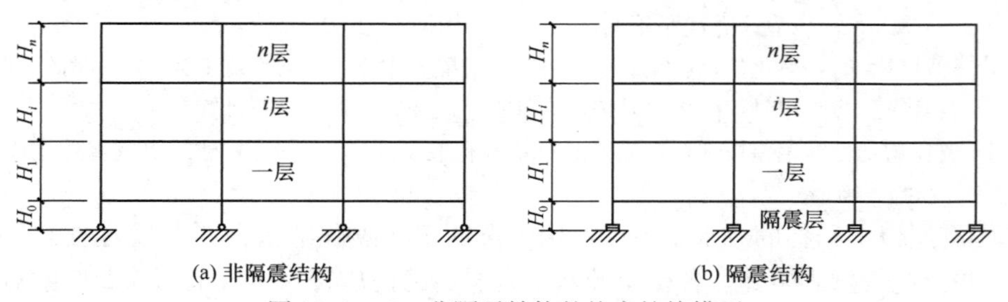

图12.2.5-2 非隔震结构的柱底铰接模型

3. 对多层建筑，应注意不同版本标准对水平向减震系数 β 的计算方法不同，按《抗震标准》计算的水平向减震系数 β 约为按 2008 版《建筑抗震设计规范》计算数值的 0.7 倍。表明《抗震标准》对隔震层以上结构的水平地震作用要比 2008 版《建筑抗震设计规范》小 30%。

4. 隔震后，隔震垫以上结构的水平地震作用大致可比非隔震时降低半度、一度和一度半三个档次，对一般橡胶支座见表 12.2.5-1。

水平向减震系数与隔震后结构水平地震作用所对应烈度的分档　　表 12.2.5-1

本地区设防烈度（设计基本地震加速度）	水平向减震系数 β		
	$0.53 \geqslant \beta \geqslant 0.40$	$0.40 > \beta > 0.27$	$\beta \leqslant 0.27$
9(0.40g)	8(0.30g)	8(0.20g)	7(0.15g)
8(0.30g)	8(0.20g)	7(0.15g)	7(0.10g)
8(0.20g)	7(0.15g)	7(0.10g)	7(0.10g)
7(0.15g)	7(0.10g)	7(0.10g)	6(0.05g)
7(0.10g)	7(0.10g)	6(0.05g)	6(0.05g)

5. 本条第 3 款对隔震层以上结构按本地区抗震误防烈度控制最小地震剪力，而不是采用隔震后相对应的烈度，对隔震设计影响很大，有条件时宜满足，确有困难时可专门研究并适当降低。

第 12.2.6 条

一、标准的规定

12.2.6 隔震支座的水平剪力应根据隔震层在罕遇地震下的水平剪力按各隔震支座的水平等效刚度分配；当按扭转耦联计算时，尚应计及隔震层的扭转刚度。

隔震支座对应于罕遇地震水平剪力的水平位移，应符合下列要求：

$$u_i \leqslant [u_i] \tag{12.2.6-1}$$

$$u_i = \eta_i u_c \tag{12.2.6-2}$$

式中：u_i ——罕遇地震作用下，第 i 个隔震支座考虑扭转的水平位移；

$[u_i]$ ——第 i 个隔震支座的水平位移限值；对橡胶隔震支座，不应超过该支座有效直径的 0.55 倍和支座内部橡胶总厚度的 3.0 倍二者的较小值；

u_c ——罕遇地震下隔震层质心处或不考虑扭转的水平位移；

η_i ——第 i 个隔震支座的扭转影响系数，应取考虑扭转和不考虑扭转时 i 支座计算位移的比值；当隔震层以上结构的质心与隔震层刚度中心在两个主轴方向均无偏心时，边支座的扭转影响系数不应小于 1.15。

二、对标准规定的理解

1. 隔震支座水平剪力计算中对应的“罕遇地震”，“可理解为带隔震支座的结构遭受的罕遇地震作用，即对应于本地区抗震设防烈度的罕遇地震作用，在【例 12.2.0-1】中，罕遇地震对应为 9 度（0.40g）的罕遇地震作用”。

2. 隔震支座水平位移计算中对应的“罕遇地震水平剪力”，即为上述 1 中计算所得的隔震支座的水平剪力。

3. 依据本条规定，隔震支座考虑扭转的水平位移 u_i 应依据隔震层质心处水平位移 u_c

（或不考虑扭转的水平位移）乘以隔震支座的扭转影响系数 η_i 后确定，而不是直接由程序考虑扭转后的计算所得。

三、结构设计的相关问题

当隔震层以上结构的质心与隔震层刚度中心存在一定的偏差，在考虑扭转和不考虑扭转计算的支座位移比值小于 1.15 时，标准未规定是否要满足 $\eta_i \geqslant 1.15$ 的要求。

四、结构设计建议

对隔震支座的扭转影响系数宜增加 $\eta_i \geqslant 1.15$ 的要求。

第 12.2.7 条

一、标准的规定

12.2.7 隔震结构的隔震措施，应符合下列规定：

1 隔震结构应采取不阻碍隔震层在罕遇地震下发生大变形的下列措施：

1） 上部结构的周边应设置竖向隔离缝，缝宽不宜小于各隔震支座在罕遇地震下的最大水平位移值的 1.2 倍且不小于 200mm。对两相邻隔震结构，其缝宽取最大水平位移值之和，且不小于 400mm。

2） 上部结构与下部结构之间，应设置完全贯通的水平隔离缝，缝高可取 20mm，并用柔性材料填充；当设置水平隔离缝确有困难时，应设置可靠的水平滑移垫层。

3） 穿越隔震层的门廊、楼梯、电梯、车道等部位，应防止可能的碰撞。

2 隔震层以上结构的抗震措施，当水平向减震系数大于 0.40 时（设置阻尼器时为 0.38）不应降低非隔震时的有关要求；水平向减震系数不大于 0.40 时（设置阻尼器时为 0.38），可适当降低本规范有关章节对非隔震建筑的要求，但烈度降低不得超过 1 度，与抵抗竖向地震作用有关的抗震构造措施不应降低。此时，对砌体结构，可按本规范附录 L 采取抗震构造措施。

注：与抵抗竖向地震作用有关的抗震措施，对钢筋混凝土结构，指墙、柱的轴压比规定；对砌体结构，指外墙尽端墙体的最小尺寸和圈梁的有关规定。

二、对标准规定的理解

1. 本条第 2 款规定中的“不应降低非隔震时的有关要求”，可理解为应按非隔震结构的有关要求采取抗震措施。

2. 由于隔震主要减小水平地震作用，对竖向地震作用的减小不明显。因此，与抵抗竖向地震作用有关的抗震构造措施不应降低。

3. 隔震后，隔震支座以上结构的抗震措施可适当降低，对一般橡胶支座降低的幅度不超过一度（表 12.2.7-1）。【例 12.2.0-1】中，抗震措施对应的烈度为 8 度（0.20g）。

水平向减震系数与隔震后上部结构抗震措施所对应烈度的分档　　表 12.2.7-1

<table>
<tr><th rowspan="2">本地区设防烈度
（设计基本地震加速度）</th><th colspan="2">水平向减震系数 β</th><th rowspan="2">备注</th></tr>
<tr><th>β≥0.40</th><th>β<0.40</th></tr>
<tr><td>9(0.40g)</td><td>8(0.30g)</td><td>8(0.20g)</td><td rowspan="5">8(0.30g)、7(0.15g) 时，应采用 9(0.40g)、8(0.20g) 对应的抗震措施，可以发现隔震后抗震措施不降低或基本不降低</td></tr>
<tr><td>8(0.30g)</td><td>8(0.20g)</td><td>7(0.15g)</td></tr>
<tr><td>8(0.20g)</td><td>7(0.15g)</td><td>7(0.10g)</td></tr>
<tr><td>7(0.15g)</td><td>7(0.10g)</td><td>7(0.10g)</td></tr>
<tr><td>7(0.10g)</td><td>7(0.10g)</td><td>6(0.05g)</td></tr>
</table>

4. 砌体结构的隔震措施见《抗震标准》附录 L。

第 12.2.8 条

一、标准的规定

12.2.8 隔震层与上部结构的连接，应符合下列规定：

1 隔震层顶部应设置梁板式楼盖，且应符合下列要求：

1）隔震支座的相关部位应采用现浇混凝土梁板结构，现浇板厚度不应小于 160mm；

2）隔震层顶部梁、板的刚度和承载力，宜大于一般楼盖梁板的刚度和承载力；

3）隔震支座附近的梁、柱应计算冲切和局部承压，加密箍筋并根据需要配置网状钢筋。

2 隔震支座和阻尼装置的连接构造，应符合下列要求：

1）隔震支座和阻尼装置应安装在便于维护人员接近的部位；

2）隔震支座与上部结构、下部结构之间的连接件，应能传递罕遇地震下支座的最大水平剪力和弯矩；

3）外露的预埋件应有可靠的防锈措施。预埋件的锚固钢筋应与钢板牢固连接，锚固钢筋的锚固长度宜大于 20 倍锚固钢筋直径，且不应小于 250mm。

二、结构设计建议

隔震支座上下层的梁应考虑支座更换时的剪力，按上部结构重量（根据千斤顶的设置数量进行分配，千斤顶一般宜成对设置）进行梁端抗剪验算，并留有适当的余地。设计文件中应明确千斤顶的位置及设置方式，为日后更换创造条件。

第 12.2.9 条

一、标准的规定

12.2.9 隔震层以下的结构和基础应符合下列要求：

1 隔震层支墩、支柱及相连构件，应采用隔震结构罕遇地震下隔震支座底部的竖向力、水平力和力矩进行承载力验算。

2 隔震层以下的结构（包括地下室和隔震塔楼下的底盘）中直接支承隔震层以上结构的相关构件，应满足嵌固的刚度比和隔震后设防地震的抗震承载力要求，并按罕遇地震进行抗剪承载力验算。隔震层以下地面以上的结构在罕遇地震下的层间位移角应满足表 12.2.9 要求。

3 隔震建筑地基基础的抗震验算和地基处理仍应按本地区抗震设防烈度进行，甲、乙类建筑的抗液化措施应按提高一个液化等级确定，直至全部消除液化沉陷。

隔震层以下地面以上结构罕遇地震作用下层间弹塑性位移角限值　　表 12.2.9

下部结构类型	$[\theta_p]$
钢筋混凝土框架结构和钢结构	1/100
钢筋混凝土框架-抗震墙	1/200
钢筋混凝土抗震墙	1/250

二、对标准规定的理解

1. 隔震层以下结构和基础应确保隔震设计能在罕遇地震（隔震层以上结构遭受本地区抗震设防烈度相应的罕遇地震作用）时发挥隔震效果。“隔震结构”指包含隔震层上下结构和隔震层在内的全部结构的总称。

2. “隔震结构罕遇地震”指全部结构遭受的罕遇地震，与第 12.2.6 条中的罕遇地震概念相同。

3. 本条第 2 款中“满足嵌固的刚度比”指隔震层以下结构对隔震层以上结构的刚度比应满足《抗震标准》第 6.1.14 条第 2 款规定的嵌固部位刚度比的要求。

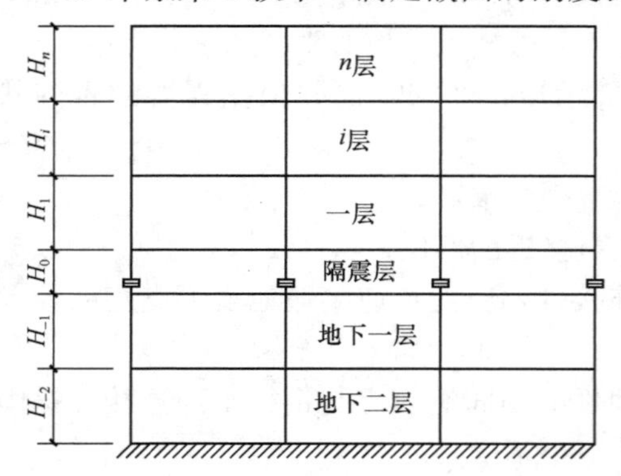

图 12.2.9-1 隔震层以下的结构的计算模型

4. 本条第 2 款中规定应满足“隔震后设防地震的抗震承载力”，指隔震层以下结构应满足“隔震结构在设防烈度地震作用下的抗震承载力要求”。

5. 明确了隔震建筑地基基础的抗震验算和地基处理仍应按本地区抗震设防烈度进行，即按中震验算。

6. 隔震层支墩、支柱及相连构件和隔震层以下结构均采用图 12.2.9-1 所示的计算模型。

三、相关索引

《抗震通规》的相关规定见其第 5.1.8、5.1.10 条。

12.3 房屋消能减震设计要点

要点：

消能减震的目的是通过消能器的设置来控制预期的结构变形，从而使主体结构在罕遇地震下不发生严重破坏。消能减震结构设计以消能器的性能参数为计算依据，应特别重视消能器的性能检测工作，理论计算建立在性能参数基础上，属于验算的范畴。

第 12.3.1 条

一、标准的规定

12.3.1 消能减震设计时，应根据多遇地震下的预期减震要求及罕遇地震下的预期结构位移控制要求，设置适当的消能部件。消能部件可由消能器及斜撑、墙体、梁等支承构件组成。消能器可采用速度相关型、位移相关型或其他类型。

注：1 速度相关型消能器指黏滞消能器和黏弹性消能器等；

2 位移相关型消能器指金属屈服消能器和摩擦消能器等。

二、对标准规定的理解

1. 消能减震设计需要解决的主要问题是：确定消能减震体系在多遇地震下的预期减震要求、在罕遇地震下的位移控制要求，消能器和消能部件的选型及其布置，消能器附加给结构的阻尼比估算，消能部件与主体结构的连接构造及其附加作用等。

2. 消能减震体系在罕遇地震下的位移限值取决于使用要求，一般情况下其位移控制指标应比表 5.5.5 的限值适当减小。

3. 消能器的性能主要用恢复力模型表示，应通过试验确定并需要根据结构预期的位移控制等情况合理选用。位移要求越严，附加阻尼越大，对消能部件的要求也越高。位移相关型消能器只有当位移达到预定的启动限值时才能发挥消能作用（摩擦型消能器的性能尚不够稳定）。

第 12.3.2 条

一、标准的规定

12.3.2 消能部件可根据需要沿结构的两个主轴方向分别设置。消能部件宜设置在变形较大的位置，其数量和分布应通过综合分析合理确定，并有利于提高整个结构的消能减震能力，形成均匀合理的受力体系。

二、对标准规定的理解

消能部件的设置应经分析比较确定，宜设置在两个主轴方向，以使结构的两个方向均有附加阻尼和刚度。还应设置在结构变形较大的部位，可更好地发挥消耗地震能量的作用。

第 12.3.3 条

一、标准的规定

12.3.3 消能减震设计的计算分析，应符合下列规定：

1 当主体结构基本处于弹性工作阶段时，可采用线性分析方法作简化估算，并根据结构的变形特征和高度等，按本规范第 5.1 节的规定分别采用底部剪力法、振型分解反应谱法和时程分析法。消能减震结构的地震影响系数可根据消能减震结构的总阻尼比按本规范第 5.1.5 条的规定采用。

消能减震结构的自振周期应根据消能减震结构的总刚度确定，总刚度应为结构刚度和消能部件有效刚度的总和。

消能减震结构的总阻尼比应为结构阻尼比和消能部件附加给结构的有效阻尼比的总和；多遇地震和罕遇地震下的总阻尼比应分别计算。

2 对主体结构进入弹塑性阶段的情况，应根据主体结构体系特征，采用静力非线性分析方法或非线性时程分析方法。

在非线性分析中，消能减震结构的恢复力模型应包括结构恢复力模型和消能部件的恢复力模型。

3 消能减震结构的层间弹塑性位移角限值，应符合预期的变形控制要求，宜比非消能减震结构适当减小。

二、对标准规定的理解

1. 消能减震结构设计计算的基本内容有：预估结构的位移、计算相应的阻尼比、选择消能部件的数量、确定消能器的分布和所能提供的阻尼大小、设计与消能器相应的消能部件，最后对消能减震体系进行整体分析，确认其是否满足预期的减震及位移控制要求。

2. 和隔震结构设计思路一样，消能减震结构的附加阻尼比依据消能减震结构和普通抗震结构的位移比值关系确定（在隔震设计中采用减震系数，见第12.2.5条），是对整体结构总阻尼比的一种宏观的考量，属于等效阻尼比。

3. 理论分析表明，大阻尼比阻尼矩阵不满足振型分解的正交性条件，需要采用直接恢复力模型进行非线性分析（非线性静力分析或非线性时程分析）。在实际工程中可依据ATC-33建议进行适当简化，当主体结构基本处于弹性阶段时可采用线性计算方法估算。

第12.3.4条

一、标准的规定

12.3.4 消能部件附加给结构的有效阻尼比和有效刚度，可按下列方法确定：

1 位移相关型消能部件和非线性速度相关型消能部件附加给结构的有效刚度应采用等效线性化方法确定。

2 消能部件附加给结构的有效阻尼比可按下式估算：

$$\xi_a = \sum_j W_{cj}/(4\pi W_s) \tag{12.3.4-1}$$

式中：ξ_a ——消能减震结构的附加有效阻尼比；

W_{cj} ——第 j 个消能部件在结构预期层间位移 Δu_j 下往复循环一周所消耗的能量；

W_s ——设置消能部件的结构在预期位移下的总应变能。

注：当消能部件在结构上分布较均匀，且附加给结构的有效阻尼比小于20%时，消能部件附加给结构的有效阻尼比也可采用强行解耦方法确定。

3 不计及扭转影响时，消能减震结构在水平地震作用下的总应变能，可按下式估算：

$$W_s = (1/2)\Sigma F_i u_i \tag{12.3.4-2}$$

式中：F_i ——质点 i 的水平地震作用标准值；

u_i ——质点 i 对应于水平地震作用标准值的位移。

4 速度线性相关型消能器在水平地震作用下往复一周所消耗的能量，可按下式估算：

$$W_{cj} = (2\pi^2/T_1)C_j \cos^2\theta_j \Delta u_j^2 \tag{12.3.4-3}$$

式中：T_1 ——消能减震结构的基本自振周期；

C_j ——第 j 个消能器的线性阻尼系数；

θ_j ——第 j 个消能器的消能方向与水平面的夹角；

Δu_j ——第 j 个消能器两端的相对水平位移。

当消能器的阻尼系数和有效刚度与结构振动周期有关时，可取相应于消能减震结构基本自振周期的值。

5 位移相关型和速度非线性相关型消能器在水平地震作用下往复循环一周所消耗的能量，可按下式估算：

$$W_{cj} = A_j \tag{12.3.4-4}$$

式中：A_j ——第 j 个消能器的恢复力滞回环在相对水平位移 Δu_j 时的面积。

消能器的有效刚度可取消能器的恢复力滞回环在相对水平位移 Δu_j 时的割线刚度。

6 消能部件附加给结构的有效阻尼比超过25%时，宜按25%计算。

二、对标准规定的理解

1. 当消能部件分布均匀且附加给结构的阻尼比较小（<20%）时，实际工程中常采

用近似方法（底部剪力法或振型分解反应谱法等），认为阻尼矩阵可满足振型分解的正交性条件，然后进行强行解耦。这样处理可大大简化计算，且与精确解的误差一般可控制在5%的范围内，满足工程精度要求。

2. 应特别注意本条中的“估算”，消能部件附加给结构的有效阻尼比计算属于估算的范畴，实际工程中应注意对计算精度的合理把握，偏于安全地考虑并留有适当的余地。

3. 应变能 W_s 及 W_{cj} 的概念见图12.3.4-1。

1）设置消能部件的结构在预期位移下的总应变能 W_s，指在结构的能力谱曲线中对应于预期位移点（弹塑性结构的割线刚度即等效刚度为 K_{eq}）与坐标横轴（S_d）作垂线，由该垂线和坐标横轴及 K_{eq} 所围成的三角形面积。

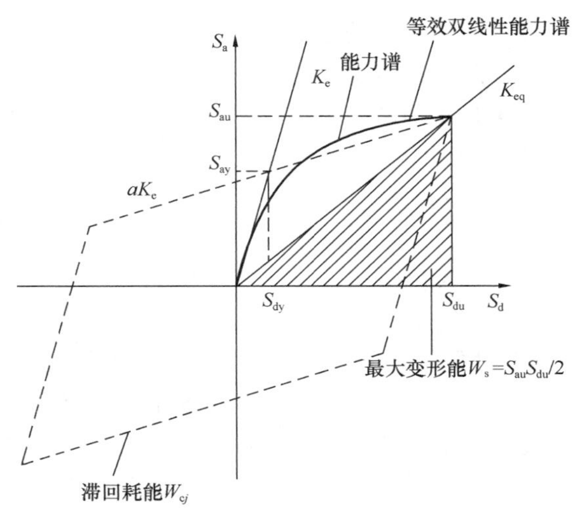

图 12.3.4-1　应变能的概念

2）在水平地震作用下结构往复循环一周所消耗的能量 W_{cj}（弹塑性耗能），为图 12.3.4-1 中虚线所围成的面积，当弹塑性结构在往复受力滞回过程中保持稳定（图 12.3.4-1 中四边形滞回曲线不发生捏拢）时，该四边形为平行四边形。

第 12.3.5 条

一、标准的规定

12.3.5　消能部件的设计参数，应符合下列规定：

1　速度线性相关型消能器与斜撑、墙体或梁等支承构件组成消能部件时，支承构件沿消能器消能方向的刚度应满足下式：

$$K_b \geqslant (6\pi/T_1)C_D \qquad (12.3.5\text{-}1)$$

式中：K_b——支承构件沿消能器方向的刚度；

C_D——消能器的线性阻尼系数；

T_1——消能减震结构的基本自振周期。

2　黏弹性消能器的黏弹性材料总厚度应满足下式：

$$t \geqslant \Delta u/[\gamma] \qquad (12.3.5\text{-}2)$$

式中：t——黏弹性消能器的黏弹性材料总厚度；

Δu——沿消能器方向的最大可能的位移；

$[\gamma]$——黏弹性材料允许的最大剪切应变。

3　位移相关型消能器与斜撑、墙体或梁等支承构件组成消能部件时，消能部件的恢复力模型参数宜符合下列要求：

$$\Delta u_{py}/\Delta u_{sy} \leqslant 2/3 \qquad (12.3.5\text{-}3)$$

式中：Δu_{py}——消能部件在水平方向的屈服位移或起滑位移；

Δu_{sy}——设置消能部件的结构层间屈服位移。

4 消能器的极限位移应不小于罕遇地震下消能器最大位移的 1.2 倍；对速度相关型消能器，消能器的极限速度应不小于地震作用下消能器最大速度的 1.2 倍，且消能器应满足在此极限速度下的承载力要求。

二、对标准规定的理解

本条是对消能部件设计参数的具体要求，增加了对黏弹性材料总厚度以及极限位移、极限速度的规定。

第 12.3.6 条

一、标准的规定

12.3.6 消能器的性能检验，应符合下列规定：

1 对黏滞流体消能器，由第三方进行抽样检验，其数量为同一工程同一类型同一规格数量的 20%，但不少于 2 个，检测合格率为 100%，检测后的消能器可用于主体结构；对其他类型消能器，抽检数量为同一类型同一规格数量的 3%，当同一类型同一规格的消能器数量较少时，可以在同一类型消能器中抽检总数量的 3%，但不应少于 2 个，检测合格率为 100%，检测后的消能器不能用于主体结构。

2 对速度相关型消能器，在消能器设计位移和设计速度幅值下，以结构基本频率往复循环 30 圈后，消能器的主要设计指标误差和衰减量不应超过 15%；对位移相关型消能器，在消能器设计位移幅值下往复循环 30 圈后，消能器的主要设计指标误差和衰减量不应超过 15%，且不应有明显的低周疲劳现象。

二、对标准规定的理解

本条是对消能器性能检测的具体要求。性能检测对消能减震结构至关重要，整体结构的消能减震能力取决于各消能器的实际工作能力。

第 12.3.7 条

一、标准的规定

12.3.7 结构采用消能减震设计时，消能部件的相关部位应符合下列要求：

1 消能器与支承构件的连接，应符合本规范和有关规程对相关构件连接的构造要求。

2 在消能器施加给主结构最大阻尼力作用下，消能器与主结构之间的连接部件应在弹性范围内工作。

3 与消能部件相连的结构构件设计时，应计入消能部件传递的附加内力。

二、对标准规定的理解

在消能减震结构中，消能部件的相关部位属于结构设计中需要重点加强的部位，应确保其始终处在弹性工作状态。

第 12.3.8 条

一、标准的规定

12.3.8 当消能减震结构的抗震性能明显提高时，主体结构的抗震构造要求可适当降低。降低程度可根据消能减震结构地震影响系数与不设置消能减震装置结构的地震影响系数之比确定，最大降低程度应控制在1度以内。

二、对标准规定的理解

在消能减震结构中，主体结构的抗震构造要求可根据减震系数确定。减震系数β可按式（12.3.8-1）计算：

$$\beta = \alpha_1 / \alpha_2 \quad (12.3.8\text{-}1)$$

式中：α_1——消能减震结构的地震影响系数；

α_2——不设置消能减震装置结构的地震影响系数。

三、结构设计的相关问题

1. 工程设计时对本条规定中的“明显提高”无法准确把握。

2. 根据β值确定主体结构抗震构造要求降低的程度时，未明确其降低的程度如何与β值挂钩。

四、结构设计建议

1. 实际工程设计时，可不考虑本条“明显提高”的规定，直接根据β值确定主体结构抗震构造要求降低的程度，且降低的程度不应超过1度（如$\beta \leqslant 0.5$，则降低1度；$\beta = 0.75$，则降低半度，其他情况以此类推）。

2. 标准中没有降低半度或1/4度的抗震构造措施，结构设计中可根据β的具体数值结合工程的具体情况，偏安全地在介于不同抗震等级之间适当调整抗震构造措施（如依据β数值，主体结构的抗震构造措施应介于抗震等级一级与二级之间，此时可根据β值，确定采取一级，或按一、二级均值采取相应的抗震构造措施等）。

13 非结构构件

说明：

非结构构件抗震设计的目的在于确保地震作用时房屋的正常使用功能，《抗震标准》主要涉及与主体结构设计有关的内容，即非结构构件与主体结构的连接件及其锚固的设计。

《抗震标准》不涉及非结构构件自身的抗震。

建筑附属设备不包括工业建筑中的生产设备和相关设施。

本章主要适用于非结构构件与建筑结构的连接。非结构构件包括持久性的建筑非结构构件和支承于建筑结构的附属机电设备。

建筑非结构构件指建筑中除承重骨架体系以外的固定构件和部件，主要包括非承重墙体，附着于楼面和屋面结构的构件、装饰构件和部件、固定于楼面的大型储物架等。建筑附属机电设备指为现代建筑使用功能服务的附属机械、电气构件、部件和系统，主要包括电梯，照明和应急电源、通信设备，管道系统，采暖和空气调节系统，烟火监测和消防系统，公用天线等。

13.1 一般规定

要点：

在结构设计中，正确把握非结构构件与主体结构的关系非常重要。主体结构设计时，应注意确定非结构构件的传力关系，明确非结构构件的荷重。对荷载大、对结构影响大的非结构构件，考虑实际工程中非结构构件荷载（尤其是设备荷载）确定的滞后性，对此应有充分地了解并应制定相应的对策。

第 13.1.1 条

一、标准的规定

13.1.1 本章主要适用于非结构构件与建筑结构的连接。非结构构件包括持久性的建筑非结构构件和支承于建筑结构的附属机电设备。

注：1 建筑非结构构件指建筑中除承重骨架体系以外的固定构件和部件，主要包括非承重墙体，附着于楼面和屋面结构的构件、装饰构件和部件、固定于楼面的大型储物架等。

2 建筑附属机电设备指为现代建筑使用功能服务的附属机械、电气构件、部件和系统，主要包括电梯、照明和应急电源、通信设备，管道系统，采暖和空气调节系统，烟火监测和消防系统，公用天线等。

二、对标准规定的理解

1. 结构设计中经常遇到如屋顶装饰构架等构件，由于这些构件与主体结构相连或是主体结构构件的延伸，因此，这些构件是属于结构构件还是非结构构件较难以把握，结构设计中可将其归类为结构构架，一般只需控制其强度要求，对位移控制可适当放松。

2. 结构设计中要特别注意玻璃幕墙与主体结构的关系，一般情况下，主体结构设计只考虑幕墙对主体结构的影响（包括幕墙风荷载对主体结构的影响、幕墙埋件传来的力对主体结构的影响等），幕墙本身的设计及安全问题应由幕墙厂家负责。

3. 对高层或超高层建筑、沿海等腐蚀环境下的外挂石材工程，应特别注意（提请建筑专业及甲方注意）石材连接挂件的防腐蚀问题，防止外挂石材掉落引起安全事故。

4. 对酒店、宾馆等建筑的大堂或宴会厅，由于装修设计的滞后性，主体结构施工时或施工完成后，应特别注意巨型吊灯及其他吊挂的荷载（有时重达数千公斤）问题，应将其吊挂在梁上，避免在楼板上吊挂重物，并应对相应的结构构件进行复核。

第 13.1.2 条

一、标准的规定

13.1.2 非结构构件应根据所属建筑的抗震设防类别和非结构地震破坏的后果及其对整个建筑结构影响的范围，采取不同的抗震措施，达到相应的性能化设计目标。

建筑非结构构件和建筑附属机电设备实现抗震性能化设计目标的某些方法可按本规范附录 M 第 M.2 节执行。

二、对标准规定的理解

1. 非结构构件的抗震设防目标见第 3.7 节。

2. 建筑非结构构件的抗震设防大致分为下列三类：

1）高要求时，外观可能损坏而不影响使用功能和防火能力，安全玻璃可能出现裂缝，可经受相连结构构件出现 1.4 倍以上设计挠度的变形，即公式（13.2.3）中的功能系数 $\gamma \geqslant 1.4$；

2）中等要求时，使用功能基本正常或可很快恢复，耐火时间减少 1/4，强化玻璃破碎，其他玻璃无下落，可经受相连结构构件出现设计挠度的变形，即公式（13.2.3）中的功能系数 $\gamma = 1.0$；

3）一般要求时，多数构件基本处于原位，但系统可能损坏，需修理才能恢复功能，耐火时间明显降低，容许玻璃破碎下落，只能承受相连结构构件出现 0.6 倍设计挠度的变形，即公式（13.2.3）中的功能系数 $\gamma = 0.6$。

3. 需要进行抗震验算的非结构构件大致如下：

1）7～9 度时，基本上由脆性材料制作的幕墙及各类幕墙的连接；

2）8、9 度时，悬挂重物的支座及其连接、出屋面广告牌和类似构件的锚固；

3）附着于高层建筑的重型商标、标志、信号灯的支架；

4）8、9 度时，乙类建筑的文物陈列柜的支座及其连接；

5）7～9 度时，电梯提升设备的锚固件、高层建筑的电梯构件及其锚固；

6）7～9 度时，建筑附属设备自重超过 1.8kN 或其体系自振周期大于 1.0s 的设备支架、基座及其锚固。

4. 对特殊的非结构构件，可根据使用功能（装饰功能）的要求，按性能化设计的基本原则，制定相应的性能指标，并采取相应的结构措施。

【例 13.1.2-1】 昆山文化中心工程屋顶树叶形钢装饰架（大跨度大悬挑钢结构，长

150m，宽 60m），竖向构件由主体结构延伸，依据性能设计要求，以大震不倒塌作为屋顶装饰架基本性能目标，装饰架在风荷载及地震作用下的位移限值按不大于标准对结构位移限值的 2 倍控制，强度控制不放松。

第 13.1.3 条

一、标准的规定

13.1.3　当抗震要求不同的两个非结构构件连接在一起时，应按较高的要求进行抗震设计。其中一个非结构构件连接损坏时，应不致引起与之相连接的有较高要求的非结构构件失效。

二、对标准规定的理解

当有两个或多个非结构构件连接在一起时，应按较高抗震要求设计，以确保安全并满足使用要求。

13.2　基 本 计 算 要 求

要点：

非结构构件的地震作用对主体结构的影响，一般可采用简化计算的方法，将其作为一附加重量，考虑其重力荷载代表值对主体结构的影响。

第 13.2.1 条

一、标准的规定

13.2.1　建筑结构抗震计算时，应按下列规定计入非结构构件的影响：

1　地震作用计算时，应计入支承于结构构件的建筑构件和建筑附属机电设备的重力。

2　对柔性连接的建筑构件，可不计入刚度；对嵌入抗侧力构件平面内的刚性建筑非结构构件，应计入其刚度的影响，可采用周期调整等简化方法；一般情况下不应计入其抗震承载力，当有专门的构造措施时，尚可按有关规定计入其抗震承载力。

3　支承非结构构件的结构构件，应将非结构构件地震作用效应作为附加作用对待，并满足连接件的锚固要求。

二、对标准规定的理解

在非结构构件中，对建筑隔墙除应考虑自身重量对主体结构的影响外，还要考虑其刚度对主体结构的影响，而对其他的机电设备，一般不计入其自身刚度，只需考虑其重量对建筑抗震的影响。

第 13.2.2 条

一、标准的规定

13.2.2　非结构构件的地震作用计算方法，应符合下列要求：

1　各构件和部件的地震力应施加于其重心，水平地震力应沿任一水平方向。

2　一般情况下，非结构构件自身重力产生的地震作用可采用等效侧力法计算；对支承于不同楼层或防震缝两侧的非结构构件，除自身重力产生的地震作用外，尚应同时计及地震时支承点之间相对位移产生的作用效应。

3 建筑附属设备（含支架）的体系自振周期大于0.1s且其重力超过所在楼层重力1%，或建筑附属设备的重力超过所在楼层重力的10%时，宜进入整体结构模型的抗震设计，也可采用本规范附录M第M.3节的楼面谱方法计算。其中，与楼盖非弹性连接的设备，可直接将设备与楼盖作为一个质点计入整个结构的分析中得到设备所受的地震作用。

二、对标准规定的理解

1. 非结构构件的地震作用，除长悬臂构件外，只考虑水平方向。其最基本的计算方法是对应于“地面反应谱”的“楼面谱”，即反映支承非结构构件的主体结构体系自身的动力特性、非结构构件所在楼层位置和支点数量、结构和非结构阻尼特性对地面地震运动的放大作用。一般情况下，可采用简化方法计算，即等效侧力法（详见第13.2.3条），同时计入支座间相对位移产生的附加内力。

2. 当非结构构件质量较大时，或非结构体系的自振特性与主体结构的某一振型的震动特性相近时，非结构体系还将与主体结构体系的地震反应产生相互影响。

3. 要求进行楼面谱计算的非结构构件，主要是建筑附属设备（如巨大的高位水箱、出屋面的大型塔架）等，非结构与主体结构的相互作用，不仅引起结构地震反应变化，而且还导致非结构构件自身的地震反应明显。

4. 计算楼面谱的基本方法是随机振动法和时程分析法（一般需要采用专门的分析软件）。当非结构构件的材料与结构体系相同时，可采用时程分析方法计算；当非结构构件的质量较大，或材料阻尼特性与主体结构明显不同时，或者在不同楼层上有支点时，可考虑非结构与主体结构的相互作用（包括“吸振效应”等）。

5. 非结构构件的楼面谱，应反映支承非结构构件的具体结构自身动力特性、非结构构件所在楼层位置，以及结构和非结构阻尼特性对结构所在地点的地面运动的放大作用。一般情况下，非结构构件的楼面谱计算可采用单质点模型；对支座间有相对位移的非结构构件，宜采用多支点体系计算。

1）第一代楼面谱，以建筑的楼面运动作为地震输入，将非结构构件作为单自由度系统，将其最大反应的均值作为楼面谱，不考虑非结构构件对楼面的反作用。第一代楼面谱将设备与结构解耦，大大方便了设备抗震设计。但因未考虑设备的反作用，所得楼面谱有时误差过大。

2）第二代楼面谱，考虑设备对楼层的质量比不很小时，设备的反作用不可忽视，特别是当设备频率与结构相近时影响显著的情况，采用随机振动法计算。

第13.2.3条

一、标准的规定

13.2.3 采用等效侧力法时，水平地震作用标准值宜按下列公式计算：

$$F=\gamma\eta\zeta_1\zeta_2\alpha_{\max}G \tag{13.2.3}$$

式中：F——沿最不利方向施加于非结构构件重心处的水平地震作用标准值；

γ——非结构构件功能系数，由相关标准确定或按本规范附录M第M.2节执行；

η——非结构构件类别系数，由相关标准确定或按本规范附录M第M.2节执行；

ζ_1——状态系数；对预制建筑构件、悬臂类构件、支承点低于质心的任何设备和柔性体系宜取 2.0，其余情况可取 1.0；

ζ_2 ——位置系数，建筑的顶点宜取 2.0，底部宜取 1.0，沿高度线性分布；对本规范第 5 章要求采用时程分析法补充计算的结构，应按其计算结果调整；

α_{max} ——地震影响系数最大值；可按本规范第 5.1.4 条关于多遇地震的规定采用；

G ——非结构构件的重力，应包括运行时有关的人员、容器和管道中的介质及储物柜中物品的重力。

二、对标准规定的理解

1. 非结构构件的抗震计算一般采用等效侧力法，考虑设计地震加速度、重要性系数、构件类别系数、位置系数、动力放大系数和构件重力等因素。

2. 强震记录分析表明，对多层和一般高度的高层建筑，房屋顶部的加速度约为底部的 2 倍。当结构有明显的扭转效应或高宽比较大时，房屋顶部和底部的加速度比值将大于 2，位置系数 ζ_2 应根据时程分析法计算确定。

3. 非结构构件的地震作用系数（为上述位置系数、状态系数和构件类别系数的乘积）一般为主体结构的 0.6～4.8 倍（当 $T_g = 0.4s$、$T_1 = 1.0s$ 时，地震作用系数可达 1.3～11 倍）。

第 13.2.4 条

一、标准的规定

13.2.4 非结构构件因支承点相对水平位移产生的内力，可按该构件在位移方向的刚度乘以规定的支承点相对水平位移计算。

非结构构件在位移方向的刚度，应根据其端部的实际连接状态，分别采用刚接、铰接、弹性连接或滑动连接等简化的力学模型。

相邻楼层的相对水平位移，可按本规范规定的限值采用。

二、对标准规定的理解

1. 非结构构件之间相对位移的限值，应按相应的功能要求依据表 13.2.4-1 确定。

非结构构件的相对位移限值 **表 13.2.4-1**

变形要求	功能描述	位移限值
高要求	外观可能损坏而不影响使用功能和防火能力，安全玻璃可能出现裂缝，使用系统、应急系统可照常运行	可经受相连结构构件（或设备支架）出现 1.4 倍的设计挠度的变形
中等要求	使用功能基本正常或可很快恢复，耐火时间减少1/4，强化玻璃破碎，其他玻璃无下落。使用系统经检修后运行、应急系统可照常运行	可经受相连结构构件（或设备支架）出现设计挠度的变形
一般要求	耐火时间明显降低，容许玻璃破碎下落，使用系统明显损坏，需修复才能运行、应急系统受损但仍可基本运行	只能承受相连结构构件（或设备支架）出现 0.6 倍设计挠度的变形

2. 非结构构件的变形能力相差较大：

1）砌体材料组成的非结构构件变形能力较差，应限制在允许变形较小的场所使用。

2）金属幕墙和高级装修材料具有较大的变形能力。

3）依据现行国家标准《建筑幕墙》GB/T 21086 的规定，玻璃幕墙平面内变形从 1/400～

1/100共分为5级。

3. 对设备支架，支座之间的水平位移取值与使用要求有关，当要求设防烈度地震下确保使用功能（如管道不破碎等）时，应取设防烈度下的变形，相应的变形限值可取多遇地震下主体结构（或构件）变形限值的3～4倍；当要求罕遇地震下不造成次生灾害时，则应取罕遇地震下主体结构（或构件）的变形限值。

第13.2.5条

一、标准的规定

13.2.5 非结构构件的地震作用效应（包括自身重力产生的效应和支座相对位移产生的效应）和其他荷载效应的基本组合，按本规范结构构件的有关规定计算；幕墙需计算地震作用效应与风荷载效应的组合；容器类尚应计及设备运转时的温度、工作压力等产生的作用效应。

非结构构件抗震验算时，摩擦力不得作为抵抗地震作用的抗力；承载力抗震调整系数可采用1.0。

二、对标准规定的理解

明确规定了非结构构件地震作用效应计算组合的基本原则。

13.3 建筑非结构构件的基本抗震措施

要点：

非结构构件与主体结构之间主要采取加强连接的抗震措施，避免地震时非结构构件自身的地震破坏及对主体结构的损坏。对房屋出入口及楼梯间的砌体墙，应采用钢丝网砂浆面层加强，以防地震时掉落或倒塌伤人。

第13.3.1条

一、标准的规定

13.3.1 建筑结构中，设置连接幕墙、围护墙、隔墙、女儿墙、雨篷、商标、广告牌、顶棚支架、大型储物架等建筑非结构构件的预埋件、锚固件的部位，应采取加强措施，以承受建筑非结构构件传给主体结构的地震作用。

二、对标准规定的理解

锚固件为非结构构件与主体结构之间的关键传力构件，应确保其地震安全性。

第13.3.2条

一、标准的规定

13.3.2 非承重墙体的材料、选型和布置，应根据烈度、房屋高度、建筑体型、结构层间变形、墙体自身抗侧力性能的利用等因素，经综合分析后确定，并应符合下列要求：

1 非承重墙体宜优先采用轻质墙体材料；采用砌体墙时，应采取措施减少对主体结构的不利影响，并应设置拉结筋、水平系梁、圈梁、构造柱等与主体结构可靠拉结。

2 刚性非承重墙体的布置，应避免使结构形成刚度和强度分布上的突变；当围护墙非对称均匀布置时，应考虑质量和刚度的差异对主体结构抗震不利的影响。

3 墙体与主体结构应有可靠的拉结，应能适应主体结构不同方向的层间位移；8、9度时应具有满足层间变位的变形能力，与悬挑构件相连接时，尚应具有满足节点转动引起的竖向变形的能力。

4 外墙板的连接件应具有足够的延性和适当的转动能力，宜满足在设防地震下主体结构层间变形的要求。

5 砌体女儿墙在人流出入口和通道处应与主体结构锚固；非出入口无锚固的女儿墙高度，6～8度时不宜超过0.5m，9度时应有锚固。防震缝处女儿墙应留有足够的宽度，缝两侧的自由端应予以加强。

二、对标准规定的理解

1. 本条规定中的6、7、8、9度为本地区抗震设防烈度。

2. 优先采用轻质墙体材料以减轻非结构构件的重力荷载，从而减小其地震作用。

3. 结构构件布置时的均匀对称、加强连接等基本要求，同样适用于非结构构件。

第13.3.3条

一、标准的规定

13.3.3 多层砌体结构中，非承重墙体等建筑非结构构件应符合下列要求：

1 后砌的非承重隔墙应沿墙高每隔500mm～600mm配置2ϕ6拉结钢筋与承重墙或柱拉结，每边伸入墙内不应少于500mm；8度和9度时，长度大于5m的后砌隔墙，墙顶尚应与楼板或梁拉结，独立墙肢端部及大门洞边宜设钢筋混凝土构造柱。

2 烟道、风道、垃圾道等不应削弱墙体；当墙体被削弱时，应对墙体采取加强措施；不宜采用无竖向配筋的附墙烟囱或出屋面的烟囱。

3 不应采用无锚固的钢筋混凝土预制挑檐。

二、对标准规定的理解

1. 本条规定中的8、9度为本地区抗震设防烈度。

2. 砌体结构中的非承重墙体等建筑非结构构件，应采取措施与主体结构可靠拉结，连接构造要求见表13.3.3-1。

多层砌体结构中后砌的非承重墙体与主体结构的连接构造要求　　表13.3.3-1

序号	项目	内容
1	隔墙与承重墙的拉结筋设置	应每隔500～600mm配置2ϕ6，每边伸入承重墙和隔墙内各不小于500mm
2	8度和9度时	长度大于5m的后砌墙，墙顶尚应与楼板或梁拉结

3. 比较本条与第13.3.4条的规定可以发现，标准对多层砌体结构中的非承重隔墙与主体结构的拉结要求，比对钢筋混凝土结构中的砌体填充墙与主体结构的拉结要求低。

第13.3.4条

一、标准的规定

13.3.4 钢筋混凝土结构中的砌体填充墙，尚应符合下列要求：

1　填充墙在平面和竖向的布置，宜均匀对称，宜避免形成薄弱层或短柱。

2　砌体的砂浆强度等级不应低于M5；实心块体的强度等级不宜低于MU2.5，空心块体的强度等级不宜低于MU3.5；墙顶应与框架梁密切结合。

3　填充墙应沿框架柱全高每隔500mm～600mm设2ϕ6拉筋，拉筋伸入墙内的长度，6、7度时宜沿墙全长贯通，8、9度时应全长贯通。

4　墙长大于5m时，墙顶与梁宜有拉结；墙长超过8m或层高2倍时，宜设置钢筋混凝土构造柱；墙高超过4m时，墙体半高宜设置与柱连接且沿墙全长贯通的钢筋混凝土水平系梁。

5　楼梯间和人流通道的填充墙，尚应采用钢丝网砂浆面层加强。

二、对标准规定的理解

1. 本条规定中的6、7、8、9度为本地区抗震设防烈度。

2. 在钢筋混凝土结构中，由于砌筑砌体填充墙常使得框架柱形成短柱，结构设计时应采取相应的加强措施。

3. 砌体填充墙的设置影响结构的整体刚度（其影响的程度随结构体系的不同而异，相关问题分析见第3.6.6条），应避免使主体结构的刚度突变，形成薄弱层。

4. 楼梯间和人流通道的填充墙，应采用钢丝网砂浆面层加强，应在设计文件（结构设计总说明）中予以明确。一般情况下，疏散楼梯的填充墙位置明确，而疏散通道的填充墙只在建筑图上有表示，结构设计难以把握，因此，本条措施应对照建筑图实施并宜要求建筑施工图中予以明确。

5. 砌体填充墙应与主体结构可靠拉结，构造要求见表13.3.4-1。

砌体填充墙与主体连接的构造要求　　　　**表13.3.4-1**

<table>
<tr><th colspan="4">项　目</th><th>构　造　要　求</th></tr>
<tr><td colspan="4">填充墙平面和竖向布置要求</td><td>宜均匀对称，避免形成薄弱层或短柱</td></tr>
<tr><td colspan="4">填充墙砌体的砂浆强度等级</td><td>不应低于M5级</td></tr>
<tr><td colspan="4">实心块体的强度等级</td><td>不宜低于MU2.5级</td></tr>
<tr><td colspan="4">空心块体的强度等级</td><td>不宜低于MU3.5级</td></tr>
<tr><td rowspan="7">填充墙与主体结构的连接（图13.3.4-1）</td><td rowspan="3">水平方向连接</td><td colspan="2">拉　筋</td><td>沿墙高每500～600mm设2ϕ6</td></tr>
<tr><td rowspan="2">拉筋伸入墙内长度</td><td>6、7度</td><td>宜全长贯通</td></tr>
<tr><td>8、9度</td><td>应全长贯通</td></tr>
<tr><td rowspan="4">竖直方向连接</td><td colspan="2">一般要求</td><td>墙顶与框架梁密切结合</td></tr>
<tr><td colspan="2">墙长＞5m时</td><td>墙顶与梁宜有拉结</td></tr>
<tr><td colspan="2">墙长＞8m（宜墙长＞4m），或＞2倍层高时</td><td>宜设置钢筋混凝土构造柱</td></tr>
<tr><td colspan="2">墙高＞4m时</td><td>在墙体半高处宜设置与柱连接且沿墙贯通的钢筋混凝土水平系梁（即圈梁）</td></tr>
<tr><td colspan="4">楼梯间和人流通道的填充墙</td><td>应采用钢丝网砂浆面层加强，宜ϕ4@150</td></tr>
</table>

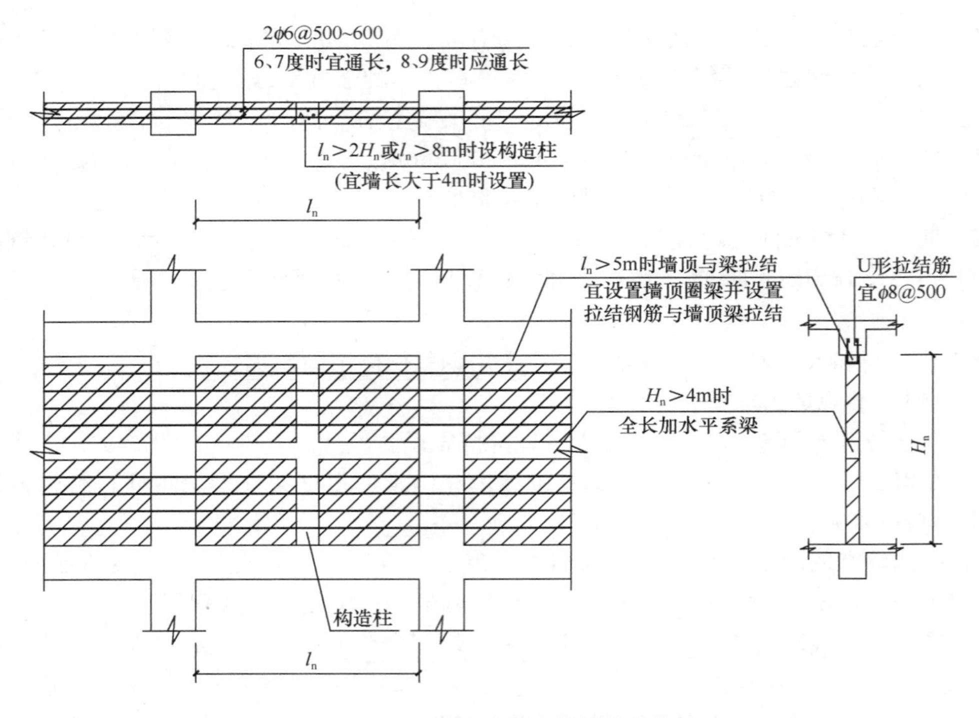

图 13.3.4-1 填充墙与主体结构的拉结

6. 多本标准对填充墙的材料要求各不相同：

1）《高规》第 6.1.5 条第 1 款规定对“砖及混凝土砌块”和“轻质砌块”分别提出强度等级要求。同时考虑“砖及混凝土砌块”的强度等级一般较高，因而提出较高的强度等级要求，而对于“轻质砌块”则强度等级较低，一般仅可适用于层高较小的楼层。

2）《抗震标准》本条第 2 款规定：“实心块体的强度等级不宜低于 MU2.5，空心块体的强度等级不宜低于 MU3.5。”《抗震标准》区分实心块体砌体墙和空心块体砌体墙的不同抗震性能（实心块体砌体墙的均匀性及抗震性能要优于空心块体砌体墙），分别对块体提出相应的强度等级要求，从抗震概念设计角度看，《抗震标准》的规定更合理。

3）依据《砌体标准》第 3.1.2 条规定，自承重的空心砖、轻集料混凝土砌块的强度等级应不低于 MU3.5 级。

4）现阶段可按《抗震标准》的规定，结合多本标准的要求综合确定块体的强度等级，有条件时可适当提高实心块体的强度等级。

第 13.3.5 条

一、标准的规定

13.3.5 单层钢筋混凝土柱厂房的围护墙和隔墙，尚应符合下列要求：

1 厂房的围护墙宜采用轻质墙板或钢筋混凝土大型墙板，砌体围护墙宜应采用外贴式并与柱可靠拉结；外侧柱距为 12m 时应采用轻质墙板或钢筋混凝土大型墙板。

2 刚性围护墙沿纵向宜均匀对称布置，不宜一侧为外贴式，另一侧为嵌砌式或开敞式；不宜一侧采用砌体墙一侧采用轻质墙板。

3 不等高厂房的高跨封墙和纵横向厂房交接处的悬墙宜采用轻质墙板，6、7 度采用砌体时不应直接砌在低跨屋面上。

4 砌体围护墙在下列部位应设置现浇钢筋混凝土圈梁：

1) 梯形屋架端部上弦和柱顶的标高处应各设一道，但屋架端部高度不大于 900mm 时可合并设置。

2) 应按上密下稀的原则每隔 4m 左右在窗顶增设一道圈梁，不等高厂房的高低跨封墙和纵墙跨交接处的悬墙，圈梁的竖向间距不应大于 3m。

3) 山墙沿屋面应设钢筋混凝土卧梁，并应与屋架端部上弦标高处的圈梁连接。

5 圈梁的构造应符合下列规定：

1) 圈梁宜闭合，圈梁截面宽度宜与墙厚相同，截面高度不应小于 180mm；圈梁的纵筋，6～8 度时不应少于 4ϕ12，9 度时不应少于 4ϕ14。

2) 厂房转角处柱顶圈梁在端开间范围内的纵筋，6～8 度时不宜少于 4ϕ14，9 度时不宜少于 4ϕ16，转角两侧各 1m 范围内的箍筋直径不宜小于 ϕ8，间距不宜大于 100mm；圈梁转角处应增设不少于 3 根且直径与纵筋相同的水平斜筋。

3) 圈梁应与柱或屋架牢固连接，山墙卧梁应与屋面板拉结；顶部圈梁与柱或屋架连接的锚拉钢筋不宜少于 4ϕ12，且锚固长度不宜少于 35 倍钢筋直径，防震缝处圈梁与柱或屋架的拉结宜加强。

6 墙梁宜采用现浇，当采用预制墙梁时，梁底应与砖墙顶面牢固拉结并应与柱锚拉；厂房转角处相邻的墙梁，应相互可靠连接。

7 砌体隔墙与柱宜脱开或柔性连接，并应采取措施使墙体稳定，隔墙顶部应设现浇钢筋混凝土压顶梁。

8 砖墙的基础，8 度Ⅲ、Ⅳ类场地和 9 度时，预制基础梁应采用现浇接头；当另设条形基础时，在柱基础顶面标高处应设置连续的现浇钢筋混凝土圈梁，其配筋不应少于 4ϕ12。

9 砌体女儿墙的高度不宜大于 1m，且应采取措施防止地震时倾倒。

二、对标准规定的理解

1. 本条规定中的 6、7、8、9 度为本地区抗震设防烈度。

2. 单层厂房的围护墙不宜采用嵌砌墙。震害调查表明，虽然嵌砌墙的墙体破坏较外贴墙要轻得多，但嵌砌墙对厂房的整体抗震性能产生极为不利的影响，在多跨厂房和外纵墙不对称布置的厂房中，由于各柱列的纵向侧移刚度差别很大，导致纵墙破坏甚至倒塌，两侧均为嵌砌墙的单跨厂房，也会由于纵向刚度的增大而加大厂房的纵向地震作用效应，特别是柱顶地震作用的集中对柱顶节点的抗震极为不利，造成柱顶节点破坏，危及屋盖的安全。门窗洞口处墙体刚度的削弱和突变，使门窗洞口处柱子形成短柱并导致柱子破坏。

3. 震害调查表明，砖砌体的高低跨封墙和纵横向厂房交接处的悬墙，由于其质量大、位置高，在水平地震作用特别是高振型影响下，外甩力大，墙体容易发生外倾、倒塌，可能破坏低跨屋盖及内部设备并伤人。因此，宜采用轻质墙板，当采用砖砌体时，应采取有效措施加强与主体结构的锚拉。

4. 不同墙体材料的质量、刚度不同，对主体结构的影响也不同，对抗震不利。同一结构单元中不宜采用不同材料的围护墙。

5. 单层钢筋混凝土柱厂房的隔墙和围护墙与主体连接的构造要求见表 13.3.5-1。

单层钢筋混凝土柱厂房的隔墙和围护墙与主体连接的构造要求　　表 13.3.5-1

<table>
<tr><th>序号</th><th colspan="2">项　目</th><th colspan="2">内　容</th></tr>
<tr><td rowspan="3">1</td><td rowspan="3">厂房的围护墙</td><td>基本要求</td><td colspan="2">宜采用轻质墙板或钢筋混凝土大型墙板</td></tr>
<tr><td>砌体围护墙</td><td colspan="2">宜应采用外贴式并与柱可靠拉结</td></tr>
<tr><td>外侧柱距为 12m 时</td><td colspan="2">应采用轻质墙板或钢筋混凝土大型墙板</td></tr>
<tr><td>2</td><td colspan="2">围护墙的布置原则</td><td colspan="2">宜均匀对称，不宜一侧为外贴式，另一侧为嵌砌式或开敞式；不宜一侧采用砌体墙一侧采用轻质墙板</td></tr>
<tr><td>3</td><td colspan="2">不等高厂房的高跨封墙和纵横向厂房交接处的悬墙</td><td colspan="2">宜采用轻质墙板，6、7 度采用砌体时不应直接砌在低跨屋面上</td></tr>
<tr><td rowspan="3">4</td><td colspan="2" rowspan="3">砌体围护墙应设置钢筋混凝土圈梁的部位</td><td colspan="2">梯形屋架端部上弦和柱顶的标高处各设一道（屋架端部高度不大于900mm 时可合并设置）</td></tr>
<tr><td colspan="2">应按上密下稀的原则每隔 4m 左右在窗顶增设一道圈梁，不等高厂房的高低跨封墙和纵墙跨交接处的悬墙，圈梁的竖向间距不应大于 3m</td></tr>
<tr><td colspan="2">山墙沿屋面应设钢筋混凝土卧梁，并与屋架端部上弦标高处的圈梁连接</td></tr>
<tr><td rowspan="4">5</td><td rowspan="4">圈梁的构造</td><td>平面布置要求</td><td colspan="2">圈梁宜闭合</td></tr>
<tr><td>圈梁截面要求</td><td colspan="2">圈梁截面宽度宜与墙厚相同，截面高度不应小于 180mm</td></tr>
<tr><td rowspan="2">圈梁钢筋</td><td>纵筋</td><td>6～8 度时≥4ϕ12，9 度时≥4ϕ14</td></tr>
<tr><td>箍筋</td><td>直径宜≥ϕ6，间距可见表 7.3.4</td></tr>
<tr><td rowspan="3">6</td><td colspan="2" rowspan="3">厂房转角处柱顶圈梁在端开间范围内的做法</td><td colspan="2">纵筋：6～8 度时宜≥4ϕ14，9 度时宜≥4ϕ16</td></tr>
<tr><td colspan="2">转角两侧各 1m 范围内的箍筋：直径宜≥ϕ8，间距宜≤100mm</td></tr>
<tr><td colspan="2">圈梁转角处应增设≥3 根与纵筋相同直径的水平斜筋</td></tr>
<tr><td>7</td><td colspan="2">柱或屋架顶的圈梁、山墙卧梁</td><td colspan="2">顶部圈梁与柱或屋架连接的锚拉钢筋宜≥4ϕ12，且锚固长度宜≥35d，防震缝处圈梁与柱或屋架的拉结宜加强</td></tr>
<tr><td>8</td><td colspan="2">墙梁宜现浇，当采用预制墙梁时</td><td colspan="2">梁底应与砖墙顶面牢固拉结并应与柱锚拉；厂房转角处相邻的墙梁，应相互可靠连接</td></tr>
<tr><td>9</td><td colspan="2">砌体隔墙与柱</td><td colspan="2">宜脱开或柔性连接，并应采取措施使墙体稳定，隔墙顶部应设现浇钢筋混凝土压顶梁</td></tr>
<tr><td>10</td><td colspan="2">8 度Ⅲ、Ⅳ类场地和 9 度时的砖墙基础</td><td colspan="2">预制基础梁应采用现浇接头；当另设条形基础时，在柱基础顶面标高处应设置连续的现浇钢筋混凝土圈梁，其配筋≥4ϕ12</td></tr>
<tr><td>11</td><td colspan="2">砌体女儿墙</td><td colspan="2">高度宜≤1m，且应采取措施防止地震时倾倒</td></tr>
</table>

三、结构设计建议

宜根据工程的具体情况控制构造柱间距，一般可按不大于 4m 考虑。

第 13.3.6 条

一、标准的规定

13.3.6　钢结构厂房的围护墙，应符合下列要求：

1 厂房的围护墙，应优先采用轻型板材，预制钢筋混凝土墙板宜与柱柔性连接；9度时，宜采用轻型板材。

2 单层厂房的砌体围护墙应贴砌并与柱拉结，尚应采取措施使墙体不妨碍厂房柱列沿纵向的水平位移；8、9度时不应采用嵌砌式。

二、对标准规定的理解

1. 本条规定中的8、9度为本地区抗震设防烈度。

2. 对钢结构厂房的围护墙，其抗震构造要求与混凝土结构的围护墙基本相同。

3. 单层钢结构厂房的砌体围护墙构造要求见表13.3.6-1。

单层钢结构厂房的砌体围护墙的构造要求 **表13.3.6-1**

序号	项目	内容
1	钢结构厂房的围护墙	应优先采用轻型板材，预制钢筋混凝土墙板宜与柱柔性连接；9度时，宜采用轻型板材
2	砌体围护墙	不宜（8、9度时不应）采用嵌砌式
		应贴砌并与柱拉结，尚应采取措施使墙体不妨碍厂房柱列沿纵向的水平位移
3	其他要求	参考表13.3.5-1

第13.3.7条

一、标准的规定

13.3.7 各类顶棚的构件与楼板的连接件，应能承受顶棚、悬挂重物和有关机电设施的自重和地震附加作用；其锚固的承载力应大于连接件的承载力。

二、对标准规定的理解

各类顶棚与主体结构的连接应能满足地震时的承载力要求，以实现地震时不掉落伤人这一基本的抗震性能目标要求。

第13.3.8条

一、标准的规定

13.3.8 悬挑雨篷或一端由柱支承的雨篷，应与主体结构可靠连接。

二、对标准规定的理解

悬挑结构或一端由柱支承的雨篷，属于静定结构（没有多余约束），其与主体结构的连接应有足够的保证。

第13.3.9条

一、标准的规定

13.3.9 玻璃幕墙、预制墙板、附属于楼屋面的悬臂构件和大型储物架的抗震构造，应符合相关专门标准的规定。

二、对标准规定的理解

对玻璃幕墙、预制墙板、附属于楼屋面的悬臂构件和大型储物架等，应确保地震时最基本的抗震性能目标，并按相关标准设计。

13.4 建筑附属机电设备支架的基本抗震措施

要点：

附属机电设备对主体结构的影响主要是其重量引起的重力荷载效应和附加地震作用效应，对地震作用效应一般可采用附加重力荷载代表值的简化方法计算。对屋顶水箱等影响比较大的设备荷载，应予以足够的重视，并应与主体结构有可靠的连接。

第 13.4.1 条

一、标准的规定

13.4.1 附属于建筑的电梯、照明和应急电源系统、烟火监测和消防系统、采暖和空气调节系统、通信系统、公用天线等与建筑结构的连接构件和部件的抗震措施，应根据设防烈度、建筑使用功能、房屋高度、结构类型和变形特征、附属设备所处的位置和运转要求等经综合分析后确定。

二、对标准规定的理解

对附属机电设备应根据其在地震时的使用要求确定相应的抗震性能目标，可分为地震时继续使用、地震时停止使用但设备不损坏、地震时设备可损坏但不掉落伤人等。

第 13.4.2 条

一、标准的规定

13.4.2 下列附属机电设备的支架可不考虑抗震设防要求：

1 重力不超过 1.8kN 的设备。

2 内径小于 25mm 的燃气管道和内径小于 60mm 的电气配管。

3 矩形截面面积小于 0.38m² 和圆形直径小于 0.70m 的风管。

4 吊杆计算长度不超过 300mm 的吊杆悬挂管道。

二、对标准规定的理解

对重量较轻、不太重要的机电设备可不考虑其抗震设防要求。

第 13.4.3 条

一、标准的规定

13.4.3 建筑附属机电设备不应设置在可能导致其使用功能发生障碍等二次灾害的部位；对于有隔震装置的设备，应注意其强烈振动对连接件的影响，并防止设备和建筑结构发生谐振现象。

建筑附属机电设备的支架应具有足够的刚度和强度；其与建筑结构应有可靠的连接和锚固，应使设备在遭遇设防烈度地震影响后能迅速恢复运转。

二、对标准规定的理解

机电设备应布置在地震时不发生二次灾害的部位、对主体结构影响较小的部位和地震后能迅速恢复运转的部位等。

第 13.4.4 条

一、标准的规定

13.4.4 管道、电缆、通风管和设备的洞口设置，应减少对主要承重结构构件的削弱；洞口边缘应有补强措施。

管道和设备与建筑结构的连接，应能允许二者间有一定的相对变位。

二、对标准规定的理解

机电设备的布置应减少对主楼结构的削弱，有削弱的要采取相应的补强措施。

第 13.4.5 条

一、标准的规定

13.4.5 建筑附属机电设备的基座或连接件应能将设备承受的地震作用全部传递到建筑结构上。建筑结构中，用以固定建筑附属机电设备预埋件、锚固件的部位，应采取加强措施，以承受附属机电设备传给主体结构的地震作用。

二、对标准规定的理解

和其他建筑非结构构件一样，机电设备与主体结构的连接件是确保地震时机电设备安全和主体结构不受损坏的重要保证，应引起足够的重视。

第 13.4.6 条

一、标准的规定

13.4.6 建筑内的高位水箱应与所在的结构构件可靠连接；且应计及水箱及所含水重对建筑结构产生的地震作用效应。

二、对标准规定的理解

高位水箱由于其重量大、位置高，对地震作用的影响较大，应优先考虑采用自重较轻的成品水箱（如钢板水箱、玻璃钢水箱等），结构进行整体分析计算时对水箱重量应准确计算，应考虑水箱自身的重量和水的重量。计算水箱重量时，对成品水箱，可根据设备厂家提供的样本确定；而对钢筋混凝土水箱，一般可按 2 倍水重来估算水箱及水的总重量。

第 13.4.7 条

一、标准的规定

13.4.7 在设防地震下需要连续工作的附属设备，宜设置在建筑结构地震反应较小的部位；相关部位的结构构件应采取相应的加强措施。

二、对标准规定的理解

在建筑结构地震反应较小的部位（如地下室、房屋的底部等）设置机电设备，机电设备及结构所受的地震作用相对较小，有利于抗震性能目标的实现。地震（如设防烈度地震）时需要连续工作的附属设备应优先考虑设置在建筑结构地震反应较小的部位。

14 地 下 建 筑

说明：

高层（多层）建筑的地下室（包括设置防震缝与主楼对应范围分开的地下室）属于附建式地下建筑（功能与主楼有关联，属于主楼的配套附属建筑），不属于“单建式地下建筑”，不需要执行本章的规定。

对地下建筑结构应以概念设计为主，并采取必要的抗震措施，不能完全依赖程序计算。

14.1 一 般 规 定

要点：

单建式地下建筑的结构设计和附建式地下建筑一样，其对称、均匀的基本原则不变，同时还应更加注重地形、地质条件等对地下室的影响。

第 14.1.1 条

一、标准的规定

14.1.1 本章主要适用于地下车库、过街通道、地下变电站和地下空间综合体等单建式地下建筑。不包括地下铁道、城市公路隧道等。

二、对标准规定的理解

明确了本章的规定仅适用于单建式地下建筑（不包括地下铁道、城市公路隧道等）。一般民用建筑中的附建式地下室（其功能与主楼有关联，属于主楼的配套附属建筑）不属于单建式地下建筑，无需执行本章的规定。

第 14.1.2 条

一、标准的规定

14.1.2 地下建筑宜建造在密实、均匀、稳定的地基上。当处于软弱土、液化土或断层破碎带等不利地段时，应分析其对结构抗震稳定性的影响，采取相应措施。

二、对标准规定的理解

单建式地下建筑选择在密实、均匀、稳定的地基上建造，有利于结构的正常使用（尤其当地下室平面尺度较大时，地基的密实、稳定、均匀有利于减小地基的不均匀沉降）及地震时的稳定。

第 14.1.3 条

一、标准的规定

14.1.3 地下建筑的建筑布置应力求简单、对称、规则、平顺；横剖面的形状和构造不宜沿纵向突变。

二、对标准规定的理解

地下室结构布置也应遵循均匀、对称的基本原则，力求体型简单，避免不同部位（沿纵向）横剖面的剧烈变化。当地下室较为空旷（仅地下室四周有钢筋混凝土墙，内部广大区域无墙或墙间距大于表 6.1.6-1 的数值）时，内部应设置适当数量的钢筋混凝土墙，以确保地下室侧向刚度均匀及地下室的整体性和必要的协同工作能力。

第 14.1.4 条

一、标准的规定

14.1.4 地下建筑的结构体系应根据使用要求、场地工程地质条件和施工方法等确定，并应具有良好的整体性，避免抗侧力结构的侧向刚度和承载力突变。

丙类钢筋混凝土地下结构的抗震等级，6、7 度时不应低于四级，8、9 度时不宜低于三级。乙类钢筋混凝土地下结构的抗震等级，6、7 度时不宜低于三级，8、9 度时不宜低于二级。

二、对标准规定的理解

1. 本条规定中的 6 度、7 度、8 度、9 度为本地区抗震设防烈度。

2. 对照第 6.1.3 条中对“地下室无上部结构的部分”的相关规定，可以发现，地下建筑的抗震等级根据设防烈度及重要性程度的不同，要略高于高层建筑（或多层建筑）的附建式地下室。

第 14.1.5 条

一、标准的规定

14.1.5 位于岩石中的地下建筑，其出入口通道两侧的边坡和洞口仰坡，应依据地形、地质条件选用合理的口部结构类型，提高其抗震稳定性。

二、对标准规定的理解

位于岩石中的地下建筑的口部往往是抗震薄弱部位，而洞口地形、地质条件等直接影响口部结构的稳定性，结构设计时应特别注意。

14.2 计 算 要 点

要点：

1. 影响地下建筑抗震计算的因素很多，其中最重要的是计算模型及其主要计算参数的取值。由于地基土为非弹性材料且离散性很大，尽管采用了较为合理的计算模型，对计算参数也进行了精细分析，但计算结果的准确性仍不理想。因此，对地下建筑仍应优先考虑进行抗震概念设计，并采取相应的抗震措施。

2. 目前大部分计算程序对单建式地下室的分析计算均采用简化计算方法，将地下结构简化为地上结构，也即采用的是基础顶面的嵌固模型，采用振型分解反应谱法计算，考虑地下结构自身刚度，但不考虑地下室以外土体的质量和刚度，仅考虑地下室外填土对地下结构刚度的增大作用，与标准规定有出入，但总体偏于安全。

第 14.2.1 条

一、标准的规定

14.2.1 按本章要求采取抗震措施的下列地下建筑，可不进行地震作用计算：

1 7 度Ⅰ、Ⅱ类场地的丙类地下建筑。

2 8 度（0.20g）Ⅰ、Ⅱ类场地时，不超过二层、体型规则的中小跨度丙类地下建筑。

二、对标准规定的理解

1. 本条规定中的 7、8 度为本地区抗震设防烈度。

2. 依据工程经验，确定可不进行地震作用计算（但仍需采取抗震构造措施）的地下建筑范围。

第 14.2.2 条

一、标准的规定

14.2.2 地下建筑的抗震计算模型，应根据结构实际情况确定并符合下列要求：

1 应能较准确地反映周围挡土结构和内部各构件的实际受力状况；与周围挡土结构分离的内部结构，可采用与地上建筑同样的计算模型。

2 周围地层分布均匀、规则且具有对称轴的纵向较长的地下建筑，结构分析可选择平面应变分析模型并采用反应位移法或等效水平地震加速度法、等效侧力法计算。

3 长宽比和高宽比均小于 3 及本条第 2 款以外的地下建筑，宜采用空间结构分析计算模型并采用土层-结构时程分析法计算。

二、对标准规定的理解

1. 地下建筑抗震计算模型除需要考虑地下结构自身受力特点和传力途径外，还需模拟周围土层的影响。地基土属于非弹性材料且离散性很大，一般情况下，对土的模拟准确性差。

2. 进行地下建筑结构的分析计算时，通常根据地下建筑工程的具体情况可选择采用简便方法或时程分析法。简便方法包括反应位移法、等效水平地震加速度法及等效侧力法，仅适用于平面应变问题［以长条形地下结构为例，平面应变问题一般适用于离端部距离 1.5 倍结构横向（长条形的短向）尺寸以上的地下建筑结构］的地震反应分析，而时程分析法则具有普遍适用性。

1）反应位移法

（1）采用反应位移法计算时，将土层动力反应位移的最大值作为强制位移施加于结构上，然后按静力原理计算内力。土层动力反应位移的最大值可通过输入地震波的动力有限元计算确定。

（2）以长条形地下结构为例，其横截面的等效侧向荷载由两侧土层变形形成的侧向力 $p(z)$、结构自重产生的惯性力及结构与周围土层间的剪切力 τ 三者的总和，见图 14.2.2-1。

地下结构自身的惯性力，可取结构的质量乘以最大加速度，并作用在结构重心位置。

$$\tau = \frac{GS_{\mathrm{v}}T_{\mathrm{s}}}{\pi H} \tag{14.2.2-1}$$

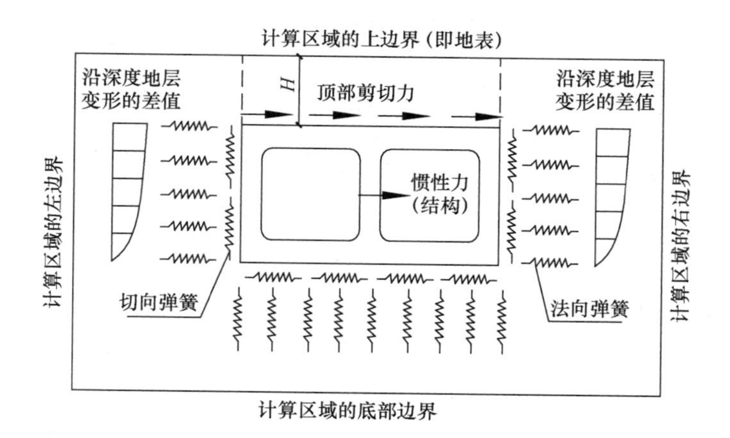

图 14.2.2-1 反应位移法的等效荷载

$$p(z)=k_{\mathrm{h}}[u(z)-u(z_{\mathrm{b}})] \tag{14.2.2-2}$$

式中：τ——地下结构顶板上表面与土层接触处的剪切力；

G——土层的动剪变模量，可采用结构周围地层中应变水平为 10^{-4} 量级的地层剪切刚度，其值可取初始值的 70%～80%；

H——顶板以上土层的厚度；

S_{v}——基础底面标高处的速度反应谱，可由地面加速度反应谱求得；

T_{s}——顶板以上土层的固有周期；

$p(z)$——地下结构高度范围内土层变形形成的侧向力；

$u(z)$、$u(z_{\mathrm{b}})$——分别为距地表深度 z 及地下结构底面（距地表 z_{b}）处的地震土层变形；

k_{h}——地震时单位面积的水平向土层弹簧系数，可采用不包含地下结构的土层有限元网格，在地下结构处施加单位水平力并求出对应的水平变形得到。

2）等效水平地震加速度法

将地下结构的地震反应简化为沿竖向线性分布的等效水平地震加速度的作用效应，计算采用数值方法（常用有限元法）。

3）等效侧力法

将地下结构的地震反应简化为作用在节点上的等效水平地震惯性力的作用效应，从而可采用结构力学方法计算结构的动内力。

4）时程分析法

软土地区的研究结果表明，平面应变问题时程分析法的网格划分时，横向边界宜取至相邻结构边墙至少 3 倍结构宽度处，底部边界取至基岩表面或经时程分析试算结果趋于稳定的深度处，上部边界取至地表。计算的边界条件，侧向边界可采用自由场边界，底部边界离结构底部较远时可取为可输入地震加速度时程的固定边界，地表为自由边界（图 14.2.2-2）。

采用空间结构模型时，横截面上的计算范围和边界条件见图 14.2.2-2，纵向边界可取离结构端部 2 倍结构横断面面积当量宽度处的横剖面，边界条件宜为自由场边界（图 14.2.2-3）。

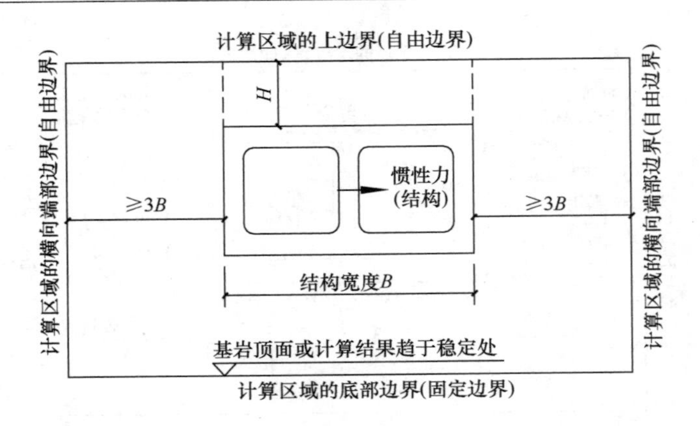

图14.2.2-2 平面应变问题时程分析的计算范围和边界条件

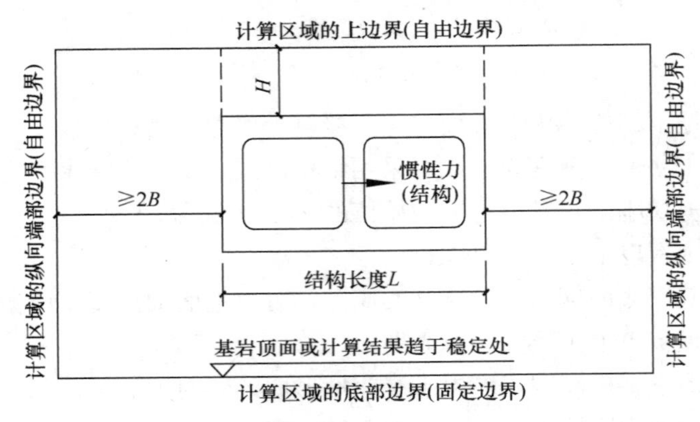

图 14.2.2-3 空间结构模型分析时的纵向计算范围和边界条件

第 14.2.3 条

一、标准的规定

14.2.3 地下建筑抗震计算的设计参数，应符合下列要求：

1 地震作用的方向应符合下列规定：

1）按平面应变模型分析的地下结构，可仅计算横向的水平地震作用；

2）不规则的地下结构，宜同时计算结构横向和纵向的水平地震作用；

3）地下空间综合体等体型复杂的地下结构，8、9 度时尚宜计及竖向地震作用。

2 地震作用的取值，应随地下的深度比地面相应减少：基岩处的地震作用可取地面的一半，地面至基岩的不同深度处可按插入法确定；地表、土层界面和基岩面较平坦时，也可采用一维波动法确定；土层界面、基岩面或地表起伏较大时，宜采用二维或三维有限元法确定。

3 结构的重力荷载代表值应取结构、构件自重和水、土压力的标准值及各可变荷载的组合值之和。

4 采用土层-结构时程分析法或等效水平地震加速度法时，土、岩石的动力特性参数可由试验确定。

二、对标准规定的理解

1. 本条规定中的8、9度为本地区抗震设防烈度。

2. 地下建筑结构一般可不计算沿斜向抗侧力结构方向的水平地震作用。对地下空间综合体等体型复杂的地下建筑结构，宜同时计算结构纵、横两个方向的水平地震作用；对长条形地下建筑结构，一般可仅考虑沿结构横向的水平地震作用。

3. 体型复杂的地下空间结构或地基地质条件复杂的长条形地下结构，不均匀沉降常导致结构裂缝，因此，7度时也宜考虑竖向地震作用效应。

4. 地面以下设计基本地震加速度值随距地表的深度增加而减小，一般在基岩面可取地表加速度值的1/2，基岩至地表之间按线性内插确定（图14.2.3-1）。

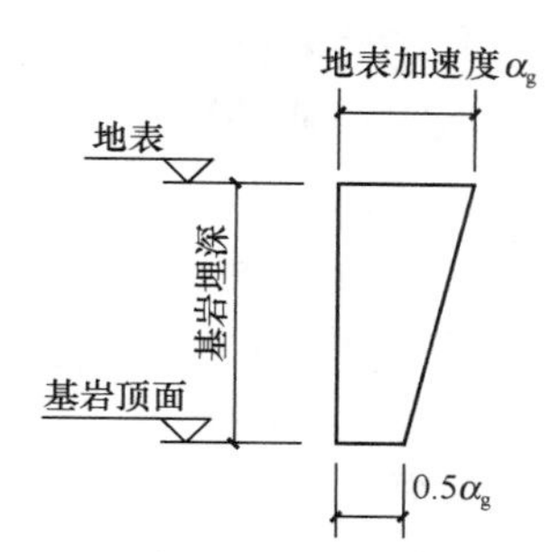

图14.2.3-1 地面以下设计基本地震加速度取值

5. 地下结构的重力荷载代表值，应包括水、土压力等的标准值。

6. 土层的计算参数由试验确定，软土的动力特性采用Davidenkov模型表述时，相关参数满足下式关系：

$$\frac{G}{G_{\max}}=1-\left[\frac{(\gamma_d/\gamma_0)^{2B}}{1+(\gamma_d/\gamma_0)^{2B}}\right]^A \tag{14.2.3-1}$$

$$\frac{\lambda}{\lambda_{\max}}=\left[1-\frac{G}{G_{\max}}\right]^\beta \tag{14.2.3-2}$$

式中：$G_{\max}$为最大动剪变模量；γ_0为参考应变；$\lambda_{\max}$为最大阻尼比；A、B、β为拟合参数。当缺乏试验资料时，上述参数可按下列公式估算：

$$G_{\max}=\rho c_s^2 \tag{14.2.3-3}$$

$$\lambda_{\max}=\alpha_2-\alpha_3(\sigma'_v)^{\frac{1}{2}} \tag{14.2.3-4}$$

$$\sigma'_v=\sum_{i=1}^{n}\gamma'_i h_i \tag{14.2.3-5}$$

式中：ρ——质量密度；

c_s——剪切波速；

σ'_v——有效上覆压力；

γ'_i——第i土层的有效重度；

h_i——第i土层的厚度；

α_2、α_3——经验常数，由当地试验数据拟合分析确定。

第14.2.4条

一、标准的规定

14.2.4 地下建筑的抗震验算，除应符合本规范第5章的要求外，尚应符合下列规定：

1 应进行多遇地震作用下截面承载力和构件变形的抗震验算。

2 对于不规则的地下建筑以及地下变电站和地下空间综合体等，尚应进行罕遇地震作用下的抗震变形验算。计算可采用本规范第5.5节的简化方法，混凝土结构弹塑性层间位移角限值［θ_p］宜取1/250。

3 液化地基中的地下建筑，应验算液化时的抗浮稳定性。液化土层对地下连续墙和抗拔桩等的摩阻力，宜根据实测的标准贯入锤击数与临界标准贯入锤击数的比值确定其液化折减系数。

二、对标准规定的理解

1. 抗震验算的基本要求与上部结构大致相同。

2. 应特别注意地震液化对抗浮稳定性的影响，必要时应采取措施加固地基，避免地震时场地液化。2011年2月22日新西兰第二大城市克莱斯特彻奇发生里氏6.3级强烈地震时地基液化造成大面积地面喷（泥浆）浆，地震液化对建筑物抗浮影响不可小视。

14.3 抗震构造措施和抗液化措施

要点：

对地下建筑抗震构造措施和抗液化措施十分重要，也是抗震措施的主要内容。

第14.3.1条

一、标准的规定

14.3.1 钢筋混凝土地下建筑的抗震构造，应符合下列要求：

1 宜采用现浇结构。需要设置部分装配式构件时，应使其与周围构件有可靠的连接。

2 地下钢筋混凝土框架结构构件的最小尺寸应不低于同类地面结构构件的规定。

3 中柱的纵向钢筋最小总配筋率，应比本规范表6.3.7-1的规定增加0.2%。中柱与梁或顶板、中间楼板及底板连接处的箍筋应加密，其范围和构造与地面框架结构的柱相同。

二、对标准规定的理解

1. 地下建筑由于荷载较大及特殊的使用功能，其实际构件尺寸一般较大。

2. 依据“强柱弱梁”的设计概念，适当加大中柱配筋。条文中的配筋率“0.2%”应修改为：“0.20%”。

第14.3.2条

一、标准的规定

14.3.2 地下建筑的顶板、底板和楼板，应符合下列要求：

1 宜采用梁板结构。当采用板柱-抗震墙结构时，无柱帽的平板应在柱上板带中设构造暗梁，其构造措施按本规范第6.6.4条第1款的规定采用。

2 对地下连续墙的复合墙体，顶板、底板及各层楼板的负弯矩钢筋至少应有50%锚入地下连续墙，锚入长度按受力计算确定；正弯矩钢筋需锚入内衬，并均不小于规定的锚固长度。

3 楼板开孔时，孔洞宽度应不大于该层楼板宽度的30%；洞口的布置宜使结构质量和刚度的分布仍较均匀、对称，避免局部突变。孔洞周围应设置满足构造要求的边梁或暗梁。

二、对标准规定的理解

1. 为减少基坑暴露时间（对岩石基坑，应特别注意基坑暴露和岩石水分蒸发对其强度的重大影响，必要时应采取相应保护措施），当地下建筑有抗浮要求时，其底板、楼板和顶板一般也可采用无梁楼盖结构。

2. 地下建筑的楼盖结构往往是地下室外墙的水平支承构件，也是地震时水平力的有效传力途径，因此，应最大限度地保证楼板的整体性和完整性，对洞口周围应采取必要的补强措施。

第 14.3.3 条

一、标准的规定

14.3.3 地下建筑周围土体和地基存在液化土层时，应采取下列措施：

1 对液化土层采取注浆加固和换土等消除或减轻液化影响的措施。

2 进行地下结构液化上浮验算，必要时采取增设抗拔桩、配置压重等相应的抗浮措施。

3 存在液化土薄夹层，或施工中深度大于 20m 的地下连续墙围护结构遇到液化土层时，可不做地基抗液化处理，但其承载力及抗浮稳定性验算应计入土层液化引起的土压力增加及摩阻力降低等因素的影响。

二、对标准规定的理解

1. 对地基的液化应采取有效措施进行处理，可采用注浆加固和换土等技术措施，以有效地消除或减轻液化危害。

2. 液化处理可结合基坑支护措施共同考虑，如采用地下连续墙则可减轻液化程度并有利于地下建筑的抗浮（穿过液化土层并对基底下的液化土层形成有效约束，使液化土层如同大面积筏板中部的液化土一样，地震时可有效减轻地基液化。相关问题参见图 4.3.6-1 及相关说明和第 4.3.8 条）。

第 14.3.4 条

一、标准的规定

14.3.4 地下建筑穿越地震时岸坡可能滑动的古河道或可能发生明显不均匀沉陷的软土地带时，应采取更换软弱土或设置桩基础等措施。

二、对标准规定的理解

当地下建筑必须横跨滑坡或地质条件剧烈变化的地段时，应对地基进行换填处理或采用桩基础等，并对相应区段及其相关范围的结构构件采取相应的加强措施。

第 14.3.5 条

一、标准的规定

14.3.5 位于岩石中的地下建筑，应采取下列抗震措施：

1 口部通道和未注浆加固处理的断层破碎带区段采用复合式支护结构时，内衬结构应采用钢筋混凝土衬砌，不得采用素混凝土衬砌。

2 采用离壁式衬砌时，内衬结构应在拱墙相交处设置水平撑抵紧围岩。

3 采用钻爆法施工时，初期支护和围岩地层间应密实回填。干砌块石回填时应注浆加强。

二、对标准规定的理解

震害调查表明，断层破碎带的复合式支护及隧道口部地段的内衬采用钢筋混凝土时，可大大减轻地震损坏，而采用素混凝土时，内衬结构严重损坏并大量坍塌。

附　录　一

《建设工程抗震管理条例》

（中华人民共和国国务院令第744号）

第一章　总　　则

第一条　为了提高建设工程抗震防灾能力，降低地震灾害风险，保障人民生命财产安全，根据《中华人民共和国建筑法》《中华人民共和国防震减灾法》等法律，制定本条例。

第二条　在中华人民共和国境内从事建设工程抗震的勘察、设计、施工、鉴定、加固、维护等活动及其监督管理，适用本条例。

第三条　建设工程抗震应当坚持以人为本、全面设防、突出重点的原则。

第四条　国务院住房和城乡建设主管部门对全国的建设工程抗震实施统一监督管理。国务院交通运输、水利、工业和信息化、能源等有关部门按照职责分工，负责对全国有关专业建设工程抗震的监督管理。

县级以上地方人民政府住房和城乡建设主管部门对本行政区域内的建设工程抗震实施监督管理。县级以上地方人民政府交通运输、水利、工业和信息化、能源等有关部门在各自职责范围内，负责对本行政区域内有关专业建设工程抗震的监督管理。

县级以上人民政府其他有关部门应当依照本条例和其他有关法律、法规的规定，在各自职责范围内负责建设工程抗震相关工作。

第五条　从事建设工程抗震相关活动的单位和人员，应当依法对建设工程抗震负责。

第六条　国家鼓励和支持建设工程抗震技术的研究、开发和应用。

各级人民政府应当组织开展建设工程抗震知识宣传普及，提高社会公众抗震防灾意识。

第七条　国家建立建设工程抗震调查制度。

县级以上人民政府应当组织有关部门对建设工程抗震性能、抗震技术应用、产业发展等进行调查，全面掌握建设工程抗震基本情况，促进建设工程抗震管理水平提高和科学决策。

第八条　建设工程应当避开抗震防灾专项规划确定的危险地段。确实无法避开的，应当采取符合建设工程使用功能要求和适应地震效应的抗震设防措施。

第二章　勘察、设计和施工

第九条　新建、扩建、改建建设工程，应当符合抗震设防强制性标准。

国务院有关部门和国务院标准化行政主管部门依据职责依法制定和发布抗震设防强制性标准。

第十条　建设单位应当对建设工程勘察、设计和施工全过程负责，在勘察、设计和施工合同中明确拟采用的抗震设防强制性标准，按照合同要求对勘察设计成果文件进行核验，组织工程验收，确保建设工程符合抗震设防强制性标准。

建设单位不得明示或者暗示勘察、设计、施工等单位和从业人员违反抗震设防强制性标准，降低工程抗震性能。

第十一条 建设工程勘察文件中应当说明抗震场地类别，对场地地震效应进行分析，并提出工程选址、不良地质处置等建议。

建设工程设计文件中应当说明抗震设防烈度、抗震设防类别以及拟采用的抗震设防措施。采用隔震减震技术的建设工程，设计文件中应当对隔震减震装置技术性能、检验检测、施工安装和使用维护等提出明确要求。

第十二条 对位于高烈度设防地区、地震重点监视防御区的下列建设工程，设计单位应当在初步设计阶段按照国家有关规定编制建设工程抗震设防专篇，并作为设计文件组成部分：

（一）重大建设工程；

（二）地震时可能发生严重次生灾害的建设工程；

（三）地震时使用功能不能中断或者需要尽快恢复的建设工程。

第十三条 对超限高层建筑工程，设计单位应当在设计文件中予以说明，建设单位应当在初步设计阶段将设计文件等材料报送省、自治区、直辖市人民政府住房和城乡建设主管部门进行抗震设防审批。住房和城乡建设主管部门应当组织专家审查，对采取的抗震设防措施合理可行的，予以批准。超限高层建筑工程抗震设防审批意见应当作为施工图设计和审查的依据。

前款所称超限高层建筑工程，是指超出国家现行标准所规定的适用高度和适用结构类型的高层建筑工程以及体型特别不规则的高层建筑工程。

第十四条 工程总承包单位、施工单位及工程监理单位应当建立建设工程质量责任制度，加强对建设工程抗震设防措施施工质量的管理。

国家鼓励工程总承包单位、施工单位采用信息化手段采集、留存隐蔽工程施工质量信息。

施工单位应当按照抗震设防强制性标准进行施工。

第十五条 建设单位应当将建筑的设计使用年限、结构体系、抗震设防烈度、抗震设防类别等具体情况和使用维护要求记入使用说明书，并将使用说明书交付使用人或者买受人。

第十六条 建筑工程根据使用功能以及在抗震救灾中的作用等因素，分为特殊设防类、重点设防类、标准设防类和适度设防类。学校、幼儿园、医院、养老机构、儿童福利机构、应急指挥中心、应急避难场所、广播电视等建筑，应当按照不低于重点设防类的要求采取抗震设防措施。

位于高烈度设防地区、地震重点监视防御区的新建学校、幼儿园、医院、养老机构、儿童福利机构、应急指挥中心、应急避难场所、广播电视等建筑应当按照国家有关规定采用隔震减震等技术，保证发生本区域设防地震时能够满足正常使用要求。

国家鼓励在除前款规定以外的建设工程中采用隔震减震等技术，提高抗震性能。

第十七条 国务院有关部门和国务院标准化行政主管部门应当依据各自职责推动隔震减震装置相关技术标准的制定，明确通用技术要求。鼓励隔震减震装置生产企业制定严于国家标准、行业标准的企业标准。

隔震减震装置生产经营企业应当建立唯一编码制度和产品检验合格印鉴制度，采集、存储隔震减震装置生产、经营、检测等信息，确保隔震减震装置质量信息可追溯。隔震减震装置质量应当符合有关产品质量法律、法规和国家相关技术标准的规定。

建设单位应当组织勘察、设计、施工、工程监理单位建立隔震减震工程质量可追溯制度，利用信息化手段对隔震减震装置采购、勘察、设计、进场检测、安装施工、竣工验收等全过程的信息资料进行采集和存储，并纳入建设项目档案。

第十八条 隔震减震装置用于建设工程前，施工单位应当在建设单位或者工程监理单位监督下进行取样，送建设单位委托的具有相应建设工程质量检测资质的机构进行检测。禁止使用不合格的隔震减震装置。

实行施工总承包的，隔震减震装置属于建设工程主体结构的施工，应当由总承包单位自行完成。

工程质量检测机构应当建立建设工程过程数据和结果数据、检测影像资料及检测报告记录与留存制度，对检测数据和检测报告的真实性、准确性负责，不得出具虚假的检测数据和检测报告。

第三章 鉴定、加固和维护

第十九条 国家实行建设工程抗震性能鉴定制度。

按照《中华人民共和国防震减灾法》第三十九条规定应当进行抗震性能鉴定的建设工程，由所有权人委托具有相应技术条件和技术能力的机构进行鉴定。

国家鼓励对除前款规定以外的未采取抗震设防措施或者未达到抗震设防强制性标准的已经建成的建设工程进行抗震性能鉴定。

第二十条 抗震性能鉴定结果应当对建设工程是否存在严重抗震安全隐患以及是否需要进行抗震加固作出判定。

抗震性能鉴定结果应当真实、客观、准确。

第二十一条 建设工程所有权人应当对存在严重抗震安全隐患的建设工程进行安全监测，并在加固前采取停止或者限制使用等措施。

对抗震性能鉴定结果判定需要进行抗震加固且具备加固价值的已经建成的建设工程，所有权人应当进行抗震加固。

位于高烈度设防地区、地震重点监视防御区的学校、幼儿园、医院、养老机构、儿童福利机构、应急指挥中心、应急避难场所、广播电视等已经建成的建筑进行抗震加固时，应当经充分论证后采用隔震减震等技术，保证其抗震性能符合抗震设防强制性标准。

第二十二条 抗震加固应当依照《建设工程质量管理条例》等规定执行，并符合抗震设防强制性标准。

竣工验收合格后，应当通过信息化手段或者在建设工程显著部位设置永久性标牌等方式，公示抗震加固时间、后续使用年限等信息。

第二十三条 建设工程所有权人应当按照规定对建设工程抗震构件、隔震沟、隔震缝、隔震减震装置及隔震标识进行检查、修缮和维护，及时排除安全隐患。

任何单位和个人不得擅自变动、损坏或者拆除建设工程抗震构件、隔震沟、隔震缝、隔震减震装置及隔震标识。

任何单位和个人发现擅自变动、损坏或者拆除建设工程抗震构件、隔震沟、隔震缝、隔震减震装置及隔震标识的行为，有权予以制止，并向住房和城乡建设主管部门或者其他有关监督管理部门报告。

第四章 农村建设工程抗震设防

第二十四条 各级人民政府和有关部门应当加强对农村建设工程抗震设防的管理，提高农村建设工程抗震性能。

第二十五条 县级以上人民政府对经抗震性能鉴定未达到抗震设防强制性标准的农村村民住宅和乡村公共设施建设工程抗震加固给予必要的政策支持。

实施农村危房改造、移民搬迁、灾后恢复重建等，应当保证建设工程达到抗震设防强制性标准。

第二十六条 县级以上地方人民政府应当编制、发放适合农村的实用抗震技术图集。

农村村民住宅建设可以选用抗震技术图集，也可以委托设计单位进行设计，并根据图集或者设计的要求进行施工。

第二十七条 县级以上地方人民政府应当加强对农村村民住宅和乡村公共设施建设工程抗震的指导和服务，加强技术培训，组织建设抗震示范住房，推广应用抗震性能好的结构形式及建造方法。

第五章 保 障 措 施

第二十八条 县级以上人民政府应当加强对建设工程抗震管理工作的组织领导，建立建设工程抗震管理工作机制，将相关工作纳入本级国民经济和社会发展规划。

县级以上人民政府应当将建设工程抗震工作所需经费列入本级预算。

县级以上地方人民政府应当组织有关部门，结合本地区实际开展地震风险分析，并按照风险程度实行分类管理。

第二十九条 县级以上地方人民政府对未采取抗震设防措施或者未达到抗震设防强制性标准的老旧房屋抗震加固给予必要的政策支持。

国家鼓励建设工程所有权人结合电梯加装、节能改造等开展抗震加固，提升老旧房屋抗震性能。

第三十条 国家鼓励金融机构开发、提供金融产品和服务，促进建设工程抗震防灾能力提高，支持建设工程抗震相关产业发展和新技术应用。

县级以上地方人民政府鼓励和引导社会力量参与抗震性能鉴定、抗震加固。

第三十一条 国家鼓励科研教育机构设立建设工程抗震技术实验室和人才实训基地。

县级以上人民政府应当依法对建设工程抗震新技术产业化项目用地、融资等给予政策支持。

第三十二条 县级以上人民政府住房和城乡建设主管部门或者其他有关监督管理部门应当制定建设工程抗震新技术推广目录，加强对建设工程抗震管理和技术人员的培训。

第三十三条 地震灾害发生后，县级以上人民政府住房和城乡建设主管部门或者其他有关监督管理部门应当开展建设工程安全应急评估和建设工程震害调查，收集、保存相关资料。

第六章 监 督 管 理

第三十四条 县级以上人民政府住房和城乡建设主管部门和其他有关监督管理部门应当按照职责分工，加强对建设工程抗震设防强制性标准执行情况的监督检查。

县级以上人民政府住房和城乡建设主管部门应当会同有关部门建立完善建设工程抗震设防数据信息库，并与应急管理、地震等部门实时共享数据。

第三十五条 县级以上人民政府住房和城乡建设主管部门或者其他有关监督管理部门履行建设工程抗震监督管理职责时，有权采取以下措施：

（一）对建设工程或者施工现场进行监督检查；

（二）向有关单位和人员调查了解相关情况；

（三）查阅、复制被检查单位有关建设工程抗震的文件和资料；

（四）对抗震结构材料、构件和隔震减震装置实施抽样检测；

（五）查封涉嫌违反抗震设防强制性标准的施工现场；

（六）发现可能影响抗震质量的问题时，责令相关单位进行必要的检测、鉴定。

第三十六条 县级以上人民政府住房和城乡建设主管部门或者其他有关监督管理部门开展监督检查时，可以委托专业机构进行抽样检测、抗震性能鉴定等技术支持工作。

第三十七条 县级以上人民政府住房和城乡建设主管部门或者其他有关监督管理部门应当建立建设工程抗震责任企业及从业人员信用记录制度，将相关信用记录纳入全国信用信息共享平台。

第三十八条 任何单位和个人对违反本条例规定的违法行为，有权进行举报。

接到举报的住房和城乡建设主管部门或者其他有关监督管理部门应当进行调查，依法处理，并为举报人保密。

第七章 法 律 责 任

第三十九条 违反本条例规定，住房和城乡建设主管部门或者其他有关监督管理部门工作人员在监督管理工作中玩忽职守、滥用职权、徇私舞弊的，依法给予处分。

第四十条 违反本条例规定，建设单位明示或者暗示勘察、设计、施工等单位和从业人员违反抗震设防强制性标准，降低工程抗震性能的，责令改正，处20万元以上50万元以下的罚款；情节严重的，处50万元以上500万元以下的罚款；造成损失的，依法承担赔偿责任。

违反本条例规定，建设单位未经超限高层建筑工程抗震设防审批进行施工的，责令停止施工，限期改正，处20万元以上100万元以下的罚款；造成损失的，依法承担赔偿责任。

违反本条例规定，建设单位未组织勘察、设计、施工、工程监理单位建立隔震减震工程质量可追溯制度的，或者未对隔震减震装置采购、勘察、设计、进场检测、安装施工、竣工验收等全过程的信息资料进行采集和存储，并纳入建设项目档案的，责令改正，处10万元以上30万元以下的罚款；造成损失的，依法承担赔偿责任。

第四十一条 违反本条例规定，设计单位有下列行为之一的，责令改正，处10万元以上 30 万元以下的罚款；情节严重的，责令停业整顿，降低资质等级或者吊销资质证书；造成损失的，依法承担赔偿责任：

（一）未按照超限高层建筑工程抗震设防审批意见进行施工图设计；

（二）未在初步设计阶段将建设工程抗震设防专篇作为设计文件组成部分；

（三）未按照抗震设防强制性标准进行设计。

第四十二条 违反本条例规定，施工单位在施工中未按照抗震设防强制性标准进行施工的，责令改正，处工程合同价款 2%以上 4%以下的罚款；造成建设工程不符合抗震设防强制性标准的，负责返工、加固，并赔偿因此造成的损失；情节严重的，责令停业整顿，降低资质等级或者吊销资质证书。

第四十三条 违反本条例规定，施工单位未对隔震减震装置取样送检或者使用不合格隔震减震装置的，责令改正，处 10 万元以上 20 万元以下的罚款；情节严重的，责令停业整顿，并处 20 万元以上 50 万元以下的罚款，降低资质等级或者吊销资质证书；造成损失的，依法承担赔偿责任。

第四十四条 违反本条例规定，工程质量检测机构未建立建设工程过程数据和结果数据、检测影像资料及检测报告记录与留存制度的，责令改正，处 10 万元以上 30 万元以下的罚款；情节严重的，吊销资质证书；造成损失的，依法承担赔偿责任。

违反本条例规定，工程质量检测机构出具虚假的检测数据或者检测报告的，责令改正，处 10 万元以上 30 万元以下的罚款；情节严重的，吊销资质证书和负有直接责任的注册执业人员的执业资格证书，其直接负责的主管人员和其他直接责任人员终身禁止从事工程质量检测业务；造成损失的，依法承担赔偿责任。

第四十五条 违反本条例规定，抗震性能鉴定机构未按照抗震设防强制性标准进行抗震性能鉴定的，责令改正，处 10 万元以上 30 万元以下的罚款；情节严重的，责令停业整顿，并处 30 万元以上 50 万元以下的罚款；造成损失的，依法承担赔偿责任。

违反本条例规定，抗震性能鉴定机构出具虚假鉴定结果的，责令改正，处 10 万元以上 30 万元以下的罚款；情节严重的，责令停业整顿，并处 30 万元以上 50 万元以下的罚款，吊销负有直接责任的注册执业人员的执业资格证书，其直接负责的主管人员和其他直接责任人员终身禁止从事抗震性能鉴定业务；造成损失的，依法承担赔偿责任。

第四十六条 违反本条例规定，擅自变动、损坏或者拆除建设工程抗震构件、隔震沟、隔震缝、隔震减震装置及隔震标识的，责令停止违法行为，恢复原状或者采取其他补救措施，对个人处 5 万元以上 10 万元以下的罚款，对单位处 10 万元以上 30 万元以下的罚款；造成损失的，依法承担赔偿责任。

第四十七条 依照本条例规定，给予单位罚款处罚的，对其直接负责的主管人员和其他直接责任人员处单位罚款数额 5%以上 10%以下的罚款。

本条例规定的降低资质等级或者吊销资质证书的行政处罚，由颁发资质证书的机关决定；其他行政处罚，由住房和城乡建设主管部门或者其他有关监督管理部门依照法定职权决定。

第四十八条 违反本条例规定，构成犯罪的，依法追究刑事责任。

第八章 附 则

第四十九条 本条例下列用语的含义：

（一）建设工程：主要包括土木工程、建筑工程、线路管道和设备安装工程等。

（二）抗震设防强制性标准：是指包括抗震设防类别、抗震性能要求和抗震设防措施等内容的工程建设强制性标准。

（三）地震时使用功能不能中断或者需要尽快恢复的建设工程：是指发生地震后提供应急医疗、供水、供电、交通、通信等保障或者应急指挥、避难疏散功能的建设工程。

（四）高烈度设防地区：是指抗震设防烈度为8度及以上的地区。

（五）地震重点监视防御区：是指未来5至10年内存在发生破坏性地震危险或者受破坏性地震影响，可能造成严重的地震灾害损失的地区和城市。

第五十条 抢险救灾及其他临时性建设工程不适用本条例。

军事建设工程的抗震管理，中央军事委员会另有规定的，适用有关规定。

第五十一条 本条例自2021年9月1日起施行。

附 录 二

《关于学校、医院等人员密集场所建设工程抗震设防要求确定原则的通知》

（中震防发〔2009〕49 号）

各省、自治区、直辖市地震局，国务院各部委和直属机构防震减灾工作管理部门，新疆生产建设兵团地震局：

修订的《中华人民共和国防震减灾法》（以下简称《防震减灾法》）将于 2009 年 5 月 1 日正式施行。《防震减灾法》对新建、改建、扩建一般建设工程中的学校、医院等人员密集场所建设工程的抗震设防要求作出了特别规定，为保证该项法律制度的有效实施，在广泛调研和咨询论证的基础上，中国地震局依法确立了学校、医院等人员密集场所建设工程抗震设防要求的确定原则。现将有关要求通知如下：

一、合理提高抗震设防要求，是保证学校、医院等人员密集场所建设工程具备足够抗震能力的重要措施

学校、医院等人员密集场所建设工程一旦遭遇地震破坏，将会造成严重的人员伤亡；同时，在抗震救灾中，医院承担着救死扶伤的重要职责，学校可作为应急避险安置的重要场所。党中央、国务院高度重视学校等人员密集场所的地震安全，明确要求把学校建成最安全、家长最放心的地方。做好学校、医院等人员密集场所建设工程的抗震设防是落实科学发展观、坚持以人为本的具体体现。

抗震设防要求贯穿建设工程抗震设防的全过程，直接关系建设工程抗御地震的能力，合理提高学校、医院等人员密集场所建设工程的抗震设防要求，是保证建设工程具备抗御地震灾害能力的重要措施。

二、学校、医院等人员密集场所建设工程抗震设防要求的确定原则

为了保证学校、医院等人员密集场所建设工程具备足够的抗御地震灾害的能力，按照《防震减灾法》防御和减轻地震灾害，保护人民生命和财产安全，促进经济社会可持续发展的总体要求，综合考虑我国地震灾害背景、国家经济承受能力和要达到的安全目标等因素，参照国内外相关标准，以现行国家标准《中国地震动参数区划图》GB 18306 为基础，适当提高地震动峰值加速度取值，特征周期分区值不作调整，作为此类建设工程的抗震设防要求。

学校、医院等人员密集场所建设工程的主要建筑应按上述原则提高地震动峰值加速度取值。其中，学校主要建筑包括幼儿园、小学、中学的教学用房以及学生宿舍和食堂，医院主要建筑包括门诊、医技、住院等用房。

提高地震动峰值加速度取值应按照以下要求：

位于地震动峰值加速度小于 $0.05g$ 分区的，地震动峰值加速度提高至 $0.05g$；

位于地震动峰值加速度 $0.05g$ 分区的，地震动峰值加速度提高至 $0.10g$；

位于地震动峰值加速度 0.10g 分区的，地震动峰值加速度提高至 0.15g；
位于地震动峰值加速度 0.15g 分区的，地震动峰值加速度提高至 0.20g；
位于地震动峰值加速度 0.20g 分区的，地震动峰值加速度提高至 0.30g；
位于地震动峰值加速度 0.30g 分区的，地震动峰值加速度提高至 0.40g；
位于地震动峰值加速度大于等于 0.40g 分区的，地震动峰值加速度不作调整。

建设、设计、施工、监理单位应按照《防震减灾法》的要求，各负其责，将抗震设防要求落到实处；各有关部门应当按照职责分工，加强对抗震设防要求落实情况的监督检查，切实保证学校、医院等人员密集公共场所建设工程达到抗震设防要求。

中国地震局
2009 年 4 月 22 日

附 录 三

《山东省人民政府办公厅关于进一步加强房屋建筑和市政工程抗震设防工作的意见》

（鲁政办发〔2016〕21号）

各市人民政府，各县（市、区）人民政府，省政府各部门、各直属机构，各大企业、各高等院校：

抗震防灾工作事关人民群众生命财产安全，做好工程建设抗震设防工作是防范和减轻地震灾害的有效措施。为进一步加强全省房屋建筑和市政工程抗震设防工作，经省政府同意，现提出以下意见：

一、把握抗震工作形势，找准薄弱环节

（一）认清抗震严峻形势。我省境内的郯庐断裂带、聊考断裂带及环渤海地震带都具有较强的历史地震背景，相关影响地区多次被列入国家地震危险区。新版《中国地震动参数区划图》中，我省有796个乡镇（街道）地震烈度有所提高，占全省乡镇（街道）总数的44%。全省28.7%的面积和48.3%的人口处于全国和省级地震重点监视防御区和地震重点监视防御城市，抗震防灾形势严峻。

（二）找准抗震薄弱环节。全省尚有大量农民自建房和城镇老旧房屋建筑未进行抗震设防或设防不足，地震安全隐患较多。据估算，全省城镇1980年前建设的房屋占5%，1980—1990年建设的房屋占16%，老旧房屋难以达到现行抗震设防标准；地震烈度提高区域的既有房屋建筑和市政工程项目抗震性能亟需提高；农村大多数自建房屋未采取抗震措施。新建工程量大面广，抗震设防涉及环节多、任务重。大多数城市抗震防灾规划需要编制或修编。抗震防灾信息化管理水平亟需提高。

二、推进规划编制，强化规划实施

（一）编制区域抗震规划，提升区域协防能力。结合《山东省城镇体系规划》《山东省新型城镇化规划》《山东半岛城市群规划》《济南都市圈规划》和国民经济发展规划等相关规划，组织编制《山东省抗震防灾综合防御体系规划》，重点突出山东半岛城市群经济社会发达地区和郯庐断裂带、聊考断裂带区域抗震防灾，力争2017年完成审批工作。

（二）编制城市抗震规划，提升综合防灾能力。要遵循因地制宜、统筹安排、突出重点、合理布局、全面预防的原则，以震情和震害预测数据为基础，并充分考虑人民群众生命和财产安全及经济社会发展、资源环境保护等需要，以城市总体规划为指导，严格按照《城市抗震防灾规划标准》GB 50413—2007规定的内容编制城市抗震防灾规划，并纳入城市总体规划一并实施。城市抗震防灾规划中的强制性内容，各类城市规划和建设活动均应严格遵照执行。各设区市和按新版《中国地震动参数区划图》地震烈度8度及以上设防的县（市），应在2018年之前完成规划编制任务；按新版《中国地震动参数区划图》地震烈度有所提高的8度以下县（市），应在2020年之前完成规划编制任务；其他县（市）应在

2022 年之前完成规划编制任务。

（三）明确规划管理权责，加强规划实施力度。省住房城乡建设部门负责全省城市抗震防灾规划和区域抗震防灾规划的综合管理工作。市、县级住房城乡建设部门牵头，会同城乡规划等有关部门组织编制本行政区域内的城市抗震防灾规划，并监督实施。

三、强化新建工程抗震设防，注重全过程监管

（一）科学优化选址。新建工程选址要符合城市抗震防灾规划等相关规划要求，并优先选择抗震有利地段，避让地震活动断裂带和地质灾害危险易发区段。各级、各有关部门要积极开展本地区软弱土、液化土层分布和崩塌、滑坡、采空区、地陷、地裂等地震地质灾害危险地段以及特殊地貌部位等抗震不利地段的调查研究工作，并将调查成果及时运用到新建工程选址中。

（二）严格规划把控。规划管理部门在核发建设项目规划选址意见书及用地规划许可证时，要认真审核建设场地的抗震适宜性和安全性，保障抗震设施的用地安排和建设要求，防止建设项目位于地震地质灾害危险区段。在核发建设工程规划许可证时，要对重要建（构）筑物、超高建（构）筑物及人员密集的文化教育、医疗卫生、体育娱乐、商业办公、交通站场等工程的外部通道及间距，是否满足抗震防灾安全要求进行严格审查，对承担抗震救灾功能的公共设施是否符合抗震防灾规划要求进行严格把关。

（三）强化勘察设计。勘察单位要确保工程勘察资料准确、可靠，对所提供的工程建设场地的水文地质、工程地质、场地抗震性能评价等成果资料负责。设计单位要严格按照现行抗震设防标准和设计规范进行设计，并对房屋建筑和市政工程的抗震设计负责。新建（改建、扩建）房屋建筑和市政工程设计方案应符合抗震概念设计要求，优先选用有利于抗震的结构体系和建筑材料，并不低于地震烈度 7 度进行抗震设防。

（四）加强审查把关。严格新建工程抗震设防审查制度，初步设计审查和施工图审查要严把抗震关，对达不到抗震设防要求的项目不予批准。政府投资的大中型建设工程项目初步设计文件应对抗震设防有关内容进行重点说明，并依法进行初步设计审查。超限建筑工程、学校、幼儿园、医院等建筑工程应当依法进行抗震设防专项审查，对城市功能、人民生活和生产活动有重大影响的市政公用设施，按照《市政公用设施抗灾设防管理规定》（住建部令第 1 号）要求进行抗震设防专项论证，其他工程可纳入施工图审查一并进行。新版《中国地震动参数区划图》实施后，地震动参数提高的区域，已经完成设计尚未进行施工图审查的，要根据新的地震动参数复核、修改设计方案，各施工图审查机构应按不低于新的抗震设防标准严格审查把关。

（五）严格施工管理。施工单位应严格按照经审查合格、符合抗震设防要求的施工图设计文件施工。监理单位应按抗震要求严格监理。质量监督机构应依法加强监督。验收单位要将抗震设防作为重要内容。凡达不到抗震设防标准的工程，不得办理竣工验收手续，不得交付使用。

（六）加强日常监管。各级主管部门要严格按照相关法律法规及国家工程建设标准，强化新建及改、扩建工程抗震设防管理工作，严禁降低抗震设防标准。严格执行国家法定建设程序，不断强化工程建设全过程、全生命周期的抗震设防监管。

（七）落实质量责任。切实落实工程建设各方责任主体的质量责任，强化质量责任追究，保证建设工程抗震设防措施达到标准要求，确保新建工程全部达到“小震不坏、中震可修、大震不倒”的抗震设防目标。

四、摸清抗震隐患，做好既有建筑抗震加固

（一）建立健全工程抗震加固制度。各级政府要加强对既有房屋建筑和市政工程抗震鉴定和抗震加固工作的组织领导，逐步建立以风险识别和管控为基础、鉴定加固强制和引导相结合、专项工作任务和长期机制相统一的既有建筑抗震防灾管理制度。

（二）强化重要工程抗震普查、鉴定与加固。各地要按照《国务院关于进一步加强防震减灾工作的意见》（国发〔2010〕18号）要求，2018年之前完成县级以上政府应急指挥机构场所、学校、医院、大型公共建筑和重要市政工程的抗震性能普查，并有计划地组织抗震鉴定和加固。

（三）做好一般工程抗震排查、鉴定与加固。各地要制定计划，将既有房屋建筑的抗震能力作为城市老旧危房安全性能普查的重要工作内容，2020年之前完成未设防或抗震设防标准过低的老旧危房的排查和鉴定工作。一般房屋建筑工程由产权单位承担抗震鉴定、加固费用。产权单位应委托具有相应设计资质的单位按现行抗震设防标准进行抗震鉴定。经鉴定需加固的房屋建筑工程，应在县级以上住房城乡建设部门确定的期限内委托具有相应资质的设计、施工单位进行抗震加固设计与施工，并按国家规定办理相关手续，未加固前应限制使用。

五、抓好农房抗震，明确监管责任

（一）加强农房抗震安全监管。严格落实建设工程质量安全管理法规，认真执行《山东省人民政府办公厅关于进一步加强农村民居地震安全工作的意见》（鲁政办字〔2014〕149号）、《镇（乡）村建筑抗震技术规程》JGJ 161等规定。加强农房建设管理和抗震技术服务，严格执行乡村建设规划许可制度，将所有农房集中建设改造项目纳入工程建设程序，由县级以上住房城乡建设部门实施全过程监管。乡镇政府（街道办事处）负责农民自建房的抗震安全监管工作，具体工作可以由其所属的乡村规划建设监督管理机构承担，建立农房建设开工信息报告制度，每个行政村（居）应配备信息员，加强农房建设的选址、设计、施工、监督等方面的管理，切实提高农房建设的抗震设防水平。

（二）推进抗震技术下乡。加大农房建设抗震防灾宣传教育和技术指导。积极促进《山东省农村民居建筑抗震技术导则》的推广应用，全省新建农房应按照不低于地震烈度7度进行抗震设防，通过增加构造柱、圈梁设置，加强房屋构件拉结，减轻屋盖重量等抗震措施，提高农房抗震性能。以政府购买服务的方式向农民免费提供经济实用、地域特色的抗震民居设计图纸，切实提高农村民居的建设质量。

（三）开展农房抗震加固改造。通过抗震知识宣传、技术指导、财政补贴等方式推动农民自建房抗震加固工作。根据各地农民经济状况，对符合条件的贫困户危房抗震加固改造实施相应的财政补贴政策。完善农民自建房抗震加固管理制度，制定加固标准，由农户自建，县级住房城乡建设、地震部门及乡镇政府（街道办事处）应加强技术指导和监督，抗震达标后，对符合条件的兑现财政补贴，力争2025年全省基本实现抗震农房全覆盖。

六、夯实工作基础，促进科技创新

（一）做好工程抗震设防基础工作。各有关部门应结合我省工程建设抗震设防工作需要，及时组织编制或修编抗震技术地方规范、标准。地震部门应在国家颁布的地震动参数区划图的基础上，加大对地震活动断层探测、大震危险源探查与识别的工作力度，尽快完成对城市和部分中心城镇的地震小区划工作，为工程抗震设防提供科学依据。

（二）加强工程抗震科研与推广应用。各有关部门要加大科研开发力度，积极推进建设工程抗震防灾科技创新和应用。重点开展抗震、隔震、减震等新技术、新产品、新工艺的开发研究，并严格按照《住房城乡建设部关于房屋建筑工程推广应用减隔震技术的若干意见》（建质〔2014〕25号）和省有关要求，积极推广应用。在文化体育、教育医疗等公共建筑、工业建筑和市政基础设施中积极采用钢结构；积极发展钢结构住宅。加强装配式建筑、既有建筑节能改造等项目的抗震性能研究，全面提高建设工程抗震能力。

（三）完善抗震防灾信息化建设。鼓励支持采用遥感、地理信息系统等技术开展抗震普查和规划编制工作，完善抗震基础数据库和管理信息系统建设。借力数字城市和智慧城市建设，完善抗震决策支持系统建设，提高抗震管理和决策信息化水平。

七、做好应急准备，提高救灾能力

（一）完善地震应急预案，强化实际演练。按照《山东地震应急预案》《山东省建设系统破坏性地震应急预案》等要求，认真组织实施地震应急救援实际演练工作，确保地震应急工作迅速、高效，最大限度地减轻灾区人民生命财产损失。在日常维护抢修队伍基础上，进一步加强市政道桥、给水排水、燃气、热力等市政工程的抢修抢通紧急修复队伍建设。

（二）完善地震应急评估，加强专家储备。加快制定我省震后房屋建筑安全应急评估技术指南，建立省、市、县三级震后房屋建筑安全应急评估专家队伍，确保在破坏性地震发生后1～2周内，对震后房屋建筑的破坏程度进行快速、准确的判定，为抗震救灾和灾后重建奠定坚实的基础。

八、加强组织领导，强化责任落实

（一）加强机制建设，落实工作责任。建立山东省房屋建筑和市政工程抗震设防工作协调机制。各市、县（市、区）应安排专人负责，并建立相应工作机制。省住房城乡建设部门负责全省房屋建筑和市政工程抗震设防的监督管理工作。各市、县级住房城乡建设部门负责本行政区域内房屋建筑和市政工程抗震设防的监督管理工作。各级地震、规划、发展改革、财政、国土资源、民政、经济和信息化、市政公用、交通运输、电力、通信等部门要根据各自职责，协调配合，共同做好房屋建筑和市政工程建设抗震设防的管理工作。

（二）加强抗震宣传，普及防灾知识。要进一步加强防灾减灾知识宣传和普及教育，贯彻落实《山东省防灾减灾知识普及办法》（省政府令第289号），大力宣传抗震防灾工作。进一步加强中小学防震减灾科普教育，广泛普及抗震防灾知识，营造全民参与防震减灾活动的良好氛围，全面提高全民的抗震防灾意识、紧急避险和应急自救互救能力。积极开展各级领导干部和管理人员的抗震防灾和应急管理培训，加强各类工程技术人员的业务培训，提高执行抗震设防标准的自觉性、积极性和主动性。

（三）加强组织统筹，完善工作措施。加强建设工程抗震设防立法和执法工作。各级要继续加大对抗震防灾的资金支持力度，并加强绩效考核，确保高效使用。建立抗震防灾工作督导机制，重点加强对财政资金支持项目和重大工程、重点工程的抗震设防工作的定期督导检查。各地、各部门要以高度的责任感和紧迫感，坚持以人为本、生命至上的原则，把做好房屋建筑和市政工程抗震设防工作作为政府的一项重要工作，列入本级政府和部门的重要议事日程，做到思想重视、组织有力、责任明确，使各项抗震防灾工作落到实处、见到成效。

山东省人民政府办公厅
2016 年 5 月 25 日

附　录　四

《超限高层建筑工程抗震设防专项审查技术要点》

（建质〔2015〕67号）

第一章　总　　则

第一条　为进一步做好超限高层建筑工程抗震设防专项审查工作，确保审查质量，根据《超限高层建筑工程抗震设防管理规定》（建设部令第111号），制定本技术要点。

第二条　本技术要点所指超限高层建筑工程包括：

（一）高度超限工程：指房屋高度超过规定，包括超过《建筑抗震设计规范》（以下简称《抗震规范》）第6章钢筋混凝土结构和第8章钢结构最大适用高度，超过《高层建筑混凝土结构技术规程》（以下简称《高层混凝土结构规程》）第7章中有较多短肢墙的剪力墙结构、第10章中错层结构和第11章混合结构最大适用高度的高层建筑工程。

（二）规则性超限工程：指房屋高度不超过规定，但建筑结构布置属于《抗震规范》《高层混凝土结构规程》规定的特别不规则的高层建筑工程。

（三）屋盖超限工程：指屋盖的跨度、长度或结构形式超出《抗震规范》第10章及《空间网格结构技术规程》《索结构技术规程》等空间结构规程规定的大型公共建筑工程（不含骨架支承式膜结构和空气支承膜结构）。

超限高层建筑工程具体范围详见附件1。

第三条　本技术要点第二条规定的超限高层建筑工程，属于下列情况的，建议委托全国超限高层建筑工程抗震设防审查专家委员会进行抗震设防专项审查：

（一）高度超过《高层混凝土结构规程》B级高度的混凝土结构，高度超过《高层混凝土结构规程》第11章最大适用高度的混合结构；

（二）高度超过规定的错层结构，塔体显著不同的连体结构，同时具有转换层、加强层、错层、连体四种类型中三种的复杂结构，高度超过《抗震规范》规定且转换层位置超过《高层混凝土结构规程》规定层数的混凝土结构，高度超过《抗震规范》规定且水平和竖向均特别不规则的建筑结构；

（三）超过《抗震规范》第8章适用范围的钢结构；

（四）跨度或长度超过《抗震规范》第10章适用范围的大跨屋盖结构；

（五）其他各地认为审查难度较大的超限高层建筑工程。

第四条　对主体结构总高度超过350m的超限高层建筑工程的抗震设防专项审查，应满足以下要求：

（一）从严把握抗震设防的各项技术性指标；

（二）全国超限高层建筑工程抗震设防审查专家委员会进行的抗震设防专项审查，应会同工程所在地省级超限高层建筑工程抗震设防专家委员会共同开展，或在当地超限高层建筑工程抗震设防专家委员会工作的基础上开展。

第五条 建设单位申报抗震设防专项审查的申报材料应符合第二章的要求，专家组提出的专项审查意见应符合第六章的要求。

对于屋盖超限工程的抗震设防专项审查，除参照本技术要点第三章的相关内容外，按第五章执行。

审查结束后应及时将审查信息录入全国超限高层建筑数据库，审查信息包括超限高层建筑工程抗震设防专项审查申报表（附件 2）、超限情况表（附件 3）、超限高层建筑工程抗震设防专项审查情况表（附件 4）和超限高层建筑工程结构设计质量控制信息表（附件 5）。

第二章 申报材料的基本内容

第六条 建设单位申报抗震设防专项审查时，应提供以下资料：

（一）超限高层建筑工程抗震设防专项审查申报表和超限情况表（至少 5 份）；

（二）建筑结构工程超限设计的可行性论证报告（附件 6，至少 5 份）；

（三）建设项目的岩土工程勘察报告；

（四）结构工程初步设计计算书（主要结果，至少 5 份）；

（五）初步设计文件（建筑和结构工程部分，至少 5 份）；

（六）当参考使用国外有关抗震设计标准、工程实例和震害资料及计算机程序时，应提供理由和相应的说明；

（七）进行模型抗震性能试验研究的结构工程，应提交抗震试验方案；

（八）进行风洞试验研究的结构工程，应提交风洞试验报告。

第七条 申报抗震设防专项审查时提供的资料，应符合下列具体要求：

（一）高层建筑工程超限设计可行性论证报告。应说明其超限的类型（对高度超限、规则性超限工程，如高度、转换层形式和位置、多塔、连体、错层、加强层、竖向不规则、平面不规则；对屋盖超限工程，如跨度、悬挑长度、结构单元总长度、屋盖结构形式与常用结构形式的不同、支座约束条件、下部支承结构的规则性等）和超限的程度，并提出有效控制安全的技术措施，包括抗震、抗风技术措施的适用性、可靠性，整体结构及其薄弱部位的加强措施，预期的性能目标，屋盖超限工程尚包括有效保证屋盖稳定性的技术措施。

（二）岩土工程勘察报告。应包括岩土特性参数、地基承载力、场地类别、液化评价、剪切波速测试成果及地基基础方案。当设计有要求时，应按规范规定提供结构工程时程分析所需的资料。

处于抗震不利地段时，应有相应的边坡稳定评价、断裂影响和地形影响等场地抗震性能评价内容。

（三）结构设计计算书。应包括软件名称和版本，力学模型，电算的原始参数（设防烈度和设计地震分组或基本加速度、所计入的单向或双向水平及竖向地震作用、周期折减系数、阻尼比、输入地震时程记录的时间、地震名、记录台站名称和加速度记录编号，风荷载、雪荷载和设计温差等），结构自振特性（周期，扭转周期比，对多塔、连体类和复杂屋盖含必要的振型），整体计算结果（对高度超限、规则性超限工程，含侧移、扭转位移比、楼层受剪承载力比、结构总重力荷载代表值和地震剪力系数、楼层刚度比、结构整体稳定、墙体（或筒体）和框架承担的地震作用分配等；对屋盖超限工程，含屋盖挠度和整体稳定、下部支承结构的水平位移和扭转位移比等），主要构件的轴压比、剪压比（钢结构构件、杆件为应力比）控制等。

对计算结果应进行分析。时程分析结果应与振型分解反应谱法计算结果进行比较。对多个软件的计算结果应加以比较，按规范的要求确认其合理、有效性。风控制时和屋盖超限工程应有风荷载效应与地震效应的比较。

（四）初步设计文件。设计深度深度应符合《建筑工程设计文件编制深度的规定》的要求，设计说明要有建筑安全等级、抗震设防分类、设防烈度、设计基本地震加速度、设计地震分组、结构的抗震等级等内容。

（五）提供抗震试验数据和研究成果。如有提供应有明确的适用范围和结论。

第三章　专项审查的控制条件

第八条　抗震设防专项审查的内容主要包括：

（一）建筑抗震设防依据；

（二）场地勘察成果及地基和基础的设计方案；

（三）建筑结构的抗震概念设计和性能目标；

（四）总体计算和关键部位计算的工程判断；

（五）结构薄弱部位的抗震措施；

（六）可能存在的影响结构安全的其他问题。

对于特殊体型（含屋盖）或风洞试验结果与荷载规范规定相差较大的风荷载取值，以及特殊超限高层建筑工程（规模大、高宽比大等）的隔震、减震设计，宜由相关专业的专家在抗震设防专项审查前进行专门论证。

第九条　抗震设防专项审查的重点是结构抗震安全性和预期的性能目标。为此，超限工程的抗震设计应符合下列最低要求：

（一）严格执行规范、规程的强制性条文，并注意系统掌握、全面理解其准确内涵和相关条文。

（二）对高度超限或规则性超限工程，不应同时具有转换层、加强层、错层、连体和多塔等五种类型中的四种及以上的复杂类型；当房屋高度在《高层混凝土结构规程》B级高度范围内时，比较规则的应按《高层混凝土结构规程》执行，其余应针对其不规则项的多少、程度和薄弱部位，明确提出为达到安全而比现行规范、规程的规定更严格的具体抗震措施或预期性能目标；当房屋高度超过《高层混凝土结构规程》的B级高度以及房屋高度、平面和竖向规则性等三方面均不满足规定时，应提供达到预期性能目标的充分依据，如试验研究成果、所采用的抗震新技术和新措施，以及不同结构体系的对比分析等的详细论证。

（三）对屋盖超限工程，应对关键杆件的长细比、应力比和整体稳定性控制等提出比现行规范、规程的规定更严格的、针对性的具体措施或预期性能目标；当屋盖形式特别复杂时，应提供达到预期性能目标的充分依据。

（四）在现有技术和经济条件下，当结构安全与建筑形体等方面出现矛盾时，应以安全为重；建筑方案（包括局部方案）设计应服从结构安全的需要。

第十条 对超高很多，以及结构体系特别复杂、结构类型（含屋盖形式）特殊的工程，当设计依据不足时，应选择整体结构模型、结构构件、部件或节点模型进行必要的抗震性能试验研究。

第四章 高度超限和规则性超限工程的专项审查内容

第十一条 关于建筑结构抗震概念设计：

（一）各种类型的结构应有其合适的使用高度、单位面积自重和墙体厚度。结构的总体刚度应适当（含两个主轴方向的刚度协调符合规范的要求），变形特征应合理；楼层最大层间位移和扭转位移比符合规范、规程的要求。

（二）应明确多道防线的要求。框架与墙体、筒体共同抗侧力的各类结构中，框架部分地震剪力的调整宜依据其超限程度比规范的规定适当增加；超高的框架-核心筒结构，其混凝土内筒和外框之间的刚度宜有一个合适的比例，框架部分计算分配的楼层地震剪力，除底部个别楼层、加强层及其相邻上下层外，多数不低于基底剪力的 8%且最大值不宜低于 10%，最小值不宜低于 5%。主要抗侧力构件中沿全高不开洞的单肢墙，应针对其延性不足采取相应措施。

（三）超高时应从严掌握建筑结构规则性的要求，明确竖向不规则和水平向不规则的程度，应注意楼板局部开大洞导致较多数量的长短柱共用和细腰形平面可能造成的不利影响，避免过大的地震扭转效应。对不规则建筑的抗震设计要求，可依据抗震设防烈度和高度的不同有所区别。

主楼与裙房间设置防震缝时，缝宽应适当加大或采取其他措施。

（四）应避免软弱层和薄弱层出现在同一楼层。

（五）转换层应严格控制上下刚度比；墙体通过次梁转换和柱顶墙体开洞，应有针对性的加强措施。水平加强层的设置数量、位置、结构形式，应认真分析比较；伸臂的构件内力计算宜采用弹性膜楼板假定，上下弦杆应贯通核心筒的墙体，墙体在伸臂斜腹杆的节点处应采取措施避免应力集中导致破坏。

（六）多塔、连体、错层等复杂体型的结构，应尽量减少不规则的类型和不规则的程度；应注意分析局部区域或沿某个地震作用方向上可能存在的问题，分别采取相应加强措施。对复杂的连体结构，宜根据工程具体情况（包括施工），确定是否补充不同工况下各单塔结构的验算。

（七）当几部分结构的连接薄弱时，应考虑连接部位各构件的实际构造和连接的可靠程度，必要时可取结构整体模型和分开模型计算的不利情况，或要求某部分结构在设防烈度下保持弹性工作状态。

（八）注意加强楼板的整体性，避免楼板的削弱部位在大震下受剪破坏；当楼板开洞较大时，宜进行截面受剪承载力验算。

（九）出屋面结构和装饰构架自身较高或体型相对复杂时，应参与整体结构分析，材料不同时还需适当考虑阻尼比不同的影响，应特别加强其与主体结构的连接部位。

（十）高宽比较大时，应注意复核地震下地基基础的承载力和稳定。

（十一）应合理确定结构的嵌固部位。

第十二条 关于结构抗震性能目标：

（一）根据结构超限情况、震后损失、修复难易程度和大震不倒等确定抗震性能目标。即在预期水准（如中震、大震或某些重现期的地震）的地震作用下结构、部位或结构构件的承载力、变形、损坏程度及延性的要求。

（二）选择预期水准的地震作用设计参数时，中震和大震可按规范的设计参数采用，当安评的小震加速度峰值大于规范规定较多时，宜按小震加速度放大倍数进行调整。

（三）结构提高抗震承载力目标举例：水平转换构件在大震下受弯、受剪极限承载力复核。竖向构件和关键部位构件在中震下偏压、偏拉、受剪屈服承载力复核，同时受剪截面满足大震下的截面控制条件。竖向构件和关键部位构件中震下偏压、偏拉、受剪承载力设计值复核。

（四）确定所需的延性构造等级。中震时出现小偏心受拉的混凝土构件应采用《高层混凝土结构规程》中规定的特一级构造。中震时双向水平地震下墙肢全截面由轴向力产生的平均名义拉应力超过混凝土抗拉强度标准值时宜设置型钢承担拉力，且平均名义拉应力不宜超过两倍混凝土抗拉强度标准值（可按弹性模量换算考虑型钢和钢板的作用），全截面型钢和钢板的含钢率超过2.5%时可按比例适当放松。

（五）按抗震性能目标论证抗震措施（如内力增大系数、配筋率、配箍率和含钢率）的合理可行性。

第十三条 关于结构计算分析模型和计算结果：

（一）正确判断计算结果的合理性和可靠性，注意计算假定与实际受力的差异（包括刚性板、弹性膜、分块刚性板的区别），通过结构各部分受力分布的变化，以及最大层间位移的位置和分布特征，判断结构受力特征的不利情况。

（二）结构总地震剪力以及各层的地震剪力与其以上各层总重力荷载代表值的比值，应符合抗震规范的要求，Ⅲ、Ⅳ类场地时尚宜适当增加。当结构底部计算的总地震剪力偏小需调整时，其以上各层的剪力、位移也均应适当调整。

基本周期大于6s的结构，计算的底部剪力系数比规定值低20%以内，基本周期3.5～5s的结构比规定值低15%以内，即可采用规范关于剪力系数最小值的规定进行设计。基本周期在5～6s的结构可以插值采用。

6度（0.05g）设防且基本周期大于5s的结构，当计算的底部剪力系数比规定值低但按底部剪力系数0.8%换算的层间位移满足规范要求时，即可采用规范关于剪力系数最小值的规定进行抗震承载力验算。

（三）结构时程分析的嵌固端应与反应谱分析一致，所用的水平、竖向地震时程曲线应符合规范要求，持续时间一般不小于结构基本周期的5倍（即结构屋面对应于基本周期的位移反应不少于5次往复）；弹性时程分析的结果也应符合规范的要求，即采用三组时程时宜取包络值，采用七组时程时可取平均值。

（四）软弱层地震剪力和不落地构件传给水平转换构件的地震内力的调整系数取值，应依据超限的具体情况大于规范的规定值；楼层刚度比值的控制值仍需符合规范的要求。

（五）上部墙体开设边门洞等的水平转换构件，应根据具体情况加强；必要时，宜采用重力荷载下不考虑墙体共同工作的手算复核。

（六）跨度大于24m的连体计算竖向地震作用时，宜参照竖向时程分析结果确定。

（七）对于结构的弹塑性分析，高度超过200m或扭转效应明显的结构应采用动力弹塑性分析；高度超过300m应做两个独立的动力弹塑性分析。计算应以构件的实际承载力为基础，着重于发现薄弱部位和提出相应加强措施。

（八）必要时（如特别复杂的结构、高度超过200m的混合结构、静载下构件竖向压缩变形差异较大的结构等），应有重力荷载下的结构施工模拟分析，当施工方案与施工模拟计算分析不同时，应重新调整相应的计算。

（九）当计算结果有明显疑问时，应另行专项复核。

第十四条　关于结构抗震加强措施：

（一）对抗震等级、内力调整、轴压比、剪压比、钢材的材质选取等方面的加强，应根据烈度、超限程度和构件在结构中所处部位及其破坏影响的不同，区别对待、综合考虑。

（二）根据结构的实际情况，采用增设芯柱、约束边缘构件、型钢混凝土或钢管混凝土构件，以及减震耗能部件等提高延性的措施。

（三）抗震薄弱部位应在承载力和细部构造两方面有相应的综合措施。

第十五条　关于岩土工程勘察成果：

（一）波速测试孔数量和布置应符合规范要求；测量数据的数量应符合规定；波速测试孔深度应满足覆盖层厚度确定的要求。

（二）液化判别孔和砂土、粉土层的标准贯入锤击数据以及黏粒含量分析的数量应符合要求；液化判别水位的确定应合理。

（三）场地类别划分、液化判别和液化等级评定应准确、可靠；脉动测试结果仅作为参考。

（四）覆盖层厚度、波速的确定应可靠，当处于不同场地类别的分界附近时，应要求用内插法确定计算地震作用的特征周期。

第十六条　关于地基和基础的设计方案：

（一）地基基础类型合理，地基持力层选择可靠。

（二）主楼和裙房设置沉降缝的利弊分析正确。

（三）建筑物总沉降量和差异沉降量控制在允许的范围内。

第十七条　关于试验研究成果和工程实例、震害经验：

（一）对按规定需进行抗震试验研究的项目，要明确试验模型与实际结构工程相似的程度以及试验结果可利用的部分。

（二）借鉴国外经验时，应区分抗震设计和非抗震设计，了解是否经过地震考验，并判断是否与该工程项目的具体条件相似。

（三）对超高很多或结构体系特别复杂、结构类型特殊的工程，宜要求进行实际结构工程的动力特性测试。

第五章　屋盖超限工程的专项审查内容

第十八条　关于结构体系和布置：

（一）应明确所采用的结构形式、受力特征和传力特性、下部支承条件的特点，以及具体的结构安全控制荷载和控制目标。

（二）对非常用的屋盖结构形式，应给出所采用的结构形式与常用结构形式的主要不同。

（三）对下部支承结构，其支承约束条件应与屋盖结构受力性能的要求相符。

（四）对桁架、拱架，张弦结构，应明确给出提供平面外稳定的结构支撑布置和构造要求。

第十九条 关于性能目标：

（一）应明确屋盖结构的关键杆件、关键节点和薄弱部位，提出保证结构承载力和稳定的具体措施，并详细论证其技术可行性。

（二）对关键节点、关键杆件及其支承部位（含相关的下部支承结构构件），应提出明确的性能目标。选择预期水准的地震作用设计参数时，中震和大震可仍按规范的设计参数采用。

（三）性能目标举例：关键杆件在大震下拉压极限承载力复核。关键杆件中震下拉压承载力设计值复核。支座环梁中震承载力设计值复核。下部支承部位的竖向构件在中震下屈服承载力复核，同时满足大震截面控制条件。连接和支座满足强连接弱构件的要求。

（四）应按抗震性能目标论证抗震措施（如杆件截面形式、壁厚、节点等）的合理可行性。

第二十条 关于结构计算分析：

（一）作用和作用效应组合：

设防烈度为 7 度（0.15g）及以上时，屋盖的竖向地震作用应参照整体结构时程分析结果确定。

屋盖结构的基本风压和基本雪压应按重现期 100 年采用；索结构、膜结构、长悬挑结构、跨度大于 120m 的空间网格结构及屋盖体型复杂时，风载体型系数和风振系数、屋面积雪（含融雪过程中的变化）分布系数，应比规范要求适当增大或通过风洞模型试验或数值模拟研究确定；屋盖坡度较大时尚宜考虑积雪融化可能产生的滑落冲击荷载。尚可依据当地气象资料考虑可能超出荷载规范的风荷载。天沟和内排水屋盖尚应考虑排水不畅引起的附加荷载。

温度作用应按合理的温差值确定。应分别考虑施工、合拢和使用三个不同时期各自的不利温差。

（二）计算模型和设计参数

采用新型构件或新型结构时，计算软件应准确反映构件受力和结构传力特征。计算模型应计入屋盖结构与下部支承结构的协同作用。屋盖结构与下部支承结构的主要连接部位的约束条件、构造应与计算模型相符。

整体结构计算分析时，应考虑下部支承结构与屋盖结构不同阻尼比的影响。若各支承结构单元动力特性不同且彼此连接薄弱，应采用整体模型与分开单独模型进行静载、地震、风荷载和温度作用下各部位相互影响的计算分析的比较，合理取值。

必要时应进行施工安装过程分析。地震作用及使用阶段的结构内力组合，应以施工全过程完成后的静载内力为初始状态。

超长结构（如结构总长度大于 300m）应按《抗震规范》的要求考虑行波效应的多点地震输入的分析比较。

对超大跨度（如跨度大于150m）或特别复杂的结构，应进行罕遇地震下考虑几何和材料非线性的弹塑性分析。

（三）应力和变形

对索结构、整体张拉式膜结构、悬挑结构、跨度大于120m的空间网格结构、跨度大于60m的钢筋混凝土薄壳结构、应严格控制屋盖在静载和风、雪荷载共同作用下的应力和变形。

（四）稳定性分析

对单层网壳、厚度小于跨度1/50的双层网壳、拱（实腹式或格构式）、钢筋混凝土薄壳，应进行整体稳定验算；应合理选取结构的初始几何缺陷，并按几何非线性或同时考虑几何和材料非线性进行全过程整体稳定分析。钢筋混凝土薄壳尚应同时考虑混凝土的收缩、徐变对稳定性的影响。

第二十一条 关于屋盖结构构件的抗震措施：

（一）明确主要传力结构杆件，采取加强措施，并检查其刚度的连续性和均匀性。

（二）从严控制关键杆件应力比及稳定要求。在重力和中震组合下以及重力与风荷载、温度作用组合下，关键杆件的应力比控制应比规范的规定适当加严或达到预期性能目标。

（三）特殊连接构造应在罕遇地震下安全可靠，复杂节点应进行详细的有限元分析，必要时应进行试验验证。

（四）对某些复杂结构形式，应考虑个别关键构件失效导致屋盖整体连续倒塌的可能。

第二十二条 关于屋盖的支座、下部支承结构和地基基础：

（一）应严格控制屋盖结构支座由于地基不均匀沉降和下部支承结构变形（含竖向、水平和收缩徐变等）导致的差异沉降。

（二）应确保下部支承结构关键构件的抗震安全，不应先于屋盖破坏；当其不规则性属于超限专项审查范围时，应符合本技术要点的有关要求。

（三）应采取措施使屋盖支座的承载力和构造在罕遇地震下安全可靠，确保屋盖结构的地震作用直接、可靠传递到下部支承结构。当采用叠层橡胶隔震垫作为支座时，应考虑支座的实际刚度与阻尼比，并且应保证支座本身与连接在大震的承载力与位移条件。

（四）场地勘察和地基基础设计应符合本技术要点第十五条和第十六条的要求，对支座水平作用力较大的结构，应注意抗水平力基础的设计。

第六章 专 项 审 查 意 见

第二十三条 抗震设防专项审查意见主要包括下列三方面内容：

（一）总评。对抗震设防标准、建筑体型规则性、结构体系、场地评价、构造措施、计算结果等做简要评定。

（二）问题。对影响结构抗震安全的问题，应进行讨论、研究，主要安全问题应写入书面审查意见中，并提出便于施工图设计文件审查机构审查的主要控制指标（含性能目标）。

（三）结论。分为“通过”“修改”“复审”三种。

审查结论“通过”，指抗震设防标准正确，抗震措施和性能设计目标基本符合要求；对专项审查所列举的问题和修改意见，勘察设计单位明确其落实方法。依法办理行政许可手续后，在施工图审查时由施工图审查机构检查落实情况。

审查结论“修改”，指抗震设防标准正确，建筑和结构的布置、计算和构造不尽合理、存在明显缺陷；对专项审查所列举的问题和修改意见，勘察设计单位落实后所能达到的具体指标尚需经原专项审查专家组再次检查。因此，补充修改后提出的书面报告需经原专项审查专家组确认已达到“通过”的要求，依法办理行政许可手续后，方可进行施工图设计并由施工图审查机构检查落实。

审查结论“复审”，指存在明显的抗震安全问题、不符合抗震设防要求、建筑和结构的工程方案均需大调整。修改后提出修改内容的详细报告，由建设单位按申报程序重新申报审查。

审查结论“通过”的工程，当工程项目有重大修改时，应按申报程序重新申报审查。

第二十四条 专项审查结束后，专家组应对质量控制情况和经济合理性进行评价，填写超限高层建筑工程结构设计质量控制信息表。

第七章 附 则

第二十五条 本技术要点由全国超限高层建筑工程抗震设防审查专家委员会办公室负责解释。

附件 1

超限高层建筑工程主要范围参照简表

表 1 房屋高度（m）超过下列规定的高层建筑工程

结构类型		6 度	7 度 (0.10g)	7 度 (0.15g)	8 度 (0.20g)	8 度 (0.30g)	9 度
混凝土结构	框架	60	50	50	40	35	24
	框架-抗震墙	130	120	120	100	80	50
	抗震墙	140	120	120	100	80	60
	部分框支抗震墙	120	100	100	80	50	不应采用
	框架-核心筒	150	130	130	100	90	70
	筒中筒	180	150	150	120	100	80
	板柱-抗震墙	80	70	70	55	40	不应采用
	较多短肢墙	140	100	100	80	60	不应采用
	错层的抗震墙	140	80	80	60	60	不应采用
	错层的框架-抗震墙	130	80	80	60	60	不应采用
混合结构	钢框架-钢筋混凝土筒	200	160	160	120	100	70
	型钢（钢管）混凝土框架-钢筋混凝土筒	220	190	190	150	130	70
	钢外筒-钢筋混凝土内筒	260	210	210	160	140	80
	型钢（钢管）混凝土外筒-钢筋混凝土内筒	280	230	230	170	150	90

续表

结构类型		6度	7度（0.10g）	7度（0.15g）	8度（0.20g）	8度（0.30g）	9度
钢结构	框架	110	110	110	90	70	50
	框架-中心支撑	220	220	200	180	150	120
	框架-偏心支撑（延性墙板）	240	240	220	200	180	160
	各类筒体和巨型结构	300	300	280	260	240	180

注：平面和竖向均不规则（部分框支结构指框支层以上的楼层不规则），其高度应比表内数值降低至少10%。

表2　同时具有下列三项及三项以上不规则的高层建筑工程（不论高度是否大于表1）

序	不规则类型	简要含义	备注
1a	扭转不规则	考虑偶然偏心的扭转位移比大于1.2	参见GB 50011—3.4.3
1b	偏心布置	偏心率大于0.15或相邻层质心相差大于相应边长15%	参见JGJ 99—3.2.2
2a	凹凸不规则	平面凹凸尺寸大于相应边长30%等	参见GB 50011—3.4.3
2b	组合平面	细腰形或角部重叠形	参见JGJ 3—3.4.3
3	楼板不连续	有效宽度小于50%，开洞面积大于30%，错层大于梁高	参见GB 50011—3.4.3
4a	刚度突变	相邻层刚度变化大于70%（按高规考虑层高修正时，数值相应调整）或连续三层变化大于80%	参见GB 50011—3.4.3，JGJ 3—3.5.2
4b	尺寸突变	竖向构件收进位置高于结构高度20%且收进大于25%，或外挑大于10%和4m，多塔	参见JGJ 3—3.5.5
5	构件间断	上下墙、柱、支撑不连续，含加强层、连体类	参见GB 50011—3.4.3
6	承载力突变	相邻层受剪承载力变化大于80%	参见GB 50011—3.4.3
7	局部不规则	如局部的穿层柱、斜柱、夹层、个别构件错层或转换，或个别楼层扭转位移比略大于1.2等	已计入1～6项者除外

注：深凹进平面在凹口设置连梁，当连梁刚度较小不足以协调两侧的变形时，仍视为凹凸不规则，不按楼板不连续的开洞对待；序号a、b不重复计算不规则项；局部的不规则，视其位置、数量等对整个结构影响的大小判断是否计入不规则的一项。

表3　具有下列2项或同时具有下表和表2中某项不规则的高层建筑工程（不论高度是否大于表1）

序	不规则类型	简要含义	备注
1	扭转偏大	裙房以上的较多楼层考虑偶然偏心的扭转位移比大于1.4	表2之1项不重复计算
2	抗扭刚度弱	扭转周期比大于0.9，超过A级高度的结构扭转周期比大于0.85	
3	层刚度偏小	本层侧向刚度小于相邻上层的50%	表2之4a项不重复计算
4	塔楼偏置	单塔或多塔与大底盘的质心偏心距大于底盘相应边长20%	表2之4b项不重复计算

表4 具有下列某一项不规则的高层建筑工程（不论高度是否大于表1）

序	不规则类型	简 要 含 义
1	高位转换	框支墙体的转换构件位置：7度超过5层，8度超过3层
2	厚板转换	7～9度设防的厚板转换结构
3	复杂连接	各部分层数、刚度、布置不同的错层，连体两端塔楼高度、体型或沿大底盘某个主轴方向的振动周期显著不同的结构
4	多重复杂	结构同时具有转换层、加强层、错层、连体和多塔等复杂类型的3种

注：仅前后错层或左右错层属于表2中的一项不规则，多数楼层同时前后、左右错层属于本表的复杂连接。

表5 其他高层建筑工程

序	简称	简 要 含 义
1	特殊类型高层建筑	抗震规范、高层混凝土结构规程和高层钢结构规程暂未列入的其他高层建筑结构，特殊形式的大型公共建筑及超长悬挑结构，特大跨度的连体结构等
2	大跨屋盖建筑	空间网格结构或索结构的跨度大于120m或悬挑长度大于40m，钢筋混凝土薄壳跨度大于60m，整体张拉式膜结构跨度大于60m，屋盖结构单元的长度大于300m，屋盖结构形式为常用空间结构形式的多重组合、杂交组合以及屋盖形体特别复杂的大型公共建筑

注：表中大型公共建筑的范围，可参见《建筑工程抗震设防分类标准》GB 50223。

说明：具体工程的界定遇到问题时，可从严考虑或向全国超限高层建筑工程审查专家委员会、工程所在地省超限高层建筑工程审查专家委员会咨询。

附件2

超限高层建筑工程抗震设防专项审查申报表项目

超限高层建筑工程抗震设防专项审查申报表应包括以下内容：

一、基本情况。包括：建设单位，工程名称，建设地点，建筑面积，申报日期，勘察单位及资质，设计单位及资质，联系人和方式等。如有咨询论证，应提供相关信息。

二、抗震设防依据。包括：设防烈度或设计地震动参数，抗震设防分类；安全等级、抗震等级等；屋盖超限工程和风荷载控制工程尚包括相应的风荷载、雪荷载、温差等。

三、勘察报告基本数据。包括：场地类别，等效剪切波速和覆盖层厚度，液化判别，持力层名称和埋深，地基承载力和基础方案，不利地段评价，特殊的地基处理方法等。

四、基础设计概况。包括：基础类型，基础埋深，底板或筏板厚度，桩型、桩长和单桩承载力、承台的主要截面等。

五、建筑结构布置和选型。对高度超限和规则性超限工程包括：主屋面结构高度和层数，建筑高度，相连裙房高度和层数；防震缝设置；建筑平面和竖向的规则性；结构类型是否属于复杂类型等。对屋盖超限工程包括：屋盖结构形式；最大跨度，平面尺寸，屋顶高度；屋盖构件连接和支座形式；下部支承结构的类型、布置的规则性等。

六、结构分析主要结果。对高度超限和规则性超限工程包括：控制的作用组合；计算软件；总剪力和周期调整系数，结构总重力和地震剪力系数，竖向地震取值；纵横扭方向的基本周期；最大层位移角和位置、扭转位移比；框架柱、墙体最大轴压比；构件最大剪压比和钢结构应力比；楼层刚度比；框架部分承担的地震作用；时程法采用的地震波和数量，时程法与反应谱法主要结果比较；隔震支座的位移。对屋盖超限工程包括：控制工况和作用组合；计算软件和计算方法；屋盖挠度和支承结构水平位移；屋盖杆件最大应力比，屋盖主要竖向振动周期，支承结构主要水平振动周期；屋盖、整个结构总重力和地震剪力系数；支承构件轴压比、剪压比和应力比；薄壳、网壳和拱的稳定系数；时程法采用的地震波和数量，时程法与反应谱法主要结果比较等。

七、超限设计的抗震构造。包括：①材料强度，如结构构件的混凝土、钢材的最高和最低材料强度等级；②典型构件和关键构件的截面尺寸，如梁柱截面、墙体和筒体的厚度、型钢混凝土构件的截面形式、钢构件（或杆件）的截面形式和长细比、薄壳的截面厚度；③薄弱部位的构造，如短柱和穿层柱的分布范围，错层、连体、转换梁、转换桁架和加强层的主要构造，桁架、拱架、张弦构件的面外支撑设置；④关键连接构造，如钢结构杆件的节点形式、楼盖大梁或大跨屋盖与墙、柱的连接构造等。

八、需要附加说明的问题。包括：超限工程设计的主要加强措施，性能设计目标简述；有待解决的问题，试验方案与要求等。

制表人可根据工程项目的具体情况对以上内容进行增减。参考表样见表6、表7、表8。

表6　超限高层建筑工程初步设计抗震设防审查申报表（高度、规则性超限工程示例）

编号：　　　　　　　　　　　　　　　　　　　　　申报时间：

工程名称		申报人 联系方式	
建设单位		建筑面积	地上　　万 m^2 地下　　万 m^2
设计单位		设防烈度	度（　g），设计　组
勘察单位		设防类别	类　│安全等级│
建设地点		房屋高度 和层数	主结构　m（$n=$　）建筑　m 地下　m（$n=$　）相连裙房　m
场地类别 液化判别	类，波速　覆盖层 不液化□　液化等级　液化处理	平面尺寸 和规则性	长宽比
基础持力层	类型　埋深 桩长（或底板厚度） 名称　承载力	竖向 规则性	高宽比
结构类型		抗震等级	框架　墙、筒 框支层　加强层　错层
计算软件		材料强度 （范围）	梁　柱 墙　楼板

续表

<table>
<tr><td colspan="2">计算参数</td><td>周期折减
楼面刚度（刚□弹□分段□）
地震方向 （单□ 双□ 斜□ 竖□）</td><td>梁截面</td><td>下部 剪压比
标准层</td></tr>
<tr><td colspan="2">地上总重
剪力系数
（%）</td><td>G_E= 平均重力
X=
Y=</td><td>柱截面</td><td>下部 轴压比
中部 轴压比
顶部 轴压比</td></tr>
<tr><td colspan="2">自振周期
（s）</td><td>X：
Y：
T：</td><td>墙厚</td><td>下部 轴压比
中部 轴压比
顶部 轴压比</td></tr>
<tr><td colspan="2">最大层间
位移角</td><td>X= （n= ）对应扭转比
Y= （n= ）对应扭转比</td><td>钢 梁
柱
支撑</td><td>截面形式 长细比
截面形式 长细比
截面形式 长细比</td></tr>
<tr><td colspan="2">扭转位移比
（偏心 5%）</td><td>X= （n= ）对应位移角
Y= （n= ）对应位移角</td><td>短柱
穿层柱</td><td>位置范围 剪压比
位置范围 穿层数</td></tr>
<tr><td rowspan="3">时
程
分
析</td><td>波形
峰值</td><td>1 2 3</td><td>转换层
刚度比</td><td>位置 n= 转换梁截面
X Y</td></tr>
<tr><td>剪力
比较</td><td>X= （底部），X = （顶部）
Y= （底部），Y = （顶部）</td><td>错层</td><td>满布 局部（位置范围）
错层高度 平层间距</td></tr>
<tr><td>位移
比较</td><td>X= （n= ）
Y= （n= ）</td><td>连体
（含连廊）</td><td>数量 支座高度
竖向地震系数 跨度</td></tr>
<tr><td colspan="2">弹塑性位移角</td><td>X= （n= ）
Y= （n= ）</td><td>加强层
刚度比</td><td>数量 位置 形式（梁□桁架□）
X Y</td></tr>
<tr><td colspan="2">框架承担
的比例</td><td>倾覆力矩 X= Y=
总剪力 X= Y=</td><td>多塔
上下偏心</td><td>数量 形式（等高□对称□大小不等□）
X Y</td></tr>
<tr><td colspan="2">控制作用</td><td colspan="3">地震 □ 风荷载 □ 二者相当 □
风荷载控制时增加：总风荷载 风倾覆力矩 风载最大层间位移</td></tr>
<tr><td colspan="2">超限设计
简要说明</td><td colspan="3">（超限工程设计的主要加强措施，性能设计目标简述；有待解决的问题等）</td></tr>
</table>

表7 超限高层建筑工程初步设计抗震设防审查申报表（屋盖超限工程示例）

编号： 申报时间：

<table>
<tr><td colspan="2">工程名称</td><td></td><td>申报人
联系方式</td><td></td></tr>
<tr><td colspan="2">建设单位</td><td></td><td>建筑面积</td><td>地上 万 m^2 地下 万 m^2</td></tr>
<tr><td colspan="2">设计单位</td><td></td><td>设防烈度</td><td>度（ g），设计 组</td></tr>
<tr><td colspan="2">勘察单位</td><td></td><td>设防类别</td><td>类 | 安全等级 |</td></tr>
<tr><td colspan="2">建设地点</td><td></td><td>风荷载</td><td>基本风压 地面粗糙度
体型系数 风振系数</td></tr>
<tr><td colspan="2">场地类别、
液化判别</td><td>类，波速 覆盖层
不液化□ 液化等级 液化处理</td><td>雪荷载</td><td>基本雪压
积雪分布系数</td></tr>
<tr><td colspan="2">基础
持力层</td><td>类型 埋深 桩长（或底板厚度）
名称 承载力</td><td>温度</td><td>最高 最低
温升 温降</td></tr>
<tr><td colspan="2">房屋高度
和层数</td><td>屋顶 m
支座 m（n= ）地下 m（n= ）</td><td>平面尺寸</td><td>总长 总宽 直径
跨度 悬挑长度</td></tr>
<tr><td colspan="2">结构类型</td><td>屋盖：
支承结构</td><td>节点和
支座形式</td><td>节点：
支座：</td></tr>
<tr><td colspan="2">计算软件
分析模型</td><td>整体□ 上下协同□</td><td>材料强度
（范围）</td><td>屋盖
梁 柱 墙</td></tr>
<tr><td colspan="2">计算参数</td><td>周期折减 阻尼比
地震方向 （单□ 双□ 竖□）</td><td>屋盖构件截面</td><td>关键 长细比
一般 长细比</td></tr>
<tr><td colspan="2">地上总重支承
结构剪力系数
（%）</td><td>屋盖 G_E=
支承结构 G_E=
X= Y=</td><td>屋盖杆件内力
和控制组合</td><td>关键 应力比 控制组合
一般 应力比 控制组合
支座反力 控制组合</td></tr>
<tr><td colspan="2">自振周期
（s）</td><td>X： Y： Z： T：</td><td>屋盖整体稳定</td><td>考虑几何非线性
考虑几何和材料非线性</td></tr>
<tr><td colspan="2">最大位移</td><td>屋盖挠度
支承结构水平位移 X= Y=</td><td>支承结构
抗震等级</td><td>规则性（平面□ 竖向□）
框架 墙、筒</td></tr>
<tr><td colspan="2">最大层间位移</td><td>X= （n= ）对应扭转位移比
Y= （n= ）对应扭转位移比</td><td>梁截面</td><td>支承大梁 剪压比
其他框架梁 剪压比</td></tr>
<tr><td rowspan="3">时
程
分
析</td><td>波形
峰值</td><td>1 2 3</td><td>柱截面</td><td>支承部位 轴压比
其他部位 轴压比</td></tr>
<tr><td>剪力
比较</td><td>X= （支座），X = （底部）
Y= （支座），Y = （底部）</td><td>墙厚</td><td>支承部位 轴压比
其他部位 轴压比</td></tr>
<tr><td>位移
比较</td><td>屋盖挠度
支承结构水平位移 X= Y=</td><td>框架承担
的比例</td><td>倾覆力矩 X= Y=
总剪力 X= Y=</td></tr>
<tr><td colspan="2">超长时多点
输入比较</td><td>屋盖杆件应力：
下部构件内力：</td><td>短柱
穿层柱</td><td>位置范围 剪压比
位置范围 穿层数</td></tr>
</table>

续表

<table>
<tr><td>支承结构弹塑性位移角</td><td>$X=$　　　（$n=$　　）
$Y=$　　　（$n=$　　）</td><td>错层</td><td>位置范围
错层高度</td></tr>
<tr><td>超限设计简要说明</td><td colspan="3">（超限工程设计的主要加强措施，性能设计目标简述；有待解决的问题等）</td></tr>
</table>

注：作用控制组合代号：1. 恒＋活，2. 恒＋活＋风，3. 恒＋活＋温，4. 恒＋活＋雪，5. 恒＋活＋地＋风。

表 8　超限高层建筑工程结构设计咨询、论证信息表

<table>
<tr><td colspan="2">工程名称</td><td></td><td>工程代号</td><td></td></tr>
<tr><td rowspan="3">第一次</td><td>主持人</td><td></td><td>日期</td><td></td></tr>
<tr><td>咨询专家</td><td colspan="3"></td></tr>
<tr><td>主要意见</td><td colspan="3"></td></tr>
<tr><td rowspan="3">第二次</td><td>主持人</td><td></td><td>日期</td><td></td></tr>
<tr><td>咨询专家</td><td colspan="3"></td></tr>
<tr><td>主要意见</td><td colspan="3"></td></tr>
<tr><td rowspan="3">第三次</td><td>主持人</td><td></td><td>日期</td><td></td></tr>
<tr><td>咨询专家</td><td colspan="3"></td></tr>
<tr><td>主要意见</td><td colspan="3"></td></tr>
</table>

附件 3

超限高层建筑工程超限情况表

表 9 超限高层建筑工程超限情况表

工程名称	
基本结构体系	框架□ 剪力墙□ 框剪□ 核心筒-外框□ 筒中筒□ 局部框支墙□ 较多短肢墙□ 混凝土内筒-钢外框 □ 混凝土内筒-型钢混凝土外框□ 巨型□ 错层结构□ 混凝土内筒-钢外筒 □ 混凝土内筒-型钢混凝土外筒□ 钢框架□ 钢中心支撑框架□ 钢偏心支撑框架□ 钢筒体□ 大跨屋盖□ 其他□
超高情况	规范适用高度： 本工程结构高度：
平面不规则	扭转不规则□ 偏心布置□ 凹凸不规则□ 组合平面□ 楼板开大洞□ 错层□
竖向不规则	刚度突变□ 立面突变□ 多塔□ 构件间断□ 加强层□ 连体□ 承载力突变□
局部不规则	穿层墙柱□ 斜柱□ 夹层□ 层高突变□ 个别错层□ 个别转换□ 其他□
显著不规则	扭转比偏大□ 抗扭刚度弱□ 层刚度弱□ 塔楼偏置□ 墙高位转换□ 厚板转换□ 复杂连接□ 多重复杂□
屋盖超限情况	基本形式：立体桁架□ 平面桁架□ 实腹式拱□ 格构式拱□ 网架□ 双层网壳□ 单层网壳□ 整体张拉式膜结构□ 混凝土薄壳□ 单索□ 索网□ 索桁架□ 轮辐式索结构□ 一般组合：张弦拱架□ 张弦桁架□ 弦支穹顶□ 索穹顶□ 斜拉网架□ 斜拉网壳□ 斜拉桁架□ 组合网架□ 其他一般组合□ 非常用组合：多重组合□ 杂交组合□ 开启屋盖□ 其他□ 尺度：跨度超限□ 悬挑超限□ 总长度超限□ 一般□
超限归类	高度大于 350m□ 高度大于 200m□ 混凝土结构超 B 级高度□ 超规范高度□ 未超高但多项不规则□ 超高且不规则□ 其他□ 屋盖形式复杂□ 屋盖跨度超限□ 屋盖悬挑超限□ 屋盖总长度超限□
综合描述	（对超限程度的简要说明）

附件 4

超限高层建筑工程专项审查情况表

表 10 超限高层建筑工程专项审查情况表

<table>
<tr><td>工程名称</td><td colspan="4"></td></tr>
<tr><td>审查
主持单位</td><td colspan="4"></td></tr>
<tr><td>审查时间</td><td colspan="2"></td><td>审查地点</td><td></td></tr>
<tr><td>审查专家组</td><td>姓名</td><td>职称</td><td colspan="2">单位</td></tr>
<tr><td>组长</td><td></td><td></td><td colspan="2"></td></tr>
<tr><td>副组长</td><td></td><td></td><td colspan="2"></td></tr>
<tr><td rowspan="5">审查组成员
（按实际人数增减）</td><td></td><td></td><td colspan="2"></td></tr>
<tr><td></td><td></td><td colspan="2"></td></tr>
<tr><td></td><td></td><td colspan="2"></td></tr>
<tr><td></td><td></td><td colspan="2"></td></tr>
<tr><td></td><td></td><td colspan="2"></td></tr>
<tr><td>专家组
审查
意见</td><td colspan="4">（扫描件）</td></tr>
<tr><td>审查结论</td><td>通过□</td><td>修改□</td><td colspan="2">复审□</td></tr>
<tr><td colspan="5"></td></tr>
<tr><td>主管部门给建设
单位的复函</td><td colspan="4">（扫描件）</td></tr>
</table>

附件 5

超限高层建筑结构设计质量控制信息表

表 11 超限高层建筑结构设计质量控制信息表（高度和规则性超限）

工程代号		评价
地上部分重力控制	总重： 单位面积重力： （总高大于 350m 时）墙占： 柱占： 楼盖占： 活载占：	一般□ 偏大□ 略偏小□
基 础	类型： 底板埋深： 埋深率：	一般□ 略偏小□
控制作用	风□ 地震□ 二者相当□ 上下不同□ 剪力系数计算值与规范最小值之比：	一般□ 异常□ 一般□ 偏大□ 略偏小□
总体刚度	周高比（$T_1/\sqrt{H}$）： 位移与限值比：	适中□ 偏大□ 略偏小□
多道防线	倾覆力矩分配： 首层剪力分配： 最大层剪力分配：	适中□ 偏大□ 略偏小□
典型墙体控制	最大轴压比： 界限轴压比高度： 最大平均拉应力及高度：	一般□ 偏大□ 一般□ 偏大□
典型柱控制	截面： 轴压比： 配筋率： 含钢率：	一般□ 偏大□ 略偏小□
典型钢构	截面： 长细比： 应力比：	一般□ 偏大□ 略偏小□
施工要求	一般□ 施工模拟□ 复杂□ 特殊□	一般□ 较难□
总体评价	结构布置的复杂性和合理性； 综合经济性，必要时含用钢量估计	

注：处于常规范围用“良”或“一般”表示，常规范围以外用“优”或“高”“低”等表示。

表 12 超限高层建筑结构设计质量控制信息表（屋盖超限）

工程代号		评 价
重力控制	屋盖总重： 单位面积重力： 支承结构总重： 单位面积重力：	一般□ 偏大□ 略偏小□ 一般□ 偏大□ 略偏小□
控制作用	风□ 地震□ 二者相当□	一般□ 异常□
总体刚度	周跨比（T_1/L）： 挠度与限值比：	适中□ 偏大□ 略偏小□
支承结构多道防线	倾覆力矩分配：首层剪力分配：最大层剪力分配：	适中□ 偏大□ 略偏小□
弦杆控制	最大应力比： 位置： 截面： 长细比： 平均应力比：	一般□ 偏大□ 略偏小□
腹杆控制	最大应力比： 位置： 截面： 长细比： 平均应力比：	一般□ 偏大□ 略偏小□
典型支座	柱距： 轴压比： 配筋率： 含钢率：	一般□ 偏大□
施工要求	一般□ 复杂□ 特殊□	一般□ 较难□
总体评价	屋盖结构布置的复杂性和合理性； 支承结构布置的复杂性和合理性； 综合经济性，必要时含用钢量估计	

注：处于常规范围用“良”或“一般”表示，常规范围以外用“优”或“高”“低”等表示。

附件 6

超限高层建筑抗震设计可行性论证报告参考内容

一、封面（工程名称、建设单位、设计单位、合作或咨询单位）

二、效果图（彩色；可单列，也可置于封面或列于工程简况中）

三、设计名册（设计单位负责人和建筑、结构主要设计人员名单，单位和注册资格章）

四、目录

1 工程简况（地点，周围环境、建筑用途和功能描述，必要时附平、剖面示意图）

2 设计依据（批件、标准和资料，可含咨询意见及回复）

3 设计条件和参数

3.1 设防标准（含设计使用年限、安全等级和抗震设防参数等）

3.2 荷载（含特殊组合）

3.3 主要勘察成果（岩土的分布及描述、地基承载力，剪切波速和覆盖层厚度，不利地段的场地稳定评价等）

3.4 结构材料强度和主要构件尺寸

4 地基基础设计

5 结构体系和布置（传力途径、抗侧力体系的组成和主要特点等）

6 结构超限类别及程度

6.1 高度超限分析或屋盖尺度超限分析

6.2 不规则情况分析或非常用的屋盖形式分析

6.3 超限情况小结

7 超限设计对策

7.1 超限设计的加强措施（如结构布置措施、抗震等级、特殊内力调整、配筋等）

7.2 关键部位、构件的预期性能目标

8 超限设计的计算及分析论证（以下论证的项目应根据超限情况自行调整）

8.1 计算软件和计算模型

8.2 结构单位面积重力和质量分布分析（后者用于裙房相连、多塔、连体等）

8.3 动力特性分析（对多塔、连体、错层等复杂结构和大跨屋盖，需提供振型）

8.4 位移和扭转位移比分析（用于扭转比大于 1.3 和分块刚性楼盖、错层等）

8.5 地震剪力系数分析（用于需调整才可满足最小值要求）

8.6 整体稳定性和刚度比分析（后者用于转换、加强层、连体、错层、夹层等）

8.7 多道防线分析（用于框剪、内筒外框、短肢较多等结构）

8.8 轴压比分析（底部加强部位和典型楼层的墙、柱轴压比控制）

8.9 弹性时程分析补充计算结果分析（与反应谱计算结果的对比和需要的调整）

8.10 特殊构件和部位的专门分析（针对超限情况具体化，含性能目标分析）

8.11 屋盖结构、构件的专门分析（挠度、关键杆件稳定和应力比、节点、支座等）

8.12 控制作用组合的分析和材料用量预估（单位面积钢材、钢筋、混凝土用量）

9 总结

9.1 结论

9.2 下一步工作、问题和建议（含试验要求等）

五、论证报告正文（内容不要与专项审查申报表、计算书简单重复，可利用必要的图、表）

六、初步设计建筑图、结构图、计算书（作为附件，可另装订成册）

七、报告及图纸的规格 A3（文字分两栏排列，大底盘结构的底盘等宜分两张出图，效果图和典型平、剖面图宜提供电子版）

参 考 文 献

[1] 住房和城乡建设部. 建筑与市政工程抗震通用规范：GB 55002—2021[S]. 北京：中国建筑工业出版社，2021

[2] 住房和城乡建设部. 建筑结构可靠性设计统一标准：GB 50068—2018[S]. 北京：中国建筑工业出版社，2018

[3] 住房和城乡建设部. 建筑工程抗震设防分类标准：GB 50223—2008[S]. 北京：中国建筑工业出版社，2008

[4] 住房和城乡建设部. 混凝土结构设计规范：GB 50010—2010[S]. 北京：中国建筑工业出版社，2011

[5] 住房和城乡建设部. 高层建筑混凝土结构技术规程：JGJ 3—2010[S]. 北京：中国建筑工业出版社，2011

[6] 住房和城乡建设部. 建筑结构荷载规范：GB 50009—2012[S]. 北京：中国建筑工业出版社，2012

[7] 住房和城乡建设部. 砌体结构设计规范：GB 50003—2011[S]. 北京：中国建筑工业出版社，2011

[8] 住房和城乡建设部. 钢结构设计标准：GB 50017—2017[S]. 北京：中国建筑工业出版社，2017

[9] 住房和城乡建设部. 建筑地基基础设计规范：GB 50007—2011[S]. 北京：中国建筑工业出版社，2011

[10] 建设部. 建筑桩基技术规范：JGJ 94—2008[S]. 北京：中国建筑工业出版社，2008

[11] 住房和城乡建设部. 建筑地基处理技术规范：JGJ 79—2012[S]. 北京：中国建筑工业出版社，2012

[12] 住房和城乡建设部. 地下工程防水技术规范：GB 50108—2008[S]. 北京：中国计划出版社，2008

[13] 住房和城乡建设部. 建筑抗震鉴定标准：GB 50023—2009[S]. 北京：中国建筑工业出版社，2009

[14] 住房和城乡建设部. 预应力混凝土结构抗震设计标准：JGJ/T 140—2019[S]. 北京：中国建筑工业出版社，2019

[15] 中国工程建设标准化协会. 钢筋混凝土连续梁和框架考虑内力重分布设计规程：CECS 51—1993[S]. 北京：中国计划出版社，1994

[16] 国家标准建筑抗震设计规范管理组. 建筑抗震设计规范(GB 50011—2010)统一培训教材[M]. 北京：地震出版社，2010

[17] 中国工程建设标准化协会. 建筑工程抗震性态设计通则(试用)：CECS 160—2004[S]. 北京：中国计划出版社，2004

[18] 住房和城乡建设部工程质量安全监管司，中国建筑标准设计研究院. 全国民用建筑工程设计技术措施[M]. 北京：中国计划出版社，2010

[19] 北京市规划委员会. 北京地区建筑地基基础勘察设计规范：DBJ 11—501—2009(2016 年版)[S]. 北京：中国计划出版社，2017

[20] 北京市建筑设计研究院有限公司. 建筑结构专业技术措施[M]. 北京：中国建筑工业出版社，2019

[21] 广东省住房和城乡建设厅. 高层建筑混凝土结构技术规程：DBJ/T 15—92—2021[S]. 北京：中国城市出版社，2021

[22] 《江苏省房屋建筑工程抗震设防审查细则》编写组. 江苏省房屋建筑工程抗震设防审查细则[M]. 2

版．北京：中国建筑工业出版社，2016

[23] 中国建筑科学研究院 PKPM CAD 工程部．多层及高层建筑结构空间有限元分析与设计软件 SATWE(墙元模型)[R]．2008

[24] 北京金土木软件技术有限公司．集成化的建筑结构分析与设计软件系统 ETABS[R]．2008

[25] 中国建筑科学研究院 PKPM CAD 工程部．独基、条基、钢筋混凝土地基梁桩基础和筏板基础设计软件 JCCAD[R]．2008

[26] 本书编委会．混凝土结构构造手册[M]．5 版．北京：中国建筑工业出版社，2019

[27] 龚思礼．建筑抗震设计手册[M]．2 版．北京：中国建筑工业出版社，2009

[28] 徐培福，傅学怡，王翠坤，等．复杂高层建筑结构设计[M]．北京：中国建筑工业出版社，2005

[29] 陈富生，等．高层建筑钢结构设计[M]．2 版．北京：中国建筑工业出版社，2004

[30] 陆新征，蒋庆，缪志伟，等．建筑抗震弹塑性分析[M]．2 版．北京：中国建筑工业出版社，2015

[31] 王亚勇．国家标准《建筑抗震设计规范》(GB 50011—2010)疑问解答(三)[J]．建筑结构，2011，41(2)：137-141

[32] 钱稼茹，柯长华．国家标准《建筑抗震设计规范》(GB 50011—2010)疑问解答(四)[J]．建筑结构，2011，41(3)：123-126

[33] 朱炳寅．建筑结构设计规范应用图解手册[M]．北京：中国建筑工业出版社，2005

[34] 朱炳寅．建筑结构设计问答及分析[M]．4 版．北京：中国建筑工业出版社，2024

[35] 朱炳寅，娄宇，杨琦．建筑地基基础设计方法及实例分析[M]．2 版．北京：中国建筑工业出版社，2013

[36] 朱炳寅．高层建筑混凝土结构技术规程应用与分析[M]．北京：中国建筑工业出版社，2013

[37] 中国建筑设计研究院有限公司．结构设计统一技术措施[M]．北京：中国建筑工业出版社，2018

[38] 朱炳寅．钢结构设计标准理解与应用[M]．北京：中国建筑工业出版社，2020

丛　书　简　介

朱炳寅　编著

建筑结构设计规范应用书系（共四个分册）

为便于建筑结构设计人员能准确地解决在结构设计过程中遇到的规范应用的实际问题，本套丛书就结构设计人员感兴趣的相关问题以一个结构设计者的眼光，对相应规范的条款予以剖析，将规范的复杂内容及枯燥的规范条文变为直观明了的相关图表，指出在实际应用中的具体问题和可能带来的相关结果，提出在现阶段执行规范的变通办法，其目的拟使结构设计过程中，在遵守规范规定和解决具体问题方面对建筑结构设计人员有所帮助，也希望对备考注册结构工程师的考生在理解规范的过程中以有益的启发。

1.《建筑抗震设计规范应用与分析》（第三版）

中国建筑工业出版社，2024年出版，16开，征订号：43652，定价：120元

《建筑抗震设计规范》GB 50011—2010施行以来，在规范的应用过程中往往需要结合其他相关规范的规定采用相应的变通手段，以达到满足规范相关要求的目的。为便于结构设计人员系统地理解和应用规范，编者将在实际工程中对规范难点的认识和体会，结合规范的条文说明（必要时结合工程实例）及其他相关规范的规定，汇总分析后形成本书，以有利于读者强化并准确应用结构抗震概念设计、把握抗震性能化设计的关键、灵活应用包络设计原则，解决千变万化的实际工程问题。

2.《高层建筑混凝土结构技术规程应用与分析》

中国建筑工业出版社，2013年出版，16开，征订号：34398，定价97元

本书对《高层建筑混凝土结构技术规程》JGJ 3—2010的相应条款予以剖析，结合其他相关规范的规定，将规范的复杂内容及枯燥的规范条文变为直观明了的相关图表，指出在实际应用中的具体问题和可能带来的相关结果，提出在现阶段执行规范的变通办法，以有助于建筑结构设计人员更好地遵守规范规定和解决具体问题，也希望对备考注册结构工程师的考生在理解规范的过程中有所启发。

3.《建筑地基基础设计方法及实例分析》（第二版）

中国建筑工业出版社，2013年出版，16开，征订号：33415，定价：79元

本书对多本规范中地基基础设计的相关规定予以剖析，指出在实际应用中的具体问题和可能带来的相关结果，提出在现阶段执行规范的变通办法，并对地基基础设计的工程实例进行解剖分析，以期在遵守规范规定和解决具体问题方面对建筑结构设计人员有所帮助。本书力求通过对地基基础设计案例的剖析，重在对工程特点、设计要点的分析并指出地基基础设计中的常见问题，以有别于一般的工程实例手册，同时也希望对从事结构设计工作的年轻同行们在理解规范及解决实际问题的过程中以有益的启发。

4.《建筑结构设计问答及分析》（第四版）

中国建筑工业出版社，2024年出版，16开，征订号：42770，定价：98元

随着作者几本应用类书籍相继出版发行，博客及微博的开通，以及在国内主要城市的巡回宣讲，作者有机会通过网络、电话与网友和读者交流，就大家感兴趣的工程问题进行讨论，本书将作者对这类问题的理解和解决问题的建议归类成册，以回报广大网友和读者的信任与厚爱，希望对建筑结构设计人员在遵循规范解决实际工程问题时有所帮助，也希望对备考注册结构工程师的考生有所启发。